U0001319

THE ART & SCIENCE OF FOODPAIRING

食物風味搭配科學

食物風味搭配科學

彼得・庫奎特（Peter Coucquyt）
伯納德・拉烏斯（Bernard Lahousse）
喬翰・朗根畢克（Johan Langenbick）
——著
洪慈敏——譯

3000種食材・270個食材風味輪・
700個搭配表格・一萬種究極風味組合，
世界頂尖主廚私藏的搭配聖經

采實出版集團
ACME PUBLISHING GROUP

生活樹 085

食物風味搭配科學

3000 種食材 ‧270 個食材風味輪 ‧700 個搭配表格，
一萬種究極風味組合，世界頂尖主廚私藏的搭配聖經

作　　者	彼得．庫奎特（Peter Coucquyt）、伯納德．拉烏斯（Bernard Lahousse）、喬翰．朗根畢克（Johan Langenbick）
譯　　者	洪慈敏
封面設計	FE DESIGN
版型設計	theBAND．變設計－ Ada
行銷企劃	蔡雨庭．黃安汝
出版一部總編輯	紀欣怡
出 版 者	采實文化事業股份有限公司
業務發行	張世明．林踏欣．林坤蓉．王貞玉
國際版權	鄒欣穎．施維真
印務採購	曾玉霞
會計行政	李韶婉．簡佩鈺
法律顧問	第一國際法律事務所　余淑杏律師
電子信箱	acme@acmebook.com.tw
采實官網	www.acmebook.com.tw
采實臉書	www.facebook.com/acmebook01
I S B N	978-986-507-190-5
定　　價	1600 元
初版一刷	2021 年 3 月
初版二刷	2022 年 11 月
劃撥帳號	50148859
劃撥戶名	采實文化事業股份有限公司

10457 台北市中山區南京東路二段 95 號 9 樓
電話：（02）2511-9798　　傳真：（02）2571-3298

混合產品 紙張｜支持負責任的林業 FSC www.fsc.org FSC™ C008047

國家圖書館出版品預行編目資料

食物風味搭配科學：
3000 種食材 ×270 個食材風味輪 × 700 個搭配表格，一萬種究極風味組合，世界頂尖主廚私藏的搭配聖經 / 彼得 . 庫奎特 , 伯納德 . 拉烏斯 , 喬翰 . 朗根畢克著 ; 洪慈敏譯 . -- 初版 . -- 臺北市 : 采實文化 , 2021.03　384 面 ; 21.6 x 28 公分
譯自 : The art & science of foodpairing : 10000 flacvour matches that will transform the way you eat
ISBN 978-986-507-190-5(精裝)

1. 食物 2. 食譜

427.6　　109012175

目 錄

緒論

某些食材搭配一開始可能會讓你覺得很怪，但那是因為我們先前沒有這樣的概念。想想看，墨西哥瓦哈卡有一種搭配雞肉的香醇醬汁叫黑莫蕾（mole negro），巧克力是其中的關鍵食材。在日本、中國和韓國，紅豆被壓成泥，加糖後製成各式各樣的甜品，義大利人則將巴薩米克醋淋在冰淇淋上。

這告訴我們，食材搭配沒有所謂的對與錯，不管是在廚房即興發揮或遵照食譜，大部分的食材搭配都出自於直覺。這不是一件壞事，但依賴直覺通常會侷限於熟悉的組合，符合個人喜好或文化要素的經典搭配。這就是為何許多人會對自己做的菜感到厭倦。但只要你願意走出自己的廚房，就能發現無數的搭配可能性正在等待你去發掘。

自二〇〇七年創立「食物搭配」（Foodpairing）公司以來，與全球知名大廚、調酒師和品牌合作過不少讓味蕾為之驚豔的計畫。本書將帶你認識「食物搭配」的沿革與科學，並告訴你像奇異果和牡蠣這種不尋常的搭配為何行得通。我們將探索香氣的世界，闡述它們在食譜創作中扮演何種重要角色，以及氣味如何在腦中被偵測和認為是某種風味。你將學會使用食譜建立工具並一窺世界級的頂尖主廚才知道的奧祕。本書的目的為啟發飲食搭配的靈感，帶來驚喜、愉悅和感動。

食物搭配的故事

伯納德・拉烏斯

為什麼某些食材特別搭、某些卻搭不起來？這個問題無疑讓我們和許多食品業的同行晚上睡不著覺。

我對食品科學和美食學的強烈興趣引領我進入生物工程領域。在二〇〇五年，我開始在比利時四處詢問是否有主廚願意跟一名食品科學家合作，拓展他們的廚藝。我的第一批合作對象是米其林星級大廚：利耶努 L'Air du Temps 餐廳的相勳・德甘伯（Sang-Hoon Degeimbre）和德拉諾特 In de Wulf 餐廳的柯博・德哈莫（Kobe Desramaults）。我們定期聚會進行腦力激盪並討論正在成形的可能菜單。在某次的討論會中，相勳問道：「伯納德，為什麼我聞奇異果時，同時也會聞到海味？這有可能嗎？」

值得慶幸的是，一名叫傑洛恩・蘭姆廷（Jeroen Lammertyn）的同行生物工程師有氣相層析質譜儀可以使用。我們一起進行了香氣分析，發現除了果酯之外，奇異果還含有青草、油脂味的乙醛，它有一股類似牡蠣和其他貝類的海味。這兩種看似毫不相干的食材產生了香氣連結，形成我們第一個食物搭配的基礎，「奇異牡蠣」（kiwître）由此誕生。德甘伯的創意發想從此成為了 L'Air du Temps 餐廳的招牌菜。

隨著我一頭鑽進食物搭配科學的世界，我開始好奇有沒有其他人也苦心思索過相襯食材擁有共同關鍵香氣的假設。我查出瑞士香味與風味公司芬美意（Firmenich）的食品化學家法蘭索瓦・班吉（François Benzi）在一九九二年有過類似的發現。我和他聯絡上並在日內瓦見了幾次面，討論相配食材含有相同香氣分子的概念。

奇異牡蠣（The kiwître）
食物搭配公司的故事起源於大廚相勳・德甘伯創作的一道菜餚：將生蠔擺在奇異果丁上，佐香脆麵包丁和萊姆風味椰漿。奇異果和牡蠣都具有海味調性。

擁有共同關鍵香氣的食材是絕配

法蘭索瓦．班吉與赫斯頓．布魯門索有同樣發現

食品化學家法蘭索瓦．班吉在一九九二年於義大利艾利切參加一場研討會，他在會議中心溜達時，聞到了茉莉的醉人芳香，便停下腳步思索這種花的獨特香氣特徵，想起它除了明顯的花香，還帶有肝臟中也存在的分子吲哚（indole）。班吉不禁好奇把茉莉和肝臟湊在一起是否美味。並且，他在會場舉辦了試吃活動，大獲成功。

幾年後，英國布雷肥鴨餐廳（The Fat Duck）主廚赫斯頓．布魯門索（Heston Blumenthal）進行實驗以臘鴨、乾火腿和鯷魚等鹹味食材來為巧克力提味。經過無數嘗試後，他碰巧創造出「詭異但美妙」的魚子醬和白巧克力組合：「魚子醬比我所想的更驚人地改變了風味，使其濃郁滑順、鹹如奶油。魚子醬和白巧克力簡直是絕配。」

為了瞭解不尋常的搭配為何行得通，布魯門索向法蘭索瓦．班吉尋求一個科學解釋。班吉在他的實驗室進行了分析，比較這兩種食材的香氣成分。結果發現巧克力和魚子醬擁有相同的香氣分子。因此，他們得出的結論是：擁有共同香氣的食材很適合搭在一起。受到此結果鼓舞的布魯門索持續以其他非比尋常的組合進行實驗。

有關「奇異牡蠣」以及我和德甘伯合作的事在主廚圈傳開，其他人開始尋求我的建議，包括西班牙 El Bulli 主廚費蘭．阿德里亞（Ferran Adrià）和當時是米其林三星餐廳的荷蘭 Oud Sluis 主廚塞吉歐．赫曼（Sergio Herman）。那時是二〇〇七年，分子料理的熱潮正好達到巔峰，許多大廚迫不及待地想要拿食物搭配理論去測試他們的創作，看看自己憑直覺搭配的食材是否擁有共同的香氣成分。

同一年，我和相勳受邀到西班牙聖塞巴斯提安參加眾名廚雲集的最佳美食（Lo Mejor de la Gastronomia）活動並發表食物搭配科學的研究結果。我利用了為相勳的「奇異牡蠣」所進行的奇異果與牡蠣搭配研究並借助同事列文．德庫夫勒爾（Lieven Decouvreur）的設計專長，在食物搭配網站上將食材香氣連結視覺化。這場活動讓我們的理論受到高度注目，網站上線一個月就有超過十萬點擊數。事情一樁接一樁，幾個月後，我回到西班牙參加一場由艾利西亞基金會（Alícia Foundation）主辦的圓桌會談，與會者有大廚費蘭．阿德里亞、赫斯頓．布魯門索、El Celler de Can Roca 的瓚．洛卡（Joan Roca）和美食作家哈洛德．馬基（Harold McGee）。

食物搭配的故事

食物搭配理論雖然獲得全球美食界關注，但我很驚訝地發現比利時本身蓬勃發展的特色飲食在我參加的烹飪會議中卻不見蹤影。因此在二〇〇九年，我集結幾位同事及在地主廚，於布魯日舉辦了盛大的「佛蘭芒原始」（The Flemish Primitives）美食活動以致敬法蘭索瓦．班吉和赫斯頓．布魯門索在此領域的早期貢獻。每一位與會主廚皆需利用擁有共同香氣連結的食材做出一道獨特料理。比利時名廚彼得．古森斯（Peter Goossens）、葛特．德曼吉里爾（Gert De Mangeleer）和菲利普．克萊耶斯（Filip Claeys）以及世界各地的大廚，包括赫斯頓本人、亞伯特．阿德里亞（Albert Adrià）和班．羅許（Ben Roche）與比利時各大學和食品公司合作並取得協助，將食物搭配的概念落實在他們的創意作品中。

「佛蘭芒原始」吸引了超過一千名來自三十多國的來賓，隨之而來有更多人希望跟我們合作。主廚、調酒師甚至是食品公司都積極表達參與意願，因此我聯繫了前同事喬翰．朗根畢克（Johan Langenbick）和比利時布拉斯哈特著名的 Kasteel Withof 主廚彼得．庫奎特（Peter Coucquyt）。我們於二〇〇九年共同成立了「食物搭配」這間公司。

第一屆「佛蘭芒原始」的成功催生出其他類似活動，許多國際餐飲界知名人士紛紛大力宣傳，包括馬格努斯．尼爾森（Magnus Nilsson）、米歇爾 布哈斯（Michel Bras）、洛卡兄弟和雷奈．瑞哲彼（René Redzepi）。多虧了巴西大廚亞歷克斯．艾塔拉（Alex Atala），瑞哲彼才得以在我們的其中一個活動上首次嚐到亞馬遜切葉蟻的滋味。

此後，全球食物搭配社群擴展至超過一百四十國、二十萬名會員。至今，我們分析了三千多種不同食材，建立起世界上最龐大的風味資料庫。為了取得食材，我們千里迢迢到哥倫比亞的高海拔地區學習咖啡品種，跳下西班牙海岸採集海藻，並深入巴西和祕魯的亞馬遜雨林尋找珍奇食材，像是切葉蟻和杜古比醬，一種以木薯製成的調味料。只要很快地在網路上搜尋一下我們的食物搭配資料庫，就能為混獲海鮮、「祕魯黑薄荷」（huacatay）、韓國辣醬、「土耳其乾辣椒」（urfa biber）、菲律賓四季橘以及許多巧克力和啤酒找到香氣配對——畢竟我們是比利時人嘛。

將每一種食材的個別香氣分門別類後，我們便能找出哪幾個擁有共同的香氣成分。我們稍後會討論到，食材的香氣輪廓相當複雜，通常含有一大堆不同的氣味分子，因此，辨認食材之間的香氣連結很重要，是主廚和調酒師精進搭配的有效方式。

最後，我們得出一個理論，那就是相輔相成的搭配因食材香氣分子之間的複雜互動，而擁有某些共同的關鍵香氣連結。

赫斯頓・布魯門索

英國布雷，肥鴨餐廳

「食物搭配（或是我常稱之為風味搭配）已經在飲食圈令人熟悉到你以為它一直都存在。不過事實上，它直到一九九〇年代才出現，當時我開始探索某些食物組合在一起特別搭的背後理由。在這個階段，沒有廚師對此深入研究，也沒有明顯的路線可以遵循——我只能跟著直覺與好奇心，盡可能拼湊出全貌。

跟科學界的朋友聊過之後，我邁開了關鍵的一步。我注意到，當我問起食材的特定組合時，他們經常查詢一個叫『食物化合物』的資料庫，看看其中是否有共同成分。

這令我大感振奮。雖然此科技的使用者並非廚師，而是食品公司和化學品製造商，但我認為它在廚房會跟在實驗室一樣管用。我可以利用它來找出各種美妙又出乎意料的風味搭配，一方面是因為我已經擁有另一個權威參考來源：史蒂芬・阿克坦德的著作《天然香精香料大全》。透過交叉比對，我發現我可以拿一個食材（像是櫻桃）去查詢成分，再找出其他擁有這些成分並因此可能相輔相成的食材。

風味搭配就這樣從我的天真、好奇心和熱忱中誕生了。我也很快地了解到，即使是單一食材的分子特徵都極為複雜，就算和另一種食材擁有許多共同成分，還是不能保證適合搭在一起。因此，食物搭配是發揮創意的絕佳工具，但前提是要配合廚師的直覺、想像力和最重要的——情緒。這是個很好的起點，但你仍要持續探索、實驗，當然更要不斷品嘗。」

赫斯頓・布魯門索的創新技術和令人驚豔的風味組合，讓他贏得了米其林三星榮譽以及創意烹飪思想家的全球盛名。

食物搭配：跳脫雜食者兩難

我們在一天當中有好幾次的機會決定要吃或喝什麼，我們很少去多想，常常幾乎是不自覺地做出決定，但這不代表這些決定很容易。人類是雜食動物，也就是說原則上我們可以吃任何植物或動物。人類在地球各處繁榮興盛，因為我們幾乎在任何地方都找得到食物。

雜食動物本性讓我們總是對潛在危險高的物質懷有警戒之心：嘗起來有苦味的東西可能有毒，非常酸或辣的食物可能帶來病痛，聞起來腐敗的食物不該再去碰。熟悉讓人有安全感，我們只敢吃之前吃過明顯不會有事的東西。但談到選擇食物，安全並非我們的唯一考量。

人類和許多其他動物的共同特徵是避免無聊和追求多元的渴望，這也是一件好事，因為單調的飲食可能導致我們錯失關鍵營養物。我們對於改變的嚮往代表一旦習慣了某件事物，就會想要汲取新經驗。我們需要新的食物、新的風味來保持新鮮感。但這些食物同時也隱含風險，因為我們不知道它們安不安全。這兩種相反的拉力——只吃熟悉食物以策安全和冒著患病風險嘗試新奇口味——形成了所謂的「雜食者兩難」。[1]

我們怎麼知道新的食物會不會跟熟悉的食物一樣美味？

今日，我們很少會遇到真正危險的食物了。多虧了好幾個世代的食品科學家和營養學家，我們幾乎可以在世界上任何一個角落購買食品並食用，而且不會遭受到任何傷害。在富裕的西方國家，沒有過敏的消費者擁有無窮無盡的飲食選擇，這造成了一個新的問題：吃什麼？

我們處在一個食物選擇過剩的年代，當你選擇或做出的食物不如預期那樣充滿新鮮感是很令人失望的事。若你經營餐廳或食品公司，要不斷開發出新菜色和產品是一大挑戰，因為你很難預測哪些口味能夠滿足老顧客和吸引新顧客。食物搭配理論便是以此為目標，只要知道飲食產品的風味由哪些香氣和味道成分所組成，就有可能預測哪些新組合是絕配。

關鍵香氣

食材要搭配得宜，就要以對的濃度擁有共同的關鍵香氣。這個理論為食物搭配公司和本書打下了基礎。但什麼是關鍵香氣？我們怎麼知道哪些揮發性有機化合物存在於食品中？又怎麼知道哪些具有重要性、什麼是對的濃度？在接下來幾頁中，我們將探討這幾個問題。

揮發性有機化合物

想想看代表性的香味，像是香奈兒五號香水，你可能一聞到就認得出來，但受過訓練的鼻子能剖析出它的前調，包括香檸檬、檸檬、橙花和伊蘭伊蘭；中調茉莉、玫瑰、鳶尾花和鈴蘭；以及後調香根草、檀香木、香草、琥珀和廣藿香。

每一種精油都為香水的香氣輪廓增添了獨特的複雜性，由不同群組的揮發性有機化合物組成，這些是在室溫下容易從固態或液態蒸發成氣體的有機化合物。揮發性有機化合物四處可見，包含我們所吃的食物裡。分子蒸發的傾向就是所謂的揮發性。

精緻香氛會經歷三個階段的揮發。前調含有最具揮發性的化合物，通常僅維持五至三十分鐘。中調維持較久，好好噴一下可散發約三十分鐘。後調由於分子較重，需要較長時間蒸發，因此約使用一小時後才會開始顯現。反過來說，前調的分子越輕，越容易揮發。這就是為何最明顯的香氣分子通常重量都很輕，讓它們得以更快被察覺。

已知超過一萬種不同的揮發性有機化合物存在於我們所吃的食物裡。這些香氣化合物要能夠被偵測到，揮發性就要高到足以穿過空氣，經鼻前通路（當我們聞東西的時候）或鼻後通路（當我們吃或喝東西的時候，見第 19 頁）抵達鼻腔的嗅覺受體。

香水揮發階段

精緻香氛的體驗被設計成三個階段，香氣分子會在不同時間點蒸發到空氣中。前調提供第一印象——通常是較清新的氣味，像是香檸檬、茴香或薰衣草，僅維持五至三十分鐘。較明顯的中調，像是玫瑰、松木或黑胡椒，能夠強調特色。它們在前調開始消散後出現，最多維持三小時。香草或雪松等深沉、複雜的後調要過一小時才會散發出來，但可縈繞數天之久。

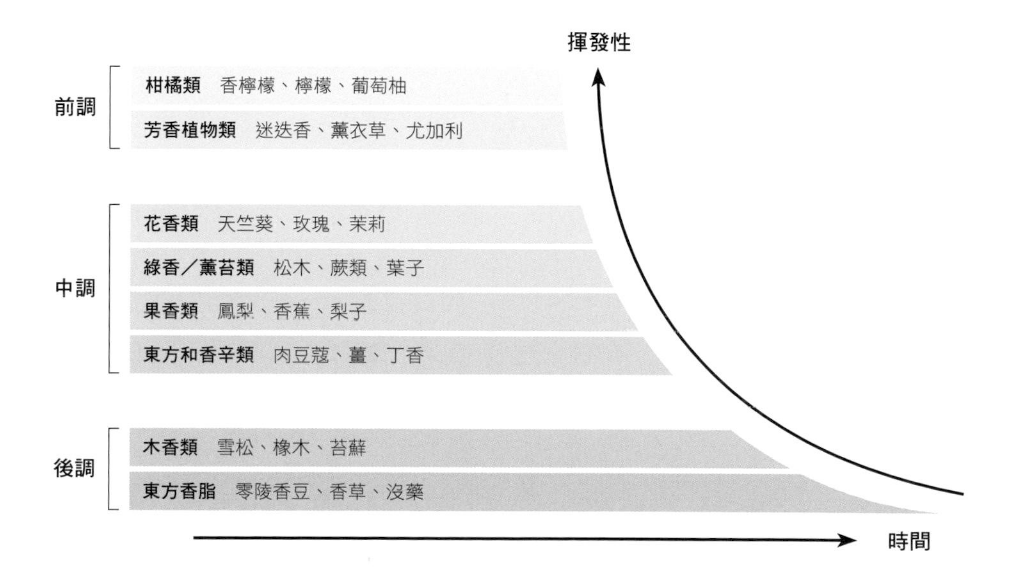

關鍵香氣

在氣相層析質譜儀的幫助下，我們可以分離、判別和量化任何食材或產品中的各種揮發性有機化合物。

將食材的溶液樣本送入氣相層析儀，它會蒸發和分離自螺旋管柱進入質譜儀的個別物質。根據其分子重量，化合物會以不同的移動速率穿過質譜儀的偵測器，每一種化合物的滯留時間都會被記錄下來，成為圖中一系列的峰（如下）。各種物質通過偵測器的時間稱為滯留時間。下方圖中每一個峰的位置代表每一種化合物的不同滯留時間；峰下的表面積代表已分析食材的分子數量，如此濃度便能計算出來。

食物中的香氣化合物特別難偵測，因為它們的分子重量相對較輕（某些每公斤不超過十至十五毫克）。不過，氣相層析質譜儀可以快速且正確地偵測出微量物質，是分析食物中揮發性化合物特別有效的方法。

下圖：草莓的香氣輪廓

草莓的風味並不一定來自此氣相層析圖上顯示的每一個峰，因為人類僅能察覺其中少數分子。至少五類香氣分子構成了草莓的果香：椰香味的內酯類；果香味的酯類；綠香味的醛類；焦糖味的呋喃酮；以及乳酪味的酸類。粗體字的香氣分子為草莓的幾個關鍵氣味劑。

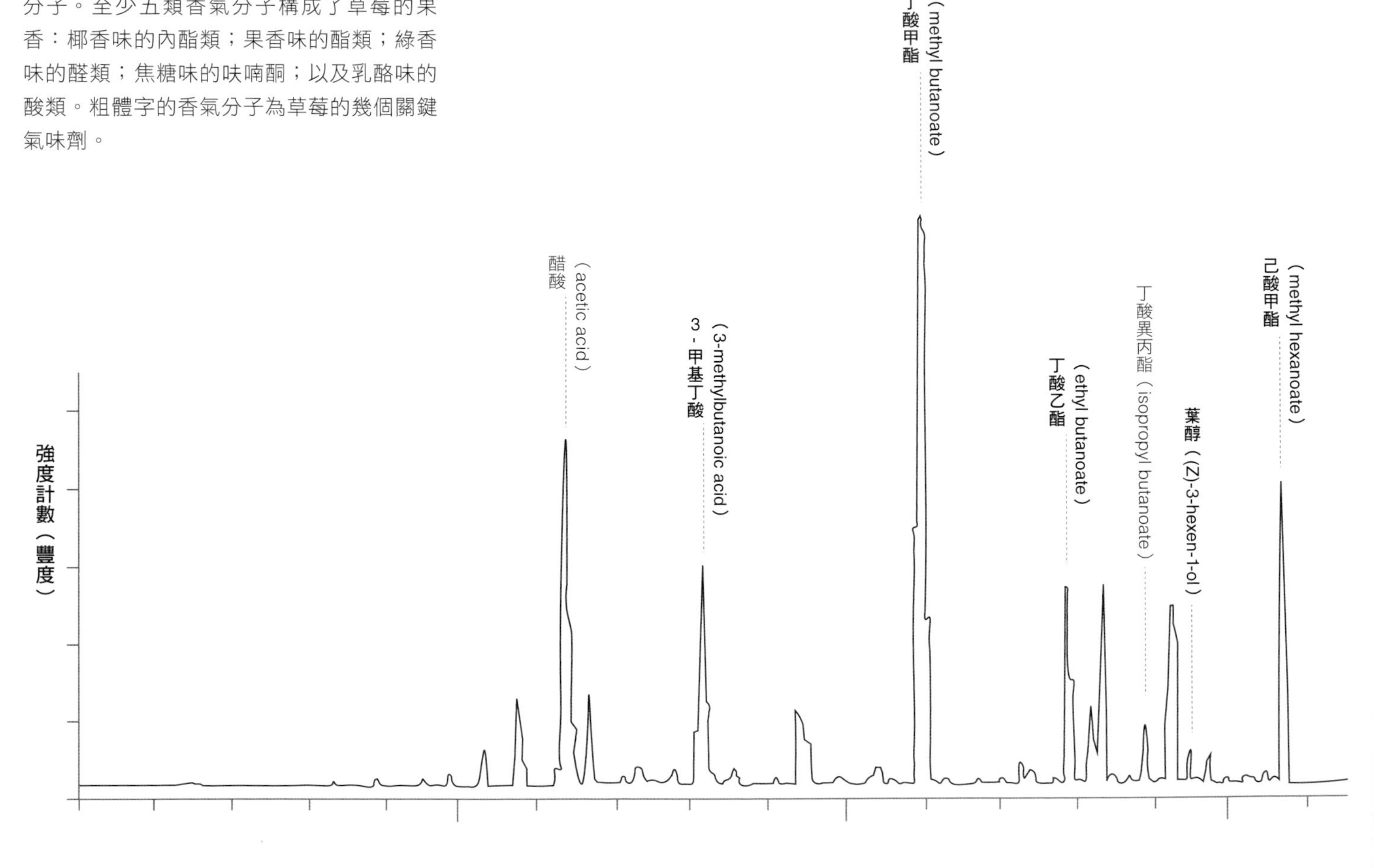

紐約市的空氣裡充滿楓糖漿的那一天

二〇〇五年十月某日，楓糖漿的甜味傳遍了曼哈頓、皇后區和紐澤西。市府官員花了好幾年的時間才追蹤到這股神祕味道的源頭：一間香精香料公司在紐澤西北伯根的工廠有數公升的香氣化合物葫蘆巴內酯外洩至哈德遜河。低濃度的葫蘆巴內酯具有類似楓糖漿的焦糖味；高濃度則聞起來像葫蘆巴，一種常見於印度咖哩的香料。

當葫蘆巴內酯溶解於水時，嗅覺識別閾值極低（0.6ppb），這解釋了為什麼哈德遜河兩岸的居民會抱怨聞到奇怪的甜味。分析了空氣試樣和風向讀數之後，紐約市環境保護局終於在二〇〇九年解開了「楓糖漿」之謎。

什麼是關鍵氣味劑？

每一種香氣分子都有獨特的嗅覺察覺閾值——人類所能察覺到的揮發性化合物最低濃度。香氣分子能夠被察覺到的不同濃度大不相同。以土臭素為例，只要每千公噸幾毫克，比奧運游泳池的一滴水還少，就能讓我們察覺出它明顯的土味。

說到底，僅有部分揮發性化合物真正決定了食材的香氣輪廓。這些關鍵氣味劑的濃度若高於嗅覺識別閾值就會顯現。舉例而言，咖啡含有超過一千種不同的揮發性化合物可以被氣相層析質譜儀偵測出來，但只有約三十或四十種形成了我們所能察覺的烘烤味、堅果味、焦糖味和其他風味。

當然了，我們必須考量每個人自己的嗅覺閾值。察覺特定香氣分子的能力因人而異，從過敏到完全嗅覺喪失（聞不到某一種氣味）都有。

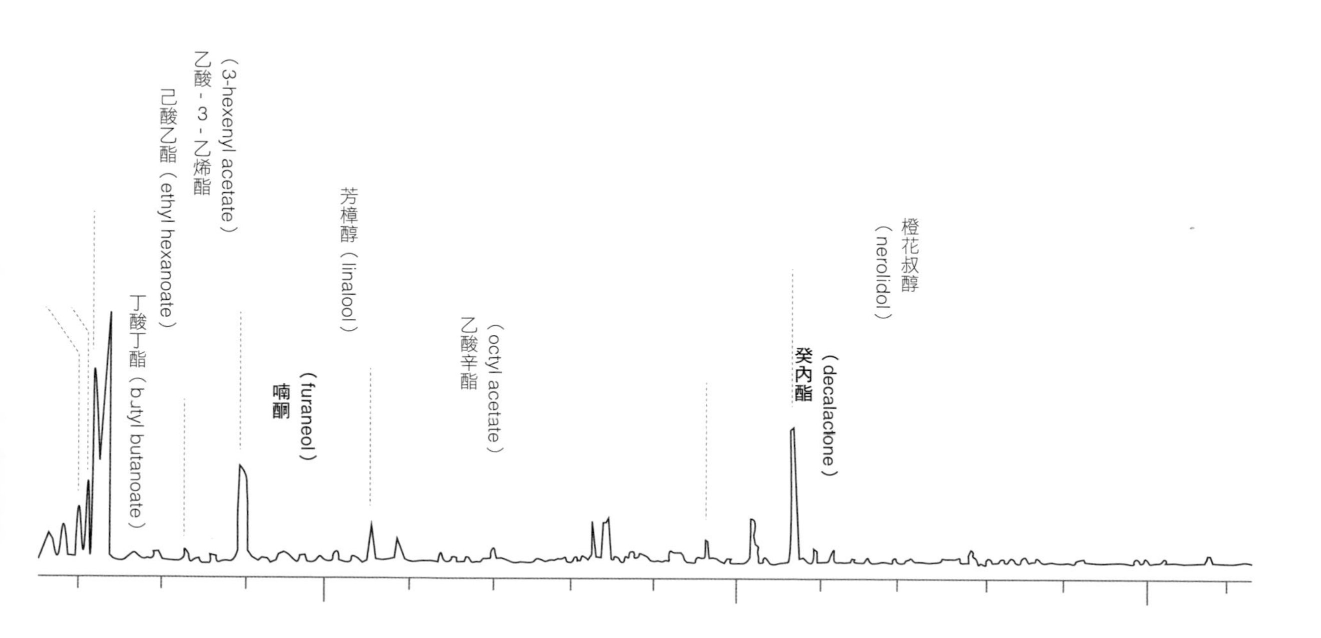

關鍵香氣

香氣是合成的

當你分析草莓時，沒有一種香氣分子有草莓味。「草莓」混合了果香味的酯類、椰香味的內酯類以及焦糖、青綠和乳酪調。如果沒有所謂的草莓香氣分子，我們怎麼可能察覺出草莓香氣？

心理物理學研究已經有力證明了我們對於氣味劑混合物的察覺，並非僅僅是將個別香氣成分的特徵單純地加在一起。若混合物含有超過四種成分，氣味劑的特徵將消失，產生新的嗅覺認知，而這種獨特的氣味性質並非來自單一成分。此現象稱為「合成處理」（synthetic processing），而神經生理實驗亦證實某些皮質神經元對二元氣味劑混合物而非其個別成分有反應。這暗示了光是個別氣味劑的香氣特徵並不足以辨別和預測完整食物的香氣特徵。在食物搭配公司，我們使用機器學習演算法將機器分析結果轉化為人類如何察覺香氣。

改變基質

雖然香氣分子會被定義為某種關鍵香氣，但這不代表它一直是如此。基質（水、空氣、酒精或脂肪）、溫度和香氣分子之間的潛在綜效等因素亦會影響頂空（例如：啤酒的百香果味是不同分子互動的結果）。

每一種香氣分子在溶劑裡的表現都不同，視其物理性質而定。疏水性香氣分子排斥水，較易溶解於脂肪中。它們被水分子圍繞時，會跑到頂空，讓我們的嗅覺更容易察覺到。相反地，親水性香氣分子親近水分子，喜歡待在液體中。酒精（乙醇）具有部分疏水性質，這解釋了為什麼葡萄酒或烈酒中的疏水性香氣分子儘管酒精存在還是會留下來。水和酒精的液體比例會影響哪些香氣更容易被察覺。

有酒精葡萄酒

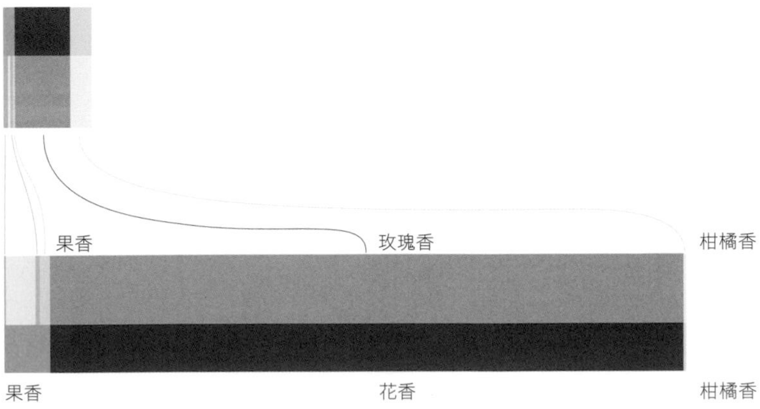

果香
玫瑰香
柑橘香

果香
花香
柑橘香

無酒精葡萄酒

酒精對風味的影響

格烏茲塔明那白酒在有酒精和無酒精的香氣對比之下呈現出明顯的風味差異：葡萄酒的果香比無酒精葡萄汁來得淡。

飲品中酒精含量越高，就會有越多親水性香氣分子跑到頂空；水的比例越高，則會有越多疏水性香氣從液體移至頂空。例如：在威士忌裡加水會引出不同的細緻新風味。

加入其他香氣

香氣分子低於嗅覺閾值不代表它不能被察覺到。擁有類似結構或感知的香氣可以產生綜效或加成性（見下圖一）。舉例而言，辛酸乙酯和癸酸乙酯擁有類似的化學結構，把這兩種香氣分子加在一起的嗅覺閾值比個別香氣來得低。

類似氣味劑相加的影響亦能產生新氣味，而且聞起來甚至比個別揮發性化合物的總和還強烈。藍紋乳酪特別的強烈氣味混合了丁二酮的奶油味香氣分子和 3- 甲基丁酸的乳酪、奶油調。香氣之間的互動並非總是這麼有邏輯，例如：香奈兒五號香水加入了脂肪味的醛類來增添花香調。濃度也是條件之一：低濃度的威士忌內酯會讓乙酸異戊酯的感知更明顯，但高濃度反而會壓制。

香氣分子之間的互動

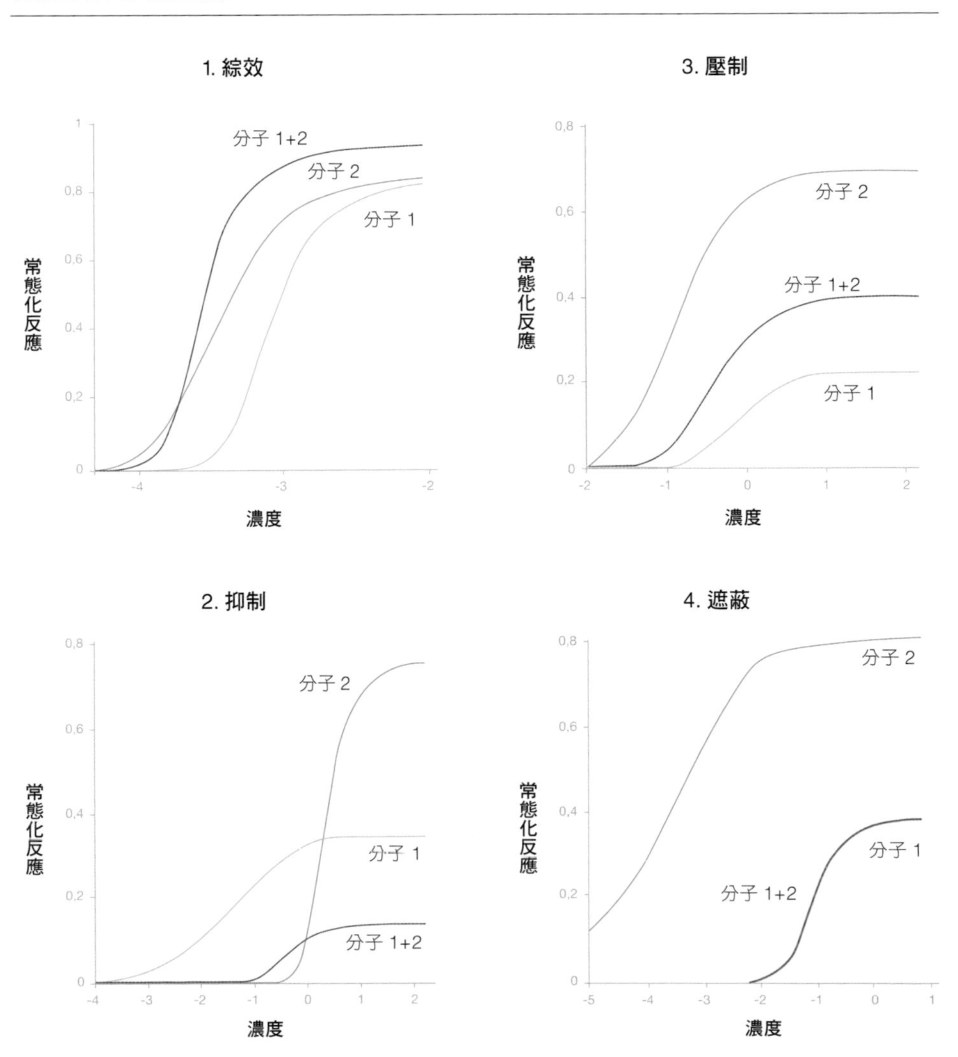

濃度低到我們聞不到的單一化合物，若加入超過嗅覺識別閾值的混合物便能被察覺到。多數情況下，我們認知的食材或產品氣味是許多不同氣味劑互動的結果。

1. 綜效或加成性形容類似氣味劑混合後產生新氣味，而且聞起來甚至比個別揮發性化合物的總和還強烈。
2. 香氣分子之間的複雜互動引發抑制反應，讓我們的嗅覺受體神經元感知個別成分而非混合物的氣味。例如：果香味的酯類 3-甲基丁酸乙酯會抑制 2- 異丁基 -3- 甲氧基吡嗪的甜椒香氣。
3. 壓制是當混合物比其中最強烈的香氣分子弱，但仍比其餘分子強烈。
4. 遮蔽或低相成性是當混合物的強度與其中一種香氣分子相同，但仍被另一種成分遮蔽。

嗅覺大戰味覺

我們很常誤解味道是嘴巴嚐出來的，而實際上味道的感知來自食材香氣成分揮發後，由上鼻腔的氣味受體標記。嗅覺系統負責偵測空氣傳播的香氣分子，嘴裡的味覺受體則僅能標記五種基本味覺分子——甜、鹹、酸、苦和鮮，當它們溶於液體時。近期研究顯示我們的整體風味經驗有高達 90% 與嗅覺相關。

吃或喝包含了嗅覺、味覺與三叉神經的複雜多重感官協調，當然也少不了視覺和聲音影響。

食物的感官特性

香氣和味道的感知是四大感官特性的其中二個，另外兩個是外觀和質地。它們影響我們決定如何挑選、接受和攝取食物。

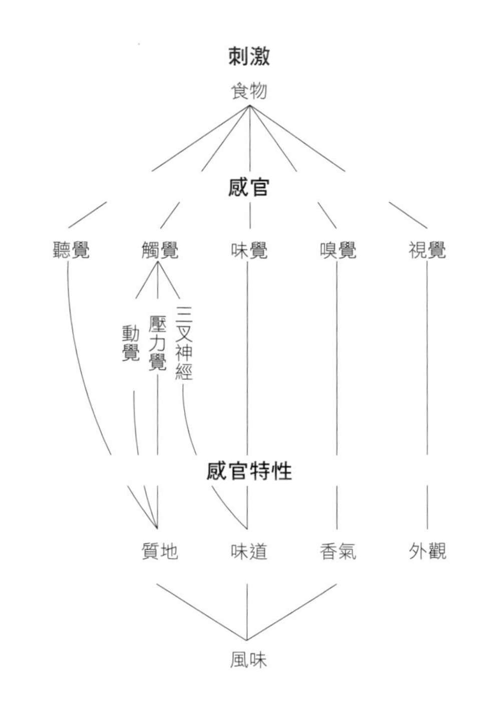

香氣感知

人類的鼻子約有四百個氣味受體，被認為能偵測超過一兆種不同氣味。這個數字代表我們的嗅覺系統有能力處理複雜微妙的多樣化氣味，特別是和味覺受體形成對比。一九二〇年代的研究顯示，人類可以聞到約一萬種不同氣味，但近期一場由紐約市洛克菲勒大學神經生物學家萊絲莉・B・沃斯霍爾（Leslie B Vosshall）進行的實驗發現，人類其實可以聞到更多。[2]

沃斯霍爾的實驗室從一百二十八種個別氣味分子做出三個分開的混合物，瓶內各裝了十、二十、三十種成分的組合。每一位受試者皆拿到三個氣味瓶——一個獨特、二個一模一樣，並被要求找出不一樣的那一個。平均來看，若氣味混合物有一半以上的不同，受試者能聞得出來。沃斯霍爾的實驗室從實驗結果推斷人類應該平均可以辨別一兆種味道。一萬顯然是低估，但一兆未免太誇張，人類偵測得到的氣味數量應該介於兩者之間。

風味鑑賞練習

幫自己倒一杯柳橙汁，捏著鼻子喝一口。你能形容嘴裡的滋味嗎？可能有點甜、有點酸，說不出別的了。現在再喝一口，別捏鼻子。你應該會嚐到一樣的酸甜味，但這次多了一股柑橘類的橘子口味——或者說是香味。這就是我們所謂的完整風味經驗。換成咖啡試試看：不會是複雜風味，大多是苦味。

我們如何品酒

想像一下你第一次品嘗美酒。當你傾斜酒杯想深吸一口它的味道，酒裡最具揮發性的氣味會沿著杯緣往上飄，蒸發至頂空。一股香氣分子透過鼻孔來到鼻腔頂部的嗅上皮，此處有細細纖毛透出一層黏膜捕捉氣味分子，它們會分解並與稱為嗅覺受體細胞的特殊神經元結合。

這些受體會沿著感覺細胞先將信號傳遞至位於大腦額葉正下方的嗅球，再到梨狀皮質的感覺神經元，氣味分子在此與不同受體產生程度不一的互動，讓受體為每一個氣味分子標記獨特的活動模式。隨著受體細胞將香氣資訊傳遞至大腦不同區域，如杏仁核和視丘，酒的整體風味開始像點彩畫一樣成形。這叫鼻前嗅覺，是我們處理氣味的主要方式。

你會注意到，上升至杯緣的前調聞起來和靠近酒體表面的較重調性不同。輕晃酒杯會讓酒液接觸到空氣而顯現香味，一些留在酒體表面底下的揮發性化合物得以被釋放。幸運的是，人腦有四千萬個嗅覺受體神經元來處理這些不同的氣味。新的氣味會在我們的記憶中刻下特徵模式，下一次聞到就能辨識出來。

鼻後偵測是我們處理氣味的次要方法，這解釋了為什麼品鑑達人會在品酒時運用各種口腔攪動技巧。吞嚥或咀嚼的動作將空氣從鼻咽道往上推，附帶著食物或飲品的香氣分子。當你品飲葡萄酒時吸啜空氣可以迫使它往喉嚨後方移動，增加香氣分子接觸嗅上皮的機會。各種信號在此透過嗅神經束再度被傳送到大腦。你可能甚至會偵測到之前沒注意過的調性。你把酒吞下後，留在口中的酸苦餘韻來自於酒的單寧。

處理氣味

在鼻後偵測，透過吞嚥製造的真空會讓氣味分子經喉嚨和鼻腔來到嗅球。你可以藉由在吞嚥前或後用嘴深吸一口氣來加強風味和香氣感知——例如：品酒時吸啜空氣。

鼻後偵測

梨狀皮質
嗅球
嗅上皮
味覺皮質
視丘
海馬迴
杏仁核群
吸氣路徑
香氣分子

嗅球與氣味受體

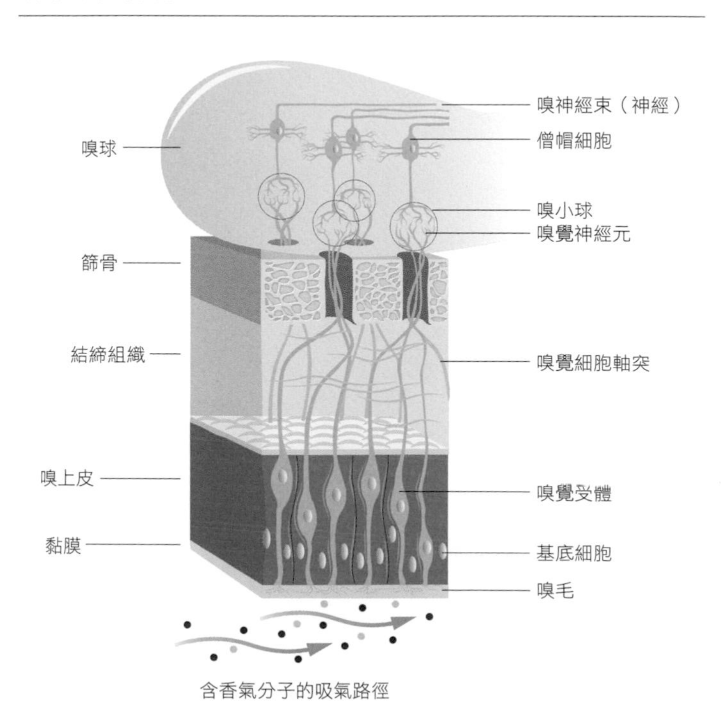

嗅覺大戰味覺

味覺感知從口開始

跟我們許多人在學校學的不同，舌頭上並沒有特定區域專門辨識酸、甜、苦、鹹和鮮味。舌頭的每一處皆可分辨這五種味道，雖然某些區域可能擁有更多的味蕾。我們會有舌尖嚐甜味、舌背嚐苦味的錯誤認知可能是因為苦味在嘴裡停留較久的關係。

五千至一萬個味蕾嵌在舌上的小小突起物（乳頭）裡，口腔後方和上顎也有。當我們飲食時，稱為味道分子的化學物質（如糖、鹽和酸）會刺激五十到一百個位於每一個味蕾的專門受體，將信號從神經纖維末端傳遞至腦神經及腦幹負責味覺的區域。接著脈衝從視丘被傳送至大腦皮質的特定區域，讓我們注意到味道。

G 蛋白偶聯受體負責偵測甜、苦和鮮味道分子。由兩種蛋白質組成的 T1r2/T1r3 受體複合體則辨識甜味道分子如蔗糖和果糖，以及人工甜味劑如甜菊和糖精。鹹食裡的麩胺酸，如最常見於谷氨酸鈉（味精）的 L- 麩胺酸胺基酸會與受體蛋白質 T1r1/T1r3 結合，它們還能辨認鳥苷酸，香菇的鮮味道分子便來自於此。

人類擁有用來偵測苦味物質的感覺受體遠比其他味道分子來得多，可能是為了避免我們不小心吃下有毒物質——至少有一百種已知的 TAS2R 味覺受體變體，這顯示出它們的演化重要性。鹹和酸味道分子直接透過瞬時受體電位通道進入味覺受體，也就是細胞膜表面上的小孔。我們也有受體會對脂肪酸產生反應，可能是因為人體需要脂肪來生存。有些科學家認為人類還有受體能偵測金屬味，但未經證實。

味蕾

高達一萬個味蕾嵌在人類舌頭表面上，且每一個味蕾由高達一百個味覺受體細胞所組成。

舌頭表面

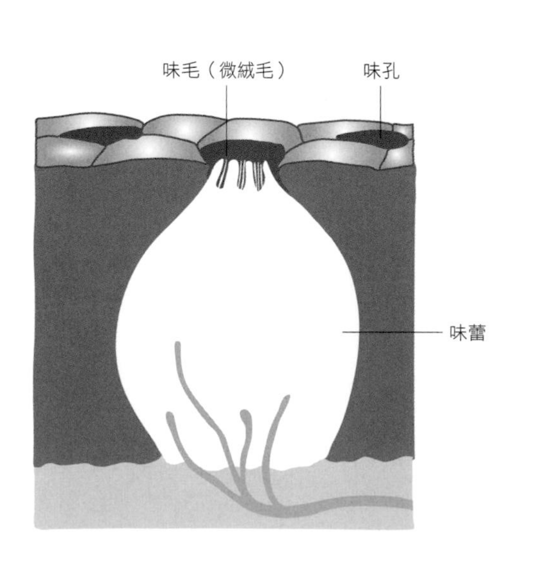

嗅球與氣味受體

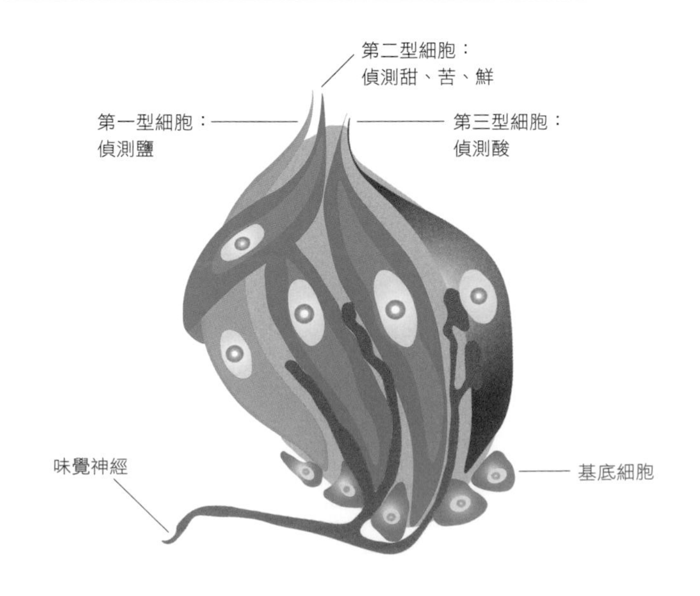

科學事實

分子質量（m）是分子以原子質量單位（u）或道爾頓（Da）衡量的質量。香氣分子的平均重量不到 200Da ——兩百二十一個分子才等於一克。

那一股甜香是什麼？

達三百四十二道爾頓的糖分子（蔗糖）重到我們無法透過鼻前標記，因此當我們說某個東西聞起來很甜，事實上指的是風味的嗅覺和味覺聯想，例如：常見於高糖甜點的香草和肉桂。「甜」這個字也經常應用在果香和焦糖風味，但這些聯想是主觀的，受文化或個人經驗影響。例如：在法國，甜點經常以香草調味，因此在食譜中加上這種香料可能會讓菜餚感覺起來比較甜。然而在越南，新鮮檸檬汁經常被加在含糖飲料中，因此消費者可能會在檸檬和甜味之間產生自己的聯想。

三叉神經感

除了五種基本味道之外，我們吃東西時也會體驗到其他令人愉悅——有時令人痛苦——的感覺。溫度、質地、疼痛和冷卻只是其中幾個提升嗅覺和味覺經驗的三叉神經感。某些化合物會刺激三叉神經傳遞信號至大腦。舉例而言，花椒含有羥基 - α - 山椒素，會產生稱為「感覺異常」的刺痛麻痺感。千日菊和其他類似品種的止痛效果來自於金鈕扣醇。辣椒素為辣椒帶來灼燒感，薄荷醇則有清涼冷卻效果。碳酸飲料的嘶嘶聲來自檸檬酸。

質地也在我們享受飲食的過程中扮演了很重要的角色：你可能會反射性地把壞掉的洋芋片或受潮的麥片吐出來。但質地傳達的不只是食物的物理狀態和結構；它也讓我們的口腔感覺系統得到觸感、溫度、疼痛、壓力等資訊。

位於舌上和口腔上皮層的專門受體將食物的尺寸、形狀和質地信號傳遞至大腦。聚集在舌頭前端和口腔裡的感覺受體比任何一個身體部位都還要多；這些受體即時通知我們某個東西好不好吃，這是另一個自我防衛機制進化的證據，對人類生存至關重要。

味覺在大腦產生

和合成的嗅覺不同，我們的味覺感知是分析來的，也就是說，個別的味道可以在腦中被分離。紐約哥倫比亞大學生物化學、分子生物物理和神經科學教授查爾斯・S・朱克（Charles S Zuker）近期證明了味覺感知不只在舌頭也在大腦產生，腦中負責不同味覺的神經元會被觸發。根據朱克博士的說法：「舌頭的專用味覺受體會偵測甜或苦等味道，但為這些化學物質賦予意義的是大腦。」[3]

你是超級味覺者嗎？

超級味覺者約占總人口的 25%。這些人對味道而非風味極為敏感，因此對他們來說，甜、酸和鹹食的強度特別高，甚至受不了某些蔬菜和具苦味的飲品，像是咖啡和啤酒。

什麼樣的人算是超級味覺者？由你舌頭上的蕈狀乳頭數量決定。一般人平均來說，在直徑六公釐的範圍內有十五至三十五個乳頭，超級味覺者則可能有高達六十個。另外還有 25% 的人口是味盲，同樣的範圍只有不到十五個乳頭。

香氣的重要性

在人類進化的過程中，驅動風味經驗的氣味扮演了生存的關鍵角色。從微生物的角度來看，嗅覺保護我們不至於吃下不適合吃的食物。一聞到令人倒胃口的阿摩尼亞味、臭酸蛋味和不新鮮的海鮮腥味，我們一定想都不用想，選擇另一種（更安全的）餐食。女性在懷孕期間的味覺和嗅覺會變得更敏銳，這可能是為了保護自己和未出世的孩子，以免攝取具有潛在危險性的食物。嬰兒出生後不久也能辨認媽媽的氣味。

氣味對社會連結而言是不可或缺的線索。在一項由英屬哥倫比亞大學心理學系進行的研究中，九十六名女性受試者被隨機要求聞一件全新、配偶穿過或陌生人穿過的 T 恤，接著接受壓力測試。聞到並正確指出 T 恤被配偶穿過的女性擁有較低的皮質醇，而聞到陌生人 T 恤的女性則皮質醇提高。這顯示出人類對體味極為敏感，即使只是潛意識如此。[4]

嗅覺生物學

隨著人類進化，達到食物鏈的頂端，我們對嗅覺的依賴程度降低，轉而更加依賴視覺來生存。有功能的嗅覺受體神經元數量是唯一衡量有機體分辨氣味能力的方法。研究顯示人類大約有三百五十個功能性受體基因，老鼠則有一千一百個。不過，區別氣味的能力可能跟大腦中央嗅覺區以及它處理來自鼻口信號的能力更有關係。

嗅覺在生存時扮演的角色

根據近期研究，進化的重要角色在於使不同動物有能力嗅出攸關生存的氣味。老鼠極為擅長偵測掠食者，狗則對自然獵物身上的石炭酸特別敏感。雙峰駱駝的嗅覺受體對土臭素的氣味專精到可以偵測八十公里外的綠洲潮濕泥土味。人類偵測醛類（常見於水果、花卉）的能力比狗突出，對血液和尿液的味道也特別靈敏。[5] 人類亦證明了自己甚至比最敏銳的氣相層析儀偵測氣味的表現更佳。[6]

誰的鼻子靈：人類對比老鼠

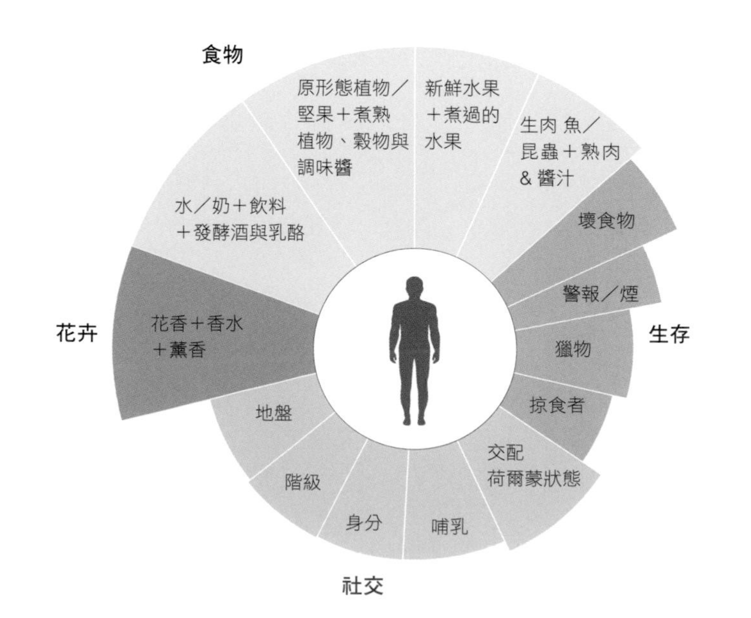

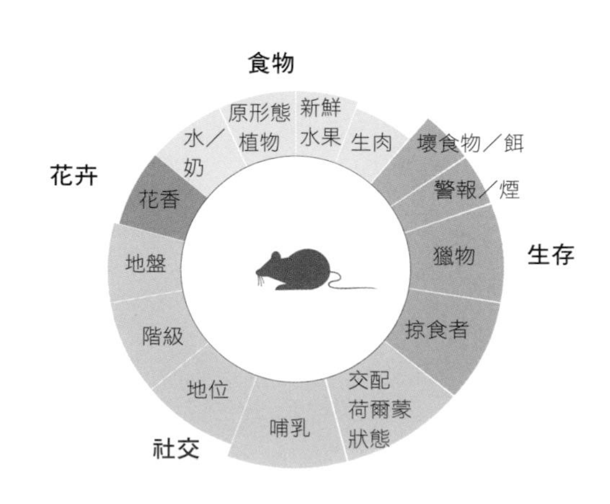

每 20 個人類基因中有一個是氣味受體
人體含有兩萬個基因。驚人的是每二十個基因就有一個是香氣受體。想像一下人類 DNA 像圖書館一樣運作，那麼每二十本書就有一本收錄關鍵氣味資訊，讓我們得以偵測和解讀不同味道。

我們的嗅覺生物學不能只以有功能的受體神經元多寡來衡量，因為其他變數也會影響我們感知氣味的能力。舉例來說，鼻腔大小和較大的腦讓人類有更好的認知能力來區別香氣。

除了氣味的初步處理之外，人類比其他動物更會運用高級認知思考能力來比較氣味與風味和之前遇過的有何不同。再加上語言系統讓我們能夠辨別和記載日常生活中熟悉和不熟悉的氣味。一般認為這種高度聯想的力量形成了人類嗅覺感知的基礎，彌補了我們擁有的氣味受體神經元比其他哺乳類來得少的事實。隨著時間過去，人類或許變得較不依賴嗅覺，但侍酒師、調香師或其他感官專家訓練有素的鼻子證明只要經過練習，我們也能將嗅覺發揮得淋漓盡致。

人類和其他物種不同的另一個關鍵要素是我們在飲食之前大多會先處理食物。我們精心烹煮、發酵、調味和組合食材的方法讓我們得以接觸到比其他物種範圍更大的鼻後香氣。

你聞到的味道獨一無二

近期研究發現，我們大約有 30% 的嗅覺受體因基因變異而人人不同。嗅覺受體會合作形成一個複雜網絡，有四百個左右的專門感測器能偵測和分析不同香氣。舉例而言，你聞了肉桂之後活化受體，它們將香氣資訊轉為圖案信號再傳送至大腦：*柑橘類檸檬*、*辛辣肉桂*、*丁香和樟腦*。這些編碼圖案由大腦辨識並指出你正在聞的食材是肉桂。

在這四百個氣味受體中，約一百四十個因人而異，讓我們對環境中的氣味產生不同認知。以色列魏茨曼科學研究所發展出一項嗅覺測驗，請受試者以一套五十四個香氣描述符來辨認三十四種氣味。根據受試者的回應可得出地球上每一個人都擁有獨特的嗅覺指紋。[7]

風味關聯：學會去喜歡

我們喜歡或不喜歡某種食物的理由很少與生俱來——在多數情況下，我們的喜好都是由一連串的經驗形塑而成，並非「天生就是如此」，而是心理作用。

俄國生理學家伊凡．巴夫洛夫（Ivan Pavlov，1849-1936）研究狗的消化系統後過了一陣子，注意到他的狗還沒得到任何食物就開始流口水。他發現任何與食物有關聯的刺激（在他的經典實驗中是蜂鳴器或節拍器的聲響）最終都會導致唾液分泌反應。類似的學習過程也左右了人類喜歡與不喜歡的東西。古典制約的原則有助於解釋我們如何能夠漸漸喜歡上一開始不喜歡的風味。攝取食物的一個正向結果是獲得獎賞以建立關聯。這個獎賞可以是能量（例如：來自糖）或生理效應，像是來自酒精或咖啡因。這兩種物質嚐起來都有苦味，但它們帶來的愉悅結果讓我們克服天生對苦味的厭惡，甚至到達學會喜歡苦味的程度。傷害較小的獎賞也有效果，像是冷水在嘴裡的清涼感。當這樣的身體獎賞再配上特定風味，重複接觸後就會開始喜歡它。

我們也可以透過將新（中性或甚至不喜歡的）風味與已經喜歡的風味聯想在一起而學會喜歡它。這一類的好感轉移稱為評價制約，或食品的味味學習。將新風味與我們已知且喜歡的風味重複搭配也能讓我們學會喜歡新風味。甜是大眾普遍偏好的味道，因此成了學會喜歡風味的好幫手。把糖加入苦的咖啡或酸的原味優格會讓它們馬上變得美味可口。隨著時間過去，我們漸漸可以接受不加糖的版本——與甜味之間的聯想發揮了作用。

把喜歡的風味和不喜歡的風味聯想在一起會讓你更加喜歡原本不喜歡的風味。在食物搭配中，這是一個非常有趣的發現。若在一個新的組合當中有一種風味被喜歡，那麼其他風味也會漸漸被喜歡。

味味學習：結合不喜歡和喜歡的食材以學會喜歡原本不喜歡的風味

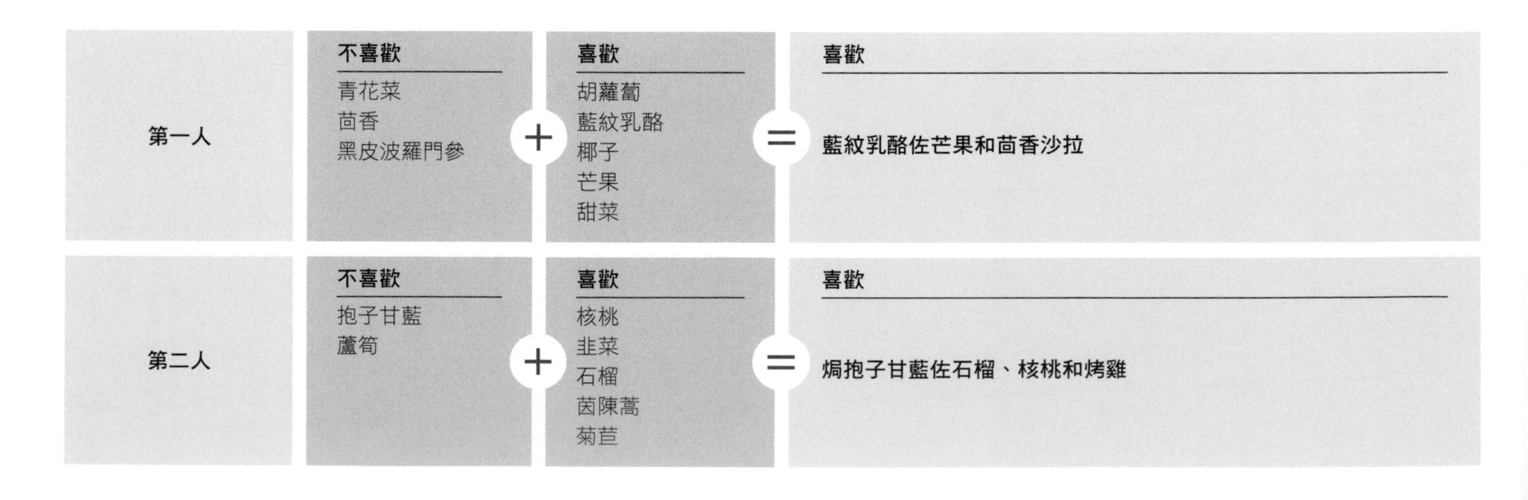

香氣分子

每一種香氣一開始都是食物中的前驅物——碳水化合物、胺基酸、脂肪酸或維生素。有些香氣已經存在於原食材，有些則透過烹調或加工形成。

大部分的新鮮水果香味會在它們成熟時散發出來。在水果的生長期，糖可能會被新陳代謝為澱粉或甚至脂質（例如：橄欖）。隨著水果成熟，這些和其他前驅物會被轉化為次級代謝物，大部分的香氣便來自於此。當然，品種、陽光和土壤亦會影響水果的風味和甜度。

完整的蔬菜幾乎沒有什麼味道。舉例來說，只有在你切了黃瓜之後，不飽和脂肪酸因為細胞膜被破壞而接觸到氧氣，促進酵素性氧化作用，才會產生明顯有黃瓜味的醛類壬二烯醛和壬烯醛。

在烹調過程中，熱會引發一連串非酵素性反應而帶出新風味。食材的水分開始以蒸氣的形式蒸發，進入氧化和焦糖化過程。到達 140°C 會發生梅納反應，形成數百個新的香氣分子，最為明顯的是烘、烤、炸。食材裡的胺基酸與糖結合，在熟食表面形成美味的褐色脆皮。到達 160°C 會發生焦糖化反應：食材裡原有的糖變成金色或褐色，散發出堅果、焦糖香。

發酵是另一種非酵素性反應，發生於當酵母或細菌將食材裡的糖分子分解成酒精和二氧化碳時。由於細菌或酵母靠糖分生存，因此發酵速率會影響某些香氣化合物的生成，啤酒就是如此。葡萄酒、魚露和泡菜是發酵產品的其他例子。

風味的建構單元

香氣是揮發性化合物，含有五個基本原子的組態：碳、氫、氧、氮和硫。每一種香氣化合物都有獨特的原子結構，讓我們知道它的氣味多強烈、可以持續多久。許多揮發性物質含有四到十六個碳原子。含有越少碳原子的香氣分子越容易揮發；分子結構越長就會有越複雜持久的香味。每多一個碳原子，香味的持久度就多一倍。含有八到十個碳分子的香氣分子通常被認為擁有最令人愉悅的氣味。

食材裡最重要的香氣化合物根據它們相似的原子結構被歸類。這些化合物再進一步分類為官能基，決定香氣分子的特性。

香氣建構單元

在我們吃的食物裡，目前大約可以找出一萬種揮發性化合物。同樣的化學命名法被用來形容食物、香水和其他產品中的化合物。次頁列舉與飲食最相關的香氣分子。

碳原子的力量

香氣分子含有的碳原子越多，持久度越高——丙醛的果香比十二醛的肥皂味消失得快很多。

O H

丙醛：果味

O H

己醛：草味

O H

壬醛：柑橘味

O H

十二醛：肥皂味

香氣分子

1. 醛類

醛類的嗅覺察覺閾值很低。隨著碳鏈加長，它們容易被察覺的氣味會從青綠香、柑橘香變成脂肪香。

- **己醛**（C6）是六碳鏈醛，具有清新綠香，存在於蘋果、番茄和酪梨等食材中。
- **壬醛**（C9）聞起來類似橘子皮。
- **十一醛**（C11）具有橄欖油和奶油的脂肪、蠟香。

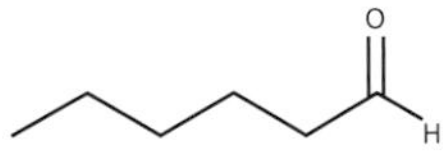

己醛

在烹調或發酵的過程中，胺基酸會轉化並促進各種**支鏈醛類**形成，產生巧克力麥芽調等風味。其他常見的支鏈醛類例子包括**香草醛**（香草）、**肉桂醛**（肉桂）和**苯甲醛**（杏仁）。

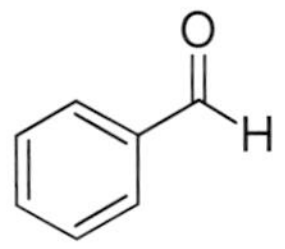

苯甲醛

不飽和醛類為蘋果、草莓和番茄帶來清新草味。新鮮香菜和黃瓜的風味也大多來自於它們。薯條和炸雞也滿滿都是這些蠟味、脂肪味化合物；薯條和雞皮裡的胺基酸（蛋白質）在高溫牛油烹煮下會轉化成不飽和醛類。

2. 酒精類

這些有機化合物聞起來有果味、蠟味甚至肥皂味，視濃度而定。製造啤酒、干邑白蘭地和蘭姆酒的發酵過程通常會產生果香。柑橘類水果像是檸檬和橘子也含有酒精，因此會散發出蠟香。泥土味的**土臭素**和蘑菇味的1- 辛烯 -3- 醇皆為自然產生。

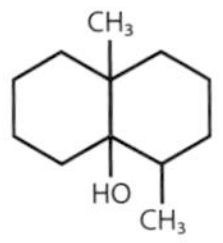

土臭素

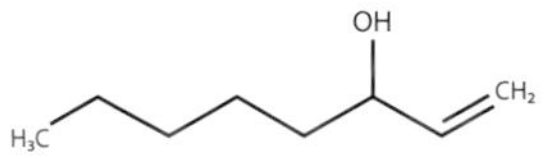

1- 辛烯 -3- 醇

3. 酮類

酮類的香味差別相當大，香氣描述符從奶油味、榛果味（榛果特有的**榛子酮**）到花香都有。最常見的兩種花香酮類為：

- **乙位 - 大馬酮**為蘋果、漿果、番茄和威士忌帶來花香。
- **乙位 - 紫羅蘭酮**是紫羅蘭和覆盆子的紫羅蘭香來源。

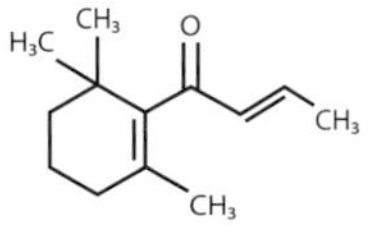

乙位 - 大馬酮

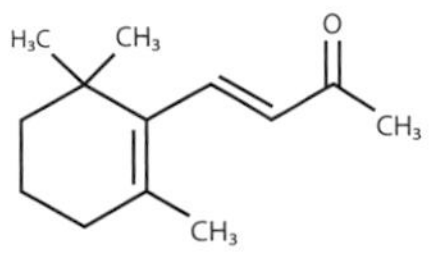

乙位 - 紫羅蘭酮

4. 酯類

所有水果都含有酯類。像是**丁酸乙酯**等乙酯是果香的關鍵來源。乙酯的分子鏈若有較多碳，這些水果或熱帶香味會轉為梨子、蘭姆酒或甚至肥皂香。丁酸乙酯等酯類具有一般果香，有的酯類則氣味明確，如散發香蕉香的**乙酸異戊酯**或鳳梨香的**己酸乙酯**。發酵也會產生酯類，像是啤酒含有蘋果香的乙酯和香蕉香的乙酸酯。

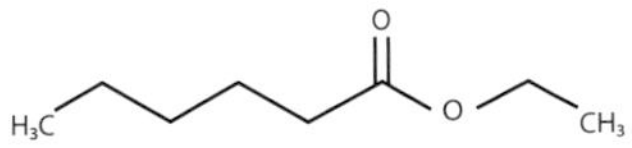

己酸乙酯

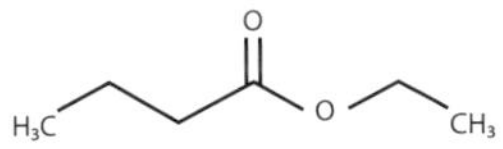

丁酸乙酯

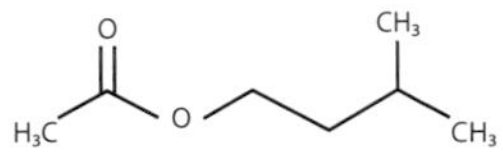

乙酸異戊酯

5. 內酯

內酯是環狀的酯，由不同原子組成像戒指一樣的構造。從名字可以看得出來，內酯常見於奶製品。**γ 內酯**聞起來有椰香或桃香，可以藉由它們的　喃環來辨認。**δ- 內酯**具有吡喃環結構，呈現奶油香或椰香。

- 威士忌內酯由威士忌經橡木桶陳年產生，帶有木香或椰香。
- 茉莉內酯散發水果的桃子、杏桃風味，在茉莉和其他花卉精油、核果和薑中自然生成。

十二內酯

威士忌內酯

6. 酸類

酸類是發酵的副產品。**醋酸**等較短的酸會發出刺鼻汗味；鏈較長的則較不刺鼻，帶有奶油、乳酪味。

醋酸

7. 萜烯類

萜烯類、萜類和倍半萜是柑橘、草藥和香料的木香、松香味來源。這些天然化合物是精油的關鍵香氣成分。

- **檸檬烯**具有甜橘香。
- **蒎烯**為杜松子和琴酒帶來特有的松香。

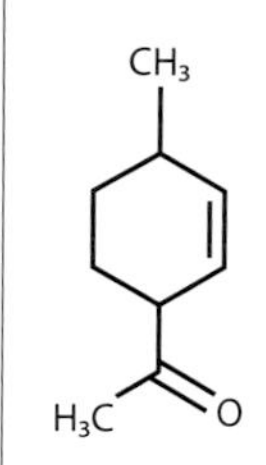

檸檬烯

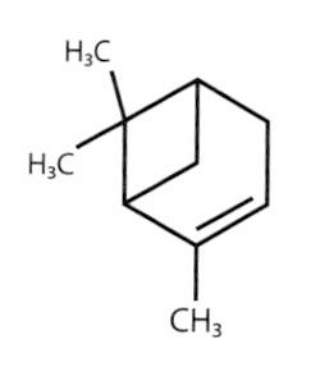

蒎烯

萜烯類經氧合作用會轉為**萜類**，也就是氧分子依附在其結構上：

- **薄荷醇**具有清涼、薄荷香。
- **芳樟醇**是新鮮香菜的主要成分，經常被形容為肥皂味。

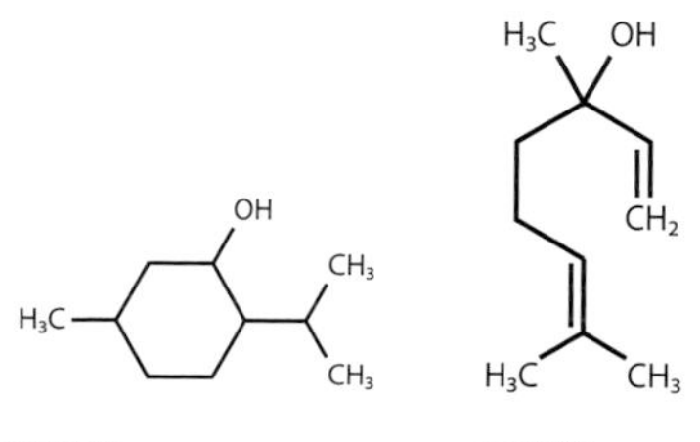

薄荷醇　芳樟醇

倍半萜是常見於柑橘類水果、草藥和香料的**萜醛**，如含有**香葉醛**和**橙花醛**的香茅。同樣的倍半萜也存在於巴西切葉蟻，散發柑橘檸檬風味。

8. 呋喃與呋喃型

呋喃源自於梅納反應，當食材裡的脂質因受熱和烹調開始氧化時形成。

- **葫蘆巴內酯**在低濃度時具有楓糖漿或焦糖味，但在高濃度時聞起來像葫蘆巴或咖哩。

葫蘆巴內酯

9. 呋喃酮

烘烤巧克力和咖啡等食材會讓呋喃（見上述）隨著梅納反應轉化為**呋喃酮**分子，產生新的焦糖調。呋喃酮也自然存在於草莓和鳳梨等新鮮食材，它們分別充滿草莓**呋喃酮**和**鳳梨呋喃酮**。

呋喃酮

10. 酚類

甲氧苯酚帶有辣香。

- **丁香酚**為丁香帶來溫辣香。

丁香酚

建立你的香氣資料庫

與質地或滋味等其他形式的感官輸入不同，我們的嗅覺以及大腦詮釋香氣的方式有一部分由過去經驗決定。大部分的人幾乎很少——或從來沒有——聞過單獨的個別香氣分子。在日常生活中，我們時時刻刻都會接觸到各種化學結構和濃度的氣味劑。

目前科學還沒有辦法完全解釋，為何人類比較擅長區別複雜的揮發性化合物混合物，而較不擅長辨認個別香氣分子。就算是受過訓練的感官專家，在含有八個以上化合物的混合物中也難以認出超過四種氣味劑。[8] 這些複雜的混合物會被感知為全新氣味，失去個別特徵。若混合物當中的化合物超過八種，就會產生所謂的「嗅覺白」。把超過二十種差不多強度的不同氣味劑混合在一起，均勻分布於嗅覺空間，聞起來也是一樣的通用氣味，即使它們並沒有相同的香氣化合物。[9]

為了搞清楚每天襲來的複雜氣味刺激物，人類的嗅覺系統進化成只會辨別當下真正息息相關的味道。要處理這些氣味劑混合物代表大腦必須能夠立即且同步辨識、編碼和儲存它所接收到的嗅覺訊息，轉化為熟悉的空間和時間地圖，也就是「氣味物件」，需要時再拿出來使用。

擴展你的參考架構

若你曾經讀過酒瓶上的品飲筆記，但無法察覺它所提到的任何風味，你可能會很好奇，專家們在談論葡萄酒、咖啡、乳酪、巧克力和其他精緻食品時，到底哪來的點子想出這些千奇百怪又花俏的描述符？他們怎麼知道自己聞到了什麼？

侍酒師透過不斷嗅聞和品嘗葡萄酒來建立自己的「香氣資料庫」，這麼做能幫助他們為多彩多姿的揮發性化合物發展大量的參照點。受到個人和文化經驗一輩子的影響，我們各自擁有不同的參考架構。最熟悉的景象、氣味、聲音、風味和滋味通常都是日常生活習慣或飲食喜好的一部分，其他的則可能與過去特定回憶或某些情緒有關。

隨著你蒐集的參考資料越來越多，要去解析食材香氣的細微差異就會變得越來越容易。這在你試著形容加工食材時特別有用，例如巧克力，它由大約一千五百種不同的氣味劑組成，其中有五十至一百種超過了嗅覺識別閾值。由於沒有「巧克力香氣分子」這種東西，能夠認出食材的細微差異將有助於你鑑賞其複雜風味。最明顯的氣味連結可能對我們來說特別突出，但較不明顯的能啟發想像不到的有趣新搭配。

香氣辨識練習

擴展個人香氣資料庫的關鍵就是讓自己接觸越多不同食材和產品越好。盡量去聞每一樣東西。從自家食物櫃裡的香料開始。如果不用眼睛看，你能聞出肉桂和丁香的不同嗎？那丁香和肉豆蔻呢？奧勒岡草和馬鬱蘭？薑黃和薑粉？

香氣與記憶

你是否曾經不經意聞到某樣東西，遙遠的記憶就被喚醒？可能是剛烤好的餅乾傳出溫暖焦香味，把你帶回到童年時光，又或許是陌生路人的香水或古龍水讓你想起過去的戀人。某些味道能引起我們的強烈情緒反應並非巧合。當氣味飄至鼻腔裡，會由嗅球處理嗅覺資訊，它有纖維直接連結杏仁核和海馬迴。大腦這兩個區域負責情緒和記憶。其他的感官刺激——視覺、聽覺或觸覺——都沒有經過杏仁核和海馬迴，這解釋了為何氣味能引起如此的強烈反應。

氣味占了整體風味經驗的八成，但大部分的人會使用苦、甜、酸和鹹等字眼來形容食物或飲品。我們會先注意到味道分子是因為大腦要創造新的氣味聯想或從現有的記憶庫擷取比較花時間。當你建立香氣資料庫時，別侷限於自家廚房。侍酒師在形容葡萄酒的礦物味時，會提到剛除完草或是浪花的味道——我們周遭的氣味海無邊無際。我們很自然地會根據已經很熟悉的物體、事件或觀念進行聯想，因此最後會使用像是果香、花香、柑橘香、青綠香、木香、松香、苔蘚味、麝香味、泥土味等等描述符。

將這些描述符跟你每次吃喝東西時的三叉神經感做對比。新鮮薄荷的薄荷腦具有些微清涼效果，花椒（見第 21 頁）的山椒素分子則會帶來麻刺感。咖啡、茶和紅酒單寧的苦澀可能會讓你覺得嘴巴乾皺。

訓練你的感官

除非特別去吃好料，不然許多人都把飲食視為理所當然的一件事——除了剛好在工作上需要聞嗅或品嘗的人。要學會分辨不同食材和產品必須刻意去努力訓練，但即使是日常三餐也能讓我們有很多的機會磨練味覺和嗅覺。

當你接觸到各式各樣的新產品和食材時，記得找出和記下每一個名字。建立參照系統能幫助記憶歷久彌新。

在每一次的嗅聞和品嘗之間休息片刻，避免味覺疲勞以及暫時性的嗅覺喪失。你可以吃一塊餅乾或喝一杯溫水來中和味道讓嘴巴休息。若你開始覺得每個東西聞起來都一模一樣，深深聞一口自己的腋下（認真的！）或手掌心。我們的體味具有中和效果。很快地，你會看見自己辨識不同風味和氣味的能力大有進步，儘管去嘗鮮吧。

食物搭配的方法

在食物搭配公司，我們發展出一套系統，根據香氣類型和其描述符來將氣味分類。有了「氣味語言」，我們便能描繪和視覺化所有食材和產品的香氣輪廓。

香氣分子、描述符與類型

為了視覺化不同氣味劑的香氣連結，我們創造了一個虛擬 3D 空間來模擬食物搭配資料庫裡一萬個香氣分子之間的連結。這個密集的知覺網顯示出某些分子團之間的驚人相似點，因此我們另外分成幾組，像是蔬菜。整體而言，我們整理出了十四種香氣類型，用它們來形容不同食材香氣輪廓裡的眾多氣味。這些香氣類型再進一步根據每個分子的基本氣味分為描述符子類（完整氣味網絡見 odournetwork.foodpairing.com）。

每個香氣分子都有自己獨特的基本氣味。舉例來說，鳳梨含有己酸甲酯，此氣味劑的基本氣味聞起來就像鳳梨。分析完食材後，我們檢視哪些揮發性化合物超過嗅覺識別閾值，然後辨識各種香氣分子的基本氣味，如此一來便能將個別分子歸類到適當的描述符組。描述符標籤告訴我們一個香氣分子的基本氣味是什麼：當我們使用「鳳梨」標籤做為描述符時，代表那個描述符組裡的所有分子都具有顯著的鳳梨香。我們總共辨識了一萬個香氣分子，分成食物搭配資料庫裡十四個不同的香氣類型和七十個描述符。這樣的分類讓我們得以視覺化任何經過分析的食材風味輪廓，遍及所有產品群。

食物搭配的方法論

擁有共同關鍵香氣分子的食材適合搭在一起，這樣的前提是我們創意方法論的科學基礎。任何擁有共同香氣分子子集合的食材會有一些重疊之處，因此會是絕配。

食物搭配的科學始於一種食材或產品的香氣分析。這些輪廓所產生的搭配推薦來自於精選的關鍵氣味劑，它們的濃度都高到足以讓我們察覺。

在本書中，你將會找到香氣輪盤和搭配表格做為食材香氣輪廓關鍵成分的視覺參考（見第 31 頁）。

對頁：食物搭配的香氣類型
本書介紹的每一種食材皆根據我們的七十個香氣描述符系統來分門別類和描繪形容，從果香到化學味共有十四種關鍵香氣類型。

香氣類型與描述符

水果

酯類在許多水果如草莓、香蕉、鳳梨和其他熱帶水果的香氣輪廓中扮演了重要角色。依不同濃度，內酯可能會具有桃子或椰子味，存在於水果、奶類、乳酪和其他乳製品。

・*蘋果、香蕉、漿果、椰子、水果、葡萄、桃子、鳳梨、熱帶*

花卉

乙位 - 大馬酮、乙位 - 紫羅蘭酮和 (Z)-1,5- 辛二烯 -3- 酮讓玫瑰、紫羅蘭和天竺葵散發迷人芬芳，也為蘋果、梨子、覆盆子和番薯等食材帶來花香調。

・*花卉、天竺葵、蜂蜜、玫瑰、紫羅蘭*

草本

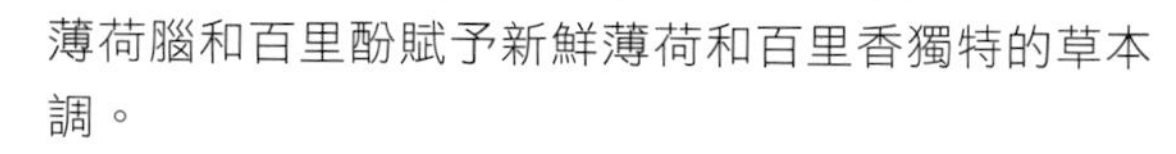

薄荷腦和百里酚賦予新鮮薄荷和百里香獨特的草本調。

・*草本、薄荷、百里香*

焦糖

呋喃酮、麥芽醇和葫蘆巴內酯等化合物是焦糖和楓糖漿的焦糖味來源。

・*焦糖、楓糖*

堅果

苯甲醛是杏仁萃取物裡的特徵影響化合物，零陵香豆令人陶醉的芬芳乾草香則來自香豆素。榛果能擁有其突出的味道是酮的功勞。

・*榛果、堅果、零陵香豆*

辛辣

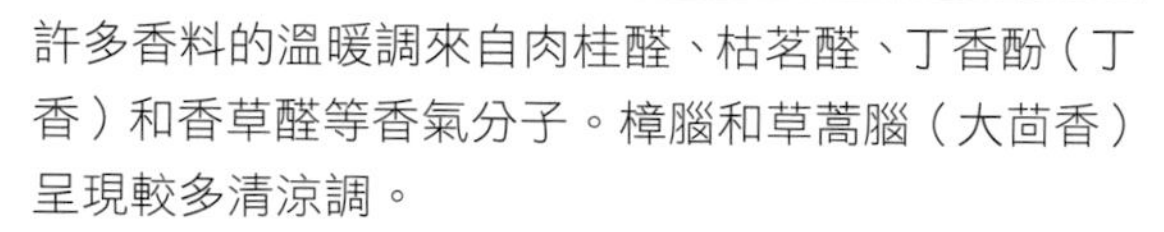

許多香料的溫暖調來自肉桂醛、枯茗醛、丁香酚（丁香）和香草醛等香氣分子。樟腦和草蒿腦（大茴香）呈現較多清涼調。

・*大茴香、樟腦、肉桂、丁香、孜然、刺鼻、辛辣、香草*

動物

肉湯和鹿肉或魚類等食材會散發強烈的動物味。肝臟含香氣分子吲　，聞起來有糞便、泥土、酚、香水或甚至花香味。糞臭素具有類似的動物味，聞起來像糞便或麝貓。

・*動物、魚、肉*

柑橘

檸檬、萊姆、葡萄柚和醋栗含有大量柑橘調，它也存在於香菜籽、香茅和香蜂草等食材。

・*柑橘、葡萄柚、檸檬、柳橙*

青綠

青綠的範圍包含黃瓜味、脂肪味（像是橄欖油）、剛除的青草味和蠟味（像是橘子皮）等等，視醛濃度而定。碾磨穀物亦含有聞起來像燕麥片的綠香揮發性化合物，環氧化物則讓海藻帶有金屬調。

・*黃瓜、脂肪、青草、青綠、燕麥片、蠟*

蔬菜

甜椒、蘑菇和馬鈴薯大部分的蔬菜味來自吡嗪、1- 辛烯 -3- 酮和甲硫基丙醛。蔥屬和蕓薹屬植物含有硫味的揮發性化合物。烹調會產生新的硫味、馬鈴薯味和蘑菇味的香氣分子。

・*甜椒、甘藍、芹菜、大蒜、蘑菇、洋蔥、馬鈴薯*

烘烤

梅納反應會使新的揮發性化合物形成，它們聞起來有烘烤或爆米花味。有些描述符為麥芽味或咖啡味，吡嗪和土臭素則偏向泥土味。

・*咖啡、泥土、油炸、麥芽、爆米花、烘烤*

木質

有些食材含有木質味的　烯類和蒎烯（松木）。使用木材來烤肉、魚或其他食材會產生同樣的木質、煙燻風味，冷燻魚或肉的過程則會將酚化合物注入其中。

・*巴薩米克、酚、松木、煙燻、木質*

乳酪

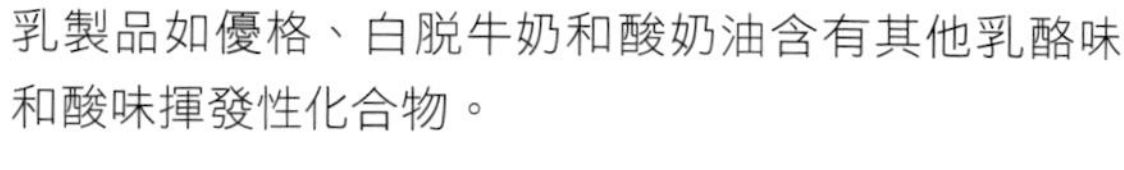

鮮奶油、奶油和成熟乳酪皆具有乳酪調。醋和發酵乳製品如優格、白脫牛奶和酸奶油含有其他乳酪味和酸味揮發性化合物。

・*酸、奶油、乳酪、鮮奶油*

化學

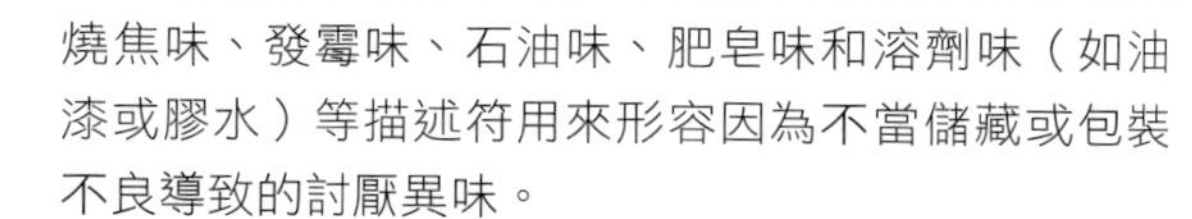

燒焦味、發霉味、石油味、肥皂味和溶劑味（如油漆或膠水）等描述符用來形容因為不當儲藏或包裝不良導致的討厭異味。

・*燒焦、灰塵、石油、肥皂、溶劑*

香氣輪盤和搭配表格

如何讀懂香氣輪盤

香氣輪盤是食材獨特香氣輪廓的視覺表徵，由兩個環組成：內環顯示十四種不同的香氣類型，破碎外環呈現此食材裡可用的香氣描述符（見第 31 頁）濃度。

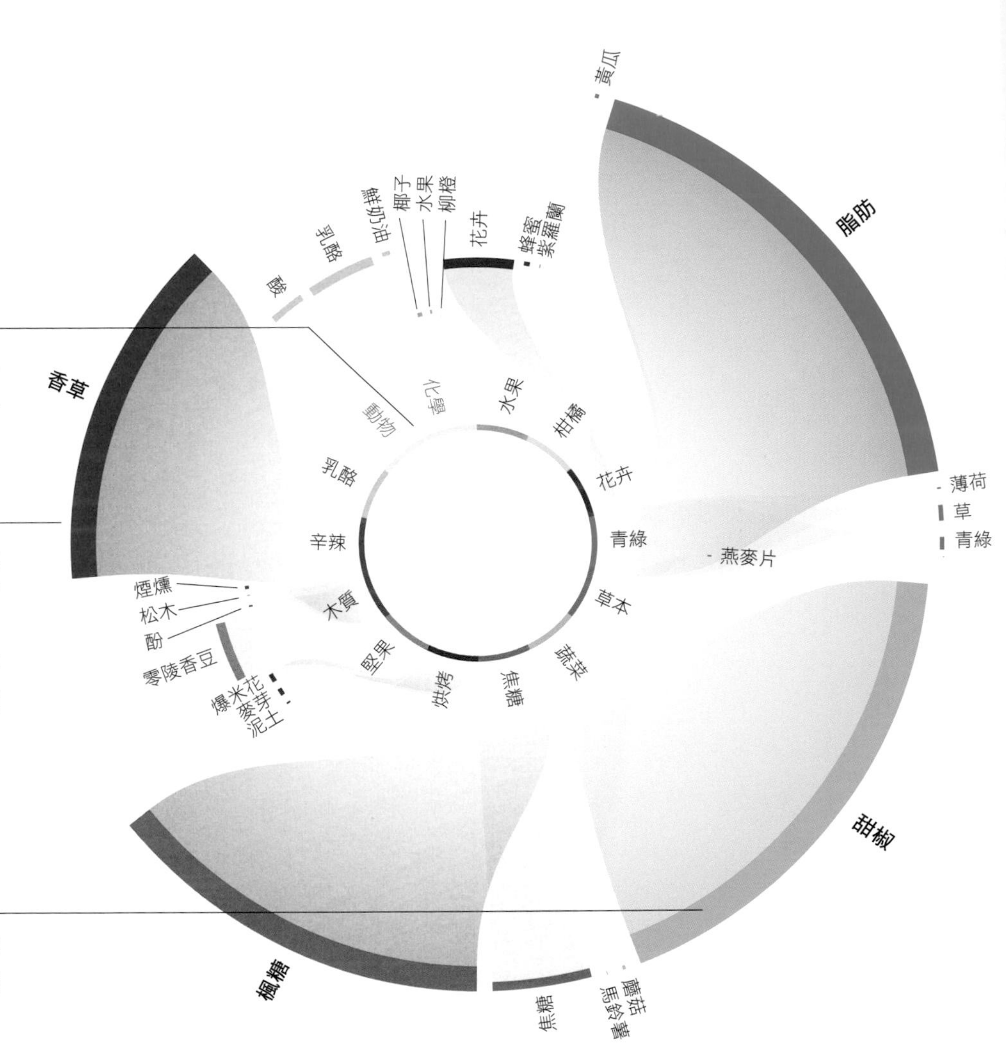

不存在於此食材香氣輪廓中的香氣類型顏色反灰：在這個藜麥的香氣輪盤上，我們可以看見它沒有動物或化學香氣。

內環和外環色帶之間的距離越大，色帶所代表的香氣類型濃度越高。在這個例子中，青綠香氣類型描述符的色帶——黃瓜、脂肪、青草、青綠和燕麥片——離內環最遠，接著是蔬菜、焦糖和辛辣香氣類型。草本香氣類型描述符薄荷離內環最近，濃度也低。

外環色帶的厚度和長度顯示每一個香氣描述符的濃度。在蔬菜香氣類型中，甜椒是最顯著的香氣描述符，再來是蘑菇和馬鈴薯。

指紋香氣輪盤

有些食材以簡化的小型香氣輪盤呈現關鍵香氣資訊。

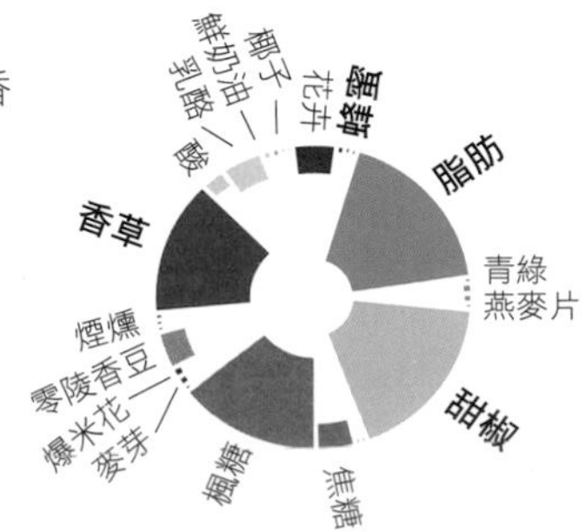

如何讀懂搭配表格

搭配表格的主食材，也就是這個例子中的熟藜麥，以粗體字標示，下方列出十個潛在搭配食材。色點欄對應的是香氣輪盤上十四種不同香氣類型，從水果到化學，因此色點水平列代表主食材和十個建議搭配的香氣輪廓示意圖。

	水果	柑橘	花卉	青綠	草本	蔬菜	焦糖	烘烤	堅果	木質	辛辣	乳酪	動物	化學
熟藜麥	•	•	•	•	•	•	•	•	•	•	•	•	·	·
番茄	•	●	·	•	·	●	·	·	•	•	•	·	·	·
羅勒	•	•	·	●	•	●	·	·	·	•	●	·	·	·
核桃	·	·	●	•	·	·	●	·	●	•	•	·	·	·
肋眼牛排	•	●	•	●	·	•	●	•	·	•	●	•	·	·
杏桃	•	•	•	·	•	·	●	·	·	•	•	●	·	·
烘烤菱鮃	•	·	•	●	·	•	●	•	·	·	·	·	·	·
辣根末	•	•	·	●	•	●	·	·	·	·	·	·	·	·
祕魯黃辣椒	●	•	●	●	·	●	●	●	·	●	·	●	·	·
蟹肉	●	•	●	●	·	●	●	●	●	●	●	·	•	·
煎秋葵	●	·	●	●	·	●	●	●	•	•	●	●	·	·

有色點表示食材裡有此香氣類型，沒有色點則表示無此香氣類型。在第一列，我們看見藜麥的香氣輪廓不包含動物和化學香氣類型。在第一欄，我們看見每一種搭配食材皆具有果香，除了核桃。

大點代表主食材和搭配食材共同擁有那個類型的香氣分子。在第二列，我們看見番茄和藜麥共同擁有關鍵的柑橘和蔬菜香氣分子，以及其他五種香氣類型。

準備好，開始搭配！

本書介紹的兩百四十個香氣輪盤皆附有搭配表格，列出主食材的十個潛在搭配。另外還有超過七百個食材僅以搭配表格的形式呈現。你可以在開發新食譜時利用搭配表格來搭起食材之間的香氣橋樑。

開始搭配的第一步：選擇一或多個主食材下方所列項目。以藜麥為例，如上圖所示，一個選項是往下瀏覽清單並將熟藜麥與新鮮番茄、羅勒、蟹肉和杏桃組合在一起，做出一道清爽的夏日沙拉。你可以利用第三百七十二頁之後的食材索引進一步搜尋其中一個建議食材的搭配表格。以上方的表格來說，你可以從熟藜麥和羅勒開始，然後參考羅勒的搭配表格（第 72 頁），從那裡的十個建議食材當中選一個　　例如：西班牙喬利佐香腸。接著查詢西班牙喬利佐香腸的搭配表格（第 286 頁）做更進一步的連結。

食譜視覺化

本書「食材與搭配」章節從第四十頁的奇異果開始到第 368 頁的牡蠣，介紹一系列由食物搭配公司和全球主廚開發的精選食譜，例如：相勳．德甘伯的奇異牡蠣。每一道食譜皆附圖顯示最重要的幾個食材並視覺化它們彼此之間的關鍵香氣連結，以色點呈現不同香氣類型——如下方的奇異牡蠣例子。

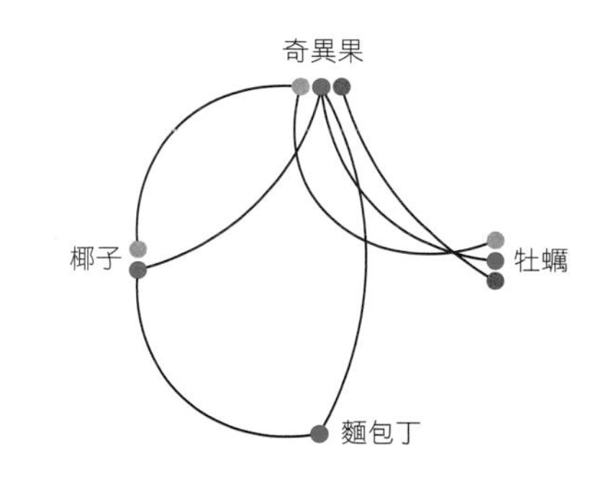

食物搭配基礎概要

香氣類型與香氣描述符

本書根據十四種香氣類型共七十個香氣描述符為食材分門別類。

類型	顏色	描述符
水果		・*蘋果、香蕉、漿果、椰子、水果、葡萄、桃子、鳳梨、熱帶*
柑橘		・*柑橘、葡萄柚、檸檬、柳橙*
花卉		・*花卉、天竺葵、蜂蜜、玫瑰、紫羅蘭*
青綠		・*黃瓜、脂肪、青草、青綠、燕麥片、蠟*
草本		・*草本、薄荷、百里香*
蔬菜		・*甜椒、甘藍、芹菜、大蒜、蘑菇、洋蔥、馬鈴薯*
焦糖		・*焦糖、楓糖*
烘烤		・*咖啡、泥土、油炸、麥芽、爆米花、烘烤*
堅果		・*榛果、堅果、零陵香豆*
木質	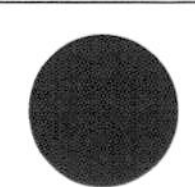	・*巴薩米克、酚、松木、煙燻、木質*
辛辣		・*大茴香、樟腦、肉桂、丁香、孜然、刺鼻、辛辣、香草*
乳酪		・*酸、奶油、乳酪、鮮奶油*
動物		・*動物、魚、肉*
化學		・*燒焦、灰塵、石油、肥皂、溶劑*

如何讀懂香氣輪盤

- 輪盤由兩個環組成：內環顯示十四種不同的香氣類型，破碎外環呈現可用的香氣描述符濃度。
- 波浪色帶的長度和／或高度，代表此香氣類型的濃度高低。
- 不存在的香氣類型顏色反灰。
- 有些食材以簡化的小型香氣輪盤，呈現關鍵香氣描述符。

如何讀懂搭配表格

- 主食材以粗體字標示，下方列出十個潛在搭配食材。
- 色點欄對應十四種不同香氣類型，因此色點水平列代表主食材和搭配食材的香氣輪廓。
- 有色點表示食材裡有此香氣類型，沒有色點則表示無此香氣類型。
- 大點代表主食材和搭配食材共同擁有此類型的特定香氣分子。

如何開始搭配

- 選擇一或多個主食材下方所列項目。
- 利用第 372 頁之後的食材索引進一步搜尋其中一個建議食材的搭配表格，開始搭起不同食材之間的香氣橋樑（見第 33 頁的「準備好，開始搭配！」）。

本書如何編排食材

- 每一節的開頭都會有一種關鍵食材（例如：奇異果）和相關食材（例如：奇異莓）的香氣輪盤，接著是精選的搭配表格。關鍵食材通常是潛在搭配食材的其中一個，但表格也可能顯示正文或食譜中提到的食材。

關於食材的註解

- 若文中沒有提到烹調方式（像是水煮、焗烤或煎），代表食材還沒煮熟。例如「歐洲鱸魚」是新鮮生魚，和「煎歐洲鱸魚」不同。
- 某些食材，像是乾草（如沖泡），只有香氣被使用而省略。

感知複雜性

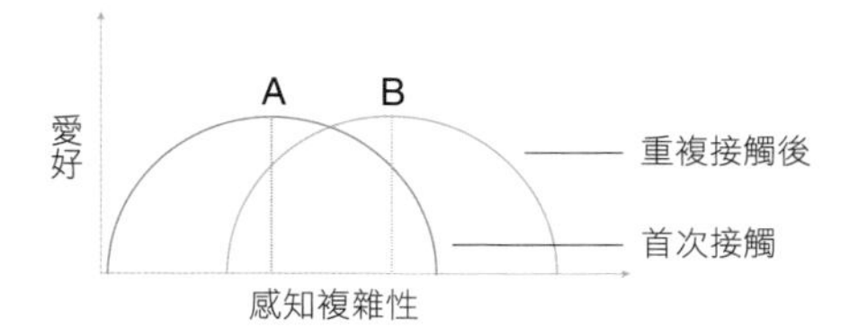

香氣複雜性

重點不只在於你用了幾種不同食材——香氣複雜性以各種形式呈現於盤中。你的食材可能有許多共同的香氣分子，像是 C 組，或是各自有很大的差異，像是 D 組。不過如 E 組所示，看似毫無關聯的元素也可以渾然一體。

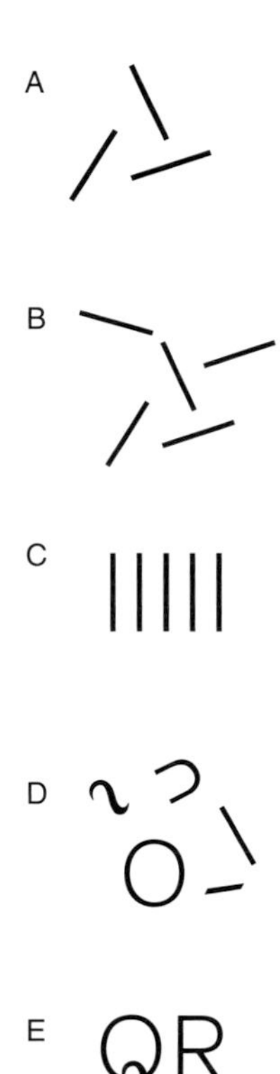

感知複雜性

左方圖表根據香氣、風味、滋味、質地和外觀等喜好變數顯示一道菜的感知複雜性和一個人對它的喜好之間的關聯。我們可以看見大部分的人對增加的複雜性有正向反應，但只到某一個點。一旦太多元素開始讓菜餚過度複雜化，興趣便會減弱。

優化複雜性

當你在學習掌握香氣時，先別使用超過五種食材——這麼做能讓你精心設計的搭配更容易維持均衡。除了你選擇的食材和用餐者的個人或文化偏好之外，優化複雜性還由以下元素決定：菜餚中不同的香氣分子總數；每一個食材呈現的香氣類型和描述符，以及它們是否擁有相似之處；哪些味覺分子也存在。越多可辨識的元素突顯出來，菜餚就會變得越複雜。

為了闡釋什麼是複雜性，我們以左下方的 A 到 E 圖做為參考。

A 組顯示三種擁有強烈香氣連結的食材。巧克力、焦糖和咖啡都含有烘烤、焦糖和堅果調。用這些食材做成的甜點就是所謂「過度調和」的例子，比起拿巧克力去搭果香、柑橘香和花香的覆盆子，好幾種味道類似的食材會產生更微妙的複雜性。過度調和讓我們得以在一道菜當中運用大量藥草、香料或其他關連性高的食材，避免太多對比元素造成不協調。

不過，假設我們加入杏仁和羅勒到這一道巧克力甜點裡：突然之間，**B 組**變得更複雜了，我們現在有五種對比食材在滋味和質地方面需要達到平衡。為了不要讓盤子裡塞太多東西，一個方法是限制自己使用幾種能夠呈現不同對比的食材就好。

C 組顯示一系列非常類似的食材，像是不同種類的黑巧克力，它們都擁有同樣的烘烤、焦糖和堅果香氣分子。相較之下，**D 組**顯示的一系列食材各自擁有差異極大的香氣輪廓，如雞肉、辣椒、巧克力、大茴香和花生。

最後，**E 組**代表墨西哥傳統菜「巧克力醬雞」。你會注意到 D 組和 E 組成分相同，只是組態不一樣，顯示出個人偏好和文化背景可能會讓大家以天差地遠的方式感知一道菜的複雜性。

最成功的食物搭配能夠在複雜性和相干性之間達到精準的平衡。人類總是喜歡多樣化，不過我們也會尋找熟悉的元素或結構來幫助我們理解新奇經驗。「多樣化中的統一」這個由心理學家丹尼爾．貝林創造的美學原則滿足了我們對學習的好奇心和渴望，同時也讓迥然不同的元素能以我們認為美味的方式被有效處理。[10]

食材與搭配

奇異果

奇異果擁有果香的酯類和青草味的醛類，搭配其他甜的和鹹的食材帶來清新調性。

說起它的原產地，奇異果的名稱與事實不太相符：「獼猴桃」原生於中國，它的種子到了二十世紀初期才被引進紐西蘭。現在，全球幾乎所有產量都來自紐西蘭。毛茸茸的褐皮綠肉奇異果在一九二〇年代開始在紐西蘭栽種，它具有香甜、強烈滋味，小小的黑籽點綴於鮮綠果肉，直至今日仍是最受歡迎的品種。

奇異果小歸小，但富含大量纖維和鉀，維生素 C 更是多於柳橙，以及維生素 E 和 β - 胡蘿蔔素等抗氧化劑。它也含有奇異果酵素，能消化蛋白質也可能引發某些人嚴重的過敏反應。吃太多奇異果而導致的灼燒感你可能不陌生，那是因為針晶會咬舌刺口：這些草酸鈣晶體在你的口腔內造成細微擦傷，再接觸到奇異果本身的酸而灼燒。

新鮮奇異果是有效的嫩精，因為它含有的奇異果酵素能切開肉類的結締組織。一點點果汁就有大大功效：以韓國烤肉來說，一般經驗法則是一茶匙配上四百五十克的肉來醃，如果加太多奇異果汁則會糊成一團。

奇異牡蠣

比利時 L'Air du Temps 餐廳，相勳．德甘伯

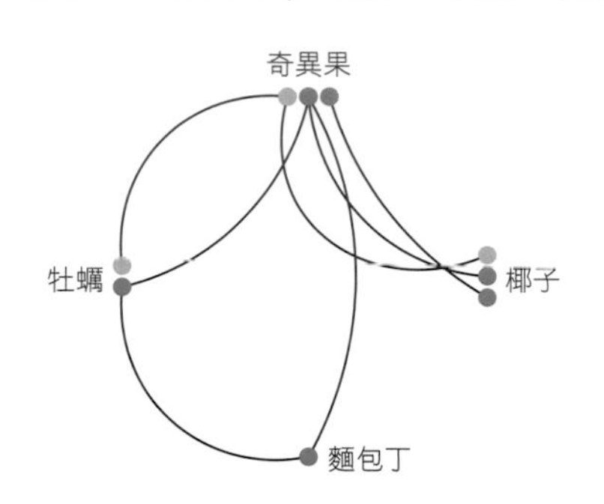

少數人在吃奇異果時可能會注意到一絲海味，但青綠香、青草香的醛類才是一開始催生出食物搭配公司和相勳．德甘伯主廚經典菜「奇異牡蠣」的靈感來源——將生蠔擺在酸味撲鼻的奇異果丁上，佐酥脆麵包丁，最後再淋上以新鮮萊姆汁提味的滑順椰漿。

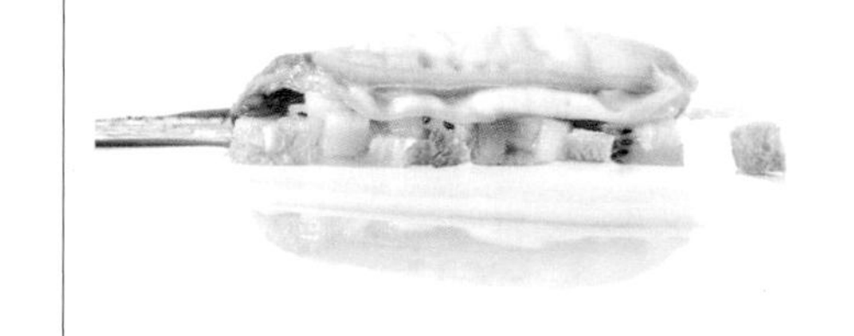

相關香氣輪廓：奇異莓

奇異莓是軟棗獼猴桃的果實，原生於日本。它看起來就像是迷你版的奇異果，一樣有放射狀分布的黑籽，但丁香和焦糖香氣分子較多，因此吃起來較甜。沒有絨毛的奇異莓適合當作超級食物點心。

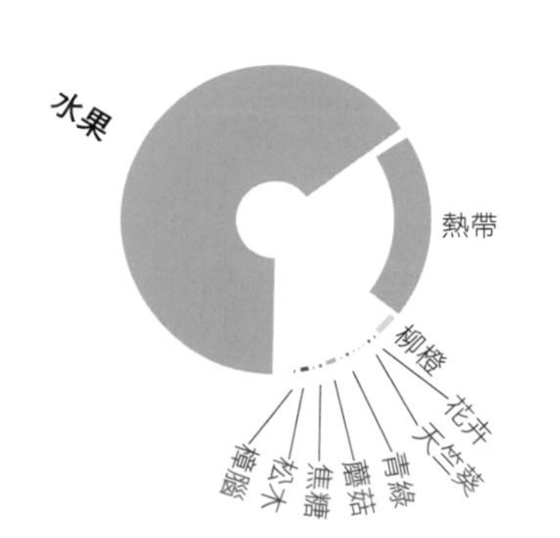

	水果	柑橘	花卉	青綠	草本	蔬菜	焦糖	烘烤	堅果	木質	辛辣	乳酪	動物	化學
奇異莓														
煎鵪鶉														
榛果														
紫鼠尾草														
烘烤大扇貝														
米拉索辣椒														
乾式熟成牛肉														
水煮南瓜														
黑蒜泥														
薄口醬油														
羅勒														

奇異果

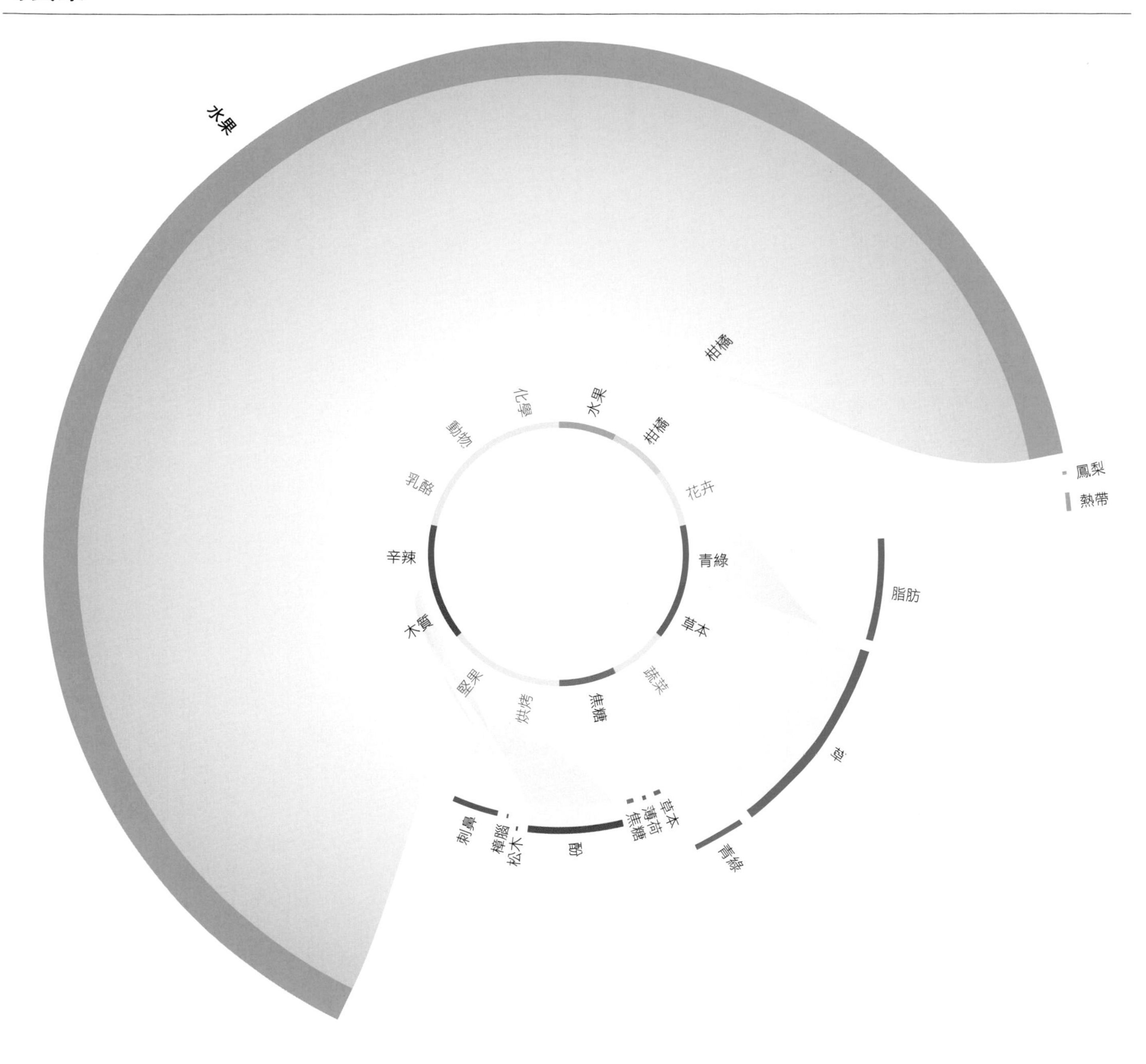

奇異果香氣輪廓

有鮮明的水果風味，充滿蘋果和鳳梨香的酯類，很適合搭配其他食材做成果昔、水果沙拉和甜點。有些奇異果含有的果香酯類也存在於比利時三料和金黃啤酒類型。薄荷調提供了它與蔓越莓、白蘑菇和古岡左拉乳酪之間的香氣連結。相勳・德甘伯主廚發現奇異果和牡蠣都擁有青綠調，進而創造出「奇異牡蠣」而大獲成功，不過許多其他魚類和貝類也都含有同樣的青綠香、青草香醛類。

	水果	柑橘	花卉	青綠	草本	蔬菜	焦糖	烘烤	堅果	木質	辛辣	乳酪	動物	化學
奇異果														
醃漬葡萄葉														
龍蒿														
水煮四季豆														
和牛														
乾葛縷子葉														
乾歐白芷根														
哈密瓜														
阿貝金納特級初榨橄欖油														
古岡左拉乳酪														
多寶魚														

經典搭配：奇異果和甜瓜

奇異果和甜瓜擁有許多同樣的果香酯類，大部分都散發熱帶氣味。特別是 2- 甲基丙酸乙酯有一些甜瓜調性，這種酯在好幾個甜瓜品種裡都找得到。奇異果和甜瓜一起放在水果沙拉和果昔中是絕配。

潛在搭配：奇異果和佛手瓜

原生於美國路易斯安那州的佛手瓜有綠皮和爽脆的白色果肉。這種瓜類很適合拿來做克里歐和肯瓊料理別具風味的基底，經常鑲明蝦上菜。佛手瓜可以生吃、水煮、焗烤或加入炒料中。

奇異果和奇異莓的食材搭配

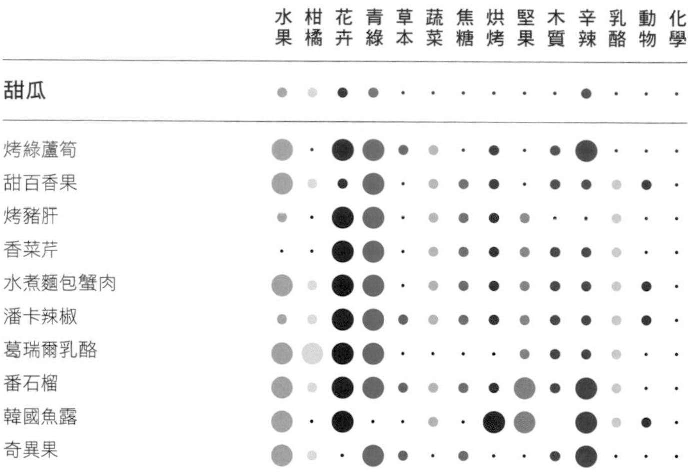

	水果	柑橘	花卉	青綠	草本	蔬菜	焦糖	烘烤	堅果	木質	辛辣	乳酪	動物	化學
甜瓜														
烤綠蘆筍														
甜百香果														
烤豬肝														
香菜芹														
水煮麵包蟹肉														
潘卡辣椒														
葛瑞爾乳酪														
番石榴														
韓國魚露														
奇異果														

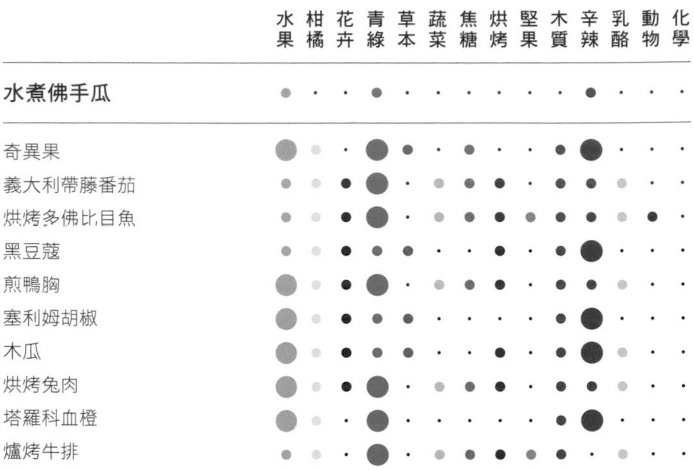

	水果	柑橘	花卉	青綠	草本	蔬菜	焦糖	烘烤	堅果	木質	辛辣	乳酪	動物	化學
水煮佛手瓜														
奇異果														
義大利帶藤番茄														
烘烤多佛比目魚														
黑豆蔻														
煎鴨胸														
塞利姆胡椒														
木瓜														
烘烤兔肉														
塔羅科血橙														
爐烤牛排														

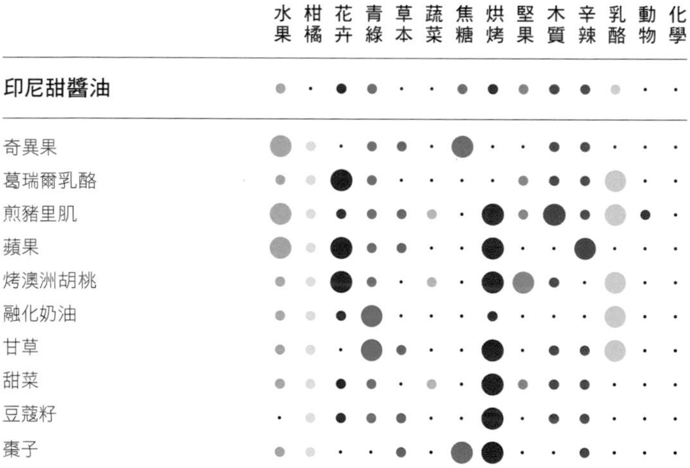

	水果	柑橘	花卉	青綠	草本	蔬菜	焦糖	烘烤	堅果	木質	辛辣	乳酪	動物	化學
印尼甜醬油														
奇異果														
葛瑞爾乳酪														
煎豬里肌														
蘋果														
烤澳洲胡桃														
融化奶油														
甘草														
甜菜														
豆蔻籽														
棗子														

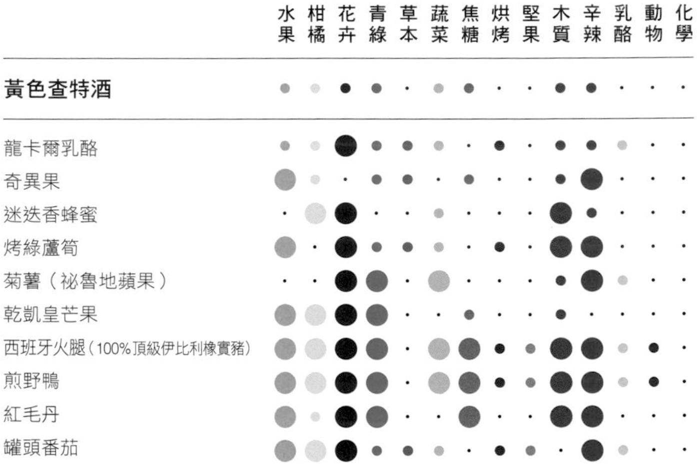

	水果	柑橘	花卉	青綠	草本	蔬菜	焦糖	烘烤	堅果	木質	辛辣	乳酪	動物	化學
黃色查特酒														
龍卡爾乳酪														
奇異果														
迷迭香蜂蜜														
烤綠蘆筍														
菊薯（祕魯地蘋果）														
乾凱皇芒果														
西班牙火腿（100%頂級伊比利橡實豬）														
煎野鴨														
紅毛丹														
罐頭番茄														

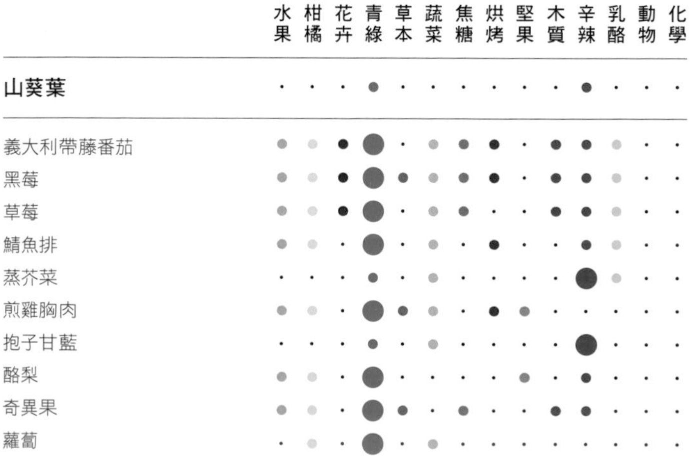

	水果	柑橘	花卉	青綠	草本	蔬菜	焦糖	烘烤	堅果	木質	辛辣	乳酪	動物	化學
山葵葉														
義大利帶藤番茄														
黑莓														
草莓														
鯖魚排														
蒸芥菜														
煎雞胸肉														
抱子甘藍														
酪梨														
奇異果														
蘿蔔														

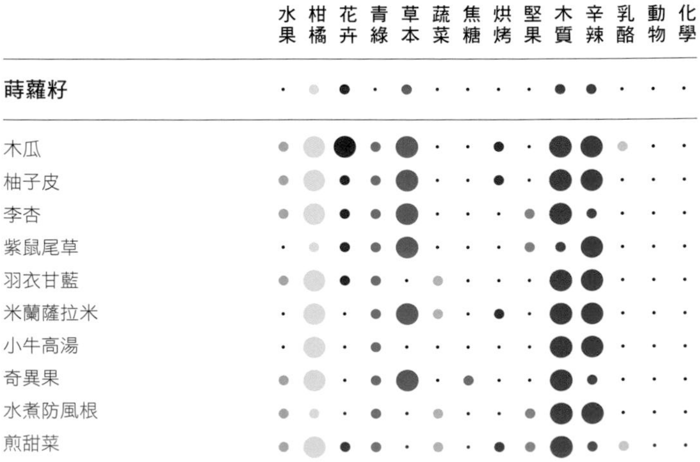

	水果	柑橘	花卉	青綠	草本	蔬菜	焦糖	烘烤	堅果	木質	辛辣	乳酪	動物	化學
蒔蘿籽														
木瓜														
柚子皮														
李杏														
紫鼠尾草														
羽衣甘藍														
米蘭薩拉米														
小牛高湯														
奇異果														
水煮防風根														
煎甜菜														

潛在搭配：奇異莓和鵪鶉

奇異莓與鵪鶉雖然擁有許多共同的香氣分子，但它們並非明顯的組合。試試鵪鶉榛果凍派佐奇異莓果醬——或許再加一點黑蒜，它的水果、焦糖調會讓整道菜的風味更完整。

潛在搭配：奇異果和蘋果

奇異果的青綠香和青草香來自於己醛，它也是蘋果的關鍵香氣分子之一（見次頁）。己醛也存在於某些橄欖油，這就是為何橄欖油的香氣從青綠香、青草香到水果香和蘋果香都有。

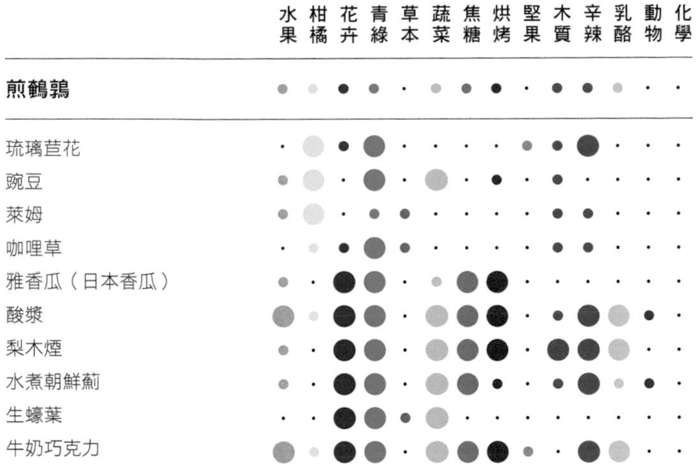

	水果	柑橘	花卉	青綠	草本	蔬菜	焦糖	烘烤	堅果	木質	辛辣	乳酪	動物	化學
煎鵪鶉														
琉璃苣花														
豌豆														
萊姆														
咖哩草														
雅香瓜（日本香瓜）														
酸漿														
梨木煙														
水煮朝鮮薊														
生蠔葉														
牛奶巧克力														

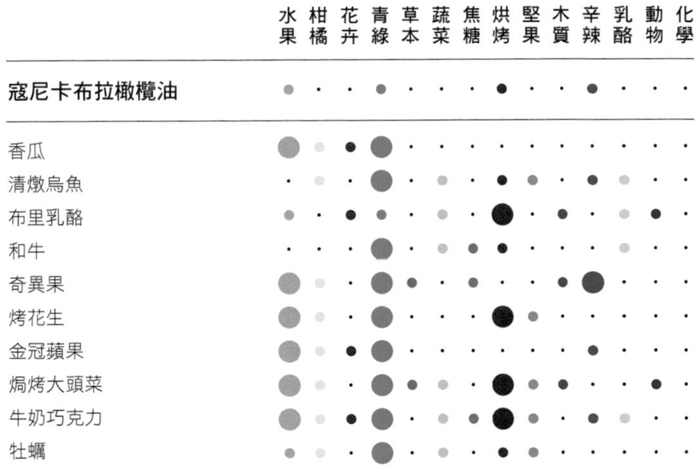

	水果	柑橘	花卉	青綠	草本	蔬菜	焦糖	烘烤	堅果	木質	辛辣	乳酪	動物	化學
泰國紅咖哩醬														
馬里昂黑莓														
帕爾馬														
番紅花														
鹹鯷魚														
水煮番薯														
乾玫瑰果														
奇異莓														
烘烤兔肉														
荔枝														
葛瑞爾乳酪														

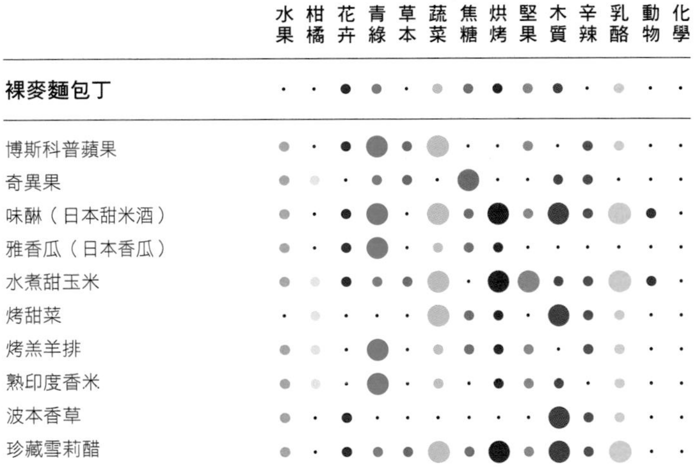

	水果	柑橘	花卉	青綠	草本	蔬菜	焦糖	烘烤	堅果	木質	辛辣	乳酪	動物	化學
醃漬葡萄葉														
奇異果														
葫蘆巴葉														
熟單粒小麥														
蛇麻草芽（啤酒花芽）														
百香果														
香菜葉														
柳橙														
爐烤培根														
烤番薯														
胡蘿蔔														

	水果	柑橘	花卉	青綠	草本	蔬菜	焦糖	烘烤	堅果	木質	辛辣	乳酪	動物	化學
寇尼卡布拉橄欖油														
香瓜														
清燉烏魚														
布里乳酪														
和牛														
奇異果														
烤花生														
金冠蘋果														
焗烤大頭菜														
牛奶巧克力														
牡蠣														

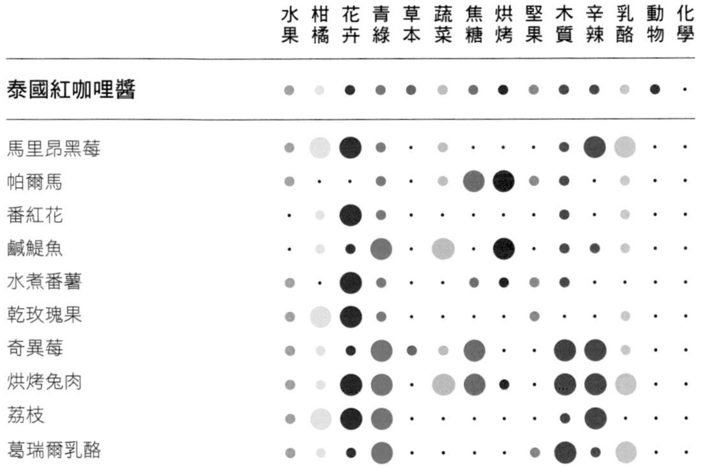

	水果	柑橘	花卉	青綠	草本	蔬菜	焦糖	烘烤	堅果	木質	辛辣	乳酪	動物	化學
裸麥麵包丁														
博斯科普蘋果														
奇異果														
味醂（日本甜米酒）														
雅香瓜（日本香瓜）														
水煮甜玉米														
烤甜菜														
烤羔羊排														
熟印度香米														
波本香草														
珍藏雪莉醋														

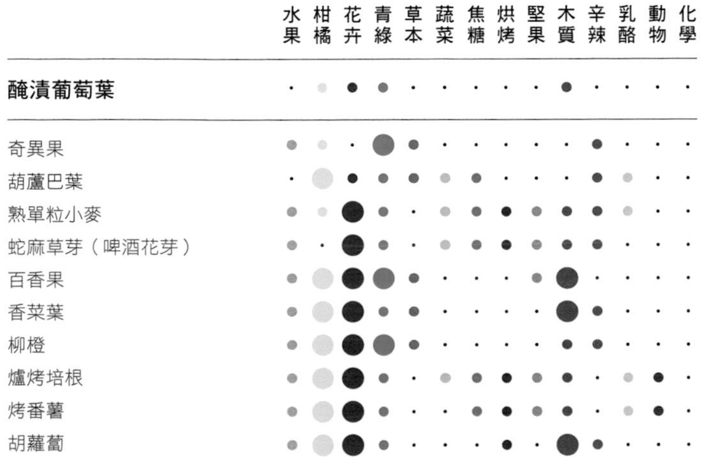

蘋果

水果、花卉、青綠、辛辣和乳酪味，只不過是蘋果的其中幾個基本香氣描述。不論是博斯科普蘋果、蜜脆蘋果、富士蘋果還是全球數以千計的任何一種品種，每個人都能找到自己喜歡的。

今日所有蘋果的祖先都可以追本溯源至單一品種：新疆野蘋果，它在哈薩克和中國新疆仍生長茂盛。約四千年前，這種風味濃郁的野生蘋果在天山山脈開始被馴化。後來商人在絲綢之路播下新疆野蘋果的種子，它與其他野生種異花授粉，歐洲野蘋果便是最顯著的結果之一。人類接著選擇性地培育新的雜交種來改善滋味、質地、香氣、大小和其他特性，像是抗蟲性和抗病性。

果肉較軟的種類適合做成蘋果泥和蘋果醬。蘋果的果膠含量特別高，這種天然澱粉能讓果凍、果醬和其他蜜餞變得濃稠。有這麼多風味的種類可以選，難怪這種百搭水果會被用在數不清的甜點中，像是派、塔、奶酥、餡餅和蛋糕。

- 在猶太新年，以蘋果片沾蜂蜜代表能有個甜蜜又豐富的新年。
- 在北美洲，未過濾的蘋果汁被稱為「蘋果西打」（apple cider），它也可以發酵製成含酒精的「硬西打」（在英國簡稱為「西打」）。
- 最知名的蘋果白蘭地是法國諾曼第奧日地區二次蒸餾的卡爾瓦多斯，擁有「法定產區酒」（Appellation d'Origine Contrôlée）等級。近年來，美國人重新青睞蘋果傑克，這種酒精含量高的蘋果白蘭地，傳統上使用凍餾法製成，並在老波本桶中陳年。

應有盡有的滋味

令人驚訝的是，今日這幾千種蘋果的馴化品種都和新疆野蘋果及歐洲野蘋果擁有同樣的基因組。概括來說，這很有可能解釋了為何這麼多不同品種都擁有同樣基本的水果、花卉、青綠、辛辣和乳酪香氣類型。不過，每一種蘋果都有獨特的香氣輪廓，影響因子像是生長條件、採收期和貯藏法——就連貯藏空間的氧氣和二氧化碳濃度都會影響蘋果的風味。

蘋果很早發展出風味。它們生長時會產生脂肪酸和胺基酸，由酵素和氧化作用分解成新的香氣化合物。果實留在樹上成熟的時間越久會產生越多脂肪酸，風味越複雜。太早採收的蘋果風味欠佳，因為香氣輪廓並不完整。

這之間微妙的平衡不好拿捏，因為某些種類（特別是早熟的發現者、加拉等等）不適合久放。這些蘋果一成熟就該被享用，否則風味受影響，質地也變得「沙沙」的。榨汁是物盡其用的方法之一。

大部分用於料理的品種一開始酸度都很高，但可以久放而且越陳越甜，不太需要再加甜味劑。許多晚熟蘋果可以放到六個月之久。

蘋果的香氣輪廓含有的酯類和醛類，在其他許多品種也找得到：一般的果香和蘋果香來自乙酸己酯，綠蘋果香的己醛、反式 -2- 己烯醛和丁醛則增添了果香複雜度。除了這些共同的特徵影響化合物之外，每一個蘋果種類都有自己的關鍵氣味劑。這種揮發性化合物的獨特組合，在品嘗時會散發其香氣特色。

我們拿四種受歡迎的品種做比較——橘蘋、博斯科普、紅龍和艾爾斯塔，來瞭解不同品種之間的風味多樣性。每一個種類都有一組獨特的描述符，得以互相區別（見次頁和第 46 頁）。

橘蘋

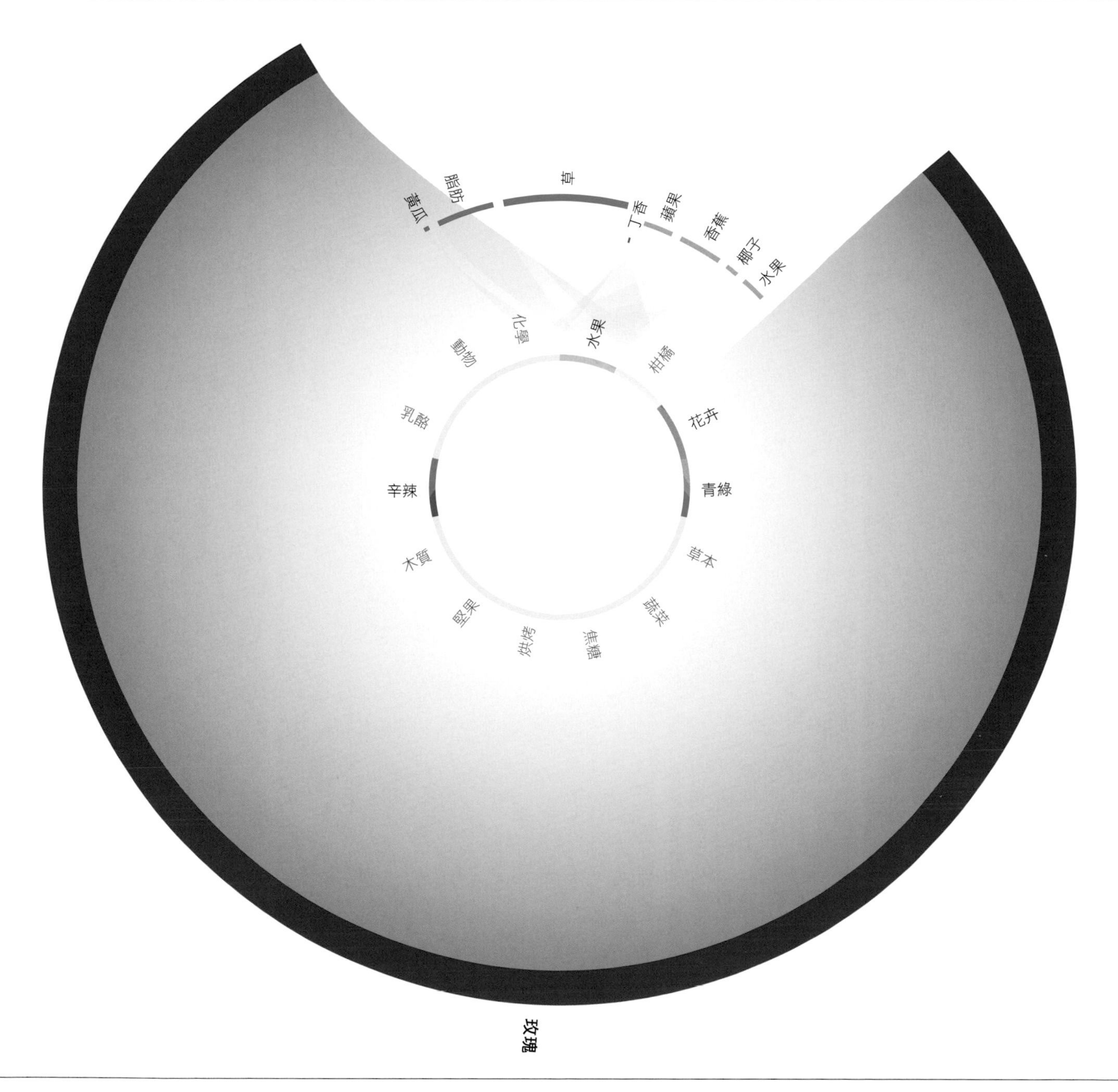

橘蘋香氣輪廓

橘蘋的香氣來自乙位 - 大馬烯酮，它散發特有的花香和玫瑰香。在蘋果裡，這種化合物聞起來就是蘋果味。在橘蘋裡，乙位 - 大馬烯酮有額外的水果香、蘋果香和青綠香、青草香分子襯托，因此比起其他我們分析過的品種，它的蘋果風味特別濃烈。

	水果	柑橘	花卉	青綠	草本	蔬菜	焦糖	烘烤	堅果	木質	辛辣	乳酪	動物	化學
橘蘋	•	·	•	•	·	·	·	·	·	·	•	·	·	·
兔眼藍莓	●	•	•	●	•	·	·	•	·	•	●	·	·	·
清燉多寶魚	•	·	•	●	·	•	·	·	•	·	·	•	•	·
煙燻大西洋鮭魚	•	•	·	•	·	·	•	•	•	•	●	•	·	·
熟綠豆	●	·	●	•	·	•	•	•	•	•	●	•	•	·
丁香	●	•	•	•	•	·	•	·	•	•	●	•	·	·
牡蠣	·	·	•	●	·	•	•	•	·	•	●	•	•	·
小地榆葉	●	•	•	●	·	•	·	•	·	•	●	•	·	·
乾木槿花	•	•	•	●	•	•	•	·	·	•	●	·	·	·
鴨兒芹	·	·	•	●	•	·	·	·	·	•	·	·	·	·
帕瑪森類型乳酪	●	·	•	•	·	•	·	•	·	•	·	•	•	·

經典搭配：蘋果與乳酪

除了香氣契合之外，紅龍蘋果和布里乳酪或是布雷本蘋果和帕瑪森乳酪等搭配，都完美地呈現了甜和鹹、酸和脂肪之間的對比。此外，鮮脆多汁的蘋果也能為乳酪的質地帶來美妙對比。

潛在搭配：蘋果醬與乾草

乾草（見次頁搭配表格）有好幾種料理應用，像是乾草煙燻乳酪和乾草冰淇淋。若要讓風味更豐富，可以用乾草堆烤淡菜或牡蠣、燉肉時添加新鮮乾草或是在牛肉或鴿肉等肉類上鋪一層脂肪和乾草來熟成。

蘋果品種

艾爾斯塔蘋果香氣輪廓

若你喜歡酸一點、有柑橘味的蘋果，試試艾爾斯塔，它也含有辛辣的丁香調。

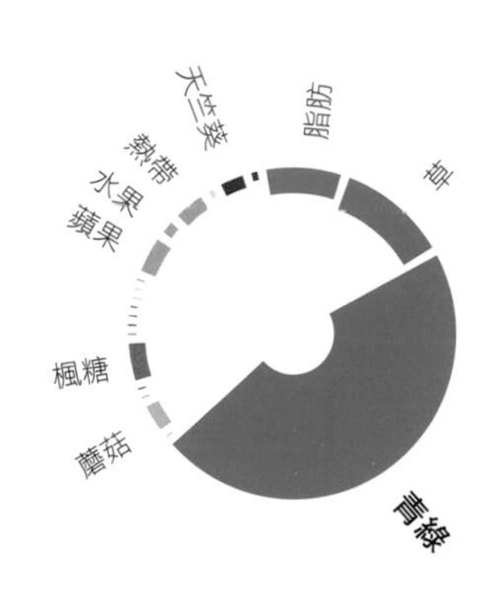

	水果	柑橘	花卉	青綠	草本	蔬菜	焦糖	烘烤	堅果	木質	辛辣	乳酪	動物	化學
艾爾斯塔蘋果														
香蕉														
烘烤兔肉														
烤腰果														
爐烤漢堡														
火龍果														
清燉大西洋鮭魚排														
網烤肋眼牛排														
乾牛肝菌														
松子														
熟藜麥														

紅龍蘋果香氣輪廓

椰子和香蕉調讓紅龍蘋果比其他品種更具熱帶風味。

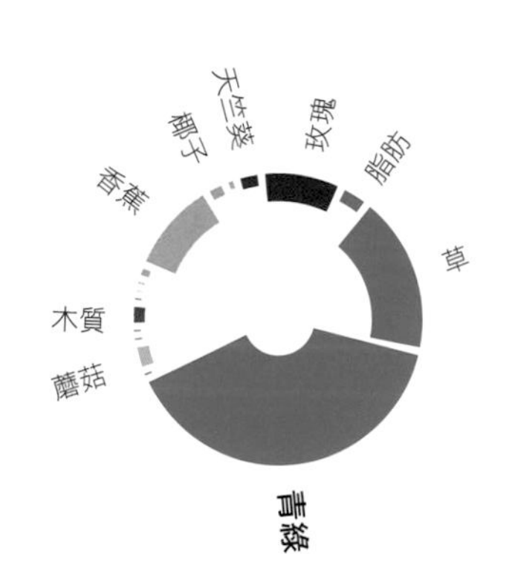

	水果	柑橘	花卉	青綠	草本	蔬菜	焦糖	烘烤	堅果	木質	辛辣	乳酪	動物	化學
紅龍蘋果														
烤小牛胸腺														
西班牙火腿（100%頂級伊比利橡實豬）														
紅酸模														
芒果														
石榴汁														
甜瓜														
布里乳酪														
煎鴨胸														
煎鴕鳥肉														
零陵香豆														

博斯科普蘋果香氣輪廓

博斯科普蘋果比這裡介紹的其他兩個品種，含有更多果香、蘋果香和天竺葵香化合物，以及一些青綠、脂肪調和少量辛辣大茴香與燕麥片味。

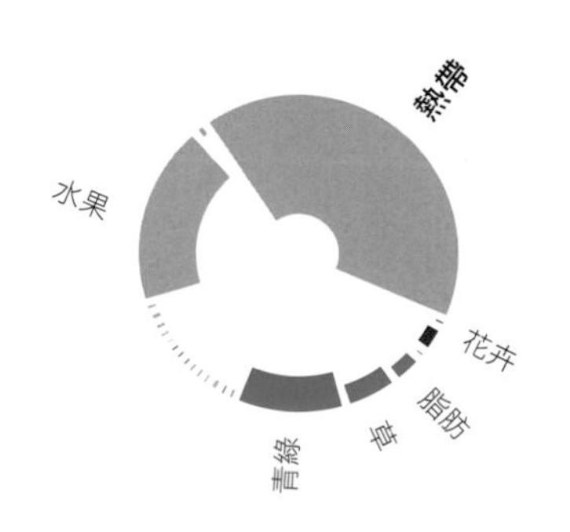

	水果	柑橘	花卉	青綠	草本	蔬菜	焦糖	烘烤	堅果	木質	辛辣	乳酪	動物	化學
博斯科普蘋果														
紅茶														
烘烤兔肉														
香檸檬														
香蕉														
煎鴨胸														
薩拉米														
鳳梨														
蘭比克啤酒														
葡萄柚														
沙棘果														

潛在搭配：艾爾斯塔蘋果和藜麥

艾爾斯塔蘋果和熟藜麥擁有共同的關鍵香氣分子——柑橘、青綠、蔬菜、焦糖、堅果、木質、辛辣和乳酪。下方列出的藜麥搭配，為這兩種食材進一步搭起香氣橋樑。

經典搭配：布雷本蘋果和燕麥片

瑞士醫師馬克西米利安·畢切-貝納（Maximilian Bircher-Benner）在一九〇〇年代早期發明了什錦果麥，裡面有新鮮蘋果、燕麥粥、檸檬汁、堅果、鮮奶油和蜂蜜。原本並非提供給病人當早餐，而是午餐或晚餐的健康開胃菜。

蘋果和蘋果醬的食材搭配

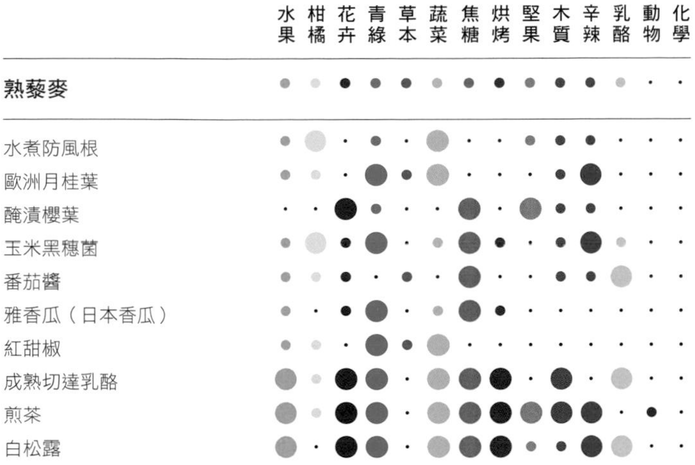

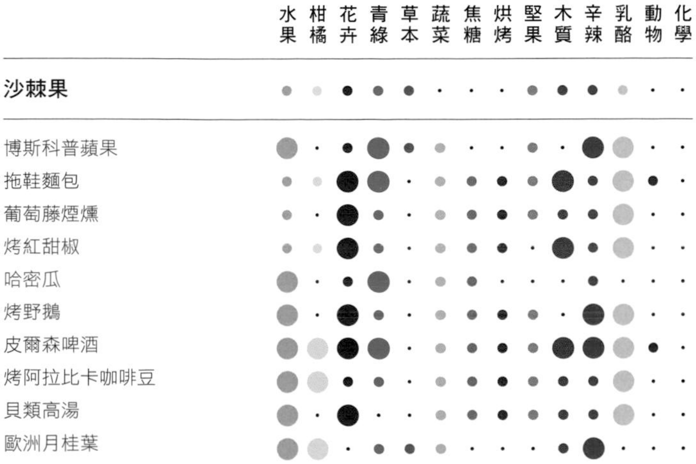

熟藜麥	水果	柑橘	花卉	青綠	草本	蔬菜	焦糖	烘烤	堅果	木質	辛辣	乳酪	動物	化學
水煮防風根														
歐洲月桂葉														
醃漬櫻葉														
玉米黑穗菌														
番茄醬														
雅香瓜（日本香瓜）														
紅甜椒														
成熟切達乳酪														
煎茶														
白松露														

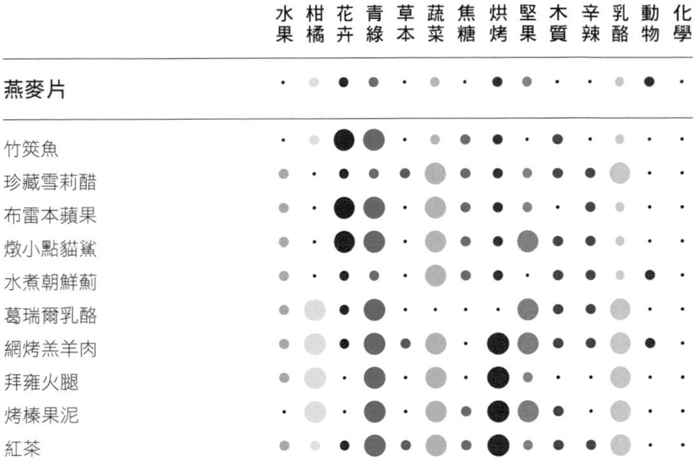

燕麥片	水果	柑橘	花卉	青綠	草本	蔬菜	焦糖	烘烤	堅果	木質	辛辣	乳酪	動物	化學
竹筴魚														
珍藏雪莉醋														
布雷本蘋果														
燉小點貓鯊														
水煮朝鮮薊														
葛瑞爾乳酪														
網烤羔羊肉														
拜雍火腿														
烤榛果泥														
紅茶														

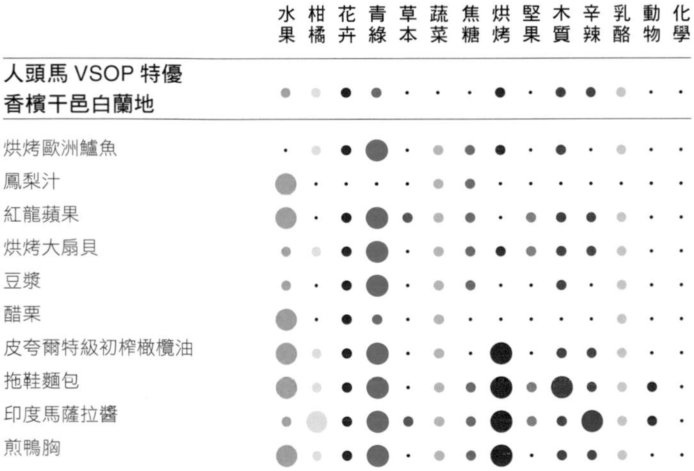

人頭馬 VSOP 特優香檳干邑白蘭地	水果	柑橘	花卉	青綠	草本	蔬菜	焦糖	烘烤	堅果	木質	辛辣	乳酪	動物	化學
烘烤歐洲鱸魚														
鳳梨汁														
紅龍蘋果														
烘烤大扇貝														
豆漿														
醋栗														
皮夸爾特級初榨橄欖油														
拖鞋麵包														
印度馬薩拉醬														
煎鴨胸														

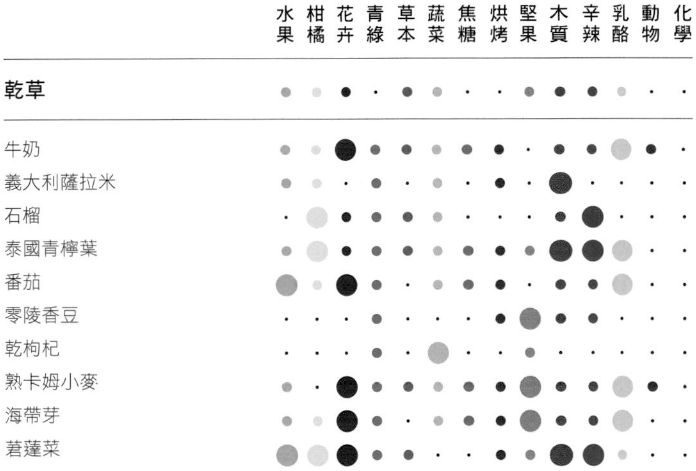

乾草	水果	柑橘	花卉	青綠	草本	蔬菜	焦糖	烘烤	堅果	木質	辛辣	乳酪	動物	化學
牛奶														
義大利薩拉米														
石榴														
泰國青檸葉														
番茄														
零陵香豆														
乾枸杞														
熟卡姆小麥														
海帶芽														
菪薘菜														

沙棘果	水果	柑橘	花卉	青綠	草本	蔬菜	焦糖	烘烤	堅果	木質	辛辣	乳酪	動物	化學
博斯科普蘋果														
拖鞋麵包														
葡萄藤煙燻														
烤紅甜椒														
哈密瓜														
烤野鵝														
皮爾森啤酒														
烤阿拉比卡咖啡豆														
貝類高湯														
歐洲月桂葉														

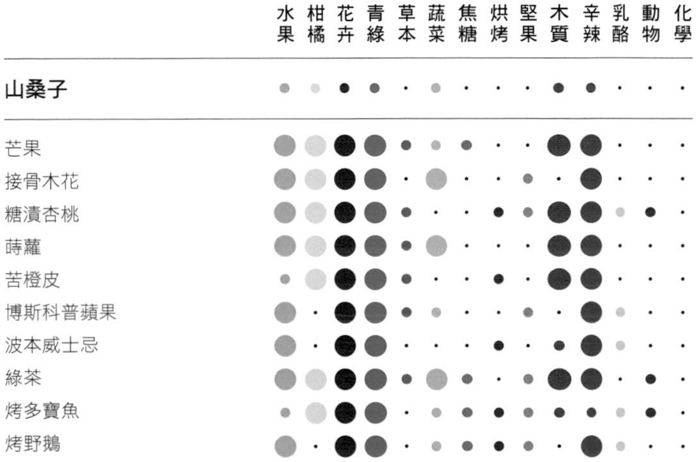

山桑子	水果	柑橘	花卉	青綠	草本	蔬菜	焦糖	烘烤	堅果	木質	辛辣	乳酪	動物	化學
芒果														
接骨木花														
糖漬杏桃														
蒔蘿														
苦橙皮														
博斯科普蘋果														
波本威士忌														
綠茶														
烤多寶魚														
烤野鵝														

經典搭配：蘋果和焦糖

將蘋果裹上一層又熱又黏的焦糖、太妃糖或結晶糖，再撒上烤堅果，就是一道受歡迎的萬聖節點心。

經典搭配：蘋果醬和馬鈴薯

傳統荷蘭菜「hete bliksem」，意指「熱閃電」，由馬鈴薯泥、焦糖化洋蔥和蘋果醬做成。這一道又甜又鹹的「stamppot」（蔬菜薯泥）在德文稱為「Himmel und Erde」（天與地）：蘋果代表「天」、馬鈴薯代表「地」。

蘋果和蘋果醬的食材搭配

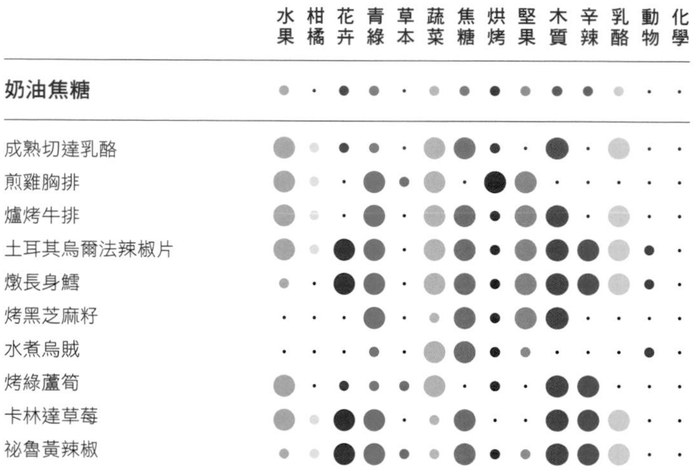

水果 柑橘 花卉 青綠 草本 蔬菜 焦糖 烘烤 堅果 木質 辛辣 乳酪 動物 化學

奶油焦糖

成熟切達乳酪
煎雞胸排
爐烤牛排
土耳其烏爾法辣椒片
燉長身鱈
烤黑芝麻籽
水煮烏賊
烤綠蘆筍
卡林達草莓
祕魯黃辣椒

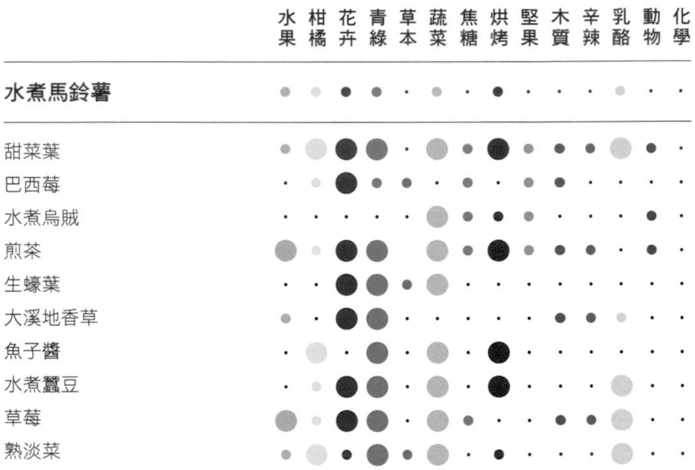

水果 柑橘 花卉 青綠 草本 蔬菜 焦糖 烘烤 堅果 木質 辛辣 乳酪 動物 化學

水煮馬鈴薯

甜菜葉
巴西莓
水煮烏賊
煎茶
生蠔葉
大溪地香草
魚子醬
水煮蠶豆
草莓
熟淡菜

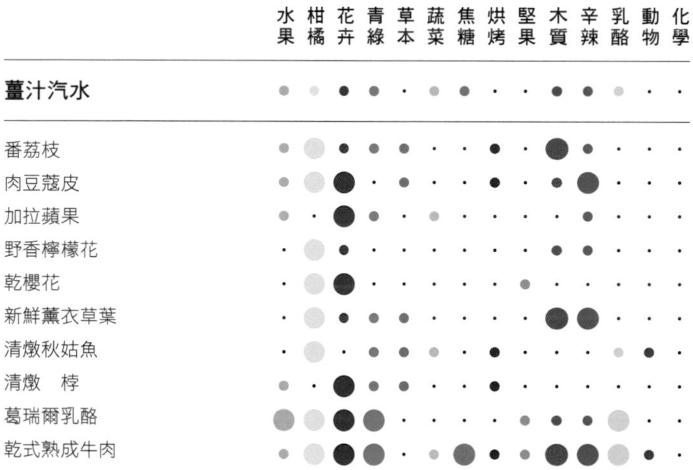

水果 柑橘 花卉 青綠 草本 蔬菜 焦糖 烘烤 堅果 木質 辛辣 乳酪 動物 化學

薑汁汽水

番荔枝
肉豆蔻皮
加拉蘋果
野香檸檬花
乾櫻花
新鮮薰衣草葉
清燉秋姑魚
清燉　桲
葛瑞爾乳酪
乾式熟成牛肉

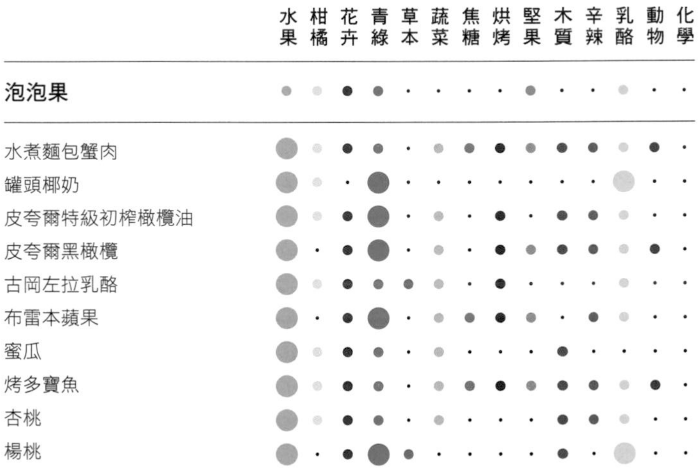

水果 柑橘 花卉 青綠 草本 蔬菜 焦糖 烘烤 堅果 木質 辛辣 乳酪 動物 化學

泡泡果

水煮麵包蟹肉
罐頭椰奶
皮夸爾特級初榨橄欖油
皮夸爾黑橄欖
古岡左拉乳酪
布雷本蘋果
蜜瓜
烤多寶魚
杏桃
楊桃

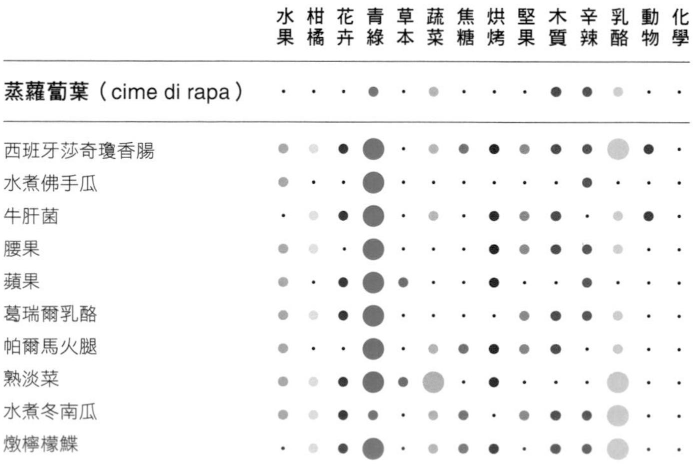

水果 柑橘 花卉 青綠 草本 蔬菜 焦糖 烘烤 堅果 木質 辛辣 乳酪 動物 化學

蕪蘿葡葉（cime di rapa）

西班牙莎奇瓊香腸
水煮佛手瓜
牛肝菌
腰果
蘋果
葛瑞爾乳酪
帕爾馬火腿
熟淡菜
水煮冬南瓜
燉檸檬鰈

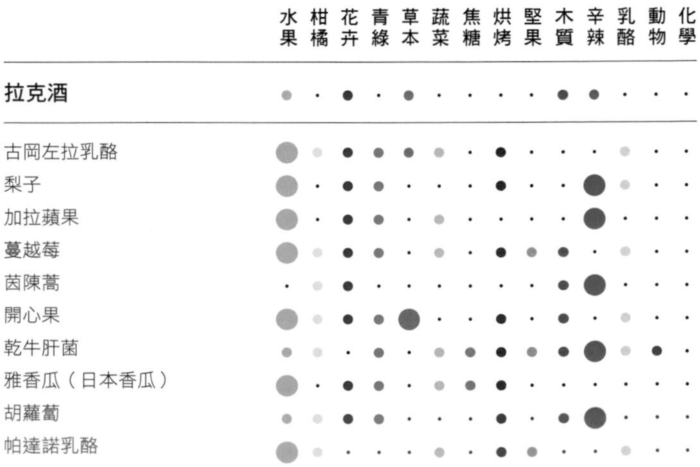

水果 柑橘 花卉 青綠 草本 蔬菜 焦糖 烘烤 堅果 木質 辛辣 乳酪 動物 化學

拉克酒

古岡左拉乳酪
梨子
加拉蘋果
蔓越莓
茵陳蒿
開心果
乾牛肝菌
雅香瓜（日本香瓜）
胡蘿蔔
帕達諾乳酪

潛在搭配：蘋果醬和仙人掌果

在墨西哥，仙人掌果會被加在各種沙拉、湯品和其他鹹食以及甜點當中，但它最常在大熱天被當成消暑點心來吃。在馬爾他，當地種植的仙人掌果被製成一種水果香甜酒「bajtra」。

經典菜：蘋果和芹菜頭佐 Rémoulade 醬沙拉

蘋果和經典法式芹菜頭佐 Rémoulade 醬沙拉是絕配，這道菜裡面有生的芹菜根（見次頁），切成絲後拌入美乃滋、第戎芥末醬、法式酸奶油或優格和檸檬汁做成的奶油醬。加入碎核桃可增添風味。

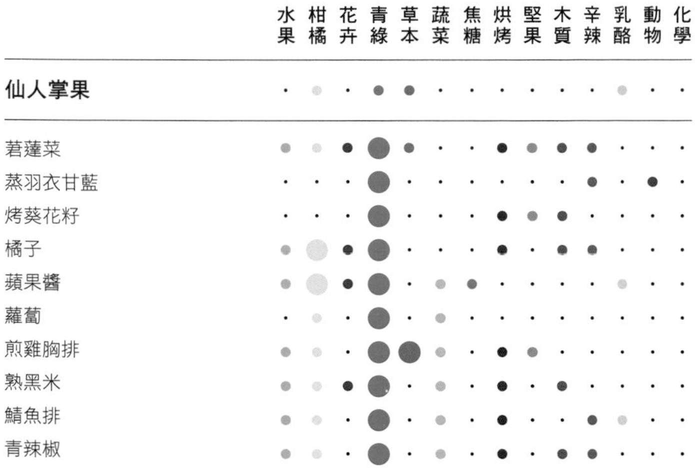

水果 柑橘 花卉 青綠 草本 蔬菜 焦糖 烘烤 堅果 木質 辛辣 乳酪 動物 化學

仙人掌果

薯蘿菜
羽衣甘藍
烤葵花籽
橘子
蘋果醬
蘿蔔
煎雞胸排
熟黑米
鯖魚排
青辣椒

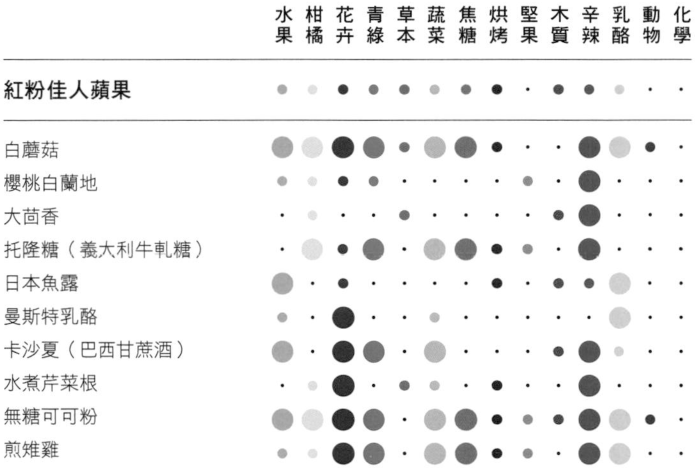

水果 柑橘 花卉 青綠 草本 蔬菜 焦糖 烘烤 堅果 木質 辛辣 乳酪 動物 化學

紅粉佳人蘋果

白蘑菇
櫻桃白蘭地
大茴香
托隆糖（義大利牛軋糖）
日本魚露
曼斯特乳酪
卡沙夏（巴西甘蔗酒）
水煮芹菜根
無糖可可粉
煎雉雞

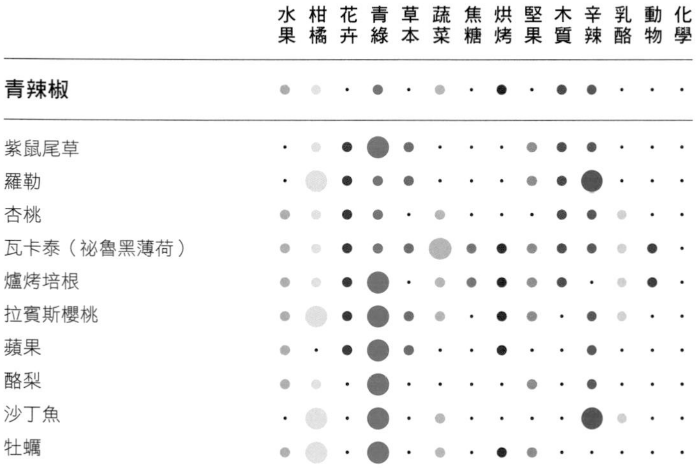

水果 柑橘 花卉 青綠 草本 蔬菜 焦糖 烘烤 堅果 木質 辛辣 乳酪 動物 化學

青辣椒

紫鼠尾草
羅勒
杏桃
瓦卡泰（祕魯黑薄荷）
爐烤培根
拉賓斯櫻桃
蘋果
酪梨
沙丁魚
牡蠣

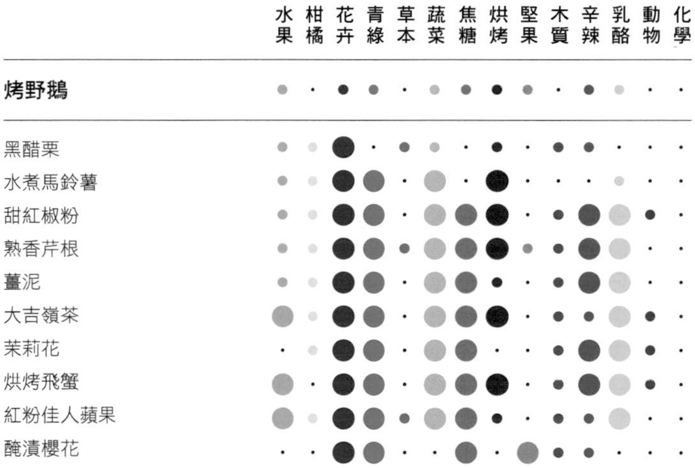

水果 柑橘 花卉 青綠 草本 蔬菜 焦糖 烘烤 堅果 木質 辛辣 乳酪 動物 化學

烤野鵝

黑醋栗
水煮馬鈴薯
甜紅椒粉
熟香芹根
薑泥
大吉嶺茶
茉莉花
烘烤飛蟹
紅粉佳人蘋果
醃漬櫻花

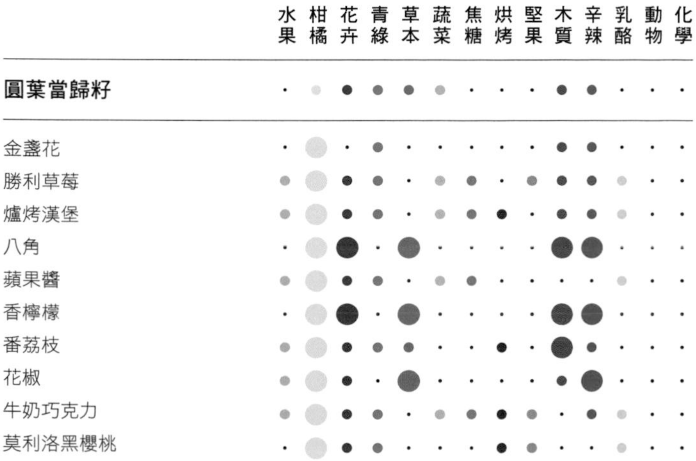

水果 柑橘 花卉 青綠 草本 蔬菜 焦糖 烘烤 堅果 木質 辛辣 乳酪 動物 化學

圓葉當歸籽

金盞花
勝利草莓
爐烤漢堡
八角
蘋果醬
香檸檬
番荔枝
花椒
牛奶巧克力
莫利洛黑櫻桃

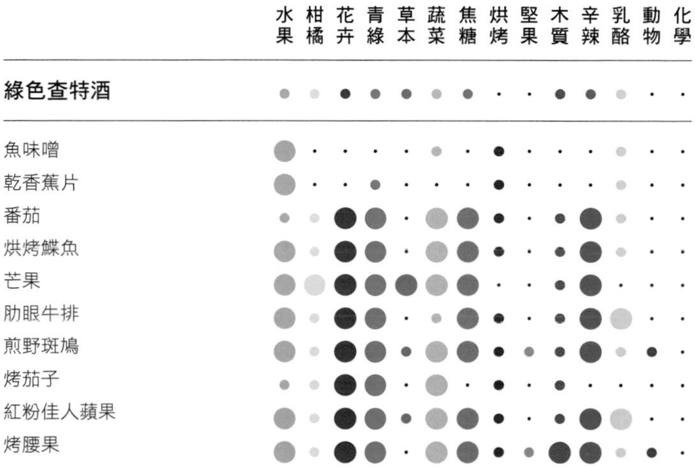

水果 柑橘 花卉 青綠 草本 蔬菜 焦糖 烘烤 堅果 木質 辛辣 乳酪 動物 化學

綠色查特酒

魚味噌
乾香蕉片
番茄
烘烤鰈魚
芒果
肋眼牛排
煎野斑鳩
烤茄子
紅粉佳人蘋果
烤腰果

芹菜根

芹菜根的好處少為人知。這種外觀粗糙的根菜類蔬菜拿來煮湯很美味，也是許多料理的良伴，更為各式各樣的食材提供了香氣連結，像是角蝦、草莓甚至巧克力。所以別被它坑坑巴巴的外表嚇跑了：這個被低估的食材，從開胃菜到甜點都適合加入。

生的芹菜根主要具有柑橘和木質、松木香，芹菜梗則偏向青綠、水果桃子和鳳梨風味。雖然較不明顯，但芹菜根亦含有聞起來像薄荷和蜂蜜的揮發性化合物。

灰白色、球狀的芹菜根和綠色、多葉的芹菜梗來自同一株植物，這就是為何兩者的風味差不多。事實上，芹菜根的揮發性化合物有 70% 和芹菜是一樣的，剩下 30% 的風味輪廓則為其他食材提供香氣連結。

芹菜根大部分的妙用歸功於它生或熟時的不同特點。生的芹菜根散發一種帶有堅果質地的細緻芹菜風味，和芹菜梗的爽脆（或多纖維）很不一樣。磨碎或切絲的芹菜根和蘋果或醋等酸味食材很搭，因此時常被加在沙拉裡，酸味醬汁也能防止它變色。

相比之下，熟的芹菜根具有一點甜味和鮮奶油質地，與乳酪、蘑菇或烤肉是受歡迎的搭配。

- 芹菜根（Apium graveolens var. rapaceum）也可稱為芹菜根。同樣的名稱在西班牙語（cepa de apio）有時亦被指為相近的南美根菜類蔬菜「祕魯胡蘿蔔」（Arracacia xanthorrhiza）。
- 省略馬鈴薯泥，改以芹菜根泥搭配雉雞、野兔或鹿肉等野味和其他冬季配菜，像是烤抱子甘藍、菊苣、蘋果和梨子。
- 若要完整帶出芹菜根的風味，試試帶皮送進 180ºC 的烤箱烤一下。放涼了之後，削下硬皮，將烤箱溫度降至 50ºC，然後將芹菜根的皮鋪在烤盤上，放回烤箱直到完全乾燥。這些皮可以用來調味湯汁。

從芹菜葉吃到芹菜根

紐約波坎提克丘，石倉藍山餐廳，丹．巴柏

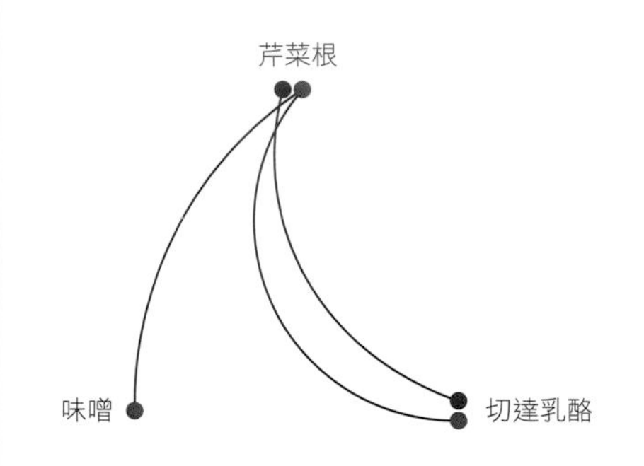

對身為主廚、作者和社會運動者的丹．巴柏而言，「農場到餐桌」的概念從種子和土壤開始。他的餐廳「石倉藍山」是紐約上州石倉食物農業中心的重要一環，它不只是教育中心，也是工作農場。巴柏取得食材的來源除了自家田地和牧場，還有哈德遜河谷的其他當地農莊。他精通以蔬菜為中心的烹飪法，亦主持快閃餐廳「wastED」，善用他在紐約市格林威治村創始藍山餐廳的每一丁點食材來減少食物浪費。

在這道食譜中，丹．巴柏主廚從芹菜根的綠葉一直到底部延伸出來的細長次生根都不放過。他先將球形根部削皮並切成四等分，再和融化的奶油在蔬菜高湯裡燉煮。軟嫩的部位拿來和烤次生根和芹菜做成的鮮綠醬汁一起擺盤。接著淋上以白味噌調味的切達乳酪泡沫，搭配新鮮的溫室沙拉拌檸檬油醋。巴柏上這道菜時會附一杯以芹菜根堅硬外皮泡成的茶飲。

水煮芹菜根

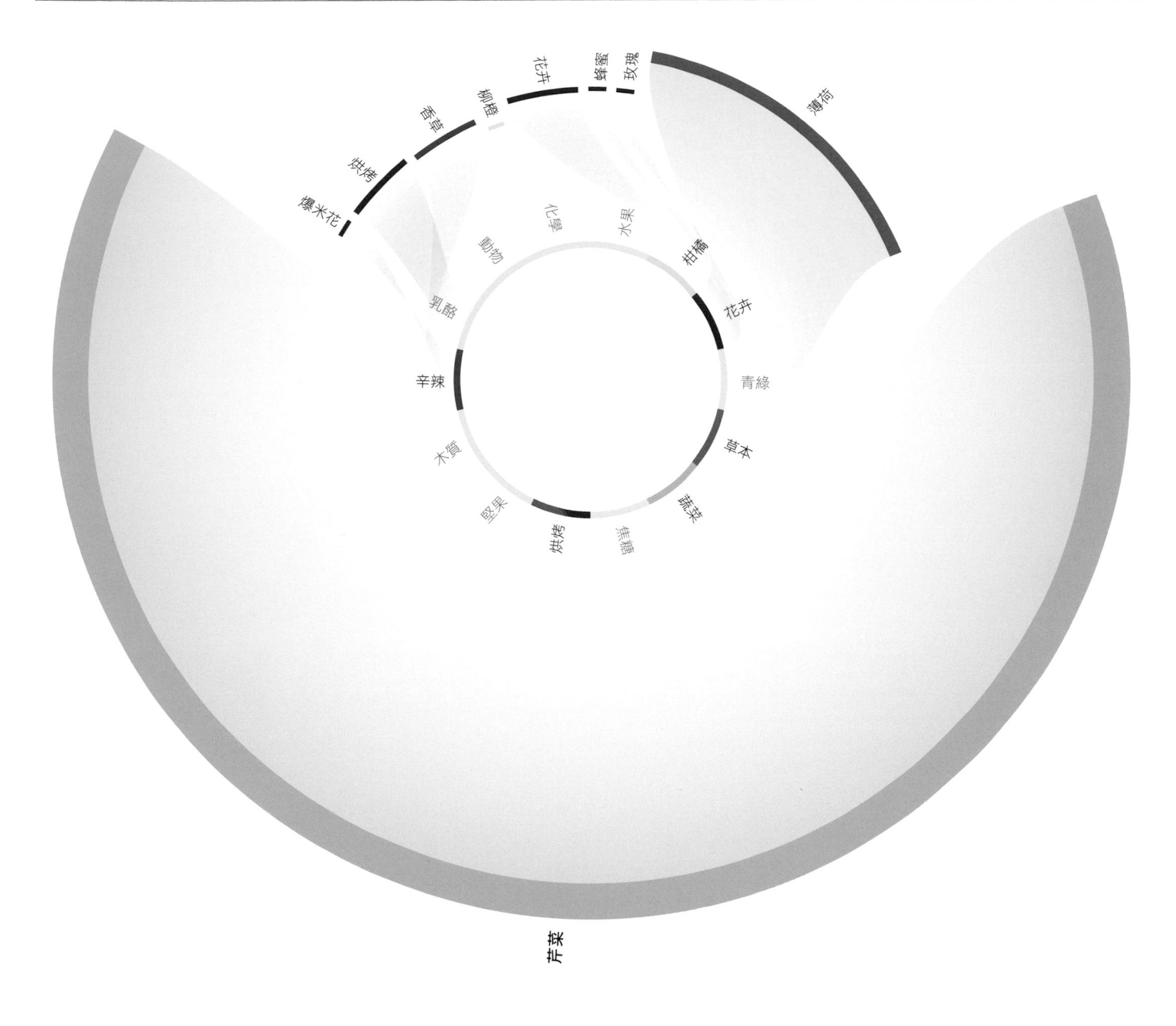

水煮芹菜根香氣輪廓

芹菜根的蜂蜜調很適合搭配紫蘇葉、花生醬和鴨肉。擁有相同調性的其他食材包括蠶豆、中東芝麻醬、藍紋乳酪、帕瑪森乳酪、韓國大醬或黑蒜。芹菜根煮熟後的薄荷調提供了與黑莓、番石榴、葡萄柚、奇異果、甜菜、羅勒、蒔蘿、薄荷、茴香、鼠尾草和迷迭香的香氣連結。

	水果	柑橘	花卉	青綠	草本	蔬菜	焦糖	烘烤	堅果	木質	辛辣	乳酪	動物	化學
水煮芹菜根														
柳橙														
祕魯黃辣椒														
酪梨														
煎珠雞														
山羊乳酪														
烤花生														
烘烤鰈魚														
阿芳素芒果														
牛奶優格														
烤番薯														

潛在搭配：生芹菜根和褐蝦

經典的芹菜頭佐 Rémoulade 醬沙拉（見第 49 頁）若要來點變化，可以在製作醬料時省略芥末，改加一些細香蔥或茵陳蒿等香草，與褐蝦、明蝦或螃蟹甚至生干貝一起上桌。

主廚搭配：芹菜根和切達乳酪

丹・巴柏主廚以白味噌調味的切達乳酪泡沫搭配芹菜根（見第 50 頁）。芹菜根和切達乳酪皆擁有烘烤爆米花香氣以及玫瑰、蜂蜜香氣。熟芹菜根含有的辛辣香草分子也和乳酪很相配。

芹菜根的食材搭配

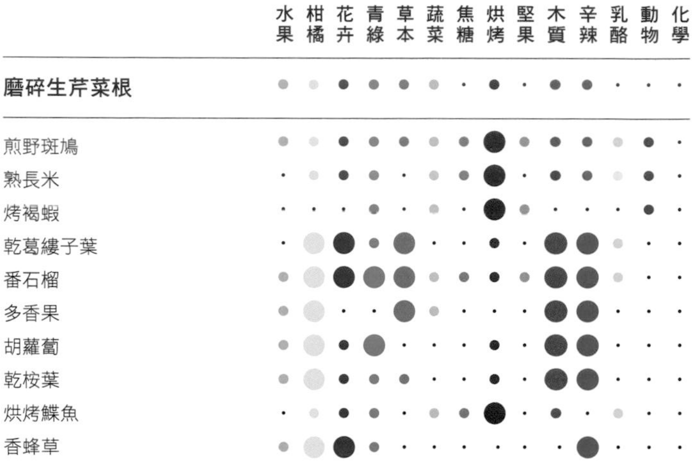
水果 柑橘 花卉 青綠 草本 蔬菜 焦糖 烘烤 堅果 木質 辛辣 乳酪 動物 化學
磨碎生芹菜根
煎野斑鳩
熟長米
烤褐蝦
乾葛縷子葉
番石榴
多香果
胡蘿蔔
乾桉葉
烘烤鰈魚
香蜂草

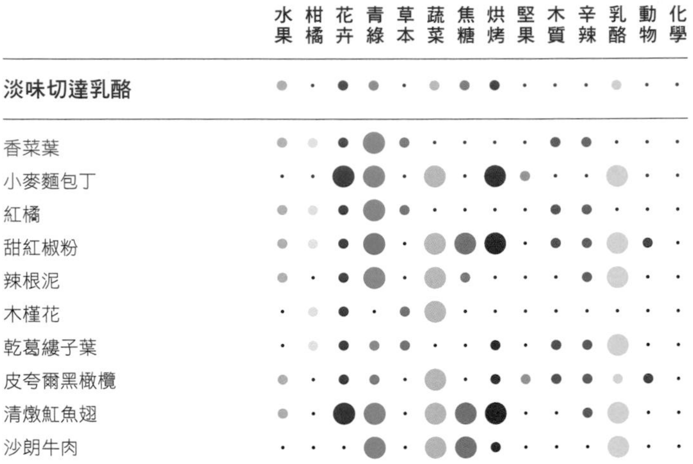
水果 柑橘 花卉 青綠 草本 蔬菜 焦糖 烘烤 堅果 木質 辛辣 乳酪 動物 化學
淡味切達乳酪
香菜葉
小麥麵包丁
紅橘
甜紅椒粉
辣根泥
木槿花
乾葛縷子葉
皮夸爾黑橄欖
清燉魟魚翅
沙朗牛肉

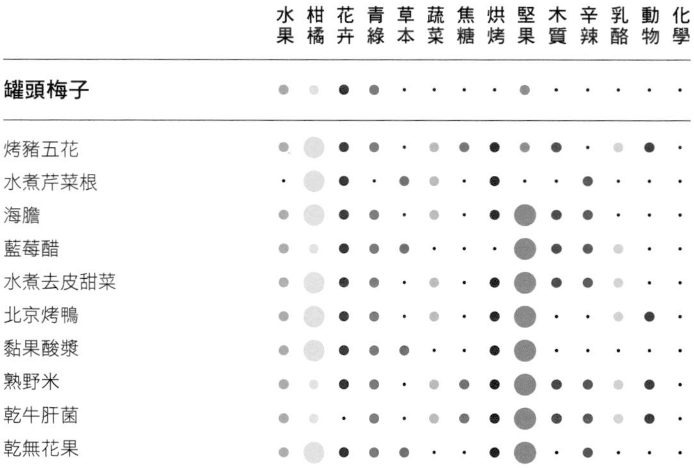
水果 柑橘 花卉 青綠 草本 蔬菜 焦糖 烘烤 堅果 木質 辛辣 乳酪 動物 化學
罐頭梅子
烤豬五花
水煮芹菜根
海膽
藍莓醋
水煮去皮甜菜
北京烤鴨
黏果酸漿
熟野米
乾牛肝菌
乾無花果

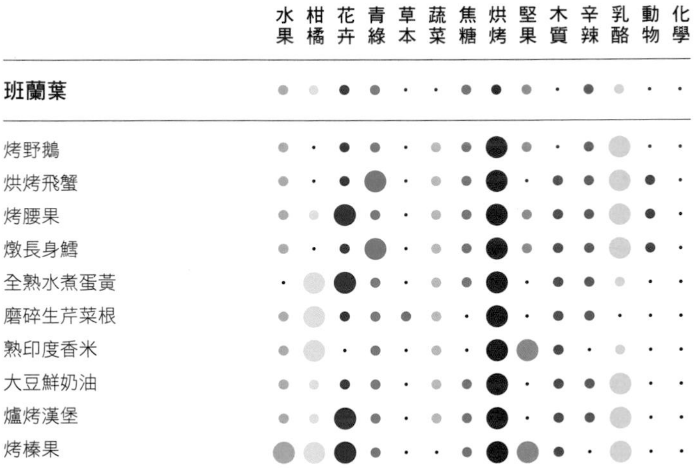
水果 柑橘 花卉 青綠 草本 蔬菜 焦糖 烘烤 堅果 木質 辛辣 乳酪 動物 化學
班蘭葉
烤野鵝
烘烤飛蟹
烤腰果
燉長身鱈
全熟水煮蛋黃
磨碎生芹菜根
熟印度香米
大豆鮮奶油
爐烤漢堡
烤榛果

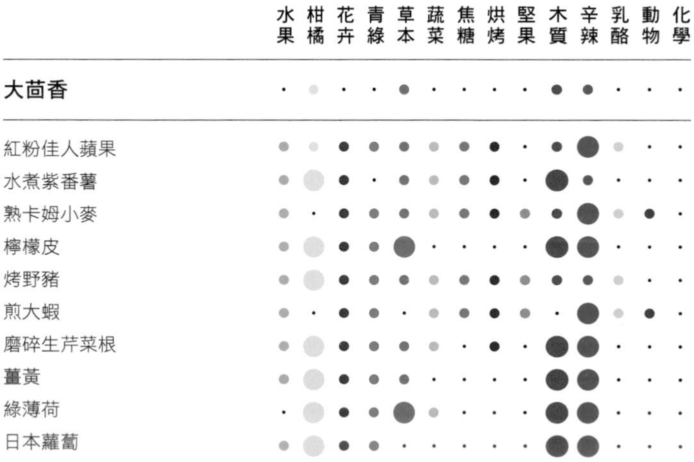
水果 柑橘 花卉 青綠 草本 蔬菜 焦糖 烘烤 堅果 木質 辛辣 乳酪 動物 化學
大茴香
紅粉佳人蘋果
水煮紫番薯
熟卡姆小麥
檸檬皮
烤野豬
煎大蝦
磨碎生芹菜根
薑黃
綠薄荷
日本蘿蔔

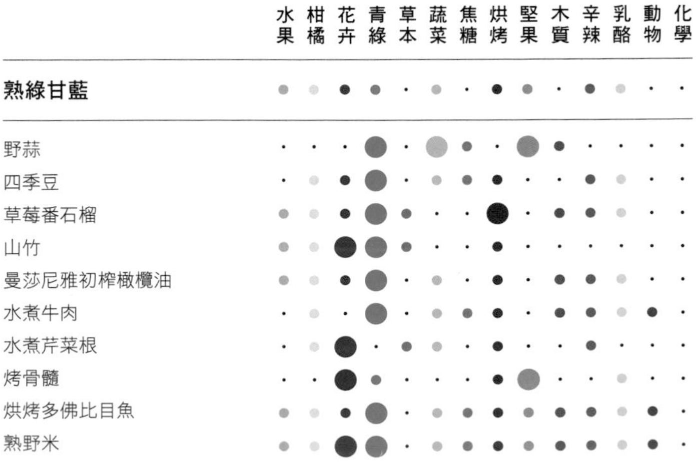
水果 柑橘 花卉 青綠 草本 蔬菜 焦糖 烘烤 堅果 木質 辛辣 乳酪 動物 化學
熟綠甘藍
野蒜
四季豆
草莓番石榴
山竹
曼莎尼雅初榨橄欖油
水煮牛肉
水煮芹菜根
烤骨髓
烘烤多佛比目魚
熟野米

潛在搭配：芹菜根和薰衣草

食用薰衣草與迷迭香有親戚關係，新鮮葉子的用法差不多：將薰衣草浸泡在牛奶或鮮奶油中，製成芳香的冰淇淋，或是把薰衣草糖漿加到飲品中、薰衣草糖加到甜點中。烤蔬菜時，你也可以將薰衣草連同百里香、迷迭香、月桂葉和鼠尾草等芳草一起加入。

潛在搭配：芹菜根和香草

香草可以在鹹味和甜味食物之間建立香氣連結——煮熟的芹菜根和奶油乳酪皆含有香草醛化合物（見次頁）以及花香玫瑰調。和水煮芹菜根一樣散發花卉－蜂蜜、蔬菜－蘑菇和烘烤香氣的大麥芽也很適合搭配波本香草。

	水果	柑橘	花卉	青綠	草本	蔬菜	焦糖	烘烤	堅果	木質	辛辣	乳酪	動物	化學
新鮮薰衣草葉	·	•	•	•	•	·	·	·	·	•	•	·	·	·
石榴	·	•	•	•	•	•	·	·	·	●	•	·	·	·
莎梨	•	●	•	•	•	·	·	•	•	●	•	•	·	·
日本蘿蔔	•	•	•	•	·	·	·	·	·	●	•	·	·	·
水煮芹菜根	·	•	•	·	●	•	·	•	·	·	•	·	·	·
香茅	•	●	●	·	•	·	·	·	·	●	●	·	·	·
咖哩葉	•	•	•	·	●	·	·	·	·	●	●	·	·	·
綠胡椒	·	●	•	●	●	·	·	·	·	●	●	·	·	·
煎餅	·	●	·	•	·	·	·	•	·	·	·	·	·	·
橘子	•	●	•	•	·	·	·	•	·	●	•	·	·	·
馬德拉斯咖哩醬	•	●	•	•	•	•	•	•	•	●	●	•	•	·

	水果	柑橘	花卉	青綠	草本	蔬菜	焦糖	烘烤	堅果	木質	辛辣	乳酪	動物	化學
新鮮奶油乳酪	•	·	•	•	·	•	•	·	·	·	•	•	·	·
薄荷	•	•	•	·	•	·	·	·	•	•	●	●	·	·
哈密瓜	•	·	•	•	·	•	●	·	·	·	•	·	·	·
西班牙喬利佐香腸	●	•	•	●	·	•	●	•	•	•	●	●	•	·
水煮芹菜根	·	•	•	·	•	•	·	•	·	·	●	·	·	·
松藻	•	·	•	●	·	•	·	•	·	•	●	●	·	·
北京烤鴨	•	•	•	•	·	●	·	•	•	·	·	●	•	·
大豆味噌	•	·	·	•	·	•	·	•	·	·	·	●	·	·
熟淡菜	•	·	·	•	·	•	·	·	•	·	·	●	·	·
波本香草	•	·	●	·	·	·	·	·	·	•	●	●	·	·
藍莓	•	•	•	•	·	•	●	·	•	•	●	●	·	·

	水果	柑橘	花卉	青綠	草本	蔬菜	焦糖	烘烤	堅果	木質	辛辣	乳酪	動物	化學
熟蕎麥麵	·	·	•	·	·	·	•	•	·	·	·	·	·	·
甜瓜	•	•	●	•	·	·	·	·	·	·	•	·	·	·
燕麥奶	•	·	●	•	·	•	●	•	·	•	•	•	•	·
水煮芹菜根	·	•	●	·	•	•	·	•	·	·	•	·	·	·
生蛋黃	·	·	●	•	·	•	·	•	·	·	·	·	·	·
平葉香芹	•	•	●	•	•	•	·	·	·	•	•	·	·	·
新鮮食用玫瑰花瓣	·	·	●	•	·	·	•	·	·	·	•	·	·	·
熟法蘭克福香腸	•	•	•	•	·	•	●	•	·	•	•	•	•	·
烤開心果	•	•	●	•	·	•	●	•	•	•	·	•	·	·
網烤櫛瓜	·	·	●	•	·	•	·	·	·	·	·	•	•	·
清燉魟魚翅	•	·	•	•	·	•	●	•	·	·	•	•	·	·

	水果	柑橘	花卉	青綠	草本	蔬菜	焦糖	烘烤	堅果	木質	辛辣	乳酪	動物	化學
大麥芽	•	·	•	•	·	•	•	•	•	·	·	·	·	·
水煮芹菜根	·	•	●	·	•	●	·	●	·	·	•	·	·	·
燉黑線鱈	·	·	•	●	·	●	·	•	·	·	·	•	·	·
藻類（*Gracilaria carnosa*）	·	•	●	●	·	●	·	·	·	•	•	•	·	·
波本香草	●	·	●	·	·	·	·	·	·	•	•	•	·	·
烘烤鰈魚	·	•	•	●	·	●	●	•	·	•	·	•	·	·
北京烤鴨	●	•	●	●	·	●	·	●	●	·	·	•	•	·
黑莓	•	•	●	●	•	●	●	●	·	•	•	•	·	·
南非國寶茶	●	·	●	·	·	·	●	·	·	•	·	•	·	·
橙皮	•	•	•	●	•	·	·	·	·	•	•	·	·	·
布雷本蘋果	•	·	•	●	·	●	•	•	•	·	•	•	·	·

香草

氣味分子香草醛是香草味的主要來源。這個深獲世人喜愛的香料還擁有額外的木質、水果和煙燻調，讓香甜、複雜的香氣輪廓更加飽滿。

香莢蘭（Vanilla planifolia），也稱為馬達加斯加波本香草，是最常被種植的品種。它濃郁的鮮奶油和木質－巴薩米克調備受重視，多數人會想到的香草氣味就是波本香草。

香莢蘭是原生於墨西哥和中美洲的蘭花品種，最先由阿茲提克人開始栽種和食用。如今，全球香草產量有 75% 來自馬達加斯加和前稱「波本島」（Île Bourbon）的留尼旺島。香莢蘭要三年才會開花，而且必須一個一個進行人工授粉。最後長出來的香草莢——也可稱為香草豆——成熟時從綠色轉為淡黃色，再由人力採收。

收成的香草莢先燙過或蒸過，然後放在羊毛毯上發酵進行生香處理。這個過程會引發酵素反應，破壞細胞和植物組織，造成氧化發生。在高溫潮濕之下，豆莢的顏色逐漸變深，發展出香草味的分子。不過，香草特有的芬芳並非來自數千顆小小的種子，而是豆莢裡黏稠的褐色液體。

下一步，將發酵過的香草莢乾燥以封住香味，除去多餘水分避免腐爛。乾香草莢接著被移至鋪了防油紙的箱子中，「調理」三至六個月，直到香草味完全釋放。最後將豆莢依照香氣和含水量分成不同等級類別。香草莢要經過十八個月耗費大量人力的栽種和生香程序才能產出，難怪價格如此昂貴——僅次於番紅花。

天然香草的生產過程昂貴又費時，趕不上全球需求。成分包含丁香油的人工香草精便成了常見的替代品。丁香含有丁香酚，這種精油製成的油狀液體可以被轉化為香草醛。

- 香草被用來為各式各樣的食物和飲料增加甜味和香味（可口可樂公司是世界上最大的香草消費者之一），連化妝品和香水也用得上。它本身做為一種風味，亦經常被加在其他飲食中提味，如咖啡和巧克力。
- 你可以減少食譜中的糖量，換成香草。若要自製香草糖，混合砂糖和香草莢，放入密封罐裡，靜置六到八週入味。
- 若要自製香草精，混合一百克香草莢（空的也可以）和一公升（4¼ 杯）伏特加。靜置六到八週入味，然後過濾。

相關香氣輪廓：大溪地香草

大溪地香草（Vanilla tahitensis）的香氣比波本香草更重，香草和大茴香在輪廓中的比例各占 45%，花卉也有一小部分。

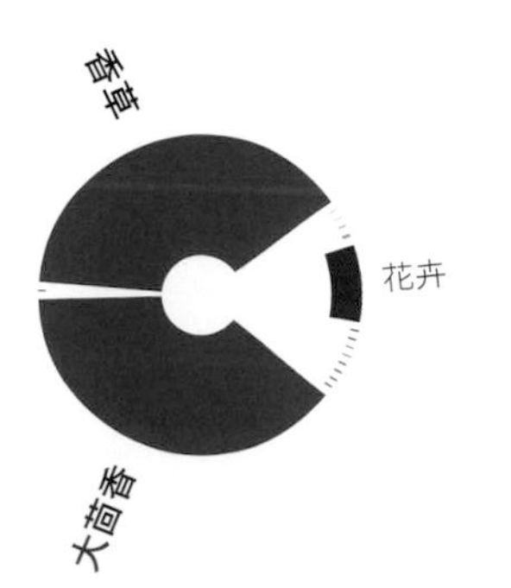

	水果	柑橘	花卉	青綠	草本	蔬菜	焦糖	烘烤	堅果	木質	辛辣	乳酪	動物	化學
大溪地香草														
竹筴魚														
羅可多辣椒														
煎白蘑菇														
網烤肋眼牛排														
煎鹿肉														
大吉嶺茶														
烘烤多佛比目魚														
成熟切達乳酪														
草莓														
水煮冬南瓜														

波本香草

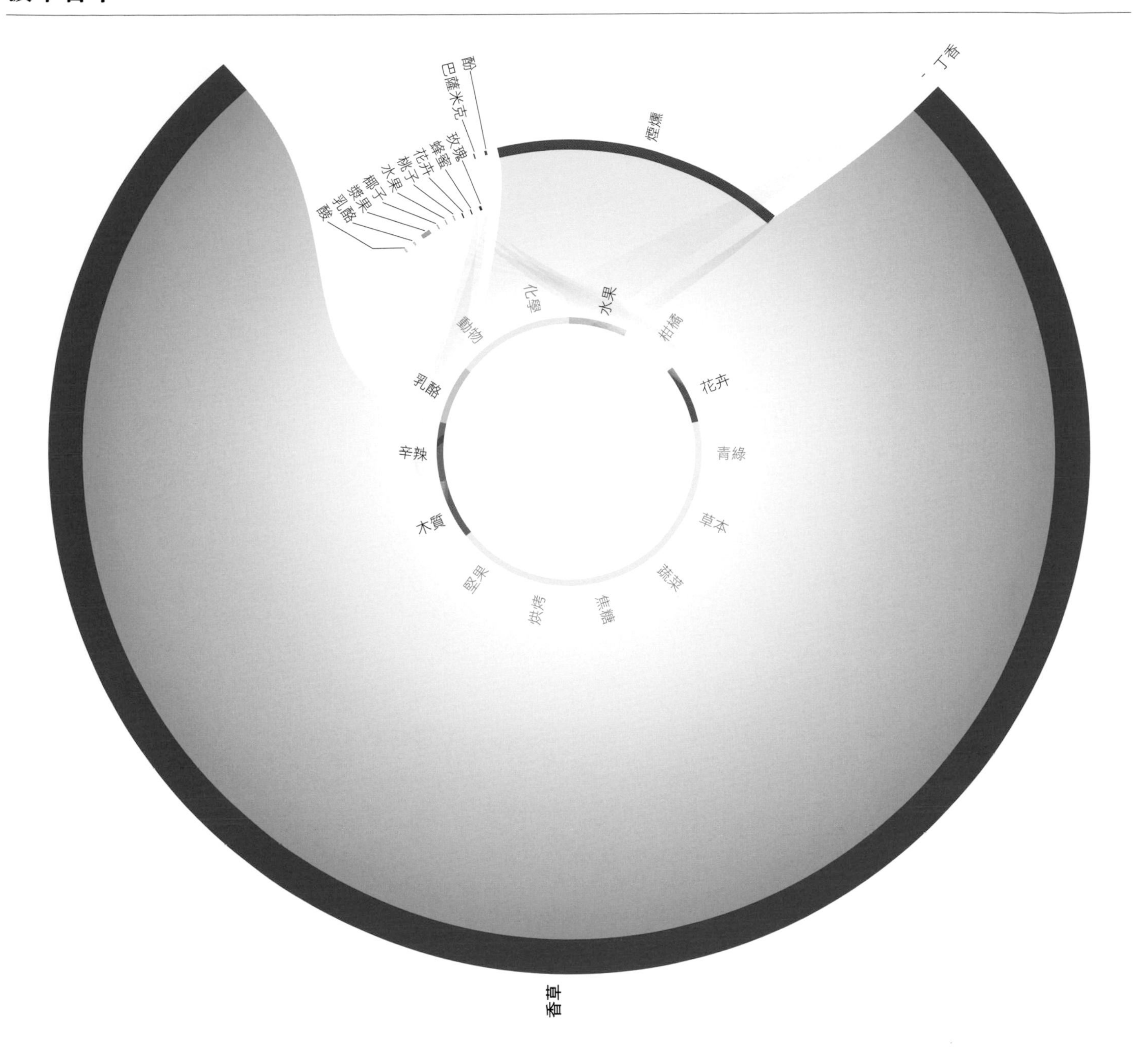

波本香草香氣輪廓

波本香草的分析顯示，它複雜的香氣輪廓中有 82% 由關鍵氣味分子香草醛構成。酚類賦予了木質－巴薩米克調；乳酪、水果－椰子和桃子味的分子則讓濃郁的鮮奶油香更加飽滿。波本香草的煙燻味很適合搭配糙米、番茄和蟹肉以及桂皮（中國肉桂）和黑橄欖。巴薩米克調則跟羅勒、番石榴和檸檬味的天竺葵相襯。

	水果	柑橘	花卉	青綠	草本	蔬菜	焦糖	烘烤	堅果	木質	辛辣	乳酪	動物	化學
波本香草	•	·	•	·	·	·	·	·	·	•	•	•	·	·
爐烤豬里肌肋排	·	·	•	•	·	•	•	•	·	•	●	●	•	·
烤紅甜椒	•	•	●	•	·	•	•	•	·	●	●	●	·	·
烤羔羊肉	•	•	·	•	·	•	•	•	•	·	●	●	·	·
熟糙米	·	•	●	•	·	•	•	•	·	●	●	●	•	·
香菜芹	·	·	●	•	·	•	•	•	•	•	●	●	·	·
水煮褐蝦	●	•	●	•	•	•	•	•	•	●	●	●	•	·
水煮馬鈴薯	●	•	●	•	·	•	·	•	·	·	·	•	·	·
番茄	●	•	●	•	·	•	•	•	·	●	●	●	·	·
水煮麵包蟹肉	●	•	●	•	·	•	•	•	•	●	●	●	•	·
卡蒙貝爾乳酪	•	·	●	•	·	•	·	•	·	●	•	●	•	·

潛在搭配：白蘆筍和香草

白蘆筍有一種苦甜味。若要帶出它的甜味，以香草奶油白醬佐清燉白蘆筍。醬汁的酸（例如：檸檬汁或白酒醋）能平衡這個搭配的脂肪和甜。

潛在搭配：香草和白醬油

白醬油之所以顏色較淡是因為它僅以 10% 的大豆製成；其餘是小麥。除了和蘆筍、南瓜、藜麥等食材擁有共同的關鍵香氣之外，這種日本醬油也跟大溪地香草很搭——試試在有鹽味焦糖的蛋糕和甜點中使用。

香草食材搭配

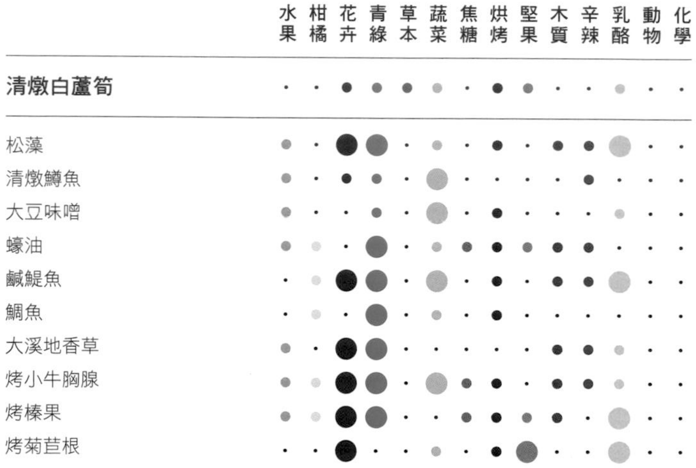

水果 柑橘 花卉 青綠 草本 蔬菜 焦糖 烘烤 堅果 木質 辛辣 乳酪 動物 化學

清燉白蘆筍

松藻
清燉鱒魚
大豆味噌
蠔油
鹹鯷魚
鯛魚
大溪地香草
烤小牛胸腺
烤榛果
烤菊苣根

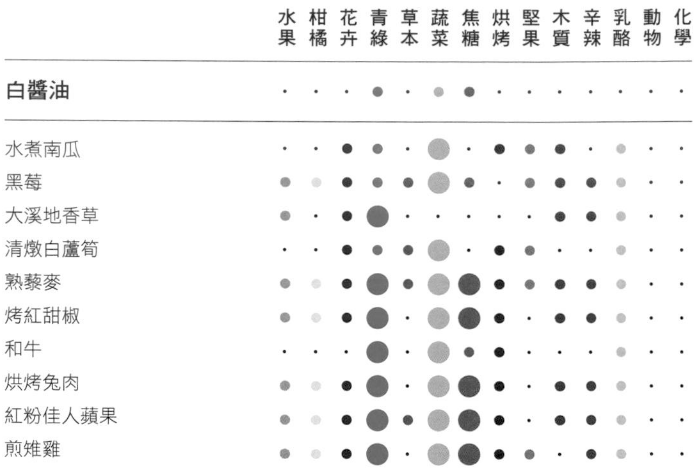

水果 柑橘 花卉 青綠 草本 蔬菜 焦糖 烘烤 堅果 木質 辛辣 乳酪 動物 化學

白醬油

水煮南瓜
黑莓
大溪地香草
清燉白蘆筍
熟藜麥
烤紅甜椒
和牛
烘烤兔肉
紅粉佳人蘋果
煎雉雞

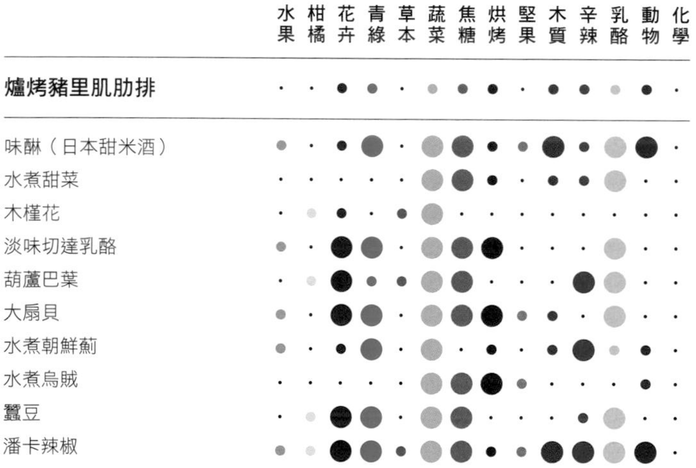

水果 柑橘 花卉 青綠 草本 蔬菜 焦糖 烘烤 堅果 木質 辛辣 乳酪 動物 化學

爐烤豬里肌肋排

味醂（日本甜米酒）
水煮甜菜
木槿花
淡味切達乳酪
葫蘆巴葉
大扇貝
水煮朝鮮薊
水煮烏賊
蠶豆
潘卡辣椒

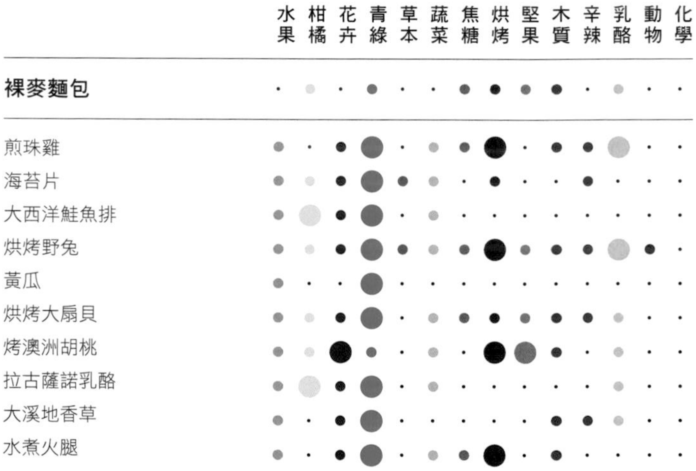

水果 柑橘 花卉 青綠 草本 蔬菜 焦糖 烘烤 堅果 木質 辛辣 乳酪 動物 化學

裸麥麵包

煎珠雞
海苔片
大西洋鮭魚排
烘烤野兔
黃瓜
烘烤大扇貝
烤澳洲胡桃
拉古薩諾乳酪
大溪地香草
水煮火腿

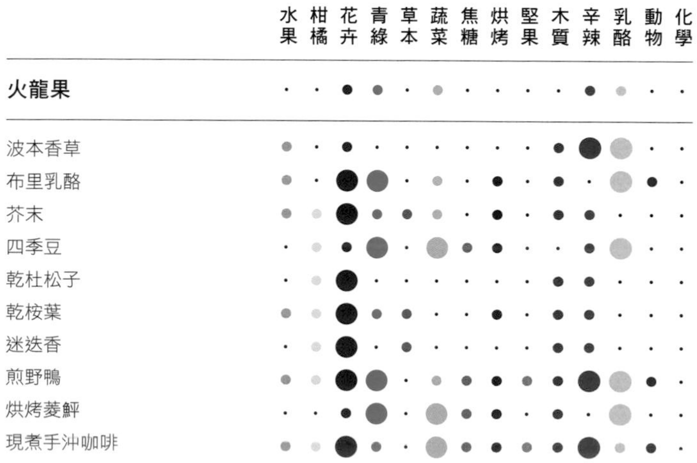

水果 柑橘 花卉 青綠 草本 蔬菜 焦糖 烘烤 堅果 木質 辛辣 乳酪 動物 化學

火龍果

波本香草
布里乳酪
芥末
四季豆
乾杜松子
乾桉葉
迷迭香
煎野鴨
烘烤菱鮃
現煮手沖咖啡

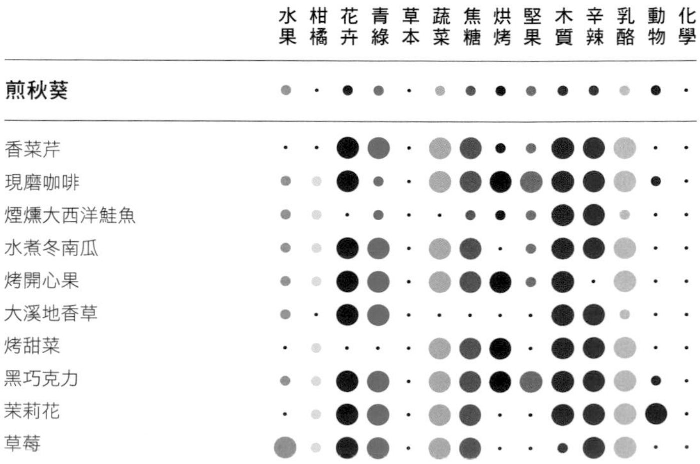

水果 柑橘 花卉 青綠 草本 蔬菜 焦糖 烘烤 堅果 木質 辛辣 乳酪 動物 化學

煎秋葵

香菜芹
現磨咖啡
煙燻大西洋鮭魚
水煮冬南瓜
烤開心果
大溪地香草
烤甜菜
黑巧克力
茉莉花
草莓

經典搭配：香草和鮮奶油

香氣分子香草醛易溶於脂肪，因此加入鮮奶油等高脂食材中會讓香草風味更加強烈。由於脂肪分子在嘴裡融化的速度較慢，香草風味的餘韻也較持久。

經典搭配：香草和巧克力

香莢蘭最早的紀錄可回溯至墨西哥，當地阿茲提克人用它來製作「苦水」（xocoatl），一種巧克力飲品（見次頁）。墨西哥香草被描述為味甜、強烈，有淡淡的辛辣菸草調。若要自製辛辣苦甜的「苦水」，混合無糖可可粉和香草、切片辣椒，以熱水沖泡，過濾後即可飲用。

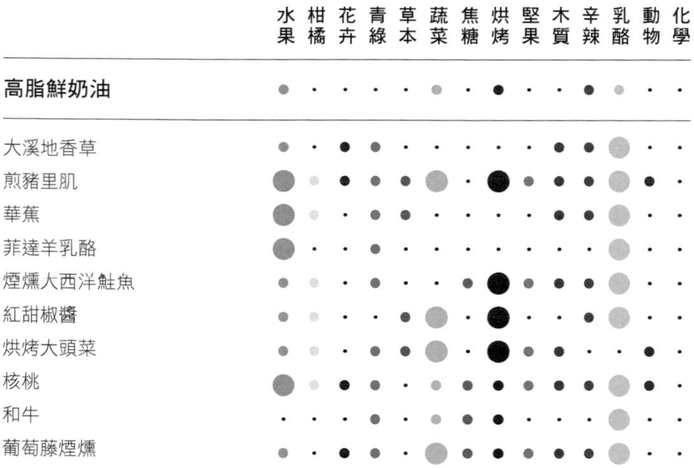

	水果	柑橘	花卉	青綠	草本	蔬菜	焦糖	烘烤	堅果	木質	辛辣	乳酪	動物	化學
高脂鮮奶油														
大溪地香草														
煎豬里肌														
華蕉														
菲達羊乳酪														
煙燻大西洋鮭魚														
紅甜椒醬														
烘烤大頭菜														
核桃														
和牛														
葡萄藤煙燻														

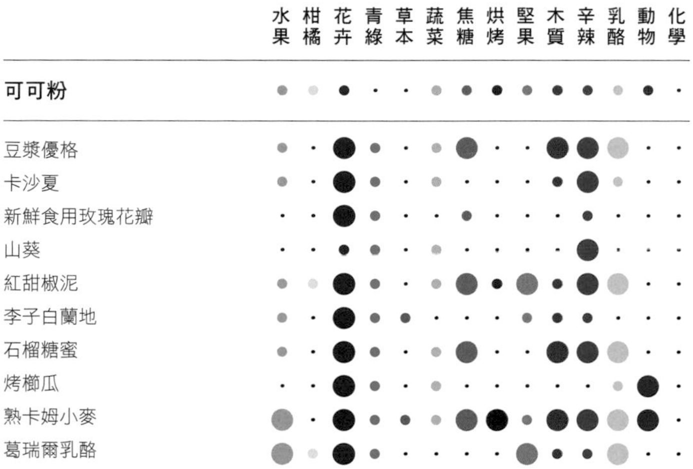

	水果	柑橘	花卉	青綠	草本	蔬菜	焦糖	烘烤	堅果	木質	辛辣	乳酪	動物	化學
可可粉														
豆漿優格														
卡沙夏														
新鮮食用玫瑰花瓣														
山葵														
紅甜椒泥														
李子白蘭地														
石榴糖蜜														
烤櫛瓜														
熟卡姆小麥														
葛瑞爾乳酪														

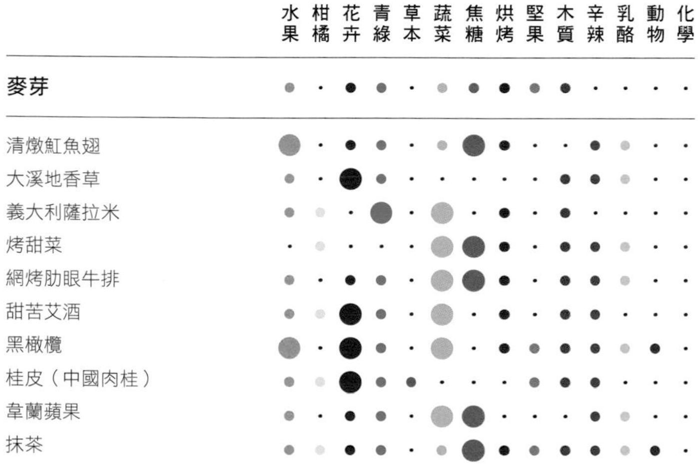

	水果	柑橘	花卉	青綠	草本	蔬菜	焦糖	烘烤	堅果	木質	辛辣	乳酪	動物	化學
麥芽														
清燉魟魚翅														
大溪地香草														
義大利薩拉米														
烤甜菜														
網烤肋眼牛排														
甜苦艾酒														
黑橄欖														
桂皮（中國肉桂）														
韋蘭蘋果														
抹茶														

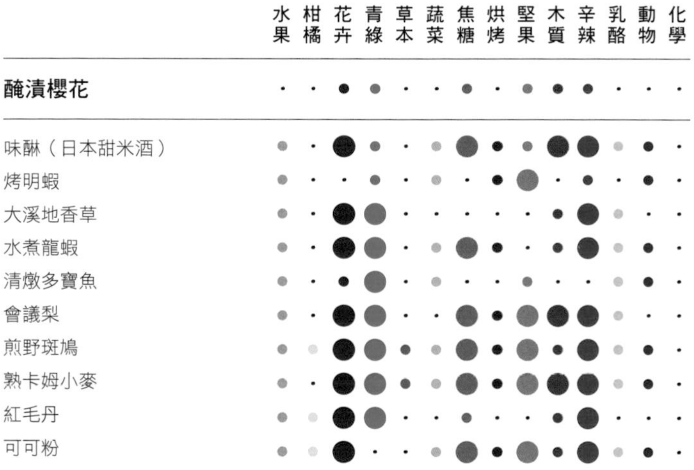

	水果	柑橘	花卉	青綠	草本	蔬菜	焦糖	烘烤	堅果	木質	辛辣	乳酪	動物	化學
醃漬櫻花														
味醂（日本甜米酒）														
烤明蝦														
大溪地香草														
水煮龍蝦														
清燉多寶魚														
會議梨														
煎野斑鳩														
熟卡姆小麥														
紅毛丹														
可可粉														

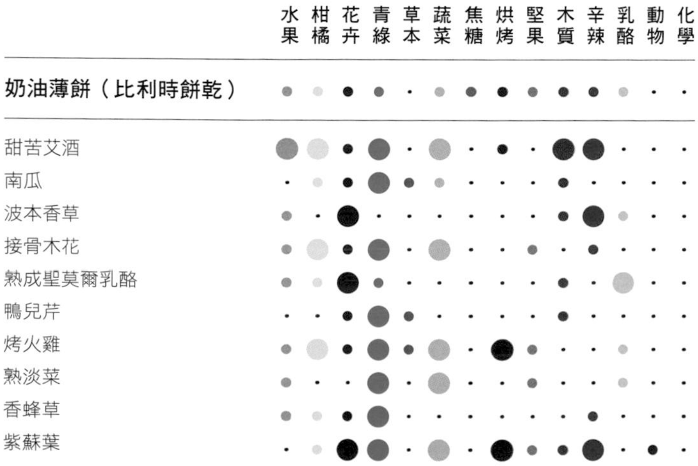

	水果	柑橘	花卉	青綠	草本	蔬菜	焦糖	烘烤	堅果	木質	辛辣	乳酪	動物	化學
奶油薄餅（比利時餅乾）														
甜苦艾酒														
南瓜														
波本香草														
接骨木花														
熟成聖莫爾乳酪														
鴨兒芹														
烤火雞														
熟淡菜														
香蜂草														
紫蘇葉														

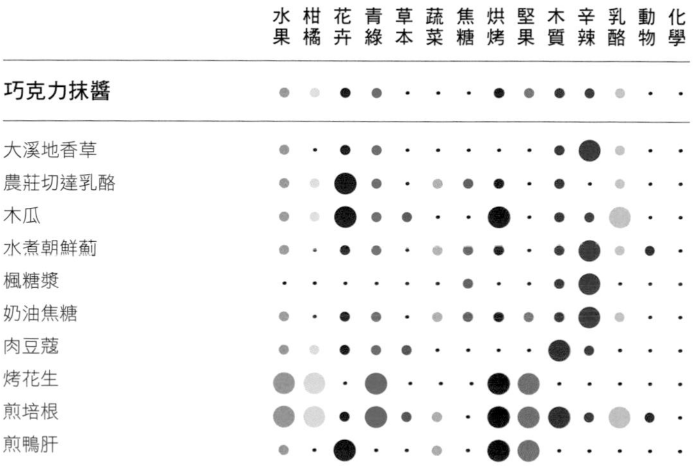

	水果	柑橘	花卉	青綠	草本	蔬菜	焦糖	烘烤	堅果	木質	辛辣	乳酪	動物	化學
巧克力抹醬														
大溪地香草														
農莊切達乳酪														
木瓜														
水煮朝鮮薊														
楓糖漿														
奶油焦糖														
肉豆蔻														
烤花生														
煎培根														
煎鴨肝														

巧克力

巧克力混合了烘烤、堅果、焦糖風味，香甜又迷人，還有微量的天然興奮劑，像是咖啡因、可可鹼、苯乙胺和大麻素。

從奧爾梅克（公元前一二〇〇至四〇〇年）古陶器裡發現的可可鹼殘留物顯示出這個文明最早把可可粉當作儀式飲品，後來才被阿茲提克人和馬雅人使用並稱之為「苦水」。經過發酵、乾燥和烘烤的可可豆被磨成深色膏狀物，接著混入水、玉米、辣椒、香草、胭脂樹紅（由胭脂樹種子製成的橘紅色染劑和調味劑）和其他藥草與香料。不過，「苦水」又苦又澀，和今日香甜可口的墨西哥香料熱巧克力大不相同。

在十六世紀，西班牙征服者航海到新世界，發現了可可豆並把它們帶回家。巧克力飲品被加入了糖、蜂蜜和其他甜味劑、調味料，可可也在歐洲其他地區開始盛行。直到十九世紀中期，第一塊固體巧克力才被英國巧克力製造商 J. S. Fry & Sons 率先做出。

今日，重度巧克力愛好者推崇黑巧克力，有些人偏好可可含量高達 90% 的產品。牛奶巧克力在黑巧克力基底加了牛奶、奶粉或煉乳，風味變得更具奶油味而沒那麼複雜。若要製作白巧克力，先過濾可可膏，將可可塊和可可脂分開，可可脂經過除臭程序降低明顯氣味後，再混合牛奶／奶粉和糖。由於白巧克力不含任何可可粉，因此缺乏黑巧克力和牛奶巧克力的複雜度。有些巧克力師傅在製作白巧克力時為了讓風味更複雜，會添加少量未經除臭的可可脂。這可能會讓白巧克力具有微微的柳橙、蘑菇、花卉、堅果和泥土調。

從可可豆到巧克力棒

製作巧克力是一件大工程，每一個步驟都會產生極為複雜的新風味和香氣。三大可可品種——克里歐羅（Criollo）、法里斯特羅（Forastero）和崔尼塔利奧（Trinitario）——它們各自的風味特徵會在可可豆經過處理程序時突顯出來。不過，環境因素像是產地、土壤、氣候、成熟程度以及採收和發酵過程都會影響獨特的風味變化。連種植園跟鄰近農場或種植園之間的距離等因素也可能造成影響。因此，你會經常聽到巧克力以產地來描述。例如：祕魯黑巧克力比哥斯大黎加黑巧克力含有更多果香和花香，後者則較具堅果味。

生可可豆有一種極為苦澀的特質。若要製成巧克力，必須先取出豆筴內的白色黏稠果肉和其包覆的可可豆，接著堆成一堆或放入箱子裡發酵。豆子和果肉轉為紅褐色時會形成水果、柑橘、花卉、乳酪和堅果、杏仁味的香氣分子。可可豆發酵越久，水果、乳酪調越強烈。不過，一定要小心避免豆子發酵太久，否則會有霉味或魚腥味。

發酵過後的豆子接著進行乾燥和烘烤，產生巧克力令人上癮的堅果、烘烤、焦糖、辛辣、花卉甚至泥土香氣分子。不當的乾燥和儲藏方式會讓可可豆發出腐臭或橡膠、紙板般的討厭氣味。

製作巧克力的最後一個階段是「精煉」（conching），將烘烤過的豆子與可可脂、可可膏、牛奶或奶粉、糖和香草一起研磨，再經過數小時至一週不等的加熱和攪拌程序，巧克力就有了滑順、綿密的質地。接著冷卻和定型。若在精煉過程中溫度升高，會產生跟梅納反應（見第 25 頁）相關的其他焦糖、辛辣和乳酪味揮發性化合物。精煉也有助於調和巧克力的酸度。

黑巧克力

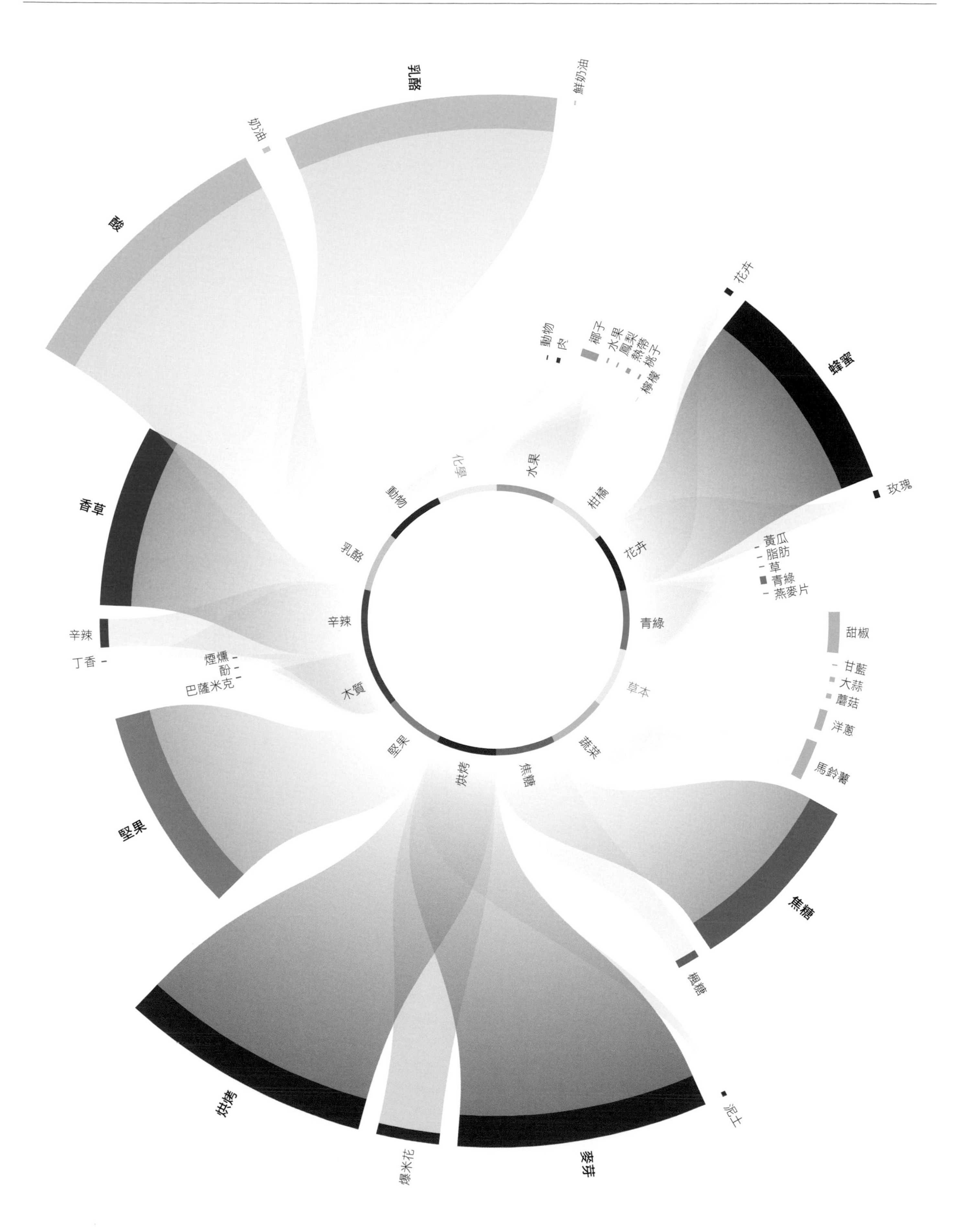
乳酪
鮮奶油
奶油
酸
花卉
動物
肉
椰子
水果
鳳梨
熱帶
桃子
檸檬
蜂蜜
玫瑰
香草
化學
水果
柑橘
動物
乳酪
花卉
黃瓜
脂肪
草
青綠
燕麥片
辛辣
青綠
辛辣
丁香
煙燻
酚
巴薩米克
木質
草本
甜椒
甘藍
大蒜
蘑菇
洋蔥
馬鈴薯
堅果
烘烤
焦糖
蔬菜
堅果
焦糖
楓糖
烘烤
爆米花
麥芽
泥土

經典搭配：牛奶巧克力和草莓

草莓的一個關鍵分子是 4- 羥基 -2,5- 二甲基 -3(2H) 　呋喃酮，也就是草莓呋喃酮。這個化合物也會在巧克力的生產過程中產生，比在草莓裡更甜、更具焦糖味。它在肉類裡具有鹹、肉香，因此有些主廚會在搭配野味的醬汁裡最後再加入一點巧克力。

潛在搭配：黑巧克力和青花菜

黑巧克力含有一種植物、硫味化合物，它也存在於熟青花菜和其他蔬菜。把青花菜、甜菜、冬南瓜或櫛瓜加到巧克力蛋糕、巧克力瑪芬和巧克力布朗尼裡是增加蔬菜攝取量的美味方法。

巧克力種類

黑巧克力香氣輪廓

與牛奶巧克力相比，黑巧克力複雜又苦澀，明顯的風味輪廓由水果、花卉、烘烤、焦糖、辛辣和木質調構成。在某些情況下，你甚至會嚐到燕麥片的青綠香或甜椒般的蔬菜味。這些蔬菜連結提供了意想不到的搭配可能性，像是巧克力配蘆筍、甜菜、甜椒、青花菜、冬南瓜、黃瓜、防風根、豌豆、馬鈴薯和番茄——想像一下滑順、綿密的巧克力慕斯佐新鮮草莓和烤紅甜椒（見第 59 頁香氣輪盤）。

	水果	柑橘	花卉	青綠	草本	蔬菜	焦糖	烘烤	堅果	木質	辛辣	乳酪	動物	化學
黑巧克力														
桂皮（中國肉桂）														
白蘑菇														
大黃														
羊萵苣（野苣）														
醃漬櫻葉														
水煮青花菜														
洋槐蜂蜜														
大溪地香草														
紫蘇葉														
花生醬														

牛奶巧克力香氣輪廓

牛奶巧克力的焦糖香、果香和花香揮發性化合物比黑巧克力少，但較多柑橘調。它也較具鮮奶油味，風味較不複雜。

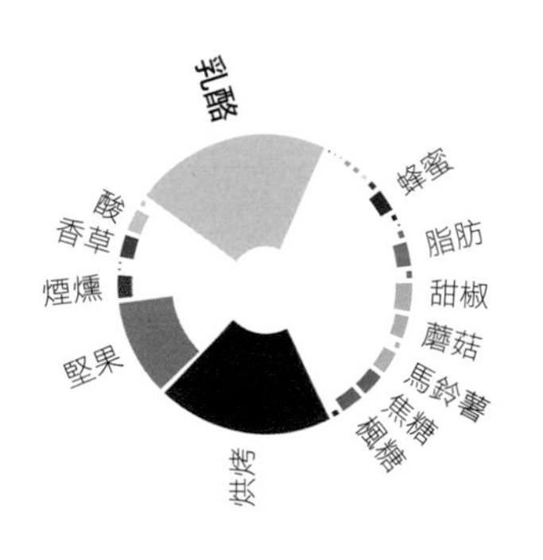

	水果	柑橘	花卉	青綠	草本	蔬菜	焦糖	烘烤	堅果	木質	辛辣	乳酪	動物	化學
牛奶巧克力														
索布拉薩達（喬利佐香腸抹醬）														
波本香草														
魚味噌														
芝麻哈爾瓦酥糖														
水煮烏賊														
瑪哈草莓														
軒尼詩 VS 干邑白蘭地														
水煮龍蝦														
烤芝麻籽														
網烤綠蘆筍														

白巧克力香氣輪廓

白巧克力的基本風味輪廓由脂肪、奶油、乳酪和焦糖香氣分子構成，另外還有一些桃子、椰子香的 酯。

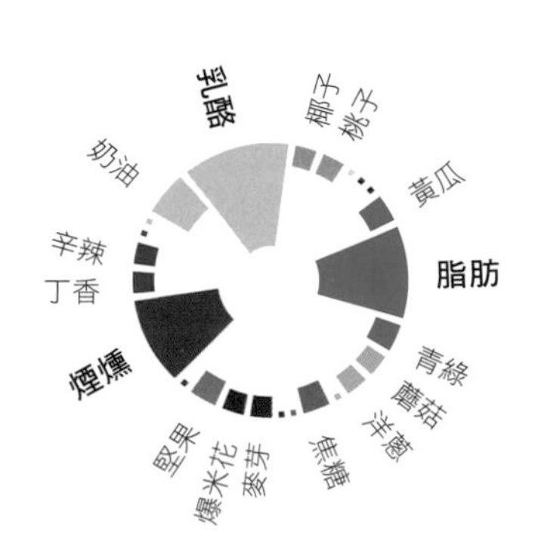

	水果	柑橘	花卉	青綠	草本	蔬菜	焦糖	烘烤	堅果	木質	辛辣	乳酪	動物	化學
白巧克力														
香蜂草														
接骨木花														
蘋果汁														
皮斯可酒														
巴西莓														
煙燻培根														
辣根泥														
薄荷														
黑胡椒粉														
紅葡萄														

經典搭配：白巧克力與薄荷

在美國，薄荷巧克力片是很受歡迎的聖誕節點心。在家製作很簡單，它含有一片以薄荷油調味的黑巧克力，上面覆蓋一層薄荷白巧克力，最後再撒上薄荷味拐杖糖碎片。

主廚搭配：白巧克力與小麥草

有超級食物稱號的小麥草富含維生素和抗氧化劑。它聞起來像剛割過的草皮，而類似的青綠調也存在於白巧克力，這解釋了為何巧克力師傅多米尼克．佩索納（Dominique Persoone）會創作出白巧克力甘納許和亮綠色小麥草汁的搭配。

巧克力和魚子醬

英國伯克郡布雷，肥鴨餐廳　赫斯頓．布魯門索

許多黑巧克力蛋糕、巧克力豆餅乾和其他巧克力甜點食譜都會要你撒上一點點鹽巴。這是因為鹽能降低巧克力的苦味，同時提升甜點裡的其他風味。有了這樣的食品科學概念，赫斯頓．布魯門索主廚開始以不同食材進行實驗。他拿巧克力——從臘鴨、鯷魚、乾火腿搭配到魚子醬。最後這一個組合令人驚豔，從此布魯門索便在他的餐廳裡提供這一道擺在綿密白巧克力圓盤上的冰涼海味魚子醬。

「巧克力奇人」

比利時布魯日，The Chocolate Line 巧克力專賣店
多米尼克．佩索納

多米尼克．佩索納的巧克力靈感有些來自季節食材，有些名稱則來自他在世界各地的旅遊經驗：「馬拉喀什」（上圖）是香甜的薄荷綠茶口味巧克力；「綠東京」以山葵搭配杏仁糖膏和甘納許（見第 62 頁），另外還有卡沙夏、辣椒、香菜和萊姆調味的巧克力做為巴西歷險的紀念。其他搭配包含分別加了健康小麥草和花椰菜的白巧克力甘納許。他的菜單甚至推出了鰻魚口味甘納許佐綠色香草。

佩索納異想天開的巧克力之一含有利多卡因，會在舌頭上留下麻刺感，但他最為人所知的作品大概是「巧克力發射器」，以滾石樂團的米克．傑格命名。這種混合芳草的吸食可可粉末帶來醺醉的嗅覺體驗，也讓佩索納贏得「巧克力奇人」的稱號。

巧克力食材搭配

	水果	柑橘	花卉	青綠	草本	蔬菜	焦糖	烘烤	堅果	木質	辛辣	乳酪	動物	化學
魚子醬	·	•	·	•	·	•	·	•	·	·	·	·	·	·
古岡左拉乳酪	•	•	•	•	•	●	·	•	·	·	·	•	·	·
蘇玳甜白葡萄酒	•	•	•	●	·	·	•	•	•	•	•	•	•	·
日本醬油	•	·	•	•	·	●	•	•	·	•	•	•	•	·
熟淡菜	•	·	·	●	·	●	·	·	•	·	·	•	·	·
酸奶油	•	●	·	●	·	●	•	•	·	•	•	•	•	·
煙燻大西洋鮭魚排	•	●	·	•	·	·	•	•	•	•	•	•	·	·
白蘆筍	•	·	•	●	•	●	·	·	·	•	•	·	·	·
杜蘭小麥酸種麵包	•	●	·	•	·	·	·	•	•	•	·	•	·	·
華蕉	•	•	·	●	•	·	·	·	·	•	•	•	·	·
鱈魚排	•	●	·	•	·	·	·	•	·	·	·	•	·	·

	水果	柑橘	花卉	青綠	草本	蔬菜	焦糖	烘烤	堅果	木質	辛辣	乳酪	動物	化學
小麥草	·	·	•	•	·	•	·	•	·	·	•	·	·	·
四季豆	·	•	●	●	·	•	•	•	·	·	●	•	·	·
帕瑪森類型乳酪	•	•	•	•	·	●	·	•	•	·	·	•	·	·
大溪地香草	•	·	•	●	·	·	·	·	·	•	●	•	·	·
紅哈瓦那辣椒	•	•	•	●	•	•	·	·	·	•	•	•	·	·
烘烤細鱗綠鰭魚	•	•	●	●	·	●	•	●	•	·	●	•	·	·
可可粉	•	•	•	·	·	•	•	•	•	•	●	•	•	·
烘烤兔肉	•	•	●	●	·	●	•	•	·	•	●	•	·	·
煎雉雞	•	•	●	●	·	●	•	•	•	·	●	•	·	·
羅可多辣椒	•	·	●	●	·	●	•	•	·	•	●	•	·	·
酸漿	•	•	●	●	·	●	•	•	·	•	●	•	•	·

主廚搭配：巧克力甘納許、杏仁糖膏和山葵

山葵和巧克力都擁有綠香和甜椒香。多米尼克．佩索納（見第 61 頁）在他的「綠東京」巧克力裡巧妙地結合了這兩種食材，再以辛辣刺鼻的山葵為巧克力甘納許的甜膩帶來鮮明對比。

經典搭配：巧克力和花生

花生和巧克力擁有一些共同的香氣分子，這解釋了為何它們長久以來一直是受歡迎的搭配：士力架巧克力棒以牛奶巧克力裹上層層牛軋糖、焦糖和花生，歷史回溯至一九三〇年。你可以試試以黑或白巧克力製作自己的版本——或是單純把花生醬加到你最愛的巧克力抹醬食譜中。

巧克力食材搭配

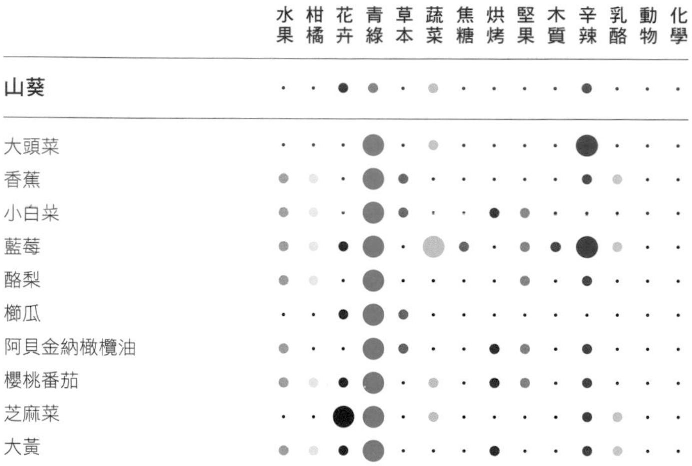

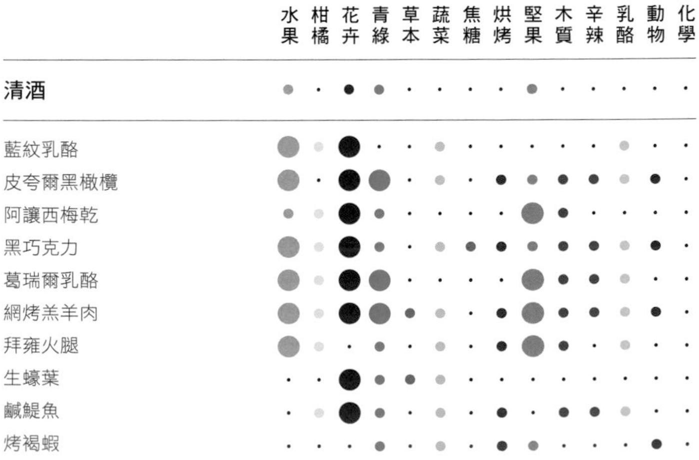

	水果	柑橘	花卉	青綠	草本	蔬菜	焦糖	烘烤	堅果	木質	辛辣	乳酪	動物	化學
山葵														
大頭菜														
香蕉														
小白菜														
藍莓														
酪梨														
櫛瓜														
阿貝金納橄欖油														
櫻桃番茄														
芝麻菜														
大黃														

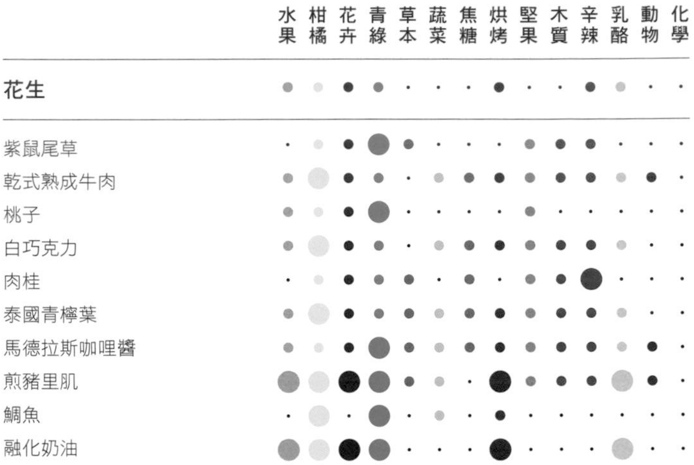

	水果	柑橘	花卉	青綠	草本	蔬菜	焦糖	烘烤	堅果	木質	辛辣	乳酪	動物	化學
花生														
紫鼠尾草														
乾式熟成牛肉														
桃子														
白巧克力														
肉桂														
泰國青檸葉														
馬德拉斯咖哩醬														
煎豬里肌														
鯛魚														
融化奶油														

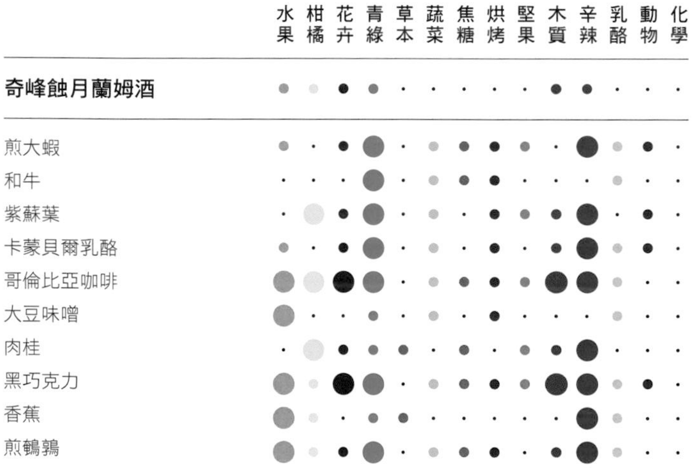

	水果	柑橘	花卉	青綠	草本	蔬菜	焦糖	烘烤	堅果	木質	辛辣	乳酪	動物	化學
奇峰蝕月蘭姆酒														
煎大蝦														
和牛														
紫蘇葉														
卡蒙貝爾乳酪														
哥倫比亞咖啡														
大豆味噌														
肉桂														
黑巧克力														
香蕉														
煎鵪鶉														

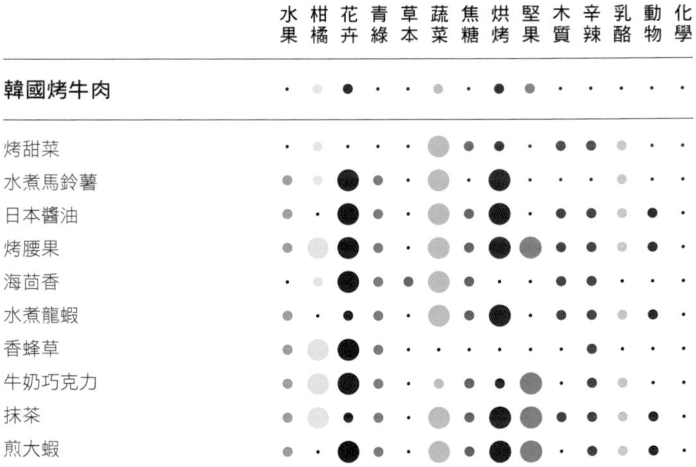

	水果	柑橘	花卉	青綠	草本	蔬菜	焦糖	烘烤	堅果	木質	辛辣	乳酪	動物	化學
韓國烤牛肉														
烤甜菜														
水煮馬鈴薯														
日本醬油														
烤腰果														
海茴香														
水煮龍蝦														
香蜂草														
牛奶巧克力														
抹茶														
煎大蝦														

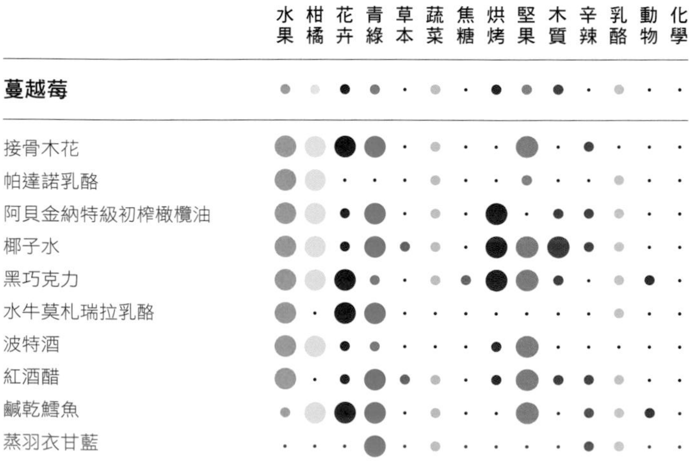

	水果	柑橘	花卉	青綠	草本	蔬菜	焦糖	烘烤	堅果	木質	辛辣	乳酪	動物	化學
蔓越莓														
接骨木花														
帕達諾乳酪														
阿貝金納特級初榨橄欖油														
椰子水														
黑巧克力														
水牛莫札瑞拉乳酪														
波特酒														
紅酒醋														
鹹乾鱈魚														
蒸羽衣甘藍														

	水果	柑橘	花卉	青綠	草本	蔬菜	焦糖	烘烤	堅果	木質	辛辣	乳酪	動物	化學
清酒														
藍紋乳酪														
皮夸爾黑橄欖														
阿讓西梅乾														
黑巧克力														
葛瑞爾乳酪														
網烤羔羊肉														
拜雍火腿														
生蠔葉														
鹹鯷魚														
烤褐蝦														

經典搭配：巧克力和柑橘

牛奶巧克力的柑橘調比黑巧克力多，因此很搭柑橘類水果，像是檸檬、萊姆、香檸檬、葡萄柚和香橙——想想橙片巧克力或其他裹上巧克力的糖漬柑橘皮。牛奶巧克力也和柑橘味食材很合拍，像是薑和香茅。

主廚搭配：巧克力和花椰菜

比利時巧克力師傅多米尼克．佩索納最早的作品之一就是結合白巧克力甘納許和花椰菜泥，外層再裹上苦味巧克力。類似的硫、洋蔥味香氣也存在於花椰菜（見次頁）和某些類型的黑巧克力，它們還有共同的柑橘調。

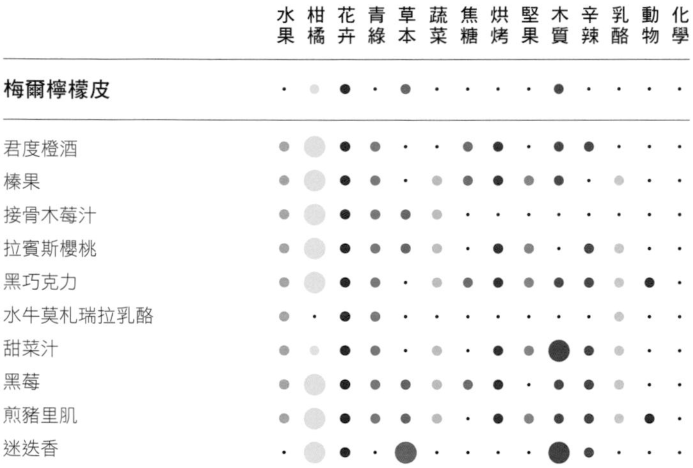

梅爾檸檬皮	水果	柑橘	花卉	青綠	草本	蔬菜	焦糖	烘烤	堅果	木質	辛辣	乳酪	動物	化學
君度橙酒														
榛果														
接骨木莓汁														
拉賓斯櫻桃														
黑巧克力														
水牛莫札瑞拉乳酪														
甜菜汁														
黑莓														
煎豬里肌														
迷迭香														

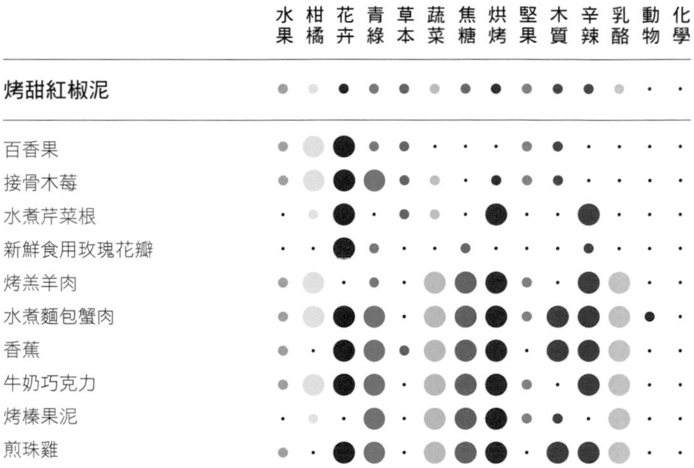

烤甜紅椒泥	水果	柑橘	花卉	青綠	草本	蔬菜	焦糖	烘烤	堅果	木質	辛辣	乳酪	動物	化學
百香果														
接骨木莓														
水煮芹菜根														
新鮮食用玫瑰花瓣														
烤羔羊肉														
水煮麵包蟹肉														
香蕉														
牛奶巧克力														
烤榛果泥														
煎珠雞														

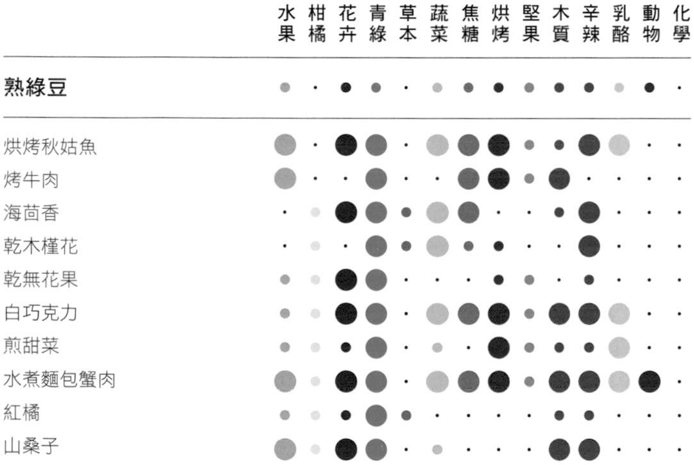

熟綠豆	水果	柑橘	花卉	青綠	草本	蔬菜	焦糖	烘烤	堅果	木質	辛辣	乳酪	動物	化學
烘烤秋姑魚														
烤牛肉														
海茴香														
乾木槿花														
乾無花果														
白巧克力														
煎甜菜														
水煮麵包蟹肉														
紅橘														
山桑子														

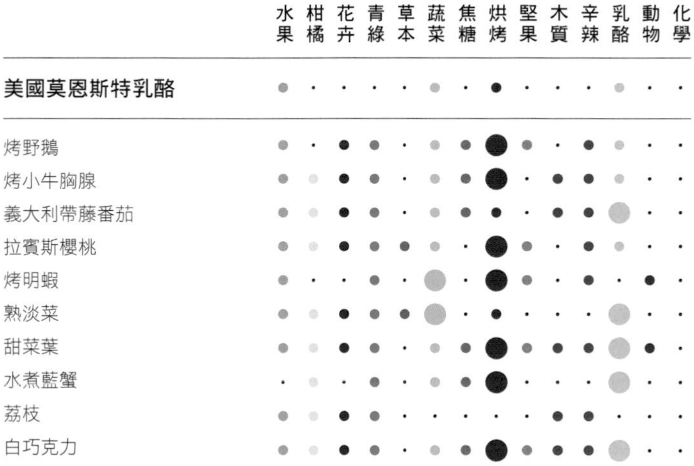

美國莫恩斯特乳酪	水果	柑橘	花卉	青綠	草本	蔬菜	焦糖	烘烤	堅果	木質	辛辣	乳酪	動物	化學
烤野鵝														
烤小牛胸腺														
義大利帶藤番茄														
拉賓斯櫻桃														
烤明蝦														
熟淡菜														
甜菜葉														
水煮藍蟹														
荔枝														
白巧克力														

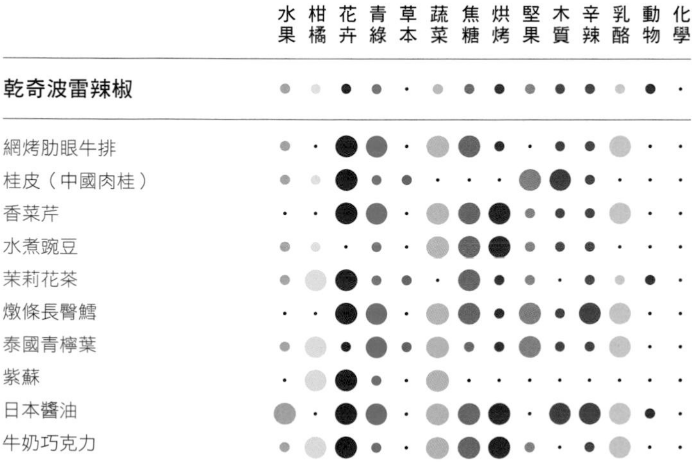

乾奇波雷辣椒	水果	柑橘	花卉	青綠	草本	蔬菜	焦糖	烘烤	堅果	木質	辛辣	乳酪	動物	化學
網烤肋眼牛排														
桂皮（中國肉桂）														
香菜芹														
水煮豌豆														
茉莉花茶														
燉條長臀鱈														
泰國青檸葉														
紫蘇														
日本醬油														
牛奶巧克力														

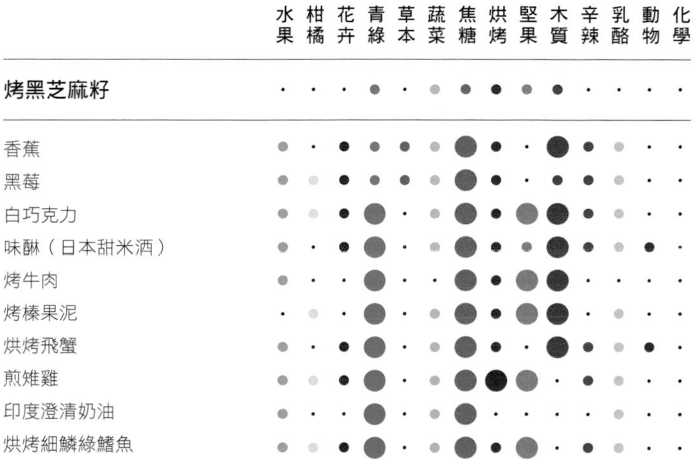

烤黑芝麻籽	水果	柑橘	花卉	青綠	草本	蔬菜	焦糖	烘烤	堅果	木質	辛辣	乳酪	動物	化學
香蕉														
黑莓														
白巧克力														
味醂（日本甜米酒）														
烤牛肉														
烤榛果泥														
烘烤飛蟹														
煎雉雞														
印度澄清奶油														
烘烤細鱗綠鰭魚														

花椰菜

生花椰菜裡具硫味的硫代配醣體聞起來像洋蔥和熟甘藍。其他綠草香和柑橘香的化合物則為這個蕓薹屬植物的整體風味帶來清新氣息。

蕓薹屬植物和其他具血緣關係的蔬菜擁有一樣的揮發性化合物。熟花椰菜和青花菜皆含有二甲基硫、二甲基三硫、壬醛和三芥子酸甘油酯。花椰菜大部分的風味來自特徵影響化合物 iberverin，它也是甘藍、抱子甘藍和德國酸菜的風味來源。

「蕓薹屬」（brassica）和「十字花科」（cruciferous vegetables）這兩個名稱經常互換使用。「十字花科」（Cruciferae）原本用來指稱所有開花植物——包含食用和非食用——直到二十世紀初期，植物學家才開始比較明確地認定十字花科蔬菜為十字花科（Brassicaceae），與其他同科的非食用植物區分。（「Brassica」在拉丁文裡的意思是「甘藍」。）今日，花椰菜各有不同顏色深淺和尺寸大小，從常見的白色花序到紫色、橘色甚至碎形結構的綠色羅馬花椰菜都有。與小花叢密集的花椰菜同屬「甘藍」（Brassica oleracea）類的還有青花菜、甘藍、抱子甘藍、羽衣甘藍和大頭菜。

處理花椰菜時，盡量發揮你的想像力。它的每一個部分都可以使用，試試生食、醃漬、水煮、蒸煮、搗泥、烘烤、網烤或煎炸等多種變化。唯一要注意的是別煮過頭了，尤其是水煮或蒸煮時，避免營養流失。花椰菜的花序充滿硫代配醣體、多酚、礦物質、維生素和抗氧化劑。紫色的品種富含花青素，顯眼的橘色則來自 β- 胡蘿蔔素。白色和綠色花椰菜一樣有益健康，是硫代配醣體的絕佳來源。

為什麼花椰菜水煮比烘烤沒味道？

有些食材含有較多的親水性香氣分子——花椰菜便是其中之一。從名稱就可以知道，親水性香氣分子喜歡親近水分子，因此會被液體吸引。當你水煮花椰菜時，它的親水性香氣分子跑到了水裡，讓蔬菜失去風味。這些珍貴的香氣分子不會留在滾水裡，而是蒸發，因此你的廚房會整個都是花椰菜味。

保留食材風味的關鍵是以油脂烹調。用奶油或油煎炒花椰菜能有效形成一層保護，在烹調過程中鎖住親水性香氣分子。這麼一來便能保留較多蕓薹屬植物的蔬菜風味。同樣的道理也適用於蘆筍：煮之前先裹一層油脂。若你真的想要突顯花椰菜或蘆筍的風味，那就用烤的。

花椰菜和蘆筍只是兩個富含親水性香氣分子的蔬菜例子，這代表它們經過水煮之後會變得索然無味。疏水性香氣分子則是相反，它們排斥水。不同的調理方法，像是發酵、汆燙、蒸煮、油炸、烘烤甚至切碎都會產生——或失去——新風味。因此，知道你的食材是親水性還是疏水性有助於找出最佳烹調法。

- 水煮花椰菜會將加強它的硫味。若要避免這種味道充斥廚房，加一點油或奶油到水裡即可——脂肪分子會捕捉硫味香氣分子。

水煮花椰菜

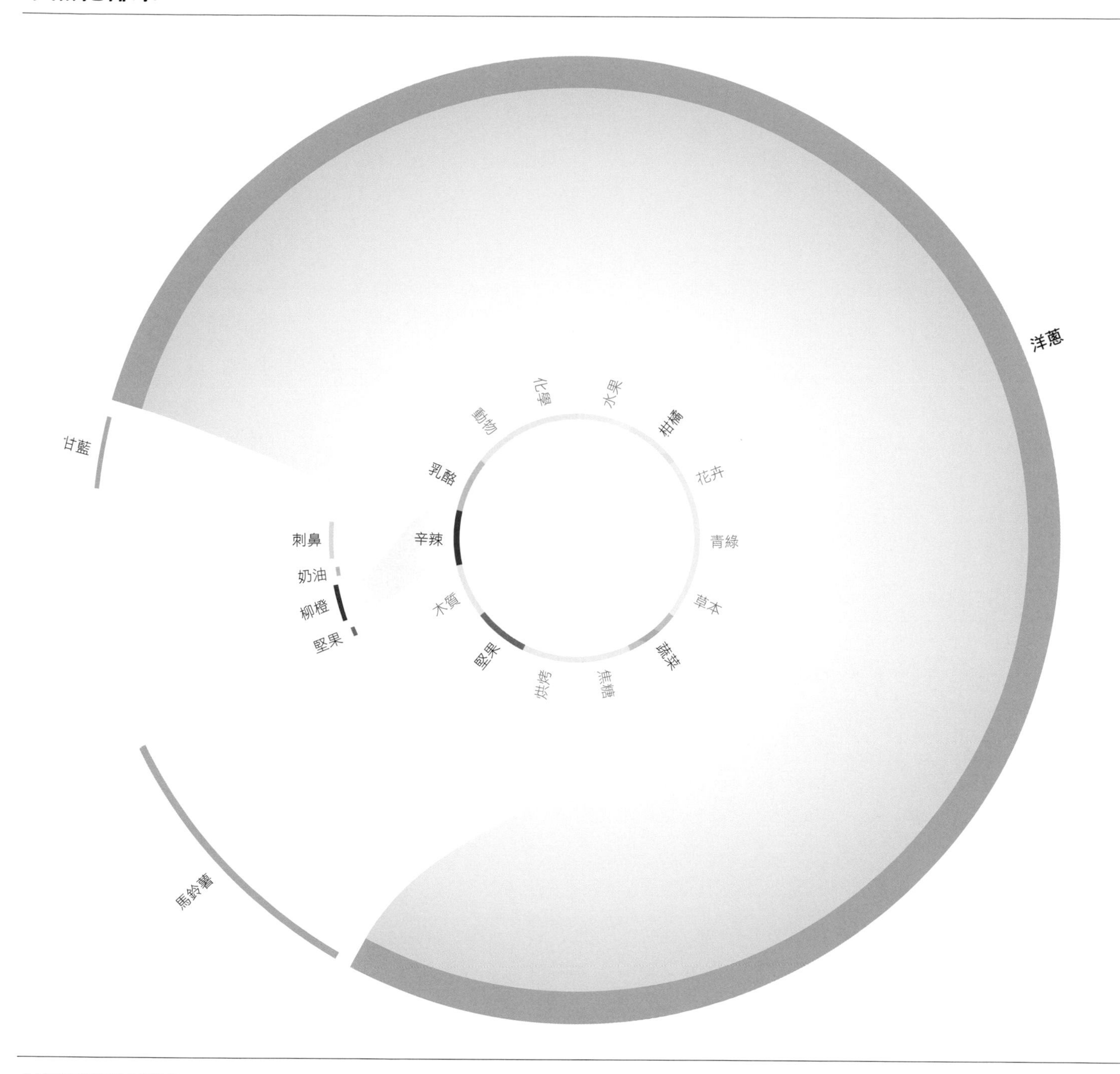

水煮花椰菜香氣輪廓

生花椰菜的香氣輪廓主要由硫味的硫代配醣體構成，它聞起來像洋蔥和熟甘藍，其他綠香、草香則為這個蕓薹屬植物的整體風味帶來清新氣息。類似柳橙香的柑橘調也存在。水煮或蒸煮花椰菜會產生一系列新風味：硫代配醣體的硫味被類似熟馬鈴薯和蘑菇的蔬菜味取代。隨著溫度升高，泥土味、烘烤味的揮發性化合物開始形成，加上一些刺鼻、奶油調。

	水果	柑橘	花卉	青綠	草本	蔬菜	焦糖	烘烤	堅果	木質	辛辣	乳酪	動物	化學
水煮花椰菜	•	•	•	•	•	•	•	•	•	•	•	•	•	•
辣椒醬	•	•	•	•	•	•	•	•	•	•	•	•	•	•
全燕麥穀粒	•	•	•	•	•	•	•	•	•	•	•	•	•	•
岸蔥	•	•	•	•	•	•	•	•	•	•	•	•	•	•
日本醬油	•	•	•	•	•	•	•	•	•	•	•	•	•	•
烤野豬	•	•	•	•	•	•	•	•	•	•	•	•	•	•
熟菠菜	•	•	•	•	•	•	•	•	•	•	•	•	•	•
網烤多寶魚	•	•	•	•	•	•	•	•	•	•	•	•	•	•
豬骨肉汁	•	•	•	•	•	•	•	•	•	•	•	•	•	•
金華火腿	•	•	•	•	•	•	•	•	•	•	•	•	•	•
瑞典蕪菁	•	•	•	•	•	•	•	•	•	•	•	•	•	•

主廚搭配：花椰菜配肉豆蔻和葡萄

安東尼．路易斯．阿杜里斯（Andoni Luis Aduriz）在「慕加里茲」（Mugaritz）餐廳用來搭配花椰菜和葡萄菜式的冷「貝夏美醬」（béchamel）事實上是沒加蛋黃的義式冰淇淋：基底是冷泡牛奶和肉豆蔻。肉豆蔻為這道菜帶來檸檬清香。

潛在搭配：花椰菜和網烤多寶魚

烤網的高溫會讓多寶魚散發馬鈴薯般的味道，很適合搭配同樣含有這些香氣的水煮花椰菜（見第 65 頁）。

甜蜜經典：冷肉豆蔻「貝夏美醬」佐花椰菜和葡萄

西班牙，慕加里茲餐廳　安東尼．路易斯．阿杜里斯

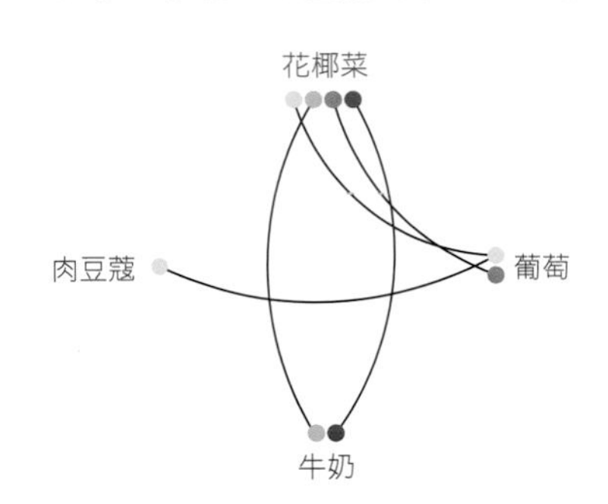

無庸置疑，安東尼．路易斯．阿杜里斯是當代最具影響力的主廚之一，他在開發創新料理和重視傳統根源之間取得絕妙平衡。在他位於西班牙北部的慕加里茲餐廳裡，顧客的感官得以沉浸於獨特的美食經驗之中：馬鈴薯化身為鵝卵石，「天鵝絨的苦思」成了卡蒙貝爾乳酪在蘋果濃縮汁裡發酵的隱喻。翻玩抓子遊戲的獎賞是一匙匙魚子醬，羔羊肉上桌時還帶皮，熔岩巧克力會產生肥皂泡泡。

慕加里茲在一九九八年開業。它位於距離聖賽巴斯提安二十分鐘的恬靜村莊埃倫特里亞，已成為美食探險家慕名而來的朝聖地。比起餐廳，慕加里茲更像一間實驗室，它一年有四個月不對外開放，阿杜里斯和他的團隊在這個期間幾乎只專心做實驗。慕加里茲團隊善用當地豐富的傳統、產品和食材，致力於平衡巴斯克菜和前衛元素，自二〇〇六年起獲得米其林二星肯定，更是聖沛黎洛世界五十大最佳餐廳前五名常客。

在巴斯克地區，同一道菜裡有蔬菜和水果相當少見。花椰菜和葡萄雖然不算是最傳統的搭配，但這兩個食材的共同點不只有季節性：花椰菜以奶油香和葡萄產生連結，葡萄的酸甜多汁則強調出花椰菜的蔬菜風味。在西班牙，花椰菜經常搭配以肉豆蔻粉調味的貝夏美醬，因此慕加里茲團隊決定拿辛香的肉豆蔻襯托季節性的花椰菜和葡萄組合，以玩心致敬這道熟悉的西班牙料理。

	水果	柑橘	花卉	青綠	草本	蔬菜	焦糖	烘烤	堅果	木質	辛辣	乳酪	動物	化學
肉豆蔻														
新鮮食用玫瑰花瓣														
煎大蝦														
鼠尾草														
咖哩葉														
葡萄柚														
水煮去皮甜菜														
塔羅科血橙														
煎豬里肌														
防風根														
開心果														

	水果	柑橘	花卉	青綠	草本	蔬菜	焦糖	烘烤	堅果	木質	辛辣	乳酪	動物	化學
葡萄														
香蕉														
梨汁														
熟豌豆														
黑蒜泥														
水煮朝鮮薊														
網烤櫛瓜														
泰國青檸														
義大利辣香腸														
北京烤鴨														
煎大蝦														

潛在搭配：花椰菜和岸蔥

岸蔥（chalotiña de costa）是一個小型的百合科球根植物，具有溫和的大蒜味，以及水煮花椰菜（見第 65 頁）也有的硫味化合物。試試把它換成蔥來做裝飾。

潛在搭配：花椰菜和草莓

花椰菜含有一些柳橙香氣化合物，可以和各式各樣的柑橘類水果組合在一起。柑橘、檸檬和柳橙調也存在於許多水果當中，包含草莓，因此花椰菜和草莓有搭配的可能性（見次頁）。

花椰菜食材搭配

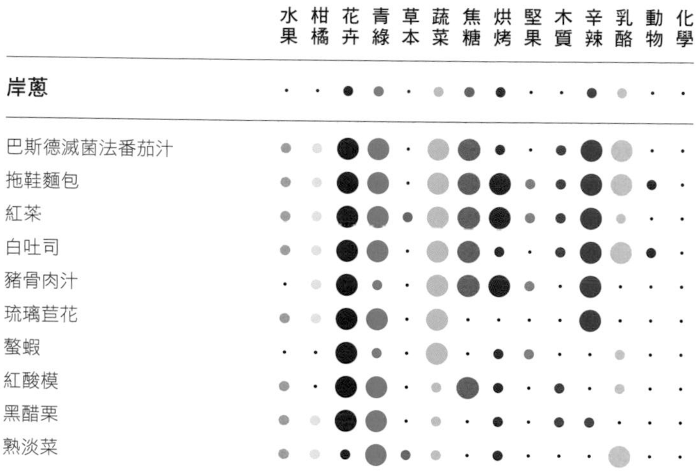

岸蔥	水果	柑橘	花卉	青綠	草本	蔬菜	焦糖	烘烤	堅果	木質	辛辣	乳酪	動物	化學
巴斯德滅菌法番茄汁														
拖鞋麵包														
紅茶														
白吐司														
豬骨肉汁														
琉璃苣花														
螯蝦														
紅酸模														
黑醋栗														
熟淡菜														

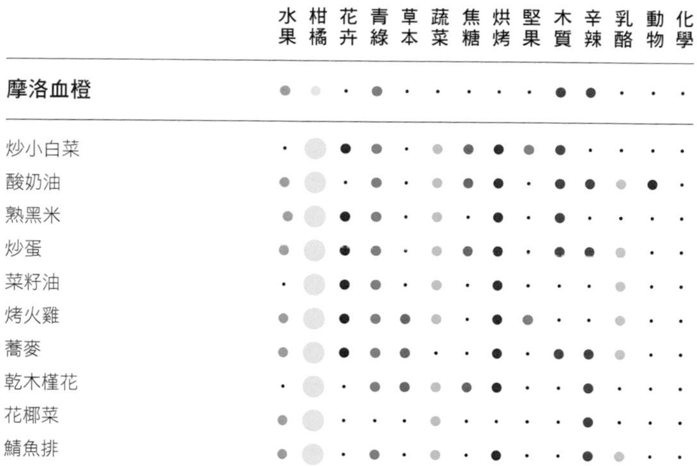

摩洛血橙	水果	柑橘	花卉	青綠	草本	蔬菜	焦糖	烘烤	堅果	木質	辛辣	乳酪	動物	化學
炒小白菜														
酸奶油														
熟黑米														
炒蛋														
菜籽油														
烤火雞														
蕎麥														
乾木槿花														
花椰菜														
鯖魚排														

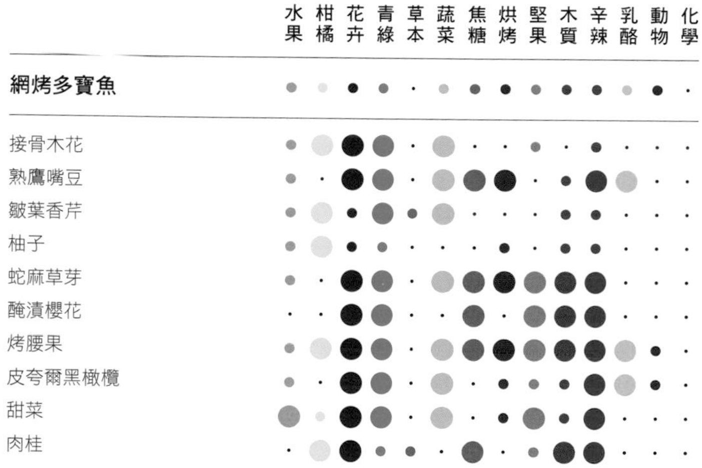

網烤多寶魚	水果	柑橘	花卉	青綠	草本	蔬菜	焦糖	烘烤	堅果	木質	辛辣	乳酪	動物	化學
接骨木花														
熟鷹嘴豆														
皺葉香芹														
柚子														
蛇麻草芽														
醃漬櫻花														
烤腰果														
皮夸爾黑橄欖														
甜菜														
肉桂														

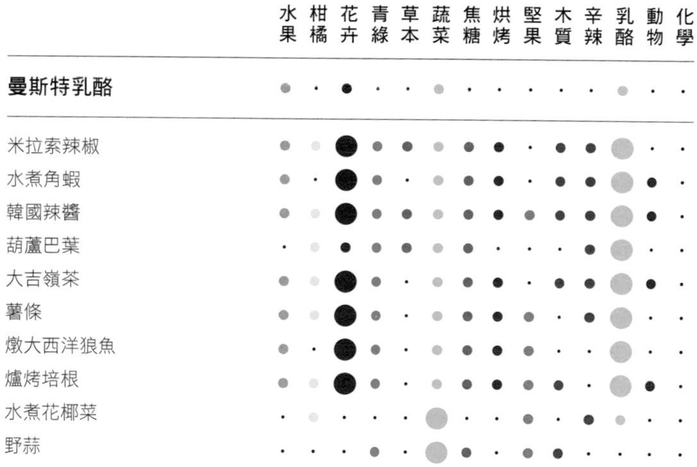

曼斯特乳酪	水果	柑橘	花卉	青綠	草本	蔬菜	焦糖	烘烤	堅果	木質	辛辣	乳酪	動物	化學
米拉索辣椒														
水煮角蝦														
韓國辣醬														
葫蘆巴葉														
大吉嶺茶														
薯條														
燉大西洋狼魚														
爐烤培根														
水煮花椰菜														
野蒜														

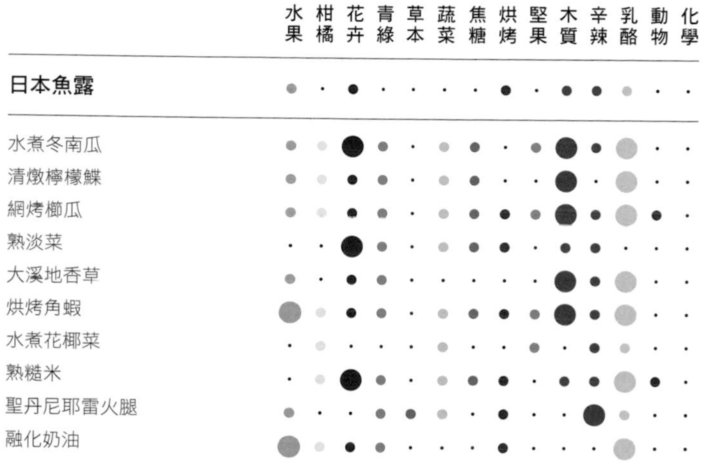

日本魚露	水果	柑橘	花卉	青綠	草本	蔬菜	焦糖	烘烤	堅果	木質	辛辣	乳酪	動物	化學
水煮冬南瓜														
清燉檸檬鰈														
網烤櫛瓜														
熟淡菜														
大溪地香草														
烘烤角蝦														
水煮花椰菜														
熟糙米														
聖丹尼耶雷火腿														
融化奶油														

草莓

草莓是全世界最普遍被食用的莓果。數百個商業栽種品種各有獨特味道和香氣輪廓，但多數人熟悉的是美國林地草莓和西岸美國松木草莓的混種，前者有強烈果香，後者具明顯鳳梨調。

芳香的草莓含有低濃度的呋喃酮，這種化合物自然存在於許多水果中，包括草莓和鳳梨，因此也被稱為草莓酮和鳳梨酮。草莓成熟時，呋喃酮的濃度會增加，形成更多果香和焦糖香。

從咖啡、巧克力、熟肉、黑啤酒到醬油都找得到　喃酮的蹤跡，它是最受到廣泛喜愛的化合物之一，甚至連母乳裡都有，這或許可以解釋為何人類天生就對它有所偏好。根據呋喃酮分子的濃度高低，食材的香氣輪廓會從水果和草莓或鳳梨轉為帶點鹹味的焦糖和棉花糖。

讓許多關鍵香氣分子形成的酵素反應也可以透過搗碎或加熱引發。這就是為何烹調草莓是另一個增加呋喃酮的方法——想想你製作美味果醬時熬煮它的狀況。加熱草莓時，我們看到果香草莓酮和焦糖香呋喃酮分子的數量激增，其他花卉、乳酪－奶油和堅果調亦然。任何水果經過熬煮、烘烤或網烤都會產生這種變化，不只是草莓。

呋喃酮
微量的呋喃酮散發香甜果味，純呋喃酮則較具焦糖香，帶有淡淡的肉湯味。

草莓番茄冷湯佐帝王蟹

食物搭配獨家食譜

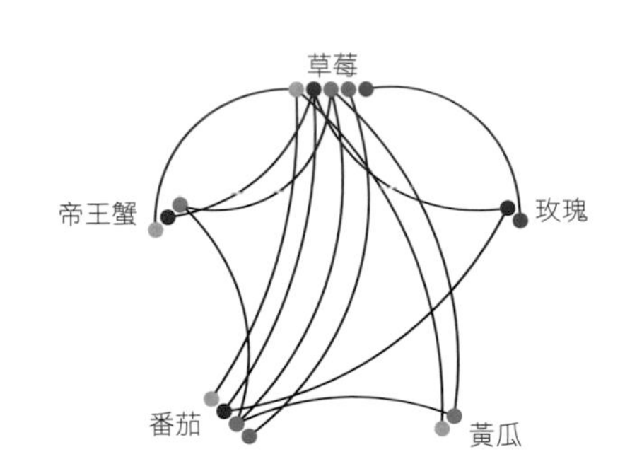

番茄和草莓同樣散發玫瑰香，因為它們的香氣輪廓都含有乙位 - 大馬酮分子。這道經典的西班牙安達魯西亞冷湯通常以熟夏季番茄、紅甜椒和黃瓜做成，但為了來點水果變化，我們用新鮮草莓取代紅甜椒，再配上肥美蟹肉。

熱鍋後以橄欖油煎一下新鮮蟹肉，加海鹽和黑胡椒調味，最後磨一點萊姆皮屑。將蟹肉擺盤，淋幾匙草莓番茄冷湯，再撒少量橄欖油。以新鮮食用玫瑰花瓣和小地榆葉做裝飾，帶出冷湯的黃瓜和花卉調。

草莓

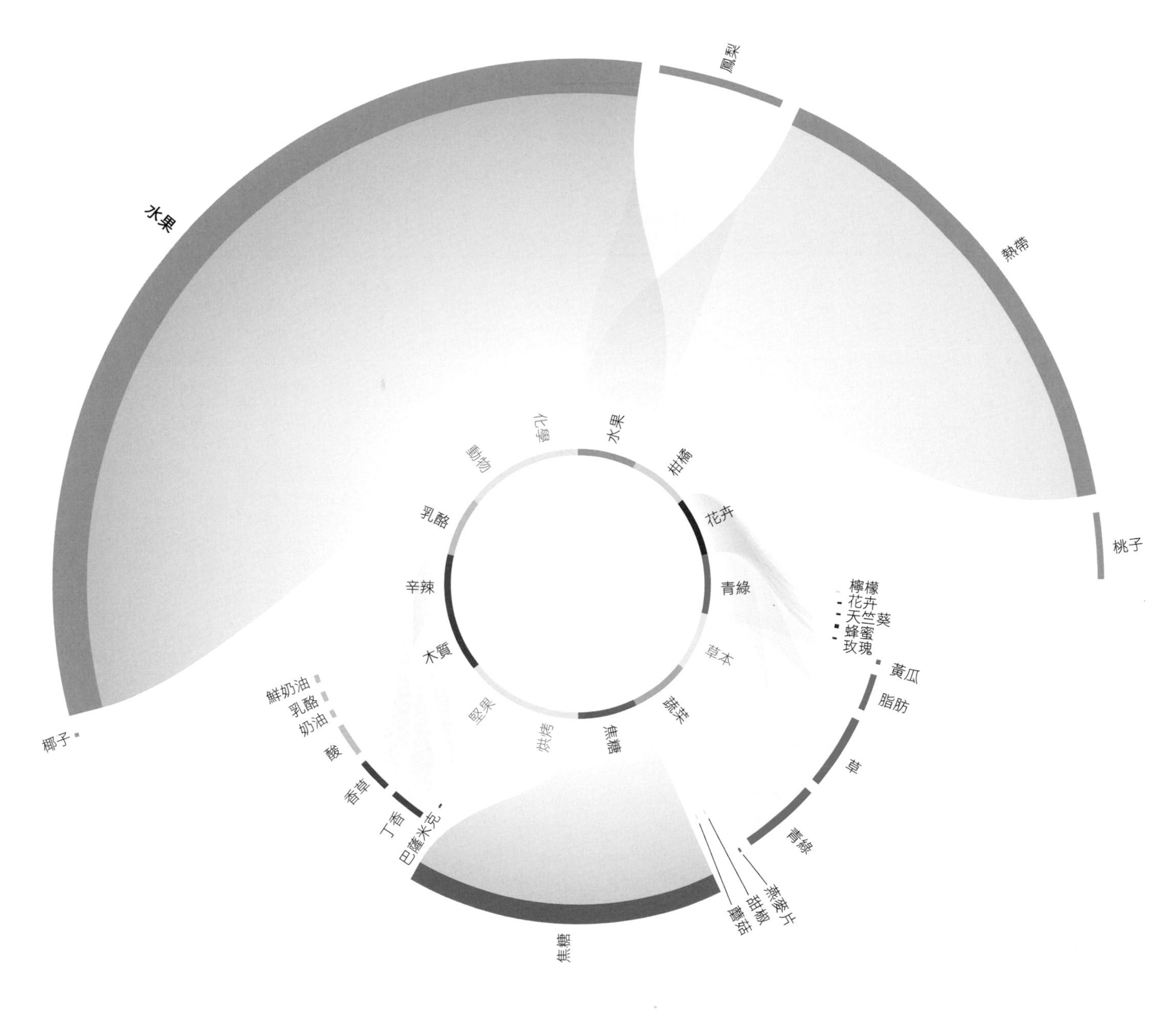

草莓香氣輪廓

草莓香氣輪廓具有水果、花卉特色是因為含有酯類等揮發性有機化合物，而非某一個特定的特徵影響化合物。低濃度的呋喃酮增添了宜人甜味和帶有淡淡鳳梨香的水果草莓風味。在成熟過程中，揮發性化合物會經酵素反應產生，接近全熟時數量更是快速增加。形成成熟草莓明顯氣味的關鍵香氣為水果、花卉、焦糖和乳酪調。根據品種不同，有些草莓亦含有額外柑橘調。

	水果	柑橘	花卉	青綠	草本	蔬菜	焦糖	烘烤	堅果	木質	辛辣	乳酪	動物	化學
草莓														
奶油														
黑巧克力														
奶油乳酪														
椰子水														
網烤羔羊肉														
馬魯瓦耶乳酪														
琉璃苣花														
花生醬														
烤葵花籽														
水煮佛手瓜														

主廚搭配：草莓配番茄和玫瑰花瓣

食用玫瑰花瓣突顯了草莓番茄冷湯（見第 68 頁）的花卉、玫瑰調，但它更常加入水果果凍和果醬來增添芳香。玫瑰花瓣製成的簡易糖漿可以用在雞尾酒、檸檬水或雪酪，花瓣本身也可浸泡於牛奶或鮮奶油之中，形成冰淇淋慕斯的基底。

潛在搭配：草莓和烏魚

在我們食物搭配公司研究的古早食譜當中，有一道來自十六世紀，將秋姑魚和迷迭香一起清燉，擺盤後淋上加了酸葡萄汁和棗子的奶油醬，最後以草莓、醋栗和葡萄乾裝飾。你也可以把秋姑魚換成烏魚，試試這個看似奇怪、實則美味的組合。

草莓食材搭配

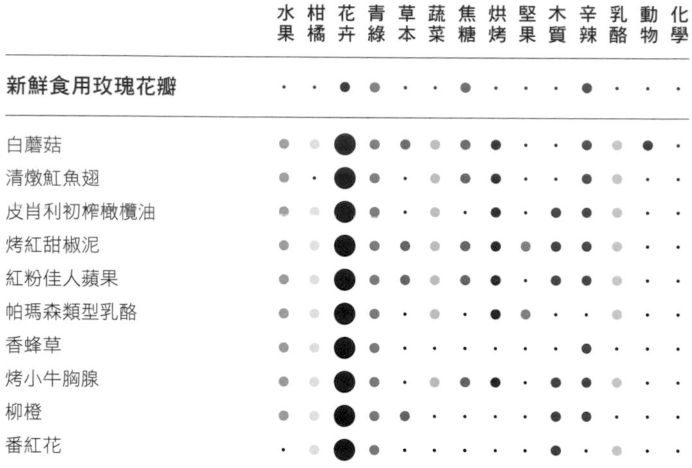
水果 柑橘 花卉 青綠 草本 蔬菜 焦糖 烘烤 堅果 木質 辛辣 乳酪 動物 化學
新鮮食用玫瑰花瓣
白蘑菇
清燉魟魚翅
皮肖利初榨橄欖油
烤紅甜椒泥
紅粉佳人蘋果
帕瑪森類型乳酪
香蜂草
烤小牛胸腺
柳橙
番紅花

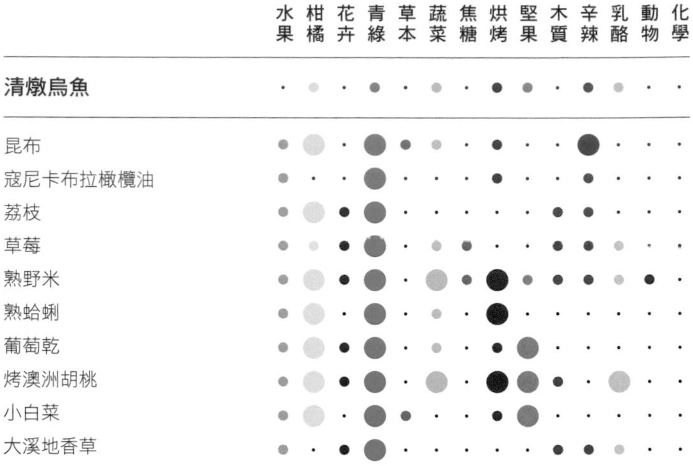
水果 柑橘 花卉 青綠 草本 蔬菜 焦糖 烘烤 堅果 木質 辛辣 乳酪 動物 化學
清燉烏魚
昆布
寇尼卡布拉橄欖油
荔枝
草莓
熟野米
熟蛤蜊
葡萄乾
烤澳洲胡桃
小白菜
大溪地香草

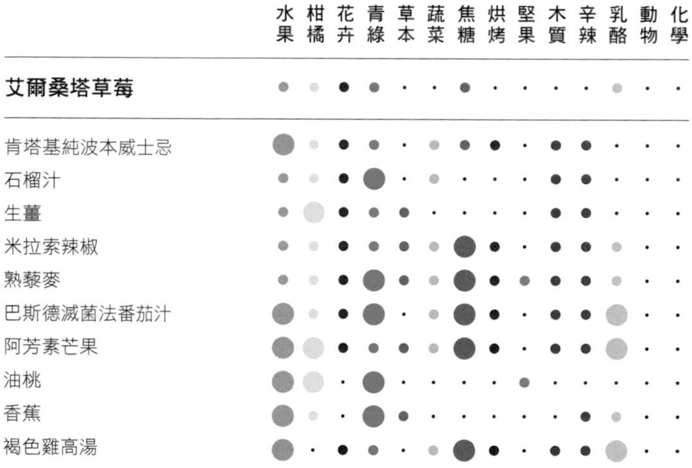
水果 柑橘 花卉 青綠 草本 蔬菜 焦糖 烘烤 堅果 木質 辛辣 乳酪 動物 化學
艾爾桑塔草莓
肯塔基純波本威士忌
石榴汁
生薑
米拉索辣椒
熟藜麥
巴斯德滅菌法番茄汁
阿芳素芒果
油桃
香蕉
褐色雞高湯

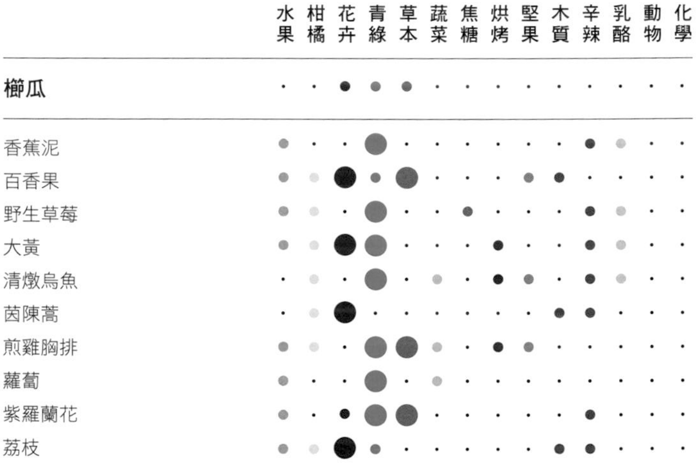
水果 柑橘 花卉 青綠 草本 蔬菜 焦糖 烘烤 堅果 木質 辛辣 乳酪 動物 化學
櫛瓜
香蕉泥
百香果
野生草莓
大黃
清燉烏魚
茵陳蒿
煎雞胸排
蘿蔔
紫羅蘭花
荔枝

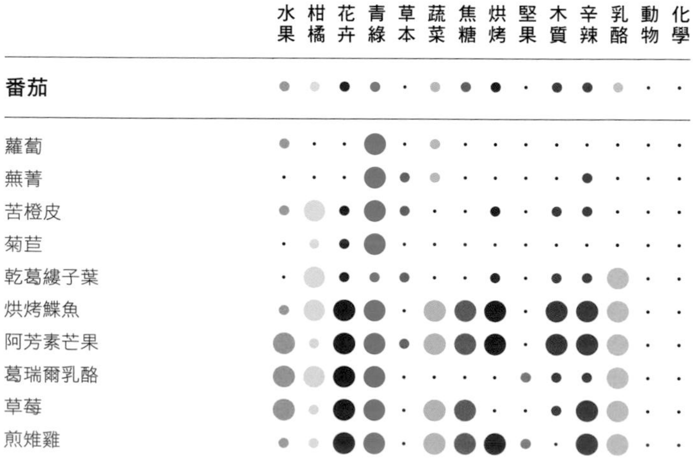
水果 柑橘 花卉 青綠 草本 蔬菜 焦糖 烘烤 堅果 木質 辛辣 乳酪 動物 化學
番茄
蘿蔔
蕪菁
苦橙皮
菊苣
乾葛縷子葉
烘烤鰈魚
阿芳素芒果
葛瑞爾乳酪
草莓
煎雉雞

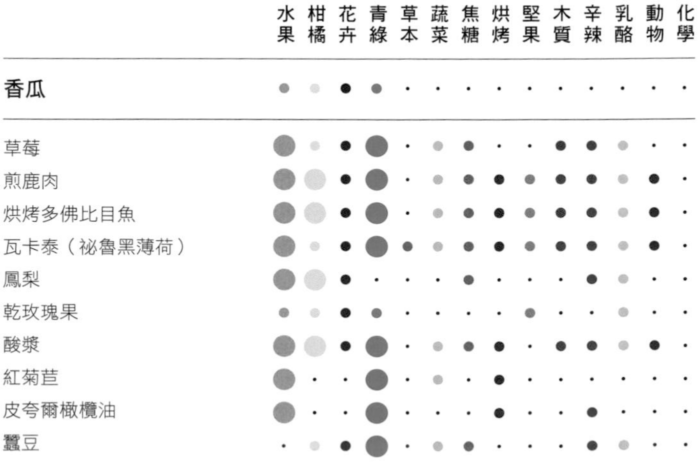
水果 柑橘 花卉 青綠 草本 蔬菜 焦糖 烘烤 堅果 木質 辛辣 乳酪 動物 化學
香瓜
草莓
煎鹿肉
烘烤多佛比目魚
瓦卡泰（祕魯黑薄荷）
鳳梨
乾玫瑰果
酸漿
紅菊苣
皮夸爾橄欖油
蠶豆

經典搭配：草莓和君度橙酒

草莓羅曼諾夫（Strawberries Romanoff）這道甜點的做法是以君度或香橙干邑甜酒等柳橙風味的烈酒將草莓浸軟，再混合軟化冰淇淋和打發鮮奶油。

潛在搭配：草莓和羅勒

草莓和奧勒岡草都具有柑橘－檸檬香氣，以及丁香和樟腦的辛辣調。類似的辛辣調也存在於羅勒（見次頁），它和奧勒岡草、百里香、馬鬱蘭都是薄荷科植物。

	水果	柑橘	花卉	青綠	草本	蔬菜	焦糖	烘烤	堅果	木質	辛辣	乳酪	動物	化學
君度橙酒														
熟藜麥														
石榴														
椰子飲														
山羊乳酪														
覆盆子														
烘烤角蝦														
松藻														
薰衣草蜂蜜														
大扇貝														
甜櫻桃														

	水果	柑橘	花卉	青綠	草本	蔬菜	焦糖	烘烤	堅果	木質	辛辣	乳酪	動物	化學
野生草莓														
奧勒岡草														
杜古比醬														
祕魯黃辣椒														
比利時蓮花餅乾														
煎大蝦														
綠蘆筍														
甜菜脆片														
印度馬薩拉醬														
煎鹿肉														
艾曼塔乳酪														

	水果	柑橘	花卉	青綠	草本	蔬菜	焦糖	烘烤	堅果	木質	辛辣	乳酪	動物	化學
接骨木莓汁														
草莓														
海茴香														
紅橘														
豆蔻籽														
檸檬味天竺葵葉														
肉豆蔻														
乾桉葉														
薑黃														
甜菜														
芹菜葉														

	水果	柑橘	花卉	青綠	草本	蔬菜	焦糖	烘烤	堅果	木質	辛辣	乳酪	動物	化學
洋甘菊														
草莓														
蘋果														
肉豆蔻														
紅茶														
華蕉														
奶油														
南瓜														
梨子														
米克覆盆子														
開心果														

	水果	柑橘	花卉	青綠	草本	蔬菜	焦糖	烘烤	堅果	木質	辛辣	乳酪	動物	化學
莙薘菜														
杏仁														
水煮豌豆														
網烤多寶魚														
草莓														
義大利帶藤番茄														
大黃														
哈密瓜														
桃子														
日本梅子														
煎鴨胸														

羅勒

羅勒在許多文化的廚房裡有其特殊地位。這個薄荷科植物有上百種，每一種都具備獨特的香氣輪廓和用法。最知名的品種為葉面寬闊、光滑的甜羅勒（Ocimum basilicum），用於義大利青醬或卡布里沙拉。它含有混合了柑橘、樟腦和木質松木味的草本揮發性化合物，加上胡椒、辛辣丁香和大茴香調。

墨西哥羅勒含有香豆素等辛辣調，讓它散發顯著的肉桂風味。東南亞主廚在烹調咖哩和湯品的最後一刻才加入泰國羅勒（O. thyrsiflora）具大茴香味的尖葉，因為高溫會破壞羅勒的細緻風味。聖羅勒（O. tenuiflorum）為打拋雞（雞粒、甜椒）等泰式熱炒添加辛辣、胡椒丁香般的味道。許多印度家庭會種植聖羅勒——或稱「圖爾西」（tulsi）——來打成果汁或泡茶。這種神聖的藥草在傳統阿育吠陀醫學因具有修復功效而長期受到重視。

沒羅勒？沒關係

食物搭配公司的科學讓複製任何食材的風味成為可能。舉例而言，檢視哪些個別香氣類型構成了新鮮羅勒的輪廓之後，我們便可以拿其他乾燥香料來替代並重現它的風味。因此，要是你剛好用完了或買不到新鮮羅勒，還是可以在沒有羅勒的情況下享受羅勒風味。

每種風味都至少含有幾個不同的香氣類型和描述符。若要複製羅勒的嗅覺效果，首先要找出它的主要香氣類型和描述符：柑橘、樟腦、胡椒、辛辣丁香、大茴香和木質松木。重現風味要記住的重點是每一個替代食材都會貢獻自己的一整組（而非單一）氣味。因此，你要選擇同樣關鍵氣味濃度高的，才不會加到不必要的風味。換言之，替代食材輪廓裡的其他香氣分子濃度應該要非常低。

新鮮羅勒含有的某些柑橘味香氣分子也存在於薑、香菜、杜松子、香茅和鼠尾草。辛辣調的搭配要更細，因為羅勒的辛辣香氣類型還可以進一步分為三個描述符：一、同樣存在於丁香、肉桂、肉豆蔻和香菜葉的樟腦味；二、丁香、鼠尾草和月桂葉的辛辣丁香調；三、類似丁香、甘草和茵陳蒿的大茴香味。最後，我們可以拿薑、豆蔻、迷迭香、百里香或紅椒粉來替代羅勒的木質味。

我們實驗了好幾種食材組合才決定以哪些香料調出羅勒風味油（橄欖油有助於防止香氣分子蒸發）。開始調製前，記得先冷卻食材和攪拌機或攪拌碗，因為溫度一高就會造成香氣分子流失。

沒有羅勒的羅勒油

3 克	香菜籽
0.5 克	乾月桂葉
0.2 克	乾百里香
0.1 克	乾茵陳蒿
1 顆	豆蔻莢裡的籽
1 粒	丁香
少許	肉桂粉
少許	薑粉
50 毫升	橄欖油

將橄欖油之外的所有食材放入冷卻過的攪拌機或攪拌碗，間斷式攪拌或混合一下，再加入橄欖油打勻。

完成之後移至密封容器，放置隔夜讓香氣分子充分入味。

羅勒

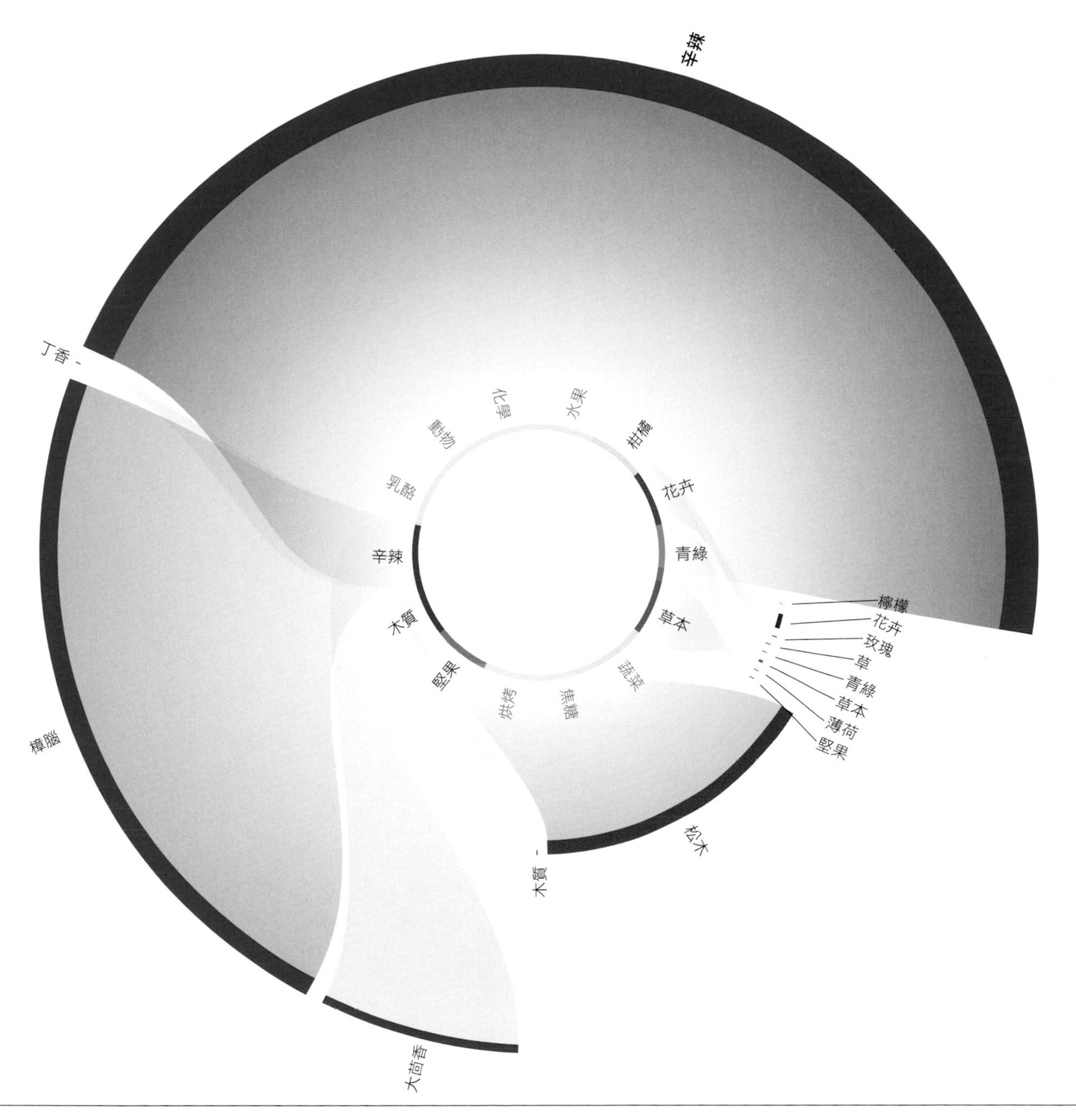

羅勒香氣輪廓

甜羅勒葉的香氣輪廓主要以六種關鍵化合物構成：柑橘味的芳樟醇、樟腦味的桉油醇和木質、松木味的 α-蒎烯以及三種不同的辛辣揮發性化合物——胡椒味的 β-月桂烯、丁香味的丁香酚和大茴香調的草蒿腦。高溫會破壞羅勒的細致風味，最好等到最後再把新鮮葉子加入菜餚。

	水果	柑橘	花卉	青綠	草本	蔬菜	焦糖	烘烤	堅果	木質	辛辣	乳酪	動物	化學
羅勒														
熟紅豆														
茴藿香														
西班牙喬利佐香腸														
水煮毛蟹														
檸檬塔														
熟綠扁豆														
水煮麵包蟹														
烤羊排														
豆蔻籽														
奧維涅藍紋乳酪														

經典搭配：羅勒和帕達諾乳酪

帕達諾乳酪和帕瑪森乳酪具有類似的香氣輪廓和質地，也都來自義大利北部同一地區，不過前者製作的限制較少、範圍較大。做青醬時，你可以拿帕達諾乳酪替代帕瑪森乳酪。

潛在搭配：羅勒和波森莓

波森莓是歐洲覆盆子、歐洲黑莓和羅甘莓雜交而成的品種，其中羅甘莓本身為覆盆子和黑莓混種。波森莓這種又大又黑的漿果大多種植於紐西蘭和美國西岸奧勒岡州至加州一帶，擁有柔滑質地和酸甜滋味。

羅勒食材搭配

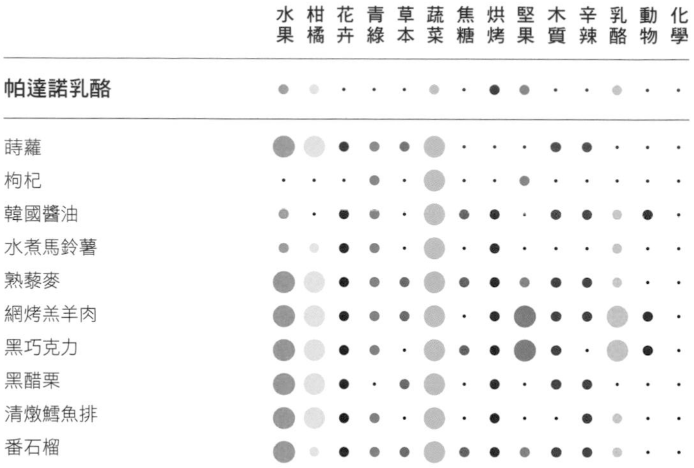
水果 柑橘 花卉 青綠 草本 蔬菜 焦糖 烘烤 堅果 木質 辛辣 乳酪 動物 化學
帕達諾乳酪
蒔蘿
枸杞
韓國醬油
水煮馬鈴薯
熟藜麥
網烤羔羊肉
黑巧克力
黑醋栗
清燉鱈魚排
番石榴

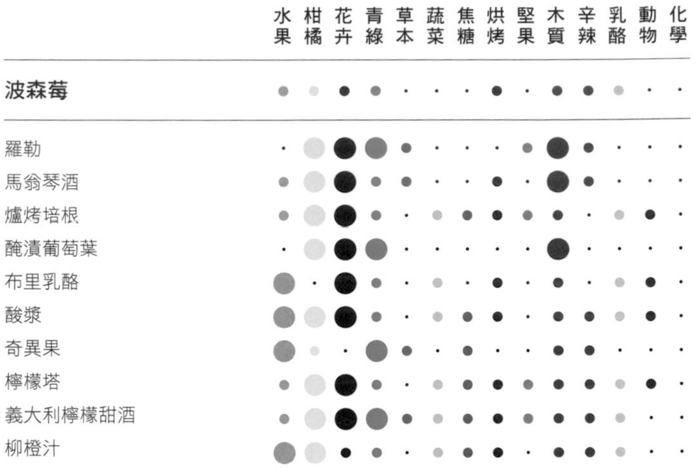
水果 柑橘 花卉 青綠 草本 蔬菜 焦糖 烘烤 堅果 木質 辛辣 乳酪 動物 化學
波森莓
羅勒
馬翁琴酒
爐烤培根
醃漬葡萄葉
布里乳酪
酸漿
奇異果
檸檬塔
義大利檸檬甜酒
柳橙汁

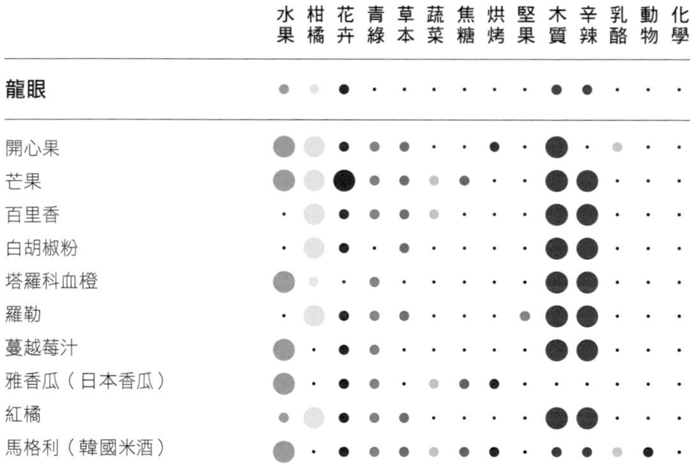
水果 柑橘 花卉 青綠 草本 蔬菜 焦糖 烘烤 堅果 木質 辛辣 乳酪 動物 化學
龍眼
開心果
芒果
百里香
白胡椒粉
塔羅科血橙
羅勒
蔓越莓汁
雅香瓜（日本香瓜）
紅橘
馬格利（韓國米酒）

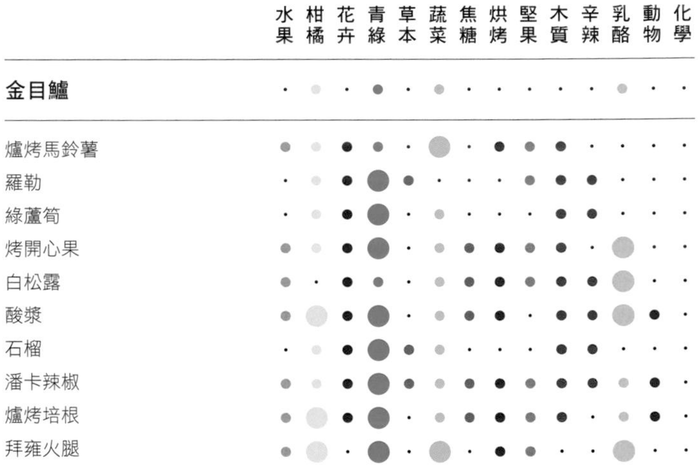
水果 柑橘 花卉 青綠 草本 蔬菜 焦糖 烘烤 堅果 木質 辛辣 乳酪 動物 化學
金目鱸
爐烤馬鈴薯
羅勒
綠蘆筍
烤開心果
白松露
酸漿
石榴
潘卡辣椒
爐烤培根
拜雍火腿

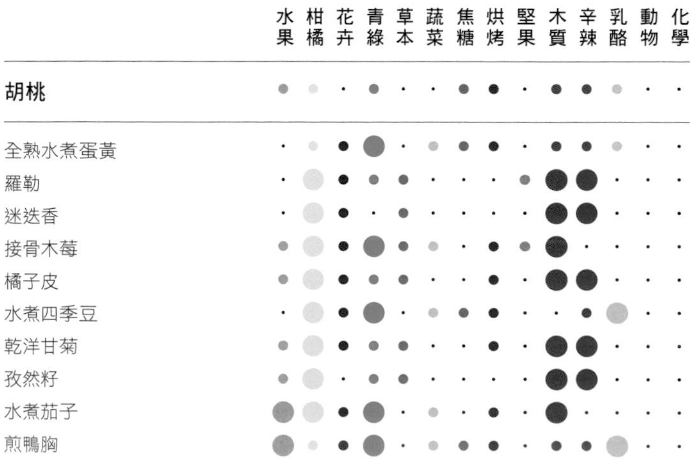
水果 柑橘 花卉 青綠 草本 蔬菜 焦糖 烘烤 堅果 木質 辛辣 乳酪 動物 化學
胡桃
全熟水煮蛋黃
羅勒
迷迭香
接骨木莓
橘子皮
水煮四季豆
乾洋甘菊
孜然籽
水煮茄子
煎鴨胸

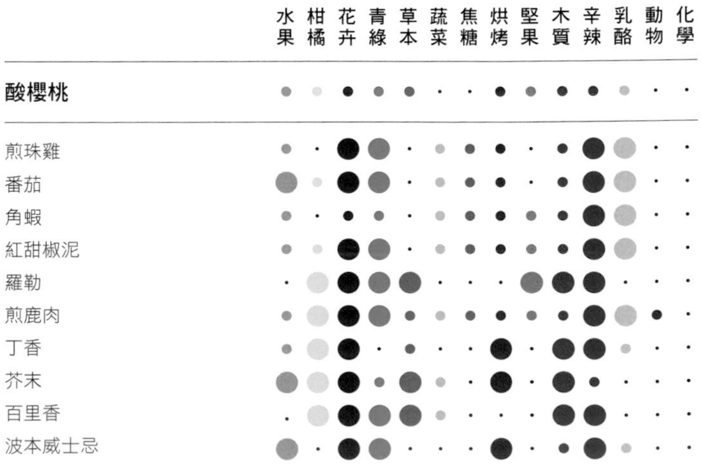
水果 柑橘 花卉 青綠 草本 蔬菜 焦糖 烘烤 堅果 木質 辛辣 乳酪 動物 化學
酸櫻桃
煎珠雞
番茄
角蝦
紅甜椒泥
羅勒
煎鹿肉
丁香
芥末
百里香
波本威士忌

潛在搭配：羅勒和琴酒

「琴羅勒碎」（Gin Basil Smash）在二〇〇八年由德國漢堡「獅子」（Le Lion）酒吧明星調酒師約格．梅爾（Jörg Meyer）自創，這款翠綠的雞尾酒一推出就造成轟動。調製方法為將一大把羅勒葉和檸檬汁倒入雪克杯，再加琴酒、糖漿和冰塊搖盪。最後過濾倒入裝滿冰塊的古典杯。

潛在搭配：清燉雞肉、羅勒和西瓜

清燉雞胸排（見第 185 頁）和羅勒及西瓜都很搭（見次頁）：這三個食材都散發柑橘和青綠香氣，還有一些花卉調。

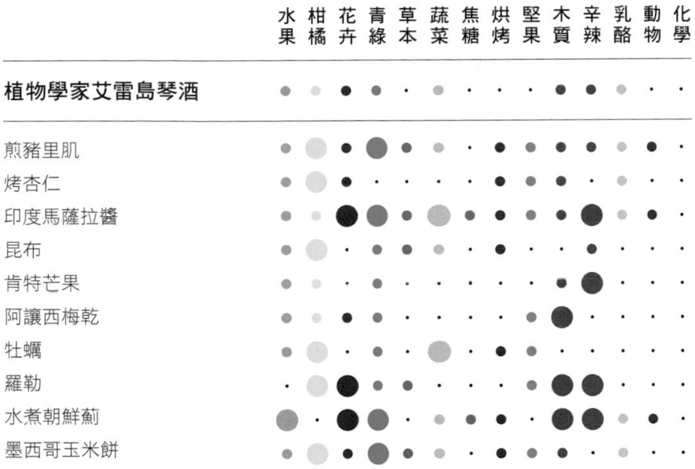

	水果	柑橘	花卉	青綠	草本	蔬菜	焦糖	烘烤	堅果	木質	辛辣	乳酪	動物	化學
植物學家艾雷島琴酒														
煎豬里肌														
烤杏仁														
印度馬薩拉醬														
昆布														
肯特芒果														
阿讓西梅乾														
牡蠣														
羅勒														
水煮朝鮮薊														
墨西哥玉米餅														

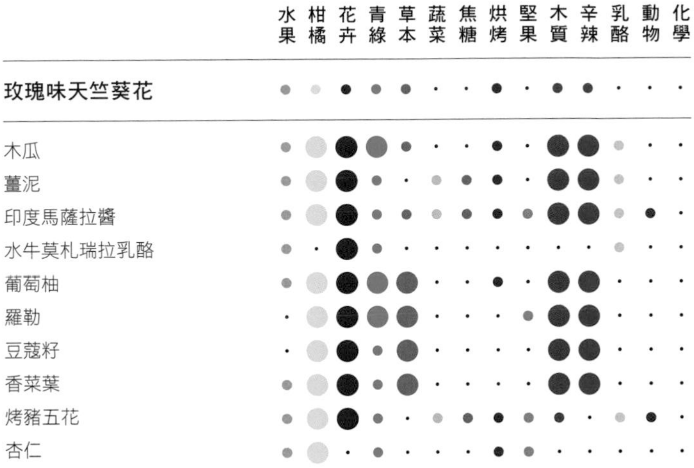

	水果	柑橘	花卉	青綠	草本	蔬菜	焦糖	烘烤	堅果	木質	辛辣	乳酪	動物	化學
玫瑰味天竺葵花														
木瓜														
薑泥														
印度馬薩拉醬														
水牛莫札瑞拉乳酪														
葡萄柚														
羅勒														
豆蔻籽														
香菜葉														
烤豬五花														
杏仁														

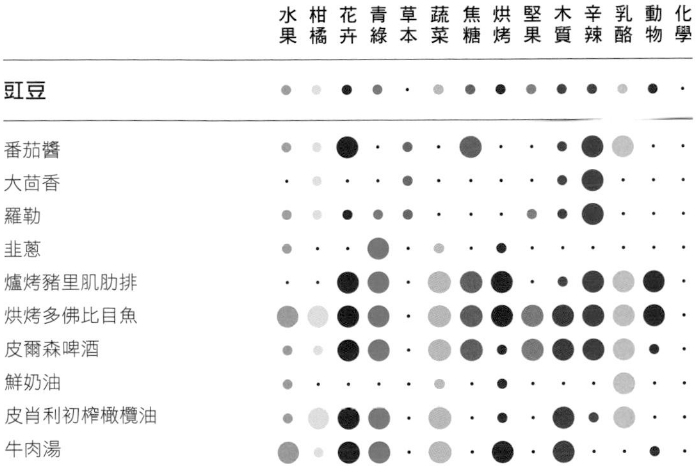

	水果	柑橘	花卉	青綠	草本	蔬菜	焦糖	烘烤	堅果	木質	辛辣	乳酪	動物	化學
豇豆														
番茄醬														
大茴香														
羅勒														
韭蔥														
爐烤豬里肌肋排														
烘烤多佛比目魚														
皮爾森啤酒														
鮮奶油														
皮肖利初榨橄欖油														
牛肉湯														

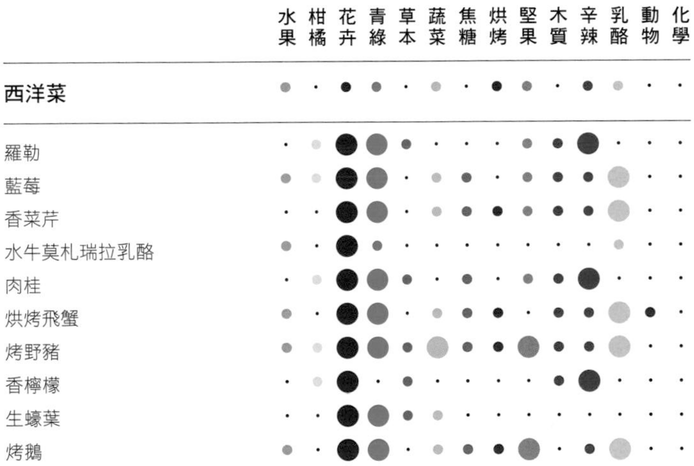

	水果	柑橘	花卉	青綠	草本	蔬菜	焦糖	烘烤	堅果	木質	辛辣	乳酪	動物	化學
西洋菜														
羅勒														
藍莓														
香菜芹														
水牛莫札瑞拉乳酪														
肉桂														
烘烤飛蟹														
烤野豬														
香檸檬														
生蠔葉														
烤鵝														

西瓜

西瓜的香氣輪廓類似黃瓜，這並不令人意外，因為它們都是葫蘆科植物。不過，西瓜這種果肉香甜多汁的瓜類亦含有些微柑橘－柳橙、天竺葵和燕麥片調。

今日，西瓜有上千個不同品種，通常直接拿來吃、榨成果汁或製成冷凍甜點，有時甚至用烤肉架烤成夏日消暑點心。西瓜的綠色瓜皮也可以食用和醃製。在中國和越南，具堅果味的黑籽會烤過加點鹽來享用。過年期間，家家戶戶可見寧夏西瓜製成的紅瓜子，象徵幸福與豐饒。

西瓜的根源追溯至五千年前的非洲東北部，它們黃肉味苦的祖先最先在蘇丹和埃及的乾燥沙漠氣候被種植。隨著埃及人選擇性地培育甜度高的耐旱品種，果肉也從淡黃色轉為粉紅色。到了三世紀，西瓜從地中海沿岸傳入歐洲其他地區，因健康益處和香甜滋味深受喜愛。

西瓜比其他任何新鮮蔬果都含有更多的茄紅素，這種抗氧化劑讓它呈現紅色。同時也是鉀和維生素 B6、A 和 C 的來源。黃色或橘色果肉的品種則缺乏茄紅素。

和其他瓜類不一樣，西瓜又大又黑的種子散布於果肉之中，處理起來費時又浪費。可想而知，最受歡迎的品種是不結果的「無籽」混種，僅含少許退化的白籽。第一顆「無籽」西瓜在五十多年前被培育出來。

- 讓卡布里沙拉來點變化，用西瓜取代一部分的番茄片——效果絕佳。
- 鱘魚魚子醬和西瓜感覺是個奇怪的組合，但這兩個食材擁有大量相同的青綠－黃瓜和植物－馬鈴薯香氣分子，讓它們成為美味搭配。

西瓜和牡蠣

南非帕特諾斯特，Wolfgat 餐廳，寇布斯・范德麥威

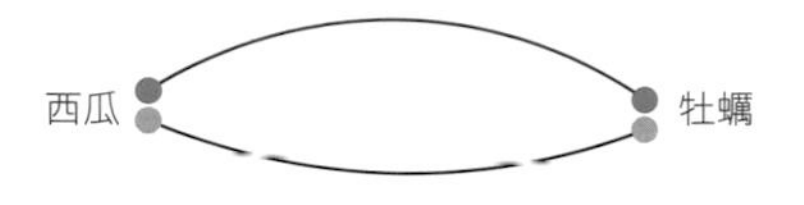

寇布斯・范德麥威（Kobus van der Merwe）還是個小男孩時，經常跟祖母一起在南非開普西岸介於甘斯拜、厄加勒斯角和布雷達斯多普之間的海岸植被採集海藻和野生黃瓜。多年之後，他高度在地化的創意料理讓小小的家庭食堂 Oep ve Koep 以及帕特諾斯特漁村搖身一變為美食朝聖地。現在他自己的餐廳 Wolfgat 更是遠近馳名。

范德麥威主廚的賞味套餐每天都會變化，靈感來自季節、周遭植物和其他豐富的在地食材。他的料理繼承了帕特諾斯特的傳統並善用自然的海岸植被。

在南非，西瓜跟夏天畫上等號，會拿來當早餐吃或是當作傳統「燒烤」（braai）的清涼配菜。在 Wolfgat 餐廳，寇布斯・范德麥威主廚將西瓜和新鮮西岸牡蠣及當地一種可食用的冰花（soutslaai）搭在一起。西瓜的苦味祖先札馬和馬卡丹西瓜醃漬過後加上帶有鹹勁的多肉植物，與鮮嫩的牡蠣完美相襯。最後范德麥威再淋上又甜又冰的西瓜冰沙點綴。

西瓜

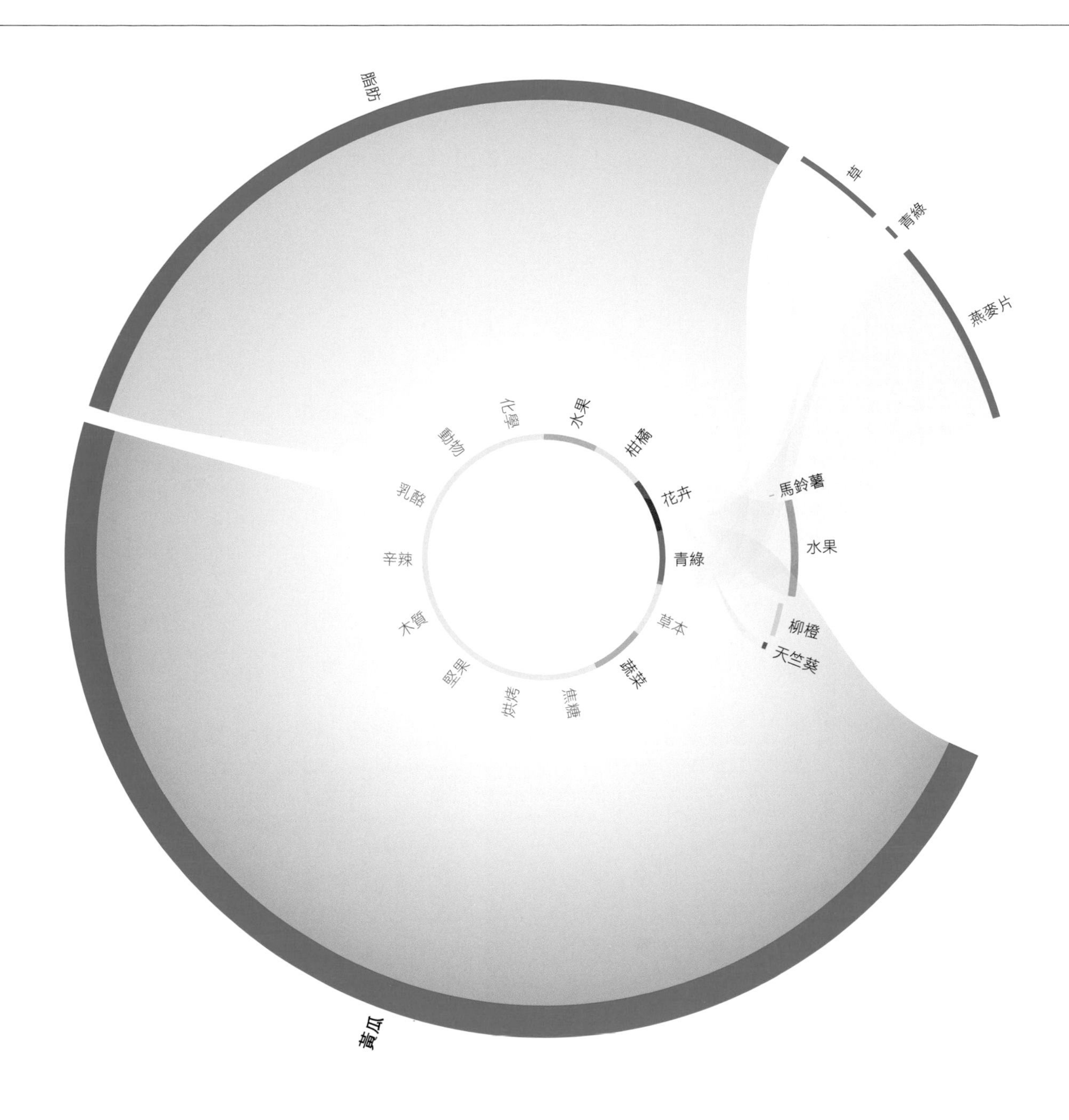

西瓜香氣輪廓

除了主要的青綠－黃瓜和青綠－脂肪氣味之外，西瓜還具有一些水果、花卉－天竺葵和燕麥片類型調性，這提供了它和翡麥、腰果、荷蘭琴酒、大吉嶺茶甚至裙帶菜之間的香氣連結。西瓜香甜多汁的風味類似它的親戚黃瓜，因此粉紅色的果肉適合搭配鹹味食材，3,6-壬二烯醛則讓厚實的瓜皮散發水果、黃瓜般的味道。

	水果	柑橘	花卉	青綠	草本	蔬菜	焦糖	烘烤	堅果	木質	辛辣	乳酪	動物	化學
西瓜	•	•	•	•	•	•	•	•	•	•	•	•	•	•
羅望子	•	•	•	•	•	•	•	•	•	•	•	•	•	•
祕魯黃辣椒	•	•	•	•	•	•	•	•	•	•	•	•	•	•
黑蒜泥	•	•	•	•	•	•	•	•	•	•	•	•	•	•
水煮朝鮮薊	•	•	•	•	•	•	•	•	•	•	•	•	•	•
清燉雞胸排	•	•	•	•	•	•	•	•	•	•	•	•	•	•
摩洛哥初榨橄欖油	•	•	•	•	•	•	•	•	•	•	•	•	•	•
烘烤細鱗綠鰭魚	•	•	•	•	•	•	•	•	•	•	•	•	•	•
大吉嶺茶	•	•	•	•	•	•	•	•	•	•	•	•	•	•
烤榛果泥	•	•	•	•	•	•	•	•	•	•	•	•	•	•
鹹鯷魚	•	•	•	•	•	•	•	•	•	•	•	•	•	•

潛在搭配：西瓜和翡麥

翡麥是一種古老小麥，未成熟即收成。綠色籽粒經乾燥和烘烤後去殼。由於翡麥在烘烤階段處於未成熟狀態，會形成其他烘烤穀物所沒有的分子，像是青綠、燕麥片和脂肪調，因此適合和西瓜加在一起。

潛在搭配：西瓜和鯷魚

將鹽撒在冰涼多汁的西瓜片上不僅能提味還能增甜。西瓜具有甜、酸和苦味香氣。鹽降低苦味，因此提出甜味。把鹽改成鹹鯷魚搭配西瓜也能達到類似效果。

西瓜食材搭配

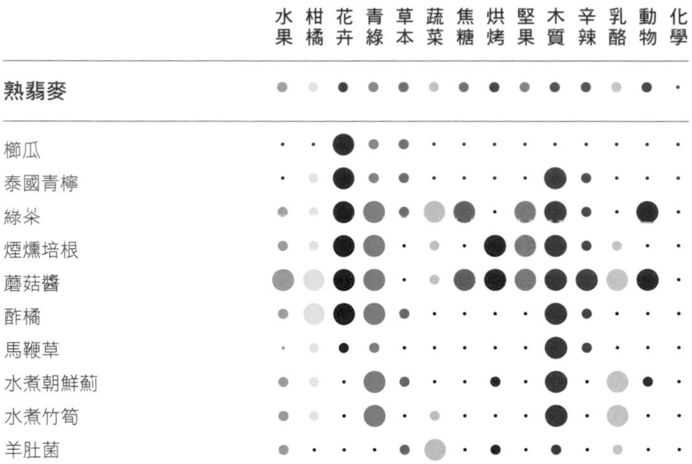

水果 柑橘 花卉 青綠 草本 蔬菜 焦糖 烘烤 堅果 木質 辛辣 乳酪 動物 化學

熟翡麥

櫛瓜
泰國青檸
綠朵
煙燻培根
蘑菇醬
酢橘
馬鞭草
水煮朝鮮薊
水煮竹筍
羊肚菌

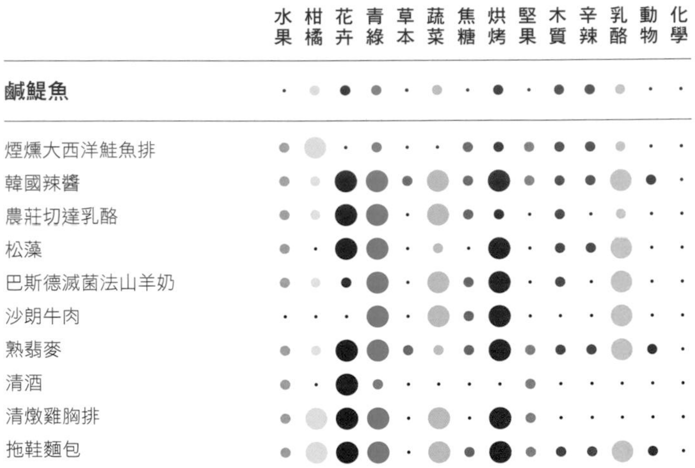

水果 柑橘 花卉 青綠 草本 蔬菜 焦糖 烘烤 堅果 木質 辛辣 乳酪 動物 化學

鹹鯷魚

煙燻大西洋鮭魚排
韓國辣醬
農莊切達乳酪
松藻
巴斯德滅菌法山羊奶
沙朗牛肉
熟翡麥
清酒
清燉雞胸排
拖鞋麵包

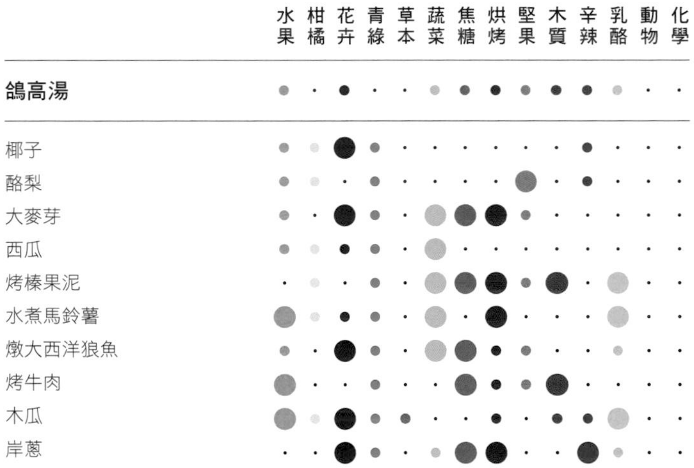

水果 柑橘 花卉 青綠 草本 蔬菜 焦糖 烘烤 堅果 木質 辛辣 乳酪 動物 化學

鴿高湯

椰子
酪梨
大麥芽
西瓜
烤榛果泥
水煮馬鈴薯
燉大西洋狼魚
烤牛肉
木瓜
岸蔥

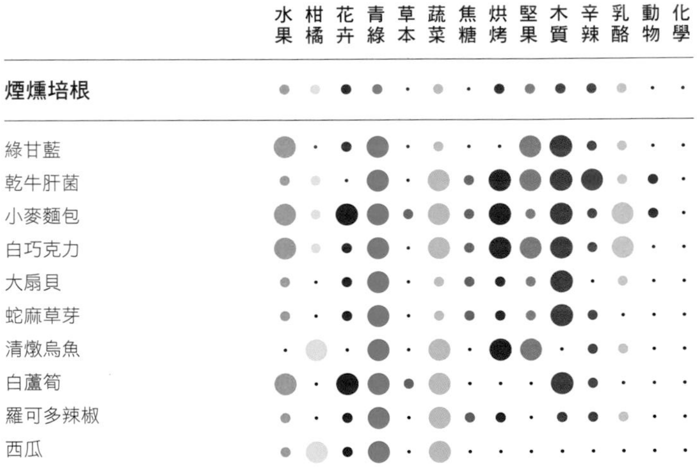

水果 柑橘 花卉 青綠 草本 蔬菜 焦糖 烘烤 堅果 木質 辛辣 乳酪 動物 化學

煙燻培根

綠甘藍
乾牛肝菌
小麥麵包
白巧克力
大扇貝
蛇麻草芽
清燉烏魚
白蘆筍
羅可多辣椒
西瓜

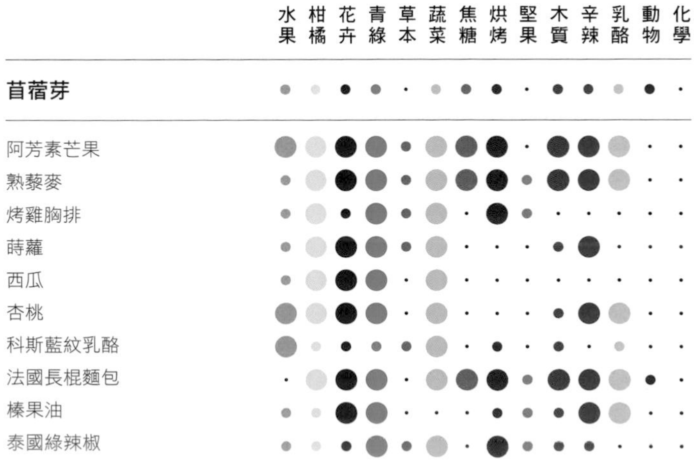

水果 柑橘 花卉 青綠 草本 蔬菜 焦糖 烘烤 堅果 木質 辛辣 乳酪 動物 化學

苜蓿芽

阿芳素芒果
熟藜麥
烤雞胸排
蒔蘿
西瓜
杏桃
科斯藍紋乳酪
法國長棍麵包
榛果油
泰國綠辣椒

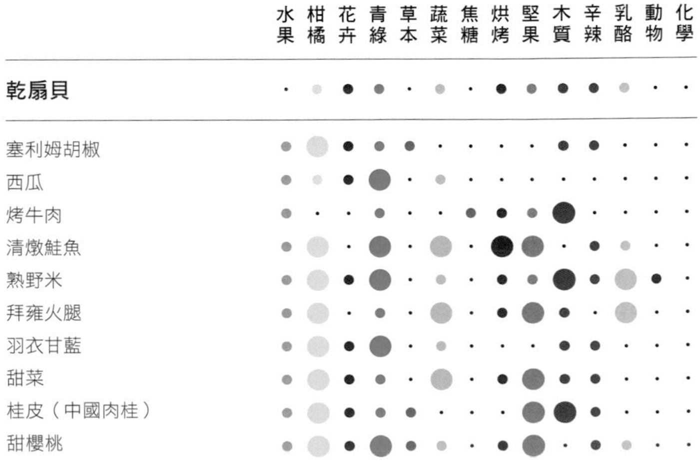

水果 柑橘 花卉 青綠 草本 蔬菜 焦糖 烘烤 堅果 木質 辛辣 乳酪 動物 化學

乾扇貝

塞利姆胡椒
西瓜
烤牛肉
清燉鮭魚
熟野米
拜雍火腿
羽衣甘藍
甜菜
桂皮（中國肉桂）
甜櫻桃

潛在搭配：西瓜和腰果

烤腰果含有一種濃度相當高的香氣分子，為西瓜帶來燕麥片類型調性，聞起來有青綠、脂肪味。

潛在搭配：西瓜和龍舌蘭酒

西瓜的青綠、脂肪調在龍舌蘭酒（見次頁）裡也找得到，這種酒取墨西哥原生多肉植物龍舌蘭草心蒸餾而成。

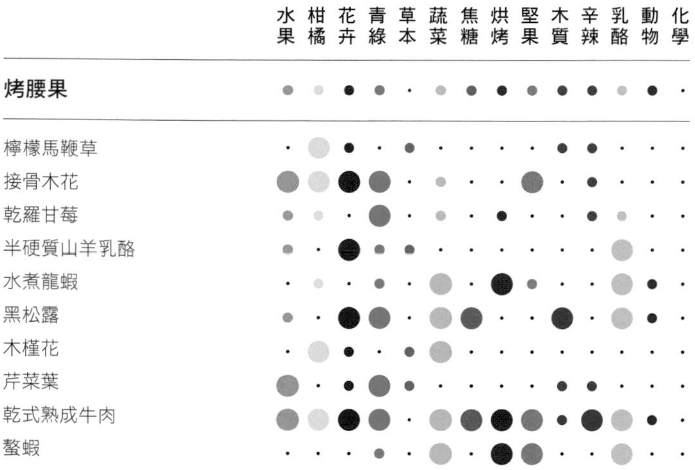

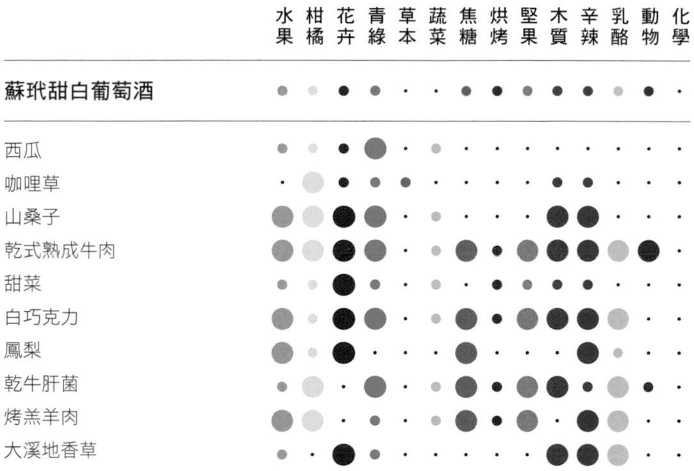

	水果	柑橘	花卉	青綠	草本	蔬菜	焦糖	烘烤	堅果	木質	辛辣	乳酪	動物	化學
烤腰果														
檸檬馬鞭草														
接骨木花														
乾羅甘莓														
半硬質山羊乳酪														
水煮龍蝦														
黑松露														
木槿花														
芫荽葉														
乾式熟成牛肉														
螯蝦														

	水果	柑橘	花卉	青綠	草本	蔬菜	焦糖	烘烤	堅果	木質	辛辣	乳酪	動物	化學
馬鈴薯														
爆米花														
清燉雞胸排														
水煮豌豆														
清燉烏魚														
煎培根														
橘子皮														
油烤杏仁														
海苔片														
紅甜椒														
西瓜														

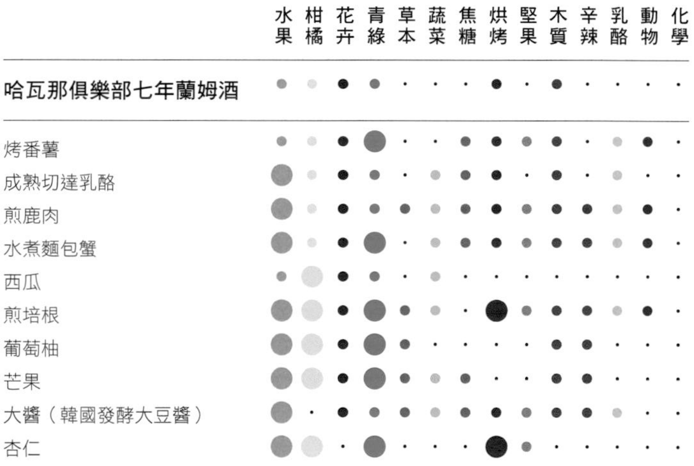

	水果	柑橘	花卉	青綠	草本	蔬菜	焦糖	烘烤	堅果	木質	辛辣	乳酪	動物	化學
蘇玳甜白葡萄酒														
西瓜														
咖哩草														
山桑子														
乾式熟成牛肉														
甜菜														
白巧克力														
鳳梨														
乾牛肝菌														
烤羔羊肉														
大溪地香草														

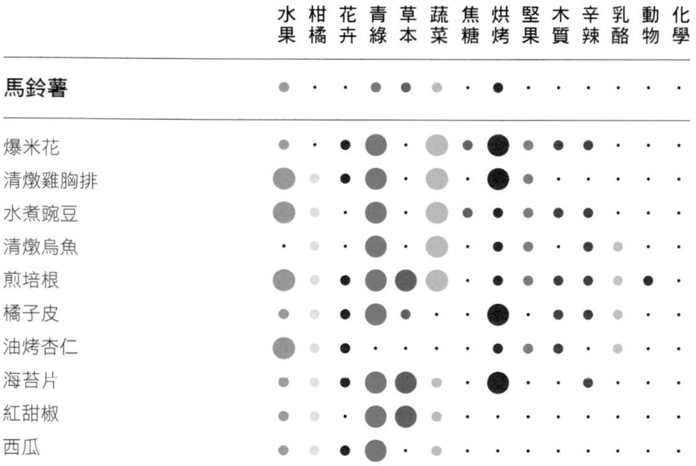

	水果	柑橘	花卉	青綠	草本	蔬菜	焦糖	烘烤	堅果	木質	辛辣	乳酪	動物	化學
哈瓦那俱樂部七年蘭姆酒														
烤番薯														
成熟切達乳酪														
煎鹿肉														
水煮麵包蟹														
西瓜														
煎培根														
葡萄柚														
芒果														
大醬（韓國發酵大豆醬）														
杏仁														

龍舌蘭酒

以藍色龍舌蘭蒸餾製成的龍舌蘭酒是墨西哥國酒。種植於較高海拔地區的龍舌蘭能產出較具果香、花香的龍舌蘭酒；低地龍舌蘭則較具泥土、辛辣風味。

龍舌蘭酒是梅茲卡爾酒的一種，自十六世紀開始在墨西哥生產，原料來自於哈利斯科州瓦勒斯地區廣泛種植的龍舌蘭。巨大的藍色龍舌蘭草心（piña）長得像鳳梨，處理方法結合了前西班牙時期的梅茲卡爾酒傳統發酵法和歐洲蒸餾程序。龍舌蘭草心會放入傳統「磚窯」（horno）或現代高壓釜慢慢蒸烤，讓複合糖轉化為果糖。在這個過程中，梅納反應讓熟草心的「蜜水」（aguamiel）發展出新的烘烤味香氣分子。蜜水接著發酵和蒸餾至少兩次。二次蒸餾得到的清澈酒液裝瓶後以白龍舌蘭酒或銀龍舌蘭酒販售。顏色較深的微陳（reposado）和陳年（añejo）龍舌蘭酒則進一步在橡木桶中陳放，產生更柔和也更複雜的香氣。

龍舌蘭地區包含特基拉、埃拉雷納爾和阿馬蒂坦自治區，名列聯合國教科文組織世界遺產。為了獲得「墨西哥官方標準」（Normas Oficial Mexicana）產地認證，龍舌蘭酒必須在這個地區栽種和製造，並符合「墨西哥龍舌蘭酒監管委員會」（Tequila Regulatory Council）的規格。

頂級龍舌蘭酒使用 100% 藍色龍舌蘭，但即使是在這個類別，各品牌的風味輪廓受到龍舌蘭成熟度、糖萃取法、水質和陳年過程影響仍可能存在極大差異。

- 龍舌蘭酒可以用來快速製作冰淇淋：取少量混合水果泥、鮮奶油和糖。龍舌蘭酒的酒精含量具有「抗凍」作用，防止大塊冰晶形成，能維持綿密質地。
- 受歡迎的龍舌蘭雞尾酒包含「龍舌蘭日出」，以龍舌蘭酒、柳橙汁和紅石榴糖漿調製而成。

拉蜜兒

英國倫敦，飲料工廠酒吧，托尼・科尼格里亞羅

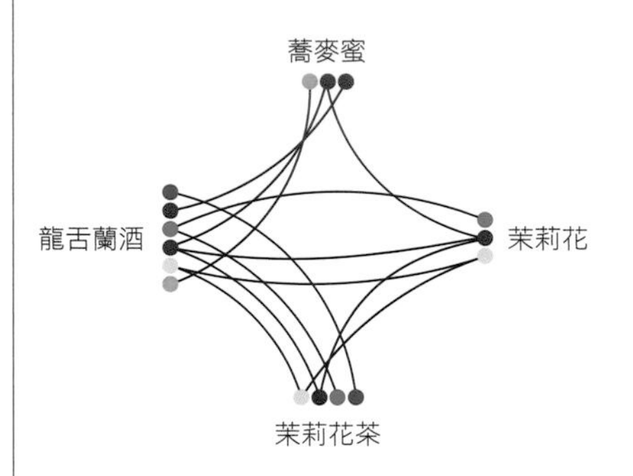

托尼・科尼格里亞羅（Tony Conigliaro）是調酒界的傳奇人物。連同一群技術士在他位於東倫敦的研究實驗室「飲料工廠」（Drink Factory）酒吧，科尼格里亞羅設計出創新的方法，萃取任何你所能想像得到的食材香氣和風味精髓。他的作品之所以如此令人讚嘆，一部分原因是能夠喚起特定的情感記憶：啜飲一口「雪」讓我們回到某個寒冷冬日，它一系列複雜的香氣、滋味和質地留下強烈又持久的印象。

科尼格里亞羅認為，開發雞尾酒的關鍵在於思考不同風味該怎麼以層次打造出迷人的風味經驗，從頭到尾都能不斷進化，如同「拉蜜兒」：以龍舌蘭酒為烈酒基底，接著混合紅茶搭配，因為它的單寧特性讓酒體結構飽滿，又不至於喧賓奪主。少許蕎麥蜜增添甜味。茉莉花茶含有一些蕎麥蜜也有的泥土調，但它淡淡的花香平衡了這款雞尾酒的突出風味。

白龍舌蘭酒

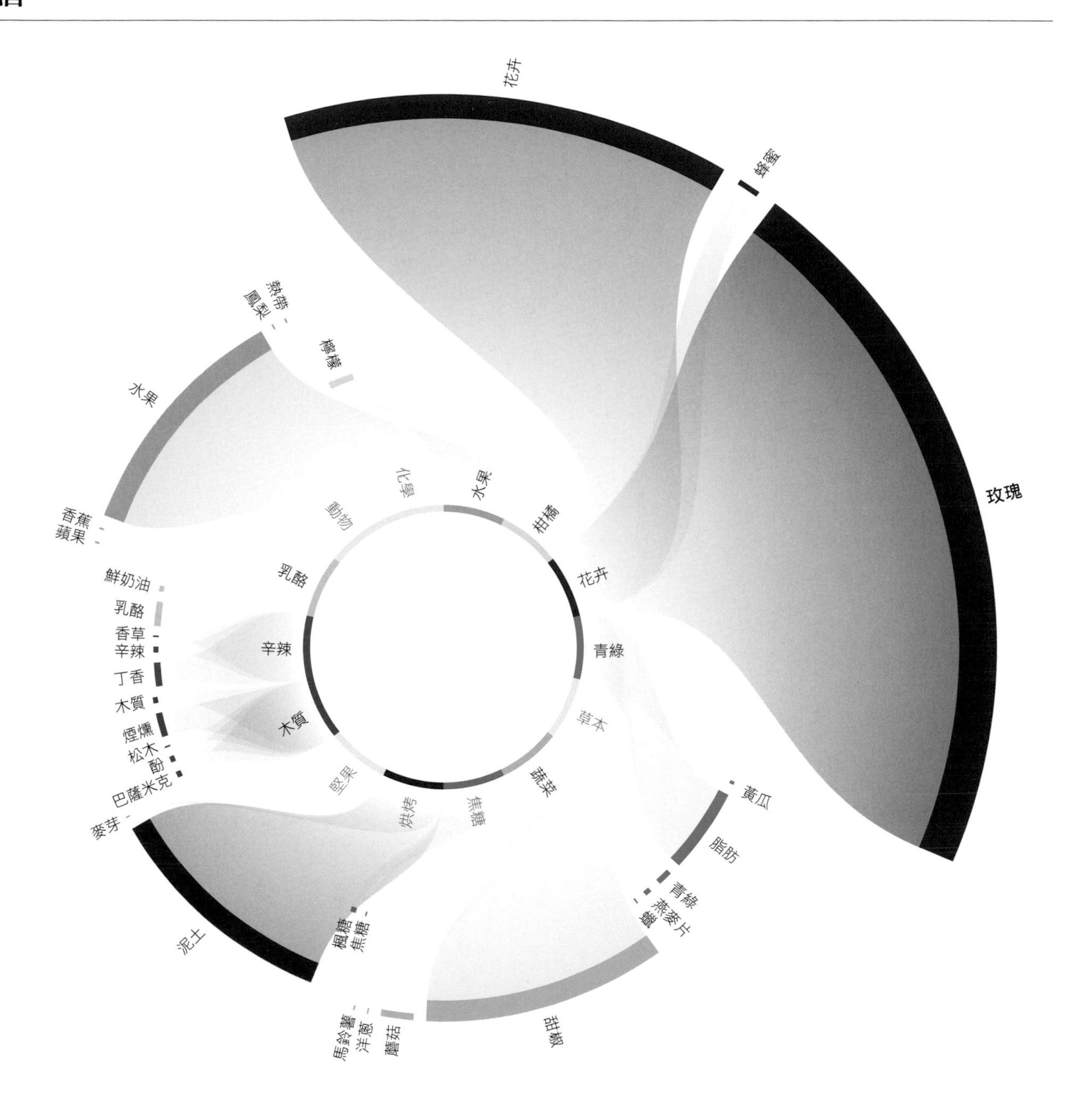

白龍舌蘭酒香氣輪廓

龍舌蘭酒的香氣分析顯示出各種（生）藍色龍舌蘭的氣味分子以及在加熱和發酵過程中產生的其他分子。龍舌蘭酒的煙燻風味來自其辛辣、丁香般的香氣，能夠與紅椒粉、羅勒和大蝦等食材產生連結。白或銀龍舌蘭酒蒸餾之後立刻裝瓶，或是僅在中性橡木桶中短暫陳年。微陳龍舌蘭酒會在白橡木桶中保存至少兩個月，陳年龍舌蘭酒則是至少一年。要符合「超陳」（extra añejo）標準，龍舌蘭酒必須在桶中陳放至少三年。在陳年過程中，來自橡木桶的堅果、零陵香豆－椰子味橡木內酯和威士忌內酯會加入香氣輪廓。丁香、香草和煙燻調濃度升高，其他化合物則蒸發。

	水果	柑橘	花卉	青綠	草本	蔬菜	焦糖	烘烤	堅果	木質	辛辣	乳酪	動物	化學
唐胡立歐白龍舌蘭酒	•	•	•	•	•	•	•	•	•	•	•	•	•	•
棗子	•	•	•	•	•	•	•	•	•	•	•	•	•	•
木槿花	•	•	•	•	•	•	•	•	•	•	•	•	•	•
香菜葉	•	•	•	•	•	•	•	•	•	•	•	•	•	•
乾醃火腿	•	•	•	•	•	•	•	•	•	•	•	•	•	•
煎餅	•	•	•	•	•	•	•	•	•	•	•	•	•	•
葛瑞爾乳酪	•	•	•	•	•	•	•	•	•	•	•	•	•	•
水煮去皮甜菜	•	•	•	•	•	•	•	•	•	•	•	•	•	•
香橙	•	•	•	•	•	•	•	•	•	•	•	•	•	•
台灣魚露	•	•	•	•	•	•	•	•	•	•	•	•	•	•
煎野鴨	•	•	•	•	•	•	•	•	•	•	•	•	•	•

主廚搭配：龍舌蘭酒、蕎麥蜜和茉莉花茶

托尼・科尼格里亞羅以蕎麥蜜來為自創的「拉蜜兒」雞尾酒（見第80頁）增加甜度，因為它的泥土調強化了基底龍舌蘭酒的煙燻味。散發花香的茉莉花茶也含有一些蕎麥蜜的泥土調，在這款雞尾酒裡有平衡作用。

普達酒

普達酒（pulque）是一種黏稠、微酸的乳白色飲料，酒精含量低（4-7%），為新鮮龍舌蘭汁液（蜜水）經過自然發酵而成。在阿茲提克，身為龍舌蘭酒前身的普達酒亦被稱為「metl octli」，「metl」的意思是「龍舌蘭」，而「octli」是「酒」的意思。

龍舌蘭酒食材搭配

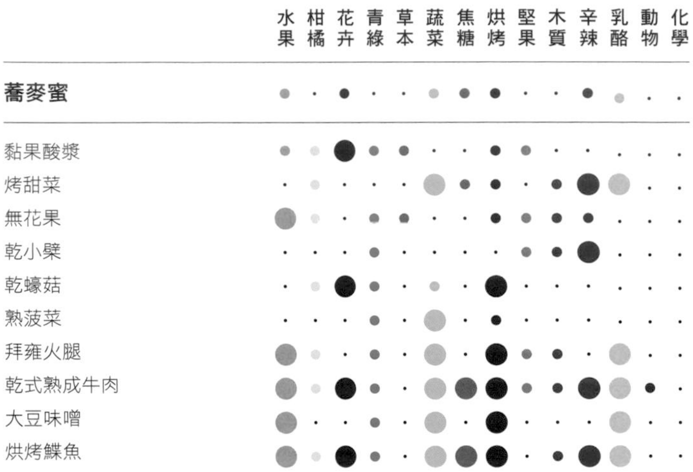
水果 柑橘 花卉 青綠 草本 蔬菜 焦糖 烘烤 堅果 木質 辛辣 乳酪 動物 化學
蕎麥蜜
黏果酸漿
烤甜菜
無花果
乾小檗
乾蠔菇
熟菠菜
拜雍火腿
乾式熟成牛肉
大豆味噌
烘烤鰈魚

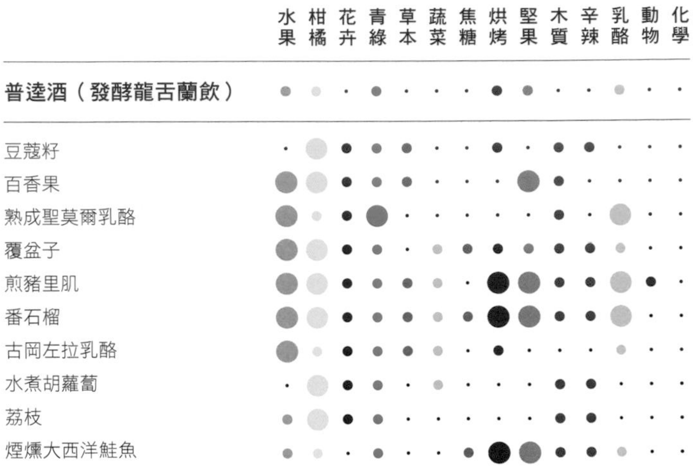
水果 柑橘 花卉 青綠 草本 蔬菜 焦糖 烘烤 堅果 木質 辛辣 乳酪 動物 化學
普達酒（發酵龍舌蘭飲）
豆蔻籽
百香果
熟成聖莫爾乳酪
覆盆子
煎豬里肌
番石榴
古岡左拉乳酪
水煮胡蘿蔔
荔枝
煙燻大西洋鮭魚

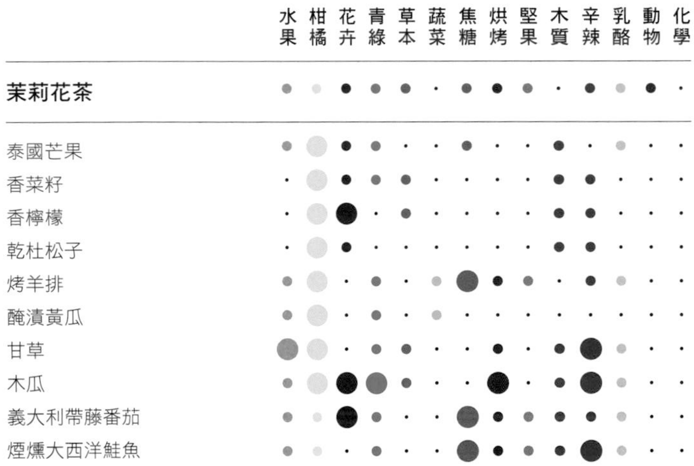
水果 柑橘 花卉 青綠 草本 蔬菜 焦糖 烘烤 堅果 木質 辛辣 乳酪 動物 化學
茉莉花茶
泰國芒果
香菜籽
香檸檬
乾杜松子
烤羊排
醃漬黃瓜
甘草
木瓜
義大利帶藤番茄
煙燻大西洋鮭魚

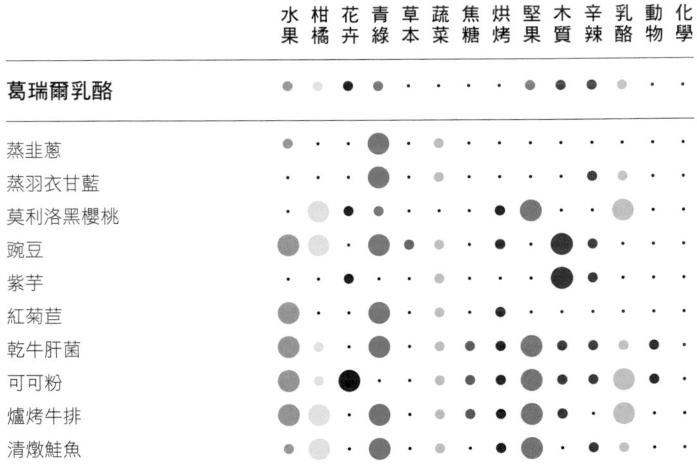
水果 柑橘 花卉 青綠 草本 蔬菜 焦糖 烘烤 堅果 木質 辛辣 乳酪 動物 化學
葛瑞爾乳酪
蒸韭蔥
蒸羽衣甘藍
莫利洛黑櫻桃
豌豆
紫芋
紅菊苣
乾牛肝菌
可可粉
爐烤牛排
清燉鮭魚

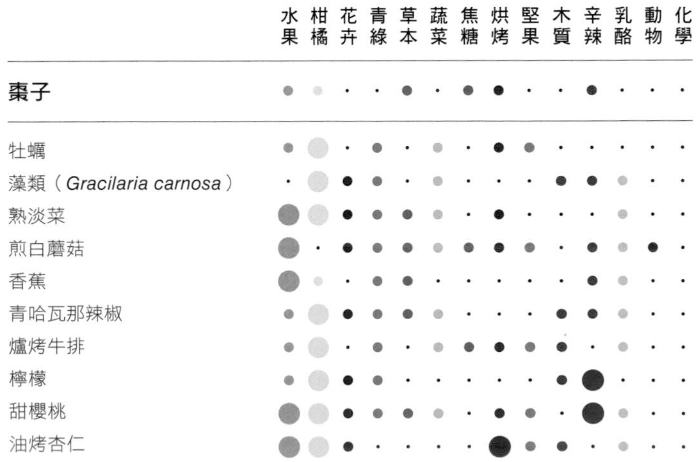
水果 柑橘 花卉 青綠 草本 蔬菜 焦糖 烘烤 堅果 木質 辛辣 乳酪 動物 化學
棗子
牡蠣
藻類（*Gracilaria carnosa*）
熟淡菜
煎白蘑菇
香蕉
青哈瓦那辣椒
爐烤牛排
檸檬
甜櫻桃
油烤杏仁

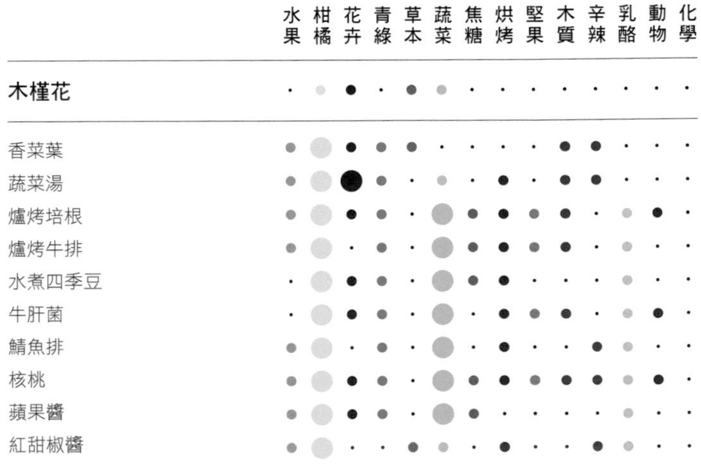
水果 柑橘 花卉 青綠 草本 蔬菜 焦糖 烘烤 堅果 木質 辛辣 乳酪 動物 化學
木槿花
香菜葉
蔬菜湯
爐烤培根
爐烤牛排
水煮四季豆
牛肝菌
鯖魚排
核桃
蘋果醬
紅甜椒醬

經典搭配：龍舌蘭酒和辣根

從名稱可以看得出來，「血腥瑪麗亞」（Bloody Maria）是「血腥瑪麗」（Bloody Mary）的一種變化，以龍舌蘭酒混合番茄汁、萊姆汁、伍斯特醬、塔巴斯科辣椒醬、辣根、芹菜鹽和胡椒。

經典搭配：龍舌蘭酒和柑橘

龍舌蘭酒含有高濃度的芳樟醇，它是檸檬（見次頁）香氣輪廓裡的關鍵香氣分子。柑橘類果汁出現在許多受歡迎的龍舌蘭雞尾酒酒款中，像是由龍舌蘭酒、白橙皮酒和萊姆汁調成的瑪格麗特，以及使用龍舌蘭酒、萊姆汁、葡萄柚汁和蘇打水的帕洛瑪。

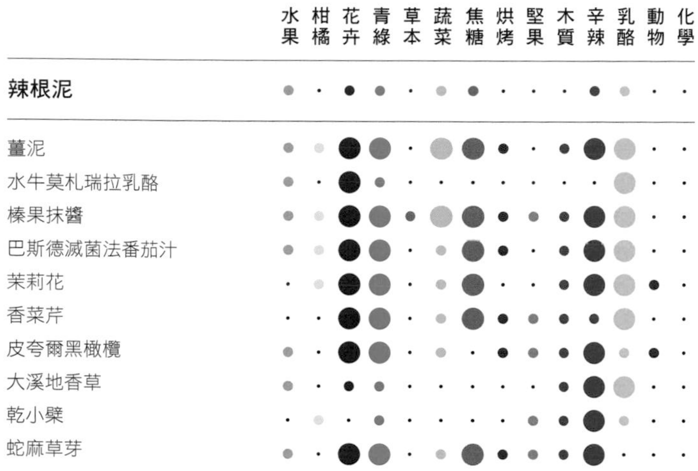

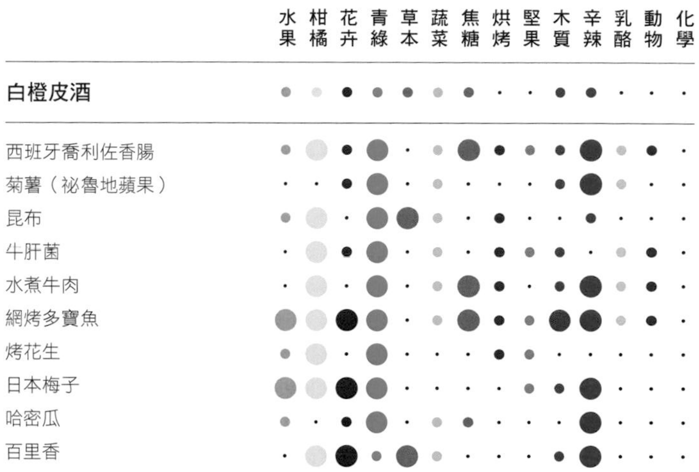

辣根泥	水果	柑橘	花卉	青綠	草本	蔬菜	焦糖	烘烤	堅果	木質	辛辣	乳酪	動物	化學
薑泥														
水牛莫札瑞拉乳酪														
榛果抹醬														
巴斯德滅菌法番茄汁														
茉莉花														
香菜芹														
皮夸爾黑橄欖														
大溪地香草														
乾小櫱														
蛇麻草芽														

白橙皮酒	水果	柑橘	花卉	青綠	草本	蔬菜	焦糖	烘烤	堅果	木質	辛辣	乳酪	動物	化學
西班牙喬利佐香腸														
菊薯（祕魯地蘋果）														
昆布														
牛肝菌														
水煮牛肉														
網烤多寶魚														
烤花生														
日本梅子														
哈密瓜														
百里香														

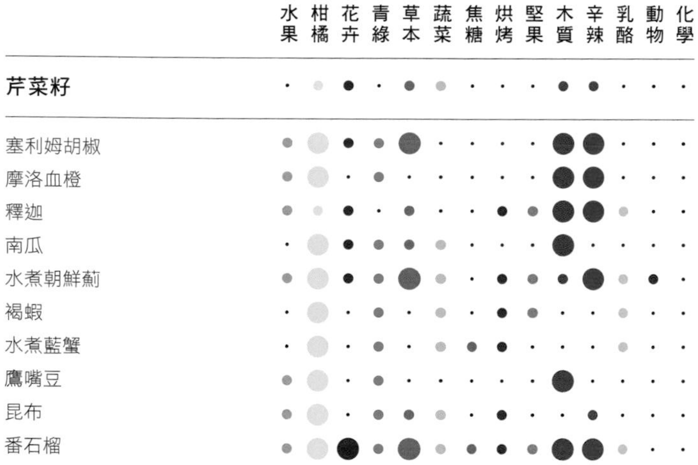

芹菜籽	水果	柑橘	花卉	青綠	草本	蔬菜	焦糖	烘烤	堅果	木質	辛辣	乳酪	動物	化學
塞利姆胡椒														
摩洛血橙														
釋迦														
南瓜														
水煮朝鮮薊														
褐蝦														
水煮藍蟹														
鷹嘴豆														
昆布														
番石榴														

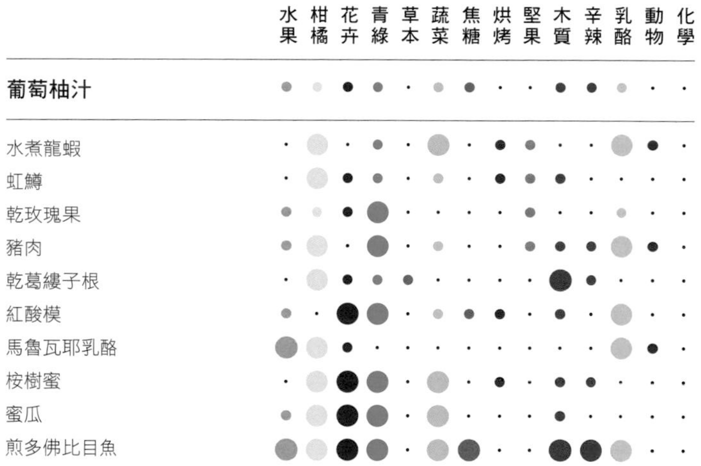

葡萄柚汁	水果	柑橘	花卉	青綠	草本	蔬菜	焦糖	烘烤	堅果	木質	辛辣	乳酪	動物	化學
水煮龍蝦														
虹鱒														
乾玫瑰果														
豬肉														
乾葛縷子根														
紅酸模														
馬魯瓦耶乳酪														
桉樹蜜														
蜜瓜														
煎多佛比目魚														

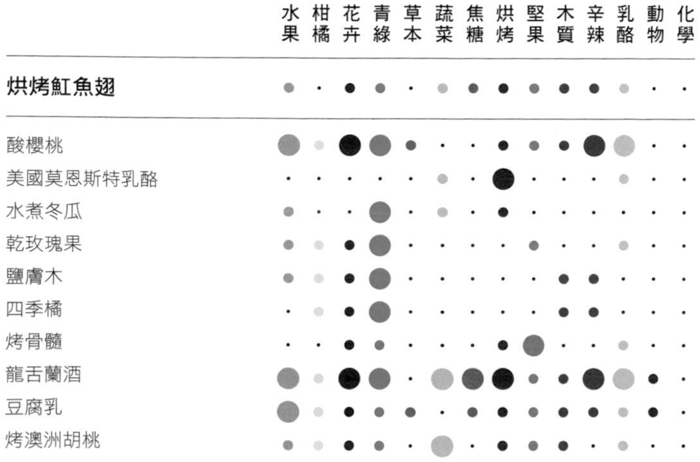

烘烤魟魚翅	水果	柑橘	花卉	青綠	草本	蔬菜	焦糖	烘烤	堅果	木質	辛辣	乳酪	動物	化學
酸櫻桃														
美國莫恩斯特乳酪														
水煮冬瓜														
乾玫瑰果														
鹽膚木														
四季橘														
烤骨髓														
龍舌蘭酒														
豆腐乳														
烤澳洲胡桃														

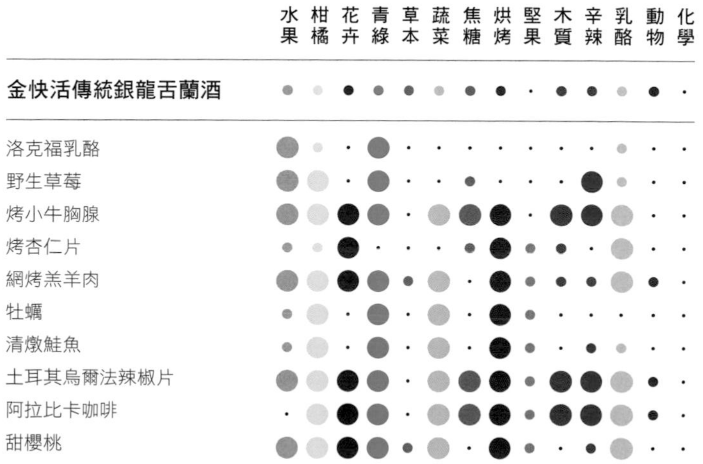

金快活傳統銀龍舌蘭酒	水果	柑橘	花卉	青綠	草本	蔬菜	焦糖	烘烤	堅果	木質	辛辣	乳酪	動物	化學
洛克福乳酪														
野生草莓														
烤小牛胸腺														
烤杏仁片														
網烤羔羊肉														
牡蠣														
清燉鮭魚														
土耳其烏爾法辣椒片														
阿拉比卡咖啡														
甜櫻桃														

檸檬與萊姆

檸檬、萊姆和其他柑橘類水果各自有不同的香氣輪廓，但香氣成分皆含萜烯類、萜類和萜醛為一大特色。反觀非柑橘類水果像是草莓、蘋果和香蕉大多由酯類和醛類構成。

萜烯類是存在於柑橘的天然揮發性化合物。檸檬烯是柳橙味的萜烯，最常跟柑橘皮和大麻聯想在一起。萜烯類下面的一個子類萜類包含柑橘味的芳樟醇；松木味的蒎烯；聞起來像辛辣丁香的丁香酚；以及薄荷腦。有些柑橘也含有香葉醇，這種萜醛具柑橘、花香。

所有柑橘類水果的輪廓都含有這些揮發性化合物的組合，只是濃度不一。事實上，僅有幾個香氣分子存在於單一品種。葡萄柚和柚子含有化合物諾卡酮和 1- 對萜烯 -8- 硫醇，後者俗稱為「葡萄柚硫醇」。

柑橘類的果皮和果肉皆可用於甜、鹹料理，也適合做成蜜餞。在印度，辛鹹的醃漬萊姆是很受歡迎的佐料，北非烹調則經常運用鹽漬檸檬。

柑橘類水果的果皮厚度可以有很大的差異，某些品種擁有高比例的苦味白色襯皮。這些水果拿來榨汁或刨絲很好，但較不適合需要整片果皮的食譜，例如：柑橘醬（marmalade）。

柑橘類水果經常以防腐劑處理，因此若是食譜需要果皮，盡量找無蠟水果。

- 祕魯和墨西哥料理「檸汁醃魚生」（ceviche）使用酸味新鮮萊姆汁來「煮」生魚和海鮮。
- 「利馬湯」（Sopa de lima）是來自墨西哥猶加敦半島的傳統萊姆雞湯。
- 柑橘皮含有大量精油：加一點檸檬或萊姆到任何雞尾酒裡都能凸顯風味，它們帶有青綠、蠟和脂肪香及辛辣、草本揮發性化合物。

檸檬蛋白派雞尾酒

食物搭配獨家食譜

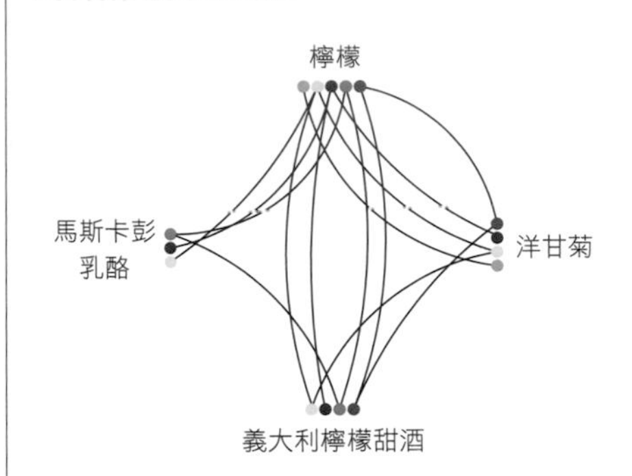

夜幕低垂時刻，來點甜蜜的杯中檸檬蛋白派吧！將洋甘菊糖漿和檸檬凝乳倒入雞尾酒雪克杯——洋甘菊會帶出檸檬的花卉調。加入義大利檸檬甜酒來強調柑橘風味，再擠一點新鮮檸檬汁平衡甜味。

將蛋白倒入雪克杯，重現蛋白霜的泡沫質地。一或二調酒匙馬斯卡彭乳酪能讓整體風味和質地更完整。以手持攪拌器打至乳化，接著加入冰塊充分搖蕩。過濾雞尾酒至冰鎮杯，最後撒上杏仁薄脆餅乾碎點綴。

檸檬

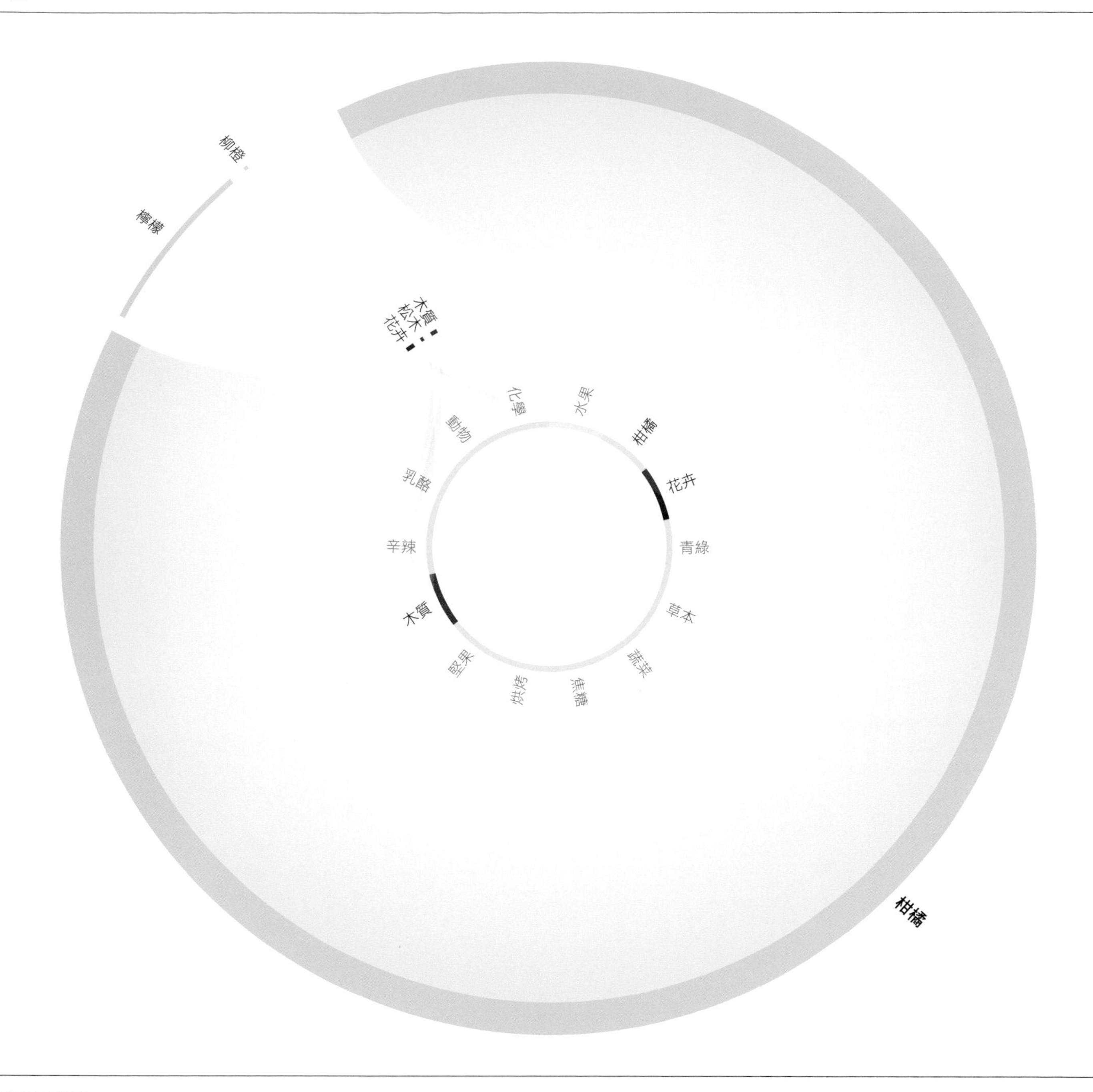

檸檬香氣輪廓

現擠檸檬汁的香氣主要由檸檬醛和香葉醛構成。這些化合物的檸檬香味輔以木質味的萜品烯，它帶有一絲柑橘調，以及樟腦、木質、松木味的蒎烯。檸檬也含有其他花卉、青綠、水果和辛辣調（如搭配表格顯示）。檸檬和萊姆有同樣的 pH 值，但我們發現萊姆汁（見第 87 頁搭配表格）味道更清爽，因為它具備萊姆皮也有的新鮮、青綠、青草調性，以及淡淡樟腦和清涼薄荷氣味。

	水果	柑橘	花卉	青綠	草本	蔬菜	焦糖	烘烤	堅果	木質	辛辣	乳酪	動物	化學
檸檬	●	●	●	●	·	·	·	·	·	●	●	·	·	·
哈密瓜	●	·	●	⬤	·	●	●	·	·	·	●	·	·	·
芹菜根	●	⬤	●	●	●	●	·	●	·	⬤	●	·	·	·
橘蘋	●	·	●	●	·	·	·	·	·	·	⬤	·	·	·
香蕉	⬤	●	·	●	●	·	·	·	·	·	●	●	·	·
肉豆蔻皮	●	⬤	⬤	·	●	·	·	●	·	⬤	●	·	·	·
牡蠣	●	⬤	·	⬤	·	●	·	●	●	·	·	·	·	·
海膽	●	⬤	●	⬤	·	●	·	●	●	●	●	·	·	·
鹽膚木	●	⬤	●	●	·	·	·	·	·	⬤	●	·	·	·
乾式熟成牛肉	●	⬤	●	●	·	●	●	●	●	●	●	●	●	·
菊苣	·	⬤	●	⬤	·	·	·	·	·	·	·	·	·	·

經典佳餚：檸檬瑞可達乳酪派

義大利那不勒斯在傳統上會為「狂歡節」（Carnevale）製作「Migliaccio」，一種以檸檬皮調味的簡易瑞可達乳酪蛋糕，代表「大齋期」（Lent）的開始。

經典飲品：義大利檸檬甜酒

義大利阿瑪菲海岸以香氣強烈的檸檬和它們製成的香甜酒而聞名。若要製作義大利檸檬甜酒，將檸檬皮浸泡在渣釀白蘭地或伏特加幾個星期，讓它釋放精油，接著過濾並混合糖漿。

柑橘皮

檸檬皮香氣輪廓

檸檬皮充滿精油，含有的 γ-萜品烯和 α-蒎烯比檸檬汁裡的檸檬醛和香葉醛多。

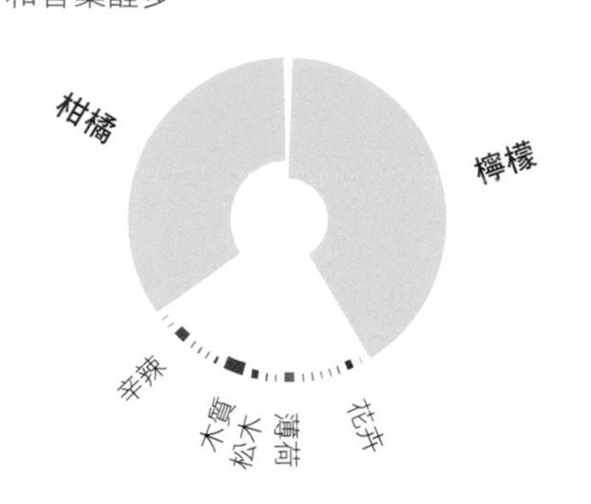

	水果	柑橘	花卉	青綠	草本	蔬菜	焦糖	烘烤	堅果	木質	辛辣	乳酪	動物	化學
檸檬皮														
藍紋乳酪														
蘭姆酒														
布里乳酪														
香蕉														
山羊奶														
乾蒔蘿籽														
豆蔻籽														
接骨木花														
煎培根														
乾奧勒岡草														

萊姆皮屑香氣輪廓

萊姆的香氣輪廓大部分由松油醇和檸檬醛構成，這解釋了為何萊姆比起檸檬較無柑橘味、辛辣味較重且帶有一絲薄荷味。化合物松油醇賦予它花卉、松木香。

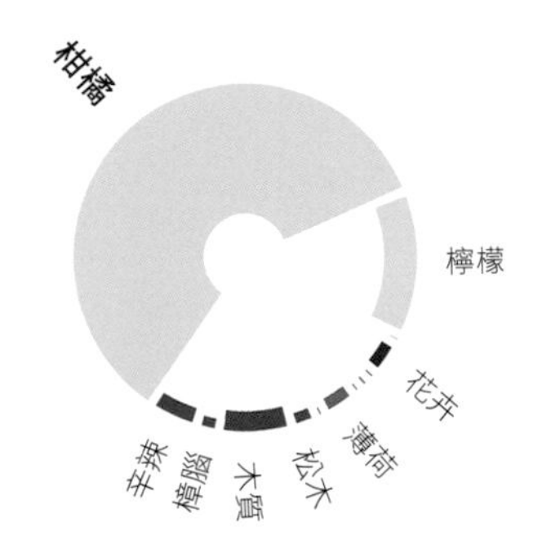

	水果	柑橘	花卉	青綠	草本	蔬菜	焦糖	烘烤	堅果	木質	辛辣	乳酪	動物	化學
萊姆皮屑														
豆漿優格														
紅甜椒泥														
水煮朝鮮薊														
羅望子														
多寶魚														
卡蒙貝爾乳酪														
甜菜脆片														
蒼白莖藜籽														
香蕉														
香菜芹														

經典搭配：萊姆和卡沙夏

好幾款經典雞尾酒都使用萊姆，像是莫希托、瑪格麗特和巴西的卡琵莉亞（caipirinha），它是卡沙夏（一種發酵甘蔗汁蒸餾）、搗過的萊姆和糖的清爽結合。

經典搭配：阿芳素芒果和萊姆汁

擠一些萊姆汁能帶出成熟多汁芒果的最佳風味。若要簡單快速地做出免冰淇淋機的冰淇淋，以食物處理機將冷凍芒果塊和萊姆汁、萊姆皮屑、蜂蜜及優格打至滑順後立即上桌。

檸檬與萊姆食材搭配

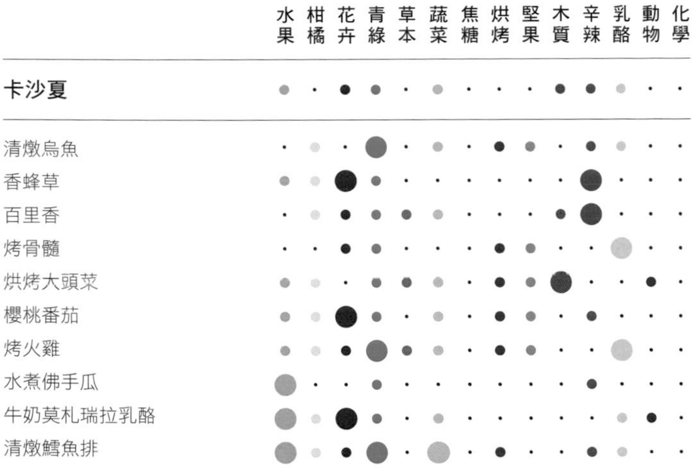

水果 柑橘 花卉 青綠 草本 蔬菜 焦糖 烘烤 堅果 木質 辛辣 乳酪 動物 化學
卡沙夏
清燉烏魚
香蜂草
百里香
烤骨髓
烘烤大頭菜
櫻桃番茄
烤火雞
水煮佛手瓜
牛奶莫札瑞拉乳酪
清燉鱈魚排

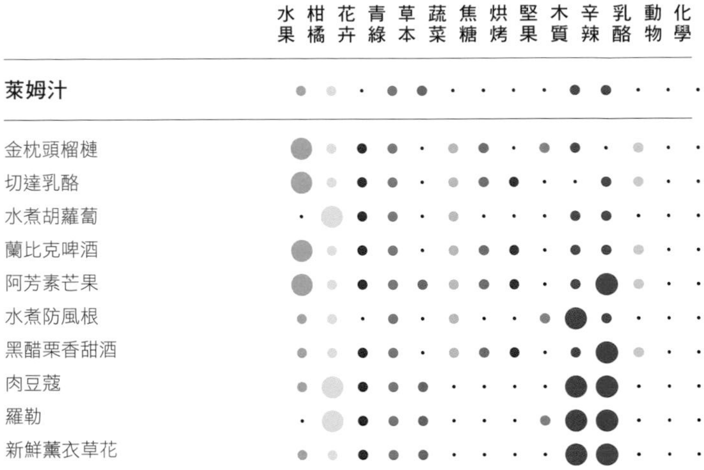

水果 柑橘 花卉 青綠 草本 蔬菜 焦糖 烘烤 堅果 木質 辛辣 乳酪 動物 化學
萊姆汁
金枕頭榴槤
切達乳酪
水煮胡蘿蔔
蘭比克啤酒
阿芳素芒果
水煮防風根
黑醋栗香甜酒
肉豆蔻
羅勒
新鮮薰衣草花

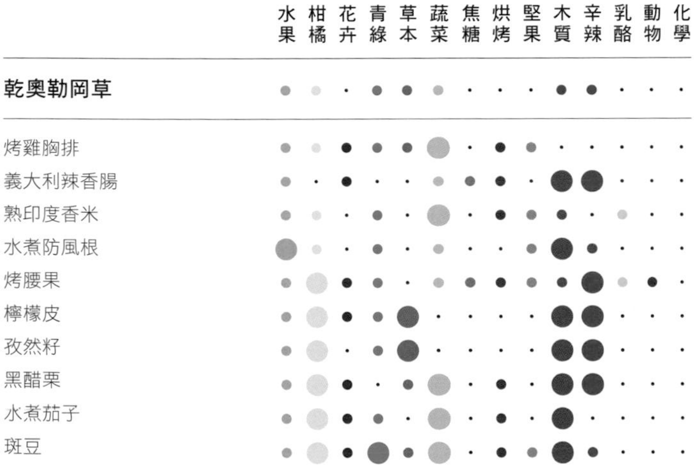

水果 柑橘 花卉 青綠 草本 蔬菜 焦糖 烘烤 堅果 木質 辛辣 乳酪 動物 化學
乾奧勒岡草
烤雞胸排
義大利辣香腸
熟印度香米
水煮防風根
烤腰果
檸檬皮
孜然籽
黑醋栗
水煮茄子
斑豆

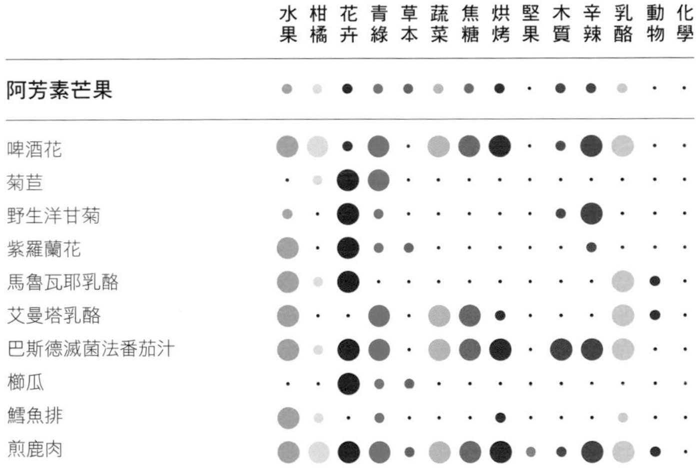

水果 柑橘 花卉 青綠 草本 蔬菜 焦糖 烘烤 堅果 木質 辛辣 乳酪 動物 化學
阿芳素芒果
啤酒花
菊苣
野生洋甘菊
紫羅蘭花
馬魯瓦耶乳酪
艾曼塔乳酪
巴斯德滅菌法番茄汁
櫛瓜
鱈魚排
煎鹿肉

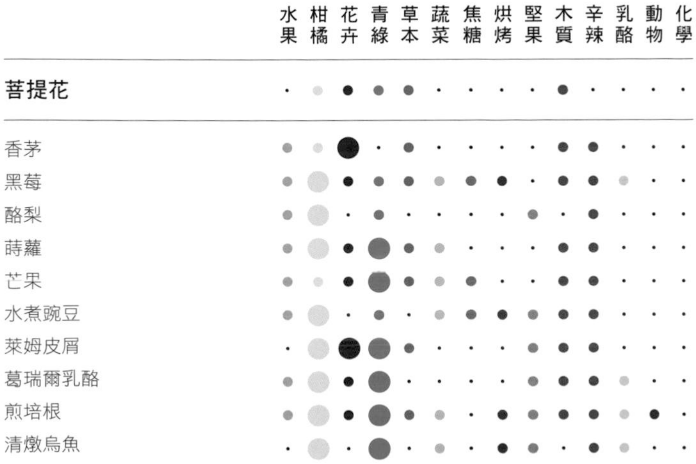

水果 柑橘 花卉 青綠 草本 蔬菜 焦糖 烘烤 堅果 木質 辛辣 乳酪 動物 化學
菩提花
香茅
黑莓
酪梨
蒔蘿
芒果
水煮豌豆
萊姆皮屑
葛瑞爾乳酪
煎培根
清燉烏魚

水果 柑橘 花卉 青綠 草本 蔬菜 焦糖 烘烤 堅果 木質 辛辣 乳酪 動物 化學
高良薑
百里香
烤栗子
萊姆汁
苦艾酒
黑醋栗
蒸秋姑魚
球莖茴香
乾月桂葉
接骨木花
熟紅豆

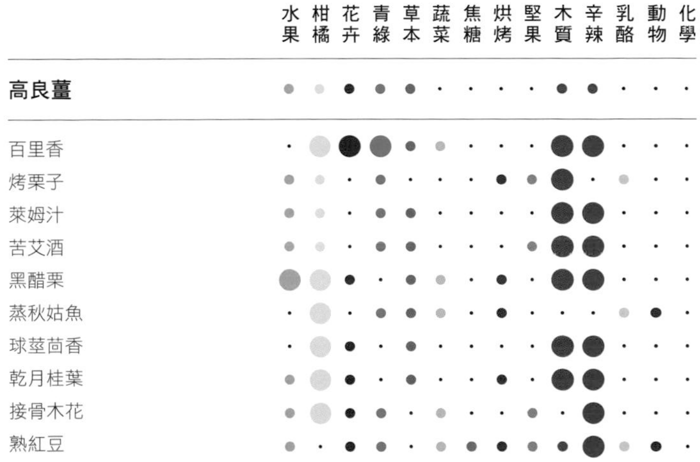

經典搭配：檸檬和芥末醬

把醋改成檸檬汁混合橄欖油和芥末來製作油醋醬，可依照個人喜好加點蜂蜜降低酸度。蜂蜜和芥末醬特別搭苦味菜葉，像是綠捲鬚和菊苣。

經典食譜：義式三味醬

以切碎的香芹、檸檬和蒜頭做成的義式三味醬（gremolata）是簡易的義大利佐料，經常用來裝飾「米蘭燉牛膝」（osso bucco alla Milanese，以白酒和高湯煮牛膝和蔬菜）等燉肉料理，但也適合佐烤雞或烤魚。

檸檬與萊姆食材搭配

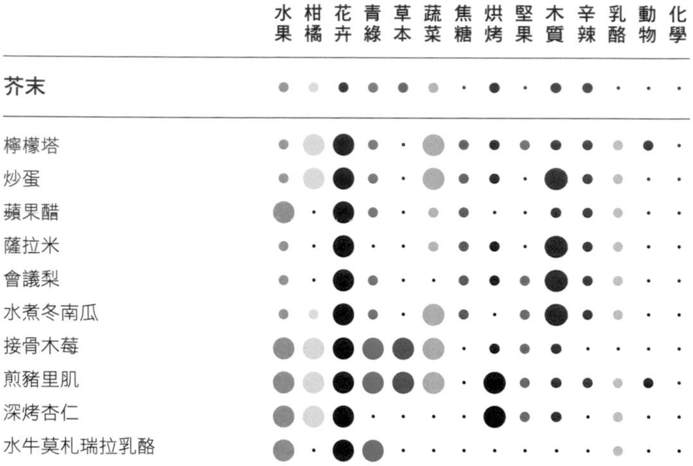
水果 柑橘 花卉 青綠 草本 蔬菜 焦糖 烘烤 堅果 木質 辛辣 乳酪 動物 化學
芥末
檸檬塔
炒蛋
蘋果醋
薩拉米
會議梨
水煮冬南瓜
接骨木莓
煎豬里肌
深烤杏仁
水牛莫札瑞拉乳酪

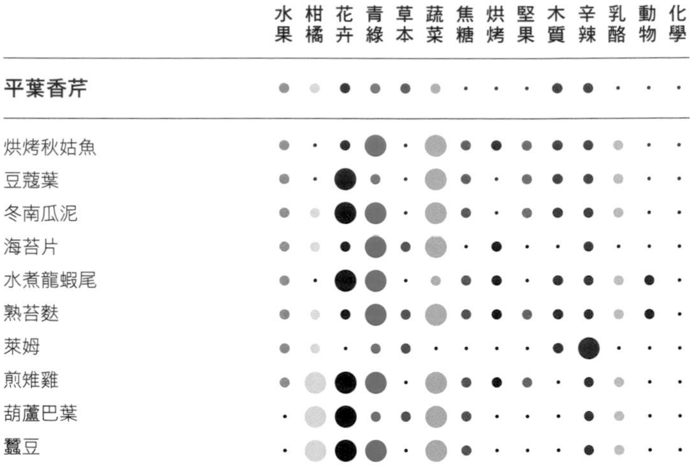
水果 柑橘 花卉 青綠 草本 蔬菜 焦糖 烘烤 堅果 木質 辛辣 乳酪 動物 化學
平葉香芹
烘烤秋姑魚
豆蔻葉
冬南瓜泥
海苔片
水煮龍蝦尾
熟苔麩
萊姆
煎雉雞
葫蘆巴葉
蠶豆

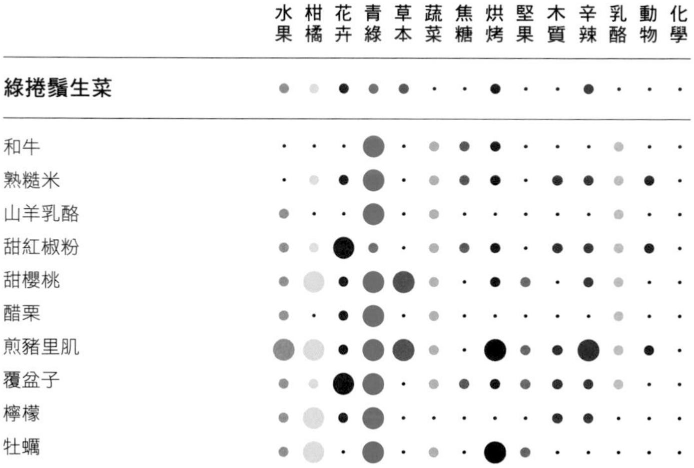
水果 柑橘 花卉 青綠 草本 蔬菜 焦糖 烘烤 堅果 木質 辛辣 乳酪 動物 化學
綠捲鬚生菜
和牛
熟糙米
山羊乳酪
甜紅椒粉
甜櫻桃
醋栗
煎豬里肌
覆盆子
檸檬
牡蠣

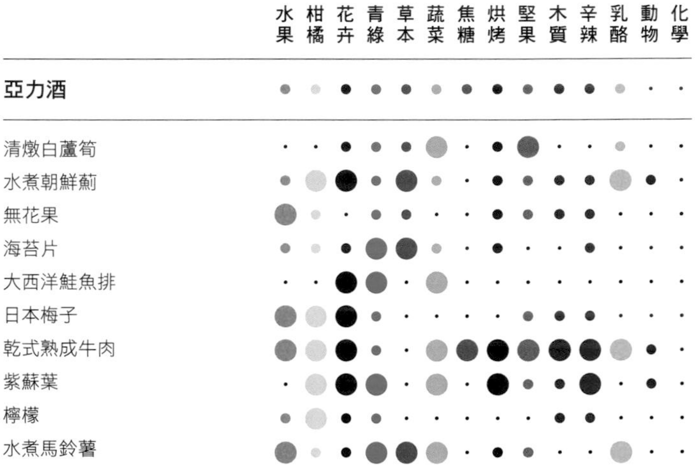
水果 柑橘 花卉 青綠 草本 蔬菜 焦糖 烘烤 堅果 木質 辛辣 乳酪 動物 化學
亞力酒
清燉白蘆筍
水煮朝鮮薊
無花果
海苔片
大西洋鮭魚排
日本梅子
乾式熟成牛肉
紫蘇葉
檸檬
水煮馬鈴薯

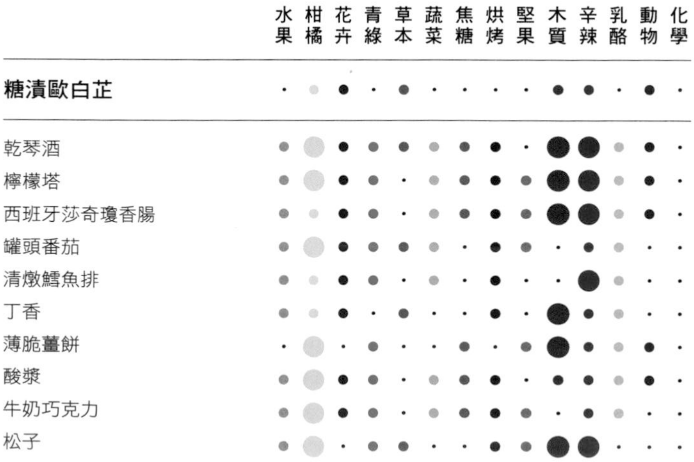
水果 柑橘 花卉 青綠 草本 蔬菜 焦糖 烘烤 堅果 木質 辛辣 乳酪 動物 化學
糖漬歐白芷
乾琴酒
檸檬塔
西班牙莎奇瓊香腸
罐頭番茄
清燉鱈魚排
丁香
薄脆薑餅
酸漿
牛奶巧克力
松子

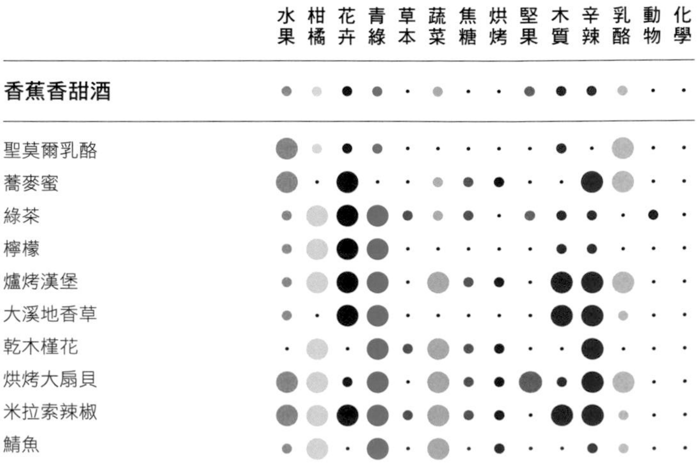
水果 柑橘 花卉 青綠 草本 蔬菜 焦糖 烘烤 堅果 木質 辛辣 乳酪 動物 化學
香蕉香甜酒
聖莫爾乳酪
蕎麥蜜
綠茶
檸檬
爐烤漢堡
大溪地香草
乾木槿花
烘烤大扇貝
米拉索辣椒
鯖魚

潛在搭配：檸檬、萊姆和日向夏

日向夏是產於日本的黃色圓形柑橘，可能為柚子－香橙混種，味道酸中帶甜。多汁的果肉可以連襯皮一起吃，它並不苦——只要像蘋果那樣削皮切片，撒點糖即可上桌。

經典搭配：柑橘和辣椒

萊姆和辣椒（見次頁）在泰國菜裡是經典搭配，關鍵在於達到酸、辣、甜、鹹的完美平衡。許多泰式料理會以酸柑橘汁加上糖來平衡辣椒的熱辣刺鼻。

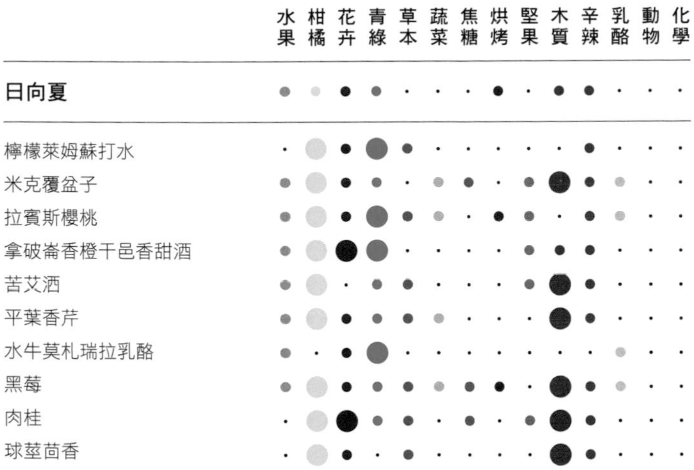

	水果	柑橘	花卉	青綠	草本	蔬菜	焦糖	烘烤	堅果	木質	辛辣	乳酪	動物	化學
日向夏														
檸檬萊姆蘇打水														
米克覆盆子														
拉賓斯櫻桃														
拿破崙香橙干邑香甜酒														
苦艾酒														
平葉香芹														
水牛莫札瑞拉乳酪														
黑莓														
肉桂														
球莖茴香														

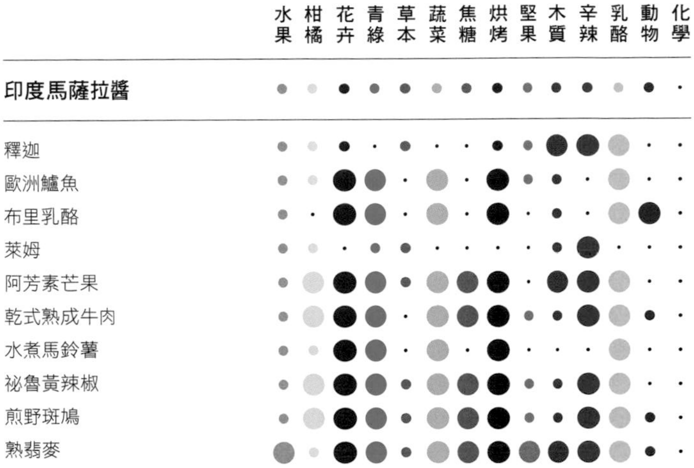

	水果	柑橘	花卉	青綠	草本	蔬菜	焦糖	烘烤	堅果	木質	辛辣	乳酪	動物	化學
印度馬薩拉醬														
釋迦														
歐洲鱸魚														
布里乳酪														
萊姆														
阿芳素芒果														
乾式熟成牛肉														
水煮馬鈴薯														
祕魯黃辣椒														
煎野斑鳩														
熟蕎麥														

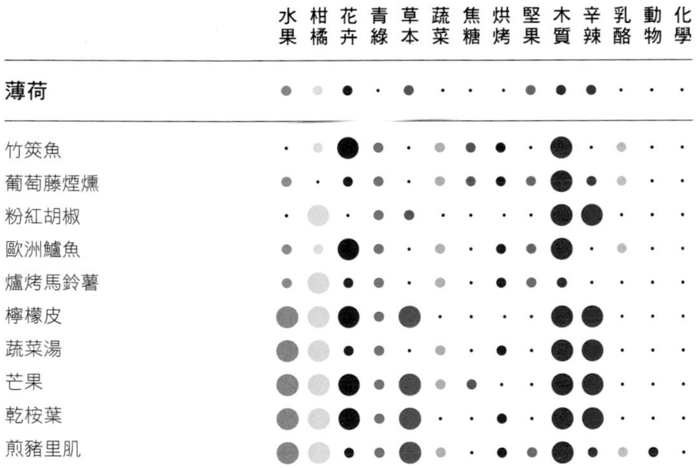

	水果	柑橘	花卉	青綠	草本	蔬菜	焦糖	烘烤	堅果	木質	辛辣	乳酪	動物	化學
薄荷														
竹筴魚														
葡萄藤煙燻														
粉紅胡椒														
歐洲鱸魚														
爐烤馬鈴薯														
檸檬皮														
蔬菜湯														
芒果														
乾桉葉														
煎豬里肌														

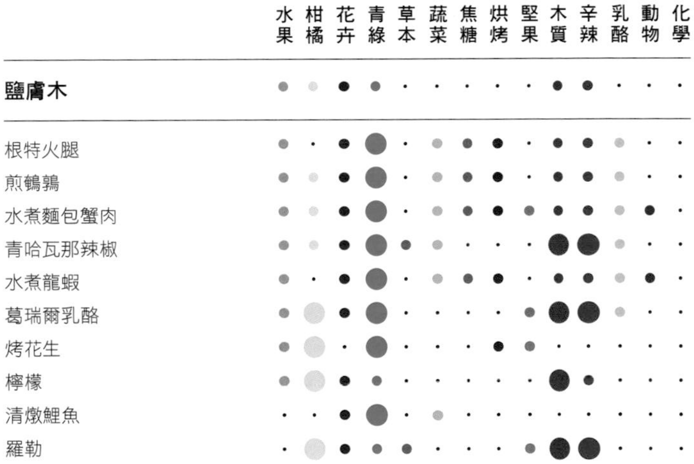

	水果	柑橘	花卉	青綠	草本	蔬菜	焦糖	烘烤	堅果	木質	辛辣	乳酪	動物	化學
鹽膚木														
根特火腿														
煎鵪鶉														
水煮麵包蟹肉														
青哈瓦那辣椒														
水煮龍蝦														
葛瑞爾乳酪														
烤花生														
檸檬														
清燉鯉魚														
羅勒														

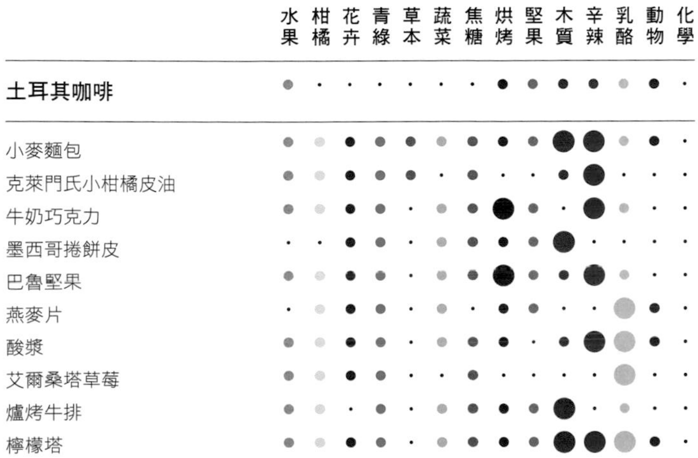

	水果	柑橘	花卉	青綠	草本	蔬菜	焦糖	烘烤	堅果	木質	辛辣	乳酪	動物	化學
土耳其咖啡														
小麥麵包														
克萊門氏小柑橘皮油														
牛奶巧克力														
墨西哥捲餅皮														
巴魯堅果														
燕麥片														
酸漿														
艾爾桑塔草莓														
爐烤牛排														
檸檬塔														

辣椒

辣椒品種超過二百個，有各式各樣的顏色、大小和辣度。辣椒和甜椒同為辣椒屬或茄科植物，這解釋了為何我們可以在兩者當中找到一些同樣的香氣分子。

辣椒可以分為五大類：辣椒（Capsicum annuum），像是哈拉皮紐辣椒（jalapeño）；小米椒（Capsicum frutescens），像是塔巴斯科辣椒（tabasco）；黃燈籠辣椒（Capsicum chinense），像是哈瓦那辣椒（habanero）；燈籠辣椒（Capsicum baccatum），像是祕魯黃辣椒（ají amarillo）以及絨毛辣椒（Capsicum pubescens），像是羅可多辣椒（rocoto chilli）。嚴格來說被視為漿果的辣椒可以生食或曬乾、整顆或磨粉使用。

史高維爾指標（Scoville scale）被用來測量辣椒的「辣」，它來自白色襯皮和薄膜含有的辣椒素，而非種子。辣椒素分子會刺激三叉神經裡標記熱和痛感的 TRPV1 溫度受體。通常這些受體會把口腔溫度 43°C 標記為「燙」，但辣椒素只要 34°C 便能讓它們產生反應——而人體正常溫度為 37°C。三叉神經將訊號傳遞至大腦，大腦接著釋放腦內啡緩解疼痛，造成我們吃辛辣食物時體驗到的麻痺感。下次你若感覺嘴巴著火，喝杯牛奶試試看：酪蛋白會包覆辣椒素分子，阻隔三叉神經的 TRPV1 溫度受體。

辣椒的葉子味道微苦，但並不辣，可以像青菜一樣烹煮。辣椒葉在韓國被做成一種泡菜，在日本則是以醬油和味醂熬煮來醃漬。

- 泰國辣醬「nam prik」以鳥眼辣椒、大蒜、紅蔥、蝦醬、魚露和萊姆汁製成。

祕魯菜裡的辣椒

五大類辣椒在祕魯皆有種植。亮橘色的祕魯黃辣椒跟祕魯菜畫上等號，其歷史可追溯至十六世紀的印加帝國。潘卡辣椒是祕魯第二常吃的品種，羅可多則是最早被馴化的辣椒之一，七千年前就存在了。

- 「Causa rellena con pollo」是一道祕魯經典料理，加了祕魯黃辣椒和蒜瓣的馬鈴薯泥中間夾一層雞肉、美乃滋、酪梨和水煮蛋。
- 「Papa a la huancaína」是一道安地斯料理，以祕魯黃辣椒、大蒜、蘇打餅乾、煉乳和乳酪做成的白醬淋在水煮馬鈴薯上，搭配水煮蛋上桌。

明蝦提拉蒂托

祕魯利馬，Astrid y Gastón 餐廳，艾絲翠德．古薛與加斯頓．阿庫里歐

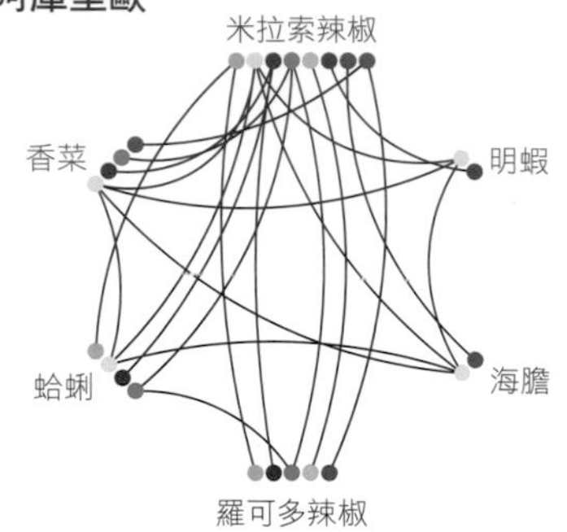

艾絲翠德．古薛與加斯頓．阿庫里歐主廚致力於將當代祕魯菜發揚光大。這對夫妻檔在他們位於利馬的餐廳「Astrid y Gastón」推出的賞味套餐結合了祕魯不同的烹調傳統、多元手法和當地食材。在「無國界料理」的概念成為主流之前，一波波西裔、非裔、日裔、華裔和義裔移民早就為祕魯美食熔爐帶來了影響。

提拉蒂托（tiradito）是祕魯風的生魚片。和檸汁醃魚生（ceviche）不同，提拉蒂托在最後一刻淋上稱為「虎之奶」（leche de tigre）的辛辣、柑橘味醃醬來防止生魚失去新鮮度。艾絲翠德和加斯頓在他們的版本中使用明蝦，搭配米拉索辣椒醬汁增添些微辣勁。

這道菜的配料為以鹽、利莫辣椒（ají limo，一種非常辣的祕魯辣椒）和香菜稍微醃過的生魚片、海膽、蛤蜊、香菜油、祕魯玉米、「恰拉卡」（chalaca，混合祕魯黃辣椒、羅可多辣椒、洋蔥和檸檬汁的醬汁）、一些食用花以及新鮮香草。

經典搭配：辣椒和墨西哥菜

墨西哥菜總是少不了辣椒，各種辣度的不同辣椒，被使用在薩拉迪托斯（saladitos）、醋醃料理（escabeche）、釀辣椒（chiles rellenos）、莫蕾醬（moles）、辣肉醬（chilli con carne）、烤豬肉（cochinita pibil）等等。

經典搭配：辣椒和複雜芳香

辣椒和複雜芳香搭配得宜，它跟許多不同香料的組合例子包括泰國紅、綠和黃咖哩以及南亞料理調味用的各種綜合香料，從酸辣的果阿咖哩魚到香醇溫和的馬薩拉雞都可見。

辣椒品種

祕魯黃辣椒香氣輪廓

這種具有獨特果香的辣椒可新鮮使用或在太陽底下曬乾成米拉索辣椒，它含蘋果和鳳梨調，加上辛辣、木質和些許乳酪氣味。祕魯黃辣椒溫和香甜，僅有四萬至五萬史高維爾辣度單位。

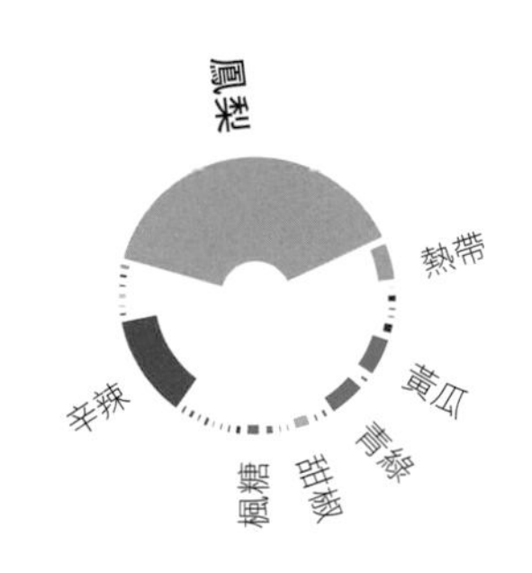

	水果	柑橘	花卉	青綠	草本	蔬菜	焦糖	烘烤	堅果	木質	辛辣	乳酪	動物	化學
祕魯黃辣椒														
芹菜														
水煮烏賊														
PX 雪莉酒														
令薄葉														
熟大扇貝														
肉桂														
烤豬五花														
藍莓														
薄荷														
烤杏仁片														

潘卡辣椒香氣輪廓

比起其他一些辣椒，潘卡辣椒味道較甜也較不辣，因柑橘、花卉調以及煙燻、草本複雜性而受到喜愛。

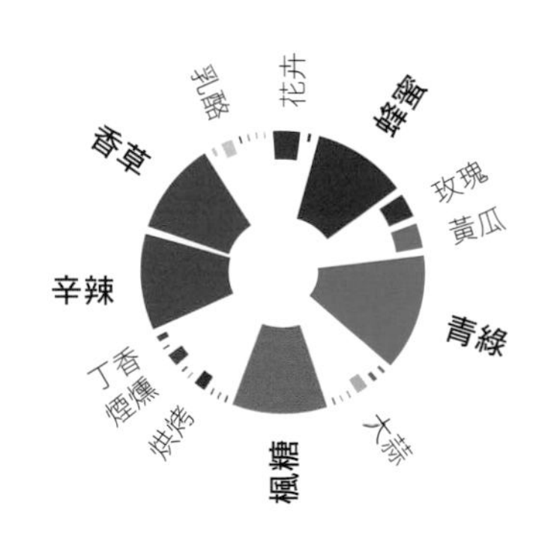

	水果	柑橘	花卉	青綠	草本	蔬菜	焦糖	烘烤	堅果	木質	辛辣	乳酪	動物	化學
潘卡辣椒														
梨子														
甘藍嫩芽														
魚子醬														
煎鴨肝														
大西洋鮭魚排														
烤豬五花														
葫蘆巴葉														
黑巧克力														
肉桂														
糖漬檸檬皮														

羅可多辣椒香氣輪廓

這種飽滿的辣椒擁有三萬至一百萬史高維爾辣度單位。它多汁的果肉具水果、香蕉般的香氣以及乳酪－奶油和焦糖調。

	水果	柑橘	花卉	青綠	草本	蔬菜	焦糖	烘烤	堅果	木質	辛辣	乳酪	動物	化學
羅可多辣椒														
水煮青花菜														
香茅														
雅香瓜（日本香瓜）														
水煮冬南瓜														
鯖魚														
莫利洛黑櫻桃														
水煮麵包蟹肉														
香蕉														
煎野斑鳩														
茉莉花														

青哈瓦那辣椒

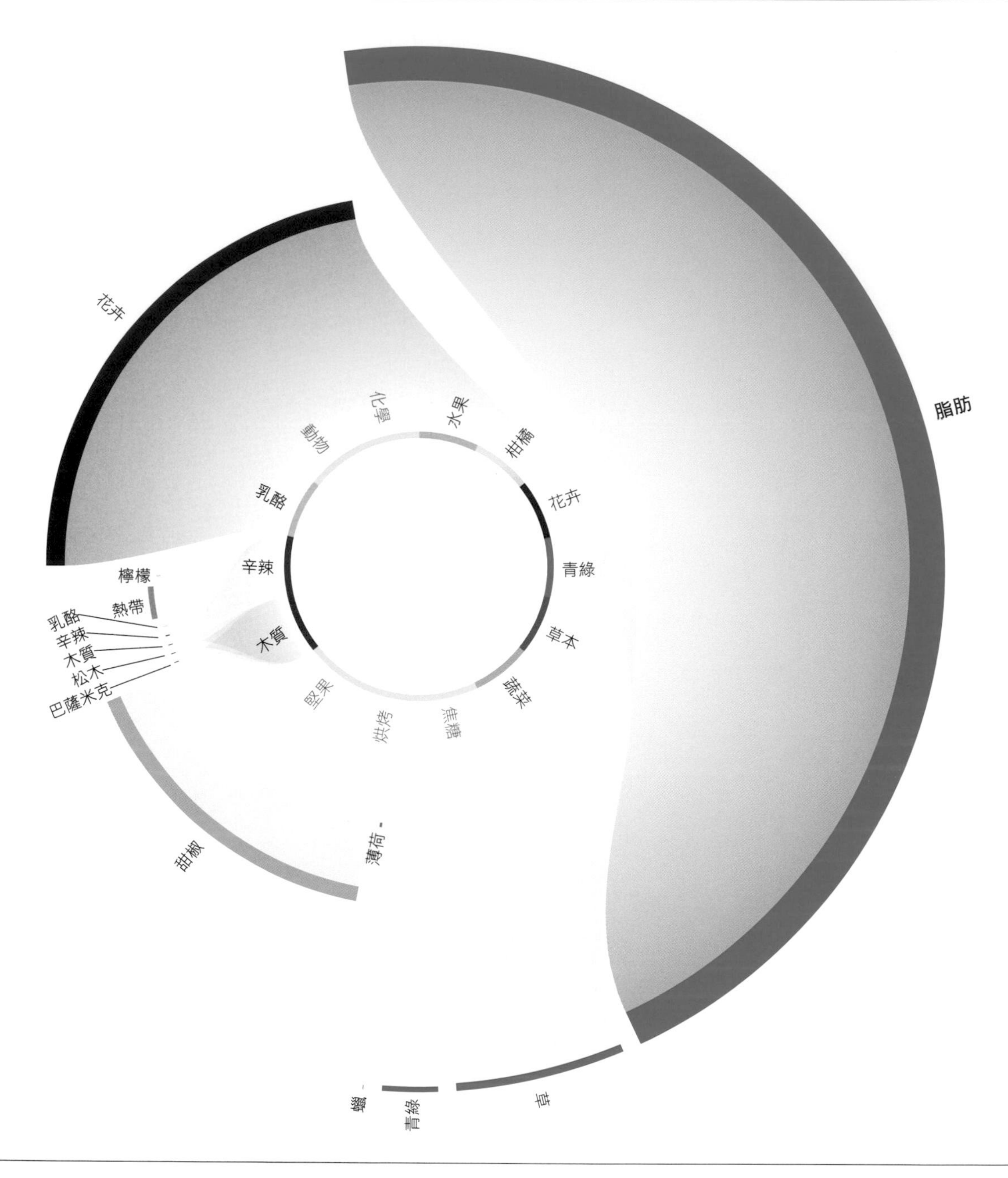

青哈瓦那辣椒香氣輪廓

和甜椒一樣，哈瓦那辣椒是茄科植物，這解釋了為何我們在青哈瓦那辣椒的香氣輪廓裡找到一些甜椒調。青綠、脂肪和青草香是所有青辣椒的關鍵，而根據品種不同，會伴隨花卉、水果或柑橘香氣。

	水果	柑橘	花卉	青綠	草本	蔬菜	焦糖	烘烤	堅果	木質	辛辣	乳酪	動物	化學
青哈瓦那辣椒														
柚子														
李杏														
紫蘇葉														
根特火腿														
清燉烏魚														
巴西切葉蟻														
水煮南瓜														
綠捲鬚生菜														
熟淡菜														
葡萄														

紅哈瓦那辣椒

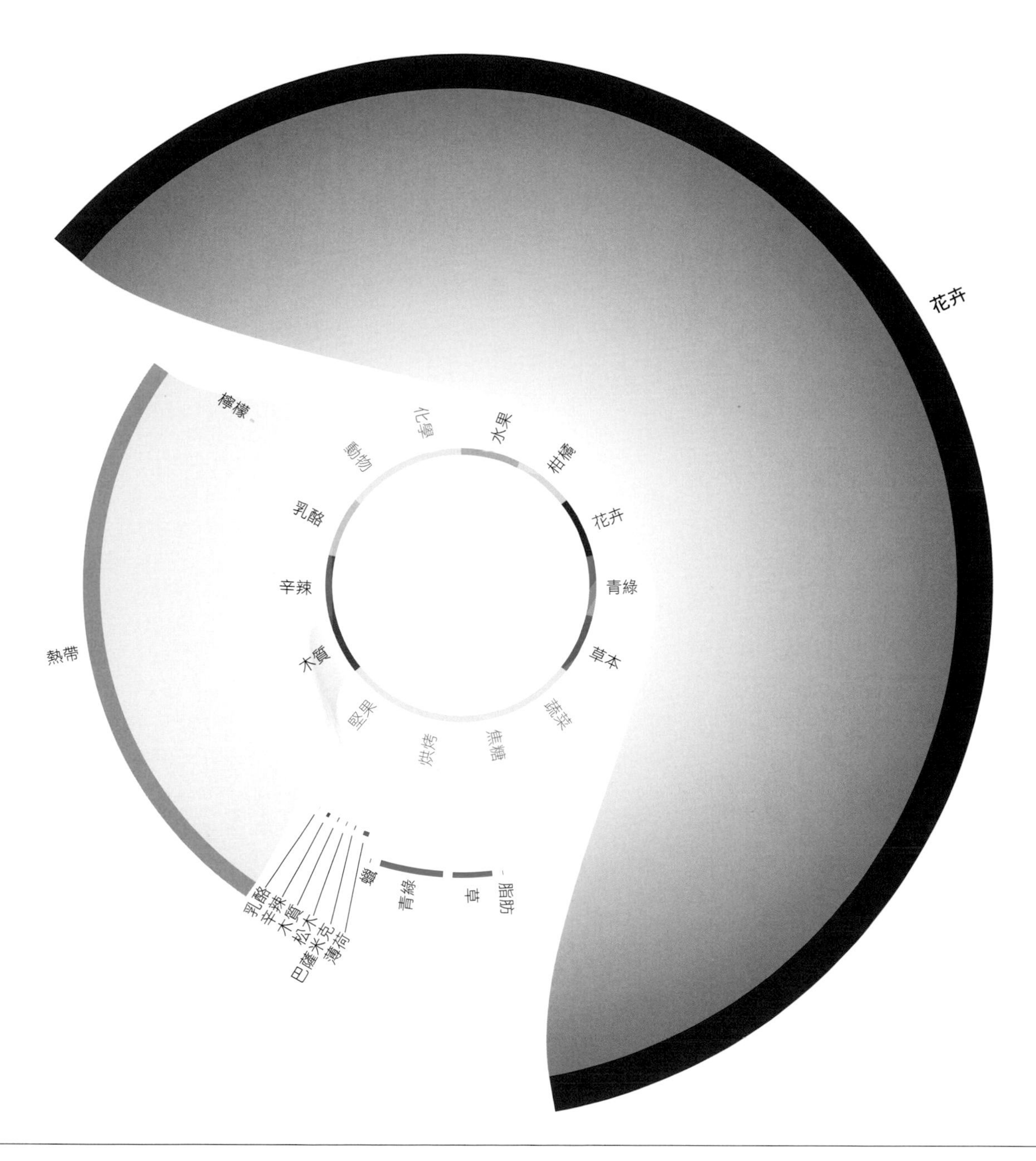

紅哈瓦那辣椒香氣輪廓

由於在成熟過程中發生酵素活動，特別是脂質降解產物的形成，哈瓦那辣椒會失去青綠－脂肪香氣分子，顏色由青轉紅，花卉調性產生且變得更加濃郁。如搭配表格所示，它也有蔬菜調。史高維爾辣度單位則是介於十五萬至三十二萬五千之間——怕辣的人可別輕易嘗試。

	水果	柑橘	花卉	青綠	草本	蔬菜	焦糖	烘烤	堅果	木質	辛辣	乳酪	動物	化學
紅哈瓦那辣椒	•	•	•	•	•	•	·	·	·	•	•	•	·	·
芝麻菜	·	·	•	⬤	·	•	·	·	·	·	•	•	·	·
野蒜	·	·	·	⬤	·	•	•	·	•	•	·	·	·	·
草莓番石榴	•	⬤	•	⬤	⬤	·	·	•	·	⬤	⬤	⬤	·	·
莎梨	•	⬤	•	⬤	⬤	·	·	•	•	⬤	⬤	•	·	·
檸檬馬鞭草	·	•	•	·	•	·	·	·	·	⬤	⬤	·	·	·
烤花生	•	•	·	⬤	·	·	·	•	•	·	·	·	·	·
拜雍火腿	•	•	·	⬤	·	•	·	•	•	·	·	•	·	·
乾蠔菇	·	⬤	•	⬤	·	•	·	•	·	·	·	·	·	·
烏魚子	•	·	·	⬤	·	⬤	·	•	·	·	·	•	·	·
豌豆	•	•	·	⬤	•	⬤	·	•	·	⬤	•	·	·	·

經典搭配：辣椒和牛肉

牛肉和辣椒是墨式辣肉醬的基石，這道菜在十九世紀因德州聖安東尼奧「辣椒女王」（chili queens）的推廣而大受歡迎。

主廚搭配：辣椒、海膽和香菜

海膽、辣椒和香菜都具有共同的柑橘柳橙調，它們在「Astrid y Gastón」餐廳的提拉蒂托食譜中產生了很棒的效果，這道菜採用四種不同辣椒（見第 90 頁）。

辣椒食材搭配

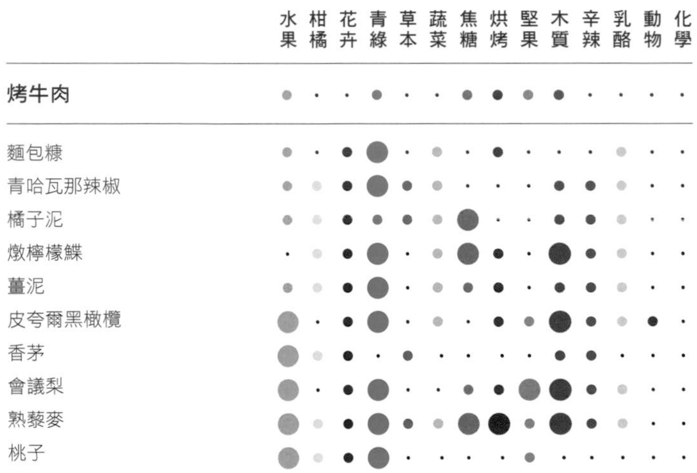

水果 柑橘 花卉 青綠 草本 蔬菜 焦糖 烘烤 堅果 木質 辛辣 乳酪 動物 化學

烤牛肉

麵包糠
青哈瓦那辣椒
橘子泥
燉檸檬鰈
薑泥
皮夸爾黑橄欖
香茅
會議梨
熟藜麥
桃子

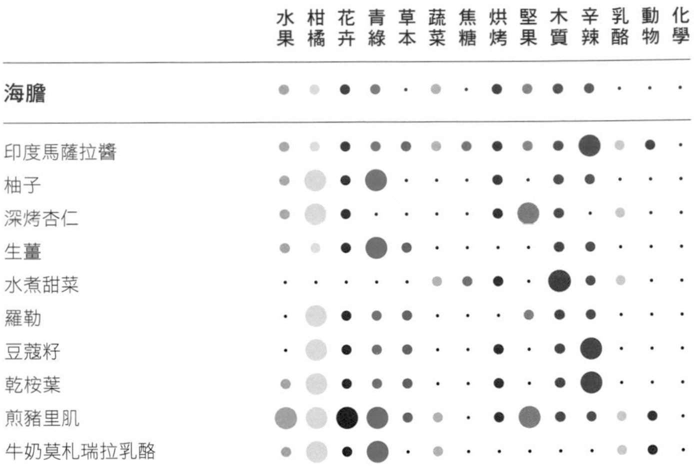

水果 柑橘 花卉 青綠 草本 蔬菜 焦糖 烘烤 堅果 木質 辛辣 乳酪 動物 化學

海膽

印度馬薩拉醬
柚子
深烤杏仁
生薑
水煮甜菜
羅勒
豆蔻籽
乾桉葉
煎豬里肌
牛奶莫札瑞拉乳酪

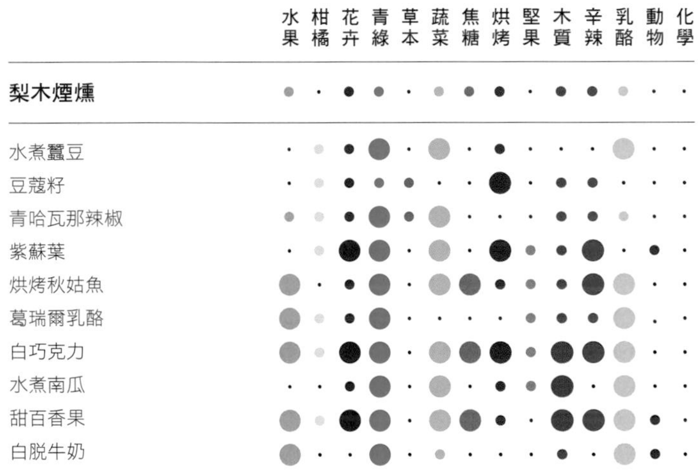

水果 柑橘 花卉 青綠 草本 蔬菜 焦糖 烘烤 堅果 木質 辛辣 乳酪 動物 化學

梨木煙燻

水煮蠶豆
豆蔻籽
青哈瓦那辣椒
紫蘇葉
烘烤秋姑魚
葛瑞爾乳酪
白巧克力
水煮南瓜
甜百香果
白脫牛奶

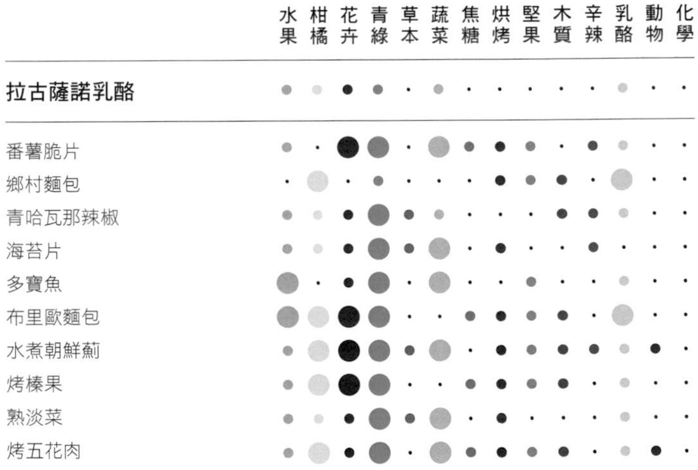

水果 柑橘 花卉 青綠 草本 蔬菜 焦糖 烘烤 堅果 木質 辛辣 乳酪 動物 化學

拉古薩諾乳酪

番薯脆片
鄉村麵包
青哈瓦那辣椒
海苔片
多寶魚
布里歐麵包
水煮朝鮮薊
烤榛果
熟淡菜
烤五花肉

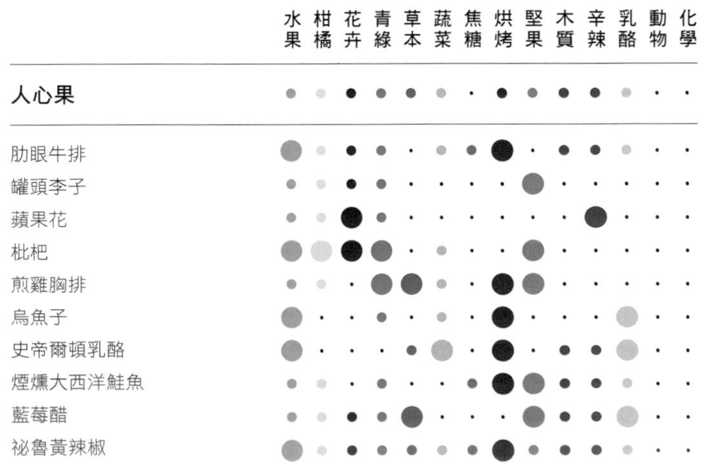

水果 柑橘 花卉 青綠 草本 蔬菜 焦糖 烘烤 堅果 木質 辛辣 乳酪 動物 化學

人心果

肋眼牛排
罐頭李子
蘋果花
枇杷
煎雞胸排
烏魚子
史帝爾頓乳酪
煙燻大西洋鮭魚
藍莓醋
祕魯黃辣椒

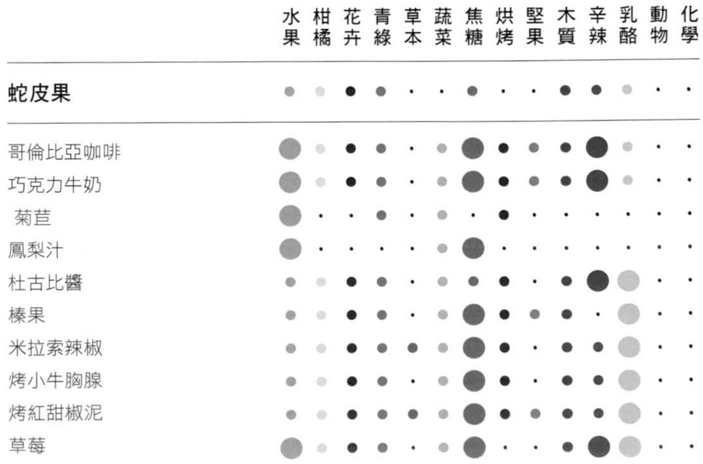

水果 柑橘 花卉 青綠 草本 蔬菜 焦糖 烘烤 堅果 木質 辛辣 乳酪 動物 化學

蛇皮果

哥倫比亞咖啡
巧克力牛奶
菊苣
鳳梨汁
杜古比醬
榛果
米拉索辣椒
烤小牛胸腺
烤紅甜椒泥
草莓

經典佳餚：煙花女義大利麵

在義大利，辣椒被用在「sugo all'arrabbiata」這種義大利麵辣番茄醬，或是以番茄、鯷魚、大算、橄欖和醃漬酸豆做成的煙花女義大利麵（pasta puttanesca）。

經典搭配：辣椒、芒果和香菜

芒果莎莎醬以芒果丁、紅洋蔥、哈拉皮紐辣椒、萊姆汁和切碎的新鮮香菜葉（見次頁）做成。它清爽、鮮明、柑橘味的特質最適合搭配烤肉、烤海鮮、魚塔可餅或肯瓊、加勒比海風味料理。

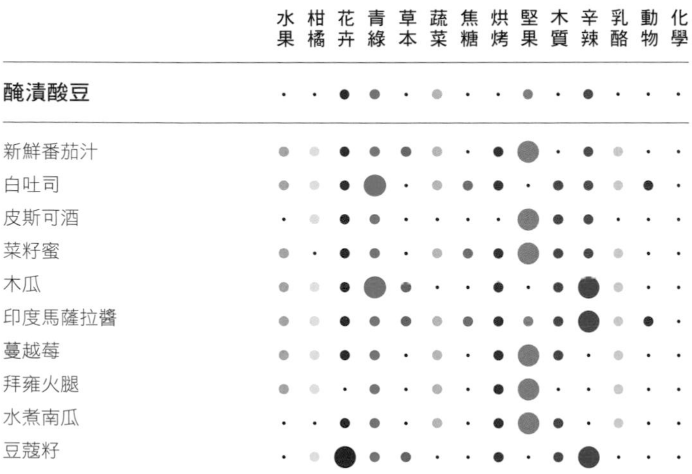

水果 柑橘 花卉 青綠 草本 蔬菜 焦糖 烘烤 堅果 木質 辛辣 乳酪 動物 化學

醃漬酸豆

新鮮番茄汁
白吐司
皮斯可酒
菜籽蜜
木瓜
印度馬薩拉醬
蔓越莓
拜雍火腿
水煮南瓜
豆蔻籽

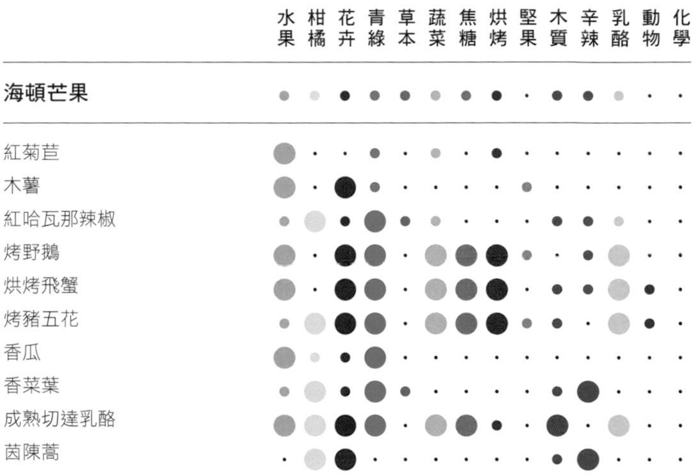

水果 柑橘 花卉 青綠 草本 蔬菜 焦糖 烘烤 堅果 木質 辛辣 乳酪 動物 化學

海頓芒果

紅菊苣
木薯
紅哈瓦那辣椒
烤野鵝
烘烤飛蟹
烤豬五花
香瓜
香菜葉
成熟切達乳酪
茵陳蒿

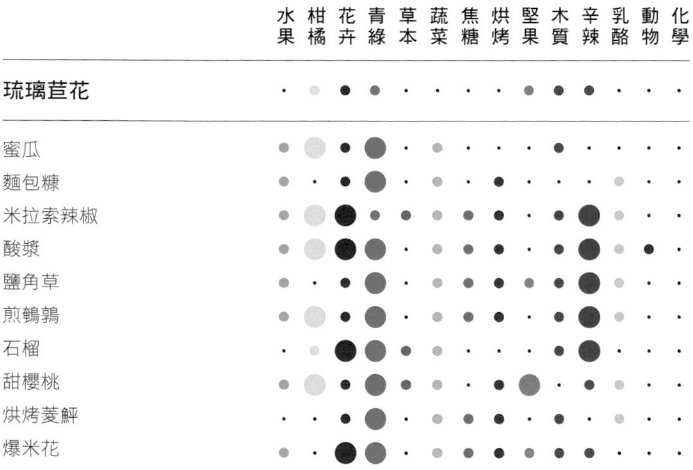

水果 柑橘 花卉 青綠 草本 蔬菜 焦糖 烘烤 堅果 木質 辛辣 乳酪 動物 化學

琉璃苣花

蜜瓜
麵包糠
米拉索辣椒
酸漿
鹽角草
煎鵪鶉
石榴
甜櫻桃
烘烤菱鮃
爆米花

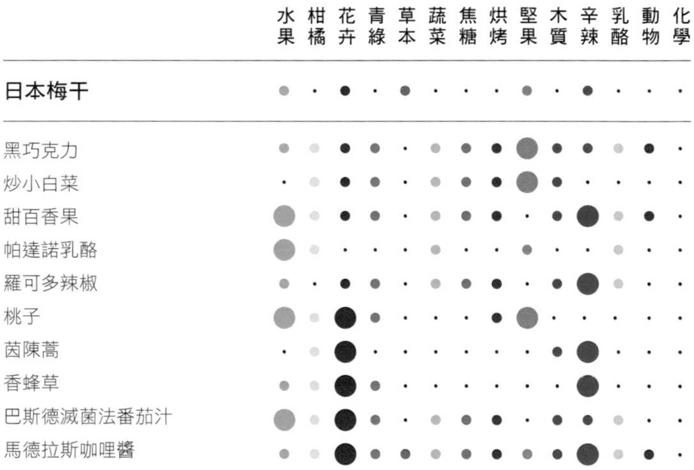

水果 柑橘 花卉 青綠 草本 蔬菜 焦糖 烘烤 堅果 木質 辛辣 乳酪 動物 化學

日本梅干

黑巧克力
炒小白菜
甜百香果
帕達諾乳酪
羅可多辣椒
桃子
茵陳蒿
香蜂草
巴斯德滅菌法番茄汁
馬德拉斯咖哩醬

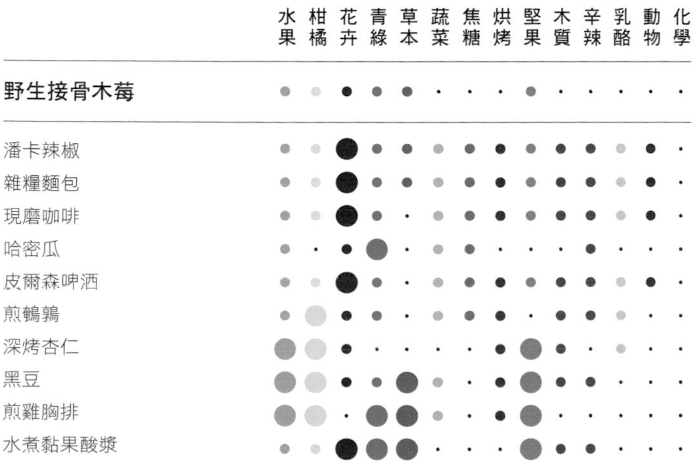

水果 柑橘 花卉 青綠 草本 蔬菜 焦糖 烘烤 堅果 木質 辛辣 乳酪 動物 化學

野生接骨木莓

潘卡辣椒
雜糧麵包
現磨咖啡
哈密瓜
皮爾森啤酒
煎鵪鶉
深烤杏仁
黑豆
煎雞胸排
水煮黏果酸漿

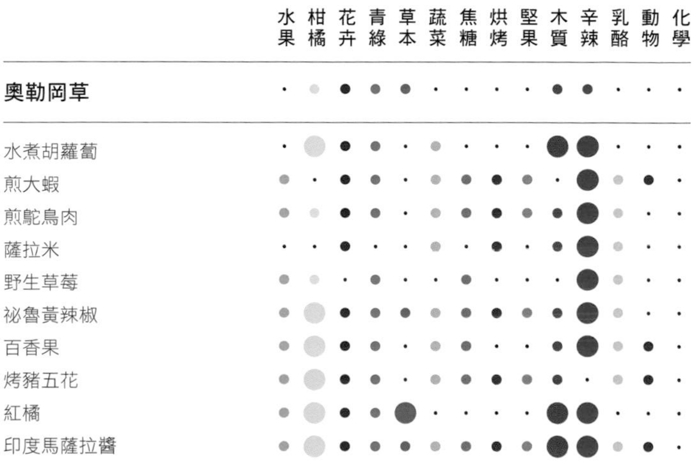

水果 柑橘 花卉 青綠 草本 蔬菜 焦糖 烘烤 堅果 木質 辛辣 乳酪 動物 化學

奧勒岡草

水煮胡蘿蔔
煎大蝦
煎鴕鳥肉
薩拉米
野生草莓
祕魯黃辣椒
百香果
烤豬五花
紅橘
印度馬薩拉醬

香菜

新鮮香菜，亦稱芫荽，廣泛運用於亞洲和中南美洲料理。這種香草從葉到根全都可以食用，然而新鮮葉子和乾燥種子最常出現在菜餚裡。

香菜是一種傘形科的芳香開花植物，此類還包含芹菜、防風根、胡蘿蔔以及其他香草和香料，像是香芹、細葉香芹、圓葉當歸、孜然和大茴香。

大家對新鮮香菜不是愛就是恨：有些人喜歡它的青綠、柑橘－檸檬風味讓菜餚變得清爽，但有些人覺得它就是有一股「肥皂味」。香菜含天然化學化合物醛類，它們在肥皂製作過程中也會產生，有一定比例的人口因為基因的關係特別厭惡香菜或者對它的味道非常敏感。若想盡可能消除香菜的肥皂味，只要先搗碎葉片再加入菜餚即可，這麼做能釋放除味酵素，將醛類轉化為其他物質。

香菜籽，也就是這種香草的果實，被運用在濃郁的印度綜合辛香料「葛拉姆馬薩拉」（garam masala）裡。在亞洲以外地區，香菜籽則經常用來醃漬蔬菜。香菜根在東南亞料理的作用是為滷汁和咖哩增添風味深度。

除了一些葡萄牙菜，新鮮香菜葉幾乎不會出現在歐洲餐桌上，不過籽會用來調味烘培食品，像是蛋糕和麵包。

- 墨西哥菜會在塔可餅、烤肉、烤魚或湯品上撒一點新鮮香菜葉做裝飾，但它同時也是酪梨醬和莎莎醬的主要食材之一，像是以番茄丁、洋蔥、香菜葉和萊姆汁做成的「pico de gallo」。

芳樟醇

芳樟醇是存在於許多花卉和香料的天然香氣化合物。依濃度不同，氣味從柑橘－柳橙或柑橘－檸檬到花卉、蠟甚至木質都有。以香菜籽為例，芳樟醇的分子結構帶來甜花香，但在薰衣草中則是散發木質、薰衣草氣息。

H_3C OH
CH_2
H_3C CH_3

芳樟醇

芳樟醇，屬於萜烯的一種，是新鮮香菜香氣的主要成分。

相關香氣輪廓：香菜籽

香菜籽由於含有較大濃度的芳樟醇化合物，香氣輪廓比香菜葉更具柑橘味，加上一些木質－松木調。

	水果	柑橘	花卉	青綠	草本	蔬菜	焦糖	烘烤	堅果	木質	辛辣	乳酪	動物	化學
香菜籽	·	•	•	•	•	·	·	·	·	•	•	·	·	·
水煮黏果酸漿	•	●	•	●	•	·	·	·	•	•	•	·	·	·
全熟水煮蛋黃	·	●	•	●	·	•	•	•	·	•	•	•	·	·
乾無花果	•	●	•	●	•	·	·	•	•	·	•	·	·	·
烤雞	•	●	·	●	·	•	·	•	•	•	·	·	·	·
葡萄乾	•	●	•	●	·	•	·	•	•	·	·	·	·	·
烤番薯	•	●	●	●	·	·	•	•	•	●	·	•	•	·
烤豬五花	•	●	●	•	·	•	•	•	•	•	·	•	•	·
水牛莫札瑞拉乳酪	•	·	●	●	·	·	·	·	·	·	·	•	·	·
黑醋栗	•	●	●	·	●	•	·	•	·	●	●	·	·	·
橘子皮	•	●	●	●	●	·	·	•	·	●	●	•	·	·

香菜葉

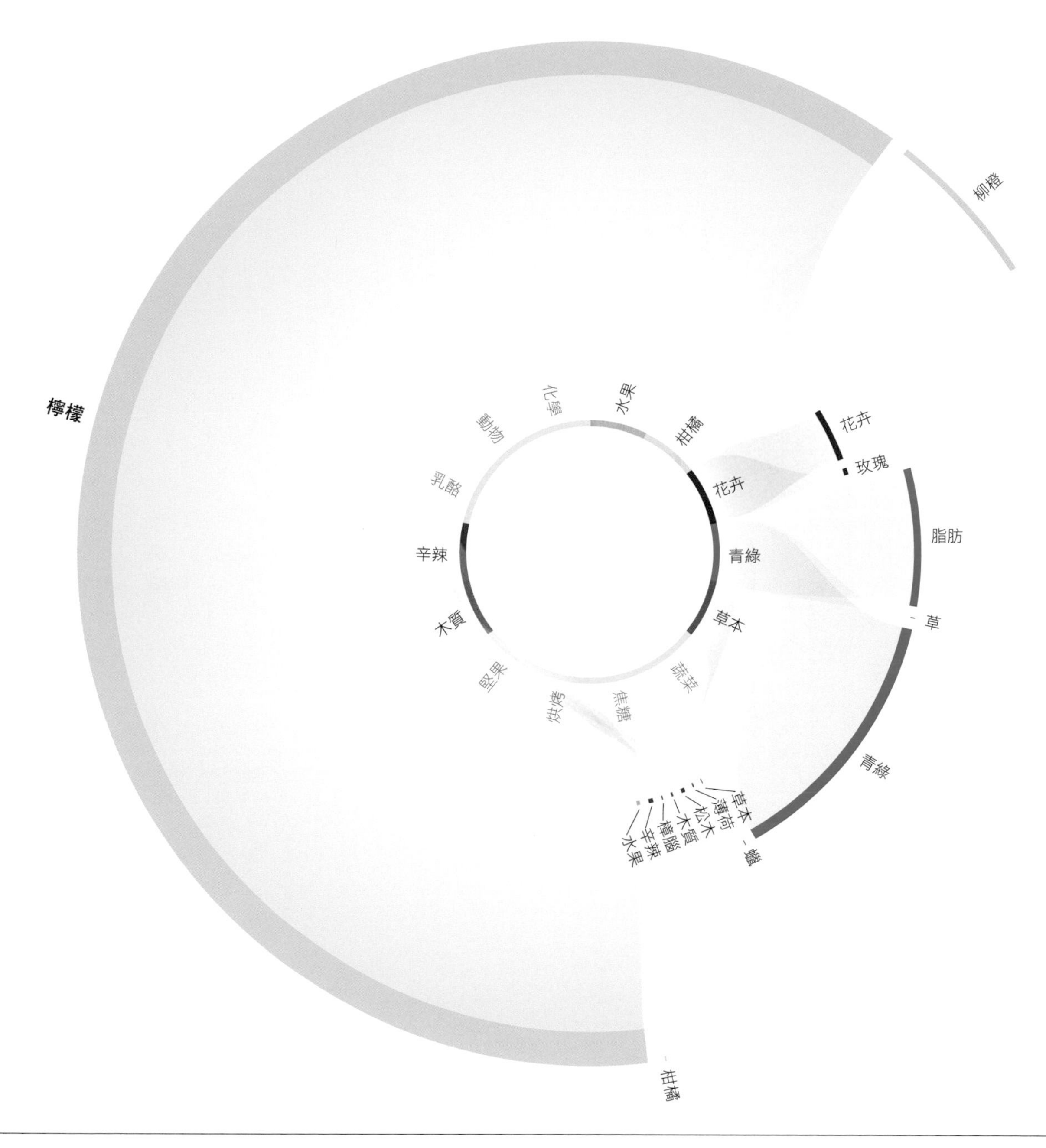

香菜葉香氣輪廓

醛類讓香菜葉擁有青綠－脂肪風味以及微微的柑橘－檸檬調。另一個關鍵香氣分子是芳樟醇，視濃度可帶來木質氣味。

	水果	柑橘	花卉	青綠	草本	蔬菜	焦糖	烘烤	堅果	木質	辛辣	乳酪	動物	化學
香菜葉	●	●	●	●	●	·	·	·	·	●	●	·	·	·
毛豆	·	·	●	●	●	·	·	●	·	·	·	·	·	·
罐頭番茄	●	●	●	●	●	●	·	●	●	·	●	●	·	·
羊肚菌	●	·	·	●	●	●	·	●	·	●	·	●	·	·
半硬質山羊乳酪	●	·	●	●	●	·	·	·	·	·	·	●	·	·
威廉斯梨（巴梨）	●	·	·	●	●	●	·	●	·	·	·	●	·	·
蘿蔔	·	●	·	●	·	●	·	·	·	·	·	·	·	·
香蕉	●	●	·	●	●	·	·	·	·	·	●	●	·	·
水煮褐蝦	●	●	●	●	●	●	●	●	●	●	●	●	●	·
百香果	●	●	●	●	●	·	·	·	●	●	·	·	·	·
胡蘿蔔	●	●	●	●	·	·	·	●	·	●	●	·	·	·

潛在搭配：香菜葉和羊肚菌

香菜葉和羊肚菌皆有木質調；其他具備同樣調性的香草，像是薄荷、印度藏茴香和百里香，或許能強調這些連結。

經典搭配：香菜籽和葛縷子籽

「博羅金斯基麵包」（Borodinsky bread）是一種俄羅斯酸種黑麵包，它以糖蜜增甜並以香菜籽和葛縷子籽調味。

香菜葉和香菜籽食材搭配

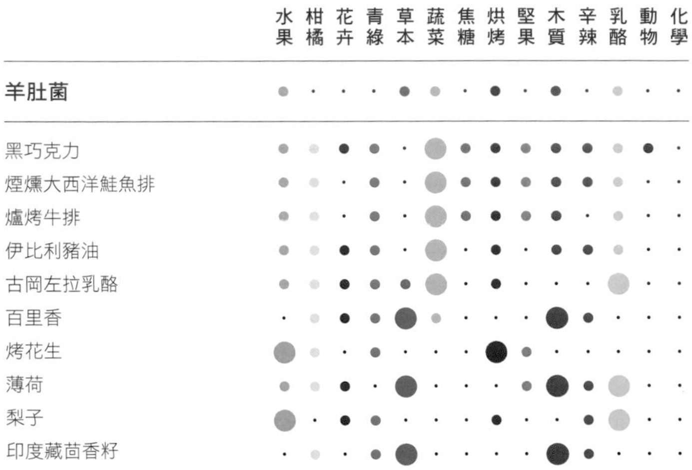

水果 柑橘 花卉 青綠 草本 蔬菜 焦糖 烘烤 堅果 木質 辛辣 乳酪 動物 化學

羊肚菌

黑巧克力
煙燻大西洋鮭魚排
爐烤牛排
伊比利豬油
古岡左拉乳酪
百里香
烤花生
薄荷
梨子
印度藏茴香籽

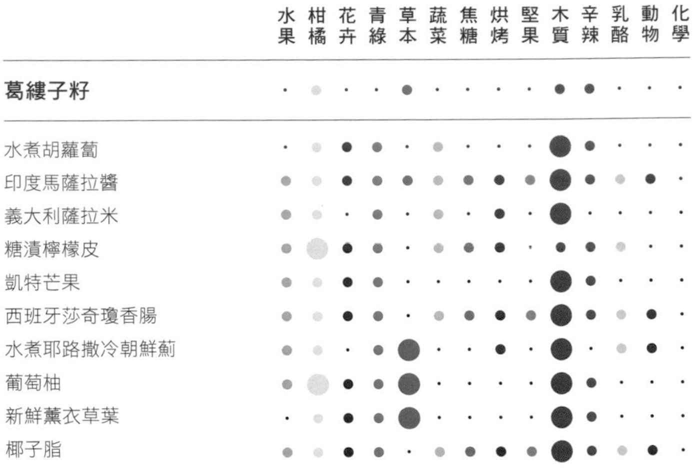

水果 柑橘 花卉 青綠 草本 蔬菜 焦糖 烘烤 堅果 木質 辛辣 乳酪 動物 化學

葛縷子籽

水煮胡蘿蔔
印度馬薩拉醬
義大利薩拉米
糖漬檸檬皮
凱特芒果
西班牙莎奇瓊香腸
水煮耶路撒冷朝鮮薊
葡萄柚
新鮮薰衣草葉
椰子脂

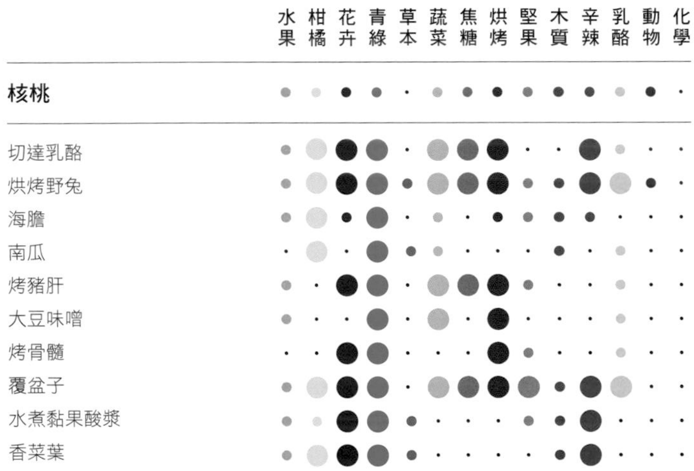

水果 柑橘 花卉 青綠 草本 蔬菜 焦糖 烘烤 堅果 木質 辛辣 乳酪 動物 化學

核桃

切達乳酪
烘烤野兔
海膽
南瓜
烤豬肝
大豆味噌
烤骨髓
覆盆子
水煮黏果酸漿
香菜葉

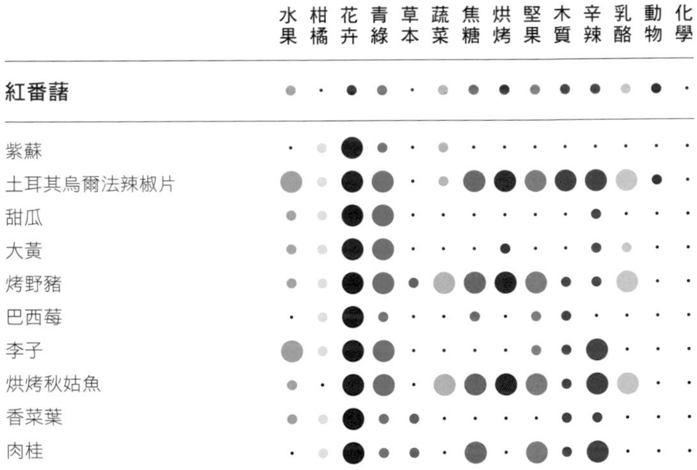

水果 柑橘 花卉 青綠 草本 蔬菜 焦糖 烘烤 堅果 木質 辛辣 乳酪 動物 化學

紅番藷

紫蘇
土耳其烏爾法辣椒片
甜瓜
大黃
烤野豬
巴西莓
李子
烘烤秋姑魚
香菜葉
肉桂

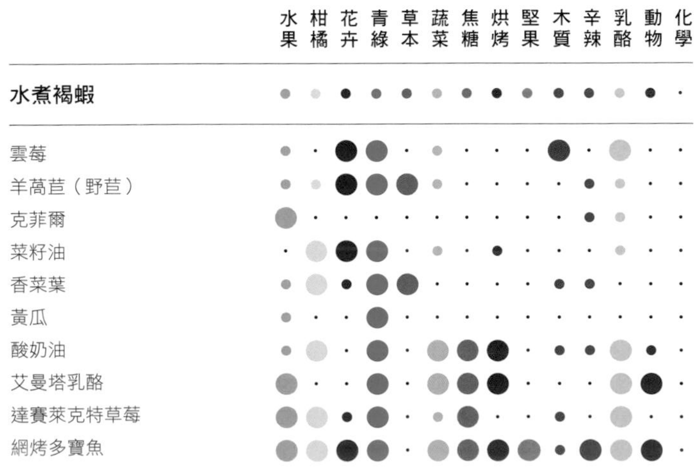

水果 柑橘 花卉 青綠 草本 蔬菜 焦糖 烘烤 堅果 木質 辛辣 乳酪 動物 化學

水煮褐蝦

雲莓
羊萵苣（野苣）
克菲爾
菜籽油
香菜葉
黃瓜
酸奶油
艾曼塔乳酪
達賽萊克特草莓
網烤多寶魚

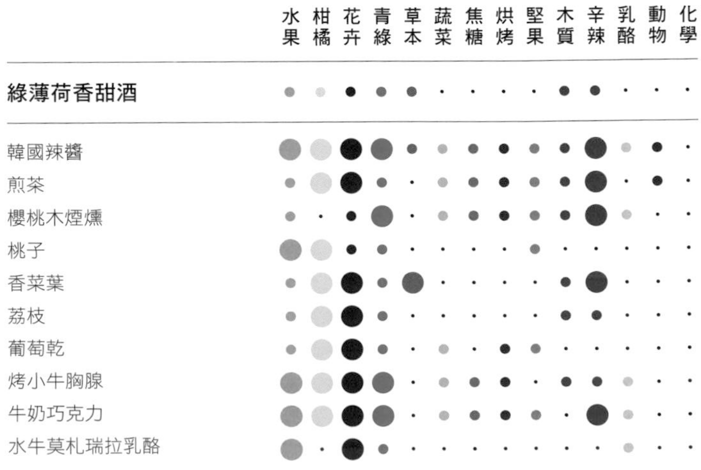

水果 柑橘 花卉 青綠 草本 蔬菜 焦糖 烘烤 堅果 木質 辛辣 乳酪 動物 化學

綠薄荷香甜酒

韓國辣醬
煎茶
櫻桃木煙燻
桃子
香菜葉
荔枝
葡萄乾
烤小牛胸腺
牛奶巧克力
水牛莫札瑞拉乳酪

經典搭配：香菜籽和肉豆蔻皮

經典印度綜合辛香料葛拉姆馬薩拉的成分除了香菜籽還有肉豆蔻皮、豆蔻、孜然、丁香、月桂葉和黑胡椒。

潛在搭配：香菜籽和魚類

香菜籽的甜花香跟魚類（見次頁）是絕配，特別是條長臀鱈這種鱈科海魚，牠生活在寒冷的歐洲水域，成為鱈魚的永續替代食材。

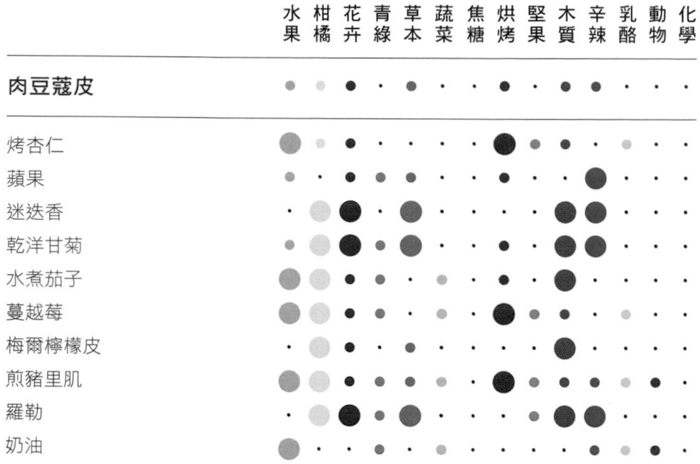

	水果	柑橘	花卉	青綠	草本	蔬菜	焦糖	烘烤	堅果	木質	辛辣	乳酪	動物	化學
肉豆蔻皮														
烤杏仁														
蘋果														
迷迭香														
乾洋甘菊														
水煮茄子														
蔓越莓														
梅爾檸檬皮														
煎豬里肌														
羅勒														
奶油														

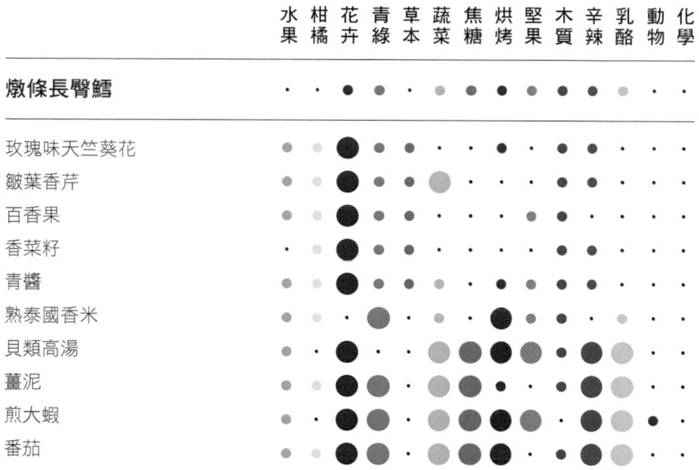

	水果	柑橘	花卉	青綠	草本	蔬菜	焦糖	烘烤	堅果	木質	辛辣	乳酪	動物	化學
燉條長臀鱈														
玫瑰味天竺葵花														
皺葉香芹														
百香果														
香菜籽														
青醬														
熟泰國香米														
貝類高湯														
薑泥														
煎大蝦														
番茄														

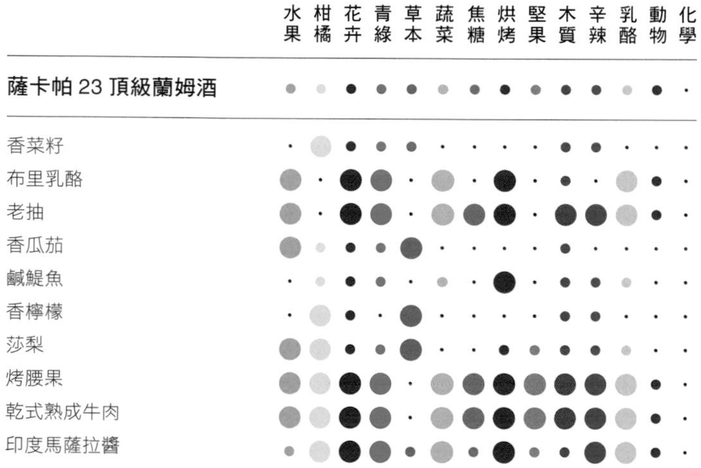

	水果	柑橘	花卉	青綠	草本	蔬菜	焦糖	烘烤	堅果	木質	辛辣	乳酪	動物	化學
薩卡帕 23 頂級蘭姆酒														
香菜籽														
布里乳酪														
老抽														
香瓜茄														
鹹鯷魚														
香檸檬														
莎梨														
烤腰果														
乾式熟成牛肉														
印度馬薩拉醬														

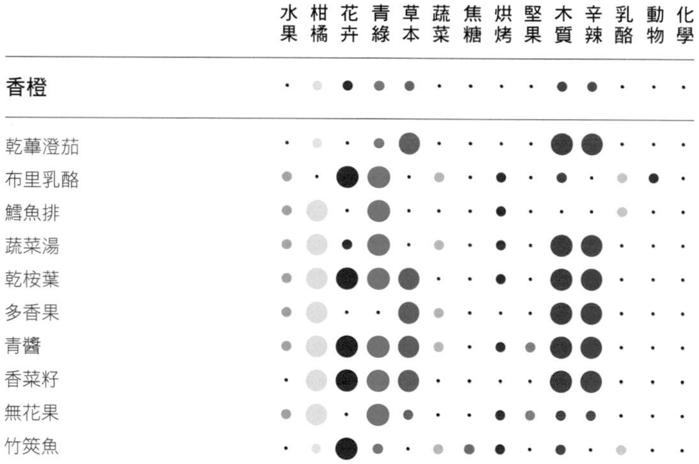

	水果	柑橘	花卉	青綠	草本	蔬菜	焦糖	烘烤	堅果	木質	辛辣	乳酪	動物	化學
香橙														
乾華澄茄														
布里乳酪														
鱈魚排														
蔬菜湯														
乾桉葉														
多香果														
青醬														
香菜籽														
無花果														
竹筴魚														

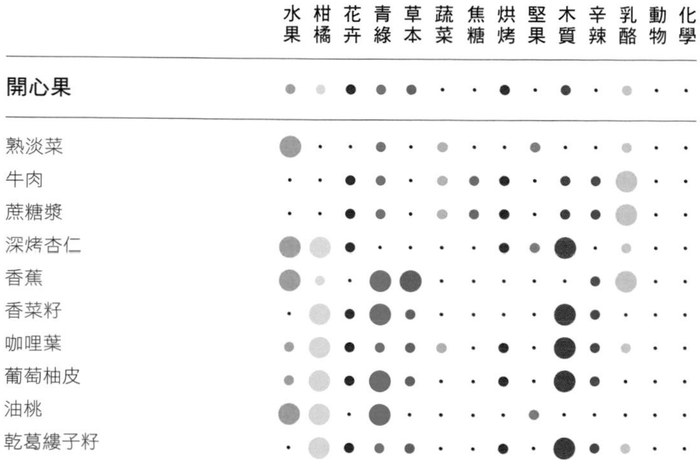

	水果	柑橘	花卉	青綠	草本	蔬菜	焦糖	烘烤	堅果	木質	辛辣	乳酪	動物	化學
開心果														
熟淡菜														
牛肉														
蔗糖漿														
深烤杏仁														
香蕉														
香菜籽														
咖哩葉														
葡萄柚皮														
油桃														
乾葛縷子籽														

魚類

說到生魚，不同種類之間的細微風味差異通常難以區分，但煮熟之後的風味輪廓會從草本和植物轉為鹹香。不論是鹽漬、清燉、油炸、網烤、烘烤或煙燻，每一種煮法都會大大改變魚肉的風味輪廓，開始形成新的烘烤和肉味香氣分子。

魚一旦被捕捉，牠的多元不飽和脂肪酸會變成揮發性化合物，散發明顯的草本、金屬氣味，可以被形容為帶點黃瓜、蘋果、蘑菇甚至甜瓜味的青草香。這就是為何生魚和黃瓜在壽司裡這麼搭。

生魚會經歷快速降解的過程，產生明顯氣味。魚越老，這些討厭的香氣化合物越多，發出令人退避三舍的腥味，告訴你賞味期限過了。至於魟魚的臭比較偏向阿摩尼亞。

永續性

在食物搭配公司，我們透過推廣混獲海鮮搭配來支持北海永續漁業。光是在我們當地的北海水域，每天都有數公噸少為人知的物種被拖網漁船不經意地從海床撈起。雖然大部分的混獲魚類因為較不受歡迎而被丟回海中，但其中多數活不到那個時刻。商業漁業的這些毀滅性影響正在世界各地發生。

「北海主廚」由一群比利時和荷蘭主廚組成，他們在自家餐廳菜單上主打混獲魚類，藉此提高大家對牠們的意識和喜愛。食物搭配公司與合作夥伴「歐洲漁業基金」（European Fisheries Fund）和北海主廚分析了三十個混獲物種，從小點貓鯊到條長臀鱈，以找出牠們的風味輪廓和潛在食材組合，讓主廚和消費者都能利用。

多佛比目魚

歐洲鰨（Solea solea）是一種底棲比目魚，俗稱多佛或黑比目魚。魚肉結實但柔嫩濕潤，屬於較受市場青睞的混獲物種之一，在北大西洋以及部分北海和地中海溫暖水域全年可見蹤跡。不過，牠最適合在產卵季節之後（六月至一月）享用，此時魚肉更結實也更具風味。

地中海風味多佛比目魚

西班牙，El Celler de Can Roca 餐廳，羅卡三兄弟

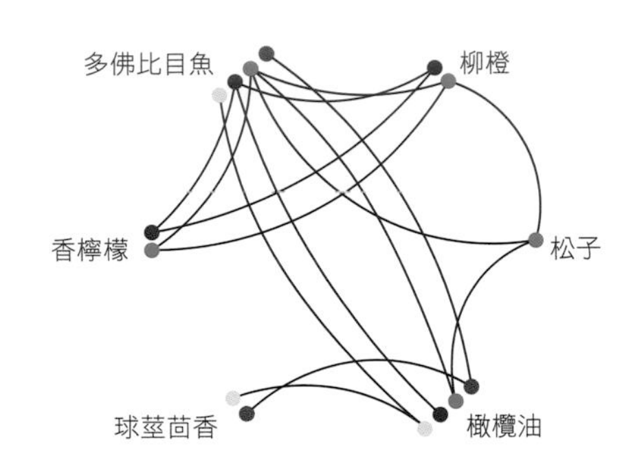

當一九八六年荷安（Joan）、荷西（Josep）和荷帝羅卡（Jordi Roca）在父母開了二十多年的餐廳隔壁經營 El Celler de Can Roca 時，萬萬沒想到家鄉赫羅納會很快成為美食朝聖地。羅卡三兄弟從此將家族事業打造成料理帝國，老大荷安主掌廚房，老二荷西為侍酒師，老三荷帝設計甜點。他們把料理創新當作一種說故事的藝術表現，從周遭風景和加泰隆尼亞季節食材獲取大部分的靈感。

荷安．羅卡的多佛比目魚食譜是應用食物搭配原則的教科書範例：這道菜包含了經典和驚奇的組合。多佛比目魚排先以低溫短暫烹調，接著撒點橄欖油，快速地在網架上以冬青櫟木炙燒。擺盤時在魚肉旁排列五種醬汁圓點，順序分別是：橄欖、松子、柳橙、香檸檬和茴香。魚肉上則擺放醬汁的補充元素，分別是：橄欖油珠、新鮮松子仁、陳皮、白色櫻桃鼠尾草花以及茴香。

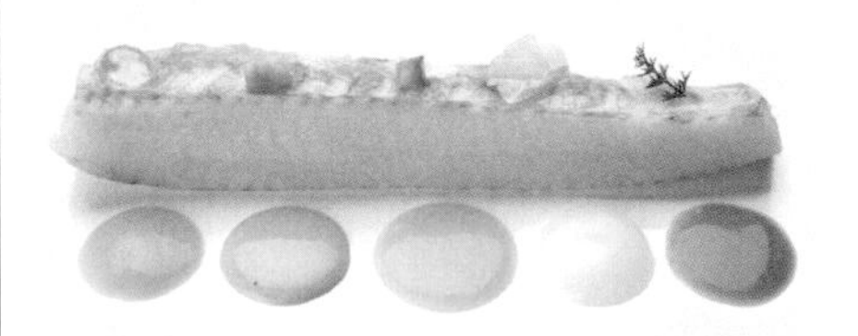

烘烤多佛比目魚

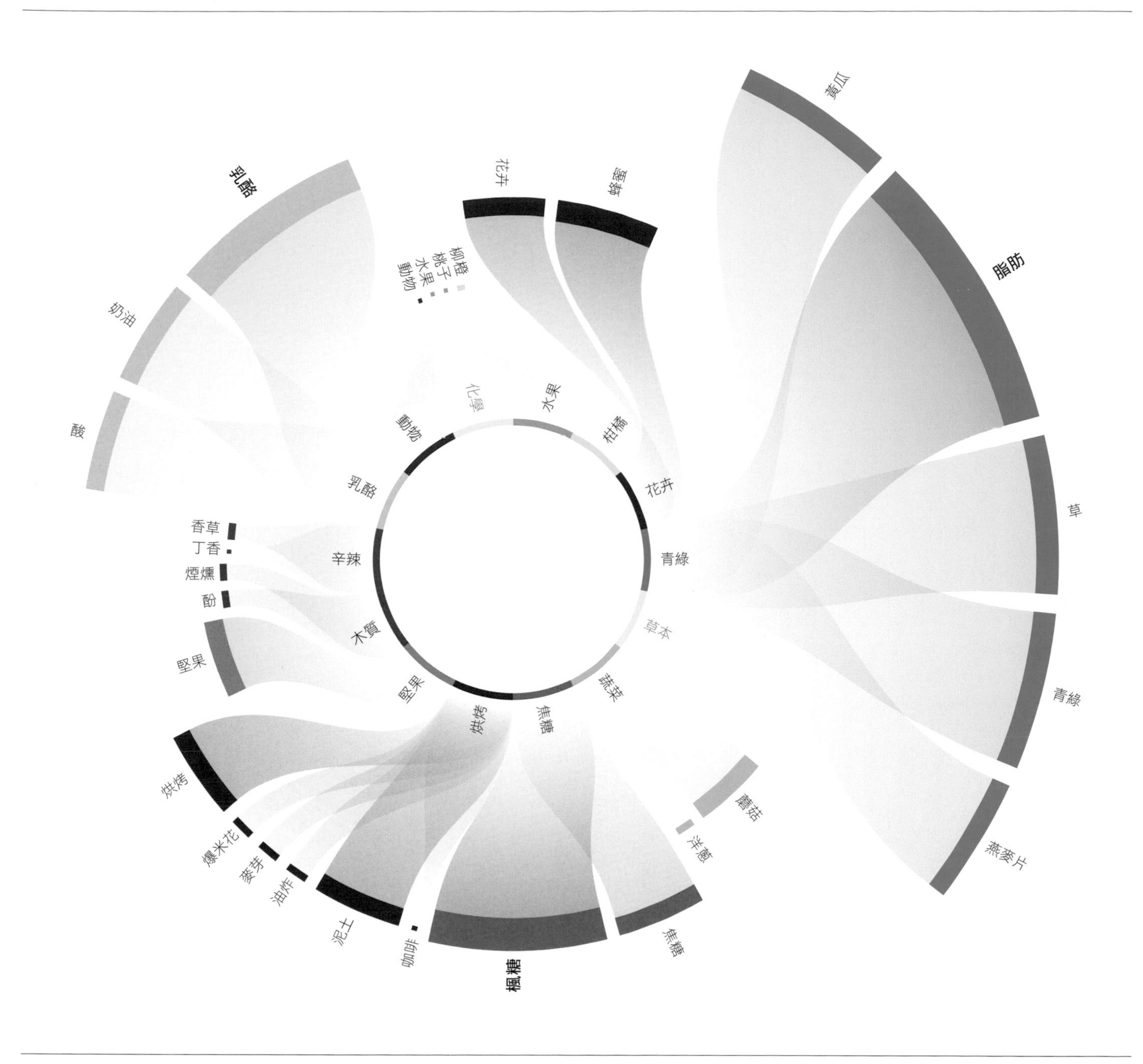

烘烤多佛比目魚香氣輪廓

烘烤多佛比目魚的主要香氣化合物之一是丁二酮，具奶油味，在梅納反應中產生。烘烤和網烤這種比目魚也會促使苯甲醛分子形成，這可能是某些顧客所形容的微微甜味來源。烘烤多佛比目魚也含糞臭素而帶有魚腥味，以及一般鮮魚都有的草、脂肪和黃瓜味揮發性化合物。

	水果	柑橘	花卉	青綠	草本	蔬菜	焦糖	烘烤	堅果	木質	辛辣	乳酪	動物	化學
烘烤多佛比目魚														
香瓜														
迷迭香蜂蜜														
海膽														
葡萄柚汁														
芥末														
醃漬櫻葉														
巴斯德滅菌法番茄汁														
哥倫比亞咖啡														
阿貝金納特級初榨橄欖油														
亞力酒														

潛在搭配：竹筴魚和醃漬櫻葉

鹽漬乾櫻花的花卉風味強烈，可以替代海鹽片來調味魚肉，增添和風花香。

潛在搭配：細鱗綠鰭魚和鯷魚高湯

韓式高湯以乾鯷魚和乾昆布製成，這道清淡但充滿鹹香的肉湯是許多韓國湯品和燉菜的基底。

竹筴魚

大西洋竹筴魚（(Trachurus trachurus）是一種具油味的白魚，富含有益心臟健康的 omega-3 脂肪酸，在秋季風味最佳。除了鮮魚典型的草本、青綠調之外，我們的香氣分析顯示出一些令人意外的木質、煙燻和烘烤爆米花般的香氣分子。

竹筴魚的肥美肉質很適合網烤、烘烤和醃漬，在西班牙、葡萄牙和日本特別受歡迎，時常以醋入菜，例如：葡萄牙的醋溜炸竹筴魚（carapaus de escabeche）。

細鱗綠鰭魚

細鱗綠鰭魚（Chelidonichthys lucerna）在同物種之中身軀最龐大。這種底棲北海魚類往往因不尋常的外表而被拖網漁船丟棄，直到最近才開始出現在較多餐廳菜單上。細鱗綠鰭魚有飽滿的肉質和刺鼻的蘑菇、天竺葵香氣輪廓，適合切塊做成魚湯和燉菜，但這種用途廣泛的魚連搭配薯條都很好吃。要快速簡單煮一餐，可以清燉或紙包烘烤。在烤箱裡烤到魚皮酥脆或整條、切塊在烤架上烤也相當美味，建議搭配阿貝金納橄欖油、櫻桃番茄、炒蛋或甚至奇異果來襯托牠的刺鼻、胡椒調。

永續魚類品種

竹筴魚香氣輪廓

竹筴魚和生扇貝及鱸魚都具有木質調。牠爆米花香的化合物與朝鮮薊、藜麥和西班牙喬利佐香腸相襯，煙燻調則適合西瓜、甜菜和醬油。

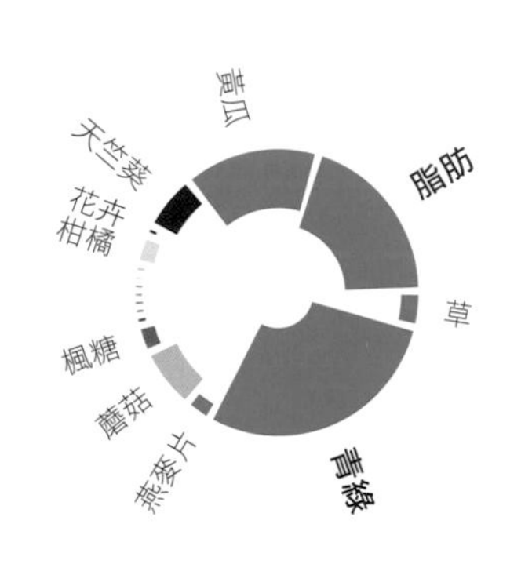

	水果	柑橘	花卉	青綠	草本	蔬菜	焦糖	烘烤	堅果	木質	辛辣	乳酪	動物	化學
竹筴魚														
薄荷														
卡蒙貝爾乳酪														
裸麥麵包														
螯蝦														
麵包丁														
法國長棍麵包														
大吉嶺茶														
紅粉佳人蘋果														
醃漬櫻花														
茉莉花														

烘烤細鱗綠鰭魚香氣輪廓

這種魚的蘑菇調能撐起強烈風味，像是韓國大醬、中東芝麻醬或土耳其烏爾法辣椒，天竺葵香化合物則與草莓、朝鮮薊、蠶豆、翡麥或龍蝦互補。

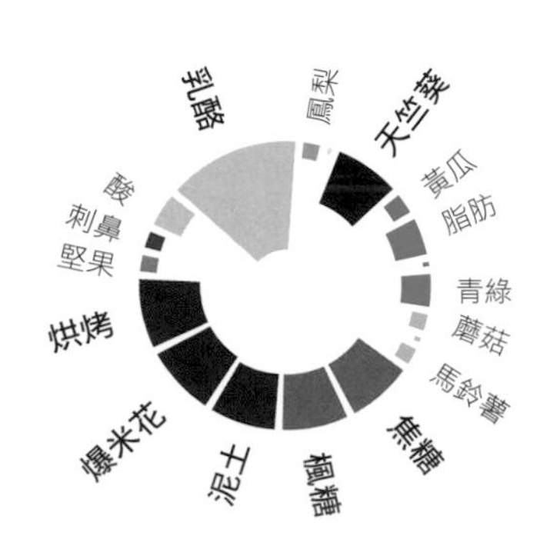

	水果	柑橘	花卉	青綠	草本	蔬菜	焦糖	烘烤	堅果	木質	辛辣	乳酪	動物	化學
烘烤細鱗綠鰭魚														
芹菜														
鯷魚高湯														
瑪哈草莓														
覆盆子														
索布拉薩達（喬利佐香腸抹醬）														
毛豆														
香檸檬														
大吉嶺茶														
烤紅甜椒														
水煮茄子														

主廚搭配：竹筴魚和甜百香果

甜百香果（Passiflora ligularis）是原產於安地斯山脈的一種香甜水果。它的花卉調和竹筴魚相呼應，也很適合當做祕魯檸汁醃魚生的醃醬食材。

主廚搭配：竹筴魚和祕魯黑薄荷

祕魯黑薄荷（huacatay）是一種萬壽菊屬香草，具有強烈柑橘和薄荷香氣，被運用在好幾種祕魯醬汁中。它新鮮香菜般的青綠調與竹筴魚等魚類搭配得宜。

竹筴魚檸汁醃魚生

食物搭配獨家食譜

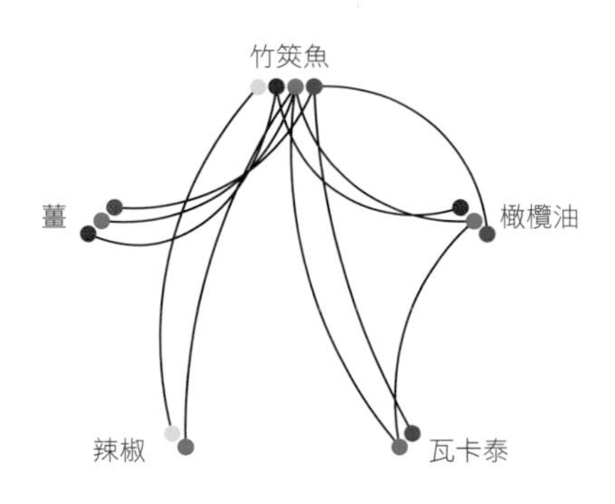

這道菜是傳統祕魯檸汁醃魚生的快速版本。去掉竹筴魚皮，在魚排上抹鹽。靜置二十分鐘讓它出水，魚肉更緊實。

在這道食譜中，竹筴魚用甜百香果來「煮」，而非祕魯慣用的「虎之奶」醃醬。將甜百香果和新鮮萊姆汁混合特級初榨橄欖油、切片紅洋蔥、紅辣椒碎以及生薑。另外混合新鮮祕魯黑薄荷葉和橄欖油，攪拌均勻。

將鹽漬好的魚排以冷水洗淨，短暫浸泡在甜百香果醃醬裡。魚排擺盤，以湯匙舀一些醃醬上去，最後再撒點祕魯黑薄荷風味油。

	水果	柑橘	花卉	青綠	草本	蔬菜	焦糖	烘烤	堅果	木質	辛辣	乳酪	動物	化學
甜百香果														
海膽														
水煮青花菜														
小寶石萵苣														
鹹沙丁魚														
泰國青檸皮屑														
松子														
紅辣椒粉														
爐烤培根														
煎鹿肉														
桃子														

	水果	柑橘	花卉	青綠	草本	蔬菜	焦糖	烘烤	堅果	木質	辛辣	乳酪	動物	化學
瓦卡泰（祕魯黑薄荷）														
五爪蘋果														
辣椒醬														
佳麗格特草莓														
黃瓜														
醬油膏														
小高良薑														
烘烤菱鮃														
舊金山酸種麵包														
柚子														
煎野斑鳩														

經典佳餚：法式嫩煎比目魚

多佛比目魚最知名的煮法之一是經典法式嫩煎比目魚（sole meunière），將整片帶骨魚排拍上麵粉，以融化的奶油煎烤。起鍋後，將新鮮檸檬汁和香芹碎加入奶油，用湯匙淋在魚肉上。

經典搭配：魚類和海苔片

黃瓜味的 (E,Z)-2,6- 壬二烯醛和天竺葵味的 (Z)-1,5- 辛二烯 -3- 酮等化合物大大影響了生魚風味。用來做壽司的海苔片具有青綠香氣為主的輪廓，散發黃瓜、蠟和青綠調。

魚類食材搭配

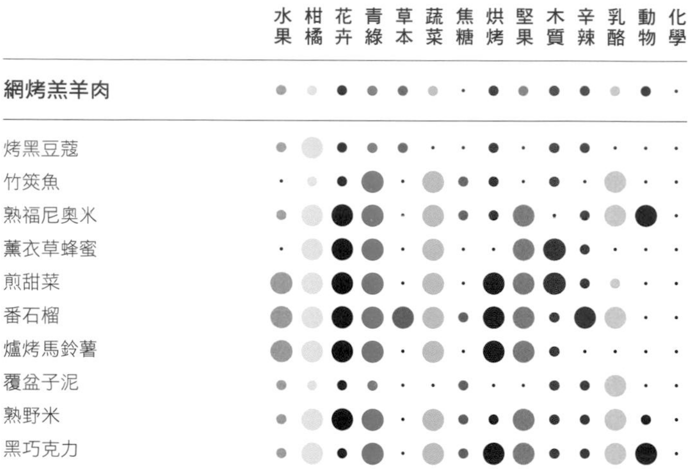
水果 柑橘 花卉 青綠 草本 蔬菜 焦糖 烘烤 堅果 木質 辛辣 乳酪 動物 化學
網烤羔羊肉
烤黑豆蔻
竹筴魚
熟福尼奧米
薰衣草蜂蜜
煎甜菜
番石榴
爐烤馬鈴薯
覆盆子泥
熟野米
黑巧克力

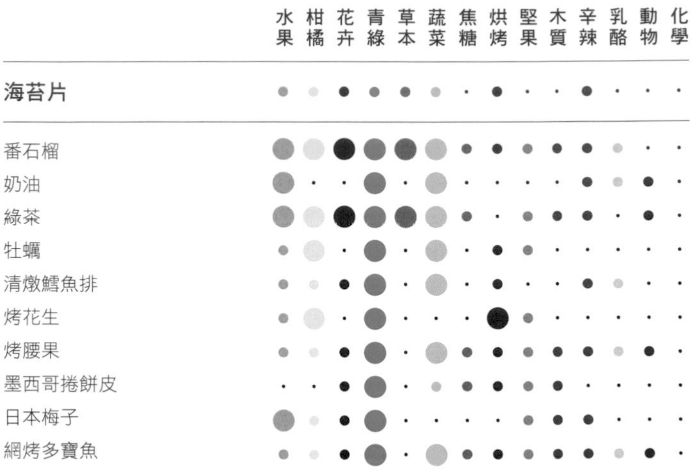
水果 柑橘 花卉 青綠 草本 蔬菜 焦糖 烘烤 堅果 木質 辛辣 乳酪 動物 化學
海苔片
番石榴
奶油
綠茶
牡蠣
清燉鱈魚排
烤花生
烤腰果
墨西哥捲餅皮
日本梅子
網烤多寶魚

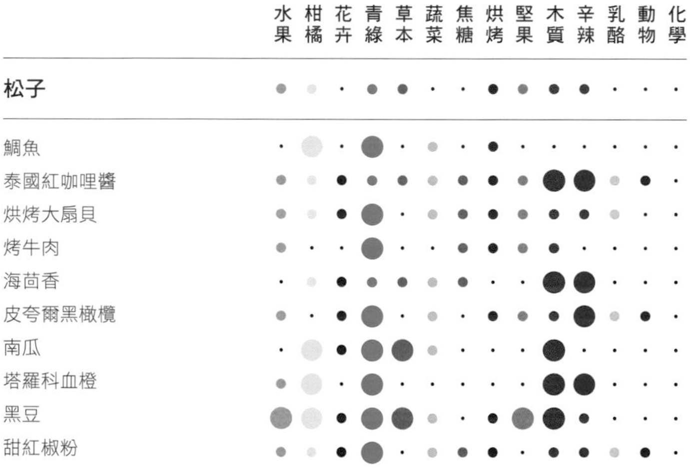
水果 柑橘 花卉 青綠 草本 蔬菜 焦糖 烘烤 堅果 木質 辛辣 乳酪 動物 化學
松子
鯛魚
泰國紅咖哩醬
烘烤大扇貝
烤牛肉
海茴香
皮夸爾黑橄欖
南瓜
塔羅科血橙
黑豆
甜紅椒粉

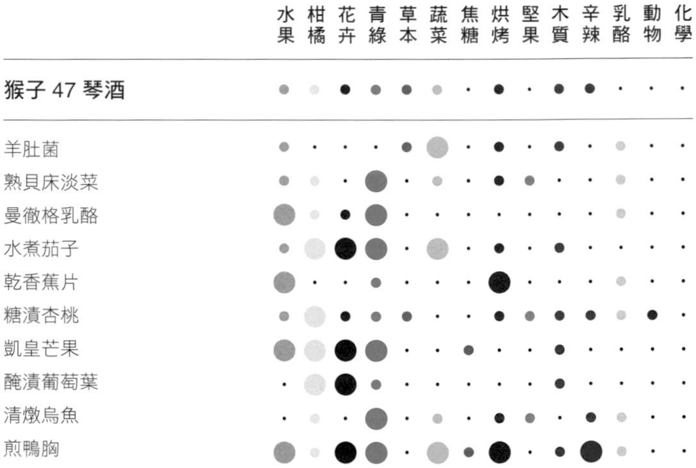
水果 柑橘 花卉 青綠 草本 蔬菜 焦糖 烘烤 堅果 木質 辛辣 乳酪 動物 化學
猴子 47 琴酒
羊肚菌
熟貝床淡菜
曼徹格乳酪
水煮茄子
乾香蕉片
糖漬杏桃
凱皇芒果
醃漬葡萄葉
清燉烏魚
煎鴨胸

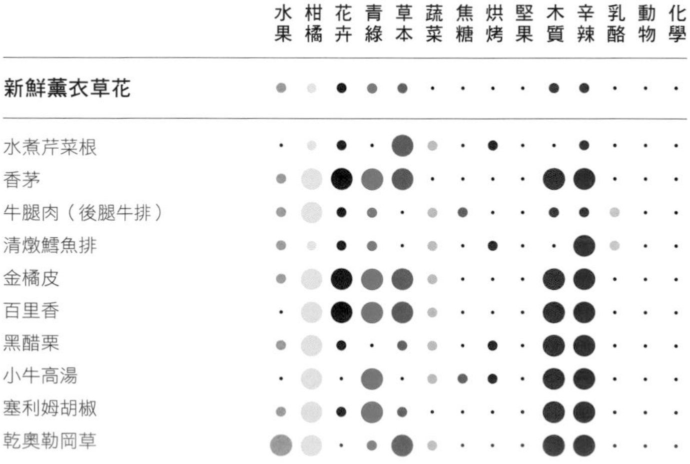
水果 柑橘 花卉 青綠 草本 蔬菜 焦糖 烘烤 堅果 木質 辛辣 乳酪 動物 化學
新鮮薰衣草花
水煮芹菜根
香茅
牛腿肉（後腿牛排）
清燉鱈魚排
金橘皮
百里香
黑醋栗
小牛高湯
塞利姆胡椒
乾奧勒岡草

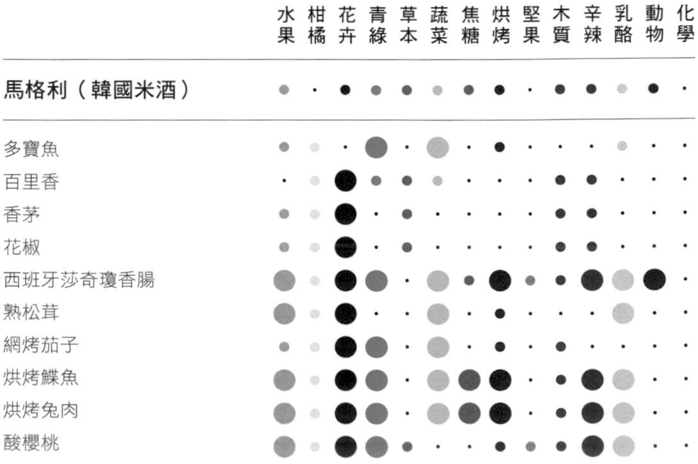
水果 柑橘 花卉 青綠 草本 蔬菜 焦糖 烘烤 堅果 木質 辛辣 乳酪 動物 化學
馬格利（韓國米酒）
多寶魚
百里香
香茅
花椒
西班牙莎奇瓊香腸
熟松茸
網烤茄子
烘烤鰈魚
烘烤兔肉
酸櫻桃

經典佳餚：馬賽魚湯

這道來自馬賽的湯品結合了魚、茴香和番茄，傳統上還會佐以橄欖油、大蒜和辣椒製成的普羅旺斯芳香醬料「rouille」。第 100 頁介紹的羅卡三兄弟也在他們的菜色裡用橄欖油連結多佛比目魚和茴香的香氣。

潛在搭配：烘烤鰈魚和紅甜椒

紅甜椒（見次頁）的青綠和花卉調，特別是以橄欖油小火慢燉時，能和烘烤鰈魚的風味相呼應。

	水果	柑橘	花卉	青綠	草本	蔬菜	焦糖	烘烤	堅果	木質	辛辣	乳酪	動物	化學
球莖茴香														
深烤杏仁														
烤野豬														
羅勒														
茵陳蒿														
多香果														
肉豆蔻														
薄荷														
芒果														
黑可可香甜酒														
摩洛血橙														

	水果	柑橘	花卉	青綠	草本	蔬菜	焦糖	烘烤	堅果	木質	辛辣	乳酪	動物	化學
烘烤鰈魚														
卡本內蘇維濃														
琉璃苣花														
生蠔葉														
紅甜椒														
魚子醬														
乾牛肝菌														
火龍果														
水煮南瓜														
烤榛果泥														
印度馬薩拉醬														

	水果	柑橘	花卉	青綠	草本	蔬菜	焦糖	烘烤	堅果	木質	辛辣	乳酪	動物	化學
格賴沃特櫻桃														
熟糙米														
烘烤多佛比目魚														
米拉索辣椒														
煎鵪鶉														
烤野鵝														
蜜瓜														
牛奶巧克力														
接骨木花														
羅勒														
紫鼠尾草														

	水果	柑橘	花卉	青綠	草本	蔬菜	焦糖	烘烤	堅果	木質	辛辣	乳酪	動物	化學
綿羊奶優格														
乾無花果														
西班牙喬利佐香腸														
柳橙														
清燉雞胸排														
切達乳酪														
荔枝														
油烤杏仁														
熟黑皮波羅門參														
薄荷														
燉長身鱈														

	水果	柑橘	花卉	青綠	草本	蔬菜	焦糖	烘烤	堅果	木質	辛辣	乳酪	動物	化學
烘烤菱														
烘烤大頭菜														
萊姆蜂蜜														
墨西哥玉米餅														
熟黑皮波羅門參														
蔓越莓														
烤骨髓														
烤南瓜籽														
水牛莫札瑞拉乳酪														
貝果														
烤紅甜椒														

	水果	柑橘	花卉	青綠	草本	蔬菜	焦糖	烘烤	堅果	木質	辛辣	乳酪	動物	化學
薑汁啤酒														
熟淡菜														
歐洲鱸魚														
波芙隆乳酪														
韓國魚露														
清燉白蘆筍														
塔羅科血橙														
日本蘿蔔														
韓國辣醬														
乾式熟成牛肉														
阿芳素芒果														

紅甜椒

2- 甲氧基 -3- 異丁基吡嗪分子，亦稱為甜椒吡嗪，它賦予甜椒顯著的青綠、蔬菜味。同樣的分子為卡本內蘇維濃帶來甜椒調。

甜椒原產於南美洲。在十六世紀，西班牙和葡萄牙探險家從新世界帶回了早期野生種的樣本，不久之後，歐洲各地紛紛種起了甜椒。它和辣椒 ·樣同屬辣椒種（Capsicum annuum），是絕佳的抗氧化劑來源，但少了辣椒素類物質的火辣刺鼻。

雖然甜椒整年都可以買得到，但在夏秋轉換之際風味最佳。它的顏色多到跟彩虹一樣，全都來自相同植物。紅甜椒味道最甜，因為會等到完全成熟才採收。青椒是未成熟狀態，其他則在藤上留到顏色轉為黃、橘和紅。特有甜椒還有多采多姿的巧克力色、紫色甚至乳白色等等。

紅椒粉

紅椒粉香料由成熟紅甜椒乾燥後磨成粉所製成，風味各異其趣，像是匈牙利「édesnemes paprika」（「貴族甜」的意思）甜中帶有一絲辛辣，經常被稱為匈牙利甜紅椒粉；深紅色、具煙燻味的西班牙「pimentón」則是西班牙海鮮飯的關鍵食材。

紅椒粉含有的典型甜椒吡嗪比新鮮甜椒來得少。乾燥過程讓它的香氣轉為焦糖和楓糖味，同時帶出紫羅蘭和蜂蜜的花卉調以及一些酸、乳酪調。

- 匈牙利國菜之一匈牙利燉牛肉湯（goulash）是一種燉肉，由牛肉、小牛肉、豬肉或羔羊肉加上紅甜椒、胡蘿蔔、洋蔥、大蒜、葛縷子籽和新鮮香芹做成，經紅椒粉調味後搭配麵疙瘩（spätzle）一起吃，這種柔軟的新鮮蛋麵在奧地利和德國南部也找得到。
- 匈牙利「töltött paprika」是一道甜椒鑲肉料理，餡料混合了豬絞肉和米飯，以紅椒粉、新鮮香芹調味後在番茄醬汁裡煨煮。

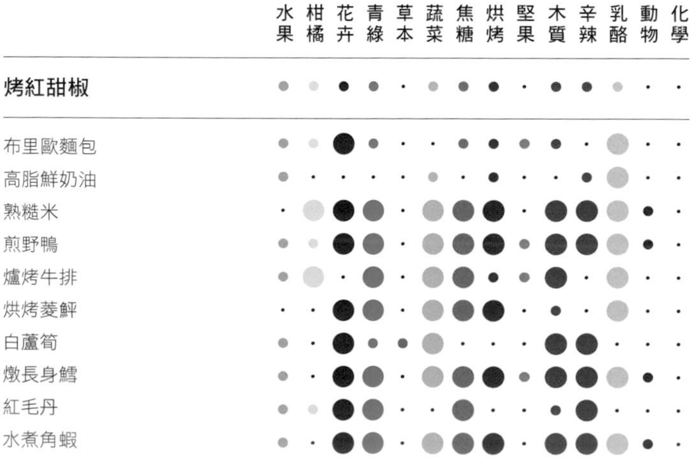

	水果	柑橘	花卉	青綠	草本	蔬菜	焦糖	烘烤	堅果	木質	辛辣	乳酪	動物	化學
烤紅甜椒														
布里歐麵包														
高脂鮮奶油														
熟糙米														
煎野鴨														
爐烤牛排														
烘烤菱鮃														
白蘆筍														
燉長身鱈														
紅毛丹														
水煮角蝦														

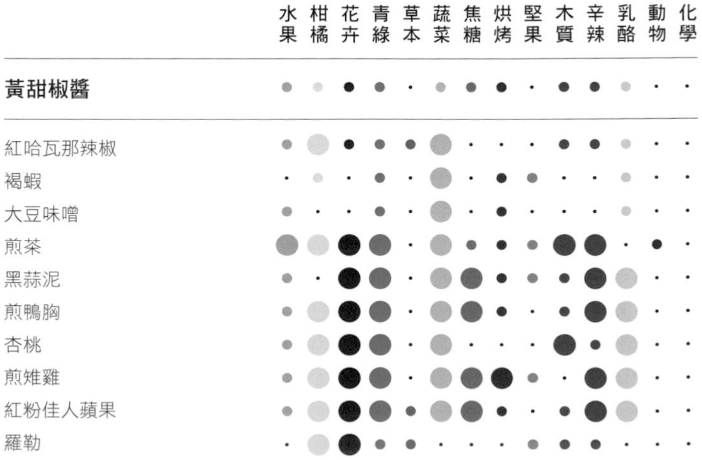

	水果	柑橘	花卉	青綠	草本	蔬菜	焦糖	烘烤	堅果	木質	辛辣	乳酪	動物	化學
黃甜椒醬														
紅哈瓦那辣椒														
褐蝦														
大豆味噌														
煎茶														
黑蒜泥														
煎鴨胸														
杏桃														
煎雉雞														
紅粉佳人蘋果														
羅勒														

紅甜椒

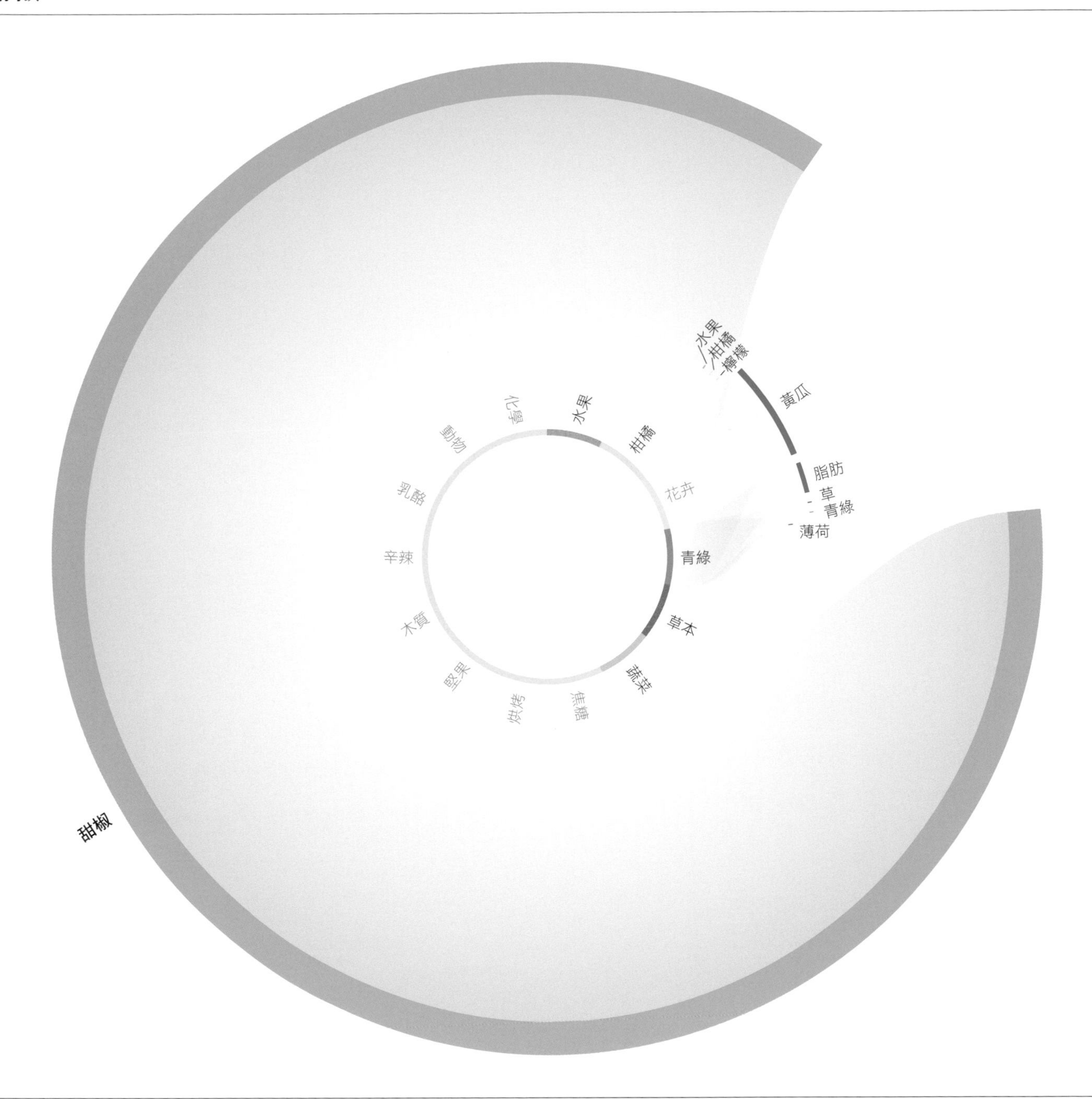

紅甜椒香氣輪廓

除了嗅覺識別閾值非常低的高影響分子 2- 甲氧基 -3- 異丁基吡嗪以外，還有其他化合物也造就了生甜椒的脂肪、青綠黃瓜般的氣味。隨著甜椒成熟而變甜，它的香氣輪廓也愈加複雜。(E)-2- 己烯醛和 (E)-2- 己醇開始形成，產生更具果香的青綠味，這就是為何不同顏色的甜椒會有不同風味和香氣。

	水果	柑橘	花卉	青綠	草本	蔬菜	焦糖	烘烤	堅果	木質	辛辣	乳酪	動物	化學
紅甜椒														
烤澳洲胡桃														
乾鹽角草														
歐洲鱸魚														
乾歐白芷根														
甜櫻桃														
荔枝														
蠶豆														
水煮馬鈴薯														
海苔片														
香檸檬														

經典搭配：小牛肉和紅甜椒

小牛肉和紅甜椒在義大利與其他南歐國家是經典組合。烘烤小牛肉和紅甜椒皆具水果和青綠調，甜椒在烘烤過程中產生的額外焦糖調能襯托小牛肉的甜味。

潛在搭配：烤紅甜椒和蓮霧

蓮霧在菲律賓稱為「macopa」，是一種熱帶樹果實。它跟蘋果的相似處只有外表呈現粉紅色，但果皮從很淡的綠色到紫黑色都有可能。蓮霧果肉鬆脆多汁，甜味和烤紅甜椒的甜味和乳酪調互補。

紅甜椒和紅椒粉食材搭配

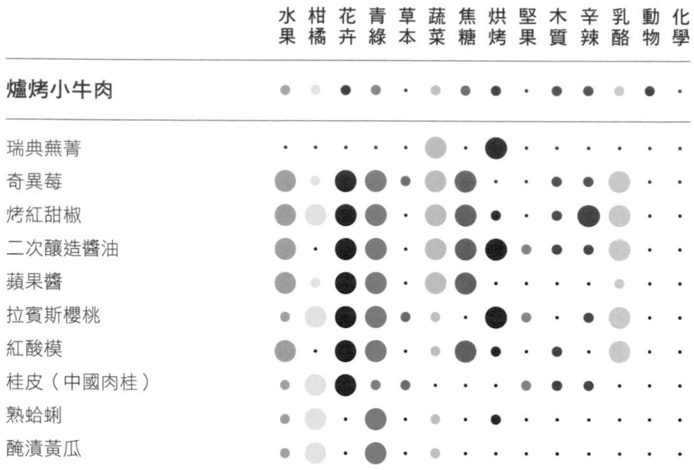

	水果	柑橘	花卉	青綠	草本	蔬菜	焦糖	烘烤	堅果	木質	辛辣	乳酪	動物	化學
爐烤小牛肉														
瑞典蕪菁														
奇異莓														
烤紅甜椒														
二次釀造醬油														
蘋果醬														
拉賓斯櫻桃														
紅酸模														
桂皮（中國肉桂）														
熟蛤蜊														
醃漬黃瓜														

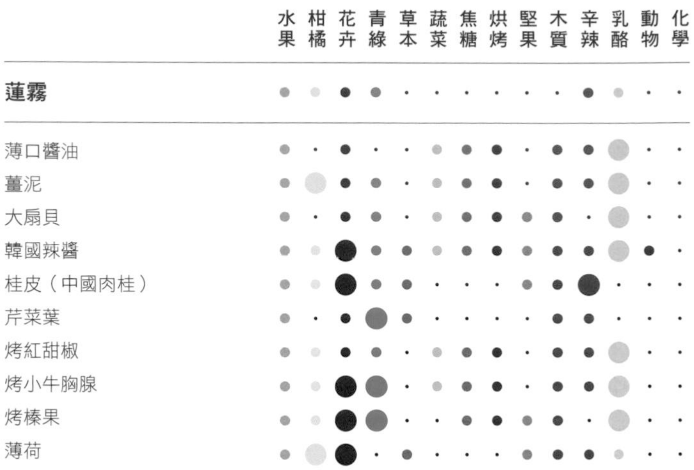

	水果	柑橘	花卉	青綠	草本	蔬菜	焦糖	烘烤	堅果	木質	辛辣	乳酪	動物	化學
蓮霧														
薄口醬油														
薑泥														
大扇貝														
韓國辣醬														
桂皮（中國肉桂）														
芹菜葉														
烤紅甜椒														
烤小牛胸腺														
烤榛果														
薄荷														

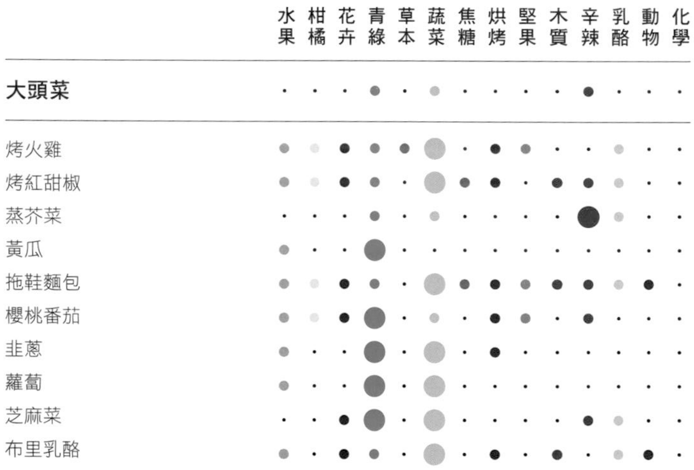

	水果	柑橘	花卉	青綠	草本	蔬菜	焦糖	烘烤	堅果	木質	辛辣	乳酪	動物	化學
大頭菜														
烤火雞														
烤紅甜椒														
蒸芥菜														
黃瓜														
拖鞋麵包														
櫻桃番茄														
韭蔥														
蘿蔔														
芝麻菜														
布里乳酪														

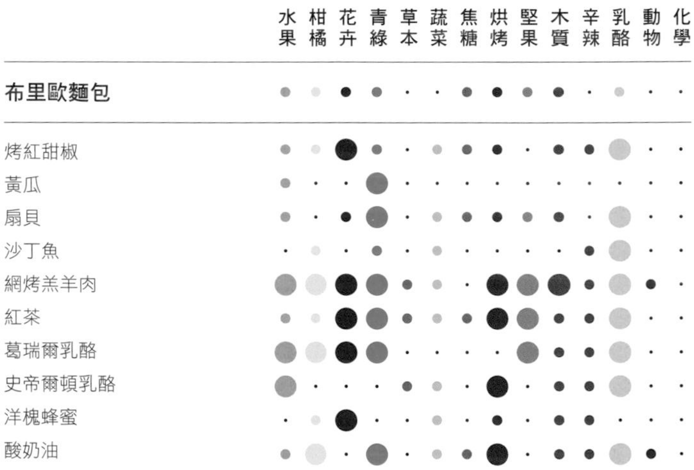

	水果	柑橘	花卉	青綠	草本	蔬菜	焦糖	烘烤	堅果	木質	辛辣	乳酪	動物	化學
布里歐麵包														
烤紅甜椒														
黃瓜														
扇貝														
沙丁魚														
網烤羔羊肉														
紅茶														
葛瑞爾乳酪														
史帝爾頓乳酪														
洋槐蜂蜜														
酸奶油														

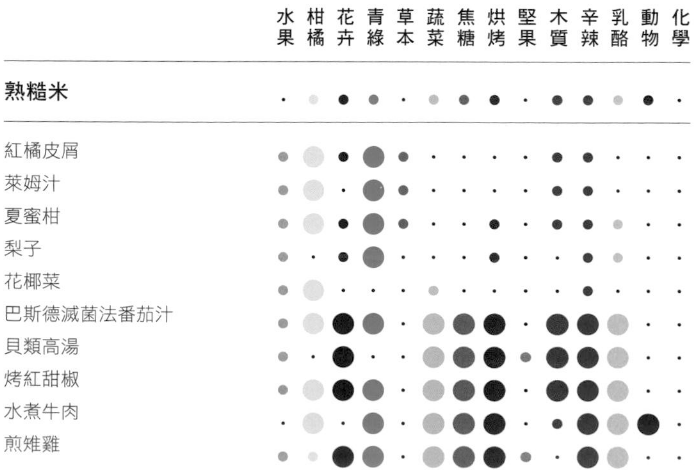

	水果	柑橘	花卉	青綠	草本	蔬菜	焦糖	烘烤	堅果	木質	辛辣	乳酪	動物	化學
熟糙米														
紅橘皮屑														
萊姆汁														
夏蜜柑														
梨子														
花椰菜														
巴斯德滅菌法番茄汁														
貝類高湯														
烤紅甜椒														
水煮牛肉														
煎雉雞														

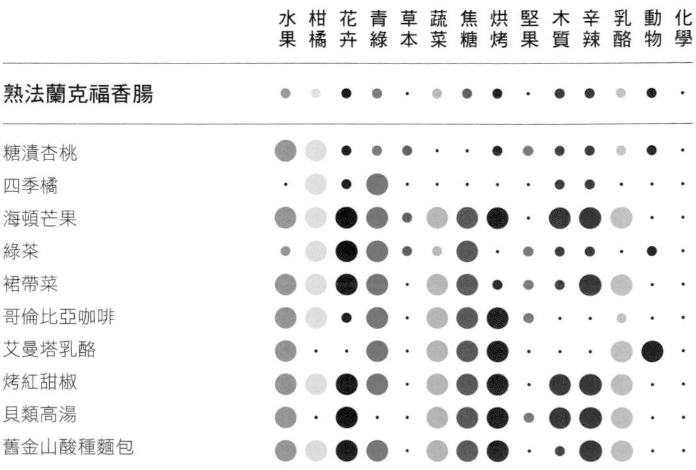

	水果	柑橘	花卉	青綠	草本	蔬菜	焦糖	烘烤	堅果	木質	辛辣	乳酪	動物	化學
熟法蘭克福香腸														
糖漬杏桃														
四季橘														
海頓芒果														
綠茶														
裙帶菜														
哥倫比亞咖啡														
艾曼塔乳酪														
烤紅甜椒														
貝類高湯														
舊金山酸種麵包														

經典搭配：魚類和甜紅椒粉

地中海式魚湯像是法國馬賽魚湯、蒜泥蛋黃醬燉魚湯（bourride）和西班牙海鮮湯（zarzuela）都運用了乾紅椒粉的甜味，有時也以埃斯佩萊特辣椒（piment d'Espelette）或甚至辣椒粉的形式來突顯在地魚種的甘甜。在西班牙，相同的組合使用諾拉（ñora）辣椒做為海鮮飯的基底。

經典搭配：紅甜椒、百里香和大蒜

許多南歐經典菜餚和醬汁都有烤紅甜椒加上大蒜（見次頁），因為這兩種食材皆具青綠和蔬菜調。百里香跟它們也很搭，經常一起出現，為料理增添木質、草本和辛辣特質。

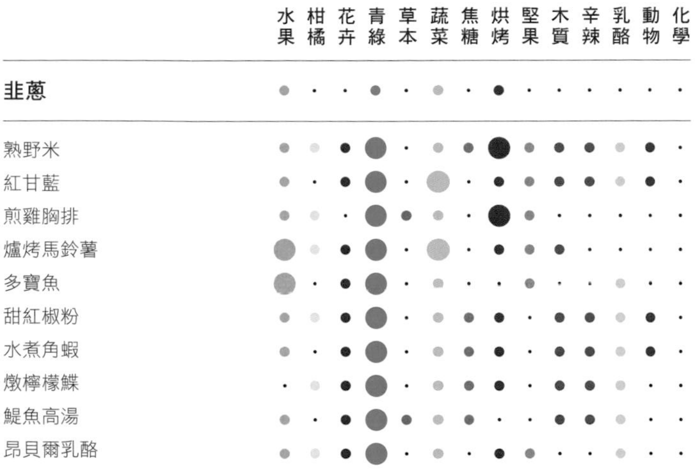

水果 柑橘 花卉 青綠 草本 蔬菜 焦糖 烘烤 堅果 木質 辛辣 乳酪 動物 化學

韭蔥

熟野米
紅甘藍
煎雞胸排
爐烤馬鈴薯
多寶魚
甜紅椒粉
水煮角蝦
燉檸檬鰈
鯷魚高湯
昂貝爾乳酪

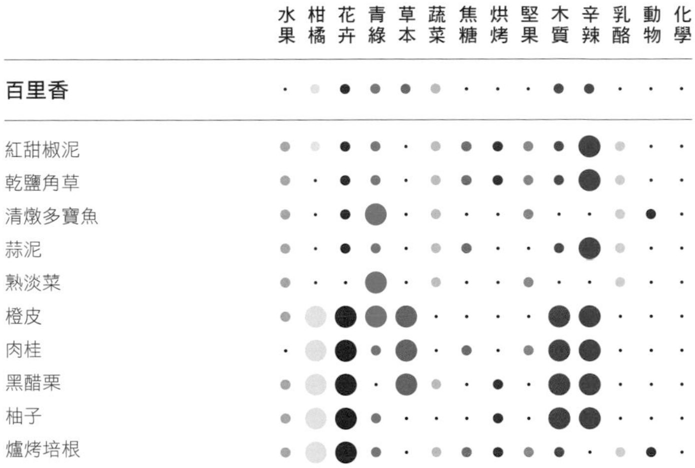

水果 柑橘 花卉 青綠 草本 蔬菜 焦糖 烘烤 堅果 木質 辛辣 乳酪 動物 化學

百里香

紅甜椒泥
乾鹽角草
清燉多寶魚
蒜泥
熟淡菜
橙皮
肉桂
黑醋栗
柚子
爐烤培根

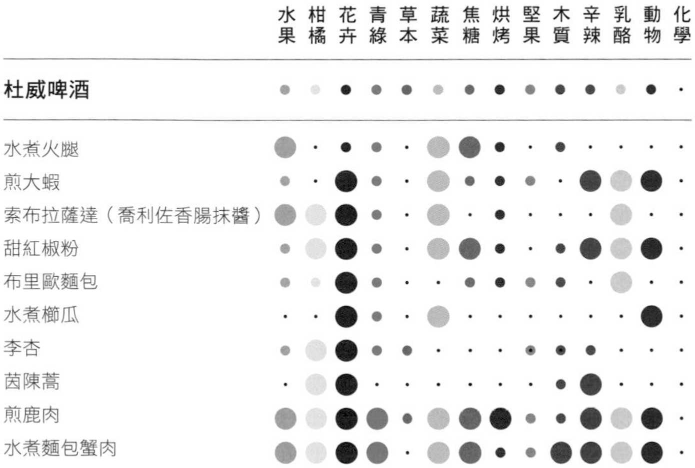

水果 柑橘 花卉 青綠 草本 蔬菜 焦糖 烘烤 堅果 木質 辛辣 乳酪 動物 化學

杜威啤酒

水煮火腿
煎大蝦
索布拉薩達（喬利佐香腸抹醬）
甜紅椒粉
布里歐麵包
水煮櫛瓜
李杏
茵陳蒿
煎鹿肉
水煮麵包蟹肉

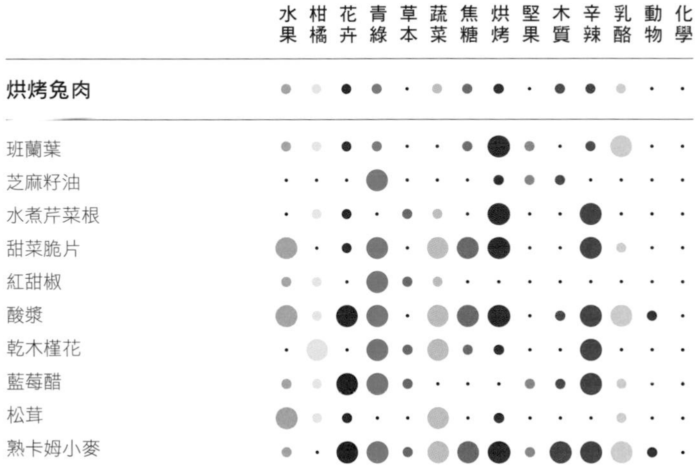

水果 柑橘 花卉 青綠 草本 蔬菜 焦糖 烘烤 堅果 木質 辛辣 乳酪 動物 化學

烘烤兔肉

班蘭葉
芝麻籽油
水煮芹菜根
甜菜脆片
紅甜椒
酸漿
乾木槿花
藍莓醋
松茸
熟卡姆小麥

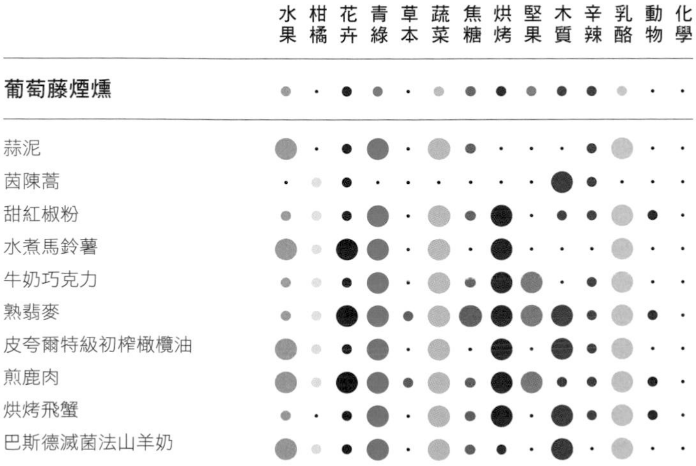

水果 柑橘 花卉 青綠 草本 蔬菜 焦糖 烘烤 堅果 木質 辛辣 乳酪 動物 化學

葡萄藤煙燻

蒜泥
茵陳蒿
甜紅椒粉
水煮馬鈴薯
牛奶巧克力
熟翡麥
皮夸爾特級初榨橄欖油
煎鹿肉
烘烤飛蟹
巴斯德滅菌法山羊奶

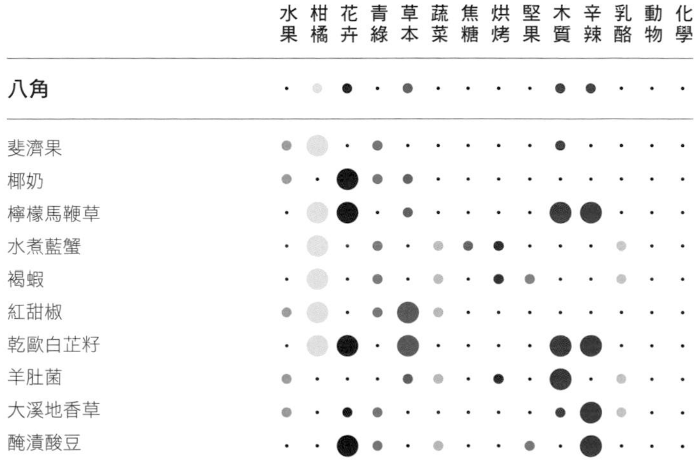

水果 柑橘 花卉 青綠 草本 蔬菜 焦糖 烘烤 堅果 木質 辛辣 乳酪 動物 化學

八角

斐濟果
椰奶
檸檬馬鞭草
水煮藍蟹
褐蝦
紅甜椒
乾歐白芷籽
羊肚菌
大溪地香草
醃漬酸豆

大蒜

大蒜的香氣分子有超過 3/4 是聞起來像大蒜和洋蔥的硫磺蔬菜調；其中某些化合物只有大蒜才有，別的蔬菜找不到。切片或搗碎一瓣大蒜會引起化學反應而形成新的硫味香氣分子。

大蒜自古以來就因料理和醫學效用而受到重視。刺鼻的蒜頭被列在野禽派等巴比倫食譜中，它於西元前一七五〇年左右以阿卡德楔形文字被蝕刻在泥版上，形成世界上最古老食譜書的一部分；古埃及人則是讓奴隸吃粥配大蒜來增加精力和生產力。「發臭玫瑰」對古埃及文化的重要性顯見於法老墓中發現的象形文字、圖案和雕刻——以及殘留的大蒜本身。

大蒜對古希臘、羅馬和中國來說也很重要；羅馬詩人賀拉斯（Horace）形容它味道濃烈到情人都要躲到床的另一側，希臘哲學家狄奧法（Theophrastus）則提到希臘種了好幾種大蒜。

大蒜原產於中亞地區的吉爾吉斯、塔吉克、土庫曼和烏茲別克，那裡的遊牧民族採集野生蒜頭，移動時帶著並種在別處。縱覽歷史，大蒜並非從種子開始種，而是以蒜瓣或整株蒜頭進行無性繁殖；只在過去數百年有種植者採用選擇性育種來馴化大蒜。現今大蒜有眾多品種，在許多文化中被廣泛使用。地中海醬料像是蒜味美乃滋（aioli）、青醬、希臘蒜醬（skordalia）、香芹大蒜醬（persillade）和義式三味醬都是以大蒜為主角。

為何切碎大蒜會改變它的香氣

剛剝完皮的大蒜僅散發微弱氣味，但一旦你切片、搗碎或剁碎它，味道就會變得刺鼻，強烈到難以從手指上洗去。破壞蒜頭的細胞壁會釋放無味的硫化合物蒜胺酸。稱為蒜胺酸酶的酵素會分解蒜胺酸，形成新的揮發性化合物蒜素——蒜末的主要香氣化合物。

蒜素並不穩定，會很快變成其他硫味化合物，像是二烯丙基二硫化物（引發大蒜過敏反應的來源）、烯丙基硫醇、烯丙基甲基硫化物和烯丙基甲基二硫化物。烯丙基甲基硫化物比其他化合物需要更久的時間讓身體代謝和排泄，因此下一次你有蒜味口臭就知道為什麼了。

相關香氣輪廓：烤蒜泥

梅納反應會導致新的烘烤、焦糖和堅果香氣化合物形成。烘烤不但能讓大蒜的強烈青綠蒜味變得柔和，還能帶出它的水果、花卉和辛辣調。

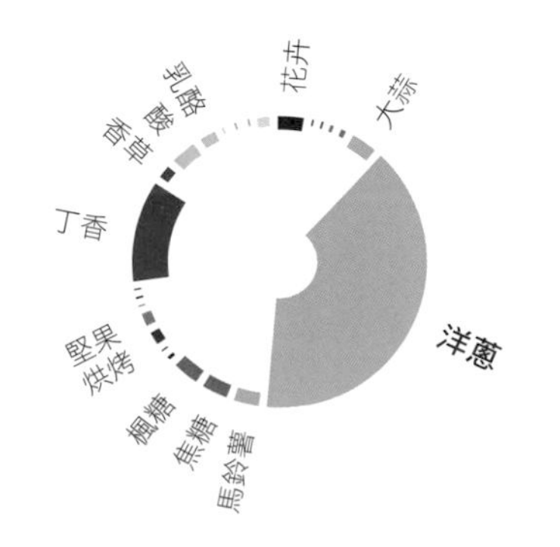

	水果	柑橘	花卉	青綠	草本	蔬菜	焦糖	烘烤	堅果	木質	辛辣	乳酪	動物	化學
烤蒜泥														
新鮮薰衣草葉														
紫鼠尾草														
番石榴														
水煮四季豆														
佳麗格特草莓														
根特火腿														
沙朗牛肉														
水煮龍蝦尾														
熟卡姆小麥														
烘烤鰈魚														

蒜末

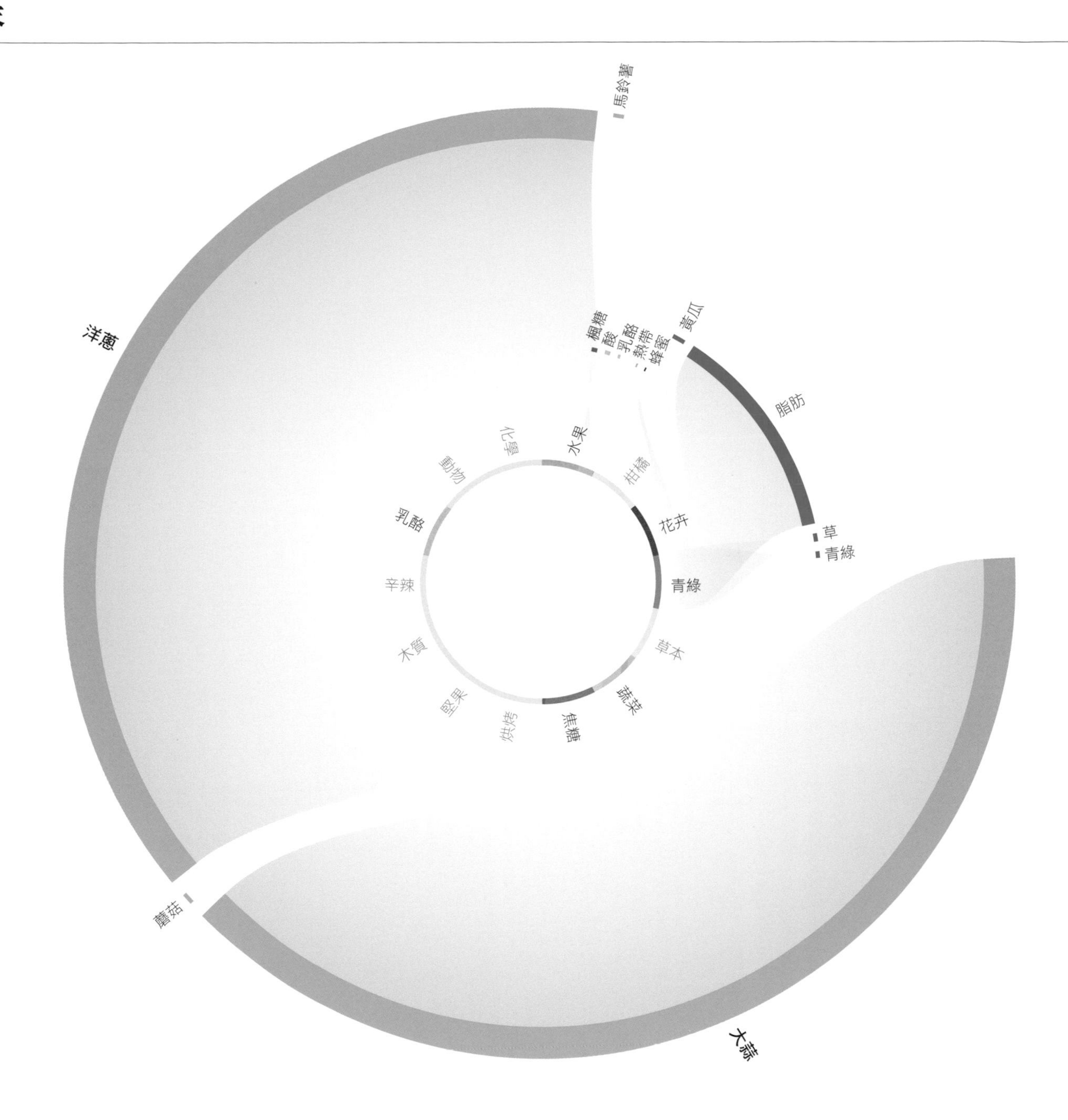

蒜末香氣輪廓

除了硫味蔬菜調以外，新鮮大蒜還含有 2- 甲基丁酸乙酯，提供了與鳳梨和芒果的果香連結。

	水果	柑橘	花卉	青綠	草本	蔬菜	焦糖	烘烤	堅果	木質	辛辣	乳酪	動物	化學
蒜末	•	·	•	•	·	•	•	·	·	·	·	•	·	·
白吐司	•	•	●	●	·	●	●	•	·	•	•	●	•	·
葛瑞爾乳酪	●	•	•	●	·	·	·	·	•	•	•	●	·	·
巴斯德滅菌法番茄汁	•	•	•	●	·	●	●	•	·	•	•	●	·	·
褐色小牛高湯	•	·	•	●	·	●	●	•	•	•	•	●	·	·
烤紅甜椒	•	•	●	●	·	●	●	•	·	•	•	●	·	·
柳橙汁	•	•	•	●	·	●	•	•	·	•	•	●	·	·
古布阿蘇果醬	●	•	•	●	·	●	●	•	·	•	•	●	·	·
熟單粒小麥	•	•	•	●	·	●	●	•	•	•	•	●	·	·
燕麥飲	●	·	•	●	·	●	●	•	·	•	•	●	•	·
尚貝里苦艾酒	●	•	●	●	·	•	●	·	·	•	•	●	·	·

經典搭配：烤大蒜和麵包

烤大蒜（見第 110 頁）的堅果、零陵香豆味解釋了為何將它抹在酥脆的長棍麵包片上會這麼好吃。但這些調性也代表你可以試試搭配烤大蒜和潘卡辣椒（一種祕魯辣椒，見第 90 頁）、藜麥或熟翡麥。

主廚搭配：黑蒜和草莓

大蒜和草莓經常種在一起成為共伴植物（刺鼻蒜味有驅蟲效果），但這個組合也適用於廚房，如以下食物搭配獨家食譜所示。黑蒜和新鮮蒜末都含有水果調，與草莓相襯。

黑蒜和梅納反應

和一些人想的不一樣，黑蒜不是發酵來的。蒜頭在約 60°C 的濕熱環境下陳放四至六週，引起梅納反應。隨著大蒜裡的酵素分解糖和胺基酸會產生梅納汀，這個深褐色物質是梅納反應的結果。讓大蒜變黑的就是梅納汀。低溫慢烤法保留了大蒜精華而少了刺鼻辣口。又黑又黏的蒜瓣嘗起來甘甜味濃，充滿水果風味。它含有的抗氧化劑幾乎是生蒜的兩倍。

黑蒜仍含有跟生蒜同樣的硫味化合物，但濃度低很多。烘烤過程突顯了它的強烈果香，這解釋了為何有些人吃黑蒜時會想起羅望子的味道。煮牛肉、雞肉、鴨肉或多佛比目魚時可以試試用黑蒜來增添新奇滋味。

雖然黑蒜因為具有鮮味而通常用於鹹食中，但濃郁的它也含 3- 甲基丁醛，使果香多了巧克力複雜度，可以做出絕佳甜點，像是我們開發出來的黑蒜義式冰淇淋（見右方）。

黑蒜義式冰淇淋佐草莓

食物搭配獨家食譜

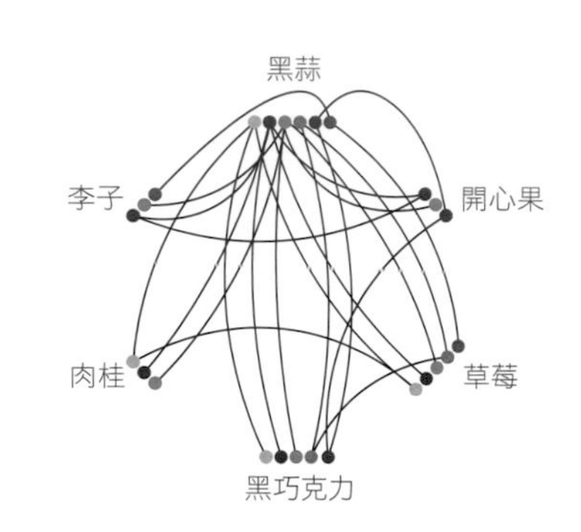

這道黑蒜義式冰淇淋搭配新鮮水果沙拉，加了以肉桂、八角和香草莢浸漬一夜的草莓和香料李子。上頭以甘甜鬆軟的微波爐烘焙開心果蛋糕碎點綴。冰涼的巧克力醬能讓這道甜點的不同風味更完整。

黑蒜泥香氣輪廓

黑蒜的焦糖調比烤大蒜少。偏甜的楓糖風味和大醬、醬油、韓國泡菜是絕配。花卉調則適合黑莓、藍莓和百香果。

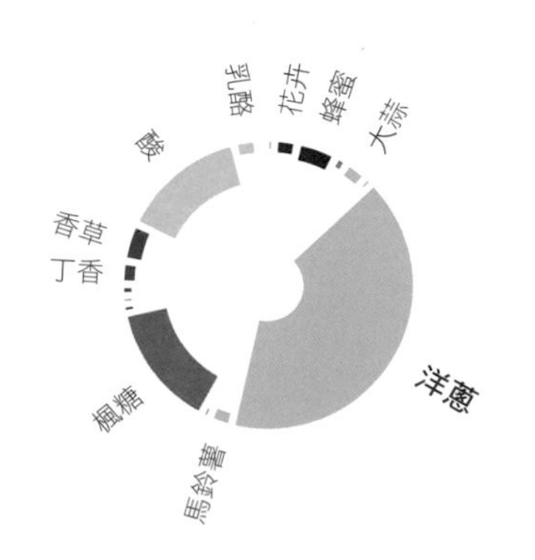

	水果	柑橘	花卉	青綠	草本	蔬菜	焦糖	烘烤	堅果	木質	辛辣	乳酪	動物	化學
黑蒜泥	•	·	•	•	·	•	•	•	•	•	•	•	·	·
拖鞋麵包	•	•	●	●	·	●	●	●	•	●	●	●	•	·
現煮手沖咖啡	•	•	●	●	·	●	●	●	•	•	●	•	·	·
艾曼塔乳酪	•	·	·	•	·	●	●	●	·	·	·	•	•	·
牛肉	·	·	●	●	·	●	●	•	·	•	●	●	·	·
巴斯德滅菌法番茄汁	•	•	●	●	·	●	●	•	·	•	●	●	·	·
高脂鮮奶油	•	·	·	·	·	●	·	•	·	·	•	●	·	·
香菇	·	·	·	•	•	●	·	·	·	·	·	·	·	·
甜瓜	•	•	●	•	·	·	·	·	·	·	•	·	·	·
牛奶優格	•	·	·	•	·	·	·	·	·	·	•	●	·	·
橙皮	•	•	●	•	•	·	·	·	·	•	●	·	·	·

潛在搭配：黑蒜和巧克力

黑蒜有巧克力般的香甜但又帶有鹽味，加入巧克力布朗尼帶來令人驚豔的細緻風味。它的水果、花卉調也可能造就其他甜點搭配，像是和柳橙、甜瓜或黑色漿果。

潛在搭配：黑蒜和甜舌草花

甜舌草（Dushi Buttons），又稱為阿茲提克甜香草，是Lippia dulcis這種植物非常小的花，葉子亦可食用。這些花的甜味極濃，但也有類似薄荷和百里香的強烈草本、樟腦氣味，與同樣風味複雜的黑蒜是很有意思的組合。

大蒜食材搭配

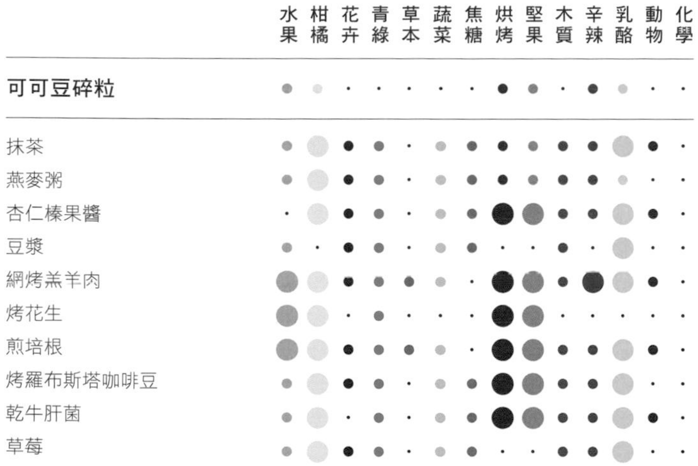
水果 柑橘 花卉 青綠 草本 蔬菜 焦糖 烘烤 堅果 木質 辛辣 乳酪 動物 化學
可可豆碎粒
抹茶
燕麥粥
杏仁榛果醬
豆漿
網烤羔羊肉
烤花生
煎培根
烤羅布斯塔咖啡豆
乾牛肝菌
草莓

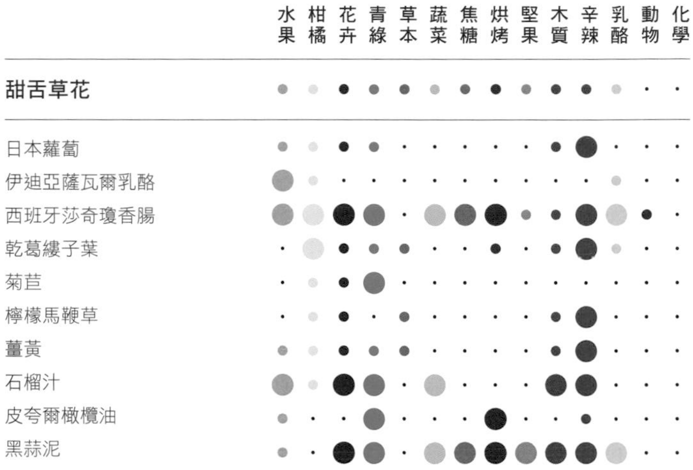
水果 柑橘 花卉 青綠 草本 蔬菜 焦糖 烘烤 堅果 木質 辛辣 乳酪 動物 化學
甜舌草花
日本蘿蔔
伊迪亞薩瓦爾乳酪
西班牙莎奇瓊香腸
乾葛縷子葉
菊苣
檸檬馬鞭草
薑黃
石榴汁
皮夸爾橄欖油
黑蒜泥

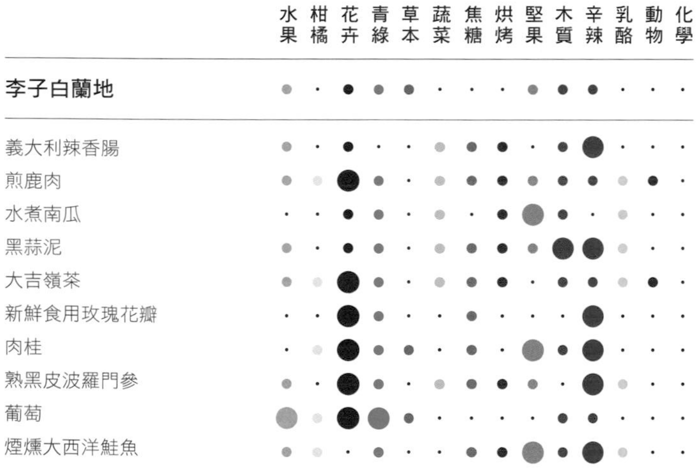
水果 柑橘 花卉 青綠 草本 蔬菜 焦糖 烘烤 堅果 木質 辛辣 乳酪 動物 化學
李子白蘭地
義大利辣香腸
煎鹿肉
水煮南瓜
黑蒜泥
大吉嶺茶
新鮮食用玫瑰花瓣
肉桂
熟黑皮波羅門參
葡萄
煙燻大西洋鮭魚

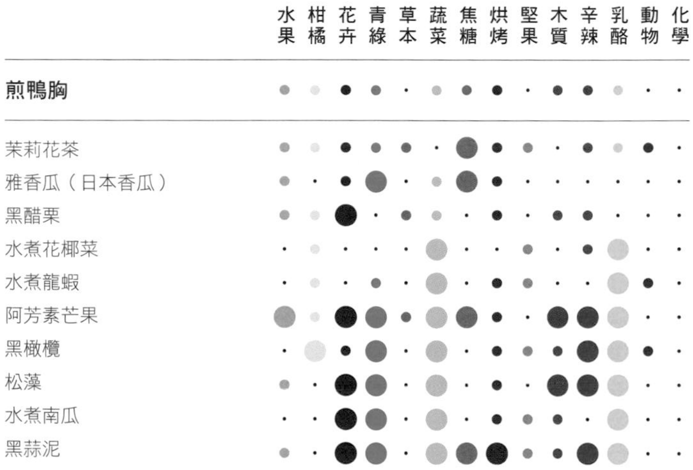
水果 柑橘 花卉 青綠 草本 蔬菜 焦糖 烘烤 堅果 木質 辛辣 乳酪 動物 化學
煎鴨胸
茉莉花茶
雅香瓜（日本香瓜）
黑醋栗
水煮花椰菜
水煮龍蝦
阿芳素芒果
黑橄欖
松藻
水煮南瓜
黑蒜泥

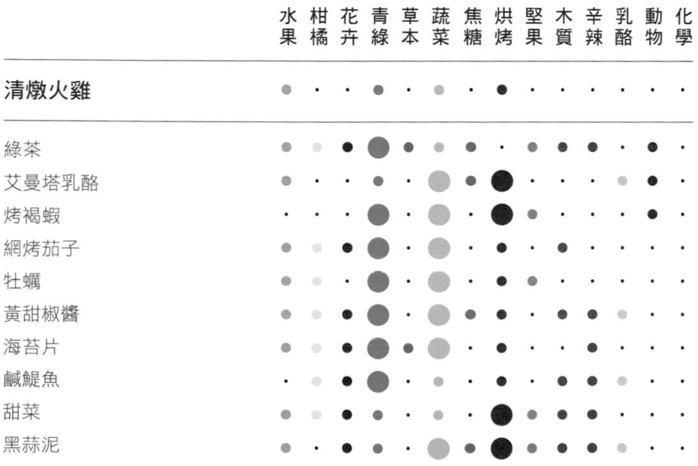
水果 柑橘 花卉 青綠 草本 蔬菜 焦糖 烘烤 堅果 木質 辛辣 乳酪 動物 化學
清燉火雞
綠茶
艾曼塔乳酪
烤褐蝦
網烤茄子
牡蠣
黃甜椒醬
海苔片
鹹鯷魚
甜菜
黑蒜泥

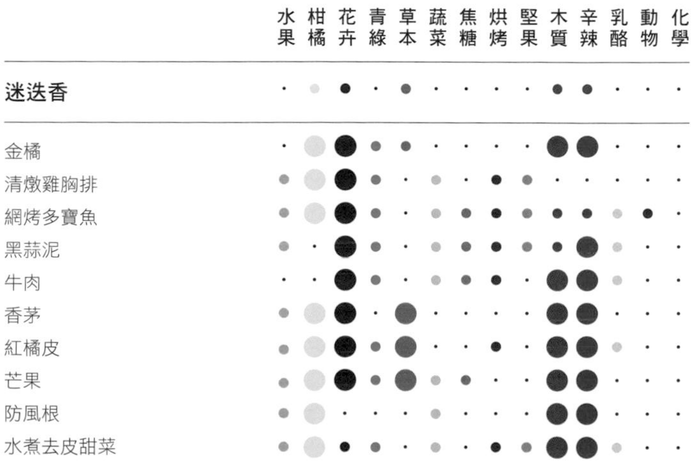
水果 柑橘 花卉 青綠 草本 蔬菜 焦糖 烘烤 堅果 木質 辛辣 乳酪 動物 化學
迷迭香
金橘
清燉雞胸排
網烤多寶魚
黑蒜泥
牛肉
香茅
紅橘皮
芒果
防風根
水煮去皮甜菜

經典佳餚：四十瓣蒜頭雞

以四十瓣去皮蒜頭蓋鍋燉煮的雞肉最適合跟麵包一起吃，不只是為了吸乾蒜汁，還可以取出蒜頭榨成泥，抹在烤好的長棍麵包上。

經典搭配：大蒜和羅望子

印度酸辣湯（rasam）是南印度傳統湯品，以大蒜和羅望子水（羅望子乾浸泡於熱水中）做成。這道湯以黑胡椒、孜然、辣椒和薑黃等香料調味，撒上香菜葉後配飯享用。

大蒜食材搭配

水果 柑橘 花卉 青綠 草本 蔬菜 焦糖 烘烤 堅果 木質 辛辣 乳酪 動物 化學

白吐司

- 越南魚露
- 清燉白蘆筍
- 半硬質山羊乳酪
- 水煮青花菜
- 卡赫德列斯特乳酪
- 哈密瓜
- 帕瑪森類型乳酪
- 熟蛤蜊
- 西班牙喬利佐香腸
- 烤花生

羅望子

- 熟歐洲康吉鰻
- 蒜末
- 番紅花
- 綠藻
- 褐蝦
- 花生醬
- 沙朗牛肉
- 清燉榅桲
- 水煮冬南瓜
- 加拉蘋果

水煮龍蝦

- 煎珠雞
- 烘烤大頭菜
- 黑蒜泥
- 松藻
- 會議梨
- 清燉烏魚
- 大溪地香草
- 裸麥麵包丁
- 帕達諾乳酪
- 網烤羔羊肉

細香蔥

- 黑松露
- 烤花生
- 紫芋
- 煎甜菜
- 史帝爾頓乳酪
- 番石榴
- 清燉鮭魚
- 熟野米
- 大蒜
- 牡蠣

抱子甘藍

- 烤火雞
- 白菜泡菜
- 蒸芥菜
- 北京烤鴨
- 罐頭番茄
- 拖鞋麵包
- 印度馬薩拉醬
- 酸奶油
- 熟野米
- 黑蒜泥

嘉寶果

- 水煮耶路撒冷朝鮮薊
- 乾爪哇長胡椒
- 花生油
- 燉條長臀鱈
- 水煮防風根
- 豌豆
- 百里香
- 野蒜
- 香茅
- 水煮去皮甜菜

潛在搭配：大蒜和煎仙人掌葉

仙人掌葉是常見於墨西哥料理的食材，可以生吃或煮熟。煮法通常類似牛排，具溫和青草味，有時會被比喻成蘆筍，它的青綠、蔬菜調和烤蒜泥搭配得宜。

潛在搭配：大蒜和番薯

烤蒜泥和黑蒜皆具濃郁複雜的風味調性，與番薯（見次頁）的花卉香氣及烘烤鹹味是絕佳組合。這兩種食材都可以跟日本薄口醬油和百香果汁搭配。

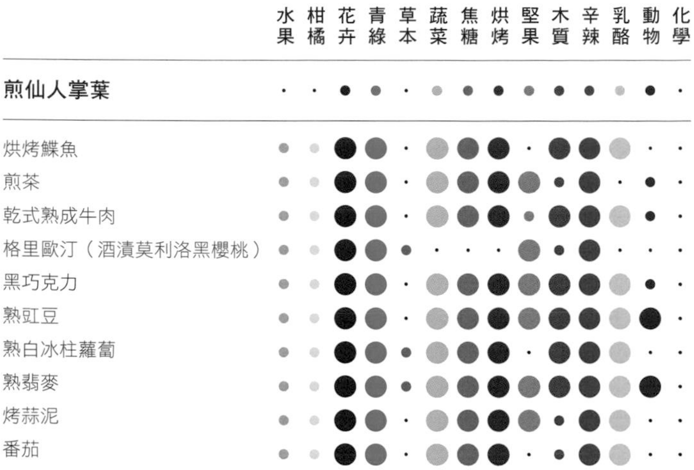

	水果	柑橘	花卉	青綠	草本	蔬菜	焦糖	烘烤	堅果	木質	辛辣	乳酪	動物	化學
煎仙人掌葉														
烘烤鰈魚														
煎茶														
乾式熟成牛肉														
格里歐汀（酒漬莫利洛黑櫻桃）														
黑巧克力														
熟豇豆														
熟白冰柱蘿蔔														
熟翡麥														
烤蒜泥														
番茄														

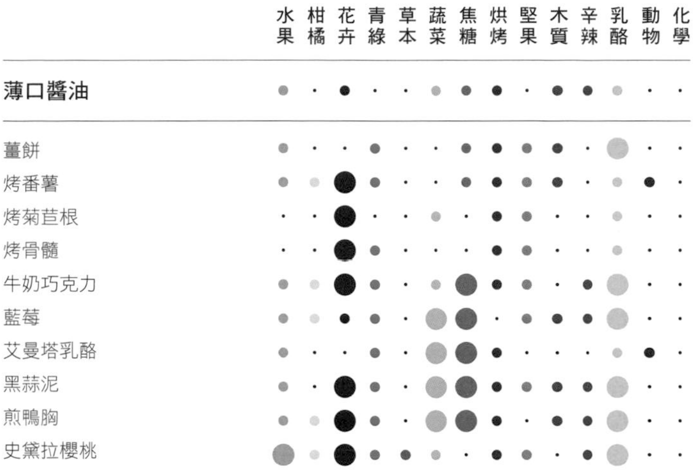

	水果	柑橘	花卉	青綠	草本	蔬菜	焦糖	烘烤	堅果	木質	辛辣	乳酪	動物	化學
薄口醬油														
薑餅														
烤番薯														
烤菊苣根														
烤骨髓														
牛奶巧克力														
藍莓														
艾曼塔乳酪														
黑蒜泥														
煎鴨胸														
史黛拉櫻桃														

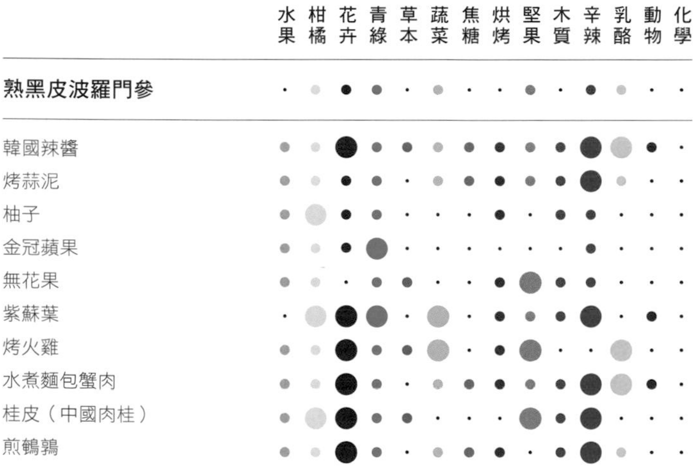

	水果	柑橘	花卉	青綠	草本	蔬菜	焦糖	烘烤	堅果	木質	辛辣	乳酪	動物	化學
熟黑皮波羅門參														
韓國辣醬														
烤蒜泥														
柚子														
金冠蘋果														
無花果														
紫蘇葉														
烤火雞														
水煮麵包蟹肉														
桂皮（中國肉桂）														
煎鵪鶉														

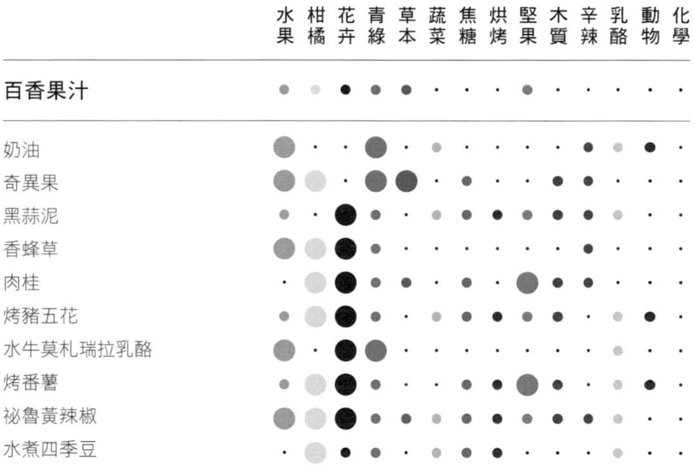

	水果	柑橘	花卉	青綠	草本	蔬菜	焦糖	烘烤	堅果	木質	辛辣	乳酪	動物	化學
百香果汁														
奶油														
奇異果														
黑蒜泥														
香蜂草														
肉桂														
烤豬五花														
水牛莫札瑞拉乳酪														
烤番薯														
祕魯黃辣椒														
水煮四季豆														

番薯

生番薯普遍帶有果香，但香氣輪廓根據果肉顏色而可能有所不同。這些塊根有數百個品種，從白色、米色、黃色、橘色、粉紅色甚至紫色都有。淺色品種通常較不甜，也不如深色品種濕潤。橘色果肉品種含高濃度的 β- 胡蘿蔔素，經烹煮會轉化為花卉、紫羅蘭香氣分子。紫番薯含高濃度的花青素，香氣輪廓比其他品種都來得複雜，含花卉－玫瑰、柑橘和草本香氣。

番薯是根和葉皆可食用的藤蔓植物，富含維生素 A、B 和 C、ß- 胡蘿蔔素、礦物質（鈣、鐵和鉀）、纖維甚至蛋白質。營養豐富的栽培品種原產於美洲熱帶地區，由此傳播到太平洋各地，最後進入亞洲和東南亞，這兩個區域至今仍是世界上最大的番薯生產者和消費者。

番薯有許多料理用途，經常被當作美味點心享用——任何人面對一盤酥炸番薯條都難以抗拒。但它也能乾燥、磨碎和過篩成為番薯粉，用來勾芡製作湯品、醬料和肉汁。對有「無麩質飲食」需求的人來說，番薯也是製作麵包、蛋糕、煎餅、餅乾和甜甜圈的最佳選擇。

番薯整株植物皆可食用。在菲律賓，其柔軟的芽和葉以醬油和醋炒過之後與炸魚一起上桌。你也可以找到以魚露和蝦醬調味的新鮮番薯葉沙拉。紐西蘭人以毛利語「kumara」稱呼番薯，經常拿來烘烤或做成脆片和酸奶油及甜辣醬一起吃。

- 番薯派是美國南部的一道特色菜。內餡的番薯泥加了奶油、牛奶、蛋、糖、香草、薑、肉豆蔻、肉桂和多香果——和南瓜派一樣。
- 在祕魯，檸汁醃魚生通常和「camote」這種亮橘色的番薯一起吃。

加勒比海烤布蕾

英國現代加勒比海主廚，傑森．霍華德

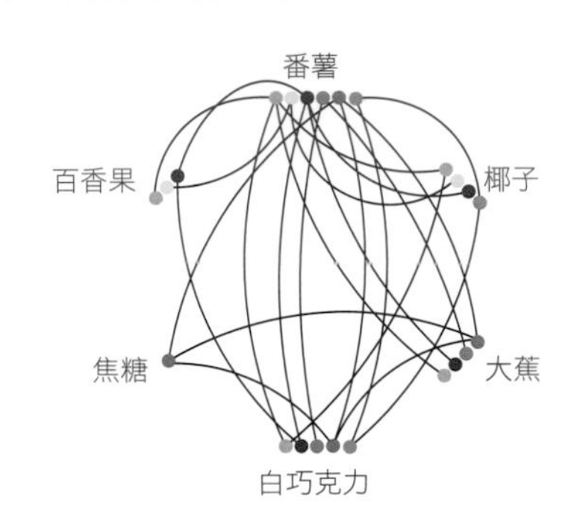

倫敦主廚傑森．霍華德（Jason Howard）從他的巴貝多和聖文森根源獲取靈感，展示多采多姿的加勒比海風味。這些島嶼擁有多元文化，料理也精彩地混合了非洲、美洲印第安、法國、東印度、西班牙、中國和阿拉伯特色。擁有現代主義美學和精湛廚藝的霍華德主廚以大膽風味組合和招牌香料、水果調性挑逗饕客味蕾。

番薯、大蕉和椰子只是霍華德菜單上的其中幾樣熱帶食材。這道甜點的主角是浸泡於香草和肉豆蔻粉的烤番薯布蕾。將表面焦糖化之後，霍華德鋪上椰子海綿蛋糕、大蕉鮮奶油、酸莓果醬、小塊濃郁百香果以及增加甜味的白巧克力屑。

番薯

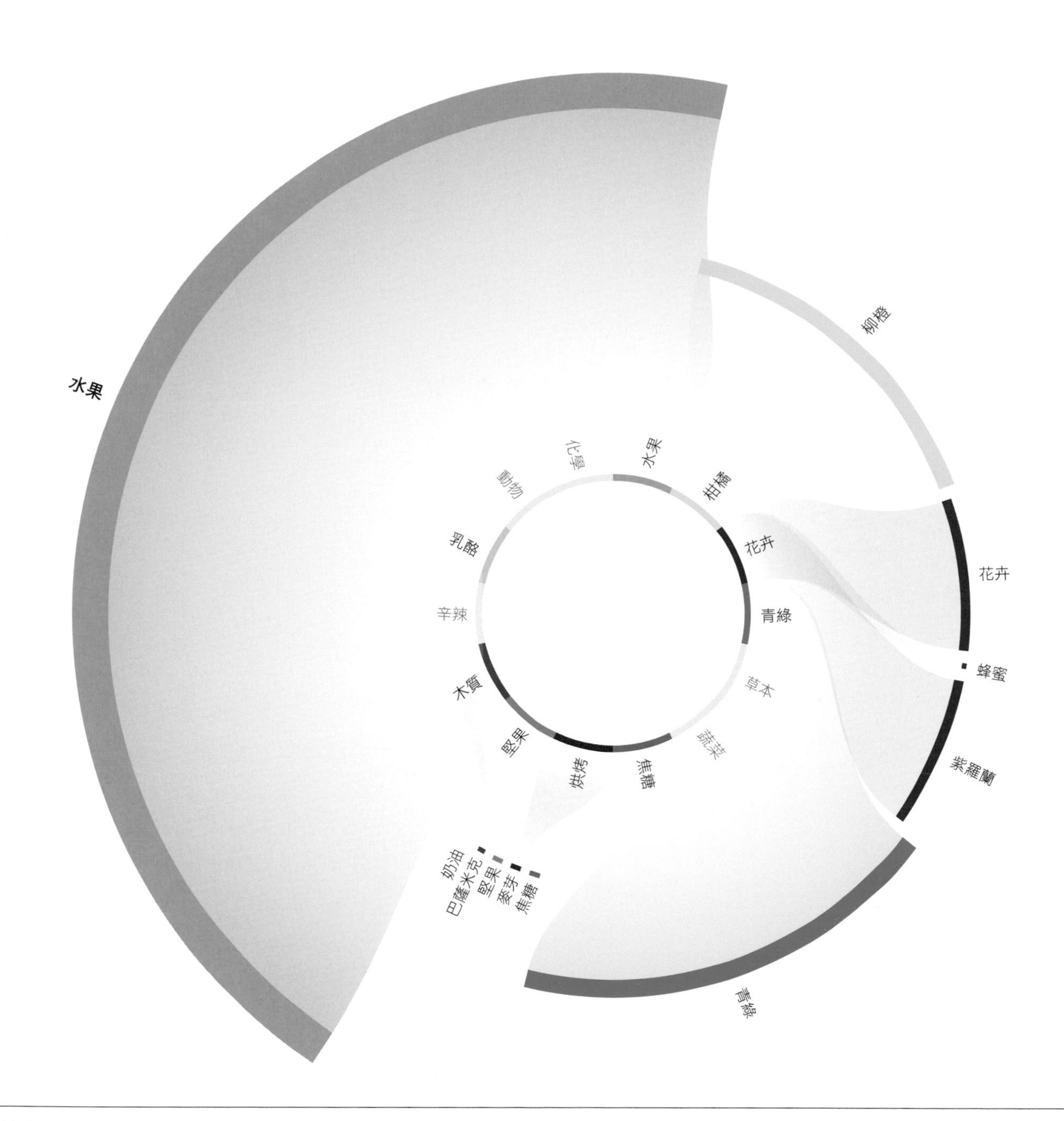

番薯香氣輪廓

除了果香以外，番薯還因為含苯甲醛分子而經常被形容為有堅果風味。這些杏仁味香氣分子提供了與蘋果、桃子、櫻桃、熟防風根和烤火雞之間的香氣連結——感恩節或聖誕節的完美組合。

	水果	柑橘	花卉	青綠	草本	蔬菜	焦糖	烘烤	堅果	木質	辛辣	乳酪	動物	化學
番薯														
肯特芒果														
烤豬五花														
哈密瓜														
黑莓														
黃瓜														
烤花生														
北京烤鴨														
綠捲鬚生菜														
乾木槿花														
金目鱸														

潛在搭配：水煮番薯和芒果

以椰奶和辣椒做成的辛辣濃郁芒果番薯咖哩配大蝦或鮭魚也很好吃。

潛在搭配：烤番薯和小檗

烤番薯和乾小檗皆具柑橘調。雖然現在最常跟伊朗料理聯想在一起，但小檗這種小小的寶石紅漿果幾世紀以來也在歐洲和其他地區被用來為菜餚增添鮮艷顏色和明顯酸味，就像今日的柑橘皮。

相關香氣輪廓

水煮番薯

將番薯水煮會減少水果調，增加花卉、紫羅蘭味香氣分子和焦糖調，但沒有甲硫基丙醛，因此不會產生許多水煮食材的蔬菜—馬鈴薯味。

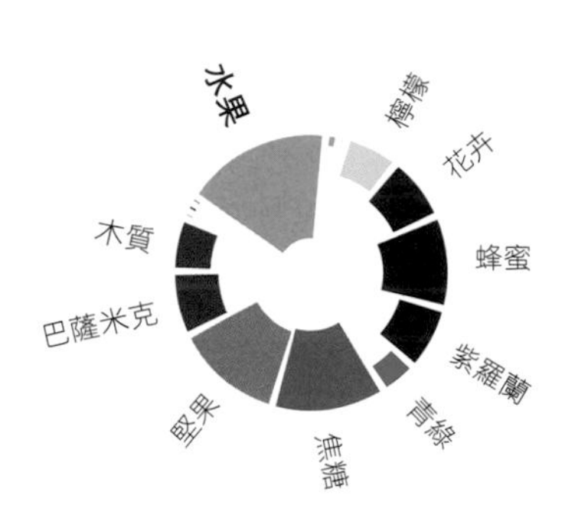

	水果	柑橘	花卉	青綠	草本	蔬菜	焦糖	烘烤	堅果	木質	辛辣	乳酪	動物	化學
水煮番薯														
巴薩米克醋														
水煮朝鮮薊														
咖哩葉														
草莓														
野薄荷														
新鮮食用玫瑰花瓣														
芒果														
乾式熟成牛肉														
煙燻大西洋鮭魚														
蘋果醬														

烤番薯

番薯用烤的會加強水果、堅果和花卉香氣並產生木質味的碳氫化合物及呋喃。它也含大量存在於香菜的芳樟醇香氣分子。

水果
檸檬
花卉
蜂蜜
紫羅蘭
青綠
焦糖
堅果
巴薩米克
木質

	水果	柑橘	花卉	青綠	草本	蔬菜	焦糖	烘烤	堅果	木質	辛辣	乳酪	動物	化學
烤番薯														
醃漬櫻葉														
熟鄉村火腿														
乾小檗														
韓國魚露														
肉桂														
松子														
清燉多寶魚														
烤杏仁														
羅勒														
豆蔻籽														

經典搭配：番薯和火雞

在美國南部，感恩節烤火雞經常配上頂部鋪了棉花糖的烤番薯以及傳統的馬鈴薯泥、四季豆和蔓越莓醬。

潛在搭配：番薯和干邑白蘭地

玫瑰味的乙位—大馬酮是干邑白蘭地（見次頁）的關鍵香氣化合物，它也存在於某些番薯品種。類胡蘿蔔素和生番薯裡的 β - 胡蘿蔔素一樣，降解會形成乙位—大馬酮。

番薯食材搭配

水果　柑橘　花卉　青綠　草本　蔬菜　焦糖　烘烤　堅果　木質　辛辣　乳酪　動物　化學

烤火雞

冬瓜
乾歐白芷根
加拉蘋果
普通百里香
龍卡爾乳酪
蕪蕎菜
醬油膏
乾蠔菇
核桃
甜櫻桃

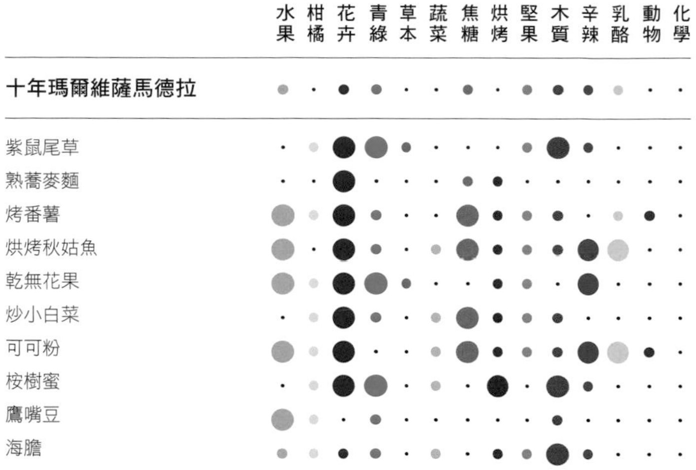

水果　柑橘　花卉　青綠　草本　蔬菜　焦糖　烘烤　堅果　木質　辛辣　乳酪　動物　化學

十年瑪爾維薩馬德拉

紫鼠尾草
熟蕎麥麵
烤番薯
烘烤秋姑魚
乾無花果
炒小白菜
可可粉
桉樹蜜
鷹嘴豆
海膽

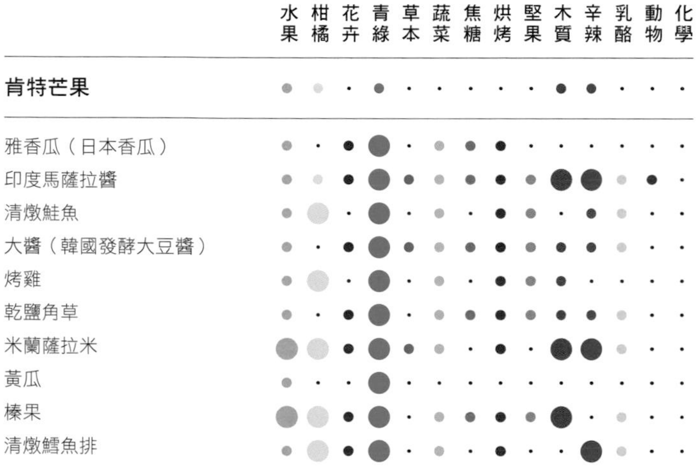

水果　柑橘　花卉　青綠　草本　蔬菜　焦糖　烘烤　堅果　木質　辛辣　乳酪　動物　化學

肯特芒果

雅香瓜（日本香瓜）
印度馬薩拉醬
清燉鮭魚
大醬（韓國發酵大豆醬）
烤雞
乾鹽角草
米蘭薩拉米
黃瓜
榛果
清燉鱈魚排

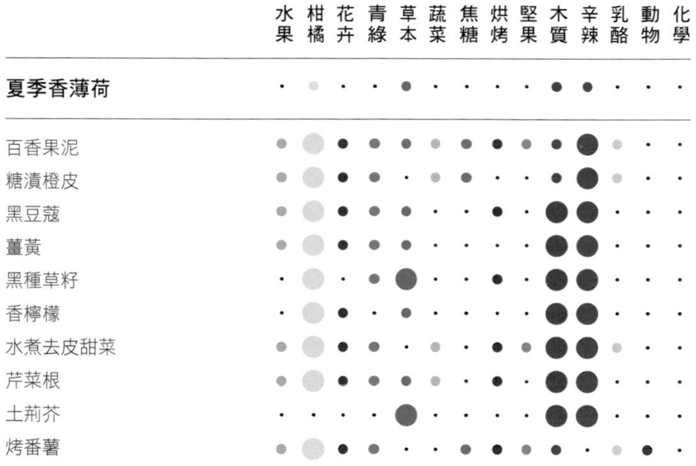

水果　柑橘　花卉　青綠　草本　蔬菜　焦糖　烘烤　堅果　木質　辛辣　乳酪　動物　化學

夏季香薄荷

百香果泥
糖漬橙皮
黑豆蔻
薑黃
黑種草籽
香檸檬
水煮去皮甜菜
芹菜根
土荊芥
烤番薯

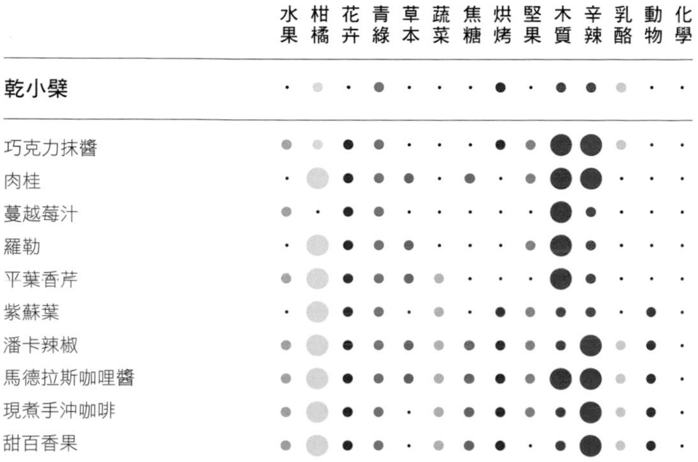

水果　柑橘　花卉　青綠　草本　蔬菜　焦糖　烘烤　堅果　木質　辛辣　乳酪　動物　化學

乾小檗

巧克力抹醬
肉桂
蔓越莓汁
羅勒
平葉香芹
紫蘇葉
潘卡辣椒
馬德拉斯咖哩醬
現煮手沖咖啡
甜百香果

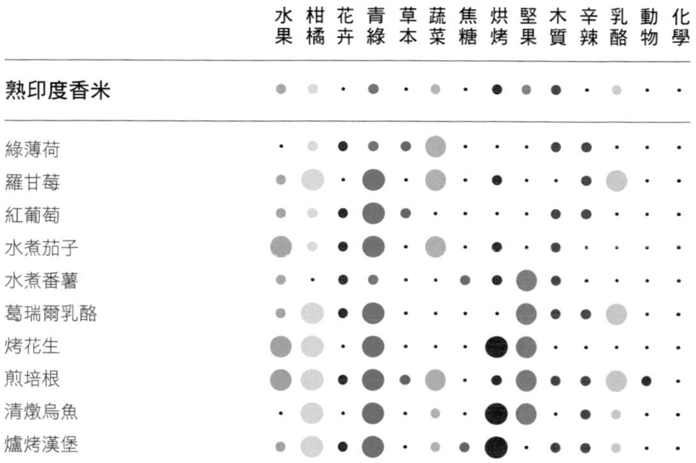

水果　柑橘　花卉　青綠　草本　蔬菜　焦糖　烘烤　堅果　木質　辛辣　乳酪　動物　化學

熟印度香米

綠薄荷
羅甘莓
紅葡萄
水煮茄子
水煮番薯
葛瑞爾乳酪
烤花生
煎培根
清燉烏魚
爐烤漢堡

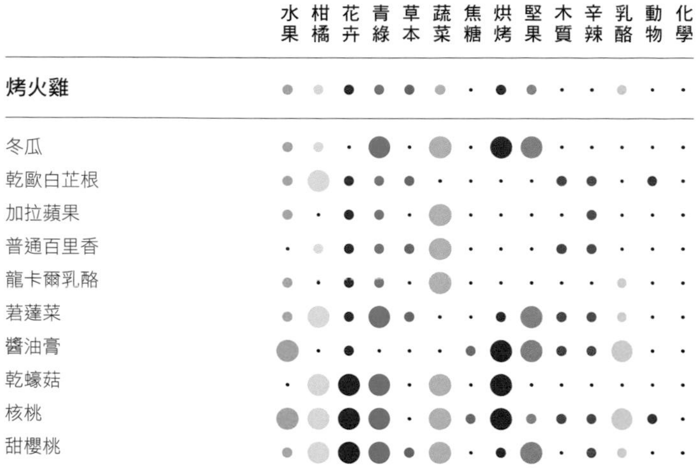

干邑白蘭地

干邑白蘭地的品飲筆記根據年數有所不同：較年輕的干邑可能嘗起來像玫瑰、香草或烤堅果和香料，陳放十年以上的干邑則散發特有的「陳釀」（rancio）氣味——代表這是一瓶好酒。這些干邑多了一層深度，含玫瑰、香草、木質和烤堅果及香料調。隨著時間過去，干邑的風味加深，變得更有巧克力味並帶有糖漬水果調。陳放最久的特級干邑會有雪松木或菸草般的特質及肉豆蔻辛辣調。

干邑具有特別的法定產區酒級別，深受葡萄酒和烈酒愛好者青睞。這種二次蒸餾白蘭地以法國城鎮干邑（Cognac）命名，僅於干邑限定地區（Cognac Delimited Region）生產，包含大部分的夏朗德省、濱海夏朗德省和小部分的多爾多涅省和德塞夫勒省。限定地區中有六個「產區」（cru），每一區都有獨特的土壤特性和氣候，生產的干邑風格和命名都與產地一致。

如何生產干邑

為了保有法定產區酒級別，干邑必須依循非常嚴格的原產地、命名和生產方法製造。第一步是將白玉霓、白福爾和可倫巴葡萄榨汁，形成白酒基底，90% 以上必須來自這幾種葡萄。

稱之為夏朗德壺式蒸餾法（Charentais distillation）的雙重蒸餾過程必須使用銅製壺式蒸餾器。基酒被移至鍋爐加熱以取得「初蒸酒」（brouillis，第一次蒸餾）和酒頭（head）。酒精含量為 27-30% 的初蒸酒接著回到壺式蒸餾器進行二次蒸餾，進一步分為「酒頭」、「酒心」（heart）、「酒次」（seconds）和「酒尾」（tail）。經雙重蒸餾的酒心是無色的「生命之水」（eau de vie），其香氣輪廓只比最初的基酒稍微複雜一點。

干邑大部分的水果、烘烤和麥芽揮發性化合物在經過生命之水的雙重蒸餾過程後便已存在。雖然這些化合物會對干邑的最終風味產生某些作用，但主要關鍵還是來自於陳放過程。隨著干邑在橡木桶中成熟，數百種不同的揮發性化合物開始形成，並受到幾個因素影響。

首先，生命之水在新橡木桶中陳放，使單寧變得柔和，接著移至使用過的老橡木桶讓風味更加完整。通賽（Tronçais）橡木桶干邑散發較柔和的單寧和辛辣椰子調，利穆贊（Limousin）橡木桶干邑則擁有較平衡的煙燻香草特質和較強烈的單寧味。經過烘烤的橡木桶會賦予干邑額外的木質、烘烤層次。

干邑的蒸發率受溫度、濕度和木桶尺寸影響：較高的溫度和較大的表面積會讓蒸發速度增加。酒精蒸發得比水快，每年約以 3% 的速率逸出「天使的份」，讓桶內有空氣流通而導致氧化作用。這些要素都必須在干邑的陳放過程中納入考量，最後酒精含量應為 40% 左右。

相關香氣輪廓：干邑白酒基底

天然酵母用來發酵基酒數週，形成具明顯花香、低酸的葡萄酒並帶有些許水果、柑橘調，酒精濃度僅約 7-8%。

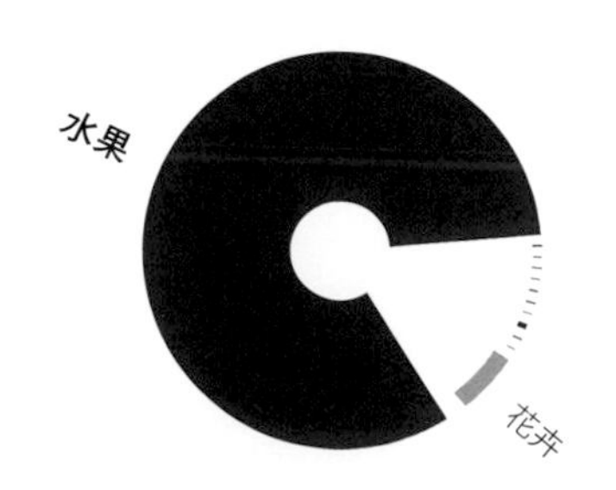

相關香氣輪廓：干邑烈酒基底

生命之水的香氣輪廓含有許多和基酒相同的揮發性化合物，但花卉調減少而水果、烘烤和麥芽香氣分子濃度增加。

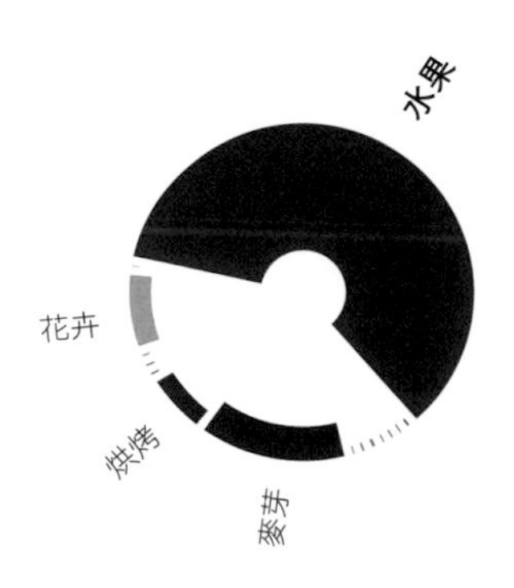

軒尼詩 VS 干邑白蘭地

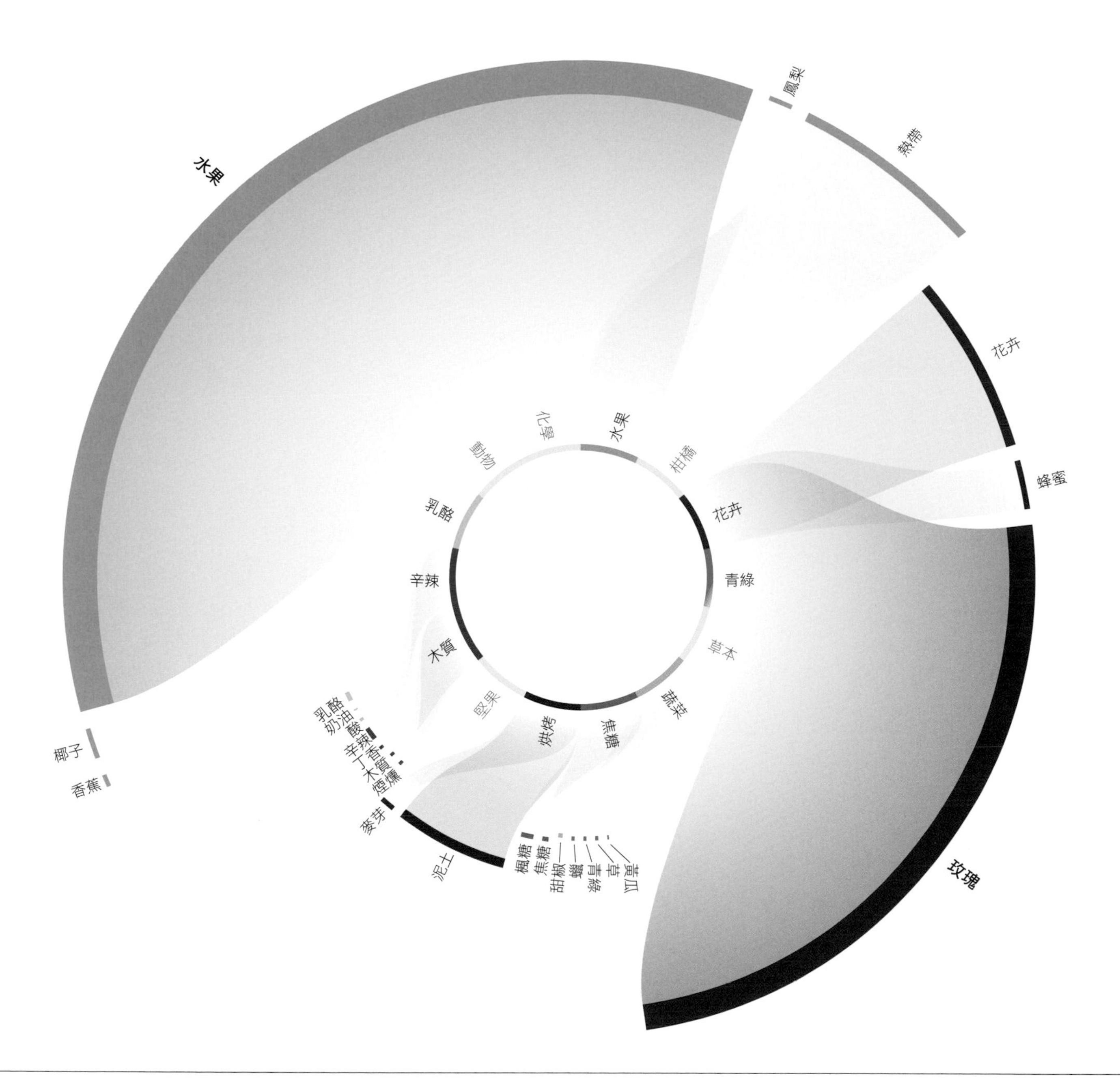

軒尼詩 VS 干邑白蘭地香氣輪廓

隨著干邑在橡木桶中成熟，一開始生命之水的花卉、玫瑰香因乙位-大馬酮濃度減少而逐漸轉為蘋果調。「VS」和「VSOP」標籤顯示干邑在橡木桶中的陳放年數。「VS」（Very Special）干邑陳放至少二年；「VSOP」（Very Superior Old Pale）由不同干邑混合而成，其中最年輕的必須至少桶陳四年，有時也稱為「Reserve」或「Old」。

	水果	柑橘	花卉	青綠	草本	蔬菜	焦糖	烘烤	堅果	木質	辛辣	乳酪	動物	化學
軒尼詩 VS 干邑白蘭地	●	●	●	●	●	●	●	●	●	●	●	●	●	●
牡蠣	●	●	●	●	●	●	●	●	●	●	●	●	●	●
毛豆	●	●	●	●	●	●	●	●	●	●	●	●	●	●
番紅花	●	●	●	●	●	●	●	●	●	●	●	●	●	●
綠茶	●	●	●	●	●	●	●	●	●	●	●	●	●	●
綠捲鬚生菜	●	●	●	●	●	●	●	●	●	●	●	●	●	●
烘烤大扇貝	●	●	●	●	●	●	●	●	●	●	●	●	●	●
網烤多寶魚	●	●	●	●	●	●	●	●	●	●	●	●	●	●
義大利薩拉米	●	●	●	●	●	●	●	●	●	●	●	●	●	●
菊苣	●	●	●	●	●	●	●	●	●	●	●	●	●	●
水煮青花菜	●	●	●	●	●	●	●	●	●	●	●	●	●	●

軒尼詩 XO 干邑白蘭地

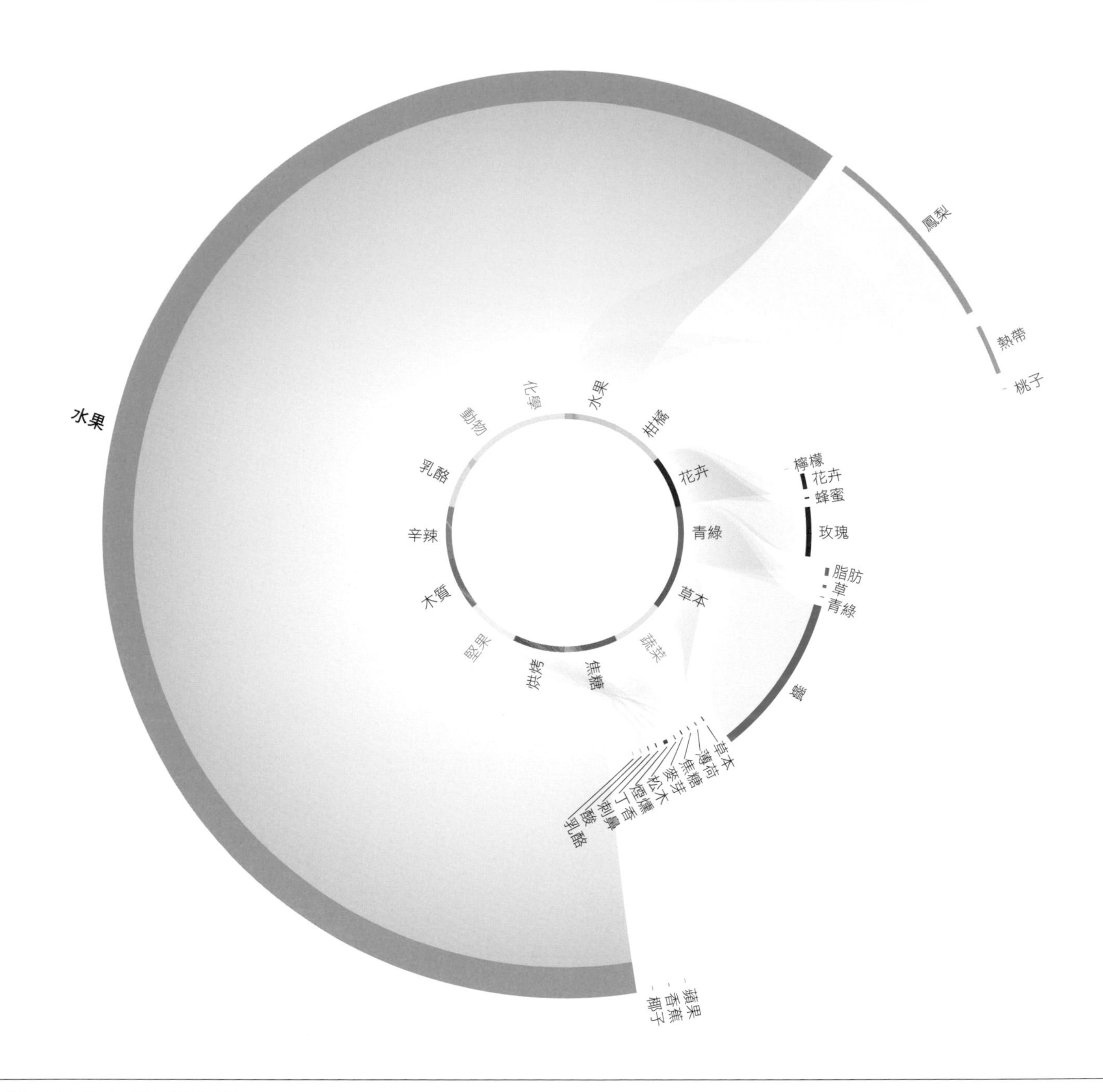

軒尼詩 XO 干邑白蘭地香氣輪廓

「XO」（Extra Old）干邑的平均年數從十年至二十年以上不等；也可稱之為「Extra」、「Old Reserve」、「Hors d'Age」或在某些情況下「Napoléon」。陳放已久的干邑最後會發展出煮熟水果般的調性，因為果香酯類在成熟過程中形成。另外還有桶陳過程產生的椰子味。

	水果	柑橘	花卉	青綠	草本	蔬菜	焦糖	烘烤	堅果	木質	辛辣	乳酪	動物	化學
軒尼詩 XO 干邑白蘭地	●	●	●	●	●	●	●	●	●	●	●	●	●	●
泰國青檸葉	●	●	●	●	●	●	●	●	●	●	●	●	●	●
烤榛果泥	●	●	●	●	●	●	●	●	●	●	●	●	●	●
烤紅甜椒	●	●	●	●	●	●	●	●	●	●	●	●	●	●
熟糙米	●	●	●	●	●	●	●	●	●	●	●	●	●	●
沙丁魚	●	●	●	●	●	●	●	●	●	●	●	●	●	●
紅橘	●	●	●	●	●	●	●	●	●	●	●	●	●	●
哥倫比亞咖啡	●	●	●	●	●	●	●	●	●	●	●	●	●	●
蠶豆	●	●	●	●	●	●	●	●	●	●	●	●	●	●
燉小點貓鯊	●	●	●	●	●	●	●	●	●	●	●	●	●	●
櫻桃果醬	●	●	●	●	●	●	●	●	●	●	●	●	●	●

潛在搭配：XO 干邑白蘭地和紅橘

拿破崙香橙干邑香甜酒由干邑白蘭地和紅橘製成，加上香草及香料。它的香氣輪廓含干邑白蘭地和紅橘也有的分子：紅橘的花卉、柑橘和木質調加上干邑白蘭地的水果、花卉調。丁香和大茴香等附加物則增添草本和辛辣調。

潛在搭配：干邑白蘭地和香菇

根據品牌不同，干邑白蘭地也可能含有具蘑菇味的 1- 辛烯 -3- 醇。這種氣味劑是香菇（見次頁）的關鍵分子之一，帶來明顯的泥土、蘑菇味。

干邑白蘭地食材搭配

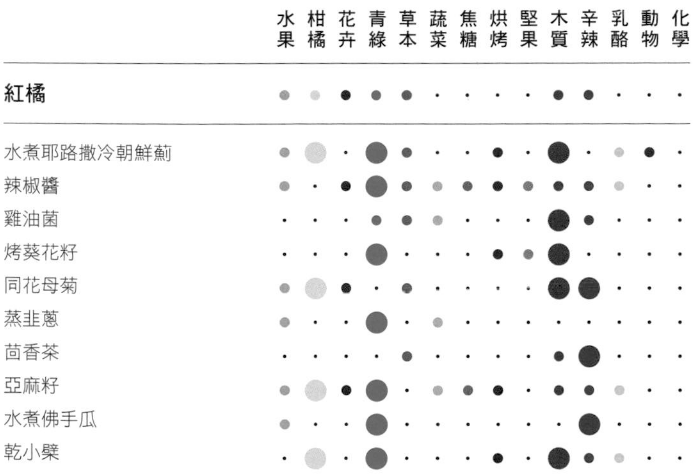

水果 柑橘 花卉 青綠 草本 蔬菜 焦糖 烘烤 堅果 木質 辛辣 乳酪 動物 化學

紅橘

水煮耶路撒冷朝鮮薊
辣椒醬
雞油菌
烤葵花籽
同花母菊
蒸韭蔥
茴香茶
亞麻籽
水煮佛手瓜
乾小檗

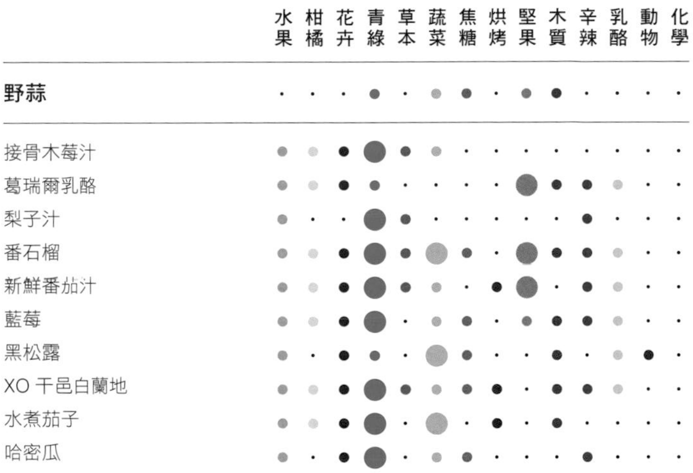

水果 柑橘 花卉 青綠 草本 蔬菜 焦糖 烘烤 堅果 木質 辛辣 乳酪 動物 化學

野蒜

接骨木莓汁
葛瑞爾乳酪
梨子汁
番石榴
新鮮番茄汁
藍莓
黑松露
XO 干邑白蘭地
水煮茄子
哈密瓜

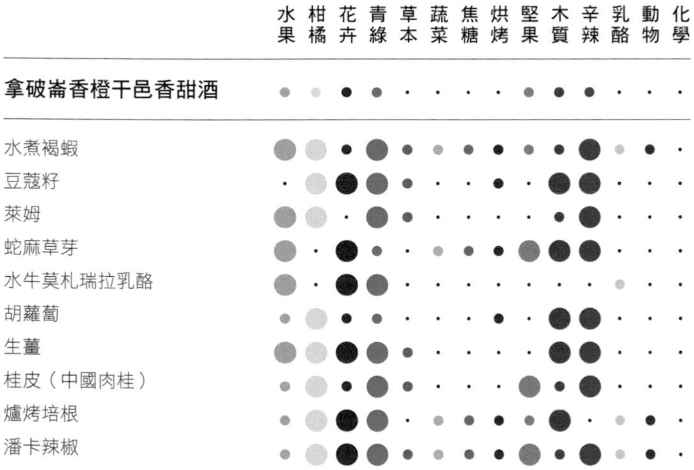

水果 柑橘 花卉 青綠 草本 蔬菜 焦糖 烘烤 堅果 木質 辛辣 乳酪 動物 化學

拿破崙香橙干邑香甜酒

水煮褐蝦
豆蔻籽
萊姆
蛇麻草芽
水牛莫札瑞拉乳酪
胡蘿蔔
生薑
桂皮（中國肉桂）
爐烤培根
潘卡辣椒

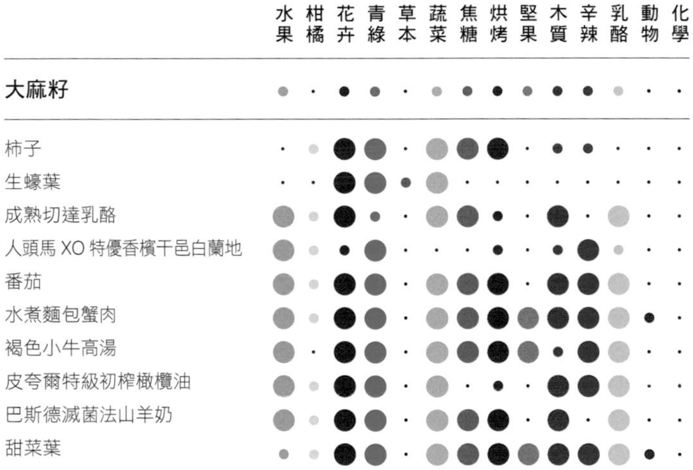

水果 柑橘 花卉 青綠 草本 蔬菜 焦糖 烘烤 堅果 木質 辛辣 乳酪 動物 化學

大麻籽

柿子
生蠔葉
成熟切達乳酪
人頭馬 XO 特優香檳干邑白蘭地
番茄
水煮麵包蟹肉
褐色小牛高湯
皮夸爾特級初榨橄欖油
巴斯德滅菌法山羊奶
甜菜葉

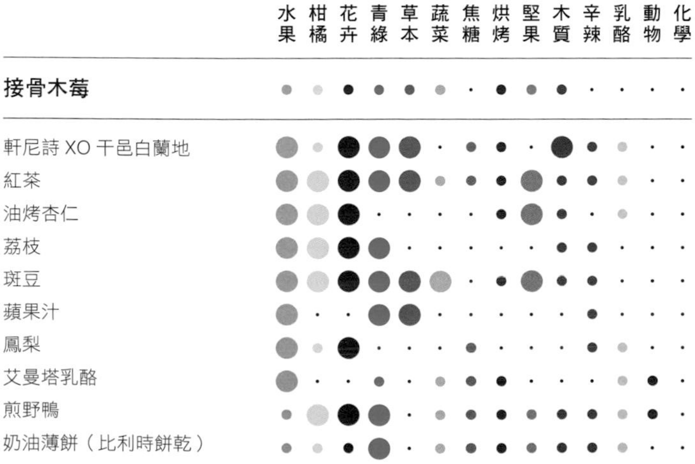

水果 柑橘 花卉 青綠 草本 蔬菜 焦糖 烘烤 堅果 木質 辛辣 乳酪 動物 化學

接骨木莓

軒尼詩 XO 干邑白蘭地
紅茶
油烤杏仁
荔枝
斑豆
蘋果汁
鳳梨
艾曼塔乳酪
煎野鴨
奶油薄餅（比利時餅乾）

香菇

香菇在傳統亞洲料理中是不可或缺的食材，它有滿滿的鮮味能讓鹹香菜餚美味倍增而深受喜愛。香氣分子 1- 辛烯 -3- 醇，有時也稱為「菇醇」，為香菇帶來明顯的強烈菇味。

這種風味濃郁的菌類大多來自中國或韓國，但日本種植的椎茸最受歡迎。「茸」是日語「菇」的意思，「椎」指的則是傳統用來種香菇的特定樹木。日本的種法為截取段木打孔，植入年輕的香菇菌絲，接著置於森林完成生長周期。這些香菇的特色為深褐色圓形菌傘，邊緣一致內捲，菌褶潮濕、密集呈放射狀圍繞著菌柄。品質較差的香菇會在氣候控制溫室裡以太空包培養，也就是富含纖維素、裝滿木屑和米糠的塑膠袋——這個方法能縮短生長期並大幅提高產量。鋸屑栽培的香菇菌蓋較乾扁，缺乏段木栽培的強烈芳香和理想風味。

新鮮乾燥比一比

新鮮香菇整朵散發的氣味較細緻。切開香菇會破壞其細胞壁，釋放出酵素與周遭香氣化合物產生化學反應，使菇味強烈的新香氣分子形成，包含 1- 辛烯 -3- 醇。挑菌褶大一點、發展較完全的成熟香菇，大部分的香氣化合物都集中於此。菌傘較小、沒張開的則風味較差。

乾香菇的風味比新鮮的還要更加濃郁，也一樣經常使用於亞洲烹調。它為高湯和肉汁增添鹹香鮮美，像是日式高湯以及沾醬。乾香菇要挑深褐色菌傘重量較輕的，這可能代表乾燥過程有較好的品質管制。乾香菇應該在採收一年之內食用，確保最佳風味也避免發霉。

- 新鮮香菇經常加在日本味噌湯裡。
- 香菇時常用於熬煮和燉煮料理或中式炒菜，像是素食羅漢齋。

相關香氣輪廓：乾香菇

乾香菇有較大比例的菇味分子，比新鮮香菇散發更強烈的菇類風味，另外還有洋蔥化合物及額外的草本調。

	水果	柑橘	花卉	青綠	草本	蔬菜	焦糖	烘烤	堅果	木質	辛辣	乳酪	動物	化學
乾香菇	·	·	·	·	●	●	·	·	·	·	·	·	·	·
白菜泡菜	●	●	●	●	·	⬤	●	●	●	●	●	●	●	·
網烤牛肉	●	●	●	●	●	⬤	●	●	●	●	●	·	●	·
螯蝦	·	·	·	●	·	⬤	·	●	●	·	·	●	·	·
黑醋栗	●	●	●	●	·	⬤	·	·	·	●	●	·	·	·
水煮蠶豆	·	●	●	●	·	⬤	·	●	·	·	·	●	·	·
波蘭藍紋乳酪	·	·	●	●	·	⬤	·	·	●	·	·	●	·	·
大蒜	●	·	·	●	·	⬤	·	·	●	·	●	·	●	·
水煮花椰菜	·	●	·	·	·	⬤	·	·	●	·	●	●	·	·
熟黑皮波羅門參	●	·	●	●	·	⬤	●	●	●	·	●	●	·	·
水煮芹菜根	·	●	●	·	●	⬤	·	●	·	·	●	·	·	·

香菇

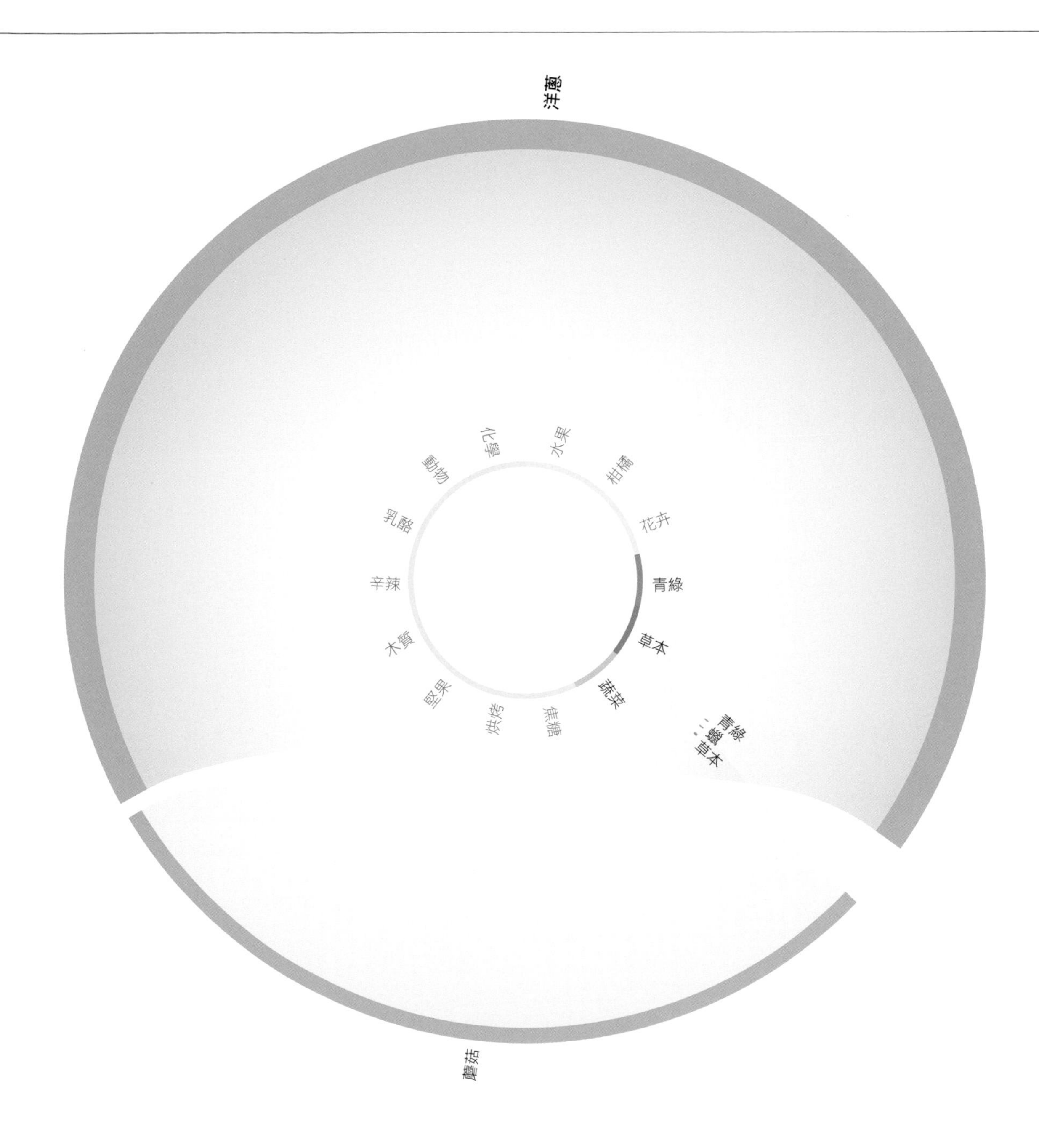

香菇香氣輪廓

和所有菇類一樣，香菇的明顯菇味來自 1- 辛烯 -3- 醇，這個香氣分子聞起來稍微帶有泥土味和草本、乾草調。其他硫味化合物也在新鮮香菇的香氣輪廓裡占有一部分。

	水果	柑橘	花卉	青綠	草本	蔬菜	焦糖	烘烤	堅果	木質	辛辣	乳酪	動物	化學
香菇	·	·	·	●	●	●	·	·	·	·	·	·	·	·
多寶魚	●	·	●	⬤	·	●	·	·	●	·	·	●	·	·
北京烤鴨	●	●	●	●	·	⬤	·	●	●	·	·	●	●	·
烤榛果泥	·	●	·	●	·	⬤	●	●	●	●	·	●	·	·
乾椰子	●	●	·	⬤	·	·	·	●	●	·	·	●	·	·
可可粉	●	●	●	·	·	⬤	●	●	●	●	●	●	●	·
清燉鮭魚	●	●	·	●	·	⬤	·	●	●	·	●	●	·	·
番石榴	●	●	●	⬤	⬤	⬤	●	●	●	●	●	●	·	·
布里乳酪	●	·	●	●	·	⬤	·	●	·	●	·	●	●	·
抱子甘藍	·	·	·	●	·	⬤	·	·	·	·	●	·	·	·
乾木槿花	·	●	·	●	⬤	⬤	●	●	·	·	●	·	·	·

經典搭配：日本料理中的香菇

香菇是受歡迎的天婦羅材料，搭配的沾醬以日式高湯、味醂、醬油和現磨蘿蔔泥做成。若要製作素食版的日式高湯，將乾香菇與昆布一起熬煮即可。

經典佳餚：煨香菇小白菜

這道上海蔬食是傳統年菜。將泡過水的乾香菇以蠔油、醬油、糖、麻油和米酒調味的湯汁煨煮，再擺上燙過的小白菜。

香菇食材搭配

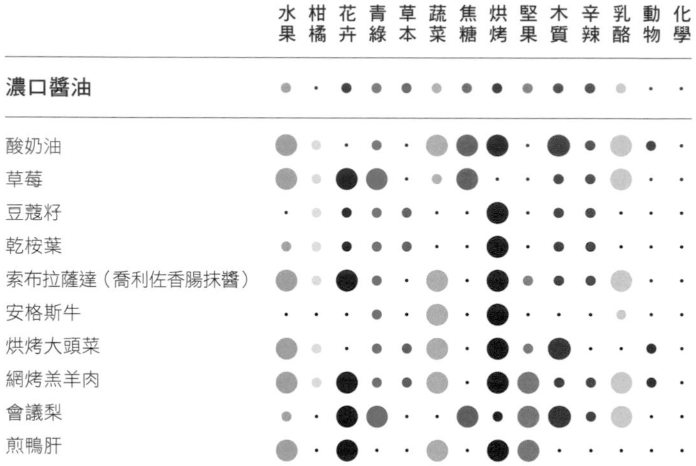
水果 柑橘 花卉 青綠 草本 蔬菜 焦糖 烘烤 堅果 木質 辛辣 乳酪 動物 化學
濃口醬油
酸奶油
草莓
豆蔻籽
乾桉葉
索布拉薩達（喬利佐香腸抹醬）
安格斯牛
烘烤大頭菜
網烤羔羊肉
會議梨
煎鴨肝

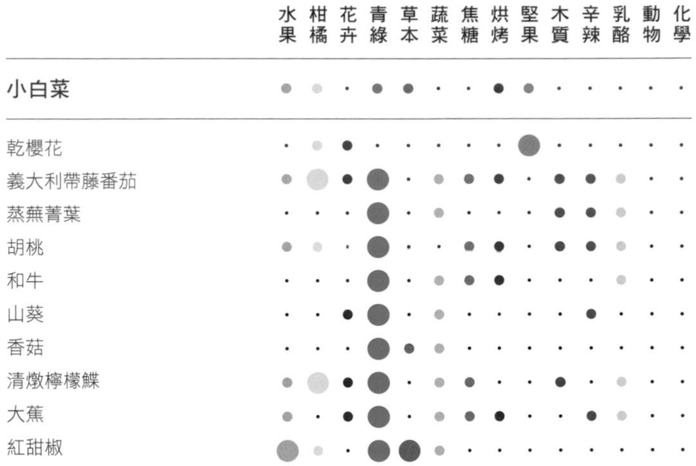
水果 柑橘 花卉 青綠 草本 蔬菜 焦糖 烘烤 堅果 木質 辛辣 乳酪 動物 化學
小白菜
乾櫻花
義大利帶藤番茄
蒸蕪菁葉
胡桃
和牛
山葵
香菇
清燉檸檬鰈
大蕉
紅甜椒

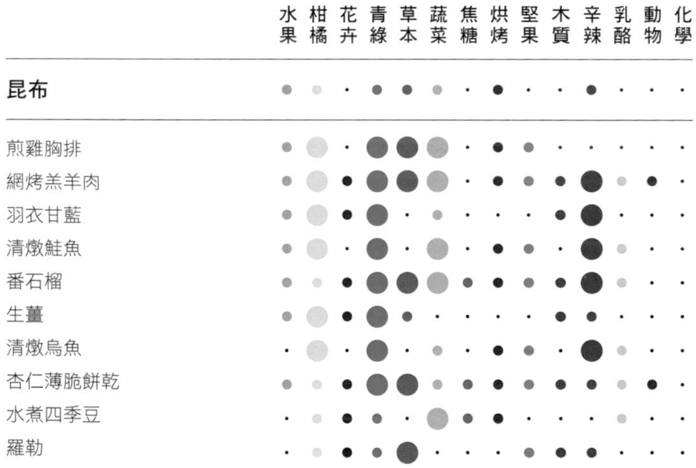
水果 柑橘 花卉 青綠 草本 蔬菜 焦糖 烘烤 堅果 木質 辛辣 乳酪 動物 化學
昆布
煎雞胸排
網烤羔羊肉
羽衣甘藍
清燉鮭魚
番石榴
生薑
清燉烏魚
杏仁薄脆餅乾
水煮四季豆
羅勒

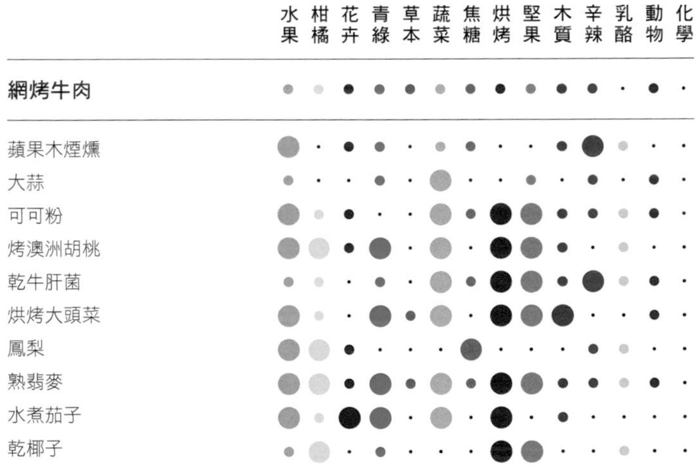
水果 柑橘 花卉 青綠 草本 蔬菜 焦糖 烘烤 堅果 木質 辛辣 乳酪 動物 化學
網烤牛肉
蘋果木煙燻
大蒜
可可粉
烤澳洲胡桃
乾牛肝菌
烘烤大頭菜
鳳梨
熟翡麥
水煮茄子
乾椰子

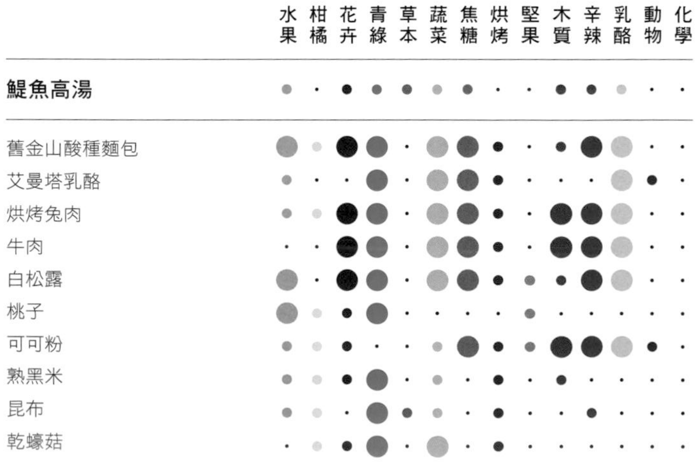
水果 柑橘 花卉 青綠 草本 蔬菜 焦糖 烘烤 堅果 木質 辛辣 乳酪 動物 化學
鯷魚高湯
舊金山酸種麵包
艾曼塔乳酪
烘烤兔肉
牛肉
白松露
桃子
可可粉
熟黑米
昆布
乾蠔菇

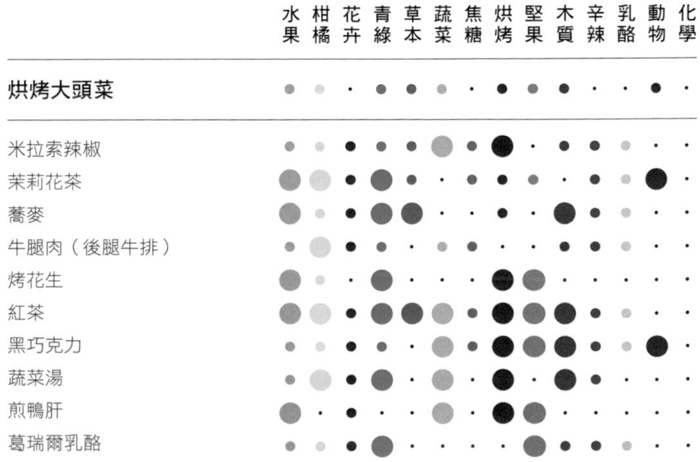
水果 柑橘 花卉 青綠 草本 蔬菜 焦糖 烘烤 堅果 木質 辛辣 乳酪 動物 化學
烘烤大頭菜
米拉索辣椒
茉莉花茶
蕎麥
牛腿肉（後腿牛排）
烤花生
紅茶
黑巧克力
蔬菜湯
煎鴨肝
葛瑞爾乳酪

潛在搭配：香菇和木槿花

乾木槿花和新鮮香菇（見第 125 頁）有共同的草本和蔬菜香氣化合物，可以試試以具酸味的木槿粉取代檸檬皮來為香菇料理增添清新調性。

潛在搭配：香菇、烤百合和肉桂

和香菇一樣，烤百合是亞洲料理的愛用食材。這兩種食材皆具蔬菜、蘑菇調。烤百合也含丁香和樟腦的辛辣調，適合搭配肉桂（見次頁）。

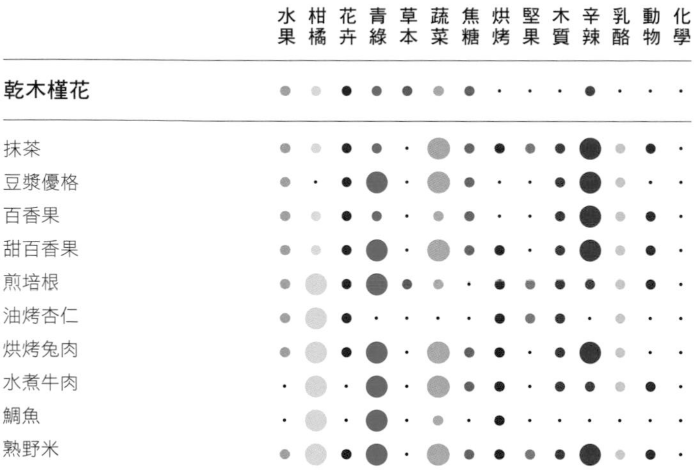

	水果	柑橘	花卉	青綠	草本	蔬菜	焦糖	烘烤	堅果	木質	辛辣	乳酪	動物	化學
乾木槿花														
抹茶														
豆漿優格														
百香果														
甜百香果														
煎培根														
油烤杏仁														
烘烤兔肉														
水煮牛肉														
鯛魚														
熟野米														

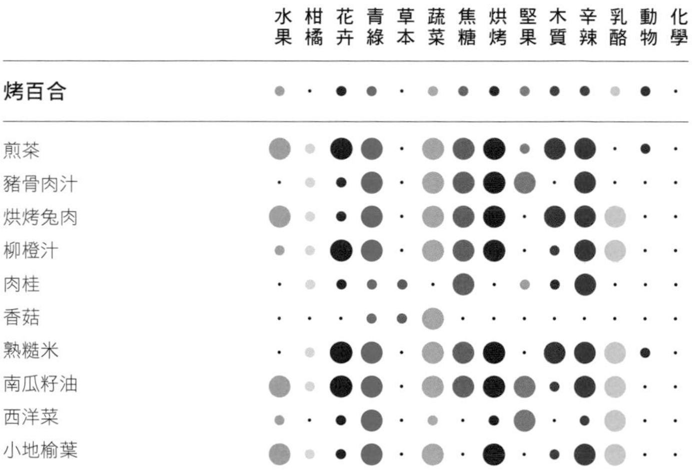

	水果	柑橘	花卉	青綠	草本	蔬菜	焦糖	烘烤	堅果	木質	辛辣	乳酪	動物	化學
烤百合														
煎茶														
豬骨肉汁														
烘烤兔肉														
柳橙汁														
肉桂														
香菇														
熟糙米														
南瓜籽油														
西洋菜														
小地榆葉														

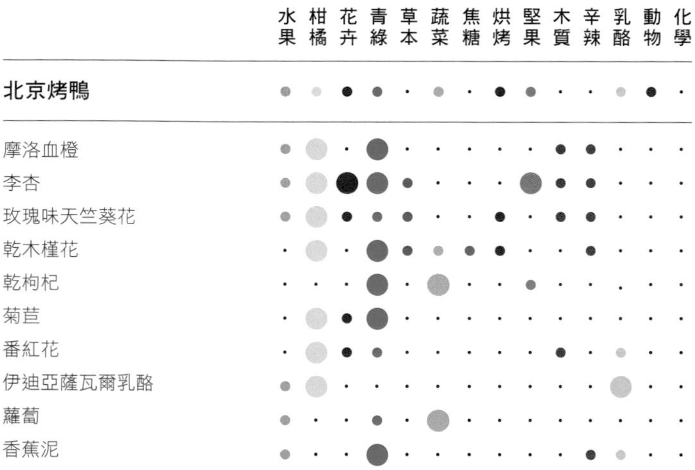

	水果	柑橘	花卉	青綠	草本	蔬菜	焦糖	烘烤	堅果	木質	辛辣	乳酪	動物	化學
北京烤鴨														
摩洛血橙														
李杏														
玫瑰味天竺葵花														
乾木槿花														
乾枸杞														
菊苣														
番紅花														
伊迪亞薩瓦爾乳酪														
蘿蔔														
香蕉泥														

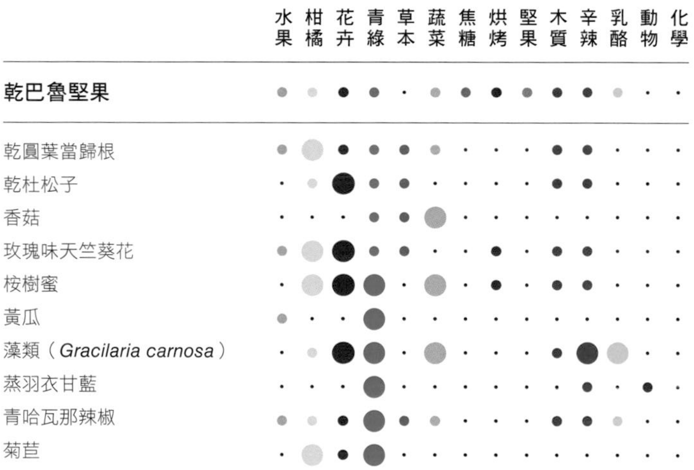

	水果	柑橘	花卉	青綠	草本	蔬菜	焦糖	烘烤	堅果	木質	辛辣	乳酪	動物	化學
乾巴魯堅果														
乾圓葉當歸根														
乾杜松子														
香菇														
玫瑰味天竺葵花														
桉樹蜜														
黃瓜														
藻類（*Gracilaria carnosa*）														
蒸羽衣甘藍														
青哈瓦那辣椒														
菊苣														

肉桂

錫蘭肉桂（Cinnamomum zeylanicum）和肉桂（Cinnamomum cassia）香料太常被混為一談而通稱為肉桂，但實際上有所不同。常見於西方、中東、北非和拉丁美洲料理的甜味褐色肉桂棒來自於斯里蘭卡常綠樹錫蘭肉桂的乾燥內樹皮。種植於中國和部分東南亞地區的肉桂樹皮味道較濃並帶有些微苦味。大部分在超市找到的肉桂粉混合了兩者——或只有桂皮。

肉桂很早就被古希臘和羅馬人使用，可能由中東商人供應。尋找肉桂來源為十五、十六世紀歐洲探險家的動機之一，最後是葡萄牙人發現斯里蘭卡（當時的錫蘭）產地。斯里蘭卡仍生產世界上大部分的肉桂。後來法國人將其引入塞席爾群島。

錫蘭肉桂樹皮裡的精油含有相當高濃度的肉桂醛，散發明顯肉桂風味。其他含量較低的樟腦味揮發性化合物像是 1,8- 桉葉素，也稱為桉油醇，以及丁香味的丁香酚都貢獻了肉桂的辛香。

和錫蘭肉桂一樣，桂皮也含肉桂醛、1,8- 桉葉素和丁香酚，但濃度不同。桂皮的肉桂醛較少，香豆素較多，後者的甜味類似剛除的乾草。香豆素也是零陵香豆的關鍵香氣分子。

- 肉桂葉比樹皮有更強烈的丁香味。乾燥葉子可以用來泡茶或在牙買加燉菜、咖哩和香料飯中替代月桂葉。
- 蘋果和肉桂是深受喜愛的甜點組合，從經典法式蘋果塔到美式蘋果派都見得到。
- 肉桂是中東或北非菜餚如摩洛哥杏桃杏仁塔吉鍋雞的甜鹹調味料。
- 中式五香粉是由桂皮、八角、丁香、茴香籽和花椒磨粉混合而成的濃郁香料。
- 巧克力和肉桂的搭配，通常以液態呈現，在十六世紀肉桂首度運至西班牙之後便大受歡迎。

相關香氣輪廓：桂皮

桂皮的風味比真肉桂（錫蘭肉桂）溫暖豪邁，有較多的堅果、木質和酚類煙燻調。它的堅果味不只來自具杏仁香氣的苯甲醛，還有乾草、堅果調的香豆素。

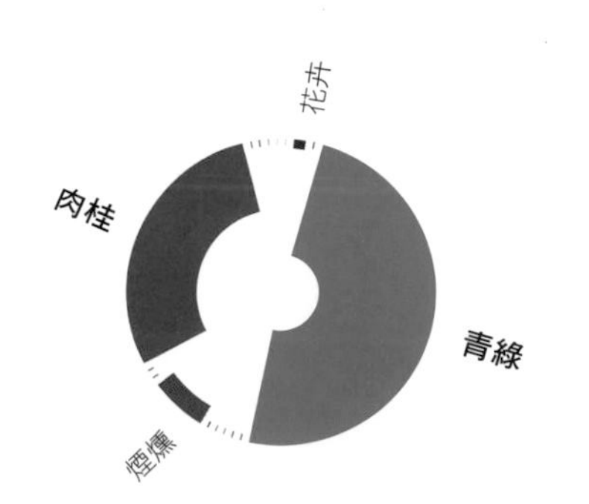

	水果	柑橘	花卉	青綠	草本	蔬菜	焦糖	烘烤	堅果	木質	辛辣	乳酪	動物	化學
桂皮（中國肉桂）	•	•	•	•	•	·	·	·	•	•	•	·	·	·
煎野斑鳩	•	•	●	•	•	•	•	•	•	•	•	•	•	·
會議梨	•	·	●	•	·	·	•	•	•	●	•	•	·	·
甜瓜	•	•	●	•	·	·	·	·	·	·	•	·	·	·
烘烤野兔	•	•	●	•	•	•	•	•	•	•	•	•	•	·
蓮霧	•	•	●	•	·	·	·	·	·	·	●	•	·	·
烘烤飛蟹	•	·	●	•	·	•	•	•	·	●	●	•	•	·
深烤杏仁	•	●	●	·	·	·	·	•	●	•	·	•	·	·
萊姆	•	●	·	●	•	·	·	·	·	•	●	·	·	·
熟黑皮波羅門參	•	·	•	•	·	•	•	•	•	·	●	•	·	·
清燉烏魚	·	●	·	●	·	•	·	•	●	·	•	•	·	·

肉桂

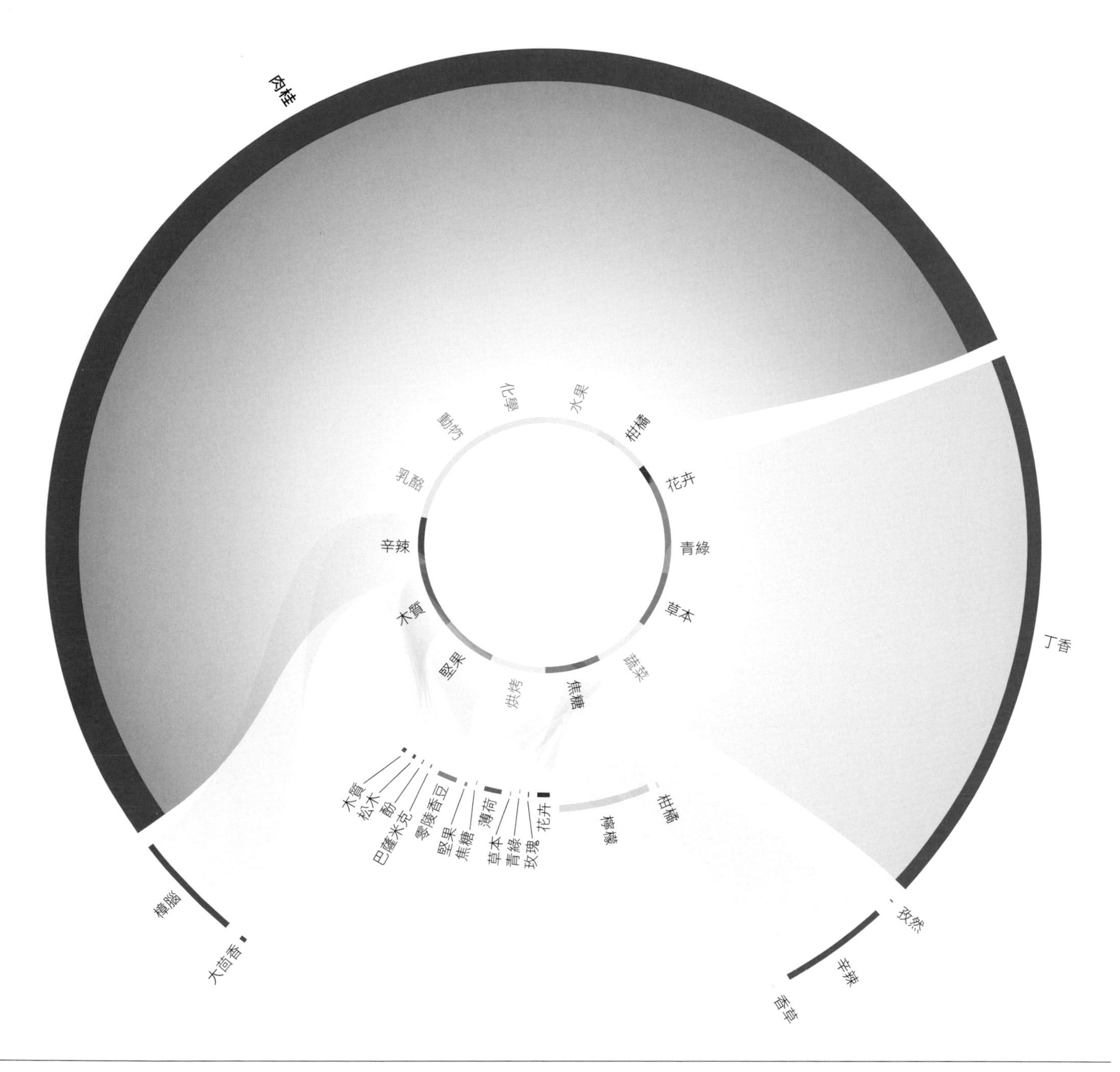

肉桂香氣輪廓

最容易識別的香氣分子是存在於香料精油中的單一特徵影響化合物，像是肉桂裡的肉桂醛，一聞到就能馬上辨認出來。肉桂比桂皮更具柑橘香氣，因為它含有柳橙味芳樟醇，以及檸檬烯和香葉醛。這些檸檬味化合物也為肉桂風味增添了清新調性。

	水果	柑橘	花卉	青綠	草本	蔬菜	焦糖	烘烤	堅果	木質	辛辣	乳酪	動物	化學
肉桂														
水煮南瓜														
薯條														
白蘑菇														
角蝦														
帕達諾乳酪														
松藻														
蜜瓜														
夏蜜柑														
水煮去皮甜菜														
乾式熟成牛肉														

經典佳餚：肉桂法式吐司

混合蛋和牛奶製作法式吐司時以香草和肉桂調味，這兩種香料都有柑橘和木質調，最後再擺上新鮮草莓、黑莓或覆盆子。

經典佳餚：黎巴嫩雞湯（shourabat djaj）

這道中東大鍋菜的做法是用肉桂、胡椒、多香果和月桂葉調味的雞高湯或水清燉一隻雞和洋蔥、胡蘿蔔等蔬菜。上桌前可以加入粉絲。最後撒一點香芹並擺上檸檬角，隨喜好擠入湯裡。

肉桂和桂皮食材搭配

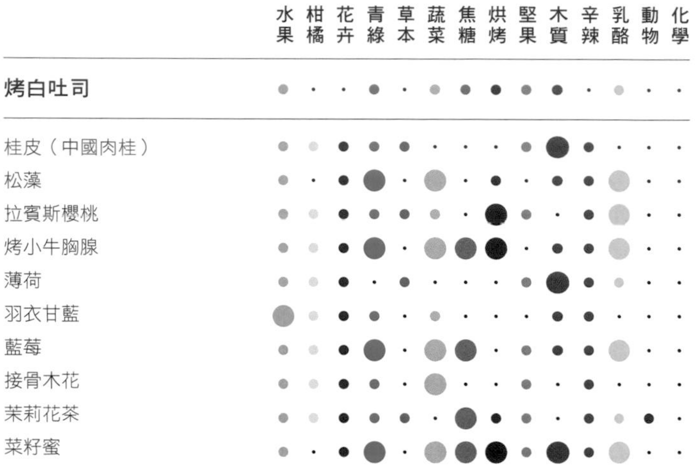

	水果	柑橘	花卉	青綠	草本	蔬菜	焦糖	烘烤	堅果	木質	辛辣	乳酪	動物	化學
烤白吐司														
桂皮（中國肉桂）														
松藻														
拉賓斯櫻桃														
烤小牛胸腺														
薄荷														
羽衣甘藍														
藍莓														
接骨木花														
茉莉花茶														
菜籽蜜														

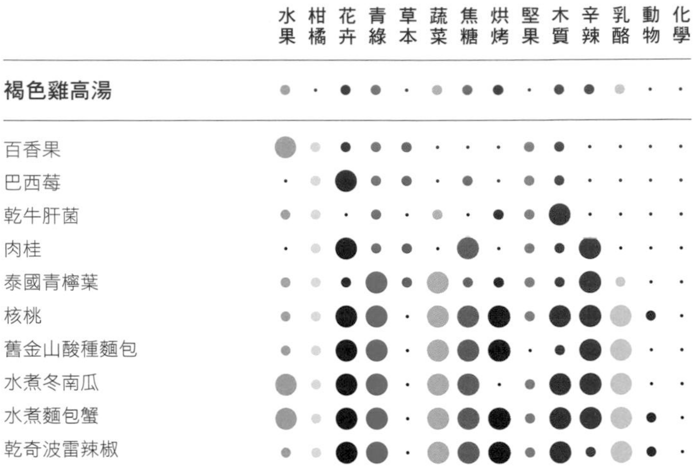

	水果	柑橘	花卉	青綠	草本	蔬菜	焦糖	烘烤	堅果	木質	辛辣	乳酪	動物	化學
褐色雞高湯														
百香果														
巴西莓														
乾牛肝菌														
肉桂														
泰國青檸葉														
核桃														
舊金山酸種麵包														
水煮冬南瓜														
水煮麵包蟹														
乾奇波雷辣椒														

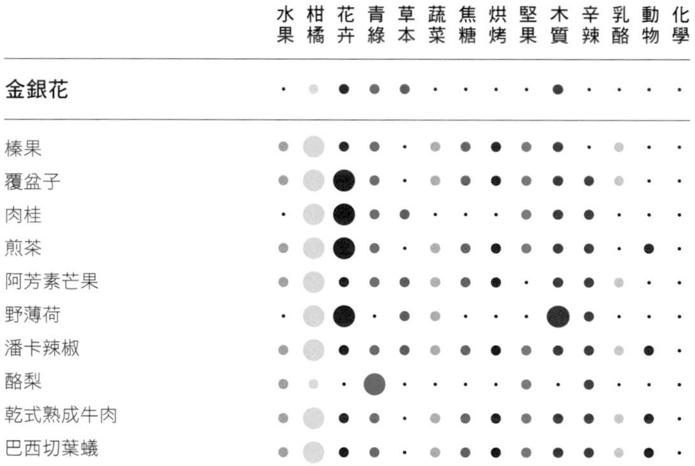

	水果	柑橘	花卉	青綠	草本	蔬菜	焦糖	烘烤	堅果	木質	辛辣	乳酪	動物	化學
金銀花														
榛果														
覆盆子														
肉桂														
煎茶														
阿芳素芒果														
野薄荷														
潘卡辣椒														
酪梨														
乾式熟成牛肉														
巴西切葉蟻														

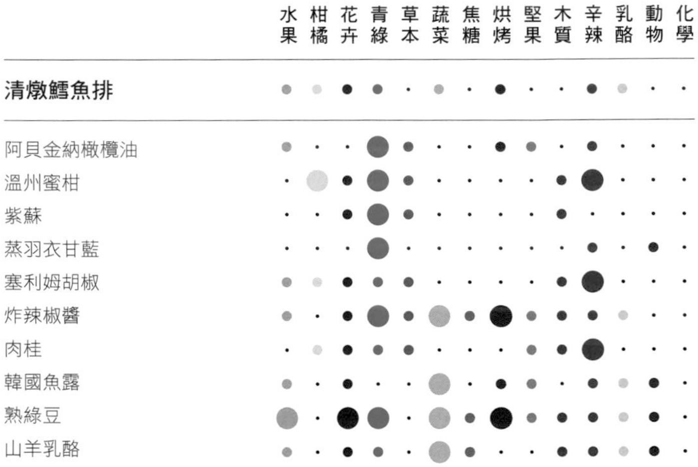

	水果	柑橘	花卉	青綠	草本	蔬菜	焦糖	烘烤	堅果	木質	辛辣	乳酪	動物	化學
清燉鱈魚排														
阿貝金納橄欖油														
溫州蜜柑														
紫蘇														
蒸羽衣甘藍														
塞利姆胡椒														
炸辣椒醬														
肉桂														
韓國魚露														
熟綠豆														
山羊乳酪														

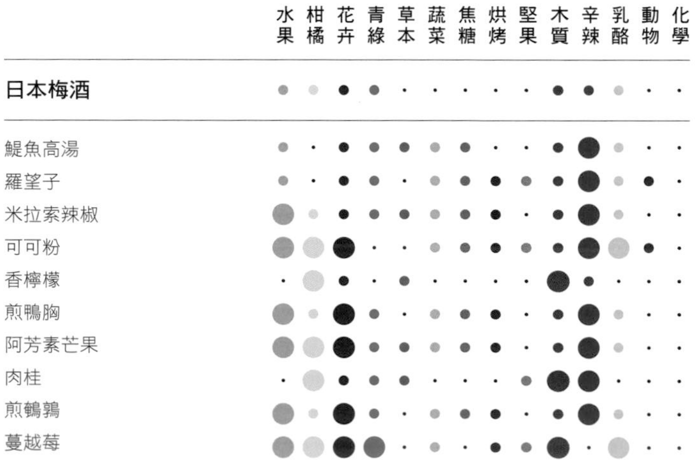

	水果	柑橘	花卉	青綠	草本	蔬菜	焦糖	烘烤	堅果	木質	辛辣	乳酪	動物	化學
日本梅酒														
鯷魚高湯														
羅望子														
米拉索辣椒														
可可粉														
香檸檬														
煎鴨胸														
阿芳素芒果														
肉桂														
煎鵪鶉														
蔓越莓														

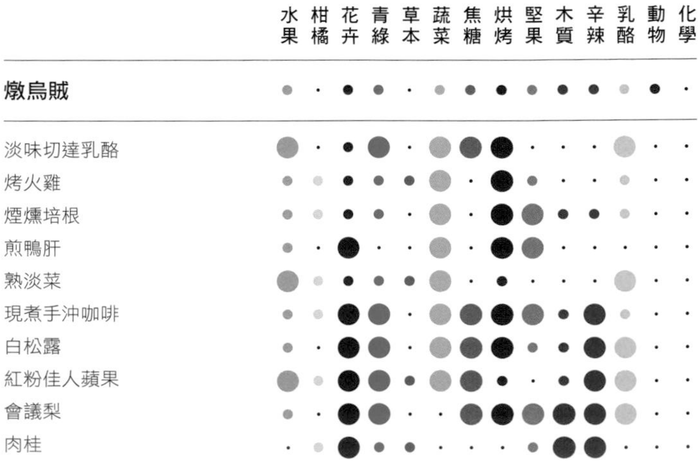

	水果	柑橘	花卉	青綠	草本	蔬菜	焦糖	烘烤	堅果	木質	辛辣	乳酪	動物	化學
燉烏賊														
淡味切達乳酪														
烤火雞														
煙燻培根														
煎鴨肝														
熟淡菜														
現煮手沖咖啡														
白松露														
紅粉佳人蘋果														
會議梨														
肉桂														

經典組合：南瓜香料

傳統南瓜派的混合香料包含肉桂、薑、肉豆蔻、多香果和丁香。這個組合的歷史可回溯至一八九〇年或更久以前，但直到二〇〇三年，南瓜香料拿鐵才出現在美國咖啡店。

潛在搭配：肉桂和椰子

肉桂和椰子（見次頁）有共同的香氣分子——檸檬味芳樟醇，它也存在於柑橘類水果中。

	水果	柑橘	花卉	青綠	草本	蔬菜	焦糖	烘烤	堅果	木質	辛辣	乳酪	動物	化學
南瓜														
香蕉														
黑蒜泥														
乾牛肝菌														
網烤羔羊肉														
煎培根														
香菜葉														
番石榴														
摩洛血橙														
牡蠣														
綠薄荷														

	水果	柑橘	花卉	青綠	草本	蔬菜	焦糖	烘烤	堅果	木質	辛辣	乳酪	動物	化學
柚子皮														
清燉烏魚														
熟印度香米														
烤火雞														
椰子水														
清燉雞胸排														
烤榛果														
羅勒														
百里香														
肉桂														
野薄荷														

	水果	柑橘	花卉	青綠	草本	蔬菜	焦糖	烘烤	堅果	木質	辛辣	乳酪	動物	化學
金針菇														
香蜂草														
平葉香芹														
煙燻培根														
黑莓														
桂皮（中國肉桂）														
大茴香														
裸麥麵包														
甘草														
萊姆樹蜜														
網烤多寶魚														

	水果	柑橘	花卉	青綠	草本	蔬菜	焦糖	烘烤	堅果	木質	辛辣	乳酪	動物	化學
花生油														
桂皮（中國肉桂）														
米拉索辣椒														
水煮黏果酸漿														
蜜瓜														
全熟水煮蛋黃														
卡姆小麥														
烤野豬														
香菜芹														
網烤多寶魚														
新鮮食用玫瑰花瓣														

	水果	柑橘	花卉	青綠	草本	蔬菜	焦糖	烘烤	堅果	木質	辛辣	乳酪	動物	化學
細葉香芹														
蘋果														
野羅勒														
煎豬里肌														
桂皮（中國肉桂）														
香菜籽														
葡萄柚														
新鮮食用花瓣														
熟藜麥														
梨子汁														
肉豆蔻														

	水果	柑橘	花卉	青綠	草本	蔬菜	焦糖	烘烤	堅果	木質	辛辣	乳酪	動物	化學
燉牛骨肉汁														
肉桂														
佳麗格特草莓														
水煮櫛瓜														
烘烤鰈魚														
烤榛果														
水煮龍蝦														
大溪地香草														
黑巧克力														
無花果														
蔓越莓														

椰子

新鮮椰子的香氣輪廓主要由內酯構成，使果肉具有顯著椰香。我們也發現一些辛辣調，它們增添果香並提供與蘋果、蘆筍、豌豆和綠茶之間的香氣連結。

椰子樹的果實在植物學上歸類為核果而非堅果。在未成熟時，年幼的果實因富含電解質的椰子水和充滿纖維及健康脂肪酸的柔軟果肉而被採收。隨著椰子成熟，外殼會轉為褐色，變得極硬和高度纖維化；裡面的白色果肉亦變硬，可以乾燥後刨絲製成椰絲，或加工為椰子油和椰漿。

椰子樹（Cocos nucifera）大多分布於東南亞、南亞、墨西哥和巴布亞紐幾內亞的熱帶沿海地區。近年來，椰子受歡迎的程度越來越高，而或許是因為原始狀態的椰子相當難打開，因此現在市面上出現了許多不同形式的椰子產品。除了椰絲、椰漿和椰子油還有椰奶、椰子水、椰子粉、壓縮成塊狀或乾燥成脆片。

若要打開椰子，仔細地在頂部三個「眼」當中的兩個戳出洞口，將椰子水倒出。接著把椰子擺在堅硬穩固的表面上，敲擊頂部靠近眼的其中一條稜線。裂開之後，以刀子小心地將白色椰肉取出。

- 椰絲被用在許多糕餅甜點中，像是法式椰絲球（rochers à la noix de coco），也稱為椰絲馬卡龍。
- 椰子、薑和肉桂在多明尼加共和國是經典甜點搭配。
- 在馬來西亞，椰奶被用來製作綠色的班蘭椰絲卷（kuih dadar 或 kuih tayap），這種捲起來的甜薄餅填滿了浸泡過棕櫚糖的椰絲。

達倫・珀奇斯的椰子、百香果、薑與薄荷蛋糕

澳洲墨爾本，Burch & Purchese Sweet Studio

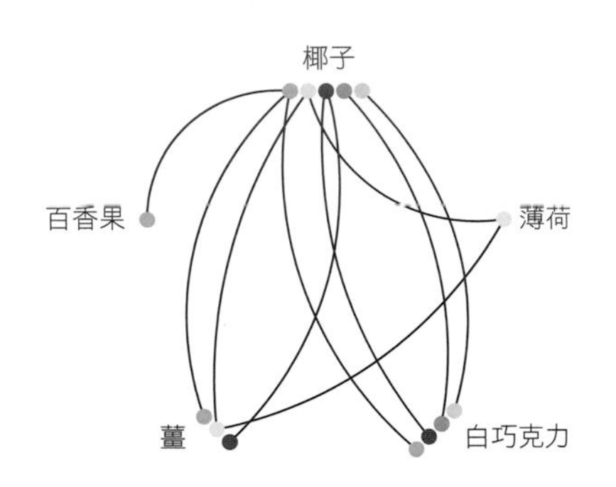

出生於英國的糕點師傅達倫・珀奇斯（Darren Purchese）因協助母親運用花園裡的新鮮水果製作各式派餅而發展出對甜點的熱愛。他很快地在倫敦知名的薩伏伊飯店（Savoy Hotel）工作並邂逅了蜜桃梅爾芭這道甜點，從此踏上美食職涯之路。現在珀奇斯與妻子凱絲・克拉林伯爾德（Cath Claringbold）共同經營位於墨爾本的 Burch & Purchese Sweet Studio。珀奇斯精心製作的「管狀」蛋糕聞名遐邇，讓他在《廚神當道澳洲版》（MasterChef Australia）節目占有一席之地。

這道椰子、百香果、薑與薄荷蛋糕在二〇一一年為了 Burch & Purchese Sweet Studio 開幕而製作。珀奇斯在鹹燕麥和碎薑餅做成的酥脆基底上先鋪薄薄一層百香果果醬，再來是酸甜百香果凝乳和椰子西米。熱帶水果層以輕盈的椰子慕斯包覆。裝飾則運用了小塊薑味棉花糖、綠薄荷醬和白薄荷巧克力威化餅。它的香氣達到巧妙平衡，滋味和質地呈現對比，至今仍是 Burch & Purchese Sweet Studio 最受歡迎的蛋糕。

椰子

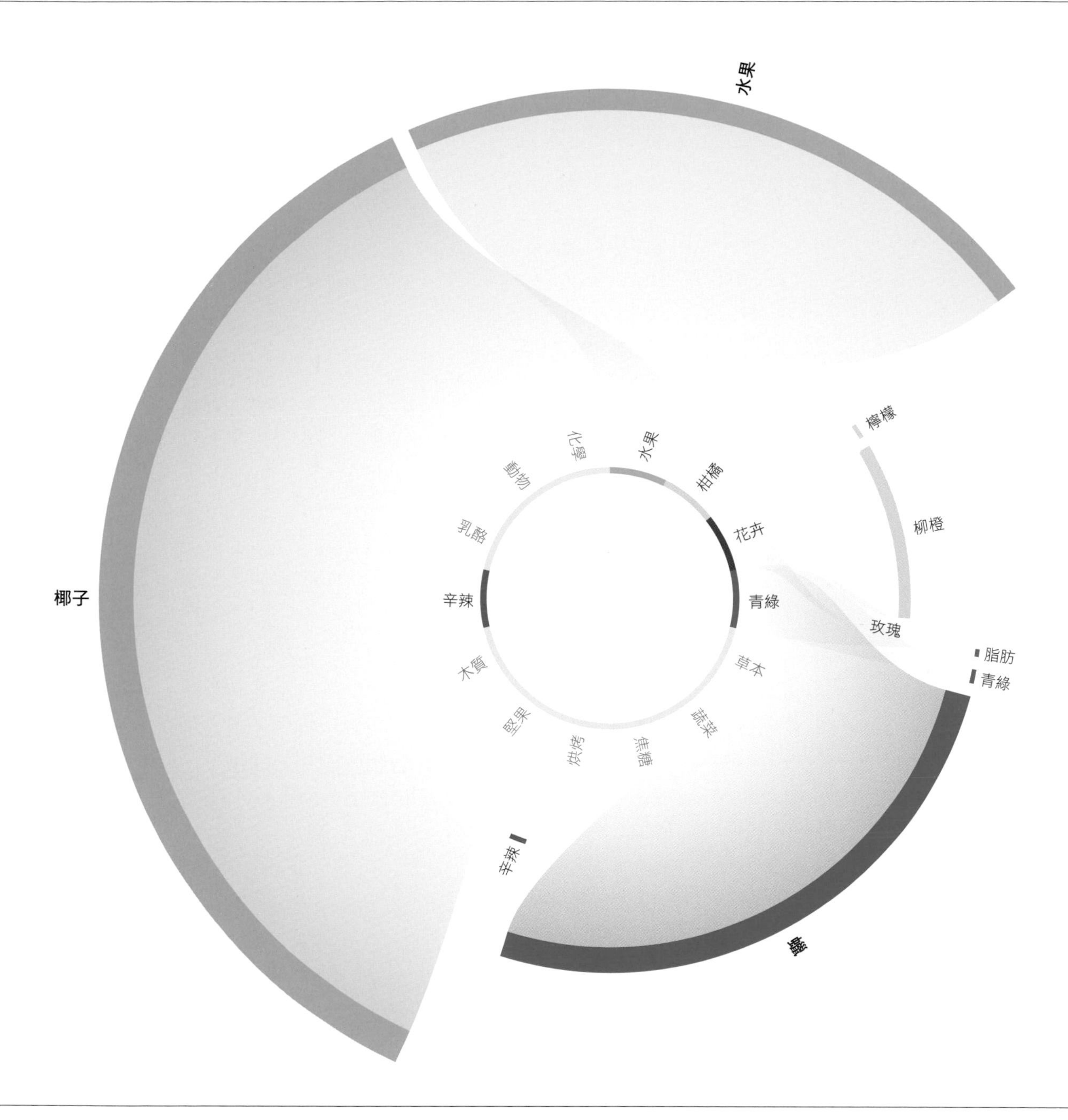

椰子香氣輪廓

椰子特有的甜味來自於果香酯類、椰香內酯和青綠、蠟與脂肪味醛類，另外還有柳橙－柑橘調。

	水果	柑橘	花卉	青綠	草本	蔬菜	焦糖	烘烤	堅果	木質	辛辣	乳酪	動物	化學
椰子	•	•	•	•	·	·	·	·	·	·	•	·	·	·
清燉多寶魚	●	·	•	•	·	•	·	·	•	·	·	•	•	·
熟單粒小麥	•	●	•	•	·	•	•	•	•	•	•	●	·	·
卡蒙貝爾乳酪	●	·	●	●	·	•	•	•	·	·	•	●	·	·
煎豬里肌	●	●	●	●	•	•	·	•	•	•	•	•	•	·
牡蠣	●	●	·	●	·	•	·	•	•	·	·	·	·	·
煎鴨胸	●	●	●	•	·	•	•	•	·	•	•	●	·	·
生薑	●	●	•	•	•	·	·	·	·	•	•	·	·	·
丁香	●	●	•	·	•	·	·	•	·	•	•	•	·	·
香茅	●	•	•	·	•	·	·	·	·	•	•	·	·	·
米拉索辣椒	•	●	●	•	•	•	•	•	·	•	•	●	·	·

潛在搭配：椰子和紫羅蘭

達倫．珀奇斯將椰子和百香果（見第 132 頁）組合在一起，但椰子還可以進一步與搭配百香果的紫羅蘭花建立起香氣連結。這些食材擁有共同的花卉和蜂蜜調，因此你可以試試混合椰子、優格和紫羅蘭糖，或許再加點蜂蜜，做成冰涼點心。

經典搭配：椰奶和米

椰子飯存在於世界上許多文化中，根據當地飲食習慣會添加不同香料，像是薑、香茅和班蘭葉。在泰國，又甜又黏的椰子飯配芒果一起吃，加勒比海豆飯則是以椰奶、蘇格蘭帽辣椒和紅豆烹煮米飯。

罐頭椰奶香氣輪廓

揮發性脂肪酸使椰奶含有高濃度的青綠香氣分子。其中一些脂肪酸氧化後會產生具柑橘、青綠、脂肪味的辛醛化合物。

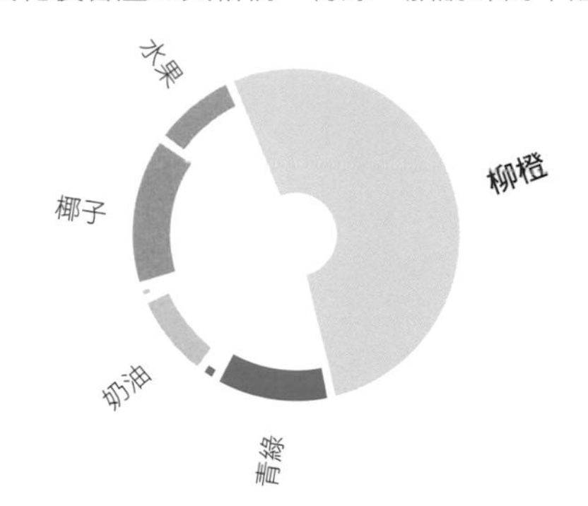

	水果	柑橘	花卉	青綠	草本	蔬菜	焦糖	烘烤	堅果	木質	辛辣	乳酪	動物	化學
罐頭椰奶														
熟黑米														
清燉烏魚														
桃子														
日本梅子														
阿芳素芒果														
油烤杏仁														
鱈魚排														
番石榴														
烘烤兔肉														
布里乳酪														

椰奶

椰奶在東南亞、加勒比海和部分南美洲北部地區都很受歡迎。成熟褐色椰子的白色果肉刨絲泡於熱水中，待釋放出的油脂浮在表面後撈除。接著重複過濾剩餘液體，直到椰奶達到理想濃度。

椰奶經常被形容為具有濃郁風味。這是脂肪含量高的關係：脂肪往往會保留和延長口中香氣分子的釋放，帶來較強烈的風味經驗。除此之外，這些脂肪也讓椰奶具有鮮奶油質地。

成熟椰子的果肉富含脂肪酸。刨絲和泡水讓脂肪酸更容易從果肉釋放到水中，這解釋了為何椰奶一大部分的香氣輪廓由青綠香氣分子構成。在製作椰奶的過程中因氧化生成的脂肪酸之一是辛醛，它散發柑橘、青綠和脂肪味。

椰子食材搭配

	水果	柑橘	花卉	青綠	草本	蔬菜	焦糖	烘烤	堅果	木質	辛辣	乳酪	動物	化學
百香果														
紅酸模														
紫羅蘭花														
櫛瓜														
水煮龍蝦尾														
義大利辣香腸														
茵陳蒿														
羅勒														
曼徹格乳酪														
網烤羔羊肉														
祕魯黃辣椒														

	水果	柑橘	花卉	青綠	草本	蔬菜	焦糖	烘烤	堅果	木質	辛辣	乳酪	動物	化學
義大利氣泡酒														
罐頭椰奶														
百香果														
黑醋栗														
水牛莫札瑞拉乳酪														
薄荷														
乾式熟成牛肉														
烤豬五花														
西印度櫻桃														
清燉鱈魚排														
藍紋乳酪														

潛在搭配：椰子和黏果酸漿

黏果酸漿又稱為墨西哥酸漿，和番茄同屬茄科。它原產於墨西哥，生吃之外也可煮成各種菜餚，特別是綠莎莎醬。你可以把黏果酸漿加入任何料理來增添柑橘酸味，從燉菜、沾醬、咖哩到血腥瑪麗都行得通。

經典搭配：椰子、高良薑和泰國青檸葉

椰汁雞湯（tom kha gai）是經典泰式湯品，使用雞高湯和椰奶並以高良薑、泰國青檸葉、香茅、鳥眼辣椒、魚露、萊姆和新鮮香菜葉調味。

椰子食材搭配

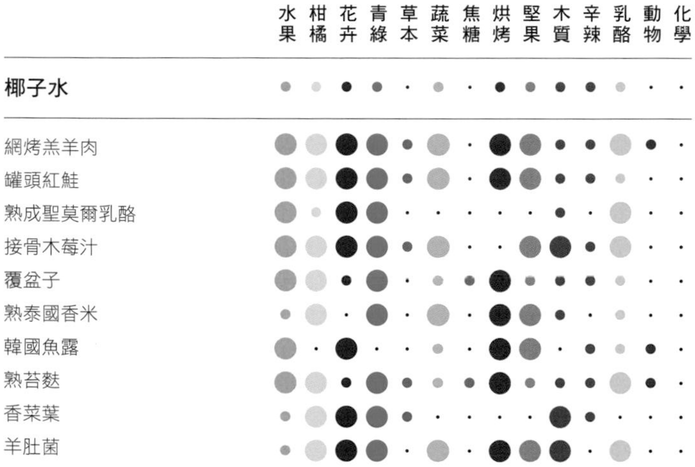
水果 柑橘 花卉 青綠 草本 蔬菜 焦糖 烘烤 堅果 木質 辛辣 乳酪 動物 化學
椰子水
網烤羔羊肉
罐頭紅鮭
熟成聖莫爾乳酪
接骨木莓汁
覆盆子
熟泰國香米
韓國魚露
熟苔麩
香菜葉
羊肚菌

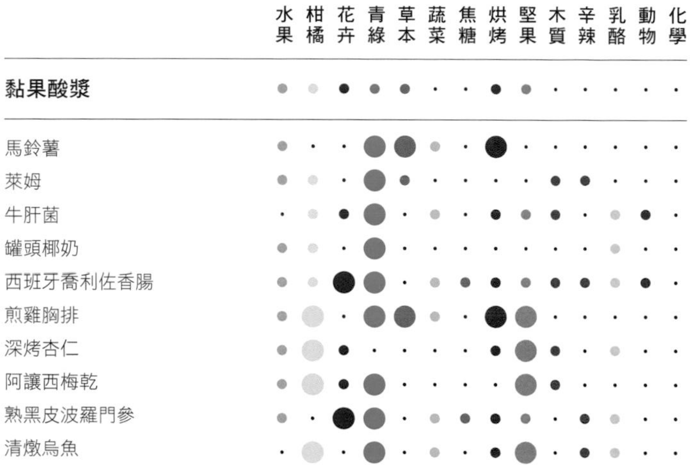
水果 柑橘 花卉 青綠 草本 蔬菜 焦糖 烘烤 堅果 木質 辛辣 乳酪 動物 化學
黏果酸漿
馬鈴薯
萊姆
牛肝菌
罐頭椰奶
西班牙喬利佐香腸
煎雞胸排
深烤杏仁
阿讓西梅乾
熟黑皮波羅門參
清燉烏魚

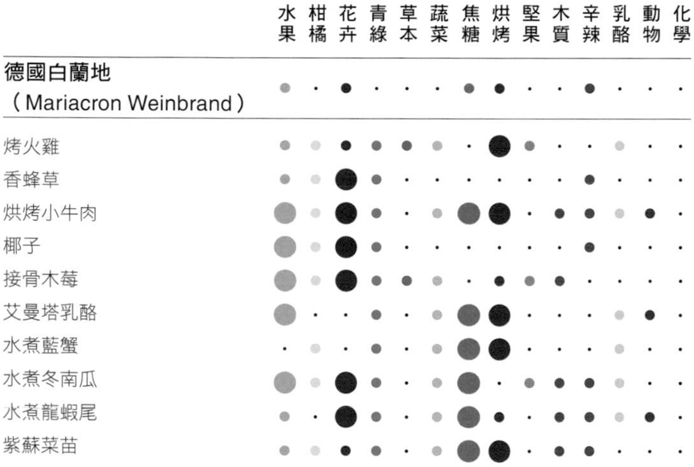
水果 柑橘 花卉 青綠 草本 蔬菜 焦糖 烘烤 堅果 木質 辛辣 乳酪 動物 化學
德國白蘭地
（Mariacron Weinbrand）
烤火雞
香蜂草
烘烤小牛肉
椰子
接骨木莓
艾曼塔乳酪
水煮藍蟹
水煮冬南瓜
水煮龍蝦尾
紫蘇菜苗

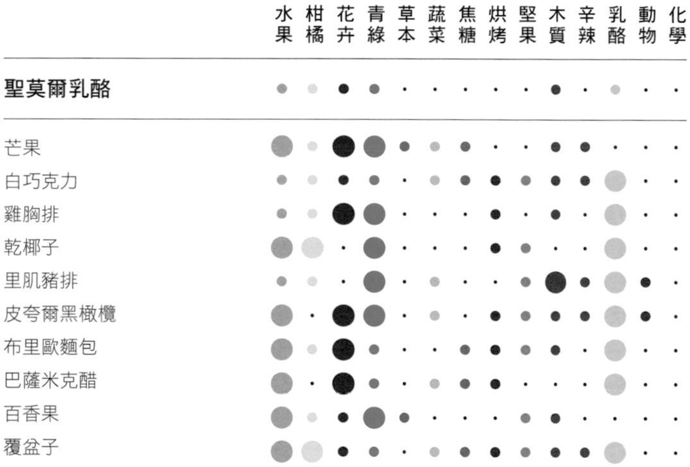
水果 柑橘 花卉 青綠 草本 蔬菜 焦糖 烘烤 堅果 木質 辛辣 乳酪 動物 化學
聖莫爾乳酪
芒果
白巧克力
雞胸排
乾椰子
里肌豬排
皮夸爾黑橄欖
布里歐麵包
巴薩米克醋
百香果
覆盆子

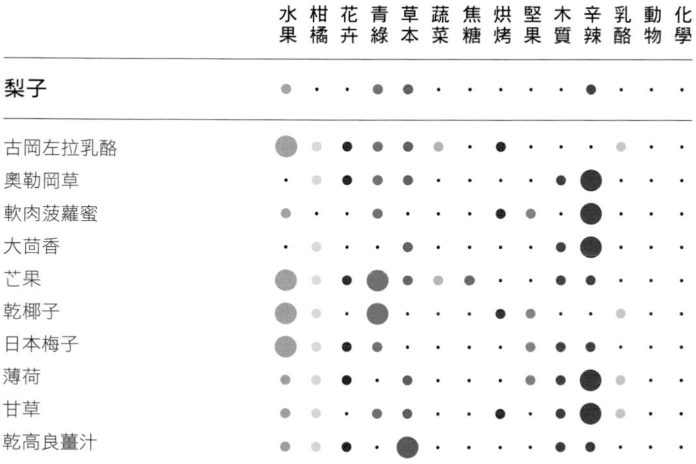
水果 柑橘 花卉 青綠 草本 蔬菜 焦糖 烘烤 堅果 木質 辛辣 乳酪 動物 化學
梨子
古岡左拉乳酪
奧勒岡草
軟肉菠蘿蜜
大茴香
芒果
乾椰子
日本梅子
薄荷
甘草
乾高良薑汁

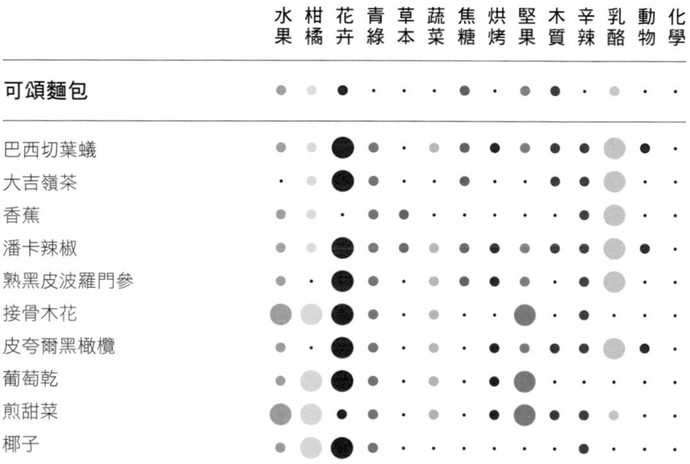
水果 柑橘 花卉 青綠 草本 蔬菜 焦糖 烘烤 堅果 木質 辛辣 乳酪 動物 化學
可頌麵包
巴西切葉蟻
大吉嶺茶
香蕉
潘卡辣椒
熟黑皮波羅門參
接骨木花
皮夸爾黑橄欖
葡萄乾
煎甜菜
椰子

泰國青檸

除了一般萊姆的柑橘、松木調以外，泰國青檸還有化合物香茅醛、香茅醇和香葉醇所賦予的濃烈青綠、花卉芳香。其厚實光滑的新鮮葉片擁有比果實本身更多青綠味的香氣輪廓。

這種柑橘類水果在東南亞各地有許多名稱，主廚和家廚把它深綠色的葉子加入湯品、燉菜和蒸煮料理中。近年來，「泰國青檸」（makrut lime）逐漸被西方採用，取代「kaffir lime」這個和南非種族隔離有關聯的仇恨字眼。

泰國青檸精油含有香茅，在原產地斯里蘭卡被用於養髮液和驅蟲劑裡。

- 在柬埔寨料理中，搗碎的「kraunch soeuth」（泰國青檸葉的高棉語名稱）會加入混合了萊姆、辣椒、香茅、高良薑、薑黃、大蒜和紅蔥的苦汁製成「krueng」，這種辛辣醬料是許多菜餚的基底。
- 「trúc」或「chanh sác」（泰國青檸的越南語名稱）葉子用來調味越南河粉等湯品，或切成薄片做成烤肉醃醬。
- 泰國青檸本身汁液很少，但泰國和寮國廚師會將它的綠色皺皮搗成糊狀後加入辛辣咖哩醬。鹹味「年卜拉」（nam pla）魚露是許多泰式咖哩的另一個關鍵風味。

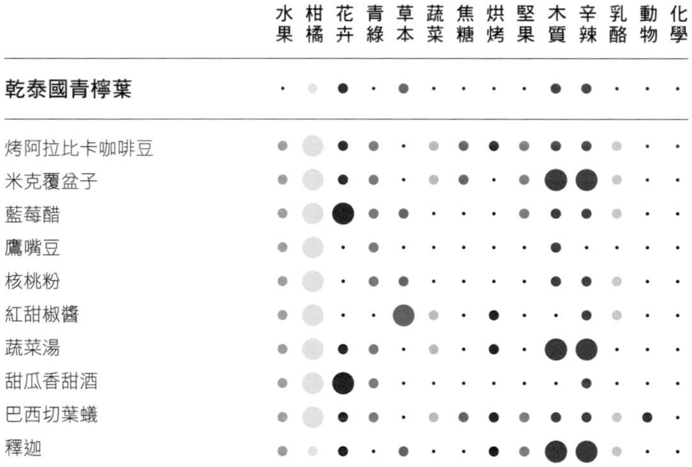

	水果	柑橘	花卉	青綠	草本	蔬菜	焦糖	烘烤	堅果	木質	辛辣	乳酪	動物	化學
乾泰國青檸葉														
烤阿拉比卡咖啡豆														
米克覆盆子														
藍莓醋														
鷹嘴豆														
核桃粉														
紅甜椒醬														
蔬菜湯														
甜瓜香甜酒														
巴西切葉蟻														
釋迦														

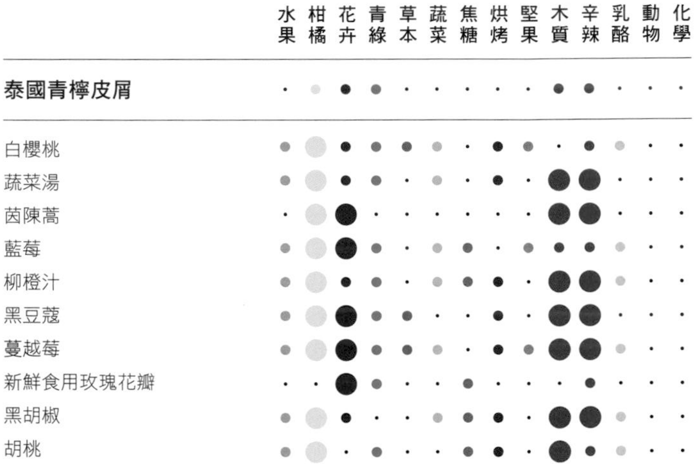

	水果	柑橘	花卉	青綠	草本	蔬菜	焦糖	烘烤	堅果	木質	辛辣	乳酪	動物	化學
泰國青檸皮屑														
白櫻桃														
蔬菜湯														
茵陳蒿														
藍莓														
柳橙汁														
黑豆蔻														
蔓越莓														
新鮮食用玫瑰花瓣														
黑胡椒														
胡桃														

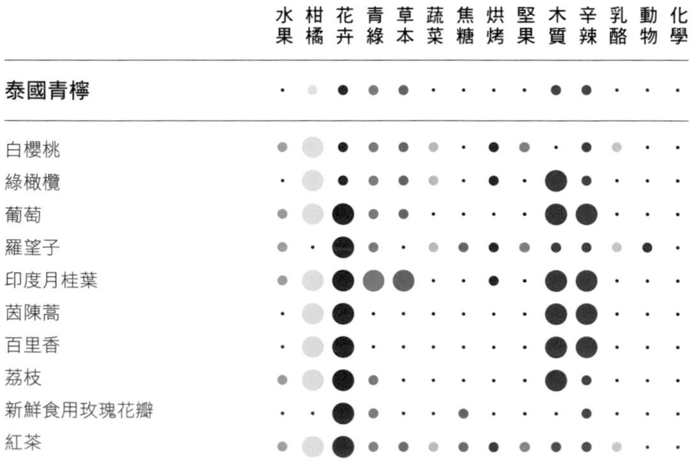

	水果	柑橘	花卉	青綠	草本	蔬菜	焦糖	烘烤	堅果	木質	辛辣	乳酪	動物	化學
泰國青檸														
白櫻桃														
綠橄欖														
葡萄														
羅望子														
印度月桂葉														
茵陳蒿														
百里香														
荔枝														
新鮮食用玫瑰花瓣														
紅茶														

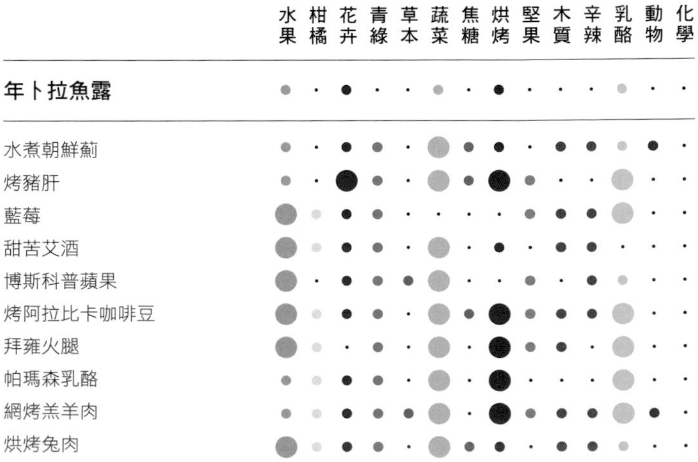

	水果	柑橘	花卉	青綠	草本	蔬菜	焦糖	烘烤	堅果	木質	辛辣	乳酪	動物	化學
年卜拉魚露														
水煮朝鮮薊														
烤豬肝														
藍莓														
甜苦艾酒														
博斯科普蘋果														
烤阿拉比卡咖啡豆														
拜雍火腿														
帕瑪森乳酪														
網烤羔羊肉														
烘烤兔肉														

泰國青檸葉

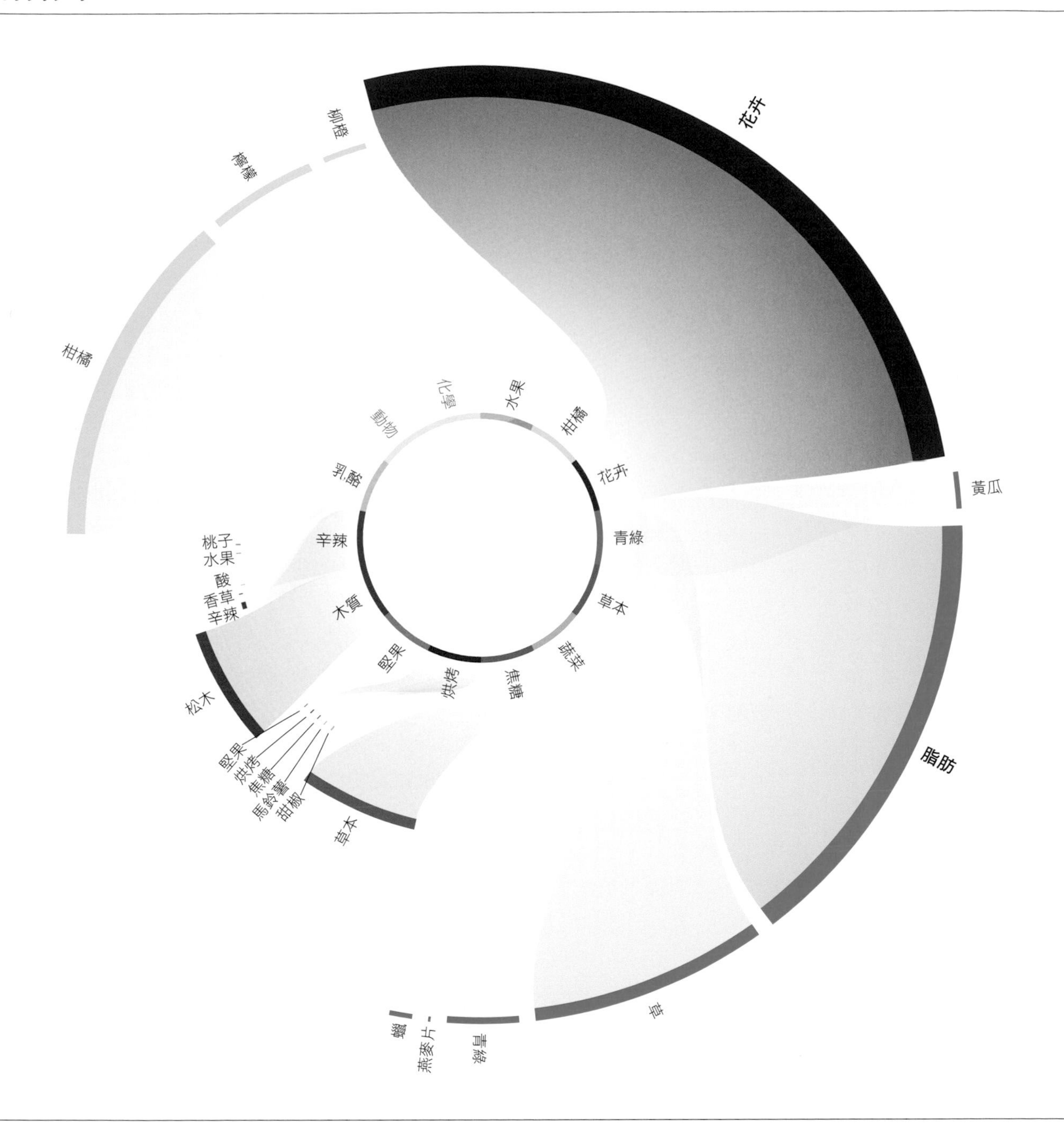

泰國青檸葉香氣輪廓

除了青綠、花卉香和松木調以外，泰國青檸葉也含有一些意想不到的草本調，能夠與杏桃、芒果、甜椒和芹菜根建立香氣連結。更令人驚訝的是「可可吡嗪」的存在；這些堅果、可可味分子也在巧克力、咖啡、腰果、土耳其烏爾法辣椒片和明蝦中找得到。花卉和柑橘－檸檬調則提供了與皮爾森啤酒（見次頁）之間的香氣連結。

	水果	柑橘	花卉	青綠	草本	蔬菜	焦糖	烘烤	堅果	木質	辛辣	乳酪	動物	化學
泰國青檸葉														
黑孜然籽														
乾式熟成牛肉														
祕魯黃辣椒														
八角														
烘烤兔肉														
會議梨														
清燉烏魚														
烤澳洲胡桃														
熟野米														
椰子														

皮爾森啤酒

皮爾森啤酒具有強烈的啤酒花風味，根據啤酒花種類不同，可以嘗到青綠和花卉或水果和柑橘香。這種清新的拉格啤酒因清爽乾淨的尾韻和滑順濃郁的泡沫而深受喜愛。

這種拉格啤酒以捷克城市「皮爾森」（Plzeň 或 Pilsen）命名，歷史可回溯至一八四二年，當時在地的啤酒廠請來巴伐利亞釀酒大師喬瑟夫•格羅爾（Josef Groll）為他們開發類似家鄉的熱門啤酒。格羅爾的淡金黃色啤酒令他們大開眼界和「味」界：結合了摩拉維亞大麥麥芽、薩茲啤酒花以及經酒廠底下砂岩過濾的拉德布扎河軟水，造就出清麗率直的啤酒。

現代皮爾森啤酒的顏色非常淺，酒體清澈，從淡黃色到金黃色不等，味道並不濃。大廠牌生產的皮爾森啤酒以廣大群眾為目標，特色寥寥無幾。酒精濃度通常為 4.5 或 5% 左右。小型釀酒廠比較可能製造啤酒花風味較濃郁的皮爾森啤酒。

今日大部分桶裝或瓶裝的皮爾森啤酒皆以捷克或德國風格釀造。捷克拉格啤酒幾乎忠實呈現了乾淨、平衡的原始版本，酒精濃度為 4.5-5%，不過現在有些精釀啤酒廠會生產無過濾皮爾森啤酒以展現薩茲啤酒花的獨特風味。德國釀酒廠使用「貴族酒花」（noble hop）——數百年來在特定地區種植的四個啤酒花品種——讓淡色啤酒的酒體更厚實飽滿，帶有較柔和的苦味和花卉、草本香氣。

皮爾森啤酒的風味怎麼來？

製造皮爾森啤酒的第一道步驟是大麥的發芽和乾燥，這個過程稱為製麥。新的青綠、焦糖香氣分子在發芽時形成，乾燥時的熱氣則產生烘烤、丁香調。釀酒廠使用淺色麥芽來釀造皮爾森啤酒，但它們在其他風格的啤酒中經常以更高的溫度烘烤或煙燻。高溫代表你會在一杯啤酒裡喝到更深的烘烤、煙燻和酚類調性。

乾燥過後的麥芽接著磨碎混入熱水中形成麥芽糊，此時酵素將澱粉轉化為糖。隨著麥芽汁沸騰，梅納反應會產生其他焦糖和烘烤爆米花味的揮發性化合物。再來加入啤酒花讓酒質穩定並進一步提升其風味輪廓。除了散發宜人的苦味以外，這些小小的錐形花朵還能增添青綠、水果蘋果、柑橘葡萄柚、熱帶鳳梨或花卉蜂蜜般的調性，提升啤酒的整體複雜度。

麥芽汁冷卻後加入酵母開始發酵，將麥芽裡的糖轉化為酒精和二氧化碳。我們通常會跟啤酒聯想在一起的水果、花卉和乳酪調便在這個過程中形成，其中水果調從清甜發酵味到蘋果、葡萄或甚至熱帶水果加上香蕉或椰子調都有可能。

發酵後的皮爾森啤酒在溫控槽裡熟成，讓風味完全釋放，接著在不銹鋼槽裡貯藏，確保風味的一致性，最後裝瓶。

皮爾森啤酒和食物

若以啤酒入菜，皮爾森啤酒清淡、不甜的均衡風味適合與它相襯的菜餚，像是魚類與蔬菜的麵糊、沙拉油醋和燉豆、燉豬、燉雞或燉白肉野味。它也能平衡味道較重的料理，像是馬鈴薯切達乳酪湯或乳酪鍋。

製作炸魚或天婦羅時，建議使用皮爾森啤酒做為麵糊裡的主要液體，以達到酥脆效果：在麵糊進入熱油時，二氧化碳會使泡沫形成，而啤酒裡的發泡劑能避免它們馬上破裂。酒精也蒸發得比水快，有助於讓麵糊保持乾燥和特別酥脆——某些派皮的食譜包含伏特加亦是同樣原因。有些麵包師傅製作酸種麵包時也喜歡使用皮爾森啤酒；在這個情況下，啤酒花的花卉調能提升發酵酸種風味。

至於餐酒搭配，皮爾森啤酒的微微苦味和來自啤酒花的些許花香適合魚類與海鮮以及墨西哥菜、亞洲麵食或咖哩等辛辣料理。

皮爾森啤酒

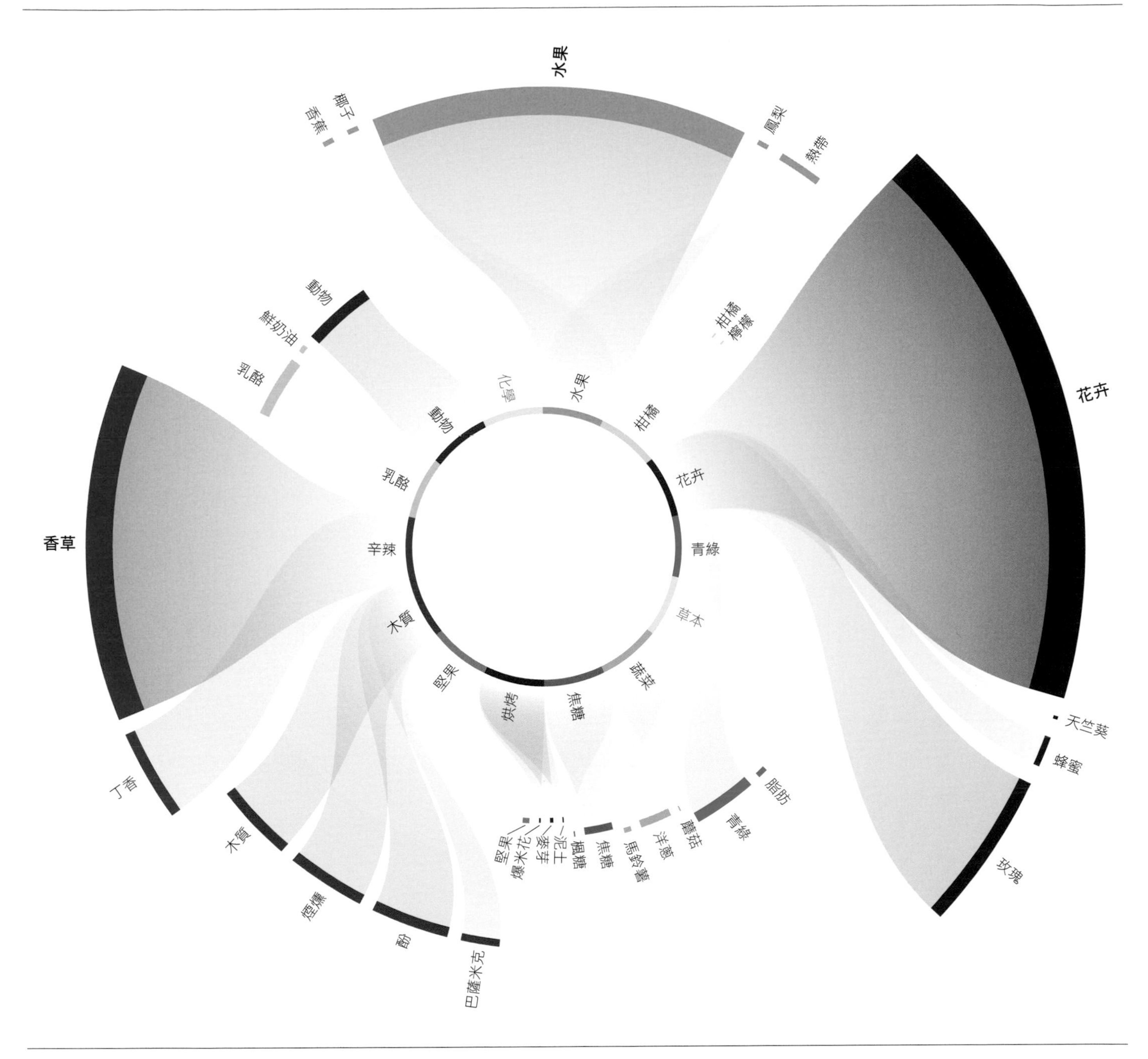

皮爾森啤酒香氣輪廓

和其他啤酒一樣，皮爾森啤酒風味輪廓結合了大麥麥芽、啤酒花和拉格酵母裡的各種香氣分子。所有類型的啤酒和乳酪都很搭：皮爾森啤酒的清爽滋味和花卉調性適合新鮮羊奶或牛奶乳酪，或是文斯勒德等易碎的硬質乳酪。皮爾森啤酒裡的花卉和柑橘調提供了與生薑（見次頁）之間的連結。

	水果	柑橘	花卉	青綠	草本	蔬菜	焦糖	烘烤	堅果	木質	辛辣	乳酪	動物	化學
皮爾森啤酒														
艾曼塔乳酪														
乾牛肝菌														
波本香草														
皮夸爾黑橄欖														
醋栗														
網烤肋眼牛排														
石榴糖蜜														
熟黑皮波羅門參														
酸漿														
波本威士忌														

薑

和薑黃與豆蔻同屬薑科植物的薑是一種萬用食材，可以生吃、結晶、乾燥、磨粉或者糖漬和鹽漬都行。

「柑橘」和「辛辣」是薑的典型描述符，但它的風味複雜度遠遠不僅如此。化合物薑萜賦予薑特有香氣，也是薑精油的主要成分。薑辣素化合物則帶來明顯刺鼻味。根莖的花卉、柑橘味揮發性化合物也影響了整體風味。

據信印度和中國在五千多年前首先把薑當作保健補品，後來才透過貿易流通至西方各地。薑本身有許多醫學用途，像是治療感冒發燒、幫助消化、避免反胃和抑制關節炎等發炎反應。它同時也是中國、韓國、印度、日本、越南和其他東南亞國家以及加勒比海地區的重要食材。世界各地不同種類的薑都有其獨特香氣輪廓。舉例而言，中國薑遠比澳洲薑來得刺鼻，後者具檸檬味。

新鮮、烹煮和乾燥的薑

和其他食材一樣，乾燥或烹煮薑的過程會讓分子產生變化而改變風味。瞭解這些化學變化如何影響風味有助於知道哪種版本最適合某個食譜。

新鮮薑裡的薑辣素是刺鼻的非揮發性化合物，同時具有消炎和抗氧化功效，雖然不如黑胡椒裡的辣椒素或胡椒鹼味道強烈，但薑辣素能為菜餚增添微辣層次。嫩薑通常在五個月左右採收，皮又薄又細，風味溫和，越成熟就會變得越多纖維、越刺鼻。

烹煮薑會讓薑辣素化合物轉化為薑酮分子，味道較辛甜，但也較不嗆。薑酮為薑汁汽水和薑汁啤酒帶來顯著氣味。它也是為何薑糖比生薑不嗆的原因。

乾薑比生薑辛辣得多，這是因為水分在乾燥過程中蒸發，薑辣素化合物會轉化為兩倍辣的薑烯酚分子。乾薑粉可以用在南瓜派等甜點裡，或是為菜餚增添額外辣度。

- 生薑是印度料理的重要元素，和大蒜一起搗碎後成為許多肉類、豆類和蔬菜菜色的基底。它也在一些飲品中不可或缺，像是印度香料奶茶和南印度香料優格飲「sambharam」。
- 在中國，切片的生薑、大蒜和蔥是許多廣東、江南和四川菜的基石，經常很快先在油裡煮出味道再加食譜中的其他食材。
- 日本醃薑（紅生薑）是被廣泛食用的佐料，切薄片的生薑以紫蘇葉和梅酢（梅干製造過程的副產品，為梅子加鹽後所產生的流汁，而非真的醋）醃漬。薑在韓國也有重要的醃漬角色，是泡菜不可或缺的食材。
- 乾薑較常使用於烘焙，特別是薑餅、麥片薑汁鬆糕、胡桃派、香料餅乾和加勒比海蘭姆蛋糕等傳統糕餅甜點。

生薑

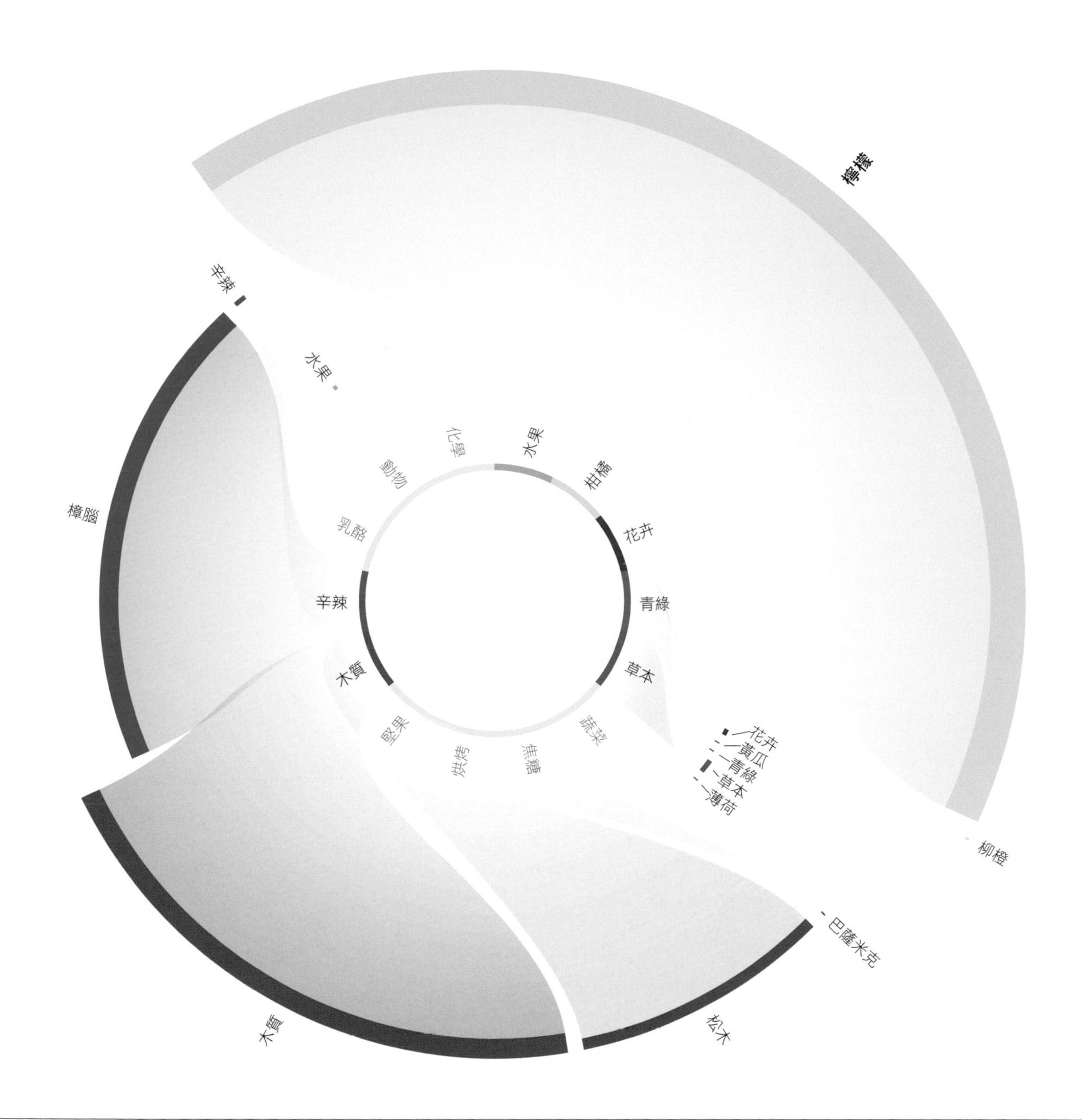

生薑香氣輪廓

生薑的香氣輪廓主要由檸檬、柑橘味香葉醛和帶有花香的芳樟醇構成。香葉醛存在於香茅、祕魯黑薄荷、泰國青檸葉、馬德拉斯咖哩醬、苦橙和瑪黛茶（一種南美洲茶飲）。芳樟醇通常會和香菜籽聯想在一起，不過這種 烯類也存在於花椒、咖哩葉、柚子、香橙和柳橙汁。

	水果	柑橘	花卉	青綠	草本	蔬菜	焦糖	烘烤	堅果	木質	辛辣	乳酪	動物	化學
生薑														
茵陳蒿														
檸檬汁														
煎豬里肌														
蔬菜湯														
迷迭香														
開心果														
新鮮薰衣草花														
倫敦乾琴酒														
哈密瓜														
海膽														

經典搭配：薑和四季橘

四季橘是在菲律賓很受歡迎的柑橘混種，與薑有共同的柑橘、木質和松木調。「toyomansi」是經典的菲律賓沾醬——單純地把醬油和四季橘汁混合在一起，也可以加入薑和黑胡椒。

潛在搭配：薑和茴香草

茴香的風味來自大茴香味的反式茴香腦、薄荷樟腦味的葑酮以及羅勒味的草蒿腦。它和薑都含有木質、松木與柑橘、柳橙香氣分子，適合湊成一對。

薑食材搭配

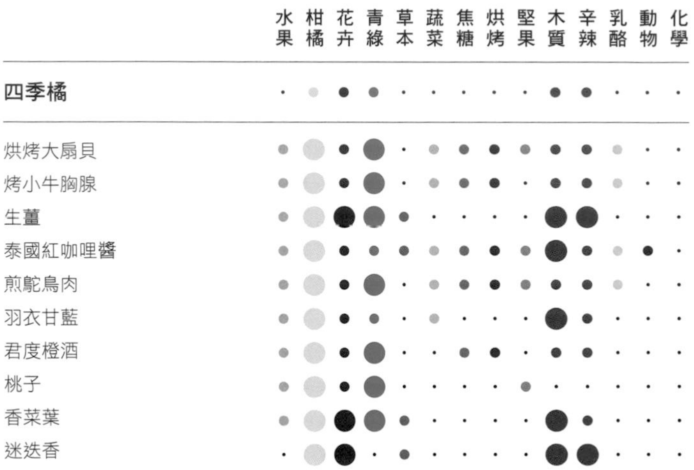

	水果	柑橘	花卉	青綠	草本	蔬菜	焦糖	烘烤	堅果	木質	辛辣	乳酪	動物	化學
四季橘														
烘烤大扇貝														
烤小牛胸腺														
生薑														
泰國紅咖哩醬														
煎鴕鳥肉														
羽衣甘藍														
君度橙酒														
桃子														
香菜葉														
迷迭香														

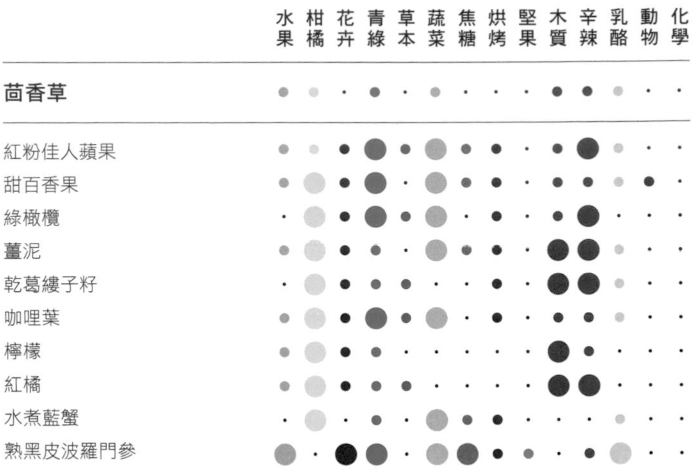

	水果	柑橘	花卉	青綠	草本	蔬菜	焦糖	烘烤	堅果	木質	辛辣	乳酪	動物	化學
茴香草														
紅粉佳人蘋果														
甜百香果														
綠橄欖														
薑泥														
乾葛縷子籽														
咖哩葉														
檸檬														
紅橘														
水煮藍蟹														
熟黑皮波羅門參														

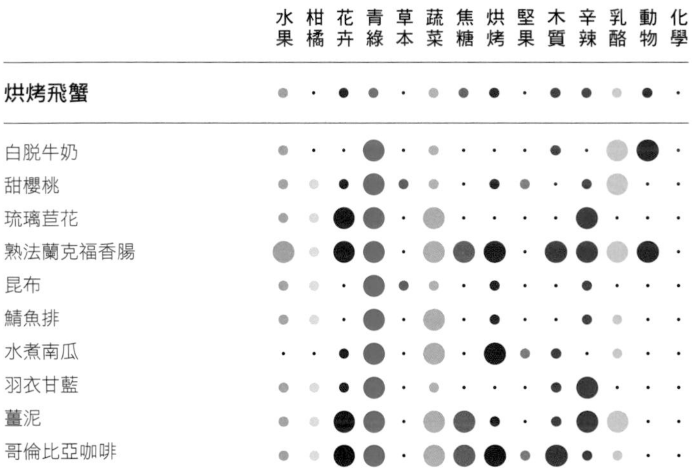

	水果	柑橘	花卉	青綠	草本	蔬菜	焦糖	烘烤	堅果	木質	辛辣	乳酪	動物	化學
烘烤飛蟹														
白脫牛奶														
甜櫻桃														
琉璃苣花														
熟法蘭克福香腸														
昆布														
鯖魚排														
水煮南瓜														
羽衣甘藍														
薑泥														
哥倫比亞咖啡														

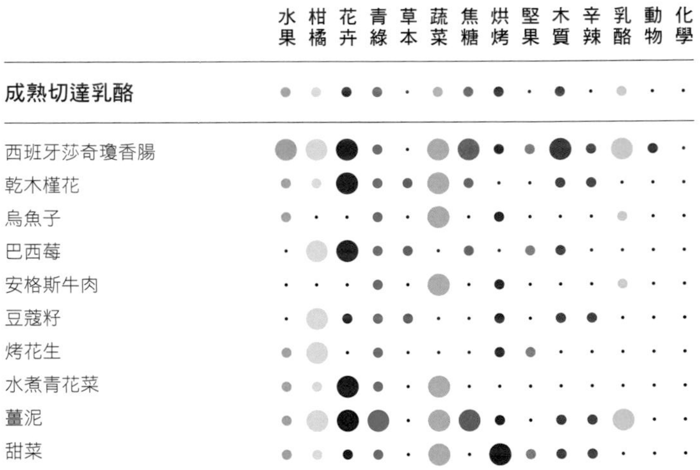

	水果	柑橘	花卉	青綠	草本	蔬菜	焦糖	烘烤	堅果	木質	辛辣	乳酪	動物	化學
成熟切達乳酪														
西班牙莎奇瓊香腸														
乾木槿花														
烏魚子														
巴西莓														
安格斯牛肉														
豆蔻籽														
烤花生														
水煮青花菜														
薑泥														
甜菜														

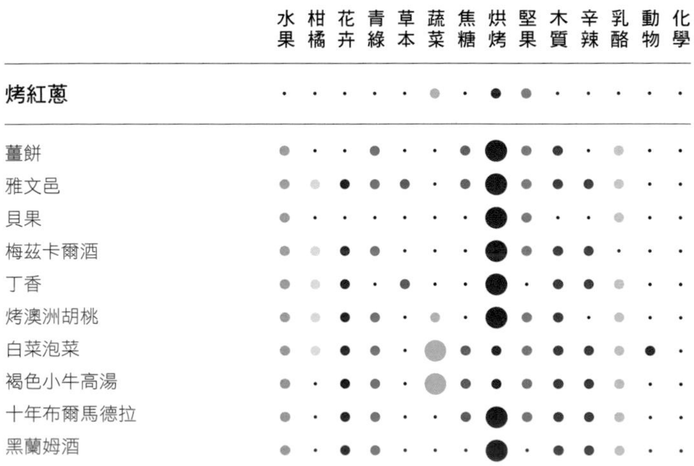

	水果	柑橘	花卉	青綠	草本	蔬菜	焦糖	烘烤	堅果	木質	辛辣	乳酪	動物	化學
烤紅蔥														
薑餅														
雅文邑														
貝果														
梅茲卡爾酒														
丁香														
烤澳洲胡桃														
白菜泡菜														
褐色小牛高湯														
十年布爾馬德拉														
黑蘭姆酒														

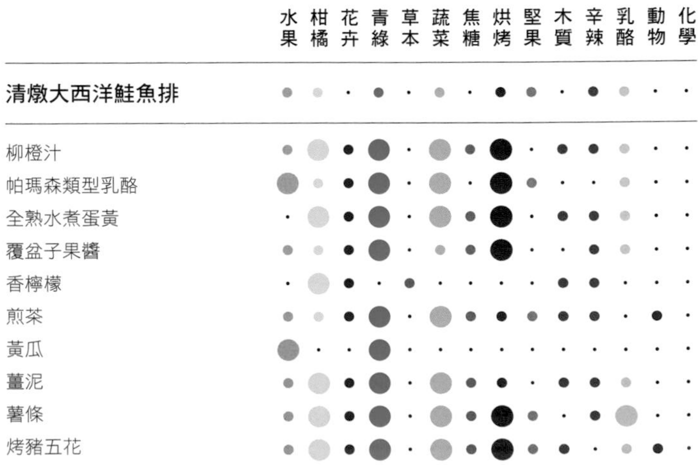

	水果	柑橘	花卉	青綠	草本	蔬菜	焦糖	烘烤	堅果	木質	辛辣	乳酪	動物	化學
清燉大西洋鮭魚排														
柳橙汁														
帕瑪森類型乳酪														
全熟水煮蛋黃														
覆盆子果醬														
香檸檬														
煎茶														
黃瓜														
薑泥														
薯條														
烤豬五花														

潛在搭配：薑和紅毛丹

紅毛丹的名稱來自馬來語「rambut」，代表「頭髮」的意思——這種雞蛋大小的熱帶水果擁有橘紅色表皮，覆蓋著又長又軟、亮綠色的刺。它和荔枝是親戚，但其柔軟的瑩白果肉稍微比較酸。和荔枝一樣，紅毛丹很適合加入雞尾酒和水果沙拉。

	水果	柑橘	花卉	青綠	草本	蔬菜	焦糖	烘烤	堅果	木質	辛辣	乳酪	動物	化學
紅毛丹														
烤甜菜														
熟印度香米														
歐洲鱸魚														
牡蠣														
辣椒醬														
水煮青花菜														
桃子														
炒小白菜														
大吉嶺茶														
薑汁啤酒														

	水果	柑橘	花卉	青綠	草本	蔬菜	焦糖	烘烤	堅果	木質	辛辣	乳酪	動物	化學
紫羅蘭花														
蠶豆														
百香果														
水煮胡蘿蔔														
熟翡麥														
茵陳蒿														
櫛瓜														
生薑														
水煮芹菜														
水煮麵包蟹肉														
黑醋栗香甜酒														

	水果	柑橘	花卉	青綠	草本	蔬菜	焦糖	烘烤	堅果	木質	辛辣	乳酪	動物	化學
自然乾卡瓦氣泡酒														
香菜葉														
生薑														
爐烤豬里肌肋排														
清燉烏魚														
煎甜菜														
烤羅布斯塔咖啡豆														
柚子														
成熟切達乳酪														
阿芳素芒果														
二次釀造醬油														

經典佳餚：苗式甜豬肉

苗族是現今主要分布於中國和東南亞的民族。一道受歡迎的苗菜是把醬油醃過的五花肉放在湯裡燉煮，加入黑糖、薑和八角調味——也可以加香茅（見次頁），它和薑一樣跟豬肉很搭。快完成時再放入水煮蛋。

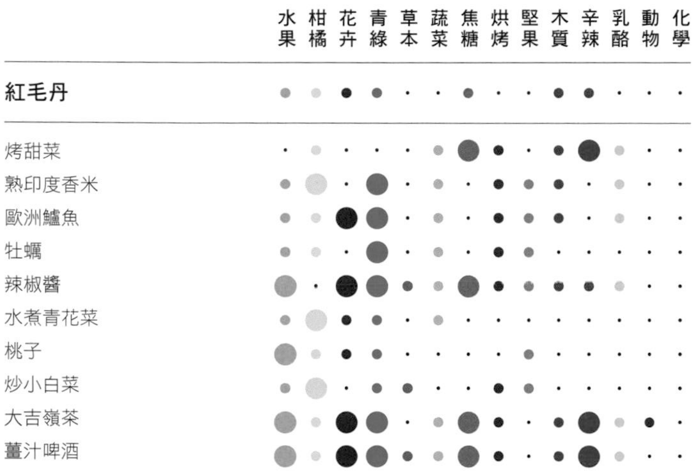

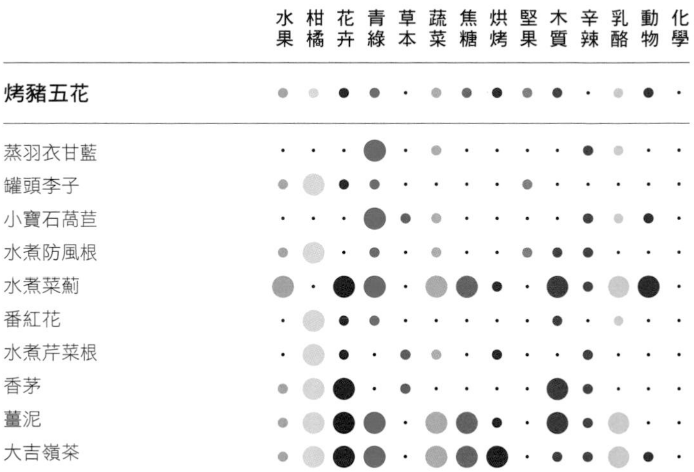

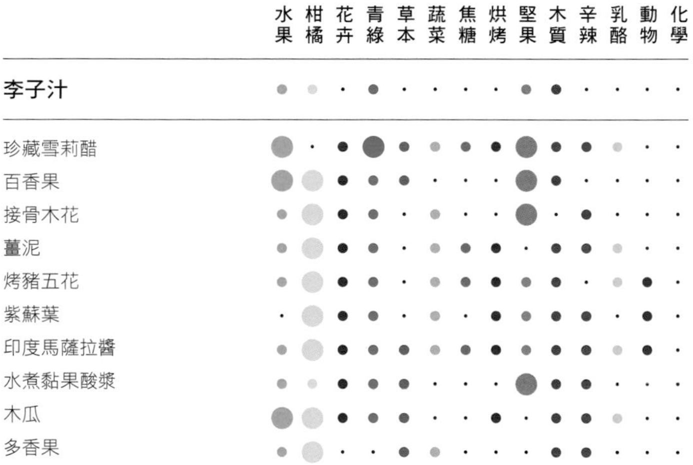

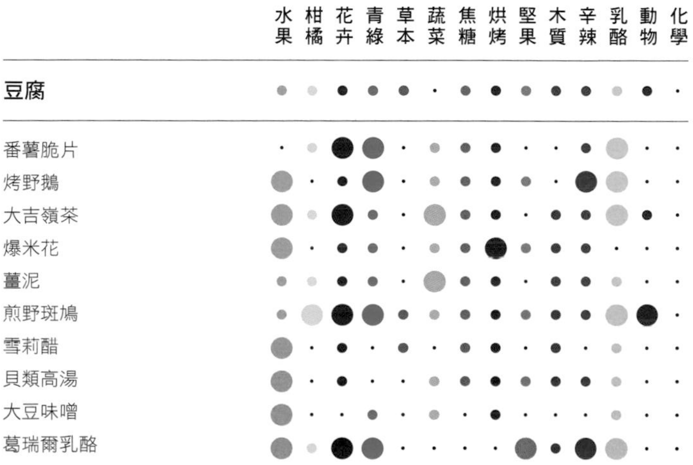

	水果	柑橘	花卉	青綠	草本	蔬菜	焦糖	烘烤	堅果	木質	辛辣	乳酪	動物	化學
烤豬五花														
蒸羽衣甘藍														
罐頭李子														
小寶石萵苣														
水煮防風根														
水煮菜薊														
番紅花														
水煮芹菜根														
香茅														
薑泥														
大吉嶺茶														

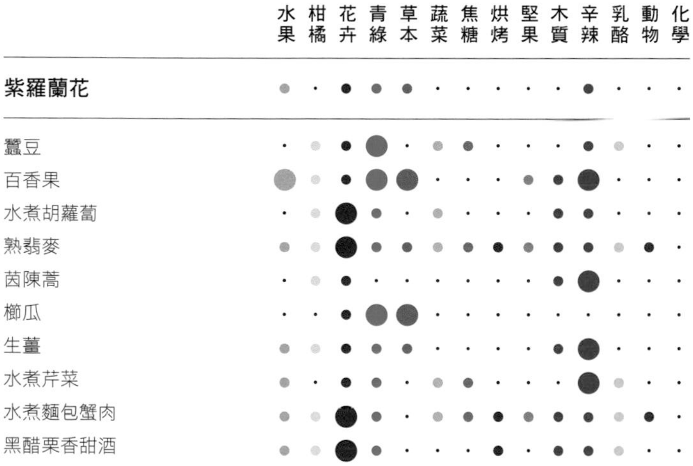

	水果	柑橘	花卉	青綠	草本	蔬菜	焦糖	烘烤	堅果	木質	辛辣	乳酪	動物	化學
李子汁														
珍藏雪莉醋														
百香果														
接骨木花														
薑泥														
烤豬五花														
紫蘇葉														
印度馬薩拉醬														
水煮黏果酸漿														
木瓜														
多香果														

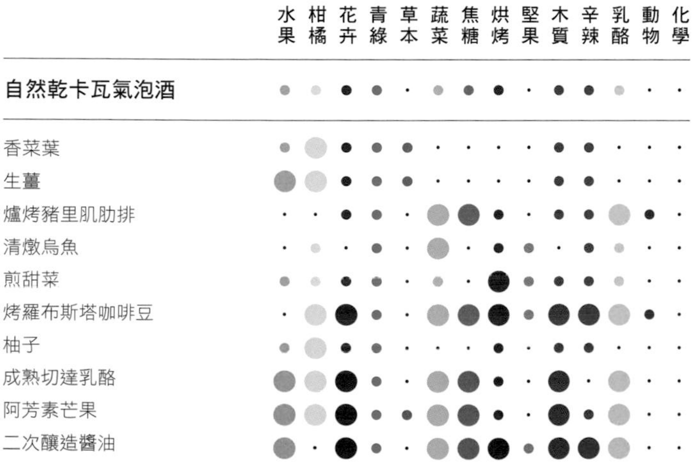

	水果	柑橘	花卉	青綠	草本	蔬菜	焦糖	烘烤	堅果	木質	辛辣	乳酪	動物	化學
豆腐														
番薯脆片														
烤野鵝														
大吉嶺茶														
爆米花														
薑泥														
煎野斑鳩														
雪莉醋														
貝類高湯														
大豆味噌														
葛瑞爾乳酪														

香茅

香茅又稱為檸檬草，如名稱所示，它具有一些跟檸檬一樣的柑橘香氣分子，但也含大量薄荷腦，散發清涼薄荷風味。

香茅細長、纖維狀的莖乍看之下很像蔥，但這種香草事實上是熱帶禾本科植物。以香茅入菜時，用刀背拍打或搗碎讓精油釋放後再加到湯裡。香茅充滿纖維的外層可能會很硬，把它剝掉，使用裡面較柔軟的部分切細來裝飾菜餚。製作肉類和海鮮醃醬時，建議直接將香茅磨入調味醬汁，避免汁液流失。

香茅在各種東南亞料理中被廣泛使用，與其他香草加在一起來平衡魚露強烈的魚腥、硫磺和麥芽風味。香茅微微的柑橘、花卉香以及薄荷味也讓它成為受歡迎的香草茶材料。

- 泰國綠咖哩醬由不同芳香植物混合而成，包含香茅、香菜籽、孜然、泰國青檸、綠胡椒、高良薑、綠鳥眼辣椒、大蒜、紅蔥以及混合了魚露和椰奶的蝦醬。
- 香茅較堅硬的外皮可以用來泡茶。將三株新鮮香茅浸泡於熱水中約十分鐘，依喜好可加入生蜂蜜和些許檸檬汁。

為何螞蟻嘗起來像香茅？

巴西聖保羅，D.O.M.，亞歷克斯．阿塔拉

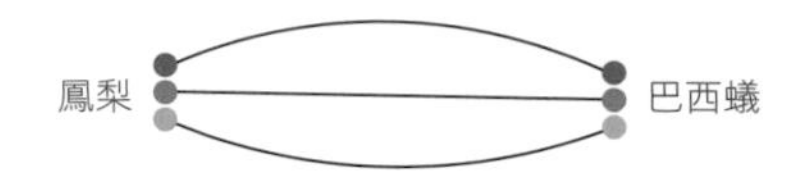

亞歷克斯．阿塔拉（Alex Atala）是巴西美食界的巨擘，因推廣在地食材和永續農法而知名。他在聖保羅的餐廳 D.O.M. 主打簡單但匠心獨運的菜單，採用巴西偏遠地區的罕見食材，像是來自亞馬遜雨林的切葉蟻。

我們沒想過這些看似不起眼的小小生物能有多少風味，但第一次品嘗就能推翻這種誤解——巴西切葉蟻可說是珍饈。經過香氣分析後，我們發現切葉蟻含有大量也存在於香茅的橙花醛和香葉醛，以及散發花卉、柑橘和木質風味的高濃度芳樟醇。

阿塔拉把他在亞馬遜州北部聖加布里埃爾達卡紹埃拉（São Gabriel da Cachoeira）雨林找到的紅色切葉蟻當成幾道招牌菜的辛香點綴。他最出名的甜點是將一隻紅色切葉蟻擺在一塊新鮮多汁的鳳梨上。一口吃下會在嘴裡迸發出熱帶水果味和切葉蟻香茅調。

相關香氣輪廓：巴西切葉蟻

切葉蟻有類似香茅的香氣輪廓。橙花醛和香葉醛賦予其檸檬和柑橘調，芳樟醇則增添花卉、柑橘和木質風味。

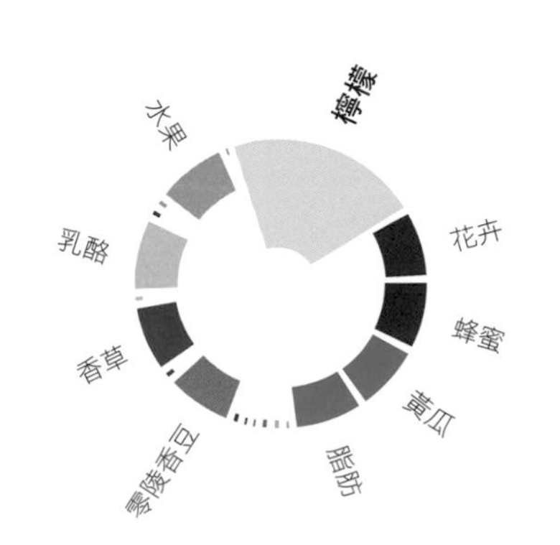

	水果	柑橘	花卉	青綠	草本	蔬菜	焦糖	烘烤	堅果	木質	辛辣	乳酪	動物	化學
巴西切葉蟻														
桃子														
煎珠雞														
烤紅甜椒泥														
帕瑪森類型乳酪														
黑橄欖														
可可粉														
烤豬五花														
祕魯黃辣椒														
檸檬														
網烤茄子														

香茅

香茅香氣輪廓

這種堅韌、營養的香草具有檸檬調，來自化合物檸檬烯和柑橘味強烈的香葉醛。香茅也含較甜、柑橘味較淡的橙花醛，聞起來類似檸檬皮。其他幾個香氣分子增添了花香和木質、草本氣味。香茅裡的薄荷腦解釋了它為何散發清新薄荷風味。薄荷腦是薄荷裡的關鍵化合物，也存在於洋甘菊、羅勒、百里香、覆盆子和芒果中。

	水果	柑橘	花卉	青綠	草本	蔬菜	焦糖	烘烤	堅果	木質	辛辣	乳酪	動物	化學
香茅														
網烤茄子														
水煮蠶豆														
日本蘿蔔														
熟卡姆小麥														
日本梅子														
百里香														
百香果														
煎豬里肌														
乾桉葉														
孜然籽														

潛在搭配：香茅和茉莉花茶

若是想來一杯芳香清爽的飲料，可以用香茅糖漿為冰茉莉花茶增甜。加入一些鳳梨汁再多一層水果調。

經典搭配：香茅、紫蘇、豬肉和蝦子

「順化牛肉米線」（Bún bò huế）是一道越南米粉湯，裡面有牛胸肉和少許泰國羅勒、越南香菜和紫蘇葉等新鮮香草。清澈味濃的湯汁以豬骨及牛骨熬成，加上乾蝦、香茅、洋蔥、大蒜、芹菜和魚露。

香茅食材搭配

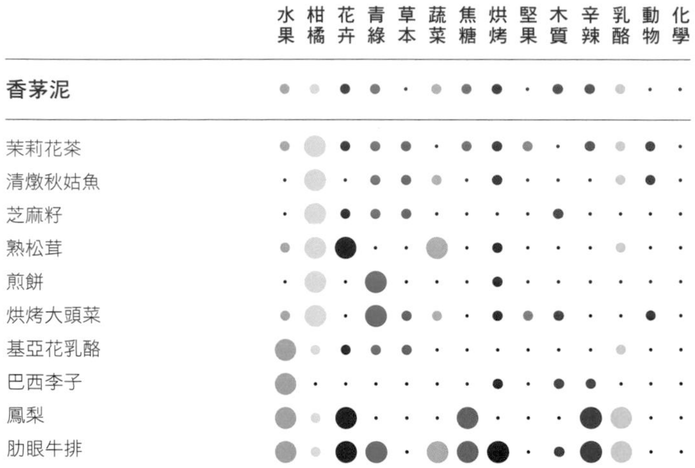

水果 柑橘 花卉 青綠 草本 蔬菜 焦糖 烘烤 堅果 木質 辛辣 乳酪 動物 化學

香茅泥

茉莉花茶
清燉秋姑魚
芝麻籽
熟松茸
煎餅
烘烤大頭菜
基亞花乳酪
巴西李子
鳳梨
肋眼牛排

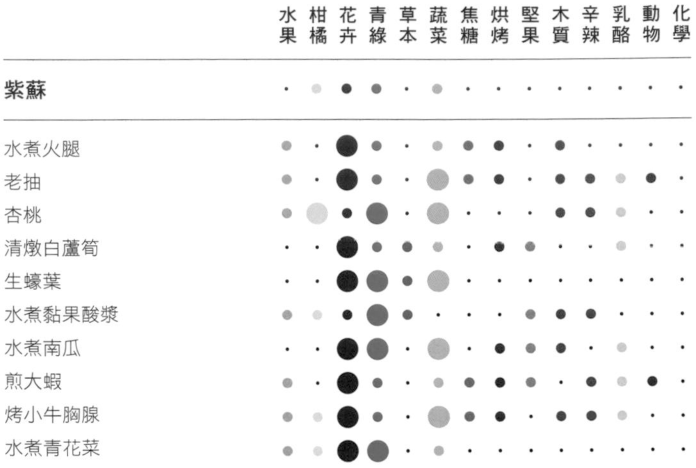

水果 柑橘 花卉 青綠 草本 蔬菜 焦糖 烘烤 堅果 木質 辛辣 乳酪 動物 化學

發酵李子汁

香茅泥
水牛莫札瑞拉乳酪
花椒
紅茶
藍莓醋
可可粉
會議梨
香蜂草
油桃
紫鼠尾草

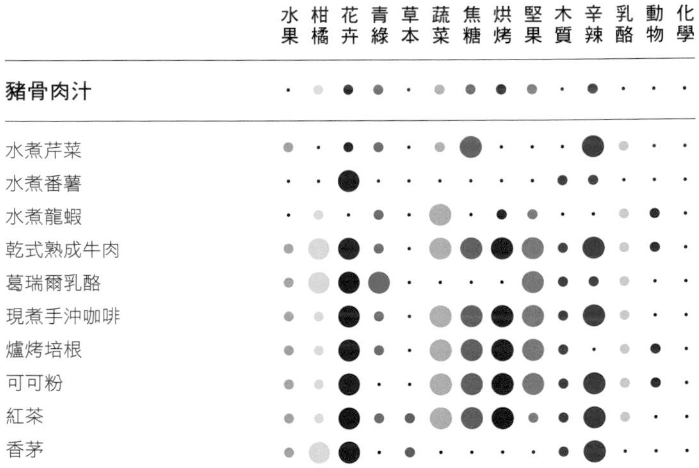

水果 柑橘 花卉 青綠 草本 蔬菜 焦糖 烘烤 堅果 木質 辛辣 乳酪 動物 化學

蓮霧

香茅泥
韓國辣醬
雲莓
芹菜葉
和牛
綠茶
肉桂
芥末
烤小牛胸腺
巴西莓

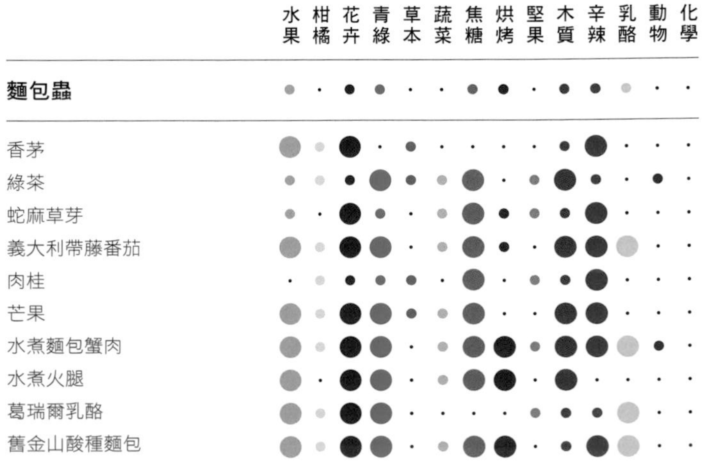

水果 柑橘 花卉 青綠 草本 蔬菜 焦糖 烘烤 堅果 木質 辛辣 乳酪 動物 化學

紫蘇

水煮火腿
老抽
杏桃
清燉白蘆筍
生蠔葉
水煮黏果酸漿
水煮南瓜
煎大蝦
烤小牛胸腺
水煮青花菜

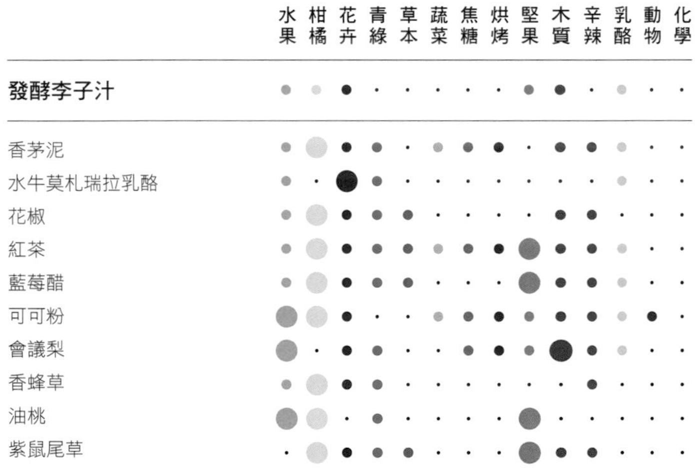

水果 柑橘 花卉 青綠 草本 蔬菜 焦糖 烘烤 堅果 木質 辛辣 乳酪 動物 化學

豬骨肉汁

水煮芹菜
水煮番薯
水煮龍蝦
乾式熟成牛肉
葛瑞爾乳酪
現煮手沖咖啡
爐烤培根
可可粉
紅茶
香茅

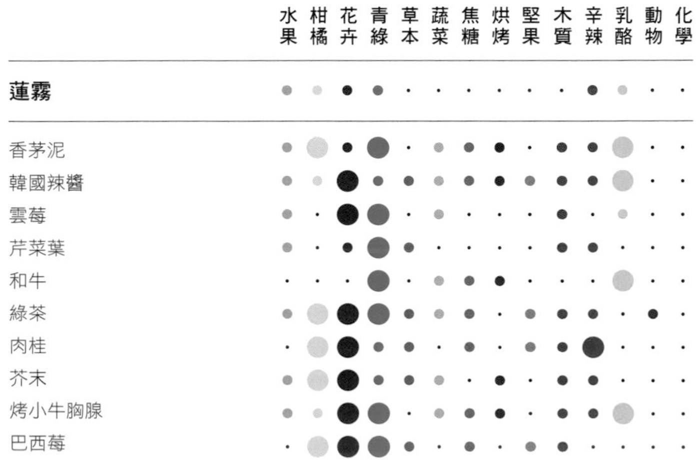

水果 柑橘 花卉 青綠 草本 蔬菜 焦糖 烘烤 堅果 木質 辛辣 乳酪 動物 化學

麵包蟲

香茅
綠茶
蛇麻草芽
義大利帶藤番茄
肉桂
芒果
水煮麵包蟹肉
水煮火腿
葛瑞爾乳酪
舊金山酸種麵包

潛在搭配：巴西切葉蟻和帕瑪森乳酪

切葉蟻具有類似香茅的柑橘香。雖然帕瑪森類型乳酪也含柑橘味分子，但這兩個食材之間另有連結：切葉蟻的香氣輪廓中有椰子味內酯，通常乳酪也有。

潛在搭配：香茅和甲殼類動物

甲殼類動物（見次頁）搭配柑橘味食材有加分效果，因為後者能平衡甜味並為整體菜色增添清爽度。

巴西切葉蟻食材搭配

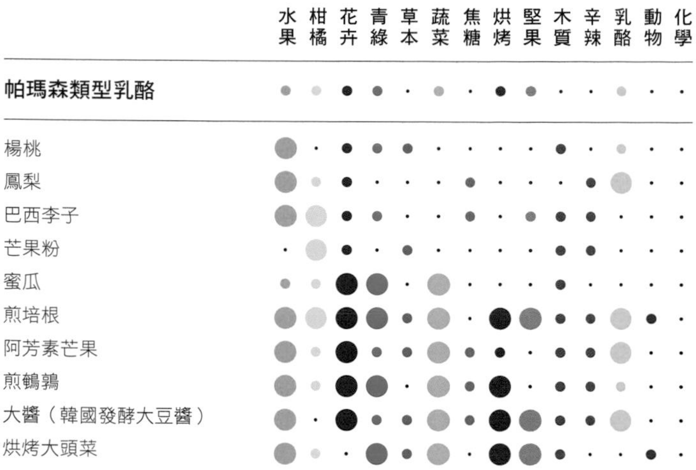

	水果	柑橘	花卉	青綠	草本	蔬菜	焦糖	烘烤	堅果	木質	辛辣	乳酪	動物	化學
帕瑪森類型乳酪														
楊桃														
鳳梨														
巴西李子														
芒果粉														
蜜瓜														
煎培根														
阿芳素芒果														
煎鵪鶉														
大醬（韓國發酵大豆醬）														
烘烤大頭菜														

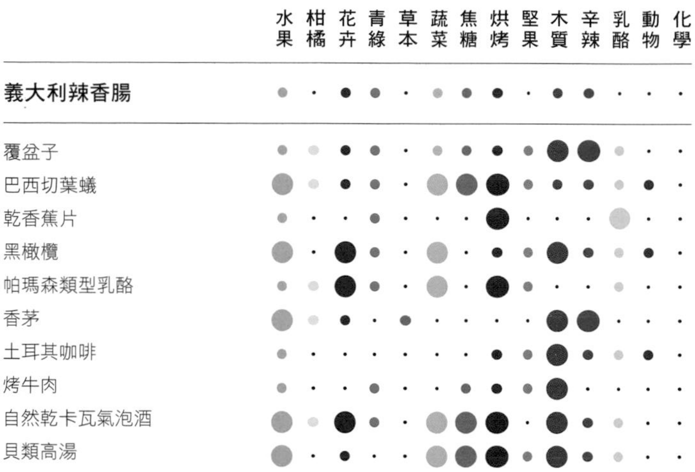

	水果	柑橘	花卉	青綠	草本	蔬菜	焦糖	烘烤	堅果	木質	辛辣	乳酪	動物	化學
義大利辣香腸														
覆盆子														
巴西切葉蟻														
乾香蕉片														
黑橄欖														
帕瑪森類型乳酪														
香茅														
土耳其咖啡														
烤牛肉														
自然乾卡瓦氣泡酒														
貝類高湯														

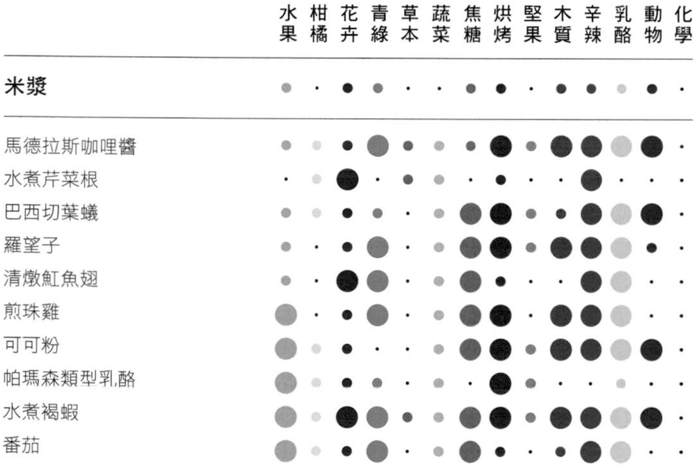

	水果	柑橘	花卉	青綠	草本	蔬菜	焦糖	烘烤	堅果	木質	辛辣	乳酪	動物	化學
米漿														
馬德拉斯咖哩醬														
水煮芹菜根														
巴西切葉蟻														
羅望子														
清燉魟魚翅														
煎珠雞														
可可粉														
帕瑪森類型乳酪														
水煮褐蝦														
番茄														

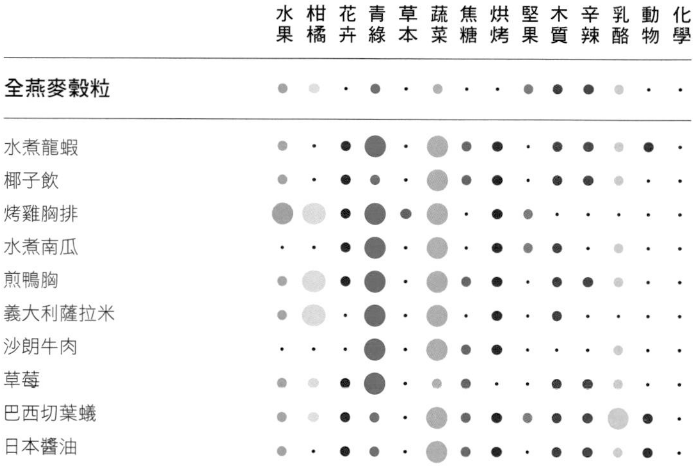

	水果	柑橘	花卉	青綠	草本	蔬菜	焦糖	烘烤	堅果	木質	辛辣	乳酪	動物	化學
全燕麥穀粒														
水煮龍蝦														
椰子飲														
烤雞胸排														
水煮南瓜														
煎鴨胸														
義大利薩拉米														
沙朗牛肉														
草莓														
巴西切葉蟻														
日本醬油														

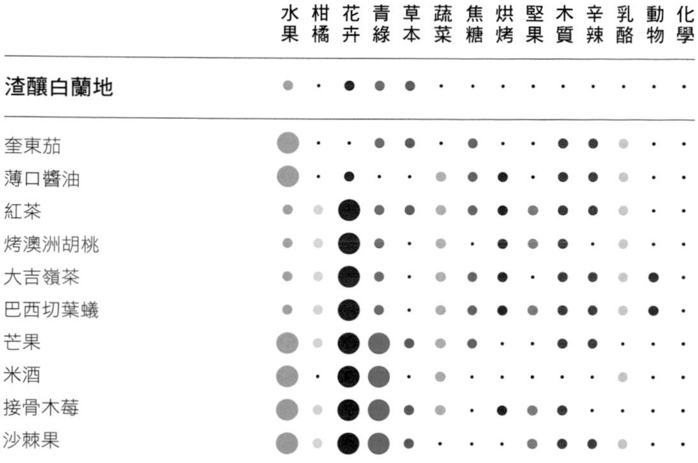

	水果	柑橘	花卉	青綠	草本	蔬菜	焦糖	烘烤	堅果	木質	辛辣	乳酪	動物	化學
渣釀白蘭地														
奎東茄														
薄口醬油														
紅茶														
烤澳洲胡桃														
大吉嶺茶														
巴西切葉蟻														
芒果														
米酒														
接骨木莓														
沙棘果														

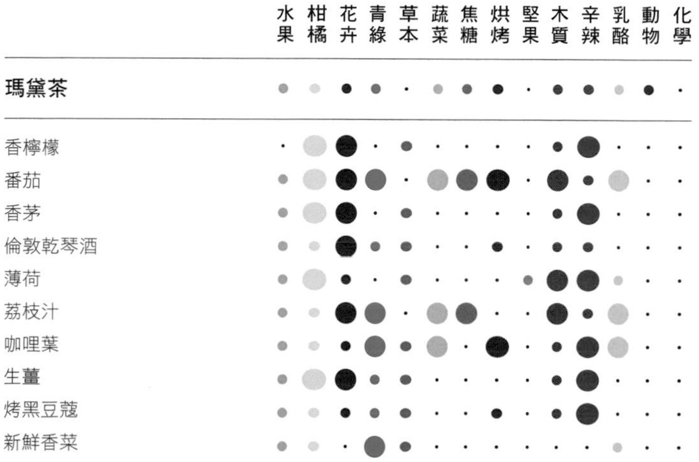

	水果	柑橘	花卉	青綠	草本	蔬菜	焦糖	烘烤	堅果	木質	辛辣	乳酪	動物	化學
瑪黛茶														
香檸檬														
番茄														
香茅														
倫敦乾琴酒														
薄荷														
荔枝汁														
咖哩葉														
生薑														
烤黑豆蔻														
新鮮香菜														

甲殼類動物

烹煮龍蝦、螃蟹、蝦子和螯蝦會改變牠們原本以青綠、魚腥味為主的乏味香氣輪廓。和其他魚類和貝類不同，熟甲殼類動物主要散發肉和堅果、爆米花般的氣味。

除了發展出不同香氣輪廓以外，煮熟的龍蝦、螃蟹、明蝦和螯蝦還會變紅。這是因為牠們含有一種稱為甲殼藍蛋白的蛋白質，裡面充滿紅色色素蝦紅素。烹煮過程使甲殼藍蛋白變性，蝦紅素便釋放到甲殼類動物的殼和肉。

龍蝦

如果你曾享用過高級龍蝦大餐，很有可能主角來自大西洋岩石海床。美國和歐洲龍蝦適合在 12-18°C 左右的冷水中生存。這些擁有巨大強壯雙鉗的冷水龍蝦比溫水龍蝦嘗起來更甘甜細滑。

波士頓龍蝦（美洲螯龍蝦）和布列塔尼藍龍蝦（歐洲螯龍蝦）是兩個最常在市面上見到的龍蝦物種。在歐洲，奧斯特什蒂龍蝦被視為美味佳餚。牠們深藍黑色的外骨骼上有橘點，即使藏身於荷蘭東斯海爾德的崎嶇岩石間還是會被永續漁業的漁夫找到。

- 新鮮龍蝦肉要保持甘甜柔嫩最好以簡單的方法烹煮：適度蒸熟後搭配檸檬汁和溫融化奶油一起吃。
- 龍蝦冷盤的做法為先鋪一層萵苣，再擺上冷龍蝦尾和半熟水煮蛋、番茄以及一團團美乃滋和雞尾酒醬。
- 紐堡龍蝦以干邑白蘭地、雪莉、白蘭地或馬德拉以及少許塔巴斯科辣椒醬或紅辣椒粉調味的奶醬烹煮龍蝦，搭配三角形吐司片一起吃。
- 「美式龍蝦」（Lobster à l'Américaine）濃郁香滑的番茄醬汁加了干邑白蘭地並以龍蝦殼熬煮，最後撒上新鮮碎香芹和茵陳蒿。

麵包蟹

麵包蟹棲息於大西洋淺水水域，從北海一路到北非都可見蹤跡。這些蟹螯前端為黑色的食腐動物能夠很快適應環境，占西歐海鮮漁獲的一大部分。麵包蟹蟹螯的白肉約占體重三分之一，其他部位的肉被稱為褐肉。公麵包蟹的螯肉往往比母麵包蟹甜。

- 經典比利時蟹肉雞尾酒的食材和龍蝦冷盤（見上文）相同，只是放在玻璃杯裡。較新版本則加了酪梨、萵苣、葡萄柚和雞尾酒醬。

相關香氣輪廓：水煮麵包蟹肉

熟麵包蟹和水煮龍蝦擁有許多共同的肉、堅果、爆米花和蔬菜馬鈴薯味香氣化合物。蟹肉也有明顯的青綠氣味，類似角蝦。烹煮這些甲殼類動物會使果香酯類形成。

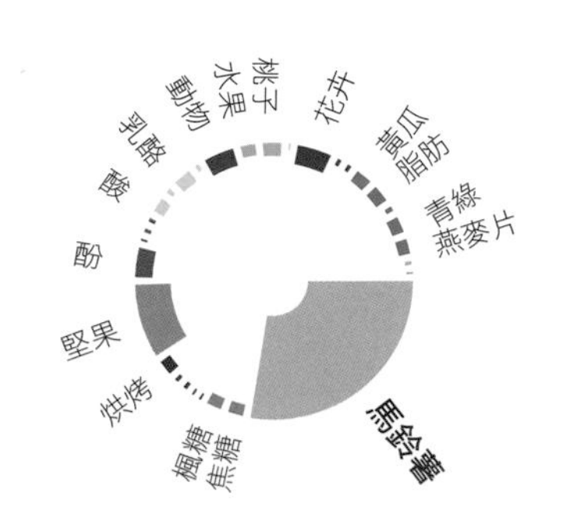

	水果	柑橘	花卉	青綠	草本	蔬菜	焦糖	烘烤	堅果	木質	辛辣	乳酪	動物	化學
水煮麵包蟹肉														
紅甜椒														
全熟水煮蛋														
炸辣椒醬														
海苔片														
烤布雷斯雞皮														
黃瓜														
清燉大西洋鮭魚排														
乾醃火腿														
熟野米														
葡萄柚														

水煮龍蝦尾

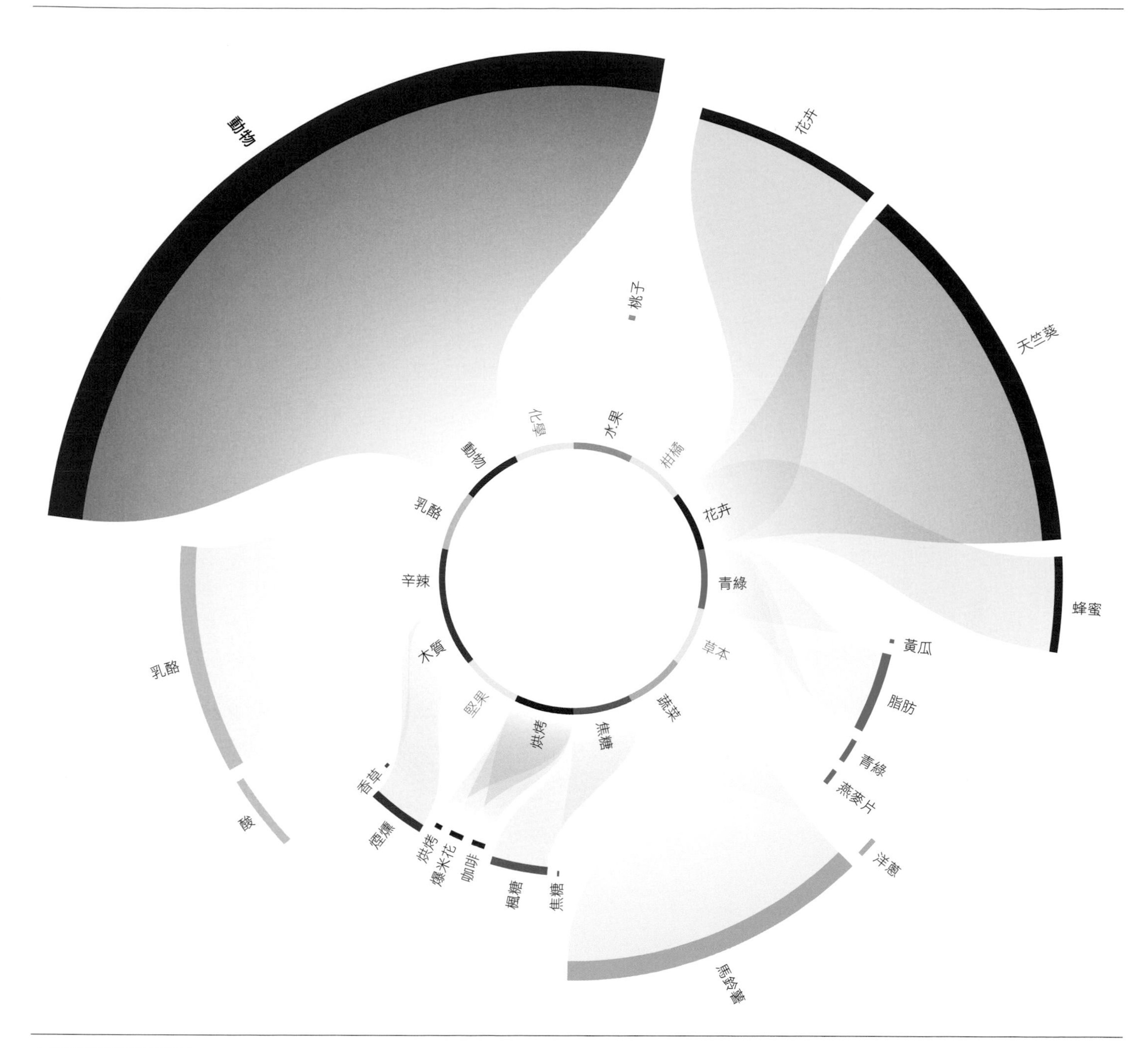

水煮龍蝦尾香氣輪廓

水煮龍蝦具有一種肉、堅果、爆米花般的氣味以及些許馬鈴薯和天竺葵調性，因為烹煮時的熱度會引發脂肪氧化和其他酵素反應。隨著溫度升高，肉味香氣分子因梅納反應和史崔克降解（見第 183 頁）開始形成。

	水果	柑橘	花卉	青綠	草本	蔬菜	焦糖	烘烤	堅果	木質	辛辣	乳酪	動物	化學
水煮龍蝦尾														
櫻桃番茄														
米酒														
乾式熟成牛肉														
煎茶														
薑泥														
紅毛丹														
香橙														
爐烤漢堡														
網烤綠蘆筍														
蒼白莖藜籽														

水煮角蝦

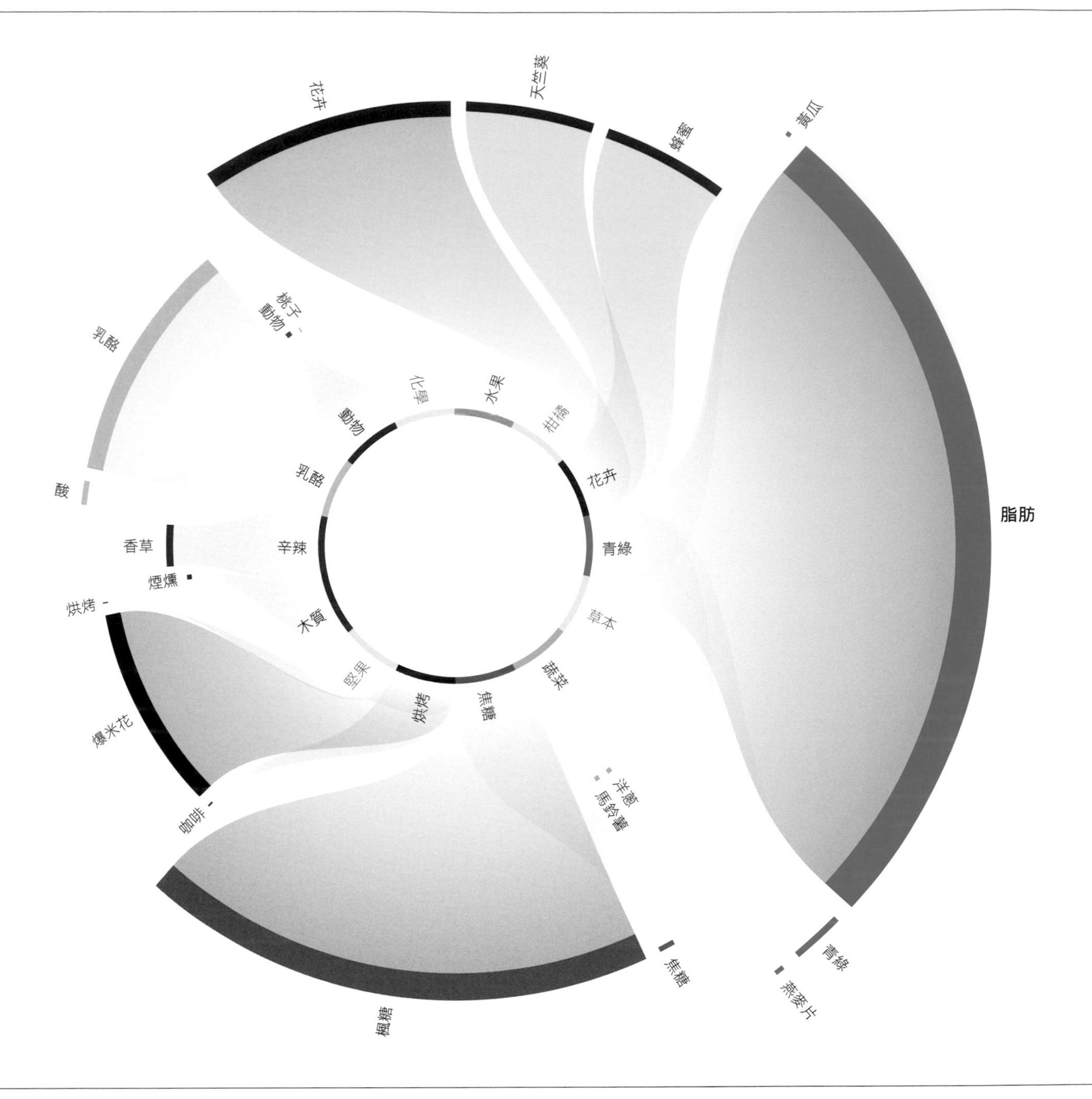

水煮角蝦香氣輪廓

熟角蝦的風味與龍蝦類似，但含較低濃度的肉、馬鈴薯味化合物。大量的楓糖味揮發性化合物讓這種小型甲殼類動物有較甜的味道。牠的香氣輪廓也較偏青綠、脂肪，散發更多爆米花味。其爆米花調性來自特徵影響化合物 2- 乙醯基 -1- 吡咯啉，而且烹煮時濃度會變得更高。

	水果	柑橘	花卉	青綠	草本	蔬菜	焦糖	烘烤	堅果	木質	辛辣	乳酪	動物	化學
水煮角蝦														
烤布雷斯雞皮														
日本梅子														
印尼甜醬油														
芝麻籽油														
平葉香芹														
水煮冬瓜														
水煮火腿														
墨西哥捲餅皮														
油桃														
胡蘿蔔														

主廚搭配：角蝦和現磨咖啡

使用現磨咖啡點綴菜餚的想法往往讓人大吃一驚，但大家試了下方這道角蝦食譜後會更加驚訝，發現咖啡嘗起來不太像咖啡——你會嘗到咖啡的香草和烘烤調而非咖啡風味。

經典食材：貝類高湯

和經典魚高湯一樣，貝類高湯被當成醬汁和湯品的基底，只不過它使用明蝦、螃蟹或龍蝦殼而非魚骨。在北海道，螃蟹高湯被用來製作冰淇淋。赫斯頓．布魯門索也在他的肥鴨餐廳以螃蟹冰淇淋搭配蟹肉燉飯。

角蝦佐蔬菜美乃滋

食物搭配獨家食譜

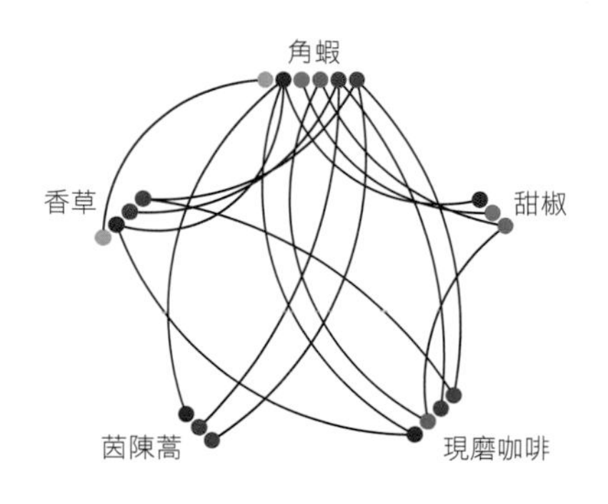

這道菜把角蝦和黃甜椒沾醬配成一對。將黃原膠、蛋白、檸檬汁和鹽巴拌入黃甜椒泥，接著緩緩倒入特級初榨橄欖油，不停攪拌直到呈現美乃滋狀。嫩煎角蝦。淋上浸泡過香草莢的花生油，再撒上現磨咖啡，最後和醬汁一起上桌。

角蝦

角蝦（Nephrops norvegicus）又稱都柏林灣蝦、挪威龍蝦等，是一種在法國特別受到青睞的海鮮珍饈。牠既非龍蝦也不是明蝦，分布於東北大西洋和部分地中海。身長約二十公分，顏色呈橘粉紅。角蝦的殼不易去除，但甘甜細緻的風味和質地值得一嘗。

- 角蝦在經典法式料理中經常以清燉、嫩煎或網烤方式烹調。例如「尼農海螯蝦」（langoustines Ninon）便是將牠與奶油、韭蔥和柳橙一起嫩煎。牠也經常是前菜或沙拉的主角，可以搭配美乃滋、加蒜味奶油直接網烤或放入義大利餃等新鮮義大利麵。

	水果	柑橘	花卉	青綠	草本	蔬菜	焦糖	烘烤	堅果	木質	辛辣	乳酪	動物	化學
現磨咖啡														
番紅花														
青辣椒														
藿香花														
南瓜籽油														
清燉榲桲														
野生接骨木莓														
曼斯特乳酪														
水牛奶														
新鮮食用玫瑰花瓣														
黏果酸漿														

	水果	柑橘	花卉	青綠	草本	蔬菜	焦糖	烘烤	堅果	木質	辛辣	乳酪	動物	化學
貝類高湯														
哥倫比亞咖啡														
巴斯德滅菌法番茄汁														
葛瑞爾乳酪														
卡沙夏														
老抽														
十年布爾馬德拉														
水煮朝鮮薊														
乾牛肝菌														
清燉烏魚														
烤開心果														

潛在搭配：角蝦和希臘優格醬

希臘優格醬（tzatziki）的兩大食材是鹹希臘綿羊或山羊奶優格和切碎的黃瓜。這種沾醬或醬汁很適合搭配角蝦，因為黃瓜裡的一些青綠、脂肪、明顯黃瓜味香氣分子也存在於貝類中。

潛在搭配：龍蝦和蒼白莖藜籽

蒼白莖藜是南美洲長久以來的主食，和藜麥為近親。這種長得像穀粒的小小紅褐色種子跟藜麥一樣無麩質又高蛋白，因此有時被稱為超級食物。你可以將它用在果昔、甜點或烘焙產品裡，或煮熟直接加入沙拉。

甲殼類動物食材搭配

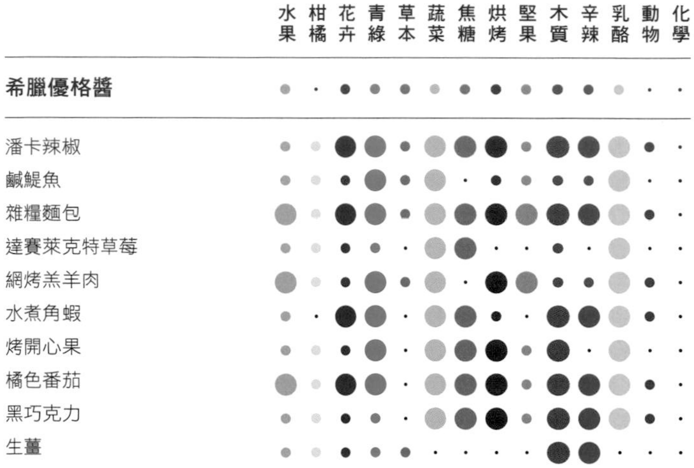

	水果	柑橘	花卉	青綠	草本	蔬菜	焦糖	烘烤	堅果	木質	辛辣	乳酪	動物	化學
希臘優格醬														
潘卡辣椒														
鹹鯷魚														
雜糧麵包														
達賽萊克特草莓														
網烤羔羊肉														
水煮角蝦														
烤開心果														
橘色番茄														
黑巧克力														
生薑														

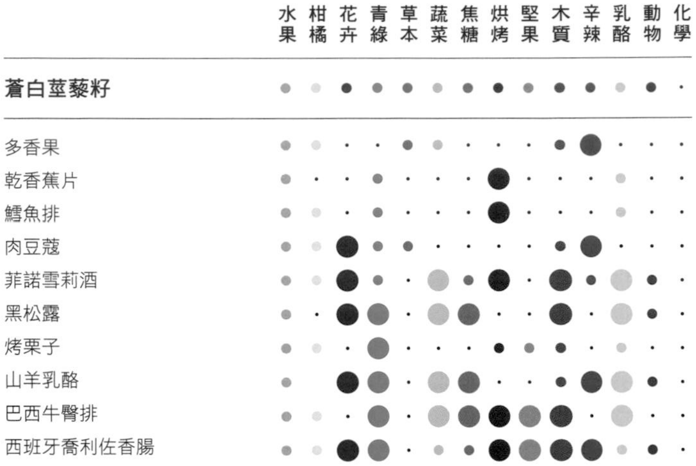

	水果	柑橘	花卉	青綠	草本	蔬菜	焦糖	烘烤	堅果	木質	辛辣	乳酪	動物	化學
蒼白莖藜籽														
多香果														
乾香蕉片														
鱈魚排														
肉豆蔻														
菲諾雪莉酒														
黑松露														
烤栗子														
山羊乳酪														
巴西牛臀排														
西班牙喬利佐香腸														

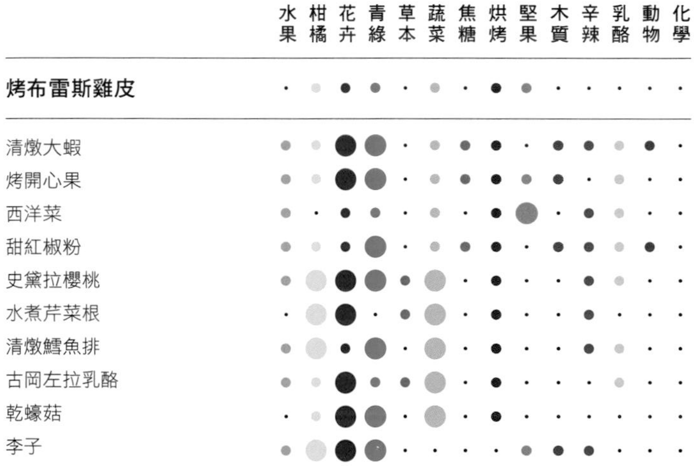

	水果	柑橘	花卉	青綠	草本	蔬菜	焦糖	烘烤	堅果	木質	辛辣	乳酪	動物	化學
烤布雷斯雞皮														
清燉大蝦														
烤開心果														
西洋菜														
甜紅椒粉														
史黛拉櫻桃														
水煮芹菜根														
清燉鱈魚排														
古岡左拉乳酪														
乾蠔菇														
李子														

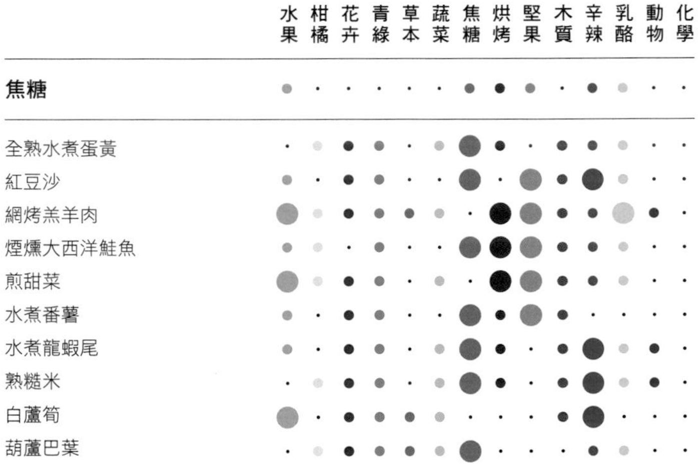

	水果	柑橘	花卉	青綠	草本	蔬菜	焦糖	烘烤	堅果	木質	辛辣	乳酪	動物	化學
焦糖														
全熟水煮蛋黃														
紅豆沙														
網烤羔羊肉														
煙燻大西洋鮭魚														
煎甜菜														
水煮番薯														
水煮龍蝦尾														
熟糙米														
白蘆筍														
葫蘆巴葉														

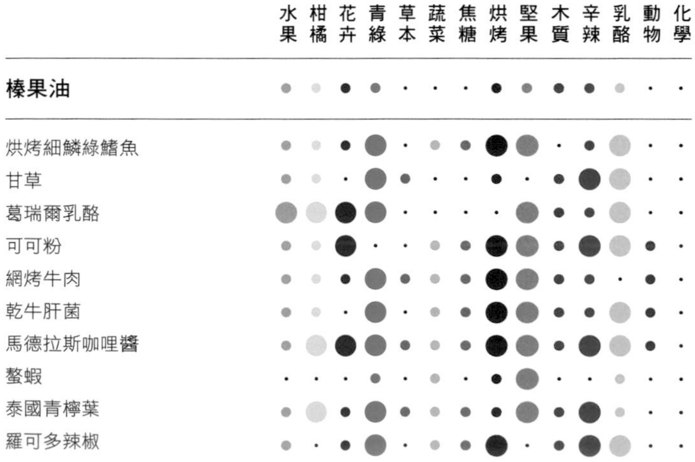

	水果	柑橘	花卉	青綠	草本	蔬菜	焦糖	烘烤	堅果	木質	辛辣	乳酪	動物	化學
榛果油														
烘烤細鱗綠鰭魚														
甘草														
葛瑞爾乳酪														
可可粉														
網烤牛肉														
乾牛肝菌														
馬德拉斯咖哩醬														
螯蝦														
泰國青檸葉														
羅可多辣椒														

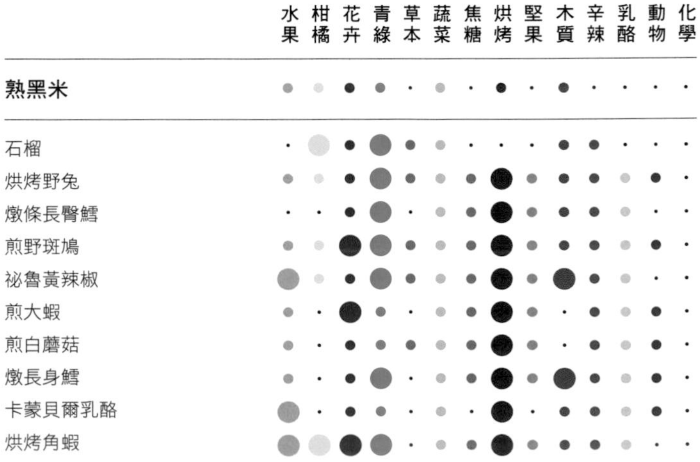

	水果	柑橘	花卉	青綠	草本	蔬菜	焦糖	烘烤	堅果	木質	辛辣	乳酪	動物	化學
熟黑米														
石榴														
烘烤野兔														
燉條長臀鱈														
煎野斑鳩														
祕魯黃辣椒														
煎大蝦														
煎白蘑菇														
燉長身鱈														
卡蒙貝爾乳酪														
烘烤角蝦														

經典佳餚：焗烤龍蝦

龍蝦對切成兩半，填入龍蝦尾肉和混合芥末與檸檬汁的白酒奶醬。切面朝上，撒上大量葛瑞爾乳酪，最後燒烤完成。

經典搭配：甲殼類動物和白酒

甲殼類動物的微甜和白酒（見次頁）的清新酸度形成美妙對比，造就經典組合。要選清冽、果香還是更醇厚的葡萄酒取決於醬汁：像焗烤龍蝦這樣濃郁的菜色就要搭配濃郁的酒款——試試夏多內、澳洲麗絲玲或隆河白酒。

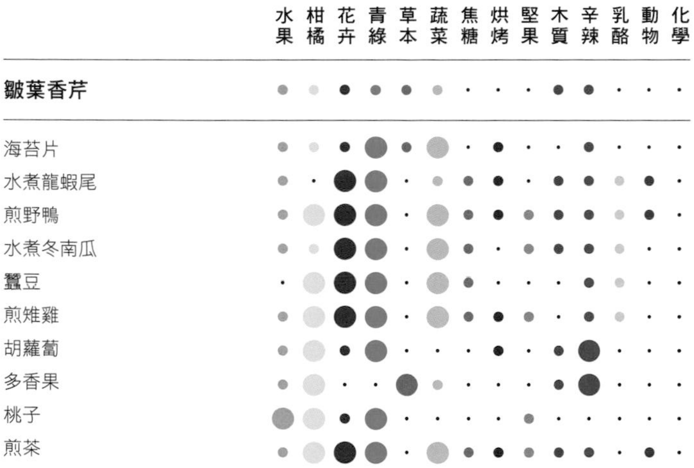

	水果	柑橘	花卉	青綠	草本	蔬菜	焦糖	烘烤	堅果	木質	辛辣	乳酪	動物	化學
皺葉香芹														
海苔片														
水煮龍蝦尾														
煎野鴨														
水煮冬南瓜														
蠶豆														
煎雉雞														
胡蘿蔔														
多香果														
桃子														
煎茶														

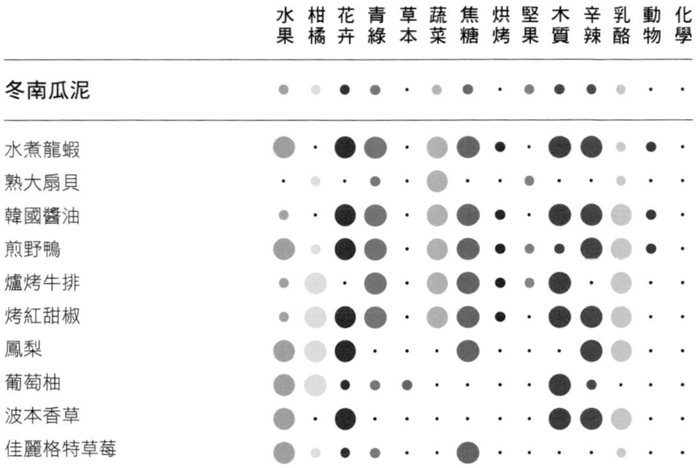

	水果	柑橘	花卉	青綠	草本	蔬菜	焦糖	烘烤	堅果	木質	辛辣	乳酪	動物	化學
冬南瓜泥														
水煮龍蝦														
熟大扇貝														
韓國醬油														
煎野鴨														
爐烤牛排														
烤紅甜椒														
鳳梨														
葡萄柚														
波本香草														
佳麗格特草莓														

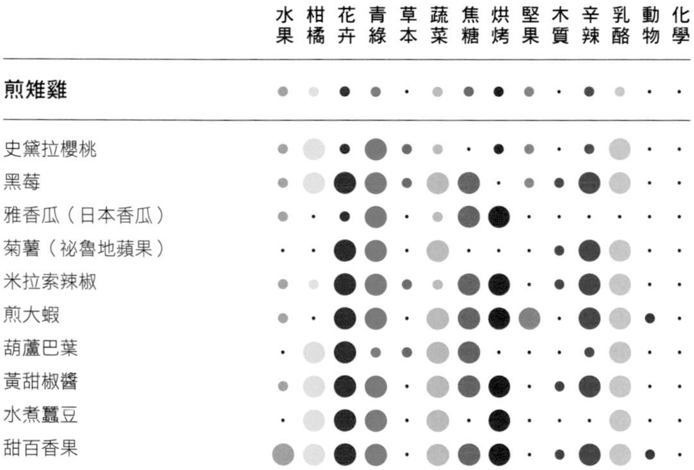

	水果	柑橘	花卉	青綠	草本	蔬菜	焦糖	烘烤	堅果	木質	辛辣	乳酪	動物	化學
煎雉雞														
史黛拉櫻桃														
黑莓														
雅香瓜（日本香瓜）														
菊薯（祕魯地蘋果）														
米拉索辣椒														
煎大蝦														
葫蘆巴葉														
黃甜椒醬														
水煮蠶豆														
甜百香果														

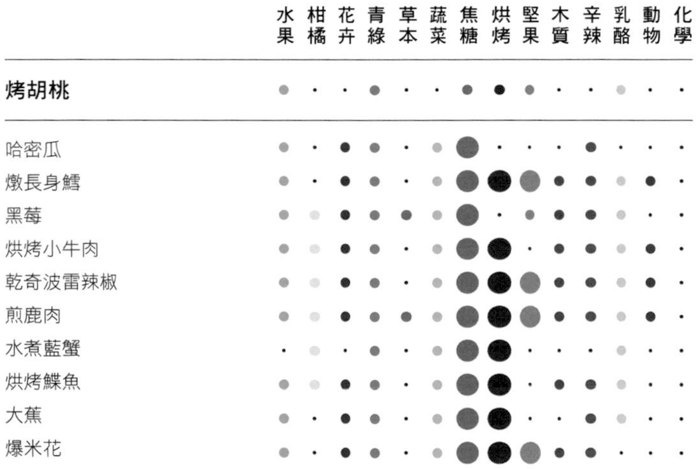

	水果	柑橘	花卉	青綠	草本	蔬菜	焦糖	烘烤	堅果	木質	辛辣	乳酪	動物	化學
烤胡桃														
哈密瓜														
燉長身鱈														
黑莓														
烘烤小牛肉														
乾奇波雷辣椒														
煎鹿肉														
水煮藍蟹														
烘烤鰈魚														
大蕉														
爆米花														

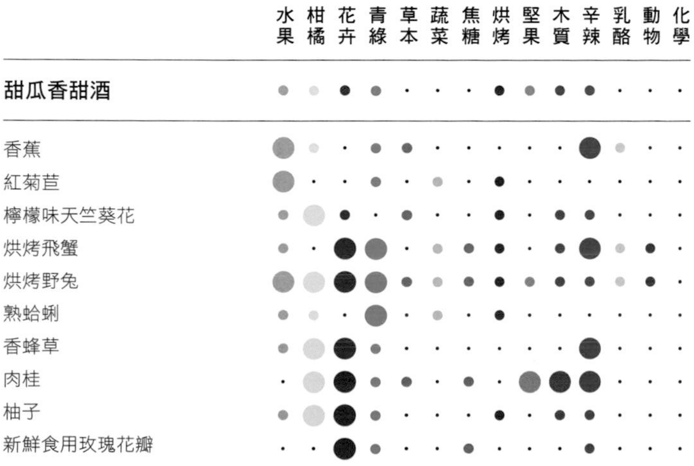

	水果	柑橘	花卉	青綠	草本	蔬菜	焦糖	烘烤	堅果	木質	辛辣	乳酪	動物	化學
甜瓜香甜酒														
香蕉														
紅菊苣														
檸檬味天竺葵花														
烘烤飛蟹														
烘烤野兔														
熟蛤蜊														
香蜂草														
肉桂														
柚子														
新鮮食用玫瑰花瓣														

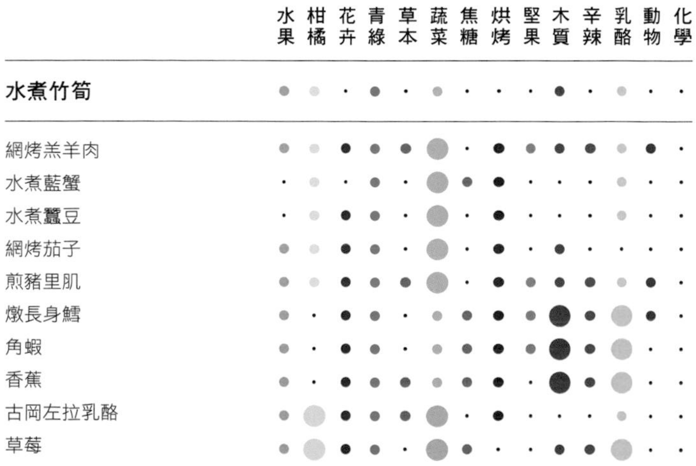

	水果	柑橘	花卉	青綠	草本	蔬菜	焦糖	烘烤	堅果	木質	辛辣	乳酪	動物	化學
水煮竹筍														
網烤羔羊肉														
水煮藍蟹														
水煮蠶豆														
網烤茄子														
煎豬里肌														
燉長身鱈														
角蝦														
香蕉														
古岡左拉乳酪														
草莓														

白蘇維濃

白蘇維濃經常被形容為散發青草和水果風味並帶有微甜和高酸，視釀造時的葡萄成熟度而定。

硫醇的水果香氣範圍很廣。在光譜的一端是 4 巰基 -4- 甲基 -2- 戊醇，具阿摩尼亞味。某些白蘇維濃含有比較多這種化合物，解釋了為何品飲筆記有時會以「貓尿味」來形容這種受歡迎的葡萄酒。

白蘇維濃的名稱源於法語「野生白」的意思，而它原本也是法國波爾多地區的野生葡萄。白蘇維濃的種植和製造逐漸從波爾多移到羅亞爾河谷的松塞爾，以此城重新命名並成為法定產區酒（AOC）。這些 AOC 葡萄酒因當地富含石灰岩的土壤擁有幾近鹹鮮的風格、礦石味和酸度而受到喜愛。

隨著這種清爽白酒變得越來越受歡迎，它的製造也拓展至其他歐洲地區以及南非、智利、加州和紐西蘭，生產者於一九八〇年代再度讓白蘇維濃打響名號。

紐西蘭和澳洲的白蘇維濃往往較不乾且具有明顯、撲鼻的香氣風味，許多人將其比喻為熱帶水果或接骨木花。最後這個品飲筆記也和白蘇維濃故鄉羅亞爾河的葡萄酒不謀而合，但它們往往更乾，具有較多礦物、燧石風格；醋栗是另一個常見的品飲筆記。

值得注意的乾型白蘇維濃分別來自法國松塞爾、普伊芙美和都漢；紐西蘭馬爾堡；智利瓦爾帕萊索和美國加州。法國甜點酒蘇玳和巴薩克也使用了這個葡萄品種。

法國白蘇維濃的經典食物搭配包括新鮮山羊乳酪、清淡魚肉和海鮮拼盤。來自紐西蘭、澳洲、智利和美國較甜、較多果香的酒款則經常搭配較辛辣、味道較重的食物，像是泰國綠咖哩、蒜味明蝦或亞洲海鮮菜餚，以及使用香菜、羅勒或薄荷等綠色香草的菜色。

燉茴香佐山羊奶優格

食物搭配獨家食譜

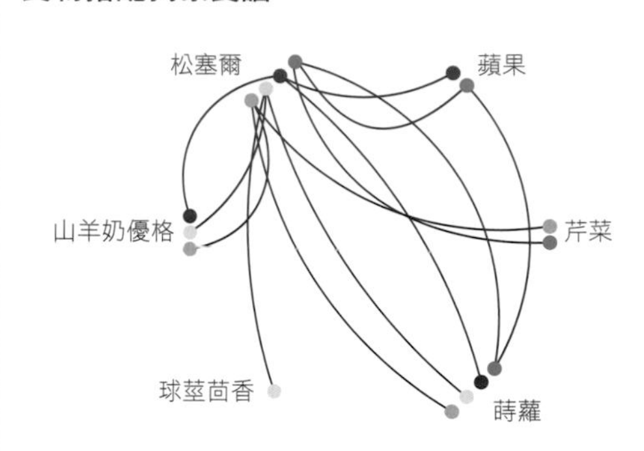

在與侍酒師珍・洛普斯（Jane Lopes）（見第 156 頁）的合作之下，我們將文生・皮納（Vincent Pinard）「Flores」二〇一四年松塞爾的青綠、水果、花卉和辛辣－巴薩米克味香氣輪廓配上一道燉茴香佐山羊奶優格及青蘋果、芹菜和薄荷汁。首先，茴香以其汁液和融化奶油燉煮，加強大茴香般的風味。完成後擺在一層濃郁的山羊奶優格上。除了松塞爾的經典搭配，還有以新鮮薄荷和蒔蘿調味的清爽芹菜（辛辣）蘋果（酸）汁，淋在燉茴香上。最後撒幾滴特級初榨橄欖油並以乾芹菜葉、薄荷和馬齒莧做裝飾。

松塞爾

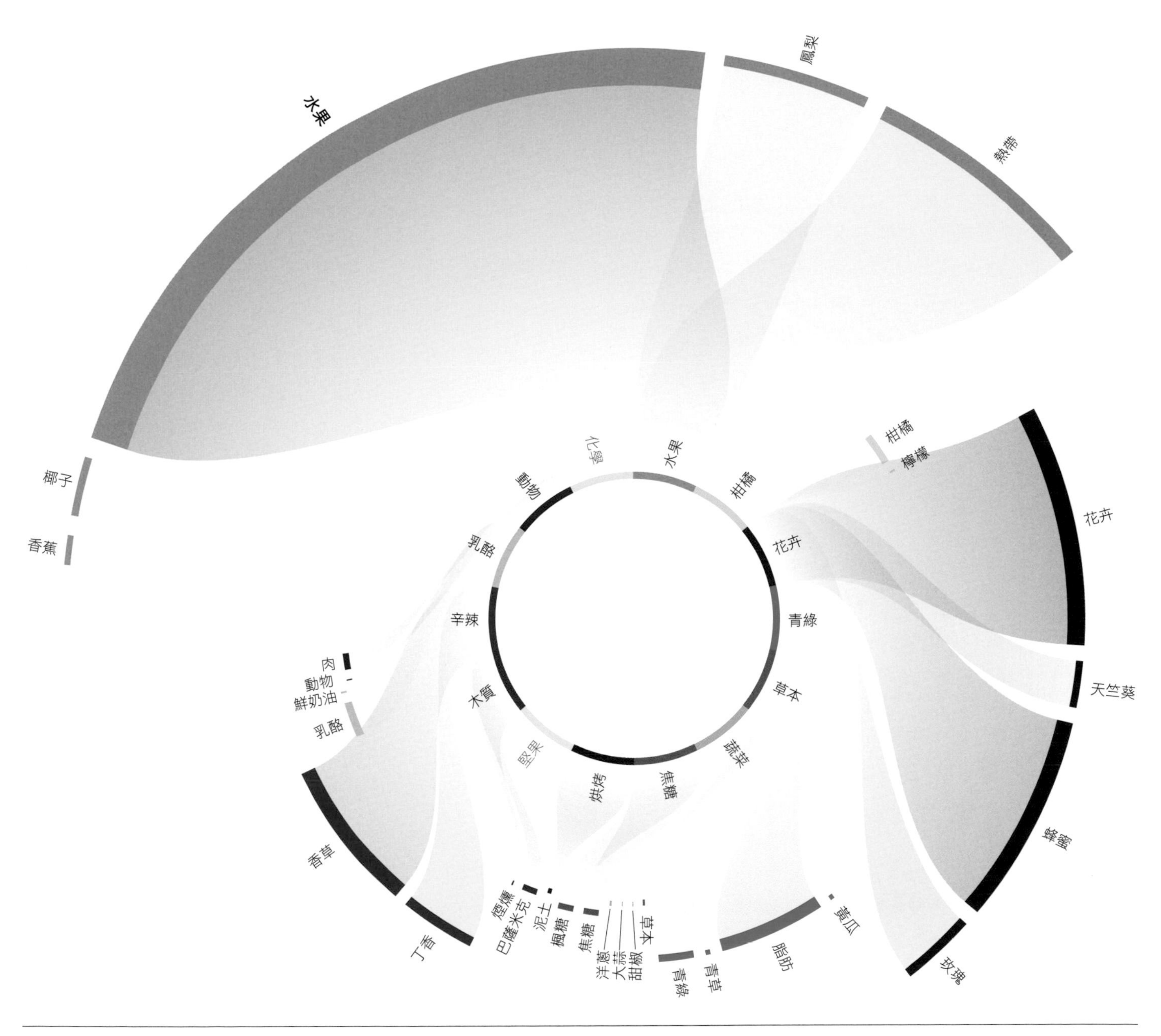

松塞爾香氣輪廓

這種白酒爽脆順口，明顯的青綠調來自具甜椒味的化合物 2- 異丁基 -3- 甲氧基吡嗪。白蘇維濃裡的硫醇以果香為主，從百香果到葡萄柚、醋栗、黑醋栗甚至番石榴都有可能。貝類和白蘇維濃是經典搭配，夏維諾乳酪也是，它是松塞爾酒區當地的山羊乳酪。

	水果	柑橘	花卉	青綠	草本	蔬菜	焦糖	烘烤	堅果	木質	辛辣	乳酪	動物	化學
松塞爾														
水煮烏賊														
水煮羊肉														
焦糖牛奶醬														
番紅花														
古岡左拉乳酪														
爐烤牛排														
烤杏仁片														
北極覆盆子														
成熟切達乳酪														
水煮藍蟹														

食譜搭配：白蘇維濃、青蘋果和蒔蘿

第 154 頁的燉茴香如此搭配食材是因為白蘇維濃、青蘋果和蒔蘿的香氣輪廓皆具青綠調並帶有蘋果味。

潛在搭配：白蘇維濃和焦糖牛奶醬

焦糖牛奶醬是一種簡易的南美洲甜點食材，慢慢煨煮加糖的牛奶使大部分的水分蒸發、糖分焦糖化。製作完成的金褐色濃稠醬汁具備白蘇維濃也有的一些乳酪和焦糖調。

餐酒搭配

曾獲得獎項肯定的侍酒師珍·洛普斯（Jane Lopes）在紐約市 Eleven Madison Park 餐廳服務時和主廚丹尼爾·胡姆（Daniel Humm）緊密共事。她目前是澳洲墨爾本 Attica 的侍酒師，這家餐廳在二〇一八年世界五十大最佳餐廳排名第二十。

「說到餐酒搭配，有幾個廣被接受的基本原則可應用於葡萄酒四大要素：酒精／酒體、酸度、單寧和甜度。不過，根據風味（香氣）而定的葡萄酒搭配規則有點隨心所欲，一般都是運用『同類相配』哲學。這讓我很好奇，有沒有可能透過葡萄酒的風味輪廓——不使用鏡像反映——來搭配菜色的風味，提升整體用餐經驗。利用品酒四大要素做為開端，大部分的餐酒搭配依循以下關鍵原則：

- 酒精／酒體：酒精濃度較高的葡萄酒也較辛辣。高度酒適合較重口味的食物。低度酒適合較清淡的食物。
- 酸度：高酸酒應搭配高酸食物。高酸酒平衡高脂肪食物。高酸酒適合鹹食。
- 單寧：單寧含量高的酒與鹹食衝突。單寧含量高的酒搭配高脂肪食物能夠解膩。
- 甜度：甜酒平衡辣味食物。甜酒適合比它本身甜度低的甜點。甜酒適合鹹食（例如：蘇玳或波特酒配藍紋乳酪）。甜酒適合較濃郁的食物，像是鵝肝醬。

那風味呢？依據『同類相配』哲學，葡萄酒的實際風味搭配原則告訴我們奶油醬汁就要配橡木、奶油味的葡萄酒；鹹味葡萄酒就要配海鮮。這種方法往往粗糙又主觀，不太能辨認出細微差異。這時便用得上『食物搭配』了。為了更加瞭解『食物搭配』的科學如何運作，以及如何應用在餐廳裡，我和他們的團隊進行了一項餐酒搭配合作計畫（見第 154 頁）。」

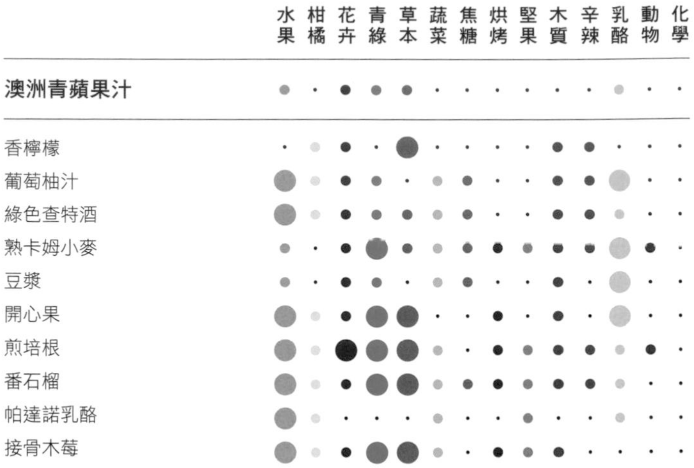

	水果	柑橘	花卉	青綠	草本	蔬菜	焦糖	烘烤	堅果	木質	辛辣	乳酪	動物	化學
澳洲青蘋果汁														
香檸檬														
葡萄柚汁														
綠色查特酒														
熟卡姆小麥														
豆漿														
開心果														
煎培根														
番石榴														
帕達諾乳酪														
接骨木莓														

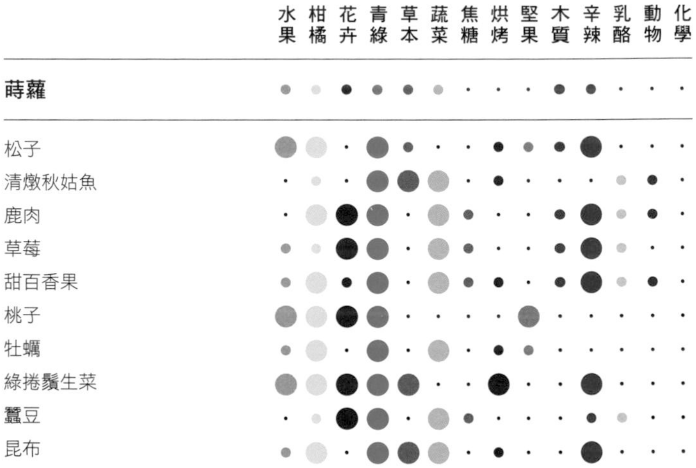

	水果	柑橘	花卉	青綠	草本	蔬菜	焦糖	烘烤	堅果	木質	辛辣	乳酪	動物	化學
蒔蘿														
松子														
清燉秋姑魚														
鹿肉														
草莓														
甜百香果														
桃子														
牡蠣														
綠捲鬚生菜														
蠶豆														
昆布														

經典搭配：白蘇維濃和烏賊

野味在烹煮之前經常先用紅酒醃過，同樣地，你也可以用白酒來醃烏賊、大蝦或魚類。建議以泰國青檸葉、薑和香茅或以黑胡椒和香菜籽等香料調味白酒醃汁。

潛在搭配：白蘇維濃、螯蝦和番茄

葡萄酒要搭配番茄（見次頁）是一項挑戰，因為這種茄科植物酸度很高。盡量找酸度差不多的葡萄酒——白蘇維濃是不錯的選擇。

白蘇維濃食材搭配

	水果	柑橘	花卉	青綠	草本	蔬菜	焦糖	烘烤	堅果	木質	辛辣	乳酪	動物	化學
焦糖牛奶醬	•	•	·	•	·	•	•	•	·	·	·	•	·	·
覆盆子	●	•	•	•	·	•	●	•	•	•	•	●	·	·
烤野鵝	•	·	•	•	·	•	●	•	•	·	•	●	·	·
網烤多寶魚	•	•	•	•	·	•	●	•	•	•	•	●	•	·
烤腰果	•	•	•	•	·	•	●	•	•	•	•	●	•	·
黑莓	●	●	•	•	•	•	●	·	•	•	•	●	·	·
燉長身鱈	•	·	•	•	·	•	●	•	•	•	•	●	•	·
葡萄柚汁	•	●	•	•	·	•	●	·	·	•	•	●	·	·
消化餅乾	·	·	•	·	·	·	●	•	·	•	•	·	·	·
大豆鮮奶油	•	•	•	•	·	•	●	•	·	•	•	●	·	·
布里歐麵包	●	●	•	•	·	·	●	•	•	•	·	•	·	·

	水果	柑橘	花卉	青綠	草本	蔬菜	焦糖	烘烤	堅果	木質	辛辣	乳酪	動物	化學
螯蝦	·	·	·	•	·	•	·	•	•	·	·	•	·	·
番茄	•	•	•	●	·	•	•	●	·	•	•	●	·	·
煎茶	•	•	•	•	·	•	•	●	•	•	•	·	•	·
山羊乳酪	•	·	•	•	·	•	•	·	·	•	•	●	•	·
烘烤兔肉	•	•	•	•	·	•	•	●	·	•	•	•	·	·
古布阿蘇果醬	•	•	•	•	·	•	•	•	·	•	•	●	·	·
成熟切達乳酪	•	•	•	•	·	●	•	•	·	•	·	•	·	·
小麥麵包	•	·	•	•	·	•	·	·	·	·	·	●	·	·
熟卡姆小麥	•	·	•	•	•	•	•	●	•	•	•	●	•	·
甜菜脆片	•	·	•	•	·	•	•	●	·	·	•	●	·	·
烘烤魟魚翅	•	·	•	•	·	•	•	●	•	•	•	•	·	·

	水果	柑橘	花卉	青綠	草本	蔬菜	焦糖	烘烤	堅果	木質	辛辣	乳酪	動物	化學
洛克福乳酪	•	•	·	•	·	·	·	·	·	·	·	•	·	·
牛奶巧克力	●	•	•	•	·	•	•	•	•	·	•	●	·	·
豆腐	●	·	•	·	·	•	·	·	·	·	·	•	•	·
生薑	●	●	•	•	•	·	·	·	·	•	•	·	·	·
雪莉酒	●	•	•	•	·	•	•	•	·	•	•	•	•	·
白蘇維濃	●	•	•	●	•	•	·	·	·	·	·	·	·	·
水煮麵包蟹肉	●	•	•	•	·	•	•	•	•	•	•	•	•	·
酸漿	●	•	•	•	·	•	•	•	·	•	•	•	•	·
煎鹿肉	●	•	•	•	·	•	•	•	•	•	•	●	•	·
蕎麥蜜	●	·	•	·	·	•	•	•	·	·	•	•	·	·
蘋果西打	●	·	•	•	·	·	·	·	·	•	•	•	·	·

	水果	柑橘	花卉	青綠	草本	蔬菜	焦糖	烘烤	堅果	木質	辛辣	乳酪	動物	化學
水煮烏賊	·	·	·	·	·	•	•	•	•	·	·	·	•	·
網烤多寶魚	•	•	•	•	·	●	●	•	•	•	•	•	•	·
烤腰果	•	•	•	•	·	●	●	•	•	•	•	•	•	·
茉莉花	·	•	•	•	·	●	•	·	·	•	•	•	•	·
水煮朝鮮薊	•	·	•	•	·	●	●	•	·	•	•	•	•	·
卡琳達草莓	•	•	•	•	·	•	●	·	·	•	•	•	·	·
乾式熟成牛肉	•	•	•	•	·	●	●	●	•	•	•	•	•	·
黑巧克力	•	•	•	•	·	●	●	●	•	•	·	•	•	·
艾曼塔乳酪	•	·	·	•	·	●	●	•	·	·	·	•	•	·
乾牛肝菌	•	•	·	•	·	●	●	●	•	•	•	•	•	·
煎茶	•	•	•	•	·	●	●	●	•	•	•	·	•	·

番茄

生番茄的清新、青草、脂肪味來自 2- 異丁基噻唑和順式 -3- 己烯醛。烹煮之後，它的風味因二甲基硫出現而變得具有硫味，二甲基硫不僅存在於番茄泥，也是熟甘藍的特徵影響化合物。

番茄在植物學上歸類為漿果，它的揮發性化合物在成熟過程中或細胞被破壞（例如：切片）時形成。番茄細胞破裂使酵素或氧分子將胺基酸轉化為新的香氣分子。在低於 12°C 的溫度下，負責產生某些關鍵番茄香氣分子的酵素會受到抑制，流失高達 65% 的番茄風味。這就是為何番茄不應放入冰箱保存：冷藏之後再回到室溫於事無補。

據信番茄最早種植於安地斯山脈地區，再往北傳至墨西哥，食用它的阿茲提克人稱之為「tomatl」。番茄籽在十六世紀首度由西班牙探險家引入歐洲。現今原種番茄品種選擇眾多，可見各式各樣的形狀和尺寸，顏色從紅、橘到黃、綠、紫、褐甚至黑色都有。

若你用手指搓揉番茄植株的葉子或莖部，會注意到它們聞起來跟番茄一模一樣。這是因為它們含有蕃茄鹼，這種由番茄本身製造的有毒生物鹼是天然的驅蟲劑。隨著番茄成熟，蕃茄鹼會消失，留下番茄風味。製作番茄醬汁時，你可以把莖部或葉子加到鍋子裡提升風味。把皮和籽留著一起煮也能增添更多鮮味。若你小心地把燙過的番茄皮剝開，會發現底下有一層薄薄的白色果肉——那便是鮮味所在。

- 若要從頭製作番茄泥，只要將新鮮成熟番茄搗成泥狀，以小火煮至濃縮，呈香氣豐富的濃郁醬汁。濾掉皮和籽，倒入乾淨罐子中放入冰箱冷藏，或冷凍至你想拿出來用在湯品、燉菜和醬汁裡的時候。
- 番茄泥讓高湯的鮮味又更上一層——訣竅是使用之前先在烤箱裡烘乾，降低酸味。這就是為何經典法式褐色高湯的食譜要你先將蔬菜和骨頭與番茄泥一起烤過或炒過之後再熬成香噴噴的高湯。不過，若你要製作清湯，使用新鮮番茄也是可以的。
- 褐色醬汁若要讓鮮味更上一層，先嫩煎洋蔥丁、大蒜和連皮帶籽的新鮮番茄丁，接著將肉汁淋在蔬菜上，收汁。
- 一道快速簡單的前菜：混合番茄泥和切碎的新鮮香草，像是羅勒、茵陳蒿、奧勒岡草或細香蔥以及一些橄欖油，塗在烤小麵包片上。
- 「shakshouka」是經典的中東和北非菜，以辣椒和孜然調味的香濃番茄醬汁烹煮雞蛋。

相關香氣輪廓：番茄泥

將番茄煮稠會使青綠味醛類大量減少，焦糖調以及花卉、玫瑰味乙位 - 大馬酮則變多，加上其他蔬菜－洋蔥和辛辣丁香調。

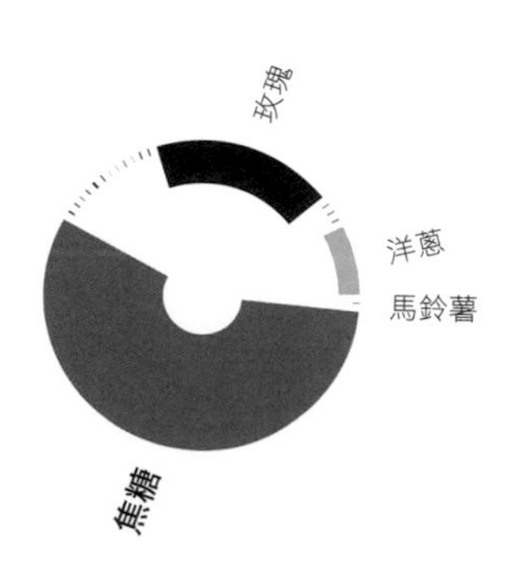

	水果	柑橘	花卉	青綠	草本	蔬菜	焦糖	烘烤	堅果	木質	辛辣	乳酪	動物	化學
番茄泥														
烘烤歐洲鱸魚														
烘烤大扇貝														
西班牙喬利佐香腸														
酪梨														
荔枝														
烤豬五花														
薄口醬油														
葫蘆巴葉														
覆盆子														
多香果														

櫻桃番茄

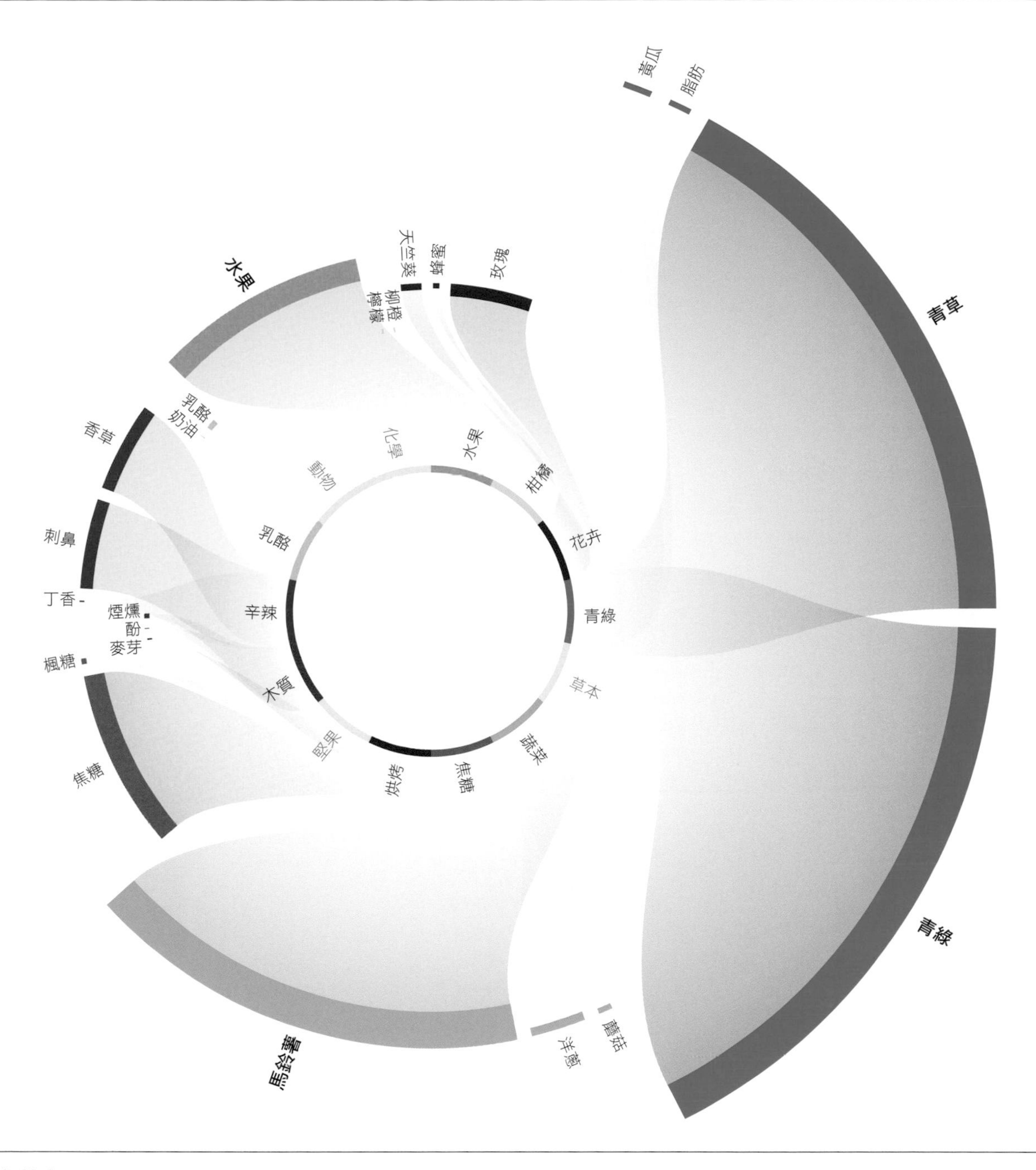

櫻桃番茄香氣輪廓

新鮮成熟番茄的整體風味主要由青綠和青草香氣分子構成，加上一些水果、玫瑰花香和蔬菜味以及較不明顯的焦糖與奶油調。

	水果	柑橘	花卉	青綠	草本	蔬菜	焦糖	烘烤	堅果	木質	辛辣	乳酪	動物	化學
櫻桃番茄														
柿子														
琉璃苣花														
熟貝床淡菜														
網烤羔羊肉														
乾玫瑰果														
葡萄乾														
多寶魚														
番石榴														
乾無花果														
杏仁														

主廚搭配：番茄、大黃和金蓮葉

除了花之外，金蓮葉也可以食用。在春天至早秋挑選中小型的葉子，為菜餚增添一股胡椒、苦甜勁，如下方番茄蝦食譜。

潛在搭配：櫻桃番茄和柿子

柿子的顏色從黃到橘紅都有。這種水果可以像蘋果一樣生吃、乾燥或加入甜點、沙拉和咖哩。在韓國，成熟柿子會經過發酵製成柿子醋（gam-sikcho）。柿子布丁是一道美國甜點，但以隔水燉鍋蒸煮或烹煮，如同英式聖誕布丁。

番茄配蝦子和大黃

食物搭配獨家食譜

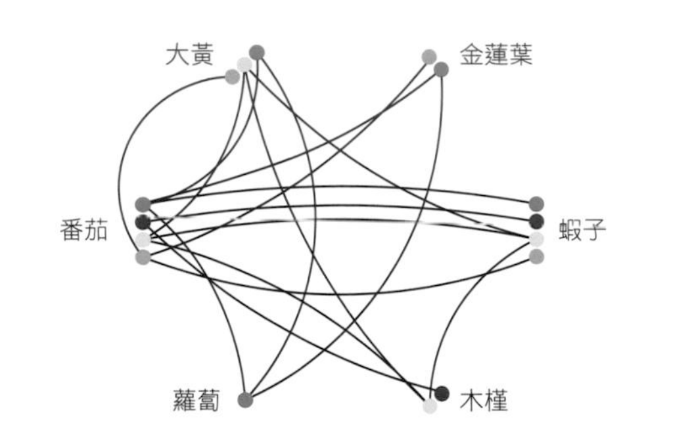

稱為「tomates aux crevettes」或「tomaat-garnaal」，這道番茄鑲蝦沙拉是典型的比利時菜。我們的解構版本將褐蝦和櫻桃番茄搭配胡椒味的蘿蔔片和酸味大黃一起擺盤。冷番茄清湯以柑橘調的木槿花浸泡，組成清爽的夏日沙拉。

	水果	柑橘	花卉	青綠	草本	蔬菜	焦糖	烘烤	堅果	木質	辛辣	乳酪	動物	化學
大黃														
澳洲胡桃														
海膽														
海苔片														
柿子														
馬魯瓦耶乳酪														
清燉鮭魚														
山羊乳酪														
紅茶														
多寶魚														
荔枝														

	水果	柑橘	花卉	青綠	草本	蔬菜	焦糖	烘烤	堅果	木質	辛辣	乳酪	動物	化學
金蓮葉														
香檸檬														
雲莓														
可頌麵包														
球莖茴香														
多香果														
牛奶巧克力														
網烤羔羊肉														
煎豬里肌														
牡蠣														
番石榴														

	水果	柑橘	花卉	青綠	草本	蔬菜	焦糖	烘烤	堅果	木質	辛辣	乳酪	動物	化學
柿子														
甜櫻桃														
紫蘇葉														
熟黑皮波羅門參														
鴨兒芹														
煎鴨胸														
烤小牛胸腺														
洋槐蜂蜜														
熟蕎麥麵														
鯖魚														
白蘑菇														

經典佳餚：卡布里沙拉

卡布里沙拉以番茄片、莫札瑞拉乳酪和羅勒組成，淋上橄欖油並以鹽巴調味。

潛在搭配：番茄和藍紋乳酪

若要讓經典來點變化，在披薩餅皮上塗一層番茄醬汁，再放切半的櫻桃番茄以及替代莫札瑞拉乳酪的藍紋乳酪碎（見次頁）。披薩烤好後，撒一點新鮮嫩芝麻菜並淋上橄欖油。

番茄與番茄泥食材搭配

	水果	柑橘	花卉	青綠	草本	蔬菜	焦糖	烘烤	堅果	木質	辛辣	乳酪	動物	化學
皮夸爾橄欖油														
黑巧克力														
水煮麵包蟹肉														
煎培根														
鯖魚														
網烤羔羊肉														
乾玫瑰果														
義大利帶藤番茄														
杏桃														
腰果														
薄荷														

	水果	柑橘	花卉	青綠	草本	蔬菜	焦糖	烘烤	堅果	木質	辛辣	乳酪	動物	化學
炸大蒜														
番茄泥														
麥芽														
蔬菜湯														
芒果														
史帝爾頓乳酪														
甜菜														
馬德拉斯咖哩醬														
菜籽油														
桑椹														
韓國辣醬														

	水果	柑橘	花卉	青綠	草本	蔬菜	焦糖	烘烤	堅果	木質	辛辣	乳酪	動物	化學
水牛莫札瑞拉乳酪														
胡桃														
烤布雷斯雞皮														
水煮蠶豆														
水煮番薯														
牛奶巧克力														
煎培根														
葡萄柚														
木瓜														
香菜葉														
茉莉花														

	水果	柑橘	花卉	青綠	草本	蔬菜	焦糖	烘烤	堅果	木質	辛辣	乳酪	動物	化學
乾檸檬香桃木														
茉莉花														
花椒														
印度馬薩拉醬														
生薑														
義大利帶藤番茄														
巴西切葉蟻														
豆蔻籽														
白橙皮酒														
瓦卡泰（祕魯黑薄荷）														
乾玫瑰果														

	水果	柑橘	花卉	青綠	草本	蔬菜	焦糖	烘烤	堅果	木質	辛辣	乳酪	動物	化學
辣椒醬														
櫻桃番茄														
亞力酒														
香檸檬														
熟福尼奧米														
烘烤歐洲鱸魚														
多香果														
烤腰果														
甜櫻桃														
菜籽蜜														
牛奶優格														

	水果	柑橘	花卉	青綠	草本	蔬菜	焦糖	烘烤	堅果	木質	辛辣	乳酪	動物	化學
燉大西洋狼魚														
金蓮葉														
芹菜														
卡蒙貝爾乳酪														
水煮朝鮮薊														
紫蘇菜苗														
綠甘藍														
乾木槿花														
巴斯德滅菌法番茄汁														
乾式熟成牛肉														
褐色雞高湯														

藍紋乳酪

洛克福、古岡左拉和史帝爾頓等藍紋乳酪具有強烈的乳酪、奶油風味並帶有果香。這些乳酪的大理石紋路是不同菌株的青黴菌（可提煉出抗生素青黴素），顯著的「藍紋」風味也來自於此。

在某些例子中，乳汁會先接種青黴菌孢子再進行凝乳化，讓好氧的黴菌得以滋長，但洛克福青黴菌等物種是在壓榨之前混入發酵凝乳。隨著周遭環境中的氧氣進入乳酪裡的縫隙，洛克福青黴菌（P. roqueforti）開始四處延伸，形成錯綜複雜的藍色紋路。藍色紋路越密集，代表乳酪風味越強烈。史帝爾頓、奧維涅和古岡左拉等較柔和、綿密的藍紋乳酪則是接種灰綠青黴菌（P. glaucum），風味比洛克福乳酪甜淡。

和大部分乳酪的製作一樣，乳汁裡的酵素、凝乳酶、菌酛和次生菌群全都會影響藍紋乳酪的風味發展。但最重大的轉變出現在乳酪成熟時形成各具特色的香氣化合物。甲基酮如 2- 戊酮、2- 庚酮和 2- 壬酮是洛克福青黴菌的代謝產物。因此這些化合物僅存在於洛克福乳酪中，味道視乳酪成熟程度從水果到香蕉都有可能。

二甲基三硫是藍紋乳酪整體風味輪廓的關鍵香氣化合物。這種具洋蔥味的揮發性化合物也存在於巧克力、咖啡、法國長棍麵包和黑蒜中。為了證明這一點，赫斯頓 · 布魯門索主廚曾經做了一個加了咖啡、洛克福乳酪和奧維涅藍紋乳酪的熔岩巧克力蛋糕。

藍紋乳酪也含有少量的己酸乙酯化合物。這些酯類通常散發鳳梨或香蕉般的氣味，但在較低濃度時聞起來比較像乳製品或乳酪。己酸乙酯亦存在於啤酒和波特酒中；這解釋了波特酒和史帝爾頓乳酪的經典搭配，以及為何啤酒和乳酪這麼合得來。

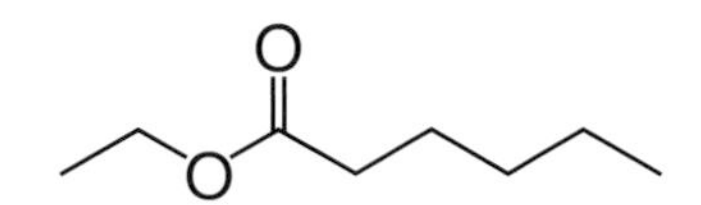

己酸乙酯

除了藍紋乳酪之外，這種酯類也存在於啤酒和波特酒中。

藍紋乳酪和鳳梨

比利時 L'Air du Temps 餐廳，相動 · 德甘伯

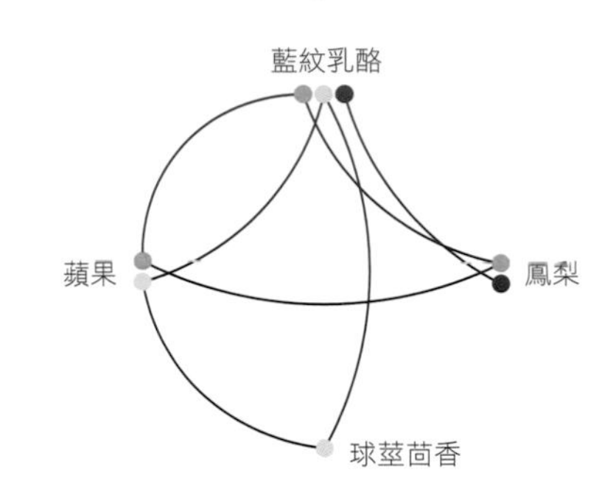

L'Air du Temps 餐廳主廚相勳 · 德甘伯設計了一道以化合物己酸乙酯為基礎的菜色，這種酯類具明顯鳳梨或香蕉味。他結合了藍紋乳酪和鳳梨果凍，並搭配蘋果、茴香及蘋果梨子醬所組成的沙拉。

藍紋乳酪

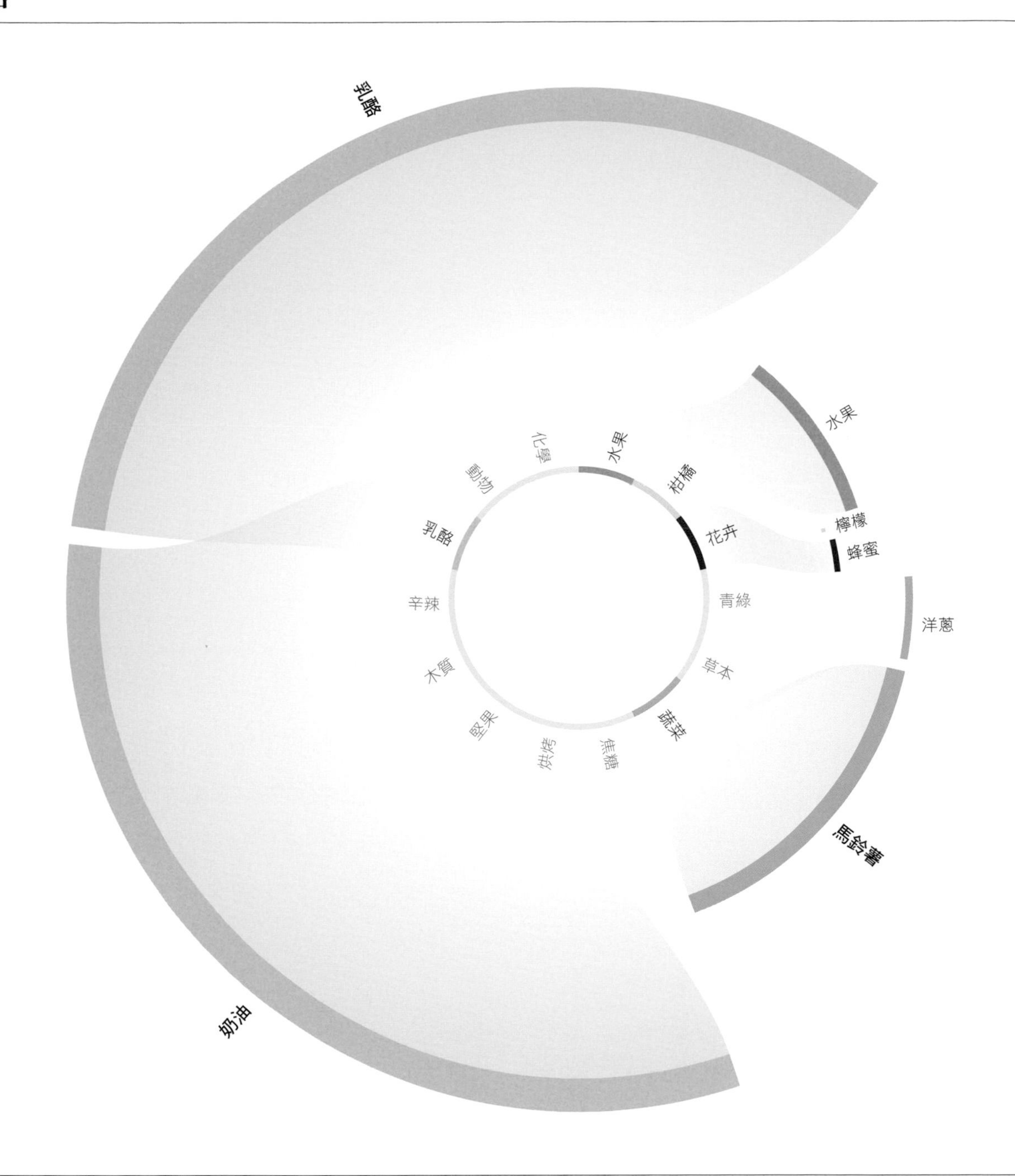

藍紋乳酪香氣輪廓

藍紋乳酪的乳酪、水果調會隨著乳酪成熟而越來越明顯，但若乳酪過熟，會被類似去光水的強烈丙酮氣味蓋過。

	水果	柑橘	花卉	青綠	草本	蔬菜	焦糖	烘烤	堅果	木質	辛辣	乳酪	動物	化學
藍紋乳酪	●	●	●	●	●	●	●	●	●	●	●	●	●	●
牛奶巧克力	●	●	●	●	●	●	●	●	●	●	●	●	●	●
煎茶	●	●	●	●	●	●	●	●	●	●	●	●	●	●
索布拉薩達（喬利佐香腸抹醬）	●	●	●	●	●	●	●	●	●	●	●	●	●	●
接骨木莓	●	●	●	●	●	●	●	●	●	●	●	●	●	●
水煮番薯	●	●	●	●	●	●	●	●	●	●	●	●	●	●
清燉多佛比目魚	●	●	●	●	●	●	●	●	●	●	●	●	●	●
細香蔥	●	●	●	●	●	●	●	●	●	●	●	●	●	●
綠蘆筍	●	●	●	●	●	●	●	●	●	●	●	●	●	●
薑汁啤酒	●	●	●	●	●	●	●	●	●	●	●	●	●	●
瓦卡泰（祕魯黑薄荷）	●	●	●	●	●	●	●	●	●	●	●	●	●	●

經典搭配：藍紋乳酪和波特酒

紅寶石或年份波特酒的甜味能平衡藍紋乳酪的刺鼻、鹹鮮奶油味。為了融合這兩種食材，你可以將整塊圓柱狀的史帝爾頓乳酪浸泡於波特酒中。

經典佳餚：科布沙拉

經典美式科布沙拉為切丁的萵苣、酪梨和番茄混合洛克福乳酪、培根、雞肉與水煮蛋，配上紅酒油醋醬。

藍紋乳酪食材搭配

	水果	柑橘	花卉	青綠	草本	蔬菜	焦糖	烘烤	堅果	木質	辛辣	乳酪	動物	化學
波特酒														
昆布														
蛋黃														
烤野鵝														
卡蒙貝爾乳酪														
烤豬肝														
新鮮食用玫瑰花瓣														
洋槐蜂蜜														
蘋果														
甜櫻桃														
水牛莫札瑞拉乳酪														

	水果	柑橘	花卉	青綠	草本	蔬菜	焦糖	烘烤	堅果	木質	辛辣	乳酪	動物	化學
水煮蛋														
綠甘藍														
紅茶														
平葉香芹														
巴西切葉蟻														
黃甜椒醬														
清燉白蘆筍														
藍紋乳酪														
麵包糠														
烘烤細鱗綠鰭魚														
日本魚露														

	水果	柑橘	花卉	青綠	草本	蔬菜	焦糖	烘烤	堅果	木質	辛辣	乳酪	動物	化學
魚味噌														
黑醋栗														
可可粉														
史帝爾頓乳酪														
烤榛果														
香菜芹														
義大利帶藤番茄														
貝類高湯														
香蕉														
熟大扇貝														
山羊奶														

	水果	柑橘	花卉	青綠	草本	蔬菜	焦糖	烘烤	堅果	木質	辛辣	乳酪	動物	化學
栗子蜂蜜														
煎培根														
清酒														
菩提花														
椰子水														
酢橘														
清燉鮭魚														
奧維涅藍紋乳酪														
金黃巧克力														
香菜籽														
南瓜籽油														

	水果	柑橘	花卉	青綠	草本	蔬菜	焦糖	烘烤	堅果	木質	辛辣	乳酪	動物	化學
草莓果醬														
胡蘿蔔														
烤野鵝														
生薑														
杏仁薄脆餅乾														
大醬（韓國發酵大豆醬）														
胡桃														
奶油乳酪														
奧維涅藍紋乳酪														
白吐司														
芒果														

	水果	柑橘	花卉	青綠	草本	蔬菜	焦糖	烘烤	堅果	木質	辛辣	乳酪	動物	化學
番荔枝														
黑醋栗														
網烤多寶魚														
瓦卡泰（祕魯黑薄荷）														
新鮮薰衣草葉														
巴西切葉蟻														
葡萄柚														
荔枝														
煎雉雞														
烘烤大頭菜														
洛克福乳酪														

經典搭配：藍紋乳酪和牛排

牛排配上濃郁綿密的洛克福乳酪醬是藍紋乳酪愛好者的夢想。

經典搭配：藍紋乳酪和冬南瓜

試試將昂貝爾乳酪塊撒在冬南瓜（見次頁）天鵝絨醬上，或製作焗烤冬南瓜昂貝爾乳酪。這兩道菜上桌前皆可加入一點烤花生。

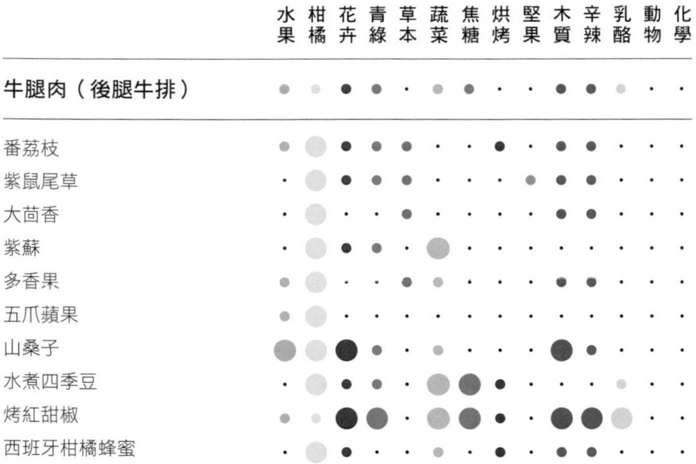

	水果	柑橘	花卉	青綠	草本	蔬菜	焦糖	烘烤	堅果	木質	辛辣	乳酪	動物	化學
牛腿肉（後腿牛排）														
番荔枝														
紫鼠尾草														
大茴香														
紫蘇														
多香果														
五爪蘋果														
山桑子														
水煮四季豆														
烤紅甜椒														
西班牙柑橘蜂蜜														

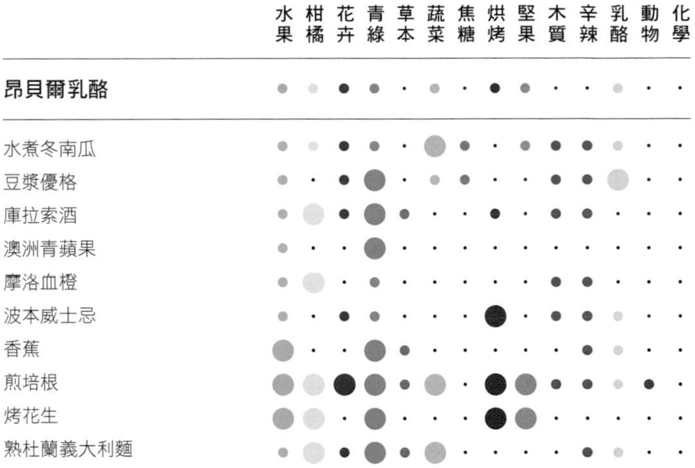

	水果	柑橘	花卉	青綠	草本	蔬菜	焦糖	烘烤	堅果	木質	辛辣	乳酪	動物	化學
薩卡帕 XO 蘭姆酒														
甜瓜														
月桂葉														
大高良薑														
煎鴕鳥肉														
草莓														
番石榴														
西班牙莎奇瓊香腸														
甘草														
奇異果														
洛克福乳酪														

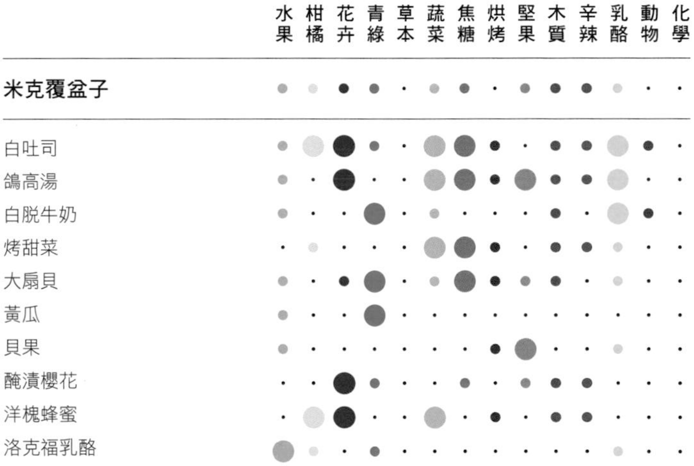

	水果	柑橘	花卉	青綠	草本	蔬菜	焦糖	烘烤	堅果	木質	辛辣	乳酪	動物	化學
巴西李子														
蜜瓜														
熟淡菜														
乾洋甘菊														
伊迪亞薩瓦爾乳酪														
乾葛縷子葉														
藍紋乳酪														
水煮冬南瓜														
磨碎生芹菜根														
清燉鱈魚排														
烘烤野兔														

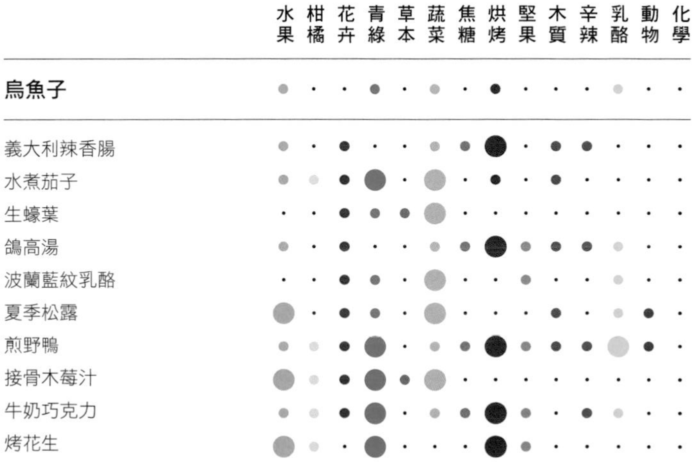

	水果	柑橘	花卉	青綠	草本	蔬菜	焦糖	烘烤	堅果	木質	辛辣	乳酪	動物	化學
昂貝爾乳酪														
水煮冬南瓜														
豆漿優格														
庫拉索酒														
澳洲青蘋果														
摩洛血橙														
波本威士忌														
香蕉														
煎培根														
烤花生														
熟杜蘭義大利麵														

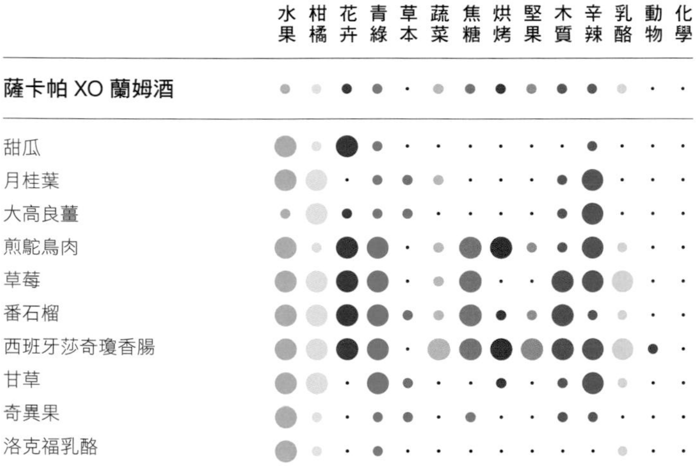

	水果	柑橘	花卉	青綠	草本	蔬菜	焦糖	烘烤	堅果	木質	辛辣	乳酪	動物	化學
米克覆盆子														
白吐司														
鴿高湯														
白脫牛奶														
烤甜菜														
大扇貝														
黃瓜														
貝果														
醃漬櫻花														
洋槐蜂蜜														
洛克福乳酪														

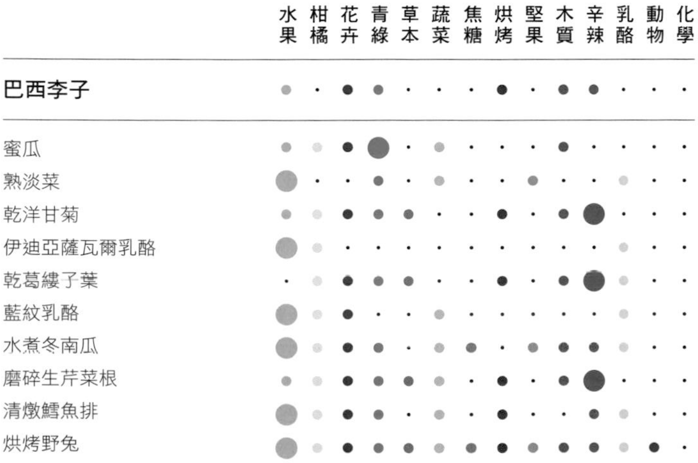

	水果	柑橘	花卉	青綠	草本	蔬菜	焦糖	烘烤	堅果	木質	辛辣	乳酪	動物	化學
烏魚子														
義大利辣香腸														
水煮茄子														
生蠔葉														
鴿高湯														
波蘭藍紋乳酪														
夏季松露														
煎野鴨														
接骨木莓汁														
牛奶巧克力														
烤花生														

冬南瓜

冬南瓜是健康 β - 胡蘿蔔素很好的來源，β - 胡蘿蔔素在冬南瓜煮熟時會轉化為乙位 - 紫羅蘭酮，帶來明顯紫羅蘭香。

很多人不知道冬南瓜不只一種，但事實上有好幾個不同品種可挑選。在堅硬的外皮之下有著綿密的橘色果肉，經過蒸、煎、烤、烘或搗成泥之後會變得香甜柔軟。外皮只要烤得夠久也可以食用，種子也是，能夠烤來當點心吃，如同南瓜籽。冬南瓜富含健康的膳食纖維、維生素、礦物質和抗氧化劑類胡蘿蔔素。

和其他南瓜類一樣，冬南瓜（Cucurbita moschata）最有可能原產於中美洲或南美洲，需要炎熱天氣才能完全成熟。它的青綠和水果調和橄欖油（見第 168 頁）是良伴，以橄欖油烤冬南瓜——最常見的煮法之一——也有助於帶出它的焦糖風味。

- 南非人會將菠菜和菲達羊乳酪填入冬南瓜，搭配燒烤（braais）一起吃。
- 若要製作純素版的「火鴨雞」（將雞填入鴨再填入火雞），試試把櫛瓜填入茄子再填入冬南瓜。其他風味食材像是香菇、大蒜、洋蔥、麵包糠、香芹、帕瑪森乳酪和楓糖漿都可以用來調味。
- 冬南瓜泥很適合拿來做蛋糕、派甚至冰淇淋。

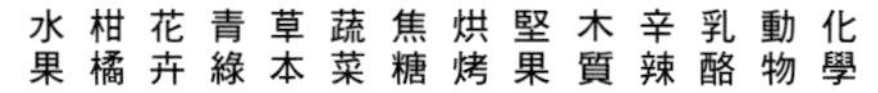

酸漿

海膽
茴香
黑豆蔻
熟貝床淡菜
熟草菇
野羅勒
煎鵪鶉
葫蘆巴葉
烤鵝
草莓

酸漿鴨肉佐冬南瓜

食物搭配獨家食譜

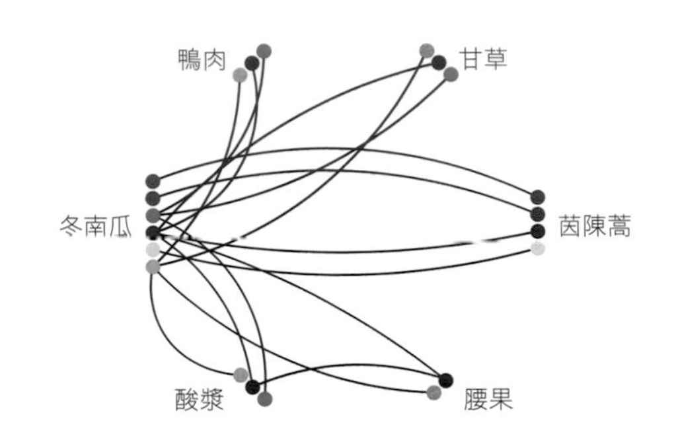

冬南瓜的花卉、柑橘調很適合柳橙和酸漿。這兩種水果皆具類似的香氣輪廓，為了讓經典法式料理「橙汁鴨肉」（duck à l'orange）來點變化，我們把柑橘換成酸漿。不過，要記住鴨肉烤過之後會產生新的烘烤、焦糖調。酸漿也含有同樣存在於冬南瓜和腰果的蔬菜調（試想水煮馬鈴薯），以及其他一些出乎意料的烘烤爆米花味分子。

將煎好的鴨肉擺在冬南瓜泥上，淋上甘草根粉和褐色小牛高湯做成的醬汁，散發濃郁鹹香的大茴香樟腦風味。以萊姆皮屑和茵陳蒿調味的鬆脆腰果碎做裝飾，讓胡椒香為菜色加分。將酸漿放入加了八角的蘋果汁中糖漬，完成後擺盤，增添一絲辛辣丁香氣味。

水煮冬南瓜

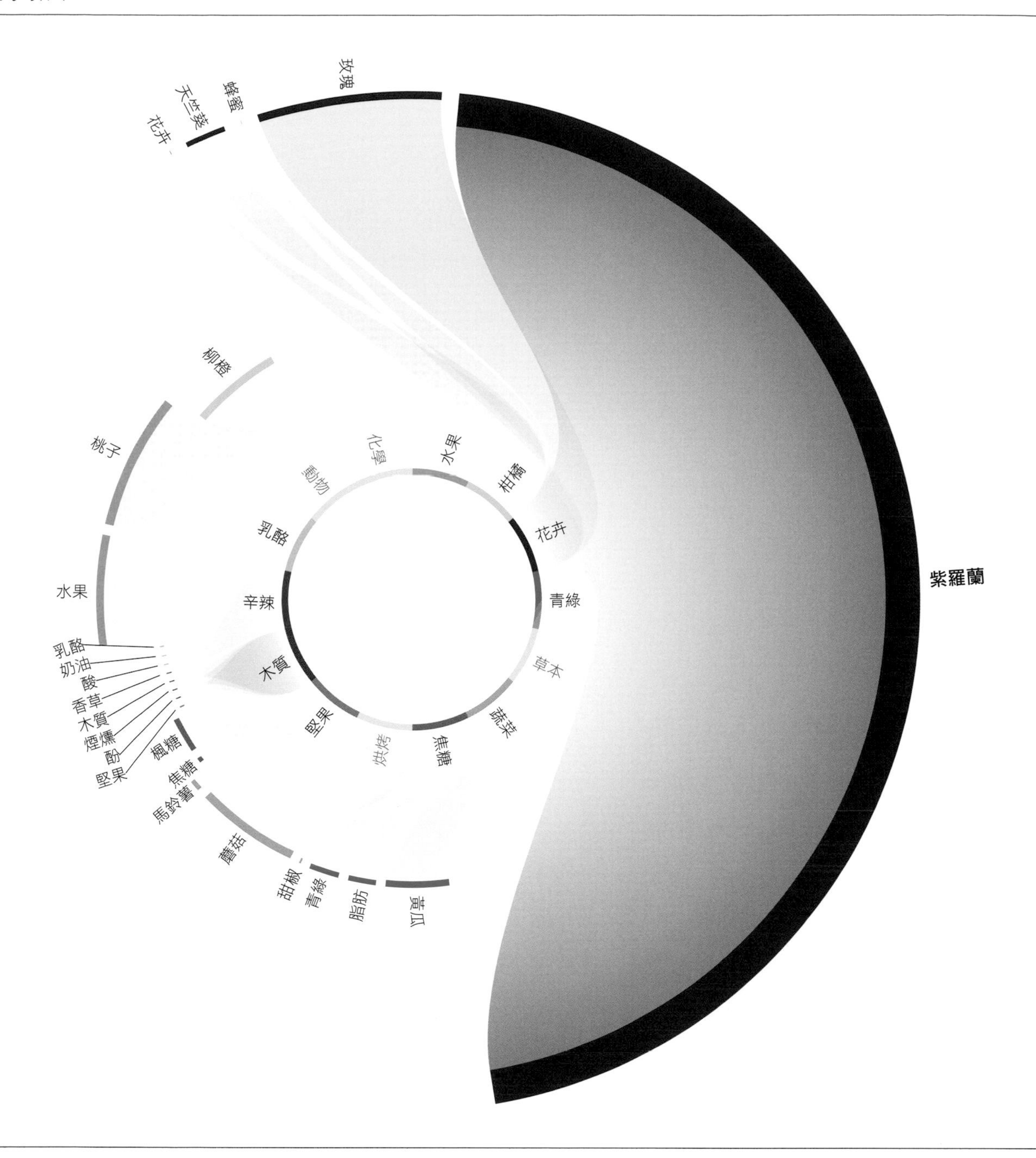

水煮冬南瓜香氣輪廓

乙位 - 紫羅蘭酮含花卉、紫羅蘭香，並帶有熱帶到漿果不等的水果調。這種香氣化合物除了熟冬南瓜，也存在於其他富含 β - 胡蘿蔔素的食材中，像是番薯、胡蘿蔔和橘色南瓜。它也出現在杏桃、大黃、大吉嶺茶、熟翡麥和熟豇豆的香氣輪廓。

	水果	柑橘	花卉	青綠	草本	蔬菜	焦糖	烘烤	堅果	木質	辛辣	乳酪	動物	化學
水煮冬南瓜	•	•	•	•	·	•	•	·	•	•	•	•	·	·
小寶石萵苣	·	·	·	•	•	●	·	·	·	·	•	●	•	·
清燉多寶魚	•	·	•	●	·	•	·	·	•	·	·	●	•	·
藻類（*Gracilaria carnosa*）	·	•	●	●	·	●	·	·	·	•	●	●	·	·
水煮芹菜	●	·	●	●	·	•	●	·	·	·	●	●	·	·
富士蘋果	●	·	·	•	·	·	·	·	·	·	·	·	·	·
奎東茄	●	·	·	•	•	·	●	·	·	•	•	●	·	·
乾式熟成牛肉	●	●	●	●	·	●	●	•	•	●	●	●	•	·
成熟切達乳酪	●	•	●	•	·	●	●	•	·	●	·	●	·	·
大醬（韓國發酵大豆醬）	●	·	●	●	•	●	●	•	●	●	●	●	·	·
牛奶巧克力	•	•	●	●	·	●	●	•	•	·	●	●	·	·

橄欖油

風土、品種和橄欖成熟度，只是影響橄欖油揮發性化合物發展的其中幾個要素。連採收後的橄欖如何儲藏都會影響油裡的揮發性成分——儲藏越久，醛類和酯類的濃度也越低。

不過，橄欖油大部分的揮發性化合物都是在橄欖的壓榨和加工過程中形成，大量酵素釋放造就了橄欖油的迷人風味。香氣複雜度較高的油類擁有較多與脂肪酸氧化相關的酵素活動。隨著酵素開始氧化，油裡的多元不飽和脂肪酸會轉化成醛類再轉化為醇類和酯類。這種化學氧化作用透過接觸空氣、光線或其他發酵副產物發生，你若在瓶中聞到油耗味就是來自於發酵副產物。這就是為何橄欖油最好保持密封——遠離高溫——儲存在深色玻璃瓶中。

數千年以來，橄欖油在地中海文化和飲食中是不可或缺的角色，從小亞細亞一路傳播到各個角落。今日，橄欖油在世界各地的廚房都占有一席之地，深受許多專業廚師和家中大廚青睞。西班牙是全球最大的橄欖油生產國，其次是義大利和希臘，但也有其他好幾個國家因生產橄欖油而知名。

特級初榨、初榨或純橄欖油

國際橄欖理事會（International Olive Council）制定了明確的品質標準，為歐洲共同體生產的初榨橄欖油分級。僅能使用機械或其他物理方式萃取特級初榨橄欖油；不得有任何摻假。橄欖油也依油酸濃度分級，油酸在脂肪轉為脂肪酸時產生。初榨橄欖油的油酸不得超過 2%，特級初榨橄欖油的油酸則不得超過 0.8%，是有益心臟健康的油品。

特級初榨橄欖油的規定最為嚴格。為了符合國際橄欖理事會的標準，第一道冷壓榨出的金綠色橄欖油不得含有超過 1% 的油酸；它也會經過檢查，確保沒有任何風味瑕疵。酚類的存在賦予單一品種特級初榨橄欖油獨特風味和一絲絲苦味。優質的特級初榨橄欖油能為一道菜畫龍點睛。

初榨橄欖油來自第二道冷壓，未經精煉的風味輪廓複雜度比起第一道的特級初榨橄欖油略顯遜色。初榨橄欖油含有不超過 2% 的油酸。

一般或標籤常見的「純」橄欖油事實上由品質較低的初榨和精煉橄欖油混合而成，後者以高溫和／或化學方式萃取。純橄欖油的顏色淺如稻草，冒煙點較低，風味比初榨和特級初榨橄欖油都來得平庸許多；因此較適合烹煮。醛類為這種調合油帶來脂肪、青綠－青草味。視品牌或甚至採收年份而定，它有時也散發蔬菜、水果味。純橄欖油含 3-4% 的油酸。

相關香氣輪廓：哈拉里橄欖油

哈拉里橄欖油聞起來沒有阿貝金納橄欖油那麼青綠——它的香氣輪廓含有較多果香以及一些油炸和草本調。

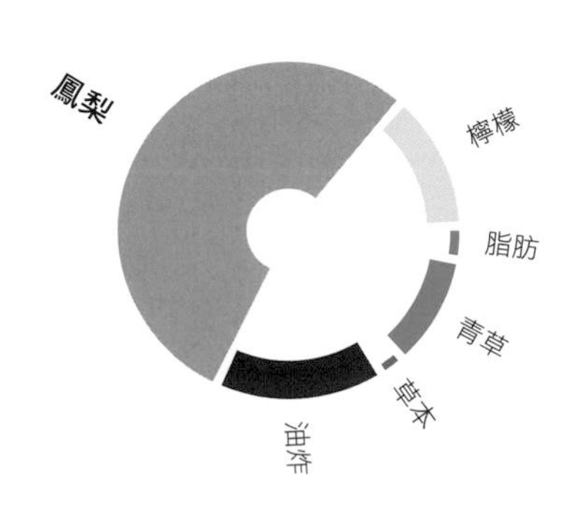

	水果	柑橘	花卉	青綠	草本	蔬菜	焦糖	烘烤	堅果	木質	辛辣	乳酪	動物	化學
哈拉里橄欖油														
味醂														
木槿花														
熟綠甘藍														
索布拉薩達（喬利佐香腸抹醬）														
阿讓西梅乾														
清燉紅笛鯛														
印度馬薩拉醬														
阿芳素芒果														
苦橙皮														
紅茶														

橄欖油

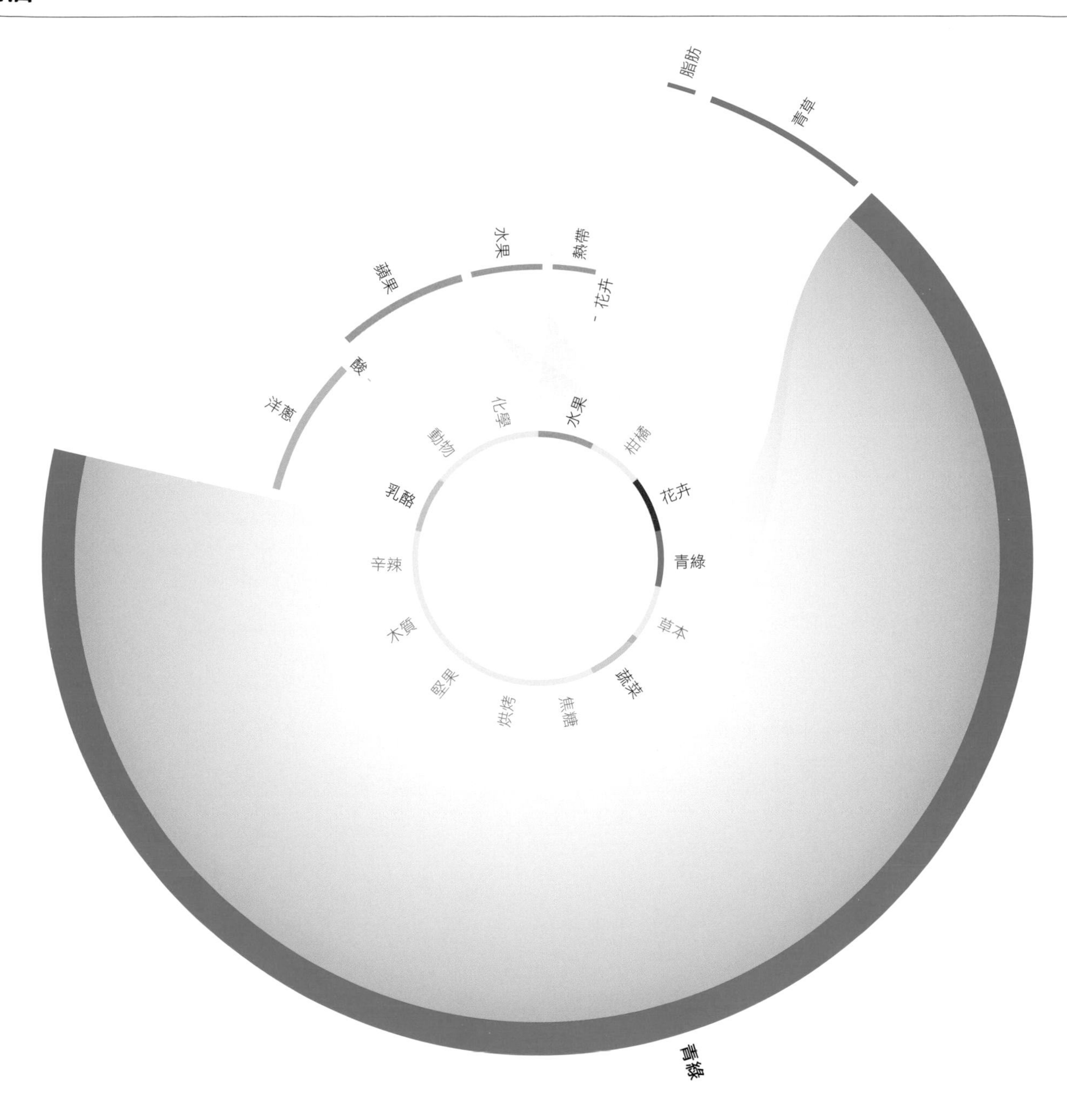

橄欖油香氣輪廓

橄欖油裡的醛類帶來脂肪、青綠－青草風味，在不同橄欖油之間有著很大差異。這是一般輪廓，更詳細的例子請見對頁和次頁。

	水果	柑橘	花卉	青綠	草本	蔬菜	焦糖	烘烤	堅果	木質	辛辣	乳酪	動物	化學
橄欖油	•	•	•	•	•	•	•	•	•	•	•	•	•	•
醬油膏	•	•	•	•	•	•	•	•	•	•	•	•	•	•
布里歐麵包	•	•	•	•	•	•	•	•	•	•	•	•	•	•
潘卡辣椒	•	•	•	•	•	•	•	•	•	•	•	•	•	•
芝麻菜	•	•	•	•	•	•	•	•	•	•	•	•	•	•
酪梨	•	•	•	•	•	•	•	•	•	•	•	•	•	•
沙朗牛肉	•	•	•	•	•	•	•	•	•	•	•	•	•	•
草莓番石榴	•	•	•	•	•	•	•	•	•	•	•	•	•	•
熟黑皮波羅門參	•	•	•	•	•	•	•	•	•	•	•	•	•	•
烘烤鰈魚	•	•	•	•	•	•	•	•	•	•	•	•	•	•
蘿蔔	•	•	•	•	•	•	•	•	•	•	•	•	•	•

潛在搭配：橄欖油與香草

酸類和酚類讓橄欖油和香草產生連結。將帶籽的完整香草莢浸泡於橄欖油中，完成後將香草風味橄欖油淋在水果、甜點或甚至蔬菜上，像是蔬菜棒拼盤。

潛在搭配：橄欖油和覆盆子

根據橄欖油種類不同，它們可能跟覆盆子有水果、花卉、青綠或柑橘香氣連結。覆盆子甜中帶酸的滋味也平衡橄欖油的脂肪味——試試將兩者結合，用在蛋糕、沙拉或是以覆盆子汁和紅酒醋做成的油醋醬裡，增添一點酸度。

橄欖油種類

阿貝金納初榨橄欖油香氣輪廓

此橄欖油的特色是硫磺蔬菜味及明顯果香。阿貝金納在十七世紀被引入西班牙，是現今世界上最廣為種植的橄欖栽培品種之一。

蘋果 水果 鳳梨 熱帶 黃瓜 脂肪 青草 青綠 洋蔥

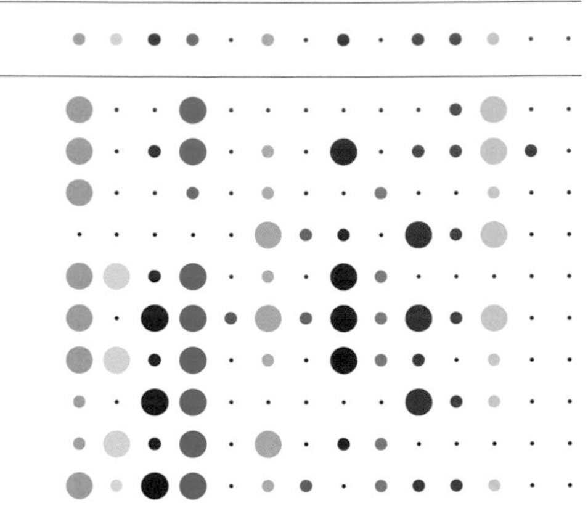

法蘭朵初榨橄欖油香氣輪廓

法蘭朵初榨橄欖油比阿貝金納初榨橄欖油更多青綠和柑橘香，還帶有一絲煙燻味。這個品種與義大利托斯卡尼的橄欖油特別有關聯。

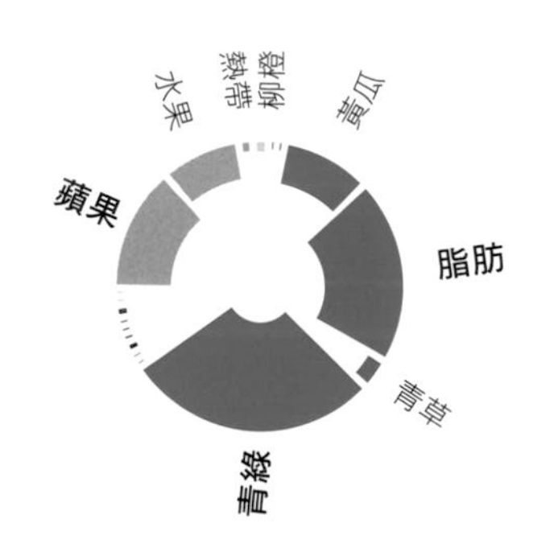

水果 柑橘 花卉 青綠 草本 蔬菜 焦糖 烘烤 堅果 木質 辛辣 乳酪 動物 化學

法蘭朵初榨橄欖油

帕達諾乳酪
豆蔻葉
巴西切葉蟻
水煮花椰菜
煎鴨肝
拜雍火腿
魚子醬
四季豆
烘烤多佛比目魚
牛肝菌

皮削利初榨橄欖油

皮削利初榨橄欖油比阿貝金納或法蘭朵初榨橄欖油散發更多果香，青綠調則較少。這個品種最常用在摩洛哥的橄欖油。

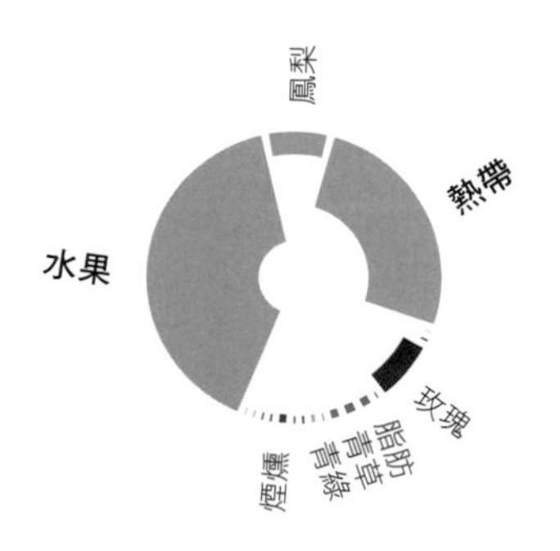

水果 柑橘 花卉 青綠 草本 蔬菜 焦糖 烘烤 堅果 木質 辛辣 乳酪 動物 化學

皮削利初榨橄欖油

加拉蘋果
海無花果
蠔菇
清燉魟魚翅
烤羔羊排
海膽
新鮮食用玫瑰花瓣
艾曼塔乳酪
甜瓜
黃瓜

潛在搭配：橄欖油和巧克力

橄欖油、巧克力和海鹽是加泰隆尼亞的傳統組合：在麵包片上淋上橄欖油，撒上黑巧克力屑，最後以粗海鹽片做結尾。你也可以找到同樣食材的甜點版，以海鹽和橄欖油點綴巧克力慕斯，配烤麵包片吃。

潛在搭配：橄欖油和磅蛋糕

法語名稱叫「四等分」（gâteau quatre-quarts）的磅蛋糕（見次頁搭配表格）以相等重量的麵粉、蛋、糖和奶油做成。若要來點變化，用橄欖油取代奶油，並試試磅蛋糕的其他搭配食材：加一些桃子或把一部分的麵粉換成榛果粉。

為何你的油醋醬會變苦？

若你曾使用食物處理機或攪拌機製作特級初榨橄欖油的油醋醬，可能會發現它後來變苦了。特級初榨橄欖油裡的酚類有脂肪酸包覆，不容易散布至液體中。食物處理機的金屬刀片會將油的脂肪分子分解成小滴，苦味多酚類便被釋放出去。你打得越細（也就是液滴越小），油醋醬或醬汁就越苦。

為了避免這些苦味多酚類毀了你的油醋醬，建議手動攪拌。或者你可以先將醋和少量葡萄籽或花生油混合，乳化後再手動拌入特級初榨橄欖油。另一個選項是改用純橄欖油，不過這麼做想必會讓你的油醋醬少了特級初榨橄欖油的濃郁複雜度。然而，以食物處理機製作青醬等重口味的醬汁時不必擔心這一點，因為橄欖油的任何苦味都不會被察覺出來。

米布丁佐橄欖油與柳橙

西班牙阿利坎特，Monastrell 餐廳，瑪麗亞 · 荷西 · 聖羅曼

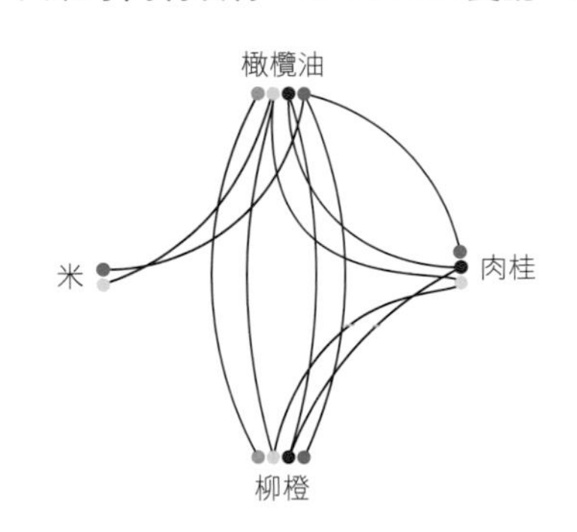

問問主廚瑪麗亞 · 荷西 · 聖羅曼（María José San Román）有關番紅花的處理方法，她會告訴你如何適當地從極其珍貴的拉曼查番紅花細絲裡提取出最多顏色和風味。她對傳統西班牙食材的熱忱沒有界限，滿懷自豪地善用它們。她的專長從番紅花延伸至阿利坎特的石榴、橄欖油、麵包和西班牙東部傳統米飯料理。

在阿利坎特的 Monastrell 餐廳，聖羅曼將西班牙特色融入米布丁，以浸泡過肉桂的柳橙汁替代一半的煮米水。甜味則來自無添加任何糖分的柳橙果醬，並使用特級初榨西班牙阿貝金納橄欖油而非奶油，因為橄欖油的柑橘調能突顯這道甜點的柳橙風味。最後，聖羅曼將黑糖撒在米布丁上烤脆，加幾塊柑橘裝飾。

經典搭配：橄欖油和醋

以橄欖油 3：醋、鹽、胡椒 1 的比例調配——沒有比經典油醋醬更簡易的醬汁了。你可以加入芥末或辣根；茵陳蒿、細香蔥或細葉香芹等新鮮香草；一些切細的紅蔥或青蔥；一點蜂蜜做甜一點的版本；一些辣椒或薑增添辣勁。無限可能性由你創造。

經典搭配：橄欖油和蘑菇

若要製作醃漬蘑菇，將切小塊的乾淨蘑菇煎過之後以鹽和胡椒調味，再移至消毒過的罐子，以熱橄欖油和醋淹過蘑菇。加入一點你喜歡的香草和香料，放涼後蓋上蓋子，保存二個月後即完成。

橄欖油食材搭配

水果 柑橘 花卉 青綠 草本 蔬菜 焦糖 烘烤 堅果 木質 辛辣 乳酪 動物 化學

珍藏雪莉醋

- 褐蝦
- 清燉雞肉
- 現磨咖啡
- 葫蘆巴葉
- 水煮藍蟹
- 水煮蠶豆
- 炒蛋
- 甜櫻桃
- 油桃
- 北京烤鴨

蠔菇

- 煎培根
- 網烤羔羊肉
- 爐烤馬鈴薯
- 烘烤大扇貝
- 水煮龍蝦
- 炒蛋
- 水煮茄子
- 蠶豆
- 紫蘇葉
- 卡蒙貝爾乳酪

磅蛋糕

- 杜威啤酒
- 桃子
- 白松露
- 烤花生
- 煎培根
- 牛肝菌
- 黑巧克力
- 葛瑞爾乳酪
- 榛果粉
- 阿貝金納特級初榨橄欖油

香蕉泥

- 雅香瓜（日本香瓜）
- 紫鼠尾草
- 茉莉花
- 甜紅椒粉
- 義大利薩拉米
- 紅茶
- 阿貝金納特級初榨橄欖油
- 水煮豌豆
- 清燉雞胸排
- 開心果

醬油膏

- 法蘭朵初榨橄欖油
- 祕魯黃辣椒
- 豌豆
- 水煮番薯
- 甜菜脆片
- 煎鴨肝
- 杏仁
- 椰子
- 烘烤大頭菜
- 牛奶巧克力

史黛拉櫻桃

- 水煮茄子
- 新鮮薰衣草葉
- 番茄枝
- 馬鞭草
- 粉紅胡椒
- 北京烤鴨
- 接骨木莓
- 阿貝金納特級初榨橄欖油
- 和牛
- 清燉雞胸排

經典搭配：橄欖油和鮭魚

橄欖油不只可以拿來醃、煎或炸魚，還能製作油封鮭魚：將魚片放在烤盤中，加入香料和香草，以橄欖油淹過之後置於 50°C 的烤箱中烘烤。你也可以把魚換成肉類和蔬菜。

經典搭配：橄欖油和麵包

許多類型的義大利麵包製作時皆使用橄欖油，要不是拌入麵糰裡，就是在進烤箱之前淋在上頭（或兩者皆具，像是佛卡夏），可能也會加一點百里香或迷迭香和粗海鹽。雖然經典的酸種裸麥麵包（見次頁）不含任何橄欖油，但它的青綠香氣調性讓兩者之間產生連結。

	水果	柑橘	花卉	青綠	草本	蔬菜	焦糖	烘烤	堅果	木質	辛辣	乳酪	動物	化學
大西洋鮭魚排														
平葉香芹														
白蘑菇														
小麥草														
布里乳酪														
羅可多辣椒														
義大利初榨橄欖油														
西班牙莎奇瓊香腸														
豆漿														
羽衣甘藍														
杏桃														

	水果	柑橘	花卉	青綠	草本	蔬菜	焦糖	烘烤	堅果	木質	辛辣	乳酪	動物	化學
熟長粒米														
燉條長臀鱈														
阿貝金納特級初榨橄欖油														
祕魯黃辣椒														
煎大蝦														
水煮角蝦														
燉長身鱈														
豬骨肉汁														
艾曼塔乳酪														
魚子醬														
爐烤牛排														

	水果	柑橘	花卉	青綠	草本	蔬菜	焦糖	烘烤	堅果	木質	辛辣	乳酪	動物	化學
乾玫瑰果														
水煮南瓜														
煎鴕鳥肉														
煎鴨胸														
杏桃														
番石榴														
日本梅子														
皮夸爾橄欖油														
罐頭番茄														
煎豬里肌														
綠捲鬚生菜														

	水果	柑橘	花卉	青綠	草本	蔬菜	焦糖	烘烤	堅果	木質	辛辣	乳酪	動物	化學
貝果														
純波本威士忌														
芝麻哈爾瓦酥糖														
水煮南瓜														
燕麥片														
山葵														
阿貝金納特級初榨橄欖油														
烤小牛胸腺														
哈密瓜														
韓國辣醬														
巴薩米克醋														

	水果	柑橘	花卉	青綠	草本	蔬菜	焦糖	烘烤	堅果	木質	辛辣	乳酪	動物	化學
醋栗														
皮夸爾橄欖油														
罐頭番茄														
丁香														
杏桃														
茉莉花茶														
楊桃														
鱈魚排														
綠藻														
利瓦侯乳酪														
琉璃苣花														

酸種裸麥麵包

裸麥麵粉具有青綠－脂肪香氣，聞起來像麥芽味燕麥片。這種可口的穀物也可以水煮並食用完整穀粒，蒸餾成威士忌或伏特加，甚至拿來釀啤酒。

裸麥麵粉含有阿拉伯木聚糖，麩質含量較低，因此麵糰厚重黏稠，不好處理。許多烘焙師會將裸麥和小麥麵粉混合在一起，讓麵糰變得柔韌。裸麥裡的阿拉伯木聚糖使麵包即使在冷卻之後仍能保持柔軟濕潤。若是完全使用裸麥烘焙，可以利用膨鬆劑來改善這些紮實深色麵包的強烈風味與質地。

酸酵頭

所有酸種麵包都是以基本的麵粉與水混合製成天然酵頭做為起點，活化原本就存在於裸麥麵粉和周遭環境的微生物。隨著酵頭發酵，麵粉裡的澱粉酶將澱粉分解為葡萄糖和麥芽糖；這些糖分再由天然酵母和乳酸桿菌代謝。

溫度和濕度也會影響麵包做出來的成果。較乾燥涼爽的環境抑制酵母生長和細菌活性，產生的醋酸多於乳酸，使麵包味道偏酸。相反地，濕熱環境增加細菌活動量，同時減緩酵母生長，產生的乳酸多於醋酸，造就果香較濃的酸種麵包。這些揮發物在麵糰發酵時持續形成，因此發酵時間越長，風味也越豐富。

在第一週，每天加一點麵粉和水餵養酵頭。天然酵母和乳酸桿菌會吃這些糖分以形成穩定培養，成為你的膨鬆劑。若要製作麵糰，使用同等於麵粉總重量約 13-25% 的酵頭。保留一部分麵糰做為隔天的酵頭。重複最後這個步驟就能每天更新酸酵頭。

- 若你的酸酵頭沒有光靠麵粉和水活起來，試試使用發酵水：將一些蘋果絲或未經加工處理的葡萄乾泡在水裡，覆蓋並置放於溫暖處，每天攪動透氣。液體開始發酵時會起泡。混合等量的發酵水和裸麥麵粉後靜置，每天重複同樣步驟。經過一週左右，酵頭應該就可以使用了。第一批麵包會具有葡萄乾或蘋果般的甜味，並在一陣子之後消失。加一點麵粉更新剩餘葡萄乾或蘋果酵頭。將酵頭存放於冰箱中，每二到三天更新一次。
- 酸酵頭可以存放在相對涼爽且適當通風的環境中，促進健康酵母生長同時限制細菌活性。每週一次以新的麵粉和水餵養酵頭。
- 若近期不打算再烤新的麵包，只要將酵頭麵糰冷凍即可。欲重新使用時，前一兩天先拿出來放冷藏。待完全解凍後，加入等量麵粉和水讓酵頭發酵。

相關香氣輪廓：酸酵頭

有些酸種麵包的揮發物原本就存在於麵粉中，但大部分的香氣輪廓由乳酸桿菌和酵母發酵過程形成。乳酸菌產生乳酪味的丁酸和醋酸，為麵包帶來酸味。隨著乳酸桿菌的胺基酸前驅物降解為醛類和酸類，我們也看見脂肪、奶油和水果香蕉味的香氣分子出現，加上一些硫磺調。酵母發酵則產生醇類，味道從水果、玫瑰、青草到麥芽都有。

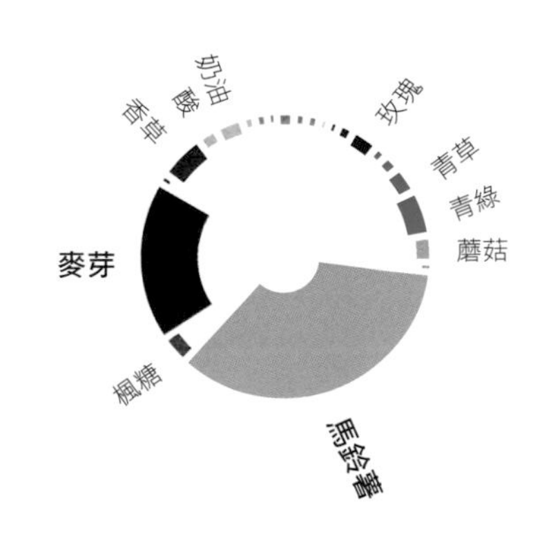

酸種裸麥麵包

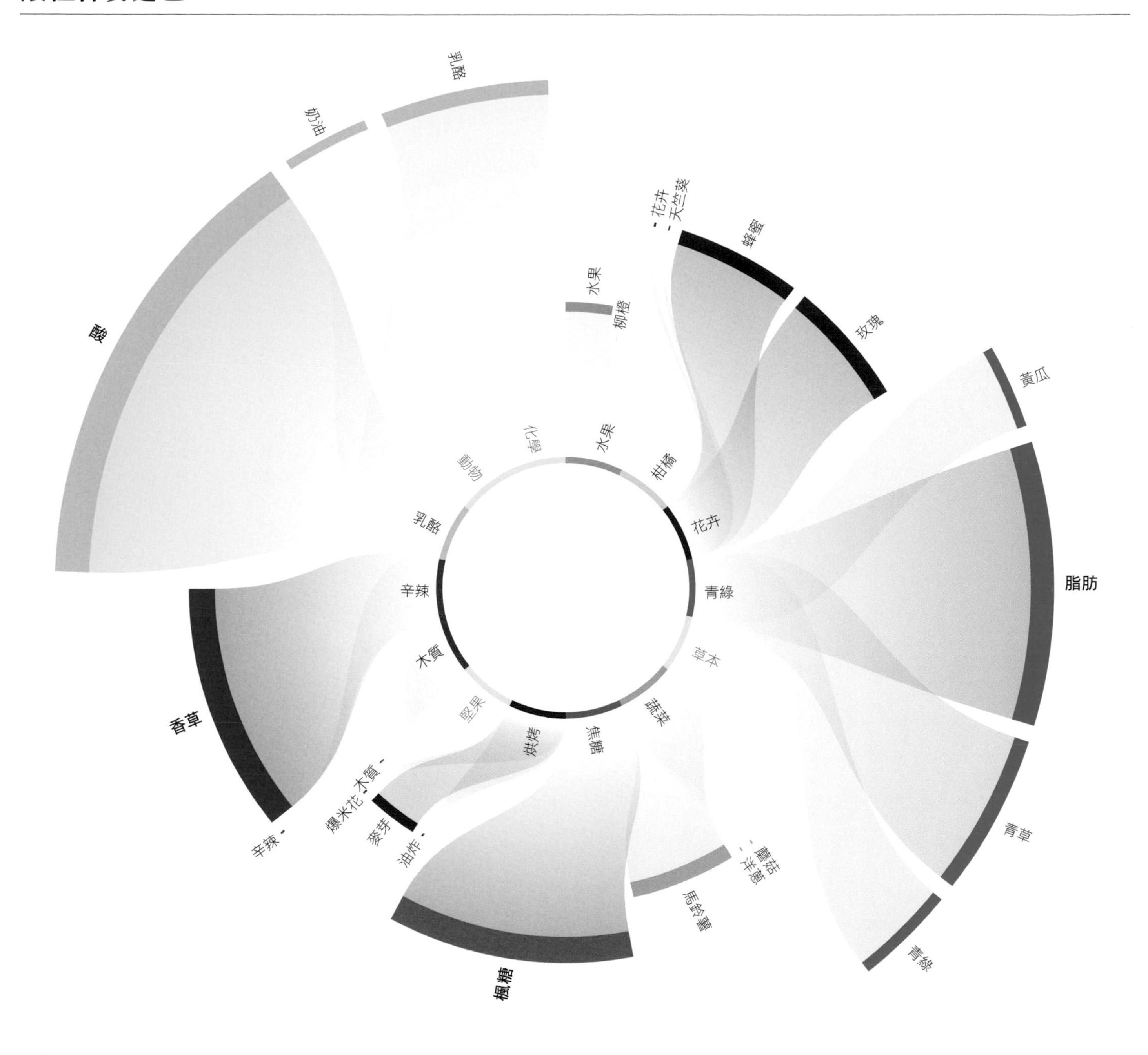

酸種裸麥麵包香氣輪廓

雖然梅納產物賦予了麵包外皮（見次頁）的風味，但柔軟內層大部分的風味來自不飽和醛類，像是 2- 壬烯醛和 2,4- 癸二烯醛。隨著麵包腐壞，這些脂質會氧化且濃度倍增，發出異味。

	水果	柑橘	花卉	青綠	草本	蔬菜	焦糖	烘烤	堅果	木質	辛辣	乳酪	動物	化學
酸種裸麥麵包	●	●	●	●	●	●	●	●	●	●	●	●	●	●
PX 雪莉酒	●	●	●	●	●	●	●	●	●	●	●	●	●	●
亞洲梨	●	●	●	●	●	●	●	●	●	●	●	●	●	●
莙薘菜	●	●	●	●	●	●	●	●	●	●	●	●	●	●
紅甘藍	●	●	●	●	●	●	●	●	●	●	●	●	●	●
開花茶	●	●	●	●	●	●	●	●	●	●	●	●	●	●
松子	●	●	●	●	●	●	●	●	●	●	●	●	●	●
仙人掌果	●	●	●	●	●	●	●	●	●	●	●	●	●	●
平葉香芹	●	●	●	●	●	●	●	●	●	●	●	●	●	●
哈斯酪梨	●	●	●	●	●	●	●	●	●	●	●	●	●	●
蒸蕪菁葉	●	●	●	●	●	●	●	●	●	●	●	●	●	●

經典搭配：酸種裸麥麵包和肋眼牛排

羔羊肉並非唯一一種適合香草脆皮的肉類：試試在肋眼牛排上鋪一層酸種麵包糠、奶油和香芹混合料。

經典搭配：酸種裸麥麵包和酪梨

酸種裸麥麵包最重要的關鍵氣味劑之一是具有青綠、青草香的己醛，它也是哈斯酪梨青綠風味的主角。

酸種裸麥麵包的風味從哪裡來？

使用於麵包中的酸麵糰決定了它大部分的風味，但其他要素也會造成影響。在麵糰發酵時，麵粉裡的酵素促使脂質氧化，形成麵包一部分的味道。這些揮發物可以有脂肪、青綠黃瓜或甚至蘑菇般的氣味。脂質氧化在酸麵糰發酵過程中減少。隨著酵素在烘焙過程中氧化並轉為新的揮發性化合物，脂肪像是奶油或橄欖油的加入會創造出大量新的香氣分子前驅物。

麵糰裡的糖和胺基酸也決定了許多在烘焙過程中形成的揮發性化合物。與裸麥麵粉及酸酵頭有關聯的香氣分子通常存在於麵包心，現烤麵包的溫暖焦香味則集中於外皮。麵包皮烤成褐色時會形成堅果、烘烤味的吡嗪，焦糖、楓糖味的呋喃以及爆米花味的吡咯。這些典型的梅納和焦糖化香氣在麵包皮比在麵包心多，因為麵包皮接觸較多的熱。麵包在烤箱裡烤得越久，麵包皮就會有越多揮發物。

舊金山酸種麵包

天然酵母是所有酸酵頭的關鍵成分，而在舊金山多霧氣候裡滋長的特定菌種為這座城市的酸種麵包帶來獨特酸味和嚼勁。

	水果	柑橘	花卉	青綠	草本	蔬菜	焦糖	烘烤	堅果	木質	辛辣	乳酪	動物	化學
哈斯酪梨														
石榴														
土耳其烏爾法辣椒片														
水煮豌豆														
牛奶巧克力														
野生草莓														
煎甜菜														
帕達諾乳酪														
黃瓜														
清燉烏魚														
香蜂草														

	水果	柑橘	花卉	青綠	草本	蔬菜	焦糖	烘烤	堅果	木質	辛辣	乳酪	動物	化學
芝麻菜														
葡萄														
香椿葉														
蘿蔔														
紅甘藍														
酸種裸麥麵包														
布里乳酪														
蒔蘿														
水煮羊肉														
木瓜														
熟黑皮波羅門參														

	水果	柑橘	花卉	青綠	草本	蔬菜	焦糖	烘烤	堅果	木質	辛辣	乳酪	動物	化學
蒸羽衣甘藍														
北京烤鴨														
清燉雞胸排														
酸種裸麥麵包														
炒蛋														
網烤羔羊肉														
黏果酸漿														
櫻桃番茄														
草莓														
土耳其烏爾法辣椒片														
蔓越莓														

	水果	柑橘	花卉	青綠	草本	蔬菜	焦糖	烘烤	堅果	木質	辛辣	乳酪	動物	化學
肋眼牛排														
黑橄欖														
半硬質山羊乳酪														
舊金山酸種麵包														
哥倫比亞咖啡														
水煮冬南瓜														
老抽														
香菜芹														
烘烤飛蟹														
羅可多辣椒														
蒜泥														

潛在搭配：酸種裸麥麵包和 PX 雪莉酒

酸種裸麥麵包和 PX 雪莉酒皆經過發酵程序，因此具有大量共同的水果、花卉和櫻桃調。試試把食譜中的蘭姆酒改成 PX 雪莉酒：這種甜點酒的無花果乾、葡萄乾、蜂蜜、咖啡及巧克力調性和麵包布丁是絕配。

經典搭配：酸種裸麥麵包和蘭比克啤酒

製作麵包時，你幾乎可以使用任何液體來取代水，像是啤酒（見次頁）、果汁或蔬菜汁。唯一要注意的是液體的酸度，因為高酸可能會抑制麵糰醒發。

酸種麵包食材搭配

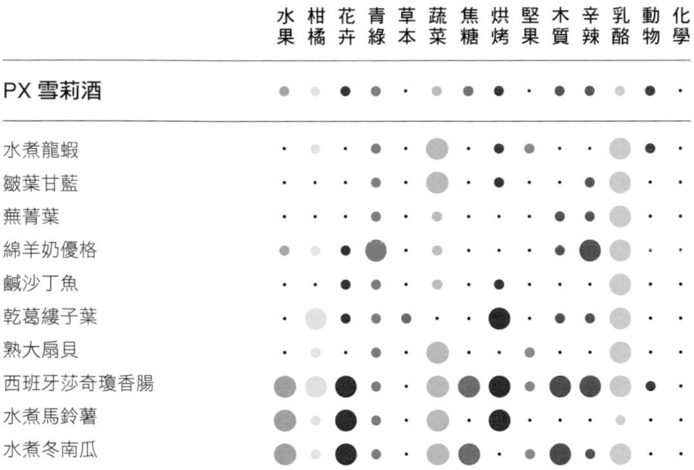

	水果	柑橘	花卉	青綠	草本	蔬菜	焦糖	烘烤	堅果	木質	辛辣	乳酪	動物	化學
PX 雪莉酒														
水煮龍蝦														
皺葉甘藍														
蕪菁葉														
綿羊奶優格														
鹹沙丁魚														
乾葛縷子葉														
熟大扇貝														
西班牙莎奇瓊香腸														
水煮馬鈴薯														
水煮冬南瓜														

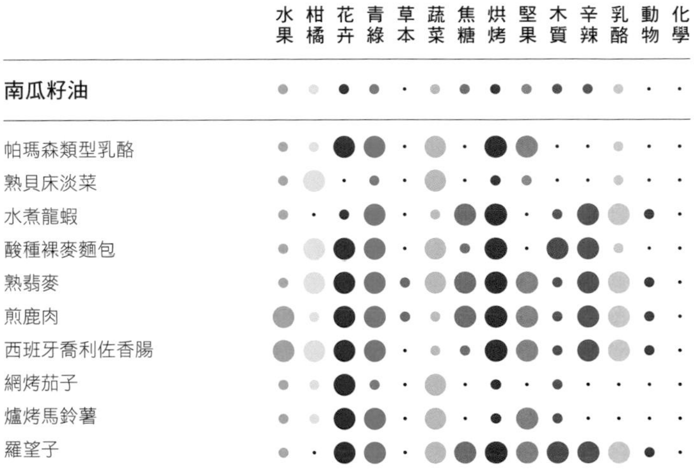

	水果	柑橘	花卉	青綠	草本	蔬菜	焦糖	烘烤	堅果	木質	辛辣	乳酪	動物	化學
南瓜籽油														
帕瑪森類型乳酪														
熟貝床淡菜														
水煮龍蝦														
酸種裸麥麵包														
熟翡麥														
煎鹿肉														
西班牙喬利佐香腸														
網烤茄子														
爐烤馬鈴薯														
羅望子														

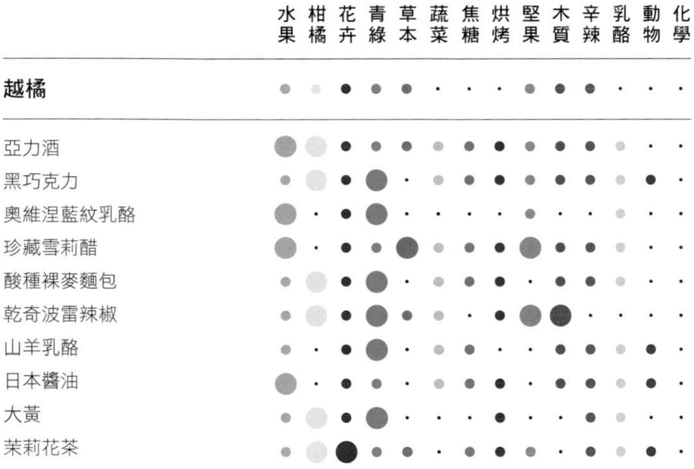

	水果	柑橘	花卉	青綠	草本	蔬菜	焦糖	烘烤	堅果	木質	辛辣	乳酪	動物	化學
越橘														
亞力酒														
黑巧克力														
奧維涅藍紋乳酪														
珍藏雪莉醋														
酸種裸麥麵包														
乾奇波雷辣椒														
山羊乳酪														
日本醬油														
大黃														
茉莉花茶														

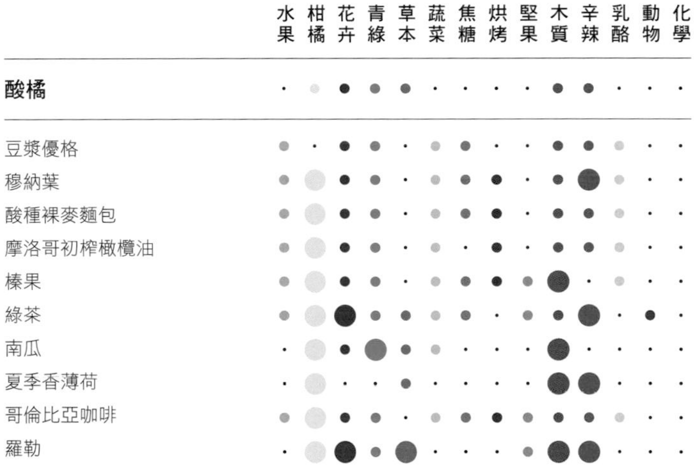

	水果	柑橘	花卉	青綠	草本	蔬菜	焦糖	烘烤	堅果	木質	辛辣	乳酪	動物	化學
酸橘														
豆漿優格														
穆納葉														
酸種裸麥麵包														
摩洛哥初榨橄欖油														
榛果														
綠茶														
南瓜														
夏季香薄荷														
哥倫比亞咖啡														
羅勒														

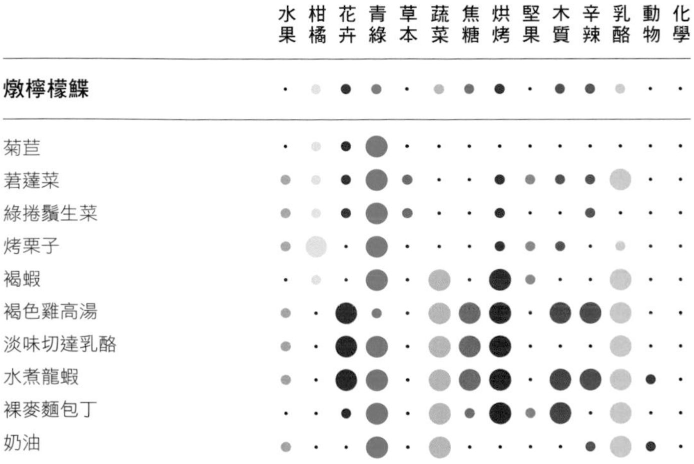

	水果	柑橘	花卉	青綠	草本	蔬菜	焦糖	烘烤	堅果	木質	辛辣	乳酪	動物	化學
燉檸檬鰈														
菊苣														
莙薘菜														
綠捲鬚生菜														
烤栗子														
褐蝦														
褐色雞高湯														
淡味切達乳酪														
水煮龍蝦														
裸麥麵包丁														
奶油														

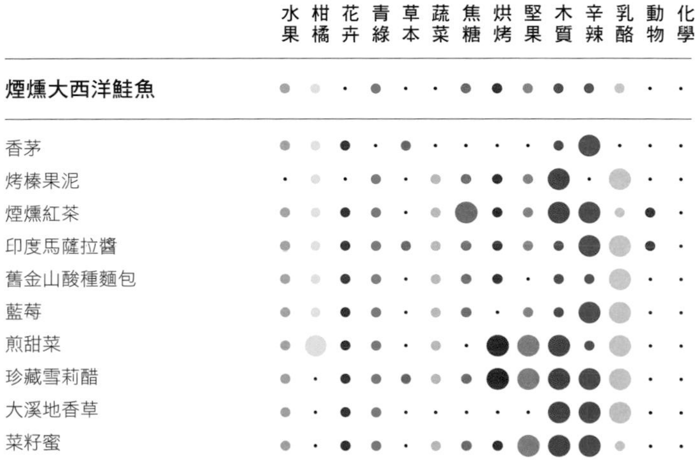

	水果	柑橘	花卉	青綠	草本	蔬菜	焦糖	烘烤	堅果	木質	辛辣	乳酪	動物	化學
煙燻大西洋鮭魚														
香茅														
烤榛果泥														
煙燻紅茶														
印度馬薩拉醬														
舊金山酸種麵包														
藍莓														
煎甜菜														
珍藏雪莉醋														
大溪地香草														
菜籽蜜														

蘭比克啤酒

乾燥啤酒花和二次發酵過程，賦予了蘭比克啤酒（Lamic Beer）與眾不同的水果、酸、木質和花卉調性。

蘭比克是一種比利時啤酒，擁有數世紀的傳統釀造歷史。香檳啤酒是其中一個特殊類別，透過調和取得風味平衡。它通常以 2：1 的比例混合新舊蘭比克，經過瓶內加工程序後，產生天然的香檳般氣泡及酸味。

蘭比克釀造過程的第一步是將大麥或麥芽穀物煮沸，形成麥芽汁，並在未加蓋的大型淺槽中靜置一晚。釀酒廠裡的酒香酵母和其他野生菌進入麥芽汁之後，這些微生物將糖分轉化為酒精。接著麥芽汁被移到透氣的橡木桶中繼續自然發酵。和葡萄酒及雪莉酒類似，蘭比克的表面會形成一層薄薄的酵母細胞，稱為「酒花」（velo de flor），它保護酒液不被氧化，同時消耗可用的氧、碳和甘油。最後的成品是淺淡、稻草色、西打般的啤酒，並帶有酸澀質地。

用來製作香檳啤酒的蘭比克可能裝瓶和陳放多達三年再與尚未完全發酵的新酒調和。這些陳放了一年或更短時間的蘭比克仍保有一些糖分，與舊酒調和後引發二次發酵。新酒裡的糖分與布魯塞爾及附近諧納河谷的原生天然酵母和細菌產生交互作用，引發二次發酵的自然程序。這種形式的瓶內加工也會產生傳統蘭比克啤酒所沒有的高度碳酸化。調和完成後，一瓶好的香檳啤酒可存放長達二十年。

為了確保只有酒香酵母中的「bruxellenis」和「lambicus」菌株參與自然發酵過程，蘭比克啤酒的生產僅限於比利時帕傑坦倫地區，在十月至五月較冷的月份進行。每一瓶香檳啤酒都必須符合「傳統蘭比克啤酒高級委員會」（High Council for Traditional Lambic Beers）設定的標準才能貼上「傳統技術保證」（Traditional Specialty Guaranteed）標章。

- 「Kriek」是一種受歡迎的蘭比克櫻桃啤酒。在最道地的版本中，夏比克酸櫻桃（來自比利時布魯塞爾附近地區）會整顆浸泡在蘭比克啤酒中好幾個月，讓櫻桃糖分促使再發酵。最後的成品具有複雜的杏仁－水果風味，但味道並不甜。

由於夏比克櫻桃相對罕見，有些蘭比克櫻桃啤酒會使用不同種類的櫻桃——或甚至完全以櫻桃汁取代。某些版本會在發酵結束前加入糖漿，讓滋味更可口。

蘭比克啤酒食材搭配

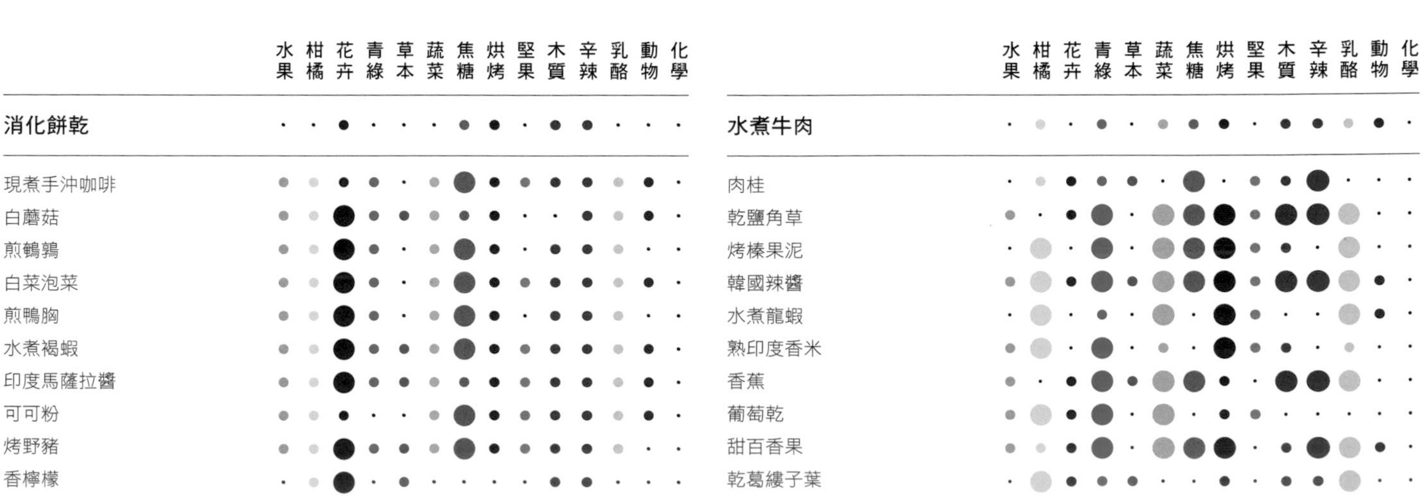

	水果	柑橘	花卉	青綠	草本	蔬菜	焦糖	烘烤	堅果	木質	辛辣	乳酪	動物	化學
消化餅乾														
現煮手沖咖啡														
白蘑菇														
煎鵪鶉														
白菜泡菜														
煎鴨胸														
水煮褐蝦														
印度馬薩拉醬														
可可粉														
烤野豬														
香檸檬														

	水果	柑橘	花卉	青綠	草本	蔬菜	焦糖	烘烤	堅果	木質	辛辣	乳酪	動物	化學
水煮牛肉														
肉桂														
乾鹽角草														
烤榛果泥														
韓國辣醬														
水煮龍蝦														
熟印度香米														
香蕉														
葡萄乾														
甜百香果														
乾葛縷子葉														

蘭比克啤酒

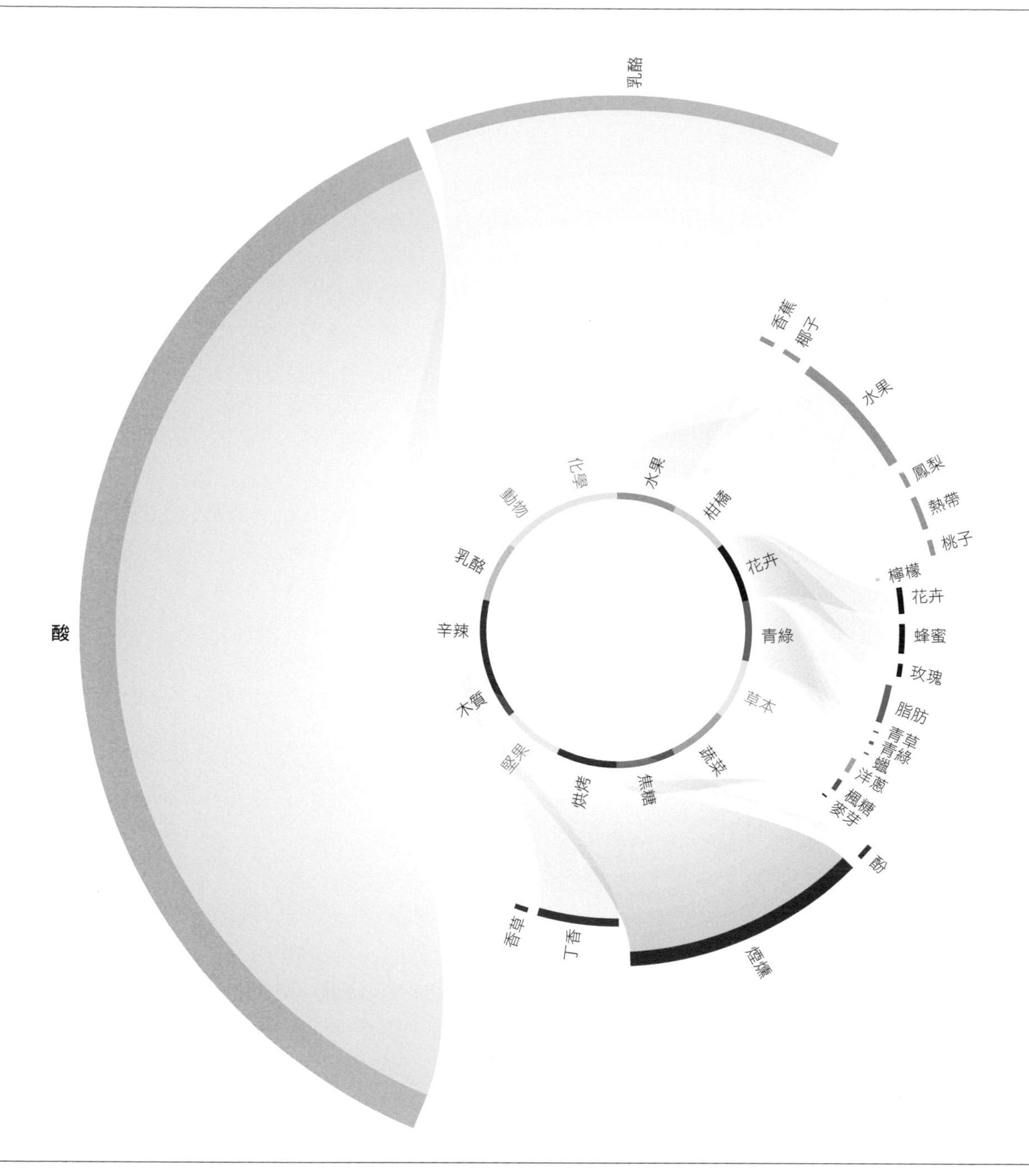

蘭比克啤酒香氣輪廓

大部分的傳統啤酒使用新鮮啤酒花來讓酒液穩定，並散發苦味和風味，然而蘭比克啤酒使用的是乾燥啤酒花，因此具有乳酪、橡木調，較沒有 IPA 的苦韻和啤酒花香。有些蘭比克啤酒的水果香氣描述符（如：香蕉）是發酵過程的產物，加上些許花卉調。柑橘和玫瑰香來自啤酒花，楓糖和麥芽香則來自麥芽。桃子和椰子味內酯可以來自麥芽、啤酒花或發酵過程。蘭比克啤酒適合搭配白肉，像是雞肉、火雞肉、小牛肉或豬肉（見次頁）甚至小牛胸腺，但配上甜點和乳酪也很不錯。以水果製成的蘭比克（如：kriek 櫻桃啤酒）和乳酪蛋糕或果香豐沛的甜點非常合拍。

	水果	柑橘	花卉	青綠	草本	蔬菜	焦糖	烘烤	堅果	木質	辛辣	乳酪	動物	化學
蘭比克啤酒														
羅可多辣椒														
水煮牛肉														
煎白蘑菇														
消化餅乾														
燉大西洋狼魚														
糖漬杏桃														
梅茲卡爾酒														
接骨木莓														
印度馬薩拉醬														
摩洛血橙汁														

肉類

雖然網烤牛排和烤雞胸肉的風味明顯不同，但生牛肉、生雞肉、生豬肉和生羔羊肉的風味輪廓可能比你想的還要相似。所有生肉皆以青綠香氣分子為主，風味清淡細微。

各種化學反應在熟成和烹煮過程中發生，促使新的香氣分子形成，賦予牛肉、雞肉、豬肉和羔羊肉濃郁鹹香的風味，也就是我們經常聯想到的肉味。當然，其他要素像是物種、品種、飼料和油花分布也會影響你吃進嘴裡的肉類風味。在質地方面，動物越常使用某處肌肉，那裡就會含有越多結締組織，像是膠原蛋白，肉質也較硬，需較多時間烹煮軟化，例如：慢燉牛肉。

草飼、穀飼比一比

許多生肉含有萜烯類等香氣分子，它們來自於動物吃下的植物。草飼牛肉或許是較精瘦、健康的選擇，但餵穀物飼料的牛所產出的肉品風味較豐郁。

市面上大部分的牛肉都是穀飼牛，牛隻在草地養大之後，換成餵食少量乾草加上大豆、玉米、啤酒糟和其他穀物育肥後屠宰。這種方式會增加肌內脂肪形成油花。由於動物吃了富含穀物的飼料，穀物裡的揮發性有機化合物便被動物的脂肪分子吸收。也就是說，肉的脂肪越多，香氣分子也越多，產生越複雜的風味輪廓。以和牛為例，等級越高的和牛可以看見越多油花。有些行家會花不少錢大啖A12 級和牛，它雪花般的肌內脂肪紋理令人垂涎，入口即化又風味十足。

有些生產者會在牛隻飼料裡添加亞麻籽或橄欖油，進一步提升肉品風味，如同杜洛克橄欖油飼豬。比利時豬農將飼料混合橄欖油，產出顏色較深、味道較香濃的肉品。杜洛克豬脂肪吸收了單不飽和油酸，比其他豬種更柔嫩多汁。

淺色肉、深色肉比一比

淺色肉還是深色肉好？這個問題要歸結到用途以及不同肌群如何被動物使用。舉例而言，雞胸由白肌纖維構成，可以快速伸展和收縮，瞬間爆發力強。為了發揮功能，這些纖維將儲存的肝醣轉化成能量。雞胸肉比雞腿肉精瘦是因為胸部肌肉沒有那麼常運動到；它也含較少脂肪酸。脂肪酸是香氣分子前驅物，這解釋了為何大腿肉有味道多了。

深色肉含有較多結締組織，來自長時間進行重複動作的肌群。這些肌肉需要氧氣來將脂肪轉化成能量。某些蛋白質會輸送氧氣協助這個過程。這些富含鐵質的蛋白質讓深色肉呈現紅色；肉裡有越多氧氣和蛋白質，顏色越深。

年齡、品種和飼料是其他影響肉類蛋白質多寡的要素，但一般來說，動物越常使用某個部位的肌肉，那裡的風味就越強烈。只要比較一下沙朗和牛尾或豬里肌和豬頸肉之間味道和質地的差異就知道了。

肉類熟成

肉類熟成之後風味更佳，因為某些生化反應被觸發，使其變得鮮美多汁。隨著酵素開始弱化肌肉組織結構，讓它們更加柔軟，肉裡的蛋白質也分解為胺基酸。肝醣轉化為葡萄醣，脂肪變成脂肪酸。其中有一些是烤肉時會形成的香氣分子前驅物，因此加強了風味；這讓適當熟成的牛排在烹煮時產生誘人的堅果和肉香。

當然，各種肉類適當熟成的期間各有差異。豬肉通常是一週左右，家禽則是從屠宰場送到超市的時間也就夠了。牛肉熟成約四到六週最為理想，此時肉裡的酵素分解，肉質更為柔嫩。

肉類必須在氣候控制環境裡熟成，因為溫度、濕度和含氧量都會直接影響最後的風味輪廓。我們通常建議牛肉不要熟成超過六週，否則會產生金屬、藍紋乳酪般的氣味，掩蓋其他更美味的肉香。

里肌豬排

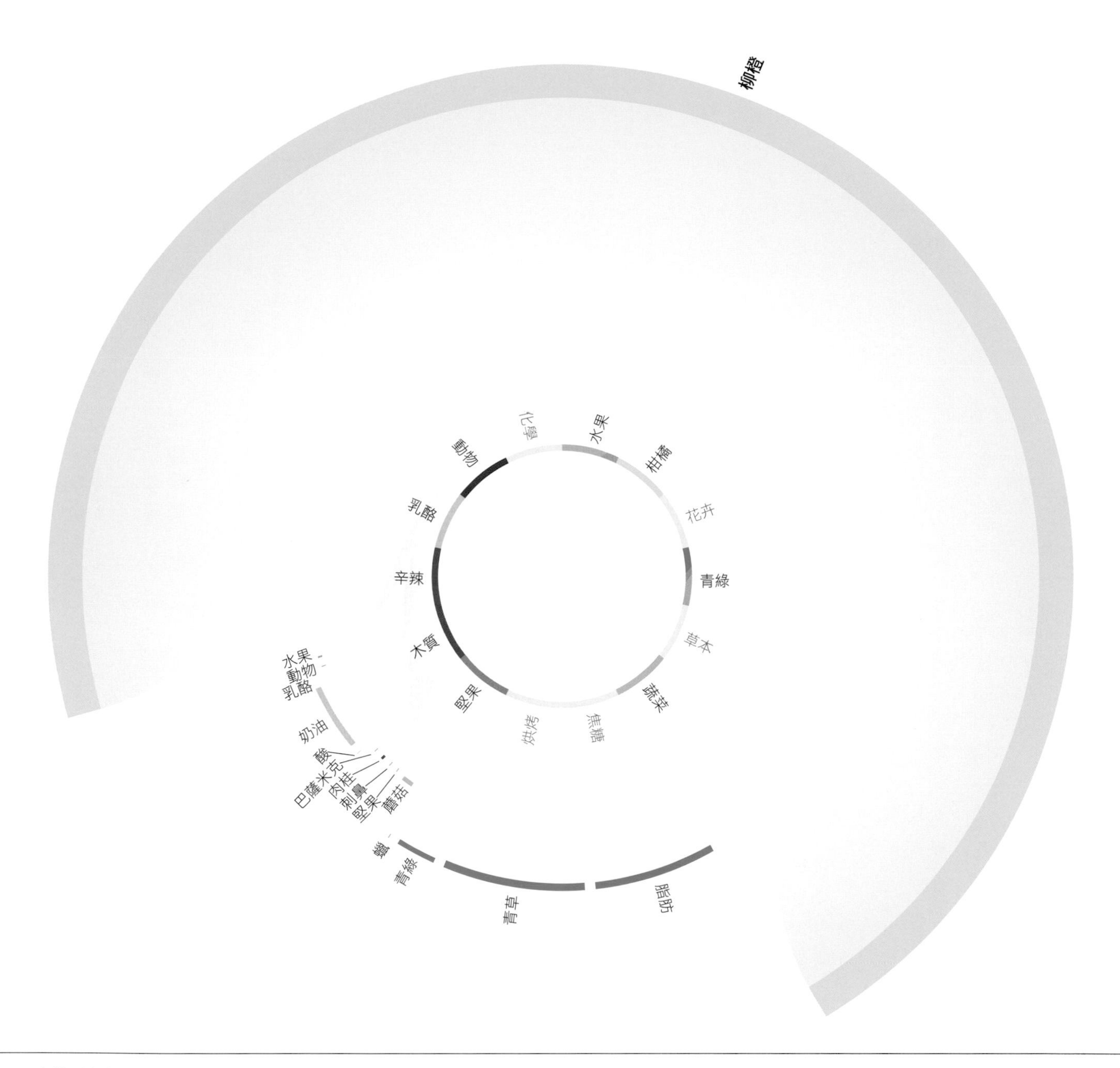

里肌豬排香氣輪廓

生豬肉的香氣輪廓分為青綠－脂肪和青綠－蠟味。一般而言，化合物辛醛和壬醛具有柑橘調的基本氣味。它們在豬肉裡因香氣分子集中而較偏青綠－蠟味。為了增加風味，烹煮里肌豬排之前先醃個至少一小時——可參考搭配表格的潛在醃醬食材。

	水果	柑橘	花卉	青綠	草本	蔬菜	焦糖	烘烤	堅果	木質	辛辣	乳酪	動物	化學
生里肌豬排（醃料）	•	•	·	•	·	•	·	·	•	•	•	•	•	·
石榴糖蜜	•	·	•	•	·	•	•	·	·	•	•	●	·	·
乾櫻花	·	•	•	·	·	·	·	·	●	·	·	·	·	·
生薑	•	●	•	•	•	·	·	·	·	•	•	·	·	·
番茄	•	●	•	●	·	•	•	•	·	•	•	●	·	·
洋槐蜂蜜	·	•	•	·	·	•	·	•	·	•	•	·	·	·
蒔蘿	●	●	•	●	•	●	·	·	·	•	•	·	·	·
日本醬油	•	·	•	•	·	•	•	•	·	•	•	●	•	·
味醂	•	·	•	●	·	•	•	•	•	•	•	●	•	·
大醬（韓國發酵大豆醬）	•	·	•	•	•	•	•	•	•	•	•	●	·	·
檸檬皮	•	●	•	●	•	·	·	·	·	•	●	·	·	·

經典佳餚：牛排和薯條

將馬鈴薯油炸會觸發梅納反應（見對頁），創造出煎牛排也有的香氣分子。

經典搭配：牛肉和橄欖

法國南部卡馬格地區「牧人式燉牛肉」（boeuf à la gardiane）的傳統做法使用較堅韌的牛肉部位，在酒體飽滿的紅酒裡和黑橄欖及鯷魚一起慢煮。

牛肉——生、熟成和煮熟

生牛肉香氣輪廓

帶有一些青綠－脂肪和青綠－青草調的青綠香氣分子，構成了生牛肉大部分的風味輪廓。韃靼牛肉就有這種清爽度。其他調性還有蔬菜和乳酪。

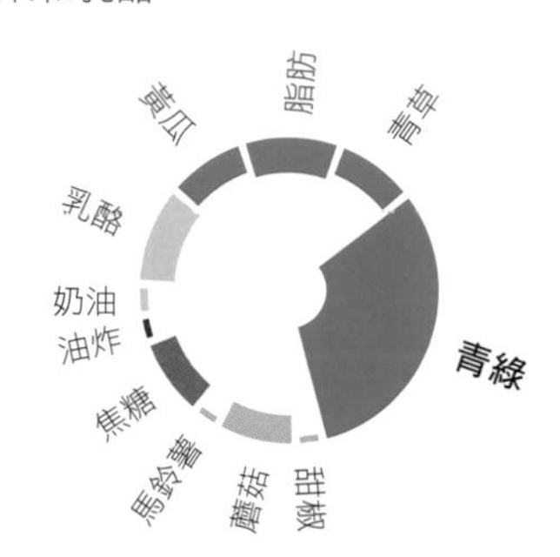

	水果	柑橘	花卉	青綠	草本	蔬菜	焦糖	烘烤	堅果	木質	辛辣	乳酪	動物	化學
生牛肉														
酸橘														
柳橙														
蔓越莓														
木槿花														
胡桃														
印度澄清奶油														
梨木煙燻														
大吉嶺茶														
蠶豆														
荔枝														

四十二天熟成肋眼牛排香氣輪廓

隨著牛肉熟成，它的香氣輪廓會變得豐郁、具牛肉湯味並帶有焦糖調，類似熟牛肉的風味。牛肉成熟的時間越長，會形成越多氧化成分。

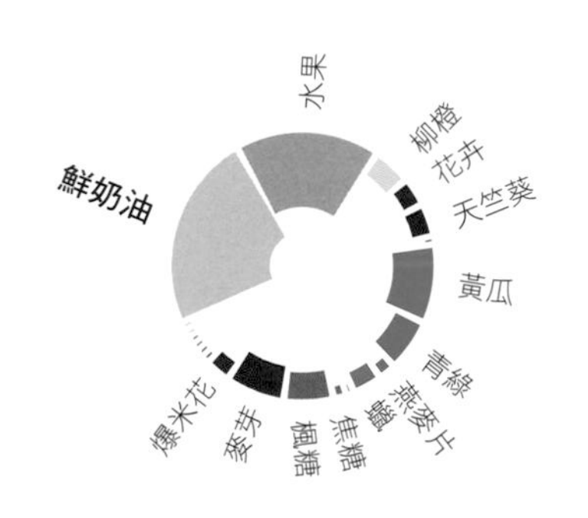

	水果	柑橘	花卉	青綠	草本	蔬菜	焦糖	烘烤	堅果	木質	辛辣	乳酪	動物	化學
四十二天熟成肋眼牛排														
細香蔥														
皮夸爾黑橄欖														
大蝦														
茅屋乳酪														
熟蕎麥														
莫利洛黑櫻桃														
香檸檬														
祕魯黃辣椒														
水煮冬南瓜														
白松露														

爐烤牛排香氣輪廓

牛排用煎的會比烤箱烤的（如下圖所示）具有更高比例的焦糖、烘烤和堅果風味。

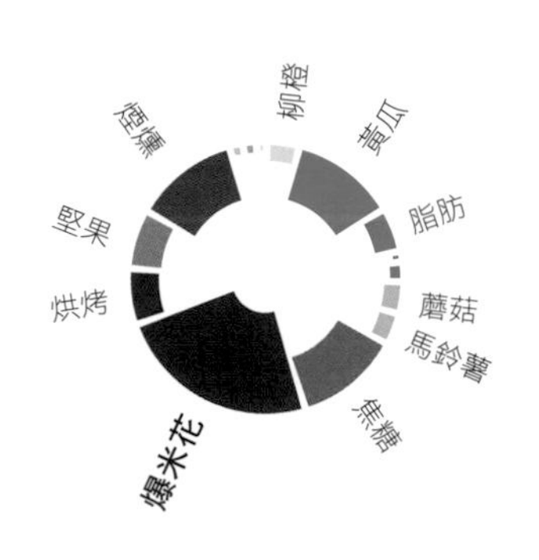

	水果	柑橘	花卉	青綠	草本	蔬菜	焦糖	烘烤	堅果	木質	辛辣	乳酪	動物	化學
爐烤牛排														
馬德拉斯咖哩醬														
乾鹽角草														
網烤櫛瓜														
魚子醬														
白蘑菇														
全熟水煮蛋黃														
墨西哥捲餅皮														
印度澄清奶油														
香茅														
薯條														

經典搭配：牛肉和莫利洛黑櫻桃

在比利時，肉餅或肉丸通常會搭配一種用罐頭酸櫻桃製成的酸醬汁，櫻桃連同汁液加熱並以玉米粉勾芡。類似組合在瑞典也見得到，肉丸（köttbullar）會和越橘一起上桌。

經典菜餚：馬德拉斯牛肉咖哩

如果馬德拉斯咖哩對你來說太辣，你可以用「raita」解辣，這一道降火的印度佐料以優格、孜然、黑芥末籽、薑、大蒜做成，有時也會加辣椒、生蔬菜或新鮮水果，像是黃瓜、胡蘿蔔、鳳梨或木瓜。

肉類的風味

許多存在於生肉裡的香氣分子是鹹香氣味及風味的前驅物，在烹調過程中產生。梅納和焦糖化等化學反應是受熱的結果，促使許多新的香氣分子形成。想想你在水煮、燉煮、嫩煎、炙燒或烘烤一塊肉時所散發出來的不同風味特性。

新香氣分子的形成相當複雜。舉例來說，當你煎牛排時把火轉大，數以百計的新揮發性化合物就被創造了出來；溫度改變對香氣分子產生的數量和濃度有直接影響。將牛排嫩煎會促使不飽和醛和其他風味成分形成。爐烤牛排則含有較高濃度的烘烤、堅果味化合物。

烹煮牛排時，肉裡的成分經歷化學反應並形成中間產物。隨著烹煮的時間加長，這些中間產物持續與其他降解產物進行交互作用，產生各種複雜的揮發性化合物，帶來我們熟悉的明顯熟肉氣味。以下為形成新香氣分子的五大反應。

脂質氧化

脂質氧化在150ºC以下發生，在牛肉氣味的形成過程中扮演重要角色。氧化速率有一部分由肉裡的脂肪酸組成和濃度所決定。烹調時，這些脂肪酸經歷不同化學反應，形成所謂的中間產物，中間產物再暴露於其他反應，促使關鍵香氣化合物產生，像是醛類和酮類。我們也發現以150ºC以下烹煮的牛肉含有 γ 內酯、醇、烴和酸。不過，脂質氧化也是肉類腐臭氣味的來源。

硫胺素降解

維生素B（也稱為硫胺素）的降解發生在150ºC以下，形成蔬菜、洋蔥味化合物，像是硫醇、硫化物和二硫化物。即使濃度低，這些分子仍散發熟肉味，因此在牛肉香氣裡占有重要地位。

若要提升風味又不使肉質乾柴，可以放入傳統烤箱以120ºC以下烘烤，或以52–55ºC水浴舒肥。蛋白質到了某個溫度會產生變化，因此控制在120ºC以下能讓蛋白質保持濕潤又不會完全變性。如此烹調出來的肉柔嫩多汁、香味四溢。訣竅是最後再炙燒一下適當褐變；就能得到來自梅納反應的美妙風味和香氣。

梅納反應

肉的溫度達到約150ºC時，形成的誘人香氣分子大多來自梅納反應。它發生的速率透過一連串在烹調過程中產生的化學反應而大幅增加，從分解糖和胺基酸開始。因此，梅納反應讓高溫烹煮的肉類具有較多鹹香滋味。然而，這種反應也可能發生在較低溫度，例如：義大利燉飯。

烹煮牛排時，一定要先擦乾表面水分才能適當褐變。這就是為何有些廚師會用鹽巴將牛排醃個二、三十分鐘，等水分排出再吸乾，讓梅納反應能有更好的效果。

梅納反應產生的香氣分子，像是乙醛，能和史崔克反應的降解產物發生交互作用。由此我們看見全新揮發性化合物的形成，像是吡嗪、噻唑、硫醇和吡咯。

史崔克反應

烹煮使肉裡的胺基酸觸發史崔克反應，這個分開的化學反應發生在150ºC左右，是梅納反應的一部分。史崔克醛和α-胺基酮是這個過程新產生的香氣分子。舉例而言，甲硫胺酸這種胺基酸會產生稱為甲硫基丙醛的史崔克醛，為肉類帶來熟馬鈴薯般的氣味。長時間受熱的甲硫基丙醛接著分解形成其他新的硫味化合物。史崔克反應也是光胱胺酸分解的關鍵，這種胺基酸是活性化合物形成的另一個重要推手，賦予肉類獨特風味。

焦糖化

在烹調過程中，肉裡的水分子會在100ºC蒸發，留下糖分子。隨著肉的外部溫度升高，糖開始在165ºC焦糖化，讓肉的表面形成褐色外皮並產生焦糖味化合物，像是糠醛和呋喃酮。

我們也發現額外的香氣分子像是糞臭素（哺乳動物消化道裡產生的臭味化合物）以及植物亦含有的酚類和萜烯類。這些分子的存在和土壤微生物活動有關聯。

經典搭配：培根和綠扁豆

將綠扁豆和煎培根一起烹煮能提升這些豆類裡的肉味。加入燉洋蔥、韭蔥和新鮮番茄丁使這道菜色更加鹹香多汁。

潛在搭配：培根和黑巧克力

存在於培根裡的烘烤調跟黑巧克力產生完美的香氣連結——特別是3- 甲基丁醇，它甚至具有巧克力味。試試將酥脆的爐烤培根碎撒在巧克力慕斯上。

烹調時產生的香氣化合物

無論是網烤牛排還是烘烤雞肉，烹煮任何肉類都會促使同樣的香氣分子形成——只是速率和濃度不同而已。

糠醛、呋喃 甜、焦、水果、堅果、焦糖
2- 呋喃酮、呋喃酮 烘烤、焦糖、焦
麥芽醇／異麥芽酚 焦糖、甜、水果、麵包、爆米花
α- 二羰基 奶油、焦
呋吩 烘烤、洋蔥或肉
呋吩酮 爆米花、堅果
呋喃硫醇 焦、硫或肉
其他硫味化合物 肉、洋蔥
醛 青綠、脂肪、水果
吡嗪 堅果、烘烤、泥土、馬鈴薯、爆米花、青綠
噁唑啉、噁唑 木質、霉、青綠、堅果、甜、蔬菜
噻唑啉、噻唑 青綠、蔬菜、肉、麵包、堅果
吡咯、吡咯啉 焦糖、甜、玉米、麵包
吡咯啶、吡啶 青綠、甜、堅果

醃製培根時產生的香氣化合物

醃製培根的過程不只會改變豬肉質地，也會影響其香氣輪廓。培根含有亞硝酸鹽這種用來鹽醃肉類的化學物質。亞硝酸鹽裡的離子在醃製過程中與其他風味前驅物產生交互作用，促使亞硝胺形成，賦予培根和其他醃製肉類特有的風味。這些亞硝酸鹽也是鹹肉呈粉紅色的原因。煎培根含有的揮發物幾乎和煎豬排相同，只是濃度不一樣。亞硝酸鹽離子抑制培根裡的脂質氧化，使醛類濃度明顯降低（比豬排少四倍），同時大幅增加吡嗪、呋喃、吡啶和吡咯等揮發物的數量。

煙燻雞肉佐蘋果與蠶豆

食物搭配獨家食譜

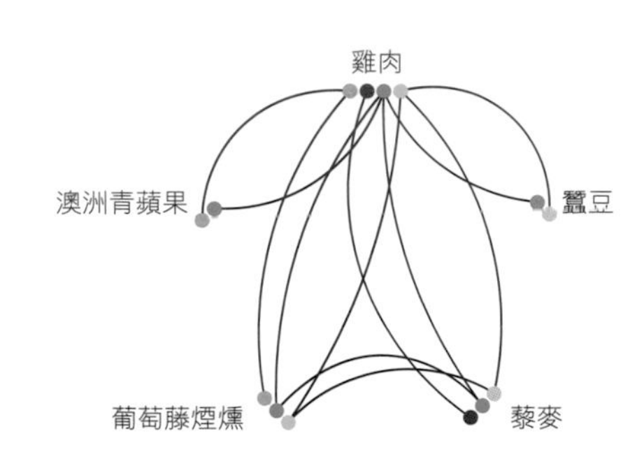

這道菜以煙燻雞胸肉搭配蠶豆泥和鬆脆的澳洲青蘋果片。雞肉先用加了檸檬汁和迷迭香的白酒與橄欖油醃一晚，接著以葡萄藤木屑在烤架上煙燻，產生木質、酚和青綠－脂肪調的堅果混合風味。雞胸肉擺盤後撒上爆香藜麥，添加宜人的酥脆、烘烤香氣。

煎培根香氣輪廓

培根用煎的會觸發一系列瘦肉和肥肉組織之間的化學反應，促使香氣分子釋放芳香。

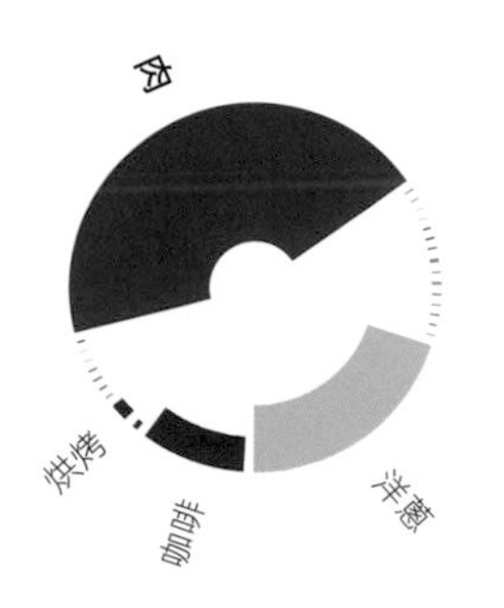

	水果	柑橘	花卉	青綠	草本	蔬菜	焦糖	烘烤	堅果	木質	辛辣	乳酪	動物	化學
煎培根														
馬魯瓦耶乳酪														
煎雉雞														
水煮芋頭														
烤花生														
紅茶														
綠扁豆														
黑巧克力														
清燉鮭魚														
蔬菜湯														
水煮去皮甜菜														

經典佳餚：清燉雞肉

用高湯清燉雞肉可以增添額外香氣層次，因為雞肉會吸收鍋子裡其他食材的風味。

潛在搭配：雞肉和甘草

參考下方雞胸排的潛在搭配表，讓塔吉鍋杏桃雞來點變化，用榛果替代杏仁，並加入甘草賦予風味深度。

雞肉和羔羊肉

生雞胸排香氣輪廓

生雞肉富含醛類和酸類，散發青綠－青草調，分子 4- 乙烯基癒創木酚（歸於木質描述符）則帶來偏水果、蘋果般的氣味。烹煮前醃至少三十分鐘提升風味。

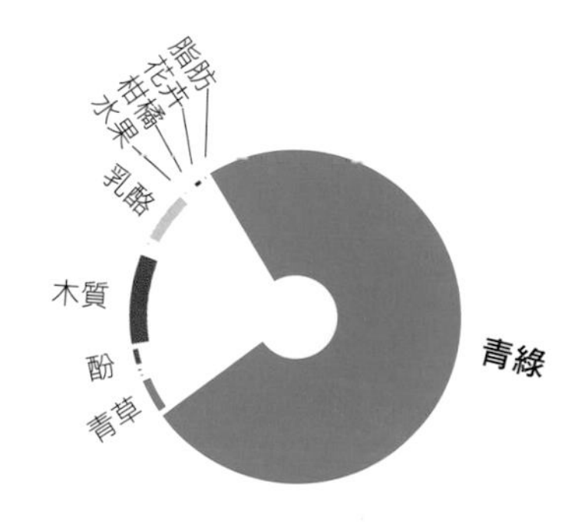

	水果	柑橘	花卉	青綠	草本	蔬菜	焦糖	烘烤	堅果	木質	辛辣	乳酪	動物	化學
生雞胸排（醃料）														
榛果														
杏桃														
現煮手沖咖啡														
蔓越莓														
祕魯黃辣椒														
珍藏雪莉醋														
橘子皮														
椰子														
甘草														
薄荷														

清燉雞胸排香氣輪廓

青綠－黃瓜香氣分子在雞肉煮熟時增加，青草味化合物則減少。新的蔬菜－蘑菇和蔬菜－洋蔥風味也會形成。

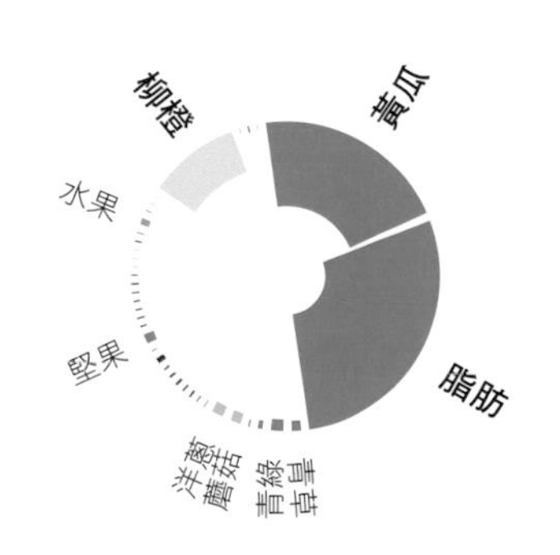

	水果	柑橘	花卉	青綠	草本	蔬菜	焦糖	烘烤	堅果	木質	辛辣	乳酪	動物	化學
清燉雞胸排														
羅勒														
桂皮（中國肉桂）														
紅茶														
番石榴														
無花果														
西瓜														
海苔片														
大溪地香草														
熟黑皮波羅門參														
蒔蘿														

生羔羊肉香氣輪廓

羔羊肉含有青草味醛類和酸類，還有柑橘味辛醛及壬醛，但它特有的香氣（羊肉更明顯）來自二甲基硫，這種硫磺、蔬菜味化合物也存在於黑松露。烹煮羔羊肉前先醃過能提升風味。

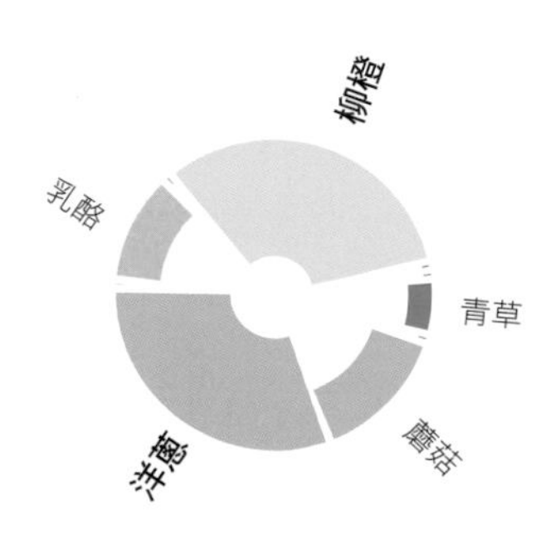

	水果	柑橘	花卉	青綠	草本	蔬菜	焦糖	烘烤	堅果	木質	辛辣	乳酪	動物	化學
生羔羊肉（醃料）														
昆布														
牛奶優格														
印度馬薩拉醬														
豆蔻籽														
香橙														
橙皮														
乾奧勒岡草														
泰國綠辣椒														
巴薩米克醋														
甜菜汁														

經典佳餚：魯賓三明治

經典美式魯賓三明治使用裸麥麵包加上鹹牛肉、瑞士乳酪、德國酸菜和俄羅斯沙拉醬，這種雞尾酒醬以辣根、多香果和香料製成。

潛在搭配：網烤羔羊肉和德國酸菜

德國酸菜在中東歐非常受歡迎，做法是將甘藍切細絲後浸泡於鹽水發酵。在波蘭，內餡包了德國酸菜的波蘭餃子（pierogi）是跨年夜會吃的菜色。在法國阿爾薩斯，酸菜料理「choucroute garnie」除了德國酸菜還有馬鈴薯、烤豬肉和香腸。

肉類食材搭配

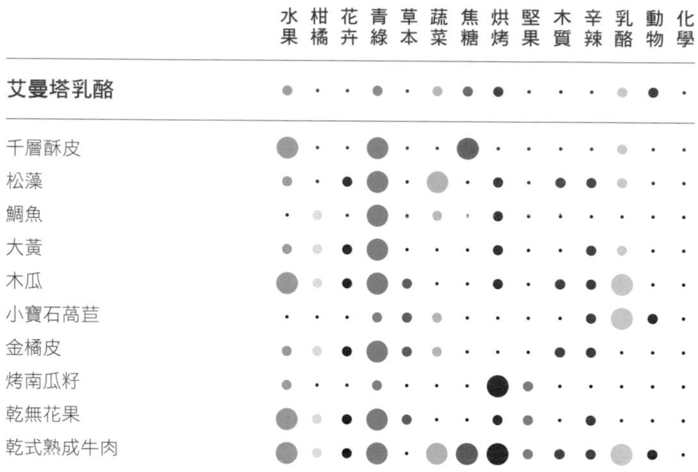

水果 柑橘 花卉 青綠 草本 蔬菜 焦糖 烘烤 堅果 木質 辛辣 乳酪 動物 化學

艾曼塔乳酪

千層酥皮
松藻
鯛魚
大黃
木瓜
小寶石萵苣
金橘皮
烤南瓜籽
乾無花果
乾式熟成牛肉

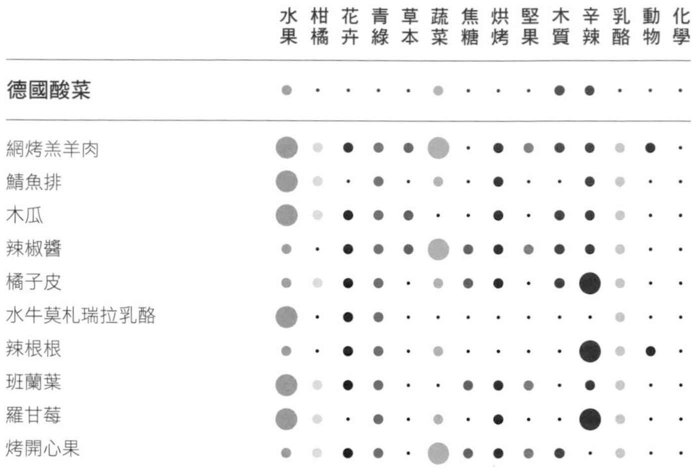

水果 柑橘 花卉 青綠 草本 蔬菜 焦糖 烘烤 堅果 木質 辛辣 乳酪 動物 化學

德國酸菜

網烤羔羊肉
鯖魚排
木瓜
辣椒醬
橘子皮
水牛莫札瑞拉乳酪
辣根根
班蘭葉
羅甘莓
烤開心果

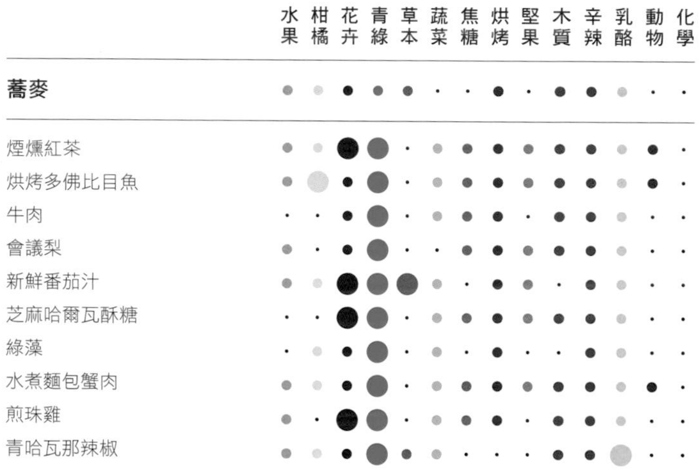

水果 柑橘 花卉 青綠 草本 蔬菜 焦糖 烘烤 堅果 木質 辛辣 乳酪 動物 化學

蕎麥

煙燻紅茶
烘烤多佛比目魚
牛肉
會議梨
新鮮番茄汁
芝麻哈爾瓦酥糖
綠藻
水煮麵包蟹肉
煎珠雞
青哈瓦那辣椒

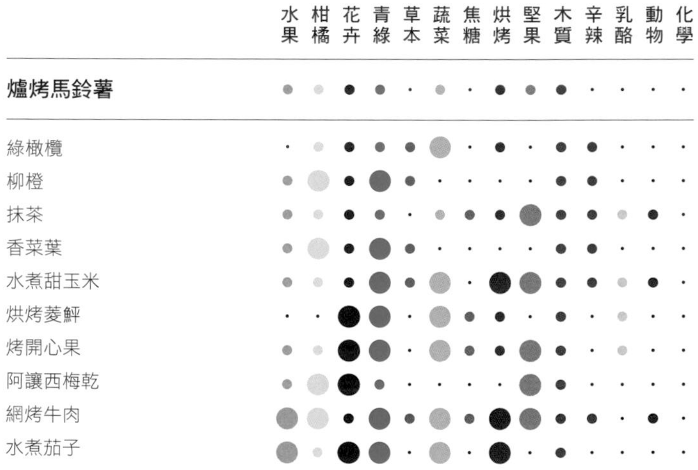

水果 柑橘 花卉 青綠 草本 蔬菜 焦糖 烘烤 堅果 木質 辛辣 乳酪 動物 化學

爐烤馬鈴薯

綠橄欖
柳橙
抹茶
香菜葉
水煮甜玉米
烘烤菱鮃
烤開心果
阿讓西梅乾
網烤牛肉
水煮茄子

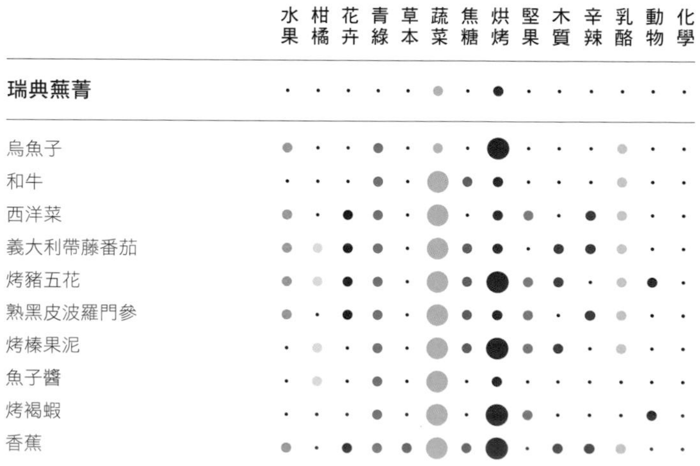

水果 柑橘 花卉 青綠 草本 蔬菜 焦糖 烘烤 堅果 木質 辛辣 乳酪 動物 化學

瑞典蕪菁

烏魚子
和牛
西洋菜
義大利帶藤番茄
烤豬五花
熟黑皮波羅門參
烤榛果泥
魚子醬
烤褐蝦
香蕉

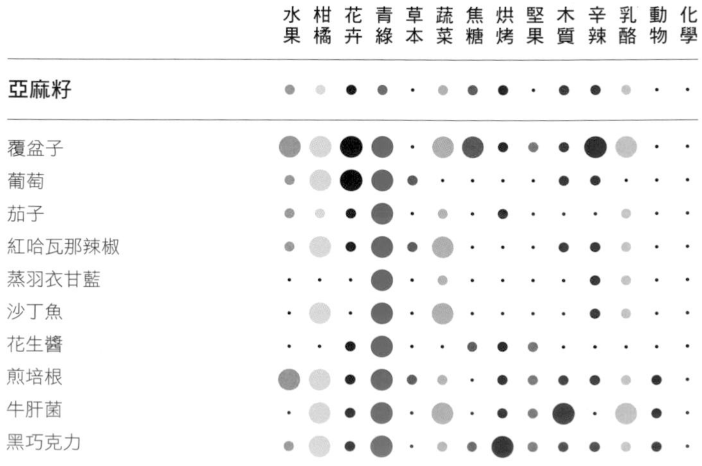

水果 柑橘 花卉 青綠 草本 蔬菜 焦糖 烘烤 堅果 木質 辛辣 乳酪 動物 化學

亞麻籽

覆盆子
葡萄
茄子
紅哈瓦那辣椒
蒸羽衣甘藍
沙丁魚
花生醬
煎培根
牛肝菌
黑巧克力

經典搭配：羔羊肉、墨西哥玉米餅和啤酒

和所有烤肉一樣，羔羊肉與墨西哥玉米餅有共同的烘烤和堅果調性。啤酒和墨西哥玉米餅則皆具烘烤、堅果、水果和花卉香氣，是辣味羊肉塔可餅的絕佳良伴。

潛在搭配：火雞肉和可可香甜酒

家禽肉和巧克力在墨西哥料理中是常見搭配，例如：巧克力醬雞。你也可以試試把火雞肉當成主角，並加入些許可可香甜酒提升巧克力醬的風味。

	水果	柑橘	花卉	青綠	草本	蔬菜	焦糖	烘烤	堅果	木質	辛辣	乳酪	動物	化學
墨西哥玉米餅														
網烤羔羊肉														
覆盆子														
紅朵														
荔枝														
烤花生														
茵陳蒿														
黑豆蔻														
煎鴕鳥肉														
義大利薩拉米														
肯塔基純波本威士忌														

	水果	柑橘	花卉	青綠	草本	蔬菜	焦糖	烘烤	堅果	木質	辛辣	乳酪	動物	化學
可可香甜酒														
綜合生菜葉														
裸麥麵包														
清燉火雞肉														
豌豆														
烤褐蝦														
金橘皮														
安格斯牛肉														
艾曼塔乳酪														
黑莓														
香蕉														

	水果	柑橘	花卉	青綠	草本	蔬菜	焦糖	烘烤	堅果	木質	辛辣	乳酪	動物	化學
奇美藍（比利時烈愛爾）														
墨西哥玉米餅														
波本威士忌														
油桃														
烘烤細鱗綠鰭魚														
烤羔羊排														
柳橙汁														
煎鴕鳥肉														
日本梅酒														
法蘭朵初榨橄欖油														
潘卡辣椒														

	水果	柑橘	花卉	青綠	草本	蔬菜	焦糖	烘烤	堅果	木質	辛辣	乳酪	動物	化學
阿根廷青醬														
烤雞肉														
白菜泡菜														
哥倫比亞咖啡														
榛果抹醬														
蕎麥蜜														
烤開心果														
水煮馬鈴薯														
葛瑞爾乳酪														
蔬菜湯														
烘烤大頭菜														

	水果	柑橘	花卉	青綠	草本	蔬菜	焦糖	烘烤	堅果	木質	辛辣	乳酪	動物	化學
水煮紫番薯														
牡蠣														
紫蘇葉														
紫鼠尾草														
山桑子														
荔枝														
熟黑皮波羅門參														
角蝦														
李杏														
花椒														
網烤羔羊肉														

	水果	柑橘	花卉	青綠	草本	蔬菜	焦糖	烘烤	堅果	木質	辛辣	乳酪	動物	化學
羊萵苣（野苣）														
大蕉														
番石榴														
奶油														
清燉雞胸排														
蒔蘿														
烤小牛胸腺														
油烤杏仁														
薄荷														
鯖魚														
網烤綠蘆筍														

潛在搭配：培根和澳洲胡桃

煎培根含有一些堅果味分子，能與不同種類的堅果產生連結，像是澳洲胡桃、核桃、榛果、栗子和花生（它嚴格來說是豆類）。

經典搭配：肉類和蘋果木煙燻

木材煙燻經常用來為肉類或魚類提升風味，在烤肉架上或煙燻機裡進行，不過你其實可以煙燻所有種類的食物，從牛奶（最適合煙燻冰淇淋）到巧克力都行。若要製作煙燻雞尾酒，用玻璃杯捕捉一些煙霧，再罩住雞尾酒讓風味注入。

肉類食材搭配

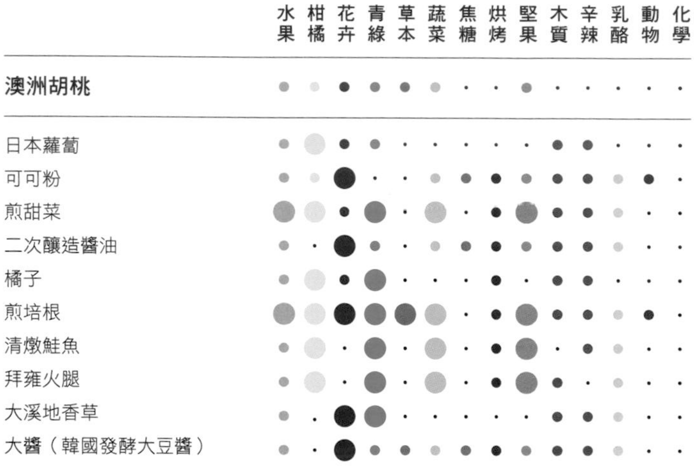

	水果	柑橘	花卉	青綠	草本	蔬菜	焦糖	烘烤	堅果	木質	辛辣	乳酪	動物	化學
澳洲胡桃														
日本蘿蔔														
可可粉														
煎甜菜														
二次釀造醬油														
橘子														
煎培根														
清燉鮭魚														
拜雍火腿														
大溪地香草														
大醬（韓國發酵大豆醬）														

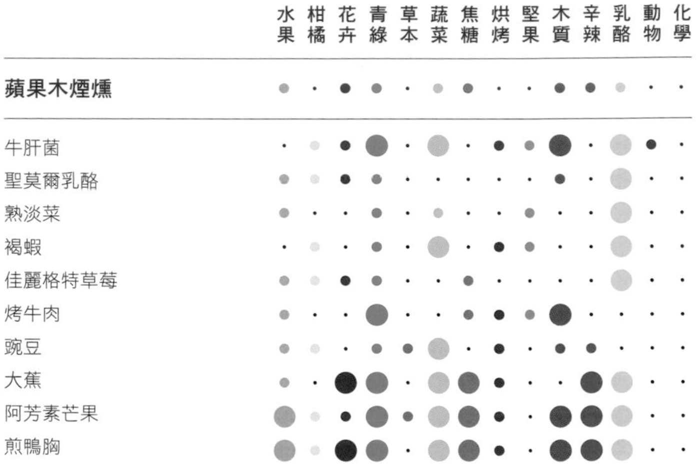

	水果	柑橘	花卉	青綠	草本	蔬菜	焦糖	烘烤	堅果	木質	辛辣	乳酪	動物	化學
薰衣草蜂蜜														
石榴														
蕪芥菜														
清燉檸檬鰈														
香檸檬														
熟淡菜														
牛肝菌														
紅甘藍														
煎豬里肌														
荔枝														
澳洲胡桃														

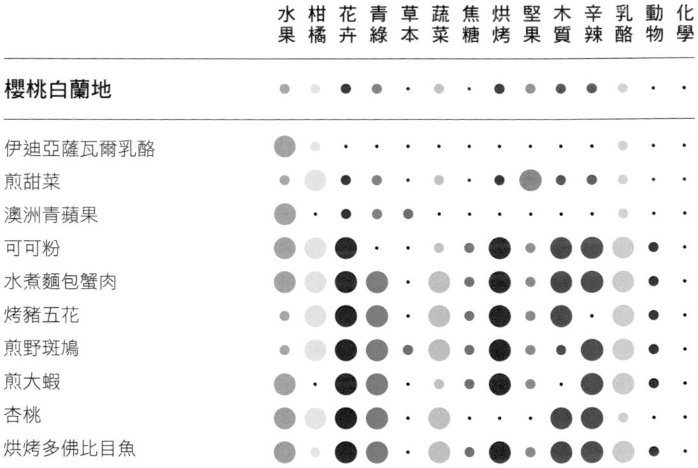

	水果	柑橘	花卉	青綠	草本	蔬菜	焦糖	烘烤	堅果	木質	辛辣	乳酪	動物	化學
羅洛可花														
紅甜椒														
燉長身鱈														
黑橄欖														
煎鴨肝														
蜂蜜														
網烤羔羊肉														
烤澳洲胡桃														
貝類高湯														
白蘆筍														
布里歐麵包														

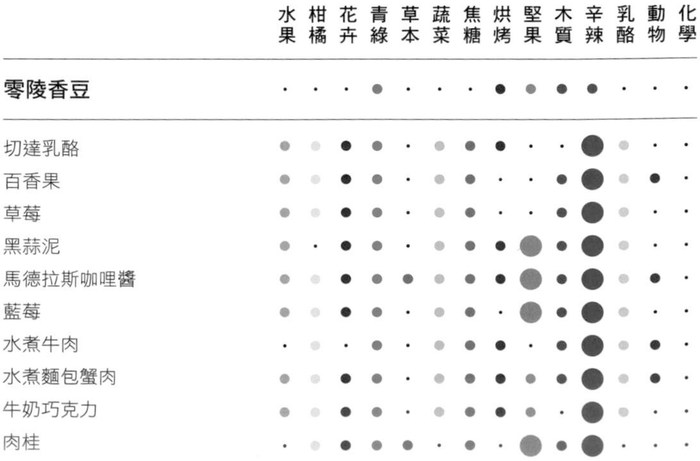

	水果	柑橘	花卉	青綠	草本	蔬菜	焦糖	烘烤	堅果	木質	辛辣	乳酪	動物	化學
蘋果木煙燻														
牛肝菌														
聖莫爾乳酪														
熟淡菜														
褐蝦														
佳麗格特草莓														
烤牛肉														
豌豆														
大蕉														
阿芳素芒果														
煎鴨胸														

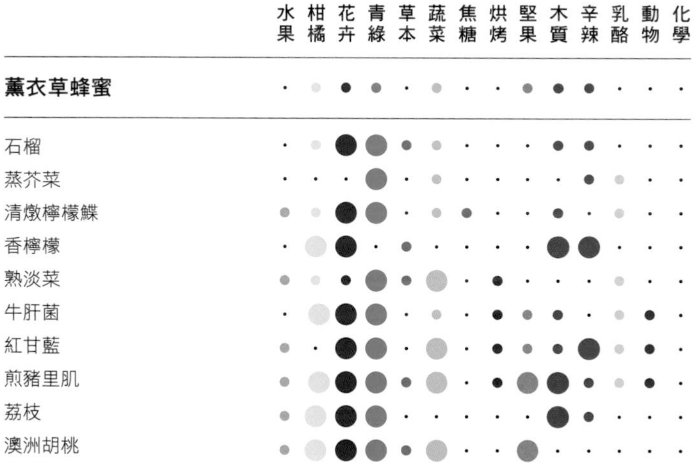

	水果	柑橘	花卉	青綠	草本	蔬菜	焦糖	烘烤	堅果	木質	辛辣	乳酪	動物	化學
櫻桃白蘭地														
伊迪亞薩瓦爾乳酪														
煎甜菜														
澳洲青蘋果														
可可粉														
水煮麵包蟹肉														
烤豬五花														
煎野斑鳩														
煎大蝦														
杏桃														
烘烤多佛比目魚														

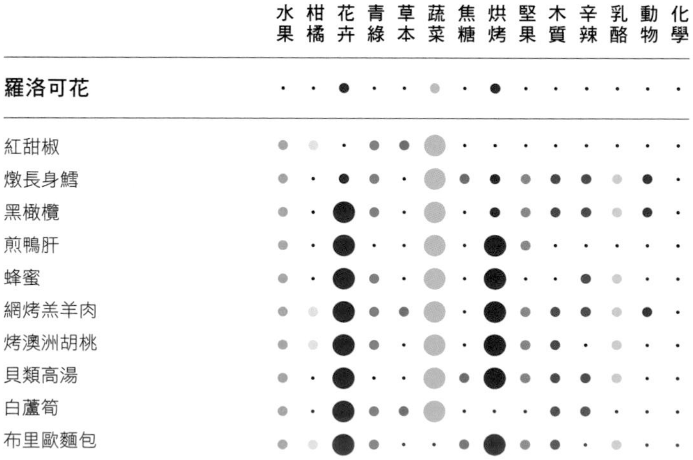

	水果	柑橘	花卉	青綠	草本	蔬菜	焦糖	烘烤	堅果	木質	辛辣	乳酪	動物	化學
零陵香豆														
切達乳酪														
百香果														
草莓														
黑蒜泥														
馬德拉斯咖哩醬														
藍莓														
水煮牛肉														
水煮麵包蟹肉														
牛奶巧克力														
肉桂														

經典搭配：煎鹿肉和蘑菇

蘑菇的香氣輪廓含有青綠和蘑菇調性，而煎鹿肉能產生同樣的特有蘑菇分子。反過來，煎蘑菇的烘烤、堅果和焦糖風味也加強了兩者之間的連結。

經典搭配：牛肉和黑松露

羅西尼牛排是菲力牛排搭配鵝肝擺在布里歐麵包吐司上，佐以濃郁的多蜜醬和黑松露片（見次頁）。

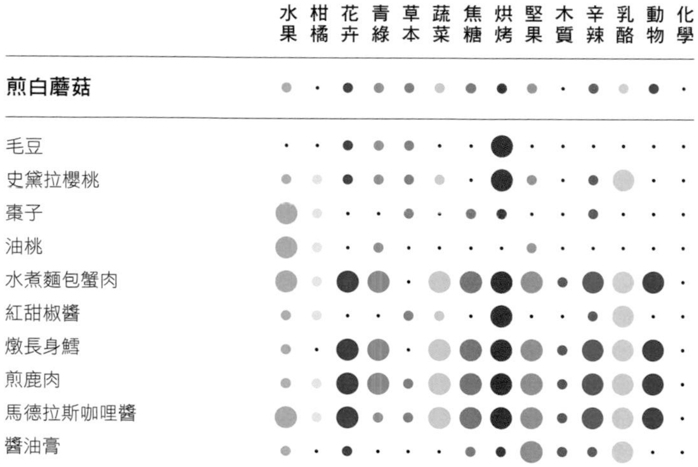

	水果	柑橘	花卉	青綠	草本	蔬菜	焦糖	烘烤	堅果	木質	辛辣	乳酪	動物	化學
煎白蘑菇														
毛豆														
史黛拉櫻桃														
棗子														
油桃														
水煮麵包蟹肉														
紅甜椒醬														
燉長身鱈														
煎鹿肉														
馬德拉斯咖哩醬														
醬油膏														

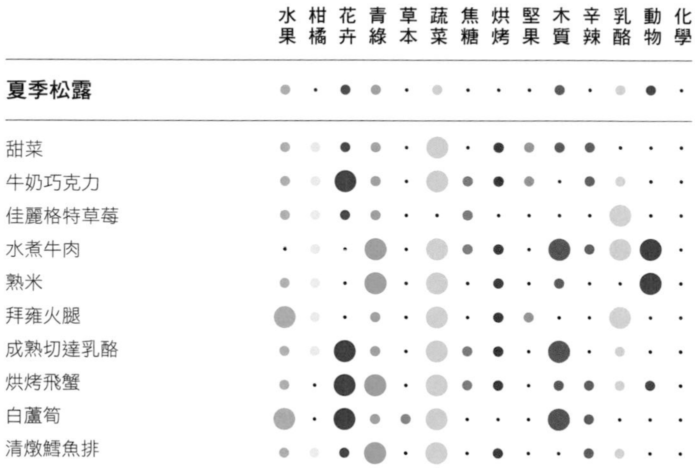

	水果	柑橘	花卉	青綠	草本	蔬菜	焦糖	烘烤	堅果	木質	辛辣	乳酪	動物	化學
夏季松露														
甜菜														
牛奶巧克力														
佳麗格特草莓														
水煮牛肉														
熟米														
拜雍火腿														
成熟切達乳酪														
烘烤飛蟹														
白蘆筍														
清燉鱈魚排														

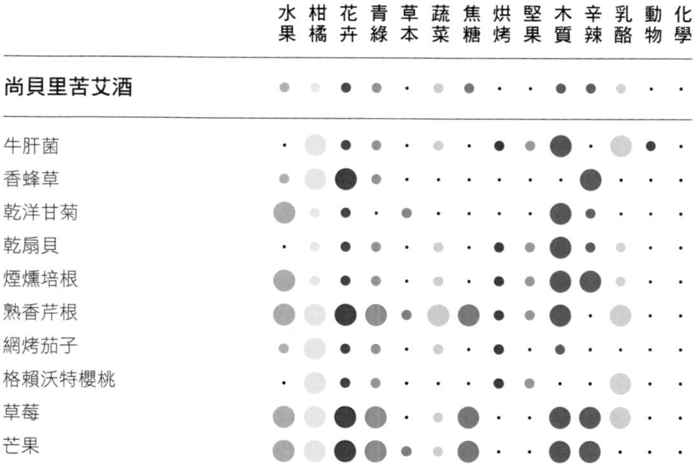

	水果	柑橘	花卉	青綠	草本	蔬菜	焦糖	烘烤	堅果	木質	辛辣	乳酪	動物	化學
尚貝里苦艾酒														
牛肝菌														
香蜂草														
乾洋甘菊														
乾扇貝														
煙燻培根														
熟香芹根														
網烤茄子														
格賴沃特櫻桃														
草莓														
芒果														

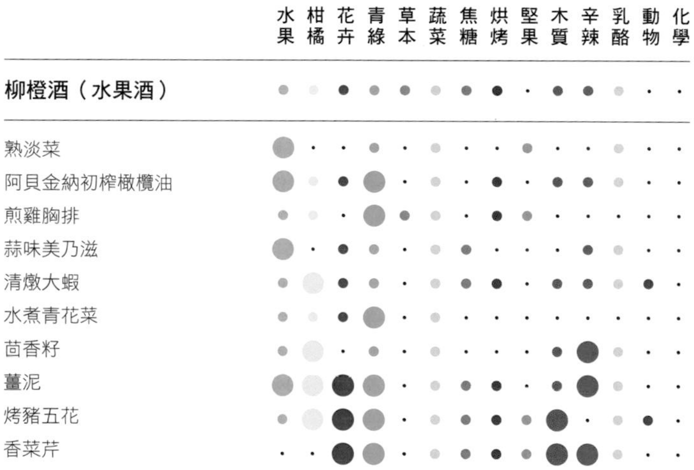

	水果	柑橘	花卉	青綠	草本	蔬菜	焦糖	烘烤	堅果	木質	辛辣	乳酪	動物	化學
柳橙酒（水果酒）														
熟淡菜														
阿貝金納初榨橄欖油														
煎雞胸排														
蒜味美乃滋														
清燉大蝦														
水煮青花菜														
茴香籽														
薑泥														
烤豬五花														
香菜芹														

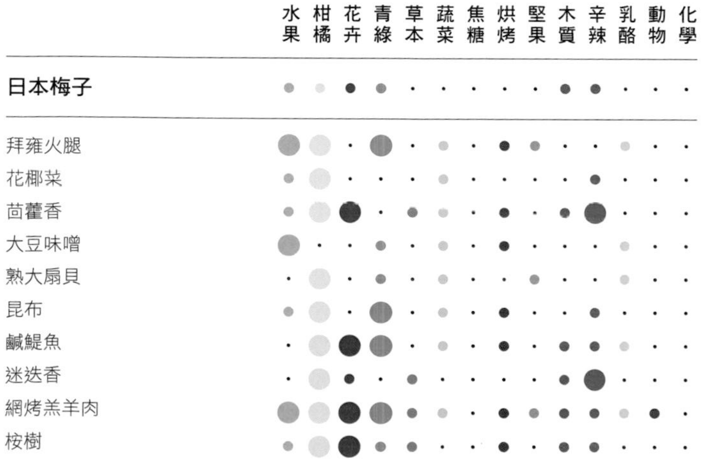

	水果	柑橘	花卉	青綠	草本	蔬菜	焦糖	烘烤	堅果	木質	辛辣	乳酪	動物	化學
日本梅子														
拜雍火腿														
花椰菜														
茴藿香														
大豆味噌														
熟大扇貝														
昆布														
鹹鯷魚														
迷迭香														
網烤羔羊肉														
桉樹														

松露

松露吸收土裡由微生物產生的硫酸鹽，透過一連串酵素反應轉化為二甲基硫及其他氣味活性分子。二甲基硫的麝香味是吸引豬和狗來到松露地下藏身處的關鍵揮發物。

很少食材像松露如此受到推崇。雖然其貌不揚，但趨之若鶩的廚師和饕客總是殷殷期盼盛產季節來臨。十一月先迎來白松露，其中包含著名的阿爾巴白松露，它擁有獨特的撲鼻硫味香氣，在拍賣會上身價不凡。接著是較為常見的黑松露品種，像是佩里戈，產期剛好喜逢新年。

每一種松露都具備各自的風味輪廓，由許多不同的揮發性化合物構成，但　其中有幾個為典型。阿爾巴松露芳香濃烈但稍縱即逝，香氣比黑松露複雜，最好現削生食享用，避免細緻的揮發性化合物散失。硫味化合物 2,4- 二甲硫基甲烷是阿爾巴松露的關鍵香氣分子之一。在室溫下，它會變成二甲基二硫，具有明顯大蒜氣味。

松露油和其他在高級食品店找得到的松露產品以合成物製成，通常僅混合大蒜味 2,4- 二甲硫基甲烷、洋蔥味二甲基硫和濕狗味 2- 甲基丁醛等化合物。佩里戈黑松露的獨特泥土味混合了上百種硫化物、醇類、酯類、酮類和醛類，其細緻香氣很容易揮發，無法保留在瓶中。

雄烯酮

我們如何感知松露裡的香氣化合物與人類氣味受體的基因變異密切相關。若你不曾理解松露季為何引起轟動，你可能無法察覺雄烯酮這種少量存在於松露的費洛蒙，或是先天的基因讓你對它沒好感。

在一份二〇〇七年的研究中，美國研究員檢視了人類氣味受體 OR7D4 的基因變異如何影響我們感知這種來自男性荷爾蒙睪固酮的化學物質。以豬為例，公豬雄烯酮的麝香味能激起母豬的交配慾望。人類也以體味和尿液的形式產生雄烯酮。研究員首先以雄烯酮測試四百多個負責人類嗅覺的氣味受體。接著調查四百位受試者的 DNA 序列，判定氣味受體 OR7D4 的基因變異是否與他們對雄烯酮的反應有所關連。研究員發現有些受試者覺得雄烯酮難聞（「汗味、尿味」），有些覺得好聞（「甜味、花香」），其餘則聞不出味道。

僅有 35% 的人對松露的氣味神魂顛倒，40% 不敢恭維，剩下 25% 則無法察覺。對松露的泥土、麝香味極為敏感——而且倒胃口——的人大概百思不得其解怎麼會有人花大把鈔票在最臭的佩里戈和阿爾巴松露上。

相關香氣輪廓：白松露

除了會轉化成大蒜味二甲基二硫的硫味 2,4- 二甲硫基甲烷之外，我們還發現烘烤、乳酪調以及辛辣、堅果調加上少許也存在於魚類中的花卉天竺葵味化合物。

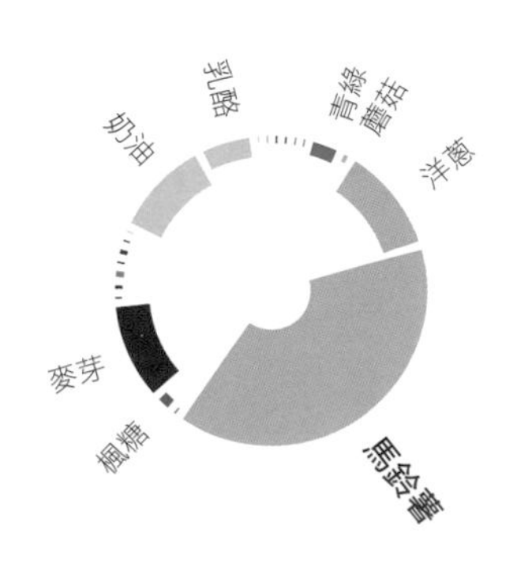

	水果	柑橘	花卉	青綠	草本	蔬菜	焦糖	烘烤	堅果	木質	辛辣	乳酪	動物	化學
白松露														
烏魚子														
布里歐麵包														
水煮四季豆														
豆蔻籽														
大吉嶺茶														
水牛莫札瑞拉乳酪														
肋眼牛排														
魚子醬														
水煮馬鈴薯														
烘烤多佛比目魚														

黑松露

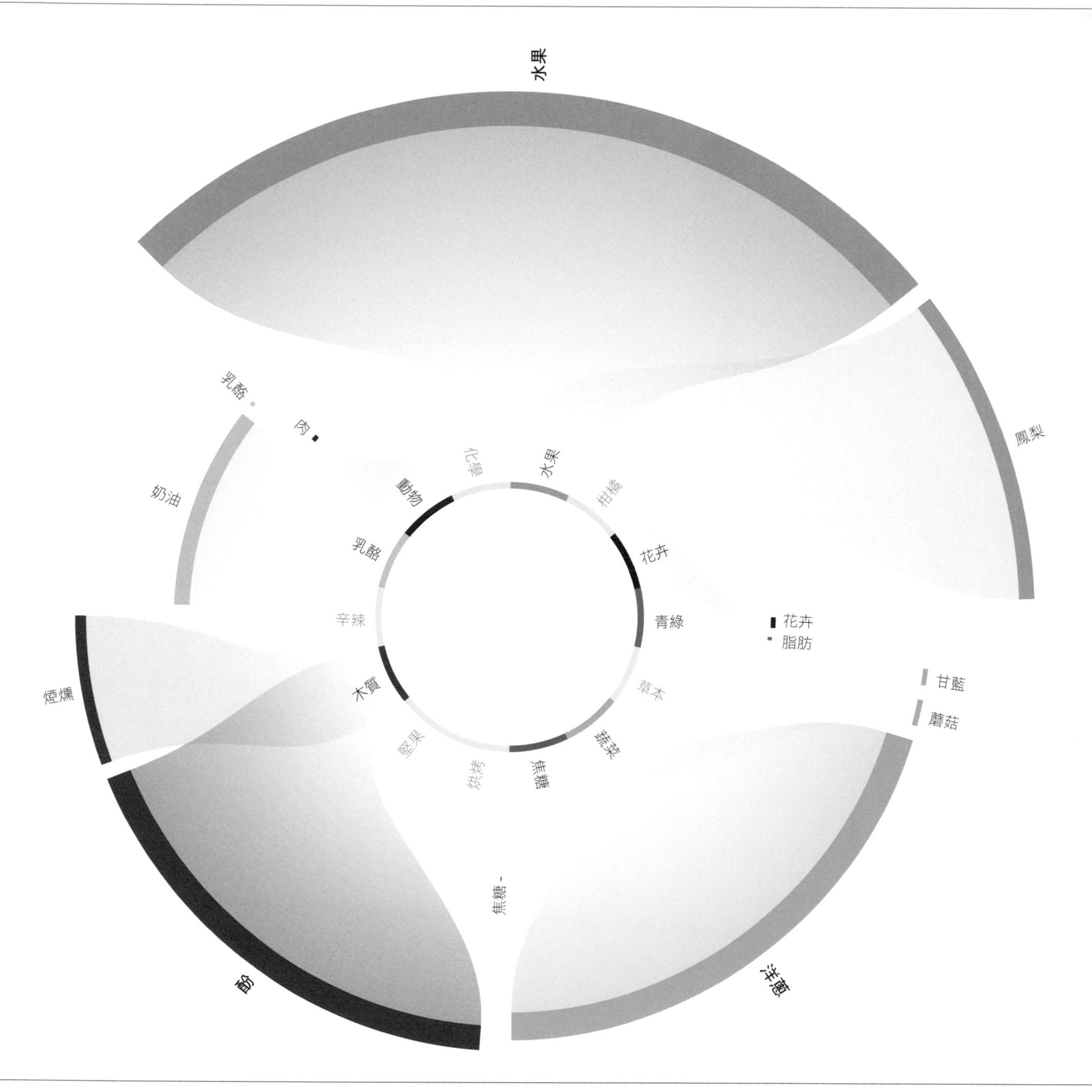

黑松露香氣輪廓

黑松露含有硫味化合物二甲基硫、二甲基二硫和二甲基三硫，散發大蒜、熟甘藍般的氣味。它也含有刺鼻醛類，像是 2- 和 3- 甲基丁醛，以及 2- 和 3- 甲基丁醇。其他化合物則帶來水果、巧克力調。

	水果	柑橘	花卉	青綠	草本	蔬菜	焦糖	烘烤	堅果	木質	辛辣	乳酪	動物	化學
黑松露	•	·	•	•	·	•	•	·	·	•	·	•	•	·
甜瓜	●	•	●	•	·	·	·	·	·	·	•	·	·	·
無花果	●	•	·	•	•	·	·	•	•	•	•	·	·	·
白吐司	●	•	●	●	·	●	●	•	·	•	•	●	·	·
西班牙莎奇瓊香腸	●	•	●	●	·	●	•	•	•	●	•	●	•	·
融化奶油	•	•	•	●	·	·	·	•	·	·	·	●	·	·
沙朗牛肉	·	·	·	●	·	●	●	•	·	·	·	●	·	·
淡味切達乳酪	●	·	•	•	·	●	●	•	·	·	·	●	·	·
全熟水煮蛋黃	·	•	•	●	·	●	●	•	·	•	•	●	·	·
水煮麵包蟹	●	•	●	●	·	●	●	•	•	●	•	●	•	·
千層酥皮	•	·	·	•	·	·	●	·	·	·	·	●	·	·

潛在搭配：白松露和菠蘿蜜

和無花果及麵包果有血緣關係的菠蘿蜜是近來受歡迎的純素與素食食材。雖然蛋白質含量低，但在質地方面是很好的肉類替代品，適合搭配香料或煙燻烤肉醬。菠蘿蜜和白松露皆具烘烤、麥芽和辛辣調以及熱帶水果香氣。

經典搭配：黑松露和乳酪

烘烤卡蒙貝爾或布里乳酪鑲黑松露是大家最喜歡的晚宴菜色，但黑松露和莫札瑞拉乳酪也是天生一對。這兩種食材擁有共同的蘑菇味蔬菜調，以及鳳梨和花卉－蜂蜜香氣。

松露食材搭配

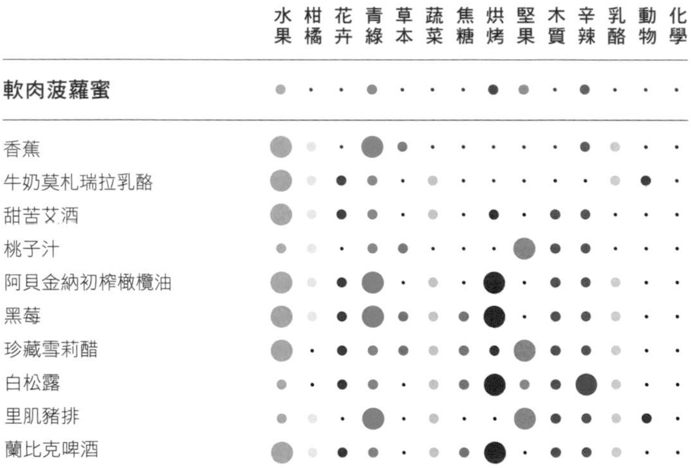

水果 柑橘 花卉 青綠 草本 蔬菜 焦糖 烘烤 堅果 木質 辛辣 乳酪 動物 化學

軟肉菠蘿蜜

香蕉
牛奶莫札瑞拉乳酪
甜苦艾酒
桃子汁
阿貝金納初榨橄欖油
黑莓
珍藏雪莉醋
白松露
里肌豬排
蘭比克啤酒

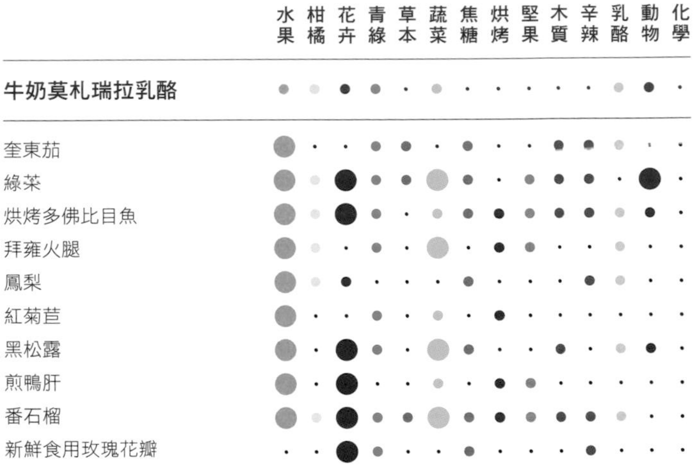

水果 柑橘 花卉 青綠 草本 蔬菜 焦糖 烘烤 堅果 木質 辛辣 乳酪 動物 化學

牛奶莫札瑞拉乳酪

奎東茄
綠茶
烘烤多佛比目魚
拜雍火腿
鳳梨
紅菊苣
黑松露
煎鴨肝
番石榴
新鮮食用玫瑰花瓣

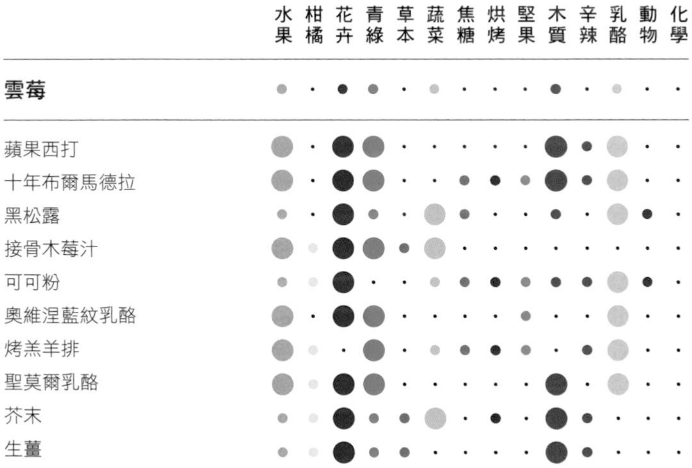

水果 柑橘 花卉 青綠 草本 蔬菜 焦糖 烘烤 堅果 木質 辛辣 乳酪 動物 化學

雲莓

蘋果西打
十年布爾馬德拉
黑松露
接骨木莓汁
可可粉
奧維涅藍紋乳酪
烤羔羊排
聖莫爾乳酪
芥末
生薑

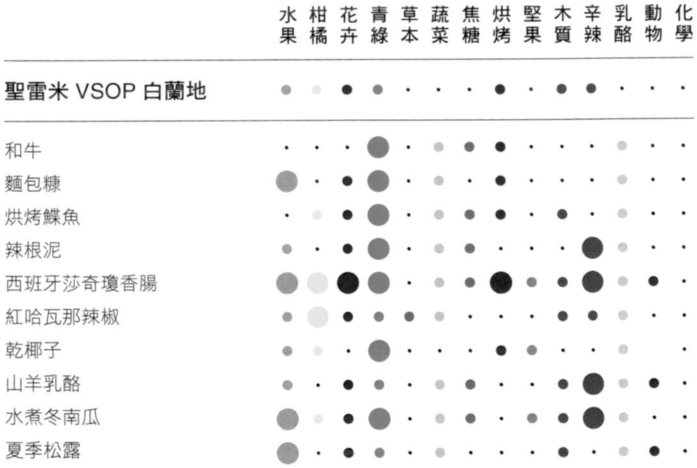

水果 柑橘 花卉 青綠 草本 蔬菜 焦糖 烘烤 堅果 木質 辛辣 乳酪 動物 化學

聖雷米 VSOP 白蘭地

和牛
麵包糠
烘烤鰈魚
辣根泥
西班牙莎奇瓊香腸
紅哈瓦那辣椒
乾椰子
山羊乳酪
水煮冬南瓜
夏季松露

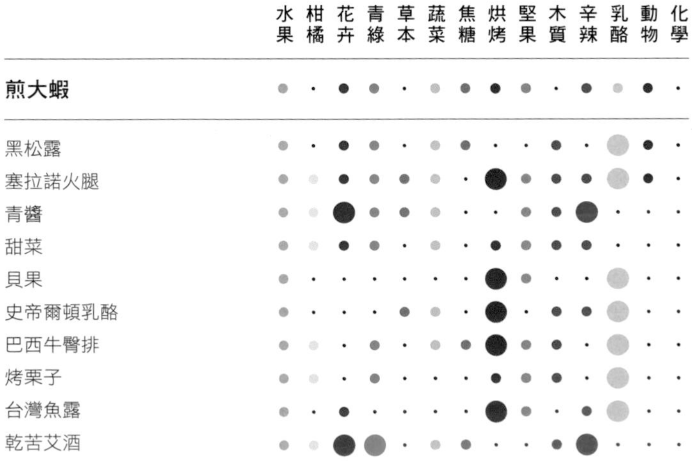

水果 柑橘 花卉 青綠 草本 蔬菜 焦糖 烘烤 堅果 木質 辛辣 乳酪 動物 化學

煎大蝦

黑松露
塞拉諾火腿
青醬
甜菜
貝果
史帝爾頓乳酪
巴西牛臀排
烤栗子
台灣魚露
乾苦艾酒

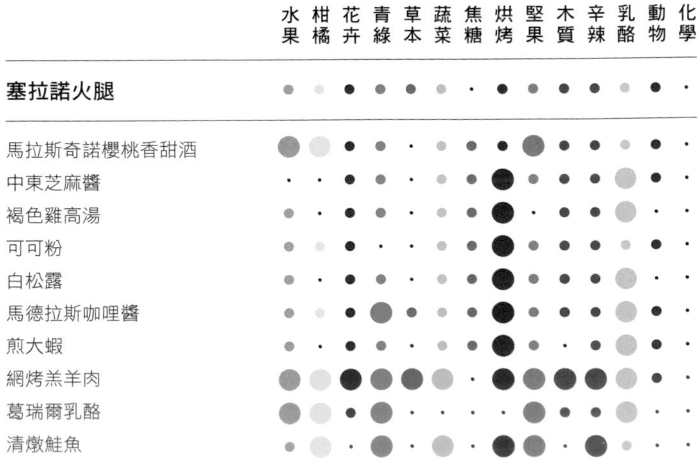

水果 柑橘 花卉 青綠 草本 蔬菜 焦糖 烘烤 堅果 木質 辛辣 乳酪 動物 化學

塞拉諾火腿

馬拉斯奇諾櫻桃香甜酒
中東芝麻醬
褐色雞高湯
可可粉
白松露
馬德拉斯咖哩醬
煎大蝦
網烤羔羊肉
葛瑞爾乳酪
清燉鮭魚

潛在搭配：黑松露和蜂蜜

黑松露和蜂蜜因花卉香氣而產生連結。若要混合這兩種食材，將蜂蜜稍微加熱，再加入松露浸泡十分鐘。放涼後過濾。你可以將松露蜂蜜淋在香草冰淇淋或乳酪上。

經典搭配：黑松露和薯條

炸魚薯條是英式經典：將魚裹上麵糊來炸會產生蔬菜、焦糖及烘烤調，和薯條（見次頁）是絕配。黑松露不只和鱈魚擁有共同的水果調，也能讓薯條的風味提升到另一個層次：如果你吃薯條喜歡加美乃滋，像是在比利時和荷蘭，可以試試黑松露美乃滋。

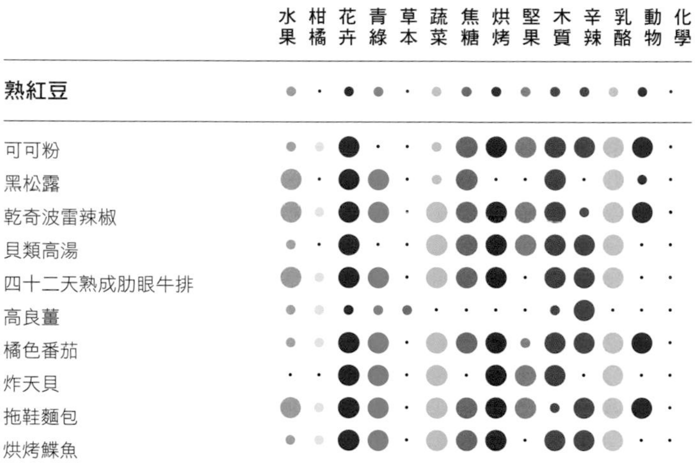

	水果	柑橘	花卉	青綠	草本	蔬菜	焦糖	烘烤	堅果	木質	辛辣	乳酪	動物	化學
熟紅豆														
可可粉														
黑松露														
乾奇波雷辣椒														
貝類高湯														
四十二天熟成肋眼牛排														
高良薑														
橘色番茄														
炸天貝														
拖鞋麵包														
烘烤鰈魚														

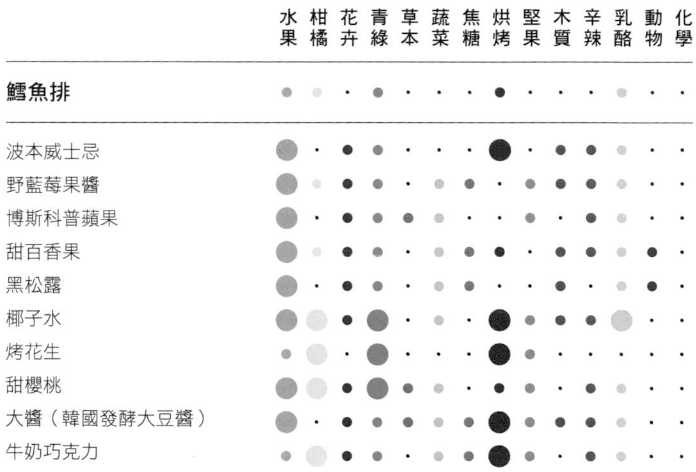

	水果	柑橘	花卉	青綠	草本	蔬菜	焦糖	烘烤	堅果	木質	辛辣	乳酪	動物	化學
開花茶														
大蕉														
乾醃火腿														
紫蘇葉														
安格斯牛肉														
白松露														
甜櫻桃														
青哈瓦那辣椒														
帕瑪森乳酪														
蓮霧														
熟淡菜														

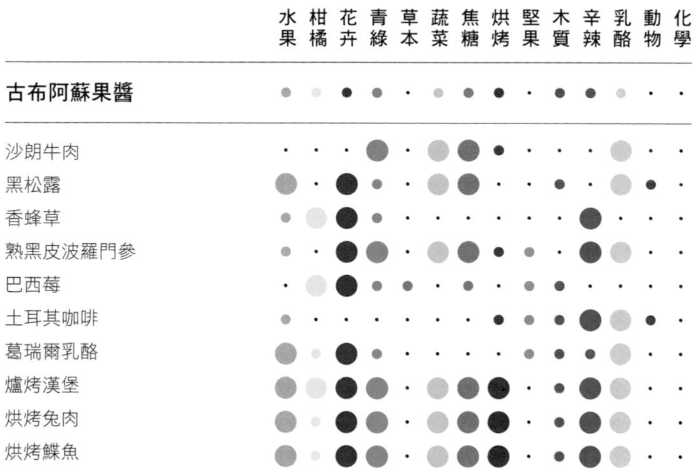

	水果	柑橘	花卉	青綠	草本	蔬菜	焦糖	烘烤	堅果	木質	辛辣	乳酪	動物	化學
烤骨髓														
黑松露														
熟蕎麥麵														
綠蘆筍														
烘烤角蝦														
烘烤魟魚翅														
覆盆子														
水煮南瓜														
印度馬薩拉醬														
烤菊苣根														
阿讓西梅乾														

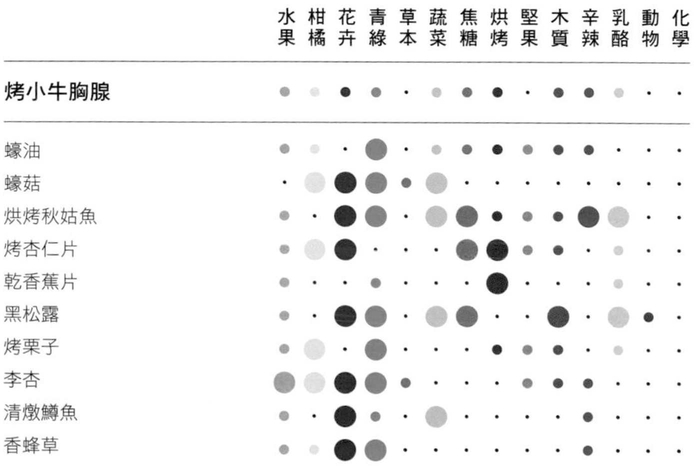

	水果	柑橘	花卉	青綠	草本	蔬菜	焦糖	烘烤	堅果	木質	辛辣	乳酪	動物	化學
鱈魚排														
波本威士忌														
野藍莓果醬														
博斯科普蘋果														
甜百香果														
黑松露														
椰子水														
烤花生														
甜櫻桃														
大醬（韓國發酵大豆醬）														
牛奶巧克力														

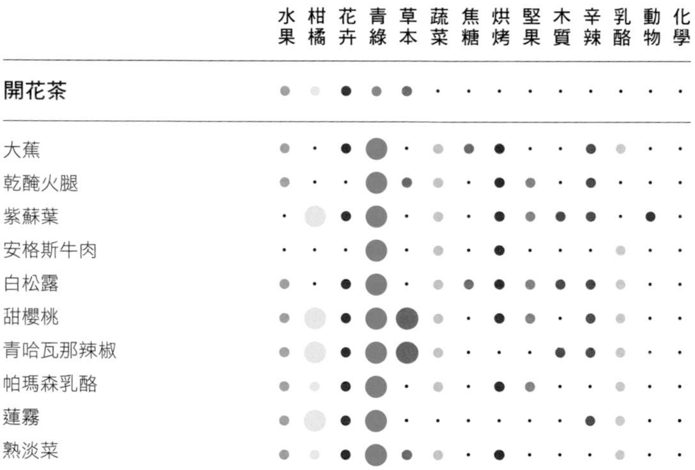

	水果	柑橘	花卉	青綠	草本	蔬菜	焦糖	烘烤	堅果	木質	辛辣	乳酪	動物	化學
古布阿蘇果醬														
沙朗牛肉														
黑松露														
香蜂草														
熟黑皮波羅門參														
巴西莓														
土耳其咖啡														
葛瑞爾乳酪														
爐烤漢堡														
烘烤兔肉														
烘烤鰈魚														

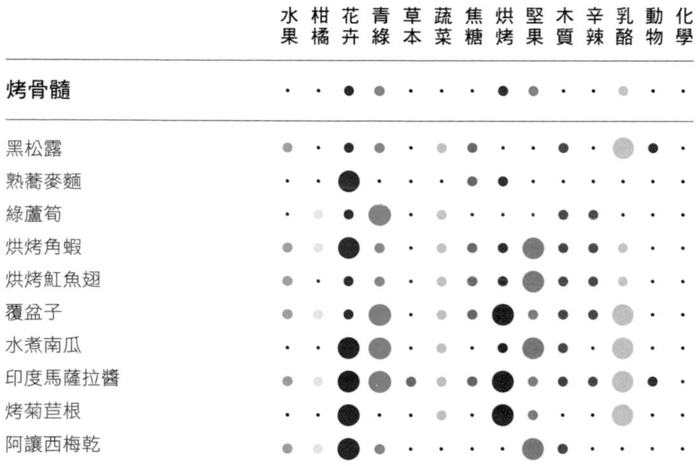

	水果	柑橘	花卉	青綠	草本	蔬菜	焦糖	烘烤	堅果	木質	辛辣	乳酪	動物	化學
烤小牛胸腺														
蠔油														
蠔菇														
烘烤秋姑魚														
烤杏仁片														
乾香蕉片														
黑松露														
烤栗子														
李杏														
清燉鱒魚														
香蜂草														

薯條

以熱油烹調薯條會加強甲硫基丙醛的熟馬鈴薯氣味，並且產生新的美味烘烤、焦糖調性。

身為茄科植物的馬鈴薯並不是一個可以生吃的食材。馬鈴薯的香氣輪廓根據料理方法不同會產生巨大改變。生馬鈴薯含有泥土味的 2- 異丙基 -3- 甲氧基吡嗪。熟馬鈴薯（水煮、烘烤）的特有味道則來自特徵影響化合物甲硫基丙醛。烘烤也會觸發梅納反應，形成泥土、堅果味的 2- 乙基 -3- 甲基吡嗪及奶油、烘烤馬鈴薯調的 2- 乙基 -6- 甲基吡嗪。以熱油或脂肪炸馬鈴薯會使甲硫基丙醛轉化成內酯味的烷基噁唑和 2,4- 癸二烯醛，它們讓薯條產生令人滿足的油滋滋風味。

梅莉斯吹笛手、卡拉、西班牙阿格里亞和愛德華國王等品種最適合做成薯條。薯條的尺寸和形狀會大大影響整體質地以及酥脆外皮和鬆軟內餡的比例。傳統薯條的厚度約為五公釐，「火柴」或「鞋帶」薯條更細，約為三公釐，因此剛炸好時較酥脆（雖然一冷卻就會很快變得軟爛）。在英國，經典的英式薯條通常切成約十五公釐厚；但「厚切」薯條更粗，約二十公釐。在美國，這類型的薯條通常連皮一起炸。還有以波浪刀片切成的「波浪」薯條，因為增加了油炸表面積而更加酥脆。

不管你偏好用蔬菜油還是牛油炸薯條，愛怎麼吃都行。比利時人喜歡沾美乃滋或咖哩番茄醬，美國人的選擇從番茄醬、白脫牛奶「牧場」沙拉醬到蒜味美乃滋都有可能。辣醬乳酪薯條是另一道深受美國人青睞的菜色，在薯條上鋪滿辣醬牛肉以及大量切達乳酪絲和洋蔥丁。

- 在祕魯，薯條是祕魯式熱炒（saltado）的關鍵成分，其中最受歡迎的版本是炒牛肉（lomo saltado），這道受中餐影響的料理由醃牛柳、洋蔥、甜椒、番茄和薯條組成，配白飯一起吃。
- 肉汁乾酪薯條（poutine）近來從魁北克紅到各地的美食酒吧。這道菜在寒冷的天氣最能撫慰人心，薯條上有滿滿的乳酪塊以及雞肉、火雞肉或小牛肉做成的淺褐色肉汁。

油炸的科學

只要了解油炸背後的科學原理，你就能每一次都做出酥脆金黃的完美薯條。選用澱粉含量高、水分含量低的馬鈴薯。澱粉含量越高越好，炸出來的薯條外酥內軟。馬鈴薯最好不要存放於冰箱中，因為低溫使澱粉轉化為糖，如此薯條在熱油中會褐變得太快。

馬鈴薯削皮，切成條狀，以冷水洗去多餘澱粉。先在 70ºC 的水中燙約三十分鐘，確保馬鈴薯澱粉在油炸之前已熟透。能強化薯條外皮的果膠生成酵素也在這個溫度活化。

將薯條從水中撈起，吸乾水分，置於冰箱冷卻。隨著剩餘水分蒸發，澱粉顆粒會開始在薯條表面產生硬皮。

準備烹煮時，將食用油加熱至 150ºC。放入薯條油炸至硬皮形成。外皮變酥脆的同時，內裡的馬鈴薯澱粉也煮得鬆軟。炸好之後，取出薯條並瀝乾多餘的油。將油溫調高至 180–190ºC。再炸一次薯條直到外皮呈金黃色。

你所使用的油會影響薯條風味。蔬菜油和花生油最常用來炸薯條，因為本身沒味道。溫度升高會促使油氧化並改變揮發性化合物的濃度，但隨著時間加長，(E,E)-2,4- 癸二烯醛誘人的脂肪味會被己醛的油膩味取代。為了避免這些討厭的味道產生，務必定期更換食用油。

薯條

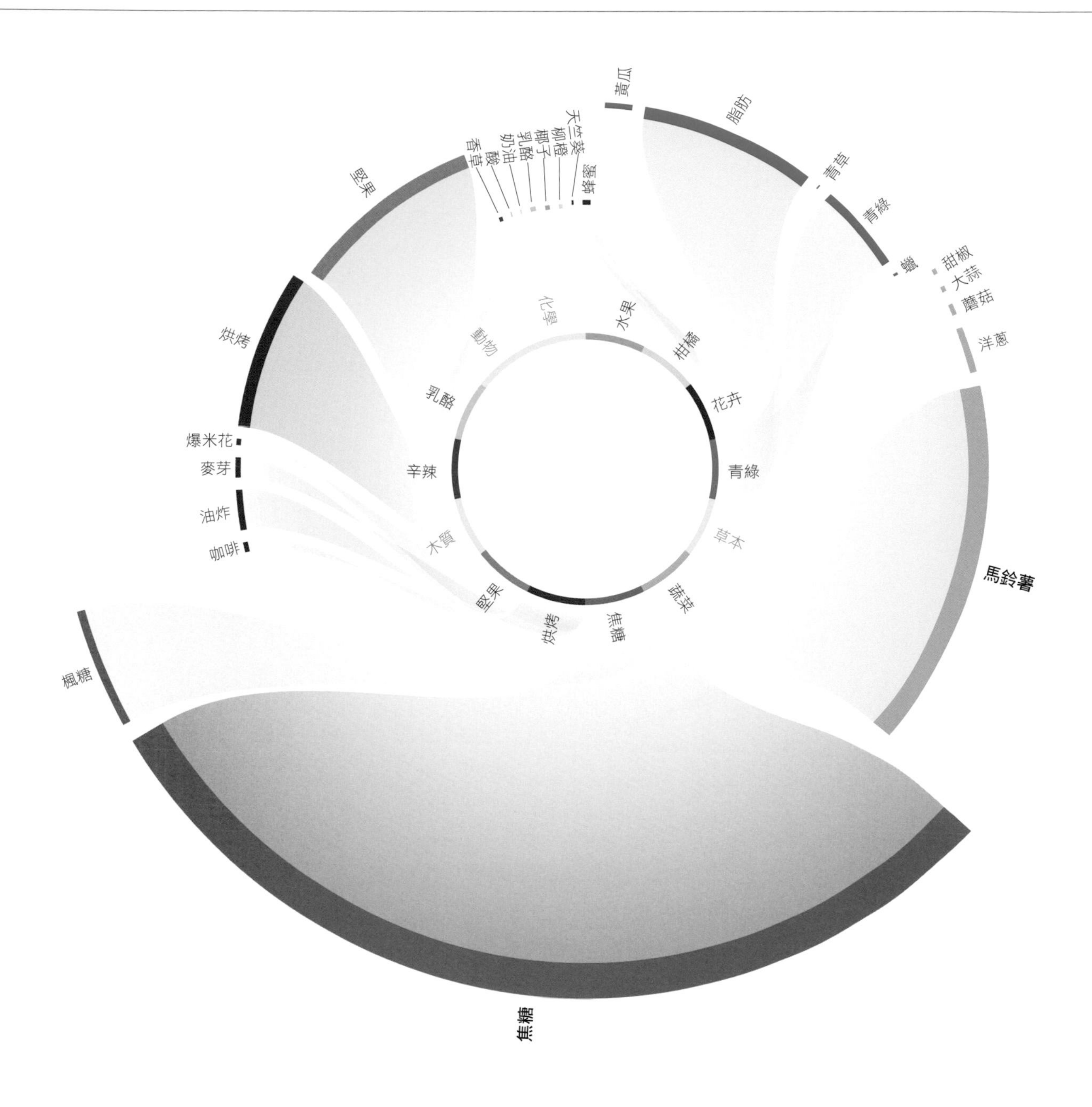

薯條香氣輪廓

馬鈴薯含有熟馬鈴薯味的甲硫基丙醛，它的濃度在油炸過程中增加。和許多經過加熱處理的食材一樣，薯條大部分的揮發性化合物來自糖和脂質降解以及梅納反應。馬鈴薯裡的糖在梅納反應中焦糖化，賦予薯條香噴噴的烘烤、焦糖調性。

	水果	柑橘	花卉	青綠	草本	蔬菜	焦糖	烘烤	堅果	木質	辛辣	乳酪	動物	化學
薯條														
高脂鮮奶油														
卡琳達草莓														
橙皮														
香菇														
雅香瓜（日本香瓜）														
燉黑線鱈														
可可粉														
蠶豆														
煎雉雞														
大豆味噌														

經典佳餚：淡菜薯條

這一道是經典法式小酒館菜色：淡菜在加了洋蔥、芹菜和粗粒黑胡椒的白酒裡烹煮，搭配薯條一起吃。

潛在搭配：薯條和乾牛肝菌

薯條在傳統上都是以鹽巴調味，但何不試試加點額外風味，像是烏爾法辣椒片和乾牛肝菌？薯條的油能讓佐料巴在上面。調味薯條可以和一塊美味的煎牛肉一起擺盤上桌——這些食材都擁有一些共同的蔬菜、焦糖、烘烤和堅果調。

薯條食材搭配

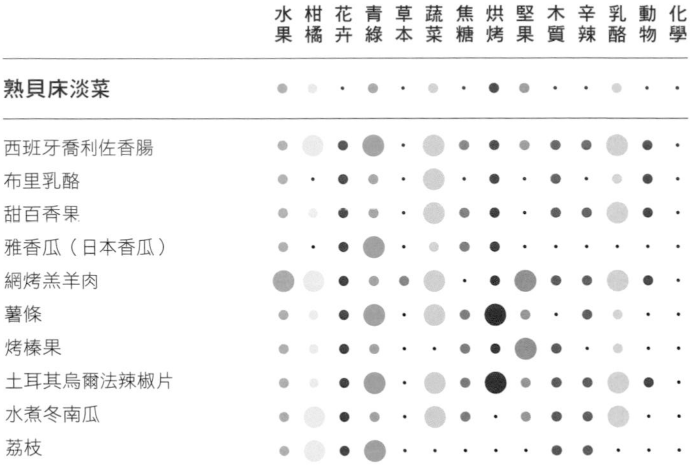

水果 柑橘 花卉 青綠 草本 蔬菜 焦糖 烘烤 堅果 木質 辛辣 乳酪 動物 化學

熟貝床淡菜

西班牙喬利佐香腸
布里乳酪
甜百香果
雅香瓜（日本香瓜）
網烤羔羊肉
薯條
烤榛果
土耳其烏爾法辣椒片
水煮冬南瓜
荔枝

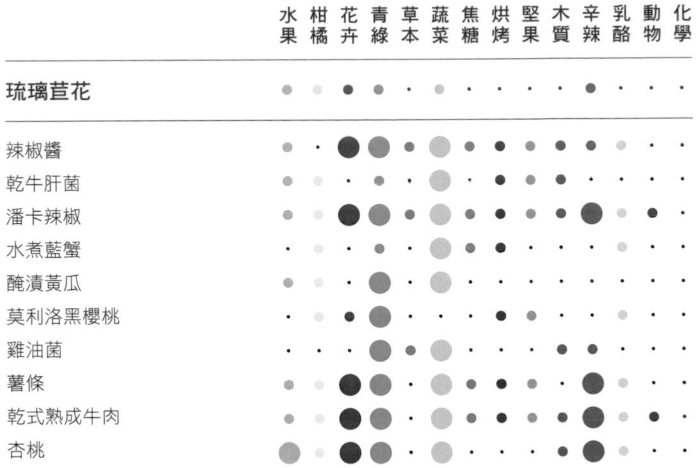

水果 柑橘 花卉 青綠 草本 蔬菜 焦糖 烘烤 堅果 木質 辛辣 乳酪 動物 化學

琉璃苣花

辣椒醬
乾牛肝菌
潘卡辣椒
水煮藍蟹
醃漬黃瓜
莫利洛黑櫻桃
雞油菌
薯條
乾式熟成牛肉
杏桃

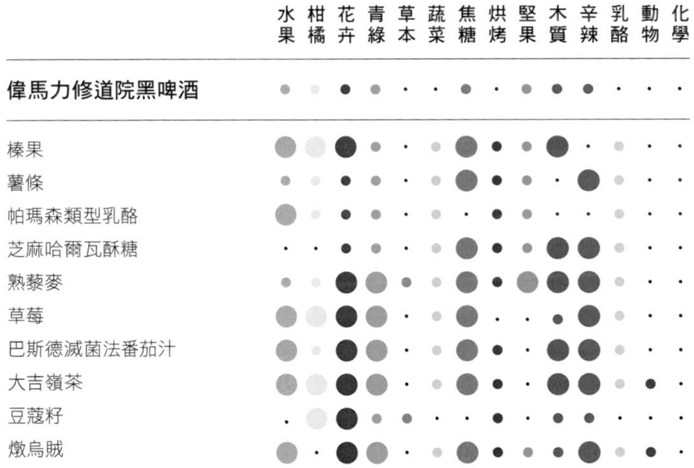

水果 柑橘 花卉 青綠 草本 蔬菜 焦糖 烘烤 堅果 木質 辛辣 乳酪 動物 化學

偉馬力修道院黑啤酒

榛果
薯條
帕瑪森類型乳酪
芝麻哈爾瓦酥糖
熟藜麥
草莓
巴斯德滅菌法番茄汁
大吉嶺茶
豆蔻籽
燉烏賊

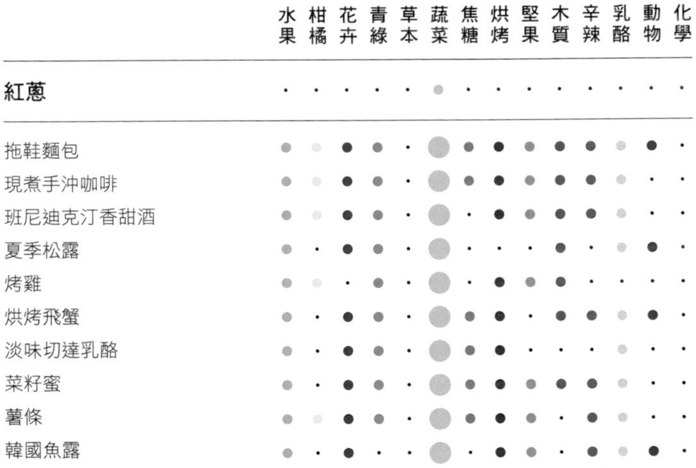

水果 柑橘 花卉 青綠 草本 蔬菜 焦糖 烘烤 堅果 木質 辛辣 乳酪 動物 化學

紅蔥

拖鞋麵包
現煮手沖咖啡
班尼迪克汀香甜酒
夏季松露
烤雞
烘烤飛蟹
淡味切達乳酪
菜籽蜜
薯條
韓國魚露

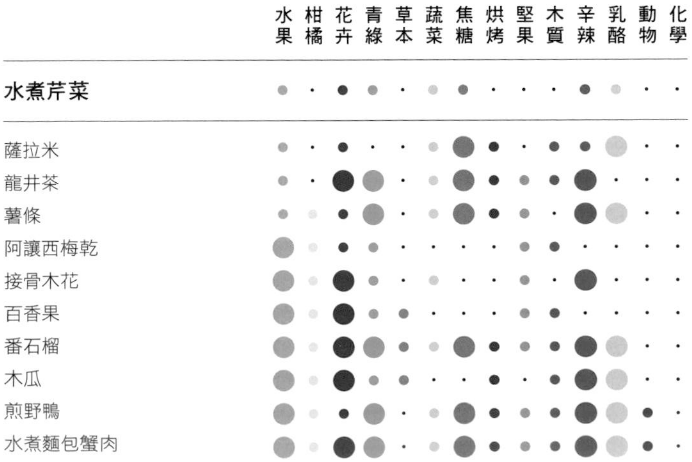

水果 柑橘 花卉 青綠 草本 蔬菜 焦糖 烘烤 堅果 木質 辛辣 乳酪 動物 化學

水煮芹菜

薩拉米
龍井茶
薯條
阿讓西梅乾
接骨木花
百香果
番石榴
木瓜
煎野鴨
水煮麵包蟹肉

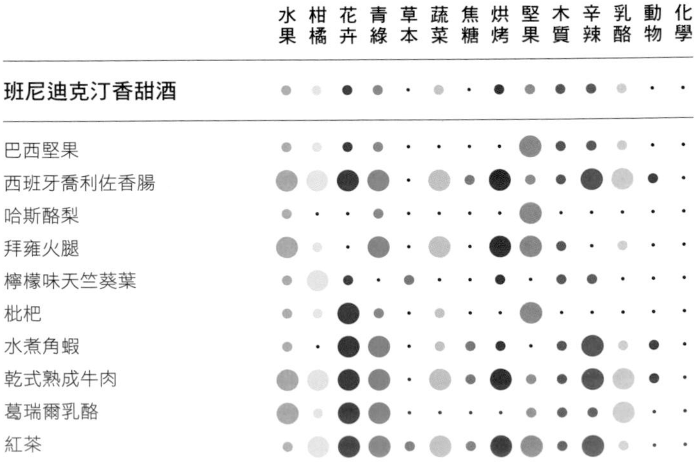

水果 柑橘 花卉 青綠 草本 蔬菜 焦糖 烘烤 堅果 木質 辛辣 乳酪 動物 化學

班尼迪克汀香甜酒

巴西堅果
西班牙喬利佐香腸
哈斯酪梨
拜雍火腿
檸檬味天竺葵葉
枇杷
水煮角蝦
乾式熟成牛肉
葛瑞爾乳酪
紅茶

經典搭配：薯條和番茄醬

番茄醬和薯條具有共同的焦糖和乳酪調，但這個組合最令人難以抗拒的是鹹、脂肪味的薯條和酸甜味番茄醬之間的對比。

潛在搭配：薯條和山羊乳酪

肉汁乾酪薯條的另一種變化是加一點醋到薯條中增添酸味，類似英式炸魚薯條的風格，再撒上山羊乳酪（見次頁）和牛肉汁。

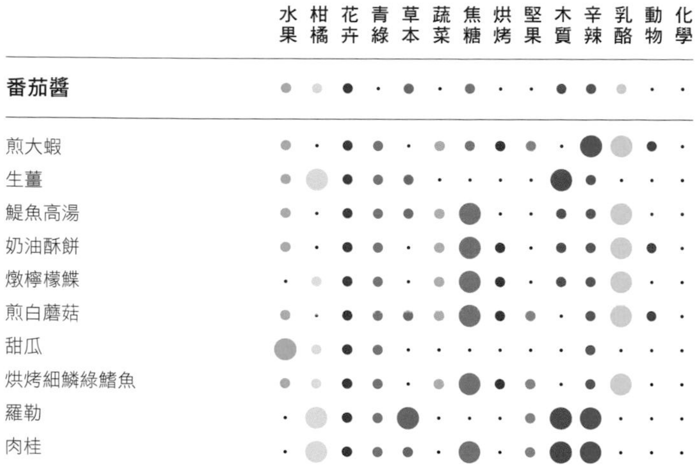

水果 柑橘 花卉 青綠 草本 蔬菜 焦糖 烘烤 堅果 木質 辛辣 乳酪 動物 化學

番茄醬

- 煎大蝦
- 生薑
- 鯷魚高湯
- 奶油酥餅
- 燉檸檬鰈
- 煎白蘑菇
- 甜瓜
- 烘烤細鱗綠鰭魚
- 羅勒
- 肉桂

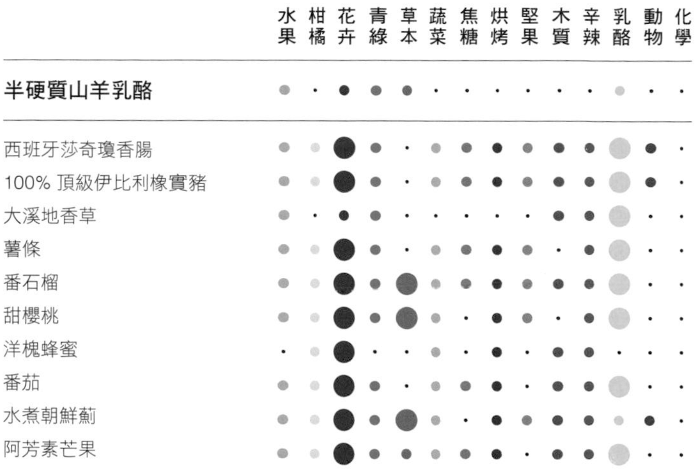

水果 柑橘 花卉 青綠 草本 蔬菜 焦糖 烘烤 堅果 木質 辛辣 乳酪 動物 化學

半硬質山羊乳酪

- 西班牙莎奇瓊香腸
- 100% 頂級伊比利橡實豬
- 大溪地香草
- 薯條
- 番石榴
- 甜櫻桃
- 洋槐蜂蜜
- 番茄
- 水煮朝鮮薊
- 阿芳素芒果

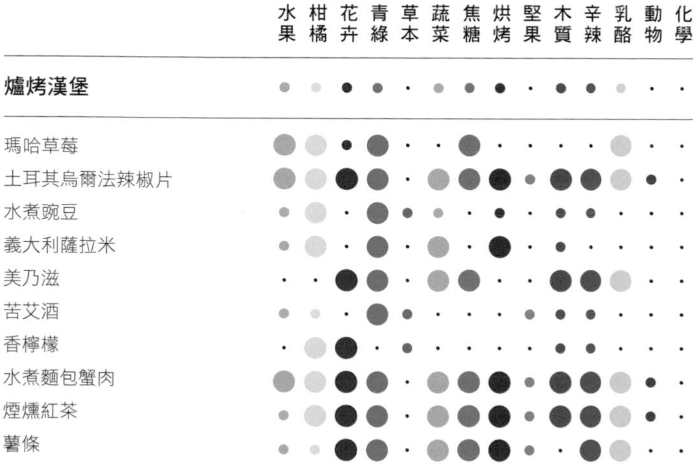

水果 柑橘 花卉 青綠 草本 蔬菜 焦糖 烘烤 堅果 木質 辛辣 乳酪 動物 化學

爐烤漢堡

- 瑪哈草莓
- 土耳其烏爾法辣椒片
- 水煮豌豆
- 義大利薩拉米
- 美乃滋
- 苦艾酒
- 香檸檬
- 水煮麵包蟹肉
- 煙燻紅茶
- 薯條

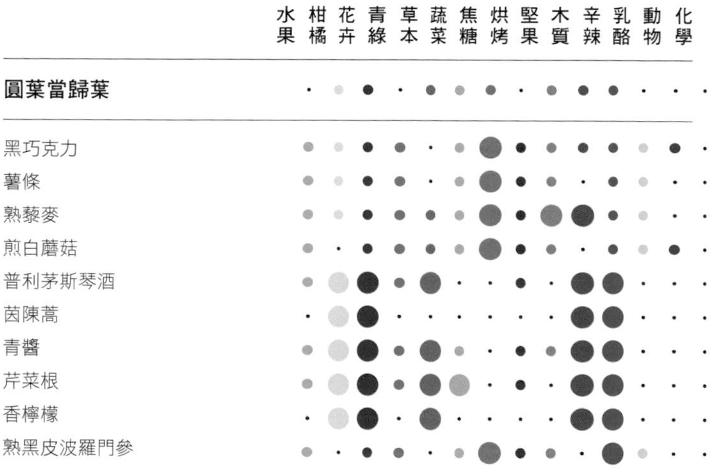

水果 柑橘 花卉 青綠 草本 蔬菜 焦糖 烘烤 堅果 木質 辛辣 乳酪 動物 化學

圓葉當歸葉

- 黑巧克力
- 薯條
- 熟藜麥
- 煎白蘑菇
- 普利茅斯琴酒
- 茵陳蒿
- 青醬
- 芹菜根
- 香檸檬
- 熟黑皮波羅門參

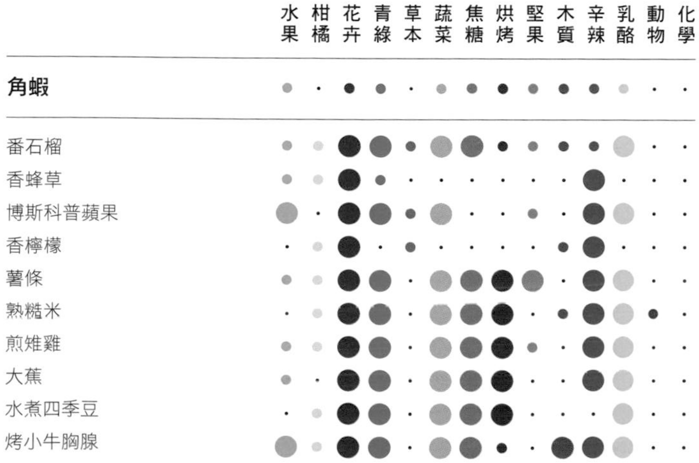

水果 柑橘 花卉 青綠 草本 蔬菜 焦糖 烘烤 堅果 木質 辛辣 乳酪 動物 化學

角蝦

- 番石榴
- 香蜂草
- 博斯科普蘋果
- 香檸檬
- 薯條
- 熟糙米
- 煎雉雞
- 大蕉
- 水煮四季豆
- 烤小牛胸腺

山羊乳酪

山羊乳酪比牛奶製成的乳酪味道更濃烈。新鮮山羊奶香氣輪廓裡的揮發性化合物大約有一半來自於這種反芻動物的飲食。山羊是天生的搜食者，馴養品種的飲食比乳牛更多樣化。牠們的飼料組合包含乾草、苜蓿、青草和穀物。

新鮮山羊乳酪的風味比熟成乳酪細緻。脂肪酸等水溶性化合物占了新鮮乳酪味的一大部分——短鏈和中鏈脂肪酸即使濃度非常低也能被察覺。酵素熟成在山羊乳酪成熟時發生，會影響風味和質地。

山羊乳酪的青綠、青草味來自於己醛。其他醛類像是 (E)-2- 壬烯醛、(E,E)-2,4- 壬二烯醛和 (E,E)-2,4- 癸二烯醛含有新鮮黃瓜般的芳香，由脂質氧化形成。桃子和椰子味的內酯帶來甜味。酸類像是醋酸、丁酸和己酸則是乳酪味的來源，其中己酸不僅貢獻了香氣，也賦予新鮮山羊乳酪強勁酸味。

相關香氣輪廓：山羊奶

糞臭素和吲哚等化合物的存在讓生山羊奶的風味輪廓比起清淡無味的牛奶有更明顯的脂肪－蠟、動物調性。

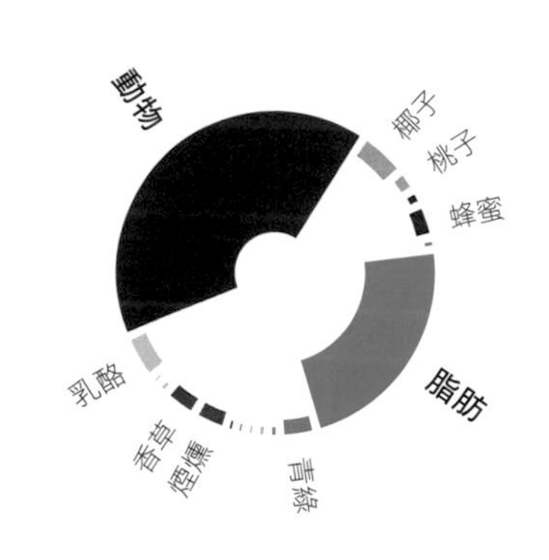

	水果	柑橘	花卉	青綠	草本	蔬菜	焦糖	烘烤	堅果	木質	辛辣	乳酪	動物	化學
山羊奶	•	·	•	•	·	•	·	·	•	•	•	•	•	·
乾醃火腿	●	·	·	•	·	•	•	•	·	•	•	·	·	·
羊肚菌	•	·	·	·	•	●	·	•	·	•	·	•	·	·
大吉嶺茶	●	•	●	●	·	●	•	•	·	•	●	●	•	·
網烤肋眼牛排	•	·	●	●	·	●	•	•	·	•	●	●	·	·
紅椒粉	•	•	•	●	·	·	•	•	·	•	●	●	·	·
海茴香	·	•	•	•	•	●	•	·	·	•	●	·	·	·
乾式熟成牛肉	●	•	●	●	·	●	•	•	•	●	●	●	•	·
多寶魚	•	·	•	●	·	●	·	·	•	·	·	●	·	·
生蠔葉	·	·	●	●	•	●	·	·	·	·	·	·	·	·
甘草	●	•	●	●	•	·	•	•	·	•	•	●	·	·

相關香氣輪廓：巴斯德滅菌法山羊奶

生山羊奶強烈的動物味分子經過巴斯德滅菌法之後幾乎完全消失，被內酯類和醛類取代。

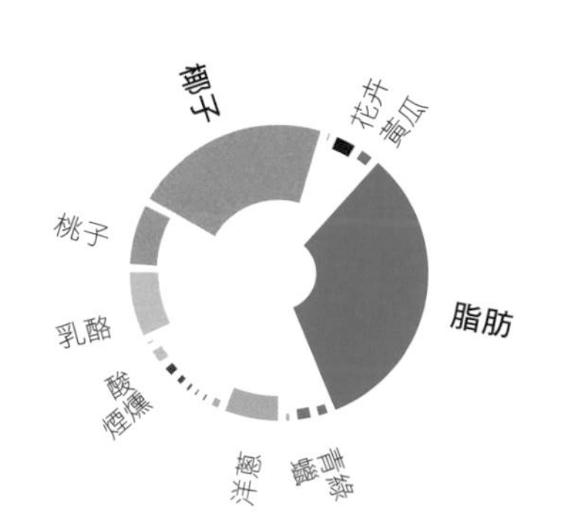

	水果	柑橘	花卉	青綠	草本	蔬菜	焦糖	烘烤	堅果	木質	辛辣	乳酪	動物	化學
巴斯德滅菌法山羊奶	•	•	•	•	·	•	•	•	·	•	·	•	·	·
迷迭香蜂蜜	·	•	●	·	·	●	·	·	·	•	•	·	·	·
黑莓	●	•	●	●	•	●	●	•	·	•	•	●	·	·
百香果	●	•	•	•	•	·	·	·	•	•	·	·	·	·
鹹鯷魚	·	•	•	●	·	●	·	●	·	•	•	●	·	·
乾玫瑰果	•	•	•	●	·	·	·	·	•	·	·	•	·	·
黑松露	•	·	●	●	·	●	•	·	·	●	·	●	•	·
紅葡萄	•	•	●	•	•	·	·	·	·	●	•	·	·	·
肉桂	·	•	●	•	•	·	·	·	•	•	•	·	·	·
塞拉諾火腿	•	•	●	•	•	●	·	•	•	•	•	●	•	·
水煮馬鈴薯	●	●	•	●	·	●	·	●	·	·	·	●	·	·

山羊乳酪

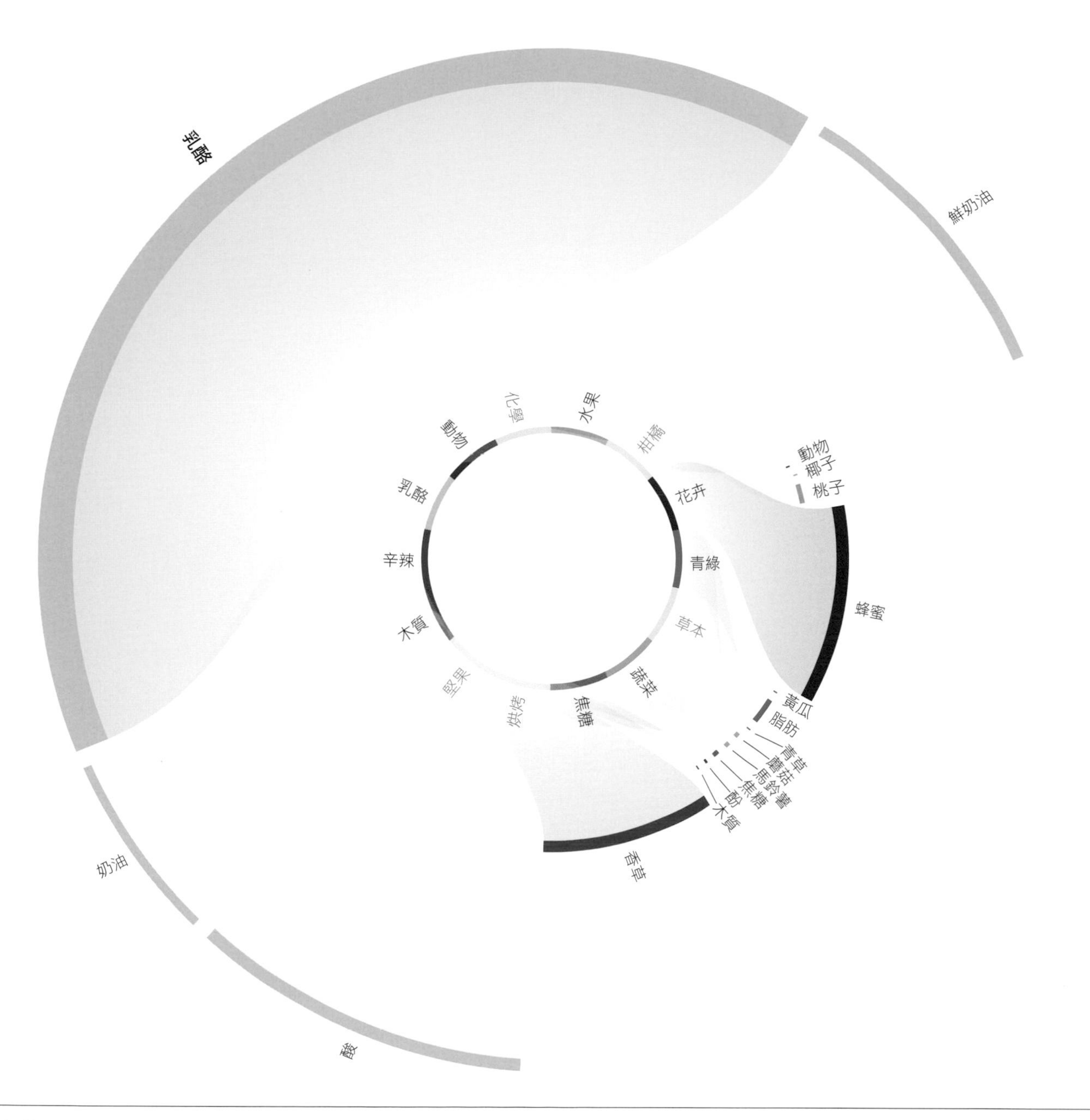

山羊乳酪香氣輪廓

山羊乳酪具有甜、青綠－青草味，加上黃瓜調。它也含少許在巴斯德滅菌法過程中因糖分降解所形成的焦糖調。其他香氣分子還包括聞起來像熟馬鈴薯的香草醛和甲硫基丙醛。

	水果	柑橘	花卉	青綠	草本	蔬菜	焦糖	烘烤	堅果	木質	辛辣	乳酪	動物	化學
山羊乳酪	•	·	•	•	·	•	•	·	·	•	•	•	•	·
金華火腿	•	·	•	●	·	●	·	•	·	•	·	●	·	·
金冠蘋果	•	•	•	●	·	·	·	·	·	·	•	·	·	·
毛豆	·	·	•	●	•	·	·	•	·	·	·	·	·	·
小寶石萵苣	·	·	·	●	•	•	·	·	·	·	•	●	•	·
大黃	•	•	•	●	·	·	·	•	·	·	•	●	·	·
裸麥麵包	·	•	·	●	·	·	•	•	•	•	·	●	·	·
乾式熟成牛肉	•	•	●	●	·	●	●	•	•	•	●	●	•	·
燉大西洋狼魚	•	·	●	●	·	●	●	•	•	·	·	●	·	·
水煮烏賊	·	·	·	•	·	●	●	•	•	·	·	·	•	·
黑蒜泥	•	·	●	•	·	●	●	•	•	•	●	●	·	·

經典搭配：山羊乳酪、蜂蜜和烤吐司

將溫熱的山羊乳酪放在烤小麵包片上，再加一點蜂蜜和新鮮百里香就成了一道開胃菜，也可搭配生菜沙拉。

潛在搭配：山羊乳酪和德國香腸

山羊乳酪比牛奶製成的乳酪更具蠟、動物味。圖林根香腸（Thüringer Rostbratwurst）以牛肉和豬肉製成，在德國有數百年的歷史。這種加了馬鬱蘭和葛縷子調味的香腸和新鮮山羊乳酪相得益彰，後者含有鮮奶油味的內酯和花卉－蜂蜜調，以及蔬菜、蘑菇香氣。

山羊乳酪和山羊奶食材搭配

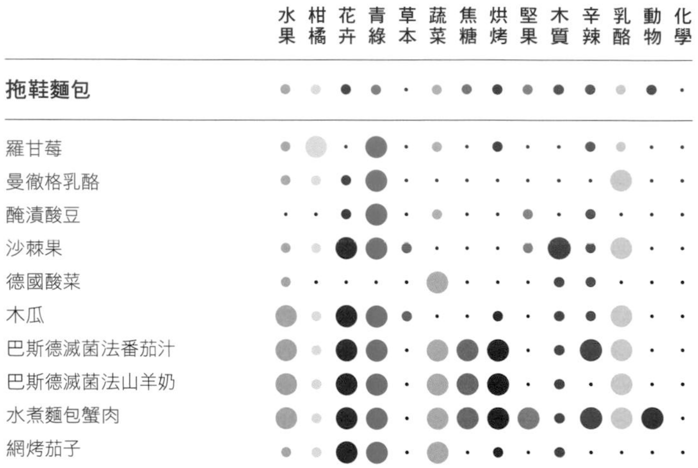

水果 柑橘 花卉 青綠 草本 蔬菜 焦糖 烘烤 堅果 木質 辛辣 乳酪 動物 化學

拖鞋麵包

羅甘莓
曼徹格乳酪
醃漬酸豆
沙棘果
德國酸菜
木瓜
巴斯德滅菌法番茄汁
巴斯德滅菌法山羊奶
水煮麵包蟹肉
網烤茄子

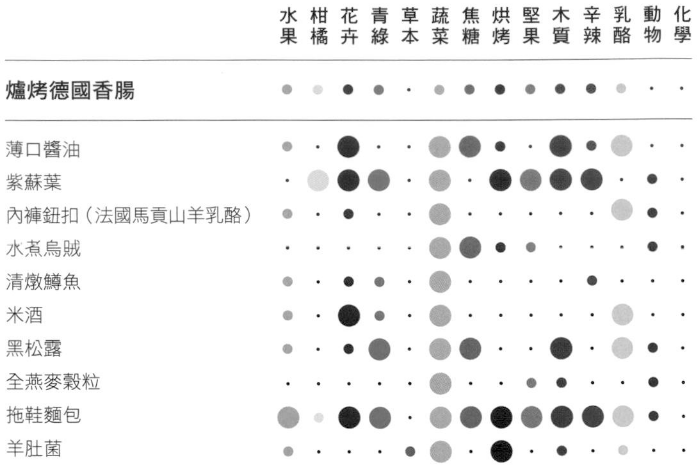

水果 柑橘 花卉 青綠 草本 蔬菜 焦糖 烘烤 堅果 木質 辛辣 乳酪 動物 化學

爐烤德國香腸

薄口醬油
紫蘇葉
內褲鈕扣（法國馬貢山羊乳酪）
水煮烏賊
清燉鱒魚
米酒
黑松露
全燕麥穀粒
拖鞋麵包
羊肚菌

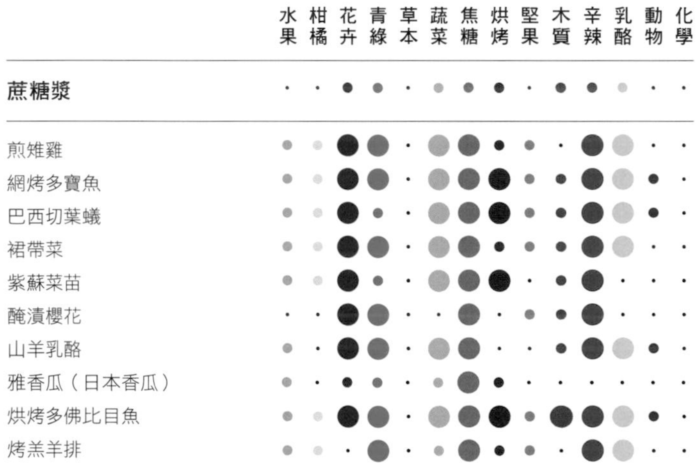

水果 柑橘 花卉 青綠 草本 蔬菜 焦糖 烘烤 堅果 木質 辛辣 乳酪 動物 化學

蔗糖漿

煎雉雞
網烤多寶魚
巴西切葉蟻
裙帶菜
紫蘇菜苗
醃漬櫻花
山羊乳酪
雅香瓜（日本香瓜）
烘烤多佛比目魚
烤羔羊排

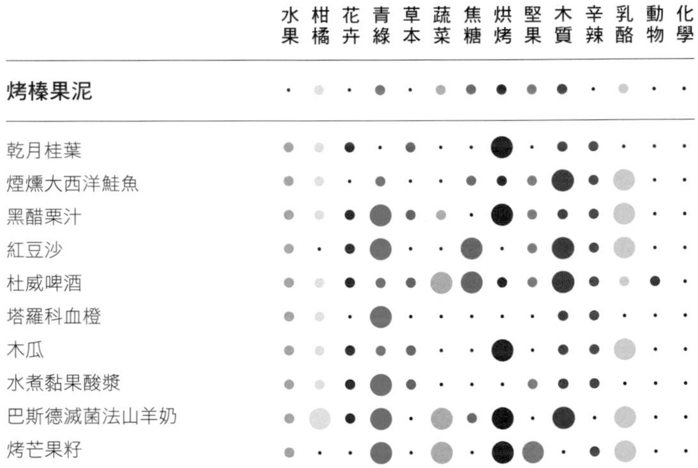

水果 柑橘 花卉 青綠 草本 蔬菜 焦糖 烘烤 堅果 木質 辛辣 乳酪 動物 化學

烤榛果泥

乾月桂葉
煙燻大西洋鮭魚
黑醋栗汁
紅豆沙
杜威啤酒
塔羅科血橙
木瓜
水煮黏果酸漿
巴斯德滅菌法山羊奶
烤芒果籽

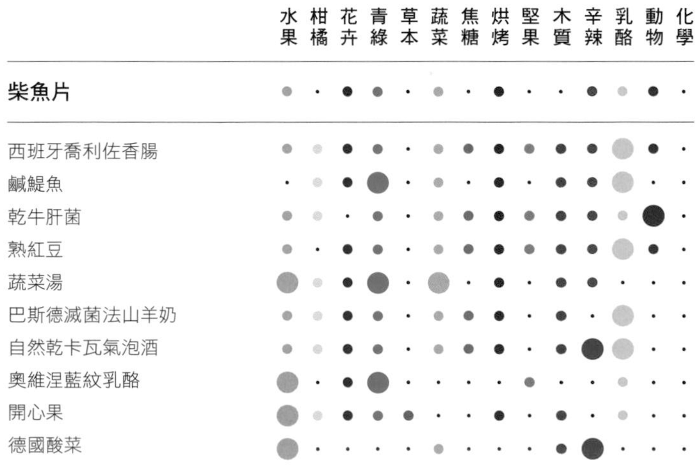

水果 柑橘 花卉 青綠 草本 蔬菜 焦糖 烘烤 堅果 木質 辛辣 乳酪 動物 化學

柴魚片

西班牙喬利佐香腸
鹹鯷魚
乾牛肝菌
熟紅豆
蔬菜湯
巴斯德滅菌法山羊奶
自然乾卡瓦氣泡酒
奧維涅藍紋乳酪
開心果
德國酸菜

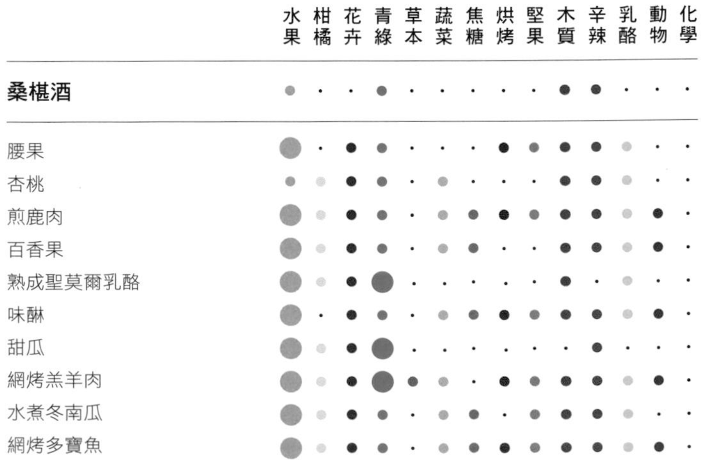

水果 柑橘 花卉 青綠 草本 蔬菜 焦糖 烘烤 堅果 木質 辛辣 乳酪 動物 化學

桑椹酒

腰果
杏桃
煎鹿肉
百香果
熟成聖莫爾乳酪
味醂
甜瓜
網烤羔羊肉
水煮冬南瓜
網烤多寶魚

經典搭配：山羊乳酪和菠菜

希臘菠菜派（spanakopita）結合了菠菜和希臘菲達羊乳酪以及新鮮香草，像是蒔蘿、馬鬱蘭、奧勒岡草和百里香，包裹在薄脆的奶油酥皮中。

經典搭配：山羊乳酪和藍莓

享用一道由乳酪、堅果和當季新鮮水果組成的拼盤是結束一餐的經典方式。山羊乳酪的花卉和蜂蜜調也存在於藍莓（見次頁）和黑莓中，它的青綠和青草香氣也和蘋果及梨子相襯。乳酪裡的內酯則適合搭配草莓、鳳梨和芒果。

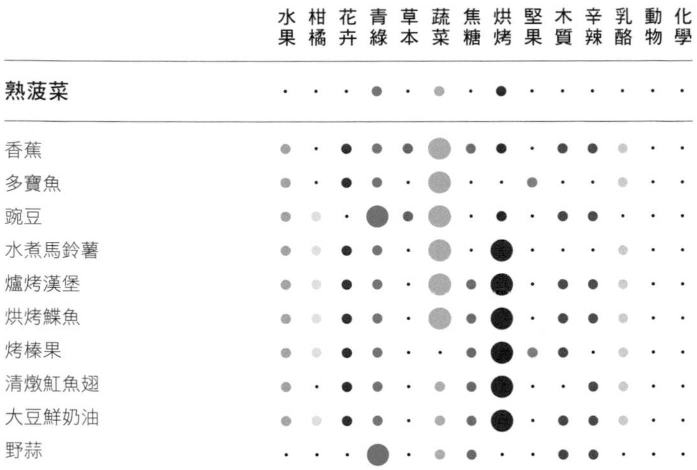

水果 柑橘 花卉 青綠 草本 蔬菜 焦糖 烘烤 堅果 木質 辛辣 乳酪 動物 化學

熟菠菜

香蕉
多寶魚
豌豆
水煮馬鈴薯
爐烤漢堡
烘烤鰈魚
烤榛果
清燉魟魚翅
大豆鮮奶油
野蒜

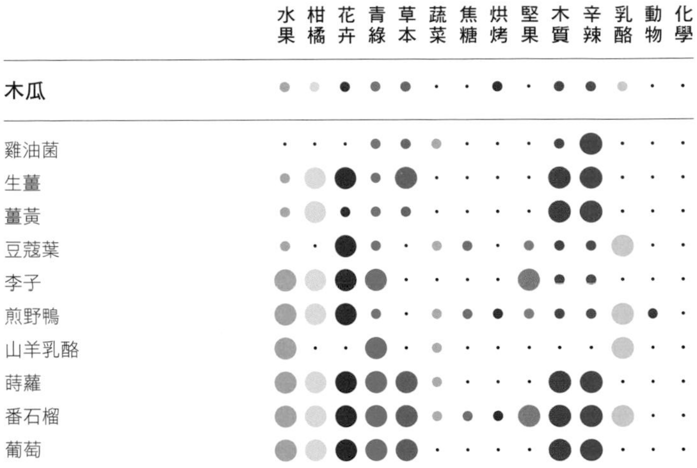

水果 柑橘 花卉 青綠 草本 蔬菜 焦糖 烘烤 堅果 木質 辛辣 乳酪 動物 化學

木瓜

雞油菌
生薑
薑黃
豆蔻葉
李子
煎野鴨
山羊乳酪
蒔蘿
番石榴
葡萄

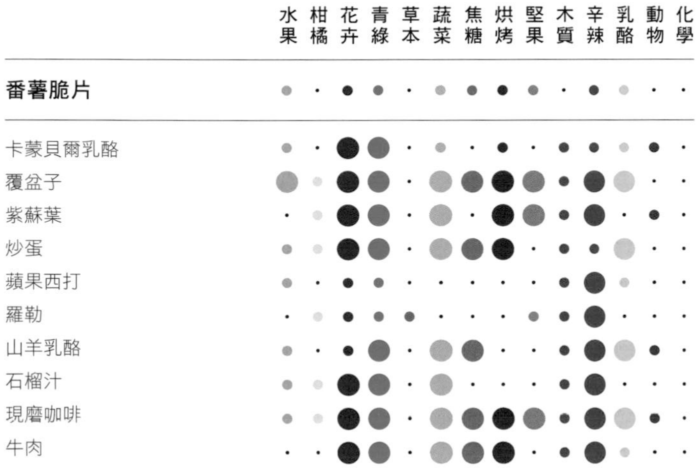

水果 柑橘 花卉 青綠 草本 蔬菜 焦糖 烘烤 堅果 木質 辛辣 乳酪 動物 化學

番薯脆片

卡蒙貝爾乳酪
覆盆子
紫蘇葉
炒蛋
蘋果西打
羅勒
山羊乳酪
石榴汁
現磨咖啡
牛肉

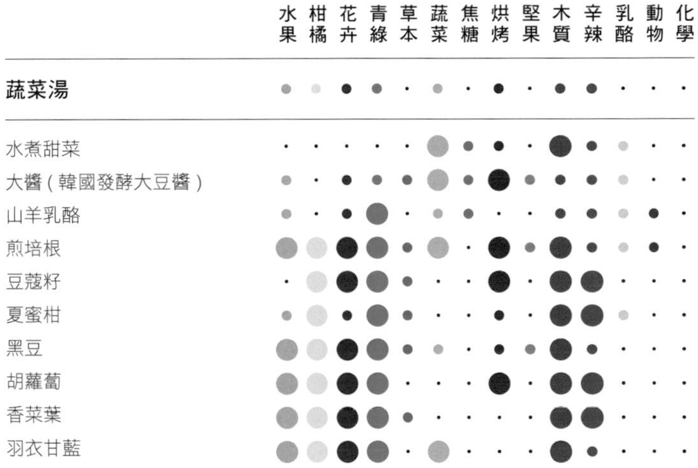

水果 柑橘 花卉 青綠 草本 蔬菜 焦糖 烘烤 堅果 木質 辛辣 乳酪 動物 化學

蔬菜湯

水煮甜菜
大醬（韓國發酵大豆醬）
山羊乳酪
煎培根
豆蔻籽
夏蜜柑
黑豆
胡蘿蔔
香菜葉
羽衣甘藍

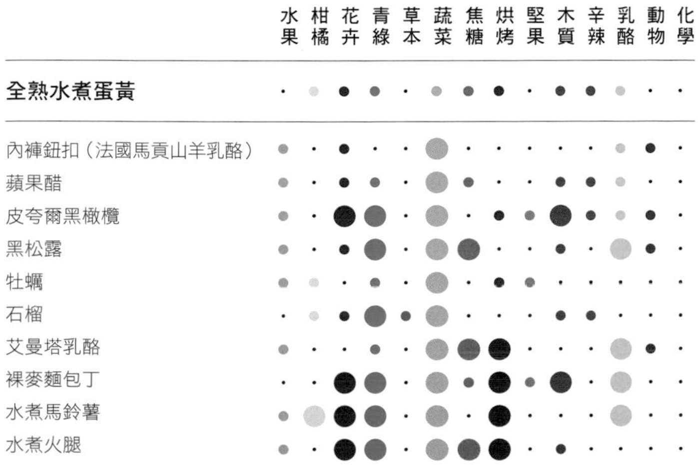

水果 柑橘 花卉 青綠 草本 蔬菜 焦糖 烘烤 堅果 木質 辛辣 乳酪 動物 化學

全熟水煮蛋黃

內褲鈕扣（法國馬貢山羊乳酪）
蘋果醋
皮夸爾黑橄欖
黑松露
牡蠣
石榴
艾曼塔乳酪
裸麥麵包丁
水煮馬鈴薯
水煮火腿

藍莓

藍莓具有細緻的甜味果香，藍紫色的花青素帶來健康的抗氧化效果。藍莓的品質和風味取決於採收時的成熟度，一經摘採便不會再改變。

有健康意識的消費者很注意自己吃下肚的東西，這也提升了超級食物的全球銷售量，藍莓便是其中之一，被加在早餐麥片、優格、果昔、瑪芬和其他食品中。你可以在市面上找到新鮮、冷凍、乾燥或加工成果汁、果泥和蜜餞的藍莓。為了滿足消費者需求，種植者發展出黑果越橘（Vaccinium myrtillus）栽培品種的穩定輪作法，讓當地超級市場能全年販售這種富含抗氧化劑的小小藍色漿果。

健康藍莓的抗氧化特性來自藍色的花青素色素，它有助於人類細胞裡的代謝廢物排出。花青素色素從紅橘色到藍紫色都有；不過，藍莓等深色蔬果是保健類黃酮化合物較豐富的來源。其他研究指出藍莓除了具有消炎和促進認知健康的功效之外，還可能與心血管健康有關連。

杏仁大蒜冷湯佐藍莓和角蝦

食物搭配獨家食譜

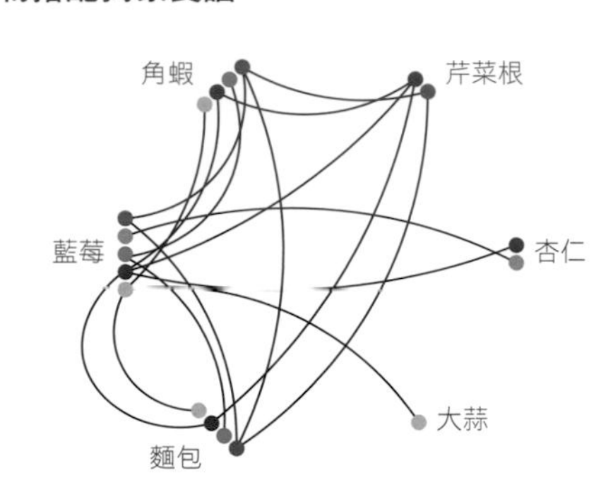

在這道食譜中，我們為經典的西班牙杏仁大蒜冷湯（ajo blanco）打造清爽版本，加了酸酸的藍莓做為點綴。微甘的杏仁大蒜冷湯由杏仁、麵包、大蒜、橄欖油和醋組成，與帶有甜味的蒸角蝦一拍即合。裝飾的燉芹菜根具有堅果香，讓整體風味更完整。

	水果	柑橘	花卉	青綠	草本	蔬菜	焦糖	烘烤	堅果	木質	辛辣	乳酪	動物	化學
兔眼藍莓														
油桃														
香蜂草														
羅勒														
乾大馬士革玫瑰花瓣														
紅哈瓦那辣椒														
奧勒岡草														
鷹嘴豆泥														
清燉多寶魚														
冬南瓜泥														
西班牙莎奇瓊香腸														

	水果	柑橘	花卉	青綠	草本	蔬菜	焦糖	烘烤	堅果	木質	辛辣	乳酪	動物	化學
藍莓醋														
日本醬油														
富士蘋果														
烤開心果														
酪梨														
乾牛肝菌														
煎甜菜														
烤栗子														
祕魯黃辣椒														
水煮麵包蟹肉														
牛肉														

藍莓

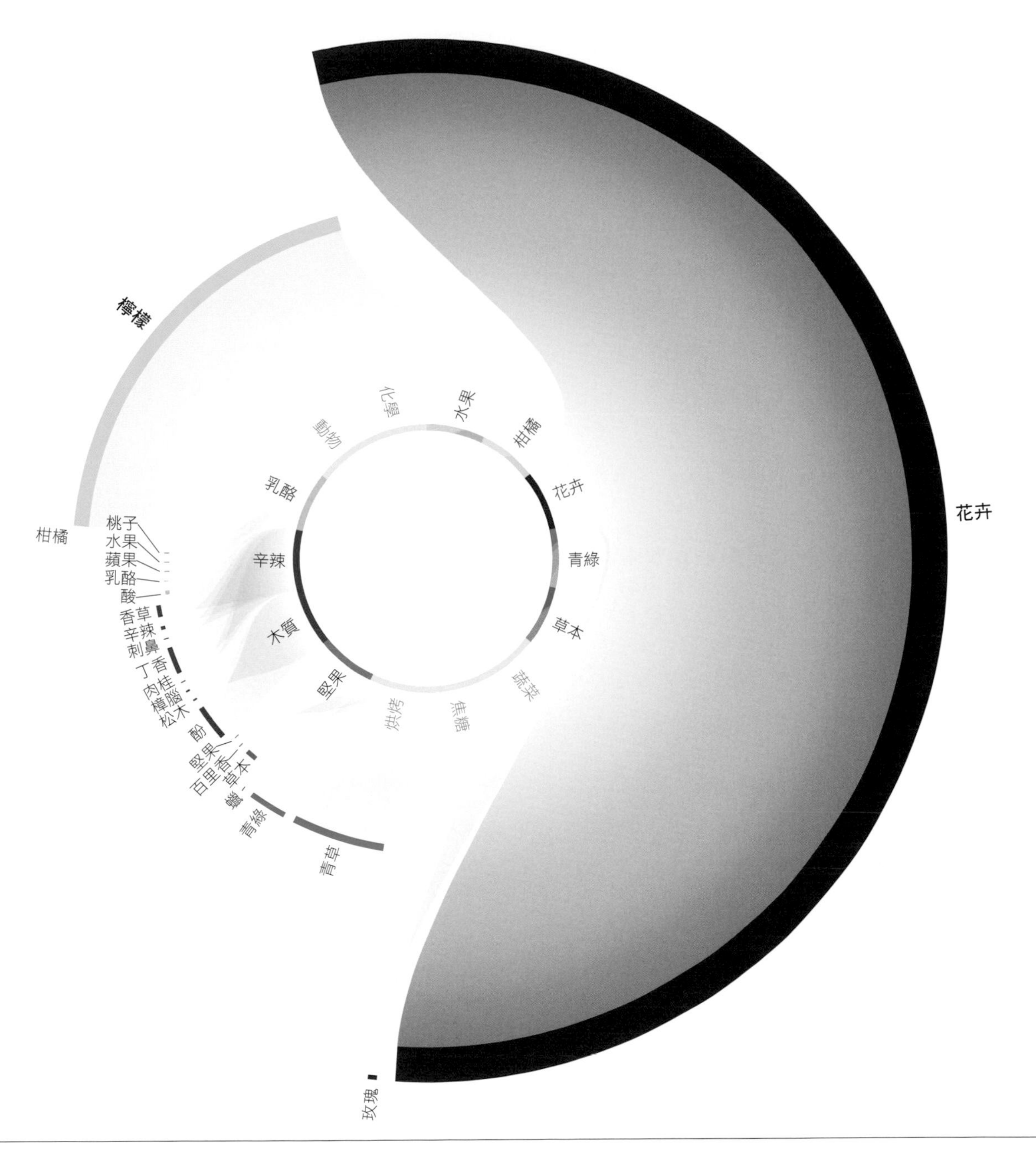

藍莓香氣輪廓

藍莓的花卉、柑橘味來自分子香葉醇和香茅醇。這個濃度的花香香葉醇分子具有果香，香茅醇則增添柑橘調。藍莓的花卉、玫瑰氣味和荔枝、蘋果、覆盆子、番茄及甜菜是絕妙搭配；明顯的柑橘氣味提供了與柳橙、香茅、新鮮香菜、月桂葉、瓦卡泰（祕魯黑薄荷）及某些琴酒之間的天然連結。

	水果	柑橘	花卉	青綠	草本	蔬菜	焦糖	烘烤	堅果	木質	辛辣	乳酪	動物	化學
藍莓														
現煮手沖咖啡														
拖鞋麵包														
紅粉佳人蘋果														
酢橘														
馬鬱蘭														
蒸韭蔥														
諾托蜜思嘉														
薩拉米														
烤葵花籽														
水煮青花菜														

潛在搭配：藍莓和蛇麻草芽

蛇麻草芽或稱啤酒花芽是典型的比利時食材，從一月至三月底是盛產季節，煎過之後搭配水波蛋和當地蝦類一起吃。蛇麻草芽有點酸度更可口，試試以藍莓取代檸檬汁加入菜餚。

潛在搭配：藍莓和烤雞

用百里香和迷迭香等香草調味的紅酒醬可以拿來搭配烤雞。上桌前，加一點新鮮藍莓到醬汁裡，增添北歐風情。

藍莓食材搭配

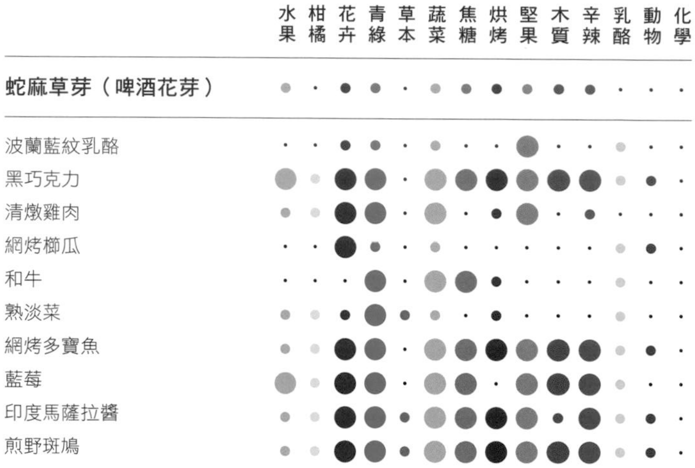

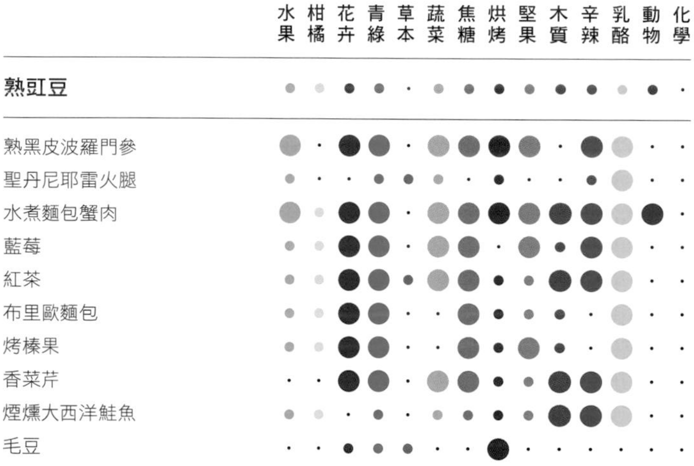

蛇麻草芽（啤酒花芽）	水果	柑橘	花卉	青綠	草本	蔬菜	焦糖	烘烤	堅果	木質	辛辣	乳酪	動物	化學
波蘭藍紋乳酪														
黑巧克力														
清燉雞肉														
網烤櫛瓜														
和牛														
熟淡菜														
網烤多寶魚														
藍莓														
印度馬薩拉醬														
煎野斑鳩														

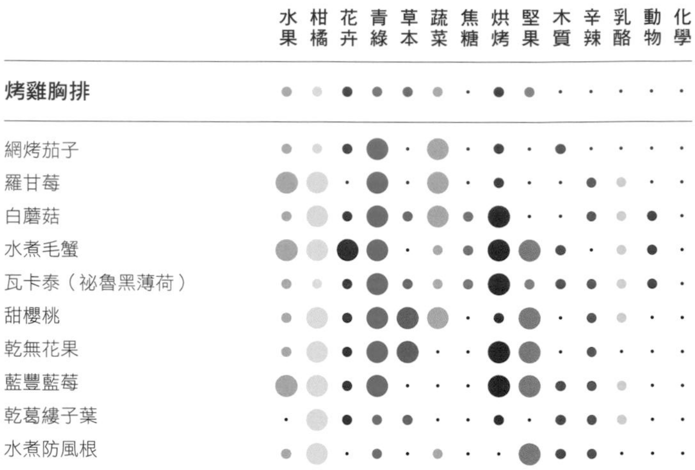

烤雞胸排	水果	柑橘	花卉	青綠	草本	蔬菜	焦糖	烘烤	堅果	木質	辛辣	乳酪	動物	化學
網烤茄子														
羅甘莓														
白蘑菇														
水煮毛蟹														
瓦卡泰（祕魯黑薄荷）														
甜櫻桃														
乾無花果														
藍豐藍莓														
乾葛縷子葉														
水煮防風根														

熟豇豆	水果	柑橘	花卉	青綠	草本	蔬菜	焦糖	烘烤	堅果	木質	辛辣	乳酪	動物	化學
熟黑皮波羅門參														
聖丹尼耶雷火腿														
水煮麵包蟹肉														
藍莓														
紅茶														
布里歐麵包														
烤榛果														
香菜芹														
煙燻大西洋鮭魚														
毛豆														

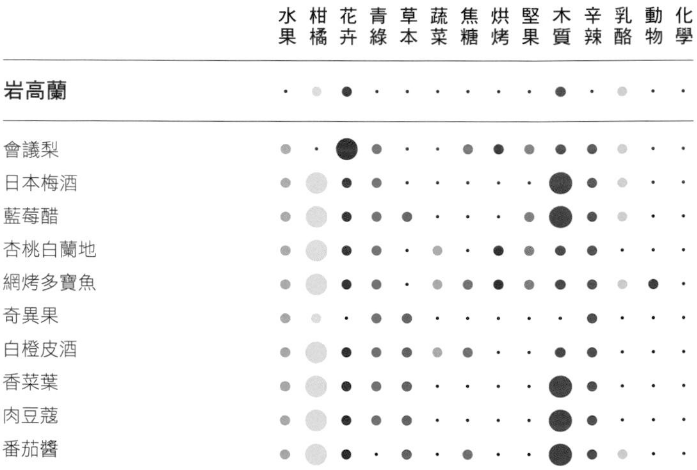

岩高蘭	水果	柑橘	花卉	青綠	草本	蔬菜	焦糖	烘烤	堅果	木質	辛辣	乳酪	動物	化學
會議梨														
日本梅酒														
藍莓醋														
杏桃白蘭地														
網烤多寶魚														
奇異果														
白橙皮酒														
香菜葉														
肉豆蔻														
番茄醬														

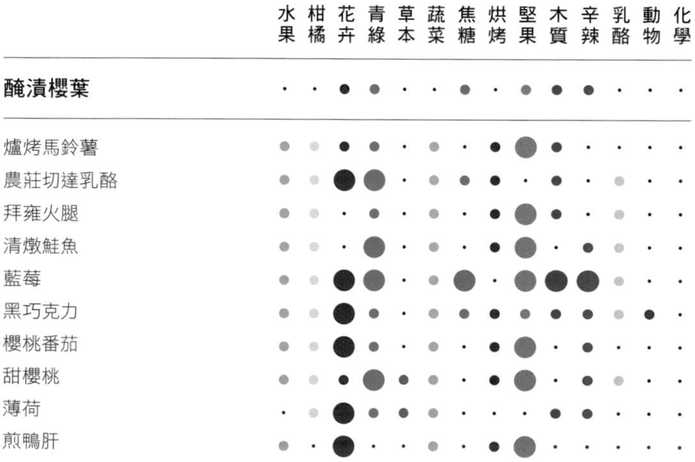

醃漬櫻葉	水果	柑橘	花卉	青綠	草本	蔬菜	焦糖	烘烤	堅果	木質	辛辣	乳酪	動物	化學
爐烤馬鈴薯														
農莊切達乳酪														
拜雍火腿														
清燉鮭魚														
藍莓														
黑巧克力														
櫻桃番茄														
甜櫻桃														
薄荷														
煎鴨肝														

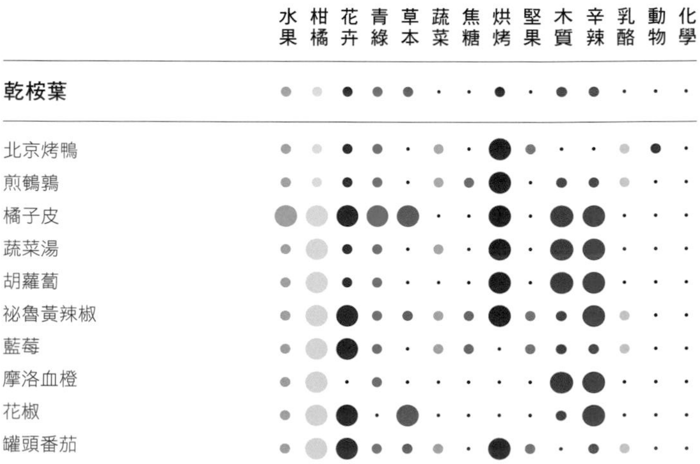

乾桉葉	水果	柑橘	花卉	青綠	草本	蔬菜	焦糖	烘烤	堅果	木質	辛辣	乳酪	動物	化學
北京烤鴨														
煎鵪鶉														
橘子皮														
蔬菜湯														
胡蘿蔔														
祕魯黃辣椒														
藍莓														
摩洛血橙														
花椒														
罐頭番茄														

潛在搭配：瑪芮琴酒、藍莓和蒔蘿

藍莓和蒔蘿皆擁有許多跟草本調地中海瑪芮琴酒一樣的香氣分子。若要製作簡易雞尾酒，將藍莓和蒔蘿放入平底杯與糖、檸檬汁一起搗碎。倒入琴酒，最後用蘇打水或通寧水填滿。

潛在搭配：藍莓、菊苣和杏桃

冬季風味最佳的焦糖化菊苣經常和野味一起上桌，它也很適合搭配藍莓及其他水果。和藍莓一樣，杏桃（見次頁）具有花卉調性，因此和菊苣產生了香氣連結。

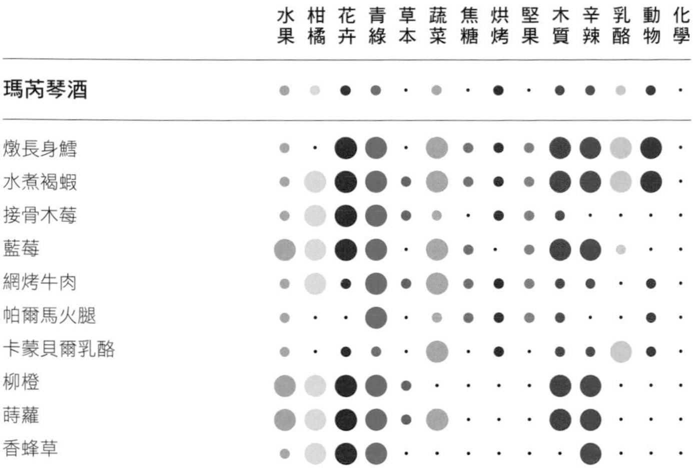

	水果	柑橘	花卉	青綠	草本	蔬菜	焦糖	烘烤	堅果	木質	辛辣	乳酪	動物	化學
瑪芮琴酒														
燉長身鱈														
水煮褐蝦														
接骨木莓														
藍莓														
網烤牛肉														
帕爾馬火腿														
卡蒙貝爾乳酪														
柳橙														
蒔蘿														
香蜂草														

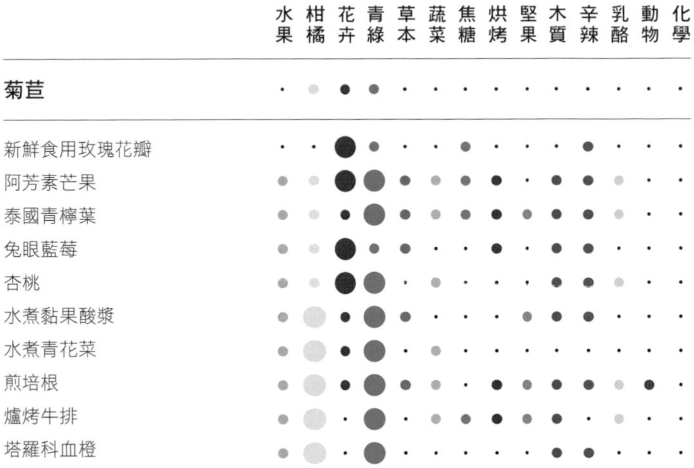

	水果	柑橘	花卉	青綠	草本	蔬菜	焦糖	烘烤	堅果	木質	辛辣	乳酪	動物	化學
菊苣														
新鮮食用玫瑰花瓣														
阿芳素芒果														
泰國青檸葉														
兔眼藍莓														
杏桃														
水煮黏果酸漿														
水煮青花菜														
煎培根														
爐烤牛排														
塔羅科血橙														

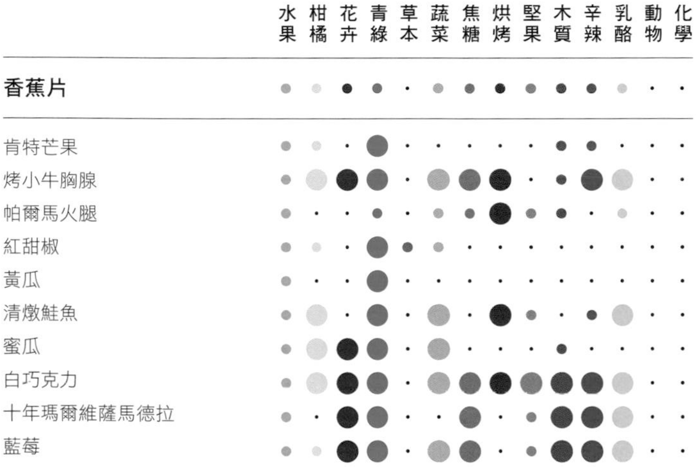

	水果	柑橘	花卉	青綠	草本	蔬菜	焦糖	烘烤	堅果	木質	辛辣	乳酪	動物	化學
香蕉片														
肯特芒果														
烤小牛胸腺														
帕爾馬火腿														
紅甜椒														
黃瓜														
清燉鮭魚														
蜜瓜														
白巧克力														
十年瑪爾維薩馬德拉														
藍莓														

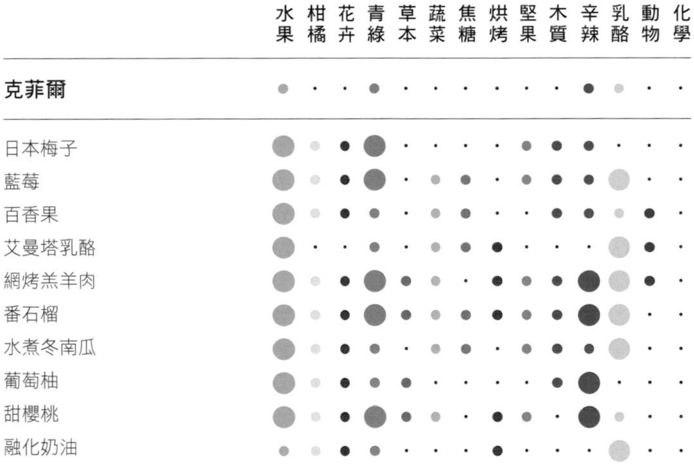

	水果	柑橘	花卉	青綠	草本	蔬菜	焦糖	烘烤	堅果	木質	辛辣	乳酪	動物	化學
克菲爾														
日本梅子														
藍莓														
百香果														
艾曼塔乳酪														
網烤羔羊肉														
番石榴														
水煮冬南瓜														
葡萄柚														
甜櫻桃														
融化奶油														

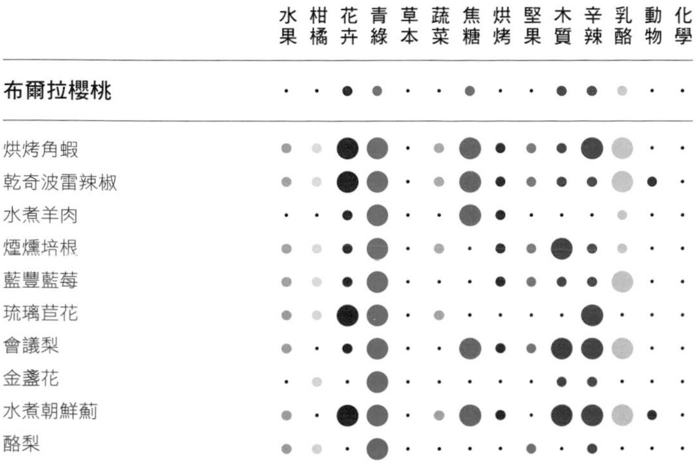

	水果	柑橘	花卉	青綠	草本	蔬菜	焦糖	烘烤	堅果	木質	辛辣	乳酪	動物	化學
布爾拉櫻桃														
烘烤角蝦														
乾奇波雷辣椒														
水煮羊肉														
煙燻培根														
藍豐藍莓														
琉璃苣花														
會議梨														
金盞花														
水煮朝鮮薊														
酪梨														

杏桃

杏桃和桃子擁有類似風味，但尺寸較嬌小的前者含有較高濃度的芳樟醇和苯甲醛。

杏桃和其他夏季核果都是薔薇科梅屬植物。和桃子一樣，杏桃在四千多年前首先種植於中國，再由中國商人經絲路傳到波斯和阿拉伯世界其他地區。波斯人和阿拉伯人將這種酸味水果運用在各式各樣的甜點中，也拿來佐鹹香肉類料理。它接著受到西班牙的摩爾人喜愛，進而散播到歐洲各地。

今日，具酸甜滋味的杏桃被栽種於許多地區，不過生長季短，保質期也不長，脆弱細緻的外皮容易碰傷而難以運輸。因此比較常看到它們以乾燥（最適合當點心）或蜜餞、果醬和軟糖捲的形式出現，能新鮮享用的不多。

杏桃富含果膠，新鮮時吃起來質地滑順，乾燥的果肉也具有嚼勁。有些乾燥杏桃會添加二氧化硫以保持其鮮橘色澤，但無添加的也買得到：它們呈褐色且嘗起來有煮熟的味道。

杏桃仁是苯甲醛的絕佳來源：在杏仁香甜酒（Amaretto）的製作過程中，杏桃苦味的核仁被搗碎以釋放堅果、杏仁味化合物。看起來和杏仁很像的杏桃仁也被用來製造杏桃仁糖膏。不過別自己在家嘗試製作：杏桃和桃子的核仁都含有毒性很強的氰化氫化合物，食用之前必須先中和。

- 優格加杏桃是核果和乳品天生絕配的好例子。
- 杏桃白蘭地可以是發酵杏桃汁製成的生命之水，也可以是水果和核仁蒸餾而成的香甜酒。
- 摩洛哥塔吉鍋料理經常結合雞肉或羔羊肉佐乾杏桃、杏仁及鷹嘴豆。

杏桃食材搭配

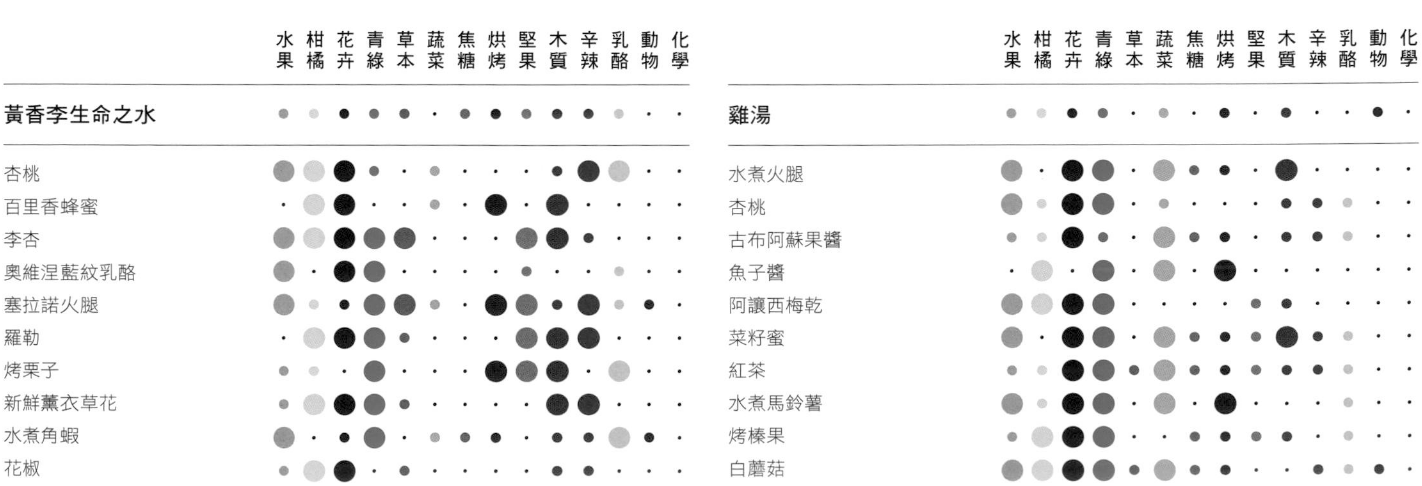

	水果	柑橘	花卉	青綠	草本	蔬菜	焦糖	烘烤	堅果	木質	辛辣	乳酪	動物	化學
黃香李生命之水														
杏桃														
百里香蜂蜜														
李杏														
奧維涅藍紋乳酪														
塞拉諾火腿														
羅勒														
烤栗子														
新鮮薰衣草花														
水煮角蝦														
花椒														

	水果	柑橘	花卉	青綠	草本	蔬菜	焦糖	烘烤	堅果	木質	辛辣	乳酪	動物	化學
雞湯														
水煮火腿														
杏桃														
古布阿蘇果醬														
魚子醬														
阿讓西梅乾														
菜籽蜜														
紅茶														
水煮馬鈴薯														
烤榛果														
白蘑菇														

杏桃

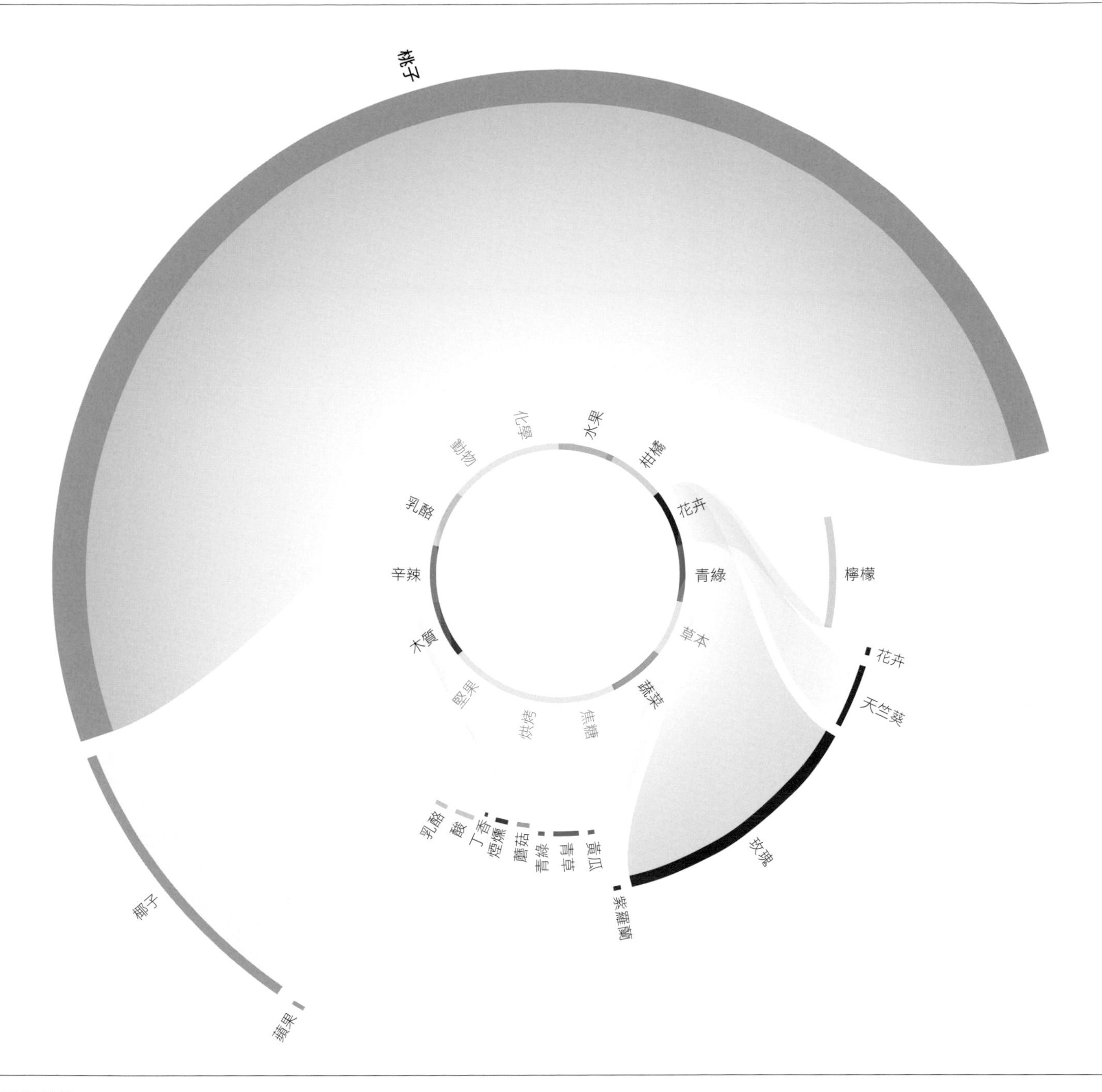

杏桃香氣輪廓

和桃子相比，杏桃的香氣輪廓擁有較高比例的桃子或椰子味內酯——占超過一半。杏桃的玫瑰和天竺葵味香氣化合物也比桃子多。杏桃的檸檬和花卉調讓它與茉莉花（見次頁）等食材產生香氣連結。

	水果	柑橘	花卉	青綠	草本	蔬菜	焦糖	烘烤	堅果	木質	辛辣	乳酪	動物	化學
杏桃														
清燉榲桲														
羊萵苣（野苣）														
燉長身鱈														
熟安格斯牛肉														
毛豆														
熟成聖莫爾乳酪														
大高良薑														
岸蔥														
煎鴨胸														
水煮馬鈴薯														

茉莉花

俗稱茉莉花的「Jasminum sambac」被認為原生於喜馬拉雅山南麓，再傳遍印度、東南亞和其他熱帶及亞熱帶地區。茉莉小小的白花因散發迷人的麝香甜味而被栽種。其關鍵香氣分子吲哚也存在於肝臟。

吲哚具有難聞的糞便、動物氣味。在室溫下，呈固體狀態的吲哚自然存在於人類糞便中；它由細菌生成，是胺基酸色胺酸的降解產物。不過，吲哚在濃度非常低的時候會散發花卉芬芳，是其他許多花香和香水的成分。香氛產業使用天然蒸餾茉莉油於香水和古龍水中，它們通常含有 2.5% 的吲哚溶液。

我們可以在茉莉中找到比其他食材更高濃度的吲哚，但要實際上從花朵中萃取芳香極為困難。這是因為茉莉僅開花二十四小時，也只有此時才偵測得到吲哚。更麻煩的是，一旦茉莉接觸到溶劑，花蕾就會停止釋放吲哚。

在中國，自南宋（西元一一二七至一二七九年）開始以清香的茉莉花泡茶。從六月初至八月底，鮮花被摘採並存放在陰涼處，直到夜晚開花時鋪在托盤上，拌入綠茶、烏龍茶、白茶或甚至紅茶茶葉，吸收一整晚茉莉的甘甜幽香。花朵每日更換，重複進行好幾次相同工序以造就更高等級的茶。若要製作傳統的茉莉龍珠，綠茶或白茶茶葉必須先蒸軟，再以手工與凋謝的茉莉花瓣捲在一起，最後慢火乾燥。

・茉莉和肝臟的組合是食物搭配方法論的研究推動力（見第 9 頁）。主廚相動・德甘伯在他的餐廳裡推出了鵝肝慕斯佐茉莉凝膠的菜色。

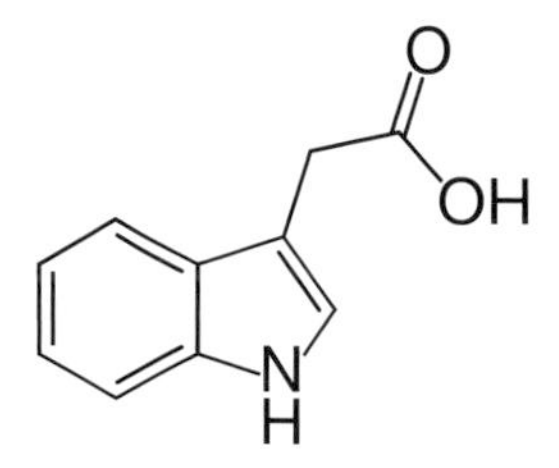

吲哚
吲哚是具有動物氣味的鹼。

茉莉與荔枝冰塊

巴黎 Arôme，長江桂子

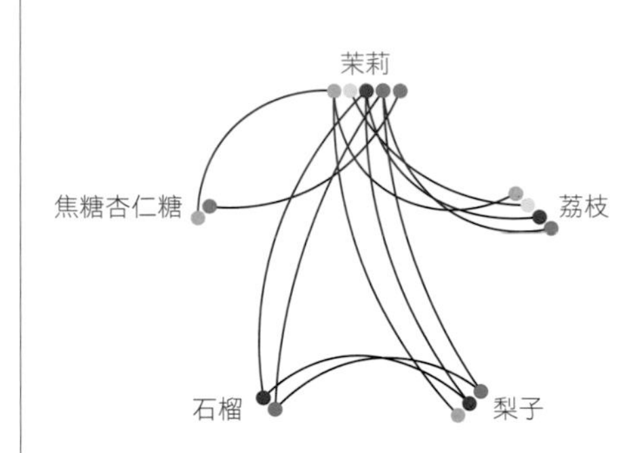

長江桂子對於兒時和家人在巴黎嘗到的「漂浮之島」（œufs à la neige）仍記憶猶新——顛覆了她在家鄉東京所熟悉的甜點印象。於法國藍帶廚藝學院取得法式甜點證書之後，長江更進一步為業界最負盛名的巨擘和品牌主導糕點課程，包括拉杜麗（Ladurée）和皮耶・加尼葉（Pierre Gagnaire）在倫敦的 Sketch 餐廳。目前她透過自己的糕點顧問公司 Arôme 為國際化的客戶群服務。

長江桂子對東西方食材及廚藝的專精讓她得以巧妙融合不同味道和質地。以這道食譜為例，她從中式食材獲取靈感，在細緻的塊狀蛋白霜裡平衡茉莉花茶和荔枝的風味。這個「冰塊」蛋白霜填滿了輕盈的茉莉慕斯，封住花朵的甜郁馨香。用湯匙敲碎冰塊外層的蛋白霜之後便能顯露出精心組成的美味饗宴：冰涼清爽的梨子雪酪以酸味石榴籽點綴，加上荔枝果凍丁和酥脆焦糖杏仁糖包覆在雲朵般的茉莉慕斯中。長江桂子將「冰塊」擺在一層雪白的橄欖油粉上並搭配英式蛋奶醬。

茉莉花

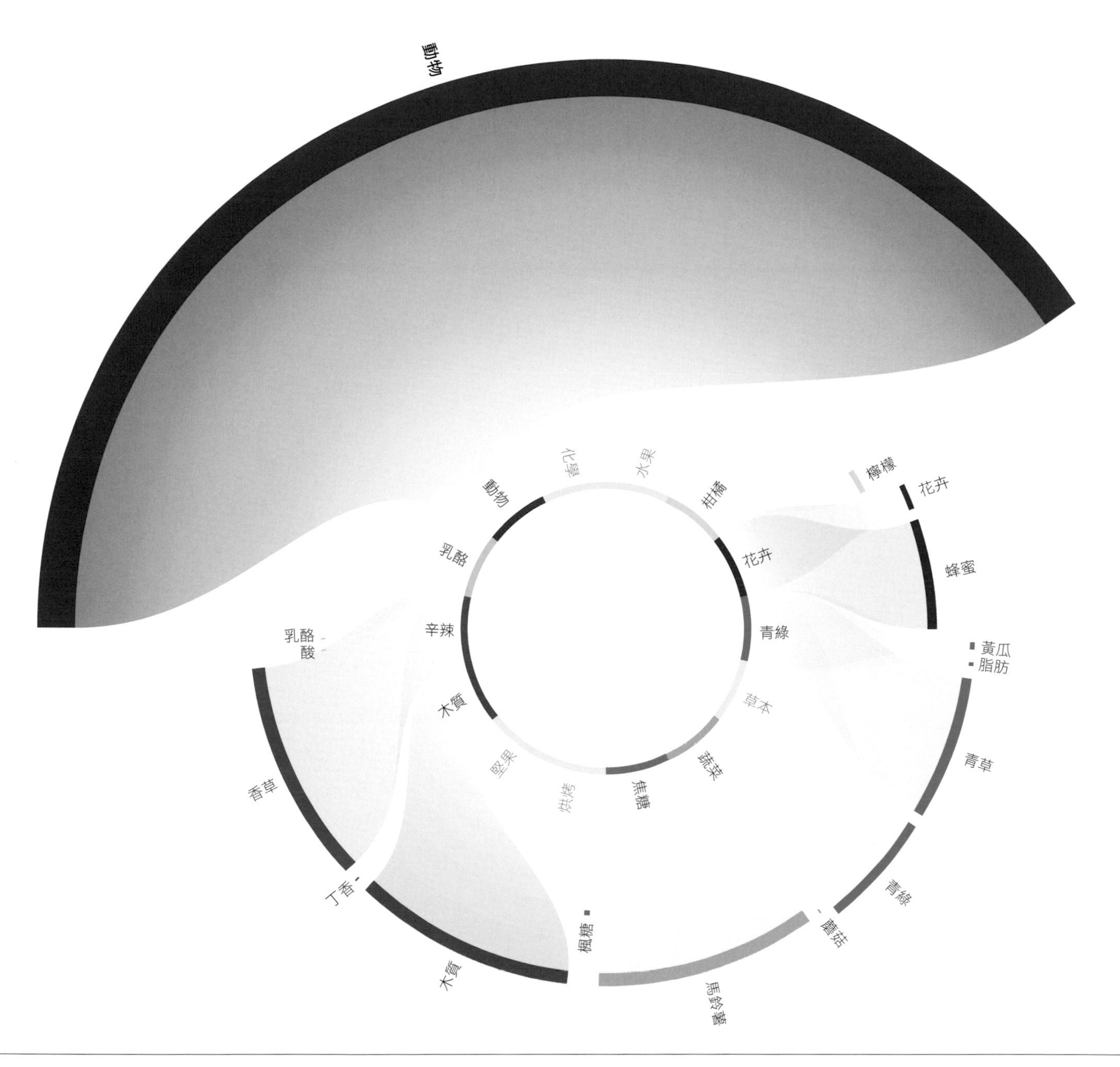

茉莉花香氣輪廓

吲哚在茉莉特有的香氣輪廓裡占了約70%。高濃度的吲哚具有糞便味，低濃度卻散發濃郁花香。許多為茉莉帶來獨特芬芳的揮發性化合物都擁有明顯花卉調：花卉－茉莉味的乙酸苄酯；微微茉莉味的(Z)-茉莉酮；帶有甜味、蜂蜜花香和少許動物調的苯乙酸；以及花香中透出木質、柑橘調的芳樟醇。

	水果	柑橘	花卉	青綠	草本	蔬菜	焦糖	烘烤	堅果	木質	辛辣	乳酪	動物	化學
茉莉花	•	•	•	•	•	•	•	•	•	•	•	•	•	•
乾泰國青檸葉	•	•	•	•	•	•	•	•	•	•	•	•	•	•
褐蝦	•	•	•	•	•	•	•	•	•	•	•	•	•	•
水煮馬鈴薯	•	•	•	•	•	•	•	•	•	•	•	•	•	•
熟大扇貝	•	•	•	•	•	•	•	•	•	•	•	•	•	•
水煮龍蝦	•	•	•	•	•	•	•	•	•	•	•	•	•	•
黃甜椒醬	•	•	•	•	•	•	•	•	•	•	•	•	•	•
甜瓜	•	•	•	•	•	•	•	•	•	•	•	•	•	•
香菜芹	•	•	•	•	•	•	•	•	•	•	•	•	•	•
海頓芒果	•	•	•	•	•	•	•	•	•	•	•	•	•	•
烤野鵝	•	•	•	•	•	•	•	•	•	•	•	•	•	•

食譜搭配：茉莉花、荔枝和梨子

在長江桂子的甜點中（見第 208 頁）有三樣食材具有花卉調，但來源不同：茉莉的氣味來自吲哚、荔枝以香葉醇和橙花醇（帶有柑橘調的花香）為特徵，梨子則擁有梨子味的乙位 - 大馬酮。

潛在搭配：茉莉花和芙內布蘭卡

芙內布蘭卡是一種苦味草本香甜酒（amaro），以大黃、洋甘菊和番紅花等二十七種食材製成。今日它被當成餐後酒或加入調酒裡飲用，但當初在十九世紀中期發展出來時其實是補品。雖然芙內布蘭卡未能達到治療霍亂的預期效果，但喝了之後的確能讓人感覺舒暢。

茉莉花食材搭配

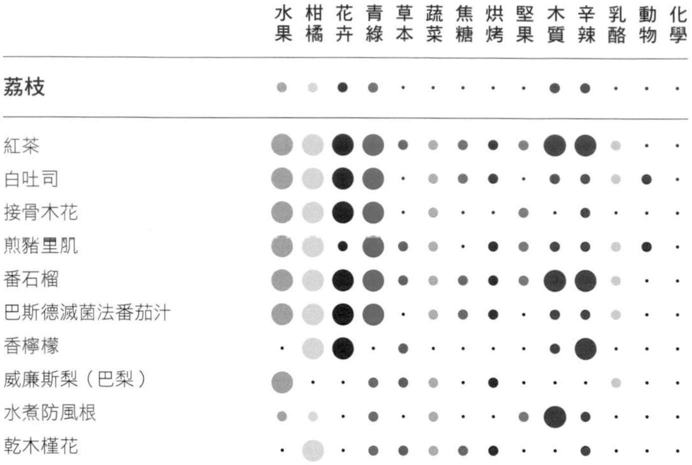
水果 柑橘 花卉 青綠 草本 蔬菜 焦糖 烘烤 堅果 木質 辛辣 乳酪 動物 化學
荔枝
紅茶
白吐司
接骨木花
煎豬里肌
番石榴
巴斯德滅菌法番茄汁
香檸檬
威廉斯梨（巴梨）
水煮防風根
乾木槿花

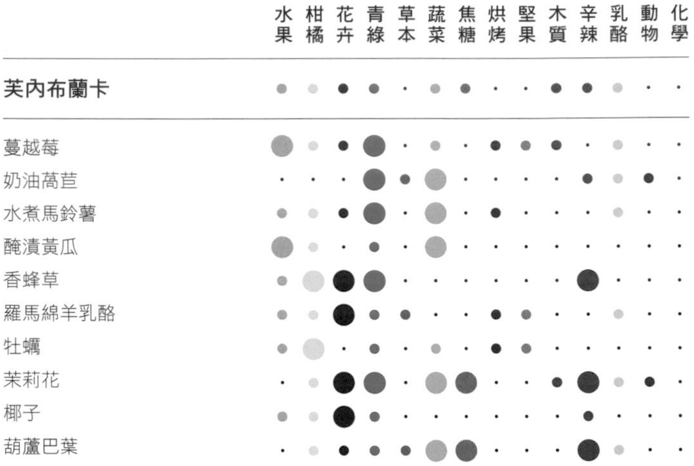
水果 柑橘 花卉 青綠 草本 蔬菜 焦糖 烘烤 堅果 木質 辛辣 乳酪 動物 化學
芙內布蘭卡
蔓越莓
奶油萵苣
水煮馬鈴薯
醃漬黃瓜
香蜂草
羅馬綿羊乳酪
牡蠣
茉莉花
椰子
葫蘆巴葉

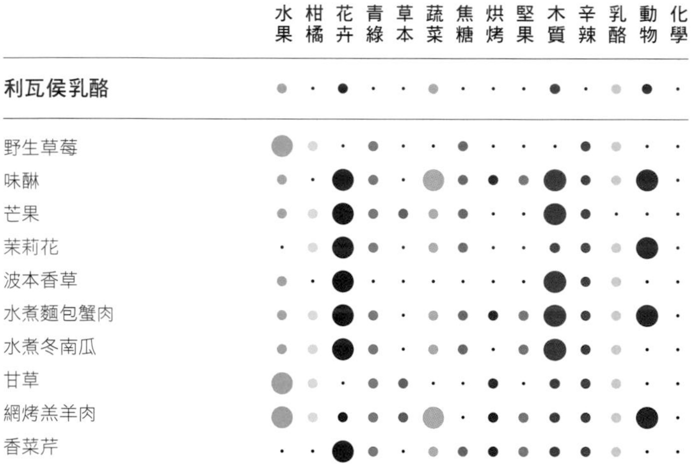
水果 柑橘 花卉 青綠 草本 蔬菜 焦糖 烘烤 堅果 木質 辛辣 乳酪 動物 化學
利瓦侯乳酪
野生草莓
味醂
芒果
茉莉花
波本香草
水煮麵包蟹肉
水煮冬南瓜
甘草
網烤羔羊肉
香菜芹

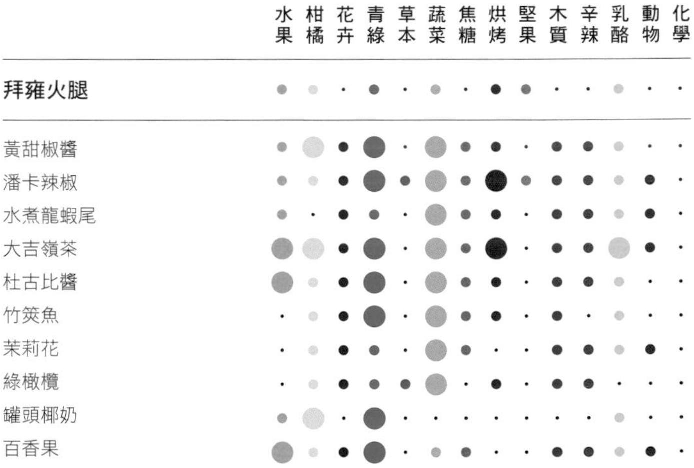
水果 柑橘 花卉 青綠 草本 蔬菜 焦糖 烘烤 堅果 木質 辛辣 乳酪 動物 化學
拜雍火腿
黃甜椒醬
潘卡辣椒
水煮龍蝦尾
大吉嶺茶
杜古比醬
竹筴魚
茉莉花
綠橄欖
罐頭椰奶
百香果

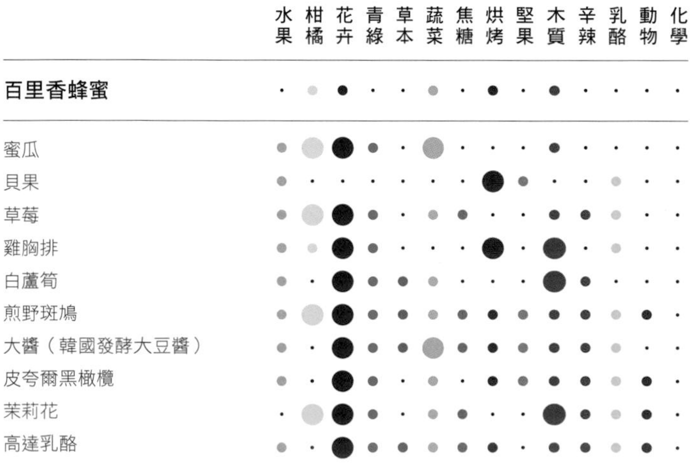
水果 柑橘 花卉 青綠 草本 蔬菜 焦糖 烘烤 堅果 木質 辛辣 乳酪 動物 化學
百里香蜂蜜
蜜瓜
貝果
草莓
雞胸排
白蘆筍
煎野斑鳩
大醬（韓國發酵大豆醬）
皮夸爾黑橄欖
茉莉花
高達乳酪

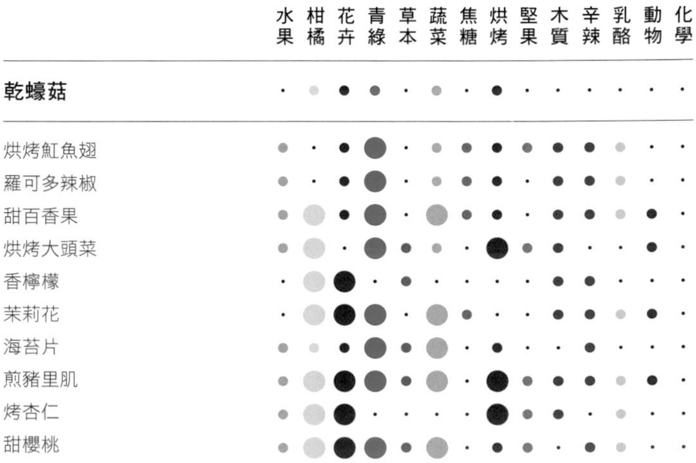
水果 柑橘 花卉 青綠 草本 蔬菜 焦糖 烘烤 堅果 木質 辛辣 乳酪 動物 化學
乾蠔菇
烘烤魟魚翅
羅可多辣椒
甜百香果
烘烤大頭菜
香檸檬
茉莉花
海苔片
煎豬里肌
烤杏仁
甜櫻桃

潛在搭配：茉莉花和香菜芹

香菜芹在十九世紀很受歡迎，現今因其可食用的塊莖再度被種植。雖然大多在七月至九月間採收，但被視為冬季蔬菜：在陰涼的環境中保存數個月之後，它的澱粉會分解為糖，讓味道變得更甜。

潛在搭配：茉莉花和琴酒

若要為琴酒（見次頁）增添花卉調，可以加一些新鮮茉莉花到酒瓶裡浸泡。若要多一層花香，再加幾株接骨木花。

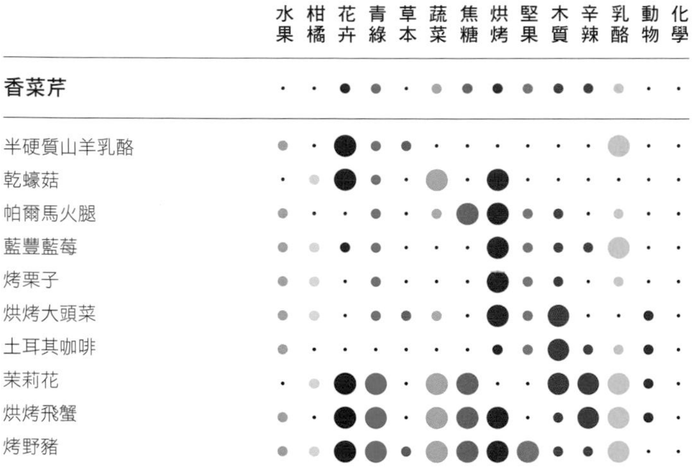

	水果	柑橘	花卉	青綠	草本	蔬菜	焦糖	烘烤	堅果	木質	辛辣	乳酪	動物	化學
香菜芹														
半硬質山羊乳酪														
乾蠔菇														
帕爾馬火腿														
藍豐藍莓														
烤栗子														
烘烤大頭菜														
土耳其咖啡														
茉莉花														
烘烤飛蟹														
烤野豬														

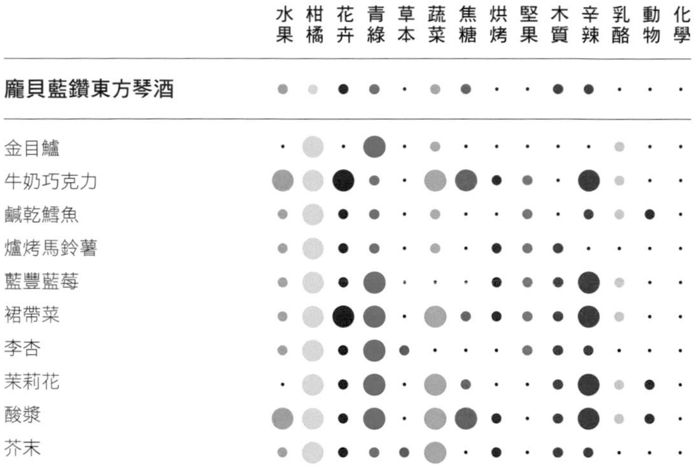

	水果	柑橘	花卉	青綠	草本	蔬菜	焦糖	烘烤	堅果	木質	辛辣	乳酪	動物	化學
龐貝藍鑽東方琴酒														
金目鱸														
牛奶巧克力														
鹹乾鱈魚														
爐烤馬鈴薯														
藍豐藍莓														
裙帶菜														
李杏														
茉莉花														
酸漿														
芥末														

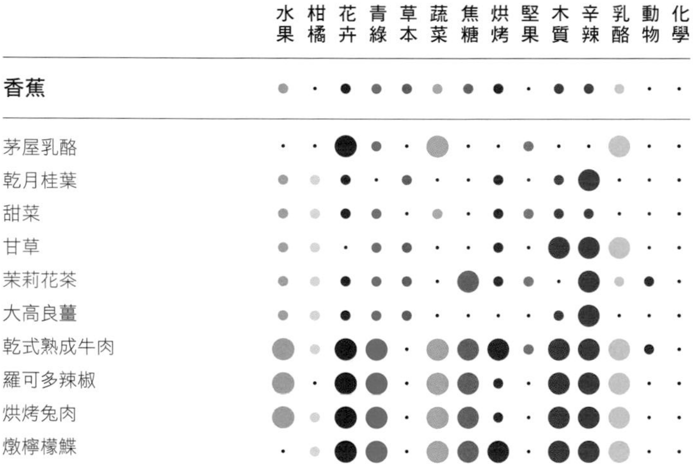

	水果	柑橘	花卉	青綠	草本	蔬菜	焦糖	烘烤	堅果	木質	辛辣	乳酪	動物	化學
香蕉														
茅屋乳酪														
乾月桂葉														
甜菜														
甘草														
茉莉花茶														
大高良薑														
乾式熟成牛肉														
羅可多辣椒														
烘烤兔肉														
燉檸檬鰈														

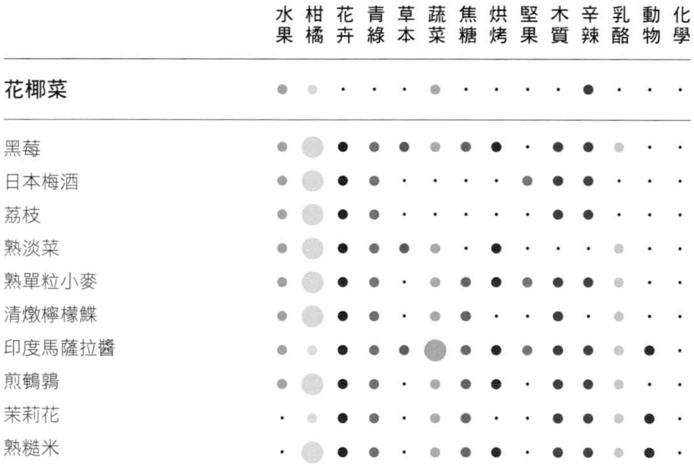

	水果	柑橘	花卉	青綠	草本	蔬菜	焦糖	烘烤	堅果	木質	辛辣	乳酪	動物	化學
花椰菜														
黑莓														
日本梅酒														
荔枝														
熟淡菜														
熟單粒小麥														
清燉檸檬鰈														
印度馬薩拉醬														
煎鵪鶉														
茉莉花														
熟糙米														

琴酒

倫敦乾琴酒的製造過程蒸餾杜松子、香菜籽、歐白芷、乾橙皮等植物性藥材，使其散發馨香的松木、花卉、柑橘、泥土、木質和辛辣－樟腦調。

英國人在十七世紀開始蒸餾杜松子和其他當地藥草以製造最早的琴酒。不過新開發出來的味道還是偏苦澀，因此加了糖使質地滑順，最後成為所謂的「老湯姆」琴酒。

琴酒由酒精濃度 96% 的中性穀物烈酒混合杜松子和其他藥草及香料再蒸餾製成。杜松子的香味決定了琴酒的風味，但每個品牌都有自己的招牌配方，添加某個比例的其他芳香植物和原料以呈現地方特色。

具備產區地理標示的琴酒因明確的原料來源、產地和嚴格遵循傳統製造法而受到肯定。今日，僅有西班牙馬翁琴酒和立陶宛維爾紐斯琴酒得到這項殊榮。為了保持地位，歐盟規定業者必須在蒸餾過程中達到預期的藥草平衡，禁止進一步強化。

「倫敦乾琴酒」這個名稱指的是琴酒製造的風格而非產地。倫敦琴酒不得含有人工色素和香料，或是除了水和微量甜味劑（每公升酒液不得超過零點一公克的糖）之外的任何添加物。它的風味必須純粹來自於中性烈酒基底添加「天然植物原料」的再蒸餾。「倫敦琴酒」可加入「乾」做為補充。

番茄、綠茶、橄欖油與琴酒雞尾酒

食物搭配獨家食譜

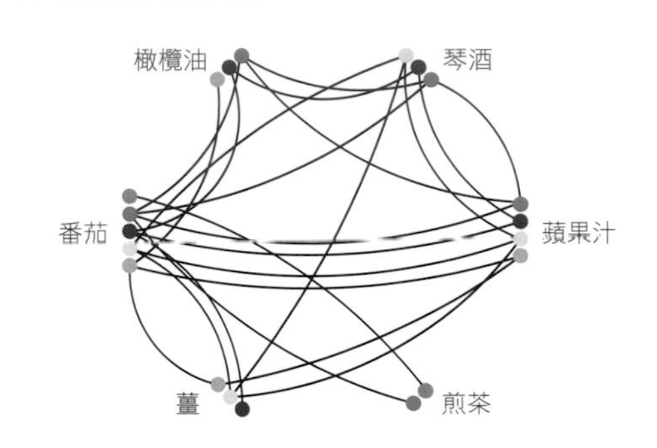

由於油不容易與其他液體混合，製作這款雞尾酒的訣竅是以另一種食材乳化——我們使用的是蛋白。首先將薑浸泡於綠茶糖漿中。接著將糖漿倒入雪克杯，加進番茄汁、琴酒、蛋白、橄欖油和一點蘋果汁增甜。使用手持攪拌器打至乳化，再加入冰塊到雪克杯中。最後將雞尾酒濾出並倒至玻璃杯中，等待幾秒讓泡沫形成。

相關香氣輪廓：普利茅斯琴酒

由於普利茅斯琴酒比倫敦琴酒使用更多的根為原料，因此具有泥土味且較不乾。它的香氣輪廓松木味較少、杜松調較細微並擁有較高濃度的柑橘和花卉揮發性化合物。

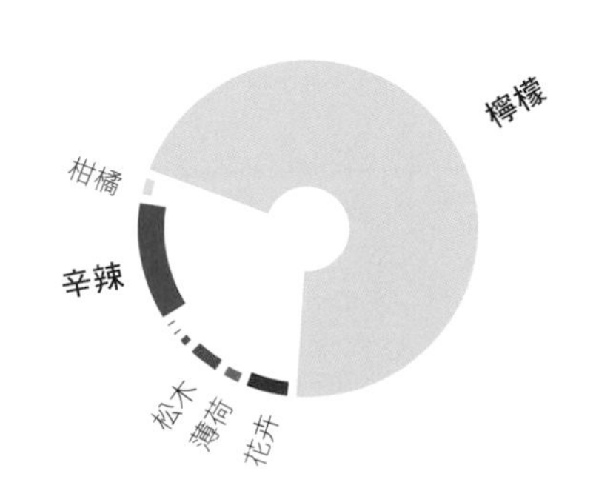

	水果	柑橘	花卉	青綠	草本	蔬菜	焦糖	烘烤	堅果	木質	辛辣	乳酪	動物	化學
普利茅斯琴酒														
香菜葉														
開心果														
香茅														
鼠尾草														
肉桂														
印度長胡椒														
葡萄柚														
黑豆蔻														
塞利姆胡椒														
夏蜜柑														

倫敦乾琴酒

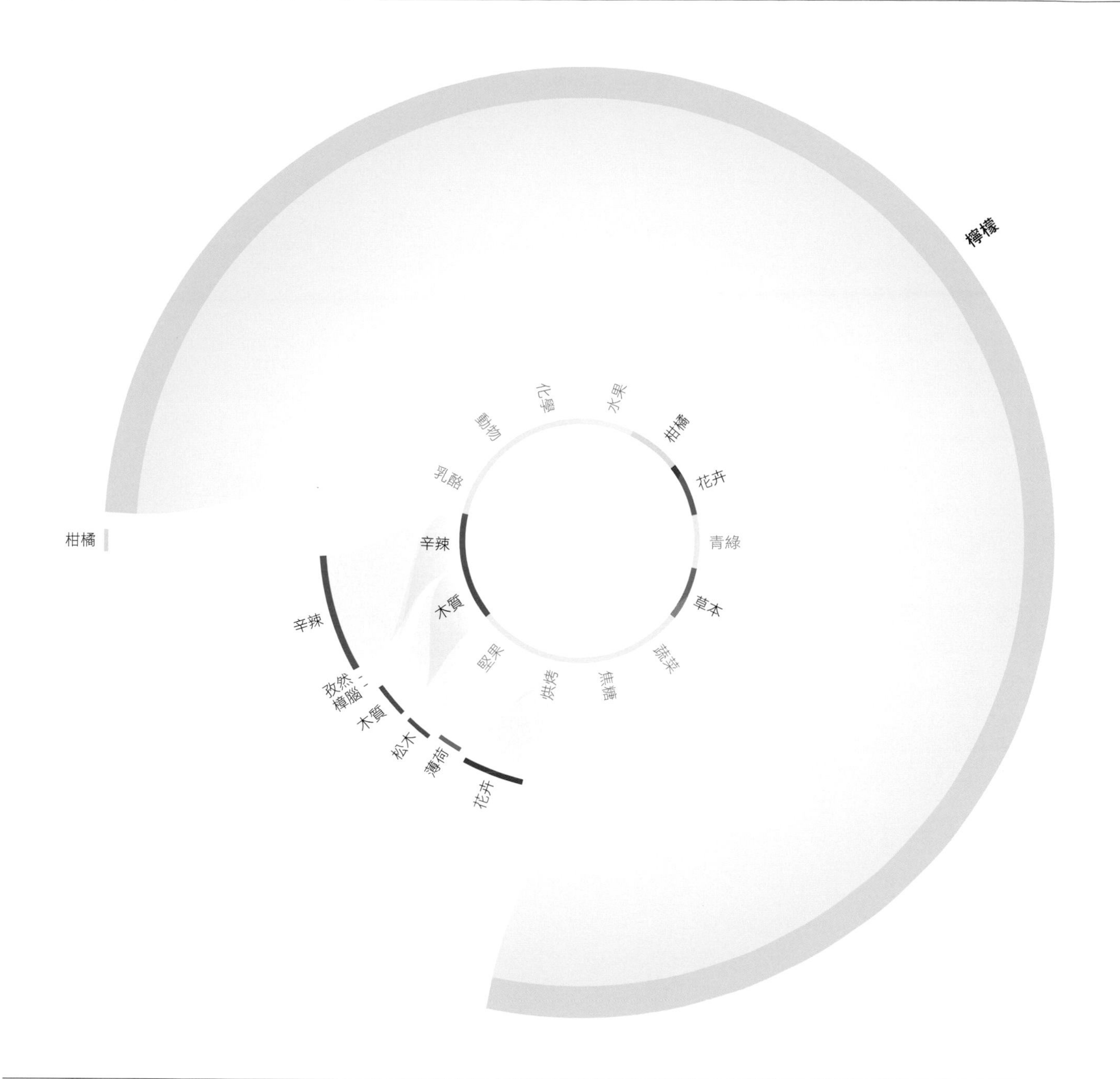

倫敦乾琴酒香氣輪廓

乙醇加上天然植物性藥材和熱性香料一起再蒸餾讓倫敦琴酒具有平衡風味。這種乾琴酒所缺乏的甜度（最終蒸餾出來的酒液每公升不得超過 0.1 公克的糖或添加劑）由香氣複雜度補足。杜松子的松木、花卉、柑橘和樟腦調最為顯著，但倫敦乾琴酒也含有青綠、水果和烘烤調（如搭配表格所示）。其他典型的原料包括香菜籽，它帶來獨特的柑橘、花卉和辛辣調。歐白芷和鳶尾根增添泥土、木質、花卉香，乾橙皮則賦予柑橘、青綠－脂肪味。

	水果	柑橘	花卉	青綠	草本	蔬菜	焦糖	烘烤	堅果	木質	辛辣	乳酪	動物	化學
倫敦乾琴酒	•	•	•	•	•	·	·	•	·	•	•	·	·	·
烤澳洲胡桃	•	•	•	•	·	•	·	•	•	●	·	•	·	·
熟法蘭克福香腸	•	●	●	•	·	•	•	•	·	•	•	•	•	·
乾式熟成牛肉	•	●	•	•	·	•	•	•	•	•	•	•	•	·
番薯脆片	·	•	●	•	·	•	•	•	·	·	•	•	·	·
熟單粒小麥	•	•	●	•	·	•	•	•	•	•	•	•	·	·
黑胡椒	•	●	•	·	·	•	•	•	·	●	●	•	·	·
新鮮薰衣草花	•	●	●	●	•	·	·	·	·	●	●	·	·	·
金橘皮	•	●	●	●	●	•	·	·	·	●	●	·	·	·
香菜籽	·	●	●	•	●	·	·	·	·	●	●	·	·	·
咖哩葉	•	●	•	•	•	•	·	•	·	●	●	•	·	·

潛在搭配：琴酒和黑醋栗葉

黑醋栗葉富含維生素 C 和抗氧化劑，可以拿來泡草本茶：將切碎的葉片以沸水沖泡十五至二十分鐘，接著趁熱或放涼飲用。甜味冷黑醋栗葉茶也可以當成調味糖漿用於雞尾酒中。

用吃的琴酒雞尾酒

讓固體琴酒雞尾酒為賓客帶來驚喜——以金橘和香菜籽調味的琴酒果凍。加水稀釋琴酒，拌入吉利丁在容器中定型。將琴酒果凍切成丁，淋上簡易金橘果醬並撒上搗碎的香菜籽——這樣的酸甜組合能平衡琴酒果凍的酒味。

低地國家的杜松子烈酒

琴酒的前身是杜松子酒「jenever」。比利時人和荷蘭人早在十六世紀就開始生產自己的麥酒，這種以裸麥、玉米和小麥製成的未精鍊蒸餾液散發烘烤、麥芽及青綠燕麥般的味道。由於荷蘭東印度公司壟斷了香料貿易，很快地異國香料便被蒸餾廠用來改善杜松子酒的風味。

在荷蘭語稱為「jeneverbes」的杜松子仍是用來製造杜松子酒的精緻混合藥材主要原料。在八十年戰爭（一五六八至一六四八年）和三十年戰爭（一六一九至一六四八年）期間，與荷軍並肩作戰的英國士兵把新發現的「荷蘭勇氣」帶回家鄉，但直到奧倫治威廉國王（King William of Orange）於一六八九年即位後，杜松子酒才在英格蘭變得廣受歡迎，名稱也從「jenever」改為「genever」，演化到後來簡稱「gin」（琴酒）。

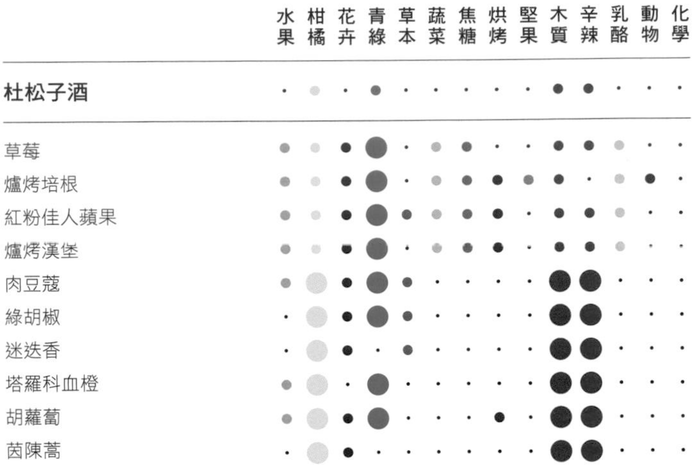

	水果	柑橘	花卉	青綠	草本	蔬菜	焦糖	烘烤	堅果	木質	辛辣	乳酪	動物	化學
杜松子酒														
草莓														
爐烤培根														
紅粉佳人蘋果														
爐烤漢堡														
肉豆蔻														
綠胡椒														
迷迭香														
塔羅科血橙														
胡蘿蔔														
茵陳蒿														

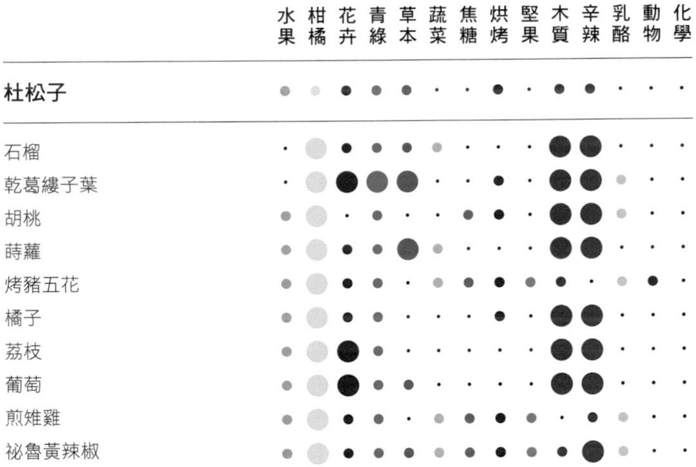

	水果	柑橘	花卉	青綠	草本	蔬菜	焦糖	烘烤	堅果	木質	辛辣	乳酪	動物	化學
杜松子														
石榴														
乾葛縷子葉														
胡桃														
蒔蘿														
烤豬五花														
橘子														
荔枝														
葡萄														
煎雉雞														
祕魯黃辣椒														

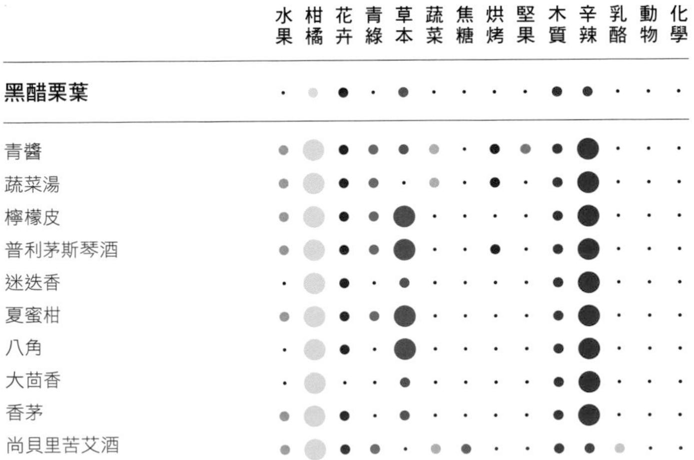

	水果	柑橘	花卉	青綠	草本	蔬菜	焦糖	烘烤	堅果	木質	辛辣	乳酪	動物	化學
黑醋栗葉														
青醬														
蔬菜湯														
檸檬皮														
普利茅斯琴酒														
迷迭香														
夏蜜柑														
八角														
大茴香														
香茅														
尚貝里苦艾酒														

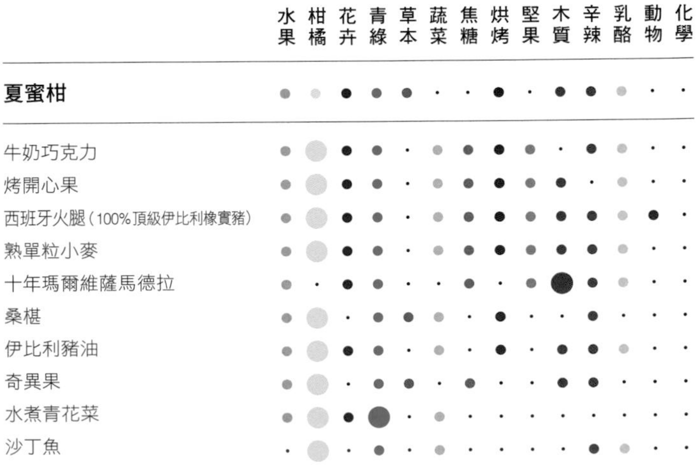

	水果	柑橘	花卉	青綠	草本	蔬菜	焦糖	烘烤	堅果	木質	辛辣	乳酪	動物	化學
夏蜜柑														
牛奶巧克力														
烤開心果														
西班牙火腿（100%頂級伊比利橡實豬）														
熟單粒小麥														
十年瑪爾維薩馬德拉														
桑椹														
伊比利豬油														
奇異果														
水煮青花菜														
沙丁魚														

經典搭配：琴酒和烤堅果

烤堅果是雞尾酒的最佳下酒良伴。試試以跟你喜愛的琴酒對味的香料調味：先將堅果裹上一層蛋白，再跟你選擇的香料混合，最後送進烤箱低溫乾燥。

主廚搭配：琴酒和橄欖

一位同事曾經挑戰我們使用番茄汁、綠茶、薑、橄欖油和琴酒創造一款雞尾酒——成果就是你在第 212 頁看到的飲品。你也可以加幾滴調味橄欖油到琴通寧裡，或直接加一兩顆橄欖（見次頁）到馬丁尼中。

琴酒食材搭配

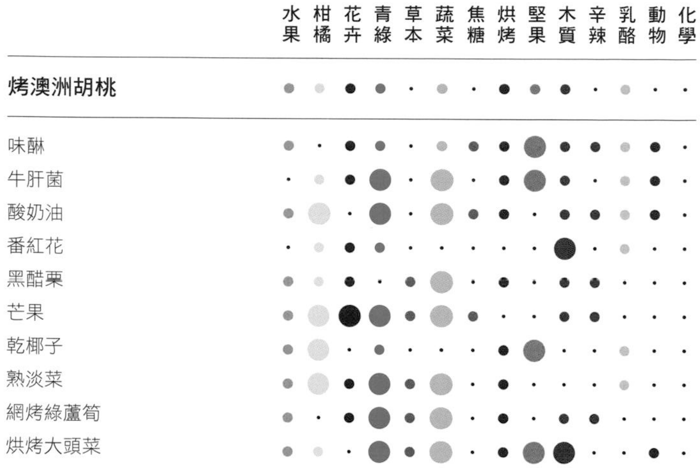

	水果	柑橘	花卉	青綠	草本	蔬菜	焦糖	烘烤	堅果	木質	辛辣	乳酪	動物	化學
烤澳洲胡桃														
味醂														
牛肝菌														
酸奶油														
番紅花														
黑醋栗														
芒果														
乾椰子														
熟淡菜														
網烤綠蘆筍														
烘烤大頭菜														

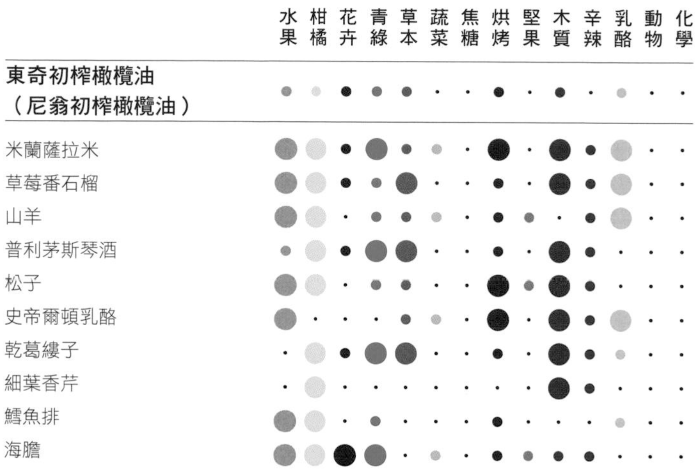

	水果	柑橘	花卉	青綠	草本	蔬菜	焦糖	烘烤	堅果	木質	辛辣	乳酪	動物	化學
東奇初榨橄欖油（尼翁初榨橄欖油）														
米蘭薩拉米														
草莓番石榴														
山羊														
普利茅斯琴酒														
松子														
史帝爾頓乳酪														
乾葛縷子														
細葉香芹														
鱈魚排														
海膽														

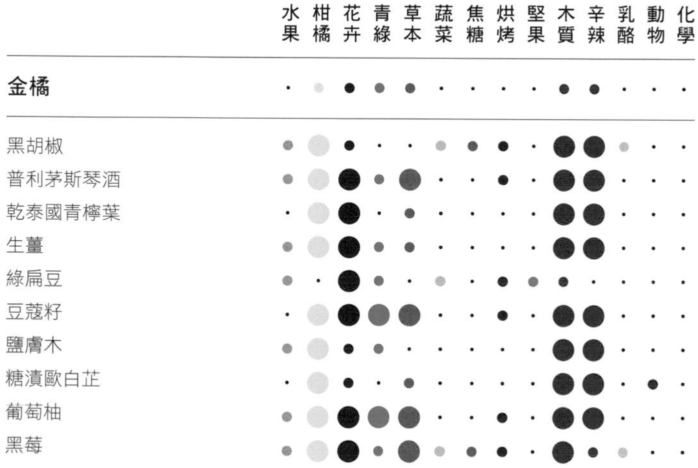

	水果	柑橘	花卉	青綠	草本	蔬菜	焦糖	烘烤	堅果	木質	辛辣	乳酪	動物	化學
金橘														
黑胡椒														
普利茅斯琴酒														
乾泰國青檸葉														
生薑														
綠扁豆														
豆蔻籽														
鹽膚木														
糖漬歐白芷														
葡萄柚														
黑莓														

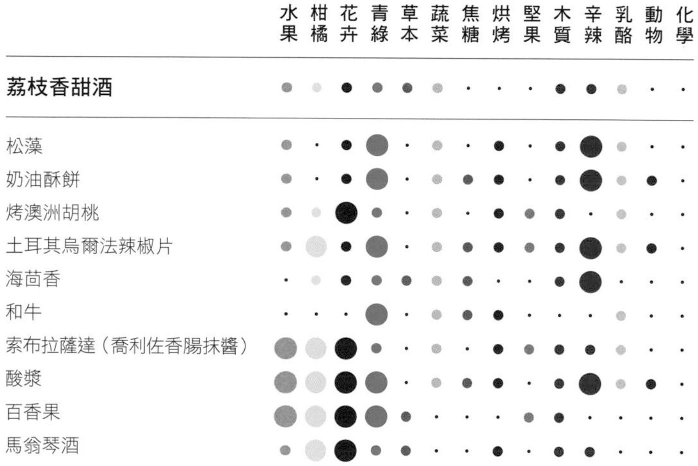

	水果	柑橘	花卉	青綠	草本	蔬菜	焦糖	烘烤	堅果	木質	辛辣	乳酪	動物	化學
荔枝香甜酒														
松藻														
奶油酥餅														
烤澳洲胡桃														
土耳其烏爾法辣椒片														
海茴香														
和牛														
索布拉薩達（喬利佐香腸抹醬）														
酸漿														
百香果														
馬翁琴酒														

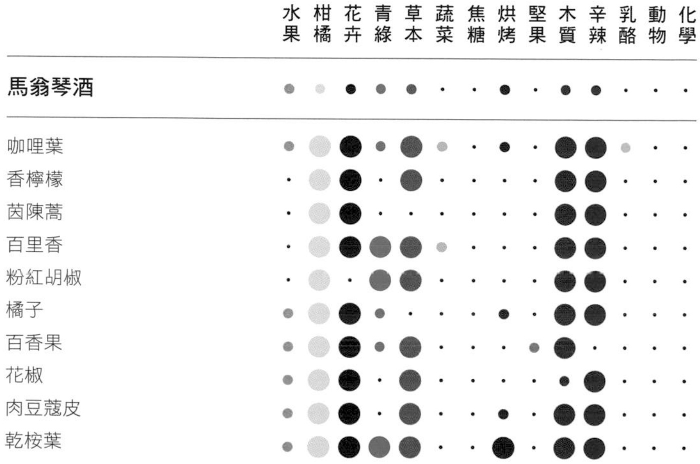

	水果	柑橘	花卉	青綠	草本	蔬菜	焦糖	烘烤	堅果	木質	辛辣	乳酪	動物	化學
馬翁琴酒														
咖哩葉														
香檸檬														
茵陳蒿														
百里香														
粉紅胡椒														
橘子														
百香果														
花椒														
肉豆蔻皮														
乾桉葉														

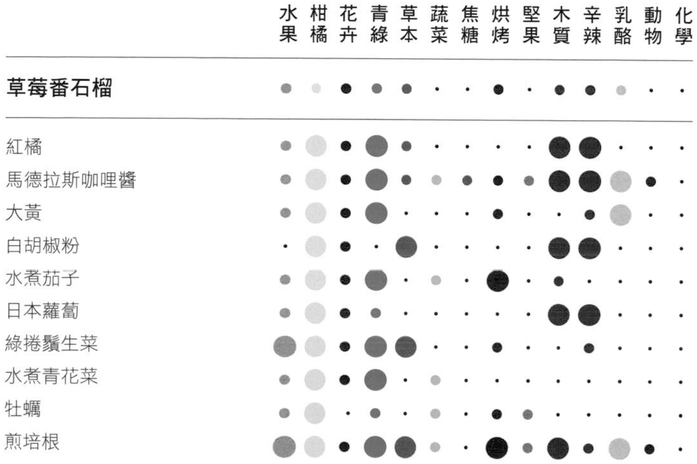

	水果	柑橘	花卉	青綠	草本	蔬菜	焦糖	烘烤	堅果	木質	辛辣	乳酪	動物	化學
草莓番石榴														
紅橘														
馬德拉斯咖哩醬														
大黃														
白胡椒粉														
水煮茄子														
日本蘿蔔														
綠捲鬚生菜														
水煮青花菜														
牡蠣														
煎培根														

黑橄欖

由於我們從來不生吃橄欖，因此食用醃製佐餐橄欖時所察覺到的風味混合了這種核果本身和細菌及酵母發酵過程中產生的香氣分子。

綠橄欖事實上是尚未完全成熟的果實。隨著橄欖成熟，顏色會從綠色、褐色、紅紫色到最後轉為黑色，同時逐漸喪失草本、堅果香氣。

新鮮橄欖含有大量橄欖苦苷分子，因此味道極苦，需要醃製才能變得可口。在發酵過程中，天然的糖分轉化為乳酸，濾去苦澀的橄欖苦苷和酚類，進而改善橄欖的滋味、質地和風味。

橄欖是已知最古老的水果之一，歷史可回溯至數千年前的小亞細亞和地中海地區，經過漫長的時間之後才和古希臘及羅馬文化畫上等號。橄欖有數百個栽培品種，因為各個文化依賴和馴化不同橄欖樹的果實和油。最受歡迎的品種包括阿貝金納、卡拉馬塔、曼莎尼雅、皮夸爾、卡斯泰爾韋特拉諾、利古里亞、尼斯和皮肖利。

我們吃的佐餐橄欖和用來製造橄欖油的橄欖並不一樣。舉例來說，橄欖油最受歡迎的品種之一是阿貝金納，它因果香和溫和奶油質地而受到青睞，成為日常使用的最佳選擇。

綠橄欖的味道比成熟黑橄欖酸澀，質地較紮實。黑橄欖的香氣輪廓則深受品種和醃製過程影響。

醃製有五種類型，時間長短經常反映在橄欖的價格上。鹼液醃製是最快速也最常使用的工業程序，但成品沒有什麼味道。鹽水醃製和水醃法較花時間，有時長達一年，但能保留較濃郁的果香，例如：尼翁橄欖。乾醃法將過熟的橄欖（通常為馬加列地奇品種）裹在鹽巴裡。使用這個程序醃製出來的橄欖看起來皺皺的，具有強烈鹽味，通常會進一步以芳草提升風味。最後，有些橄欖會直接留在樹上發酵，像是克里特島的特魯波里亞（Thrubolea）。

罐頭或玻璃罐裝的紮實黑橄欖除了用來保存它們的鹽水之外沒有太多味道，這是因為它們通常是經過氧化的半熟橄欖，可能使用加工處理加強顏色。

- 經典希臘沙拉結合了黑橄欖和番茄、黃瓜、紅洋蔥、菲達乳酪、橄欖油及奧勒岡草。
- 黑橄欖在好幾道地中海料理中都和橄欖油及檸檬搭配在一起，何不試試將檸檬換成不同的柑橘類水果？例如：香檸檬（見第 218 頁）和黑橄欖具有共同的辛辣、樟腦香氣調性。

橄欖食材搭配

	水果	柑橘	花卉	青綠	草本	蔬菜	焦糖	烘烤	堅果	木質	辛辣	乳酪	動物	化學
綠橄欖	•	•	•	•	•	•	•	•	•	•	•	•	•	•
百香果	•	•	•	•	•	•	•	•	•	•	•	•	•	•
肉豆蔻	•	•	•	•	•	•	•	•	•	•	•	•	•	•
乾豆蔻	•	•	•	•	•	•	•	•	•	•	•	•	•	•
祕魯黃辣椒	•	•	•	•	•	•	•	•	•	•	•	•	•	•
香茅	•	•	•	•	•	•	•	•	•	•	•	•	•	•
孜然籽	•	•	•	•	•	•	•	•	•	•	•	•	•	•
黑莓	•	•	•	•	•	•	•	•	•	•	•	•	•	•
爐烤培根	•	•	•	•	•	•	•	•	•	•	•	•	•	•
茵陳蒿	•	•	•	•	•	•	•	•	•	•	•	•	•	•
芒果	•	•	•	•	•	•	•	•	•	•	•	•	•	•

	水果	柑橘	花卉	青綠	草本	蔬菜	焦糖	烘烤	堅果	木質	辛辣	乳酪	動物	化學
人頭馬 XO 特優香檳干邑白蘭地	•	•	•	•	•	•	•	•	•	•	•	•	•	•
裸麥麵包	•	•	•	•	•	•	•	•	•	•	•	•	•	•
番石榴汁	•	•	•	•	•	•	•	•	•	•	•	•	•	•
清燉榅桲	•	•	•	•	•	•	•	•	•	•	•	•	•	•
海膽	•	•	•	•	•	•	•	•	•	•	•	•	•	•
烤開心果	•	•	•	•	•	•	•	•	•	•	•	•	•	•
拉古薩諾乳酪	•	•	•	•	•	•	•	•	•	•	•	•	•	•
日曬香蕉乾	•	•	•	•	•	•	•	•	•	•	•	•	•	•
乾洋甘菊	•	•	•	•	•	•	•	•	•	•	•	•	•	•
杏桃	•	•	•	•	•	•	•	•	•	•	•	•	•	•
皮夸爾黑橄欖	•	•	•	•	•	•	•	•	•	•	•	•	•	•

皮夸爾黑橄欖（Picual black olive）

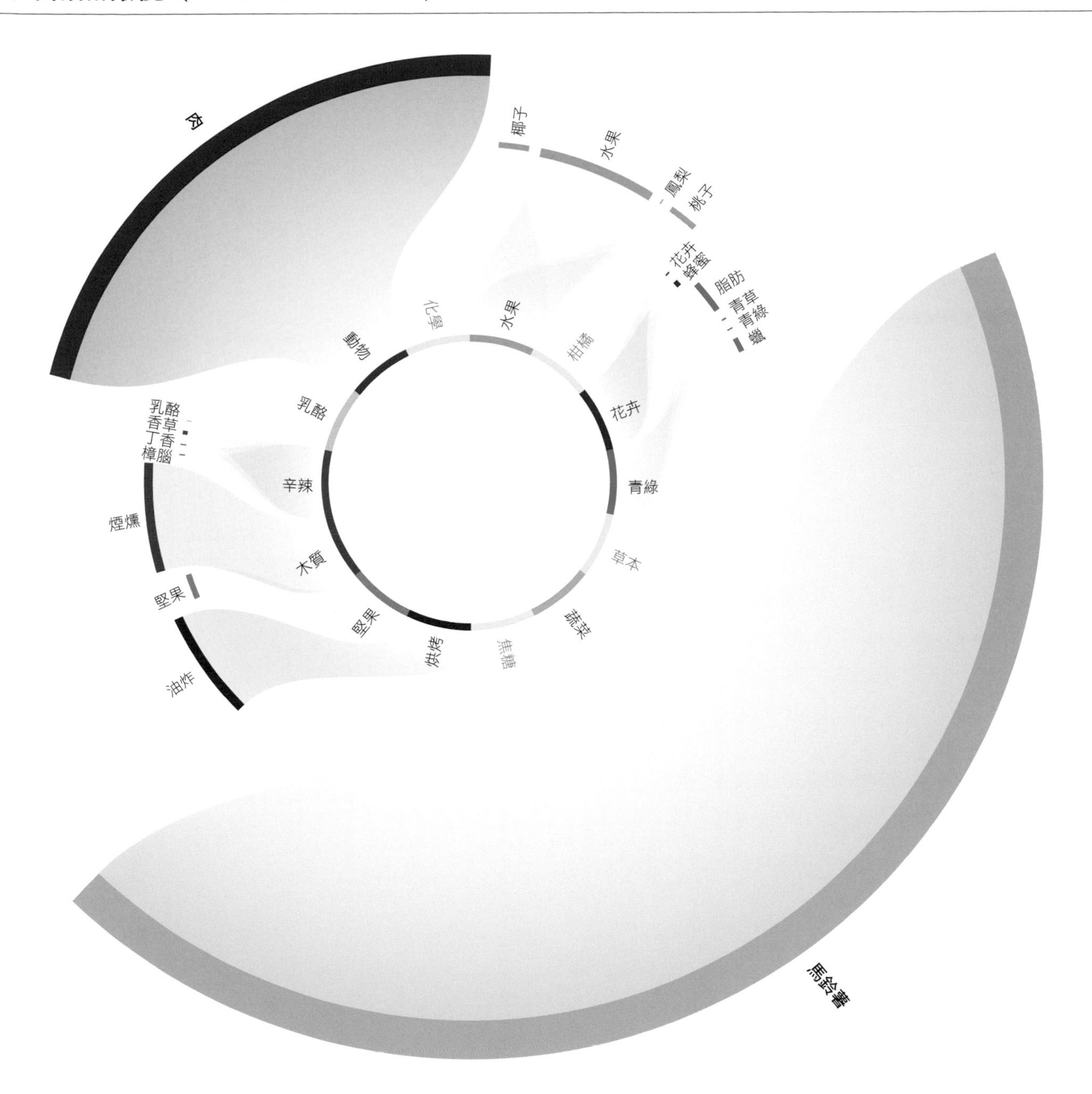

皮夸爾黑橄欖香氣輪廓

皮夸爾是摩洛哥黑橄欖，通常採用傳統希臘製法僅以鹽和水進行發酵，產生的酸類很少。隨著綠橄欖成熟轉黑，它們會失去大部分除了青綠－脂肪和油炸調之外的青綠味，香氣輪廓也益發複雜。新的香氣分子讓皮夸爾散發蔬菜－馬鈴薯和水果－桃子氣味。某些醛分子含有青綠－油炸調，是脂肪香氣來源，硫味分子則賦予鹹味、醃製調性。皮夸爾的水果－桃子香氣分子帶有微微橄欖氣味。

	水果	柑橘	花卉	青綠	草本	蔬菜	焦糖	烘烤	堅果	木質	辛辣	乳酪	動物	化學
皮夸爾黑橄欖	●	·	●	●	·	●	·	●	●	●	●	●	●	·
橙皮	●	●	●	●	●	·	·	·	·	●	●	·	·	·
牛奶莫札瑞拉乳酪	●	●	●	●	·	●	·	·	·	·	·	●	●	·
哈密瓜	●	·	●	●	·	●	●	·	·	·	●	·	·	·
網烤羔羊肉	●	●	●	●	●	●	·	●	●	●	●	●	●	·
烤榛果	●	●	●	●	·	·	●	●	●	●	·	●	·	·
煎鵪鶉	●	●	●	●	·	●	●	●	·	●	●	●	·	·
水煮麵包蟹	●	●	●	●	·	●	●	●	●	●	●	●	●	·
老抽	●	·	●	●	·	●	●	●	·	●	●	●	●	·
薄荷	●	●	●	·	●	·	·	·	●	●	●	●	·	·
水煮馬鈴薯	●	●	●	●	·	●	·	●	·	·	·	●	·	·

香檸檬

香檸檬無疑擁有檸檬－柳橙香氣，但更深一層的花卉、玫瑰調為它帶來細膩又複雜的芳香。深吸一口氣，你還會開始注意到一些隱藏的草本、松木調。新鮮的香檸檬又酸又苦，栽培這種柑橘類水果主要是為了精油——它的亮綠色外皮經過冷壓之後能萃取出清澈的黃綠色精華。香檸檬油也使用於香甜酒、香水和其他美妝產品中。

這種交叉繁殖的酸味柳橙在自然狀態下一般被認為不適合食用，不過它的果汁在模里西斯島上被當成是消暑飲品。香檸檬為雞尾酒、鹹食和油醋醬增添迷人的柑橘酸勁，也可以加入其他糕餅甜點。

最令人趨之若鶩的香檸檬油來自於義大利南部卡拉布里亞沿海地區，擁有歐盟認可的原產地名稱保護（Protected Designation of Origin）特別地位。在雷焦卡拉布里亞，這種柑橘類水果也用來製造餐後酒「Il Bergamino」以及清爽香檸檬版本的義大利甜酒。

香檸檬油具有類似某些上等中國茶的風味，特別是佛手烏龍茶。隨著茶在十八和十九世紀漸漸風行於歐洲，有些茶會添加一點香檸檬油顯得更加高檔。伯爵茶可能也是這麼來的，雖然還有其他幾種解釋，包括這款配方茶是中國官吏送給格雷伯爵二世（一八三〇至一八三四年任英國首相）的禮品。它後來變得大受歡迎，直至今日持續以伯爵茶和仕女伯爵茶的形式出現，可能以中國或印度茶為基底。

- 拿方糖摩擦香檸檬皮以吸收風味。這些糖可以保存在密封罐裡，加入甜食中能散發微微柑橘香。
- 北美洲植物的美國薄荷屬也叫「bergamot」（香檸檬英語名稱），它們的葉子具芳香，氣味和香檸檬略為類似。美洲原住民浸泡這些葉子做成奧斯威戈（oswego）茶，用來治療感冒和消化不良。蜂香薄荷（Monarda didyma）是最常見的品種，其嫩葉可以新鮮或乾燥使用，為飲品、魚肉、雞肉或沙拉增添柔和香檸檬風味。
- 若要製作草本味的油醋醬，將橄欖油、香檸檬汁和甜菜汁混合在一起。香檸檬的酸味能為甜菜（見第 220 頁）的泥土調帶來清新氣息。

香檸檬食材搭配

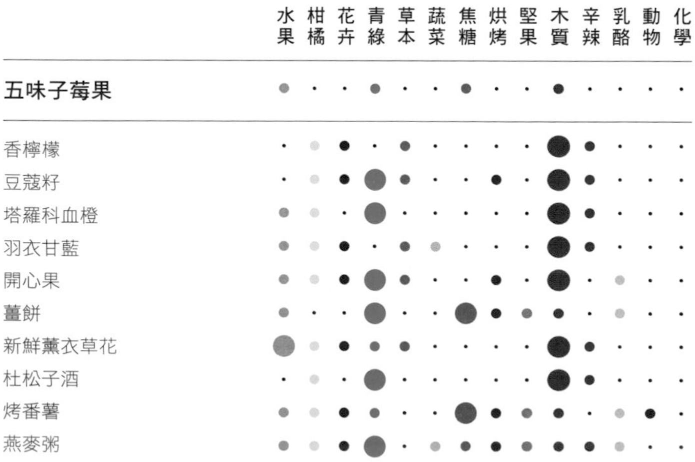

	水果	柑橘	花卉	青綠	草本	蔬菜	焦糖	烘烤	堅果	木質	辛辣	乳酪	動物	化學
五味子莓果														
香檸檬														
豆蔻籽														
塔羅科血橙														
羽衣甘藍														
開心果														
薑餅														
新鮮薰衣草花														
杜松子酒														
烤番薯														
燕麥粥														

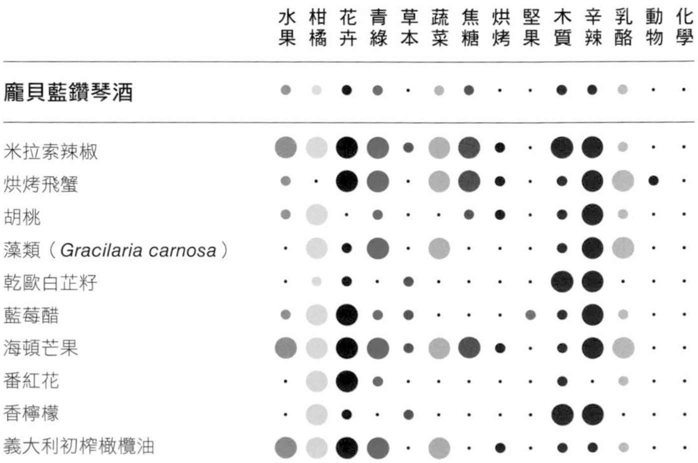

	水果	柑橘	花卉	青綠	草本	蔬菜	焦糖	烘烤	堅果	木質	辛辣	乳酪	動物	化學
龐貝藍鑽琴酒														
米拉索辣椒														
烘烤飛蟹														
胡桃														
藻類（*Gracilaria carnosa*）														
乾歐白芷籽														
藍莓醋														
海頓芒果														
番紅花														
香檸檬														
義大利初榨橄欖油														

香檸檬

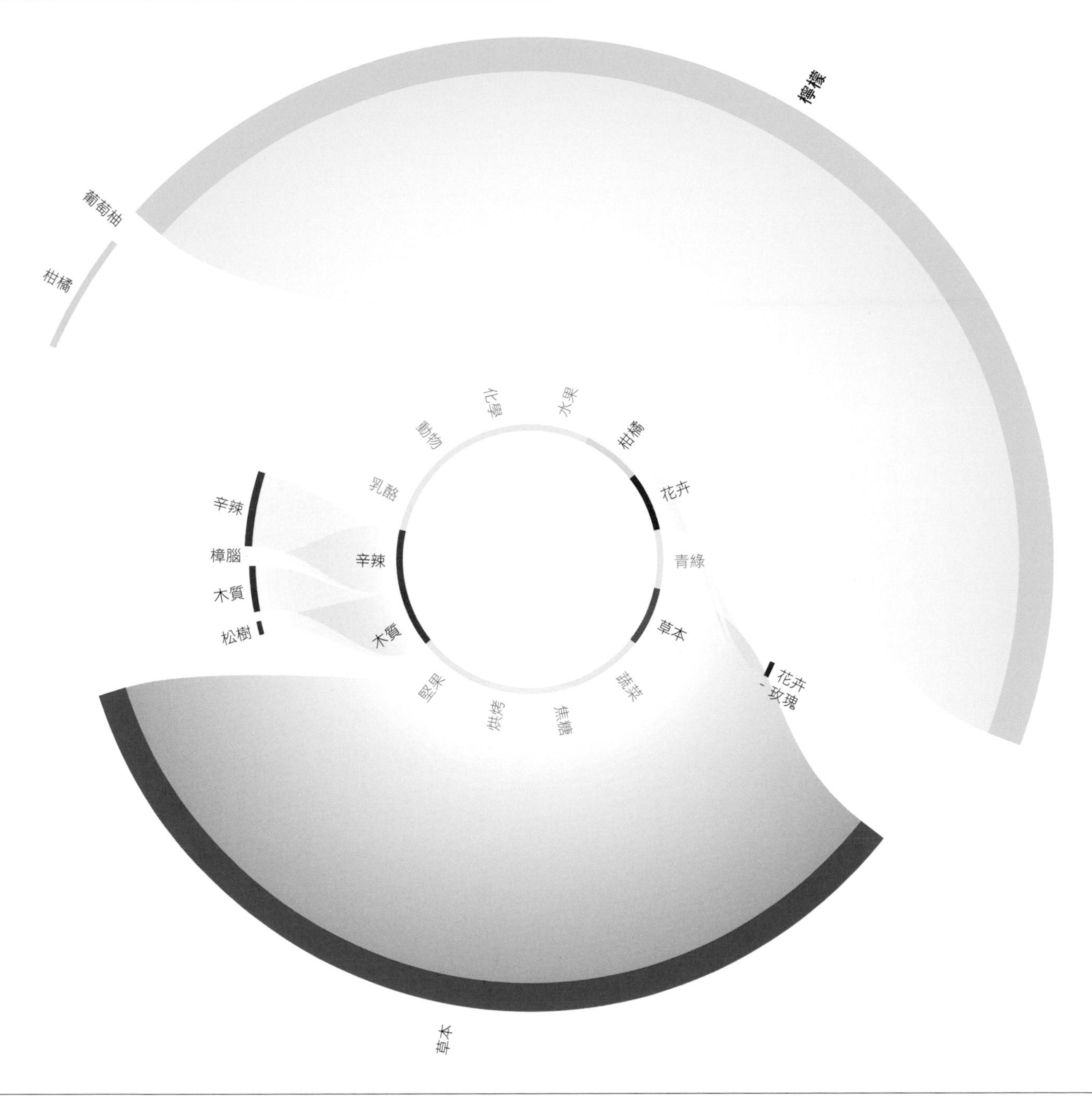

香檸檬香氣輪廓

香檸檬的香氣輪廓和萊姆類似，因為它們擁有許多共同的柑橘、松木味化合物和花卉調，只是濃度不同。香檸檬含有葡萄柚的關鍵香氣分子諾卡酮，它亦存在於金橘皮和聖杰曼接骨木花香甜酒中。比利時風格白色愛爾啤酒也含有跟香檸檬同樣的柑橘－香菜調。香檸檬的花卉、紫羅蘭味提供了與波本威士忌及杏桃的絕佳香氣連結。新鮮香檸檬可以用來提升檸檬和柳橙較溫和的風味，結合金橘或香橙則能增添美妙的複雜度。香檸檬也和新鮮香草相得益彰，像是羅勒、迷迭香、鼠尾草甚至百里香。氣味強烈濃郁的香料則和它天生絕配，像是肉桂、肉豆蔻、孜然、豆蔻（試想摩洛哥綜合香料）和八角。其他相配的食材還包括薑和香茅。

	水果	柑橘	花卉	青綠	草本	蔬菜	焦糖	烘烤	堅果	木質	辛辣	乳酪	動物	化學
香檸檬	●	●	●	●	●	●	●	●	●	●	●	●	●	●
烤雞胸排	●	●	●	●	●	●	●	●	●	●	●	●	●	●
熟印度香米	●	●	●	●	●	●	●	●	●	●	●	●	●	●
水煮防風根	●	●	●	●	●	●	●	●	●	●	●	●	●	●
榛果	●	●	●	●	●	●	●	●	●	●	●	●	●	●
烘烤乳酪蛋糕	●	●	●	●	●	●	●	●	●	●	●	●	●	●
韓國辣醬	●	●	●	●	●	●	●	●	●	●	●	●	●	●
清燉烏魚	●	●	●	●	●	●	●	●	●	●	●	●	●	●
水煮黏果酸漿	●	●	●	●	●	●	●	●	●	●	●	●	●	●
葡萄乾	●	●	●	●	●	●	●	●	●	●	●	●	●	●
黑巧克力	●	●	●	●	●	●	●	●	●	●	●	●	●	●

甜菜

甜菜明顯的泥土特性來自香氣分子土臭素。根據甜菜生長的土壤不同，這個氣味的強烈程度也有所差異，因為土臭素由土裡的細菌釋放。「土臭素」（geosmin）的名稱源自希臘語「γεω」（發音同「geo」），意思是「泥土」，以及「ὀσμή」（發音同「osmí」），意思是「味道」。試想剛翻過的土堆，或是夏日一場大雨過後散發的濃重泥土氣息。

鯰魚、鯉魚和其他淡水魚皆含有土臭素，這解釋了為何牠們帶有一股泥味。高影響香氣分子像是甜菜裡的土臭素立即會被察覺是因為嗅覺識別閾值極低。這種香氣分子的濃度即使低到只有兆分之五都能被人類的鼻子偵測出來。或者換個說法，就算把一茶匙的土臭素溶於相當於二百個奧運游泳池大小的水中，我們都聞得到。

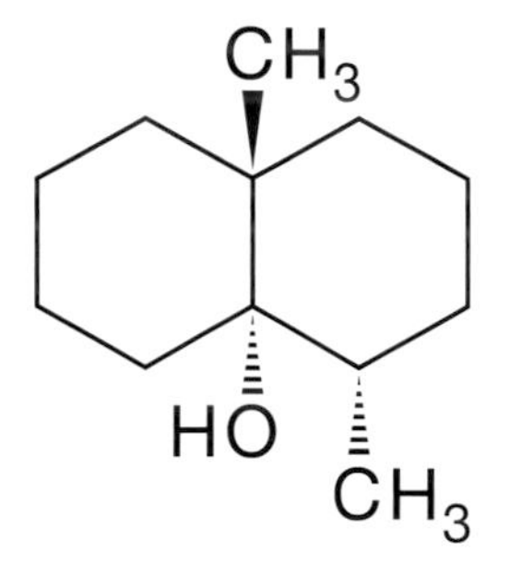

土臭素
具特有泥土味的醇類，在夏日雨後容易辨認。

從根吃到莖：甜菜嫩芽

隨著馬西莫・博圖拉（Massimo Bottura）和丹・巴柏等名廚力行減少食物浪費，從根吃到莖的範例也逐漸出現在餐廳菜單上，像是增添酥脆質地的炸胡蘿蔔葉和以韭蔥外層硬葉製成的脫水提味粉。綠葉甜菜嫩芽比泥土味的球根擁有更高濃度的青綠香氣分子，以及一些類似洋蔥和大蒜的硫磺調。新鮮的甜菜嫩芽味道微苦，能為新鮮沙拉增色。成熟甜菜葉的質地和風味稍微濃郁一些，最好用燉煮、水煮、蒸煮或嫩煎的方式調理，和菠菜一樣。甜菜嫩芽甚至可以拿來烘烤或油炸。

如何料理甜菜？

料理紅甜菜時，似乎無可避免地會讓手指和衣服沾得到處都是，但其他品種比較不會把所有東西都染成桃紅色。基奧賈甜菜是義大利原種，切面可見醒目的粉紅色同心環紋。這種甜菜也被稱為拐杖糖甜菜，在不同栽培品種當中糖分最高，成為較具甜味又不失風味的選擇。

最知名的甜菜料理之一是羅宋湯，這道湯品和俄羅斯及東歐菜畫上等號。在許多文化中，甜菜傳統上會醃漬成佐料，但這種泥土味蔬菜也可以水煮或蒸煮，去皮後加或不加奶油趁熱吃。烹煮甜菜能加強它微微的甜味，讓它成為鹹甜皆宜的百搭食材——水煮甜菜裡有些偏醇厚、麥芽味的香氣分子具烘烤杏仁、巧克力或甚至水果調，適合搭配覆盆子、黑巧克力和巴薩米克醋。它的柑橘調聞起來像橙皮，與胡蘿蔔、新鮮香菜和鱸魚形成香氣連結；辛辣丁香調則與羅勒及月桂葉相襯。

此外，果汁吧和健康食品市場大力宣傳冷壓甜菜汁排毒的好處，並以甜菜脆片取代薯片販售。這種根類蔬菜連做成冰淇淋或雪酪都很美味。

	水果	柑橘	花卉	青綠	草本	蔬菜	焦糖	烘烤	堅果	木質	辛辣	乳酪	動物	化學
甜菜嫩芽														
紅龍蘋果														
烤小牛胸腺														
牛肝菌														
熟莧菜粒														
土耳其烏爾法辣椒片														
馬德拉斯咖哩醬														
義大利辣香腸														
煎培根														
古岡左拉乳酪														
清燉鮭魚														

生甜菜

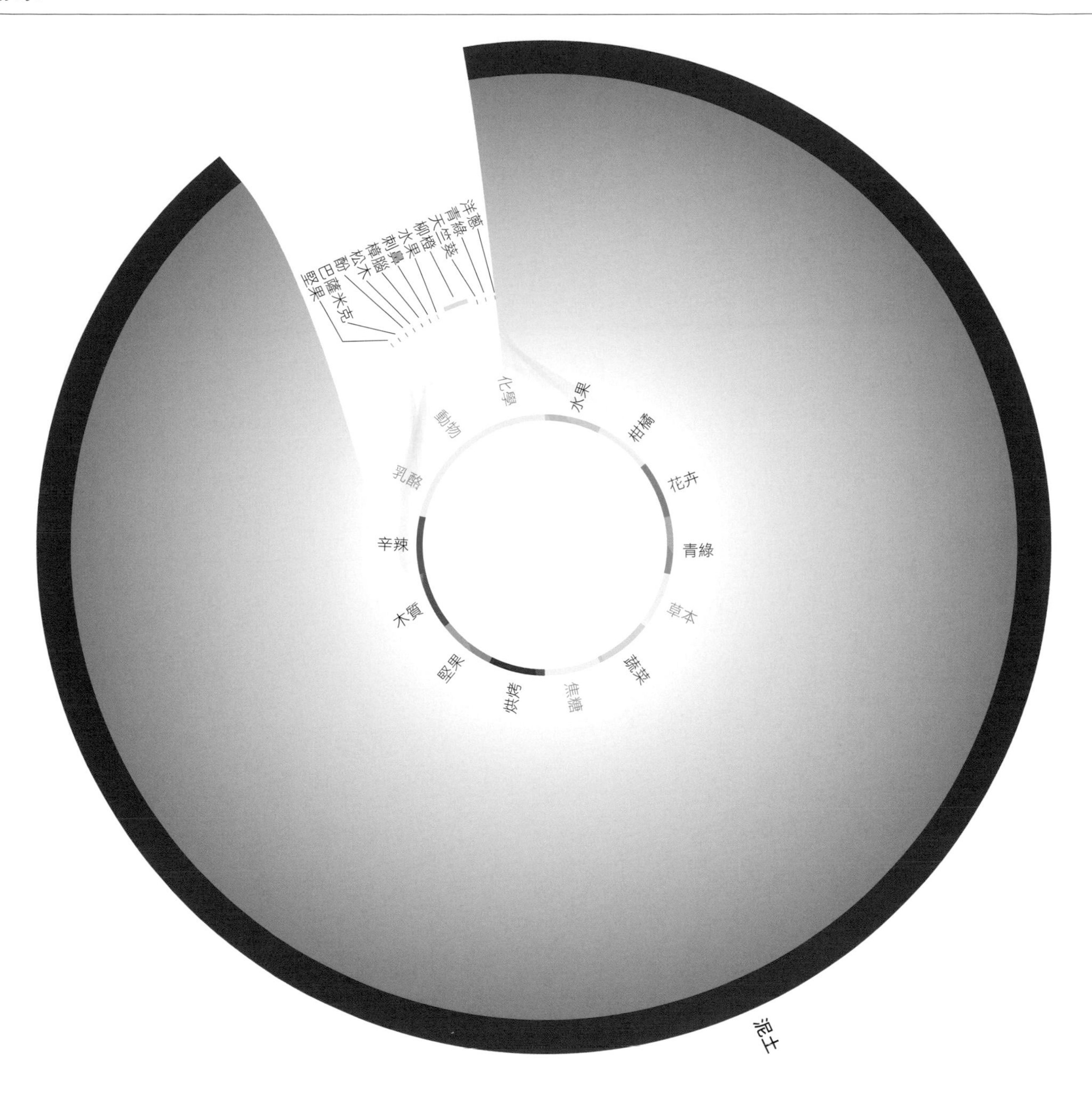

生甜菜香氣輪廓

甜菜香氣輪廓裡的成分不只有土臭素。生甜菜含有桃子和鳳梨味的內酯，這解釋了為何山羊乳酪、布里乳酪或奧維涅藍紋乳酪和甜菜沙拉這麼搭，試試以甜菜配杏桃和無花果帶出這些水果調。甜菜也具類似蘋果的花卉玫瑰氣味，另外還有賦予泥土、霉味的吡嗪，與胡蘿蔔、防風根、藜麥和辣根合拍。

	水果	柑橘	花卉	青綠	草本	蔬菜	焦糖	烘烤	堅果	木質	辛辣	乳酪	動物	化學
甜菜	•	•	•	•	·	•	·	•	•	•	•	·	·	·
乾櫻花	·	•	•	·	·	·	·	·	●	·	·	·	·	·
烤明蝦	•	·	·	●	·	●	·	•	•	·	•	·	•	·
百香果	•	•	•	•	•	·	·	·	●	●	·	·	·	·
西班牙火腿（100%頂級伊比利橡實豬）	•	●	•	•	·	•	•	•	●	●	•	•	•	·
海膽	●	●	●	●	·	•	·	•	●	●	•	·	·	·
塔羅科血橙	•	●	·	●	·	·	·	·	·	●	•	·	·	·
豆漿	•	·	•	•	·	•	·	·	·	•	·	•	·	·
煙燻大西洋鮭魚	•	●	·	•	·	·	•	•	●	●	•	•	·	·
夏季松露	•	·	•	•	·	●	·	·	·	•	·	•	•	·
網烤羔羊肉	●	●	●	●	•	●	·	•	●	●	•	•	•	·

水煮或烘烤甜菜

為了保留甜菜飽和的紫紅色，水煮時先別去皮，否則鮮豔的色素會溶解於水中。為了留住更多風味，將整顆甜菜帶皮一起烤，或是裹上一層鹽。這麼做能讓蔬菜在自己的汁液裡烹煮。

烘烤甜菜脆片

你可以利用烤箱而非油鍋製作薄脆甜菜片。烘烤的焦糖風味比油炸的少（見下方香氣輪廓）。

水煮甜菜香氣輪廓

水煮能加強甜菜的甜度，但降低水果風味。焦糖和香草味化合物的濃度增加。另外還有較為醇厚的麥芽味香氣分子以及柑橘和辛辣調。

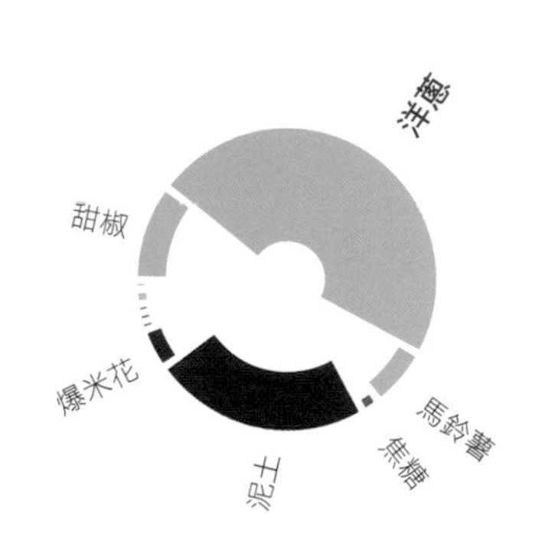

	水果	柑橘	花卉	青綠	草本	蔬菜	焦糖	烘烤	堅果	木質	辛辣	乳酪	動物	化學
水煮甜菜														
綠茶														
黑莓														
牛奶巧克力														
煎鴨胸														
熟蕎麥麵														
白蘆筍														
烘烤菱鮃														
大蝦														
味醂														
網烤肋眼牛排														

烘烤甜菜香氣輪廓

烘烤甜菜擁有一些常見於麵包皮的麥芽、烘烤調。隨著生甜菜的泥土味逐漸消失，新的青綠香氣分子開始形成，水果、柑橘－柳橙調亦增加。

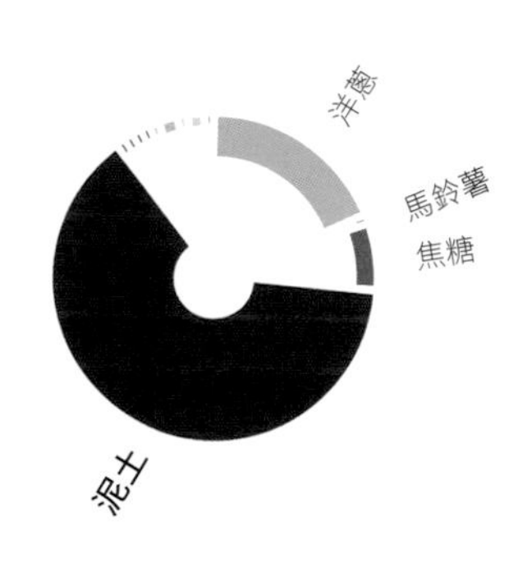

	水果	柑橘	花卉	青綠	草本	蔬菜	焦糖	烘烤	堅果	木質	辛辣	乳酪	動物	化學
烘烤甜菜														
松茸														
水煮藍蟹														
卡琳達草莓														
黑巧克力														
全熟水煮蛋														
鹹鯷魚														
薩拉米														
煎鴨肝														
綠蘆筍														
紅辣椒粉														

甜菜脆片香氣輪廓

油炸會讓甜菜吸收一些熱油當中的青綠香氣分子，同時也增加烘烤調的濃度。

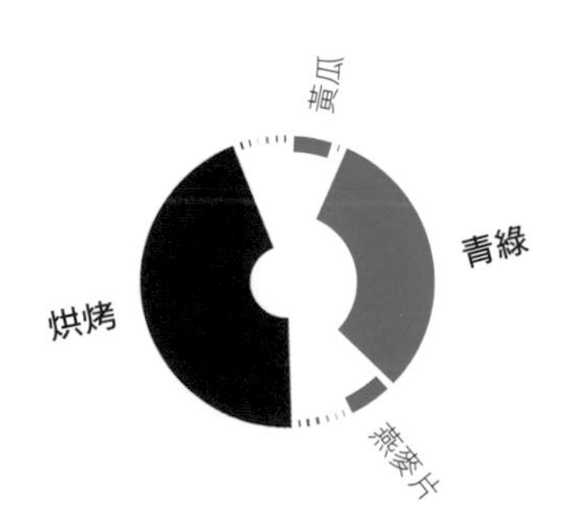

	水果	柑橘	花卉	青綠	草本	蔬菜	焦糖	烘烤	堅果	木質	辛辣	乳酪	動物	化學
甜菜脆片														
李子														
乾小檗														
熟淡菜														
里肌豬排														
野生草莓														
榛果														
醃漬櫻花														
龍舌蘭酒														
紅酒醋														
軟質乳酪														

潛在搭配：甜菜汁和伏特加

你可以將生甜菜萃取物加到果汁和果昔裡，但新鮮甜菜汁也能為雞尾酒增添鮮明風格——試試搭配伏特加。

食譜搭配：甜菜和扇貝

如果你愛吃水果雪酪，千萬別錯過甜菜口味：你可以搭配韃靼扇貝（見下方食譜）一起享用。以同樣的邏輯，名列世界五十大最佳餐廳的紐約傳奇餐廳甜點師傅曾經製作過一道加了蜂蜜、山羊乳酪和烤開心果的甜菜冰淇淋。

	水果	柑橘	花卉	青綠	草本	蔬菜	焦糖	烘烤	堅果	木質	辛辣	乳酪	動物	化學
大扇貝														
燕麥片														
橙皮														
香蕉														
烤菊苣根														
鹽膚木														
烤花生														
煎鴨胸														
葛瑞爾乳酪														
松藻														
杏桃														

	水果	柑橘	花卉	青綠	草本	蔬菜	焦糖	烘烤	堅果	木質	辛辣	乳酪	動物	化學
100% 穀物伏特加														
棗子														
木槿花														
紅橘														
煙燻大西洋鮭魚														
烤甜菜														
水煮黏果酸漿														
火龍果														
薩拉米														
爐烤漢堡														
烤腰果														

	水果	柑橘	花卉	青綠	草本	蔬菜	焦糖	烘烤	堅果	木質	辛辣	乳酪	動物	化學
西洋蓍草花														
番茄														
大蕉														
清燉雞肉														
水煮防風根														
爐烤培根														
杏仁粉														
水煮去皮甜菜														
綠蘆筍														
鷹嘴豆														
紅橘														

甜菜雪酪佐扇貝與魚子醬

食物搭配獨家食譜

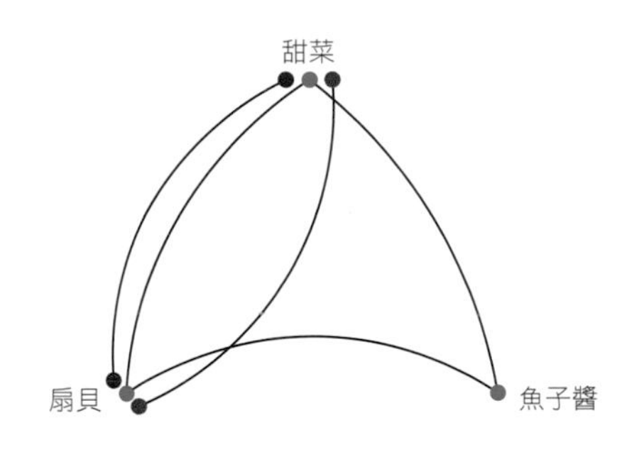

我們的甜菜風味雪酪配上用橄欖油、檸檬汁、鹽和現磨黑胡椒調味的韃靼扇貝交織成清爽宜人的組合。淋上些許紅酒醋有助於消除雪酪的泥土味，同時以酸勁襯托出甜菜味。最後擺上一匙魚子醬或其他類型的魚卵。

經典組合：甜菜和辣根

在波蘭和烏克蘭，磨碎的甜菜會搭配新鮮辣根做為佐料「wikła」，它的味道還能以其他食材加強，像是蘋果、香芹、丁香、葛縷子籽甚至紅酒。

經典佳餚：羅宋湯

羅宋湯是傳統東歐湯品，以紅甜菜和洋蔥、胡蘿蔔及甘藍烹煮的牛肉湯製成，最後淋上酸奶油和少許檸檬汁。

甜菜食材搭配

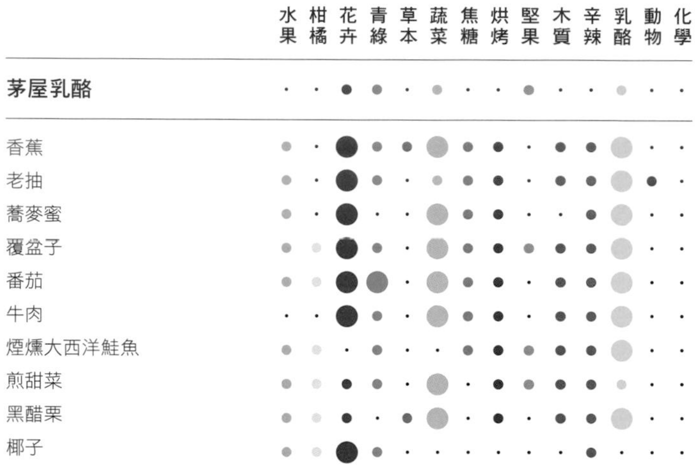

水果 柑橘 花卉 青綠 草本 蔬菜 焦糖 烘烤 堅果 木質 辛辣 乳酪 動物 化學

茅屋乳酪

香蕉
老抽
蕎麥蜜
覆盆子
番茄
牛肉
煙燻大西洋鮭魚
煎甜菜
黑醋栗
椰子

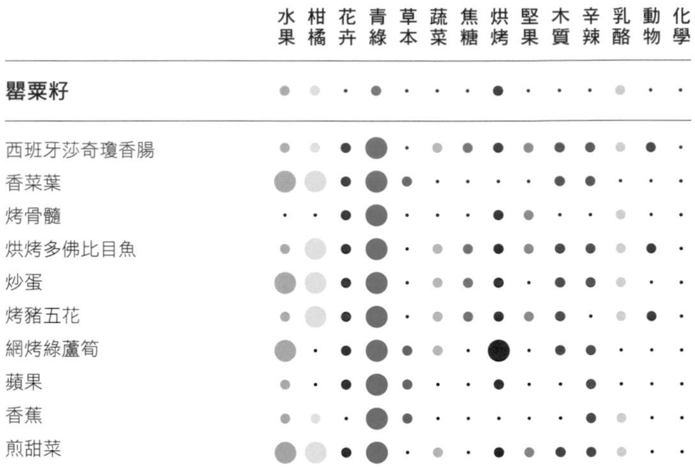

水果 柑橘 花卉 青綠 草本 蔬菜 焦糖 烘烤 堅果 木質 辛辣 乳酪 動物 化學

罌粟籽

西班牙莎奇瓊香腸
香菜葉
烤骨髓
烘烤多佛比目魚
炒蛋
烤豬五花
網烤綠蘆筍
蘋果
香蕉
煎甜菜

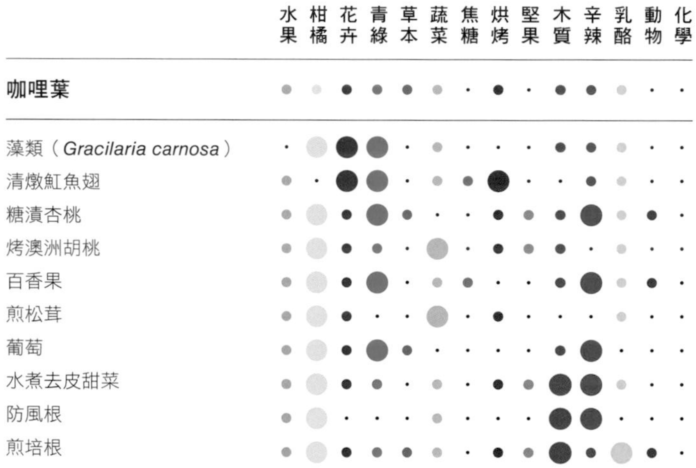

水果 柑橘 花卉 青綠 草本 蔬菜 焦糖 烘烤 堅果 木質 辛辣 乳酪 動物 化學

咖哩葉

藻類（*Gracilaria carnosa*）
清燉魟魚翅
糖漬杏桃
烤澳洲胡桃
百香果
煎松茸
葡萄
水煮去皮甜菜
防風根
煎培根

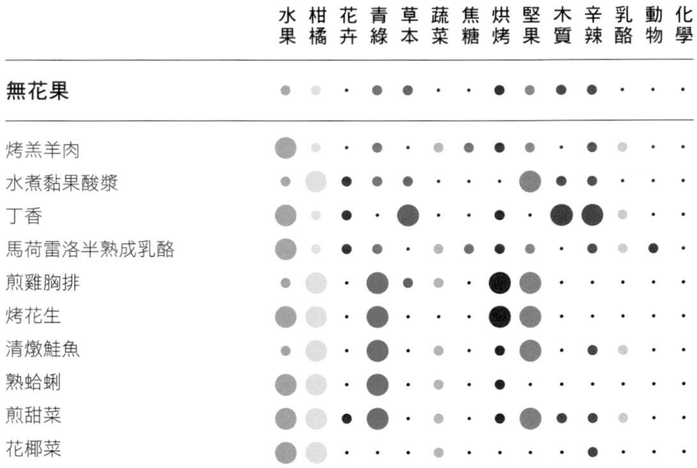

水果 柑橘 花卉 青綠 草本 蔬菜 焦糖 烘烤 堅果 木質 辛辣 乳酪 動物 化學

無花果

烤羔羊肉
水煮黏果酸漿
丁香
馬荷雷洛半熟成乳酪
煎雞胸排
烤花生
清燉鮭魚
熟蛤蜊
煎甜菜
花椰菜

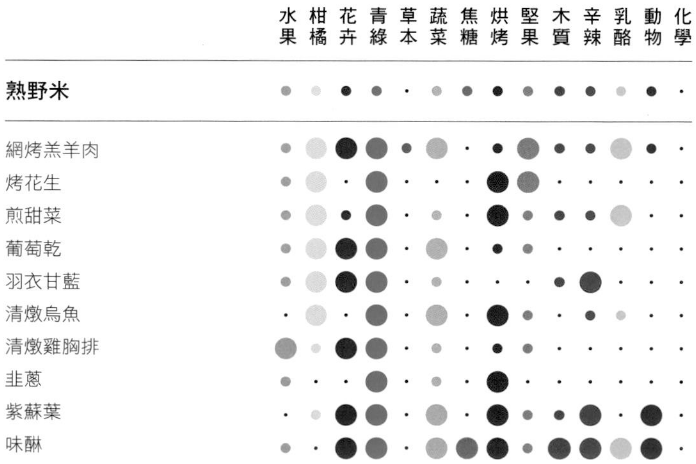

水果 柑橘 花卉 青綠 草本 蔬菜 焦糖 烘烤 堅果 木質 辛辣 乳酪 動物 化學

熟野米

網烤羔羊肉
烤花生
煎甜菜
葡萄乾
羽衣甘藍
清燉烏魚
清燉雞胸排
韭蔥
紫蘇葉
味醂

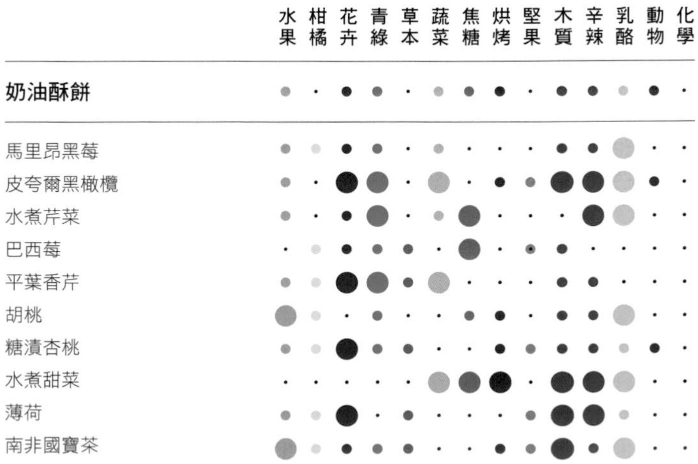

水果 柑橘 花卉 青綠 草本 蔬菜 焦糖 烘烤 堅果 木質 辛辣 乳酪 動物 化學

奶油酥餅

馬里昂黑莓
皮夸爾黑橄欖
水煮芹菜
巴西莓
平葉香芹
胡桃
糖漬杏桃
水煮甜菜
薄荷
南非國寶茶

現代佳餚：甜菜沙拉

甜菜相當受到歡迎，餐廳菜單上可見烤甜菜沙拉配焦糖化核桃和山羊乳酪或菲達羊乳酪等菜色。酸味劑能夠化學分解土臭素分子，因此把檸檬汁或醋加進甜菜沙拉裡可以去除泥土味並增添清新度。

潛在搭配：甜菜和石榴

試試以調味橄欖油做成的油醋醬搭配烤甜菜和石榴（見次頁）沙拉。某些精油可以當成調味劑：舉例來說，檸檬茶樹具有獨特檸檬香以及一些草本、樟腦調。

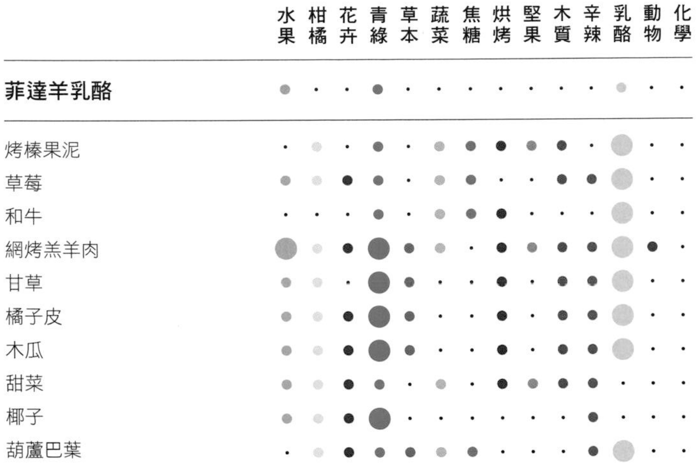

水果 柑橘 花卉 青綠 草本 蔬菜 焦糖 烘烤 堅果 木質 辛辣 乳酪 動物 化學

菲達羊乳酪

烤榛果泥
草莓
和牛
網烤羔羊肉
甘草
橘子皮
木瓜
甜菜
椰子
葫蘆巴葉

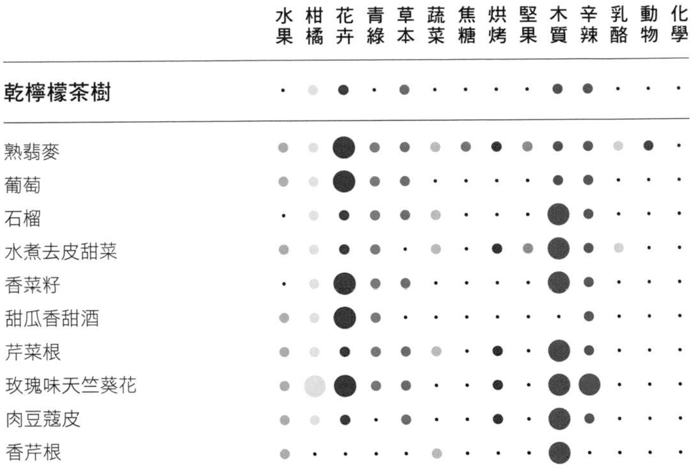

水果 柑橘 花卉 青綠 草本 蔬菜 焦糖 烘烤 堅果 木質 辛辣 乳酪 動物 化學

乾檸檬茶樹

熟翡麥
葡萄
石榴
水煮去皮甜菜
香菜籽
甜瓜香甜酒
芹菜根
玫瑰味天竺葵花
肉豆蔻皮
香芹根

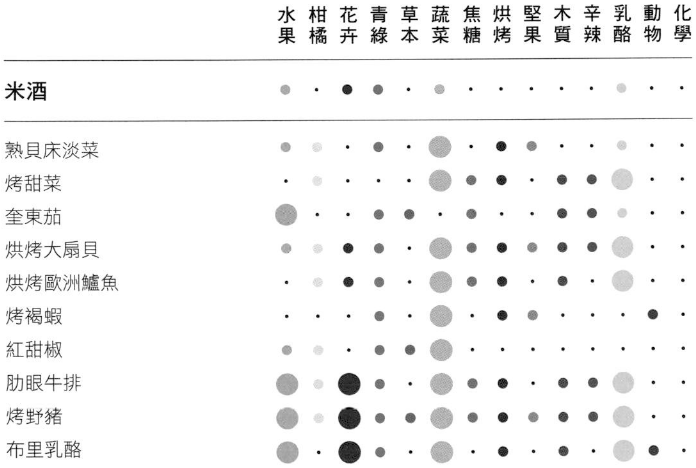

水果 柑橘 花卉 青綠 草本 蔬菜 焦糖 烘烤 堅果 木質 辛辣 乳酪 動物 化學

米酒

熟貝床淡菜
烤甜菜
奎東茄
烘烤大扇貝
烘烤歐洲鱸魚
烤褐蝦
紅甜椒
肋眼牛排
烤野豬
布里乳酪

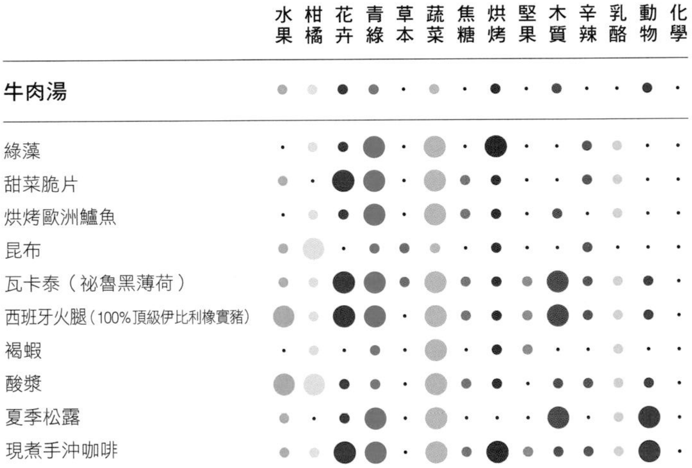

水果 柑橘 花卉 青綠 草本 蔬菜 焦糖 烘烤 堅果 木質 辛辣 乳酪 動物 化學

牛肉湯

綠藻
甜菜脆片
烘烤歐洲鱸魚
昆布
瓦卡泰（祕魯黑薄荷）
西班牙火腿（100%頂級伊比利橡實豬）
褐蝦
酸漿
夏季松露
現煮手沖咖啡

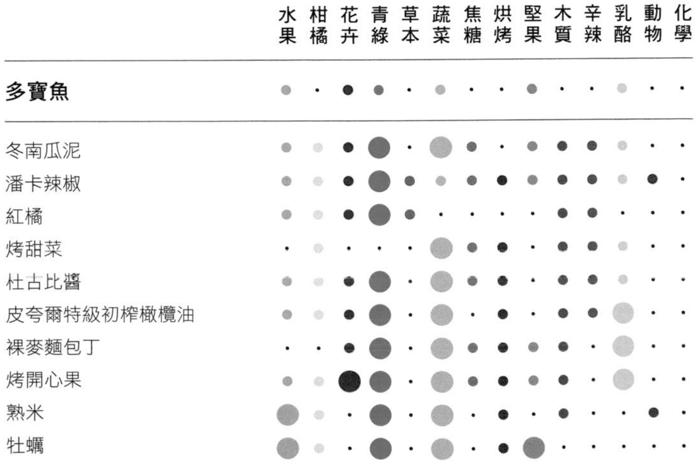

水果 柑橘 花卉 青綠 草本 蔬菜 焦糖 烘烤 堅果 木質 辛辣 乳酪 動物 化學

多寶魚

冬南瓜泥
潘卡辣椒
紅橘
烤甜菜
杜古比醬
皮夸爾特級初榨橄欖油
裸麥麵包丁
烤開心果
熟米
牡蠣

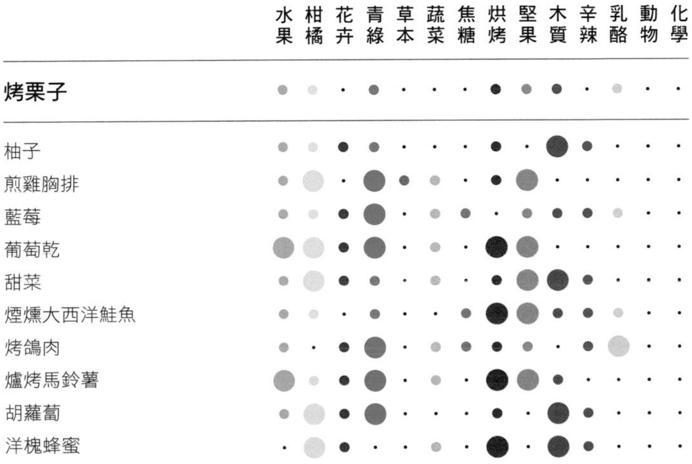

水果 柑橘 花卉 青綠 草本 蔬菜 焦糖 烘烤 堅果 木質 辛辣 乳酪 動物 化學

烤栗子

柚子
煎雞胸排
藍莓
葡萄乾
甜菜
煙燻大西洋鮭魚
烤鴿肉
爐烤馬鈴薯
胡蘿蔔
洋槐蜂蜜

石榴

石榴自古以來就在今日的伊朗被種植，後來才傳遍地中海和印度北部地區。蔬菜、甜椒味香氣分子讓呈現寶石色澤的假種皮帶有微微泥土氣息。

早在番茄被引入伊朗料理之前，波斯人便經常以石榴汁和石榴糖蜜入菜，許多傳統波斯食譜仍以各種形式應用這種食材。

石榴今日受歡迎的原因除了漂亮的淡粉到酒紅色澤、讓菜餚鮮活的爆汁質地，還有酸酸甜甜的風味。它的澀味來自單寧，像是石榴皮苦素 B。

石榴糖蜜基本上是濃稠醇厚的濃縮石榴汁糖漿——很容易在家製作。有些商店販售的版本可能會加糖做為防腐劑並降低石榴汁的天然酸味。試試以石榴糖蜜替代醋、蜂蜜甚至檸檬汁來製作油醋醬和沙拉醬。

- 「Güllaç」是一種土耳其甜點，通常在齋戒月期間製作。將薄如紙的餅皮浸泡於甜牛奶中，以玫瑰水調味並鋪上一層層碎核桃。最後在這道香甜綿密的糕點頂部撒上石榴籽和碎開心果——類似果仁蜜餅（baklava）。
- 「Muhammara」是一種敘利亞沾醬，被應用於各種中東料理中，成分有烤紅甜椒、核桃粉、麵包粉、大蒜、孜然和橄欖油，並加石榴糖蜜增添酸度。
- 「Fesenjān」是一道伊朗燉雞或燉鴨料理，食材包含以石榴糖蜜增甜的核桃粉。
- 石榴籽粉是使用乾石榴糖蜜製成的香料。這種淡褐色粉末是印度和波斯料理的傳統食材，會加到咖哩中增添辣度或用來調味肉類。另一個比較現代的產品是石榴汁粉，呈嬌豔的粉紅色。它具有類似石榴汁的風味輪廓，可以當成調味劑或泡水飲用。
- 紅石榴糖漿是廣泛用於雞尾酒（如：龍舌蘭日出）的無酒精糖漿。它原本以石榴汁製成，但僅有幾個牌子持續拿它做為原料；很多都以更便宜的果汁替代，或甚至使用調味的方式製作。它能增添巧妙的酸甜滋味和深紅色澤。
- 試試在製作鷹嘴豆泥的最後階段加入一些石榴籽和孜然粉——這兩種食材皆具辛辣和柑橘調。

相關香氣輪廓：石榴糖蜜

將石榴汁濃縮會使關鍵香氣分子流失，留下的大多為焦糖－楓糖調，加上一些花卉和乳酪－酸調，為濃稠糖漿帶來酸味。

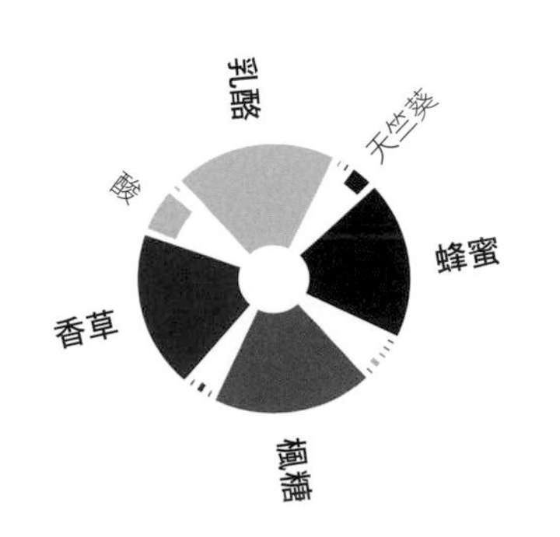

	水果	柑橘	花卉	青綠	草本	蔬菜	焦糖	烘烤	堅果	木質	辛辣	乳酪	動物	化學
石榴糖蜜														
彭勒維克乳酪														
煎鹿肉														
卡爾瓦多斯蘋果白蘭地														
蠶豆														
烤杏仁片														
焦糖牛奶醬														
竹筴魚														
番石榴														
濃口醬油														
大馬士革玫瑰花瓣														

石榴汁

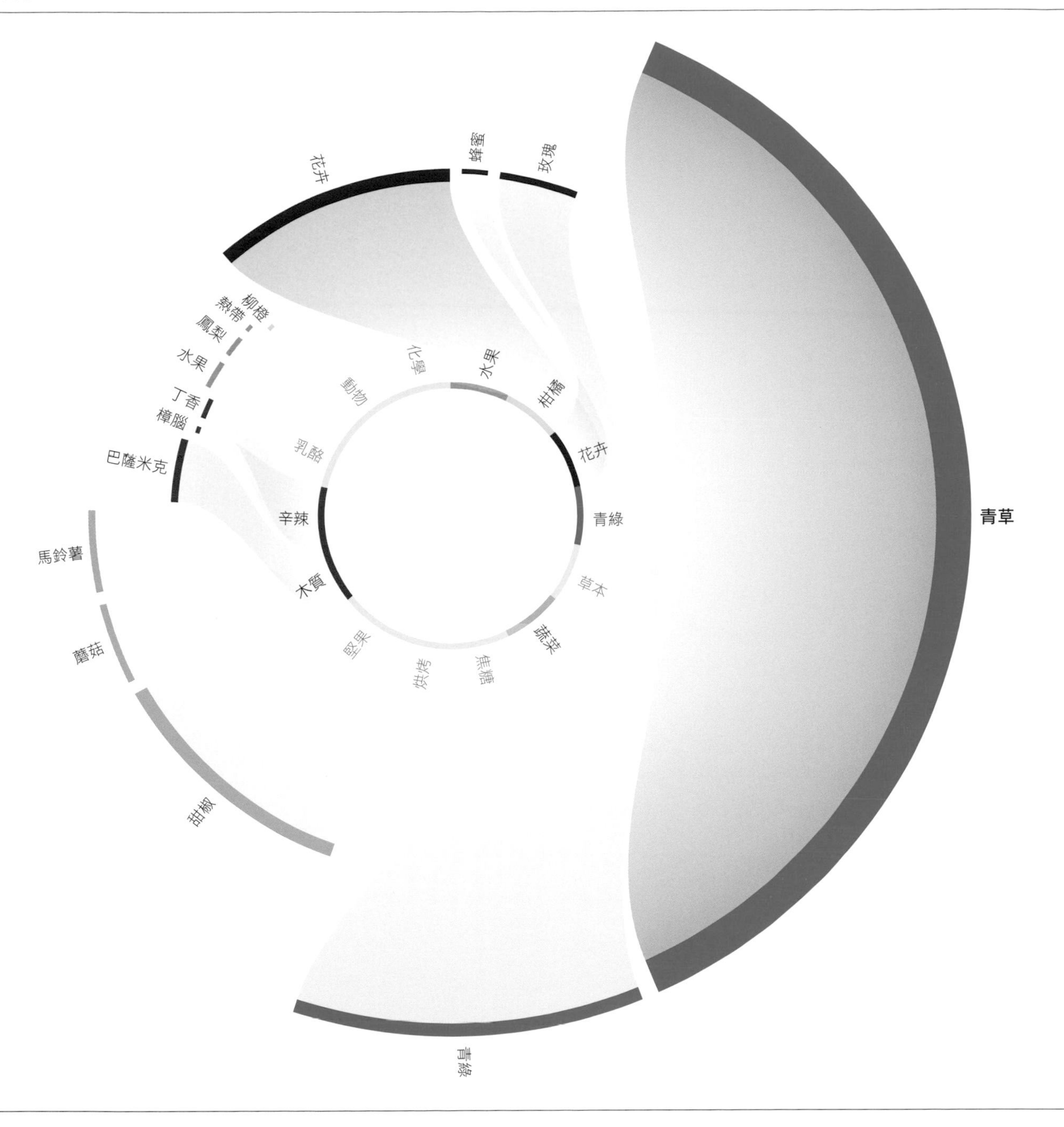

石榴汁香氣輪廓

石榴沒有很明顯的氣味——由於揮發性有機化合物的濃度低，因此香氣不及其他更芬芳的水果。除了泥土味之外，石榴也具有木質－松木味，以及一些花卉、青綠和蔬菜－馬鈴薯調。

	水果	柑橘	花卉	青綠	草本	蔬菜	焦糖	烘烤	堅果	木質	辛辣	乳酪	動物	化學
石榴汁	●	●	●	●	·	●	·	·	·	●	●	·	·	·
烘烤大頭菜	●	●	·	●	●	●	·	●	●	●	·	·	●	·
牛奶巧克力	●	●	●	●	·	●	●	●	●	·	●	●	·	·
綠藻	·	●	●	●	·	●	·	●	·	·	●	●	·	·
清燉鱈魚排	●	●	●	●	·	●	·	●	·	·	●	●	·	·
杏仁	●	●	·	●	·	·	·	●	●	·	·	·	·	·
葛瑞爾乳酪	●	●	●	●	·	·	·	·	●	●	●	●	·	·
烘烤兔肉	●	●	●	●	·	●	●	●	·	●	●	●	·	·
拜雍火腿	●	●	·	●	·	●	·	●	●	·	·	●	·	·
芒果	●	●	●	●	●	●	●	·	·	●	●	·	·	·
綠蘆筍	·	●	●	●	·	●	·	·	·	●	●	·	·	·

孜然

孜然可見於世界各地許多不同的混合香料中。孜然籽的味道比葛縷子籽更濃烈溫暖，兩者經常被混為一談。葛縷子籽較小，顏色也較深，具有微苦的薄荷、大茴香風味。

很少香料像孜然一樣擁有為人津津樂道的過去。由羅馬美食家阿皮基烏斯（Apicius）撰於西元四或五世紀的食譜集《論烹飪》（De Re Coquinaria）囊括了無數混合孜然和黑胡椒的濃郁菜餚。然而，這種泥土味香料的歷史可回溯至更早的美索不達米亞，蘇美人在西元前三世紀透過貿易將孜然輸往古代世界各地。

雖然孜然確切的起源未知，但其他許多文化播下了讓它日後受到歡迎的種子。這種氣味撲鼻的香料先是被阿拉伯商人引入印度，接著傳至亞洲南部。絲路使它的料理和醫藥影響散播到中國，至今仍是維吾爾菜的必備食材。腓尼基人進一步把孜然經北非帶到伊比利半島，從此在歐洲傳開來，最後由早期西班牙殖民者當成珍貴貨物運至新世界。

- 綜合辛香料葛拉姆馬薩拉在印度料理中不可或缺，由孜然籽、豆蔻、肉桂、香菜籽、丁香、肉豆蔻皮、月桂葉、黑胡椒和白胡椒組成。
- 巴哈拉特（baharat）是一種萬用調味料，在中東各地使用於烤肉、海鮮和蔬菜料理中。實際上各個家庭都有自己的配方，但通常包含孜然、豆蔻、香菜籽、肉桂、丁香、肉豆蔻、紅椒和黑胡椒。土耳其巴哈拉特採用乾薄荷，有的北非配方則添加乾玫瑰花瓣。在某些波斯灣國家的版本還會看到番紅花和乾黑萊姆（loomi）。
- 埃及綜合香料杜卡（dukkah）不只是堅果和種子的酥脆組合。每一道食譜都不同，從孜然、香菜、芝麻籽、茴香籽、黑胡椒到榛果都可以磨成粉加入。
- 辣肉醬是一道香辣的墨西哥燉肉，以洋蔥、大蒜、番茄、辣椒、豆子和牛肉加孜然調味做成，經常搭配酪梨醬、酸奶油、切達乳酪和玉米片一起享用。
- 孜然和胡蘿蔔（見第230頁）皆具柑橘味，建議在將胡蘿蔔送進烤箱之前撒上一些孜然籽。若你想加點水果氣息，可以搭配芒果莎莎醬——它和胡蘿蔔擁有共同的松木調。

孜然食材搭配

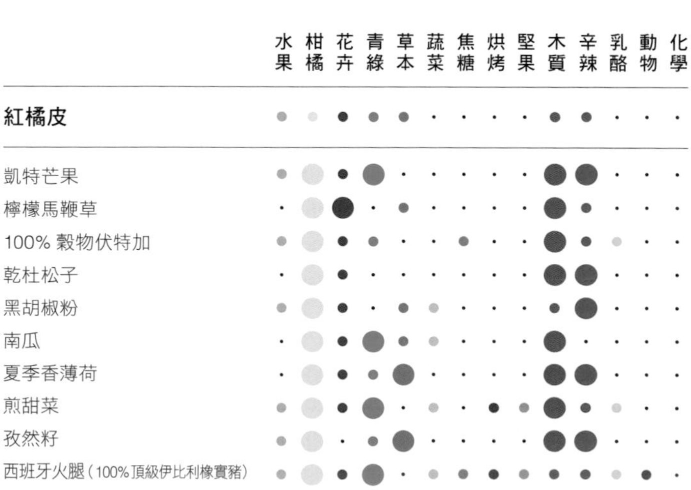

	水果	柑橘	花卉	青綠	草本	蔬菜	焦糖	烘烤	堅果	木質	辛辣	乳酪	動物	化學
紅橘皮														
凱特芒果														
檸檬馬鞭草														
100% 穀物伏特加														
乾杜松子														
黑胡椒粉														
南瓜														
夏季香薄荷														
煎甜菜														
孜然籽														
西班牙火腿（100%頂級伊比利橡實豬）														

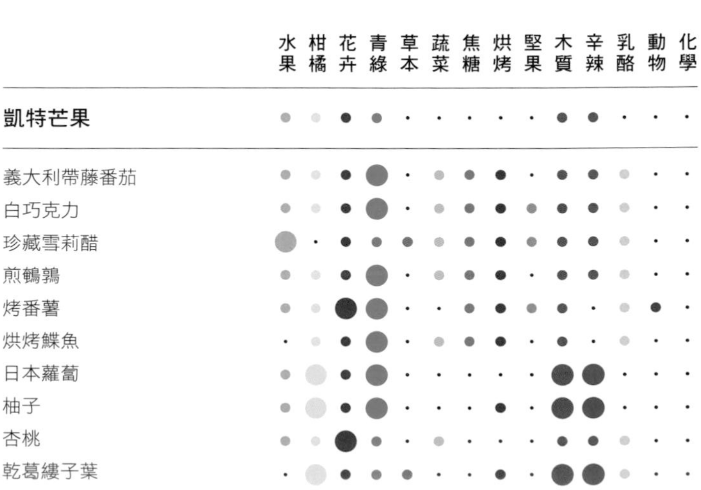

	水果	柑橘	花卉	青綠	草本	蔬菜	焦糖	烘烤	堅果	木質	辛辣	乳酪	動物	化學
凱特芒果														
義大利帶藤番茄														
白巧克力														
珍藏雪莉醋														
煎鵪鶉														
烤番薯														
烘烤鰈魚														
日本蘿蔔														
柚子														
杏桃														
乾葛縷子葉														

孜然籽

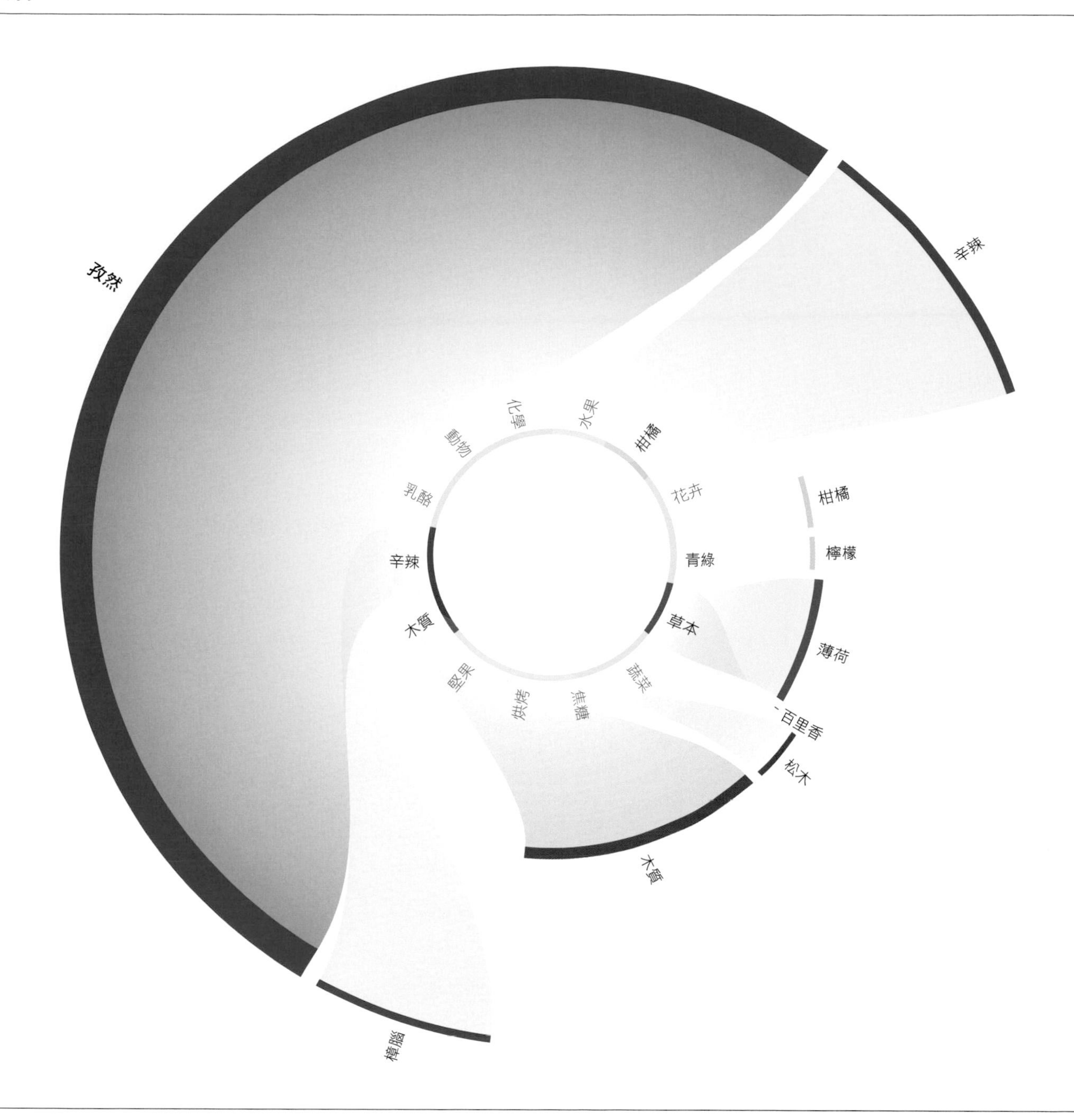

孜然籽香氣輪廓

孜然籽的溫暖、泥土氣味來自辛辣化合物枯茗醛。萜烯類增添了木質、松木調，檸檬烯具有柑橘特質，香旱芹酮則賦予薄荷芳香。孜然也含有青綠和水果調性（如搭配表格所示）。在將孜然籽加入菜餚之前先稍微乾煎出香氣能釋放它的完整風味。

	水果	柑橘	花卉	青綠	草本	蔬菜	焦糖	烘烤	堅果	木質	辛辣	乳酪	動物	化學
孜然籽	•	•	•	•	•	•	•	•	•	•	•	•	•	•
義大利辣香腸	•	•	•	•	•	•	•	•	•	•	•	•	•	•
杏桃	•	•	•	•	•	•	•	•	•	•	•	•	•	•
卡琳達草莓	•	•	•	•	•	•	•	•	•	•	•	•	•	•
爐烤漢堡	•	•	•	•	•	•	•	•	•	•	•	•	•	•
榛果	•	•	•	•	•	•	•	•	•	•	•	•	•	•
香橙	•	•	•	•	•	•	•	•	•	•	•	•	•	•
芹菜根	•	•	•	•	•	•	•	•	•	•	•	•	•	•
芒果	•	•	•	•	•	•	•	•	•	•	•	•	•	•
水煮茄子	•	•	•	•	•	•	•	•	•	•	•	•	•	•
百里香	•	•	•	•	•	•	•	•	•	•	•	•	•	•

胡蘿蔔

生胡蘿蔔含有高濃度的萜烯類，這些香氣分子的氣味從帶有胡蘿蔔味的青綠、松木調到水果調和柑橘調都有可能。隨著胡蘿蔔在土裡成熟，萜烯類的濃度會降低，其他分子如胡蘿蔔素和乙位 - 紫羅蘭酮則開始形成。

胡蘿蔔含有 2- 仲丁基 -3- 甲氧基吡嗪，這種吡嗪的嗅覺識別閾值極低，因此和其他一些生蔬菜不一樣，我們可以實際上聞到生胡蘿蔔的味道。烹煮胡蘿蔔會使乙位 - 紫羅蘭酮分子的數量大幅增加，帶出水果、花卉－紫羅蘭調。

橘色胡蘿蔔被認為在十六或十七世紀首先種植於荷蘭，雖然野生的白色和紫色物種早就存在於波斯和小亞細亞各地。隨著時間推進，育種者學會馴化胡蘿蔔以降低它們的苦味並增進甜味與風味。今日，你可以見到白、黃、紅、紫和黑色的原種。

胡蘿蔔的風味和質地受到栽培品種和採收季節的影響。有些栽培品種具明顯香芹氣味（胡蘿蔔和香芹為近親），其他則較具木質香氣。胡蘿蔔的風味在成熟時散發，但早採收的脆度最佳。別選特大號的胡蘿蔔，因為中心部位偏硬，味道也較苦。有必要的話可以去除中心部位。

在法國稱為「mirepoix」、在義大利稱為「soffritto」的調味蔬菜由切細的胡蘿蔔、洋蔥和芹菜組成，是許多歐洲食譜的基底。

胡蘿蔔的天然甜味可以經由烹煮強化，特別是烘烤，有些人甚至會塗上一層蜂蜜、楓糖漿或柳橙汁。胡蘿蔔和各式各樣的香料都很搭，包括香菜、丁香、薑、蒔蘿、薄荷和百里香，例如：傳統的印度胡蘿蔔甜點（halwa）使用了以豆蔻調味的甜胡蘿蔔絲。

- 輕盈的「Aargauer Rüeblitorte」是一種加了杏仁粉的瑞士胡蘿蔔蛋糕。製作完成前會塗上一層簡易淋面，並用胡蘿蔔造型的杏仁糖膏做裝飾。許多以麵粉為基礎的英美胡蘿蔔蛋糕食譜包含葡萄乾及堅果，還會裹上香甜奶油乳酪糖霜。
- 胡蘿蔔葉可以當成綠葉蔬菜食用——試試以油炸方式處理。或是將葉片脫水之後製成綠色粉末做為裝飾用。

相關香氣輪廓：生胡蘿蔔

生胡蘿蔔的香氣主要由萜烯類構成，它們的氣味從青綠、松木到水果和柑橘調都有，乙位 - 紫羅蘭酮則貢獻了水果和花卉、紫羅蘭調。

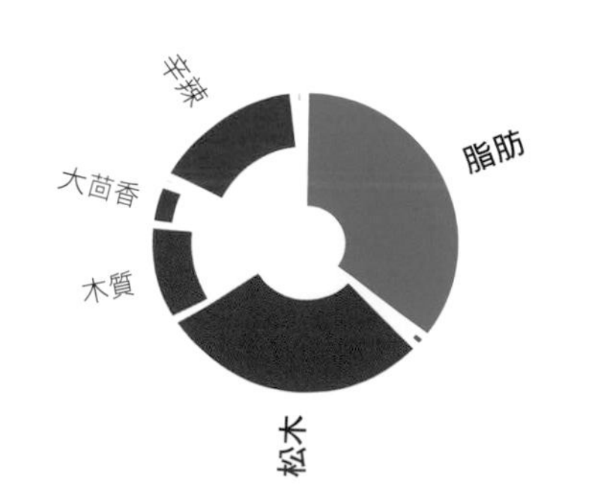

	水果	柑橘	花卉	青綠	草本	蔬菜	焦糖	烘烤	堅果	木質	辛辣	乳酪	動物	化學
生胡蘿蔔														
水煮青花菜														
紫鼠尾草														
白櫻桃														
葡萄乾														
乾牛肝菌														
葡萄柚皮														
新鮮薰衣草葉														
球莖茴香														
米蘭薩拉米														
生薑														

水煮胡蘿蔔

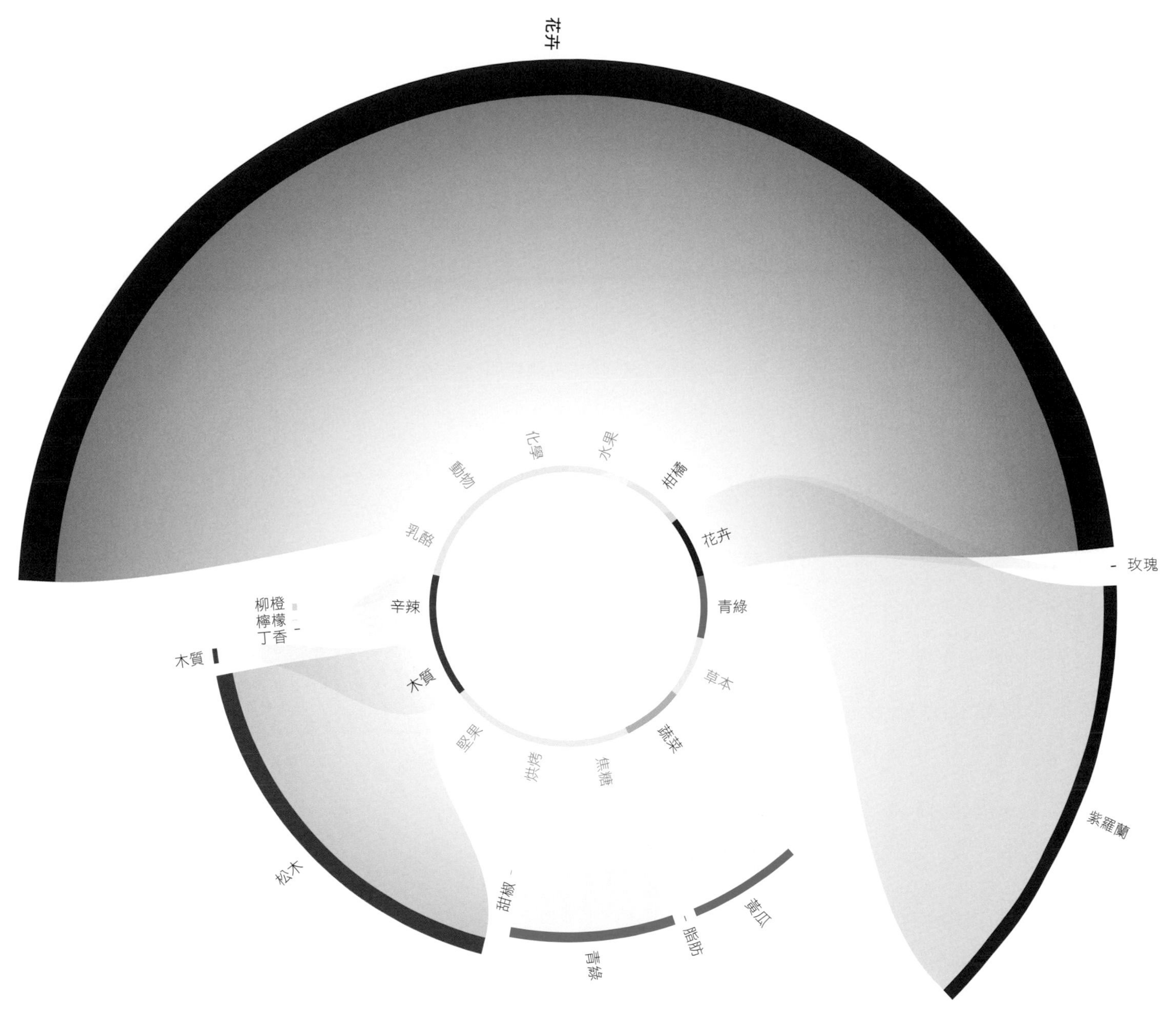

水煮胡蘿蔔香氣輪廓

烹煮胡蘿蔔會完全改變其香氣輪廓，因為幾乎所有萜烯類都會在過程中消失。它們會被數量增加的乙位 - 紫羅蘭酮分子取代，這解釋了為何熟胡蘿蔔比生的更具有明顯花香。不飽和醛 2- 壬烯醛是熟胡蘿蔔的青綠、脂肪味來源。

	水果	柑橘	花卉	青綠	草本	蔬菜	焦糖	烘烤	堅果	木質	辛辣	乳酪	動物	化學
水煮胡蘿蔔	·	•	•	•	·	•	·	·	·	•	•	·	·	·
李子	•	●	●	●	·	·	·	·	•	•	●	·	·	·
罐頭椰奶	•	●	·	•	·	·	·	·	·	·	·	•	·	·
牡蠣	•	●	·	•	·	•	·	•	•	·	·	·	·	·
大黃	•	●	●	●	·	·	·	•	·	·	•	•	·	·
煎珠雞	•	·	•	●	·	•	•	•	·	•	•	•	·	·
百里香	·	●	•	•	•	•	·	·	·	●	●	·	·	·
煎豬里肌	•	●	•	●	•	•	·	•	•	•	•	•	•	·
接骨木莓	•	●	●	●	•	•	·	•	•	•	·	·	·	·
潘卡辣椒	•	●	●	●	•	•	•	•	•	•	●	•	•	·
百香果	•	●	●	●	·	•	•	·	·	•	●	•	•	·

經典組合：胡蘿蔔和葡萄乾

「Gajar ka halwa」是傳統印度甜點，以牛奶、印度澄清奶油、糖和水煨煮胡蘿蔔絲，再加上葡萄乾、開心果粉、杏仁和豆蔻。

潛在搭配：胡蘿蔔和佛手柑

佛手柑是一種芳香濃郁的枸櫞，外觀狀如手指，因得此名。這種水果沒有汁液或果肉，但果皮可以用來為菜餚和飲品增添木質、松木、花卉和柑橘風味。其厚皮亦可糖漬或乾燥使用。

胡蘿蔔食材搭配

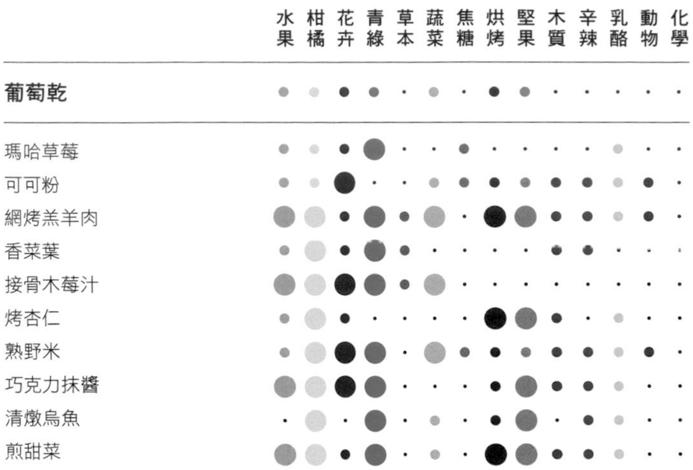

	水果	柑橘	花卉	青綠	草本	蔬菜	焦糖	烘烤	堅果	木質	辛辣	乳酪	動物	化學
葡萄乾														
瑪哈草莓														
可可粉														
網烤羔羊肉														
香菜葉														
接骨木莓汁														
烤杏仁														
熟野米														
巧克力抹醬														
清燉烏魚														
煎甜菜														

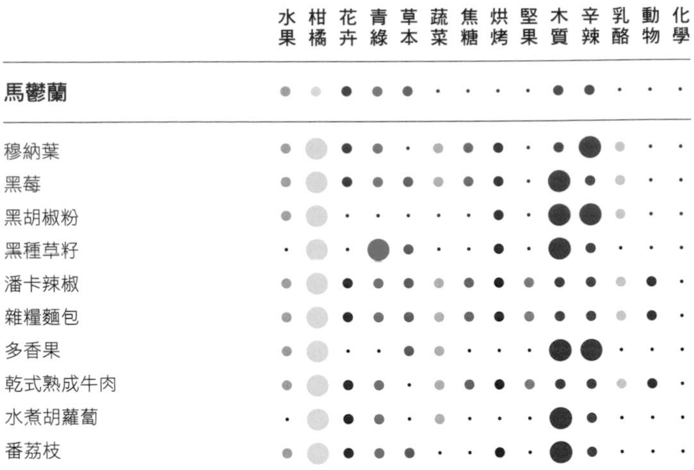

	水果	柑橘	花卉	青綠	草本	蔬菜	焦糖	烘烤	堅果	木質	辛辣	乳酪	動物	化學
馬鬱蘭														
穆納葉														
黑莓														
黑胡椒粉														
黑種草籽														
潘卡辣椒														
雜糧麵包														
多香果														
乾式熟成牛肉														
水煮胡蘿蔔														
番荔枝														

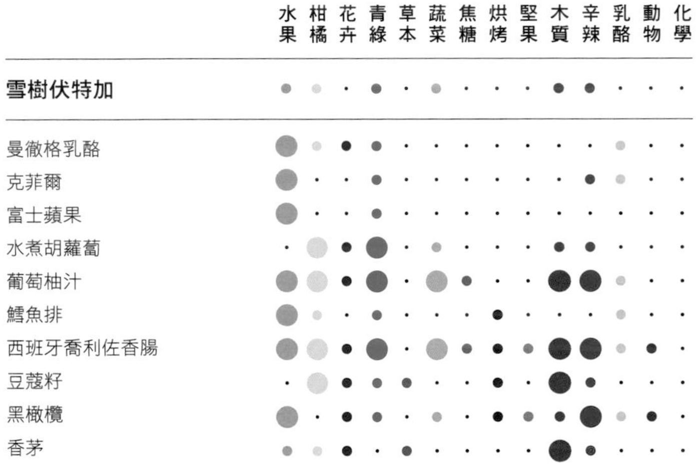

	水果	柑橘	花卉	青綠	草本	蔬菜	焦糖	烘烤	堅果	木質	辛辣	乳酪	動物	化學
雪樹伏特加														
曼徹格乳酪														
克菲爾														
富士蘋果														
水煮胡蘿蔔														
葡萄柚汁														
鱈魚排														
西班牙喬利佐香腸														
豆蔻籽														
黑橄欖														
香茅														

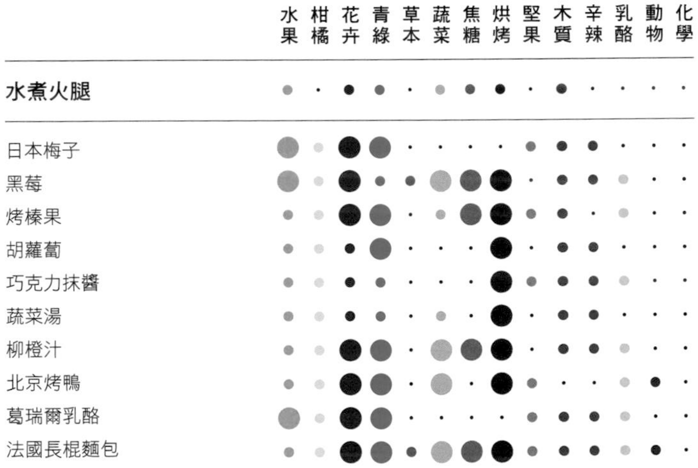

	水果	柑橘	花卉	青綠	草本	蔬菜	焦糖	烘烤	堅果	木質	辛辣	乳酪	動物	化學
水煮火腿														
日本梅子														
黑莓														
烤榛果														
胡蘿蔔														
巧克力抹醬														
蔬菜湯														
柳橙汁														
北京烤鴨														
葛瑞爾乳酪														
法國長棍麵包														

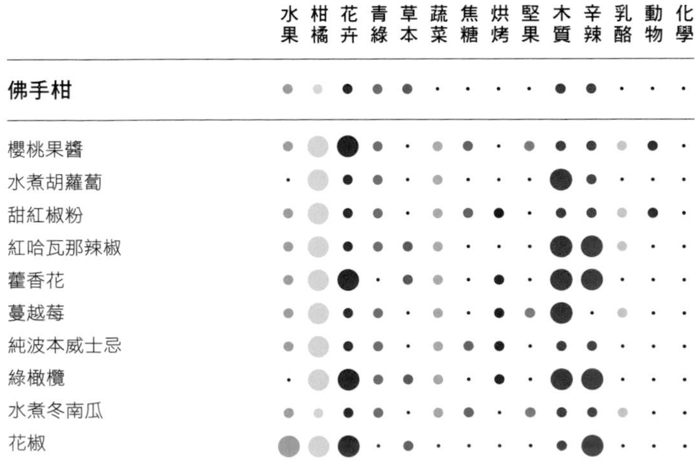

	水果	柑橘	花卉	青綠	草本	蔬菜	焦糖	烘烤	堅果	木質	辛辣	乳酪	動物	化學
佛手柑														
櫻桃果醬														
水煮胡蘿蔔														
甜紅椒粉														
紅哈瓦那辣椒														
藿香花														
蔓越莓														
純波本威士忌														
綠橄欖														
水煮冬南瓜														
花椒														

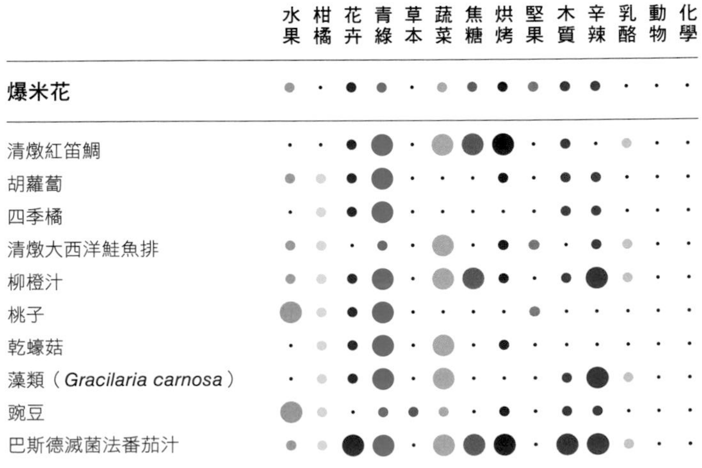

	水果	柑橘	花卉	青綠	草本	蔬菜	焦糖	烘烤	堅果	木質	辛辣	乳酪	動物	化學
爆米花														
清燉紅笛鯛														
胡蘿蔔														
四季橘														
清燉大西洋鮭魚排														
柳橙汁														
桃子														
乾蠔菇														
藻類（*Gracilaria carnosa*）														
豌豆														
巴斯德滅菌法番茄汁														

潛在搭配：胡蘿蔔和芝麻籽

胡蘿蔔絲和芝麻籽之間的柑橘味連結解釋了為何兩者放在沙拉裡如此相得益彰。經過烘烤之後，芝麻籽的柑橘調會消失，由脂肪調連結這兩種食材。芝麻籽和裙帶菜是經典組合，把胡蘿蔔絲加入海帶沙拉也很不錯。

潛在搭配：胡蘿蔔和柳橙

在胡蘿蔔湯裡加一點柳橙汁或是上桌前撒一些現磨的橙皮絲（見次頁）能帶出胡蘿蔔的柑橘調。同樣的柑橘連結也存在於香菜葉，它很適合搭配清燉魚肉。

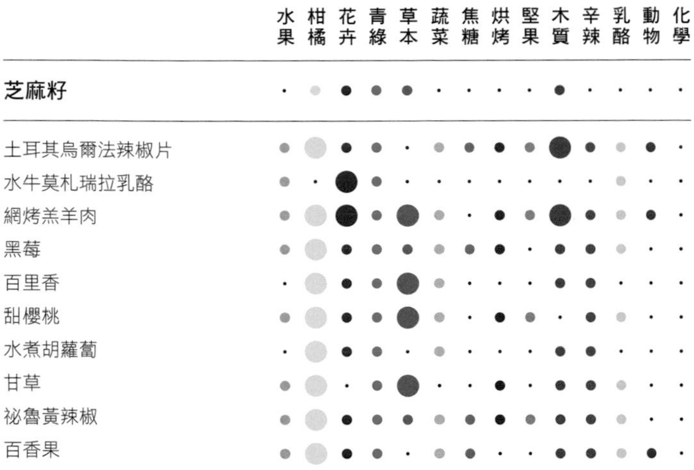

	水果	柑橘	花卉	青綠	草本	蔬菜	焦糖	烘烤	堅果	木質	辛辣	乳酪	動物	化學
芝麻籽														
土耳其烏爾法辣椒片														
水牛莫札瑞拉乳酪														
網烤羔羊肉														
黑莓														
百里香														
甜櫻桃														
水煮胡蘿蔔														
甘草														
祕魯黃辣椒														
百香果														

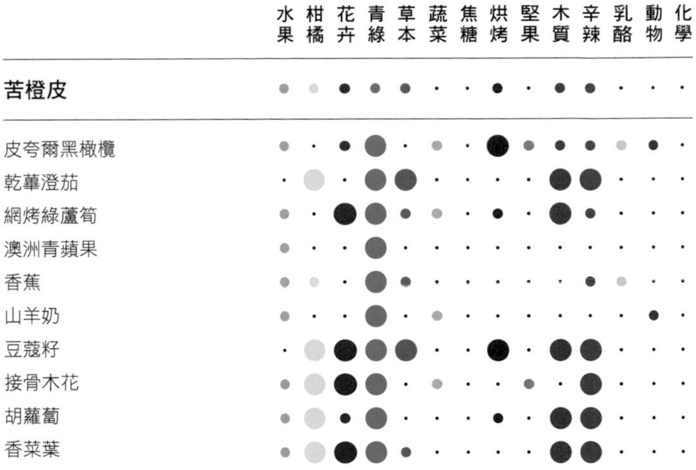

	水果	柑橘	花卉	青綠	草本	蔬菜	焦糖	烘烤	堅果	木質	辛辣	乳酪	動物	化學
苦橙皮														
皮夸爾黑橄欖														
乾草澄茄														
網烤綠蘆筍														
澳洲青蘋果														
香蕉														
山羊奶														
豆蔻籽														
接骨木花														
胡蘿蔔														
香菜葉														

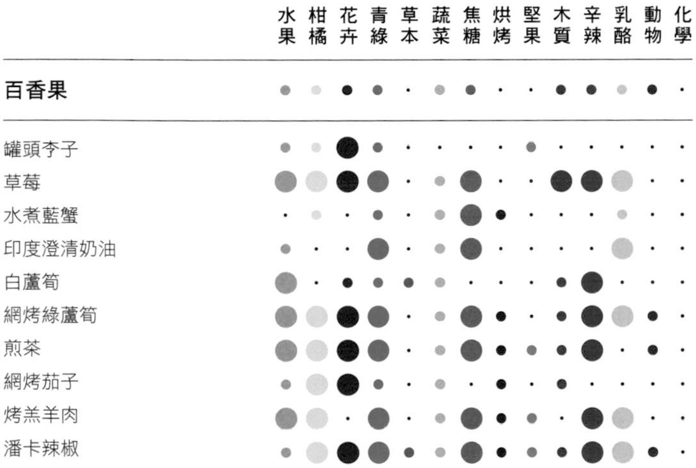

	水果	柑橘	花卉	青綠	草本	蔬菜	焦糖	烘烤	堅果	木質	辛辣	乳酪	動物	化學
百香果														
罐頭李子														
草莓														
水煮藍蟹														
印度澄清奶油														
白蘆筍														
網烤綠蘆筍														
煎茶														
網烤茄子														
烤羔羊肉														
潘卡辣椒														

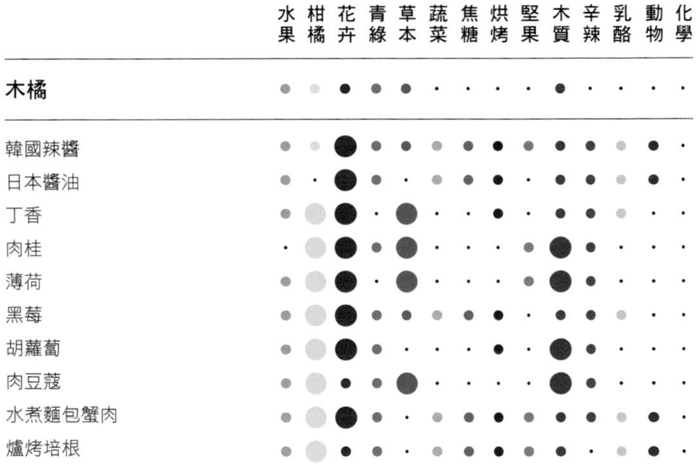

	水果	柑橘	花卉	青綠	草本	蔬菜	焦糖	烘烤	堅果	木質	辛辣	乳酪	動物	化學
木橘														
韓國辣醬														
日本醬油														
丁香														
肉桂														
薄荷														
黑莓														
胡蘿蔔														
肉豆蔻														
水煮麵包蟹肉														
爐烤培根														

柳橙

和檸檬、萊姆及葡萄柚不同，柳橙的香氣輪廓並非由單一特定的特徵影響化合物所決定，而是由複雜的化合物所組成，像是檸檬烯和辛醛，它們為柳橙帶來柑橘檸檬氣味，加上其他水果和松木味香氣分子。

化合物檸檬烯的名稱來自檸檬，或者更精確地說，來自富含此香氣分子的檸檬皮。檸檬烯存在於 D- 異構體，它聞起來很像柳橙，而 L- 異構體較具松木味。D- 檸檬烯存在於柑橘類水果和許多植物的精油中。

柳橙據信源自中國和印度，經過很長的時間之後才散播到世界各個角落。今日，它是市售第二受歡迎的水果，排在香蕉之後、蘋果之前。大量商業種植的柳橙被用來製造柳橙汁，但柳橙有數百個不同品種依據需求特性被栽培，像是容易剝皮、無籽、味道較甜或風味較佳。

柳橙主要分成兩大類：甜味和苦味。甜橙（Citrus sinensis）包含血橙和臍橙，適合直接拿來吃，以及大多用來榨汁的香丁等普通栽培品種。雖然甜橙四處可見，但並不存在於野外，而是柚子和嬌小橘子的雜交品種。

如名稱所示，苦橙（Citrus aurantium）的味道比甜橙尖銳許多，酸橙富含果膠，適合做成柑橘醬和橙汁鴨肉等菜餚。苦橙的果皮和果汁也用來調味芳香苦精和柳橙香甜酒，像是庫拉索酒、君度橙酒和香橙干邑甜酒。它的精油也經常用來製作精緻香氛產品。

柳橙並非一律呈橘色。在溫帶地區，橙皮裡的葉綠素會隨著氣溫下降而消失（類似秋天落葉的顏色改變過程），但若是氣候非常炎熱，像是在越南和泰國，葉綠素能維持一整個生長季，成熟柳橙的表皮便呈綠色。

- 土耳其式柳橙（oranges à la Turque）是柳橙瓣（有時是糖漬橙皮）泡在加了丁香的簡易糖漿裡。
- 橙汁鴨肉是經典法式菜餚，以酸味柳橙醬汁搭配烤鴨。
- 經典的螺絲起子雞尾酒混合兩份柳橙汁和一份伏特加，倒入加了冰塊的杯中。
- 如名稱所示，龍舌蘭日出以龍舌蘭酒、柳橙汁和紅石榴糖漿組成，上桌時不攪拌以創造日出的視覺效果。

相關香氣輪廓：橙皮

橙皮的柑橘－檸檬和松木味比水果本身明顯，因為它含有高濃度的檸檬烯。和新鮮柳橙的果肉不一樣，橙皮也具青綠－脂肪和蠟味以及一些辛辣、草本調性。

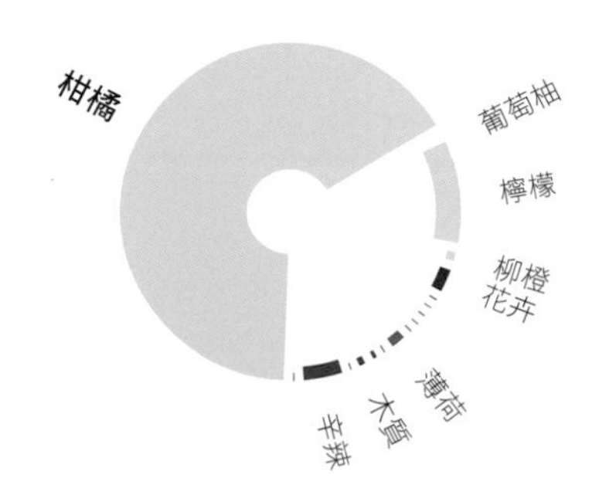

	水果	柑橘	花卉	青綠	草本	蔬菜	焦糖	烘烤	堅果	木質	辛辣	乳酪	動物	化學
橙皮														
羊肚菌														
兔肉														
雞油菌														
乾高良薑														
茴香														
塔爾哈納粉														
烤栗子														
烤黑豆蔻														
鹹乾鱈魚														
海苔片														

柳橙

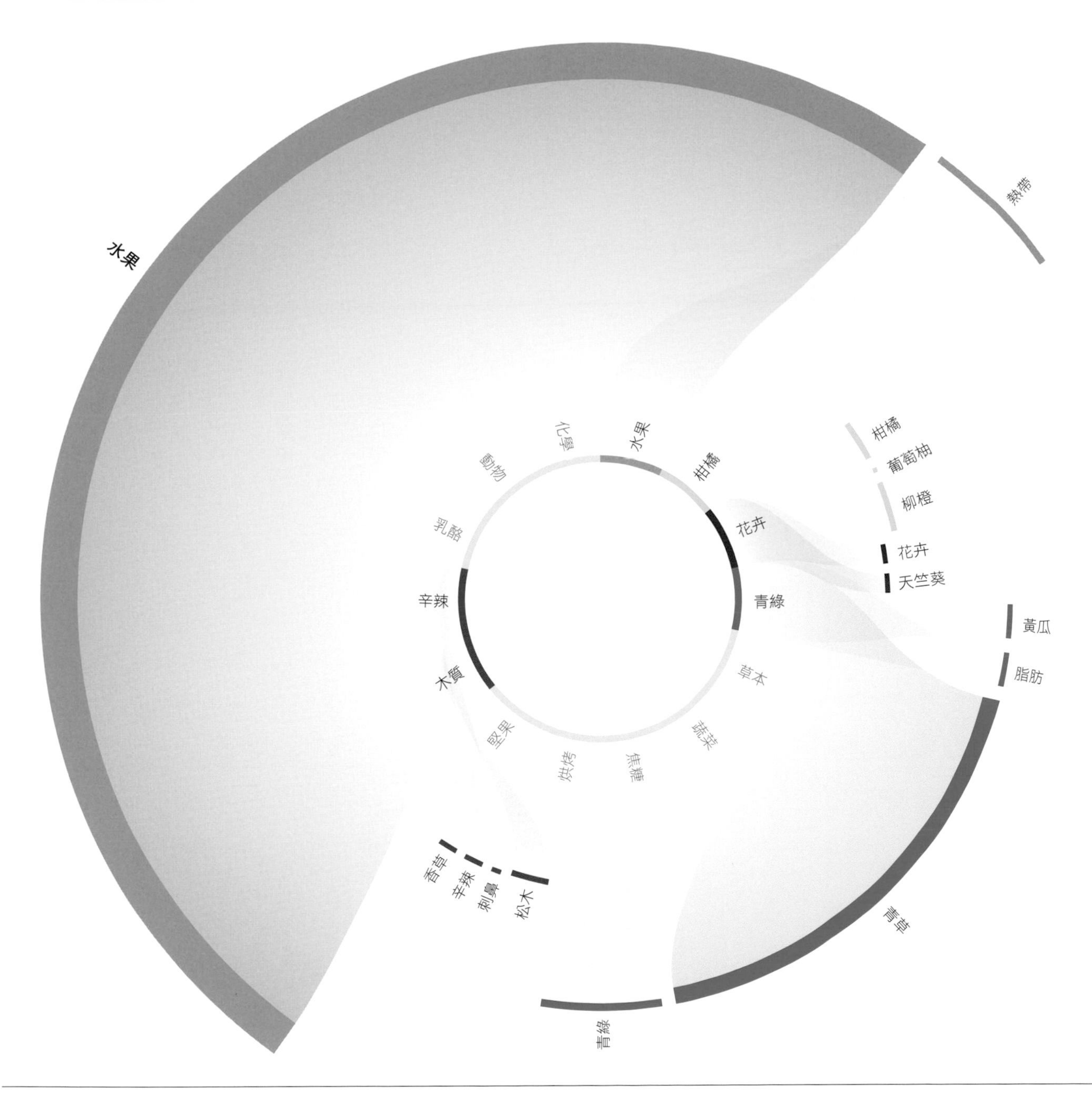

柳橙香氣輪廓

柳橙的香氣輪廓並非由特定揮發性成分所決定，而是大部分由水果味酯類和青綠、青草及柳橙味醛類混合而成，其餘則是柑橘、花卉和松木調。柳橙精油的特徵是具有化合物鄰胺苯甲酸二甲酯和百里酚。

	水果	柑橘	花卉	青綠	草本	蔬菜	焦糖	烘烤	堅果	木質	辛辣	乳酪	動物	化學
柳橙														
鹹鯷魚														
蒔蘿籽														
李子														
烤布雷斯雞皮														
水煮芹菜根														
爐烤馬鈴薯														
黑種草籽														
藿香花														
馬斯卡彭乳酪														
草莓番石榴														

潛在搭配：柳橙和藍紋乳酪

試試把藍紋乳酪加進塔奇多（taquito）增添墨西哥風情。將一些綿密的波蘭藍紋乳酪包在麵粉薄餅裡捲起來，接著油炸至金黃酥脆。撒上磨碎的黑巧克力並搭配柳橙沾醬或果醬。

潛在搭配：血橙和紫芋

紫芋（Dioscorea alata）是一種內部呈淡紫色的塊根蔬菜，別跟紫心番薯（Ipomoea batatas）搞錯了。菲律賓甜點「halo-halo」將煉乳、甜紅豆、椰子和水果加入刨冰裡，最後再擺上一球紫芋冰淇淋。

柳橙食材搭配

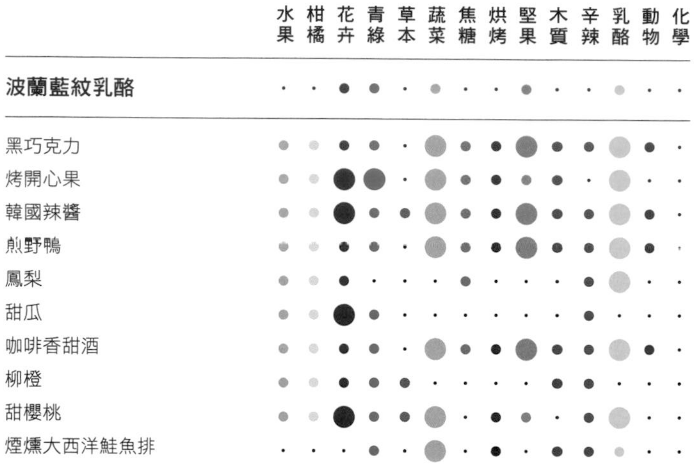
水果 柑橘 花卉 青綠 草本 蔬菜 焦糖 烘烤 堅果 木質 辛辣 乳酪 動物 化學
波蘭藍紋乳酪
黑巧克力
烤開心果
韓國辣醬
煎野鴨
鳳梨
甜瓜
咖啡香甜酒
柳橙
甜櫻桃
煙燻大西洋鮭魚排

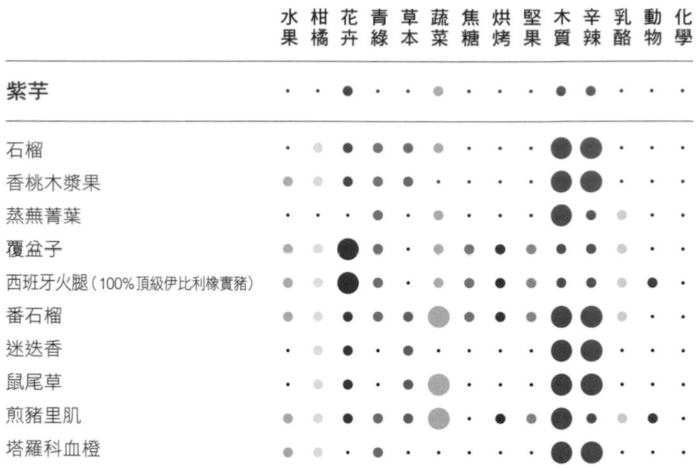
水果 柑橘 花卉 青綠 草本 蔬菜 焦糖 烘烤 堅果 木質 辛辣 乳酪 動物 化學
紫芋
石榴
香桃木漿果
蒸蕪菁葉
覆盆子
西班牙火腿（100%頂級伊比利橡實豬）
番石榴
迷迭香
鼠尾草
煎豬里肌
塔羅科血橙

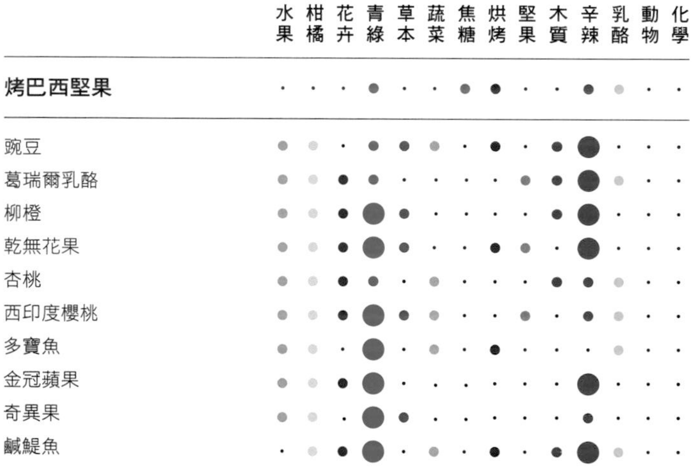
水果 柑橘 花卉 青綠 草本 蔬菜 焦糖 烘烤 堅果 木質 辛辣 乳酪 動物 化學
烤巴西堅果
豌豆
葛瑞爾乳酪
柳橙
乾無花果
杏桃
西印度櫻桃
多寶魚
金冠蘋果
奇異果
鹹鯷魚

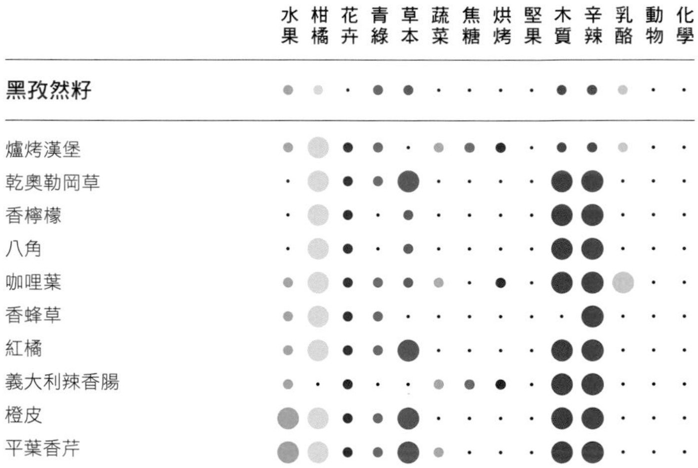
水果 柑橘 花卉 青綠 草本 蔬菜 焦糖 烘烤 堅果 木質 辛辣 乳酪 動物 化學
黑孜然籽
爐烤漢堡
乾奧勒岡草
香檸檬
八角
咖哩葉
香蜂草
紅橘
義大利辣香腸
橙皮
平葉香芹

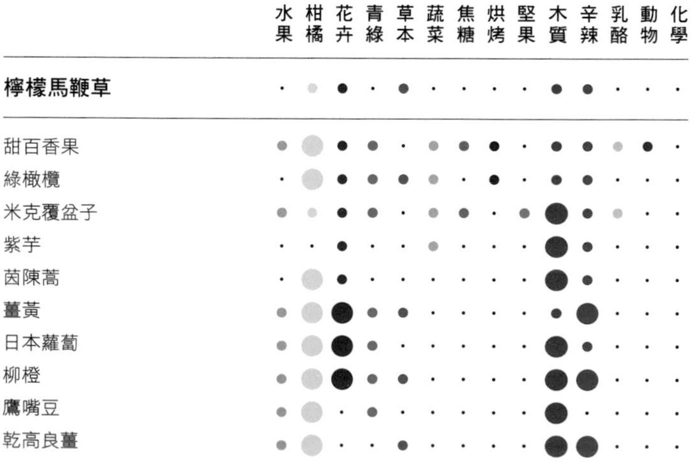
水果 柑橘 花卉 青綠 草本 蔬菜 焦糖 烘烤 堅果 木質 辛辣 乳酪 動物 化學
檸檬馬鞭草
甜百香果
綠橄欖
米克覆盆子
紫芋
茵陳蒿
薑黃
日本蘿蔔
柳橙
鷹嘴豆
乾高良薑

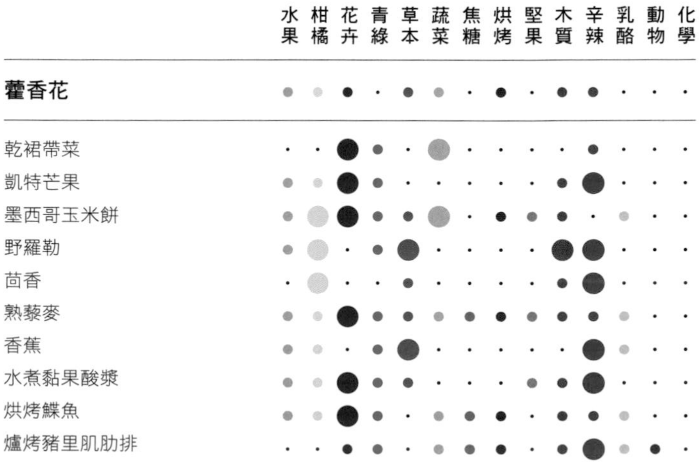
水果 柑橘 花卉 青綠 草本 蔬菜 焦糖 烘烤 堅果 木質 辛辣 乳酪 動物 化學
藿香花
乾裙帶菜
凱特芒果
墨西哥玉米餅
野羅勒
茴香
熟藜麥
香蕉
水煮黏果酸漿
烘烤鰈魚
爐烤豬里肌肋排

潛在搭配：柳橙和苦艾

苦艾最為人所知的是苦艾酒的基底藥草，也用來為苦精和其他飲品調味。它含有可能引起痙攣的毒素，劑量過多甚至致死。在中世紀，苦艾被用來調味蜂蜜酒；在摩洛哥被稱為「sheba」的苦艾則被加入綠茶飲用。

經典搭配：柳橙和蘭姆酒

邁泰（Mai-Tai）雞尾酒以蘭姆酒（見次頁）、庫拉索酒）杏仁糖漿和萊姆汁組成，是在五十、六十年代興起的提基風（Tiki）酒吧和餐廳代名詞。

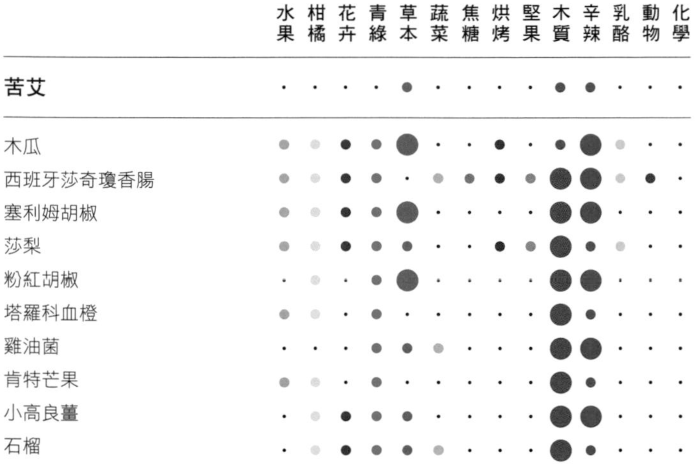

	水果	柑橘	花卉	青綠	草本	蔬菜	焦糖	烘烤	堅果	木質	辛辣	乳酪	動物	化學
苦艾														
木瓜														
西班牙莎奇瓊香腸														
塞利姆胡椒														
莎梨														
粉紅胡椒														
塔羅科血橙														
雞油菌														
肯特芒果														
小高良薑														
石榴														

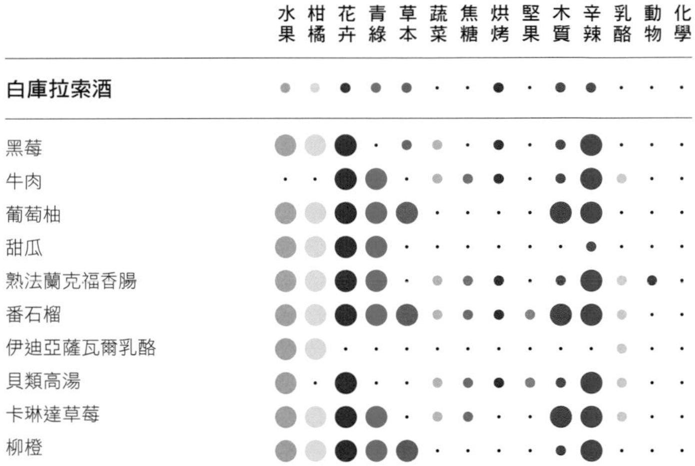

	水果	柑橘	花卉	青綠	草本	蔬菜	焦糖	烘烤	堅果	木質	辛辣	乳酪	動物	化學
白庫拉索酒														
黑莓														
牛肉														
葡萄柚														
甜瓜														
熟法蘭克福香腸														
番石榴														
伊迪亞薩瓦爾乳酪														
貝類高湯														
卡琳達草莓														
柳橙														

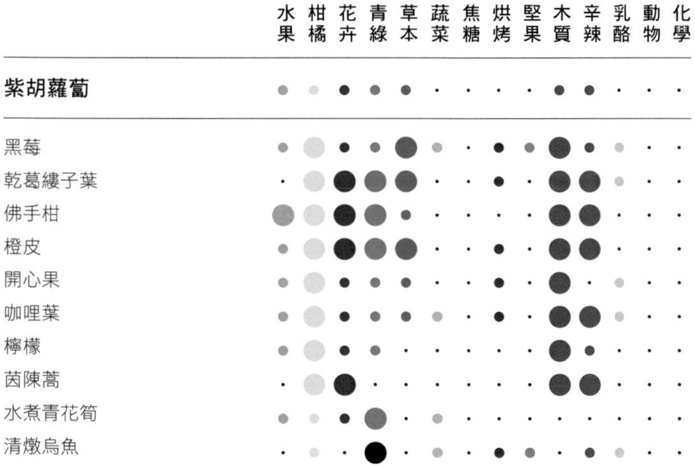

	水果	柑橘	花卉	青綠	草本	蔬菜	焦糖	烘烤	堅果	木質	辛辣	乳酪	動物	化學
紫胡蘿蔔														
黑莓														
乾葛縷子葉														
佛手柑														
橙皮														
開心果														
咖哩葉														
檸檬														
茵陳蒿														
水煮青花筍														
清燉烏魚														

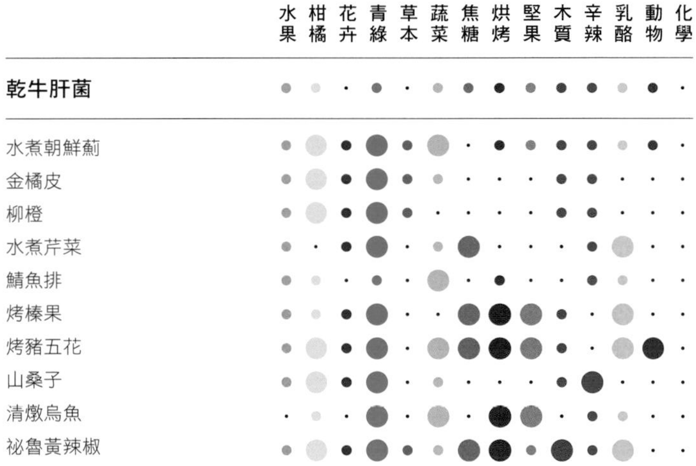

	水果	柑橘	花卉	青綠	草本	蔬菜	焦糖	烘烤	堅果	木質	辛辣	乳酪	動物	化學
乾牛肝菌														
水煮朝鮮薊														
金橘皮														
柳橙														
水煮芹菜														
鯖魚排														
烤榛果														
烤豬五花														
山桑子														
清燉烏魚														
祕魯黃辣椒														

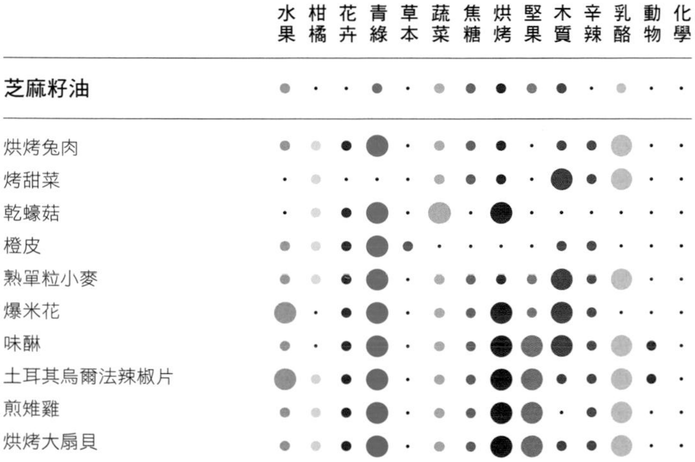

	水果	柑橘	花卉	青綠	草本	蔬菜	焦糖	烘烤	堅果	木質	辛辣	乳酪	動物	化學
芝麻籽油														
烘烤兔肉														
烤甜菜														
乾蠔菇														
橙皮														
熟單粒小麥														
爆米花														
味醂														
土耳其烏爾法辣椒片														
煎雉雞														
烘烤大扇貝														

蘭姆酒

蘭姆酒裡高濃度的果香酯類讓它成為各種雞尾酒的烈酒首選，像是自由古巴（原始添加萊姆的蘭姆酒加可樂）、黛綺莉（白色蘭姆酒、萊姆汁加簡易糖漿）以及清爽的莫希托（淺色蘭姆酒、萊姆汁、蘇打水、糖加新鮮薄荷）。

蘭姆酒複雜的歷史始於一六〇〇年代中期，當時甘蔗首度被種植於加勒比海地區。殖民者發現精煉蔗糖以運回歐洲的過程中殘留了又黑又黏的副產品，也就是所謂的糖蜜。這些糖蜜經發酵和蒸餾之後成了蘭姆酒。

在發酵之前，糖蜜會先稀釋成糖分不超過 10-12% 的糖漿，以免糖分尚未全部轉化，添加的裂殖酵母菌或其他天然酵母就被乙醇殺死。接著進行發酵長達一週或直到乙醇濃度達 6-9%。蘭姆酒大部分的特徵揮發物會在發酵過程中產生，此時乙醇氧化形成醛類再轉化為酸類。緩慢發酵促成較滑順的蘭姆酒基底，含有較高濃度的酒精和酸以及大量果香酯類。胺基酸則形成硫味化合物。

一旦發酵基底達到理想的乙醇濃度，混合液便移至壺式蒸餾器進行蒸餾。這個過程會影響蘭姆酒最後的整體揮發物濃度，而非形成新的香氣分子。經過蒸餾之後，多數蘭姆酒的酒精濃度會來到 32-45% 之間。雖然今日大部分的大規模生產者採用連續蒸餾程序，但一些手工釀造廠仍選擇傳統的壺式蒸餾法，讓酒液捕捉更多揮發物。壺式蒸餾器最適合蒸餾深色、風味濃重的蘭姆酒。

酒液會在不銹鋼槽或木桶中陳放至少一年，讓風味更完整。許多生產者偏好使用過的波本桶以及它們所散發的味道。隨著蘭姆酒熟成，木頭的揮發性化合物（和顏色）滲入酒液裡，促使氧化反應發生，香氣輪廓也變得越來越複雜。

陳年蘭姆酒在裝瓶前會進行調和，確保產品風味一致。焦糖有時會被加入深色蘭姆酒調色，淺色蘭姆酒則可能經由過濾去除不必要的顏色。

- 香蕉福斯特是紐澳良經典：由蘭姆酒火焰香蕉和香草冰淇淋組成，最後淋上以紅糖、奶油及深色蘭姆酒製成的肉桂焦糖醬。
- 多明尼加共和國有一款草本藥酒「媽媽歡樂」（Mama Juana）混合了深色蘭姆酒、紅酒、蜂蜜樹皮、羅勒、丁香和八角，有些人號稱可以治百病。
- 想來一點提基風調酒？別忘了法勒南，這種甜糖漿含有加勒比海深色蘭姆酒、杏仁糖漿、薑、萊姆和香料，像是香草、丁香及多香果。
- 充滿熱帶風情的鳳梨可樂達使用淺色蘭姆酒加上椰奶和鳳梨汁（見第 240 頁）。

相關香氣輪廓：陳年蘭姆酒

將蘭姆酒在波本桶中陳放會產生一些和威士忌相同的橡木內酯、香草醛和癒創木酚化合物。這個過程也會增加花卉和蘋果味乙位 - 大馬酮分子的數量，以及深色蘭姆酒特有的木質、椰子味「橡木」內酯。

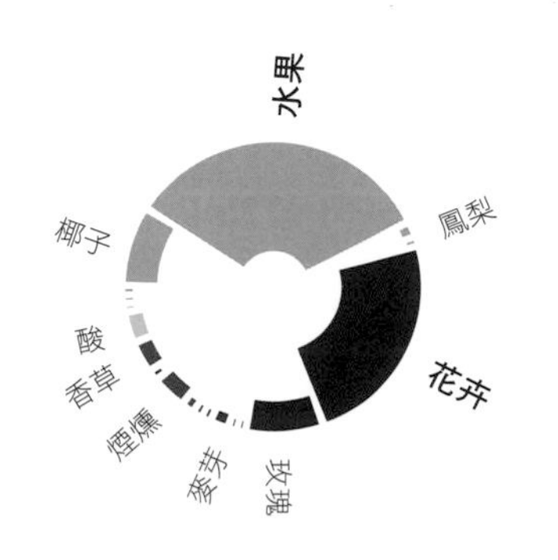

	水果	柑橘	花卉	青綠	草本	蔬菜	焦糖	烘烤	堅果	木質	辛辣	乳酪	動物	化學
陳年蘭姆酒														
水煮冬南瓜														
乾奇波雷辣椒														
熟淡菜														
網烤綠蘆筍														
薄荷														
高達乳酪														
薄口醬油														
雅香瓜（日本香瓜）														
爐烤漢堡														
蔓越莓														

白色蘭姆酒

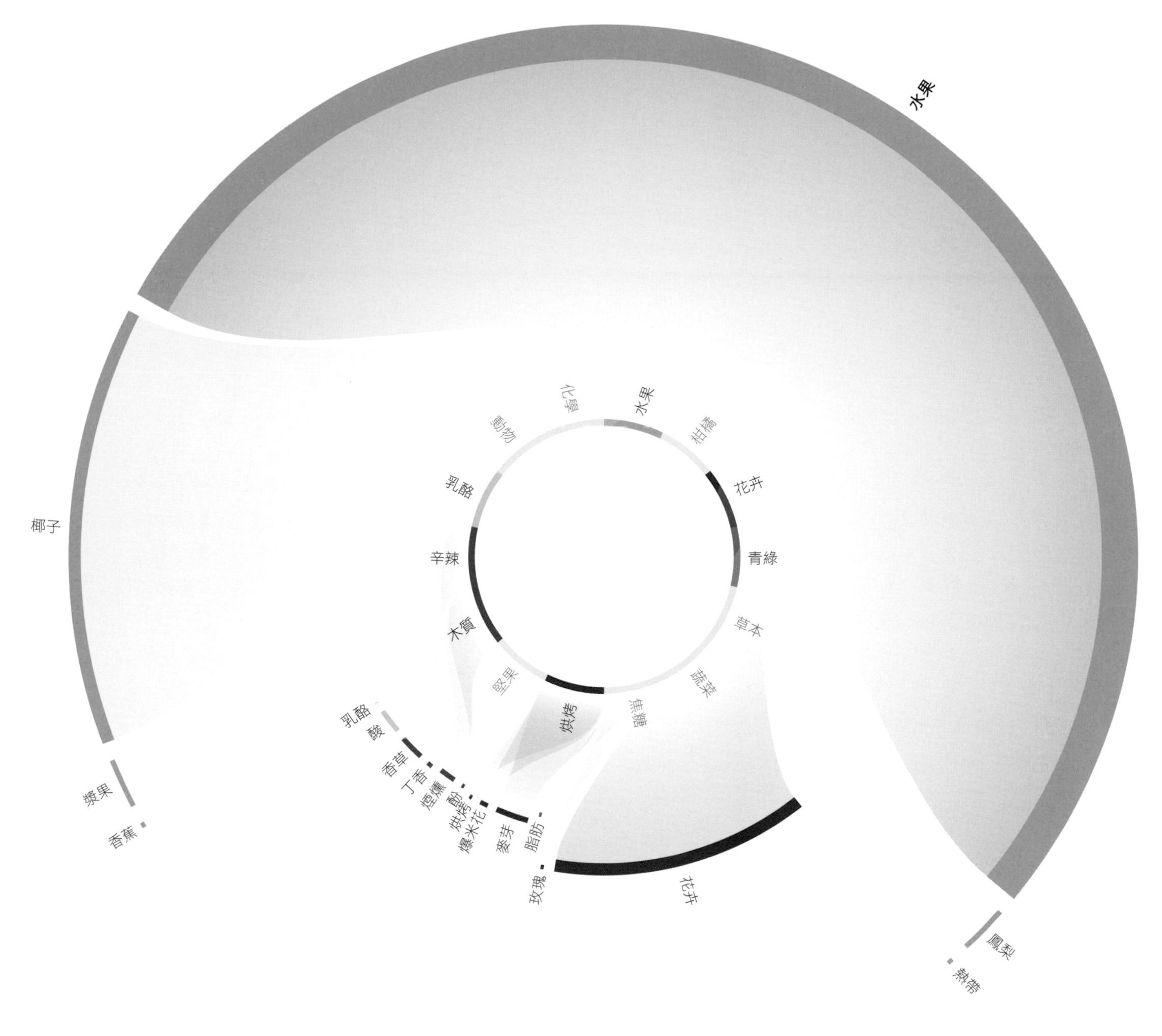

白色蘭姆酒香氣輪廓

果香酯類占了白色蘭姆酒香氣輪廓的一半，其他還有醇類、酸類、醛類、酮類和酚類。在發酵過程中，裂殖酵母菌促使脂肪酸形成，後者再轉化為酯類。事實上，這種特定酵母會產生異常大量的酯類，使白色蘭姆酒有別於威士忌、龍舌蘭和其他烈酒。

	水果	柑橘	花卉	青綠	草本	蔬菜	焦糖	烘烤	堅果	木質	辛辣	乳酪	動物	化學
白色蘭姆酒	•	·	•	•	·	·	·	•	·	•	•	•	·	·
雲莓	•	·	●	●	·	•	·	·	·	●	·	●	·	·
哈斯酪梨	●	·	·	•	·	·	·	·	•	·	·	·	·	·
瓦卡泰（祕魯黑薄荷）	●	•	●	•	•	•	•	●	•	•	●	●	•	·
水煮龍蝦	·	•	·	•	·	•	·	●	•	·	·	•	•	·
葫蘆巴葉	·	•	•	•	•	•	•	·	·	·	●	●	·	·
清燉雞肉	●	•	●	•	·	•	·	●	•	·	•	·	·	·
蓮霧	•	•	●	•	·	·	·	·	·	·	•	•	·	·
葛瑞爾乳酪	●	•	●	•	·	·	·	·	•	•	•	●	·	·
烘烤鰈魚	●	•	●	•	·	•	•	●	·	●	●	●	·	·
梨子	●	·	●	•	·	·	·	•	·	·	•	•	·	·

鳳梨

新鮮鳳梨特有的水果－鳳梨味來自兩種不同的香氣化合物：酯類 3- 甲基丁酸甲酯以及碳氫化合物 (E,Z)-1,3,5-十一碳三烯和 (E,E,Z)-1,3,5,8-undeca 十一碳四烯。鳳梨呋喃酮是另一個關鍵香氣化合物，它的鳳梨和焦糖調提升了這種熱帶水果的甜味。

雖然大家總是把鳳梨和夏威夷聯想在一起，但鳳梨其實原產於巴西，再傳遍南美洲和加勒比海地區。這些鳳梨科植物在十九世紀首度被西班牙人帶到夏威夷。今日，哥斯大黎加、巴西和菲律賓是世界最大的鳳梨出口國。

哥倫布在某一次新世界旅程之後將鳳梨引入西班牙宮廷。這種異國水果被命名為「pineapple」，因為它具有又大又像松果的可食用果實（pinas）以及硬挺的尖葉，是鳳梨科植物的典型特徵（Ananas）。對加勒比海人而言，鳳梨是歡迎的象徵；西班牙人沿襲了這項習俗，很快地鳳梨在歐洲各地流行起來，成為好客的表示。

鳳梨含有蛋白質消化酵素，稱為鳳梨酵素，它也存在於生奇異果和木瓜中。這些酵素讓你在生吃了大量以上水果之後產生咬舌感——它們分解了口腔裡的敏感組織。同樣道理，鳳梨酵素也會影響吉利丁甜點的製作。為了避免其活化，你必須以 80°C 的溫度烹煮新鮮鳳梨汁八分鐘。不過，加入辣椒等「抑制劑」也能達到膠化效果。你也可以利用這些生果汁的軟化功效來醃肉。或是在享用了大魚大肉之後，吃幾片生鳳梨或奇異果幫助消化。

鳳梨在儲藏時不會繼續成熟，置於室溫環境沒幾天就會開始腐壞（在冰箱中約一星期）。因此，在購買當下選擇最好的鳳梨不無道理，但這並不完全是個直截了當的過程。鳳梨皮的顏色不太能顯示熟度——依種植地和栽培品種不同，從褐色、金黃色到綠色都有可能。看葉子比較可靠：應該要是綠色的，沒有下垂或變黑。輕輕按壓一下——應該要稍微凹進去。聞聞底部的味道是另一個訣竅。成熟鳳梨聞起來清新具果香，不帶任何酒精或發霉氣味。

- 「Pavê de Abacaxi」是一道巴西鬆糕，由餅乾（通常是手指餅乾）、煉乳、蛋和新鮮鳳梨組成。
- 墨西哥發酵冷飲「特帕切」（tepache）使用了以紅糖或蔗糖增甜的鳳梨皮以及些許肉桂。

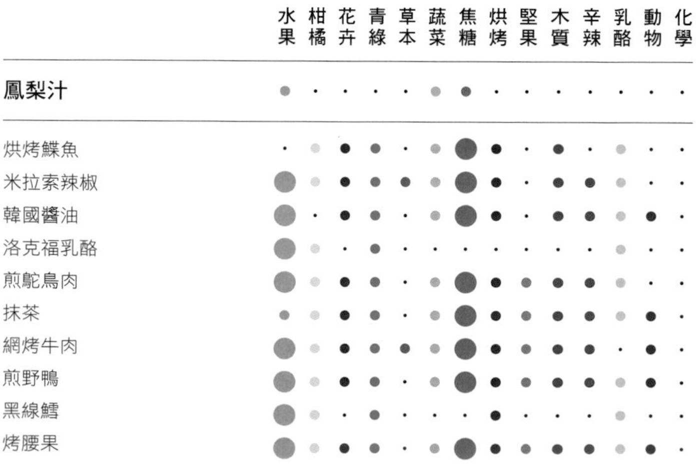

	水果	柑橘	花卉	青綠	草本	蔬菜	焦糖	烘烤	堅果	木質	辛辣	乳酪	動物	化學
鳳梨汁														
烘烤鰈魚														
米拉索辣椒														
韓國醬油														
洛克福乳酪														
煎鴕鳥肉														
抹茶														
網烤牛肉														
煎野鴨														
黑線鱈														
烤腰果														

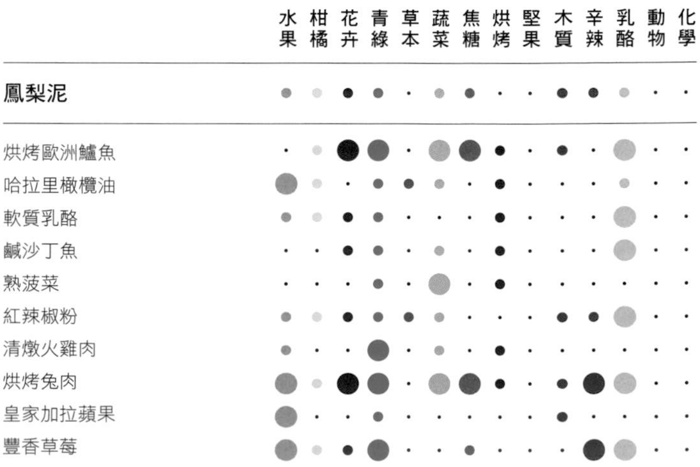

	水果	柑橘	花卉	青綠	草本	蔬菜	焦糖	烘烤	堅果	木質	辛辣	乳酪	動物	化學
鳳梨泥														
烘烤歐洲鱸魚														
哈拉里橄欖油														
軟質乳酪														
鹹沙丁魚														
熟菠菜														
紅辣椒粉														
清燉火雞肉														
烘烤兔肉														
皇家加拉蘋果														
豐香草莓														

鳳梨

鳳梨香氣輪廓

鳳梨香氣輪廓裡的一個主要成分是己酸烯丙酯，它也被用來製造人工鳳梨調味劑。其他氣味劑還包含焦糖味的鳳梨酮，以及果香酯類2- 甲基丁酸乙酯和 3-(甲硫基) 丙酸乙酯，後者為鳳梨的熱帶水果芳香增添微微蘋果氣息。除了果香酯類和呋喃酮，新鮮鳳梨也含有強烈的蘭姆酒和椰子調性，因此與鳳梨可樂達（鳳梨汁、椰漿和蘭姆酒）是熱帶雞尾酒絕配。

	水果	柑橘	花卉	青綠	草本	蔬菜	焦糖	烘烤	堅果	木質	辛辣	乳酪	動物	化學
鳳梨	•	•	•	·	·	·	•	·	·	·	•	•	·	·
藻類（*Gracilaria carnosa*）	·	•	●	•	·	•	·	·	·	•	●	●	·	·
熟松茸	●	•	•	•	•	•	·	•	·	•	·	•	·	·
大西洋鮭魚排	·	·	●	•	·	•	·	·	·	·	·	·	·	·
烤番薯	●	•	•	•	·	·	•	•	•	•	·	•	•	·
烤明蝦	●	·	·	•	·	•	·	•	•	·	•	·	•	·
黑蒜泥	●	·	●	•	·	•	●	•	•	•	●	●	·	·
甜紅椒粉	•	•	●	•	·	•	●	•	·	•	●	●	•	·
水煮豌豆	●	●	·	•	·	•	●	•	•	•	•	·	·	·
烤野豬	●	•	●	•	•	•	●	•	•	•	•	●	·	·
芹菜葉	●	·	•	•	•	·	·	·	·	•	•	·	·	·

潛在搭配：鳳梨和鮭魚

試試將一片煎鮭魚和鳳梨及印度番茄甜酸醬組合在一起。最後撒上一點新鮮羅勒，為酸酸甜甜的果香佐料添加胡椒調。

潛在搭配：鳳梨和野豬肉

當你煎或烤野豬肉時，肉裡的糖分會焦糖化並形成新的香氣分子——鳳梨　喃酮便是其中之一。帶有鳳梨味的酯類讓野豬肉和鳳梨產生另一個香氣連結。

鳳梨食材搭配

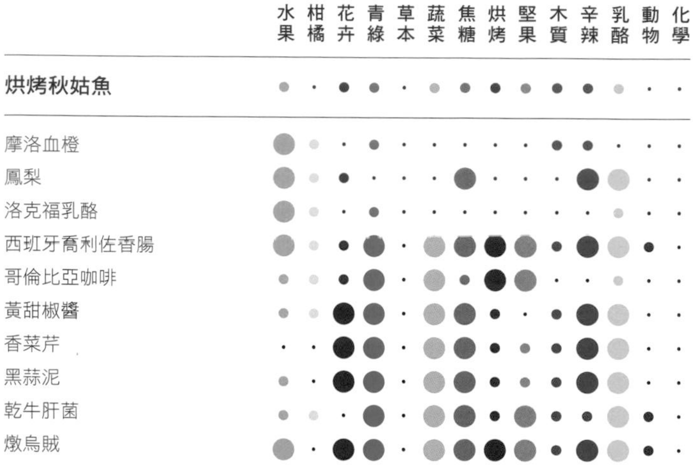

水果 柑橘 花卉 青綠 草本 蔬菜 焦糖 烘烤 堅果 木質 辛辣 乳酪 動物 化學

烘烤秋姑魚

摩洛血橙
鳳梨
洛克福乳酪
西班牙喬利佐香腸
哥倫比亞咖啡
黃甜椒醬
香菜芹
黑蒜泥
乾牛肝菌
燉烏賊

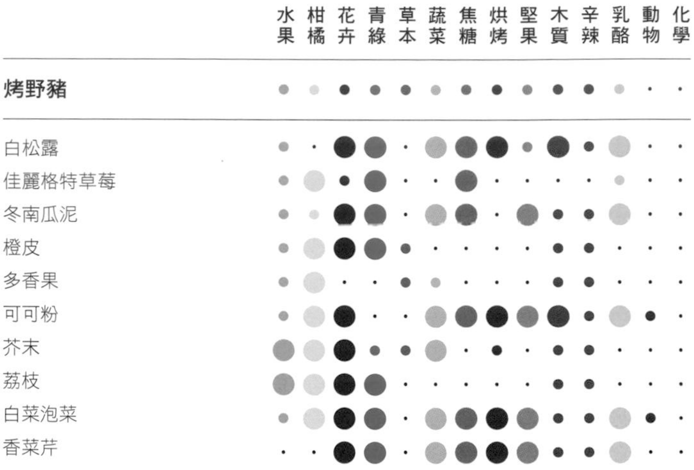

烤野豬

白松露
佳麗格特草莓
冬南瓜泥
橙皮
多香果
可可粉
芥末
荔枝
白菜泡菜
香菜芹

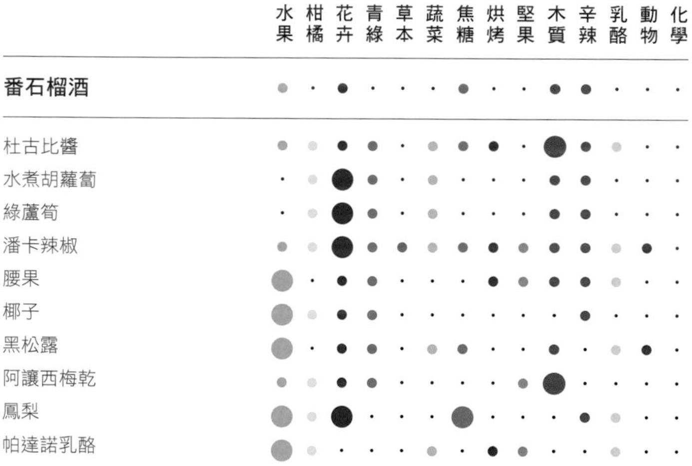

番石榴酒

杜古比醬
水煮胡蘿蔔
綠蘆筍
潘卡辣椒
腰果
椰子
黑松露
阿讓西梅乾
鳳梨
帕達諾乳酪

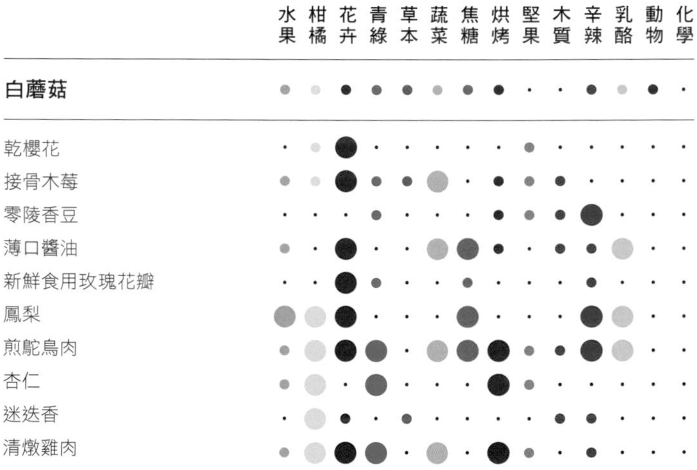

白蘑菇

乾櫻花
接骨木莓
零陵香豆
薄口醬油
新鮮食用玫瑰花瓣
鳳梨
煎鴕鳥肉
杏仁
迷迭香
清燉雞肉

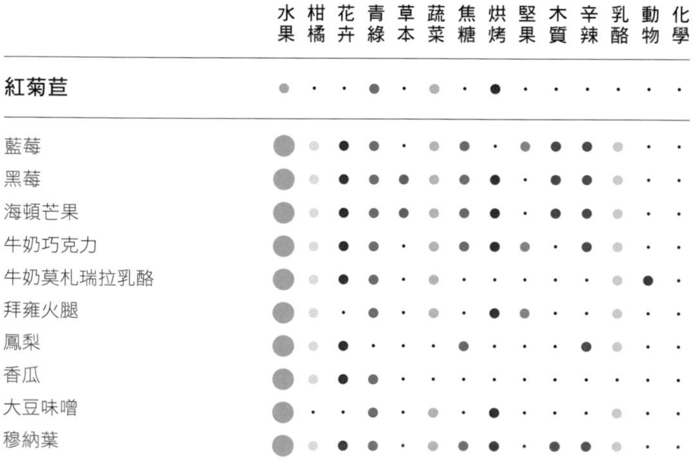

紅菊苣

藍莓
黑莓
海頓芒果
牛奶巧克力
牛奶莫札瑞拉乳酪
拜雍火腿
鳳梨
香瓜
大豆味噌
穆納葉

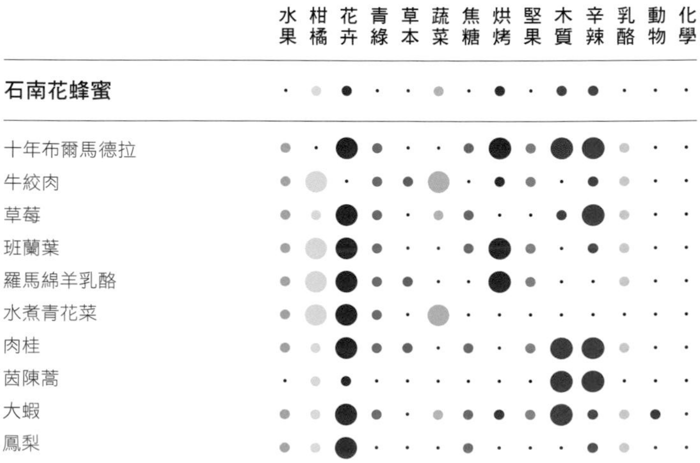

石南花蜂蜜

十年布爾馬德拉
牛絞肉
草莓
班蘭葉
羅馬綿羊乳酪
水煮青花菜
肉桂
茵陳蒿
大蝦
鳳梨

經典搭配：鳳梨和乳酪

庫克夏威夷是經典庫克先生三明治的熱帶版本：兩片吐司夾乳酪粉和火腿片、貝夏美醬及第戎芥末醬，上面再加鳳梨片。

潛在搭配：鳳梨和大醬

大醬（見次頁）是一種韓國發酵豆醬。在發酵過程中，脂肪酸轉化成酯類，有些具鳳梨般的氣味，亦是鳳梨風味的關鍵。

	水果	柑橘	花卉	青綠	草本	蔬菜	焦糖	烘烤	堅果	木質	辛辣	乳酪	動物	化學
伊迪亞薩瓦爾乳酪														
芥末														
濃口醬油														
牛奶巧克力														
酸漿														
鳳梨														
煎培根														
黑醋栗														
黑線鱈														
丁香														
清燉鱈魚排														

	水果	柑橘	花卉	青綠	草本	蔬菜	焦糖	烘烤	堅果	木質	辛辣	乳酪	動物	化學
清燉榲桲														
芒果														
鳳梨														
葡萄														
新鮮食用玫瑰花瓣														
覆盆子														
蜂蜜														
沙棘香甜酒														
猴子 47 琴酒														
大醬（韓國發酵大豆醬）														
拿破崙香橙干邑香甜酒														

	水果	柑橘	花卉	青綠	草本	蔬菜	焦糖	烘烤	堅果	木質	辛辣	乳酪	動物	化學
熟淡菜														
油桃														
瓦卡泰（祕魯黑薄荷）														
烘烤小牛肉														
紅粉佳人蘋果														
鳳梨														
水煮四季豆														
煎培根														
熟黑皮波羅門參														
黑醋栗														
清燉鱈魚排														

	水果	柑橘	花卉	青綠	草本	蔬菜	焦糖	烘烤	堅果	木質	辛辣	乳酪	動物	化學
歐洲月桂葉														
海苔片														
鳳梨														
芹菜葉														
石榴														
韓國醬油														
米拉索辣椒														
高達乳酪														
乾式熟成牛肉														
烘烤鰈魚														
烘烤兔肉														

	水果	柑橘	花卉	青綠	草本	蔬菜	焦糖	烘烤	堅果	木質	辛辣	乳酪	動物	化學
腰果														
雅香瓜（日本香瓜）														
煎野斑鳩														
水煮龍蝦														
甜百香果														
蔓越莓														
甜櫻桃														
蕎麥蜜														
鳳梨														
豆蔻籽														
古岡左拉乳酪														

	水果	柑橘	花卉	青綠	草本	蔬菜	焦糖	烘烤	堅果	木質	辛辣	乳酪	動物	化學
櫻桃木煙燻														
綿羊奶優格														
乾香蕉片														
多寶魚														
水煮冬南瓜														
乾式熟成牛肉														
鳳梨														
融化奶油														
烤野鵝														
大扇貝														
藻類（*Gracilaria carnosa*）														

大醬

大醬是傳統韓國料理不可或缺的食材，這種發酵大豆醬含有乳酪、焦糖、花卉和酚味化合物。

這種味道濃郁的豆醬被用來製作各式各樣的佐料和濃稠醬汁，或是當成大醬湯等湯品和燉菜的基底。它具有厚實質地，比日本味噌的風味更加深沉複雜。

製作大醬的第一步是將大豆水煮成糊狀，壓成一塊塊的「豆餅」，再靜置乾燥直到變成密實的褐色豆磚。再來將枯草桿菌、米麴菌或其他天然菌種接種至豆餅，掛起來晾乾二週至九十天。隨著豆餅發酵，其表面會長出粉白色黴菌。

根據傳統做法，豆餅接著會被移到透氣的陶瓷醬缸中。這些大型容器裝滿了鹽水，密封後在室外熟成，讓豆餅發展出自己的風土特色。完成後分為兩個部分：微鹹的深色液體被過濾出來進行分開的熟成程序製成韓國醬油；剩下的固體留在醬缸裡完成二次熟成，可能長達三年才能造就大醬。

你在韓國各地還是可以找得到依照這種悠久傳統法製造出來的少數手工大醬，但今日大部分的產品皆出自工廠。市面上的大醬有許多不同種類，包含各種顏色、風味和質地。熟成越久，顏色越深，風味也越強烈。商業化生產的大醬亦使用穀物（小麥和大麥）並混合了豆餅和（見第 298 頁「醬油」）。

韓國辣醬

韓國辣醬由紅辣椒、熟大豆和糯米或其他穀物發酵製成。這種火辣紅醬在烹調時用來調味，或是當成佐料加入石鍋拌飯等菜餚。大醬具有較強烈、發霉的味噌風味，辣醬的刺鼻、蔬菜風味則來自紅辣椒，它也增添了顏色和辣度。辣醬的香氣輪廓根據辣椒和穀物種類以及發酵和熟成條件而有所差異。

相關香氣輪廓：韓國辣醬

紅辣椒為韓國辣醬帶來蔬菜、甜椒香氣，讓它比大醬具有更多硫磺調。梅納和史崔克反應則催生出新的麥芽和馬鈴薯味化合物。

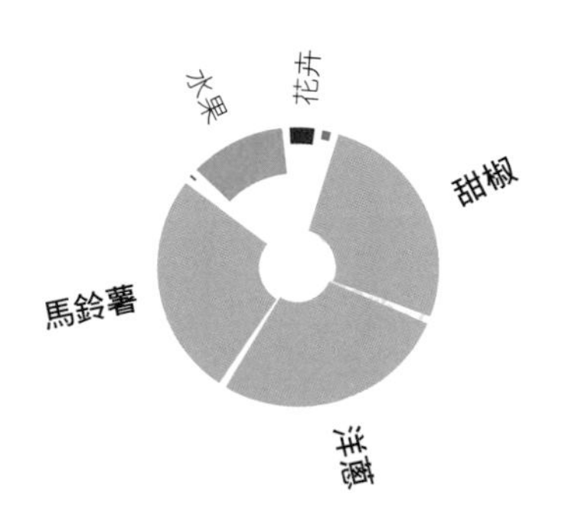

	水果	柑橘	花卉	青綠	草本	蔬菜	焦糖	烘烤	堅果	木質	辛辣	乳酪	動物	化學
韓國辣醬	•	•	•	•	•	•	•	•	•	•	•	•	•	·
和牛	·	·	·	●	·	●	●	•	·	·	·	●	·	·
阿貝金納特級初榨橄欖油	●	●	●	●	·	●	·	●	·	●	●	●	·	·
薯條	·	·	·	●	·	●	●	●	●	·	·	●	·	·
覆盆子	●	•	●	●	·	●	●	●	•	•	●	●	·	·
烏魚子	•	·	·	•	·	•	·	●	·	·	·	●	·	·
大蕉	•	·	●	●	·	●	●	●	·	·	●	•	·	·
水煮馬鈴薯	●	●	●	●	·	●	·	●	·	·	·	●	·	·
布里乳酪	●	·	●	●	·	●	·	●	·	●	·	●	•	·
烘烤野兔	●	•	●	●	•	●	●	●	●	•	●	●	●	·
白蘆筍	●	·	●	•	•	●	·	·	·	●	●	·	·	·

大醬

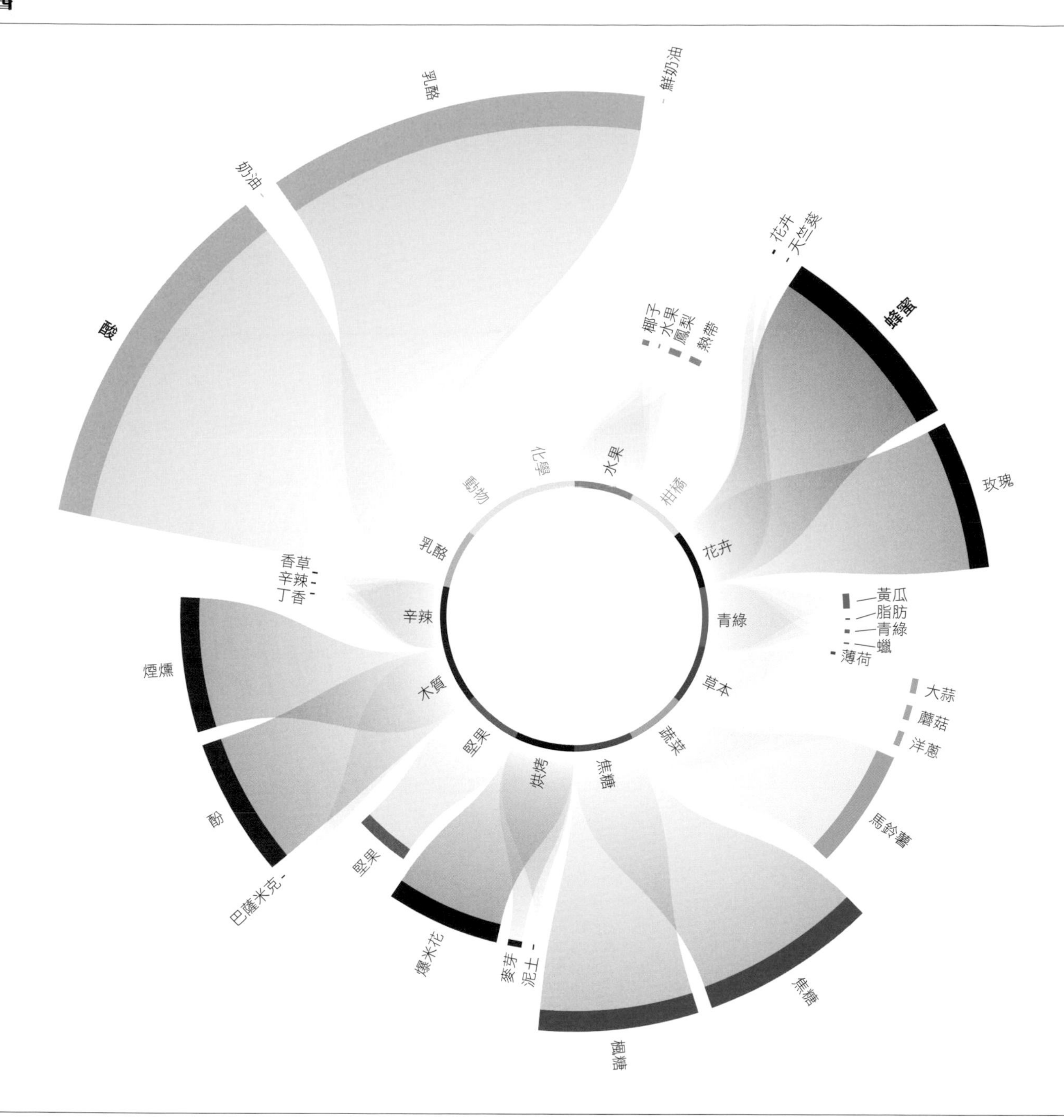

大醬（韓國發酵大豆醬）香氣輪廓

富含蛋白質的大豆充滿酵素，能將某些蛋白質分解成糖，糖在豆子被烹煮時焦糖化，形成焦糖味香氣分子。烘烤、堅果調也透過梅納反應或細菌活動產生。酵素和加熱處理皆造成豆子裡的木質素轉化為新的煙燻、酚味揮發物。在發酵過程中，豆子裡的酵素轉化為胺基酸、有機酸和脂肪酸——全都是香氣化合物的前驅物。和其他發酵大豆產品類似，大醬的香氣輪廓大多由乳酪、酸味揮發物構成，它們在豆餅發酵時因胺基酸轉化成新的香氣分子或其前驅物而形成。其他新的水果、花卉調也在脂肪酸轉化成新的揮發物時發展出來，成為大醬複雜香氣輪廓的一部分。

	水果	柑橘	花卉	青綠	草本	蔬菜	焦糖	烘烤	堅果	木質	辛辣	乳酪	動物	化學
大醬（韓國發酵大豆醬）	•	·	•	•	•	•	•	•	•	•	•	•	·	·
烤胡桃	●	·	●	•	·	·	•	●	•	·	·	●	·	·
藍豐藍莓	•	•	•	●	·	·	·	●	•	•	•	●	·	·
塞拉諾火腿	●	•	•	•	•	•	·	●	•	•	•	●	•	·
古岡左拉乳酪	●	•	●	•	•	●	·	●	·	·	·	•	·	·
皮夸爾特級初榨橄欖油	●	•	●	●	·	●	·	●	·	●	●	●	·	·
黑松露	●	·	●	●	·	●	●	·	·	●	·	●	•	·
乾葛縷子葉	·	•	•	•	•	·	·	•	·	•	•	●	·	·
烤栗子	•	•	·	•	·	·	·	•	•	•	·	●	·	·
鮮奶油	•	·	·	·	·	●	·	•	·	·	·	●	·	·
水煮麵包蟹肉	●	•	●	●	·	●	●	●	●	●	●	●	•	·

潛在搭配：大醬和葛縷子葉

葛縷子大多被種來取種子用，但這種植物的葉子亦可食用。葛縷子葉具有微甜、淡淡的大茴香香，可以為湯品、燉菜或沙拉提味。

潛在搭配：韓國辣醬和福尼奧米

福尼奧種植於西非，是一種生長快速的小穀物，食用方法像稻米或北非小米。這種已知最老的非洲穀物具有淡淡堅果味，富含胺基酸和蛋白質且無麩質。它可以加入沙拉和燉菜，也能做成粥和粉。

韓國大醬和辣醬食材搭配

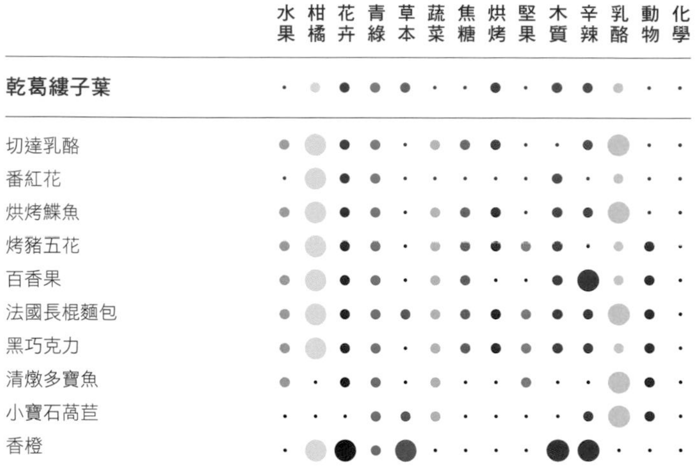
水果 柑橘 花卉 青綠 草本 蔬菜 焦糖 烘烤 堅果 木質 辛辣 乳酪 動物 化學
乾葛縷子葉
切達乳酪
番紅花
烘烤鰈魚
烤豬五花
百香果
法國長棍麵包
黑巧克力
清燉多寶魚
小寶石萵苣
香橙

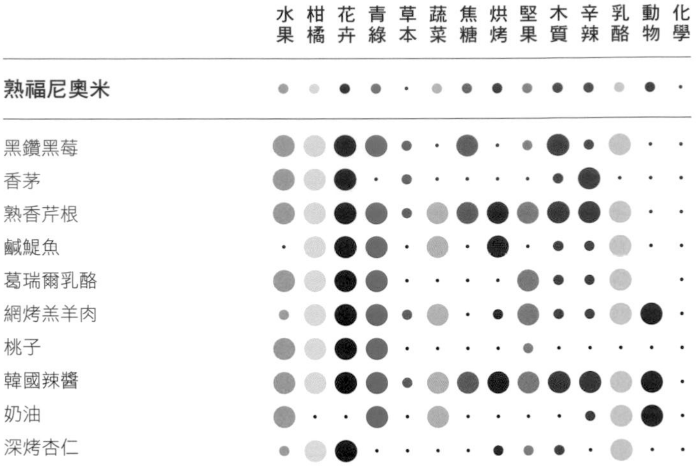
水果 柑橘 花卉 青綠 草本 蔬菜 焦糖 烘烤 堅果 木質 辛辣 乳酪 動物 化學
熟福尼奧米
黑鑽黑莓
香茅
熟香芹根
鹹鯷魚
葛瑞爾乳酪
網烤羔羊肉
桃子
韓國辣醬
奶油
深烤杏仁

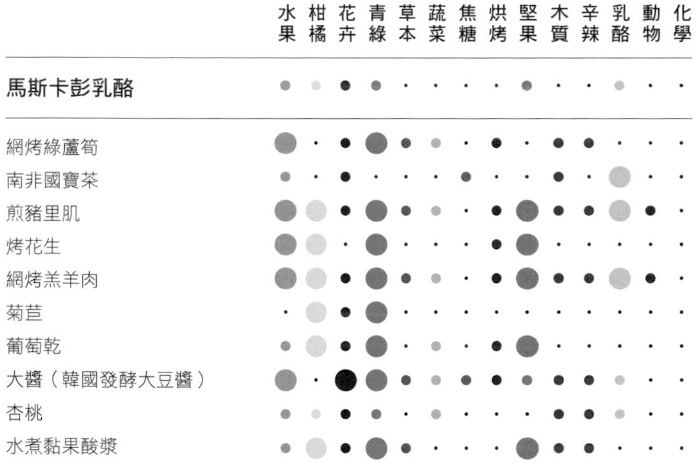
水果 柑橘 花卉 青綠 草本 蔬菜 焦糖 烘烤 堅果 木質 辛辣 乳酪 動物 化學
馬斯卡彭乳酪
網烤綠蘆筍
南非國寶茶
煎豬里肌
烤花生
網烤羔羊肉
菊苣
葡萄乾
大醬（韓國發酵大豆醬）
杏桃
水煮黏果酸漿

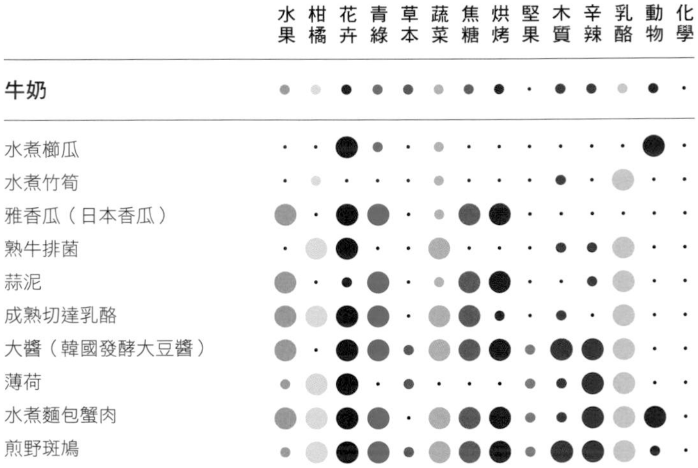
水果 柑橘 花卉 青綠 草本 蔬菜 焦糖 烘烤 堅果 木質 辛辣 乳酪 動物 化學
牛奶
水煮櫛瓜
水煮竹筍
雅香瓜（日本香瓜）
熟牛排菌
蒜泥
成熟切達乳酪
大醬（韓國發酵大豆醬）
薄荷
水煮麵包蟹肉
煎野斑鳩

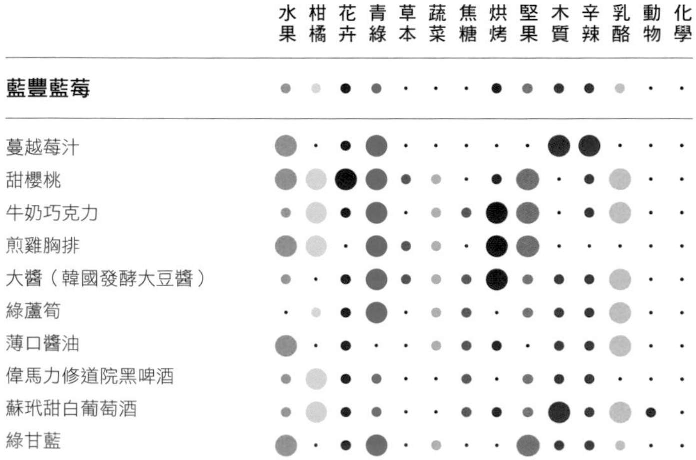
水果 柑橘 花卉 青綠 草本 蔬菜 焦糖 烘烤 堅果 木質 辛辣 乳酪 動物 化學
藍豐藍莓
蔓越莓汁
甜櫻桃
牛奶巧克力
煎雞胸排
大醬（韓國發酵大豆醬）
綠蘆筍
薄口醬油
偉馬力修道院黑啤酒
蘇玳甜白葡萄酒
綠甘藍

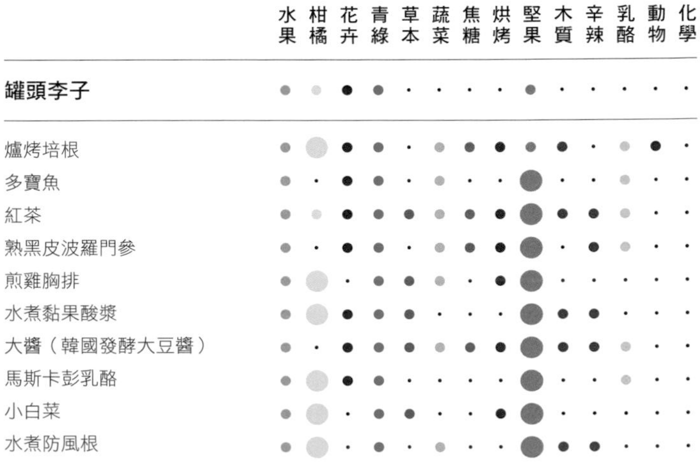
水果 柑橘 花卉 青綠 草本 蔬菜 焦糖 烘烤 堅果 木質 辛辣 乳酪 動物 化學
罐頭李子
爐烤培根
多寶魚
紅茶
熟黑皮波羅門參
煎雞胸排
水煮黏果酸漿
大醬（韓國發酵大豆醬）
馬斯卡彭乳酪
小白菜
水煮防風根

潛在搭配：大醬和榴槤蜜

榴槤蜜是一種類似菠蘿蜜的東南亞水果，顏色有黃有橘，具甜味。未成熟的榴槤蜜被當成蔬菜使用：味道類似菠蘿蜜，但含硫味化合物因此帶有一絲獨特榴槤味。它可以生吃或熟食，種子亦可食用。

潛在搭配：大醬、防風根和木薯

木薯餅（casabe）是一種未發酵的加勒比海煎餅，以木薯粉（見次頁）和鹽巴做成。某些版本包含乳酪絲，但你也可以試試加入防風根絲並以大醬調味。防風根帶有微甜、堅果風味，因此和甜點是絕配，也很適合加入以木薯粉、蛋、煉乳和椰奶做的蛋糕。

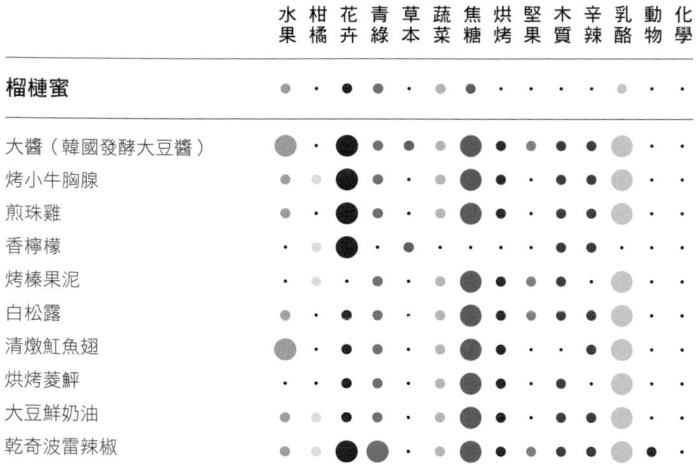

	水果	柑橘	花卉	青綠	草本	蔬菜	焦糖	烘烤	堅果	木質	辛辣	乳酪	動物	化學
榴槤蜜														
大醬（韓國發酵大豆醬）														
烤小牛胸腺														
煎珠雞														
香檸檬														
烤榛果泥														
白松露														
清燉魟魚翅														
烘烤菱鮃														
大豆鮮奶油														
乾奇波雷辣椒														

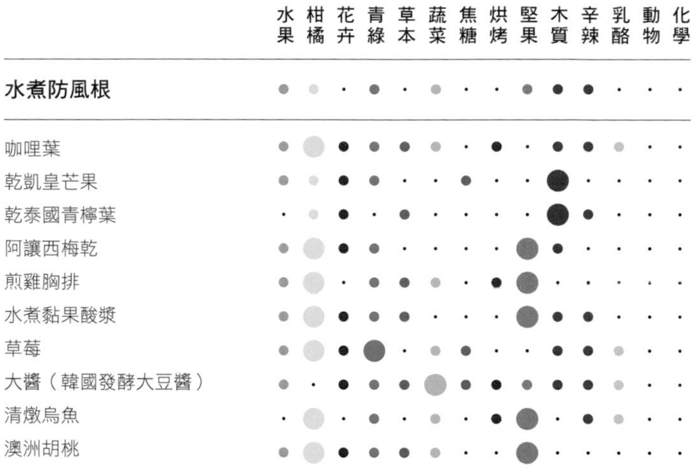

	水果	柑橘	花卉	青綠	草本	蔬菜	焦糖	烘烤	堅果	木質	辛辣	乳酪	動物	化學
水煮防風根														
咖哩葉														
乾凱皇芒果														
乾泰國青檸葉														
阿讓西梅乾														
煎雞胸排														
水煮黏果酸漿														
草莓														
大醬（韓國發酵大豆醬）														
清燉烏魚														
澳洲胡桃														

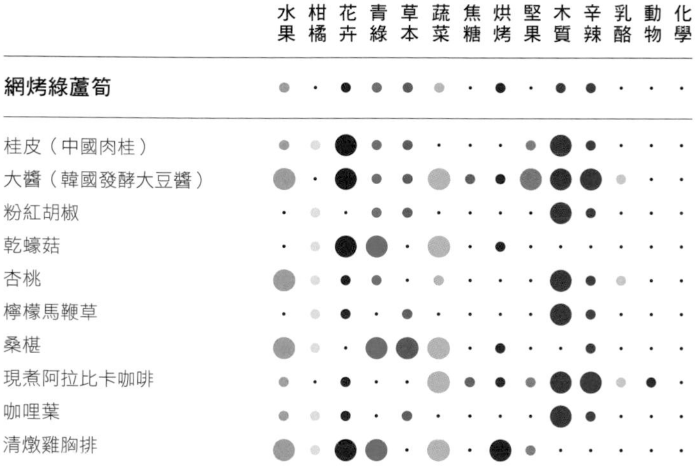

	水果	柑橘	花卉	青綠	草本	蔬菜	焦糖	烘烤	堅果	木質	辛辣	乳酪	動物	化學
網烤綠蘆筍														
桂皮（中國肉桂）														
大醬（韓國發酵大豆醬）														
粉紅胡椒														
乾蠔菇														
杏桃														
檸檬馬鞭草														
桑椹														
現煮阿拉比卡咖啡														
咖哩葉														
清燉雞胸排														

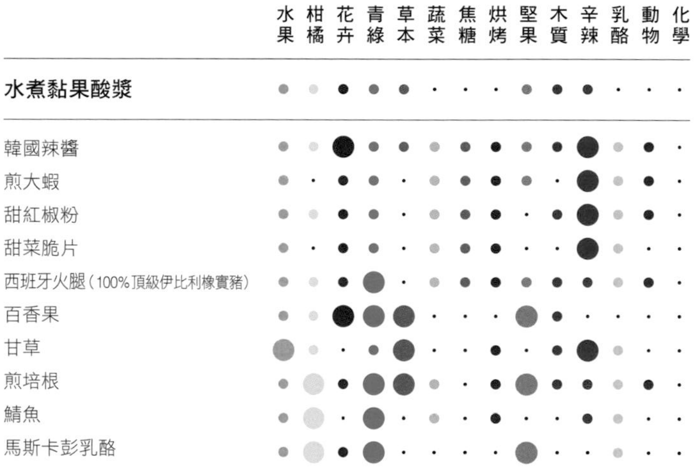

	水果	柑橘	花卉	青綠	草本	蔬菜	焦糖	烘烤	堅果	木質	辛辣	乳酪	動物	化學
水煮黏果酸漿														
韓國辣醬														
煎大蝦														
甜紅椒粉														
甜菜脆片														
西班牙火腿（100%頂級伊比利橡實豬）														
百香果														
甘草														
煎培根														
鯖魚														
馬斯卡彭乳酪														

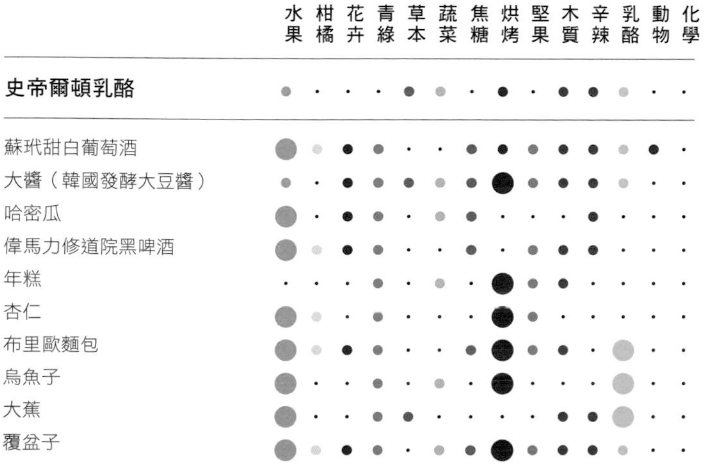

	水果	柑橘	花卉	青綠	草本	蔬菜	焦糖	烘烤	堅果	木質	辛辣	乳酪	動物	化學
史帝爾頓乳酪														
蘇玳甜白葡萄酒														
大醬（韓國發酵大豆醬）														
哈密瓜														
偉馬力修道院黑啤酒														
年糕														
杏仁														
布里歐麵包														
烏魚子														
大蕉														
覆盆子														

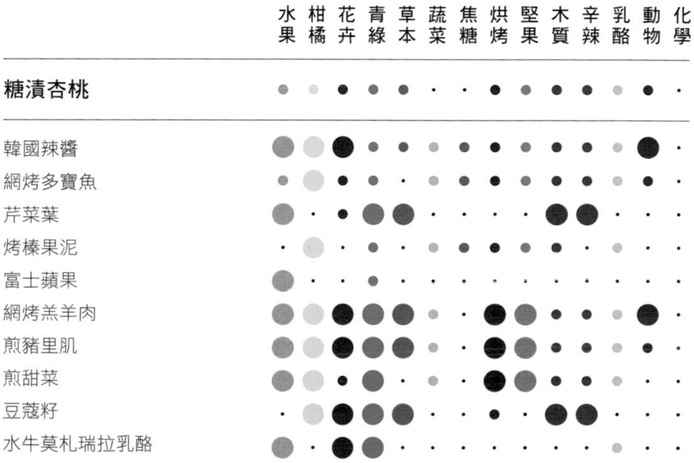

	水果	柑橘	花卉	青綠	草本	蔬菜	焦糖	烘烤	堅果	木質	辛辣	乳酪	動物	化學
糖漬杏桃														
韓國辣醬														
網烤多寶魚														
芹菜葉														
烤榛果泥														
富士蘋果														
網烤羔羊肉														
煎豬里肌														
煎甜菜														
豆蔻籽														
水牛莫札瑞拉乳酪														

木薯

可食用的塊根木薯是非洲和南美洲主食，某些東南亞地區也有在吃。甜木薯全年均可採收，是繼稻米和玉米之後第三重要的熱量食物來源。對許多人來說，它是關鍵生存作物，提供良好的蛋白質來源且富含複合碳水化合物和其他營養物。

無論是整顆水煮或蒸煮、磨碎還是炸成薯片，每一個文化對於這種百變食材都有自己的吃法。含澱粉的木薯根也可以經乾燥和加工製成木薯（澱）粉，某些文化以它代替麵粉。木薯粉用來勾芡或加入麵包、餅乾、布丁和各式甜點。

處理木薯時要特別小心，因為生的鬚根含有致命氰化物。木薯一定要適當烹煮一段時間中和毒素才能安全享用。

在某些國家，木薯的葉子被做成燉菜或用來煮湯。和木薯根一樣，這些味道撲鼻的葉子必須經過烹煮才能中和毒性，並且更具有青綠－青草香氣以及微微柑橘柳橙氣息。一道剛果燉雞料理結合了木薯葉、洋蔥、番茄和棕櫚仁。

- 木薯布丁將乾木薯屑或珍珠以甜牛奶、鮮奶油或椰奶慢慢煨煮，通常會加香草調味，冷熱皆宜。
- 「Bojo」是一種紮實、無麵粉的蘇利南蛋糕，以新鮮木薯粉和椰奶製成，並加蘭姆酒和肉桂調味。在慶典時經常搭配打發鮮奶油一起吃。

奈波亞——木薯的另類想像

丹麥哥本哈根，Restaurant Taller，卡洛斯 ・ 彭特

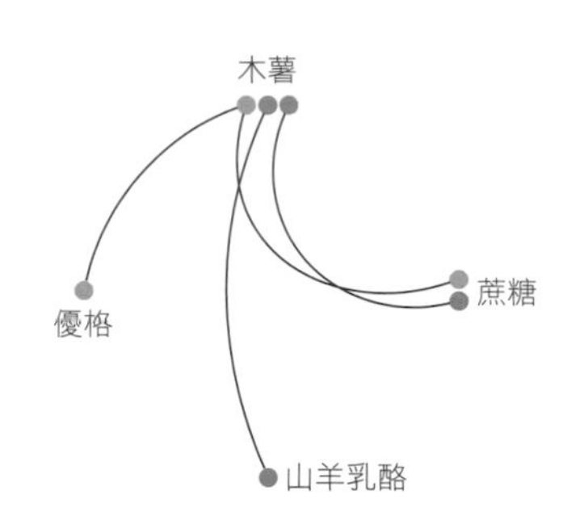

在哥本哈根的「Restaurant Taller」，委內瑞拉主廚卡洛斯 ・ 彭特（Karlos Ponte）透過現代主義的角度深入探索並重新想像地方風味和家鄉傳統料理。這種做法讓他很快地在北歐餐飲界成為最引人注目的新銳主廚之一。

從雞尾酒、開胃菜到主菜和甜點，彭特的每一道料理都述說著豐富文化背景所蘊含的故事。就像不斷向下紮根的樹木，他為委內瑞拉不同地區文化的傳統注入新生命，使其開枝散葉並經由他的重新詮釋搖身一變為鮮明的香氣、滋味和質地，呈現在 Restaurant Taller 的顧客面前。

最能跟委內瑞拉料理畫上等號的食材就是木薯。彭特的團隊苦甜種類皆使用，蒸、烤、燉、炸樣樣來，甚至有時也會發酵處理這種百搭澱粉塊根。

奈波亞（naiboa）是傳統委內瑞拉甜點，在木薯餅上抹一層融化生蔗糖（panela）再撒上新鮮乳酪。許多路邊攤販都會賣這種受歡迎的點心。彭特的版本採用甜木薯做成的冰淇淋，淋上山羊乳酪泡沫和些許優格，最後再加炸甜玉米粒增添酥脆質地。

水煮木薯

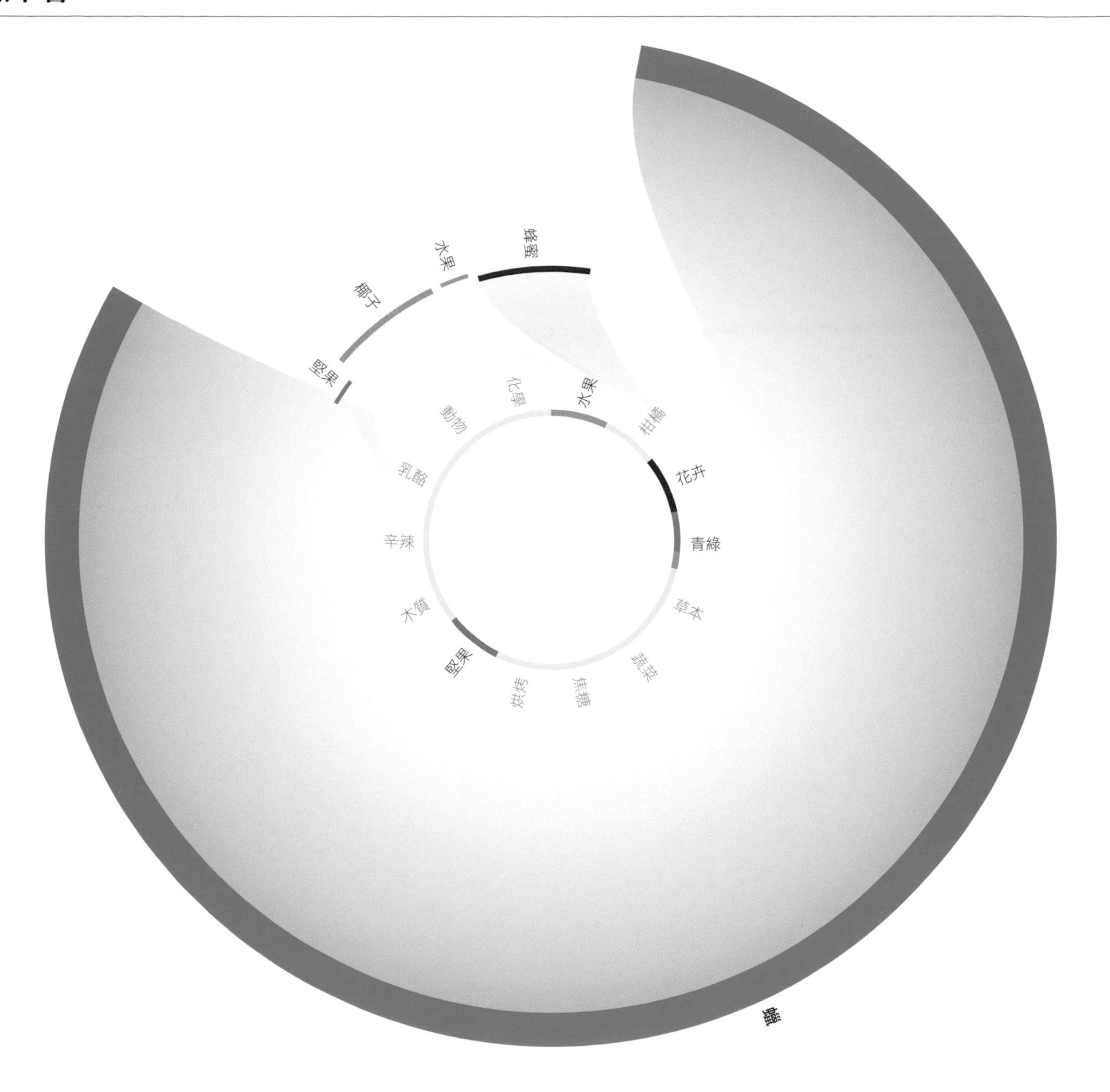

水煮木薯香氣輪廓

生甜木薯根的香氣分析顯示它含有青綠－青草、水果和柑橘柳橙味化合物。長時間的烹煮過程不僅能中和其有毒氰化物分子，也將熟木薯的香氣輪廓轉化成更具青綠－蠟味並帶有水果、椰子調性。

	水果	柑橘	花卉	青綠	草本	蔬菜	焦糖	烘烤	堅果	木質	辛辣	乳酪	動物	化學
水煮木薯	•	•	•	•	•	•	•	•	•	•	•	•	•	•
日本蘿蔔	•	•	•	•	•	•	•	•	•	•	•	•	•	•
香蜂草	•	•	•	•	•	•	•	•	•	•	•	•	•	•
網烤羔羊肉	•	•	•	•	•	•	•	•	•	•	•	•	•	•
烤火雞	•	•	•	•	•	•	•	•	•	•	•	•	•	•
多寶魚	•	•	•	•	•	•	•	•	•	•	•	•	•	•
醬油膏	•	•	•	•	•	•	•	•	•	•	•	•	•	•
葡萄乾	•	•	•	•	•	•	•	•	•	•	•	•	•	•
杏桃	•	•	•	•	•	•	•	•	•	•	•	•	•	•
桂皮（中國肉桂）	•	•	•	•	•	•	•	•	•	•	•	•	•	•
無花果	•	•	•	•	•	•	•	•	•	•	•	•	•	•

潛在搭配：杜古比醬和甜椒

在 Restaurant Taller，主廚卡洛斯 · 彭特將杜古比醬做成凝膠，用在他的角蝦菜色中，其他食材還包含甜椒泥、蠶豆、爆藜麥和海螯蝦頭做成的醬膏，最後加上檸檬味的綠色香草粉。

潛在搭配：杜古比醬和哥倫比亞咖啡

烘烤咖啡豆會形成各種梅納反應產物，像是木質、酚、蔬菜－馬鈴薯、辛辣丁香和香草、烤爆米花以及焦糖、楓糖味化合物。製作杜古比醬的長時間熬煮過程也會產生類似香氣。

杜古比醬

在委內瑞拉，原住民使用編織的柱狀籃子（sebucán）擠壓並濾出木薯根的汁液。乳黃色液體經過數小時熬煮，中和致命氰化物，成為深褐色醬汁「yare」，可以直接享用，或添加些許火辣辣椒和亞馬遜蟻製成「kumache」，委內瑞拉庫瑪拉卡帕村拿這種醬料配烤雞吃。

很類似地，巴西人將木薯粉在加工過程中產生的有毒液體副產物製成杜古比醬。

- 杜古比醬是「pato no tucupi」的關鍵食材，這道巴西菜以湯汁慢慢煨煮鴨肉，加入了杜古比醬、大蒜、千日菊、酸模、月桂葉和新鮮萊姆汁，完成後搭配菊苣和米飯上桌。

相關香氣輪廓：杜古比醬

水煮使木薯的水果味香氣分子減少，青綠味則濃度增加。另外還有熟馬鈴薯、蘑菇、焦糖－楓糖以及花卉調性。

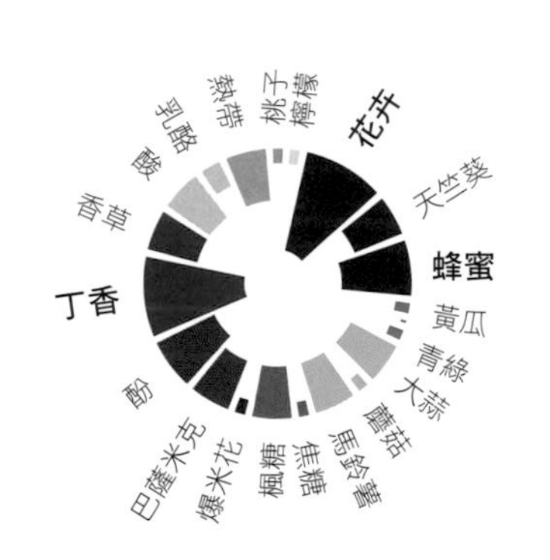

	水果	柑橘	花卉	青綠	草本	蔬菜	焦糖	烘烤	堅果	木質	辛辣	乳酪	動物	化學
杜古比醬														
紅茶														
烤紅甜椒														
網烤綠蘆筍														
番石榴														
烤羔羊排														
哥倫比亞咖啡														
烤腰果														
水煮麵包蟹肉														
水煮朝鮮薊														
裙帶菜														

	水果	柑橘	花卉	青綠	草本	蔬菜	焦糖	烘烤	堅果	木質	辛辣	乳酪	動物	化學
華盛頓臍橙														
穆納葉														
百香果														
帕瑪森類型乳酪														
祕魯黃辣椒														
印度馬薩拉醬														
阿貝金納初榨橄欖油														
杜古比醬														
健力士特別版														
馬德拉斯咖哩醬														
達賽萊克特草莓														

	水果	柑橘	花卉	青綠	草本	蔬菜	焦糖	烘烤	堅果	木質	辛辣	乳酪	動物	化學
哥倫比亞咖啡														
甜櫻桃														
大醬（韓國發酵大豆醬）														
紫蘇														
大茴香														
水煮馬鈴薯														
瑪芮琴酒														
烤紅甜椒														
腰果														
烘烤小牛肉														
沙棘果														

潛在搭配：木薯和香蜂草

「Khanom Man Sampalang」是一種泰國糕餅，混合木薯粉、椰奶和糖漿蒸煮而成。它柔軟又芳香，類似土耳其軟糖——試試在調味時以香蜂草取代泰國班蘭葉。

經典搭配：木薯和大蕉

木薯和大蕉（見次頁）具有共同的青綠、青草調性。富富（foutou、foufou）是象牙海岸的熱門菜色，將鹹味大蕉和木薯泥混合，捏成球狀，搭配以魚、茄子、辣椒和秋葵製成的辣醬一起吃。你也可以加入桂皮做成甜的版本，搭配杏桃沾醬。

木薯食材搭配

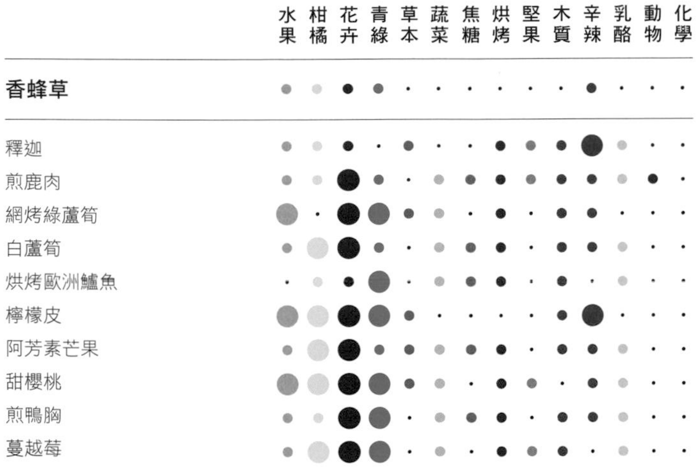

	水果	柑橘	花卉	青綠	草本	蔬菜	焦糖	烘烤	堅果	木質	辛辣	乳酪	動物	化學
香蜂草														
釋迦														
煎鹿肉														
網烤綠蘆筍														
白蘆筍														
烘烤歐洲鱸魚														
檸檬皮														
阿芳素芒果														
甜櫻桃														
煎鴨胸														
蔓越莓														

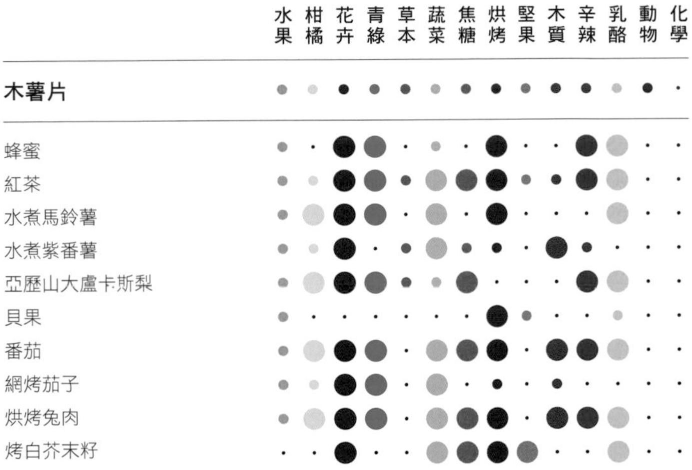

	水果	柑橘	花卉	青綠	草本	蔬菜	焦糖	烘烤	堅果	木質	辛辣	乳酪	動物	化學
木薯片														
蜂蜜														
紅茶														
水煮馬鈴薯														
水煮紫番薯														
亞歷山大盧卡斯梨														
貝果														
番茄														
網烤茄子														
烘烤兔肉														
烤白芥末籽														

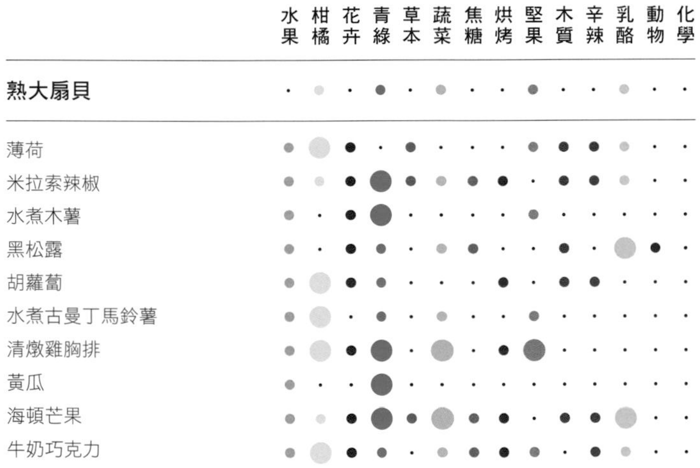

	水果	柑橘	花卉	青綠	草本	蔬菜	焦糖	烘烤	堅果	木質	辛辣	乳酪	動物	化學
熟大扇貝														
薄荷														
米拉索辣椒														
水煮木薯														
黑松露														
胡蘿蔔														
水煮古曼丁馬鈴薯														
清燉雞胸排														
黃瓜														
海頓芒果														
牛奶巧克力														

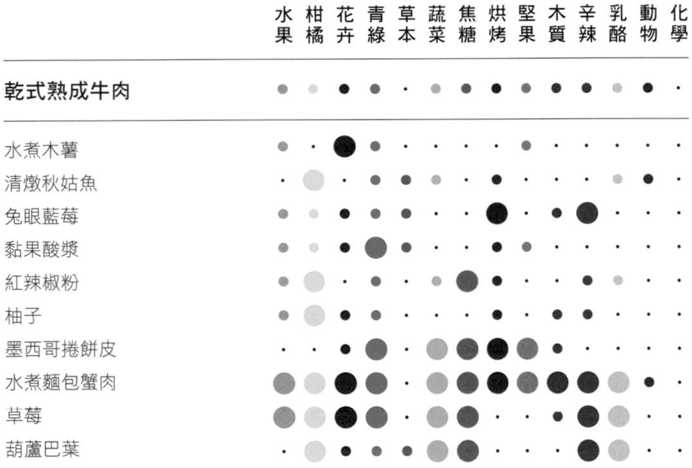

	水果	柑橘	花卉	青綠	草本	蔬菜	焦糖	烘烤	堅果	木質	辛辣	乳酪	動物	化學
乾式熟成牛肉														
水煮木薯														
清燉秋姑魚														
兔眼藍莓														
黏果酸漿														
紅辣椒粉														
柚子														
墨西哥捲餅皮														
水煮麵包蟹肉														
草莓														
葫蘆巴葉														

大蕉

大蕉（Plantain）和近親甜華蕉（見第340頁）擁有許多共同特色，但成熟大蕉的風味比香蕉溫和並帶有甜鹹滋味，很適合運用於甜點中。

大蕉的澱粉比糖多很多，總是煮過之後才食用——以油炸、烘烤、網烤或搗泥為主。大蕉的澱粉含量高，尤其在未成熟時，因此成為許多國家的主食。成熟之後，果皮會由綠轉黃，最後接近黑色，澱粉也轉化為糖。大蕉在購買時經常是綠色的，但無論熟度如何都可以使用。若要享受最多風味，建議選擇果皮變黑的。它們比香蕉更具果香，也比較不那麼甜膩。

- 在拉丁美洲，大蕉被用於各式各樣的湯品中。波多黎各「sopa de platano」從製作大蒜、洋蔥、番茄和辣椒的調味蔬菜基底開始，再加入磨碎大蕉和蔬菜湯，並以紅椒、孜然、香菜籽、黑胡椒和婀娜多油調味。最後以新鮮酪梨、香芹末、醃辣椒和帕瑪森乳酪，通常搭配麵包一起吃。
- 「Caldo de bolas de verde」是一道厄瓜多牛肉湯，放了滿滿的甜玉米、木薯和綠大蕉泥做成的大丸子，內餡包了牛絞肉、甜椒和豌豆並以孜然粉調味。若要讓風味更有勁，可以添加些許柑橘味萊姆汁、辣椒醬、醃漬紅洋蔥和新鮮香菜。
- 祕魯「洽波」（chapo）是一種以水煮大蕉混合肉桂、丁香和糖做成的熱飲。
- 未成熟的綠色大蕉可以用來製作炸大蕉（tostone）這種二次油炸的拉丁美洲和加勒比海點心。將剝完皮的大蕉切成厚片。以熱油油炸至金黃色後取出。將厚片壓平，再放回油鍋裡炸至金褐色。用廚房紙巾瀝乾。最後加上大蒜或辣椒粉和鹽調味，或以糖和鹽做成甜的版本。
- 製作甜的炸大蕉時，建議加入一些豆蔻籽（見第254頁）到糖裡，增添清爽的樟腦、柑橘調。

大蕉食材搭配

	水果	柑橘	花卉	青綠	草本	蔬菜	焦糖	烘烤	堅果	木質	辛辣	乳酪	動物	化學
大車前草														
榛果														
西班牙喬利佐香腸														
水煮豌豆														
竹筴魚														
潘卡辣椒														
煎野斑鳩														
古岡左拉乳酪														
水煮茄子														
蠔菇														
烤褐蝦														

	水果	柑橘	花卉	青綠	草本	蔬菜	焦糖	烘烤	堅果	木質	辛辣	乳酪	動物	化學
棕櫚糖														
大蕉														
百香果														
烤花生														
清燉烏魚														
煎豬里肌														
乾牛肝菌														
甜菜														
乾木槿花														
馬斯卡彭乳酪														
大醬（韓國發酵大豆醬）														

大蕉

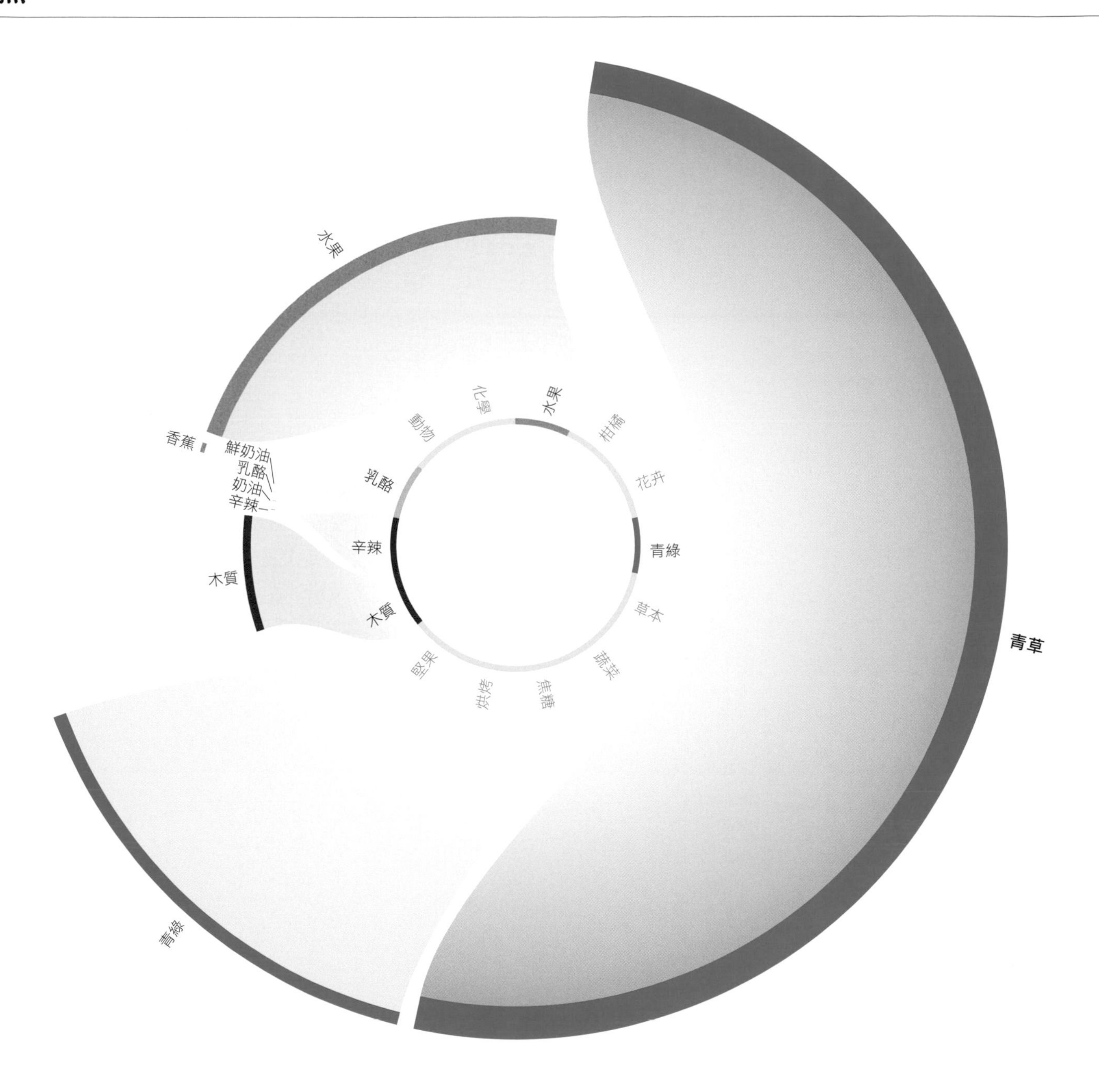

大蕉香氣輪廓

若你比較大蕉和香蕉（見第 341 頁）的香氣輪廓，可以很明顯地發現它們為何類似但又具有不同風味。大蕉缺乏香蕉的果香酯類，而是偏向青綠調並帶有一些辛辣丁香味化合物。

	水果	柑橘	花卉	青綠	草本	蔬菜	焦糖	烘烤	堅果	木質	辛辣	乳酪	動物	化學
大蕉	●	●	●	●	●	●	●	●	●	●	●	●	●	●
大醬（韓國發酵大豆醬）	●	●	●	●	●	●	●	●	●	●	●	●	●	●
香菜芹	●	●	●	●	●	●	●	●	●	●	●	●	●	●
香菜葉	●	●	●	●	●	●	●	●	●	●	●	●	●	●
茉莉花	●	●	●	●	●	●	●	●	●	●	●	●	●	●
清燉雞肉	●	●	●	●	●	●	●	●	●	●	●	●	●	●
煎培根	●	●	●	●	●	●	●	●	●	●	●	●	●	●
雪莉醋	●	●	●	●	●	●	●	●	●	●	●	●	●	●
史帝爾頓乳酪	●	●	●	●	●	●	●	●	●	●	●	●	●	●
網烤綠蘆筍	●	●	●	●	●	●	●	●	●	●	●	●	●	●
油烤杏仁	●	●	●	●	●	●	●	●	●	●	●	●	●	●

豆蔻

豆蔻是繼番紅花和香草之後第三昂貴的香料，它綠色的豆莢富含精油，具些微檸檬和薄荷香氣分子。黑豆蔻則較多柑橘、木質－松木香氣，較少樟腦調性。

豆蔻在印度、斯里蘭卡和中東各地的廚房都看得見。它原產於印度和印尼，最常使用的物種是 *Elettaria cardamomum*。此綠色品種屬於薑科，可以整個豆莢或磨成粉加入糕點、綜合香料、香飯和咖哩。黑豆蔻莢（Amomum subulatum）較大，由於火烤乾燥的關係具有煙燻味，與蔬菜和肉類菜餚相配。市面上販售的豆蔻粉通常為黑豆蔻加工而成。

這種香料的料理用途並不限於辛辣和鹹香菜色。豆蔻籽也能加入甜點和飲料當中提升甜味。你也可以找到漂白過的白色版本；它淡淡的風味很適合糕餅點心。

許多食譜採用整顆豆莢，通常上桌前會取出，因為咬下去可能嘗到不甚討喜的肥皂味。若要用到豆蔻粉，最好需要時再準備，因為能為菜餚增添特有風味的撲鼻豆蔻油很容易揮發掉。

若要自行製作豆蔻籽粉，先將豆莢稍微乾煎一下強化風味，再研磨成粉。去掉外殼。由於豆蔻籽非常堅硬，很難用杵和臼磨成粉——電動的香料研磨機比較有效。以香料研磨機磨整個豆莢也行，篩去木質碎屑即可，但這種方法製作出來的粉末風味比較沒有那麼強烈。

- 芬蘭「pulla」或瑞典「bulle」辮子甜點麵包以豆蔻增香並撒上葡萄乾和杏仁片。
- 在中東，豆蔻用來調味米飯以及茶和咖啡。
- 豆蔻會和肉桂、八角、肉豆蔻、丁香、茴香籽及黑胡椒一起浸泡製成印度香料茶。
- 是印度葛拉姆馬薩拉和其他綜合辛香料的成分之一。
- 波斯鷹嘴豆粉餅乾「Nan-e nokhodchi」加了玫瑰水和豆蔻並撒上開心果粉。

	水果	柑橘	花卉	青綠	草本	蔬菜	焦糖	烘烤	堅果	木質	辛辣	乳酪	動物	化學
黑豆蔻														
血橙汁														
熟綠扁豆														
高良薑														
瑪黛茶														
褐蝦														
熟香芹根														
松子														
達賽萊克特草莓														
咖哩葉														
蔬菜湯														

	水果	柑橘	花卉	青綠	草本	蔬菜	焦糖	烘烤	堅果	木質	辛辣	乳酪	動物	化學
豆蔻葉														
帕瑪森乳酪														
水煮南瓜														
烤葵花籽														
烤火雞														
烏魚子														
紅毛丹														
烤骨髓														
薑泥														
哥倫比亞咖啡														
白吐司														

豆蔻籽

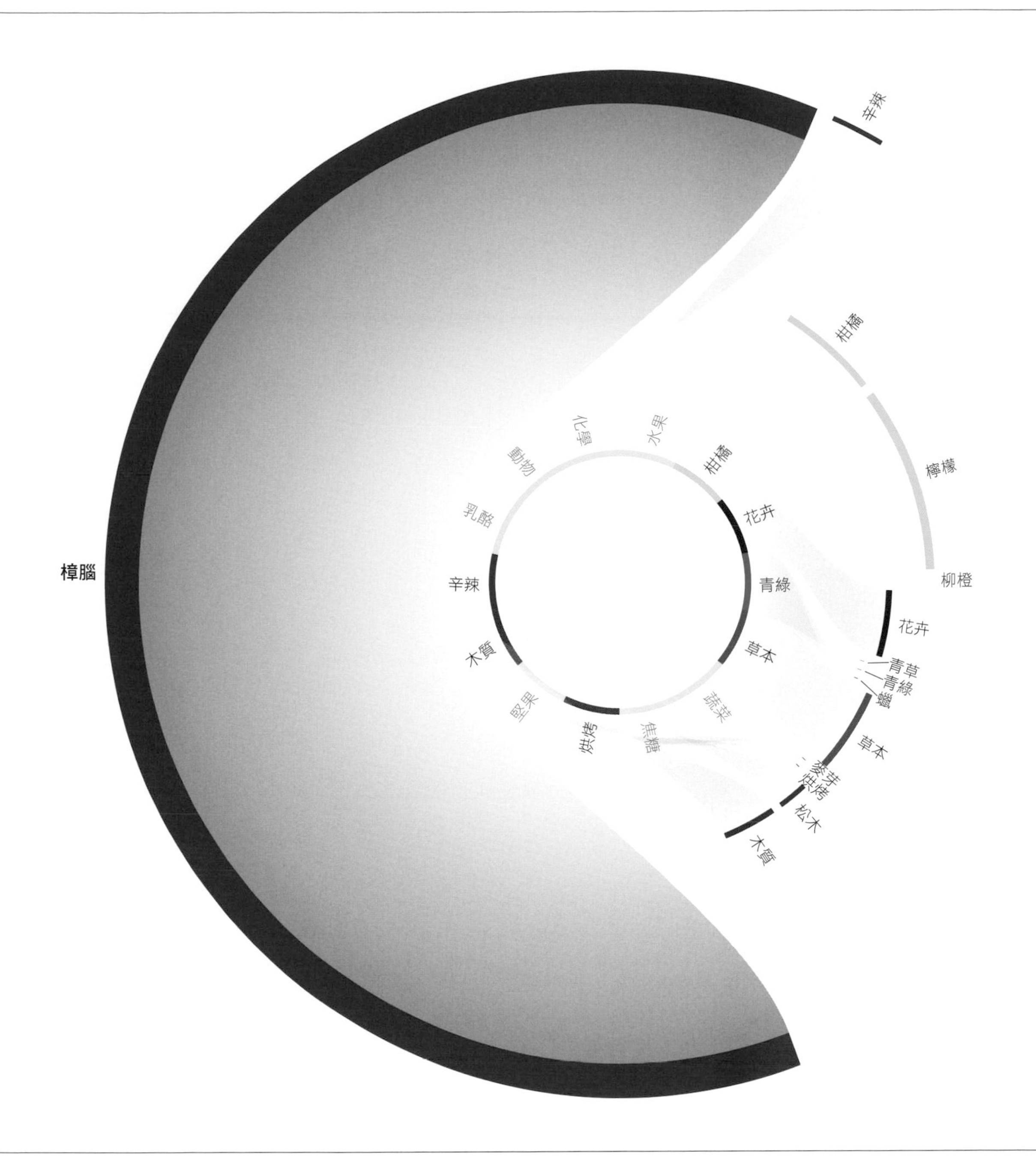

豆蔻籽香氣輪廓

豆蔻的樟腦調為它帶來微微薄荷味，和香茅、藍莓、奇異果、茴香及黑橄欖形成香氣連結。柑橘檸檬和柳橙味分子也可能與苦橙、葡萄柚皮、花椒、香茅、瓦卡泰（祕魯黑薄荷）、枸杞及番茄等食材產生連結。

	水果	柑橘	花卉	青綠	草本	蔬菜	焦糖	烘烤	堅果	木質	辛辣	乳酪	動物	化學
豆蔻籽	·	•	•	•	•	·	·	•	·	•	•	·	·	·
迷迭香	·	●	●	·	●	·	·	·	·	●	●	·	·	·
茉莉花茶	•	●	•	•	•	·	•	•	•	·	•	•	•	·
煎餅	·	●	·	•	·	·	·	•	·	·	·	·	·	·
清燉秋姑魚	·	●	·	●	●	•	·	•	·	·	·	•	•	·
網烤茄子	•	●	•	●	·	•	·	•	·	•	·	·	·	·
五爪蘋果	•	●	·	·	·	·	·	·	·	·	·	·	·	·
胡蘿蔔	•	●	●	●	·	·	·	●	·	●	●	·	·	·
柚子	•	●	●	●	·	·	·	●	·	●	●	·	·	·
煎培根	•	●	●	●	●	•	·	●	•	●	•	•	•	·
烤杏仁	•	●	•	·	·	·	·	●	•	●	·	•	·	·

潛在搭配：豆蔻和萬壽菊花瓣

金盞花（Calendula officinalis）和萬壽菊（Tagetes）的花都可以用來做裝飾，為沙拉和其他菜餚增添趣味。過去這些橘色花瓣代替番紅花為乳酪、奶油和其他食品上色。

潛在搭配：豆蔻、白波特和通寧水

在葡萄牙杜羅河谷，白波特加通寧水就是當地的琴通寧。白波特和通寧水具有共同的花卉調，兩者皆與豆蔻的柑橘香氣搭配得宜。

豆蔻食材搭配

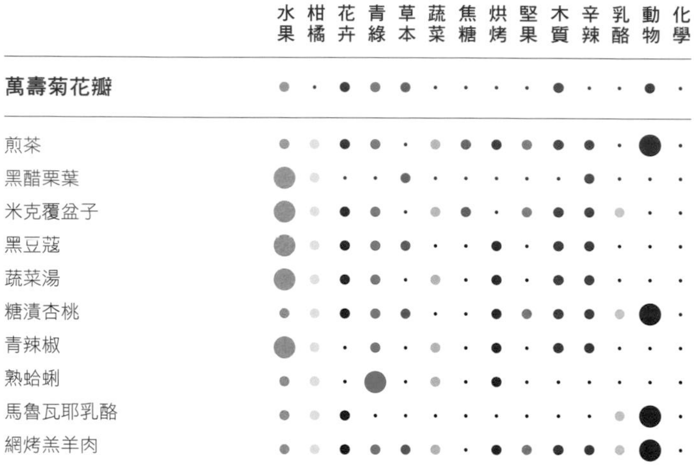
水果 柑橘 花卉 青綠 草本 蔬菜 焦糖 烘烤 堅果 木質 辛辣 乳酪 動物 化學
萬壽菊花瓣
煎茶
黑醋栗葉
米克覆盆子
黑豆蔻
蔬菜湯
糖漬杏桃
青辣椒
熟蛤蜊
馬魯瓦耶乳酪
網烤羔羊肉

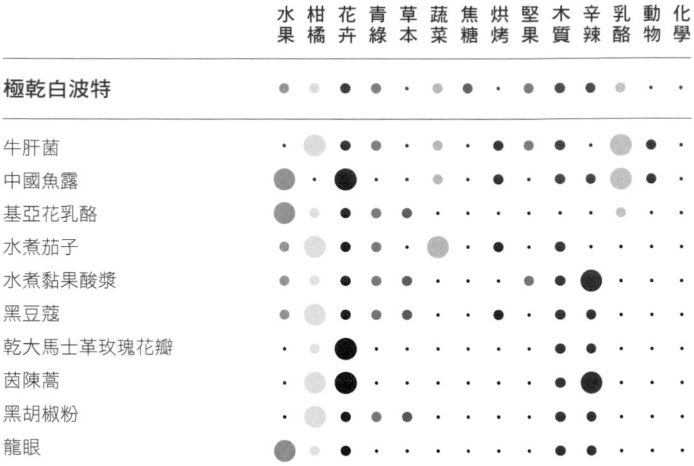
水果 柑橘 花卉 青綠 草本 蔬菜 焦糖 烘烤 堅果 木質 辛辣 乳酪 動物 化學
極乾白波特
牛肝菌
中國魚露
基亞花乳酪
水煮茄子
水煮黏果酸漿
黑豆蔻
乾大馬士革玫瑰花瓣
茵陳蒿
黑胡椒粉
龍眼

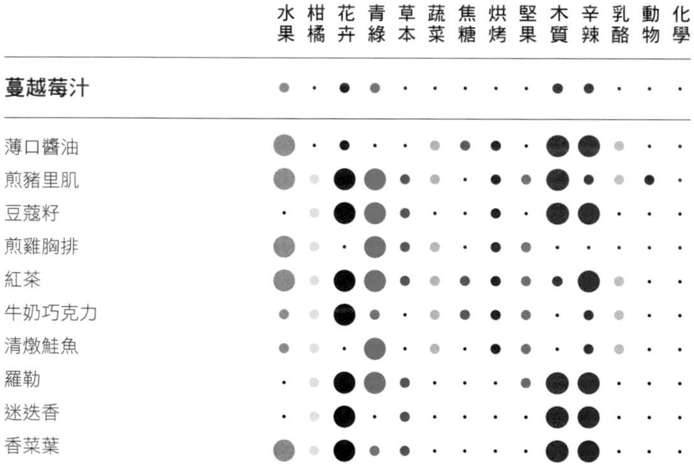
水果 柑橘 花卉 青綠 草本 蔬菜 焦糖 烘烤 堅果 木質 辛辣 乳酪 動物 化學
蔓越莓汁
薄口醬油
煎豬里肌
豆蔻籽
煎雞胸排
紅茶
牛奶巧克力
清燉鮭魚
羅勒
迷迭香
香菜葉

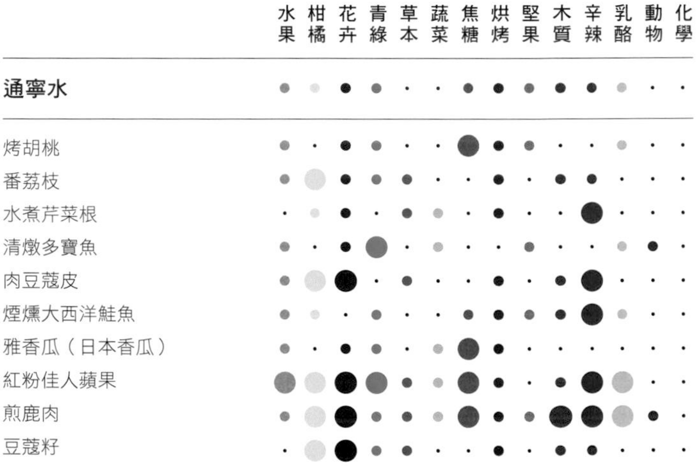
水果 柑橘 花卉 青綠 草本 蔬菜 焦糖 烘烤 堅果 木質 辛辣 乳酪 動物 化學
通寧水
烤胡桃
番荔枝
水煮芹菜根
清燉多寶魚
肉豆蔻皮
煙燻大西洋鮭魚
雅香瓜（日本香瓜）
紅粉佳人蘋果
煎鹿肉
豆蔻籽

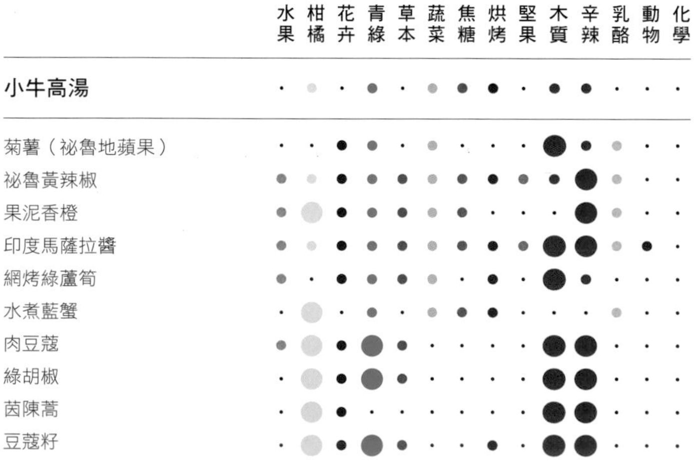
水果 柑橘 花卉 青綠 草本 蔬菜 焦糖 烘烤 堅果 木質 辛辣 乳酪 動物 化學
小牛高湯
菊薯（祕魯地蘋果）
祕魯黃辣椒
果泥香橙
印度馬薩拉醬
網烤綠蘆筍
水煮藍蟹
肉豆蔻
綠胡椒
茵陳蒿
豆蔻籽

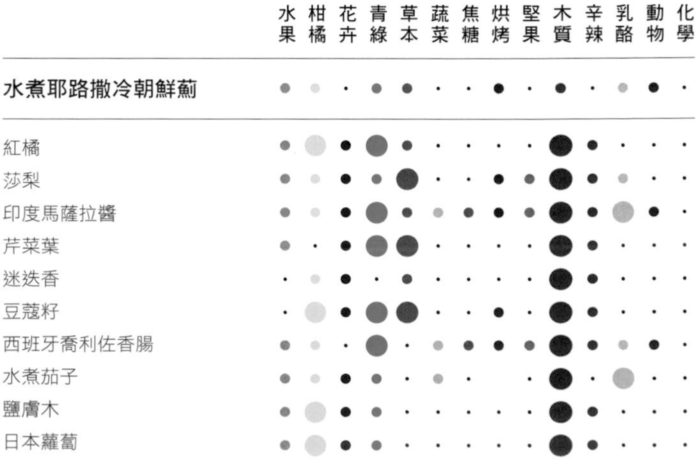
水果 柑橘 花卉 青綠 草本 蔬菜 焦糖 烘烤 堅果 木質 辛辣 乳酪 動物 化學
水煮耶路撒冷朝鮮薊
紅橘
莎梨
印度馬薩拉醬
芹菜葉
迷迭香
豆蔻籽
西班牙喬利佐香腸
水煮茄子
鹽膚木
日本蘿蔔

潛在搭配：豆蔻和巴西牛臀排

哈瓦吉（hawaij）是一種葉門混合香料，含豆蔻、孜然籽、黑胡椒和薑黃，有時也會加入其他香料像是丁香和肉桂。在葉門，它主要使用於湯品和燉菜，但也很適合當成牛肉醃料。

潛在搭配：豆蔻、珠雞和油桃

煎珠雞的青綠－青草調和桃子味內酯能與油桃產生香氣連結，不妨試試將油桃或桃子（見次頁）以糖漿加上豆蔻、肉桂和其他香料稍微燉煮，一起上桌。

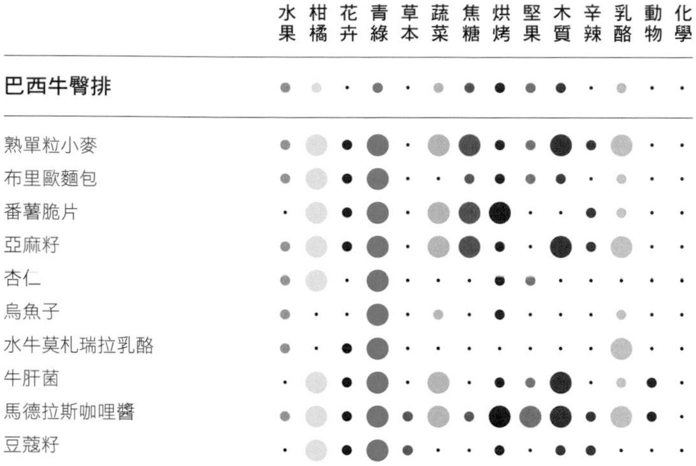

	水果	柑橘	花卉	青綠	草本	蔬菜	焦糖	烘烤	堅果	木質	辛辣	乳酪	動物	化學
巴西牛臀排														
熟單粒小麥														
布里歐麵包														
番薯脆片														
亞麻籽														
杏仁														
烏魚子														
水牛莫札瑞拉乳酪														
牛肝菌														
馬德拉斯咖哩醬														
豆蔻籽														

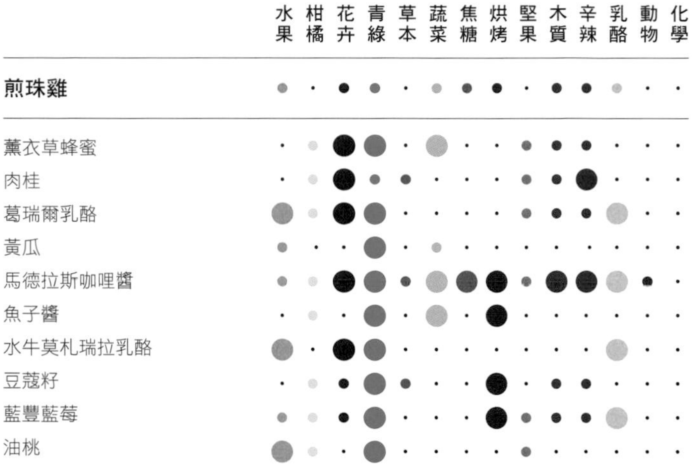

	水果	柑橘	花卉	青綠	草本	蔬菜	焦糖	烘烤	堅果	木質	辛辣	乳酪	動物	化學
煎珠雞														
薰衣草蜂蜜														
肉桂														
葛瑞爾乳酪														
黃瓜														
馬德拉斯咖哩醬														
魚子醬														
水牛莫札瑞拉乳酪														
豆蔻籽														
藍豐藍莓														
油桃														

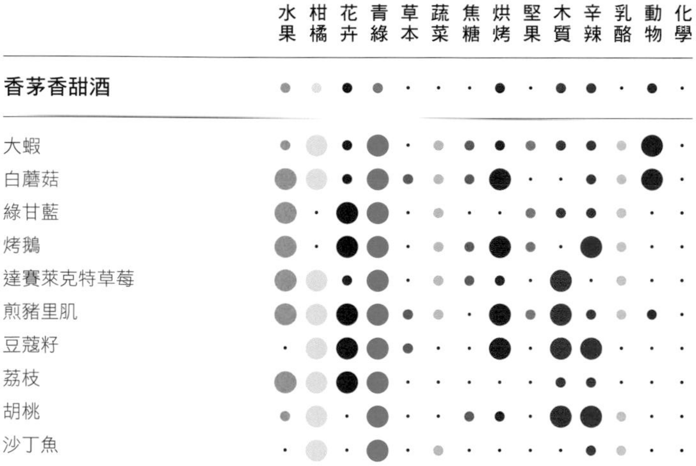

	水果	柑橘	花卉	青綠	草本	蔬菜	焦糖	烘烤	堅果	木質	辛辣	乳酪	動物	化學
香茅香甜酒														
大蝦														
白蘑菇														
綠甘藍														
烤鵝														
達賽萊克特草莓														
煎豬里肌														
豆蔻籽														
荔枝														
胡桃														
沙丁魚														

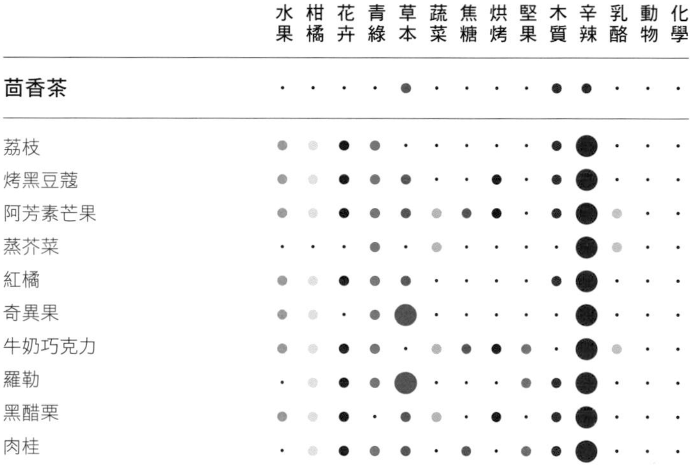

	水果	柑橘	花卉	青綠	草本	蔬菜	焦糖	烘烤	堅果	木質	辛辣	乳酪	動物	化學
茴香茶														
荔枝														
烤黑豆蔻														
阿芳素芒果														
蒸芥菜														
紅橘														
奇異果														
牛奶巧克力														
羅勒														
黑醋栗														
肉桂														

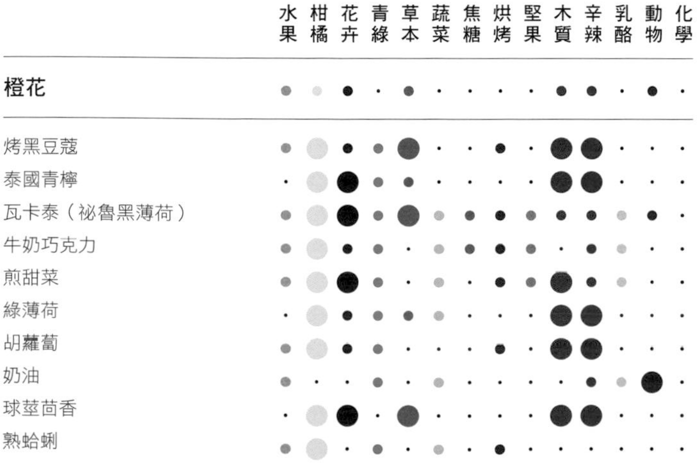

	水果	柑橘	花卉	青綠	草本	蔬菜	焦糖	烘烤	堅果	木質	辛辣	乳酪	動物	化學
橙花														
烤黑豆蔻														
泰國青檸														
瓦卡泰（祕魯黑薄荷）														
牛奶巧克力														
煎甜菜														
綠薄荷														
胡蘿蔔														
奶油														
球莖茴香														
熟蛤蜊														

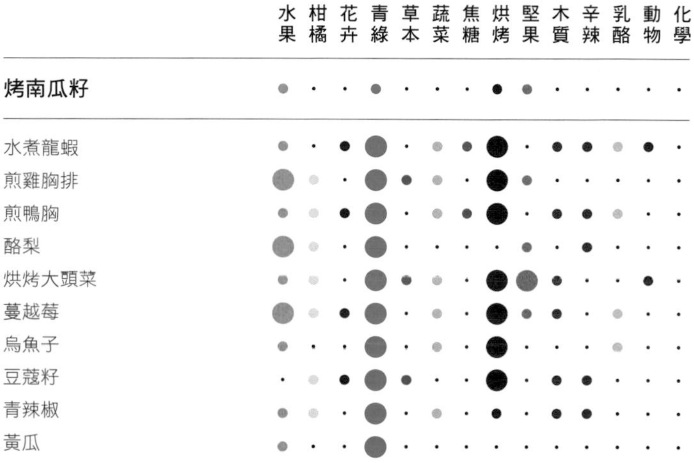

	水果	柑橘	花卉	青綠	草本	蔬菜	焦糖	烘烤	堅果	木質	辛辣	乳酪	動物	化學
烤南瓜籽														
水煮龍蝦														
煎雞胸排														
煎鴨胸														
酪梨														
烘烤大頭菜														
蔓越莓														
烏魚子														
豆蔻籽														
青辣椒														
黃瓜														

桃子

和大部分水果不一樣，桃子含有的酯類相對少，但桃子味和鮮奶油味內酯數量多。

毫無意外地，像桃子這樣的水果在當季成熟時香氣分子的濃度特別高。在北半球溫帶氣候中，桃子、油桃、李杏、李子和其他香甜核果從六月到十月初都可以享用。核果的果核若容易分離稱為離核，它們較為常見，因為方便而被栽種；黏核的果核較難取出，但美味不減。

有些人比起毛茸茸的桃子更偏好表皮光滑如蠟的油桃，但兩者之間的差異往往只存在於表面。它們成熟時皆呈現通紅，很容易就可以找到黃肉和白肉品種，咬下去的質地或紮實或鬆軟。桃子有數百個不同品種，但白色的事實上比黃色的常見，可能是因為絲滑甜蜜的白肉桃酸度低，長久以來在亞洲深受喜愛——桃子在七五〇〇多年前由中國的跨湖橋文化首度馴化。

若要去皮，以鋒利的刀子在桃子末端劃十字，接著放入沸水裡泡三十秒左右。用湯匙撈起後小心撕掉果皮。整顆桃子這樣處理最容易。

白肉桃和黃肉桃看似能夠互相取代，其實不然。白肉桃比起黃肉桃較多汁香甜。由於白肉桃風味細緻又容易在烹煮過程中碎裂，最好在生的狀態下使用。

黃肉桃味道較強烈，通常切過之後還能維持形狀，若尚未完全成熟可能偏酸。因此這種桃子經常是烘烤或網烤菜色的好選擇。

- 經典蜜桃梅爾芭將燉桃子擺在香草冰淇淋上，再淋一點覆盆子醬。傳奇名廚奧古斯都 ・ 愛斯克菲爾（Auguste Escoffier）構思出這道甜點向澳洲女高音內莉 ・ 梅爾芭（Nellie Melba）致敬。
- 朱塞佩 ・ 奇普里亞尼（Giuseppe Cipriani）於一九四八年在威尼斯哈利酒吧（Harry's Bar）發明了貝里尼雞尾酒，結合一份新鮮白桃泥和兩份普洛賽克氣泡酒。

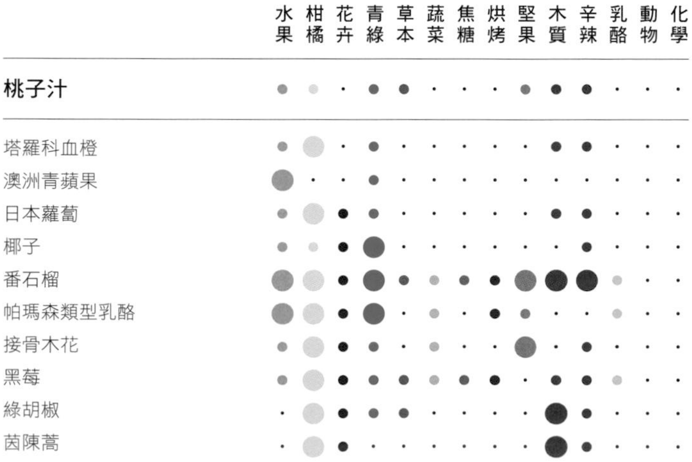

	水果	柑橘	花卉	青綠	草本	蔬菜	焦糖	烘烤	堅果	木質	辛辣	乳酪	動物	化學
桃子汁														
塔羅科血橙														
澳洲青蘋果														
日本蘿蔔														
椰子														
番石榴														
帕瑪森類型乳酪														
接骨木花														
黑莓														
綠胡椒														
茵陳蒿														

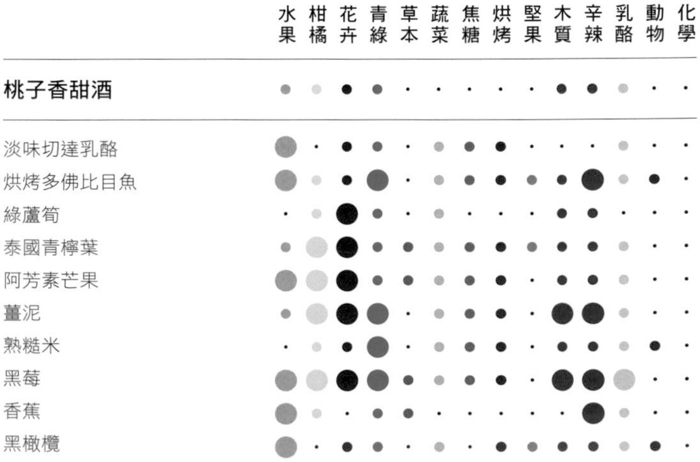

	水果	柑橘	花卉	青綠	草本	蔬菜	焦糖	烘烤	堅果	木質	辛辣	乳酪	動物	化學
桃子香甜酒														
淡味切達乳酪														
烘烤多佛比目魚														
綠蘆筍														
泰國青檸葉														
阿芳素芒果														
薑泥														
熟糙米														
黑莓														
香蕉														
黑橄欖														

桃子

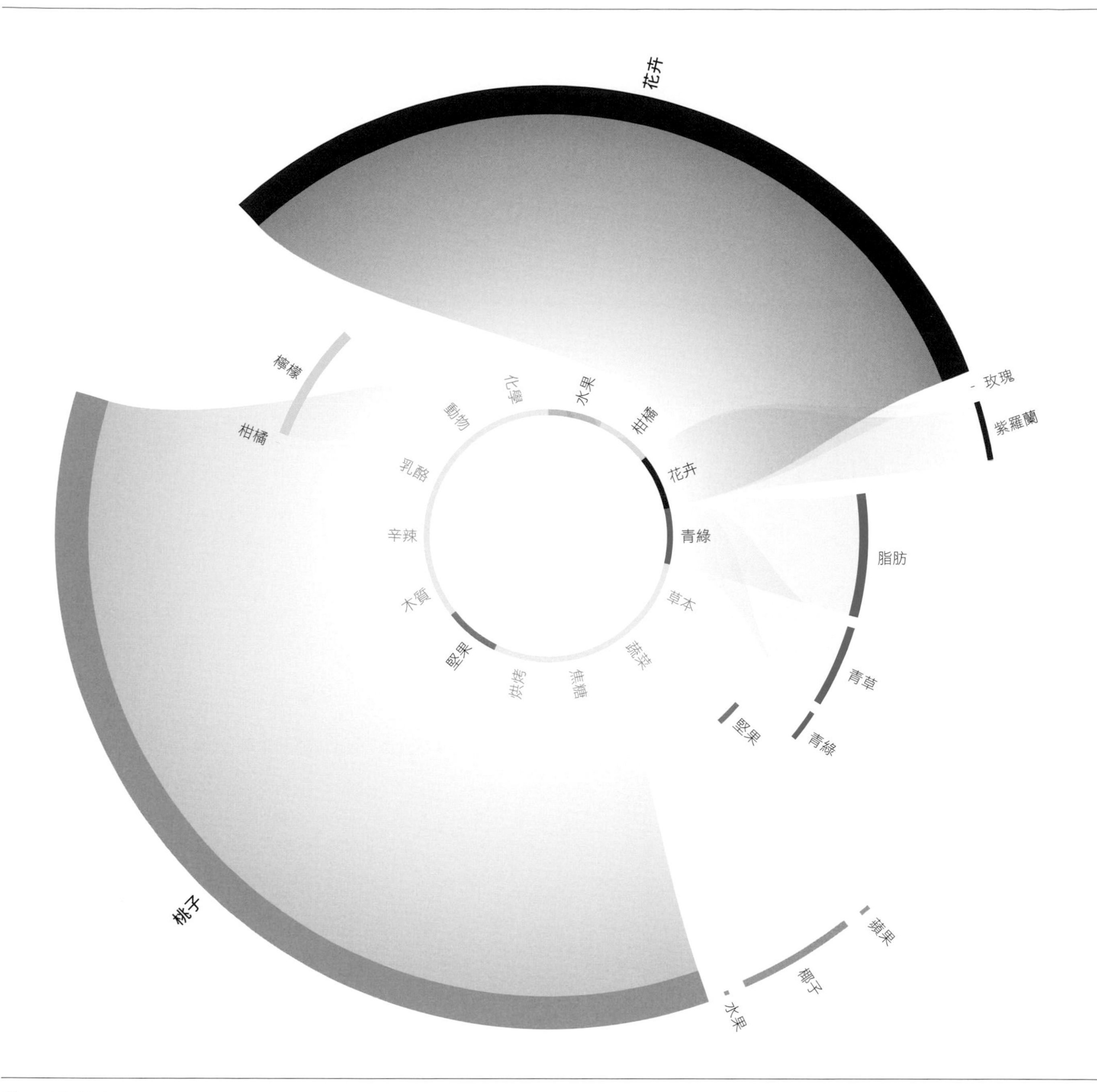

桃子香氣輪廓

桃子的香氣輪廓具有異常高濃度的鮮奶油味揮發物，這解釋了為何這些夏季核果和富含內酯的乳製品像是優格和香草冰淇淋特別搭。根據濃度不同，內酯可能聞起來像鮮奶油和桃子或是偏向椰子。桃子的花卉調較具水果味。

	水果	柑橘	花卉	青綠	草本	蔬菜	焦糖	烘烤	堅果	木質	辛辣	乳酪	動物	化學
桃子														
茵陳蒿														
台灣魚露														
皮夸爾特級初榨橄欖油														
皮夸爾黑橄欖														
罐頭番茄														
香蜂草														
蒔蘿														
帕瑪森類型乳酪														
水煮麵包蟹肉														
煎培根														

潛在搭配：桃子和橄欖油

和阿貝金納橄欖油一樣，桃子含有苯甲醛（見第 26 頁）這種杏仁香氣的關鍵分子。若要製作無麩質蜜桃塔，以杏仁粉取代麵粉並使用橄欖油而非奶油來增添濕潤質地。

潛在搭配：桃子和冬瓜

冬瓜可以存放好幾個月，在原產地熱帶亞洲季節蔬菜稀少時拿來加入湯品、燉菜、熱炒和咖哩使用。中國新年傳統上會吃糖漬冬瓜，它也用來當作烘焙食品的餡料，像是老婆餅。

桃子和油桃食材搭配

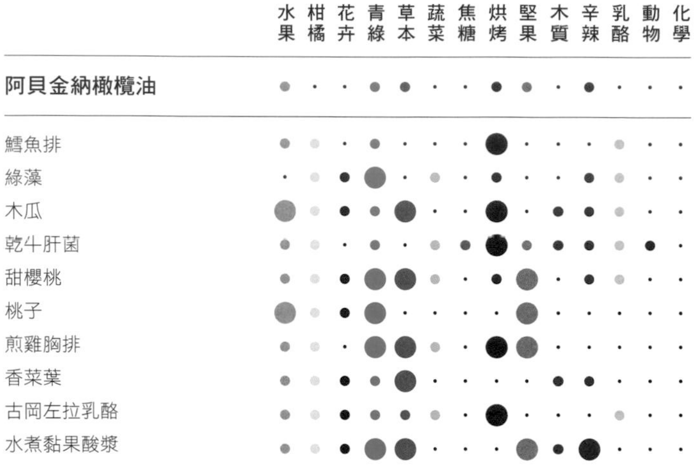

水果 柑橘 花卉 青綠 草本 蔬菜 焦糖 烘烤 堅果 木質 辛辣 乳酪 動物 化學

阿貝金納橄欖油

鱈魚排
綠藻
木瓜
乾牛肝菌
甜櫻桃
桃子
煎雞胸排
香菜葉
古岡左拉乳酪
水煮黏果酸漿

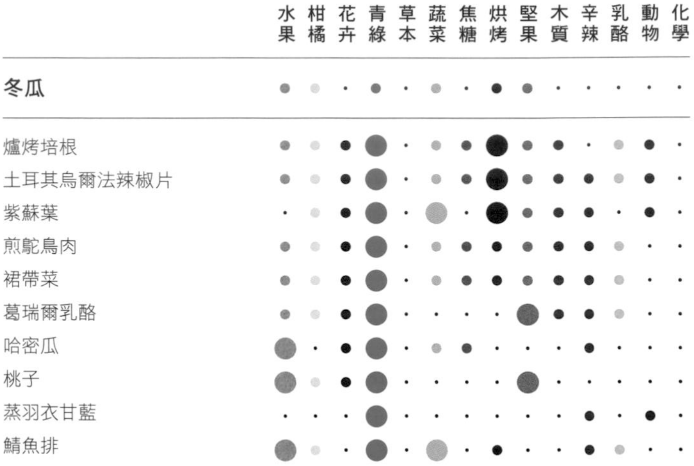

水果 柑橘 花卉 青綠 草本 蔬菜 焦糖 烘烤 堅果 木質 辛辣 乳酪 動物 化學

冬瓜

爐烤培根
土耳其烏爾法辣椒片
紫蘇葉
煎鴕鳥肉
裙帶菜
葛瑞爾乳酪
哈密瓜
桃子
蒸羽衣甘藍
鯖魚排

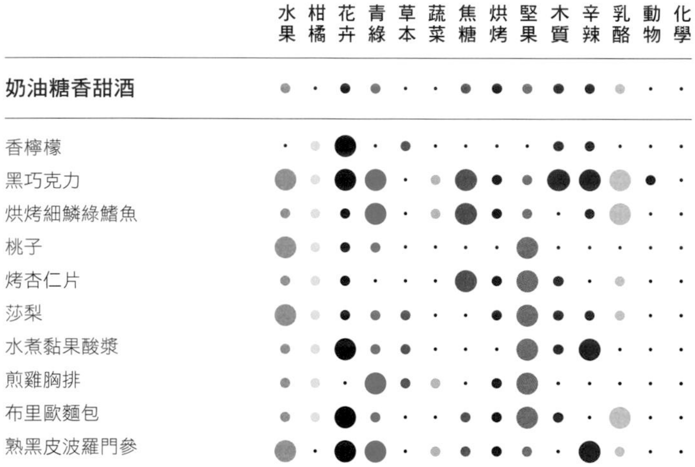

水果 柑橘 花卉 青綠 草本 蔬菜 焦糖 烘烤 堅果 木質 辛辣 乳酪 動物 化學

奶油糖香甜酒

香檸檬
黑巧克力
烘烤細鱗綠鰭魚
桃子
烤杏仁片
莎梨
水煮黏果酸漿
煎雞胸排
布里歐麵包
熟黑皮波羅門參

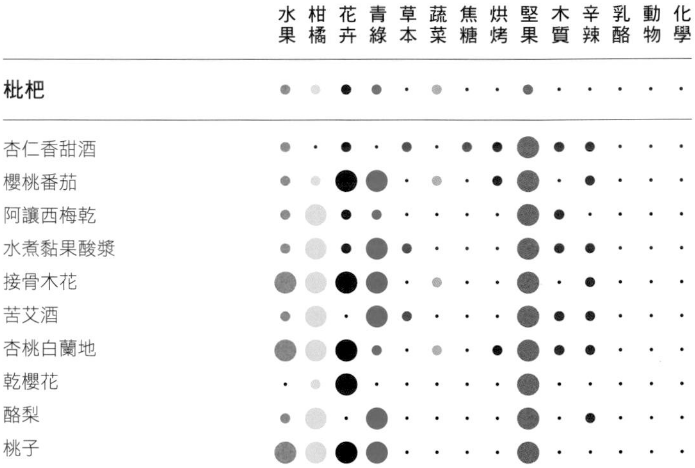

水果 柑橘 花卉 青綠 草本 蔬菜 焦糖 烘烤 堅果 木質 辛辣 乳酪 動物 化學

枇杷

杏仁香甜酒
櫻桃番茄
阿讓西梅乾
水煮黏果酸漿
接骨木花
苦艾酒
杏桃白蘭地
乾櫻花
酪梨
桃子

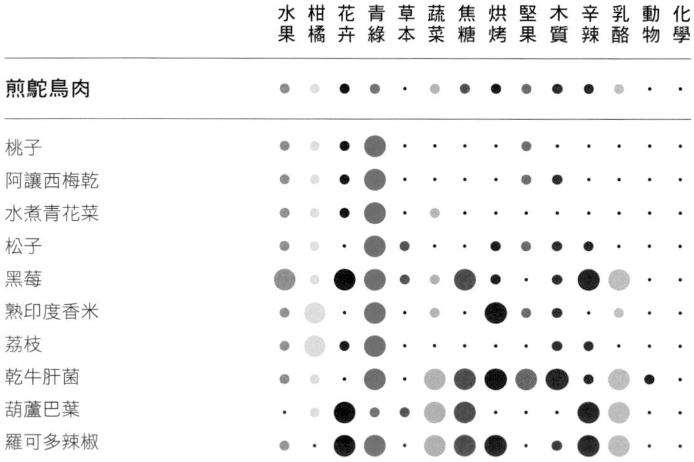

水果 柑橘 花卉 青綠 草本 蔬菜 焦糖 烘烤 堅果 木質 辛辣 乳酪 動物 化學

煎鴕鳥肉

桃子
阿讓西梅乾
水煮青花菜
松子
黑莓
熟印度香米
荔枝
乾牛肝菌
葫蘆巴葉
羅可多辣椒

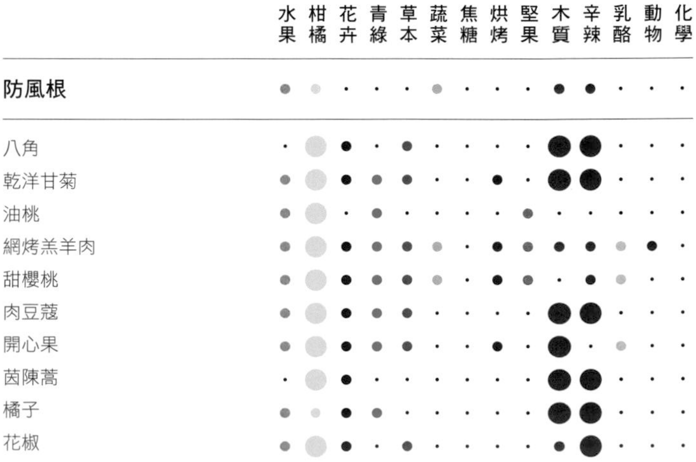

水果 柑橘 花卉 青綠 草本 蔬菜 焦糖 烘烤 堅果 木質 辛辣 乳酪 動物 化學

防風根

八角
乾洋甘菊
油桃
網烤羔羊肉
甜櫻桃
肉豆蔻
開心果
茵陳蒿
橘子
花椒

潛在搭配：桃子和蒔蘿

蒔蘿的大茴香調和桃子相得益彰。將蒔蘿蜜桃雪酪配上以草本糖漿燉煮的蘋果片使風味更完整。或是你可以將蒔蘿和蘋果浸泡於糖漿裡做成雪酪基底（加深風味、蘋果果膠提升結構）。過濾之後加入蜜桃糖漿和碎蒔蘿。

經典搭配：桃子和乳製品

和許多水果一樣，桃子含有桃子和椰子味內酯，它們也存在於牛奶、乳酪、優格（見次頁）等乳製品以及堅果中。若要讓經典組合來點變化，用聖丹尼耶雷火腿乾碎片裝飾一碗桃子優格，這些食材擁有共同的水果和青綠調。

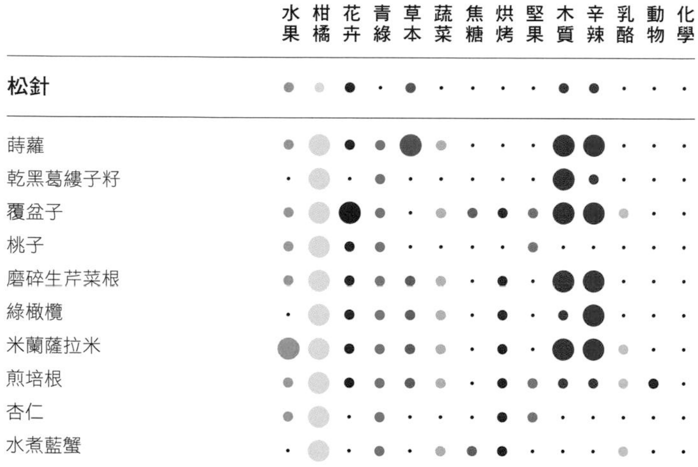

水果 柑橘 花卉 青綠 草本 蔬菜 焦糖 烘烤 堅果 木質 辛辣 乳酪 動物 化學

松針

蒔蘿
乾黑葛縷子籽
覆盆子
桃子
磨碎生芹菜根
綠橄欖
米蘭薩拉米
煎培根
杏仁
水煮藍蟹

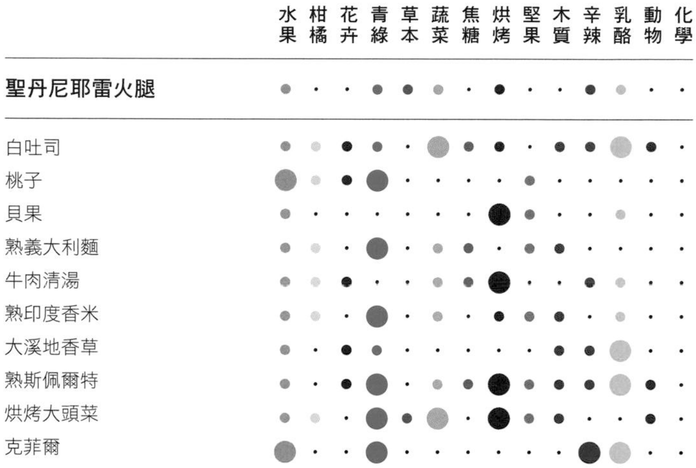

水果 柑橘 花卉 青綠 草本 蔬菜 焦糖 烘烤 堅果 木質 辛辣 乳酪 動物 化學

芹菜

香檸檬
覆盆子
蒔蘿
菊苣
哈密瓜
桃子
水煮麵包蟹肉
燉黑線鱈
水煮四季豆
水煮南瓜

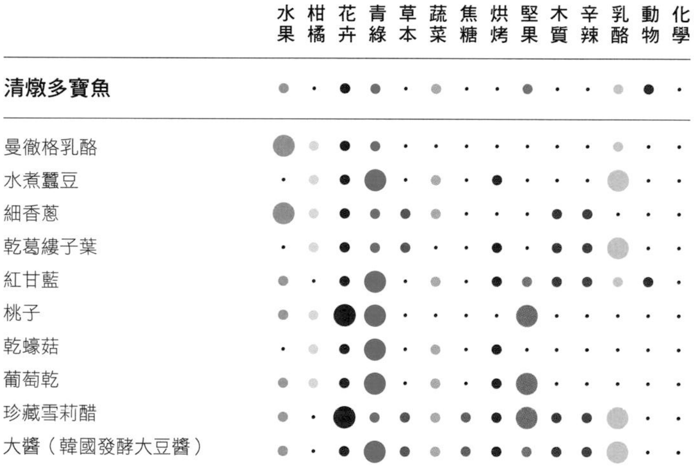

水果 柑橘 花卉 青綠 草本 蔬菜 焦糖 烘烤 堅果 木質 辛辣 乳酪 動物 化學

腰果梨汁

炒蛋
石榴
烤火雞
煎鴨胸
甜櫻桃
桃子
牛奶莫札瑞拉乳酪
紅菊苣
拜雍火腿
蜜瓜

水果 柑橘 花卉 青綠 草本 蔬菜 焦糖 烘烤 堅果 木質 辛辣 乳酪 動物 化學

聖丹尼耶雷火腿

白吐司
桃子
貝果
熟義大利麵
牛肉清湯
熟印度香米
大溪地香草
熟斯佩爾特
烘烤大頭菜
克菲爾

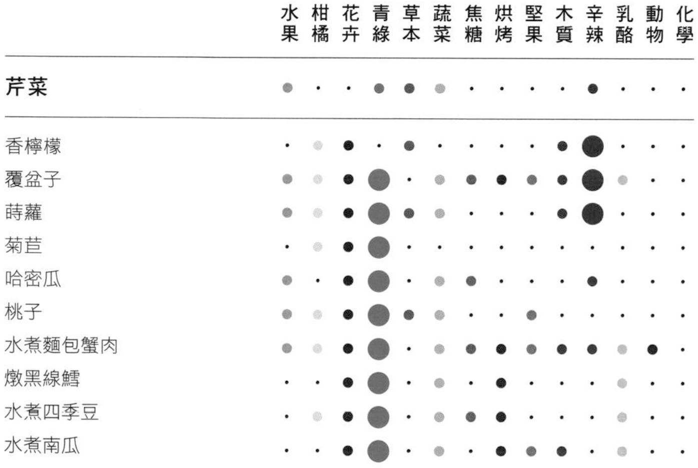

水果 柑橘 花卉 青綠 草本 蔬菜 焦糖 烘烤 堅果 木質 辛辣 乳酪 動物 化學

清燉多寶魚

曼徹格乳酪
水煮蠶豆
細香蔥
乾葛縷子葉
紅甘藍
桃子
乾蠔菇
葡萄乾
珍藏雪莉醋
大醬（韓國發酵大豆醬）

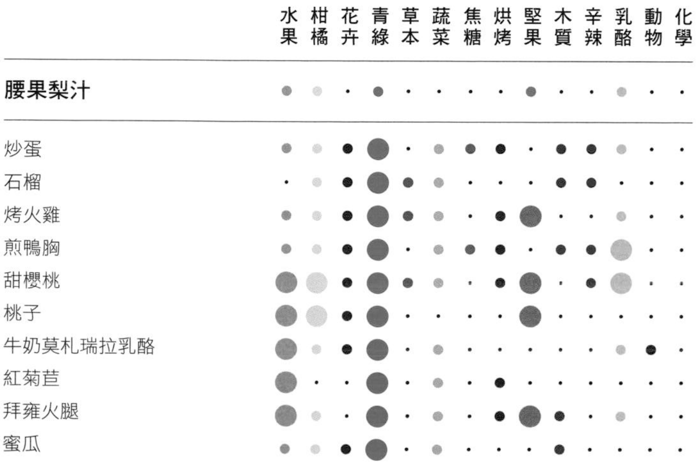

優格

優格由牛奶裡的細菌發酵而成，含有複雜的揮發性有機化合物組合。有些本來就存在於牛奶中，有些則在發酵過程中產生，此時牛奶脂肪、乳糖和檸檬酸鹽轉化成新的鮮奶油、乳酪－奶油和水果、蘋果味香氣分子。

牛奶裡的乳糖發酵產生乳酸保加利亞乳酸桿菌和嗜熱鏈球菌，它們再使牛奶蛋白質變性，賦予優格綿密質地。人類小腸天生就有酵素、乳糖酶，讓嬰兒能夠將乳糖分解為單糖。不過，約 65% ——在某些文化可能更高——的人口隨著年齡增長而患上乳糖不耐症。這時優格就派上用場了：將乳糖轉化成乳酸的變性過程讓它更容易被消化。

「優格」（yogurt）這個詞源自於土耳其語字根「yog」，意思是濃縮或強化。據信中東和中亞早期新石器文明意外發現如何將山羊或綿羊奶發酵成優格。今日，大部分市售優格以牛奶製成，但你也可以找到山羊奶、綿羊奶、水牛奶甚至犛牛奶或駱駝奶優格。

在法國和巴爾幹半島很受歡迎的凝態優格不經攪拌製成，質地紮實，乳清大多分離。在希臘優格中，大部分的乳清（賦予優格酸味）被過濾掉，比起一般優格較綿密、酸度較低且具有較高濃度的脂肪和蛋白質。

- 冰島「skyr」經常被認為和希臘優格很類似，但它除了菌種也使用凝乳酶，歸類為一種乳酪。克菲爾嚴格來說也不是優格——它是使用酵母和乳酸桿菌製成的發酵乳製品。發酵白脫牛奶使用乳酸桿菌和嗜檸檬酸明串珠菌，產生較高濃度的丁二酮，因此較偏奶油味。
- 「Labneh」是中東版的脫乳清優格。它也是一種佐料的名稱，以這種優格混合橄欖油、札塔（za'atar）香料、芝麻籽和乾鹽膚木。
- 世界各地都有優格、黃瓜和新鮮香草做成的沾醬和醬汁，像是印度「raita」、希臘「tzatziki」和土耳其「cacık」。在巴爾幹半島，我們發現另一種版本「tarator」含核桃碎；在黎巴嫩和敘利亞則是添加中東芝麻醬。若要讓「tzatziki」的口味鹹一點，可以加入一些裙帶菜——和燉魚或煎魚是絕配。

優格、紅椒和蘿蔔苗

食物搭配獨家食譜

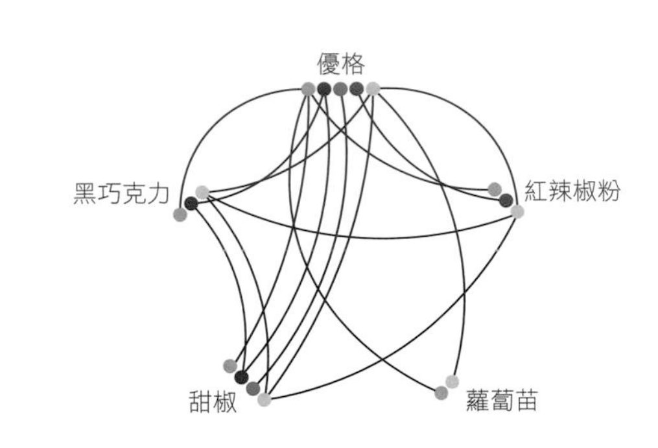

在上甜點之前，用一道清新味蕾的菜色讓賓客印象深刻。事先準備好黑巧克力滾筒，放置一夜定型。製作慕斯內餡：在優格中加入一撮紅辣椒粉增添辛香，打至質地輕盈。將香烤紅甜椒切成細丁，輕輕拌入慕斯，再填入黑巧克力滾筒，並以新鮮蘿蔔苗做裝飾。優格的酸味平衡了黑巧克力的苦甜調，再以蘿蔔苗帶出一絲撲鼻胡椒氣息。

牛奶優格

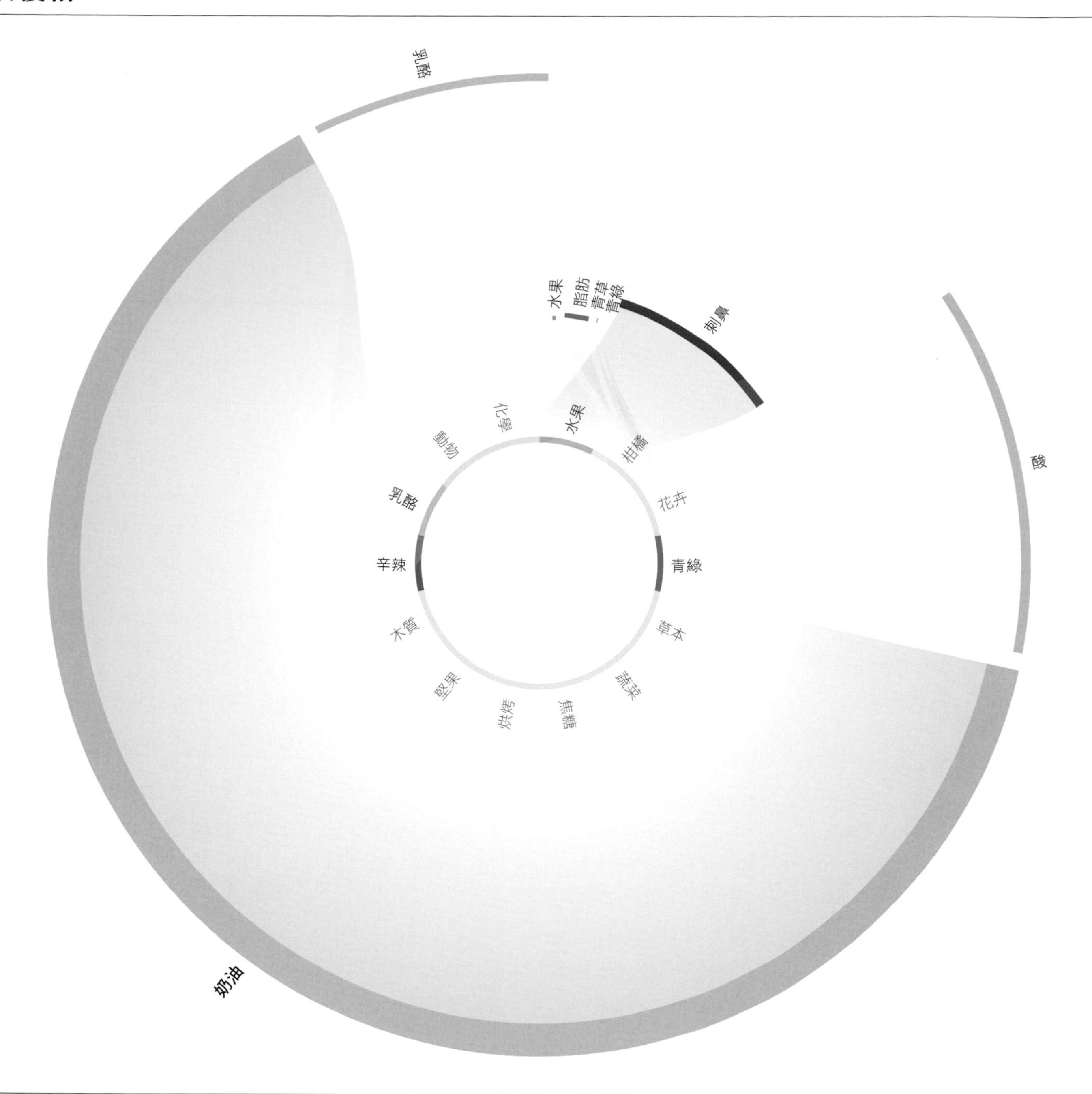

牛奶優格香氣輪廓

三種揮發性化合物影響了優格的獨特風味。丁二酮具有牛奶般的奶油、鮮奶油味；丙酮散發濃郁優格般的奶油味。這兩種香氣分子也為奶油帶來顯著風味。乙醛增添水果、青蘋果味，青綠及青草調則與海藻（見次頁）等食材形成連結。

	水果	柑橘	花卉	青綠	草本	蔬菜	焦糖	烘烤	堅果	木質	辛辣	乳酪	動物	化學
牛奶優格														
烤明蝦														
烏魚子														
熟貝床淡菜														
熟義大利麵														
蛇麻草芽														
山羊乳酪														
牛奶巧克力														
草莓														
牛肝菌														
烤開心果														

海藻

海藻被廣泛認為是一種未來的永續食物來源。雖然海藻在許多亞洲料理中是常見的主食材，但不少西方人很難想像除了壽司還能如何食用藻類。然而，海藻產品已經在許多消費者的飲食中占有一席之地，只是他們可能並未發覺。

食品穩定劑像是鹿角菜膠被用於冰淇淋和其他商業乳製品、嬰兒配方奶粉、某些啤酒和寵物食品中；從紅藻萃取的寒天是吉利丁的替代品。

近年來，西班牙公司「Porto Muiños」扮演了將這些「海蔬菜」引入美食界的重要角色。其創辦人安東尼奧・慕紐斯（Antonio Muiños）表示：「大家不吃海藻的主要原因是他們沒想過也不知道怎麼使用。」食物搭配公司和慕紐斯合作進行了一項研究考察，分析西班牙加利西亞海岸不同的藻類，包含綠藻、羽狀內捲藻和藻類（*Gracilaria carnosa*）（一種紅藻）。透過熟悉不同海藻物種的香氣輪廓，我們知道什麼食材可以拿來搭配以及如何在烹調中進行最好的運用。

裙帶菜

漂浮於日本味噌湯裡柔滑的深綠色海帶是裙帶菜（Undaria pinnatifida）。或乾燥或鹽漬，裙帶菜富含大量的多不飽和脂肪酸並具有草本、金屬氣味。它的鹽水風味能立即提升鮮度，為菜餚增添淡淡鹹香。

裙帶菜、蠶豆和鮭魚

食物搭配獨家食譜

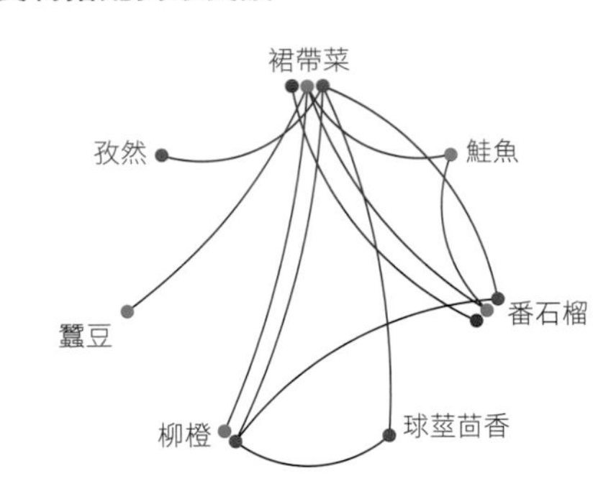

將乾燥裙帶菜放入冷水泡開，切成一口大小。以奶油嫩煎蠶豆並加鹽和胡椒調味。以蔬菜高湯燉煮球莖茴香至軟化。將蠶豆和裙帶菜置於球莖茴香上，再用茴香葉裝飾，增添一絲大茴香香。擺上煎烤鮭魚。淋上孜然味的濃縮番石榴汁，突顯與蠶豆之間的辛辣－柑橘香氣連結。

相關香氣輪廓：裙帶菜

裙帶菜裡的脂肪酸讓它的香氣輪廓比我們分析的其他海藻物種更具青綠調。它細緻的甜味和質地很適合加入湯品，也可以新鮮或稍微醃漬後享用。

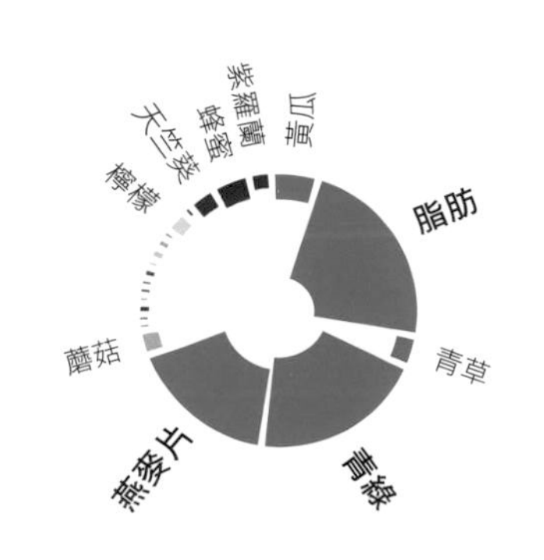

	水果	柑橘	花卉	青綠	草本	蔬菜	焦糖	烘烤	堅果	木質	辛辣	乳酪	動物	化學
裙帶菜														
燕麥粥														
偉馬力修道院黑啤酒														
薑汁啤酒														
水煮朝鮮薊														
香檸檬														
雜糧麵包														
老抽														
塔羅科血橙														
奇異果														
蒸芥菜														

綠藻

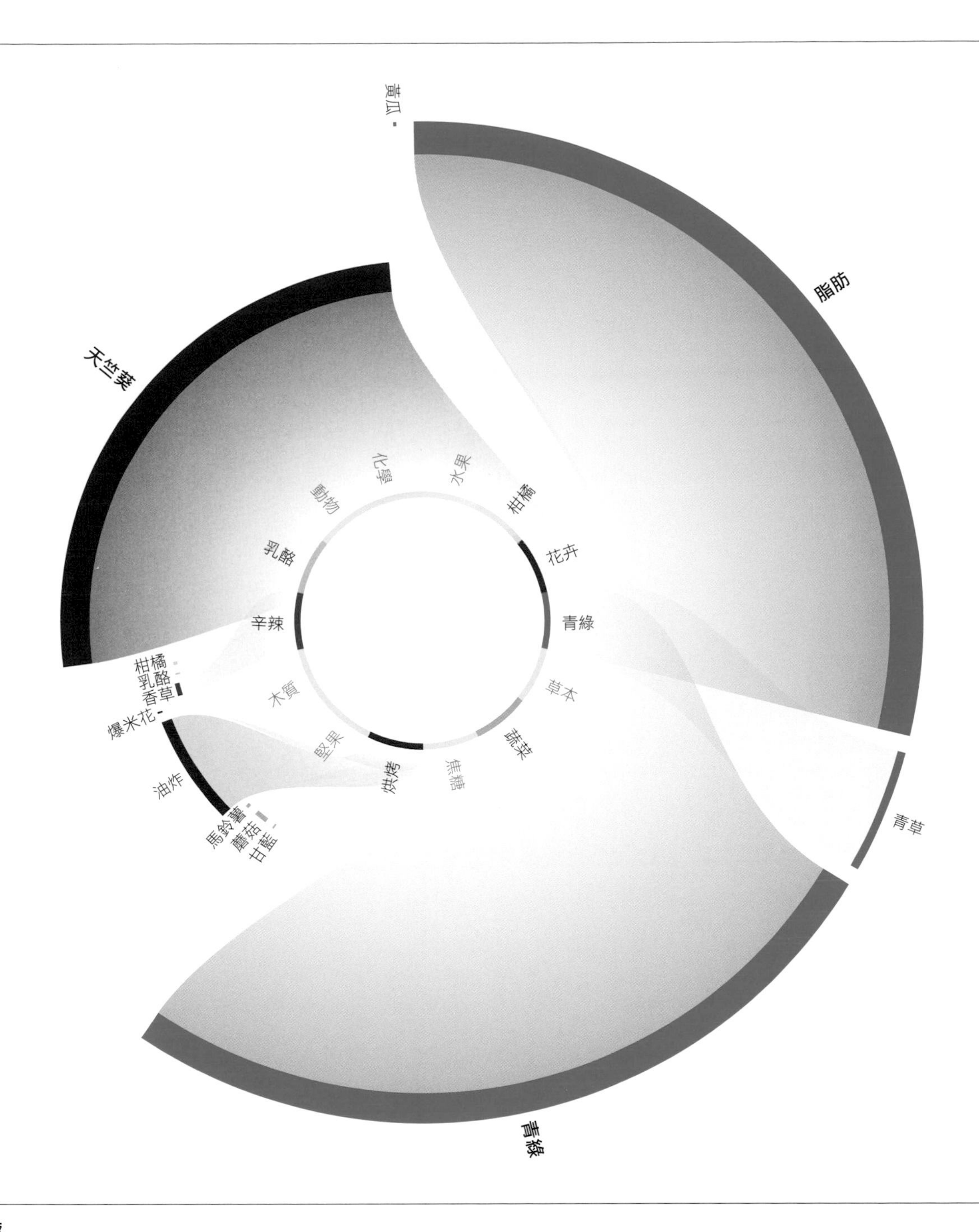

綠藻香氣輪廓

醛類和環氧化物賦予海藻海味，類似我們吃魚時嘗到的草本、金屬調。海藻含有其他也存在於魚肉中的紫羅蘭和天竺葵味花卉調，但濃度較低。

	水果	柑橘	花卉	青綠	草本	蔬菜	焦糖	烘烤	堅果	木質	辛辣	乳酪	動物	化學
綠藻	•	•	•	•	•	•	•	•	•	•	•	•	•	•
蛇麻草芽	•	•	•	•	•	•	•	•	•	•	•	•	•	•
烘烤鰈魚	•	•	•	•	•	•	•	•	•	•	•	•	•	•
烘烤多佛比目魚	•	•	•	•	•	•	•	•	•	•	•	•	•	•
小麥麵包	•	•	•	•	•	•	•	•	•	•	•	•	•	•
巴斯德滅菌法山羊奶	•	•	•	•	•	•	•	•	•	•	•	•	•	•
農莊切達乳酪	•	•	•	•	•	•	•	•	•	•	•	•	•	•
覆盆子泥	•	•	•	•	•	•	•	•	•	•	•	•	•	•
利木贊牛肉	•	•	•	•	•	•	•	•	•	•	•	•	•	•
甜菜脆片	•	•	•	•	•	•	•	•	•	•	•	•	•	•
鹽膚木	•	•	•	•	•	•	•	•	•	•	•	•	•	•

潛在搭配：海藻和薯條

利用海苔碎的天然鹹味來為薯條或烘烤馬鈴薯調味。或是加一些海苔到你最愛的美乃滋食譜中。

經典搭配：海藻和米飯

香鬆是一種日本綜合乾燥調味料，一般包含烤海苔、柴魚片和烤芝麻籽，但其他各式各樣的口味也很多，例如：紫蘇葉、蛋鬆等等。香鬆的傳統吃法是撒在白飯上，但也幾乎可以加入任何鹹食，像是蔬菜、魚或爆米花。

海藻品種

羽狀內捲藻香氣輪廓

羽狀內捲藻具有松露般的鹹香風味。和其他藻類一樣，它散發明顯海味以及刺鼻、胡椒氣息，很適合搭配葡萄柚、櫻桃番茄、蠶豆和皮夸爾橄欖油。

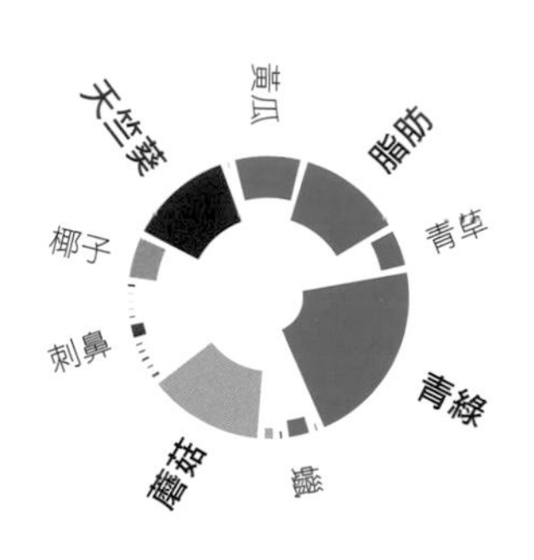

	水果	柑橘	花卉	青綠	草本	蔬菜	焦糖	烘烤	堅果	木質	辛辣	乳酪	動物	化學
羽狀內捲藻														
現煮手沖咖啡														
褐色小牛高湯														
牛肉清湯														
鴿高湯														
舊金山酸種麵包														
熟糙米														
羊萵苣（野苣）														
網烤綠蘆筍														
生蛋黃														
毛豆														

松藻香氣輪廓

除了青綠－脂肪、油炸風味加上些許天竺葵香之外，松藻還含有烘烤香氣分子，適合搭配櫻桃番茄、黑橄欖、土耳其烏爾法辣椒片、中東芝麻醬和熟雞肉。

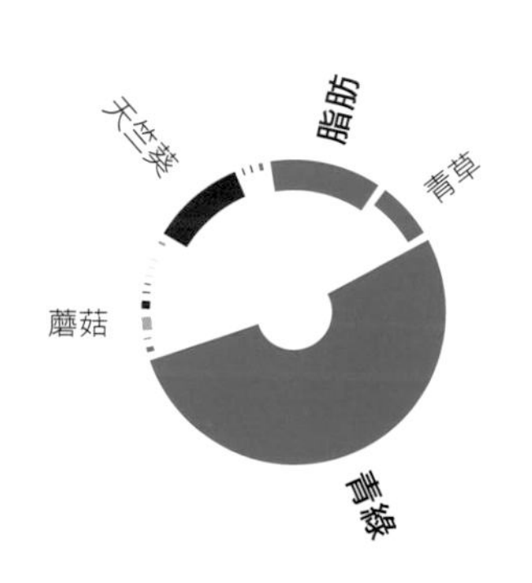

	水果	柑橘	花卉	青綠	草本	蔬菜	焦糖	烘烤	堅果	木質	辛辣	乳酪	動物	化學
松藻														
煎鵪鶉														
舊金山酸種麵包														
薯條														
黃瓜														
水煮馬鈴薯														
煎鴨胸														
貝類高湯														
鳳梨														
牛奶														
卡蒙貝爾乳酪														

藻類（*Gracilaria carnosa*）香氣輪廓

這種藻類的強烈天竺葵香也存在於黑莓、布里乳酪、潘卡辣椒、鹿肉、龍蝦和豆漿。它的柑橘柳橙及花卉調很適合搭配蘋果、藍莓、柚子、大茴香和榛果。

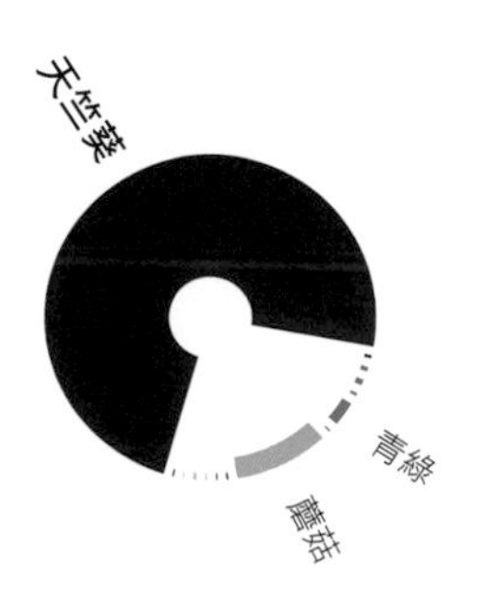

	水果	柑橘	花卉	青綠	草本	蔬菜	焦糖	烘烤	堅果	木質	辛辣	乳酪	動物	化學
藻類（*Gracilaria carnosa*）														
煎鴨胸														
印度馬薩拉醬														
烤小牛胸腺														
香茅														
甜櫻桃														
接骨木莓														
煎白蘑菇														
白松露														
古岡左拉乳酪														
白巧克力														

潛在搭配：昆布和蘆筍

日式高湯是日式烹調的湯頭。製作方法為將昆布放入水中泡一晚，接著煮滾。拌入柴魚片（或乾香菇），煮至入味再用細篩將湯汁過濾出來。日式高湯是簡單豆腐海帶湯的絕佳湯底——加入一些熟蘆筍增添西式風味。

經典搭配：海藻和黃瓜

醋物是經典的日本涼拌黃瓜：裙帶菜和薄片黃瓜（見次頁）淋上簡單混合的米酒醋、醬油、糖和鹽，最後撒上烤芝麻籽。

海藻食材搭配

羽狀內捲藻

深紅色、狀似蕨葉的羽狀內捲藻被廚師視為「海中松露」，它因鹹香風味和辛辣、胡椒滋味而受到青睞。羽狀內捲藻曾經是蘇格蘭人的主食，分布於不列顛群島西岸，被慢食基金會（Slow Food Foundation）評選為「美味方舟」（Ark of Taste）食材之一。這種細緻的紅色藻類也可見於北大西洋與太平洋沿岸。

羽狀內捲藻應以鹽水而非淡水洗滌，避免松露般的風味流失。它的香氣輪廓依地區、氣候和季節性不同而有所差異。大部分以乾燥薄片或粉末形式販售，用來調味，但新鮮、完整的羽狀內捲藻做成沙拉生食或油煎也很可口。

松藻

刺松藻（Codium fragile subsp. tomentosoides）是一種綠藻，又稱為「海綿草」，因質地類似海綿，或「天鵝絨角」，因它眾多的細枝上長滿了帶有銀色光澤的細毛。

藻類（*Gracilaria carnosa*）

這種紅褐色藻類質地紮實具嚼勁，帶有一點黏稠。它清新、強烈的風味無論是生食或稍微煮過皆應用廣泛。

水果　柑橘　花卉　青綠　草本　蔬菜　焦糖　烘烤　堅果　木質　辛辣　乳酪　動物　化學

綠蘆筍

雞油菌
紫蘇葉
薰衣草蜂蜜
昆布
巴斯德滅菌法山羊奶
乾式熟成牛肉
麥金塔蘋果
核桃
烤布雷斯雞皮
葡萄乾

水果　柑橘　花卉　青綠　草本　蔬菜　焦糖　烘烤　堅果　木質　辛辣　乳酪　動物　化學

糖漬橙皮

桃子
藻類（*Gracilaria carnosa*）
檸檬伏特加
莫利洛黑櫻桃
鹽膚木
海膽
南瓜
橙花水
酸奶油
雪莉醋

水果　柑橘　花卉　青綠　草本　蔬菜　焦糖　烘烤　堅果　木質　辛辣　乳酪　動物　化學

大蝦

拖鞋麵包
大吉嶺茶
現煮手沖咖啡
熟藜麥
香檸檬
印度馬薩拉醬
阿芳素芒果
松藻
大溪地香草
煎秋葵

水果　柑橘　花卉　青綠　草本　蔬菜　焦糖　烘烤　堅果　木質　辛辣　乳酪　動物　化學

烘烤野兔

裙帶菜
藻類（*Gracilaria carnosa*）
瓦卡泰（祕魯黑薄荷）
烘烤大扇貝
黑莓
水煮麵包蟹肉
鳳梨
紅甜椒泥
韓國辣醬
祕魯黃辣椒

黃瓜

大多數讓我們聯想到黃瓜的香氣化合物由切開黃瓜時發生的酵素反應形成——完整的黃瓜含有相對較少的香氣分子。切開黃瓜會破壞細胞膜，使裡面的不飽和脂肪酸與氧氣接觸，觸發酵素氧化並產生特有的黃瓜味醛類。

和番茄及甜玉米一樣，雖然被當成蔬菜食用，但黃瓜在植物學上其實歸類於水果。今日黃瓜有數百個不同栽培品種，可分為兩大類：醃漬用和切片生食用。

黃瓜在將近三千多年前首先在印度被種植。和我們現在熟悉的黃瓜 *Cucumis sativus* 不同，這些早期的黃瓜含有大量葫蘆素，因此味道非常苦。它們被栽種之後受到歡迎並傳播至地中海、部分亞洲、歐洲，最後到了北美洲。據說西班牙人最先在美洲種植黃瓜——哥倫布在一四九四年將它們帶到夏威夷。

大部分商業化種植的切片用黃瓜表皮都很光滑。相比之下，露地栽培黃瓜的表皮堅硬、苦澀且具有突刺，使用前最好先削皮。有籽的話可以刮除。切塊黃瓜先用鹽讓水分排出有助於加強其細緻風味，也避免多餘液體滲入綿密的調味醬或沾醬。

- 雖然黃瓜通常使用於冷菜，像是沙拉和冷湯，但經過烹煮也意外美味。燙過或以奶油稍微炒過的黃瓜段很適合搭配雞肉和魚肉；黃瓜也可以拿來鑲肉或烘烤。
- 簡單的北歐黃瓜沙拉包含黃瓜薄片和紅洋蔥，並撒上橄欖油、醋、新鮮蒔蘿和香芹。
- 醃漬小黃瓜在某些國家稱為「gherkin」，包括英國、澳洲和紐西蘭。酸黃瓜（cornichon）則為迷你版本，通常和冷肉一起上桌，或是切細後加入韃靼醬。
- 醃漬黃瓜有時會加到比利時火腿乳酪三明治裡，稱為「smos」：將長棍麵包切半，塗上厚厚的奶油和美乃滋，再鋪上火腿、乳酪、番茄片、水煮蛋、美生菜和黃瓜。
- 蒔蘿籽是醃漬鹽水的關鍵食材之一，其他還有月桂葉、香菜籽和黑胡椒。新鮮蒔蘿有一些黃瓜的青綠調以及黑胡椒（見第 270 頁）的木質調，進而與月桂葉和香菜籽產生連結。

黃瓜食材搭配

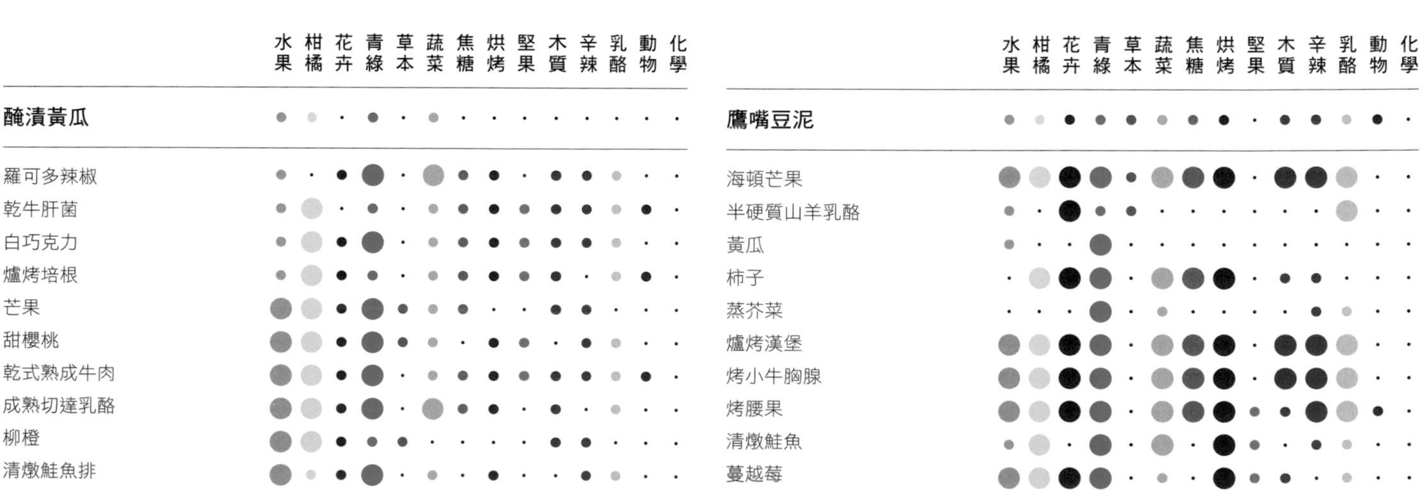

	水果	柑橘	花卉	青綠	草本	蔬菜	焦糖	烘烤	堅果	木質	辛辣	乳酪	動物	化學
醃漬黃瓜														
羅可多辣椒														
乾牛肝菌														
白巧克力														
爐烤培根														
芒果														
甜櫻桃														
乾式熟成牛肉														
成熟切達乳酪														
柳橙														
清燉鮭魚排														

	水果	柑橘	花卉	青綠	草本	蔬菜	焦糖	烘烤	堅果	木質	辛辣	乳酪	動物	化學
鷹嘴豆泥														
海頓芒果														
半硬質山羊乳酪														
黃瓜														
柿子														
蒸芥菜														
爐烤漢堡														
烤小牛胸腺														
烤腰果														
清燉鮭魚														
蔓越莓														

黃瓜

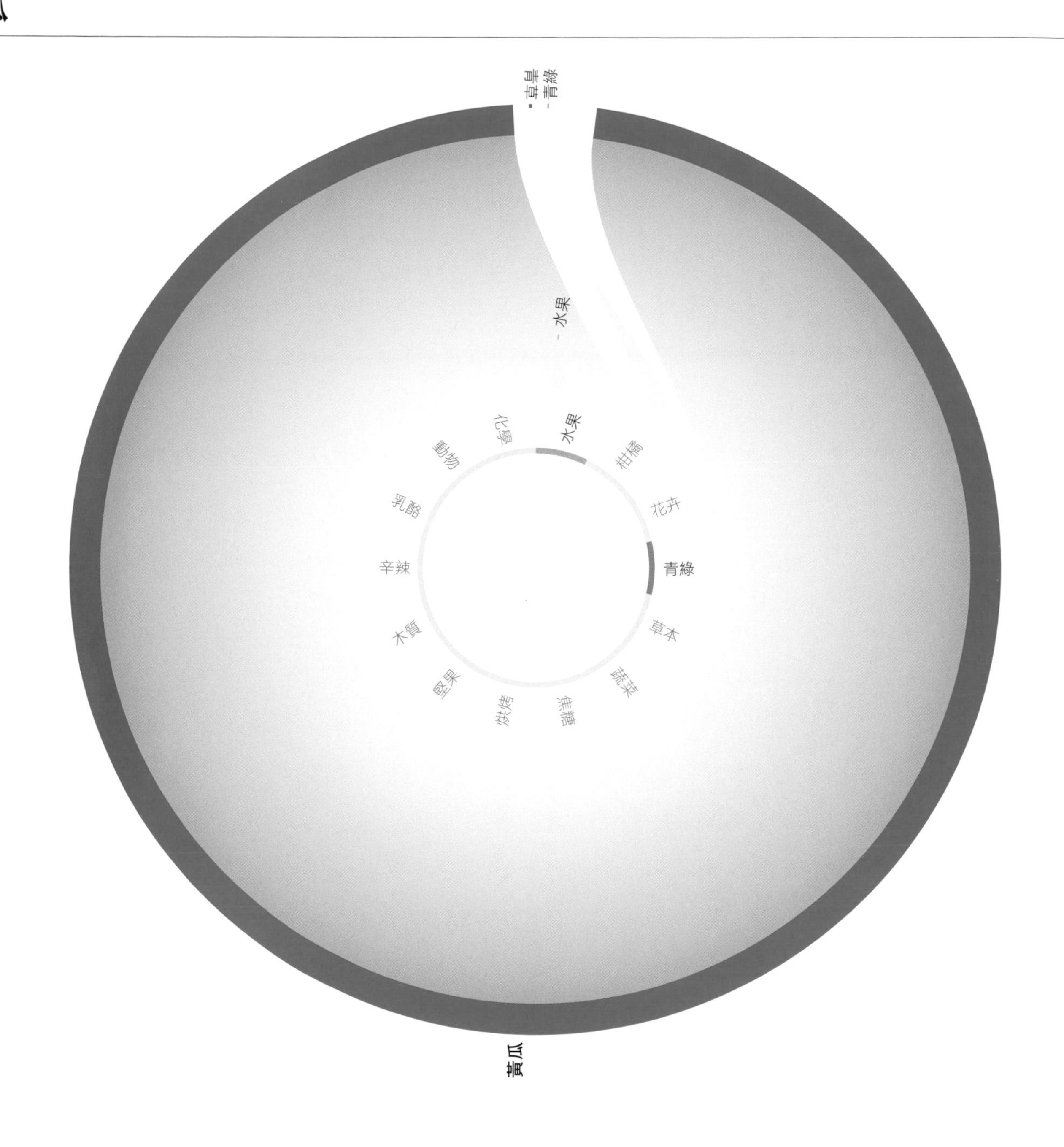

黃瓜香氣輪廓

黃瓜的香氣輪廓幾乎全由兩大醛類組成：(E,Z)-2,6- 壬二烯醛和 (E)-2- 壬烯醛。前者具有明顯黃瓜味，因此也被稱為「黃瓜醛」，後者則較偏青綠－脂肪味。

	水果	柑橘	花卉	青綠	草本	蔬菜	焦糖	烘烤	堅果	木質	辛辣	乳酪	動物	化學
黃瓜	●	·	·	●	·	·	·	·	·	·	·	·	·	·
米克覆盆子	●	●	●	⬤	·	●	●	·	●	●	●	●	·	·
布里乳酪	●	·	●	⬤	·	●	·	●	·	●	·	●	●	·
黑巧克力	●	●	●	⬤	·	●	●	●	●	●	·	●	●	·
清燉鮭魚	⬤	●	·	⬤	·	●	·	●	●	·	●	●	·	·
甜櫻桃	●	●	●	⬤	●	●	·	●	●	·	●	●	·	·
清燉鱈魚排	●	●	●	⬤	·	●	·	●	·	·	●	●	·	·
煎豬里肌	●	●	●	⬤	●	●	·	●	●	●	●	●	●	·
印度馬薩拉醬	●	●	●	⬤	●	●	●	●	●	●	●	●	●	·
甜瓜	●	●	●	⬤	·	·	·	·	·	·	●	·	·	·
煎鴨胸	●	●	●	⬤	·	●	●	●	·	●	●	●	·	·

黑胡椒

黑、白、綠和紅胡椒全都來自同一種植物：原產於印度的開花藤蔓植物 *Piper nigrum*。唯採摘和加工方法不同，以獲得每一個品種的獨特風味。它們皆具有刺鼻化合物胡椒鹼的辣勁。

黑胡椒在漿果仍呈綠色、即將完全成熟之前採收。接著以熱水汆燙，使細胞壁破裂，加快褐變過程。這些果實曬乾（或是有時以烤箱烘乾）之後萎縮，氧化時縮水起皺並轉為深褐色或黑色。乾燥黑胡椒仍保有完整外殼，能增添柑橘、花卉和木質香。至於白胡椒是將 *Piper nigrum* 的成熟紅漿果放入布袋並浸泡於水中使微生物分解外殼。紅胡椒則是完全成熟的紅色胡椒，單純經乾燥而成。

然而，「粉紅胡椒」其實是誤稱，因為這種小小的粉紅色漿果生長在祕魯胡椒樹（Schinus molle）和巴西胡椒樹（Schinus terebinthifolius）上，和腰果有親戚關係。它的風味和黑胡椒類似，但細緻許多，含有高揮發性化合物，接觸到外在環境很容易散失。

所有胡椒一旦受到光線照射便會失去味道：它的風味和香氣開始蒸發，因為胡椒鹼轉化成淡而無味的化合物異胡椒脂鹼。因此最好將完整黑胡椒粒存放在密封容器中，避免受光線和熱氣影響。使用之前再研磨成粉，因為一旦磨成粉末，胡椒的芳香族化合物就會開始散失。

- 經典法式黑胡椒牛排是以酥脆黑胡椒碎包覆的香煎菲力牛排，搭配濃郁的干邑白蘭地醬和薯條上桌。
- 製作「cacio e pepe」只需要在煮好的義大利麵上淋上優質橄欖油、奶油、黑胡椒和一把羅馬綿羊乳酪細絲。
- 「Bò lúc lắc」是越南語「搖晃牛肉」的意思，柔嫩的骰子牛肉先以蠔油、甜醬油、魚露、糖醃過，再與洋蔥和粗粒柬埔寨貢布胡椒粉一起用芝麻油翻炒。最後擺上新鮮番茄。

相關香氣輪廓：綠胡椒

綠胡椒含有的青綠、草本調比黑胡椒多。這些未成熟的漿果常見於泰國和其他亞洲料理，它們很容易腐壞，通常保存、醃漬在醋或鹽水中，或是以凍乾的形式販售。

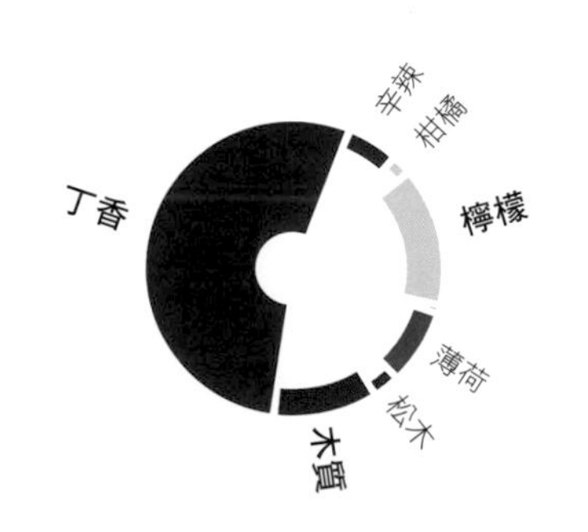

	水果	柑橘	花卉	青綠	草本	蔬菜	焦糖	烘烤	堅果	木質	辛辣	乳酪	動物	化學
綠胡椒														
馬翁琴酒														
肉豆蔻														
夏蜜柑														
新鮮薰衣草花														
胡蘿蔔														
金橘皮														
芹菜根														
小牛高湯														
水煮四季豆														
爐烤培根														

黑胡椒

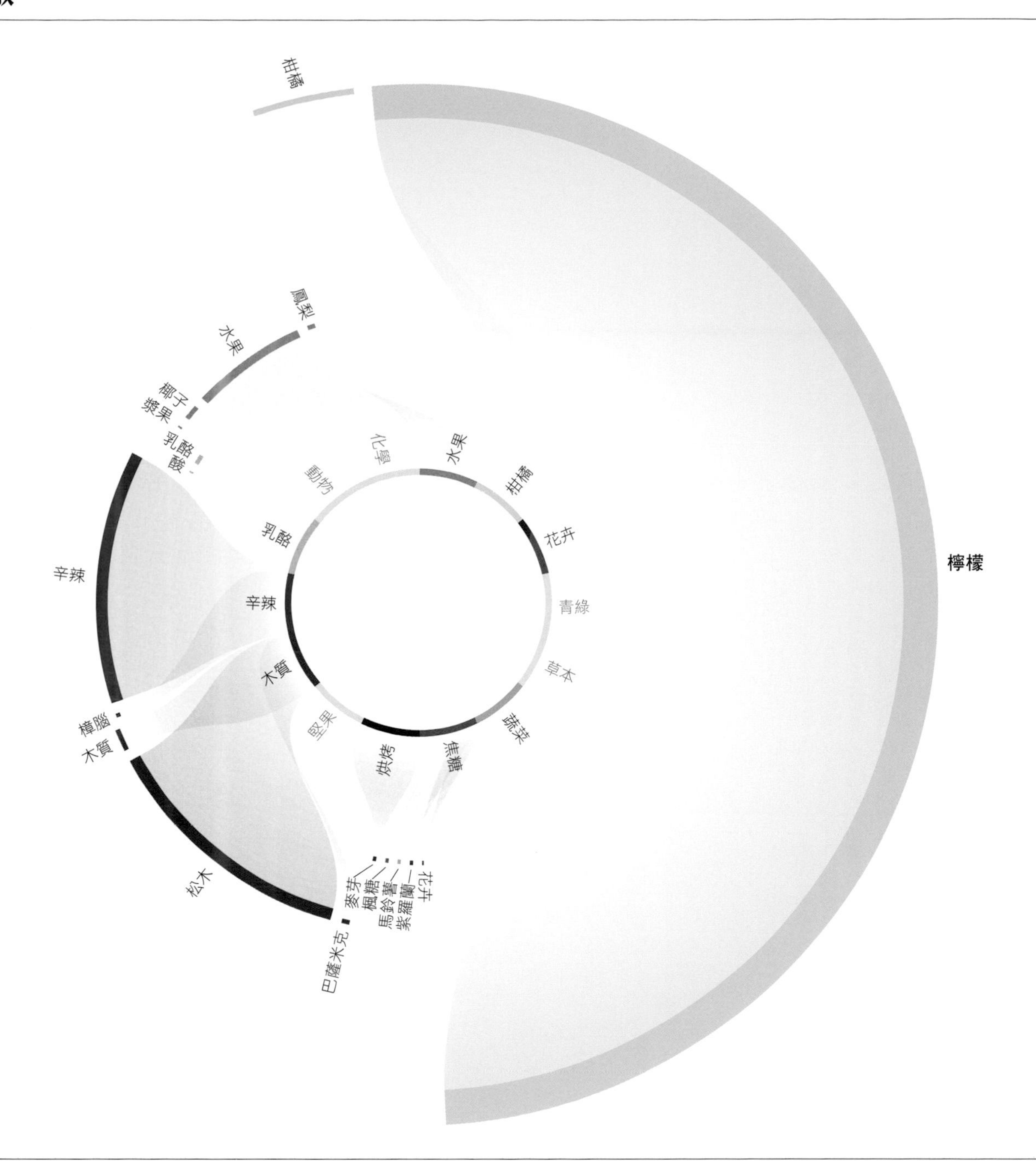

黑胡椒香氣輪廓

辣椒的辣勁來自於辣椒素，胡椒則是含有辛辣化合物胡椒鹼，為任何菜餚甚至甜點增添撲鼻辛味。今日，黑胡椒種植於印度、印尼、馬達加斯加和巴西等熱帶地區，但在許多不同品種之中，原產於印度西南部馬拉巴爾海岸的特利奇里胡椒長久以來因具有更加鮮明、辛辣和複雜的風味而深受青睞。經過研磨之後，黑胡椒的花卉調會變少。

	水果	柑橘	花卉	青綠	草本	蔬菜	焦糖	烘烤	堅果	木質	辛辣	乳酪	動物	化學
黑胡椒														
亞力酒														
薑														
葛瑞爾乳酪														
煎鹿肉														
貝類高湯														
球莖茴香														
香檸檬														
網烤羔羊肉														
醬油														
草莓														

白胡椒

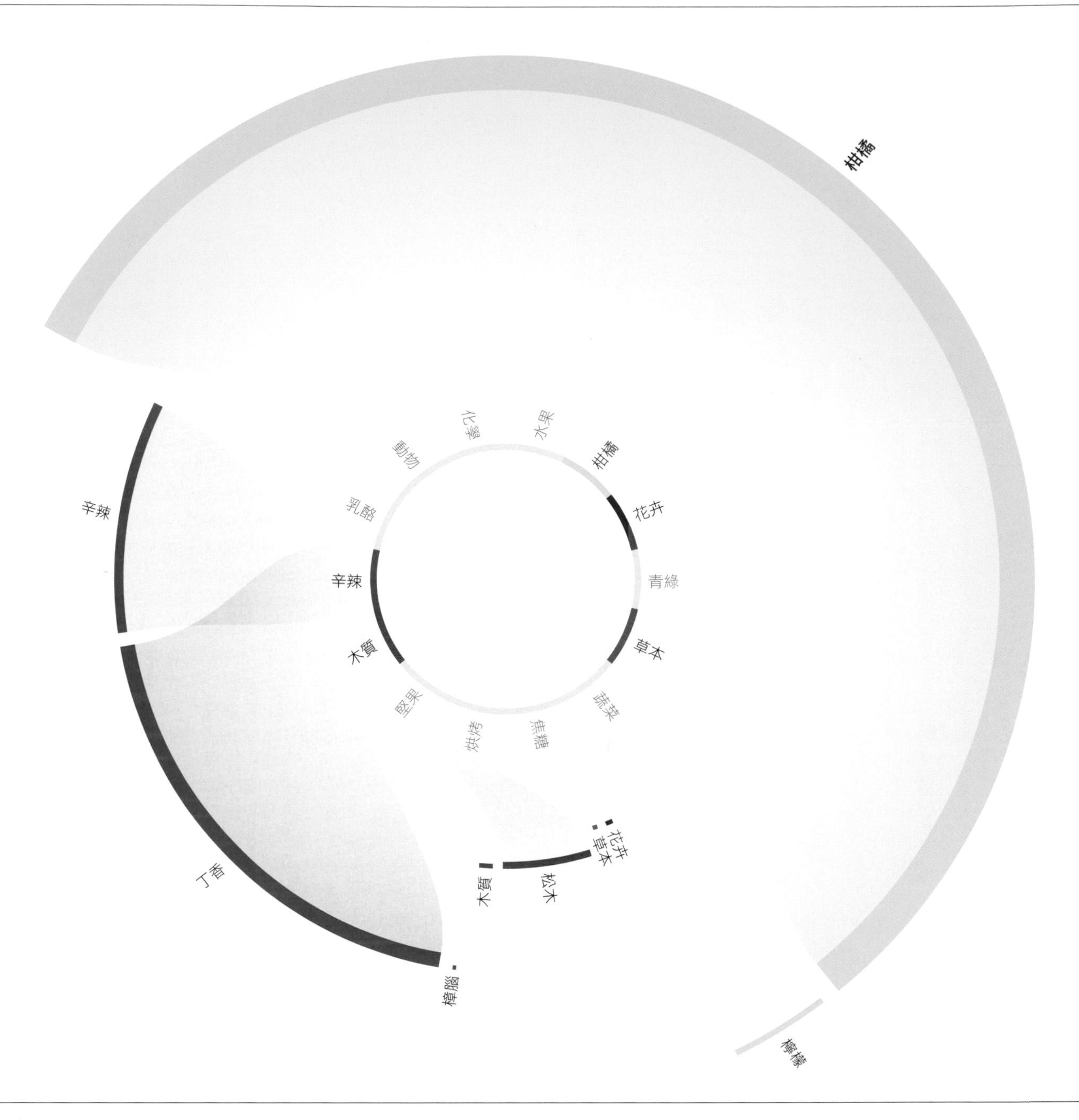

白胡椒香氣輪廓

白胡椒比黑胡椒辛辣，但沒有那麼香，具辛辣、松木調。某些腐爛、乳酪和糞便味有時會散發自吲哚等分子，若胡椒在製造過程中浸泡於死水而非活水，這些難聞氣味便有可能形成。研磨白胡椒會強化其辛辣丁香味，並使一些柑橘、松木調被新的草本味分子取代。花卉調的濃度也會在研磨時增加。

	水果	柑橘	花卉	青綠	草本	蔬菜	焦糖	烘烤	堅果	木質	辛辣	乳酪	動物	化學
白胡椒														
倫敦乾琴酒														
羅勒														
開心果														
青醬														
防風根														
橘子														
水煮去皮甜菜														
羽衣甘藍														
葡萄														
熟翡麥														

潛在搭配：白胡椒、橘子和葛瑞爾乳酪

以橘子果醬或果凍佐葛瑞爾乳酪並撒上一些現磨白胡椒，它和橘子擁有共同的柑橘、木質和辛辣調。

經典搭配：草莓和黑胡椒

草莓和黑胡椒皆具柑橘和檸檬調，因此相配得宜。黑胡椒不但增添辣勁，也強化草莓的風味和甜度。

胡椒食材搭配

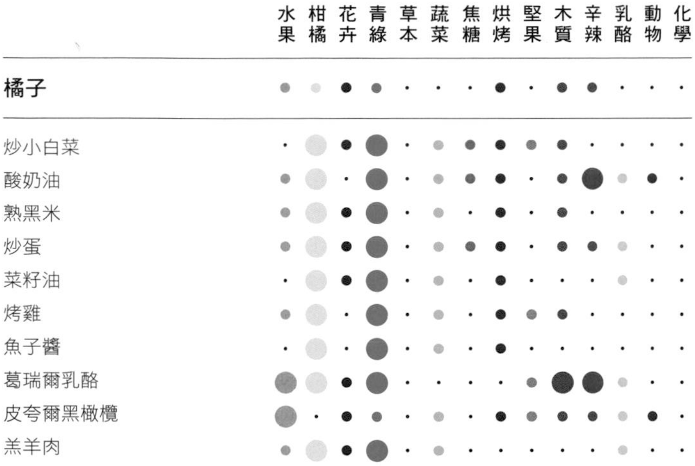

水果 柑橘 花卉 青綠 草本 蔬菜 焦糖 烘烤 堅果 木質 辛辣 乳酪 動物 化學

橘子

炒小白菜
酸奶油
熟黑米
炒蛋
菜籽油
烤雞
魚子醬
葛瑞爾乳酪
皮夸爾黑橄欖
羔羊肉

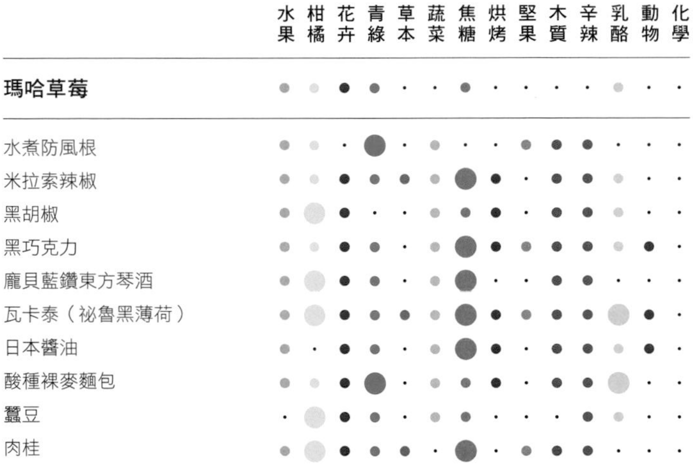

水果 柑橘 花卉 青綠 草本 蔬菜 焦糖 烘烤 堅果 木質 辛辣 乳酪 動物 化學

瑪哈草莓

水煮防風根
米拉索辣椒
黑胡椒
黑巧克力
龐貝藍鑽東方琴酒
瓦卡泰（祕魯黑薄荷）
日本醬油
酸種裸麥麵包
蠶豆
肉桂

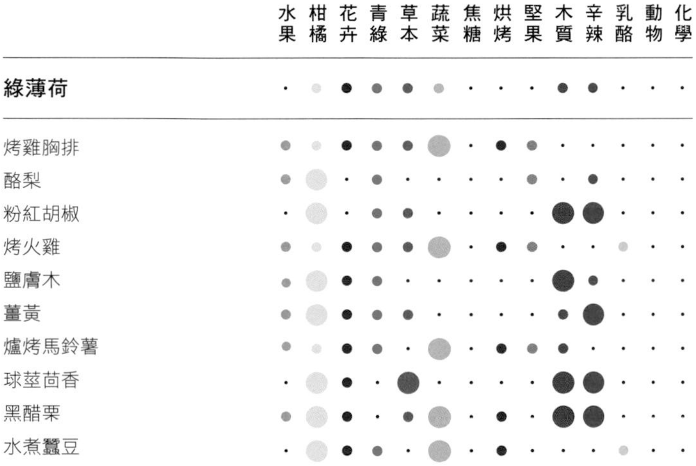

水果 柑橘 花卉 青綠 草本 蔬菜 焦糖 烘烤 堅果 木質 辛辣 乳酪 動物 化學

綠薄荷

烤雞胸排
酪梨
粉紅胡椒
烤火雞
鹽膚木
薑黃
爐烤馬鈴薯
球莖茴香
黑醋栗
水煮蠶豆

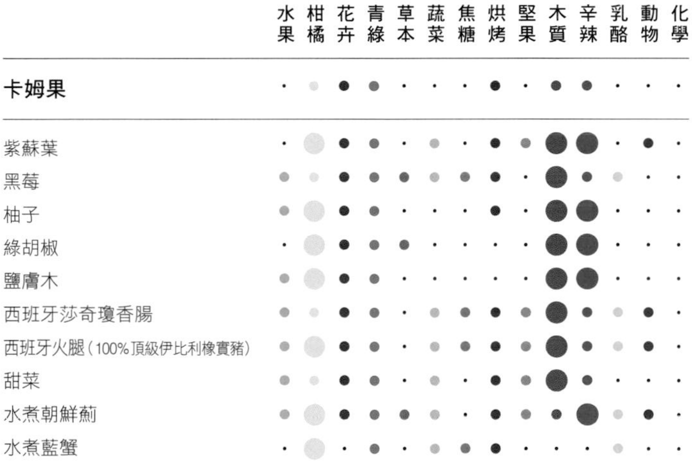

水果 柑橘 花卉 青綠 草本 蔬菜 焦糖 烘烤 堅果 木質 辛辣 乳酪 動物 化學

卡姆果

紫蘇葉
黑莓
柚子
綠胡椒
鹽膚木
西班牙莎奇瓊香腸
西班牙火腿（100%頂級伊比利橡實豬）
甜菜
水煮朝鮮薊
水煮藍蟹

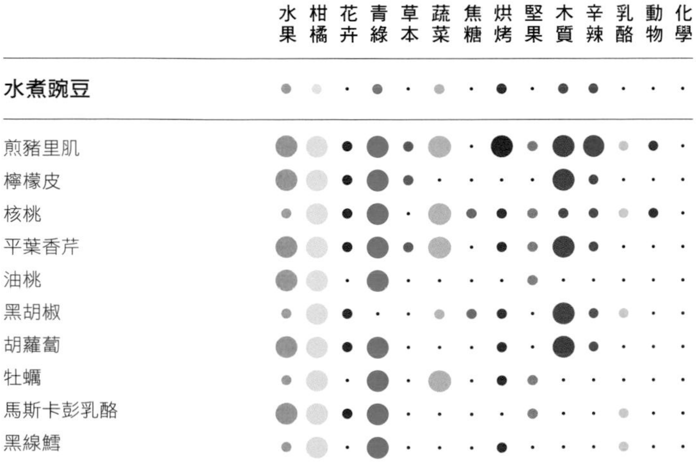

水果 柑橘 花卉 青綠 草本 蔬菜 焦糖 烘烤 堅果 木質 辛辣 乳酪 動物 化學

水煮豌豆

煎豬里肌
檸檬皮
核桃
平葉香芹
油桃
黑胡椒
胡蘿蔔
牡蠣
馬斯卡彭乳酪
黑線鱈

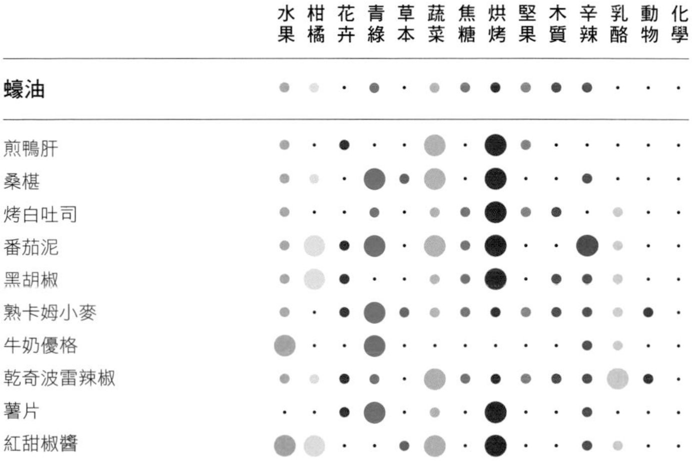

水果 柑橘 花卉 青綠 草本 蔬菜 焦糖 烘烤 堅果 木質 辛辣 乳酪 動物 化學

蠔油

煎鴨肝
桑椹
烤白吐司
番茄泥
黑胡椒
熟卡姆小麥
牛奶優格
乾奇波雷辣椒
薯片
紅甜椒醬

潛在搭配：黑胡椒和乾節莎草

節莎草這種生長於亞馬遜雨林中的芳香根過去僅用於美妝產業，但大廚亞歷克斯・艾塔拉（Alex Atala）在他位於聖保羅的餐廳「D.O.M.」開發了其料理用途：將節莎草和香蕉及檸檬結合在一起，搭配白巧克力來為卡琵莉亞增添風味。

潛在搭配：黑胡椒和巴庫里

巴庫里果（bacuri）在完全成熟從樹上掉落時採收——在現今已滅絕的巴西圖皮語中，「ba」代表「落下」而「curi」是「早」的意思。這種原產於亞馬遜雨林的黃色圓形果實具有厚皮，裡面的白色果肉芬芳酸甜。巴庫里用於飲品、果醬和雪酪中，也可以生吃。

胡椒食材搭配

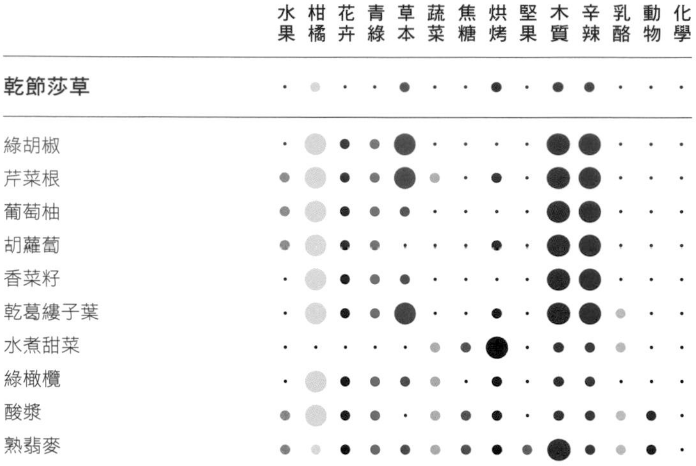

水果 柑橘 花卉 青綠 草本 蔬菜 焦糖 烘烤 堅果 木質 辛辣 乳酪 動物 化學

乾節莎草

綠胡椒
芹菜根
葡萄柚
胡蘿蔔
香菜籽
乾葛縷子葉
水煮甜菜
綠橄欖
酸漿
熟翡麥

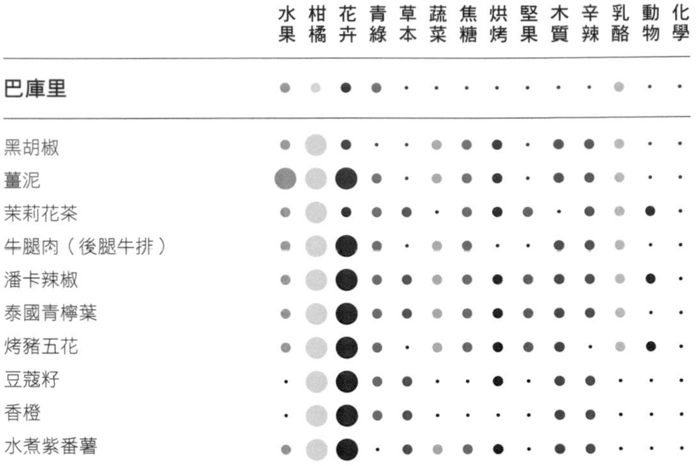

水果 柑橘 花卉 青綠 草本 蔬菜 焦糖 烘烤 堅果 木質 辛辣 乳酪 動物 化學

巴庫里

黑胡椒
薑泥
茉莉花茶
牛腿肉（後腿牛排）
潘卡辣椒
泰國青檸葉
烤豬五花
豆蔻籽
香橙
水煮紫番薯

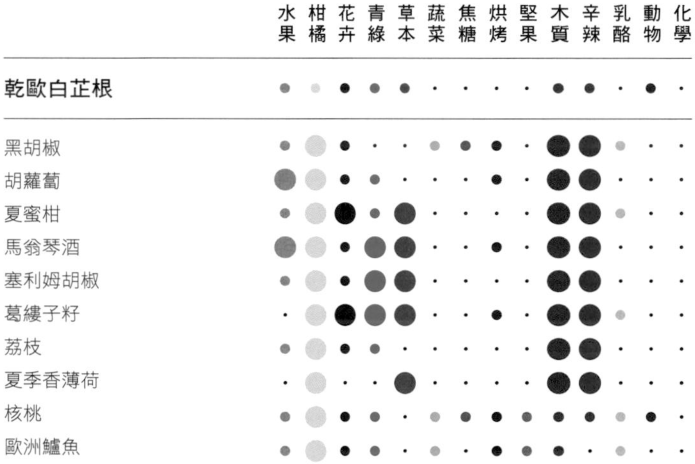

水果 柑橘 花卉 青綠 草本 蔬菜 焦糖 烘烤 堅果 木質 辛辣 乳酪 動物 化學

乾歐白芷根

黑胡椒
胡蘿蔔
夏蜜柑
馬翁琴酒
塞利姆胡椒
葛縷子籽
荔枝
夏季香薄荷
核桃
歐洲鱸魚

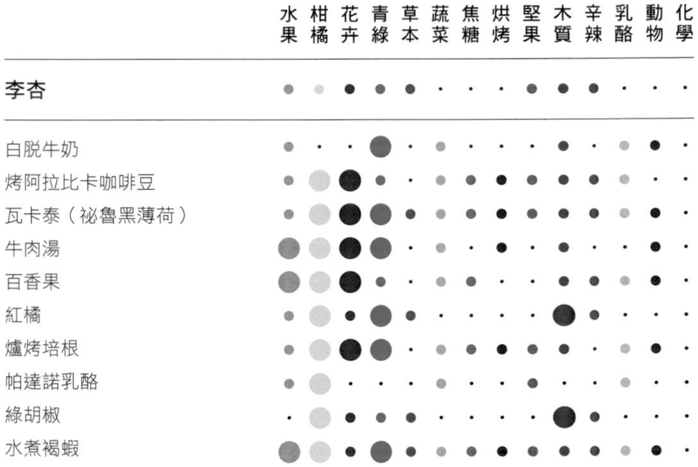

水果 柑橘 花卉 青綠 草本 蔬菜 焦糖 烘烤 堅果 木質 辛辣 乳酪 動物 化學

李杏

白脫牛奶
烤阿拉比卡咖啡豆
瓦卡泰（祕魯黑薄荷）
牛肉湯
百香果
紅橘
爐烤培根
帕達諾乳酪
綠胡椒
水煮褐蝦

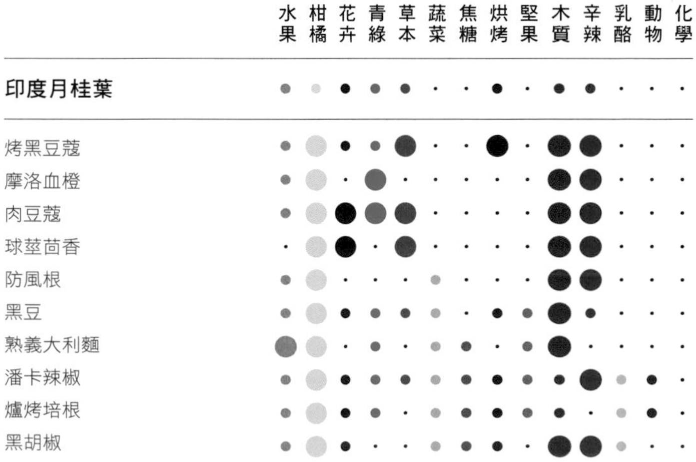

水果 柑橘 花卉 青綠 草本 蔬菜 焦糖 烘烤 堅果 木質 辛辣 乳酪 動物 化學

印度月桂葉

烤黑豆蔻
摩洛血橙
肉豆蔻
球莖茴香
防風根
黑豆
熟義大利麵
潘卡辣椒
爐烤培根
黑胡椒

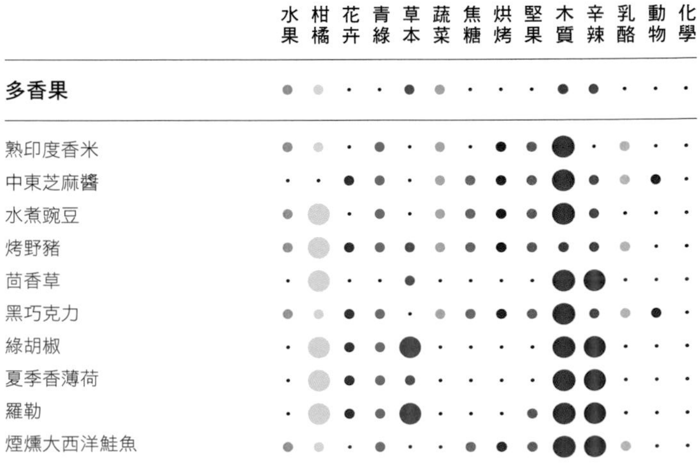

水果 柑橘 花卉 青綠 草本 蔬菜 焦糖 烘烤 堅果 木質 辛辣 乳酪 動物 化學

多香果

熟印度香米
中東芝麻醬
水煮豌豆
烤野豬
茴香草
黑巧克力
綠胡椒
夏季香薄荷
羅勒
煙燻大西洋鮭魚

潛在搭配：黑胡椒和千日菊

千日菊的黃色花朵會在口腔裡引發強烈刺痛和清涼感，帶有水果、柑橘、草本味。過去它被當成一種草藥，特別是用來治療牙痛，今日也使用於食品業，做為口香糖的調味劑。它的葉子可以生吃或和大蒜、辣椒一起加入燉菜。

經典搭配：黑胡椒和莎奇瓊香腸

莎奇瓊香腸是西班牙版的義大利薩拉米，僅以鹽和黑胡椒調味，不搶走醃製豬肉（見次頁）的風采。

	水果	柑橘	花卉	青綠	草本	蔬菜	焦糖	烘烤	堅果	木質	辛辣	乳酪	動物	化學
千日菊	●	●	●	●	●	●	●	●	●	●	●	●	●	●
百香果	●	●	●	●	●	●	●	●	●	●	●	●	●	●
蘇連多檸檬	●	●	●	●	●	●	●	●	●	●	●	●	●	●
阿芳素芒果	●	●	●	●	●	●	●	●	●	●	●	●	●	●
香橙	●	●	●	●	●	●	●	●	●	●	●	●	●	●
黑孜然籽	●	●	●	●	●	●	●	●	●	●	●	●	●	●
葡萄柚	●	●	●	●	●	●	●	●	●	●	●	●	●	●
白胡椒	●	●	●	●	●	●	●	●	●	●	●	●	●	●
西班牙莎奇瓊香腸	●	●	●	●	●	●	●	●	●	●	●	●	●	●
木瓜	●	●	●	●	●	●	●	●	●	●	●	●	●	●
水煮佛手瓜	●	●	●	●	●	●	●	●	●	●	●	●	●	●

	水果	柑橘	花卉	青綠	草本	蔬菜	焦糖	烘烤	堅果	木質	辛辣	乳酪	動物	化學
爐烤培根	●	●	●	●	●	●	●	●	●	●	●	●	●	●
蒸羽衣甘藍	●	●	●	●	●	●	●	●	●	●	●	●	●	●
紅酒油醋醬	●	●	●	●	●	●	●	●	●	●	●	●	●	●
青哈瓦那辣椒	●	●	●	●	●	●	●	●	●	●	●	●	●	●
蒸蕪菁葉	●	●	●	●	●	●	●	●	●	●	●	●	●	●
水煮防風根	●	●	●	●	●	●	●	●	●	●	●	●	●	●
罐頭李子	●	●	●	●	●	●	●	●	●	●	●	●	●	●
圓葉當歸葉	●	●	●	●	●	●	●	●	●	●	●	●	●	●
乾葛縷子根	●	●	●	●	●	●	●	●	●	●	●	●	●	●
野生草莓	●	●	●	●	●	●	●	●	●	●	●	●	●	●
水煮佛手瓜	●	●	●	●	●	●	●	●	●	●	●	●	●	●

	水果	柑橘	花卉	青綠	草本	蔬菜	焦糖	烘烤	堅果	木質	辛辣	乳酪	動物	化學
紅醋栗	●	●	●	●	●	●	●	●	●	●	●	●	●	●
偉馬力三麥金修道院啤酒	●	●	●	●	●	●	●	●	●	●	●	●	●	●
葡萄柚	●	●	●	●	●	●	●	●	●	●	●	●	●	●
百里香	●	●	●	●	●	●	●	●	●	●	●	●	●	●
水煮麵包蟹肉	●	●	●	●	●	●	●	●	●	●	●	●	●	●
帕瑪森類型乳酪	●	●	●	●	●	●	●	●	●	●	●	●	●	●
藍莓	●	●	●	●	●	●	●	●	●	●	●	●	●	●
香蕉	●	●	●	●	●	●	●	●	●	●	●	●	●	●
杏仁榛果抹醬	●	●	●	●	●	●	●	●	●	●	●	●	●	●
黑胡椒	●	●	●	●	●	●	●	●	●	●	●	●	●	●
火龍果	●	●	●	●	●	●	●	●	●	●	●	●	●	●

	水果	柑橘	花卉	青綠	草本	蔬菜	焦糖	烘烤	堅果	木質	辛辣	乳酪	動物	化學
芹菜葉	●	●	●	●	●	●	●	●	●	●	●	●	●	●
蓮霧	●	●	●	●	●	●	●	●	●	●	●	●	●	●
茄子	●	●	●	●	●	●	●	●	●	●	●	●	●	●
抹茶	●	●	●	●	●	●	●	●	●	●	●	●	●	●
奇異莓	●	●	●	●	●	●	●	●	●	●	●	●	●	●
烘烤細鱗綠鰭魚	●	●	●	●	●	●	●	●	●	●	●	●	●	●
豆蔻籽	●	●	●	●	●	●	●	●	●	●	●	●	●	●
葡萄柚	●	●	●	●	●	●	●	●	●	●	●	●	●	●
香菜籽	●	●	●	●	●	●	●	●	●	●	●	●	●	●
綠胡椒	●	●	●	●	●	●	●	●	●	●	●	●	●	●
煎培根	●	●	●	●	●	●	●	●	●	●	●	●	●	●

伊比利黑毛豬火腿

伊比利黑毛豬火腿裡的醛類提供了複雜的水果、堅果、肉和柑橘香氣，加上焦糖和楓糖味呋喃讓整體風味更完整。

據說只要有鹽、空氣和時間就能讓伊比利黑毛豬變為黑標伊比利橡實火腿（jamón Ibérico de bellota），但醃製藝術當然沒那麼簡單。可別和塞拉諾火腿甚至四處可見的穀飼伊比利火腿（jamón Ibérico de cebo）搞混了，這種頂級西班牙乾醃火腿的獨特風味來自特別豬種的特色、富含橡實的放養飲食以及數百年來代代傳承的傳統醃製法。

以黑標級火腿而言，漫長的發酵和醃製過程可能長達三、五年甚至六年，讓蛋白質和脂肪酸有充分時間分解並形成新的香氣分子。由於草、香草和橡實構成的天然飲食富含油酸，因此黑毛豬擁有相當高濃度的抗氧化劑和不飽和脂肪酸，比起塞拉諾火腿和較低等級的伊比利火腿更具奢華絲滑質地和強烈風味。

在稱為「肥育期」（montanera）的秋冬兩季，純種伊比利黑毛豬在西班牙西南部和葡萄牙南部受保護的軟木及橡木牧場（dehesa）中找橡實吃。這些黑毛豬在被宰殺之前會經過兩個循環的肥育期，以確保風味達到最高品質。到了冬季尾聲，豬隻體重倍增，每天攝取高達十公斤的橡實。

黑標伊比利橡實火腿的風味完全反映出豬隻的傳統品種、飲食還有在牧場中自由走動的充足運動量。紅標伊比利橡實火腿使用非純正血統的豬隻，遵循和黑標豬隻同樣的放養和飼養時程也醃製三年。綠標伊比利火腿（Jamón Ibérico cebo de campo）的豬隻飼料則混合穀物和橡實。

西班牙家庭傳統上會宰殺自己的豬隻，分解要吃的部位，其餘保存起來做成喬利佐香腸、莎奇瓊香腸和血腸全年使用。多脂肪的腿部以海鹽醃製出水約一週，實際時間長短依重量而定，如此火腿在春夏季節便會失去幾乎一半的水分。

接著清洗之後掛在氣候控制冷房中晾乾一、兩個月，讓豬肉醃製時吸收鹽分。再來移至乾燥空間以自然通風的方式出水六個月至一年。橡實火腿比塞拉諾火腿多很多脂肪，肌肉布滿厚厚的白色脂肪紋理；需要較長的醃製和乾燥時間，讓脂肪完全吸收進肌肉纖維裡。豬肉乾燥時，蛋白質和脂肪分解，使新的香氣分子產生並形成這種頂級火腿的複雜風味輪廓。它們在自然通風的地窖裡熟成至少三年，讓溫帶地中海微風和獨特的微生物群落帶來特有風味。為了確認完成度，專業師傅會將骨頭插入火腿裡檢查顏色和香氣。

伊比利火腿以室溫（約 21–23°C）享用最佳，脂肪柔軟又多汁。傳統上以手工切成薄片。有些人偏好不加任何配料，單純品味其堅果、青草及香草香氣，雖然以風味而言，伊比利火腿與好幾種食物相得益彰，包括花生、菊苣和無花果，但偏酸的水果味應該要避免，才不會蓋掉火腿的特點。乾型氣泡白酒（例如：卡瓦或香檳）都跟它很搭，雪莉酒和清酒也是。

- 伊比利火腿指的是醃製豬後腿。你也可能買得到以同樣方法醃製的前腿。它的尺寸比較小，以「paleta Ibérica」名稱販售，使用相同的標籤系統，黑標代表最高品質。火腿和前腿的風味不太一樣，一部分是因為前腿的脂肪比例較高，但往往也是因為成熟期較短。
- 若要製作番茄麵包（pan con tomate），在烤好的長棍麵包片上抹一瓣大蒜，再加現磨番茄漿和幾片伊比利火腿薄片，最後淋上特級初榨橄欖油。

伊比利黑毛豬火腿

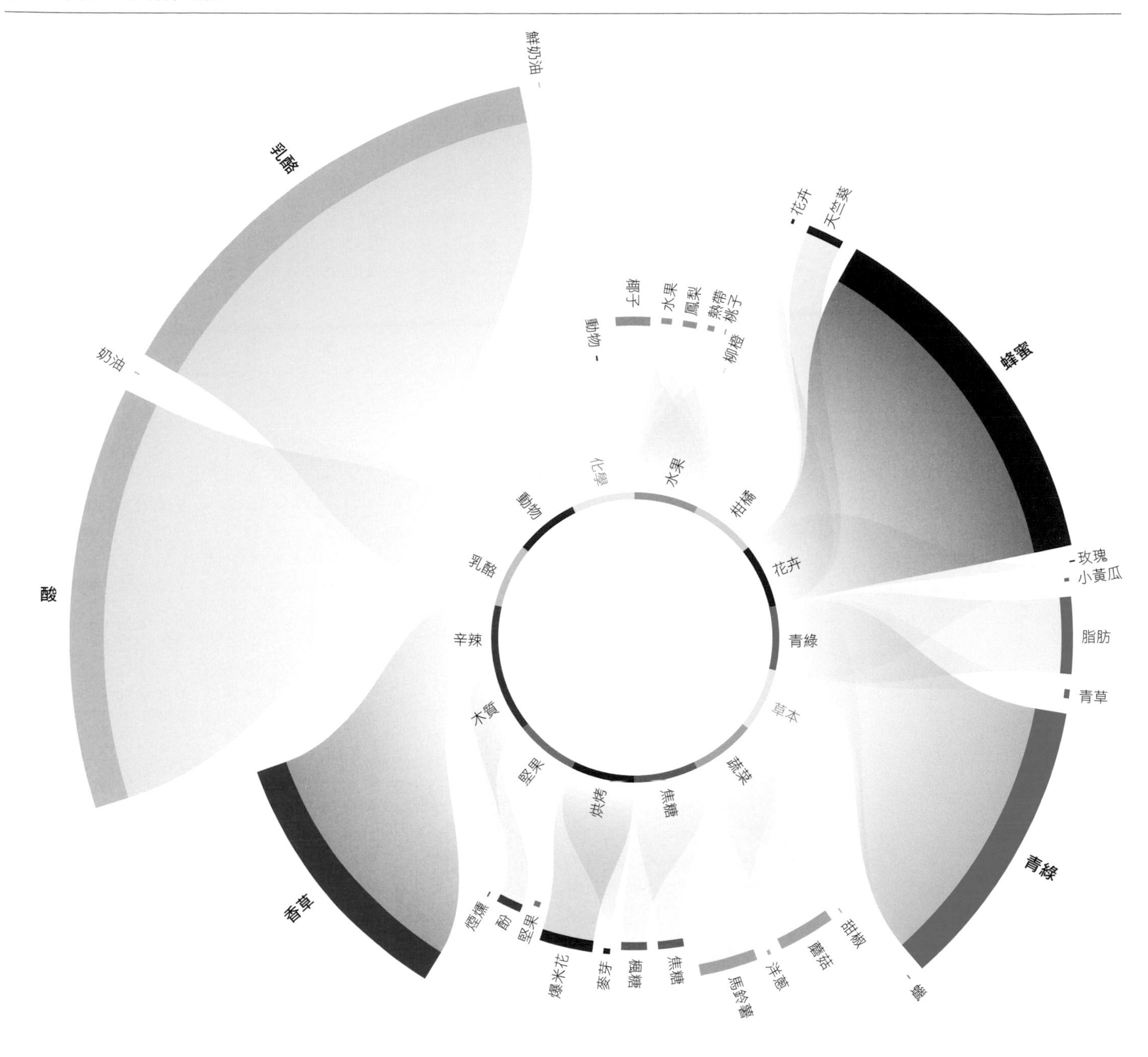

伊比利黑毛豬火腿

梅納反應通常和加熱有關，但也可能在溫度較低時觸發。在伊比利火腿的例子中，水分子蒸發使肉裡的糖分子與胺基酸產生交互作用，形成堅果味苯甲醛香氣分子和楓糖、焦糖味呋喃。分子像是 2-甲基丁醛和 3- 甲基丁醛亦在熟成過程中產生，為伊比利火腿帶來大量水果、堅果和肉類風味，適合搭配各種食材。醛分子讓肉味之中帶有宜人的水果、柑橘香。

	水果	柑橘	花卉	青綠	草本	蔬菜	焦糖	烘烤	堅果	木質	辛辣	乳酪	動物	化學
西班牙火腿（100% 頂級伊比利橡實豬）	•	•	•	•	•	•	•	•	•	•	•	•	•	•
水煮冬瓜	•	•	•	•	•	•	•	•	•	•	•	•	•	•
紅哈瓦那辣椒	•	•	•	•	•	•	•	•	•	•	•	•	•	•
水煮番薯	•	•	•	•	•	•	•	•	•	•	•	•	•	•
萊姆皮屑	•	•	•	•	•	•	•	•	•	•	•	•	•	•
椪柑	•	•	•	•	•	•	•	•	•	•	•	•	•	•
仙人掌果	•	•	•	•	•	•	•	•	•	•	•	•	•	•
番茄醬	•	•	•	•	•	•	•	•	•	•	•	•	•	•
香菜葉	•	•	•	•	•	•	•	•	•	•	•	•	•	•
油桃	•	•	•	•	•	•	•	•	•	•	•	•	•	•
紫蘇葉	•	•	•	•	•	•	•	•	•	•	•	•	•	•

經典搭配：伊比利火腿和雪莉酒

低酸、有時帶點苦勁的菲諾雪莉酒和微甜、遍布脂肪紋理的伊比利火腿形成令人垂涎的對比。這兩種食材在西班牙是經典組合，擁有共同的烘烤、水果和乳酪調。

經典搭配：伊比利火腿和烤花生

堅果的不同風味大多來自於烘烤過程中由梅納反應產生的吡嗪。花生含有堅果味的 2,5- 二甲基吡嗪和烘烤、堅果調的 2- 甲氧基 -5- 甲基吡嗪，與伊比利火腿形成香氣連結。這些食材還具有共同的青綠、柑橘和水果調。

伊比利黑毛豬火腿食材搭配

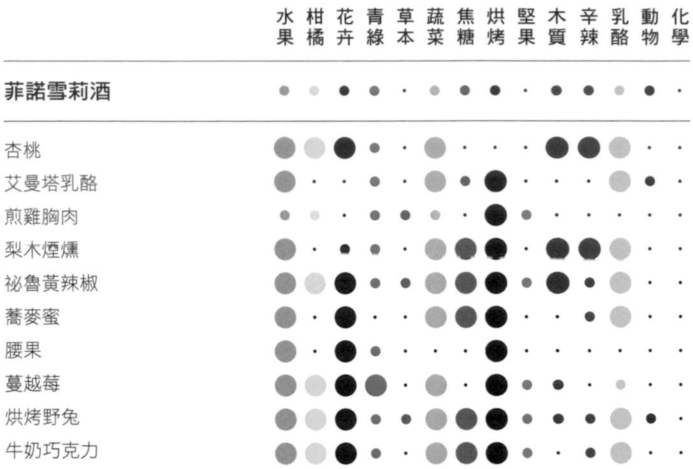
水果 柑橘 花卉 青綠 草本 蔬菜 焦糖 烘烤 堅果 木質 辛辣 乳酪 動物 化學
菲諾雪莉酒
杏桃
艾曼塔乳酪
煎雞胸肉
梨木煙燻
祕魯黃辣椒
蕎麥蜜
腰果
蔓越莓
烘烤野兔
牛奶巧克力

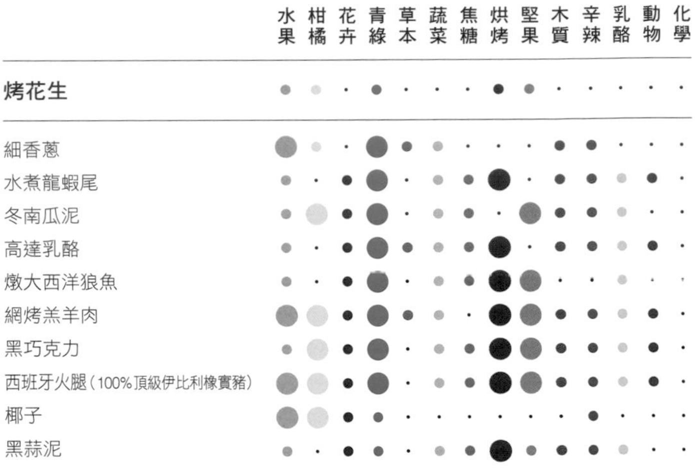
水果 柑橘 花卉 青綠 草本 蔬菜 焦糖 烘烤 堅果 木質 辛辣 乳酪 動物 化學
烤花生
細香蔥
水煮龍蝦尾
冬南瓜泥
高達乳酪
燉大西洋狼魚
網烤羔羊肉
黑巧克力
西班牙火腿（100%頂級伊比利橡實豬）
椰子
黑蒜泥

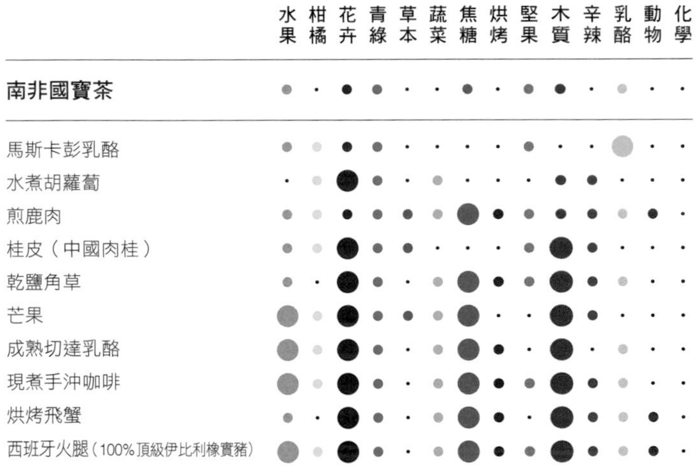
水果 柑橘 花卉 青綠 草本 蔬菜 焦糖 烘烤 堅果 木質 辛辣 乳酪 動物 化學
南非國寶茶
馬斯卡彭乳酪
水煮胡蘿蔔
煎鹿肉
桂皮（中國肉桂）
乾醃角草
芒果
成熟切達乳酪
現煮手沖咖啡
烘烤飛蟹
西班牙火腿（100%頂級伊比利橡實豬）

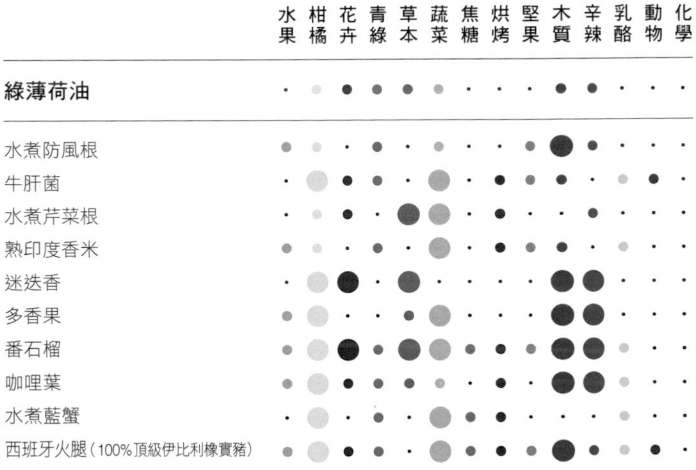
水果 柑橘 花卉 青綠 草本 蔬菜 焦糖 烘烤 堅果 木質 辛辣 乳酪 動物 化學
綠薄荷油
水煮防風根
牛肝菌
水煮芹菜根
熟印度香米
迷迭香
多香果
番石榴
咖哩葉
水煮藍蟹
西班牙火腿（100%頂級伊比利橡實豬）

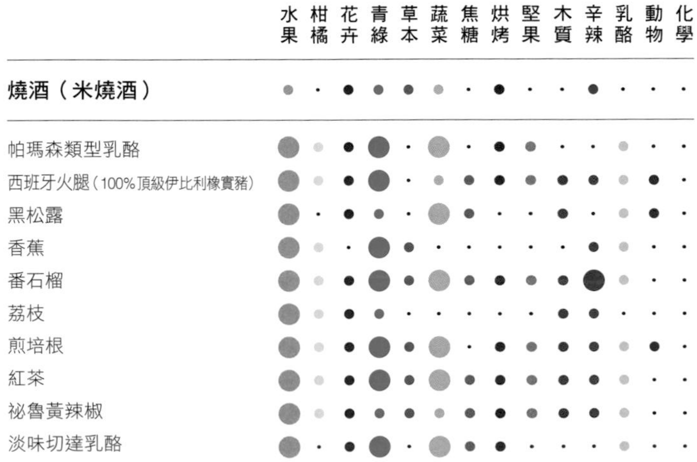
水果 柑橘 花卉 青綠 草本 蔬菜 焦糖 烘烤 堅果 木質 辛辣 乳酪 動物 化學
燒酒（米燒酒）
帕瑪森類型乳酪
西班牙火腿（100%頂級伊比利橡實豬）
黑松露
香蕉
番石榴
荔枝
煎培根
紅茶
祕魯黃辣椒
淡味切達乳酪

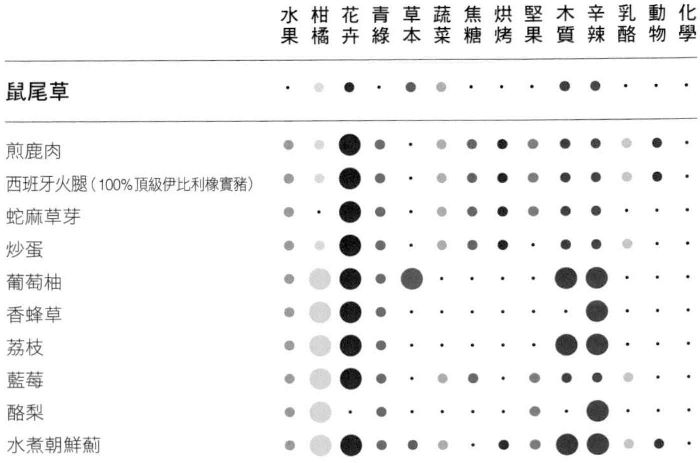
水果 柑橘 花卉 青綠 草本 蔬菜 焦糖 烘烤 堅果 木質 辛辣 乳酪 動物 化學
鼠尾草
煎鹿肉
西班牙火腿（100%頂級伊比利橡實豬）
蛇麻草芽
炒蛋
葡萄柚
香蜂草
荔枝
藍莓
酪梨
水煮朝鮮薊

潛在搭配：伊比利火腿和古布阿蘇

古布阿蘇是亞馬遜雨林一種樹木的果實，和可可是親戚，種子可以像可可豆那樣加工製成巧克力般的果醬。古布阿蘇果的白色果肉嘗起來像是巧克力和熱帶水果的綜合體，帶有芒果、鳳梨和百香果調，用於甜食和果汁。

經典搭配：火腿、義大利麵和帕瑪森乳酪

義大利麵、伊比利火腿和帕瑪森乳酪（見次頁）具有共同的水果、柑橘和青綠調。將這三種食材組合在一起，做成精緻版的乳酪通心粉——省略乳酪醬，改成撒上帕瑪森乳酪絲。

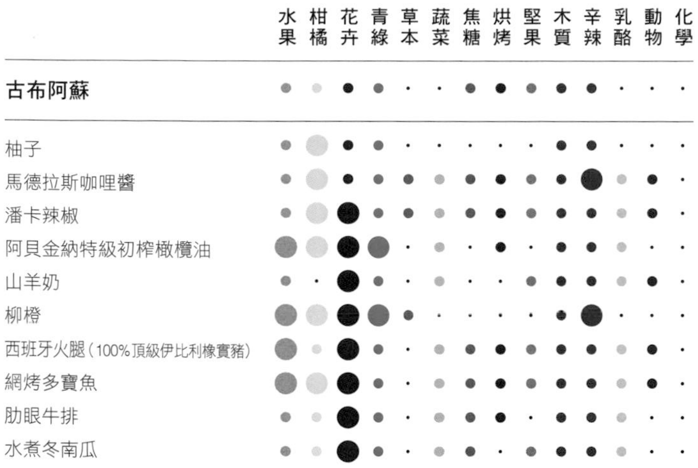

	水果	柑橘	花卉	青綠	草本	蔬菜	焦糖	烘烤	堅果	木質	辛辣	乳酪	動物	化學
古布阿蘇														
柚子														
馬德拉斯咖哩醬														
潘卡辣椒														
阿貝金納特級初榨橄欖油														
山羊奶														
柳橙														
西班牙火腿（100%頂級伊比利橡實豬）														
網烤多寶魚														
肋眼牛排														
水煮冬南瓜														

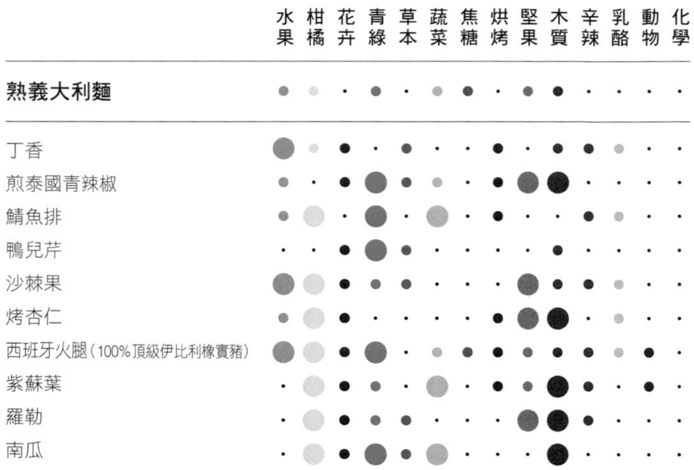

	水果	柑橘	花卉	青綠	草本	蔬菜	焦糖	烘烤	堅果	木質	辛辣	乳酪	動物	化學
熟奶油萵苣														
蒸羽衣甘藍														
烤澳洲胡桃														
罐頭番茄														
清燉鮭魚														
烘烤大頭菜														
西班牙火腿（100%頂級伊比利橡實豬）														
史帝爾頓乳酪														
甜菜														
芒果														
黑醋栗														

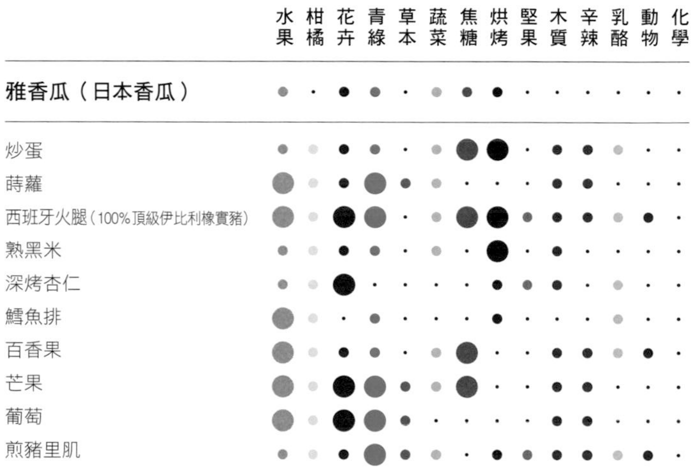

	水果	柑橘	花卉	青綠	草本	蔬菜	焦糖	烘烤	堅果	木質	辛辣	乳酪	動物	化學
烘烤歐洲鱸魚														
大蕉														
烤南瓜籽														
煎鴨肝														
洋蔥														
五味子莓果														
奶油萵苣														
塞拉諾火腿														
花生醬														
薄荷														
香蜂草														

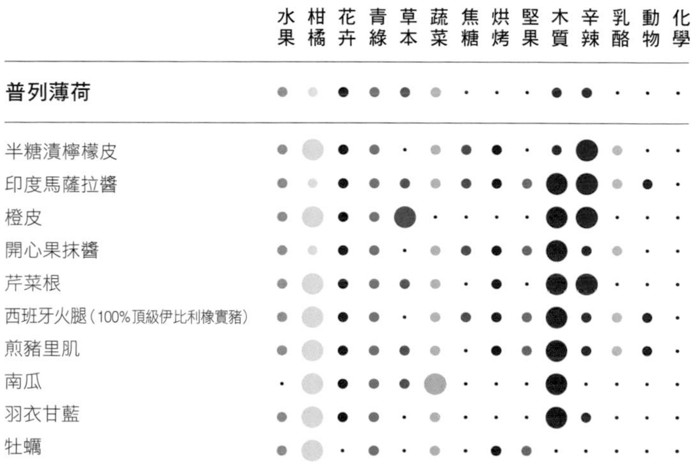

	水果	柑橘	花卉	青綠	草本	蔬菜	焦糖	烘烤	堅果	木質	辛辣	乳酪	動物	化學
熟義大利麵														
丁香														
煎泰國青辣椒														
鯖魚排														
鴨兒芹														
沙棘果														
烤杏仁														
西班牙火腿（100%頂級伊比利橡實豬）														
紫蘇葉														
羅勒														
南瓜														

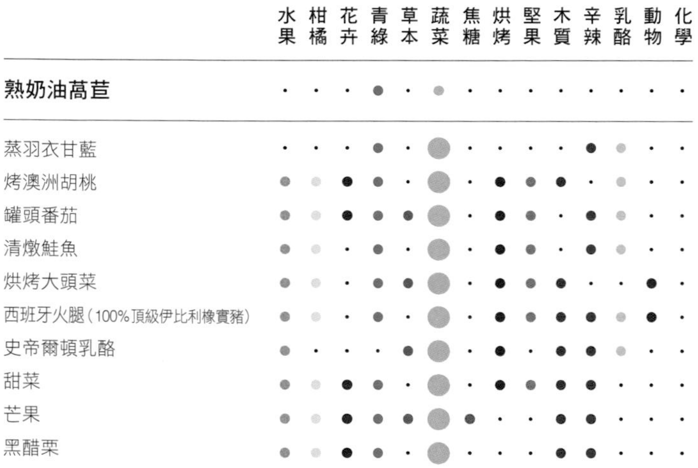

	水果	柑橘	花卉	青綠	草本	蔬菜	焦糖	烘烤	堅果	木質	辛辣	乳酪	動物	化學
雅香瓜（日本香瓜）														
炒蛋														
蒔蘿														
西班牙火腿（100%頂級伊比利橡實豬）														
熟黑米														
深烤杏仁														
鱈魚排														
百香果														
芒果														
葡萄														
煎豬里肌														

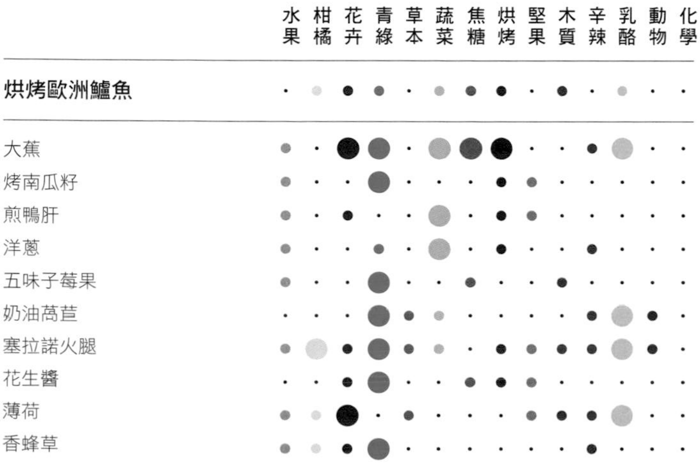

	水果	柑橘	花卉	青綠	草本	蔬菜	焦糖	烘烤	堅果	木質	辛辣	乳酪	動物	化學
普列薄荷														
半糖漬檸檬皮														
印度馬薩拉醬														
橙皮														
開心果抹醬														
芹菜根														
西班牙火腿（100%頂級伊比利橡實豬）														
煎豬里肌														
南瓜														
羽衣甘藍														
牡蠣														

帕瑪森乳酪

帕瑪森乳酪僅生產於帕爾瑪（Parma）和艾米利亞-羅馬涅（Emilia-Romagna）以及周圍省份摩德納（Modena）、曼圖亞（Mantua）和波隆納（Bologna）幾個手工製酪場，它因具有強烈堅果風味、鮮明果香和易碎顆粒質地而備受推崇，獲原產地名稱保護（Denominazione di Origine Protetta，DOP）認證。根據法律規定，正統帕瑪森乳酪只能含有新鮮牛奶、小牛凝乳酶、發酵乳清和鹽，無任何添加物或防腐劑。這種典型義大利乳酪從原料、認可生產方法到傳統熟成程序都需遵從嚴格規定。

從牛奶開始：為了確保最高品質標準，牛隻放養在波河和雷諾河之間四千多個乳牛場的受保護牧草地，只吃青草和乾草加上天然飼料。新鮮生乳每日榨取和配送兩次，在擠奶的兩小時之內送達在地的合格乳酪廠。生乳被倒入大桶子中靜置一晚，讓固體分離並浮至表面，隔日早晨撈除。接著將發酵乳清和凝乳酶加入脫脂牛奶，加熱至 55ºC 使其凝結。

一旦凝乳沉澱於底部便分割成兩份移至鋼製模具。一輪帕瑪森乳酪含五百五十公升牛奶。每一輪皆有一組獨特的識別號碼並印上明顯的「帕瑪森」（Parmigiano-Reggiano）字樣、生產年月份以及乳酪師註冊號碼。

經過數日沉澱之後，乳酪會浸泡於鹽水中二十至二十五天產生鹹味，再來移至熟成室陳放至少十二個月。在這段期間，老練的乳酪師會小心轉動它們和不斷察看成熟狀態。乳酪乾燥時會硬化並形成天然外殼。

經過十二個月之後，認證檢驗師會為每一輪稻草色的乳酪進行測試和取樣，檢視結晶化是否有瑕疵。僅有符合義大利帕瑪森乳酪協會（Consorzio del Formaggio Parmigiano-Reggiano）嚴苛標準的產品才可以印上「DOP」認證字樣；不合格的會被淘汰或在販售前除去標章，以免與真品混淆。

大部分在商店裡常見的年輕「fresco」乳酪熟成時間為十二個月。這些可以用來磨成絲加入義大利麵和沙拉，或是為湯品增添乳酪堅果味。熟成十八個月的帕瑪森乳酪具有更顯著的牛奶風味，會蓋上紅色標章以及「vecchio」字樣，意即為「老」。不過以香氣而言，熟成二十二個月以上的才真正有意思。每一口咬下去都是滿滿的鹹脆乳酸鈣結晶，帶來乳酪、麥芽濃郁風味，包含烘烤、堅果、水果或複雜氣味組合，找銀標就對了。至於金標「乳酪之王」為「超陳」（stravecchio），熟成三十個月以上。它漫長的成熟期造就了更高濃度的麩胺酸，即使只吃一丁點都能感受到強烈鹹香鮮味。若你受幸運之神眷顧而得到了一塊，一定要好好品嘗——別磨碎，搭配餐前酒直接享用吧。

- 義大利人將帕瑪森乳酪磨成絲撒在義大利麵和燉飯上，也會拌入麵豆湯（pasta e fagioli）等湯品中。帕瑪森是很硬的幾種乳酪（grana）之一，大多磨碎用。硬質乳酪主要有兩種：帕瑪森和帕達諾（Grana Padano）。帕達諾的製程與帕瑪森類似，但牛隻可以餵食青貯飼料，乳酪熟成至少九個月。和帕瑪森相比，帕達諾較具鮮奶油味也較不鹹。
- 許多食譜將羅馬綿羊乳酪（Pecorino Romano）當成帕瑪森乳酪的替代品，但其實兩者差異甚大。羅馬綿羊乳酪以羊奶製成，味道較強烈濃重。整體而言，它的香氣輪廓比帕瑪森更具堅果和草本味，比較適合單獨吃或搭配萊姆或蜂蜜等風味。

	水果	柑橘	花卉	青綠	草本	蔬菜	焦糖	烘烤	堅果	木質	辛辣	乳酪	動物	化學
羅馬綿羊乳酪	•	•	•	•	•	·	·	•	•	·	·	•	·	·
榛果	•	●	●	•	·	•	•	•	•	•	·	•	·	·
鹿肉	·	●	•	•	·	•	•	·	·	•	•	●	•	·
烤羔羊排	●	•	·	•	·	•	•	•	•	·	•	•	·	·
潘卡辣椒	•	•	●	•	•	•	•	•	•	•	•	•	•	·
黑松露	●	·	●	•	·	•	•	·	·	•	·	•	•	·
烘烤多佛比目魚	•	●	●	•	·	•	•	•	•	•	•	•	•	·
蘭比克啤酒	●	•	●	•	·	•	•	•	·	•	•	•	·	·
萊姆皮屑	·	●	•	●	•	·	·	·	•	•	•	·	·	·
紅毛丹	•	●	●	•	·	·	•	·	·	•	•	·	·	·
波本香草	•	·	●	·	·	·	·	·	·	•	•	•	·	·

帕瑪森乳酪

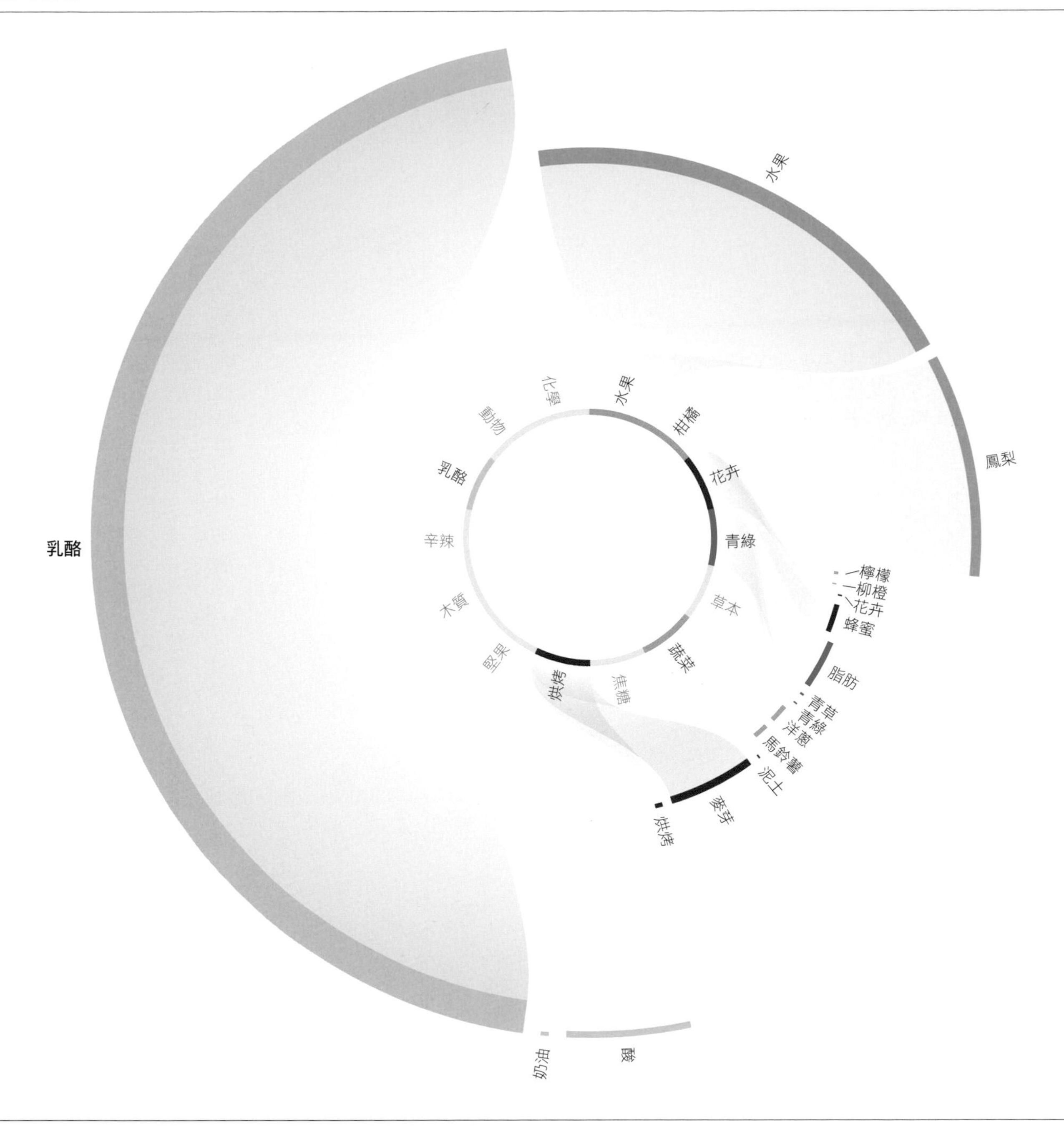

帕瑪森乳酪香氣輪廓

帕瑪森具備乳酪和麥芽香氣，帶有烘烤－堅果、水果複雜度。新鮮乳酪凝乳一般而言風味輪廓都很清淡且類似；在熟成過程中才會發展出特有香氣化合物，成為與眾不同的風味。隨著乳酪成熟，牛奶裡的酵素、凝乳酶、菌酛和環境裡的微生物群落開始在部分受時間和溫度影響的一連串化學反應中分解牛奶蛋白質、脂肪和碳水化合物。在熟成過程中形成的醋酸、丁酸和己酸賦予帕瑪森豐富的乳酪風味，吡嗪則帶來烘烤堅果特質。酯類也在帕瑪森的香氣輪廓中扮演了關鍵角色，這解釋了為何內行人經常讚揚它的鮮明水果味。3-甲基丁醛的麥芽味讓多采多姿的香氣調性更加完整。

	水果	柑橘	花卉	青綠	草本	蔬菜	焦糖	烘烤	堅果	木質	辛辣	乳酪	動物	化學
帕瑪森乳酪	•	•	•	•	·	•	·	•	·	·	·	•	·	·
油烤杏仁	●	●	●	·	·	·	·	●	•	•	·	●	·	·
紅茶	●	•	●	●	•	●	•	●	•	•	•	●	·	·
草莓	●	•	•	●	·	•	•	·	·	•	•	●	·	·
拜雍火腿	●	●	·	●	·	●	·	●	•	·	·	●	·	·
蔓越莓	●	●	●	●	·	•	·	●	•	•	·	•	·	·
金目鱸	·	●	·	●	·	•	·	·	·	·	·	●	·	·
蜂蜜	●	·	●	●	·	•	·	●	·	·	•	●	·	·
海頓芒果	●	•	●	●	•	●	•	•	·	•	•	●	·	·
烤雞	●	●	·	●	·	●	·	●	•	•	·	·	·	·
水煮南瓜	·	·	●	●	·	●	·	•	•	•	·	●	·	·

潛在搭配：帕瑪森乳酪和蘋果醋

享用帕瑪森乳酪的一個經典方式就是淋上些許巴薩米克醋——乳酪的鹹和巴薩米克的酸甜形成絕佳對比。若要帶出更多水果調性，可以搭配蘋果凍和蘋果醋。

經典搭配：帕瑪森乳酪和麵包

美式凱薩沙拉結合新鮮蘿蔓生菜和酥脆麵包丁，沙拉醬則以檸檬汁、橄欖油、蛋黃、鯷魚、第戎芥末醬、伍斯特醬和大蒜做成，最後撒上大量帕瑪森乳酪絲。

帕瑪森乳酪食材搭配

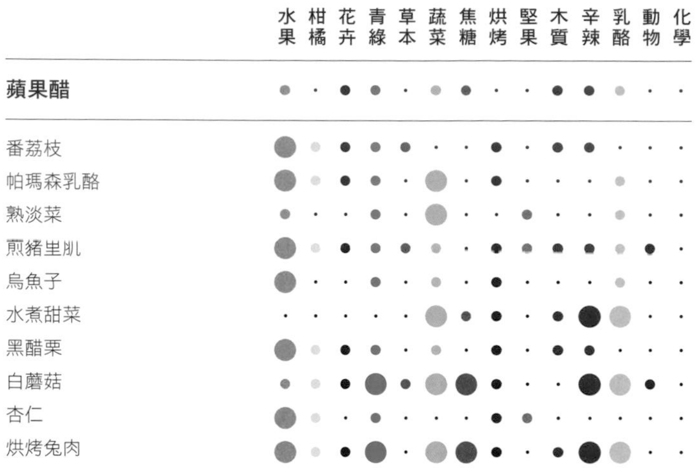

蘋果醋	水果	柑橘	花卉	青綠	草本	蔬菜	焦糖	烘烤	堅果	木質	辛辣	乳酪	動物	化學
番荔枝														
帕瑪森乳酪														
熟淡菜														
煎豬里肌														
烏魚子														
水煮甜菜														
黑醋栗														
白蘑菇														
杏仁														
烘烤兔肉														

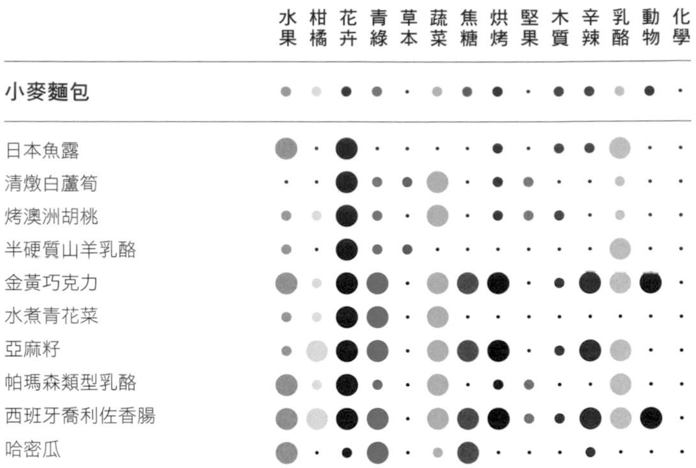

小麥麵包	水果	柑橘	花卉	青綠	草本	蔬菜	焦糖	烘烤	堅果	木質	辛辣	乳酪	動物	化學
日本魚露														
清燉白蘆筍														
烤澳洲胡桃														
半硬質山羊乳酪														
金黃巧克力														
水煮青花菜														
亞麻籽														
帕瑪森類型乳酪														
西班牙喬利佐香腸														
哈密瓜														

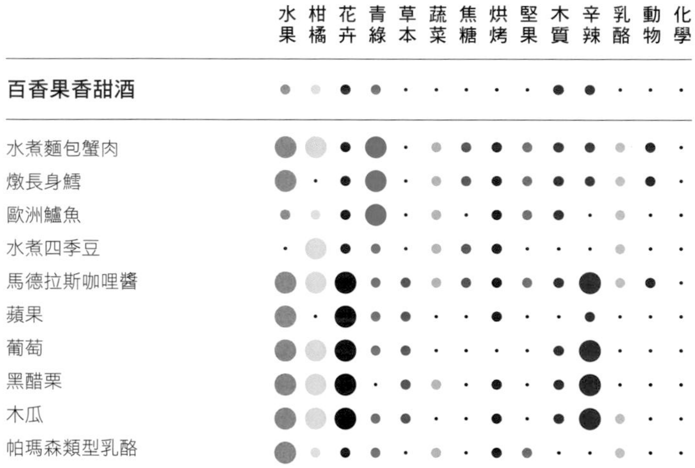

百香果香甜酒	水果	柑橘	花卉	青綠	草本	蔬菜	焦糖	烘烤	堅果	木質	辛辣	乳酪	動物	化學
水煮麵包蟹肉														
燉長身鱈														
歐洲鱸魚														
水煮四季豆														
馬德拉斯咖哩醬														
蘋果														
葡萄														
黑醋栗														
木瓜														
帕瑪森類型乳酪														

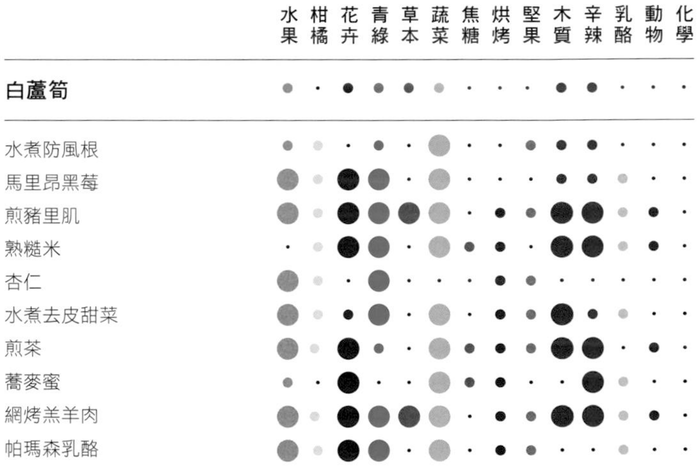

白蘆筍	水果	柑橘	花卉	青綠	草本	蔬菜	焦糖	烘烤	堅果	木質	辛辣	乳酪	動物	化學
水煮防風根														
馬里昂黑莓														
煎豬里肌														
熟糙米														
杏仁														
水煮去皮甜菜														
煎茶														
蕎麥蜜														
網烤羔羊肉														
帕瑪森乳酪														

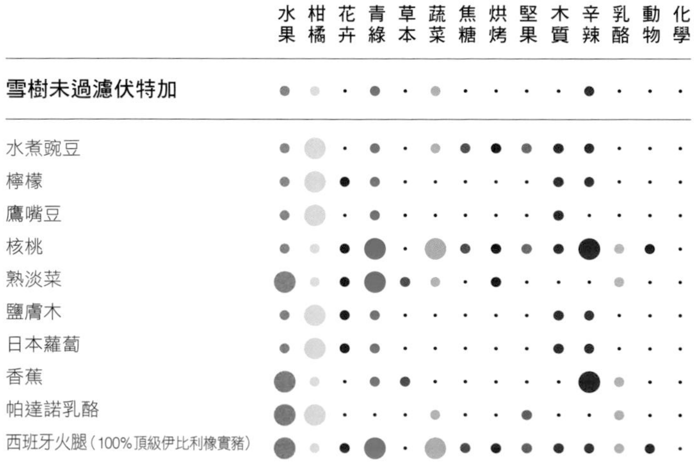

雪樹未過濾伏特加	水果	柑橘	花卉	青綠	草本	蔬菜	焦糖	烘烤	堅果	木質	辛辣	乳酪	動物	化學
水煮豌豆														
檸檬														
鷹嘴豆														
核桃														
熟淡菜														
鹽膚木														
日本蘿蔔														
香蕉														
帕達諾乳酪														
西班牙火腿（100%頂級伊比利橡實豬）														

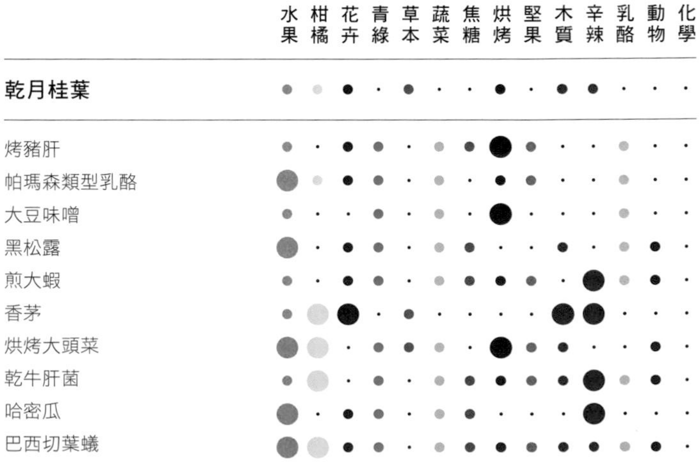

乾月桂葉	水果	柑橘	花卉	青綠	草本	蔬菜	焦糖	烘烤	堅果	木質	辛辣	乳酪	動物	化學
烤豬肝														
帕瑪森類型乳酪														
大豆味噌														
黑松露														
煎大蝦														
香茅														
烘烤大頭菜														
乾牛肝菌														
哈密瓜														
巴西切葉蟻														

潛在搭配：帕瑪森乳酪和蓬萊蕉

蓬萊蕉是 *Monstera deliciosa* 的果實，這種原生於潮濕熱帶森林的植物也是常見的室內盆栽。亦稱為墨西哥麵包樹的蓬萊蕉具有強烈甜味，嘗起來像是鳳梨、香蕉和菠蘿蜜的綜合體。

經典搭配：帕瑪森乳酪和卡本內蘇維濃

乳酪和葡萄酒會如此合拍是因為質地和滋味形成對比。若要以卡本內蘇維濃（見次頁）搭配帕瑪森乳酪，建議挑選具果香、中等酒體並帶有柔和單寧的酒款，但更好的選擇是卡本內梅洛調和酒。

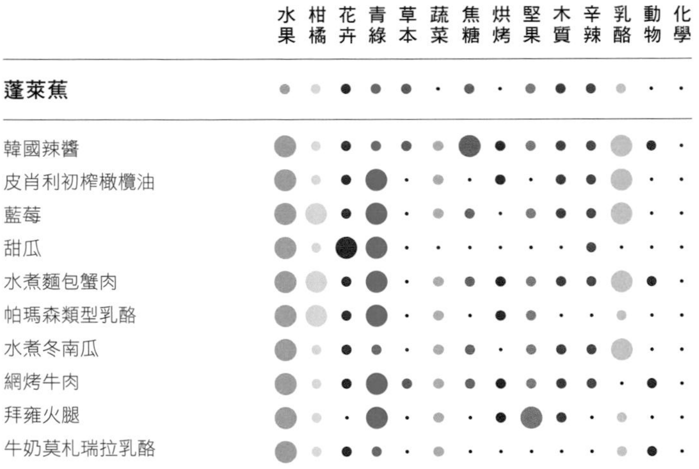

	水果	柑橘	花卉	青綠	草本	蔬菜	焦糖	烘烤	堅果	木質	辛辣	乳酪	動物	化學
蓬萊蕉														
韓國辣醬														
皮肖利初榨橄欖油														
藍莓														
甜瓜														
水煮麵包蟹肉														
帕瑪森類型乳酪														
水煮冬南瓜														
網烤牛肉														
拜雍火腿														
牛奶莫札瑞拉乳酪														

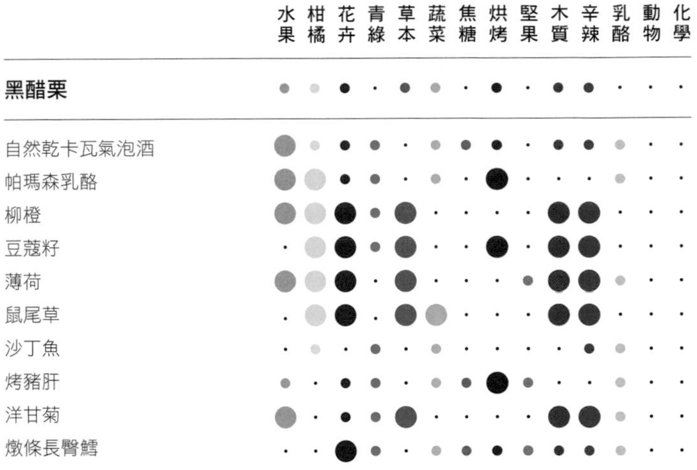

	水果	柑橘	花卉	青綠	草本	蔬菜	焦糖	烘烤	堅果	木質	辛辣	乳酪	動物	化學
巴西堅果														
義大利薩拉米														
綠蘆筍														
水煮牛肉														
炒蛋														
甜瓜														
土耳其烏爾法辣椒片														
李子														
水煮去皮甜菜														
帕瑪森類型乳酪														
酪梨														

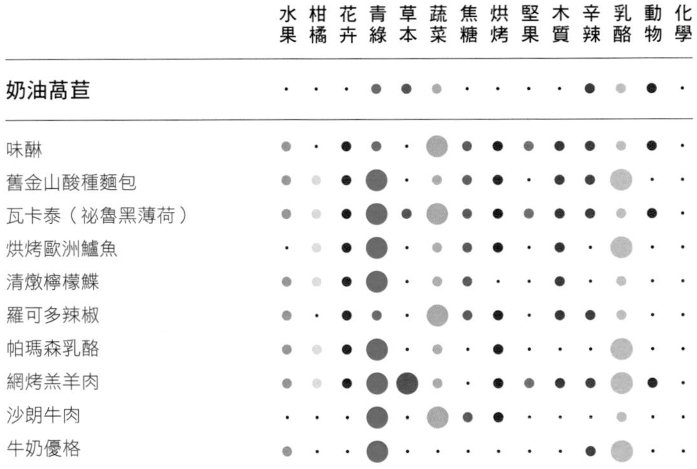

	水果	柑橘	花卉	青綠	草本	蔬菜	焦糖	烘烤	堅果	木質	辛辣	乳酪	動物	化學
烘烤大扇貝														
乾凱皇芒果														
咖哩草														
水煮芹菜根														
中東芝麻醬														
藻類（*Gracilaria carnosa*）														
雅香瓜（日本香瓜）														
帕瑪森類型乳酪														
乾式熟成牛肉														
黑橄欖														
會議梨														

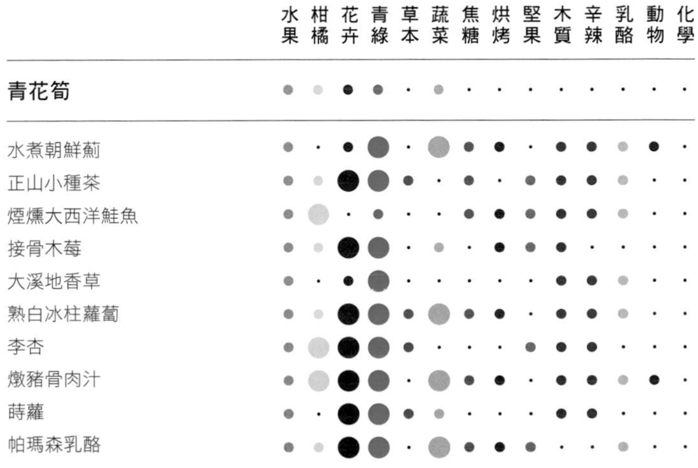

	水果	柑橘	花卉	青綠	草本	蔬菜	焦糖	烘烤	堅果	木質	辛辣	乳酪	動物	化學
黑醋栗														
自然乾卡瓦氣泡酒														
帕瑪森乳酪														
柳橙														
豆蔻籽														
薄荷														
鼠尾草														
沙丁魚														
烤豬肝														
洋甘菊														
燉條長臀鱈														

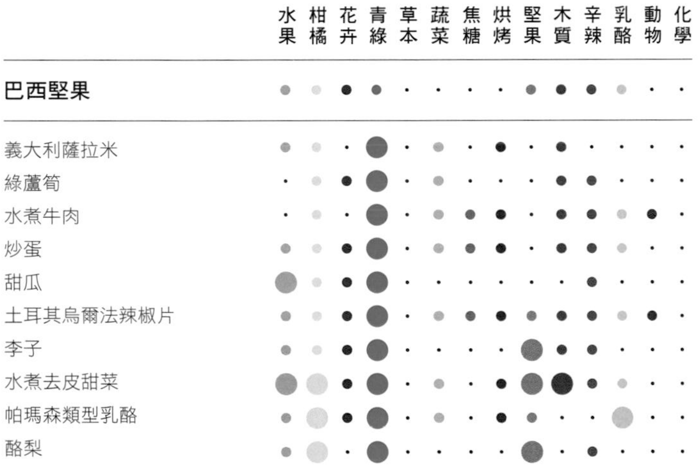

	水果	柑橘	花卉	青綠	草本	蔬菜	焦糖	烘烤	堅果	木質	辛辣	乳酪	動物	化學
奶油萵苣														
味醂														
舊金山酸種麵包														
瓦卡泰（祕魯黑薄荷）														
烘烤歐洲鱸魚														
清燉檸檬鰈														
羅可多辣椒														
帕瑪森乳酪														
網烤羔羊肉														
沙朗牛肉														
牛奶優格														

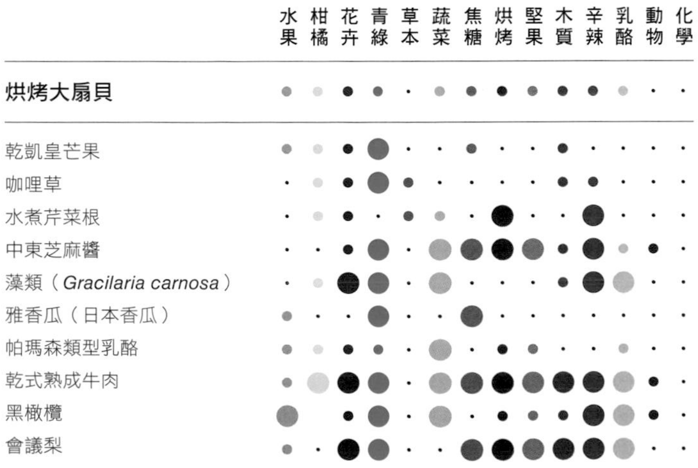

	水果	柑橘	花卉	青綠	草本	蔬菜	焦糖	烘烤	堅果	木質	辛辣	乳酪	動物	化學
青花筍														
水煮朝鮮薊														
正山小種茶														
煙燻大西洋鮭魚														
接骨木莓														
大溪地香草														
熟白冰柱蘿蔔														
李杏														
燉豬骨肉汁														
蒔蘿														
帕瑪森乳酪														

卡本內蘇維濃

卡本內蘇維濃裡的甲氧基吡嗪讓它散發水果、漿果味並帶有一些草本、甜椒調。

卡本內蘇維濃是種植最廣泛的釀酒葡萄品種，大多產自法國波爾多和智利以及其他幾個國家。這種飽滿的葡萄具有深色厚皮，在陽光充足的砂礫土環境中最為茁壯，但它也能夠適應各種不同風土條件和氣候。

這些強烈、酒體厚重的紅酒因濃郁風味和複雜香氣而知名。隨著青澀的葡萄成熟到最後採收和榨汁，新的香氣分子開始形成，並在酒液發酵過程中轉化。其中每一個要素都會影響杯中佳釀的複雜度。

來自溫暖和寒冷地區的卡本內蘇維濃葡萄酒在風味上有顯著差異，這一點會影響餐酒搭配成功與否。

一般而言，來自寒冷地區的葡萄由於在未完全成熟時採摘，因此具有最高濃度的甲氧基吡嗪，青椒味較明顯。這些產區的酒和櫛瓜、茄子或豌豆等蔬菜能互相襯托。有些酒款還聞得到薄荷味——可能有利於搭配羔羊肉或新生的小馬鈴薯等等。

若葡萄在進入釀酒程序之前已完全成熟（例如：加州或智利），風味會較具果香也較豐富，可能帶有微微桉葉調。這些酒款適合搭配重口味，像是焦糖化洋蔥、黑巧克力或黑胡椒。此外，高單寧、強勁的桶陳酒款是泥土味食物的良伴，像是甜菜、核桃或喬利佐香腸。若是在烘烤或稍微炙烤過的橡木桶中陳放，酒液會散發烘烤咖啡或熟肉般的氣味，分別來自香氣分子 2- 糠基硫醇和 2- 甲基 -3-L 呋喃硫醇。

- 卡本內蘇維濃的強烈單寧和酸度有助於解除煎、烤紅肉的油膩，像是羔羊肉、乾式熟成牛肉或漢堡。這些紅酒也和鹹香燉菜、紅酒醬汁或滿滿鮮味的菇類形成美味對比。
- 使用卡本內蘇維濃製作紅蔥紅酒醬佐腹肉牛排和薯條，並以同樣酒款搭餐。經典法式紅酒醬以百里香和月桂葉調味，將嫩煎紅蔥在紅酒裡煨煮，接著加入褐色小牛高湯再次收汁。
- 紅酒喬利佐香腸是經典西班牙小菜。這兩種食材皆經過發酵，但它們共有的香氣分子並非全來自於此。西班牙喬利佐香腸（見次頁）的甜椒調來自煙燻紅椒粉，卡本內蘇維濃則是葡萄。

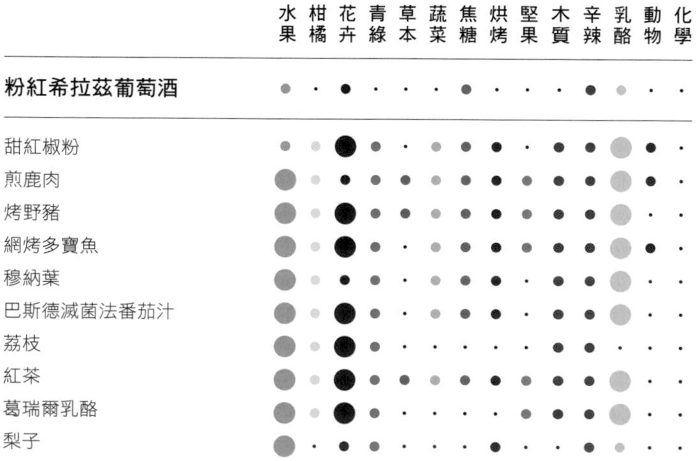

	水果	柑橘	花卉	青綠	草本	蔬菜	焦糖	烘烤	堅果	木質	辛辣	乳酪	動物	化學
粉紅希拉茲葡萄酒														
甜紅椒粉														
煎鹿肉														
烤野豬														
網烤多寶魚														
穆納葉														
巴斯德滅菌法番茄汁														
荔枝														
紅茶														
葛瑞爾乳酪														
梨子														

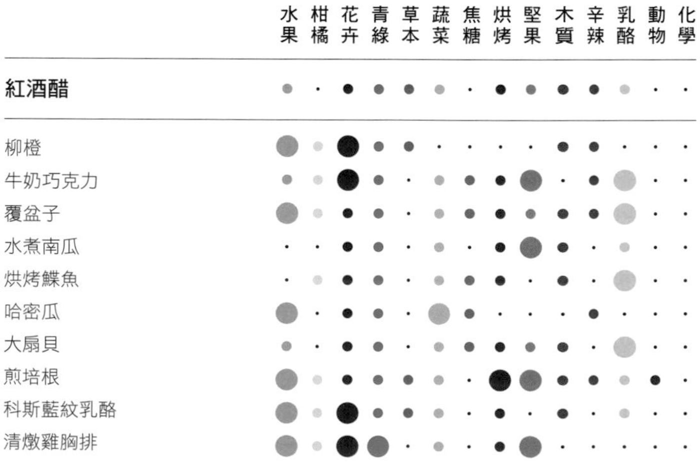

	水果	柑橘	花卉	青綠	草本	蔬菜	焦糖	烘烤	堅果	木質	辛辣	乳酪	動物	化學
紅酒醋														
柳橙														
牛奶巧克力														
覆盆子														
水煮南瓜														
烘烤鰈魚														
哈密瓜														
大扇貝														
煎培根														
科斯藍紋乳酪														
清燉雞胸排														

卡本內蘇維濃

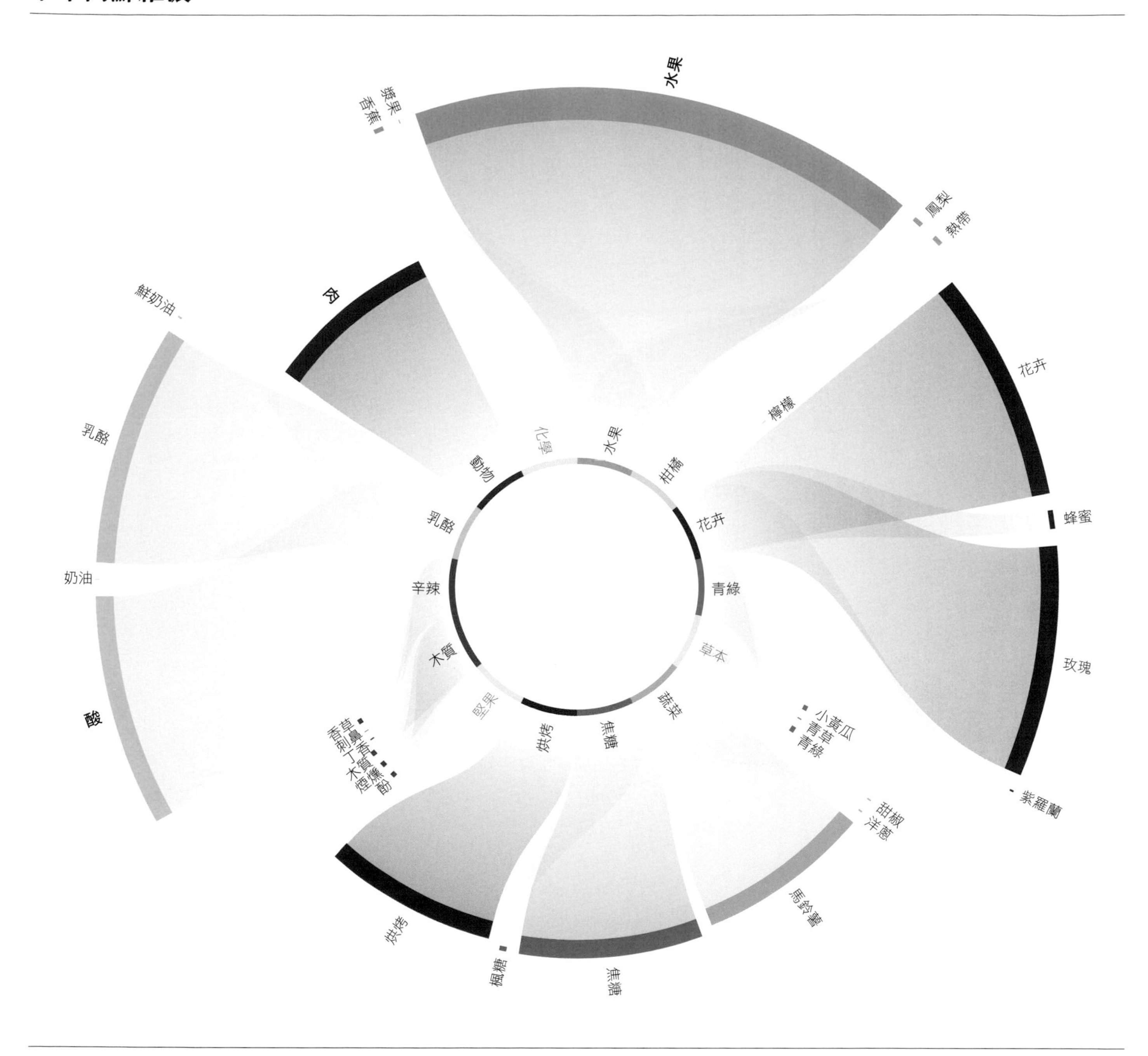

卡本內蘇維濃香氣輪廓

卡本內蘇維濃的有機化合物甲氧基吡嗪帶來鹹香調。不過，太多 2- 異丁基 -3- 甲氧基吡嗪會讓風味偏蔬菜和甜椒調，2- 甲氧基 -4- 乙烯基苯酚則散發些微白胡椒調。青澀未成熟的葡萄含有較高濃度的吡嗪。最佳狀態的卡本內蘇維濃所釀出的酒液顏色深沉、氣味濃郁複雜，新酒聞起來像黑莓、黑醋栗香甜酒、黑櫻桃、波森莓、藍莓和巧克力；老酒則帶有菸草、松露、雪松木、泥土、鉛筆芯和皮革味。

在橡木桶中陳放的卡本內蘇維濃散發香草、椰子和木質調。卡本內蘇維濃經常與梅洛調和，後者的輪廓除了甜椒調以外與前者十分類似。

	水果	柑橘	花卉	青綠	草本	蔬菜	焦糖	烘烤	堅果	木質	辛辣	乳酪	動物	化學
卡本內蘇維濃														
佛手柑														
現煮阿拉比卡咖啡														
接骨木花														
印度馬薩拉醬														
蠶豆														
煎茶														
辣椒醬														
覆盆子														
葫蘆巴葉														
煙燻大西洋鮭魚														

西班牙喬利佐香腸

在西班牙，家家戶戶傳統上會利用宰豬之後剩下來的碎肉脂肪做成喬利佐香腸。這些碎肉脂肪以鹽和煙燻紅椒粉調味，散發酚、甜椒味並賦予香腸深紅色澤及煙燻風味。

西班牙各地許多版本使用大蒜、香草，有時還有辣椒和白酒等其他食材。加了香料的豬肉灌入腸衣進行發酵和煙燻，接著乾醃數週。醃製西班牙喬利佐香腸像薩拉米一樣切成薄片享用很美味，生的也可以網烤、油炸甚至烘烤。

雖然紅椒粉是西班牙喬利佐香腸的必要原料，但它有分甜味（dulce）和辣味（picante），視特定產地而定。

有些種類的喬利佐香腸適合單獨吃，有些脂肪含量較高的用於烹調較為理想。喬利佐香腸濃烈的辛辣—煙燻—肉類香氣經常用來為較清淡的食材提味，包括蛋、蠶豆、明蝦、雞肉和馬鈴薯。你也可以利用它的鹹和其他食材的甜創造對比，像是蘋果、梨子或蜂蜜。只要記得在使用之前除去外皮。建議選擇卡本內蘇維濃或里奧哈等酒體飽滿的紅酒搭餐。

- 索布拉薩達是來自巴利阿里群島的醃製香腸，它具有類似喬利佐香腸的風味輪廓，但質地完全不一樣。索布拉薩達有時也稱為「喬利佐香腸抹醬」，因濃稠如抹醬的質地而知名，可調味其他菜餚或當成抹醬使用。最可口的版本以當地馬約卡黑豬（Porc Negre）製成。
- 西班牙莎奇瓊香腸和義大利薩拉米外觀類似，它沒有使用喬利佐香腸的紅椒粉，而是以黑胡椒和肉豆蔻等香料調味。身為西班牙最受歡迎的乾醃香腸之一，莎奇瓊傳統上以伊比利豬肉製成，由於豬隻吃橡實，因此帶有些許堅果風味，通常切片或剁碎享用。

墨西哥喬利佐香腸

墨西哥喬利佐香腸比西班牙版本辛辣、重口味。油脂多的豬絞肉以辣椒、香草、香料及替代白酒的醋調味，醃製一晚至一週入味，灌入腸衣賣生的或是依重量販售。

墨西哥喬利佐香腸除了是塔可餅（taco）、厚玉米餅（sope）、炸餃子（empanada）或乳酪薄餅（quesadilla）的美味餡料，也是早餐必備元素，加上炒蛋或炸馬鈴薯和熱薄餅。辛辣的豬絞肉放入熱鍋裡煎炒之前必須先除去腸衣，再用叉子分成小塊。

	水果	柑橘	花卉	青綠	草本	蔬菜	焦糖	烘烤	堅果	木質	辛辣	乳酪	動物	化學
索布拉薩達（喬利佐香腸抹醬）														
祕魯黃辣椒														
煎茶														
煎雉雞														
烘烤細鱗綠鰭魚														
烤腰果														
芒果														
水煮角蝦														
拖鞋麵包														
十年布爾馬德拉														
黑巧克力														

	水果	柑橘	花卉	青綠	草本	蔬菜	焦糖	烘烤	堅果	木質	辛辣	乳酪	動物	化學
西班牙莎奇瓊香腸														
甜苦艾酒														
大蕉														
健力士醇黑生啤酒														
水煮麵包蟹肉														
烘烤多佛比目魚														
番石榴														
阿貝金納特級初榨橄欖油														
肉豆蔻														
馬翁琴酒														
羅勒														

西班牙喬利佐香腸

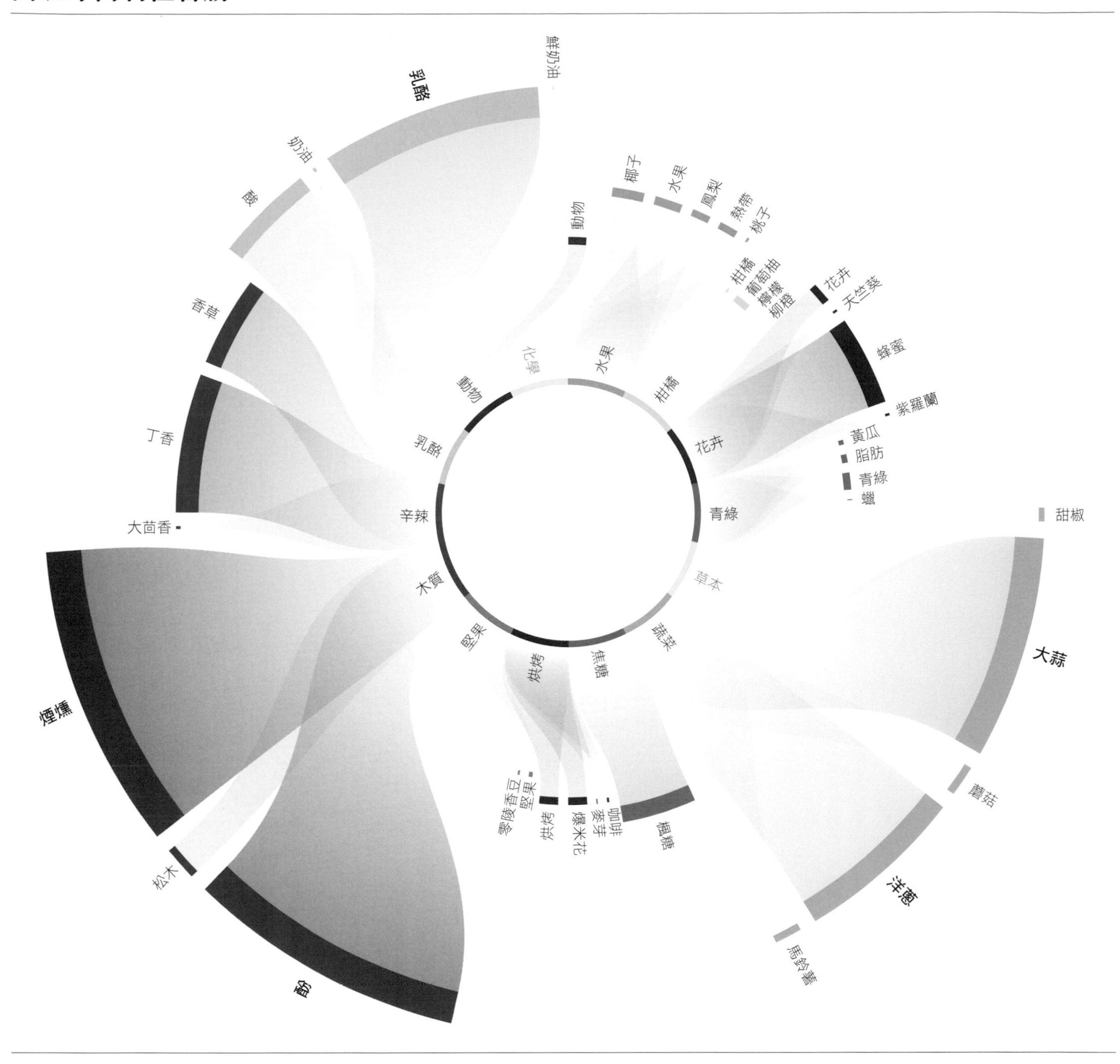

西班牙喬利佐香腸

不意外地，喬利佐香腸的豐富調味料占了香氣輪廓的絕大部分。在西班牙喬利佐香腸的例子中，煙燻紅椒粉為豬肉帶來強烈的煙燻、酚味特質，加上青綠和蔬菜甜椒調性。此外，它的烘烤調具肉味，大蒜和洋蔥等食材則增添了自己的硫味香氣分子。

我們也在西班牙喬利佐香腸中找到發酵過程和脂質分解所產生的酸類及其他果香描述符和花卉調。水果桃子和椰子內酯可能是煙燻過程或脂質氧化的產物。

	水果	柑橘	花卉	青綠	草本	蔬菜	焦糖	烘烤	堅果	木質	辛辣	乳酪	動物	化學
西班牙喬利佐香腸	•	•	•	•	·	•	•	•	•	•	•	•	•	·
蒜味美乃滋	●	·	●	●	·	●	●	·	·	·	●	●	·	·
布爾拉櫻桃	·	·	●	●	·	·	●	·	·	•	●	●	·	·
皮斯可酒	·	●	•	•	·	·	·	·	•	•	●	·	·	·
曼徹格乳酪	●	•	•	●	·	·	·	·	·	·	·	●	·	·
醃漬櫻葉	·	·	●	•	·	·	●	·	●	•	•	·	·	·
烘烤兔肉	●	●	●	●	·	●	●	●	·	●	●	●	·	·
水煮佛手瓜	●	·	·	•	·	•	·	·	·	·	•	·	·	·
野生草莓	●	•	•	•	·	·	•	·	·	·	●	•	·	·
水煮青花菜	•	•	●	●	·	•	·	·	·	·	·	·	·	·
茴藿香	•	●	•	·	•	•	·	•	·	•	●	·	·	·

經典佳餚：阿斯圖里亞斯燉菜和山地燉菜

阿斯圖里亞斯燉菜（fabada）以蠶豆、血腸、西班牙喬利佐香腸、豬肩肉、培根、洋蔥、大蒜、番紅花和紅椒粉做成。山地燉菜（cocido montañés）是坎塔布里亞版本，採用羽衣甘藍和米飯。

潛在搭配：西班牙喬利佐香腸和茴藿香

茴藿香是薄荷科的紫色開花香草植物。它柔軟、具大茴香味的葉子可以加入沙拉或飲品中，像是果汁和茶。

西班牙喬利佐香腸食材搭配

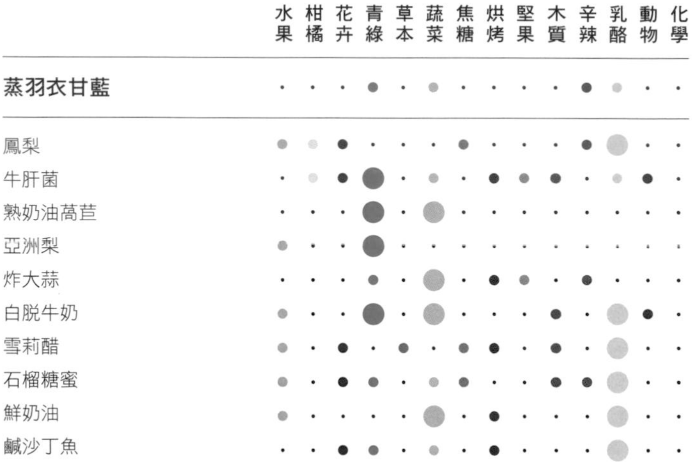

	水果	柑橘	花卉	青綠	草本	蔬菜	焦糖	烘烤	堅果	木質	辛辣	乳酪	動物	化學
蒸羽衣甘藍														
鳳梨														
牛肝菌														
熟奶油萵苣														
亞洲梨														
炸大蒜														
白脫牛奶														
雪莉醋														
石榴糖蜜														
鮮奶油														
鹹沙丁魚														

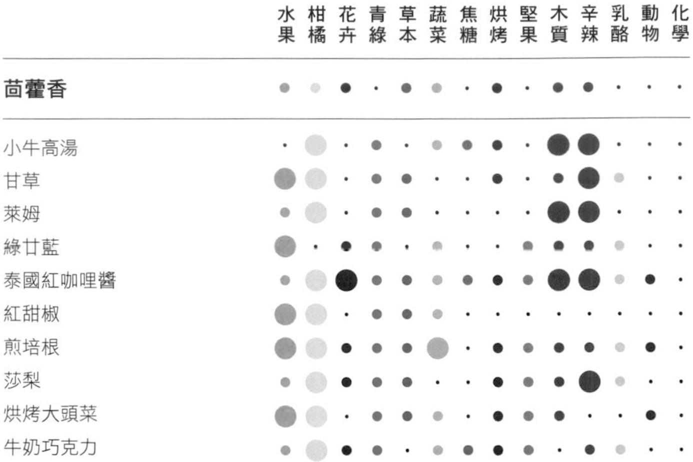

	水果	柑橘	花卉	青綠	草本	蔬菜	焦糖	烘烤	堅果	木質	辛辣	乳酪	動物	化學
茴藿香														
小牛高湯														
甘草														
萊姆														
綠甘藍														
泰國紅咖哩醬														
紅甜椒														
煎培根														
莎梨														
烘烤大頭菜														
牛奶巧克力														

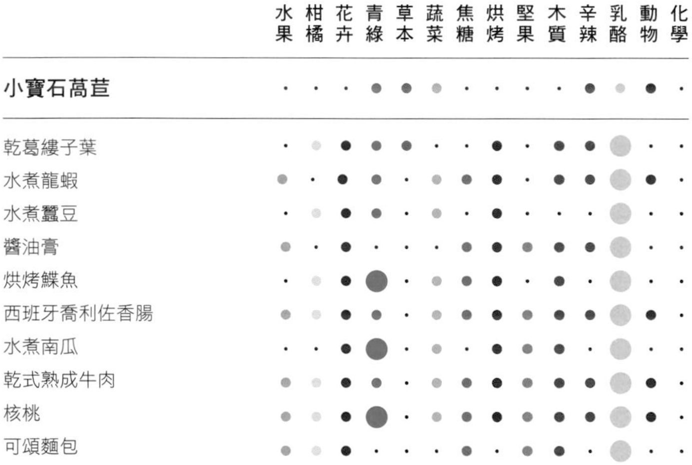

	水果	柑橘	花卉	青綠	草本	蔬菜	焦糖	烘烤	堅果	木質	辛辣	乳酪	動物	化學
小寶石萵苣														
乾葛縷子葉														
水煮龍蝦														
水煮蠶豆														
醬油膏														
烘烤鰈魚														
西班牙喬利佐香腸														
水煮南瓜														
乾式熟成牛肉														
核桃														
可頌麵包														

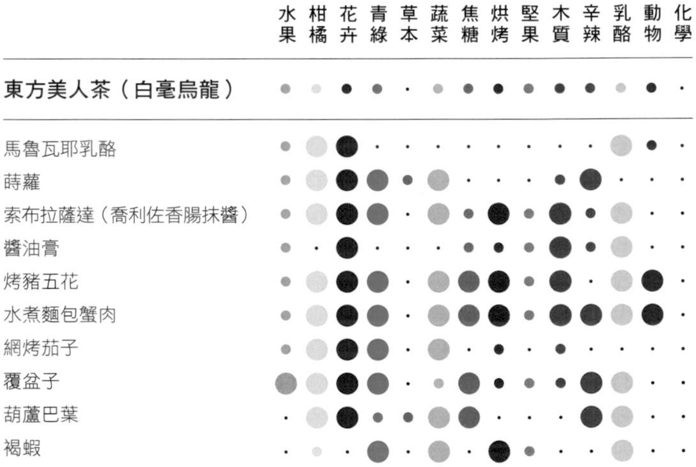

	水果	柑橘	花卉	青綠	草本	蔬菜	焦糖	烘烤	堅果	木質	辛辣	乳酪	動物	化學
東方美人茶（白毫烏龍）														
馬魯瓦耶乳酪														
蒔蘿														
索布拉薩達（喬利佐香腸抹醬）														
醬油膏														
烤豬五花														
水煮麵包蟹肉														
網烤茄子														
覆盆子														
葫蘆巴葉														
褐蝦														

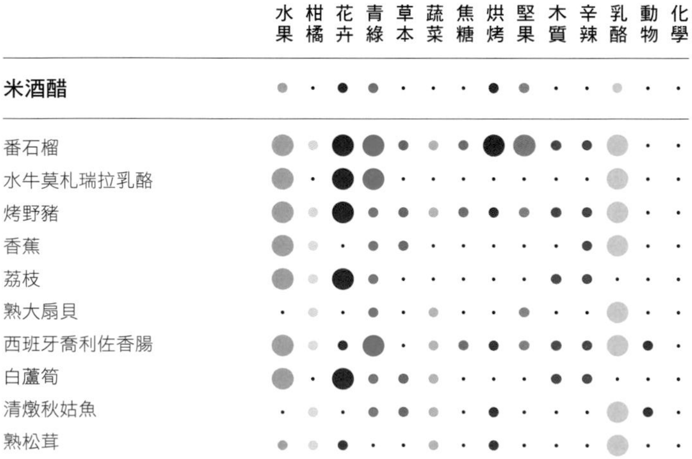

	水果	柑橘	花卉	青綠	草本	蔬菜	焦糖	烘烤	堅果	木質	辛辣	乳酪	動物	化學
米酒醋														
番石榴														
水牛莫札瑞拉乳酪														
烤野豬														
香蕉														
荔枝														
熟大扇貝														
西班牙喬利佐香腸														
白蘆筍														
清燉秋姑魚														
熟松茸														

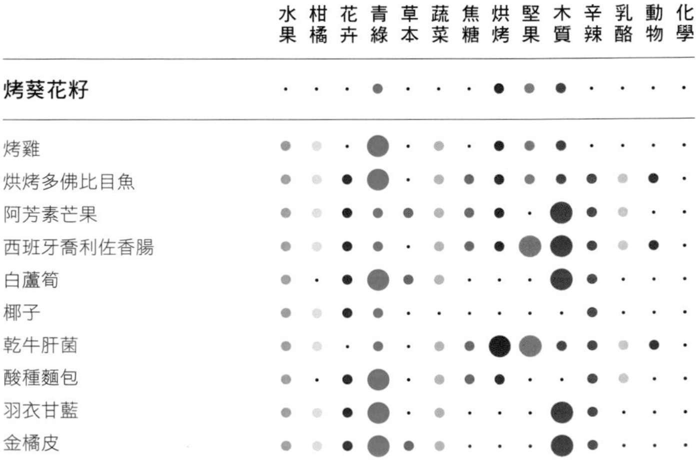

	水果	柑橘	花卉	青綠	草本	蔬菜	焦糖	烘烤	堅果	木質	辛辣	乳酪	動物	化學
烤葵花籽														
烤雞														
烘烤多佛比目魚														
阿芳素芒果														
西班牙喬利佐香腸														
白蘆筍														
椰子														
乾牛肝菌														
酸種麵包														
羽衣甘藍														
金橘皮														

經典搭配：西班牙喬利佐香腸和曼徹格乳酪

西班牙喬利佐香腸和曼徹格乳酪擁有共同的水果、青綠－脂肪和乳酪香氣調性。這種具堅果味的甜鹹乳酪帶有些微酸度，與喬利佐香腸的脂肪、辛辣、煙燻味成為絕配。

潛在搭配：喬利佐風味波本威士忌

利用喬利佐風味波本威士忌為雞尾酒增加深度——試試加入曼哈頓。將新鮮未醃製的喬利佐香腸放入烤箱烹煮，接著以波本威士忌（見次頁）將烤盤洗鍋收汁（deglaze）。放涼入味後，將湯汁倒入碗中，置於冰箱，如此一來脂肪分離後便能輕易刮除。

水果 柑橘 花卉 青綠 草本 蔬菜 焦糖 烘烤 堅果 木質 辛辣 乳酪 動物 化學

曼徹格乳酪

西班牙喬利佐香腸
艾爾桑塔草莓
核桃
杏桃
熟單粒小麥
丁香
澳洲青蘋果
甘草
椰子
芒果

水果 柑橘 花卉 青綠 草本 蔬菜 焦糖 烘烤 堅果 木質 辛辣 乳酪 動物 化學

阿蒙提亞多雪莉酒

爐烤培根
白菜泡菜
西班牙喬利佐香腸
薄荷
巴西切葉蟻
綠茶
芥末
現煮手沖咖啡
香蕉
帕達諾乳酪

水果 柑橘 花卉 青綠 草本 蔬菜 焦糖 烘烤 堅果 木質 辛辣 乳酪 動物 化學

梅塔莎五星白蘭地

水煮冬南瓜
紅甜椒泥
西班牙喬利佐香腸
海頓芒果
金冠蘋果
馬魯瓦耶乳酪
烘烤小牛肉
百里香
烤火雞
甜瓜

水果 柑橘 花卉 青綠 草本 蔬菜 焦糖 烘烤 堅果 木質 辛辣 乳酪 動物 化學

野薄荷

義大利辣香腸
粉紅胡椒
黑蒜泥
水煮防風根
香檸檬
孜然籽
香桃木漿果
木瓜
水牛莫札瑞拉乳酪
多香果

水果 柑橘 花卉 青綠 草本 蔬菜 焦糖 烘烤 堅果 木質 辛辣 乳酪 動物 化學

烤開心果

大西洋鮭魚排
西班牙喬利佐香腸
醃漬黃瓜
蕎麥蜜
奶油萵苣
青辣椒
淡味切達乳酪
爐烤培根
印度澄清奶油
網烤茄子

水果 柑橘 花卉 青綠 草本 蔬菜 焦糖 烘烤 堅果 木質 辛辣 乳酪 動物 化學

熟卡姆小麥

桉樹
波本香草
百里香
索布拉薩達（喬利佐香腸抹醬）
菲達羊乳酪
香橙
烤黑芝麻籽
青醬
橘子皮
花椒

波本威士忌

波本威士忌陳放的炙烤橡木桶在它的香氣輪廓中扮演著重要角色。根據法律規定，真正的波本威士忌必須以 51% 以上的玉米加上裸麥和大麥或小麥和大麥混合釀造，但大部分的生產者偏好使用 60-86% 左右的玉米。小麥和大麥為威士忌帶來較甜美雅緻的風味。裸麥威士忌則較辛辣，由玉米、裸麥和大麥製成。

自十八世紀中期以來，肯塔基州一直是美國波本威士忌的生產大本營。早期美國農民會將自己種的玉米和穀物拿來蒸餾成威士忌，因為這麼做比低價出售收成更有利可圖。今日，95% 的美國波本威士忌仍產於肯塔基州，因為這裡擁有理想的氣候條件、豐足的穀物原料以及不含鐵的水質。

為了製作「酸醪」（sour mash），磨好的穀物會和水及前一次蒸餾留下的醪混合，接著加入新的酵母進行發酵。市面上大部分的美國威士忌都經過二次蒸餾，酒精濃度介於 65-80% 之間。

我們會聯想到的波本威士忌風味和陳年過程有很大關係。美國法律要求波本威士忌必須在新的炙烤橡木桶中陳放至少二年，此時木頭的焦糖色澤和風味會滲入酒液。陳年時間少於四年的純波本威士忌必須在酒標上註明年份。若無註明，表示威士忌陳年超過四年。

橡木成分約有 45% 纖維素、30% 木質素、15% 半纖維素以及 10% 可萃取揮發物，像是油和糖。原本清澈透明的蒸餾酒液在較溫暖的月份擴散至橡木板中，吸收木頭的風味和顏色，並發展出更多單寧；一旦溫度下降，橡木桶收縮，變成琥珀色的酒液便被釋放出來。氧化也會在此時發生，周遭空氣穿透木頭使新的風味在橡木桶內形成。根據當地氣候和木頭品質不同，據說蒸餾廠會因為蒸發效果損失至少 2% 的威士忌酒液——這就是所謂的「天使份額」。

- 在美國，以波本威士忌調味的菜色廣泛，從胡桃派、烤肉醬到波本威士忌蜜火腿等主菜都派得上用場。

蘇格蘭威士忌、波本威士忌比一比

蘇格蘭威士忌經常被形容為具有煙燻、泥煤和大半水果味，往往展現出比波本威士忌更多的風味變化。它在使用過的橡木桶中陳放，甚至是老雪莉桶或老葡萄酒桶。蘇格蘭寒冷潮濕的氣候使陳年過程拉得較長。根據法律規定，蘇格蘭威士忌必須陳放至少三年，但多數生產者傳統上都會讓酒液成熟更久——酒瓶上標示二十年的蘇格蘭威士忌也不是不常見。波本威士忌陳年的時間比蘇格蘭威士忌短有幾個理由。美國蒸餾廠使用的炙烤橡木桶是新的，因此比起蘇格蘭威士忌桶具有更多風味可以散發，陳年所需要的時間便縮短了。此外，肯塔基州氣候較乾燥，代表威士忌蒸發得較快，因此濃縮速度也較快。

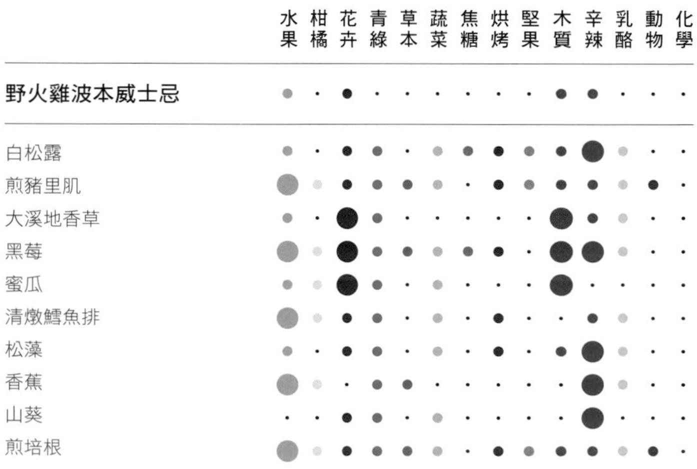

	水果	柑橘	花卉	青綠	草本	蔬菜	焦糖	烘烤	堅果	木質	辛辣	乳酪	動物	化學
野火雞波本威士忌	•	·	•	·	·	·	·	·	·	•	•	·	·	·
白松露	•	·	•	•	·	•	•	•	•	•	●	•	·	·
煎豬里肌	●	•	•	•	•	•	·	•	•	•	•	•	•	·
大溪地香草	•	·	●	•	·	·	·	·	·	●	•	•	·	·
黑莓	●	•	●	•	•	•	•	•	·	●	●	•	·	·
蜜瓜	•	•	●	•	·	•	·	·	·	●	·	·	·	·
清燉鱈魚排	●	•	•	•	·	•	·	•	·	·	•	•	·	·
松藻	•	·	•	•	·	•	·	•	·	•	●	•	·	·
香蕉	●	•	·	•	•	·	·	·	·	·	●	•	·	·
山葵	·	·	•	•	·	•	·	·	·	·	●	·	·	·
煎培根	●	•	•	•	•	•	·	•	•	•	•	•	•	·

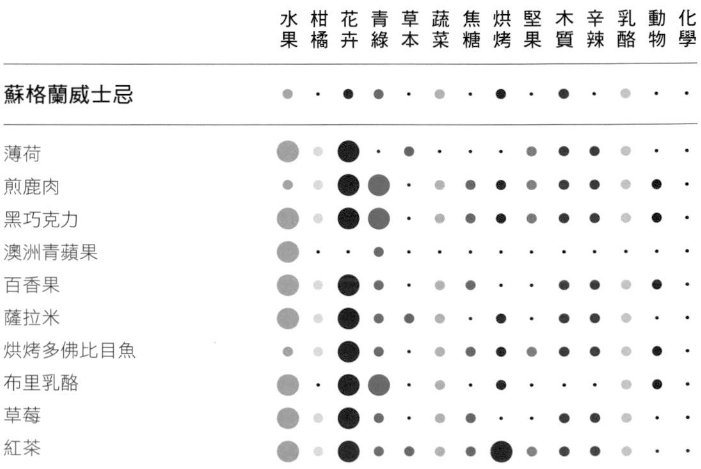

	水果	柑橘	花卉	青綠	草本	蔬菜	焦糖	烘烤	堅果	木質	辛辣	乳酪	動物	化學
蘇格蘭威士忌	•	·	•	•	·	•	·	•	·	•	·	•	·	·
薄荷	●	•	●	·	•	·	·	·	•	•	•	•	·	·
煎鹿肉	•	•	●	●	·	•	•	•	•	•	•	•	•	·
黑巧克力	●	•	●	●	·	•	•	•	•	•	•	•	•	·
澳洲青蘋果	●	·	·	•	·	·	·	·	·	·	·	·	·	·
百香果	●	•	●	•	·	•	•	·	·	•	•	•	•	·
薩拉米	●	•	●	•	•	•	·	•	·	•	•	•	·	·
烘烤多佛比目魚	•	•	●	•	·	•	•	•	•	•	•	•	•	·
布里乳酪	●	·	●	●	·	•	·	•	·	·	·	•	•	·
草莓	●	•	●	•	·	•	•	·	·	•	•	•	·	·
紅茶	●	•	●	•	•	•	•	●	•	•	•	•	·	·

肯塔基純波本威士忌

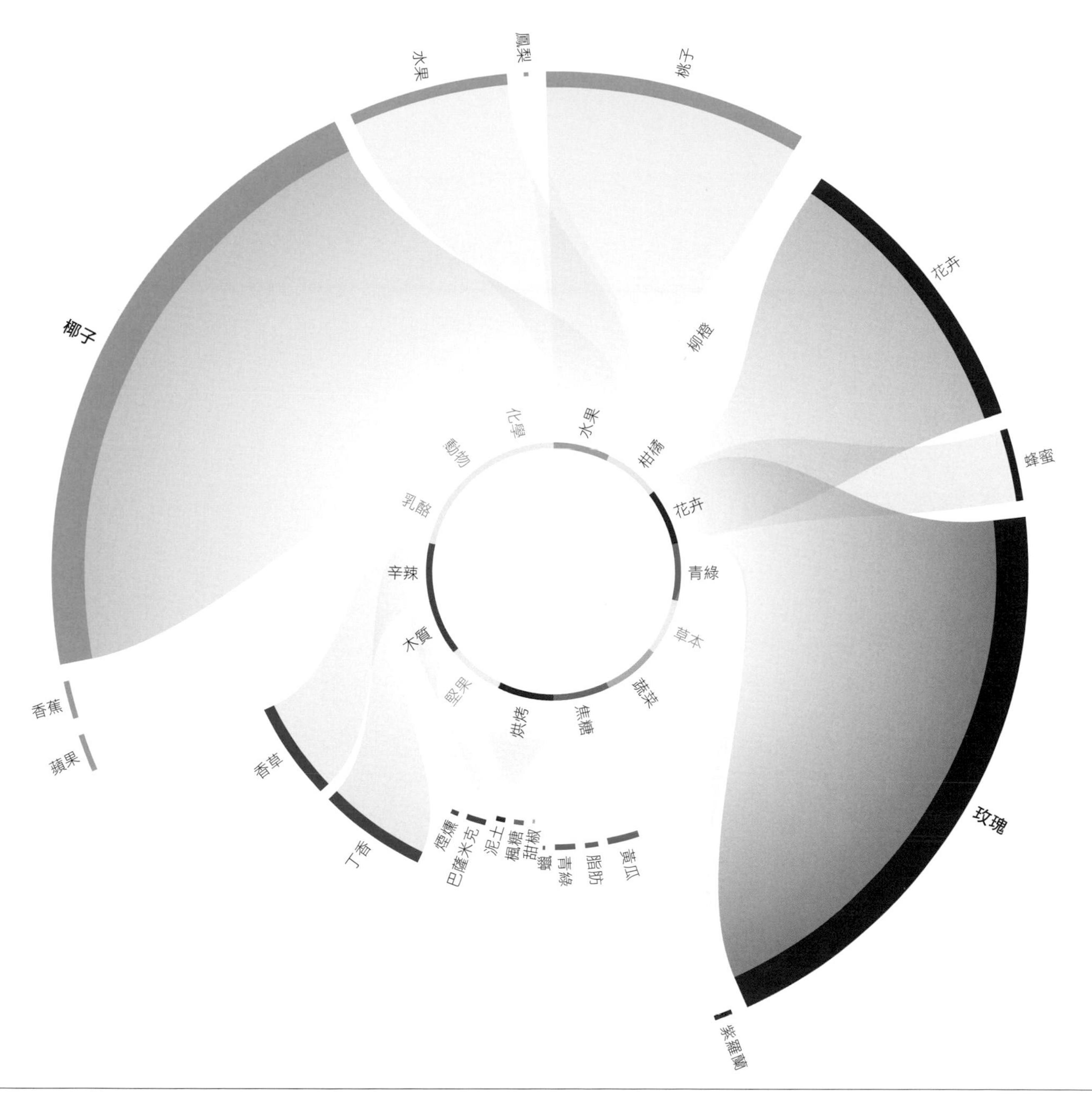

肯塔基純波本威士忌

波本威士忌的香氣輪廓含有氣味劑像是水果蘋果味的乙位 - 大馬酮、丁香味的丁香酚以及椰子味的內酯。隨著威士忌在橡木桶中陳放，梅納反應使脂質轉化成內酯、醛和酸。威士忌內酯（又稱橡木桶內酯）和其他萃取物大量形成；這些內酯在少量時聞起來具甜味和橡木味，但濃度增加後會變得更甜、更具椰子味。橡木桶裡的纖維素、半纖維素和木質素會產生好幾種酚化合物，帶來明顯的甜美、煙燻和香草風味。波本威士忌的香甜、水果、辛辣氣息適合搭配各種擁有複雜香氣輪廓的食材，像是醬油和榴槤（見次頁）。

	水果	柑橘	花卉	青綠	草本	蔬菜	焦糖	烘烤	堅果	木質	辛辣	乳酪	動物	化學
肯塔基純波本威士忌														
金冠蘋果														
克菲爾														
肉豆蔻														
小高良薑														
烤榛果														
甘草														
葛瑞爾乳酪														
濃口醬油														
百里香蜂蜜														
爐烤牛排														

榴槤

這種體型碩大的東南亞水果因難聞的甜味而「臭」名昭彰，它擁有異常複雜的香氣輪廓，果香化合物和有機硫化合物兩者皆具。根據物種和熟度不同，榴槤氣味有的清淡，有的強烈到令人掩鼻而逃。

有些人認為榴槤是美食珍饈，歌頌它那帶有堅果、杏仁調的濃郁果香；也有其他人形容它臭如腐爛洋蔥、瓦斯或松節油而退避三舍。

榴槤和百香果及其他熱帶水果一樣散發強烈的硫味，越成熟、聞起來越甜膩腐臭——這是因為它含有的某些有機硫化合物，也就是硫醇，能夠在無氧條件下氧化。隨著這種長滿尖刺、籃球大小的水果成熟，果肉軟化成像卡士達一樣的泡沫質地，其刺鼻、洋蔥味也益發濃烈。

榴槤果肉的顏色從接近白色、淡黃色到紅色都有，視物種而定。除了纖維含量高之外，榴槤也含維生素 B 和 C 以及錳、鉀、銅、鐵等礦物質，另外還有較常見於肉類和蛋的必需胺基酸色胺酸。

榴槤（durian）這個名稱源自馬來語「duri」，意思是「尖刺」，雖然它長滿尖刺的外皮不能食用，但據說以內層摩擦雙手能有效去除因為處理果肉而殘留的味道。若你手邊沒有榴槤皮，也可以利用黃瓜、檸檬或小蘇打去味。

新鮮榴槤不宜久放，但果肉可以冷凍、乾燥或製成抹醬。榴槤的食用方法包括生吃、煮熟、做成蜜餞甚至發酵，在東南亞是很受歡迎的食材，可用於甜點和鹹食。

榴槤濃重的硫味看似難以和其他食材搭配，但事實上很適合強烈熱帶風味，像是荔枝、香蕉和薑，或是綿密質地如酪梨。它也很意外地與鹹食百搭，有些中式餐廳的菜單上便見得到榴槤披薩和榴槤漢堡。

- 「Serawa durian」甜湯類似泰式芒果糯米飯，使用榴槤果肉加上椰奶並以班蘭葉調味，最後淋在香糯米上。
- 試試製作以甜榴槤鮮奶油為內餡的椰子班蘭煎餅。

榴槤食材搭配

	水果	柑橘	花卉	青綠	草本	蔬菜	焦糖	烘烤	堅果	木質	辛辣	乳酪	動物	化學
塔羅科血橙														
金枕頭榴槤														
綠蘆筍														
黑醋栗香甜酒														
烘烤乳酪蛋糕														
烤豬五花														
番茄醬														
芒果														
開心果														
苦艾酒														
椰子水														

	水果	柑橘	花卉	青綠	草本	蔬菜	焦糖	烘烤	堅果	木質	辛辣	乳酪	動物	化學
卡爾瓦多斯蘋果白蘭地														
金枕頭榴槤														
紫蘇葉														
薑汁汽水														
阿貝金納初榨橄欖油														
水煮黏果酸漿														
熟法蘭克福香腸														
乾木槿花														
橙皮														
綠色查特酒														
奇異莓														

金枕頭榴槤

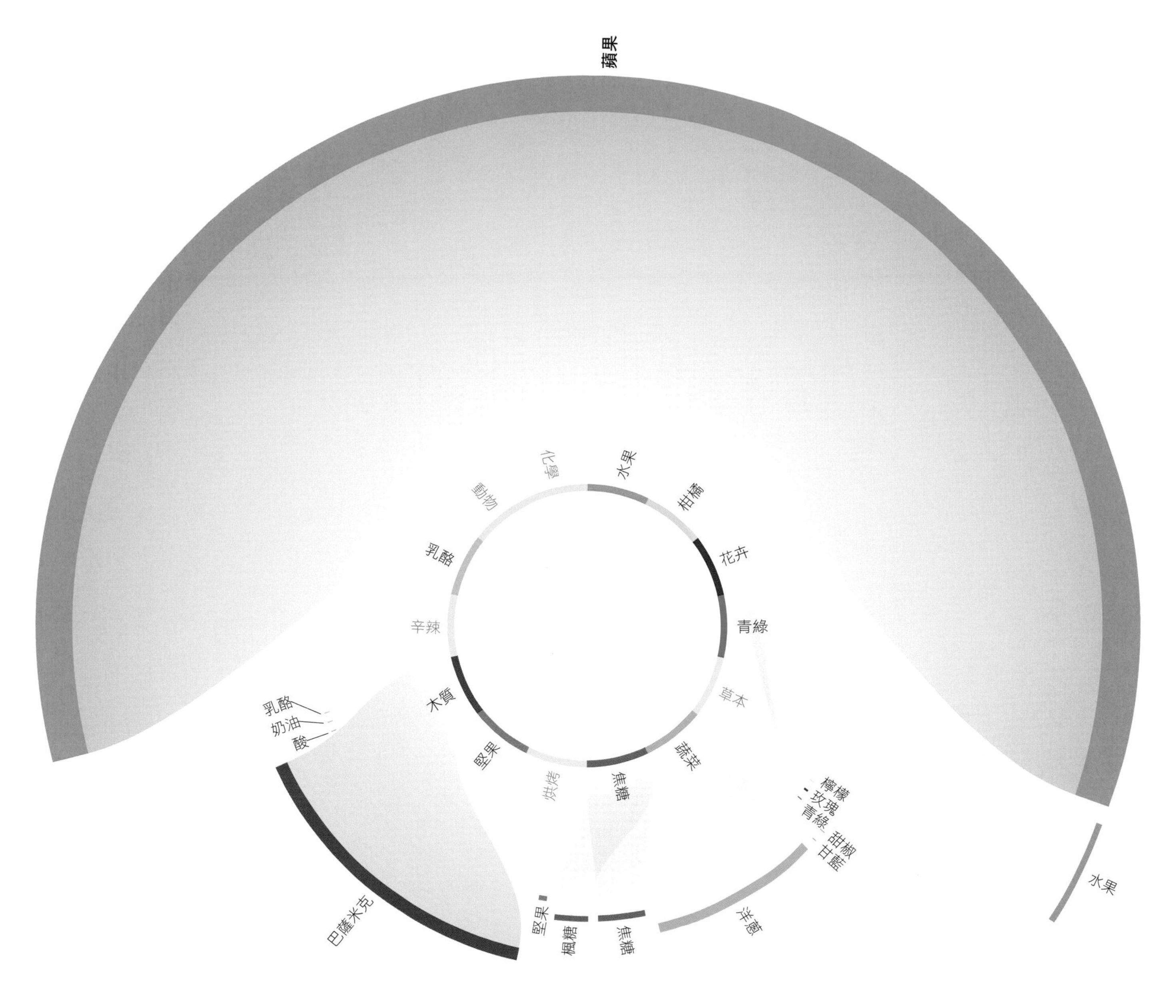

金枕頭榴槤

這種獨特的熱帶水果擁有特別複雜的香氣輪廓，包含四十四種不同的香氣化合物：由水果香氣分子以及硫化氫（腐爛雞蛋）和乙硫醇（腐爛洋蔥）分子構成味道強烈的組合。大部分市面上看得到的榴槤為金枕頭品種，因濃郁綿密質地和香醇風味而受到喜愛。試試以冷萃咖啡搭配榴槤甜點：和熱萃咖啡（見次頁）相比，冷萃咖啡較少烘烤調、較多果香和花香調，與榴槤的水果、焦糖風味更適合。

	水果	柑橘	花卉	青綠	草本	蔬菜	焦糖	烘烤	堅果	木質	辛辣	乳酪	動物	化學
金枕頭榴槤	●	●	●	●	·	●	●	·	●	●	·	●	·	·
橄欖油	●	·	·	●	●	●	·	●	·	·	●	●	·	·
香瓜茄	●	●	●	●	●	·	·	·	·	●	·	·	·	·
馬魯瓦耶乳酪	●	●	●	·	·	·	·	·	·	·	·	●	●	·
烘烤大頭菜	●	●	·	●	●	●	·	●	●	●	·	·	●	·
泡泡果	●	●	●	●	·	·	·	·	●	·	·	●	·	·
卡爾瓦多斯蘋果白蘭地	●	·	●	●	·	·	·	●	·	·	●	●	·	·
薩拉米	●	·	●	·	·	●	●	●	·	●	●	●	·	·
爐烤牛排	●	●	·	●	·	●	●	●	●	●	·	●	·	·
綠蘆筍	·	●	●	●	·	●	·	·	·	●	●	·	·	·
桑椹	●	●	·	●	●	●	·	●	·	·	●	·	·	·

咖啡

近期分析發現現煮咖啡的香氣輪廓有超過一千種不同香氣分子。這個數字聽起來很多，但其中僅有約三十到四十種揮發性化合物的氣味活性值高到足以被人類察覺。我們啜飲一杯咖啡時享受到的不同風味與某些關鍵香氣分子的濃度和閾值密切相關。

咖啡風味經常以產地和品種來形容，但實際上咖啡豆的加工程序才是現煮咖啡揮發性化合物的影響要素。加工最重要的步驟為：發酵（生）咖啡櫻桃；烘焙綠色咖啡豆；熱水萃取煮好的咖啡——最後這個步驟取決於你或你的咖啡師。

在烘烤之前，綠色咖啡豆應具有青綠、泥土味；未成熟的豆子可能使香氣出現缺陷。為了避免存放時產生難聞氣味，綠咖啡的含水量應少於 12%。濕氣和長時間儲存皆可能導致令人不悅的味道形成。

品種、泥土、氣候和栽培方式也會對烘焙咖啡的香氣輪廓有所貢獻，改變咖啡櫻桃裡非揮發性化合物的組成，進而影響咖啡豆乾燥和烘焙時產生的不同類型揮發性化合物及其濃度。

咖啡豆揮發物成分最劇烈的增加和變化發生在烘焙過程中。堅果味香氣分子在烘焙機內部溫度達到 170ºC 時開始形成。隨著內部溫度攀升至 190ºC，我們看見早期階段咖啡般的香氣開始產生，但直到 220–230ºC 豆子才真正發展出其烘焙咖啡的風味特點。

淺焙產生香甜、可可和堅果味香氣化合物，它們在接近中焙時變得越來越複雜。單一產地咖啡特別適合採用中焙，因為豆子的地區風味更容易顯現。深焙之後這些特色就會消失了，咖啡呈燒焦、刺鼻味並散發苦中帶酸的調性。

咖啡豆的研磨經常是整體風味經驗當中被忽略的一環。其一，它會增加萃取時的接觸表面積，同時使可用揮發物濃度激增。建議使用磨盤式磨豆機以達到較一致的粒度，使萃取更均勻，不會像砍豆型磨豆機將咖啡粉暴露於高溫下。記住：整個過程中只要生熱都會影響咖啡風味。

相關香氣輪廓：烤羅布斯塔咖啡豆

羅布斯塔的香氣輪廓比阿拉比卡來得單純，主要由聞起來像黑咖啡的烘烤調構成；其他成分則是不同的焦糖、木質、乳酪、水果和花卉香氣分子。

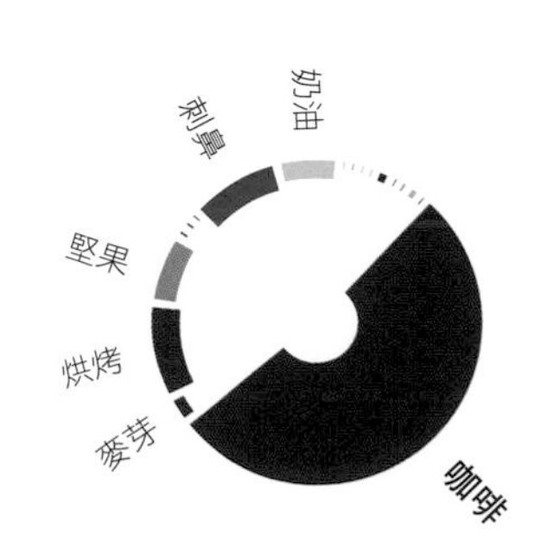

	水果	柑橘	花卉	青綠	草本	蔬菜	焦糖	烘烤	堅果	木質	辛辣	乳酪	動物	化學
烤羅布斯塔咖啡豆														
博斯科普蘋果														
鹿肉														
牛腿肉（後腿牛排）														
烤杏仁片														
自然乾卡瓦氣泡酒														
網烤羔羊肉														
煎培根														
薯條														
乾牛肝菌														
黑巧克力														

烤阿拉比卡咖啡豆

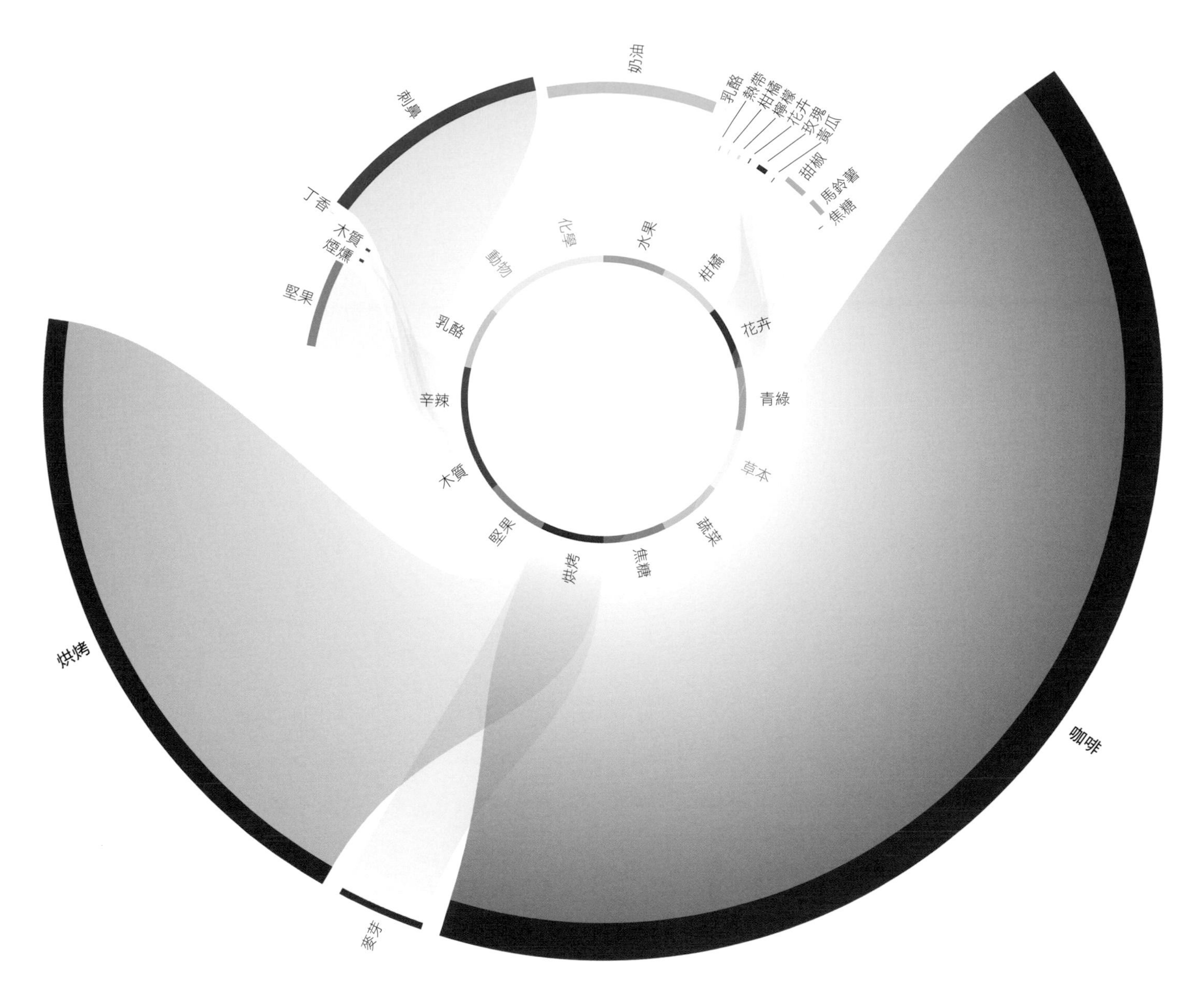

烤阿拉比卡咖啡豆香氣輪廓

阿拉比卡咖啡經常被形容為比羅布斯塔香甜、溫和又平衡。這兩種咖啡擁有共同的關鍵香氣，只不過濃度不同。阿拉比卡的香氣輪廓有 65% 為烘烤調，其中 30% 的香氣分子具一般烘烤味，65% 具咖啡味以及 5% 具麥芽味。烘烤調之外有 10% 具奶油味，其他則是辛辣、水果、柑橘和青綠香氣。現煮咖啡的芳香來自特徵影響化合物 2- 糠基硫醇。關鍵氣味劑像是甜摩卡味的糠基乙基二硫化物以及鹹香肉味的糠基硫醇，俗稱「咖啡硫醇」，也貢獻了烘焙阿拉比卡咖啡的複雜度。

	水果	柑橘	花卉	青綠	草本	蔬菜	焦糖	烘烤	堅果	木質	辛辣	乳酪	動物	化學
烤阿拉比卡咖啡豆	•	•	•	•	•	•	•	•	•	•	•	•	•	•
白巧克力	•	•	•	•	•	•	•	•	•	•	•	•	•	•
甜紅椒粉	•	•	•	•	•	•	•	•	•	•	•	•	•	•
楓糖漿	•	•	•	•	•	•	•	•	•	•	•	•	•	•
熟蕎麥麵	•	•	•	•	•	•	•	•	•	•	•	•	•	•
紅龍蘋果	•	•	•	•	•	•	•	•	•	•	•	•	•	•
水煮龍蝦尾	•	•	•	•	•	•	•	•	•	•	•	•	•	•
洋槐蜂蜜	•	•	•	•	•	•	•	•	•	•	•	•	•	•
菊薯（祕魯地蘋果）	•	•	•	•	•	•	•	•	•	•	•	•	•	•
岸蔥	•	•	•	•	•	•	•	•	•	•	•	•	•	•
燉大西洋狼魚	•	•	•	•	•	•	•	•	•	•	•	•	•	•

潛在搭配：咖啡和龍蝦

試試撒一點現磨咖啡粉在龍蝦尾或龍蝦湯上——為菜餚帶來烘烤、香草風味。你也可以將一些現煮咖啡拌入湯裡。

經典搭配：咖啡和巧克力

咖啡和巧克力的生產過程皆包含好幾個類似步驟，像是發酵和烘烤，因此這兩種食材有許多共同的風味調性，相當合拍。

純素咖啡多蜜醬

食物搭配獨家食譜

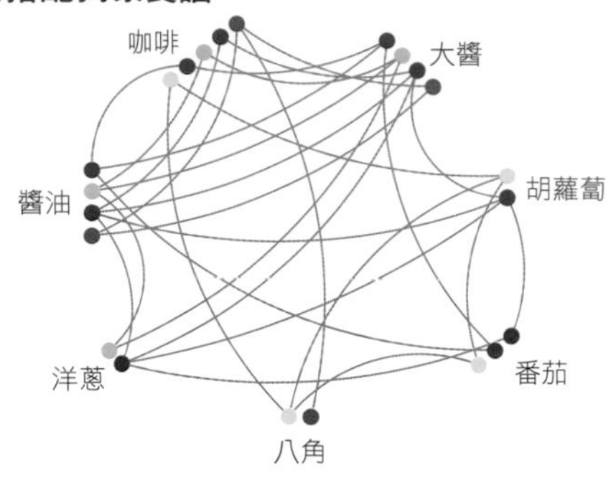

咖啡和褐色小牛高湯的分析顯示黏在鍋底的褐變碎肉和一杯新鮮咖啡擁有許多共同的焦糖、乳酪－奶油甚至水果香氣分子。很自然地，我們開始感到好奇，咖啡是否有可能成為牛和小牛高湯的純素替代品。結果證明只要幾個快速步驟，就能讓你的早晨醒腦飲品搖身一變為濃郁的多蜜醬。沒有牛或小牛高湯也能達到褐色醬汁同樣的美味，關鍵在於使用其他鮮味滿滿的食材，像是醬油或韓國大醬（發酵大豆醬）。

製作純素多蜜醬的第一步是嫩煎胡蘿蔔、洋蔥和大蒜，接著加入一片月桂葉和一根百里香。蔬菜煮至褐色之後拌入番茄丁。以紅酒洗鍋收汁，放入八角、大醬、醬油和咖啡。咖啡裡和牛肉及小牛肉共同的香氣極度容易揮發，在十五分鐘之內就會蒸發，因此務必使用現煮咖啡，以避免任何關鍵香氣分子散失。轉中小火，煨煮到多蜜醬達到理想的濃稠度，過濾之後再繼續煮。可以隨喜好添加一些奶油。

若你的多蜜醬一定要有肉，可以一開始在鍋裡放入培根調味。

相關香氣輪廓：現煮手沖咖啡

咖啡粉以烘烤、堅果和花卉調為特色，現煮咖啡則聞起來較偏焦糖和楓糖並帶有木質、丁香味的酚調以及些許奶油氣息。

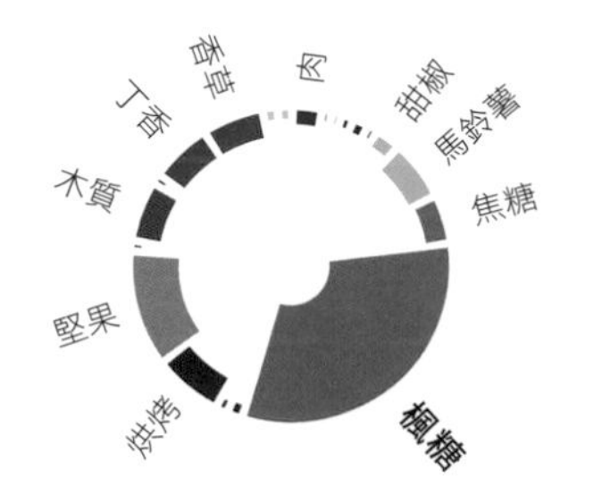

	水果	柑橘	花卉	青綠	草本	蔬菜	焦糖	烘烤	堅果	木質	辛辣	乳酪	動物	化學
現煮手沖咖啡														
史帝爾頓乳酪														
網烤牛肉														
黑松露														
北極覆盆子														
櫻桃番茄														
玉米黑穗菌														
托隆糖														
榛果油														
網烤綠蘆筍														
零陵香豆														

潛在搭配：阿拉比卡咖啡和洋槐蜂蜜

試試以蜂蜜替代糖加入咖啡。蜂蜜不僅含礦物質、維生素和抗氧化劑，對血糖的影響也較小，還比精製糖有更多天然甜味，所以用量也會較少。

潛在搭配：咖啡和醬油

我們的純素多蜜醬以咖啡增添可口鮮味（見對頁），但你也可以改用醬油（見次頁）。和咖啡及巧克力一樣，醬油也含有發酵過程和梅納反應產生的香氣分子。

咖啡食材搭配

水果 柑橘 花卉 青綠 草本 蔬菜 焦糖 烘烤 堅果 木質 辛辣 乳酪 動物 化學

洋槐蜂蜜

- 綿羊奶優格
- 番茄
- 阿貝金納橄欖油
- 軟質乳酪
- 西班牙火腿（100%頂級伊比利橡實豬）
- 黑巧克力
- 甜櫻桃
- 杏仁
- 烤小牛胸腺
- 韓國魚露

豆豉（發酵黑豆）

- 煎珠雞
- 甜紅椒粉
- 帕瑪森類型乳酪
- 煎鴨胸
- 土耳其烏爾法辣椒片
- 草莓
- 現煮阿拉比卡咖啡
- 煙燻大西洋鮭魚
- 大溪地香草
- 煎甜菜

炸辣椒醬

- 石榴汁
- 熟翡麥
- 清燉烏魚
- 土耳其烏爾法辣椒片
- 烤羅布斯塔咖啡豆
- 煎鵪鶉
- 水煮花椰菜
- 烤腰果
- 白巧克力
- 味醂

楊桃

- 香菜芹
- 平葉香芹
- 水煮胡蘿蔔
- 現磨咖啡
- 奇異果
- 古岡左拉乳酪
- 新鮮食用玫瑰花瓣
- 水煮黏果酸漿
- 網烤多寶魚
- 西班牙喬利佐香腸

蕎麥麵包

- 水煮南瓜
- 烤阿拉比卡咖啡豆
- 水牛莫札瑞拉乳酪
- 馬德拉斯咖哩醬
- 拜雍火腿
- 卡蒙貝爾乳酪
- 杏仁茶
- 草莓果醬
- 奶油乳酪
- 蜂蜜

鷹嘴豆豆芽

- 哥倫比亞咖啡
- 白吐司
- 燉豬骨肉汁
- 熟斯佩爾特
- 茅屋乳酪
- 燉長身鱈
- 菜籽油
- 虹鱒
- 羅可多辣椒
- 瓦卡泰（祕魯黑薄荷）

醬油

醬油複雜的香氣輪廓反映出原料品質和漫長製造過程。對亞洲料理而言，沒有其他佐料比醬油更至關重要了——在任何五臟俱全的餐廳或廚房裡都可以看見好幾瓶這種具鹹味的深色液體。

醬油據信源自兩千多年前的中國，再傳至亞洲各地。傳統醬油的釀造過程至少要耗費數週的時間，但有些現代工廠僅需數天便能生產完成，因為它們使用酸水解植物蛋白而非菌酛。雖然速度快得多，但大大降低醬油的香氣複雜度。

醬油種類多達數百種，差別在於實際使用的原料、發酵過程以及生產地區。每一種醬油都有其獨特風味輪廓，有些比其他來得鹹。

在中式烹飪中，最常見的醬油是生抽和老抽——較濃稠，以糖蜜或焦糖增甜。在日本料理中，你也可以找到二次釀造醬油（以原料裡的濃口醬油代替鹽水再發酵）、白醬油（以高比例的小麥所釀成的醬油，顏色非常淡）和溜醬油（通常以大豆、水和鹽製成的沾醬；由於沒有使用小麥，代表某些品牌適合無麩質飲食者）。

傳統醬油如何釀造？

傳統醬油以不超過四種基本的天然原料製成：大豆、小麥、水和鹽。搗碎的大豆和炒過的小麥與水混合，煮至穀物變軟。醬油醪放涼至 27°C 後接種米麴菌或醬油麴菌，靜置三天使細菌生長，如此產生出來的大豆、小麥和黴菌混合物稱為「醬油麴」。

醬油麴接著移入大型發酵槽，添加鹽水和能將糖分解為乳酸的乳酸桿菌，形成「諸味」（moromi），也就是主要發酵醪，並經歷數個月或是特色手工品牌長達數年的發酵。在這段發酵期間，「諸味」裡的澱粉轉化成酒精，同時乳酸和蛋白質分解成肽和胺基酸。

最終紅褐色的醪會經過過濾並澄清數日成為生醬油，進行巴斯德滅菌法後裝瓶。巴斯德滅菌法使醬油裡的酵素活動停止，也讓顏色、風味和香氣變得穩定。

	水果	柑橘	花卉	青綠	草本	蔬菜	焦糖	烘烤	堅果	木質	辛辣	乳酪	動物	化學
二次釀造醬油	•	·	•	•	·	•	•	•	•	•	•	•	·	·
白櫻桃	•	•	●	•	•	•	·	•	•	·	•	●	·	·
山羊乳酪	•	·	·	•	·	•	·	·	·	·	·	●	·	·
水煮芹菜根	·	•	●	·	•	•	·	•	·	·	•	·	·	·
新鮮食用玫瑰花瓣	·	·	●	•	·	·	•	·	·	·	•	·	·	·
哥倫比亞咖啡	•	•	●	•	·	●	●	●	●	●	•	•	·	·
70% 黑巧克力	●	•	●	●	·	•	●	●	●	•	●	●	·	·
薩拉米	●	·	●	·	·	●	●	●	·	●	•	●	·	·
水煮冬南瓜	•	•	●	●	·	●	●	·	•	●	•	●	·	·
薯條	•	•	●	●	·	●	●	●	●	·	•	●	·	·
祕魯黃辣椒	●	•	●	●	•	•	●	●	•	●	•	●	·	·

	水果	柑橘	花卉	青綠	草本	蔬菜	焦糖	烘烤	堅果	木質	辛辣	乳酪	動物	化學
韓國醬油	•	·	•	•	·	•	•	•	·	•	•	•	•	·
牡蠣	•	•	·	•	·	●	·	•	•	·	·	·	·	·
清燉鱒魚	•	·	•	•	·	●	·	·	·	·	•	·	·	·
夏季松露	•	·	●	•	·	●	·	·	·	•	·	●	•	·
葫蘆巴葉	·	•	•	•	•	●	●	·	·	·	•	●	·	·
水煮羊肉	·	·	•	●	·	·	●	•	·	·	·	•	·	·
阿芳素芒果	●	•	●	●	•	●	●	•	·	•	●	●	·	·
榛果抹醬	●	•	●	●	•	●	●	●	•	•	●	●	·	·
布里歐麵包	•	•	●	•	·	·	●	●	•	•	·	●	·	·
荔枝	•	•	●	•	·	·	·	·	·	●	•	·	·	·
覆盆子	●	•	●	●	·	●	●	●	•	•	●	●	·	·

日本醬油

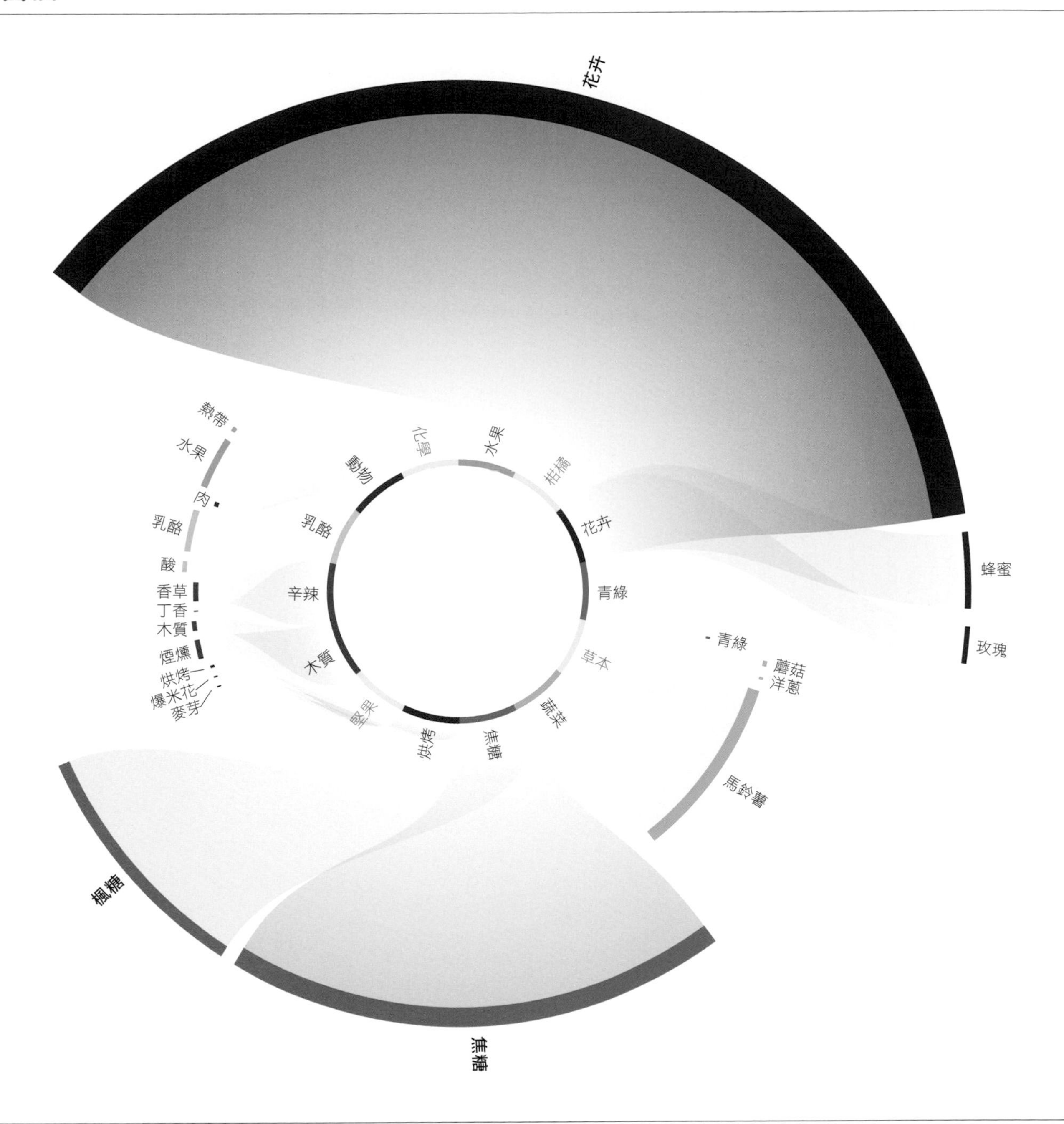

日本醬油香氣輪廓

特定醬油獨特風味的複雜香氣輪廓不僅僅取決於原料。在第一個階段將大豆和小麥麴加熱的過程會產生新的焦糖和楓糖味呋喃。發酵促使其他花卉調和果香酯類形成，同時小麥裡的木質素和糖降解，發展出酚類，賦予醬油木質和微微煙燻特色。吡嗪（烘烤調）也是醬油裡重要的揮發物。

這些香氣分子會在你烹煮醬油時增加：梅納反應觸發 2- 乙醯基 -1- 吡咯啉、葫蘆巴內酯和 2- 乙基 -3,5- 二甲基吡嗪等分子以及一些乳酪味酸類的濃度激增。

	水果	柑橘	花卉	青綠	草本	蔬菜	焦糖	烘烤	堅果	木質	辛辣	乳酪	動物	化學
日本醬油	●	·	●	●	·	●	●	●	·	●	●	●	●	·
沙丁魚	·	●	·	●	·	●	·	·	·	·	●	●	·	·
皺葉甘藍	·	·	·	●	·	●	·	●	·	·	●	●	·	·
龍卡爾乳酪	●	·	●	●	·	●	·	·	·	·	·	●	·	·
熟淡菜	●	●	●	●	●	●	·	●	·	·	·	●	·	·
石榴	·	●	●	●	●	●	·	·	·	●	●	·	·	·
番石榴	●	●	●	●	●	●	●	●	●	●	●	●	·	·
多香果	●	●	·	·	●	●	·	·	·	●	●	·	·	·
乾式熟成牛肉	●	●	●	●	·	●	●	●	●	●	●	●	●	·
甜紅椒粉	●	●	●	●	·	●	●	●	·	●	●	●	●	·
可可粉	●	●	●	·	·	●	●	●	●	●	●	●	●	·

經典搭配：醬油和蜂蜜

在亞洲烹飪中，醬油經常以甜味劑平衡味道，通常是糖，但蜂蜜也不錯，因為它和醬油具有共同的香氣分子。若要製作雞肉或火雞肉的簡易醃醬，將醬油和蜂蜜混合橄欖油和檸檬汁，囊括所有關鍵滋味：鮮、鹹、甜、油和酸。

潛在搭配：醬油和龍卡爾乳酪

龍卡爾乳酪來自西班牙巴斯克地區，從十二月至七月以生綿羊奶製成，具原產地名稱保護（PDO）食品地位。它的質地紮實，稍微帶有顆粒感，具酸甜味以及奶油和一些辛辣香氣調性。

醬油食材搭配

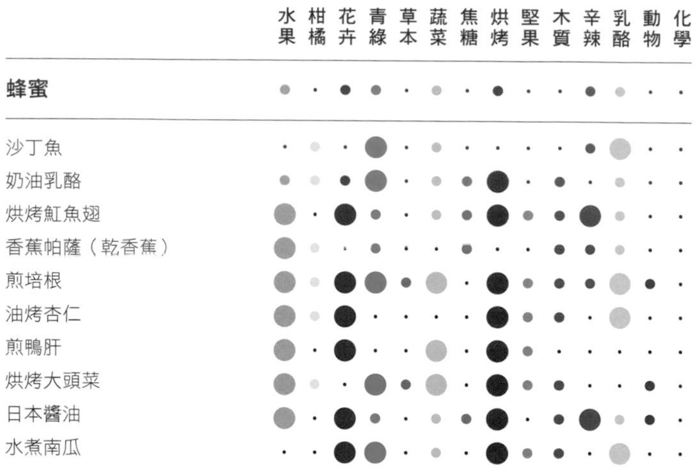

水果 柑橘 花卉 青綠 草本 蔬菜 焦糖 烘烤 堅果 木質 辛辣 乳酪 動物 化學

蜂蜜

沙丁魚
奶油乳酪
烘烤魟魚翅
香蕉帕薩（乾香蕉）
煎培根
油烤杏仁
煎鴨肝
烘烤大頭菜
日本醬油
水煮南瓜

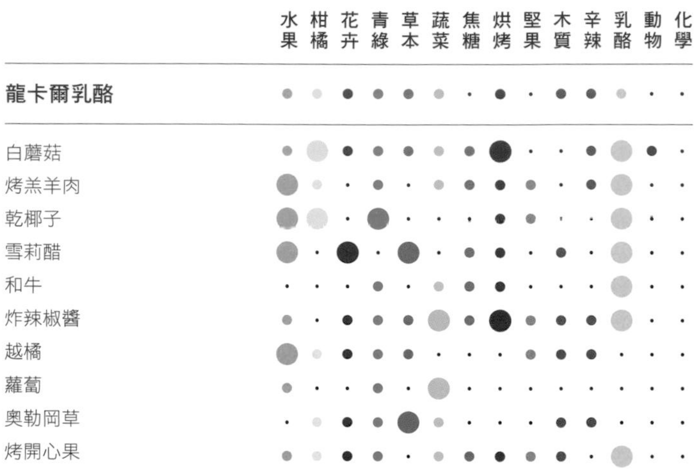

水果 柑橘 花卉 青綠 草本 蔬菜 焦糖 烘烤 堅果 木質 辛辣 乳酪 動物 化學

龍卡爾乳酪

白蘑菇
烤羔羊肉
乾椰子
雪莉醋
和牛
炸辣椒醬
越橘
蘿蔔
奧勒岡草
烤開心果

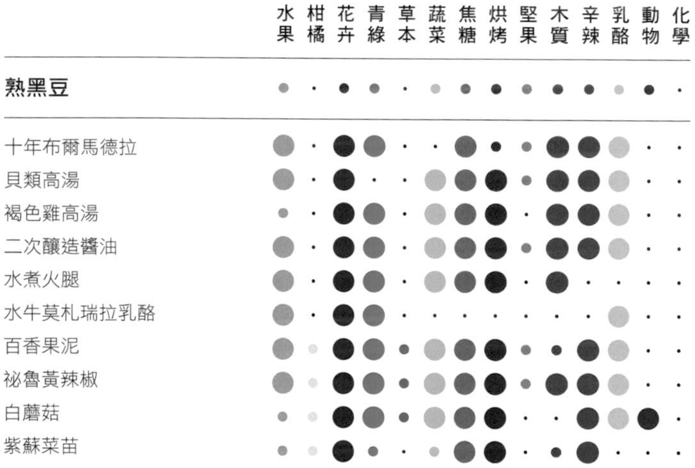

水果 柑橘 花卉 青綠 草本 蔬菜 焦糖 烘烤 堅果 木質 辛辣 乳酪 動物 化學

熟黑豆

十年布爾馬德拉
貝類高湯
褐色雞高湯
二次釀造醬油
水煮火腿
水牛莫札瑞拉乳酪
百香果泥
祕魯黃辣椒
白蘑菇
紫蘇菜苗

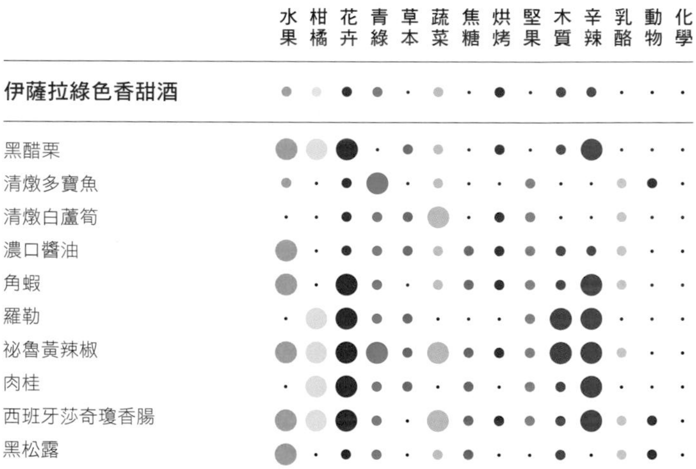

水果 柑橘 花卉 青綠 草本 蔬菜 焦糖 烘烤 堅果 木質 辛辣 乳酪 動物 化學

伊薩拉綠色香甜酒

黑醋栗
清燉多寶魚
清燉白蘆筍
濃口醬油
角蝦
羅勒
祕魯黃辣椒
肉桂
西班牙莎奇瓊香腸
黑松露

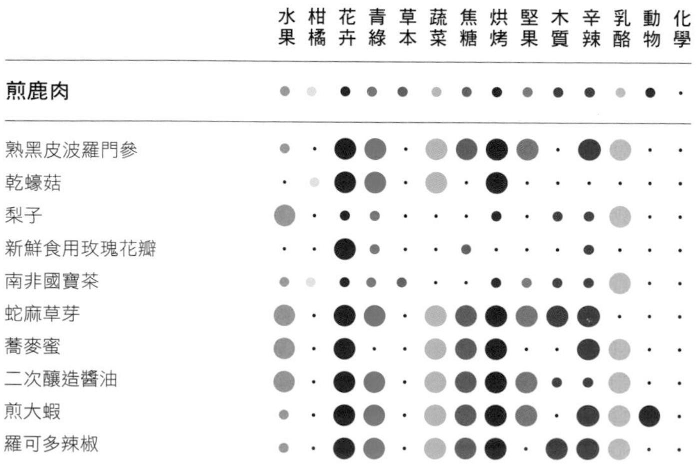

水果 柑橘 花卉 青綠 草本 蔬菜 焦糖 烘烤 堅果 木質 辛辣 乳酪 動物 化學

煎鹿肉

熟黑皮波羅門參
乾蠔菇
梨子
新鮮食用玫瑰花瓣
南非國寶茶
蛇麻草芽
蕎麥蜜
二次釀造醬油
煎大蝦
羅可多辣椒

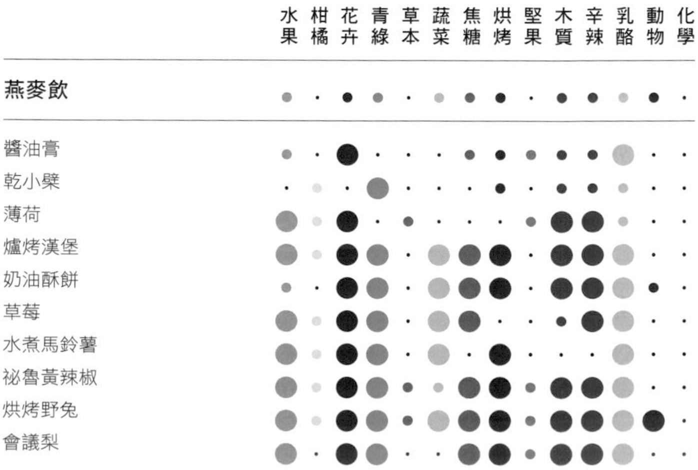

水果 柑橘 花卉 青綠 草本 蔬菜 焦糖 烘烤 堅果 木質 辛辣 乳酪 動物 化學

燕麥飲

醬油膏
乾小檗
薄荷
爐烤漢堡
奶油酥餅
草莓
水煮馬鈴薯
祕魯黃辣椒
烘烤野兔
會議梨

潛在搭配：醬油和黑巧克力

醬油和巧克力可能聽起來是很奇怪的組合，但湊在一起很美味。我們總是會在巧克力蛋糕、慕斯或果仁糖上撒一小撮鹽巴，帶出黑巧克力的甜味並降低苦味——換成幾滴醬油試試看。

經典搭配：醬油和甘藍

生甘藍刺鼻的辣根味來自化合物異硫氰酸烯丙酯，它也存在於山葵和芥末籽油中。醬油和甘藍具有共同的蔬菜馬鈴薯和蘑菇調。以醬油炒甘藍時加入辣椒和薑，增添辛辣、檸檬氣息。

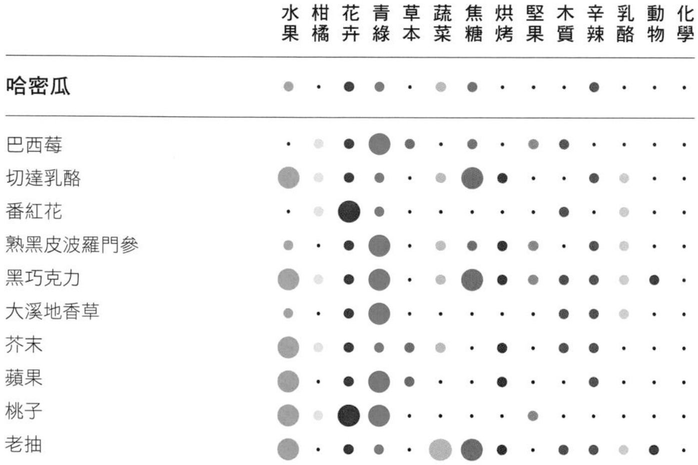

	水果	柑橘	花卉	青綠	草本	蔬菜	焦糖	烘烤	堅果	木質	辛辣	乳酪	動物	化學
哈密瓜														
巴西莓														
切達乳酪														
番紅花														
熟黑皮波羅門參														
黑巧克力														
大溪地香草														
芥末														
蘋果														
桃子														
老抽														

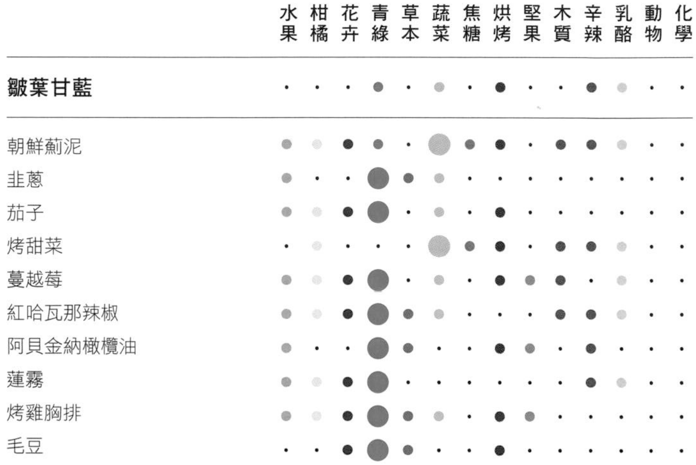

	水果	柑橘	花卉	青綠	草本	蔬菜	焦糖	烘烤	堅果	木質	辛辣	乳酪	動物	化學
梅茲卡爾酒														
烤芝麻籽														
燉檸檬鰈														
日本醬油														
芒果														
羅勒														
肉桂														
黑巧克力														
葡萄														
球莖茴香														
烤羔羊排														

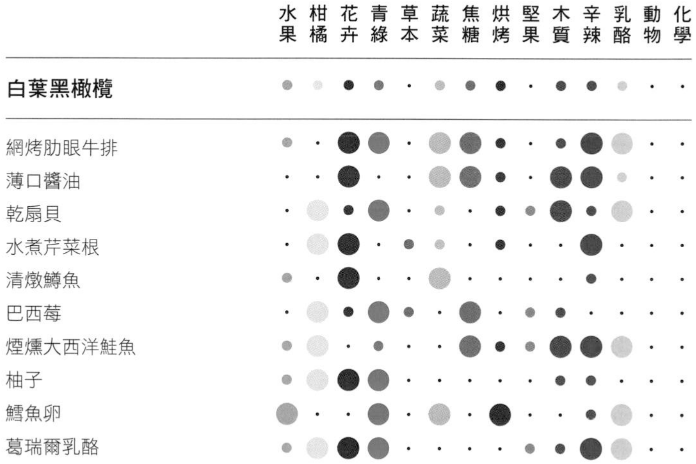

	水果	柑橘	花卉	青綠	草本	蔬菜	焦糖	烘烤	堅果	木質	辛辣	乳酪	動物	化學
波芙隆乳酪														
百香果														
日本梅子														
塔羅科血橙														
葫蘆巴葉														
橘子皮														
乾奇波雷辣椒														
蒸芥菜														
牛肝菌														
牛奶巧克力														
日本醬油														

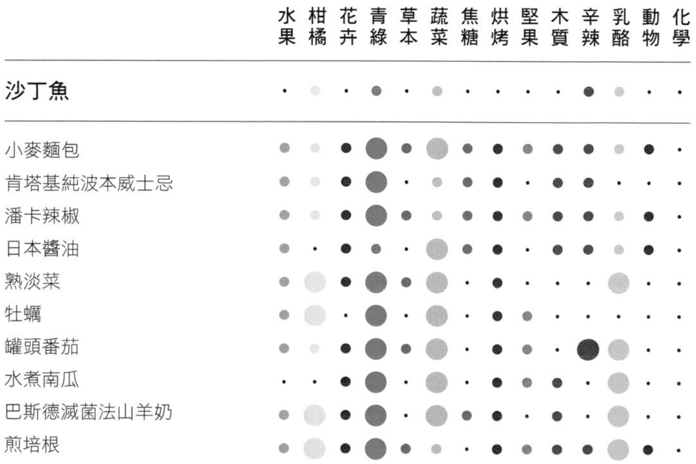

	水果	柑橘	花卉	青綠	草本	蔬菜	焦糖	烘烤	堅果	木質	辛辣	乳酪	動物	化學
皺葉甘藍														
朝鮮薊泥														
韭蔥														
茄子														
烤甜菜														
蔓越莓														
紅哈瓦那辣椒														
阿貝金納橄欖油														
蓮霧														
烤雞胸排														
毛豆														

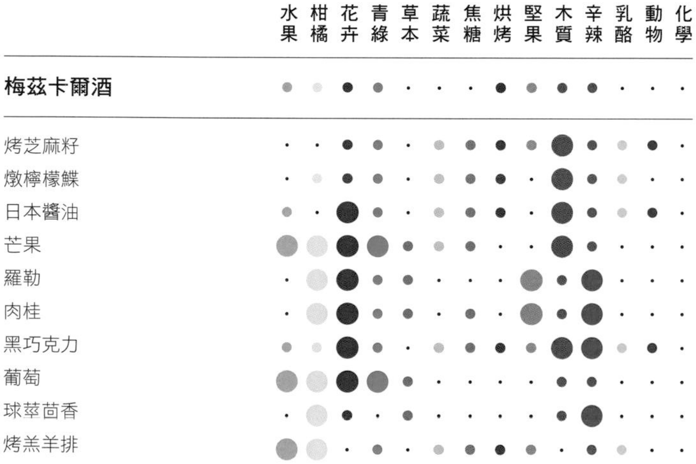

	水果	柑橘	花卉	青綠	草本	蔬菜	焦糖	烘烤	堅果	木質	辛辣	乳酪	動物	化學
白葉黑橄欖														
網烤肋眼牛排														
薄口醬油														
乾扇貝														
水煮芹菜根														
清燉鱒魚														
巴西莓														
煙燻大西洋鮭魚														
柚子														
鱈魚卵														
葛瑞爾乳酪														

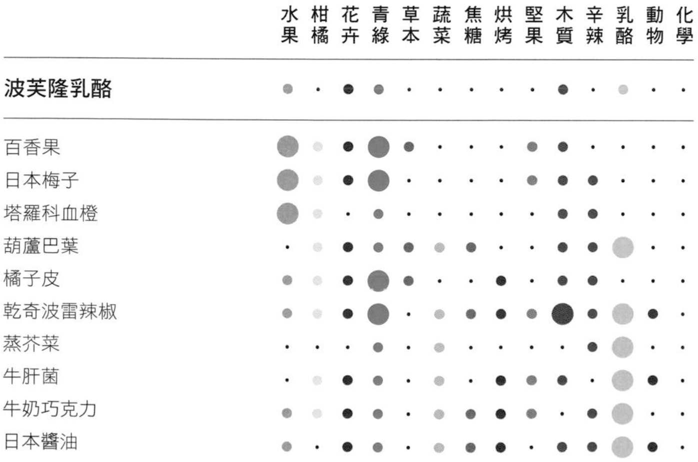

	水果	柑橘	花卉	青綠	草本	蔬菜	焦糖	烘烤	堅果	木質	辛辣	乳酪	動物	化學
沙丁魚														
小麥麵包														
肯塔基純波本威士忌														
潘卡辣椒														
日本醬油														
熟淡菜														
牡蠣														
罐頭番茄														
水煮南瓜														
巴斯德滅菌法山羊奶														
煎培根														

韓國泡菜

泡菜的風味在品牌、種類甚至每一批之間都可能存在巨大差異，視不同原料和其他要素而定，像是溫度、濕度和周遭環境。

泡菜數千年以來一直是韓國飲食中不可或缺的一部份，和其他「飯饌」（韓式小菜）一起食用，成為一餐的必備菜色。泡菜種類多達數百種，從黃瓜到蘿蔔、韭蔥甚至生螃蟹都可以是原料，視地區和季節性而定。近來，在西方菜單上看見泡菜和其他發酵食品也不是什麼稀奇的事。

白菜泡菜是最受歡迎的泡菜種類。食譜各不相同，但基本款使用大白菜、韓國辣椒粉（gochugaru）、醃漬蘿蔔、蒜、蔥和鹽。其他用來調味的風味食材包括鹹蝦（saeujeot）、薑、胡蘿蔔、洋蔥、韭菜、水芹、熟米和魚露或玉筋魚露，為白菜泡菜加重口味。

每一種食材都讓泡菜的香氣輪廓更加複雜。以白菜泡菜為例，大白菜主要含有蔬菜甘藍及洋蔥味分子。經過發酵後，這些香氣分子的濃度會大幅降低，不過洋蔥味仍十分顯著。乳酸桿菌將大白菜裡的糖（碳水化合物）轉化為乳酸和醋酸、乙醇及甘露醇，加強泡菜的複雜風味。二氧化碳也會產生，賦予泡菜清爽質地。泡菜逐漸成熟時，乳酸桿菌的發酵過程會繼續進行；這解釋了為何成熟泡菜具有如此濃烈嗆辣的風味。

做出正宗泡菜的關鍵在於取得鹽和乳酸桿菌之間的微妙平衡。濃度 2-3% 的鹽能有效抑制不必要的細菌生長，創造出偏酸的環境使乳酸桿菌在發酵時產生更多乳酸。

溫度也會影響發酵速度。環境越溫暖和／或潮濕，泡菜發酵得越快。在冷凍技術問世之前，泡菜傳統上裝入甕器（onggi）儲存於地下，讓溫度維持相對涼爽和穩定。現今，特製泡菜冰箱被用來保持發酵期間的恆溫狀態。將泡菜溫度保持在 10-21ºC 能讓乳酸桿菌有足夠時間發揮神奇效用。

大醬醃鵝肝泡菜捲

南韓首爾，Mingles，姜珉求

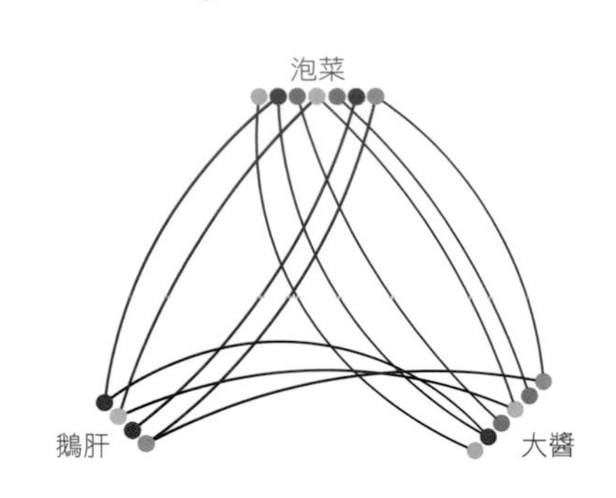

座落於首爾活躍的清潭洞，Mingles 餐廳自 2014 年開幕以來便吸引了無數在地人和觀光客到訪。受日式、西式和法式料理薰陶的主廚姜珉求（Mingoo Kang）以創新思維翻轉傳統韓食，讓 Mingles 在 2015 年贏得亞洲 50 最佳餐廳新進榜的最高名次。它在 2016 年首次摘下米其林一星，到了 2019 年更是獲得了二星肯定。

如同餐廳名稱所示，姜主廚將傳統韓食與世界各地的對比元素混合交融。這種做法完美地反映在他的菜色之中，像是這道以大醬醃製並包裹於微辛白泡菜的鵝肝醬。

白菜泡菜

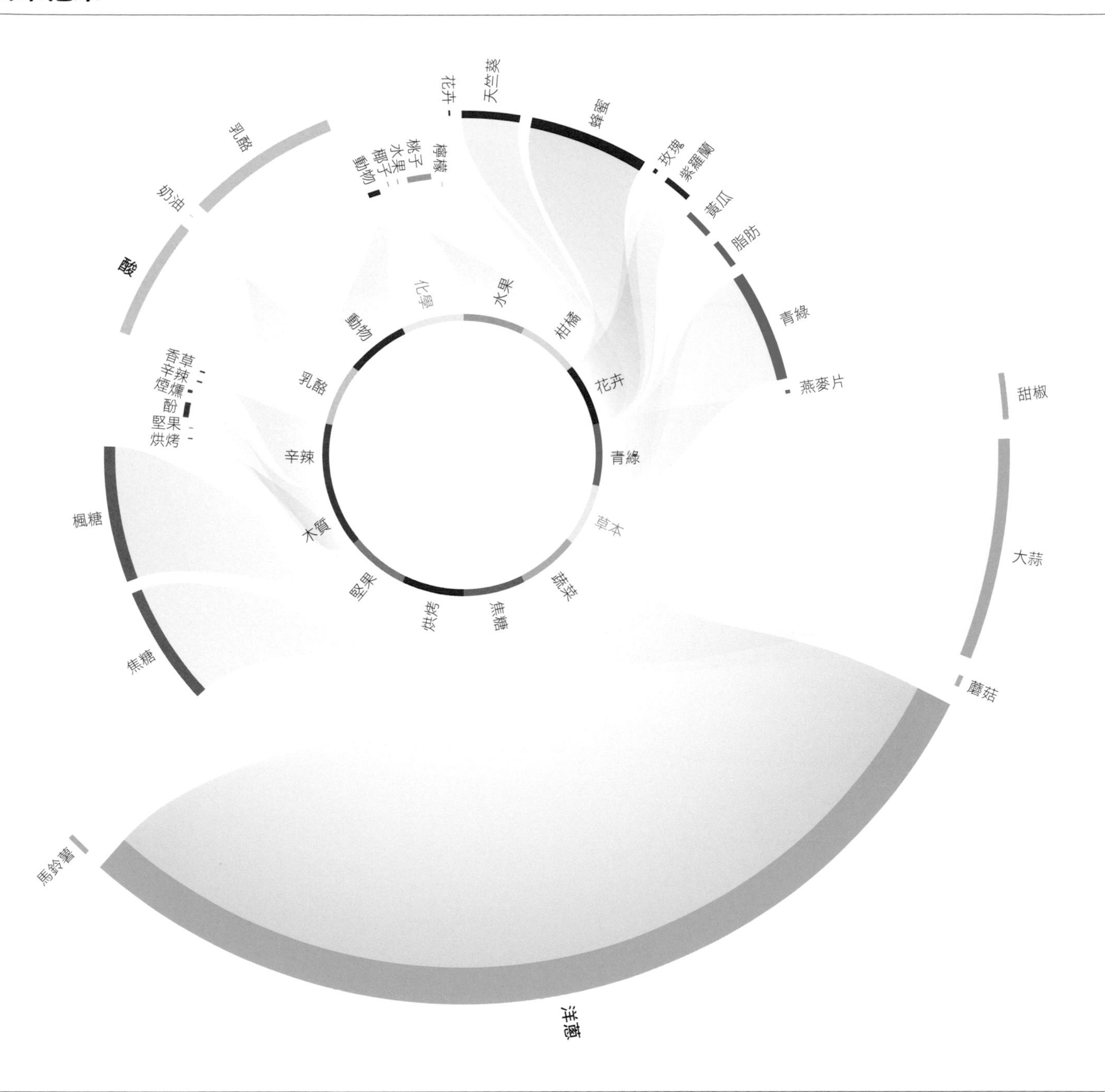

白菜泡菜香氣輪廓

甘藍的洋蔥味在泡菜中十分顯著；辛辣的韓國辣椒醬則增添辣勁和紅甜椒氣息；薑帶來柑橘、花卉調；鹹蝦具烘烤特色。發酵會改變這些香氣分子的濃度，有些會被新的取代，像是蔬菜、馬鈴薯味的甲醇、乳酪味的丁酸以及奶油味的丁二酮。

鹹蝦和魚露皆富含胺基酸，有助於促使乳酸桿菌發酵和乳酸生成。各種食材裡的糖和澱粉會推動發酵過程並平衡泡菜的酸度和辣度，同時緩和強烈的大蒜氣味。

	水果	柑橘	花卉	青綠	草本	蔬菜	焦糖	烘烤	堅果	木質	辛辣	乳酪	動物	化學
白菜泡菜														
烤雞														
紅酸模														
甜瓜														
梨子														
烏魚子														
蒔蘿														
哥倫比亞咖啡														
烤野豬														
香蜂草														
煎大蝦														

潛在搭配：泡菜和帕爾馬火腿

泡菜和帕爾馬火腿具有共同的烘烤調。散發這種肉類香氣的分子在發酵甘藍裡的味道比起醃製豬肉較偏青綠和蔬菜味。

經典搭配：泡菜和亞洲梨

根據食譜不同，磨成泥的亞洲梨有時也是泡菜的原料之一。亞洲梨並不一定容易找得到，但可以用其他類型代替。煎或蒸一片魚肉或雞肉並擺上泡菜和幾片成熟多汁的梨子。梨子的酸甜能和泡菜的嗆辣形成對比。

如何製作白菜泡菜？

若要製作白菜泡菜，首先將大白菜切半，洗淨後在每一片葉子上抹一層鹽；這麼做有助於讓白菜排出多餘水分（靠近底部多抹一點，因為葉片較厚）。靜置二小時，每三十分鐘轉動一次。

同時，準備辛辣的白菜泡菜醃料。在一個大碗中混合冷粥或熟飯以及切碎的大蒜、薑、洋蔥、發酵鹹蝦、韓國辣椒粉和魚露或玉筋魚露。攪拌均勻直到材料呈糊狀，接著加入切片蘿蔔、胡蘿蔔、蔥、水芹和韭菜。

白菜醃好後，洗去多餘鹽分，縱切成四等分，去掉菜梗，盡量將水分甩乾。

戴上塑膠手套，將辛辣醃料抹在每一片葉子上，確保層層之間沒有遺漏，接著將白菜捲起，放入有蓋子的玻璃罐或塑膠容器中。以室溫儲存（見第 302 頁）。視溫度和濕度而定，泡菜應該會在二天後開始發酵，此時移至冰箱中，減緩發酵過程。發酵期間生成的有機酸和游離胺基酸會賦予泡菜獨特風味。蝦或玉筋魚經常用來發酵泡菜，不過牡蠣也有加速發酵過程的作用。

- 豬五花和白菜泡菜是經典的韓式搭配。豬五花肉薄片和洋蔥及蘑菇一起在桌上現烤，再以萵苣或新鮮紫蘇葉加上白菜泡菜和醃蘿蔔包起來享用。
- 辛辣的韓式泡菜鍋由熟透的泡菜、豬肩肉、韓國辣椒粉、韓國辣醬、鯷魚高湯、芝麻油、豆腐和蔥組成。

白菜泡菜食材搭配

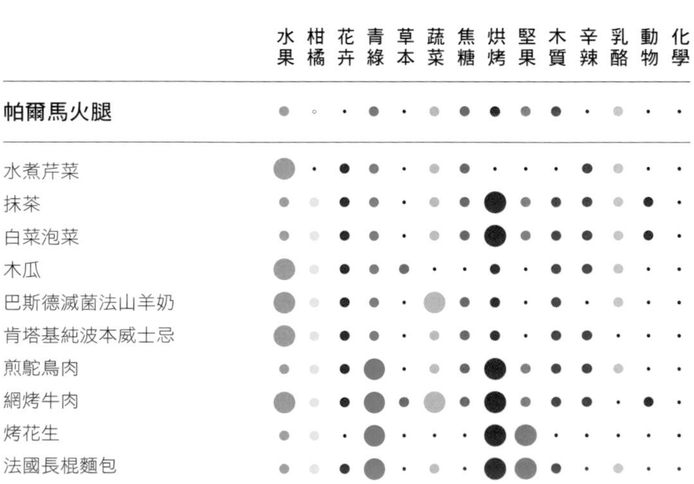

	水果	柑橘	花卉	青綠	草本	蔬菜	焦糖	烘烤	堅果	木質	辛辣	乳酪	動物	化學
帕爾馬火腿														
水煮芹菜														
抹茶														
白菜泡菜														
木瓜														
巴斯德滅菌法山羊奶														
肯塔基純波本威士忌														
煎鴕鳥肉														
網烤牛肉														
烤花生														
法國長棍麵包														

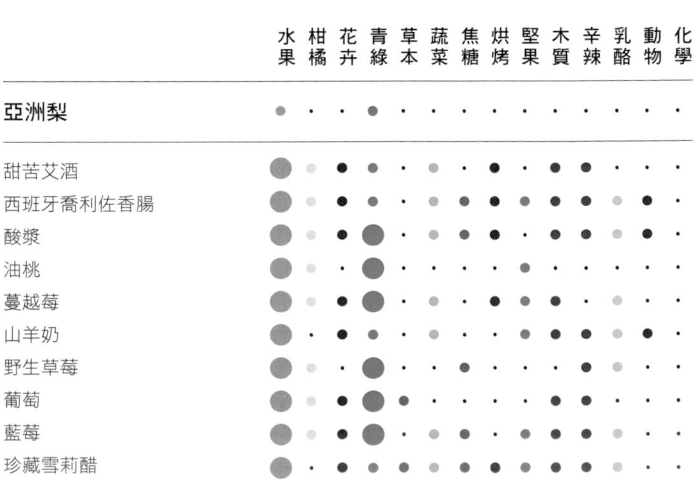

	水果	柑橘	花卉	青綠	草本	蔬菜	焦糖	烘烤	堅果	木質	辛辣	乳酪	動物	化學
亞洲梨														
甜苦艾酒														
西班牙喬利佐香腸														
酸漿														
油桃														
蔓越莓														
山羊奶														
野生草莓														
葡萄														
藍莓														
珍藏雪莉醋														

主廚搭配：泡菜和鵝肝

在首爾 Mingles 餐廳（見第 302 頁），主廚姜珉求將泡菜和大醬等傳統韓國食材與其他國家的菜色搭配在一起，像是鵝肝。

經典搭配：泡菜和芝麻籽

除了柑橘－檸檬調之外，泡菜和芝麻籽（見次頁）並沒有太多共同的香氣分子，但將芝麻籽烘烤過後會加強這兩種食材的連結，增添好幾種泡菜也有的類似分子，從木質和煙燻到蔬菜、青綠、堅果和蜂蜜－花卉香氣都囊括其中。

白菜泡菜食材搭配

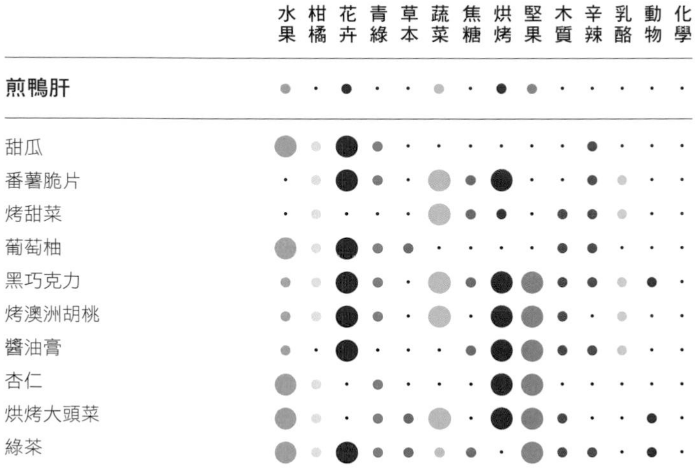

水果 柑橘 花卉 青綠 草本 蔬菜 焦糖 烘烤 堅果 木質 辛辣 乳酪 動物 化學

煎鴨肝

甜瓜
番薯脆片
烤甜菜
葡萄柚
黑巧克力
烤澳洲胡桃
醬油膏
杏仁
烘烤大頭菜
綠茶

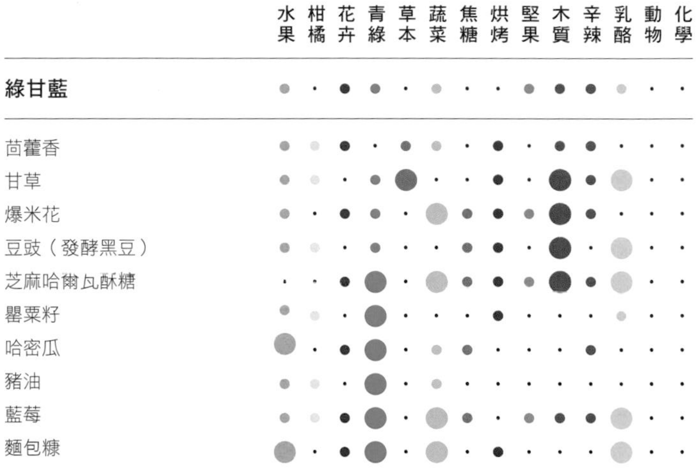

水果 柑橘 花卉 青綠 草本 蔬菜 焦糖 烘烤 堅果 木質 辛辣 乳酪 動物 化學

綠甘藍

茴藿香
甘草
爆米花
豆豉（發酵黑豆）
芝麻哈爾瓦酥糖
罌粟籽
哈密瓜
豬油
藍莓
麵包糠

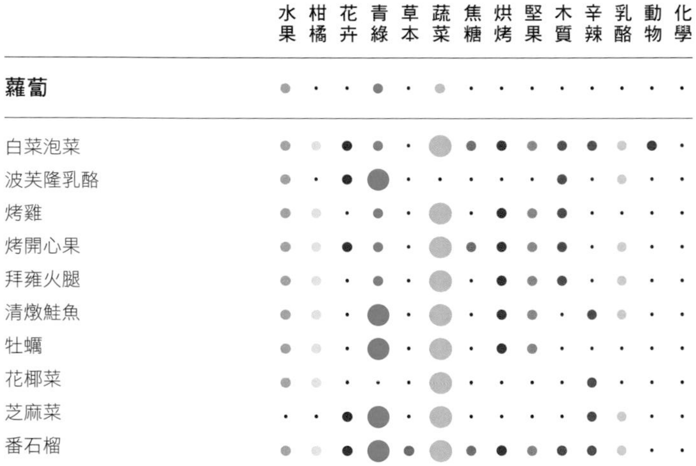

水果 柑橘 花卉 青綠 草本 蔬菜 焦糖 烘烤 堅果 木質 辛辣 乳酪 動物 化學

蘿蔔

白菜泡菜
波芙隆乳酪
烤雞
烤開心果
拜雍火腿
清燉鮭魚
牡蠣
花椰菜
芝麻菜
番石榴

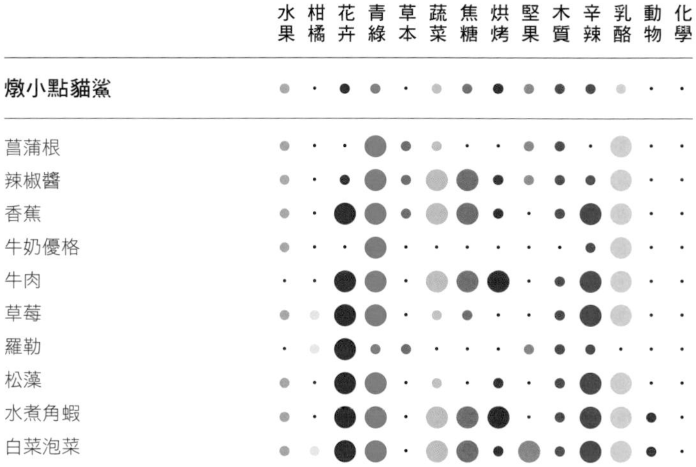

水果 柑橘 花卉 青綠 草本 蔬菜 焦糖 烘烤 堅果 木質 辛辣 乳酪 動物 化學

燉小點貓鯊

菖蒲根
辣椒醬
香蕉
牛奶優格
牛肉
草莓
羅勒
松藻
水煮角蝦
白菜泡菜

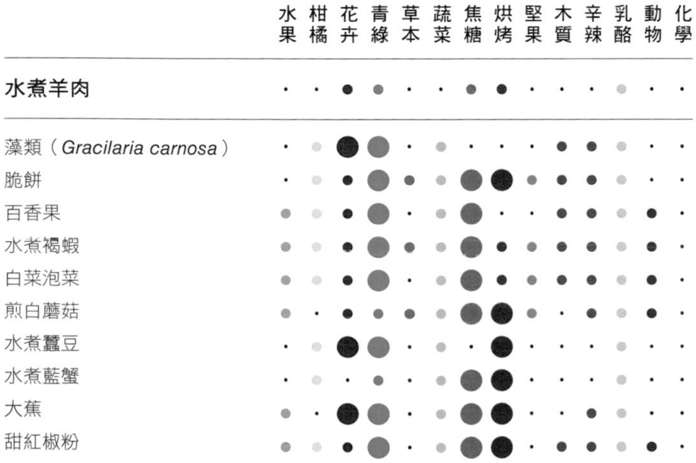

水果 柑橘 花卉 青綠 草本 蔬菜 焦糖 烘烤 堅果 木質 辛辣 乳酪 動物 化學

水煮羊肉

藻類（*Gracilaria carnosa*）
脆餅
百香果
水煮褐蝦
白菜泡菜
煎白蘑菇
水煮蠶豆
水煮藍蟹
大蕉
甜紅椒粉

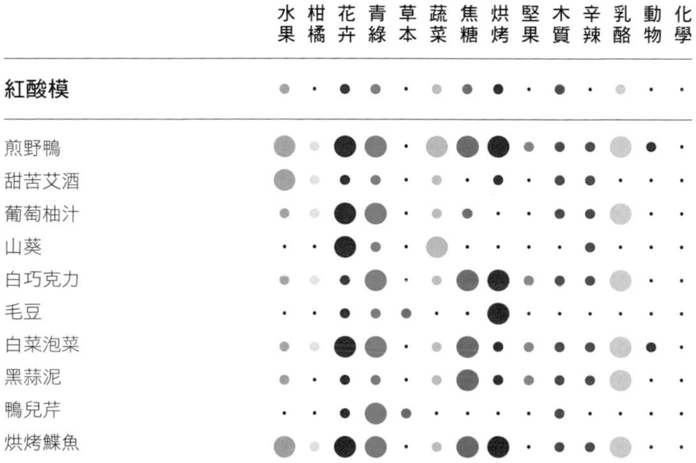

水果 柑橘 花卉 青綠 草本 蔬菜 焦糖 烘烤 堅果 木質 辛辣 乳酪 動物 化學

紅酸模

煎野鴨
甜苦艾酒
葡萄柚汁
山葵
白巧克力
毛豆
白菜泡菜
黑蒜泥
鴨兒芹
烘烤鰈魚

芝麻籽

生芝麻籽具有木質、草本和柑橘香氣輪廓。不過，這些種子通常會經過烘烤或用於烘焙食品中，因此變得較多堅果、烘烤和焦糖調性。

芝麻籽是已知最古老且目前仍在種植的油籽之一。這種原產於非洲的小小種子在古代亞洲和中東被廣泛使用，接著傳至印度馴化。芝麻籽來自胡麻屬植物，為灌木香草，有白色、粉色或黃色管狀花。它非常耐旱，遍布熱帶地區，連在其他植物難以生長的區域都可見其蹤跡。雖然它有一些野生親戚，但僅有 *Sesamum indicum* 栽培品種被商業種植。

芝麻果是長得像秋葵的綠色果莢。當內部成串的種子完全成熟時，這些果莢便會裂開。芝麻籽根據栽培品種有許多顏色，包括金黃、黃褐、褐、淡紅或灰，但白和黑芝麻籽最常被使用。

直接從植株採下的芝麻籽有一層薄薄的褐色外皮。大部分的芝麻籽販售時皆已去皮，但你也買得到未去皮的，有時標籤上會顯示「天然」。未去皮芝麻籽具有微苦、較複雜的風味以及較脆硬的質地，經常用於日式食譜。

- 芝麻籽能做為麵包和餅乾的裝飾，增添額外風味。
- 芝麻籽和芝麻油經常用於日式、中式和韓式料理，鹹食甜品皆適用。
- 在中東料理中，烤芝麻籽會去皮磨成滑順的糊狀芝麻醬（tahini），它是鷹嘴豆泥、茄泥醬（baba ghanoush）和哈爾瓦酥糖的關鍵食材。中東芝麻醬也可以當成沾醬或醬汁使用。

芝麻哈爾瓦酥糖

哈爾瓦酥糖（halva、halvah）是以中東芝麻醬為基底的簡易甜食，源自於東地中海和巴爾幹地區，但世界各地都有自己的版本。若要製作哈爾瓦酥糖，將糖和蜂蜜一起加熱至 118ºC，此時混合物會變得柔軟。接著調入中東芝麻醬，移至模具定型。根據芝麻醬與糖的比例不同，最後做出來的哈爾瓦酥糖塊質地或軟潤或酥鬆。其他食材像是開心果、可可粉、巧克力、香草或柳橙汁也經常加入酥糖基底。

相關香氣輪廓：芝麻哈爾瓦酥糖

芝麻哈爾瓦酥糖以中東芝麻醬製成，因此與烤芝麻籽有許多共同的香氣調性。添加的蜂蜜提供了額外的烘烤－麥芽、花卉調，而高濃度的焦糖－楓糖和香草調則提升了甜味。

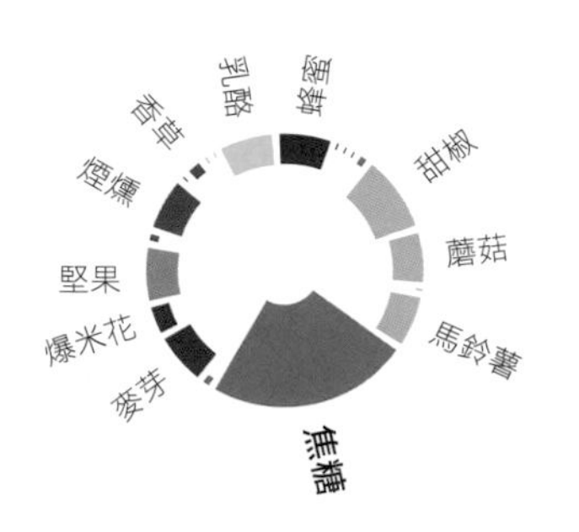

	水果	柑橘	花卉	青綠	草本	蔬菜	焦糖	烘烤	堅果	木質	辛辣	乳酪	動物	化學
芝麻哈爾瓦酥糖														
雅香瓜（日本香瓜）														
北極覆盆子														
金巴利														
煎茶														
櫻桃番茄														
櫻桃白蘭地														
煎烏賊														
羅望子														
烤栗子														
薄荷														

烤芝麻籽

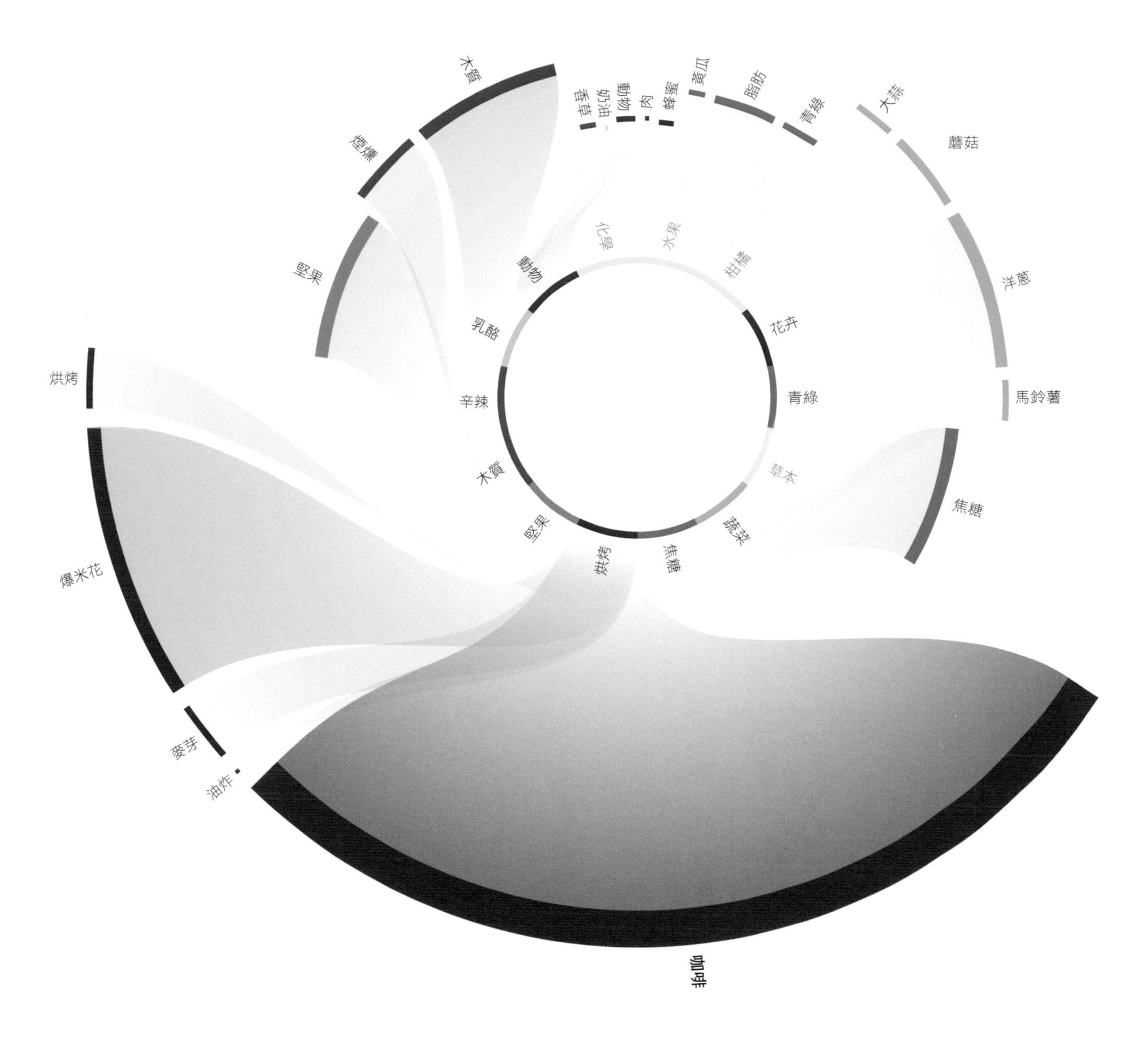

烤芝麻籽香氣輪廓

生芝麻籽有木質、草本和柑橘味，但烤過之後香氣輪廓完全改變，偏烘烤、堅果味。梅納反應除了創造新的堅果、木質和蘑菇香氣分子，也形成烘烤、麥芽調，帶來類似咖啡、薯條甚至爆米花的味道。焦糖化導致微甜焦糖調，史崔克反應則產生馬鈴薯、洋蔥和大蒜氣息。

	水果	柑橘	花卉	青綠	草本	蔬菜	焦糖	烘烤	堅果	木質	辛辣	乳酪	動物	化學
烤芝麻籽														
胡蘿蔔														
西班牙火腿（100%頂級伊比利橡實豬）														
桃子														
煙燻大西洋鮭魚														
紫蘇葉														
水煮茄子														
和牛														
烘烤鰈魚														
水煮四季豆														
熟淡菜														

經典佳餚：茄泥醬

這一道黎凡特煙燻沾醬結合了炙烤茄子泥和中東芝麻醬、檸檬汁、橄欖油及大蒜。最後撒上烤芝麻籽增添酥脆感——將茄子烘烤或網烤至焦黑柔軟會創造出許多和烤芝麻類似的新蔬菜調。

經典搭配：羽衣甘藍和芝麻籽

羽衣甘藍、芝麻籽和老抽都具有花卉－蜂蜜香氣調。為了充分利用這個連結，試試以醬油、米醋、大蒜、蔬菜油和芝麻油做成油醋醬，搭配切碎的羽衣甘藍葉。最後撒上芝麻籽。

芝麻籽、芝麻哈爾瓦酥糖和中東芝麻醬食材搭配

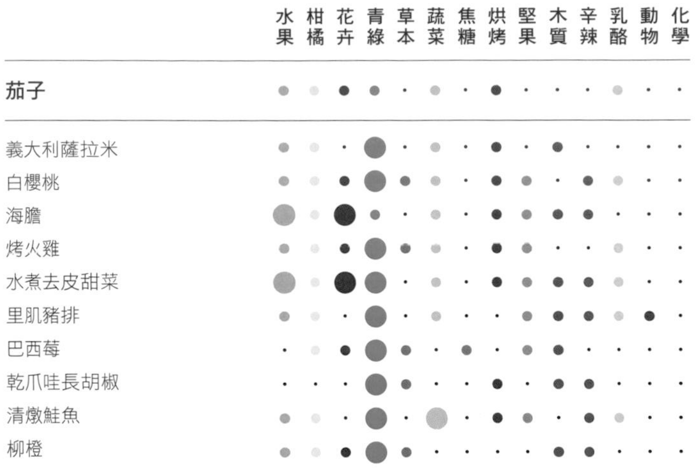

	水果	柑橘	花卉	青綠	草本	蔬菜	焦糖	烘烤	堅果	木質	辛辣	乳酪	動物	化學
茄子														
義大利薩拉米														
白櫻桃														
海膽														
烤火雞														
水煮去皮甜菜														
里肌豬排														
巴西莓														
乾爪哇長胡椒														
清燉鮭魚														
柳橙														

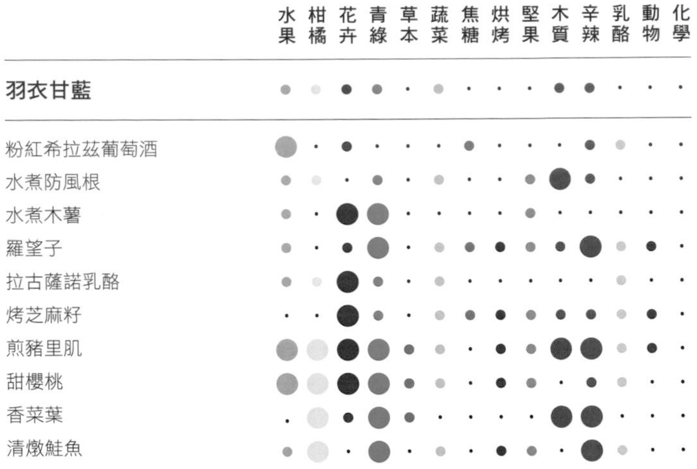

	水果	柑橘	花卉	青綠	草本	蔬菜	焦糖	烘烤	堅果	木質	辛辣	乳酪	動物	化學
羽衣甘藍														
粉紅希拉茲葡萄酒														
水煮防風根														
水煮木薯														
羅望子														
拉古薩諾乳酪														
烤芝麻籽														
煎豬里肌														
甜櫻桃														
香菜葉														
清燉鮭魚														

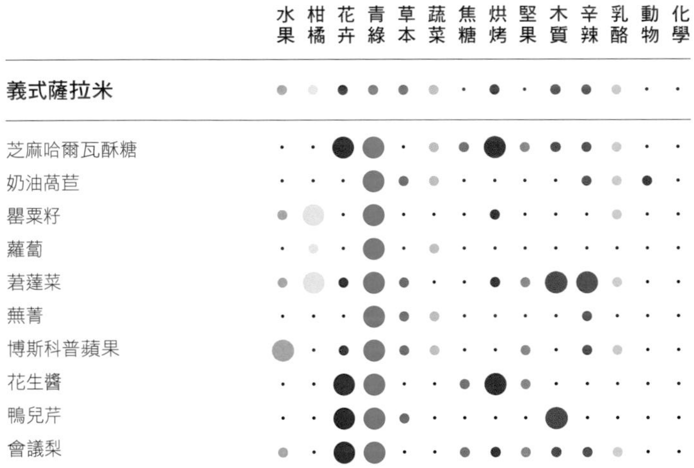

	水果	柑橘	花卉	青綠	草本	蔬菜	焦糖	烘烤	堅果	木質	辛辣	乳酪	動物	化學
義式薩拉米														
芝麻哈爾瓦酥糖														
奶油萵苣														
罌粟籽														
蘿蔔														
碁蓬菜														
蕪菁														
博斯科普蘋果														
花生醬														
鴨兒芹														
會議梨														

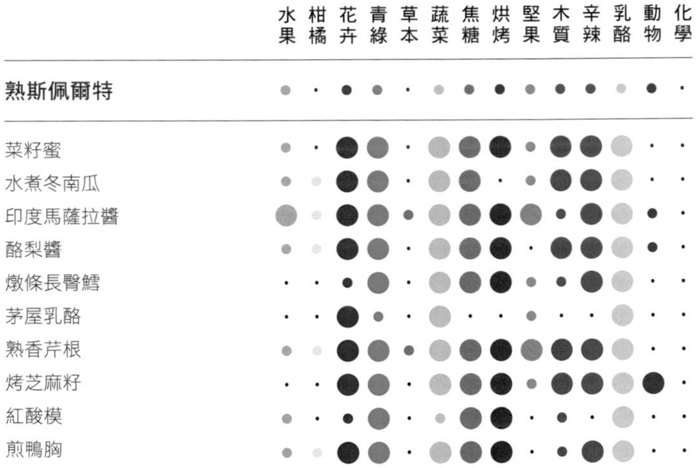

	水果	柑橘	花卉	青綠	草本	蔬菜	焦糖	烘烤	堅果	木質	辛辣	乳酪	動物	化學
熟斯佩爾特														
菜籽蜜														
水煮冬南瓜														
印度馬薩拉醬														
酪梨醬														
燉條長臀鱈														
茅屋乳酪														
熟香芹根														
烤芝麻籽														
紅酸模														
煎鴨胸														

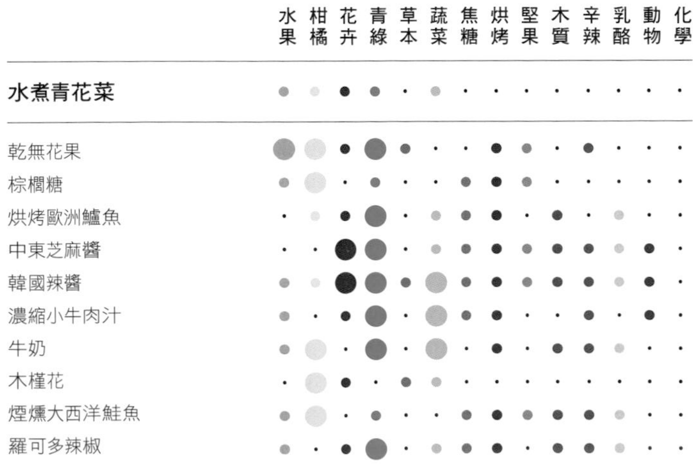

	水果	柑橘	花卉	青綠	草本	蔬菜	焦糖	烘烤	堅果	木質	辛辣	乳酪	動物	化學
水煮青花菜														
乾無花果														
棕櫚糖														
烘烤歐洲鱸魚														
中東芝麻醬														
韓國辣醬														
濃縮小牛肉汁														
牛奶														
木槿花														
煙燻大西洋鮭魚														
羅可多辣椒														

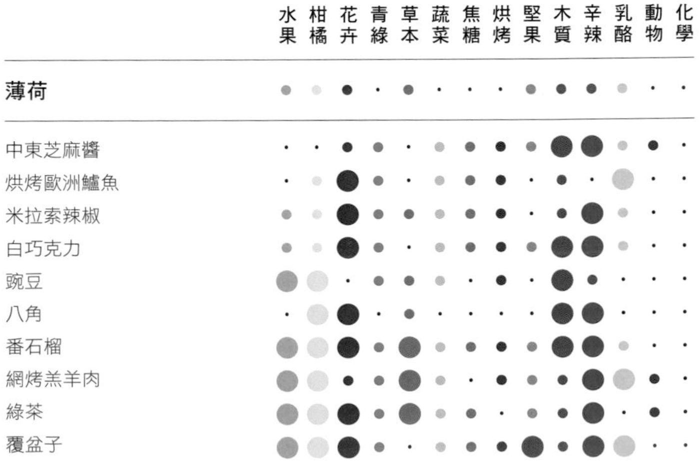

	水果	柑橘	花卉	青綠	草本	蔬菜	焦糖	烘烤	堅果	木質	辛辣	乳酪	動物	化學
薄荷														
中東芝麻醬														
烘烤歐洲鱸魚														
米拉索辣椒														
白巧克力														
豌豆														
八角														
番石榴														
網烤羔羊肉														
綠茶														
覆盆子														

潛在搭配：烤芝麻籽和紫蘇葉

紫蘇是薄荷家族的一員，葉子有綠有紫。在日本，紫葉品種用來為鹹味梅干添加顏色。紫蘇葉也加在沙拉和湯品裡或用於壽司。由於紫蘇葉具有薄荷風味並帶有微微大茴香香，何不試試拿它來調一杯亞洲風莫希托？

經典搭配：芝麻籽和芒果

烤芝麻籽和芒果（見次頁）具有花卉－蜂蜜調以及木質和焦糖連結。這個組合出現在各式各樣的菜餚中，像是經典的泰式芒果糯米飯撒上烤芝麻籽和酥脆芝麻雞佐芒果甜酸醬。

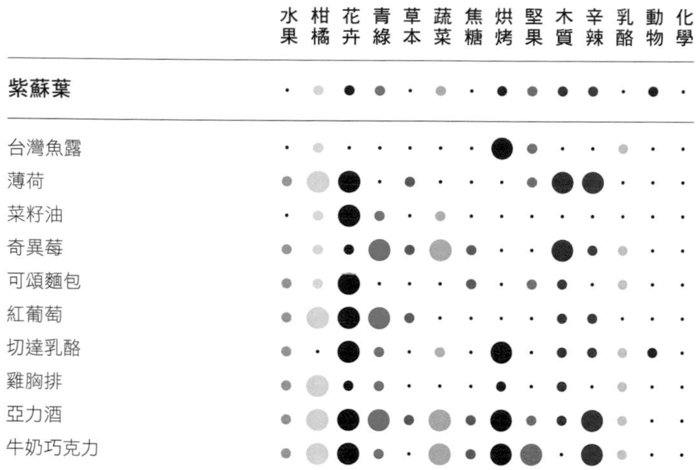

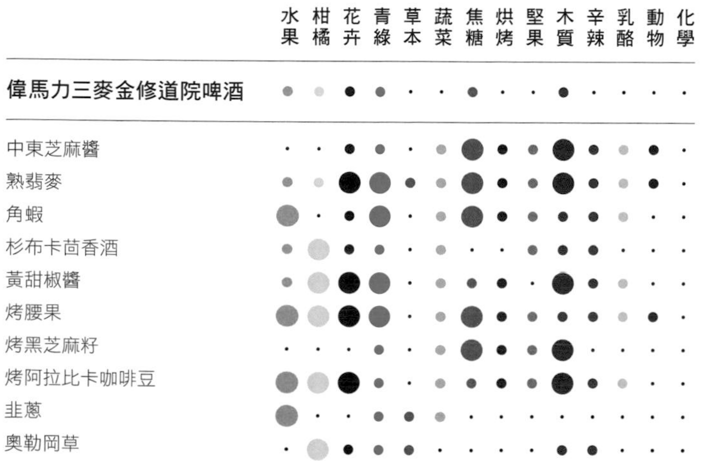

水果 柑橘 花卉 青綠 草本 蔬菜 焦糖 烘烤 堅果 木質 辛辣 乳酪 動物 化學

紫蘇葉

台灣魚露
薄荷
菜籽油
奇異莓
可頌麵包
紅葡萄
切達乳酪
雞胸排
亞力酒
牛奶巧克力

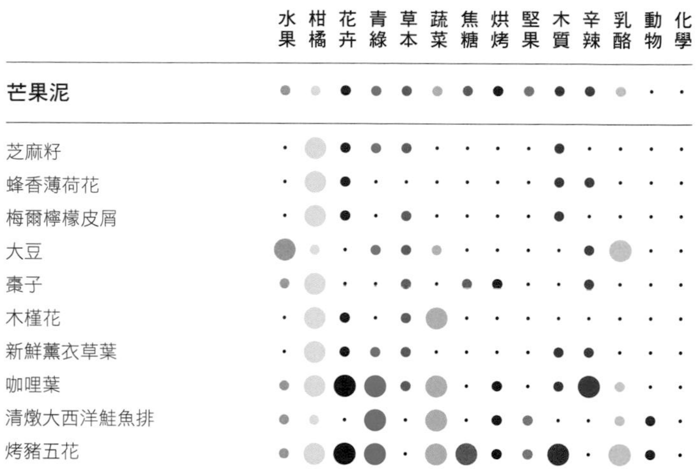

水果 柑橘 花卉 青綠 草本 蔬菜 焦糖 烘烤 堅果 木質 辛辣 乳酪 動物 化學

芒果泥

芝麻籽
蜂香薄荷花
梅爾檸檬皮屑
大豆
榛子
木槿花
新鮮薰衣草葉
咖哩葉
清燉大西洋鮭魚排
烤豬五花

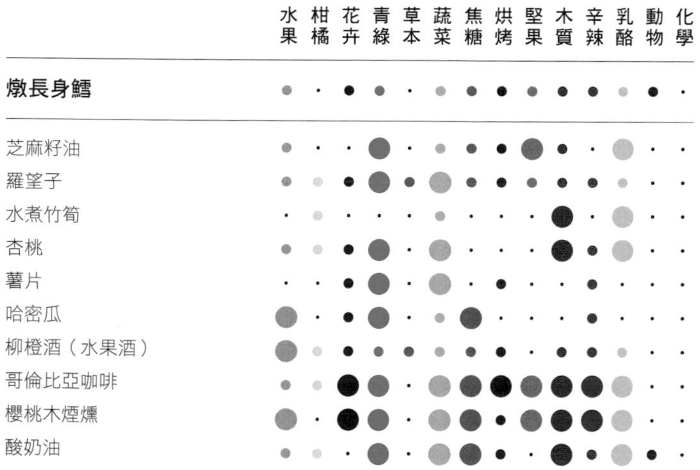

水果 柑橘 花卉 青綠 草本 蔬菜 焦糖 烘烤 堅果 木質 辛辣 乳酪 動物 化學

燉長身鱈

芝麻籽油
羅望子
水煮竹筍
杏桃
薯片
哈密瓜
柳橙酒（水果酒）
哥倫比亞咖啡
櫻桃木煙燻
酸奶油

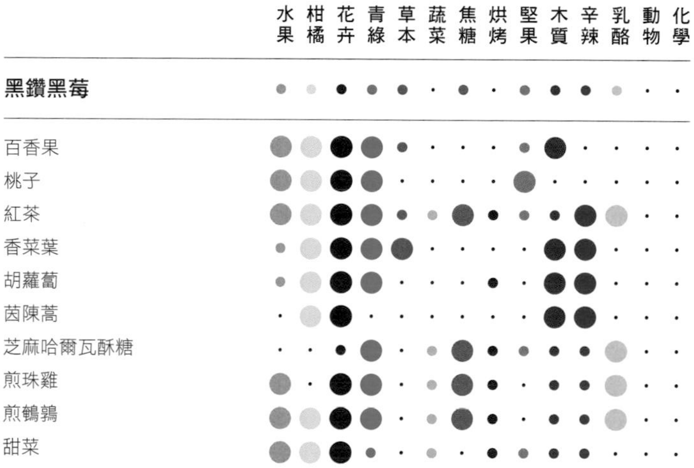

水果 柑橘 花卉 青綠 草本 蔬菜 焦糖 烘烤 堅果 木質 辛辣 乳酪 動物 化學

黑鑽黑莓

百香果
桃子
紅茶
香菜葉
胡蘿蔔
茵陳蒿
芝麻哈爾瓦酥糖
煎珠雞
煎鵪鶉
甜菜

水果 柑橘 花卉 青綠 草本 蔬菜 焦糖 烘烤 堅果 木質 辛辣 乳酪 動物 化學

偉馬力三麥金修道院啤酒

中東芝麻醬
熟翡麥
角蝦
杉布卡茴香酒
黃甜椒醬
烤腰果
烤黑芝麻籽
烤阿拉比卡咖啡豆
韭蔥
奧勒岡草

芒果

芒果有數百種不同栽培品種，其中包含綠皮的肯特芒果和日光漸層色的海頓芒果，兩者皆在二十世紀早期首先栽種於佛羅里達州，還有橘色的阿芳素芒果，它是印度最甜也最具風味的品種。

全世界有數百種芒果栽培品種分布於約九十個不同國家，因此很難為這個受歡迎的熱帶水果描繪出典型的風味輪廓。每一種都有各自獨特的香氣：根據品種不同，從水果味、柑橘味、椰子味到桃子味、花卉味和松木味都有。阿芳素和海頓芒果具強烈的花卉、紫羅蘭香，某些品種則較偏柑橘調。

芒果隸屬於漆樹科，其他成員還包括野葛、腰果和開心果。芒果（Mangifera indica）野生種在至少四千年前首先於印度－緬甸地區被馴化。今日光是芒果屬就有約五十個已知物種，顏色偏綠、黃或紅並經常夾雜紫、粉紅、橘黃或紅色。

芒果香甜多汁的黃色果肉常常被做成果昔、雪酪或其他甜點。未成熟的酸芒果則用來醃漬或熬醬。

測試芒果熟度的方法為按壓最窄的尾部。若果肉稍微凹陷，代表可以吃了。想要芒果散發濃烈味道的話（例如：在蜜餞中），可以考慮使用泡過水的乾芒果片而非新鮮果肉塊。

- 芒果粉（amchoor）由未成熟的去皮芒果乾燥磨粉製成，以撲鼻果香為主要優勢，用來增添柑橘味，但也可取代檸檬汁來軟化肉類。它亦經常和孜然、薑與薄荷一起加入印度夏日清爽飲品「jal jeera」中。
- 在印度和巴基斯坦，新鮮芒果會混合白脫牛奶和糖做成芒果拉西。
- 在泰國料理中，青芒果會切成薄片當成沙拉生食，並以鹽、魚露、萊姆汁和辣椒調味。

馬德拉斯芒果咖哩雪酪佐番薯慕斯

食物搭配獨家食譜

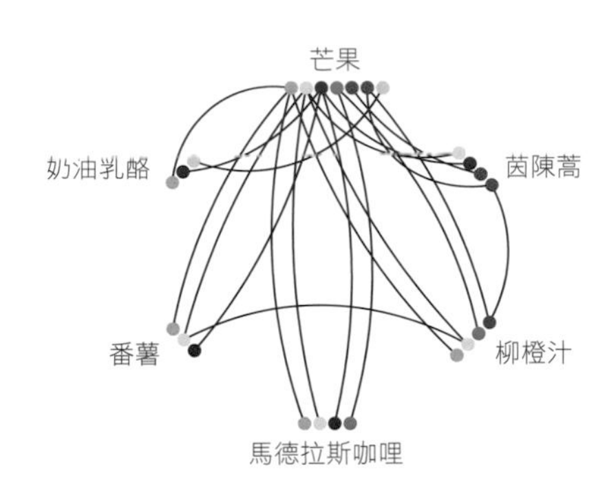

味道強勁的馬德拉斯咖哩醬混合了孜然、咖哩粉、辣椒、大蒜、薑黃、薑和其他香辛料，其中最顯著的便是咖哩葉，增添了刺鼻、萊姆氣息。由英國咖哩餐廳發明的馬德拉斯咖哩調味與一些存在於芒果的木質、柑橘調類似。在這道菜色中，現擠柳橙汁讓馬德拉斯咖哩和芒果雪酪的組合變得較為柔和，因為單獨把這兩種食材放在一起可能對有些人來說味道太重。

番薯和馬德拉斯咖哩及芒果也很搭，它們都擁有花卉、紫羅蘭味調性。將番薯泥和奶油乳酪打勻至滑順柔軟質地，調入打發高脂鮮奶油，接著靜置待用。將馬德拉斯咖哩芒果雪酪和番薯慕斯擺盤，最後淋上青蘋果茵陳蒿糖漿做為胡椒、大茴香味點綴。

芒果

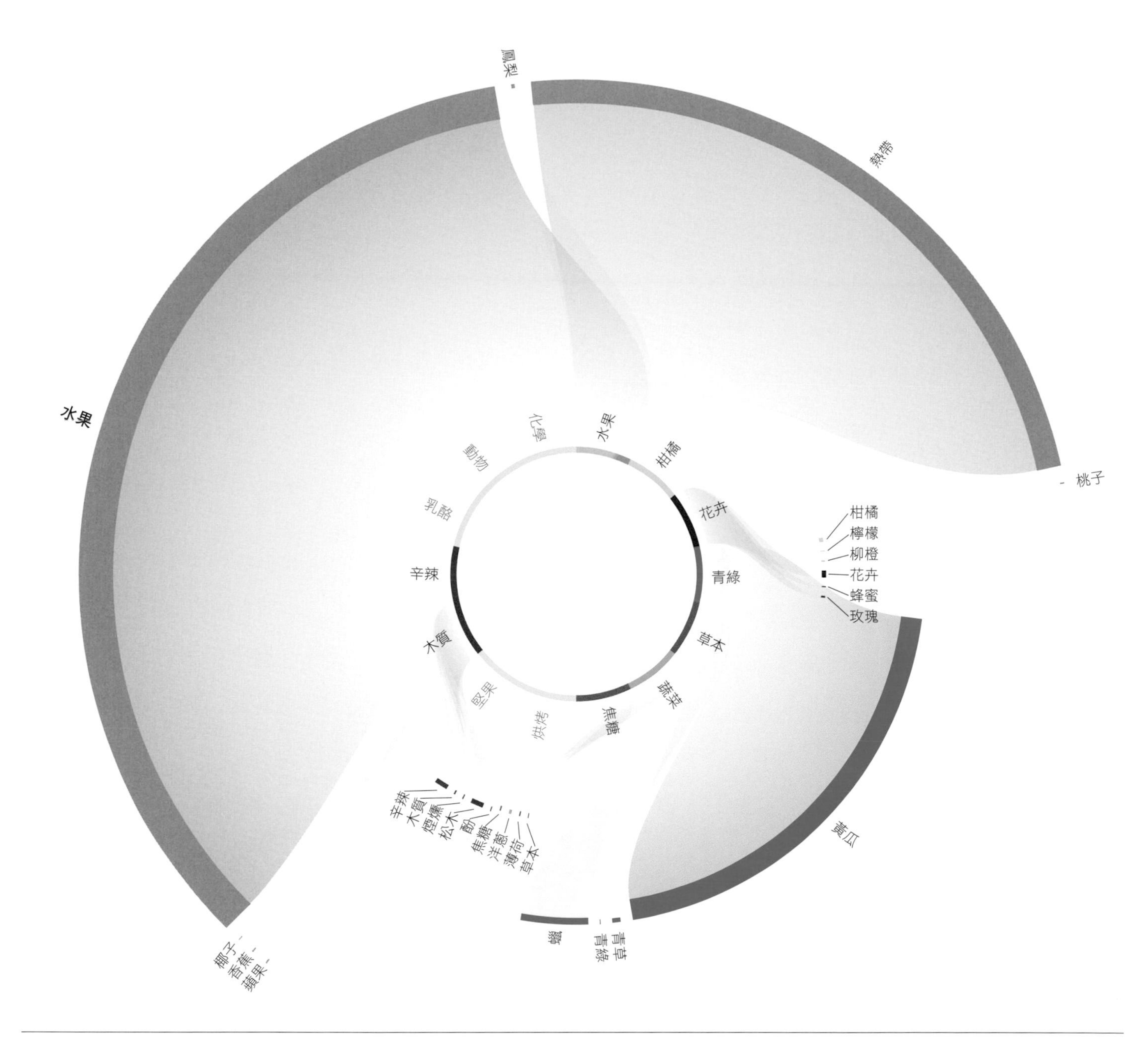

芒果香氣輪廓

不同芒果栽培品種具有一些共同的香氣化合物但濃度不一。芒果中的酯類從水果、蘋果到較偏熱帶的鳳梨或香蕉調性都有。還有 α-蒎烯——這種化合物的松木味在芒果充滿纖維的果肉中特別明顯。內酯也普遍存在：在阿芳素芒果裡聞起來像椰子味琴酒；在海頓芒果裡較具桃子香。

	水果	柑橘	花卉	青綠	草本	蔬菜	焦糖	烘烤	堅果	木質	辛辣	乳酪	動物	化學
芒果	•	•	•	•	•	•	•	·	·	•	•	·	·	·
豆蔻葉	•	·	●	•	·	•	•	·	•	●	•	•	·	·
水煮防風根	●	•	·	●	·	•	·	·	•	●	•	·	·	·
番紅花	·	●	●	•	·	·	·	·	·	•	·	•	·	·
紅茶	●	●	●	●	●	●	●	•	•	●	●	•	·	·
葛瑞爾乳酪	●	●	●	●	·	·	·	·	•	●	●	•	·	·
清燉多寶魚	•	·	●	●	·	•	·	·	●	·	·	•	•	·
蒸芥菜	·	·	·	●	·	•	·	·	·	·	●	•	·	·
中東芝麻醬	·	·	●	●	·	●	●	•	•	●	•	•	•	·
乾式熟成牛肉	●	●	●	●	·	●	●	•	•	●	●	•	•	·
罐頭番茄	●	●	●	●	●	●	·	•	•	·	●	•	·	·

食譜搭配：芒果和馬德拉斯咖哩

芒果和新鮮馬德拉斯咖哩醬的水果味是絕配。若要製作簡易芒果咖哩，將一些洋蔥和大蒜稍微炒過，接著拌入咖哩醬煮幾分鐘。加入水、椰漿和芒果塊。以萊姆汁調味，或許再來一點辣椒，小火煨煮。這道香辣綿密的菜餚完成後和白飯一起享用。

潛在搭配：芒果和罐頭番茄

製作番茄醬最簡單的方法之一是以橄欖油軟化大蒜和洋蔥，接著加入罐頭番茄煨煮四十五分鐘收汁。撒鹽和胡椒調味。拌入切碎的芒果創造果香變化，搭配雞肉或煎鮭魚上桌，也可以用於披薩。

芒果食材搭配

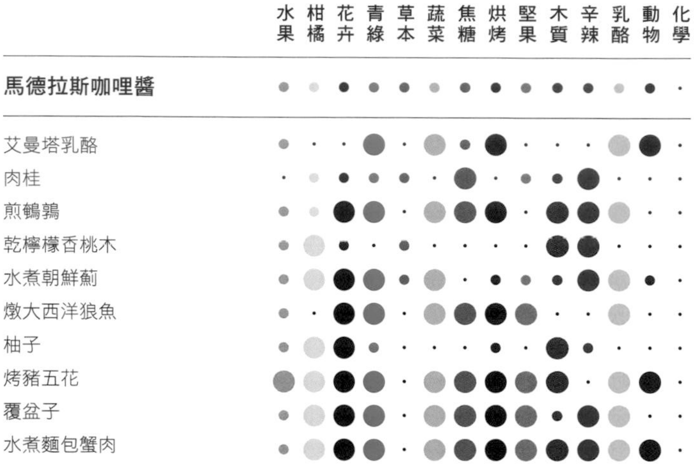

水果 柑橘 花卉 青綠 草本 蔬菜 焦糖 烘烤 堅果 木質 辛辣 乳酪 動物 化學

馬德拉斯咖哩醬

艾曼塔乳酪
肉桂
煎鵪鶉
乾檸檬香桃木
水煮朝鮮薊
燉大西洋狼魚
柚子
烤豬五花
覆盆子
水煮麵包蟹肉

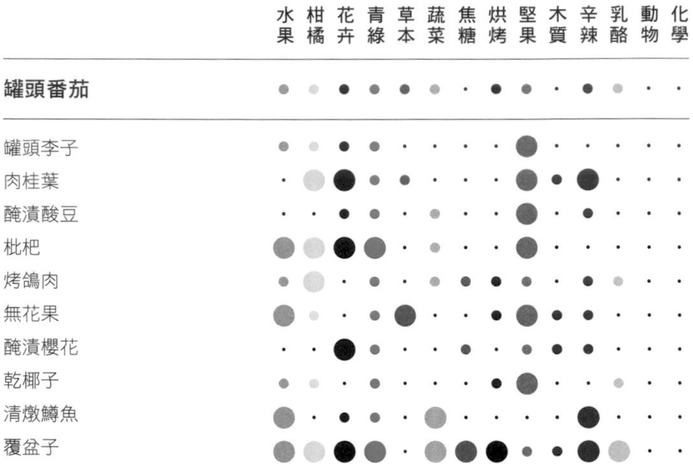

水果 柑橘 花卉 青綠 草本 蔬菜 焦糖 烘烤 堅果 木質 辛辣 乳酪 動物 化學

罐頭番茄

罐頭李子
肉桂葉
醃漬酸豆
枇杷
烤鴿肉
無花果
醃漬櫻花
乾椰子
清燉鱒魚
覆盆子

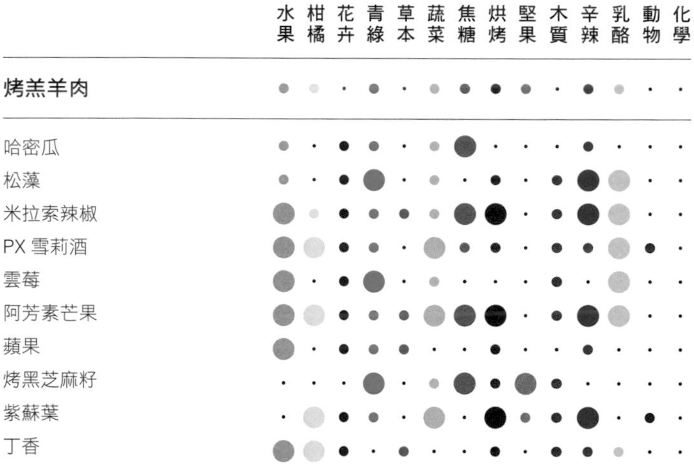

水果 柑橘 花卉 青綠 草本 蔬菜 焦糖 烘烤 堅果 木質 辛辣 乳酪 動物 化學

烤羔羊肉

哈密瓜
松藻
米拉索辣椒
PX 雪莉酒
雲莓
阿芳素芒果
蘋果
烤黑芝麻籽
紫蘇葉
丁香

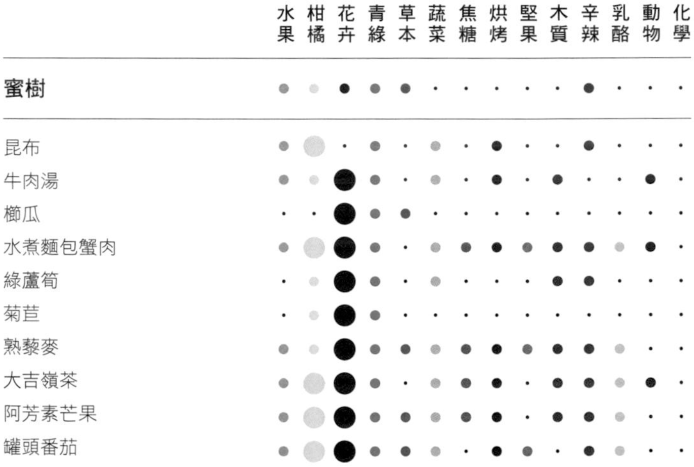

水果 柑橘 花卉 青綠 草本 蔬菜 焦糖 烘烤 堅果 木質 辛辣 乳酪 動物 化學

蜜樹

昆布
牛肉湯
櫛瓜
水煮麵包蟹肉
綠蘆筍
菊苣
熟藜麥
大吉嶺茶
阿芳素芒果
罐頭番茄

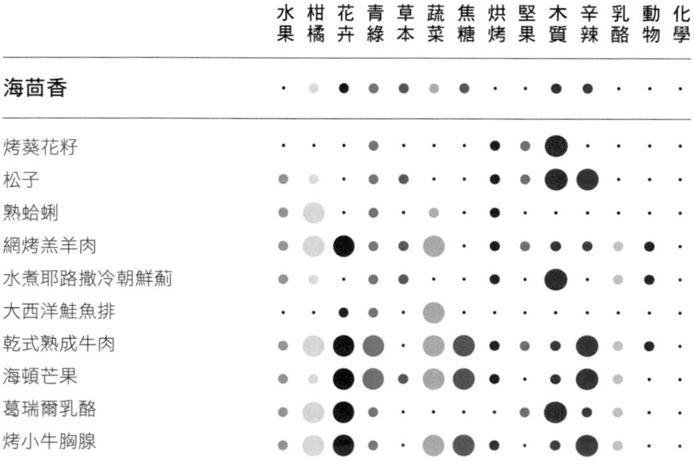

水果 柑橘 花卉 青綠 草本 蔬菜 焦糖 烘烤 堅果 木質 辛辣 乳酪 動物 化學

海茴香

烤葵花籽
松子
熟蛤蜊
網烤羔羊肉
水煮耶路撒冷朝鮮薊
大西洋鮭魚排
乾式熟成牛肉
海頓芒果
葛瑞爾乳酪
烤小牛胸腺

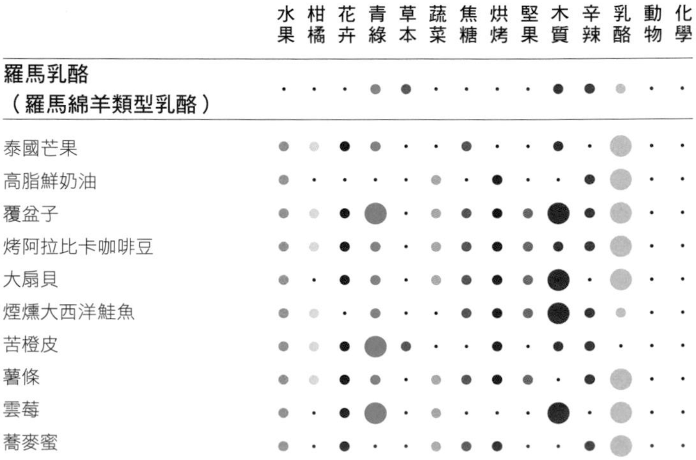

水果 柑橘 花卉 青綠 草本 蔬菜 焦糖 烘烤 堅果 木質 辛辣 乳酪 動物 化學

羅馬乳酪（羅馬綿羊類型乳酪）

泰國芒果
高脂鮮奶油
覆盆子
烤阿拉比卡咖啡豆
大扇貝
煙燻大西洋鮭魚
苦橙皮
薯條
雲莓
蕎麥蜜

潛在搭配：芒果和番紅花

試試在芒果拉西裡加幾絲番紅花增添額外風味和色調。

潛在搭配：芒果和巴薩米克醋

將芒果片、紅洋蔥和羊萵苣（野苣）組合在一起就是一道可以快速完成的沙拉，最後再淋上些許橄欖油和巴薩米克醋（見次頁）。產於摩德納的傳統巴薩米克醋與較便宜的商業版本皆和新鮮芒果擁有共同的花卉和蜂蜜調。

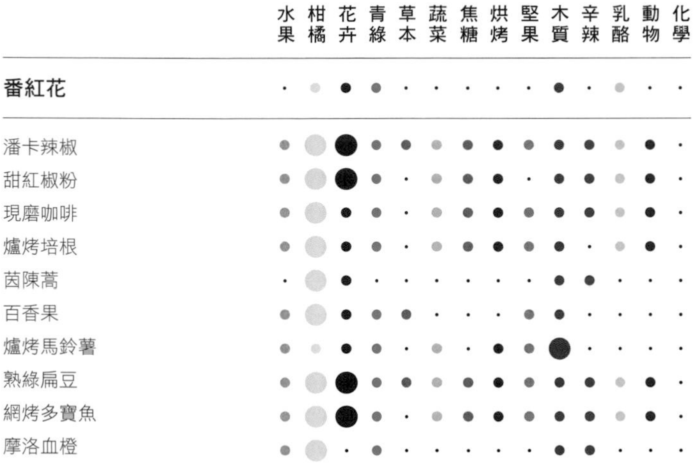

	水果	柑橘	花卉	青綠	草本	蔬菜	焦糖	烘烤	堅果	木質	辛辣	乳酪	動物	化學
番紅花														
潘卡辣椒														
甜紅椒粉														
現磨咖啡														
爐烤培根														
茵陳蒿														
百香果														
爐烤馬鈴薯														
熟綠扁豆														
網烤多寶魚														
摩洛血橙														

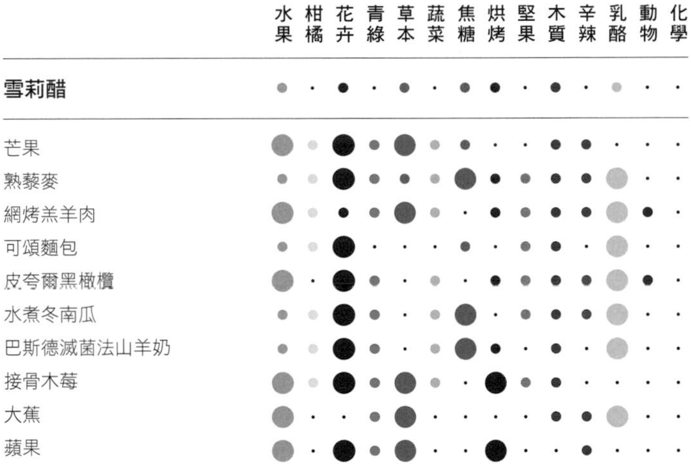

	水果	柑橘	花卉	青綠	草本	蔬菜	焦糖	烘烤	堅果	木質	辛辣	乳酪	動物	化學
聖杰曼香甜酒														
鴨兒芹														
大西洋鮭魚排														
帕爾馬火腿														
葡萄														
柿子														
沙朗牛肉														
阿芳素芒果														
半硬質山羊乳酪														
煎鹿肉														
祕魯黃辣椒														

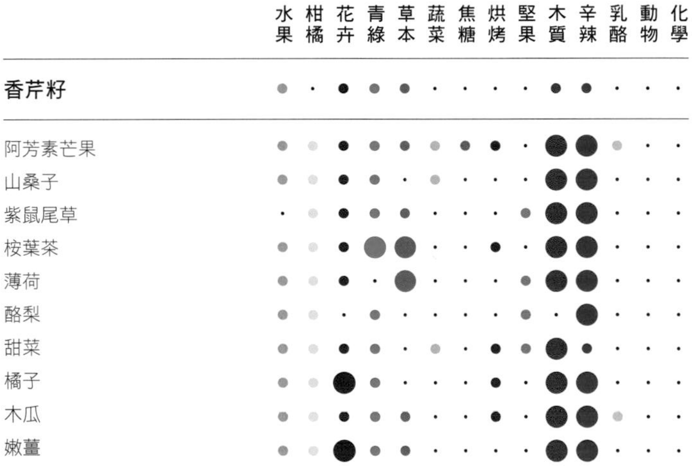

	水果	柑橘	花卉	青綠	草本	蔬菜	焦糖	烘烤	堅果	木質	辛辣	乳酪	動物	化學
杏桃白蘭地														
綠甘藍														
洋槐蜂蜜														
水煮番薯														
腰果														
北京烤鴨														
大豆味噌														
鱈魚排														
芒果														
水牛莫札瑞拉乳酪														
網烤多寶魚														

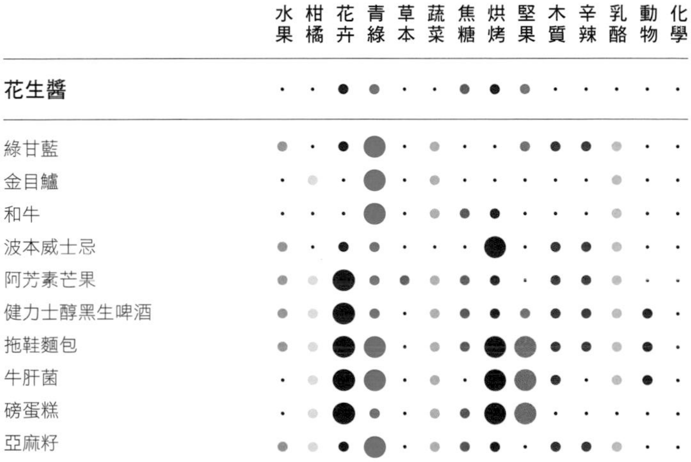

	水果	柑橘	花卉	青綠	草本	蔬菜	焦糖	烘烤	堅果	木質	辛辣	乳酪	動物	化學
雪莉醋														
芒果														
熟藜麥														
網烤羔羊肉														
可頌麵包														
皮夸爾黑橄欖														
水煮冬南瓜														
巴斯德滅菌法山羊奶														
接骨木莓														
大蕉														
蘋果														

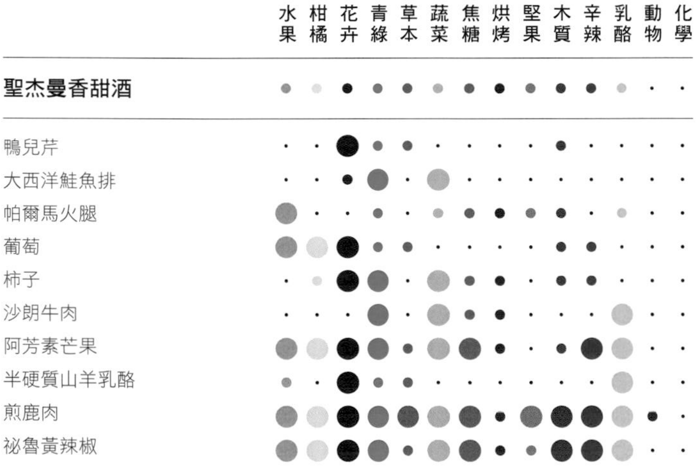

	水果	柑橘	花卉	青綠	草本	蔬菜	焦糖	烘烤	堅果	木質	辛辣	乳酪	動物	化學
香芹籽														
阿芳素芒果														
山桑子														
紫鼠尾草														
桉葉茶														
薄荷														
酪梨														
甜菜														
橘子														
木瓜														
嫩薑														

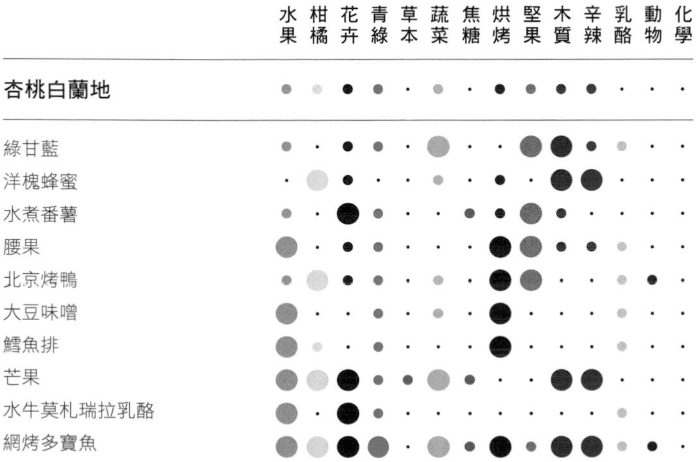

	水果	柑橘	花卉	青綠	草本	蔬菜	焦糖	烘烤	堅果	木質	辛辣	乳酪	動物	化學
花生醬														
綠甘藍														
金目鱸														
和牛														
波本威士忌														
阿芳素芒果														
健力士醇黑生啤酒														
拖鞋麵包														
牛肝菌														
磅蛋糕														
亞麻籽														

巴薩米克醋

傳統巴薩米克醋的分析顯示大部分的香氣分子為聞起來像醋的醋酸，其餘則是在發酵過程中產生的分子，具巴薩米克醋味並帶有明顯的酸、乳酪調性。

傳統巴薩米克醋的製造長久以來都是義大利人的驕傲。雷焦艾米利亞（Reggio Emilia）和摩德納（Modena）的生產者遵循嚴格法規，以取得原產地名稱保護（Denominazione di Origine Protetta）標示。僅有當地晚採收的藍布魯斯科或特雷比奧羅葡萄品種可以用來製作葡萄濃縮汁（mosto），它經過熬煮和發酵三週後移至木桶（batteria）中——橡木、栗木、桑木、櫻桃木、梣木和杜松——熟成至少十二年。桶子會越換越小，越小的桶子裝的醋越老。每年熟成最久的醋會有一部分從最小的木桶裡取出裝瓶，接著取前一個木桶裡較年輕的醋補足減少的量，以此類推完成循環，直到最大的木桶填入開始醋化的葡萄濃縮汁。

和上等雪莉酒及波特酒的索雷拉（solera）陳年系統類似，隨著水分從木桶間隙蒸發，醋也越來越濃縮。從一個木桶換到另一個的過程使醋吸收不同木頭的香氣，風味輪廓發展出層層複雜度。最後由公會（consorzio）的專業品醋員指定年份：紅標「陳醋」（affinato），約略等同於十二年；銀標「老醋」（vecchio）為十五至二十年；金標「特級老醋」（extra vecchio）則為二十五年頂級巴薩米克醋。當然，這些年份只是一個大概，因為巴薩米克醋換桶的製造程序無法判定實際年份。

- 在切成薄片的帕瑪森乳酪上滴幾滴傳統巴薩米克醋是經典搭配。
- 把二十五年以上的巴薩米克醋當成開胃酒和消化酒飲用是一項義大利傳統。
- 大量生產、非古法釀造的摩德納巴薩米克醋雖然比不上雷焦艾米利亞和摩德納正宗巴薩米克醋的價位，但很適合使用於沙拉油醋醬和其他菜餚。

相關香氣輪廓：商業巴薩米克醋

商業巴薩米克醋通常混合了葡萄酒醋、煮過的葡萄濃縮汁和焦糖色素，比起傳統類型具有較高濃度的焦糖、乳酪－酸和花卉調。

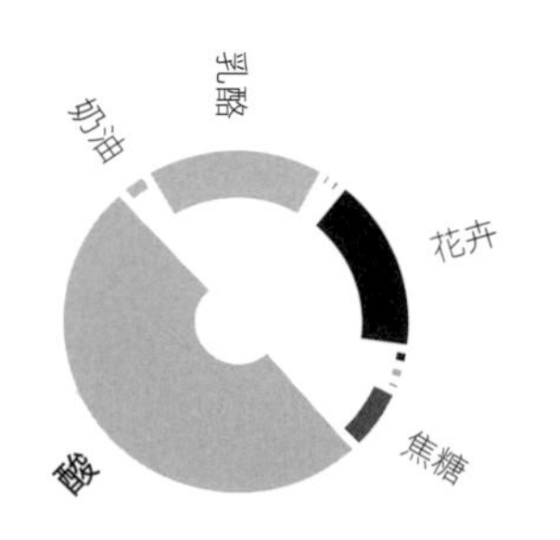

	水果	柑橘	花卉	青綠	草本	蔬菜	焦糖	烘烤	堅果	木質	辛辣	乳酪	動物	化學
巴薩米克醋	•	·	•	•	·	•	•	•	·	·	·	•	·	·
大溪地香草	•	·	•	•	·	·	·	·	·	•	•	●	·	·
紫蘇葉	·	•	•	•	·	●	·	•	•	•	•	·	•	·
北京烤鴨	•	•	•	•	·	●	·	•	•	·	·	●	•	·
大蝦	•	•	•	•	·	•	●	•	•	•	•	●	•	·
辣根泥	•	·	●	•	·	•	•	·	·	·	•	●	·	·
草莓	•	•	•	•	·	•	●	·	·	•	•	●	·	·
清燉鮭魚	•	•	·	•	·	●	·	•	•	·	•	•	·	·
深烤杏仁	●	•	●	·	·	·	·	●	•	•	·	●	·	·
紅茶	●	•	●	•	•	•	●	●	•	•	•	●	·	·
奶油乳酪	•	•	•	•	·	•	●	●	·	•	·	●	·	·

傳統巴薩米克醋

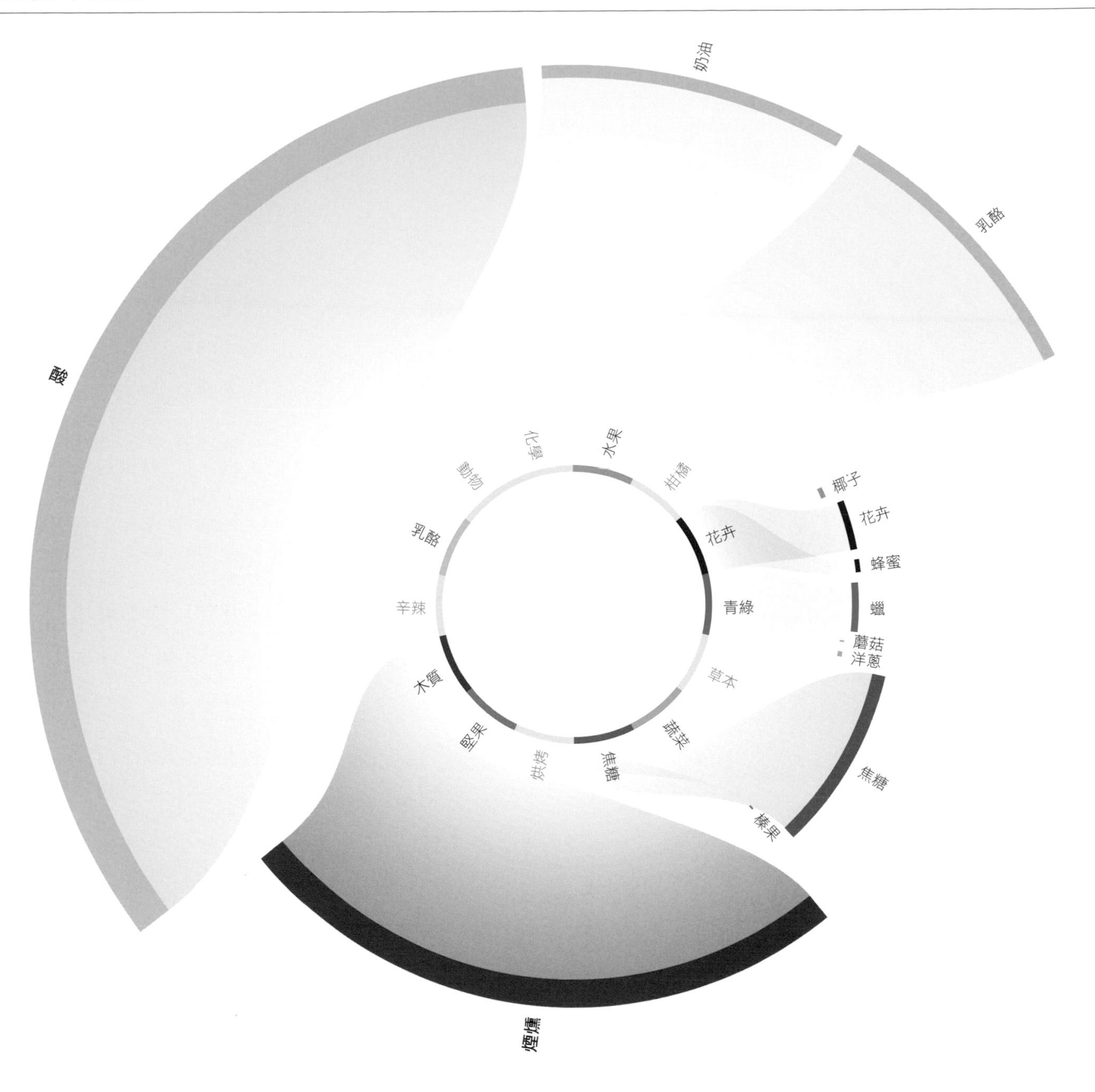

傳統巴薩米克醋香氣輪廓

傳統巴薩米克醋的分析顯示大部分的香氣分子為聞起來像醋的醋酸，其餘則是在發酵過程中產生的分子，具巴薩米克醋味並帶有明顯的酸、乳酪調性。熬煮葡萄濃縮汁會產生焦糖調——在發酵之前發展出來的另一個關鍵香氣化合物，發酵過程則會產生乳酪－酸調。巴薩米克醋的香氣輪廓隨著換桶吸收不同木頭的煙燻香氣而變得越來越複雜。傳統的熟成過程賦予它些微煙燻味，與蘆筍、甜菜、黑巧克力和帕瑪森乳酪等食材形成香氣連結。

	水果	柑橘	花卉	青綠	草本	蔬菜	焦糖	烘烤	堅果	木質	辛辣	乳酪	動物	化學
傳統巴薩米克醋	●	·	●	●	·	●	●	·	●	●	·	●	·	·
紅葡萄	●	●	⬤	●	●	·	·	·	·	●	●	·	·	·
巴西切葉蟻	●	●	⬤	●	·	●	●	●	●	●	●	⬤	●	·
番薯	●	●	●	●	·	·	●	●	●	●	·	⬤	·	·
索布拉薩達（喬利佐香腸抹醬）	●	●	⬤	●	·	●	●	●	●	●	●	⬤	·	·
煙燻大西洋鮭魚排	●	●	·	●	·	·	●	●	●	⬤	●	⬤	·	·
可可粉	●	●	⬤	·	·	●	●	●	●	●	●	⬤	●	·
薄荷	●	●	⬤	·	●	·	·	·	●	⬤	●	⬤	·	·
老抽	●	·	⬤	●	·	⬤	●	●	·	⬤	●	⬤	●	·
成熟切達乳酪	●	●	⬤	●	·	●	●	●	·	⬤	·	⬤	·	·
熟黑皮波羅門參	●	·	●	●	·	●	●	●	●	·	●	⬤	·	·

經典搭配：巴薩米克醋和草莓

在新鮮草莓上滴幾滴二十五年以上的巴薩米克醋是風味的完美結合。巴薩米克醋的酸甜、強烈撲鼻味能加強草莓的甜並形成對比，並帶出柑橘和花卉調。

經典搭配：巴薩米克醋、橄欖油和麵包

有些人聲稱拿麵包沾小碟子裡的橄欖油和巴薩米克醋享用是義大利吃法，有些人則視為美式作風。無論如何，這些食材組合在一起都相當美味。

巴薩米克醋食材搭配

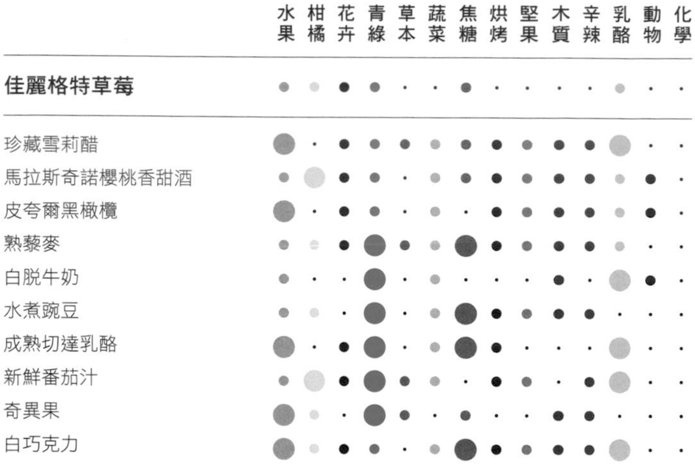

水果 柑橘 花卉 青綠 草本 蔬菜 焦糖 烘烤 堅果 木質 辛辣 乳酪 動物 化學

佳麗格特草莓

- 珍藏雪莉醋
- 馬拉斯奇諾櫻桃香甜酒
- 皮夸爾黑橄欖
- 熟藜麥
- 白脫牛奶
- 水煮豌豆
- 成熟切達乳酪
- 新鮮番茄汁
- 奇異果
- 白巧克力

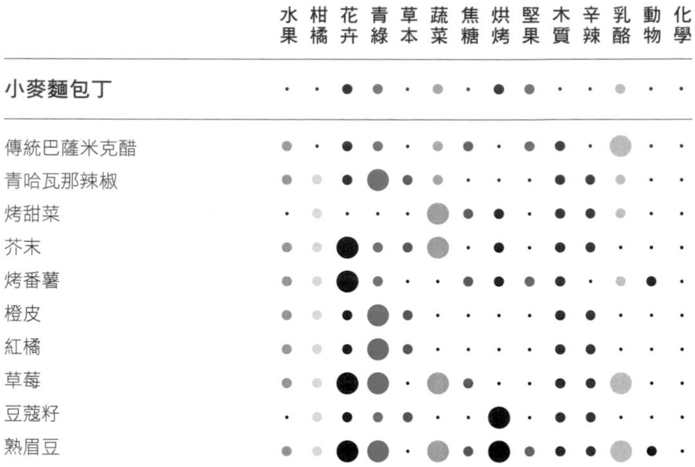

水果 柑橘 花卉 青綠 草本 蔬菜 焦糖 烘烤 堅果 木質 辛辣 乳酪 動物 化學

雅文邑

- 牛奶巧克力
- 成熟切達乳酪
- 韓國辣醬
- 杏仁榛果抹醬
- 法國長棍麵包
- 日本梅子
- 熟藜麥
- 椰子水
- 巴薩米克醋
- 香蕉

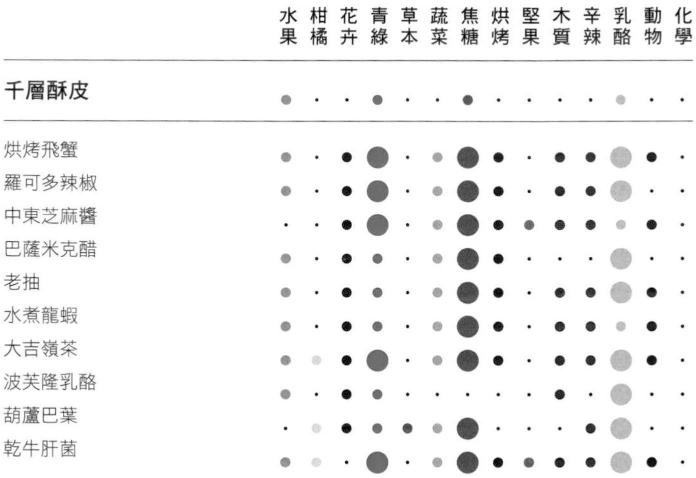

水果 柑橘 花卉 青綠 草本 蔬菜 焦糖 烘烤 堅果 木質 辛辣 乳酪 動物 化學

李子

- 甜紅椒粉
- 珍藏雪莉醋
- 烤番薯
- 烤腰果
- 爐烤牛排
- 魚子醬
- 葛瑞爾乳酪
- 菊苣
- 黃瓜
- 清燉烏魚

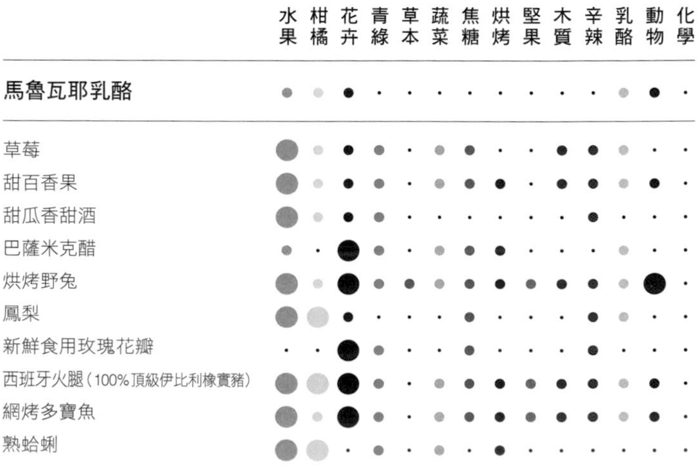

水果 柑橘 花卉 青綠 草本 蔬菜 焦糖 烘烤 堅果 木質 辛辣 乳酪 動物 化學

小麥麵包丁

- 傳統巴薩米克醋
- 青哈瓦那辣椒
- 烤甜菜
- 芥末
- 烤番薯
- 橙皮
- 紅橘
- 草莓
- 豆蔻籽
- 熟眉豆

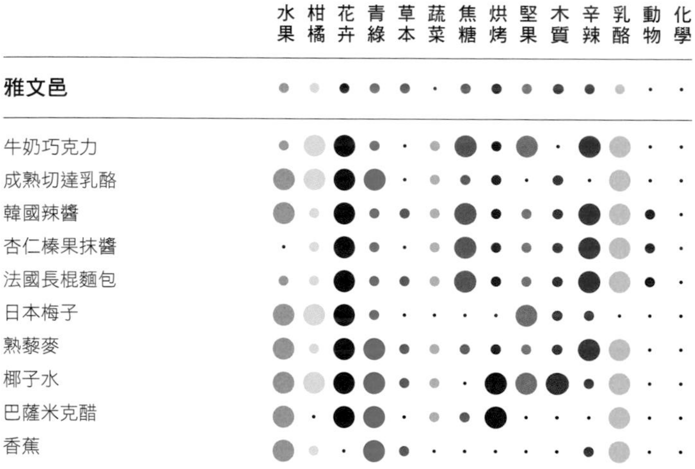

水果 柑橘 花卉 青綠 草本 蔬菜 焦糖 烘烤 堅果 木質 辛辣 乳酪 動物 化學

千層酥皮

- 烘烤飛蟹
- 羅可多辣椒
- 中東芝麻醬
- 巴薩米克醋
- 老抽
- 水煮龍蝦
- 大吉嶺茶
- 波芙隆乳酪
- 葫蘆巴葉
- 乾牛肝菌

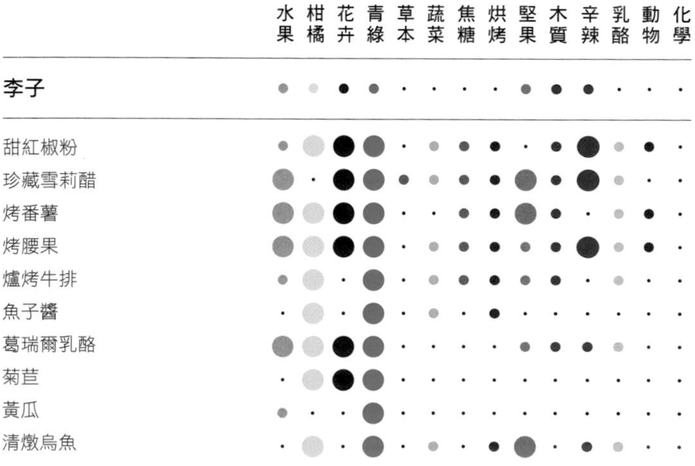

水果 柑橘 花卉 青綠 草本 蔬菜 焦糖 烘烤 堅果 木質 辛辣 乳酪 動物 化學

馬魯瓦耶乳酪

- 草莓
- 甜百香果
- 甜瓜香甜酒
- 巴薩米克醋
- 烘烤野兔
- 鳳梨
- 新鮮食用玫瑰花瓣
- 西班牙火腿（100%頂級伊比利橡實豬）
- 網烤多寶魚
- 熟蛤蜊

潛在搭配：巴薩米克醋和西印度櫻桃

西印度櫻桃是一種長得像櫻桃的多汁水果，紅皮黃肉，原產於中南美洲。它富含維生素C，具有高抗氧化能力，被視為超級食物，最常製成果汁飲用。

經典搭配：巴薩米克醋和四季豆

試試在剛嫩煎或炒好的蔬菜上加幾滴巴薩米克醋——增添清爽風味。四季豆（見次頁）和巴薩米克醋具有一些相同的蔬菜－蘑菇香氣以及乳酪－酸調性。

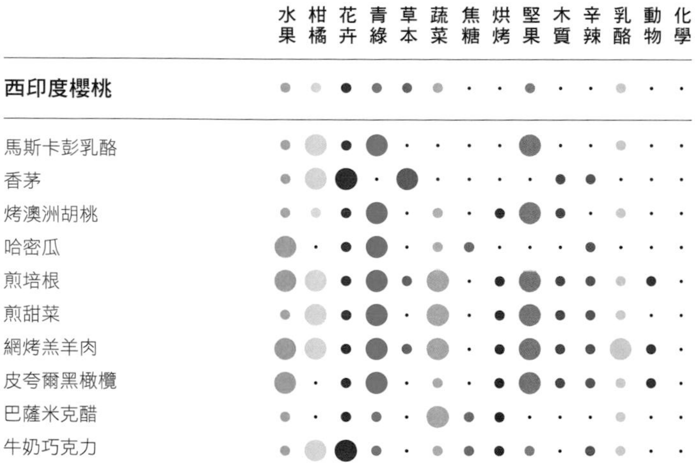

	水果	柑橘	花卉	青綠	草本	蔬菜	焦糖	烘烤	堅果	木質	辛辣	乳酪	動物	化學
西印度櫻桃	•	•	•	•	•	•	·	·	•	·	·	•	·	·
馬斯卡彭乳酪	•	●	•	●	·	·	·	·	●	·	·	•	·	·
香茅	•	●	●	·	●	·	·	·	·	•	•	·	·	·
烤澳洲胡桃	•	•	•	●	·	•	·	•	●	•	·	•	·	·
哈密瓜	●	·	•	●	·	•	•	·	·	·	•	·	·	·
煎培根	●	●	•	●	•	●	·	•	●	•	•	•	•	·
煎甜菜	•	●	•	●	·	●	·	•	●	•	•	•	·	·
網烤羔羊肉	●	●	•	●	•	●	·	•	●	•	•	●	•	·
皮夸爾黑橄欖	●	·	•	●	·	•	·	•	●	•	•	•	•	·
巴薩米克醋	•	·	•	•	·	●	•	•	·	·	·	•	·	·
牛奶巧克力	•	●	●	•	·	•	•	•	•	·	•	•	·	·

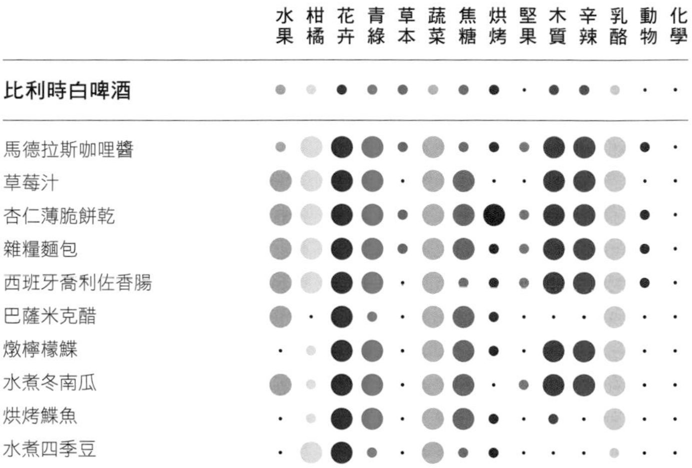

	水果	柑橘	花卉	青綠	草本	蔬菜	焦糖	烘烤	堅果	木質	辛辣	乳酪	動物	化學
比利時白啤酒	•	•	•	•	•	•	•	•	·	•	•	•	·	·
馬德拉斯咖哩醬	•	●	●	●	•	●	•	•	•	●	●	●	•	·
草莓汁	●	●	●	●	·	●	●	·	·	●	●	●	·	·
杏仁薄脆餅乾	●	●	●	●	•	●	●	●	•	●	●	●	•	·
雜糧麵包	●	●	●	●	•	●	●	•	•	●	●	●	•	·
西班牙喬利佐香腸	●	●	●	●	·	●	•	•	•	●	●	●	•	·
巴薩米克醋	●	·	●	•	·	●	●	•	·	·	·	●	·	·
燉檸檬鰈	·	•	●	●	·	●	●	•	·	●	●	●	·	·
水煮冬南瓜	●	•	●	●	·	●	●	·	•	●	●	●	·	·
烘烤鰈魚	·	•	●	●	·	●	●	•	·	•	·	●	·	·
水煮四季豆	·	●	●	•	·	●	•	•	·	·	·	•	·	·

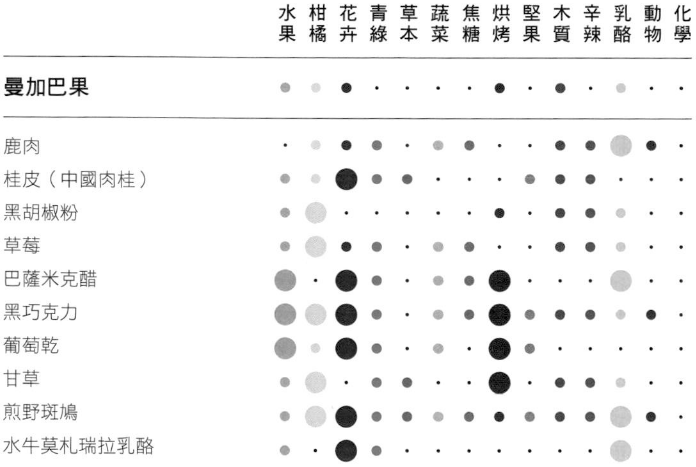

	水果	柑橘	花卉	青綠	草本	蔬菜	焦糖	烘烤	堅果	木質	辛辣	乳酪	動物	化學
曼加巴果	•	•	•	·	·	·	·	•	·	•	·	•	·	·
鹿肉	·	•	•	•	·	•	•	·	·	•	•	●	•	·
桂皮（中國肉桂）	•	•	●	•	•	·	·	·	•	•	•	·	·	·
黑胡椒粉	•	●	·	·	·	·	·	•	·	•	•	•	·	·
草莓	•	●	•	•	·	•	•	·	·	•	•	•	·	·
巴薩米克醋	●	·	●	•	·	•	•	●	·	·	·	●	·	·
黑巧克力	●	●	●	•	·	•	•	●	•	•	•	•	•	·
葡萄乾	●	•	●	•	·	•	·	●	•	·	·	·	·	·
甘草	•	●	·	•	•	·	·	●	·	•	•	•	·	·
煎野斑鳩	•	●	●	•	•	•	•	•	•	•	•	●	•	·
水牛莫札瑞拉乳酪	•	·	●	•	·	·	·	·	·	·	·	●	·	·

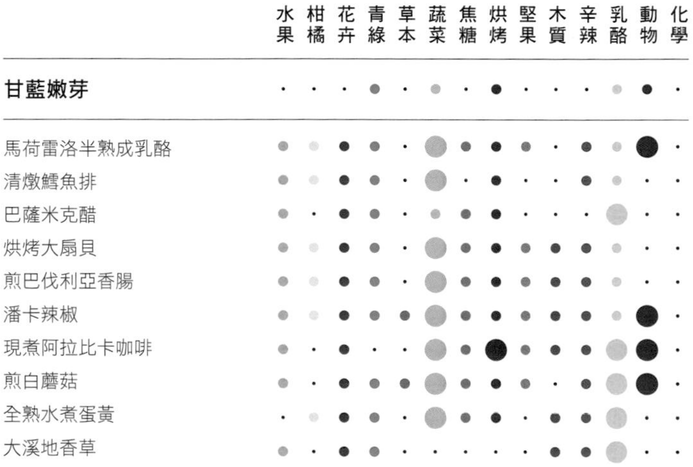

	水果	柑橘	花卉	青綠	草本	蔬菜	焦糖	烘烤	堅果	木質	辛辣	乳酪	動物	化學
甘藍嫩芽	·	·	·	•	·	•	·	•	·	·	·	•	•	·
馬荷雷洛半熟成乳酪	•	•	•	•	·	●	•	•	•	·	•	•	●	·
清燉鱈魚排	•	•	•	•	·	●	·	•	·	·	•	•	·	·
巴薩米克醋	•	·	•	•	·	•	•	•	·	·	·	●	·	·
烘烤大扇貝	•	•	•	•	·	●	•	•	•	•	•	•	·	·
煎巴伐利亞香腸	•	•	•	•	·	●	•	•	•	•	•	•	·	·
潘卡辣椒	•	•	•	•	•	●	•	•	•	•	•	•	●	·
現煮阿拉比卡咖啡	•	·	•	·	·	●	•	●	•	•	•	●	●	·
煎白蘑菇	•	·	•	•	•	●	•	•	•	·	•	●	●	·
全熟水煮蛋黃	·	•	•	•	·	●	•	•	·	•	•	●	·	·
大溪地香草	•	·	•	•	·	·	·	·	·	•	•	●	·	·

四季豆

吡嗪讓生四季豆具有泥土、青綠味，經過任何形式的加熱過程會產生改變。

四季豆細長的豆莢邊緣有一條纖維絲，今日的商業種植品種已改良到食用之前不必再去絲。

這些豆類有著各式各樣的顏色、形狀和大小，像是柔軟的綠色法國青豆——每個廚師的最愛——又扁又寬的義大利羅馬豆、淡黃色的蠟豆以及其他攀緣種類，像是醒目的紅色長豇豆或富含花青素的紫豆。

四季豆是普通菜豆 *Phaseolus vulgaris* 的後代，這種攀緣植物原產於墨西哥和祕魯，仍存在於野外。有證據顯示它從數千年前開始被栽種，隨著人類遷徙散播至中北美洲，再由葡萄牙殖民者在十六世紀引入非洲和歐洲，今日已成為世界各地重要的糧食作物。

我們對四季豆的印象其實是未成熟豆莢。若不斷成熟使內部種子膨脹、外殼乾枯，會變得無法食用。成熟四季豆在味道、顏色和大小方面差異甚大，視栽培品種而定。例如：腎豆、笛豆和斑豆都是普通菜豆的品種，黑豆、博羅特豆和白腰豆亦然。

不過，也有其他常見的豆類即使與四季豆外觀相似卻無親戚關係，包括花豆以及被認為原產於亞洲的蠶豆。

和其他豆科植物一樣，四季豆含有凝集素（植物血球凝集素），由植物生成，使葉和莢不受害蟲侵害。然而，若豆子煮得不夠熟（須達到 100°C），這種化學物質對人類來說也會造成問題。植物血球凝集素含量根據栽培品種不同而有所差異；舉例而言，紅腎豆含有非常高的濃度，食用之前必須浸泡並以滾水煮熟，四季豆的毒性則相當輕微。許多人生吃四季豆並不會感到任何不適，但充分證據也顯示有些人會產生過敏反應，可能在僅僅數小時之內導致嚴重食物中毒。

- 若要測試你的四季豆品質，折幾根豆莢試試看。新鮮柔軟的四季豆很容易折斷。
- 對許多美國人來說，感恩節若沒有吃焗烤四季豆就會感覺不對勁。這道菜的做法是將四季豆和罐頭蘑菇濃湯混合後烘烤，再撒上一層酥脆炸洋蔥。
- 試試將四季豆炸成日式天婦羅，搭配咖哩鹽沾著吃並撒些許新鮮檸檬汁。
- 在比利時，經典列日沙拉以熟四季豆、水煮馬鈴薯、炸培根、半熟蛋和紅蔥淋上法式油醋醬做成。

水煮四季豆

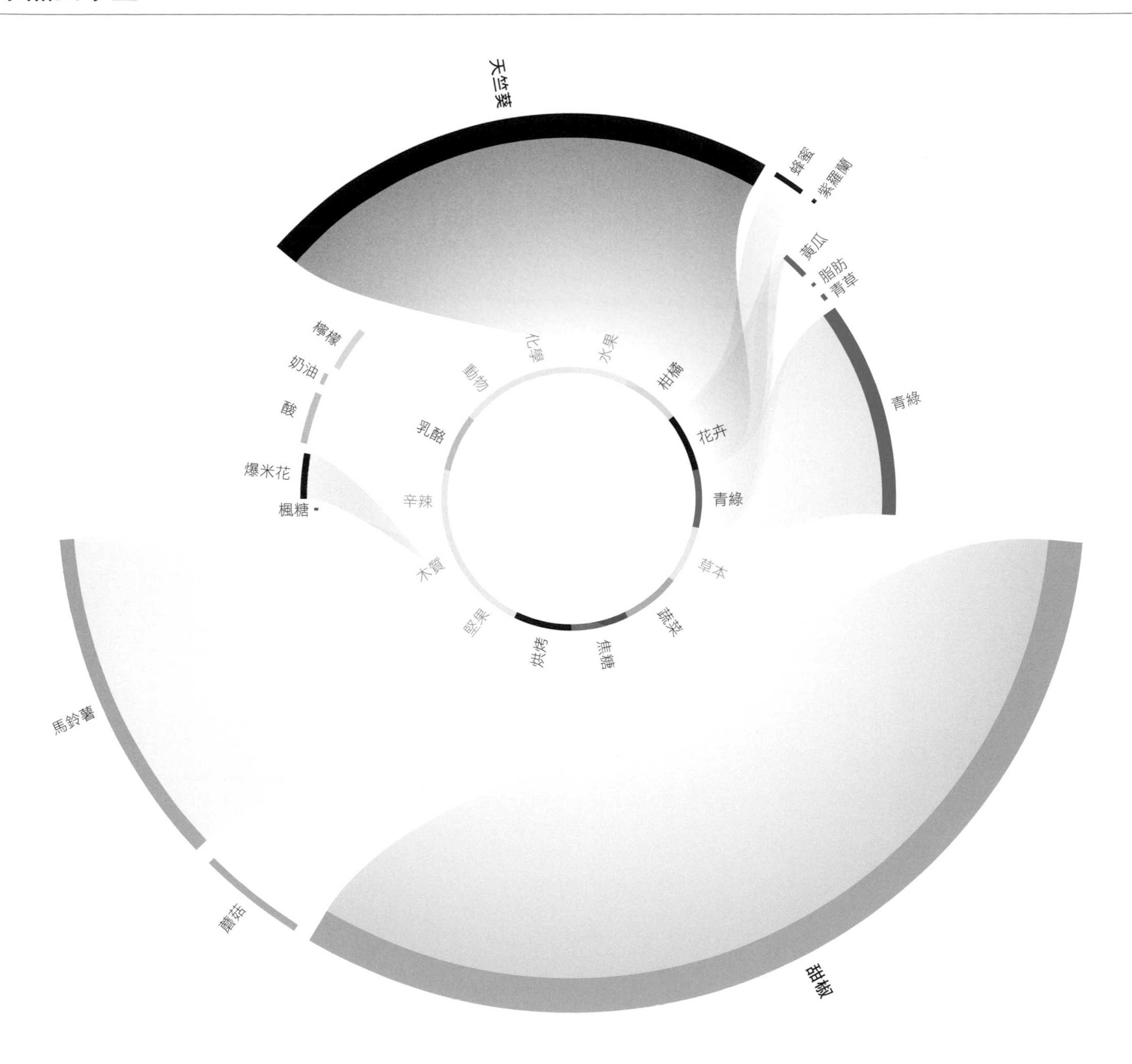

水煮四季豆香氣輪廓

生四季豆的青綠、豆、泥土味來自吡嗪，其餘香氣則由青綠、蘑菇和天竺葵味分子構成。生和熟四季豆之間的風味差異並不大。加熱過程使青綠、青草味 (Z)-3- 己烯醛、黃瓜味 (E,Z)-2,6- 壬二烯醛以及刺鼻味 1- 戊烯 -3- 酮的濃度降低。清爽度因烹煮而流失，熟馬鈴薯味的甲硫基丙醛則增加。

	水果	柑橘	花卉	青綠	草本	蔬菜	焦糖	烘烤	堅果	木質	辛辣	乳酪	動物	化學
水煮四季豆	●	●	●	●	●	●	●	●	●	●	●	●	●	●
巴斯德滅菌法番茄汁	●	●	●	●	●	●	●	●	●	●	●	●	●	●
舊金山酸種麵包	●	●	●	●	●	●	●	●	●	●	●	●	●	●
大吉嶺茶	●	●	●	●	●	●	●	●	●	●	●	●	●	●
黃瓜	●	●	●	●	●	●	●	●	●	●	●	●	●	●
紫蘇葉	●	●	●	●	●	●	●	●	●	●	●	●	●	●
香檸檬	●	●	●	●	●	●	●	●	●	●	●	●	●	●
印度馬薩拉醬	●	●	●	●	●	●	●	●	●	●	●	●	●	●
煎鴨胸	●	●	●	●	●	●	●	●	●	●	●	●	●	●
柳橙汁	●	●	●	●	●	●	●	●	●	●	●	●	●	●
皮夸爾特級初榨橄欖油	●	●	●	●	●	●	●	●	●	●	●	●	●	●

經典搭配：熟四季豆和橄欖油

熟四季豆和橄欖油皆含大量青綠香氣調性，因此有幾個共同的脂肪、黃瓜和青草味分子。同樣經過加工也讓它們擁有一些相同的蘑菇和馬鈴薯蔬菜味分子。

潛在搭配：熟四季豆和斗篷草葉

斗篷草（Alchemilla vulgaris）的綠色嫩葉可以像萵苣一樣用於沙拉或像菠菜一樣烹煮，乾燥的葉子則拿來泡成草本茶。斗篷草具有消炎和收斂的功效，長久以來被草藥師用來促進消化、調節經期和緩解胃痙攣。

四季豆食材搭配

水果　柑橘　花卉　青綠　草本　蔬菜　焦糖　烘烤　堅果　木質　辛辣　乳酪　動物　化學

皮夸爾特級初榨橄欖油

花椰菜
烤甜菜
曼徹格乳酪
紅甜椒醬
檸檬皮屑
罐頭椰奶
酸櫻桃
歐洲鱸魚
乾式熟成牛肉
蠶豆

斗篷草葉

日本蘿蔔
塔羅科血橙
哈密瓜
鹽膚木
胡蘿蔔
帕達諾乳酪
水煮四季豆
清燉鱈魚排
爐烤培根
薄荷

甜苦艾酒

黑莓
胡桃
四季豆
茉莉花茶
醃漬葡萄葉
雅香瓜（日本香瓜）
煎雉雞
瓦什寒乳酪
羅勒
黑巧克力

濃縮小牛肉汁

水煮紫番薯
水煮蠶豆
桂皮（中國肉桂）
勝利草莓
熟松茸
百香果
熟糙米
阿芳素芒果
黑蒜泥
煎鹿肉

蒸芥菜

綠扁豆
藻類（*Gracilaria carnosa*）
金冠蘋果
乾醃火腿
乾蠔菇
薰衣草蜂蜜
鮮奶油
水煮朝鮮薊
水煮四季豆
網烤櫛瓜

水煮茄子

燉烏賊
爐烤豬里肌肋排
褐蝦
水煮四季豆
羅望子
豆蔻籽
水煮蠶豆
烤雞
生蠔葉
成熟切達乳酪

潛在搭配：四季豆和舊金山酸種

在加州，酸種麵包的根源回溯至一八四〇年代晚期淘金熱。礦工依賴天然酵頭製作麵包，甚至在寒冷的夜裡將它抱入懷中防止它死亡。一名舊金山烘焙師將當地酸種酵母與法式麵包結合，做出來的成果具有專屬於舊金山菌種的風味。

經典佳餚：青醬義大利麵食佐四季豆與馬鈴薯

在熱那亞青醬的家鄉利古里亞，羅勒青醬最傳統的吃法之一就是搭配義大利麵食（見次頁）、馬鈴薯和四季豆。使用產於當地的螺旋條狀特飛麵（trofie）最為理想。

水果　柑橘　花卉　青綠　草本　蔬菜　焦糖　烘烤　堅果　木質　辛辣　乳酪　動物　化學

舊金山酸種麵包

大蕉
嫩薑
煙燻大西洋鮭魚
奶油萵苣
大茴香
黑胡椒
開心果
清燉秋姑魚
奧勒岡草
牡蠣

水果　柑橘　花卉　青綠　草本　蔬菜　焦糖　烘烤　堅果　木質　辛辣　乳酪　動物　化學

油菜花

毛豆
老抽
高脂鮮奶油
山羊乳酪
桉樹蜜
大溪地香草
水煮蠶豆
煙燻大西洋鮭魚
煎雉雞
羅可多辣椒

水果　柑橘　花卉　青綠　草本　蔬菜　焦糖　烘烤　堅果　木質　辛辣　乳酪　動物　化學

紅豆沙

曼徹格乳酪
烤開心果
凱特芒果
四季豆
黑醋栗
乾牛肝菌
乾式熟成牛肉
可可粉
大吉嶺茶
珍藏雪莉醋

水果　柑橘　花卉　青綠　草本　蔬菜　焦糖　烘烤　堅果　木質　辛辣　乳酪　動物　化學

薯片

大扇貝
燉烏賊
紅色之愛蘋果
蛇麻草芽
葛瑞爾乳酪
皮夸爾特級初榨橄欖油
昂貝爾乳酪
煎雞胸排
紅甘藍
水煮四季豆

水果　柑橘　花卉　青綠　草本　蔬菜　焦糖　烘烤　堅果　木質　辛辣　乳酪　動物　化學

鹹沙丁魚

夏季松露
熟翡麥
山羊乳酪
古布阿蘇果醬
水煮冬南瓜
水煮四季豆
網烤櫛瓜
草莓
熟黑皮波羅門參
乾葛縷子葉

杜蘭義大利麵食

義大利麵食通常以杜蘭小麥麵粉或粗粒小麥粉混合水和／或蛋做出未膨發麵糰，接著擠壓成特定形狀。義大利麵食煮熟後，許多存在於杜蘭小麥中的水果調會被青綠、青草味醛類取代。

「杜蘭」（durum）是拉丁文「堅硬」的意思，而杜蘭小麥在所有小麥物種當中硬度最高。這種優質黃色麵粉的緻密和高蛋白質含量使柔軟類型的義大利麵食具有彈性，像是千層麵或細長圓麵。粗磨的杜蘭麥粉（semolina）用來製造硬質義大利麵食，久煮不爛還能維持形狀。根據食譜需求不同，你也可以將杜蘭小麥混合軟質麵粉，做出較具彈性的麵糰。舉例而言，製作義大利餃會使用三份杜蘭小麥加上一份麵粉。

義大利麵食的形狀和大小百百種：某些資料顯示至少有三百個新鮮或乾燥的特定種類，從長型的緞帶麵（fettuccine）、細長圓麵（spaghetti）和天使髮絲麵（capellini）；短型的直管麵（rigatoni）、筆管麵（penne）、螺旋麵（fusilli）和彎管麵（maccheroni／macaroni）；以及造型迷你的珍珠麵（fregola）、米粒麵（orzo）和胡椒粒麵（acini di pepe）。另外還有新鮮義大利麵食，像是寬帶麵（pappardelle）或是如絲質手帕般的手絹麵（mandilli di seta）。各地區也有許多較不為人知的種類存在。

義大利麵食有三種基本形狀：短麵（pasta corta），包含所有小型種類；長麵（pasta lunga），可以是條狀或片狀；以及填餡麵（pasta ripiena）。以「rigate」形容的表示有溝紋，「lisce」則是「平滑」的意思。

每一種形狀被發明出來都是為了襯托特定醬汁，其中有許多是義大利地區特產。雖然許多義大利麵食來自於代代相傳，但某些形狀只有工業生產技術做得出來。例如：現代擠壓工藝催生出複雜的3D形狀，醬汁吸附能力極佳，像是螺旋麵和風葉麵（radiatori，長得像舊式散熱器，故名）。在一九八〇年代甚至出現了由德羅寧汽車公司（DeLorean）設計師吉奧蓋托・喬治亞羅（Giorgetto Giugiaro）創造的一種精巧形狀。它狀似撞擊的波浪，希望藉此將吸附醬汁的能力最大化，可惜這種名為「marille」的義大利麵太難烹煮均勻，從未真正受到大眾青睞。

談到義大利麵食的製作，麵粉的選擇至關重要。無論是使用杜蘭小麥或粗粒小麥粉，關鍵在於品質要夠好，因為揮發性化合物在義大利麵食的風味裡扮演著主要角色。

- 許多經典的義大利麵食都不需要太多種食材。通常搭配筆管麵的香辣茄醬（arrabbiata）包含番茄、橄欖油、大蒜和乾辣椒片。基本青醬以新鮮羅勒、大蒜、松子、橄欖油和帕瑪森乳酪或羅馬綿羊乳酪。
- 水煮義大利麵食需要大量的水，因為麵粉裡的醇類極易溶於水。一個好的比例是每一百公克麵條配一公升水。

相關香氣輪廓：杜蘭小麥

杜蘭小麥具備突出的水果風味輪廓，帶有柑橘、草本和蘑菇氣息。某些品種可能還散發鮮奶油或堅果調。

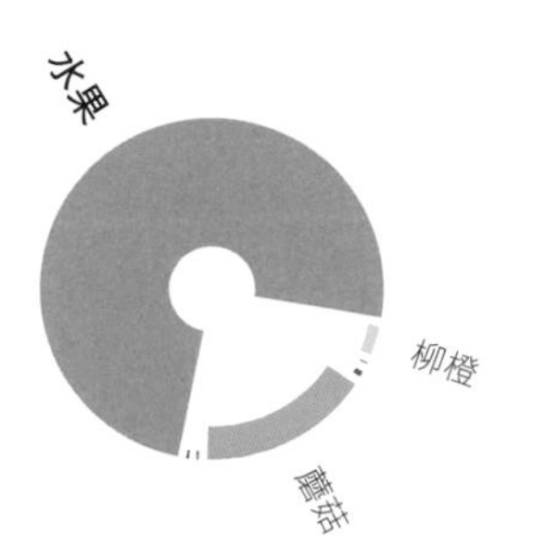

阿爾塔穆拉麵包——以杜蘭小麥製成的傳統手工麵包

在義大利普利亞（Puglia）地區，少數傳統手工麵包店使用當地種植的杜蘭小麥麵粉、酵母、海鹽以及來自此區的水製成阿爾塔穆拉麵包（pane di Altamura），它散發獨特風味，厚皮酥脆有嚼勁、內部質地濕潤，是唯一受原產地名稱保護認可的麵包，其他具備同等地位的義大利產品還有水牛莫札瑞拉乳酪、帕瑪森乳酪和橄欖油。

熟杜蘭義大利麵食

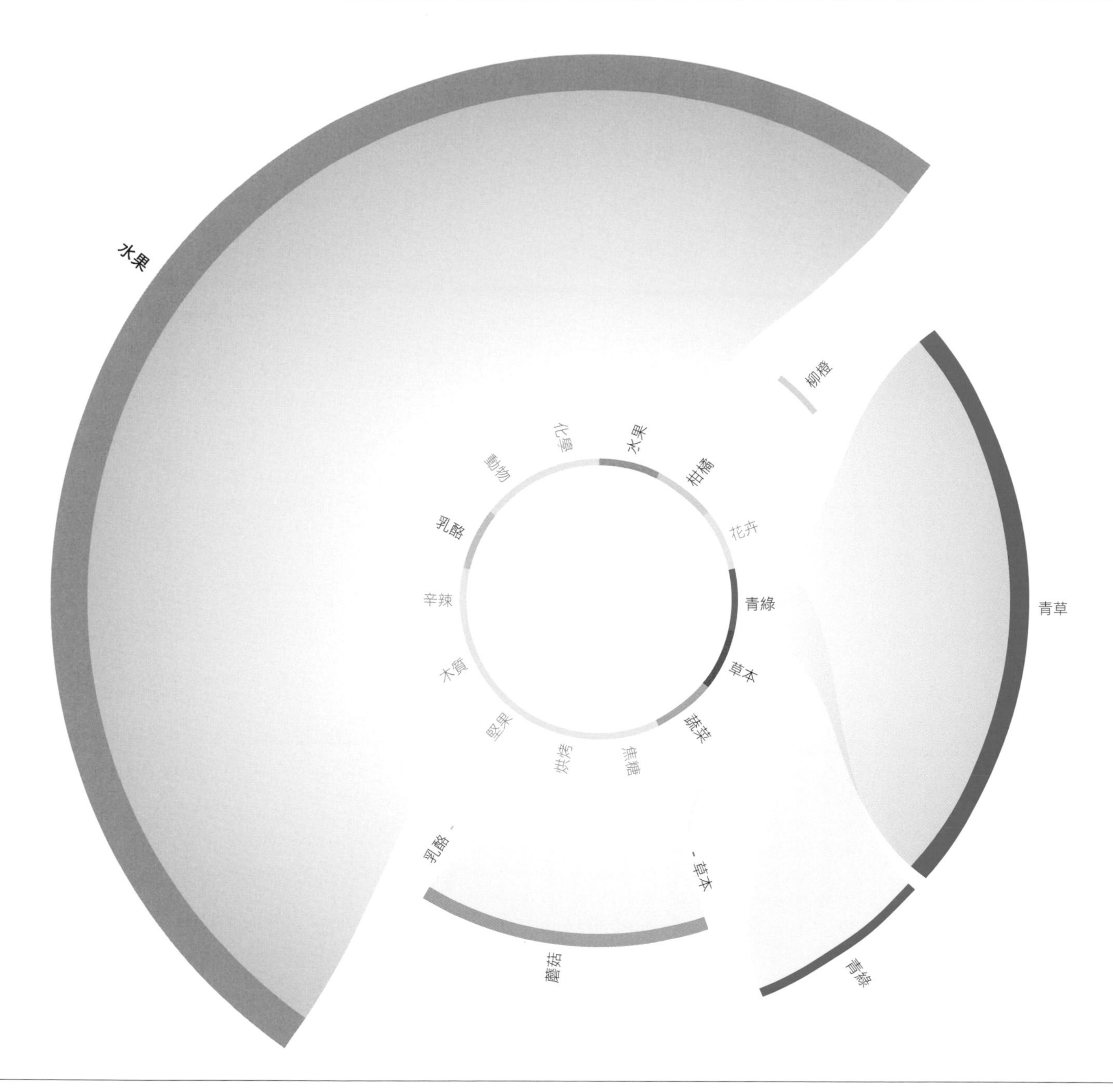

熟杜蘭義大利麵食香氣輪廓

製作麵糰和烹煮麵食會發生脂肪酸降解與氧化，使新的揮發性化合物產生。熟義大利麵食比杜蘭小麥擁有更多青綠、青草味醛類；隨著麵食裡的醇類散失於水中，果香酯類和烘烤調的數量開始減少。花卉和辛辣調亦存在於熟義大利麵食中（如搭配表格所示）。

	水果	柑橘	花卉	青綠	草本	蔬菜	焦糖	烘烤	堅果	木質	辛辣	乳酪	動物	化學
熟杜蘭義大利麵食														
清燉雞胸排														
乾巴魯堅果														
清燉檸檬鰈														
水煮馬鈴薯														
牛肝菌														
和牛														
烘烤歐洲鱸魚														
綠甘藍														
爐烤漢堡														
小白菜														

經典佳餚：奶油培根義大利麵

這道快速又簡單的義大利經典菜色包含義式培根、蛋黃、羅馬綿羊乳酪和現磨黑胡椒。

潛在搭配：義大利麵食和檸檬鰈

清燉檸檬鰈和熟義大利麵食由青綠－青草和蔬菜－蘑菇香氣調性連結在一起。一道快速又簡單的食譜：將清燉檸檬鰈切片、魚高湯、檸檬皮屑及香芹末混合熟義大利麵食，最後淋上橄欖油。

義大利麵食食材搭配

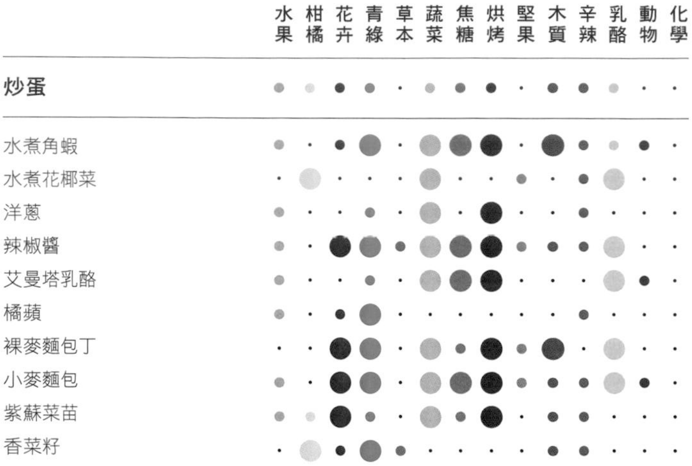

水果 柑橘 花卉 青綠 草本 蔬菜 焦糖 烘烤 堅果 木質 辛辣 乳酪 動物 化學

炒蛋

水煮角蝦
水煮花椰菜
洋蔥
辣椒醬
艾曼塔乳酪
橘蘋
裸麥麵包丁
小麥麵包
紫蘇菜苗
香菜籽

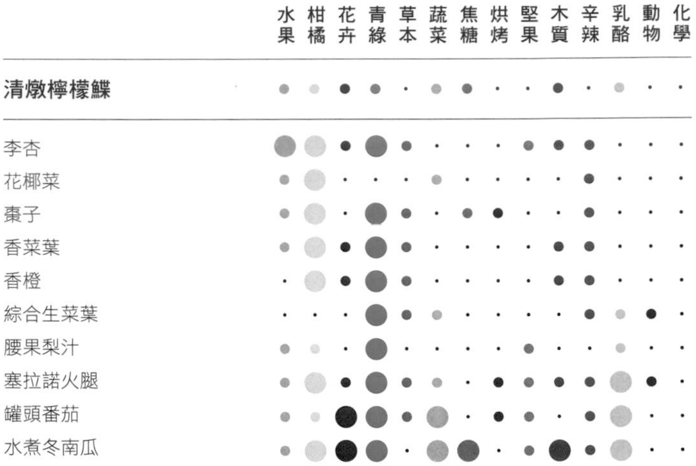

水果 柑橘 花卉 青綠 草本 蔬菜 焦糖 烘烤 堅果 木質 辛辣 乳酪 動物 化學

清燉檸檬鰈

李杏
花椰菜
棗子
香菜葉
香橙
綜合生菜葉
腰果梨汁
塞拉諾火腿
罐頭番茄
水煮冬南瓜

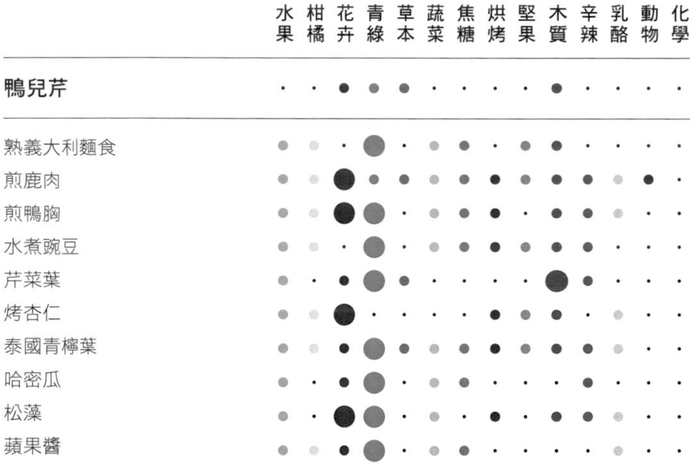

水果 柑橘 花卉 青綠 草本 蔬菜 焦糖 烘烤 堅果 木質 辛辣 乳酪 動物 化學

鴨兒芹

熟義大利麵食
煎鹿肉
煎鴨胸
水煮豌豆
芹菜葉
烤杏仁
泰國青檸葉
哈密瓜
松藻
蘋果醬

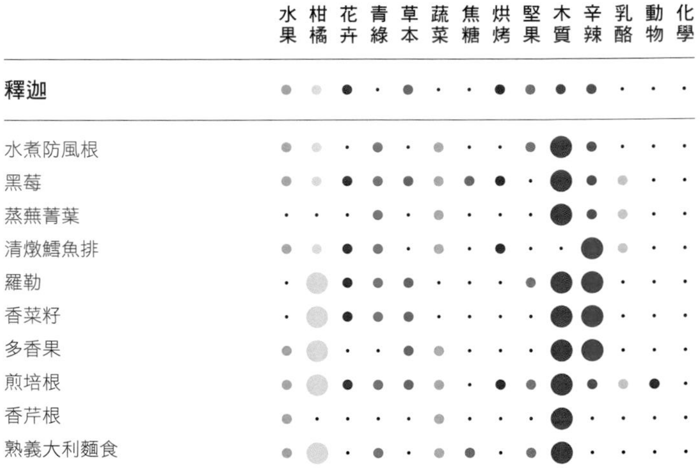

水果 柑橘 花卉 青綠 草本 蔬菜 焦糖 烘烤 堅果 木質 辛辣 乳酪 動物 化學

釋迦

水煮防風根
黑莓
蒸蕪菁葉
清燉鱈魚排
羅勒
香菜籽
多香果
煎培根
香芹根
熟義大利麵食

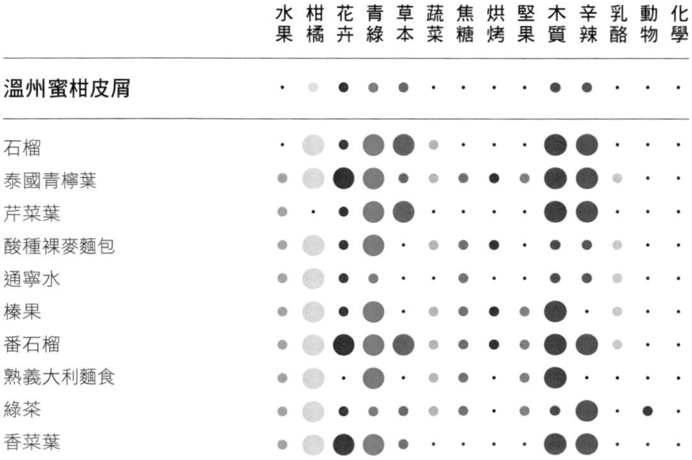

水果 柑橘 花卉 青綠 草本 蔬菜 焦糖 烘烤 堅果 木質 辛辣 乳酪 動物 化學

溫州蜜柑皮屑

石榴
泰國青檸葉
芹菜葉
酸種裸麥麵包
通寧水
榛果
番石榴
熟義大利麵食
綠茶
香菜葉

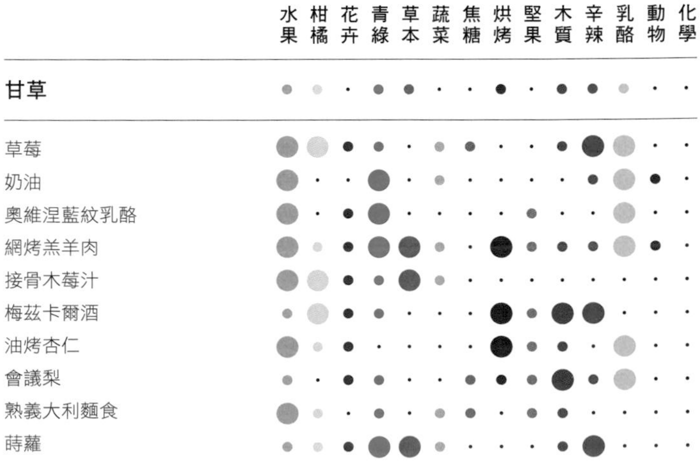

水果 柑橘 花卉 青綠 草本 蔬菜 焦糖 烘烤 堅果 木質 辛辣 乳酪 動物 化學

甘草

草莓
奶油
奧維涅藍紋乳酪
網烤羔羊肉
接骨木莓汁
梅茲卡爾酒
油烤杏仁
會議梨
熟義大利麵食
蒔蘿

經典佳餚：白酒蛤蜊義大利麵

白酒蛤蜊義大利麵使用蛤蜊、大蒜、黑胡椒和新鮮香芹——或是在義大利南部會加羅勒和番茄。

經典搭配：義大利麵食和朝鮮薊

熟義大利麵食和朝鮮薊（見次頁）由水果和青綠香氣調性連結在一起——僅需加入檸檬皮屑和香芹末，或以額外蔬菜像是菠菜、綠蘆筍或牛肝菌讓菜餚風味更完整，並增添酸豆或黑／綠橄欖提味。最後撒上現磨黑胡椒。

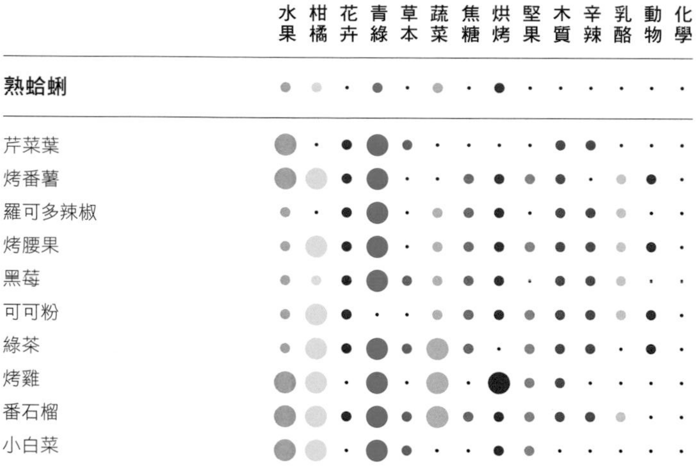

	水果	柑橘	花卉	青綠	草本	蔬菜	焦糖	烘烤	堅果	木質	辛辣	乳酪	動物	化學
熟蛤蜊														
芹菜葉														
烤番薯														
羅可多辣椒														
烤腰果														
黑莓														
可可粉														
綠茶														
烤雞														
番石榴														
小白菜														

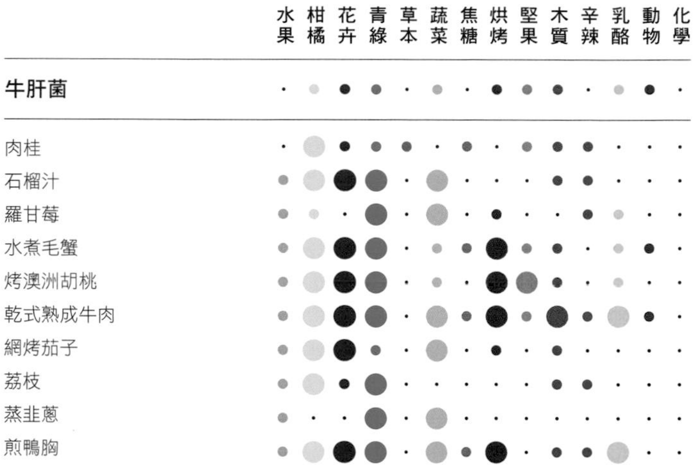

	水果	柑橘	花卉	青綠	草本	蔬菜	焦糖	烘烤	堅果	木質	辛辣	乳酪	動物	化學
牛肝菌														
肉桂														
石榴汁														
羅甘莓														
水煮毛蟹														
烤澳洲胡桃														
乾式熟成牛肉														
網烤茄子														
荔枝														
蒸韭蔥														
煎鴨胸														

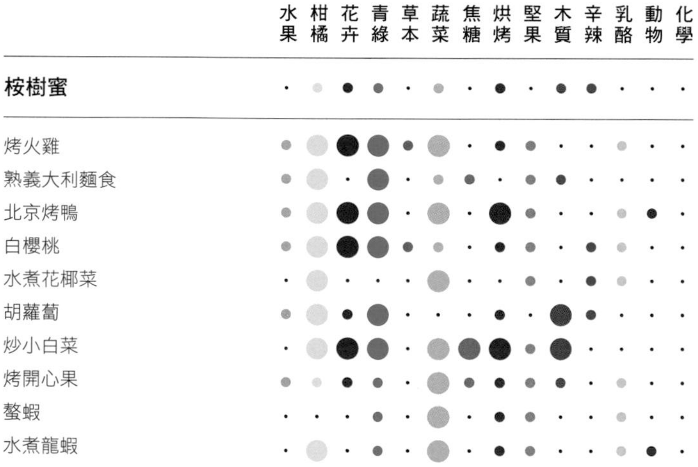

	水果	柑橘	花卉	青綠	草本	蔬菜	焦糖	烘烤	堅果	木質	辛辣	乳酪	動物	化學
桉樹蜜														
烤火雞														
熟義大利麵食														
北京烤鴨														
白櫻桃														
水煮花椰菜														
胡蘿蔔														
炒小白菜														
烤開心果														
螯蝦														
水煮龍蝦														

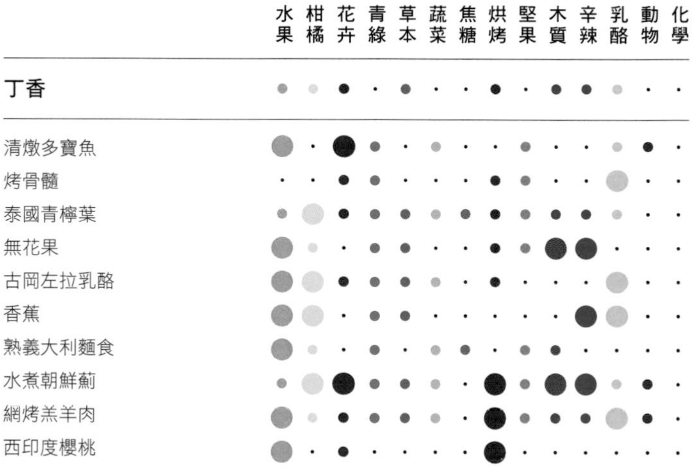

	水果	柑橘	花卉	青綠	草本	蔬菜	焦糖	烘烤	堅果	木質	辛辣	乳酪	動物	化學
丁香														
清燉多寶魚														
烤骨髓														
泰國青檸葉														
無花果														
古岡左拉乳酪														
香蕉														
熟義大利麵食														
水煮朝鮮薊														
網烤羔羊肉														
西印度櫻桃														

朝鮮薊

生朝鮮薊擁有出奇複雜的香氣輪廓，由青綠、草本、木質蘑菇甚至水果、花卉玫瑰調構成，並帶有些微辛辣丁香味。烹煮它會帶出額外的烘烤和焦糖調。

今日的朝鮮薊（又名球薊、法國百合）可能起源於西西里島，可回溯至古典時代較為野生多刺的品種，在西元前八世紀首先由希臘和羅馬人種植。在中世紀，朝鮮薊不好處理的可食用花芽——薊心和薊葉，又稱為苞片——受到阿拉伯人喜愛，再傳至西班牙南部，名稱也從阿拉伯文「al-karsufa」變為西班牙文「alcachofa」。此後，朝鮮薊風靡了整個伊比利半島和西歐。據信凱薩琳・德・麥地奇（Catherine de Medici）在十六世紀將義大利「articiocco」引入法國宮廷，最後朝鮮薊於十八世紀到達美國。

朝鮮薊長久以來被認為是春藥，這種看法源自於希臘神話。宙斯愛上了一名美麗少女辛娜拉（Cynara），將她升格為女神，但某一天她跑回家探望母親，被宙斯發現而貶回凡間，變成一顆長滿刺的薊——這解釋了朝鮮薊的拉丁文名稱為何是 *Cynara scolymus*。辛娜拉的故事到了一九四八年又兜了一圈回來，另一名年輕貌美的女子諾瑪・簡・貝克（Norma Jeane Baker，後來的瑪麗蓮・夢露）在加州農業節當選為第一位朝鮮薊皇后。

有兩種植物和 *Cynara scolymus* 無親戚關係，但因風味輪廓相似也以「朝鮮薊」為名——耶路撒冷朝鮮薊（Helianthus tuberosus）和中國朝鮮薊（Stachys affinis，又稱甘露子、草石蠶）。它們被食用的部分皆為塊根。

- 吉拿（cynar）是一種以朝鮮薊葉和其他草藥製成的微苦義大利香甜酒。它和其他食材加在一起能增添美妙的複雜度，像是裸麥威士忌和甜苦艾酒，為內格羅尼雞尾酒帶來苦味變化。

朝鮮薊湯佐雞油菌

食物搭配獨家食譜

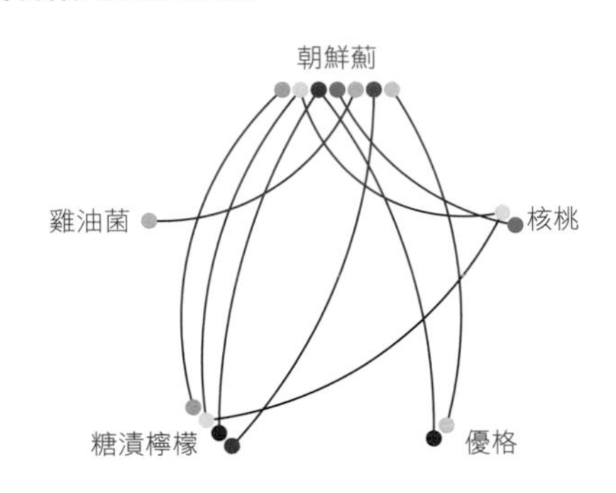

這道湯品的靈感來自於經典春季菜餚普羅旺斯風燉朝鮮薊（artichauts à la barigoule），主角朝鮮薊心以橄欖油、白酒、水、蔬菜和香草燉煮。特級初榨橄欖油在嘴裡迸發的脂肪香氣以及胡蘿蔔和洋蔥的甜度有助於緩和朝鮮薊的苦味。

在一個大鍋裡放一片月桂葉和百里香炒香洋蔥、大蒜、胡蘿蔔、芹菜和韭蔥。加入朝鮮薊心、白酒和蔬菜湯，煨煮至蔬菜軟化，接著倒入橄欖油和替代鹽巴的鯷魚。將混合食材煮成滑順的濃湯。以少許優格、核桃碎和糖漬檸檬皮裝飾朝鮮薊湯，增添一絲鮮明的柑橘甜味。最後加上嫩煎雞油菌。

朝鮮薊

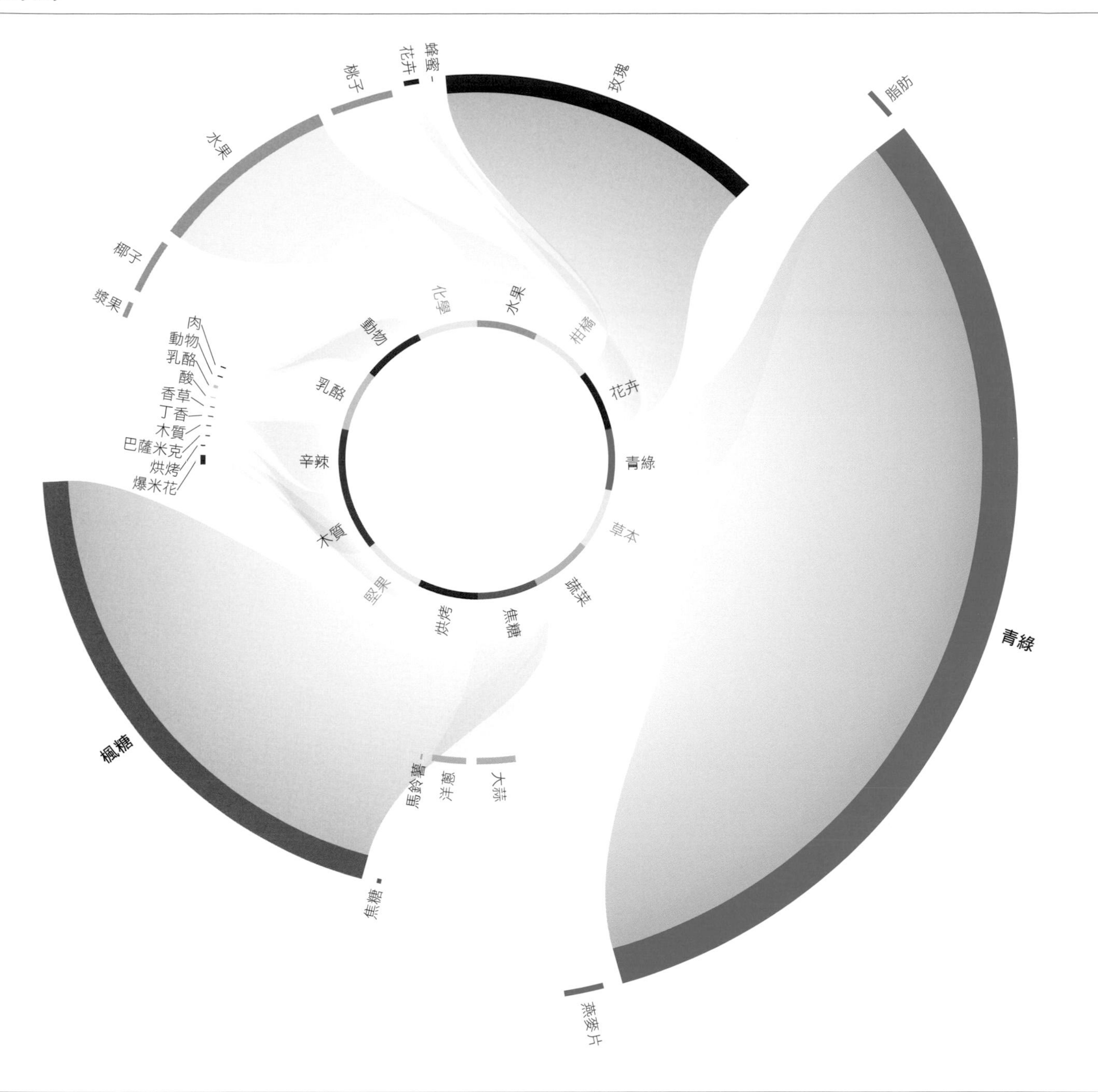

朝鮮薊香氣輪廓

熟朝鮮薊的花卉調帶有水果、柑橘氣息，擠一點新鮮檸檬汁或淋一點葡萄酒醋享用很美味。朝鮮薊的水果味化合物也普遍存在於啤酒和某些種類的海鮮中，像是鱈魚、多佛比目魚、明蝦、螃蟹和淡菜。烹煮朝鮮薊所形成的烘烤和焦糖味香氣分子可以搭配其他油炸或烘烤過的食材，像是紅茶、咖啡、長棍麵包、拖鞋麵包、煎培根甚至肋眼牛排。

	水果	柑橘	花卉	青綠	草本	蔬菜	焦糖	烘烤	堅果	木質	辛辣	乳酪	動物	化學
水煮朝鮮薊														
白吐司														
牛肉														
黑莓														
巴斯德滅菌法番茄汁														
煎菜														
雜糧麵包														
裙帶菜														
水煮麵包蟹肉														
水牛莫札瑞拉乳酪														
熟糙米														

食譜搭配：朝鮮薊、糖漬檸檬皮和雞油菌

糖漬檸檬皮為朝鮮薊湯（見第 326 頁）帶來鮮明的柑橘調和一絲甜味。上桌前加入嫩煎雞油菌及核桃碎讓菜餚變得更有意思：堅果和泥土調提供了另一個風味層次。

經典佳餚：特拉帕尼朝鮮薊

特拉帕尼朝鮮薊（carciofi alla trapanese）是傳統西西里島料理，將麵包粉、帕瑪森乳酪或羅馬綿羊乳酪、大蒜、香芹、橄欖油和白酒混合，填入朝鮮薊裡燉煮。

朝鮮薊食材搭配

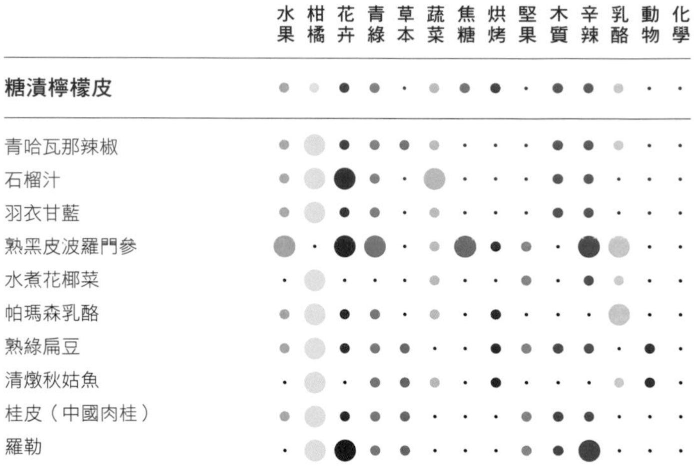
水果 柑橘 花卉 青綠 草本 蔬菜 焦糖 烘烤 堅果 木質 辛辣 乳酪 動物 化學
糖漬檸檬皮
青哈瓦那辣椒
石榴汁
羽衣甘藍
熟黑皮波羅門參
水煮花椰菜
帕瑪森乳酪
熟綠扁豆
清燉秋姑魚
桂皮（中國肉桂）
羅勒

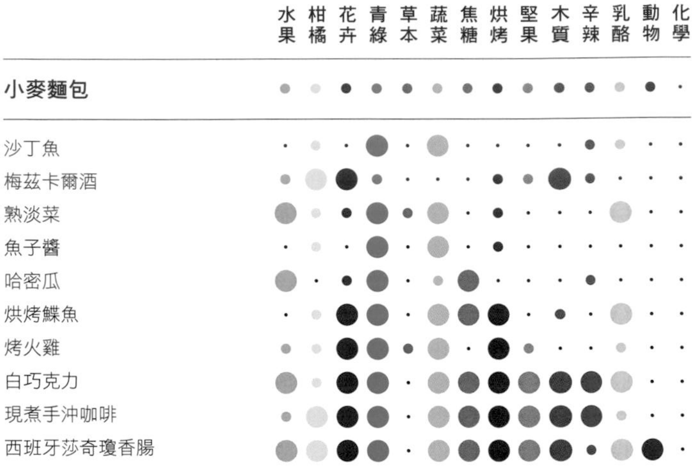
水果 柑橘 花卉 青綠 草本 蔬菜 焦糖 烘烤 堅果 木質 辛辣 乳酪 動物 化學
小麥麵包
沙丁魚
梅茲卡爾酒
熟淡菜
魚子醬
哈密瓜
烘烤鰈魚
烤火雞
白巧克力
現煮手沖咖啡
西班牙莎奇瓊香腸

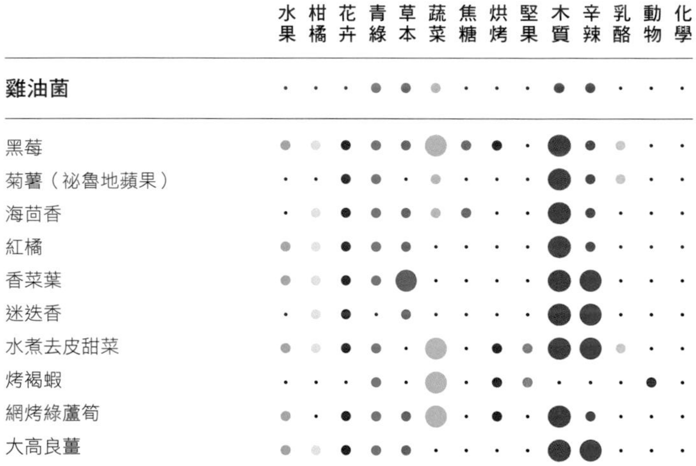
水果 柑橘 花卉 青綠 草本 蔬菜 焦糖 烘烤 堅果 木質 辛辣 乳酪 動物 化學
雞油菌
黑莓
菊薯（祕魯地蘋果）
海茴香
紅橘
香菜葉
迷迭香
水煮去皮甜菜
烤褐蝦
網烤綠蘆筍
大高良薑

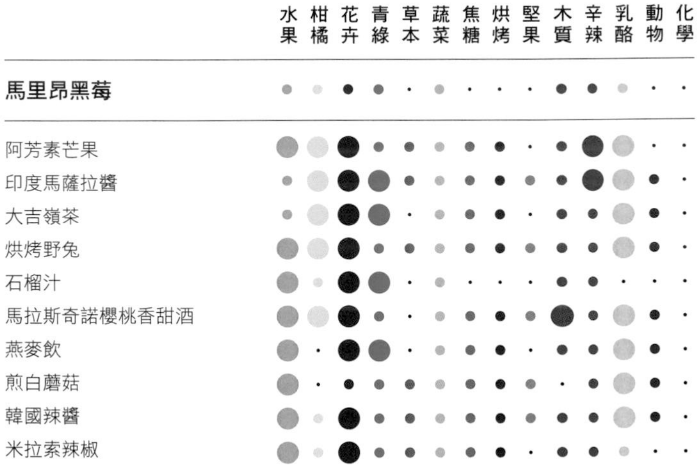
水果 柑橘 花卉 青綠 草本 蔬菜 焦糖 烘烤 堅果 木質 辛辣 乳酪 動物 化學
馬里昂黑莓
阿芳素芒果
印度馬薩拉醬
大吉嶺茶
烘烤野兔
石榴汁
馬拉斯奇諾櫻桃香甜酒
燕麥飲
煎白蘑菇
韓國辣醬
米拉索辣椒

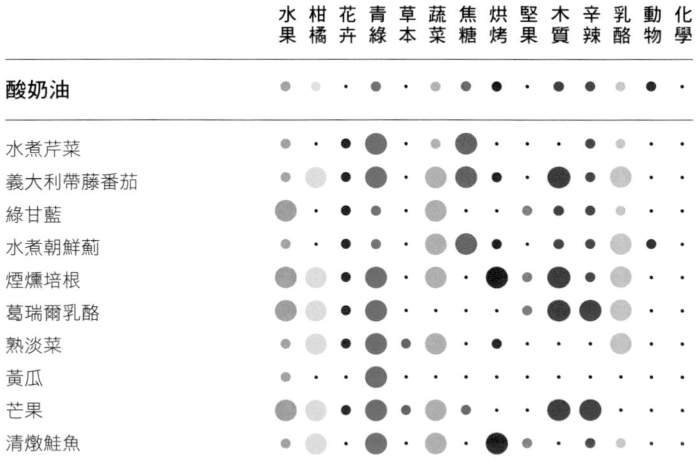
水果 柑橘 花卉 青綠 草本 蔬菜 焦糖 烘烤 堅果 木質 辛辣 乳酪 動物 化學
酸奶油
水煮芹菜
義大利帶藤番茄
綠甘藍
水煮朝鮮薊
煙燻培根
葛瑞爾乳酪
熟淡菜
黃瓜
芒果
清燉鮭魚

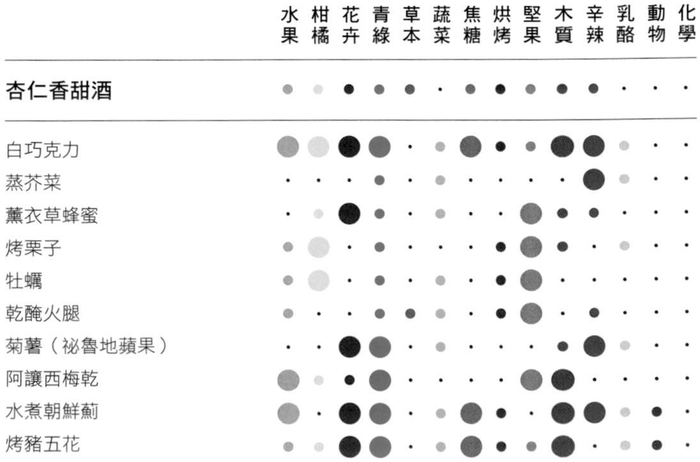
水果 柑橘 花卉 青綠 草本 蔬菜 焦糖 烘烤 堅果 木質 辛辣 乳酪 動物 化學
杏仁香甜酒
白巧克力
蒸芥菜
薰衣草蜂蜜
烤栗子
牡蠣
乾醃火腿
菊薯（祕魯地蘋果）
阿讓西梅乾
水煮朝鮮薊
烤豬五花

經典搭配：朝鮮薊和網烤牛肉

切片牛排（tagliata）為網烤牛肉片配上綜合沙拉葉——通常是芝麻菜和帕瑪森乳酪再淋上檸檬汁及橄欖油。若要讓這道經典菜色來點變化，可以加入煎朝鮮薊，並以櫻桃木烤牛肉。

潛在搭配：朝鮮薊、魟魚翅和榛果

熟朝鮮薊具有一些烤榛果（見次頁）也有的烘烤調。朝鮮薊裡的爆米花味分子亦存在於清燉魟魚翅中。為了將這些香氣連結做最好的利用，以榛果碎包覆魚肉，送入烤箱形成脆皮，再搭配嫩煎朝鮮薊上桌。

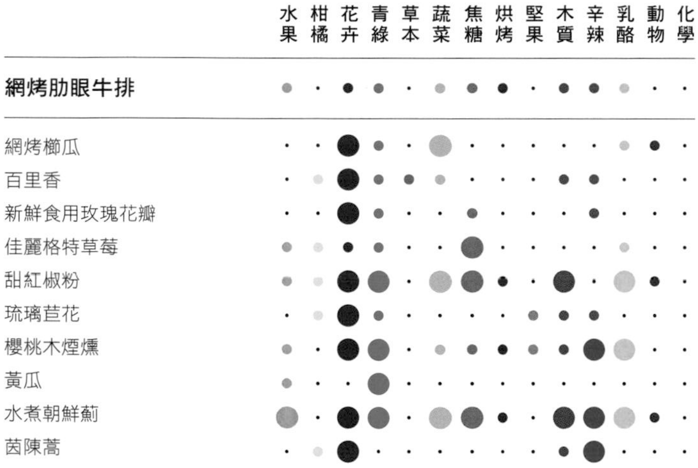

	水果	柑橘	花卉	青綠	草本	蔬菜	焦糖	烘烤	堅果	木質	辛辣	乳酪	動物	化學
網烤肋眼牛排														
網烤櫛瓜														
百里香														
新鮮食用玫瑰花瓣														
佳麗格特草莓														
甜紅椒粉														
琉璃苣花														
櫻桃木煙燻														
黃瓜														
水煮朝鮮薊														
茵陳蒿														

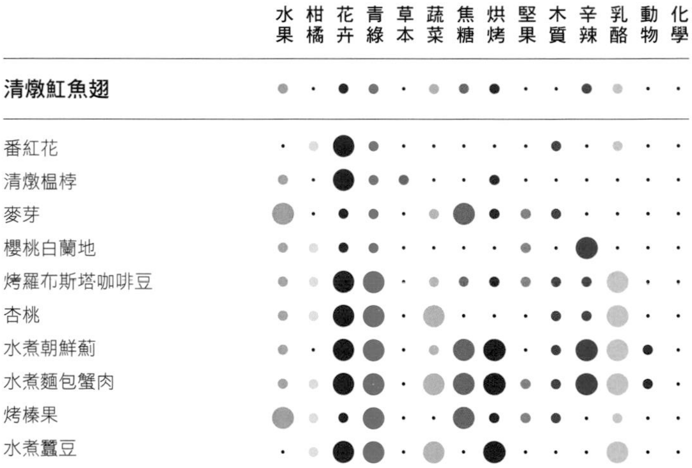

	水果	柑橘	花卉	青綠	草本	蔬菜	焦糖	烘烤	堅果	木質	辛辣	乳酪	動物	化學
清燉魟魚翅														
番紅花														
清燉榅桲														
麥芽														
櫻桃白蘭地														
烤羅布斯塔咖啡豆														
杏桃														
水煮朝鮮薊														
水煮麵包蟹肉														
烤榛果														
水煮蠶豆														

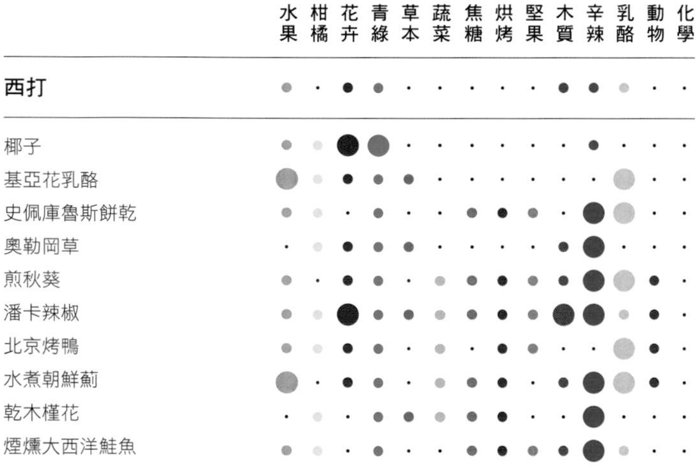

	水果	柑橘	花卉	青綠	草本	蔬菜	焦糖	烘烤	堅果	木質	辛辣	乳酪	動物	化學
西打														
椰子														
基亞花乳酪														
史佩庫魯斯餅乾														
奧勒岡草														
煎秋葵														
潘卡辣椒														
北京烤鴨														
水煮朝鮮薊														
乾木槿花														
煙燻大西洋鮭魚														

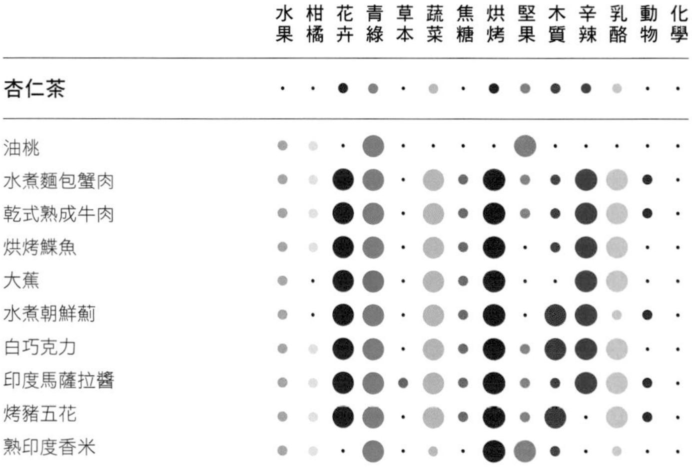

	水果	柑橘	花卉	青綠	草本	蔬菜	焦糖	烘烤	堅果	木質	辛辣	乳酪	動物	化學
杏仁茶														
油桃														
水煮麵包蟹肉														
乾式熟成牛肉														
烘烤鰈魚														
大蕉														
水煮朝鮮薊														
白巧克力														
印度馬薩拉醬														
烤豬五花														
熟印度香米														

榛果

生榛果具有青綠、甜椒調，其堅果味和明顯的榛果味來自於酮類香氣分子。

棒果可以生食、烘烤或製成混合抹醬。今日，榛果被用於各式各樣的甜點鹹食中，亦是受歡迎的咖啡調味品。

和多數堅果相同，榛果的脂肪含量高，因此不冷藏或冷凍的話很快就會變質。只要放入烤箱裡加熱幾分鐘讓水分蒸發便能恢復爽脆質地。

榛果是榛屬植物的果實。在市面上看到的通常是原生於歐亞的栽培品種歐榛（Corylus avellana），特色為包覆部分外殼的綠色薄皮。這一層外皮會在堅果成熟時轉為褐色。另一種較不常見的大果榛（Corylus maxima）則具有完全包覆外殼的外皮，堅果較小也較不圓。

生吃時，榛果質地多汁酥脆、風味微甜。名為肯提許寇布（Kentish Cob）的栽培品種幾乎都是以這種「青澀」狀態販售。

成熟後，榛果的質地會變得紮實並發展出更多風味。將堅果烘烤會改變香氣化合物，產生顯著的濃郁堅果味。

去殼後的堅果皮帶有些許苦味，但要去皮很簡單。起半鍋水，沸騰後加入二至三大匙小蘇打，接著倒入生的去殼堅果。燙四分鐘後瀝出，以冷水浸泡。現在皮應該很容易就能剝落了。

- 榛度亞（Gianduja）在十九世紀初期於義大利北部被發明出來，當時為了彌補拿破崙戰爭期間的可可短缺，杜林（Turin）的巧克力店開始將當地皮埃蒙特（Piedmont）區種植的榛果碎與巧克力混合以維持供應。到了一八六〇年代，這種烤榛果醬和可可的香甜混合物因為一個代表杜林和皮埃蒙特的 即興喜劇角色「榛度亞」而被稱為「榛度亞巧克力」。
- 到了第二次世界大戰的尾聲，可可再度短缺，義大利巧克力師傅皮特羅 ‧ 費列羅（Pietro Ferrero）開始製作一塊塊的「榛度亞麵糰」（Pasta Gianduja），可以切片鋪在麵包上吃，後來又改良成更柔軟、容易塗抹的版本，稱為「Supercrema Gianduja」，也就是今日的能多益（Nutella）。

相關香氣輪廓：烤榛果

榛果烤過之後會使酮類濃度增加並形成其他香氣分子，像是吡嗪、呋喃、醶和醛，賦予堅果明顯榛果風味。

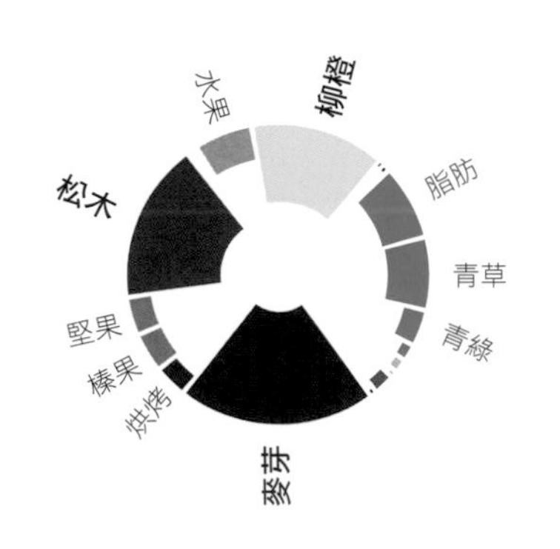

	水果	柑橘	花卉	青綠	草本	蔬菜	焦糖	烘烤	堅果	木質	辛辣	乳酪	動物	化學
烤榛果														
清燉魟魚翅														
伊迪亞薩瓦爾乳酪														
黑橄欖														
花椰菜														
熟大豆														
檸檬皮屑														
網烤羔羊肉														
拜雍火腿														
和牛														
烤菊苣根														

榛果

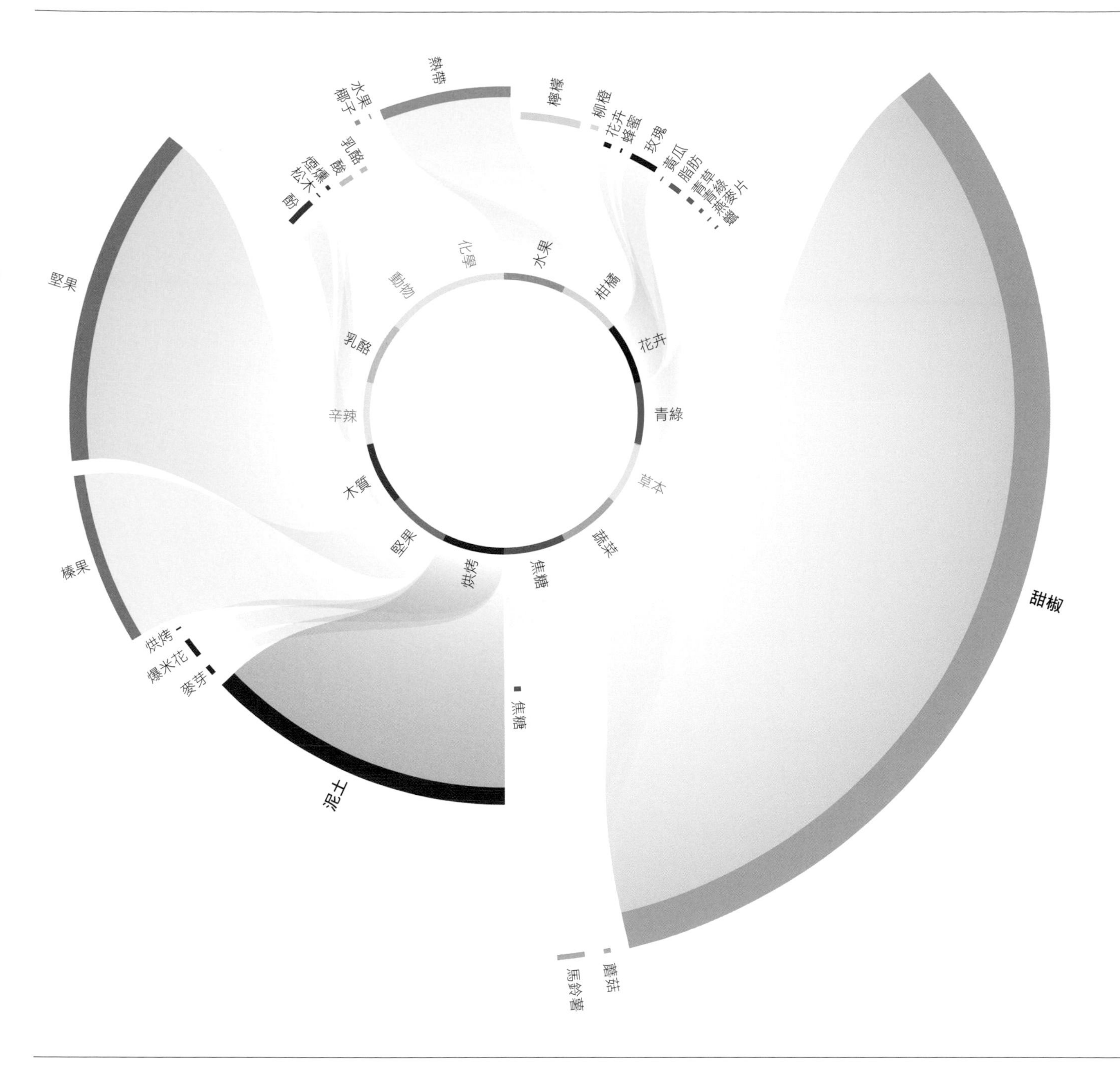

榛果香氣輪廓

榛果含有特徵影響化合物榛子酮。生榛果具蔬菜、甜椒氣味，亦有少量吡嗪等香氣分子。

	水果	柑橘	花卉	青綠	草本	蔬菜	焦糖	烘烤	堅果	木質	辛辣	乳酪	動物	化學
榛果														
馬魯瓦耶乳酪														
乾枸杞														
綠茶														
水煮櫛瓜														
爐烤牛排														
鯖魚														
蔓越莓														
松藻														
熟藜麥														
熟蛤蜊														

潛在搭配：烤榛果和烤菊苣根

以熱水沖泡的烤菊苣根粉品嘗起來很像咖啡，但帶有更多堅果、木質風味。在十九世紀初，法國人開始混合咖啡和菊苣以維持昂貴的供應。榛果的風味和咖啡很搭，與菊苣也相配得宜。

潛在搭配：榛果和櫛瓜

各式各樣的食材都可以用來製作青醬類型的醬汁，例如：混合櫛瓜和豌豆來補充或甚至替代羅勒（或使用不同香草），以及把松子換成榛果。將這道榛果和櫛瓜青醬配上義大利麵食、煎櫛瓜和帕瑪森或綿羊乳酪絲。

榛果食材搭配

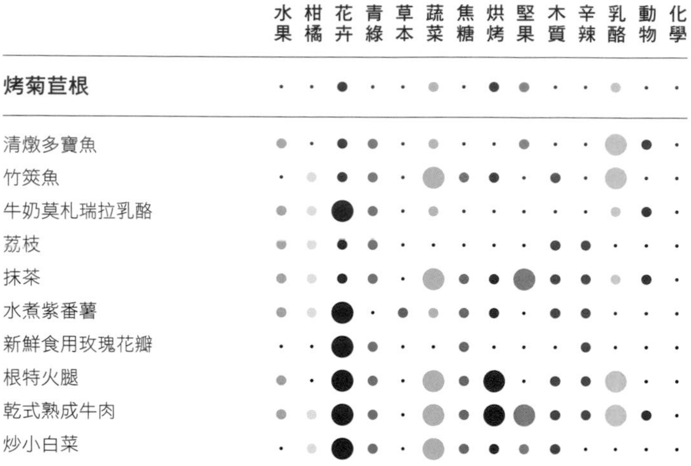

	水果	柑橘	花卉	青綠	草本	蔬菜	焦糖	烘烤	堅果	木質	辛辣	乳酪	動物	化學
烤菊苣根														
清燉多寶魚														
竹筴魚														
牛奶莫札瑞拉乳酪														
荔枝														
抹茶														
水煮紫番薯														
新鮮食用玫瑰花瓣														
根特火腿														
乾式熟成牛肉														
炒小白菜														

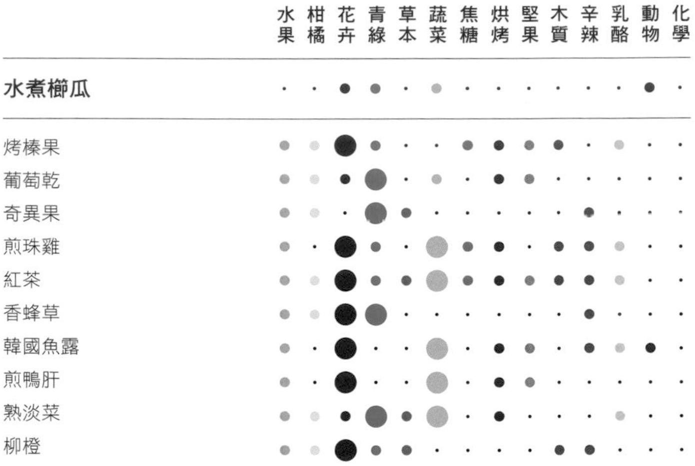

	水果	柑橘	花卉	青綠	草本	蔬菜	焦糖	烘烤	堅果	木質	辛辣	乳酪	動物	化學
水煮櫛瓜														
烤榛果														
葡萄乾														
奇異果														
煎珠雞														
紅茶														
香蜂草														
韓國魚露														
煎鴨肝														
熟淡菜														
柳橙														

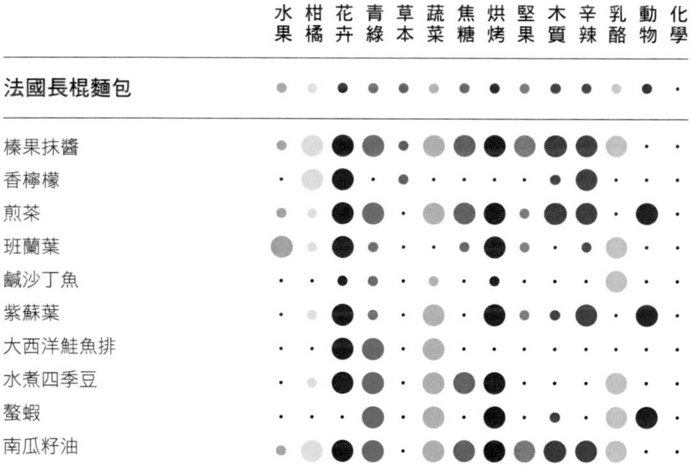

	水果	柑橘	花卉	青綠	草本	蔬菜	焦糖	烘烤	堅果	木質	辛辣	乳酪	動物	化學
法國長棍麵包														
榛果抹醬														
香檸檬														
煎茶														
班蘭葉														
鹹沙丁魚														
紫蘇葉														
大西洋鮭魚排														
水煮四季豆														
螯蝦														
南瓜籽油														

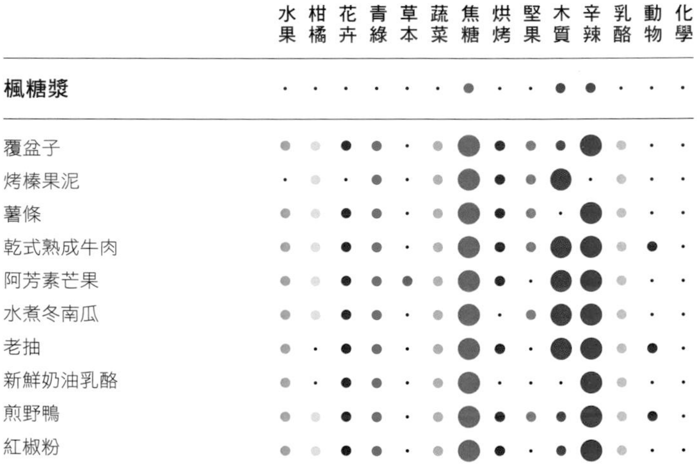

	水果	柑橘	花卉	青綠	草本	蔬菜	焦糖	烘烤	堅果	木質	辛辣	乳酪	動物	化學
楓糖漿														
覆盆子														
烤榛果泥														
薯條														
乾式熟成牛肉														
阿芳素芒果														
水煮冬南瓜														
老抽														
新鮮奶油乳酪														
煎野鴨														
紅椒粉														

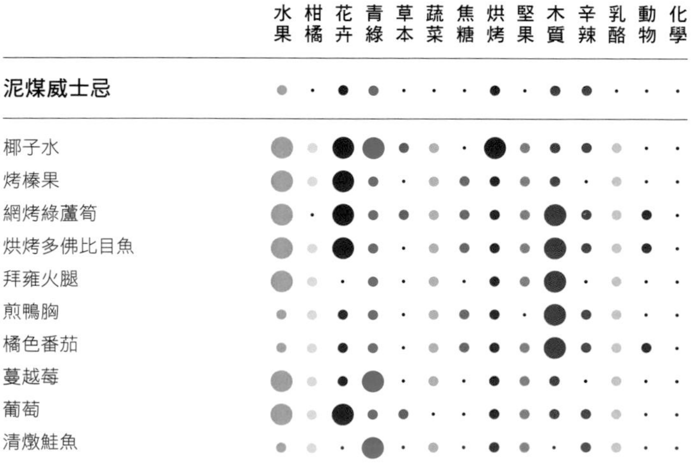

	水果	柑橘	花卉	青綠	草本	蔬菜	焦糖	烘烤	堅果	木質	辛辣	乳酪	動物	化學
泥煤威士忌														
椰子水														
烤榛果														
網烤綠蘆筍														
烘烤多佛比目魚														
拜雍火腿														
煎鴨胸														
橘色番茄														
蔓越莓														
葡萄														
清燉鮭魚														

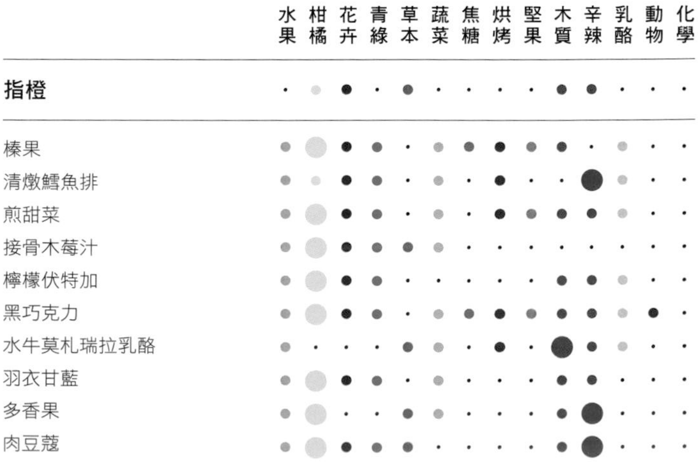

	水果	柑橘	花卉	青綠	草本	蔬菜	焦糖	烘烤	堅果	木質	辛辣	乳酪	動物	化學
指橙														
榛果														
清燉鱈魚排														
煎甜菜														
接骨木莓汁														
檸檬伏特加														
黑巧克力														
水牛莫札瑞拉乳酪														
羽衣甘藍														
多香果														
肉豆蔻														

潛在搭配：榛果和樹艾

樹艾是原生於地中海地區的芳香開花植物。在非洲北部，它具銀色光澤的香葉被加入薄荷茶，但這種植物長久以來也被當成藥草使用。

潛在搭配：榛果和乳酪

堅果和乳酪是經典組合——這些食材具有共同的蔬菜和乳酪調性，爽脆的榛果（或是核桃和杏仁）和布里（見次頁）等柔軟綿密的乳酪形成美味對比。

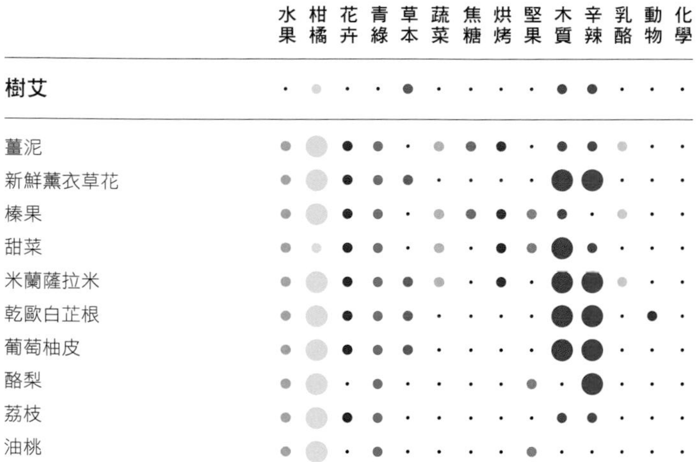

	水果	柑橘	花卉	青綠	草本	蔬菜	焦糖	烘烤	堅果	木質	辛辣	乳酪	動物	化學
樹艾														
薑泥														
新鮮薰衣草花														
榛果														
甜菜														
米蘭薩拉米														
乾歐白芷根														
葡萄柚皮														
酪梨														
荔枝														
油桃														

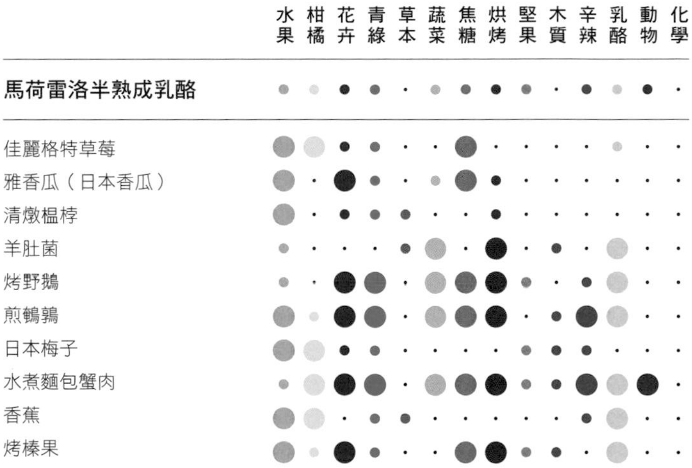

	水果	柑橘	花卉	青綠	草本	蔬菜	焦糖	烘烤	堅果	木質	辛辣	乳酪	動物	化學
馬荷雷洛半熟成乳酪														
佳麗格特草莓														
雅香瓜（日本香瓜）														
清燉榅桲														
羊肚菌														
烤野鵝														
煎鵪鶉														
日本梅子														
水煮麵包蟹肉														
香蕉														
烤榛果														

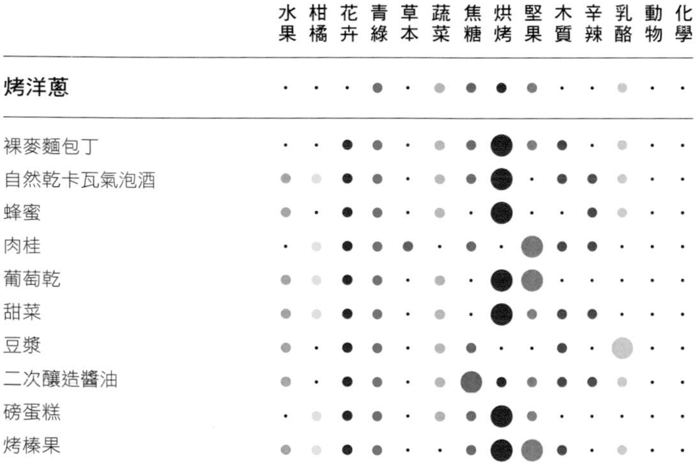

	水果	柑橘	花卉	青綠	草本	蔬菜	焦糖	烘烤	堅果	木質	辛辣	乳酪	動物	化學
烤洋蔥														
裸麥麵包丁														
自然乾卡瓦氣泡酒														
蜂蜜														
肉桂														
葡萄乾														
甜菜														
豆漿														
二次釀造醬油														
磅蛋糕														
烤榛果														

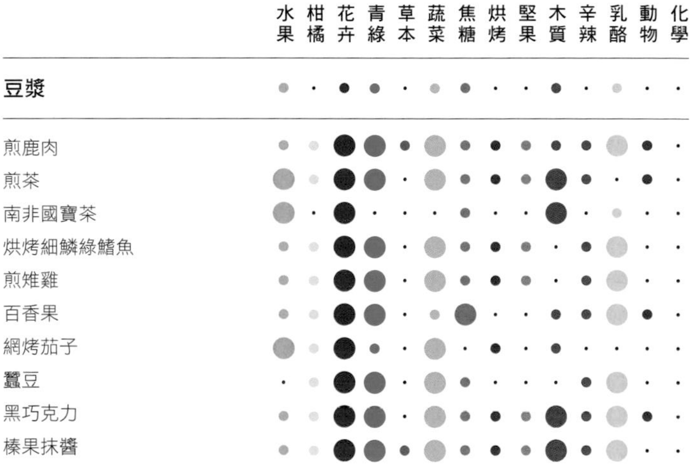

	水果	柑橘	花卉	青綠	草本	蔬菜	焦糖	烘烤	堅果	木質	辛辣	乳酪	動物	化學
豆漿														
煎鹿肉														
煎茶														
南非國寶茶														
烘烤細鱗綠鰭魚														
煎雉雞														
百香果														
網烤茄子														
蠶豆														
黑巧克力														
榛果抹醬														

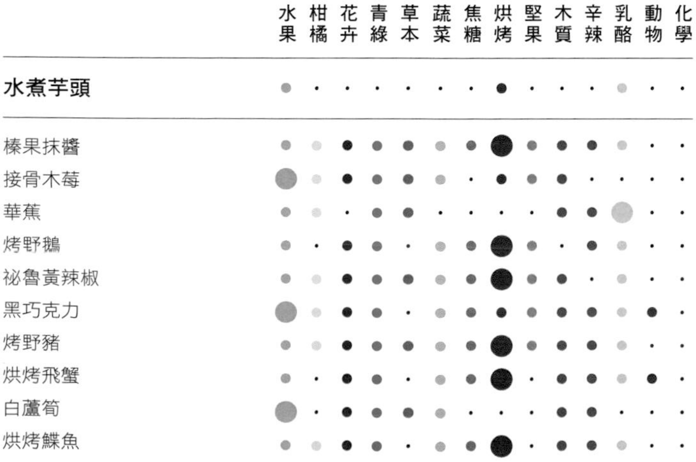

	水果	柑橘	花卉	青綠	草本	蔬菜	焦糖	烘烤	堅果	木質	辛辣	乳酪	動物	化學
水煮芋頭														
榛果抹醬														
接骨木莓														
華蕉														
烤野鵝														
祕魯黃辣椒														
黑巧克力														
烤野豬														
烘烤飛蟹														
白蘆筍														
烘烤鰈魚														

布里乳酪

布里乳酪的成熟過程為由外到內。當斑斑點點的黴菌開始在乳酪表面生長時會形成一層外皮。隨著布里乳酪成熟，這層有生命的外皮分解內部的脂肪和蛋白質，將固體轉化成越來越綿密的流動質地。

莫城布里（Brie de Meaux）和默倫布里（Brie de Melun）為兩種傳統手工布里乳酪，以生乳製成，具有法國政府正式認可的法定產區地位。世界各地有許多不同軟質成熟種類的布里乳酪被生產和販售。大部分使用經短暫巴斯德滅菌法至 37ºC 左右的全脂或半脫脂牛奶，冷卻後加入凝乳酶和某種形式的菌酛。細菌促使乳糖發酵，形成乳酸，降低混合物的 pH 值。牛奶蛋白質隨著酵素凝固而成為凝乳。這些凝乳被移至無菌模具排出水分，放置約一天。一旦變得夠紮實，便會加鹽和接種卡門伯特青黴菌（Penicillium camemberti），接著在氣候控制環境裡熟成至少四週。

乳酪含有幾種共同的短鏈酸類，像是 3- 甲基丁酸，以及己酸和其他中鏈脂肪酸，散發乳酪風味。以牛奶製成的軟質成熟乳酪具特徵影響化合物 2- 苯乙醇、乙酸苯乙酯和蘑菇味 1- 辛烯 -3- 醇。

布里乳酪和其他數種法國軟質乳酪的表層都覆蓋著白黴。相似性最為明顯的是卡蒙貝爾乳酪，它以放牧的諾曼第牛生乳製成。和布里乳酪不同，卡蒙貝爾乳酪通常以整塊販售（卡蒙貝爾乳酪的平均直徑僅有十公分，布里乳酪比它大的多），成熟時具有較濃厚、不造作的風味。聖馬爾瑟蘭（Saint-Marcellin）是類似布里的小型乳酪，來自法國伊澤爾（Isère）地區，帶有堅果、酵母味和入口即化的濃滑內部。

另外還有在十九世紀末發展出來的極品甜點乳酪布里亞薩瓦蘭（Brillat-Savarin）。在一九三〇年代，這種乳酪以知名法國美食家尚 • 安泰爾姆 • 布里亞 - 薩瓦蘭（Jean Anthelme Brillat-Savarin）的名字命名。然而，它的脂肪含量約 40%，質地絲滑，松露香味和微酸氣息形成完美平衡，因此不難理解為何它原本的名稱被取為「美食家珍饈」（Délice des gourmets）。

- 松露布里乳酪是經典搭配，整輪莫城布里乳酪中間夾了一層由法式酸奶油、馬斯卡彭乳酪和黑松露碎組成的內餡。
- 在諾曼第，焗烤布里乳酪馬鈴薯（gratin de pommes de terre au Brie）和經典的馬鈴薯千層派（gratin dauphinois）很類似，但它使用馬鈴薯、大蒜、高脂鮮奶油和肉豆蔻以及布里乳酪片，而非慣例的艾曼塔和葛瑞爾乳酪。

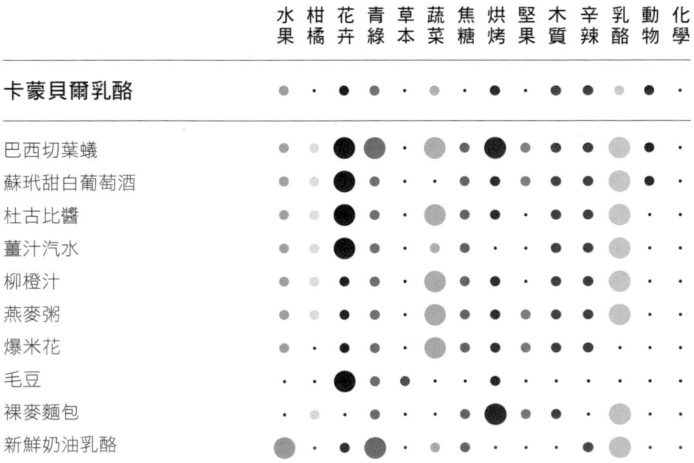

	水果	柑橘	花卉	青綠	草本	蔬菜	焦糖	烘烤	堅果	木質	辛辣	乳酪	動物	化學
卡蒙貝爾乳酪														
巴西切葉蟻														
蘇玳甜白葡萄酒														
杜古比醬														
薑汁汽水														
柳橙汁														
燕麥粥														
爆米花														
毛豆														
裸麥麵包														
新鮮奶油乳酪														

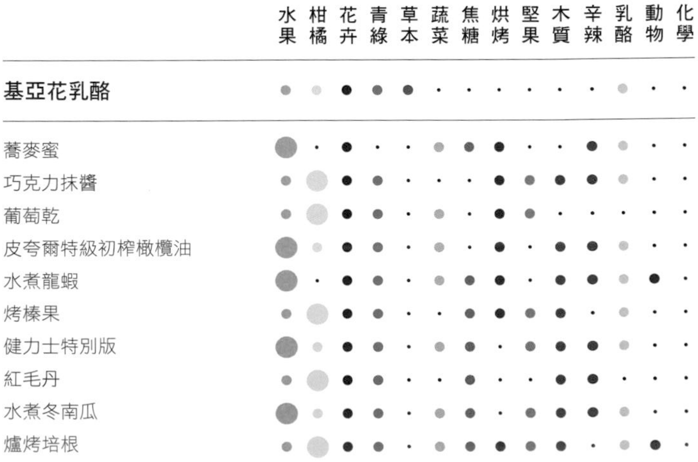

	水果	柑橘	花卉	青綠	草本	蔬菜	焦糖	烘烤	堅果	木質	辛辣	乳酪	動物	化學
基亞花乳酪														
蕎麥蜜														
巧克力抹醬														
葡萄乾														
皮夸爾特級初榨橄欖油														
水煮龍蝦														
烤榛果														
健力士特別版														
紅毛丹														
水煮冬南瓜														
爐烤培根														

布里乳酪

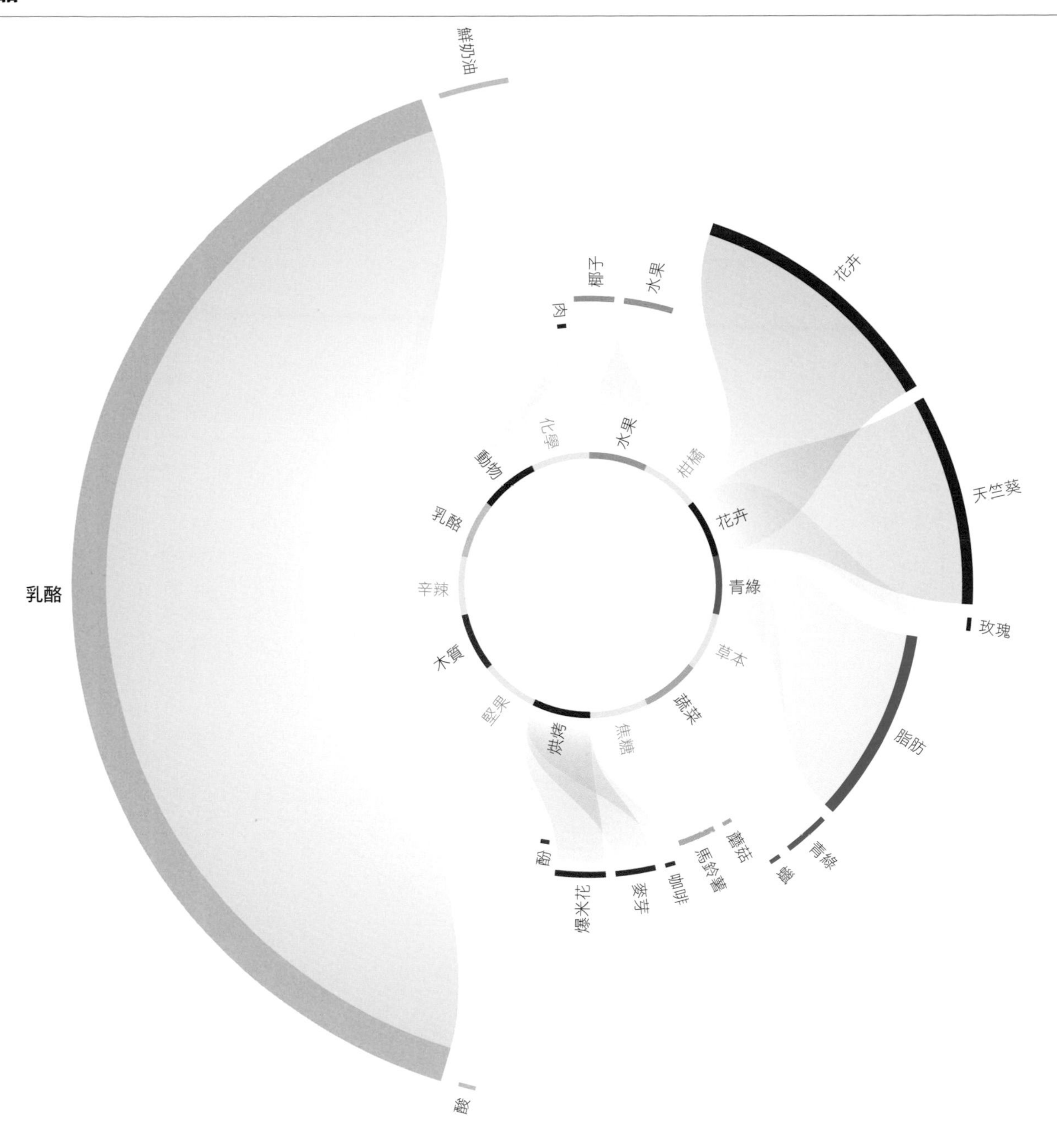

布里乳酪香氣輪廓

乳脂裡的乳糖、脂質（脂肪酸）分解和酪蛋白決定了布里乳酪的主要氣味。其他要素像是牛奶種類以及成熟過程中產生的差異也可能影響其香氣輪廓。

蘑菇調性在布里乳酪的成熟過程中發展出來，此時卡門伯特青黴菌擴散形成一層外皮，乳酸開始分解。一些關鍵描述符包含乳酪、蘑菇、水煮馬鈴薯和麥芽味。

	水果	柑橘	花卉	青綠	草本	蔬菜	焦糖	烘烤	堅果	木質	辛辣	乳酪	動物	化學
布里乳酪	•	·	•	•	·	•	·	•	·	•	·	•	•	·
香茅	•	•	●	·	•	·	·	·	·	•	•	·	·	·
多佛比目魚	●	•	●	●	·	●	•	●	•	•	•	●	•	·
白吐司	•	•	●	•	·	·	•	●	•	·	·	•	·	·
北京烤鴨	•	•	•	•	·	●	·	●	•	·	·	●	•	·
木瓜	•	•	●	●	•	·	·	•	·	•	•	●	·	·
皺葉香芹	•	•	●	•	•	●	·	·	·	•	•	·	·	·
丁香	●	•	•	·	•	·	·	•	·	•	•	•	·	·
香橙	·	•	●	●	•	·	·	·	·	•	•	·	·	·
鼠尾草	·	•	●	·	•	•	·	·	·	•	•	·	·	·
花椒	•	•	●	·	•	·	·	·	·	•	•	·	·	·

潛在搭配：布里乳酪和奎東茄

奎東茄又稱為露露果，是一種南美洲西北部的水果，具備熱帶、鳳梨風味輪廓並帶有一些木質－酚和草本、薄荷香氣。它不但可以當飲料喝（果汁混合水和糖），還能製成果醬、冰淇淋、糖漿和酒（vino de naranjilla）。

潛在搭配：卡蒙貝爾乳酪和阿讓西梅乾

卡蒙貝爾乳酪冰淇淋聽起來很不尋常，但絕對值得一試，特別是搭配阿讓西梅乾。將西梅乾浸泡於雅文邑中（銷魂組合），接著切成小塊，在上桌前放入卡蒙貝爾乳酪冰淇淋。

布里和卡蒙貝爾乳酪食材搭配

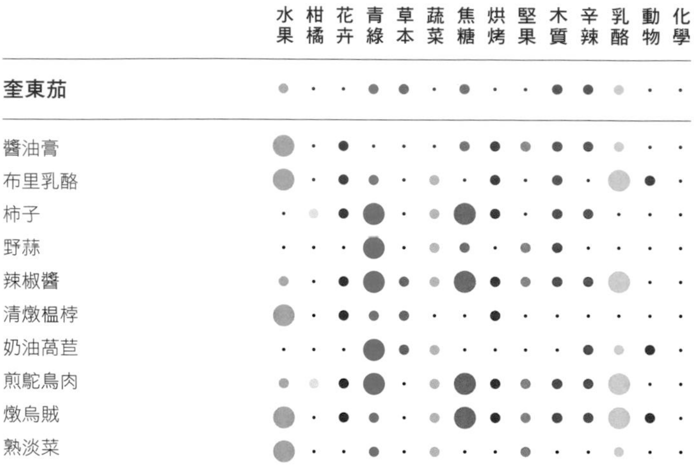

	水果	柑橘	花卉	青綠	草本	蔬菜	焦糖	烘烤	堅果	木質	辛辣	乳酪	動物	化學
奎東茄														
醬油膏														
布里乳酪														
柿子														
野蒜														
辣椒醬														
清燉榲桲														
奶油萵苣														
煎鴕鳥肉														
燉烏賊														
熟淡菜														

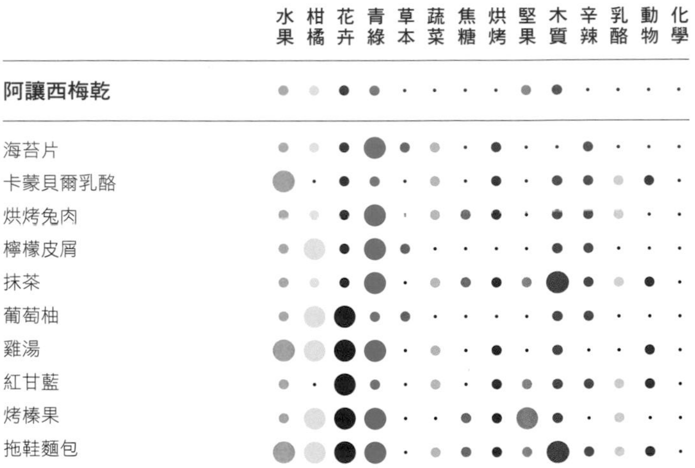

	水果	柑橘	花卉	青綠	草本	蔬菜	焦糖	烘烤	堅果	木質	辛辣	乳酪	動物	化學
阿讓西梅乾														
海苔片														
卡蒙貝爾乳酪														
烘烤兔肉														
檸檬皮屑														
抹茶														
葡萄柚														
雞湯														
紅甘藍														
烤榛果														
拖鞋麵包														

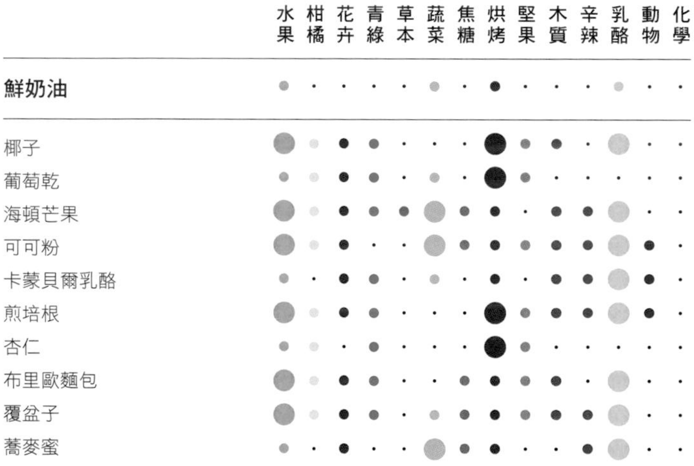

	水果	柑橘	花卉	青綠	草本	蔬菜	焦糖	烘烤	堅果	木質	辛辣	乳酪	動物	化學
鮮奶油														
椰子														
葡萄乾														
海頓芒果														
可可粉														
卡蒙貝爾乳酪														
煎培根														
杏仁														
布里歐麵包														
覆盆子														
蕎麥蜜														

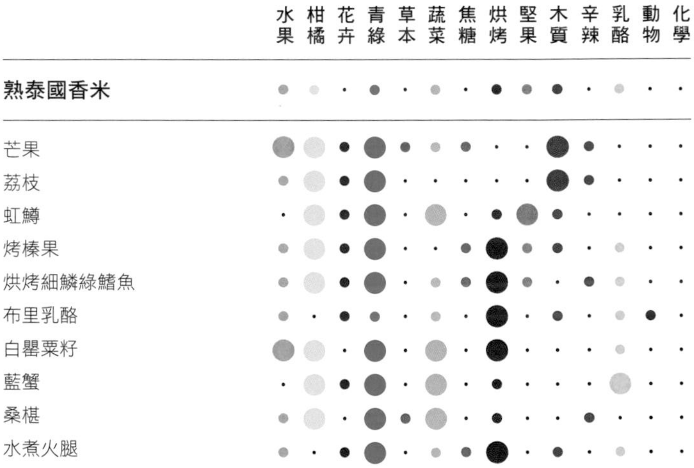

	水果	柑橘	花卉	青綠	草本	蔬菜	焦糖	烘烤	堅果	木質	辛辣	乳酪	動物	化學
熟泰國香米														
芒果														
荔枝														
虹鱒														
烤榛果														
烘烤細鱗綠鰭魚														
布里乳酪														
白罌粟籽														
藍蟹														
桑椹														
水煮火腿														

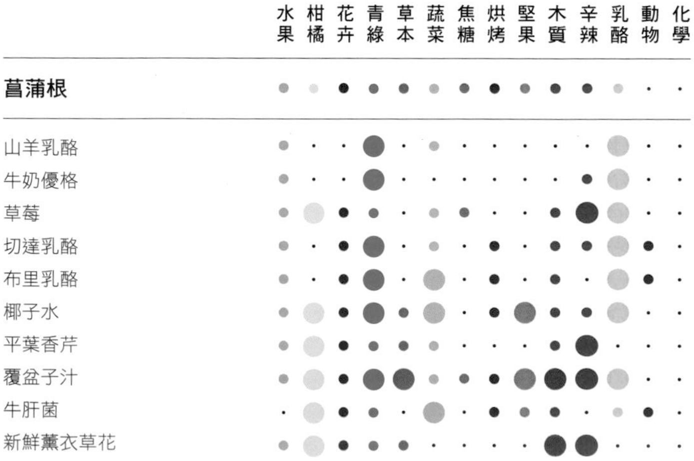

	水果	柑橘	花卉	青綠	草本	蔬菜	焦糖	烘烤	堅果	木質	辛辣	乳酪	動物	化學
菖蒲根														
山羊乳酪														
牛奶優格														
草莓														
切達乳酪														
布里乳酪														
椰子水														
平葉香芹														
覆盆子汁														
牛肝菌														
新鮮薰衣草花														

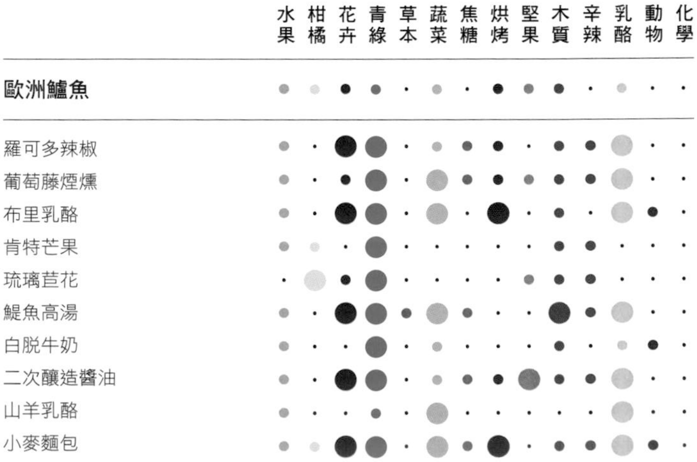

	水果	柑橘	花卉	青綠	草本	蔬菜	焦糖	烘烤	堅果	木質	辛辣	乳酪	動物	化學
歐洲鱸魚														
羅可多辣椒														
葡萄藤煙燻														
布里乳酪														
肯特芒果														
琉璃苣花														
鯷魚高湯														
白脫牛奶														
二次釀造醬油														
山羊乳酪														
小麥麵包														

潛在搭配：布里乳酪和穆納葉

穆納葉是一種類似薄荷的香草，生長於祕魯的寒冷高地，大多用來調味菜餚，像是「丘佩」（chupe）燉菜，或是湯品和醬汁。它亦具有醫療功效，用來泡茶和酊劑。

潛在搭配：布里乳酪和覆盆子

布里乳酪和覆盆子（見次頁）擁有幾個香氣連結——櫻桃、花卉、蜂蜜和焦糖調。這種乳酪的綿密多脂和覆盆子的酸中帶甜是特別合拍的對比。

	水果	柑橘	花卉	青綠	草本	蔬菜	焦糖	烘烤	堅果	木質	辛辣	乳酪	動物	化學
穆納葉														
卡蒙貝爾乳酪														
烤南瓜籽														
水煮羊肉														
黃瓜														
煎餅														
烤牛肉														
烤栗子														
花椒														
香瓜														
牡蠣														

	水果	柑橘	花卉	青綠	草本	蔬菜	焦糖	烘烤	堅果	木質	辛辣	乳酪	動物	化學
格里歐汀（酒漬莫利洛黑櫻桃）														
黑松露														
烤開心果														
角蝦														
布里乳酪														
老抽														
水煮火腿														
茵陳蒿														
肉桂														
印度馬薩拉醬														
潘卡辣椒														

	水果	柑橘	花卉	青綠	草本	蔬菜	焦糖	烘烤	堅果	木質	辛辣	乳酪	動物	化學
海無花果														
煎鴨胸														
皮夸爾黑橄欖														
清燉鱈魚排														
煎鵪鶉														
藻類（*Gracilaria carnosa*）														
香菇														
甜紅椒粉														
布里乳酪														
抱子甘藍														
水煮花椰菜														

	水果	柑橘	花卉	青綠	草本	蔬菜	焦糖	烘烤	堅果	木質	辛辣	乳酪	動物	化學
馬拉斯奇諾櫻桃香甜酒														
香蕉帕薩（乾香蕉）														
梨子														
梅茲卡爾酒														
布里乳酪														
黑蒜泥														
楊桃														
紫蘇														
烘烤兔肉														
薄荷														
乾牛肝菌														

覆盆子

隸屬於薔薇科的覆盆子具有酸甜果香，能為飲品甜點及鹹食帶來宜人的花卉氣息。

覆盆子在中世紀首先栽種於歐洲，適合較寒冷的氣候。它們蓬勃生長於美國太平洋西北地區、加拿大和歐洲的庭院裡或大自然森林中的灌木叢。雖然我們比較熟悉做為農作物的覆盆子，但它們也和草莓、黑莓及黑醋栗一起被列為「森林果實」。

野生覆盆子的果實比栽培品種小，果肉也少很多，但仍具有強烈甜味。在史前洞穴裡發現的覆盆子植株顯示出它們早在數千年前就被人類所享用。到了一六〇〇年代出現栽培品種，不過直至二十世紀才被廣泛種植。覆盆子的果實通常呈紅色，但也有黃、金、紫甚至黑色品種。黃色覆盆子往往最甜。黑色覆盆子（Rubus occidentalis）原生於北美洲，雖然與歐洲紅色覆盆子有親戚關係，但具有獨特的顯著風味，可從果核和果肉分離的方式與黑莓區隔。

歐洲覆盆子的拉丁名稱「Rubus idaeus」來自希臘神話。據說它們原本為白色，會變成紅色是因為年幼宙斯的保姆之一伊達採摘這些漿果時刺傷了手指，流出來的血把它們染紅。

覆盆子一定要在旺季採摘，因為未成熟的果實儲藏時不會繼續成熟。它們很容易碰傷，必須小心處理並盡快使用。

雖然通常會跟甜食聯想在一起，但覆盆子用於番茄醬、佐料和沙拉能為肉類和魚類料理帶來意想不到的層次。覆盆子汁是很棒的飲品調味劑；製作方法為清洗之後加熱至煮沸，最後濾出果汁。

冷凍覆盆子很適合代替冰塊加入冷飲或雞尾酒。將整顆果實個別放進製冰盒的格子裡，避免擠壓成團；有損傷的果實可以壓成泥過濾使用。

- 羅甘莓為覆盆子和黑莓混種，巨大多汁但味道偏酸。較甜的版本泰莓在一九七九年被發展出來，雖然風味絕佳但難以採收，因此未商業化種植。波森莓是覆盆子、黑莓和羅甘莓雜交而成的品種。和覆盆子不同，這些混種都留有果核。
- 覆盆子乳酪蛋糕證明了這些漿果天生和乳製品是絕配。它們也為布朗尼及其他巧克力甜點增添特別風味。
- 香波酒（Chambord）是以覆盆子和干邑白蘭地製成的香甜酒，並加了香草、柑橘皮和蜂蜜調味。
- 覆盆子和香蕉（見第 340 頁）擁有強烈的香氣連結——水果、柑橘、青綠、辛辣和乳酪調。試試以覆盆子醬代替楓糖漿搭配香蕉煎餅。

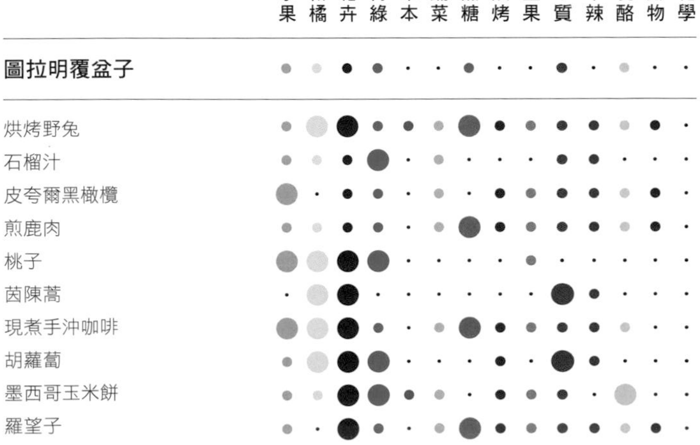

水果 柑橘 花卉 青綠 草本 蔬菜 焦糖 烘烤 堅果 木質 辛辣 乳酪 動物 化學

圖拉明覆盆子

烘烤野兔
石榴汁
皮夸爾黑橄欖
煎鹿肉
桃子
茵陳蒿
現煮手沖咖啡
胡蘿蔔
墨西哥玉米餅
羅望子

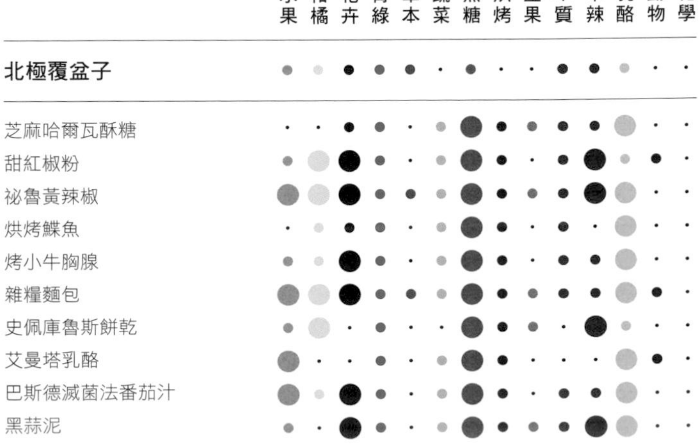

水果 柑橘 花卉 青綠 草本 蔬菜 焦糖 烘烤 堅果 木質 辛辣 乳酪 動物 化學

北極覆盆子

芝麻哈爾瓦酥糖
甜紅椒粉
祕魯黃辣椒
烘烤鰈魚
烤小牛胸腺
雜糧麵包
史佩庫魯斯餅乾
艾曼塔乳酪
巴斯德滅菌法番茄汁
黑蒜泥

覆盆子

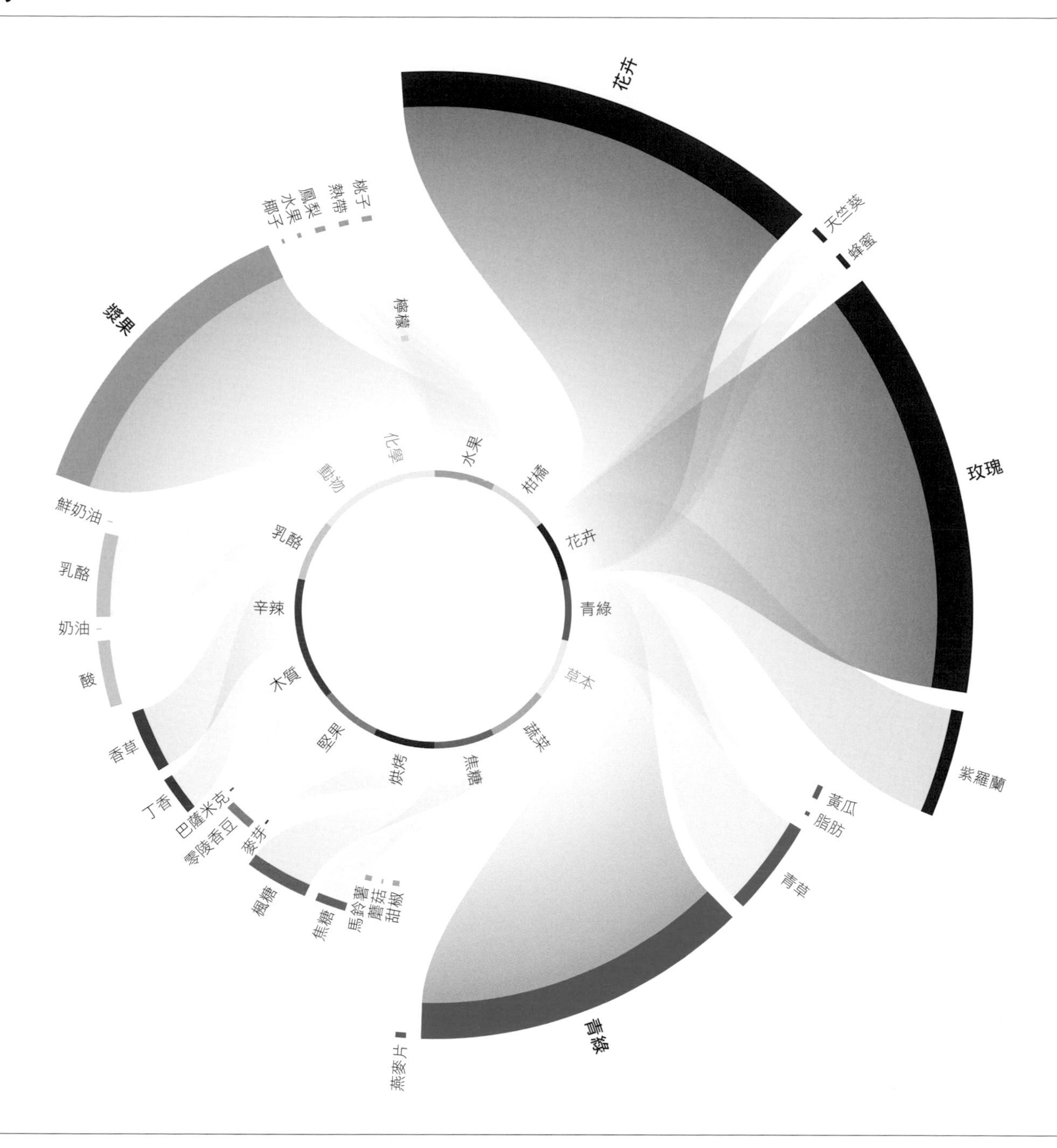

覆盆子香氣輪廓

覆盆子的香氣輪廓有一大部分是花卉（花卉、玫瑰和紫羅蘭）香氣分子，它們也存在於藍莓、黑莓、西瓜、胡蘿蔔、綠蘆筍、杏仁、紅茶和綠茶。酮類讓這些小小的紅色漿果散發成熟覆盆子氣味。黑莓和蔓越莓也含有覆盆子味的酮類。覆盆子與核果、乳酪、白脫牛奶、干邑白蘭地和蘭姆酒都具備水果椰子－桃子香氣；其柑橘調亦可見於百香果、新鮮香菜、香茅、檸檬馬鞭草、泰國青檸葉、瓦卡泰（祕魯黑薄荷）、薑以及柳橙、萊姆、香橙等柑橘類水果中；丁香的辛辣調代表覆盆子很適合搭配新鮮羅勒、月桂葉、米拉索辣椒、肉桂、杉布卡茴香酒和干邑白蘭地；青綠－青草調則與杏桃、蘋果、酪梨、朝鮮薊和茄子形成香氣連結。

	水果	柑橘	花卉	青綠	草本	蔬菜	焦糖	烘烤	堅果	木質	辛辣	乳酪	動物	化學
覆盆子														
紅酸模														
八角														
韓國辣醬														
烘烤小牛肉														
煎鴕鳥肉														
鯖魚														
烘烤角蝦														
烘烤細鱗綠鰭魚														
裸麥麵包丁														
布雷本蘋果														

香蕉

在四十二種決定香蕉氣味的不同香氣分子當中，化合物乙酸異戊酯聞起來跟這種水果本身最接近，雖然是較偏水果、過熟香蕉的味道。它經常用來調味香蕉風味食品。

人類早在西元前五千年的巴布亞紐幾內亞就知道如何栽種香蕉。今日香蕉品種超過一千個，但全世界的食用量有高達44%為華蕉（Cavendish banana），它的祖先在一八三四年於英格蘭德文郡公爵六世威廉・卡文迪許（William Cavendish）的查茨沃斯莊園裡（Chatsworth House）由園丁長首先繁殖。但直到一九五〇年代，大麥克香蕉（Gros Michel）因疾病而絕跡，華蕉才取而代之成為世界上最受歡迎的水果。今日，我們熟悉的華蕉為全球第四大最有價值經濟作物，前三名分別是稻米、小麥和牛奶。

華蕉毫無意外地是商業化程度最高的水果，不但產量高，包裝也省事。它不只是早餐食物，還可以當成健康的下午茶點心或甜點，對世界各地許多飢餓人口來說是重要的營養來源。

不幸的是，華蕉的全球供應可能受到威脅。一種新型黃葉病——滅絕大麥克香蕉的元凶——被發現了蹤跡，足以快速肆虐香蕉園。新的抗病品種正在被研發當中。

- 美式香蕉船在剖半的香蕉中間夾三球冰淇淋——分別為香草、巧克力和草莓口味——再淋上熱巧克力及草莓和鳳梨糖漿。最後再以打發鮮奶油、堅果碎和馬拉斯奇諾櫻桃裝飾這道豪華的冰淇淋聖代。
- 馬來西亞烏達（otak-otak）將魚肉和蟹肉泥混合椰奶並以辣椒、香茅、泰國青檸葉及薑黃調味，再用香蕉葉包成小包。
- 香蕉葉在薩爾瓦多也拿來包塔馬利粽（tamale），內餡為玉米粉加上雞肉絲、水煮蛋、鷹嘴豆、馬鈴薯、酸豆和辣味紅醬。

香蕉蛋糕佐焦糖牛奶義式冰淇淋

食物搭配獨家食譜

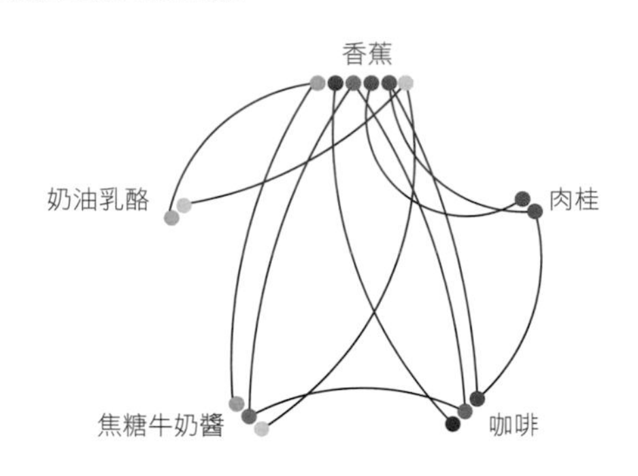

這道香蕉蛋糕溫暖的薑和肉桂辛辣調很適合搭配香甜焦糖牛奶醬做成的義式冰淇淋。為了平衡甜味並增添風味深度，我們在冰淇淋基底加了哥倫比亞咖啡。

將香蕉蛋糕和焦糖牛奶義式冰淇淋擺盤後淋上甜咖啡焦糖。以現磨咖啡粉做成的咖啡酥帶來爽脆滋味。接下來，我們加入點點絲滑的奶油乳酪慕斯讓整體風味更完整，並創造令人滿足的脂肪質地。新鮮香蕉片的果香與甜點的烘烤、焦糖調形成清爽組合。

香蕉

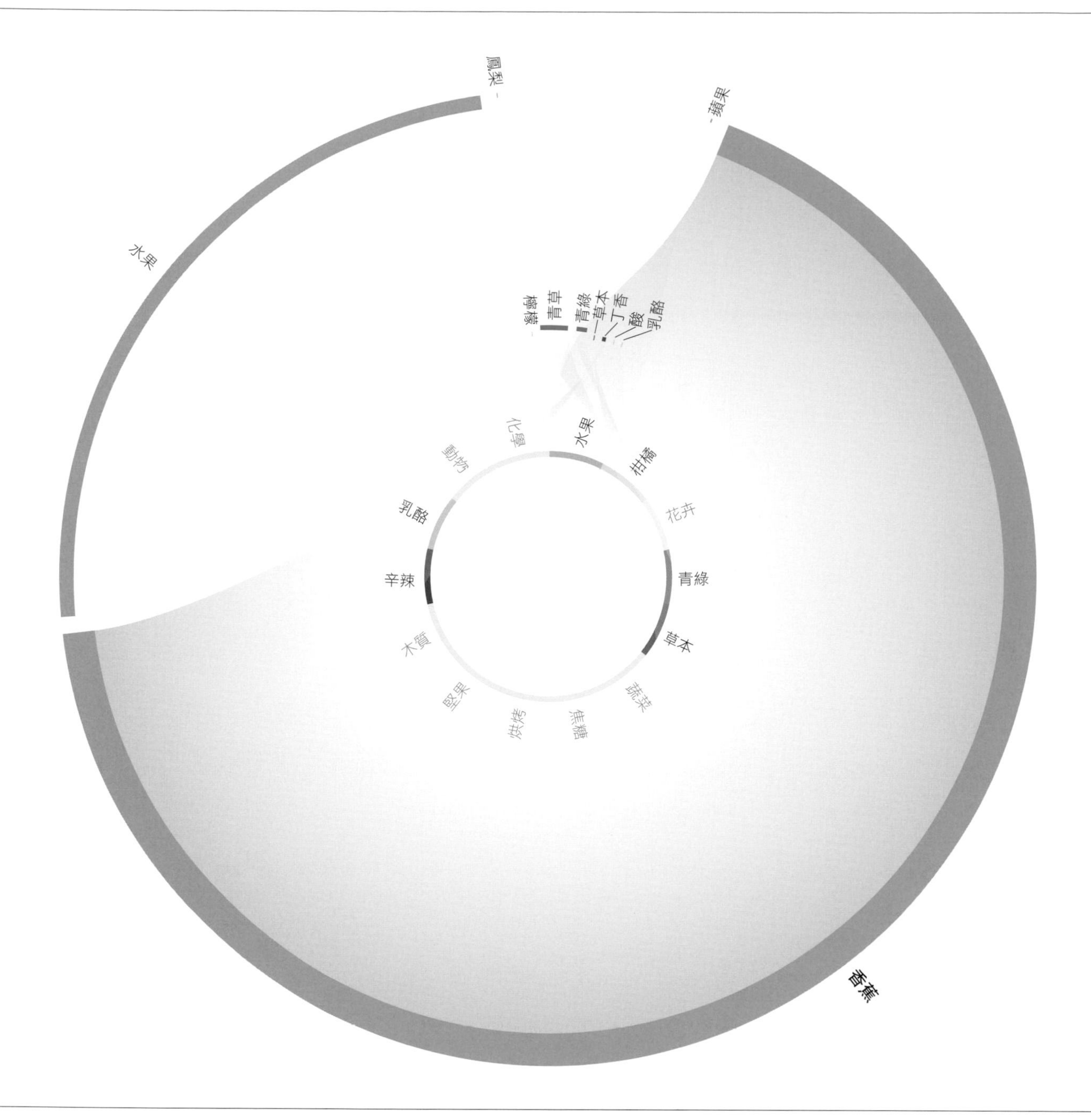

香蕉香氣輪廓

乙酸異戊酯具有水果、過熟香蕉氣味。新鮮香蕉的香氣輪廓除了水果、青綠、辛辣甚至乳酪調還有其他化合物，像是丁香味的丁香酚。香蕉的乳酪－酸調帶有果香，發酵產品如優格、酸麵糰、泡菜、西班牙火腿和韓國大醬也有類似味道。焦糖楓糖香氣分子則帶來甜味。當表皮開始轉為褐色時，香蕉裡的揮發性化合物濃度也會增加。

	水果	柑橘	花卉	青綠	草本	蔬菜	焦糖	烘烤	堅果	木質	辛辣	乳酪	動物	化學
香蕉（一般）	●	●	●	●	●	●	●	●	●	●	●	●	●	●
桉樹蜜	●	●	●	●	●	●	●	●	●	●	●	●	●	●
乾牛肝菌	●	●	●	●	●	●	●	●	●	●	●	●	●	●
香菜葉	●	●	●	●	●	●	●	●	●	●	●	●	●	●
烘烤飛蟹	●	●	●	●	●	●	●	●	●	●	●	●	●	●
烘烤�	●	●	●	●	●	●	●	●	●	●	●	●	●	●
古岡左拉乳酪	●	●	●	●	●	●	●	●	●	●	●	●	●	●
紫鼠尾草	●	●	●	●	●	●	●	●	●	●	●	●	●	●
煎豬里肌	●	●	●	●	●	●	●	●	●	●	●	●	●	●
煎鵪鶉	●	●	●	●	●	●	●	●	●	●	●	●	●	●
水煮黏果酸漿	●	●	●	●	●	●	●	●	●	●	●	●	●	●

潛在搭配：香蕉和乳酪

華蕉和聖莫爾乳酪皆擁有香氣化合物 2- 庚醇（水果、柑橘、花卉）和 3- 甲基 -1- 丁醇（帶有香蕉味的果香）。試試以山羊乳酪和焦糖化香蕉製作乳酪蛋糕，或將奶油乳酪和香蕉放在長棍麵包上，淋一點蜂蜜，最後撒些許辣椒或新鮮香菜。

香蕉帕薩

香蕉帕薩是整條乾香蕉，具有葡萄乾般的質地，吃法和我們熟悉的果乾一樣：當成零嘴、切碎拌入優格、加入自製脆穀或沙拉。

香蕉食材搭配

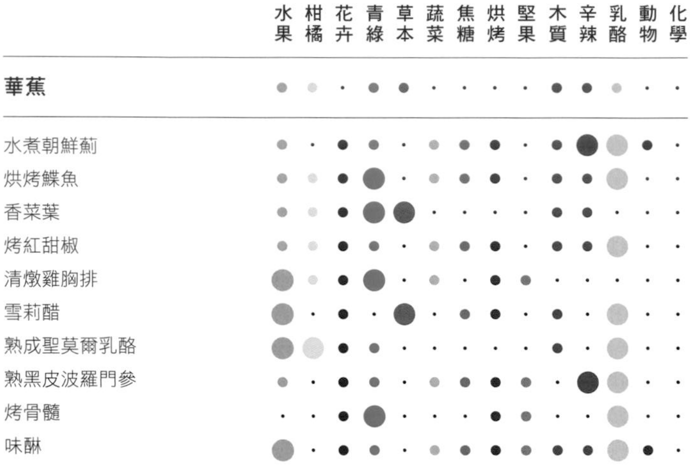

華蕉	水果	柑橘	花卉	青綠	草本	蔬菜	焦糖	烘烤	堅果	木質	辛辣	乳酪	動物	化學
水煮朝鮮薊														
烘烤鰈魚														
香菜葉														
烤紅甜椒														
清燉雞胸排														
雪莉醋														
熟成聖莫爾乳酪														
熟黑皮波羅門參														
烤骨髓														
味醂														

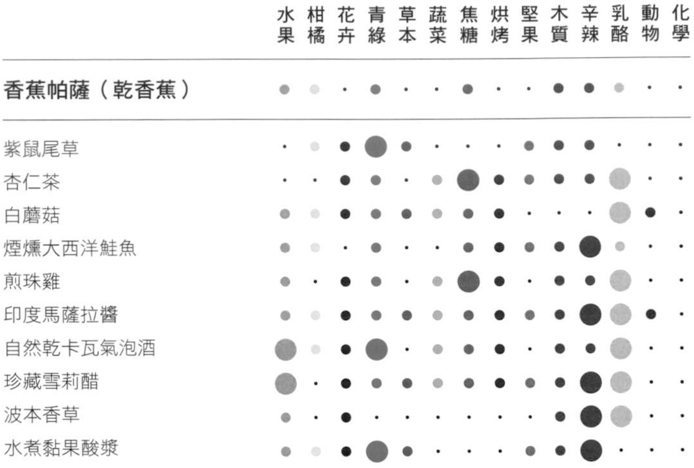

香蕉帕薩（乾香蕉）	水果	柑橘	花卉	青綠	草本	蔬菜	焦糖	烘烤	堅果	木質	辛辣	乳酪	動物	化學
紫鼠尾草														
杏仁茶														
白蘑菇														
煙燻大西洋鮭魚														
煎珠雞														
印度馬薩拉醬														
自然乾卡瓦氣泡酒														
珍藏雪莉醋														
波本香草														
水煮黏果酸漿														

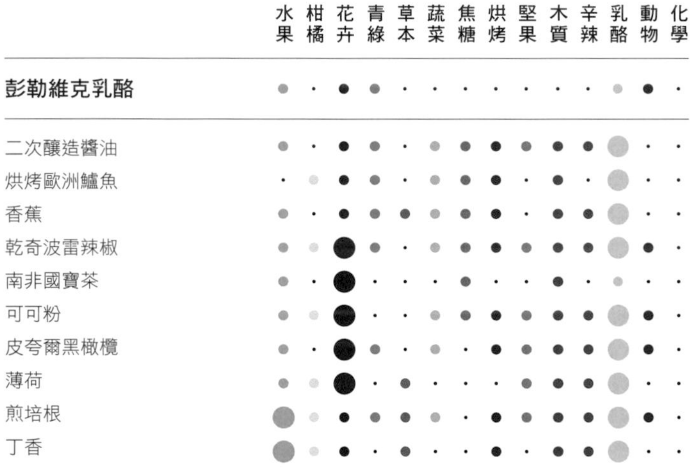

彭勒維克乳酪	水果	柑橘	花卉	青綠	草本	蔬菜	焦糖	烘烤	堅果	木質	辛辣	乳酪	動物	化學
二次釀造醬油														
烘烤歐洲鱸魚														
香蕉														
乾奇波雷辣椒														
南非國寶茶														
可可粉														
皮夸爾黑橄欖														
薄荷														
煎培根														
丁香														

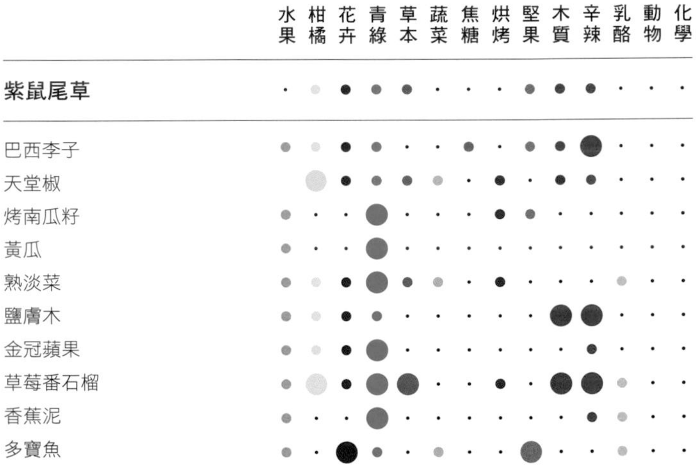

紫鼠尾草	水果	柑橘	花卉	青綠	草本	蔬菜	焦糖	烘烤	堅果	木質	辛辣	乳酪	動物	化學
巴西李子														
天堂椒														
烤南瓜籽														
黃瓜														
熟淡菜														
鹽膚木														
金冠蘋果														
草莓番石榴														
香蕉泥														
多寶魚														

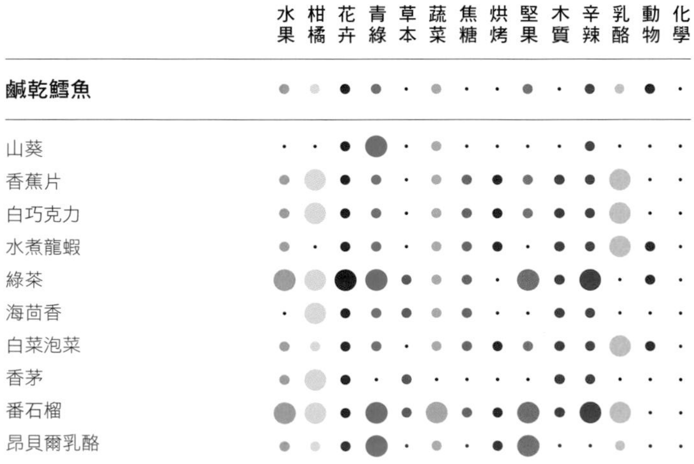

鹹乾鱈魚	水果	柑橘	花卉	青綠	草本	蔬菜	焦糖	烘烤	堅果	木質	辛辣	乳酪	動物	化學
山葵														
香蕉片														
白巧克力														
水煮龍蝦														
綠茶														
海茴香														
白菜泡菜														
香茅														
番石榴														
昂貝爾乳酪														

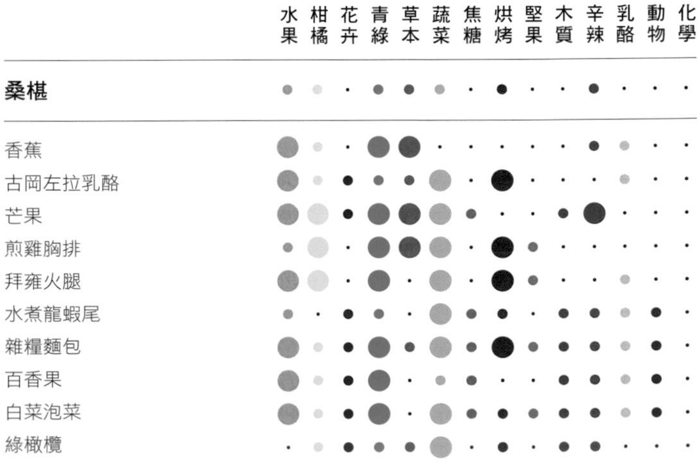

桑椹	水果	柑橘	花卉	青綠	草本	蔬菜	焦糖	烘烤	堅果	木質	辛辣	乳酪	動物	化學
香蕉														
古岡左拉乳酪														
芒果														
煎雞胸排														
拜雍火腿														
水煮龍蝦尾														
雜糧麵包														
百香果														
白菜泡菜														
綠橄欖														

潛在搭配：香蕉和乾大馬士革玫瑰花瓣

玫瑰花瓣通常與中東食品有關聯，像是土耳其軟糖、玫瑰哈里薩或摩洛哥綜合香料「ras-el-hanout」。玫瑰水為蛋糕、布丁和冰淇淋增添花卉調，也經常加入木槿茶。

潛在搭配：香蕉和杏仁

過熟香蕉的最佳用法之一是做成香蕉麵包。許多食譜都會使用杏仁粉，但若要奢侈一點，可以拌入切碎的新鮮櫻桃——櫻桃和杏仁（見次頁）皆含有化合物苯甲醛，因此搭配得宜。

	水果	柑橘	花卉	青綠	草本	蔬菜	焦糖	烘烤	堅果	木質	辛辣	乳酪	動物	化學
乾大馬士革玫瑰花瓣														
香蕉														
濃口醬油														
烤開心果														
哈密瓜														
熟糙米														
煎鹿肉														
柚子														
荔枝														
紅茶														
烘烤鰈魚														

	水果	柑橘	花卉	青綠	草本	蔬菜	焦糖	烘烤	堅果	木質	辛辣	乳酪	動物	化學
拉賓斯櫻桃														
花椒														
夏季香薄荷														
多香果														
大茴香														
香蕉泥														
清燉鮭魚														
烤雞														
杏仁														
球莖茴香														
芒果														

	水果	柑橘	花卉	青綠	草本	蔬菜	焦糖	烘烤	堅果	木質	辛辣	乳酪	動物	化學
烘烤鰈魚														
蒸羽衣甘藍														
小寶石萵苣														
華蕉														
紅辣椒粉														
乾葛縷子葉														
紅酒醋														
核桃														
鮮奶油														
櫛瓜														
綿羊奶優格														

	水果	柑橘	花卉	青綠	草本	蔬菜	焦糖	烘烤	堅果	木質	辛辣	乳酪	動物	化學
科拉蒂橄欖油														
平葉香芹														
覆盆子														
葡萄（一般）														
蒸羽衣甘藍														
煎鵪鶉														
杏仁														
清燉鮭魚														
祕魯黃辣椒														
香蕉（一般）														
烏魚子														

	水果	柑橘	花卉	青綠	草本	蔬菜	焦糖	烘烤	堅果	木質	辛辣	乳酪	動物	化學
大豆味噌														
農莊切達乳酪														
澳洲青蘋果														
烤甜菜														
冬南瓜泥														
水煮朝鮮薊														
蜂蜜														
網烤羔羊肉														
烤榛果泥														
香蕉														
蔓越莓														

杏仁

杏仁（扁桃）富含抗氧化劑、多酚、蛋白質、單元不飽和脂肪和纖維。只要確保你食用的是甜扁桃（Prunus dulcis var. dulcis）而非用來製造純杏仁萃取物的苦扁桃（Prunus dulcis var. amara）。

嚴格說來是種子而非堅果，這種果仁來自天鵝絨般的綠色水果扁桃，與桃子和杏桃有親戚關係。它綠色的果肉（外皮）在加工過程中去除，果核打開之後裡面便是杏仁。

自採收的那一刻起，杏仁的香氣輪廓就開始產生變化。首先果實從樹上被搖到地上，進行自然乾燥。接著經過滾輪去皮和移除樹枝石頭等殘留物，依大小分類。為了生產去皮杏仁，褐色種皮也會被去除，通常透過溫水處理程序使其先軟化。這個過程會引起化學反應，賦予杏仁某些類似蘑菇和熟馬鈴薯的蔬菜調、烘烤爆米花調以及更多焦糖調。

杏仁大部分的香氣化合物都在生物合成和酵素降解時形成。採收會觸發脂質氧化，促使其他新的香氣分子產生。杏仁富含不飽和脂肪，因此特別容易氧化；這解釋了為何氧化副產物決定了生杏仁大部分的風味。杏仁脂質氧化在室溫就會發生，因此最好將杏仁和其他堅果真空密封或冷凍保存，以免變質。

相關香氣輪廓：乾烤杏仁

在烘烤過程中，杏仁裡的苯甲醛化合物減少，新的揮發物形成，像是帶來烘烤、堅果氣味的吡嗪。焦糖味呋喃和爆米花味吡咯也會隨著溫度升高而產生。

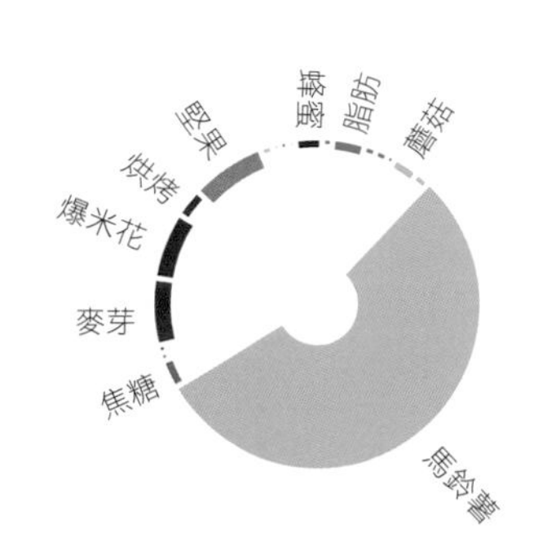

	水果	柑橘	花卉	青綠	草本	蔬菜	焦糖	烘烤	堅果	木質	辛辣	乳酪	動物	化學
乾烤杏仁														
葛瑞爾乳酪														
煎鹿肉														
無糖可可粉														
現煮手沖咖啡														
綠蘆筍														
網烤多寶魚														
熟苔麩														
杏桃														
蒔蘿														
覆盆子														

相關香氣輪廓：油烤杏仁

用油來烤杏仁會形成額外分子：油的高溫使糖進一步降解（導致更多焦糖調）以及更多梅納反應發生（烘烤和堅果調）。

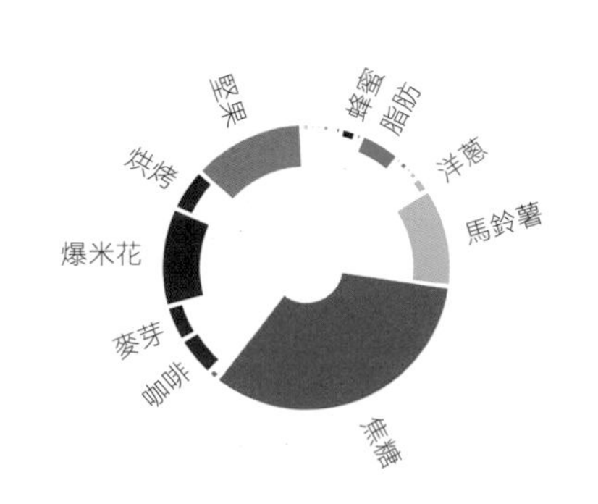

	水果	柑橘	花卉	青綠	草本	蔬菜	焦糖	烘烤	堅果	木質	辛辣	乳酪	動物	化學
油烤杏仁														
牛腿肉（後腿牛排）														
燉條長臀鱈														
煎野鴨														
烤花生														
椰子水														
帕瑪森乳酪														
荔枝														
甜櫻桃														
華蕉														
白蘆筍														

杏仁

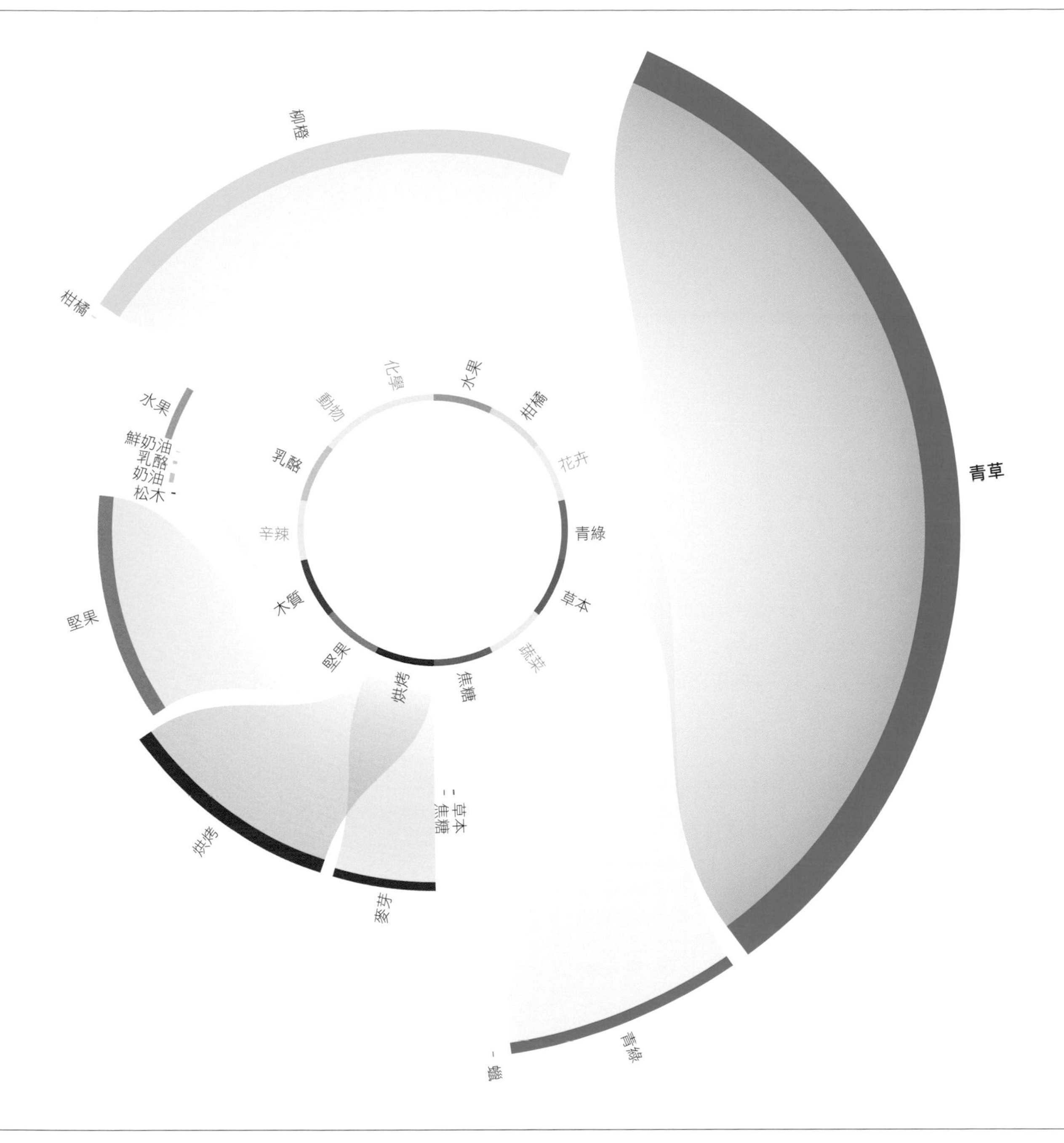

杏仁香氣輪廓

苯甲醛是生杏仁主要的氣味劑。根據濃度不同，苯甲醛可能聞起來像櫻桃或杏仁。在鹹食中，這個特徵影響化合物具有強烈杏仁味，但在甜點糕餅中比較偏櫻桃味。同樣的杏仁味苯甲醛分子也存在於巧克力和桃子中。其他醛類如帶有脂肪調的青綠－青草味己醛也貢獻了整體烘烤－堅果、蠟味之外的氣息。

	水果	柑橘	花卉	青綠	草本	蔬菜	焦糖	烘烤	堅果	木質	辛辣	乳酪	動物	化學
杏仁														
潘卡辣椒														
紅茶														
煎甜菜														
水牛莫札瑞拉乳酪														
芥末														
北京烤鴨														
煎鴨肝														
豆蔻籽														
薄荷														
蘋果（一般）														

潛在搭配：杏仁和黑種草籽

黑種草籽通常在印度和中東料理中被當成香料使用，具有刺鼻苦澀味。它的草本、辛辣調很適合搭配咖哩、豆類和蔬菜菜餚，但這些小小的黑色種子也能用來調味麵包，像是印度烤餅。

潛在搭配：杏仁和鴨肉

煎鴨胸時，梅納反應會促使新的烘烤香氣分子產生，其中有一些亦存在於烘烤杏仁中。

甜扁桃有兩種：軟殼（例如：產於加州的品種）和硬殼（多產於南歐）。不同品種的大小、形狀和風味各有明顯差異，以義大利皮蘇塔（Pizzuta）和中東馬姆拉（Mamra）最受推崇。

除了是受歡迎的點心，可以生吃或烘烤，這些低卡核果還有各式各樣的料理用途。杏仁為鹹食增添堅果、酥脆質地，也能加入甜食，像是杏仁牛軋糖、杜隆（turrón、torrone）、義大利德拉傑（dragée）、伊朗糖裹杏仁（noghl）、法國馬卡龍等等。最普遍的用法之一是結合糖漿／糖和杏仁粉做成杏仁糖膏。

- 奶凍（blancmange）源自波斯，原本是慢煮的雞肉杏仁粥，隨著時間過去加入了杏仁奶，玫瑰水和糖，最後成為一種以模具製成的冷甜品。它在加勒比海地區一直特別受歡迎。
- 深色的義大利杏仁香甜酒（Amaretto）經常用於甜點和雞尾酒。視品牌而定，它的調味劑可能包含杏仁香精、杏桃核仁油和其他藥草。

杏仁萃取物

純杏仁萃取物經常被誤認為來自甜扁桃，但事實上是以苦扁桃的精油蒸餾而成。苦扁桃含有高濃度的苯甲醛——這種氣味劑也可以從替代品杏桃核仁和櫻桃核萃取。其他來源包含蘋果、李子、桃子、桂皮甚至月桂葉。

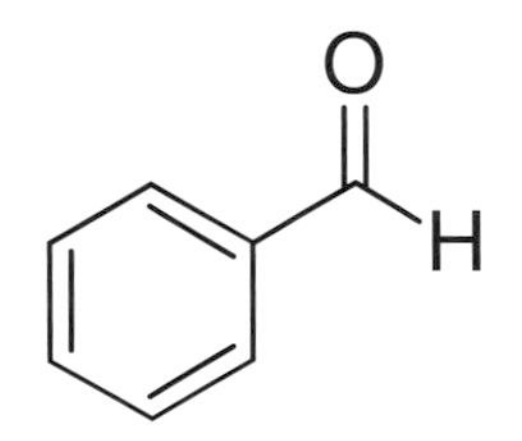

苯甲醛

此有機化合物具備特有的杏仁氣味。

苦扁桃含有苦味成分苦杏仁苷（亦存在於蘋果籽、桃子和李子果核）以及野黑櫻醣苷（亦存在於桃子和黑櫻桃果核）。與水接觸會促使苦扁桃裡的酵素分解苦杏仁苷和野黑櫻醣苷，將它們轉化為苯甲醛、葡萄糖和氰化氫——因此苦扁桃具有毒性。（甜扁桃缺乏酵素進行轉化，不是苯甲醛很好的來源。）純杏仁萃取物會經過蒸餾以去除氰化氫，並與水和酒精混合。大部分「天然」杏仁萃取物也含有杏桃或其他核果果核油，因為上述生產過程所費不貲。

	水果	柑橘	花卉	青綠	草本	蔬菜	焦糖	烘烤	堅果	木質	辛辣	乳酪	動物	化學
黑種草籽	·	•	·	·	•	·	·	•	·	•	•	·	·	·
甘草	•	•	·	•	•	·	·	•	·	•	●	•	·	·
煎培根	•	●	•	•	•	•	·	•	•	●	•	•	•	·
土荊芥	·	·	·	·	●	·	·	·	·	●	•	·	·	·
石榴	·	●	•	•	•	•	·	·	·	●	•	·	·	·
馬鬱蘭	•	●	•	•	•	·	·	·	·	●	●	·	·	·
白蘆筍	•	·	•	•	•	•	·	·	·	●	•	·	·	·
杏仁	•	●	·	•	·	·	·	•	•	·	·	·	·	·
雞油菌	·	·	·	•	•	•	·	·	·	●	•	·	·	·
西班牙喬利佐香腸	•	•	•	•	·	•	•	●	•	●	•	•	•	·
斑豆	•	•	•	•	•	•	·	•	•	●	•	·	·	·

	水果	柑橘	花卉	青綠	草本	蔬菜	焦糖	烘烤	堅果	木質	辛辣	乳酪	動物	化學
煎野鴨	•	•	•	•	·	•	•	•	•	•	•	•	•	·
深烤杏仁	•	•	●	·	·	·	·	●	•	•	·	●	·	·
乾洋甘菊	●	●	●	•	•	·	·	•	·	•	•	·	·	·
葡萄（一般）	•	●	●	●	•	·	·	·	·	•	•	·	·	·
熟糙米	·	•	●	●	·	●	●	●	·	•	●	●	•	·
水煮龍蝦尾	•	·	●	●	·	●	●	●	·	•	●	●	●	·
香茅	●	●	●	·	•	·	·	·	·	●	●	·	·	·
烤褐蝦	·	·	·	●	·	●	·	●	•	·	·	·	•	·
番石榴	●	●	●	●	•	●	●	•	•	●	•	●	·	·
梨木煙燻	●	·	•	●	·	●	●	●	·	•	●	●	·	·
醃漬黃瓜	●	●	·	●	·	•	·	·	·	·	·	·	·	·

經典搭配：杏仁和黑莓

共同的烘烤和木質調是烘烤杏仁與黑莓相襯的原因。製作煎餅時，試試以杏仁粉取代一部分的麵粉，並搭配黑莓果醬。

經典搭配：杏仁和梨子

在法式料理中，杏仁和梨子（見次頁）是經典組合，例如：梨子杏仁塔和梨海琳（Poire belle Hélène）。這道甜點發明於一八六四年，以燉梨子搭配香草冰淇淋和巧克力醬，最後加上烤杏仁片。

杏仁食材搭配

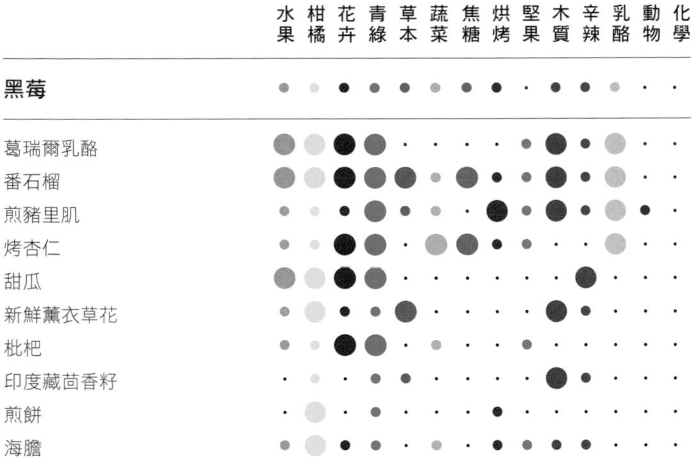

	水果	柑橘	花卉	青綠	草本	蔬菜	焦糖	烘烤	堅果	木質	辛辣	乳酪	動物	化學
黑莓	•	•	•	•	•	•	•	•	·	•	•	•	·	·
葛瑞爾乳酪	●	●	●	●	·	·	·	·	•	●	•	●	·	·
番石榴	●	●	●	●	●	•	●	•	•	●	•	●	·	·
煎豬里肌	•	•	•	●	•	•	·	●	•	●	•	●	•	·
烤杏仁	•	•	●	●	·	●	●	•	•	·	·	●	·	·
甜瓜	●	●	●	●	·	·	·	·	·	·	●	·	·	·
新鮮薰衣草花	•	●	•	•	●	·	·	·	·	●	•	·	·	·
枇杷	•	•	●	●	·	•	·	·	•	·	·	·	·	·
印度藏茴香籽	·	•	·	•	•	·	·	·	·	●	•	·	·	·
煎餅	·	●	·	•	·	·	·	•	·	·	·	·	·	·
海膽	•	●	•	•	·	•	·	•	•	•	•	·	·	·

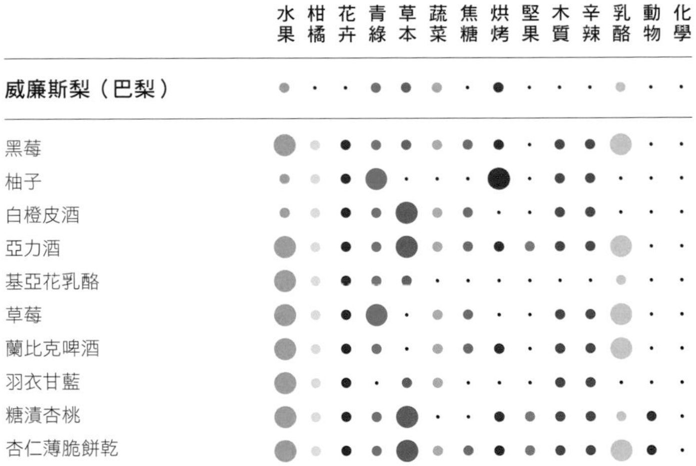

	水果	柑橘	花卉	青綠	草本	蔬菜	焦糖	烘烤	堅果	木質	辛辣	乳酪	動物	化學
威廉斯梨（巴梨）	•	·	·	•	•	•	·	•	·	·	·	•	·	·
黑莓	●	•	•	•	•	•	•	•	·	•	•	●	·	·
柚子	•	•	•	●	·	·	·	●	·	•	•	·	·	·
白橙皮酒	•	•	•	•	●	•	•	·	·	•	•	·	·	·
亞力酒	●	•	•	•	●	•	•	•	•	•	•	●	·	·
基亞花乳酪	●	•	•	•	•	·	·	·	·	·	·	•	·	·
草莓	●	•	•	●	·	•	•	·	·	•	•	●	·	·
蘭比克啤酒	●	•	•	•	·	•	•	•	·	•	•	●	·	·
羽衣甘藍	●	•	•	·	•	•	·	·	·	•	•	·	·	·
糖漬杏桃	●	•	•	•	●	·	·	•	•	•	•	•	•	·
杏仁薄脆餅乾	●	•	•	•	●	•	•	•	•	•	•	●	•	·

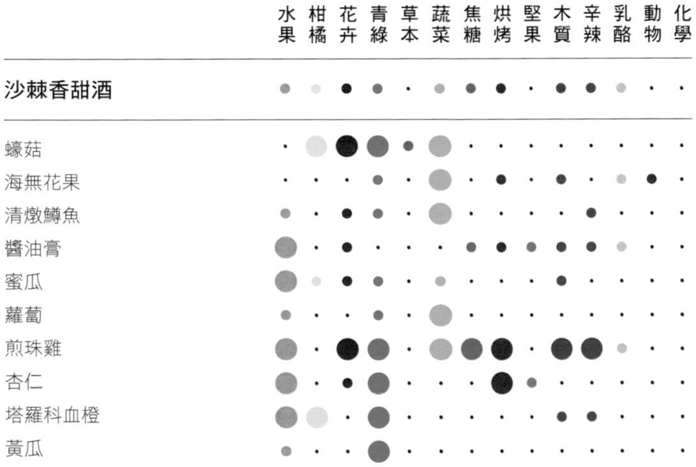

	水果	柑橘	花卉	青綠	草本	蔬菜	焦糖	烘烤	堅果	木質	辛辣	乳酪	動物	化學
沙棘香甜酒	•	•	•	•	·	•	•	•	·	•	•	•	·	·
蠔菇	·	●	●	●	•	●	·	·	·	·	·	·	·	·
海無花果	·	·	·	•	·	●	·	•	·	•	·	•	•	·
清燉鱒魚	•	·	•	•	·	●	·	·	·	·	•	·	·	·
醬油膏	●	·	•	·	·	·	•	•	•	•	•	•	·	·
蜜瓜	●	•	•	•	·	•	·	·	·	•	·	·	·	·
蘿蔔	•	·	·	•	·	●	·	·	·	·	·	·	·	·
煎珠雞	●	·	●	●	·	●	●	●	·	●	●	•	·	·
杏仁	●	·	•	●	·	·	·	●	•	·	·	·	·	·
塔羅科血橙	●	●	·	●	·	·	·	·	·	•	•	·	·	·
黃瓜	•	·	·	●	·	·	·	·	·	·	·	·	·	·

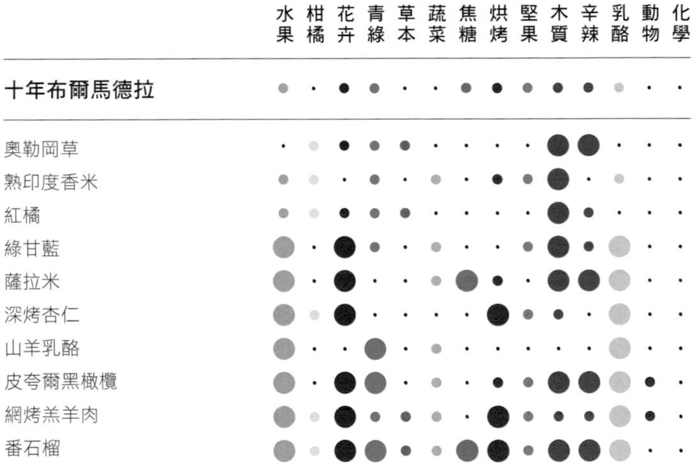

	水果	柑橘	花卉	青綠	草本	蔬菜	焦糖	烘烤	堅果	木質	辛辣	乳酪	動物	化學
十年布爾馬德拉	•	·	•	•	·	·	•	•	•	•	•	•	·	·
奧勒岡草	·	•	•	•	•	·	·	·	·	●	●	·	·	·
熟印度香米	•	•	·	•	·	•	·	•	•	●	·	•	·	·
紅橘	•	•	•	•	•	·	·	·	·	●	•	·	·	·
綠甘藍	●	·	●	•	·	•	·	·	•	●	•	●	·	·
薩拉米	●	·	●	·	·	•	●	•	·	●	●	●	·	·
深烤杏仁	●	•	●	·	·	·	·	●	•	•	·	●	·	·
山羊乳酪	●	·	·	●	·	•	·	·	·	·	·	●	·	·
皮夸爾黑橄欖	●	·	●	●	·	•	·	•	•	●	●	●	•	·
網烤羔羊肉	●	•	●	•	•	•	·	●	•	•	•	●	•	·
番石榴	●	•	●	●	•	•	●	●	•	●	●	●	·	·

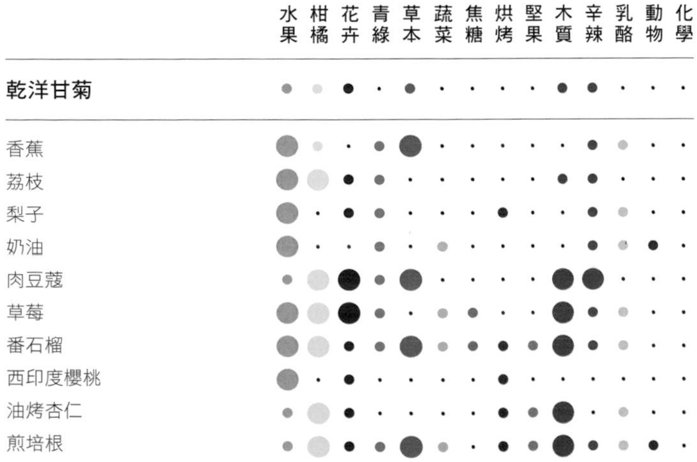

	水果	柑橘	花卉	青綠	草本	蔬菜	焦糖	烘烤	堅果	木質	辛辣	乳酪	動物	化學
乾洋甘菊	•	•	•	·	•	·	·	·	·	•	•	·	·	·
香蕉	●	•	·	•	●	·	·	·	·	·	•	•	·	·
荔枝	●	●	•	•	·	·	·	·	·	•	•	·	·	·
梨子	●	·	•	•	·	·	·	•	·	·	•	•	·	·
奶油	●	·	·	•	·	•	·	·	·	·	•	•	•	·
肉豆蔻	•	●	●	•	●	·	·	·	·	●	●	·	·	·
草莓	●	●	●	•	·	•	•	·	·	●	•	•	·	·
番石榴	●	●	•	•	●	•	•	•	•	●	•	•	·	·
西印度櫻桃	●	·	•	·	·	·	·	•	·	·	·	·	·	·
油烤杏仁	•	●	•	·	·	·	·	•	•	●	·	•	·	·
煎培根	•	●	•	•	●	•	·	•	•	●	•	•	•	·

梨子

梨子大部分的品種都有水果、花卉、青綠、辛辣甚至乳酪香氣分子的組合。癸二烯酸乙酯又稱為「梨酯」，因為它是梨子風味輪廓裡的主要成分，會隨著果實成熟而越來越顯著。不同品種有各自的香氣類型和描述符，視其香氣分子濃度而定。

在十八世紀之前，大部分的梨子吃起來酥脆紮實且帶有沙沙質地，和今日的亞洲梨並無兩樣。現在歐洲原種透過選擇育種擁有柔順多汁的質地。

要判斷這些細緻水果的成熟度可能很難，更別說你耐心等候卻只等來粉狀軟爛果肉的失望。梨子會產生乙烯氣體，加速從核到外的成熟過程，因此當表皮顏色改變並且摸起來有點軟的時候，可能就已經過熟了。

和蘋果不一樣，梨子從樹上被摘採了之後才會開始成熟。做為採收後熟化的一部分，它們被降溫至 -1°C 左右以啟動成熟過程。紮實、未成熟的果實最好置放於室溫中成熟。只要輕輕按壓柄附近的區域，如果有點彈性就可以吃了。

梨子的旺季在秋冬月份，用來搭配野味或裝飾甜點。

- 以紅酒加上檸檬皮和肉桂、丁香和香草等濃烈香料燉煮梨子是經典的秋季甜點搭配。

杜隆多梨香氣輪廓

杜隆多是我們分析的三種常見歐洲梨品種之一，味道最不突出，主要香氣描述符為焦糖、蘋果、柑橘和蘑菇。

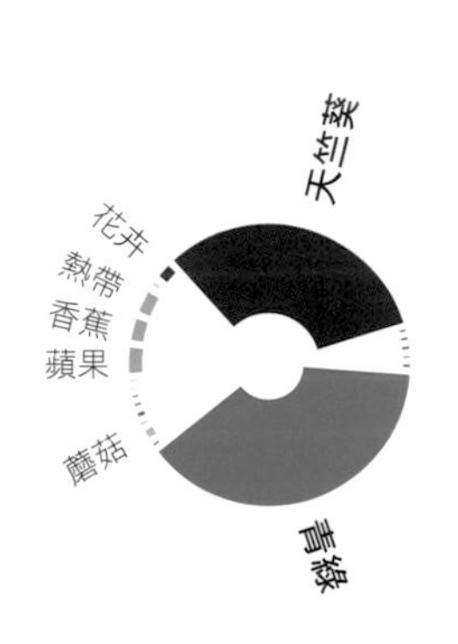

	水果	柑橘	花卉	青綠	草本	蔬菜	焦糖	烘烤	堅果	木質	辛辣	乳酪	動物	化學
杜隆多梨														
油菜花														
清燉多寶魚														
圓葉當歸葉														
網烤肋眼牛排														
史佩庫魯斯餅乾														
番茄														
波本威士忌														
醃漬葡萄葉														
百香果汁														
乾木槿花														

亞歷山大盧卡斯梨香氣輪廓

與會議梨和杜隆多梨相比，亞歷山大盧卡斯梨最具果香，帶有強烈的柑橘、蘋果味以及些微脂肪、花卉、辛辣和焦糖楓糖調。

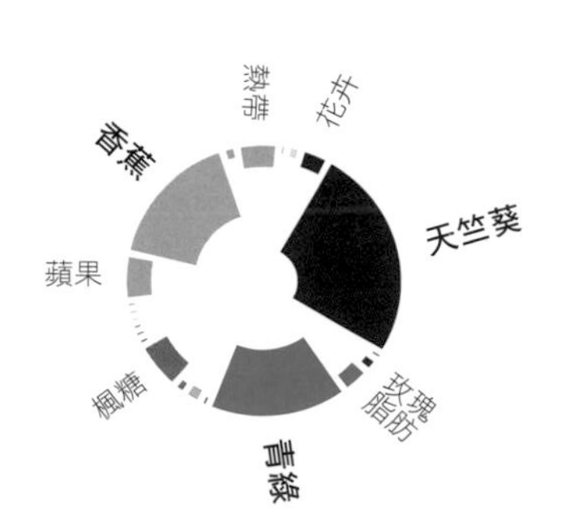

	水果	柑橘	花卉	青綠	草本	蔬菜	焦糖	烘烤	堅果	木質	辛辣	乳酪	動物	化學
亞歷山大盧卡斯梨														
杏桃汁														
圓葉當歸葉														
煙燻大西洋鮭魚														
綠藻														
丁香														
牡蠣														
君度橙酒														
大吉嶺茶														
香檸檬														
阿芳素芒果														

會議梨

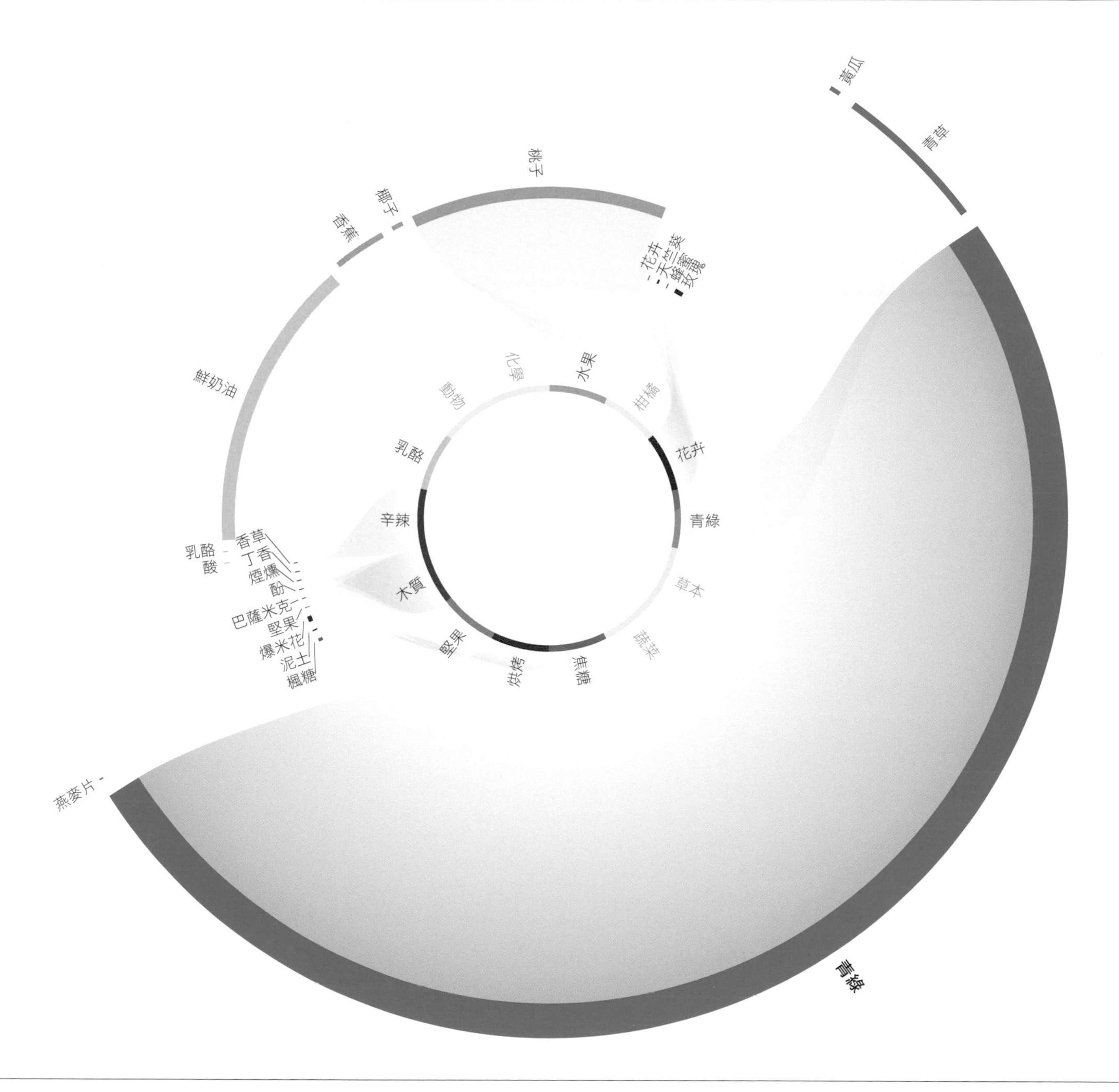

會議梨香氣輪廓

會議梨比亞歷山大盧卡斯梨和杜隆多梨更具熱帶風味。它的香氣輪廓包含其他蜂蜜、玫瑰和青綠－青草加上烘烤、堅果和煙燻酚調性。

	水果	柑橘	花卉	青綠	草本	蔬菜	焦糖	烘烤	堅果	木質	辛辣	乳酪	動物	化學
會議梨														
桂皮（中國肉桂）														
煉乳														
柳橙														
烘烤小牛肉														
棗子														
水牛莫札瑞拉乳酪														
木瓜														
藍莓醋														
烤番薯														
巴斯德滅菌法番茄汁														

經典搭配：杜隆多梨和史佩庫魯斯餅乾

史佩庫魯斯餅乾（speculoos biscuit）是一種加了香料的奶油酥餅，在比利時、盧森堡和荷蘭特別受歡迎。杜隆多梨和史佩庫魯斯餅乾皆含丁香酚，這種丁香味香氣化合物也存在於肉桂、肉豆蔻和薑——這些食材通常都是史佩庫魯斯餅乾的香料成分。

潛在搭配：梨子和玉米黑穗菌

玉米黑穗菌事實上是一種侵害玉米的植物疾病，由病原真菌引起。出現在染病玉米穗上的瘤狀構造在墨西哥被當成一種珍饈，稱之為「huitlacoche」。這些灰色真菌經過加熱之後會變成黑色，因此也有「墨西哥松露」的名號。

梨子食材搭配

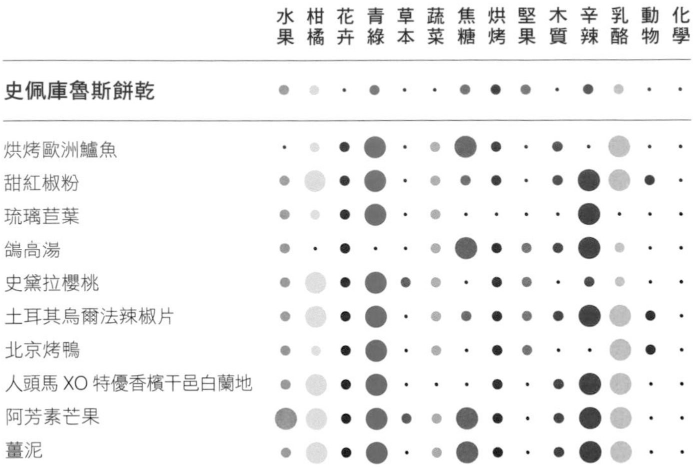

水果 柑橘 花卉 青綠 草本 蔬菜 焦糖 烘烤 堅果 木質 辛辣 乳酪 動物 化學

史佩庫魯斯餅乾

烘烤歐洲鱸魚
甜紅椒粉
琉璃苣葉
鴿高湯
史黛拉櫻桃
土耳其烏爾法辣椒片
北京烤鴨
人頭馬 XO 特優香檳干邑白蘭地
阿芳素芒果
薑泥

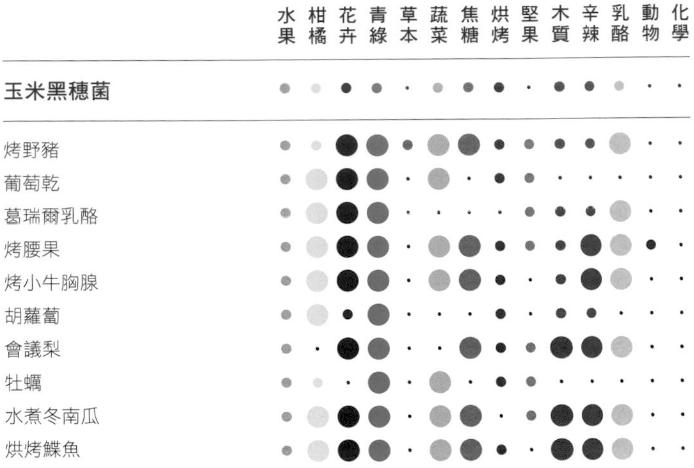

水果 柑橘 花卉 青綠 草本 蔬菜 焦糖 烘烤 堅果 木質 辛辣 乳酪 動物 化學

玉米黑穗菌

烤野豬
葡萄乾
葛瑞爾乳酪
烤腰果
烤小牛胸腺
胡蘿蔔
會議梨
牡蠣
水煮冬南瓜
烘烤鰈魚

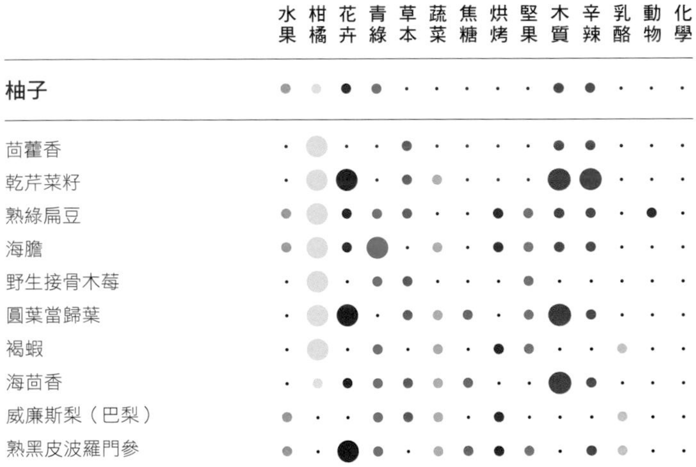

水果 柑橘 花卉 青綠 草本 蔬菜 焦糖 烘烤 堅果 木質 辛辣 乳酪 動物 化學

柚子

茴藿香
乾芹菜籽
熟綠扁豆
海膽
野生接骨木莓
圓葉當歸葉
褐蝦
海茴香
威廉斯梨（巴梨）
熟黑皮波羅門參

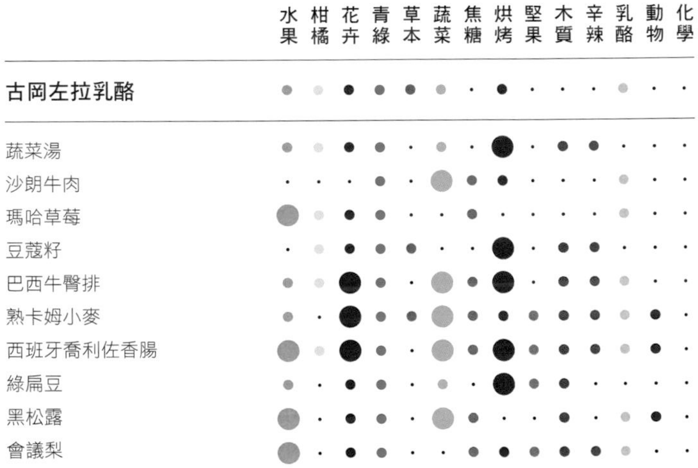

水果 柑橘 花卉 青綠 草本 蔬菜 焦糖 烘烤 堅果 木質 辛辣 乳酪 動物 化學

古岡左拉乳酪

蔬菜湯
沙朗牛肉
瑪哈草莓
豆蔻籽
巴西牛臀排
熟卡姆小麥
西班牙喬利佐香腸
綠扁豆
黑松露
會議梨

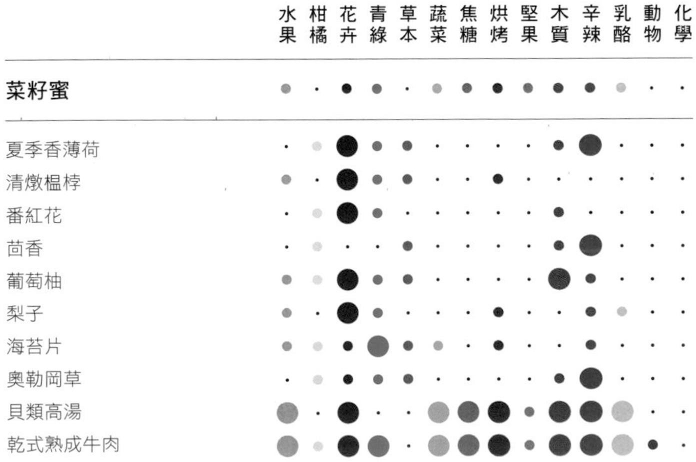

水果 柑橘 花卉 青綠 草本 蔬菜 焦糖 烘烤 堅果 木質 辛辣 乳酪 動物 化學

菜籽蜜

夏季香薄荷
清燉榲桲
番紅花
茴香
葡萄柚
梨子
海苔片
奧勒岡草
貝類高湯
乾式熟成牛肉

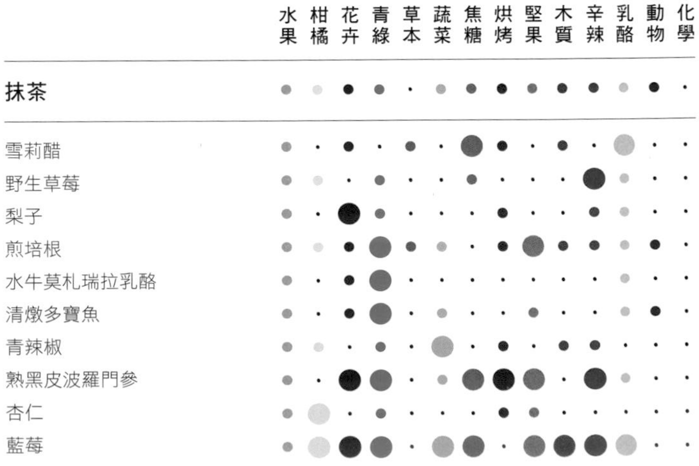

水果 柑橘 花卉 青綠 草本 蔬菜 焦糖 烘烤 堅果 木質 辛辣 乳酪 動物 化學

抹茶

雪莉醋
野生草莓
梨子
煎培根
水牛莫札瑞拉乳酪
清燉多寶魚
青辣椒
熟黑皮波羅門參
杏仁
藍莓

潛在搭配：梨子和香檳果

香檳果（babaco）是一種類似木瓜的亞熱帶水果，生吃、榨汁皆宜。果實無籽，果皮可食用，氣味包含草莓、奇異果、鳳梨和木瓜。香檳果大多種植於厄瓜多，但紐西蘭、加州北部甚至歐洲某些地區也有它的蹤跡。

潛在搭配：梨子和酪梨

梨子和酪梨（見次頁）皆含己醛，它散發青綠－青草味並帶有水果蘋果和梨子調。試試將這兩種食材一起打成果昔，為酪梨醬增添果香，或是加入雞肉、嫩菠菜和核桃沙拉。

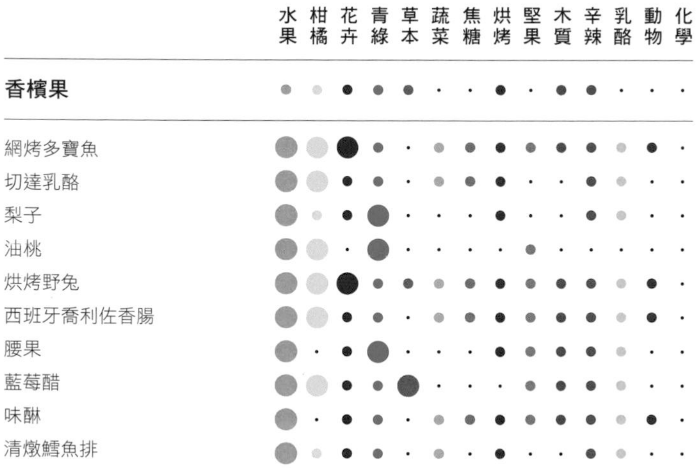

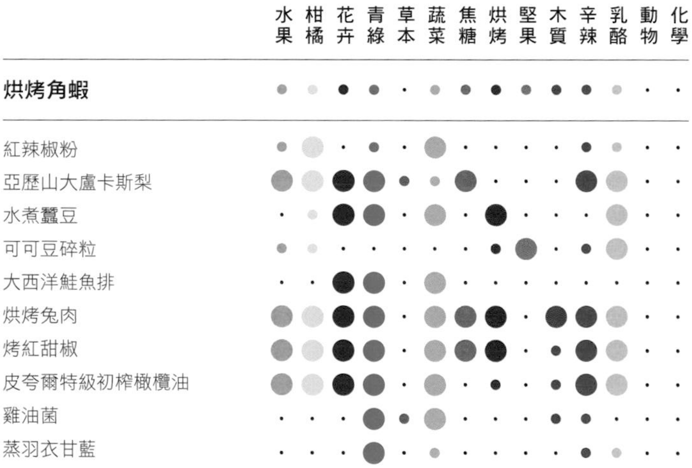

	水果	柑橘	花卉	青綠	草本	蔬菜	焦糖	烘烤	堅果	木質	辛辣	乳酪	動物	化學
香檳果														
網烤多寶魚														
切達乳酪														
梨子														
油桃														
烘烤野兔														
西班牙喬利佐香腸														
腰果														
藍莓醋														
味醂														
清燉鱈魚排														

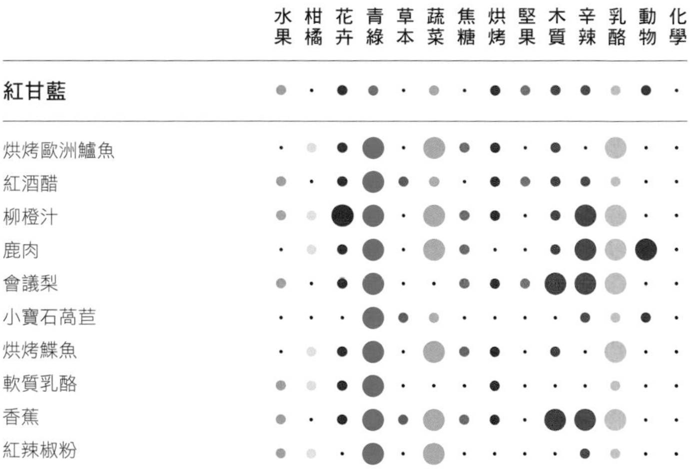

	水果	柑橘	花卉	青綠	草本	蔬菜	焦糖	烘烤	堅果	木質	辛辣	乳酪	動物	化學
紅甘藍														
烘烤歐洲鱸魚														
紅酒醋														
柳橙汁														
鹿肉														
會議梨														
小寶石萵苣														
烘烤鰈魚														
軟質乳酪														
香蕉														
紅辣椒粉														

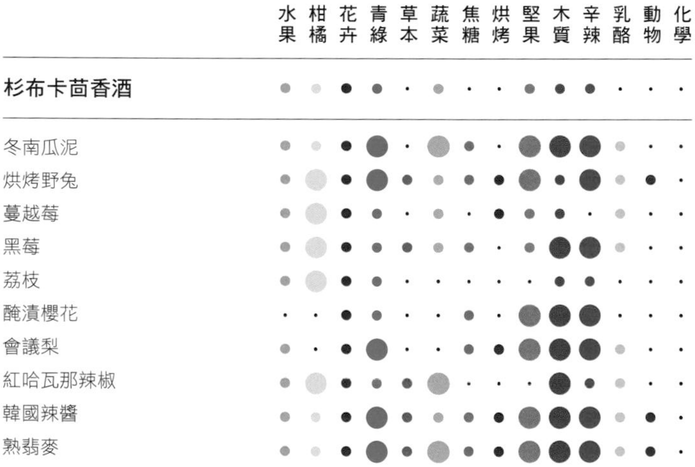

	水果	柑橘	花卉	青綠	草本	蔬菜	焦糖	烘烤	堅果	木質	辛辣	乳酪	動物	化學
杉布卡茴香酒														
冬南瓜泥														
烘烤野兔														
蔓越莓														
黑莓														
荔枝														
醃漬櫻花														
會議梨														
紅哈瓦那辣椒														
韓國辣醬														
熟蕎麥														

	水果	柑橘	花卉	青綠	草本	蔬菜	焦糖	烘烤	堅果	木質	辛辣	乳酪	動物	化學
烘烤角蝦														
紅辣椒粉														
亞歷山大盧卡斯梨														
水煮蠶豆														
可可豆碎粒														
大西洋鮭魚排														
烘烤兔肉														
烤紅甜椒														
皮夸爾特級初榨橄欖油														
雞油菌														
蒸羽衣甘藍														

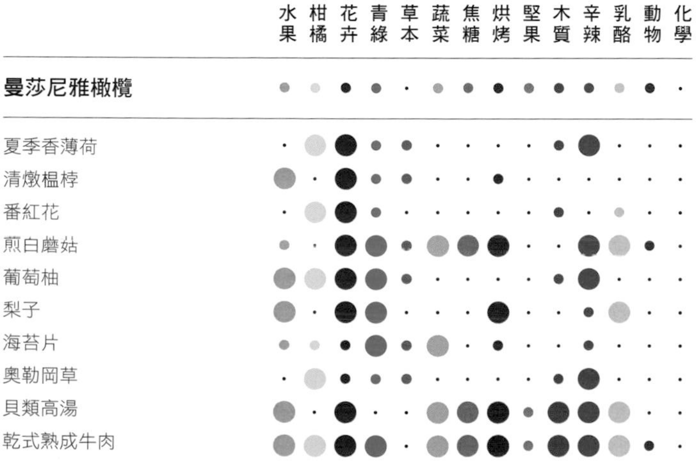

	水果	柑橘	花卉	青綠	草本	蔬菜	焦糖	烘烤	堅果	木質	辛辣	乳酪	動物	化學
曼莎尼雅橄欖														
夏季香薄荷														
清燉榅桲														
番紅花														
煎白蘑菇														
葡萄柚														
梨子														
海苔片														
奧勒岡草														
貝類高湯														
乾式熟成牛肉														

酪梨

酪梨的香氣輪廓根據季節和品種可能存在巨大差異。油含量也在酪梨的整體風味中扮演了重要角色，因為氧化所產生的醛類等脂質是這種果實的關鍵香氣化合物。

原生於墨西哥的酪梨可回溯至西元前七千年，自一八○○年代晚期開始在加州商業化種植。近年來，這種健康超級水果的消費量激增，一部分原因是酪梨吐司變得大受歡迎。

兩種最常見的酪梨品種為表皮光滑的綠色佛也得（Fuerte）和表皮略顯顆粒狀的深色哈斯（Hass）。後者的粗糙紋理是「鱷梨」名稱的由來。另外還有一種新奇的迷你無核酪梨（Cocktail Fuerte）。

酪梨通常都是吃冷的，但也可以烘烤或網烤。它的香氣細緻但具有餘韻，特別是成熟時，因此甜食裡的酪梨經常與強烈風味搭配的效果最佳。

酪梨的油含量高，成熟時有奶油般的質地。然而，有些酪梨纖維較多，雖然無害但不好看，在切片或搗泥（例如：製作酪梨醬）時可能有點麻煩。導致多纖維的因素可能為品種（例如：史都華）或時節。哈斯酪梨在產季初期通常纖維較多——加州哈斯酪梨為一月，祕魯種植的則始於四月。

酪梨的果肉接觸到空氣後往往會變為褐色，必須淋上酸味汁液來維持誘人的淺綠色澤。不過，現在有些品種在空氣中不會變色（例如：薛普酪梨，澳洲最常見的栽培品種之一），若要預先製作菜餚是很好的選擇。

- 在越南、印尼、巴西和菲律賓，酪梨會和牛奶、糖一起製成甜點奶昔，有時也會加入巧克力糖漿。在摩洛哥還會添加橙花水。

酪梨佐辣椒和卡姆果

祕魯利馬，Central，維吉里奧 · 馬丁內斯

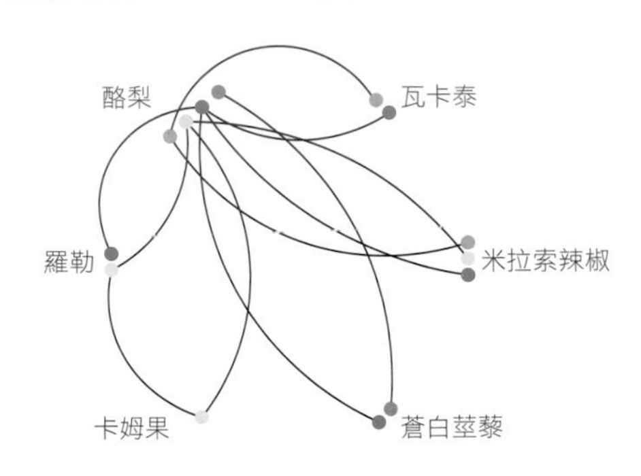

在祕魯，新一代的廚師以現代手法詮釋傳統和在地食材。在這一波美食革命中，利馬「Central Restaurante」主廚維吉里奧 · 馬丁內斯（Virgilio Martínez）為其中佼佼者。

在探尋和記錄祕魯廣大可食用物種的過程中，馬丁內斯成立了文化和研究機構「Mater Iniciativa」提升料理應用的層次。他和研究團隊深入祕魯生態區域尋找未知食材，並根據新發現的文化寶藏設計賞味套餐。他近期在利馬巴蘭科區完工的綜合設施囊括了 Central Restaurante、Mater Iniciativa 以及正在執行未來計畫的廚房菜園。

在 Central 餐廳，馬丁內斯將鮮黃色的米拉索辣椒醬塗抹於亞馬遜酪梨上，送入烤箱烘烤。與綿密酪梨搭配的風味醬汁由辛辣羅可多辣椒和酸甜卡姆果製成，這種漿果同樣生長於雨林且富含抗氧化劑。最後撒上深紫色莧菜葉、苦味瓦卡泰（祕魯黑薄荷）和甜羅勒花裝飾，並加入酥脆的蒼白莖藜籽增添質地。

酪梨

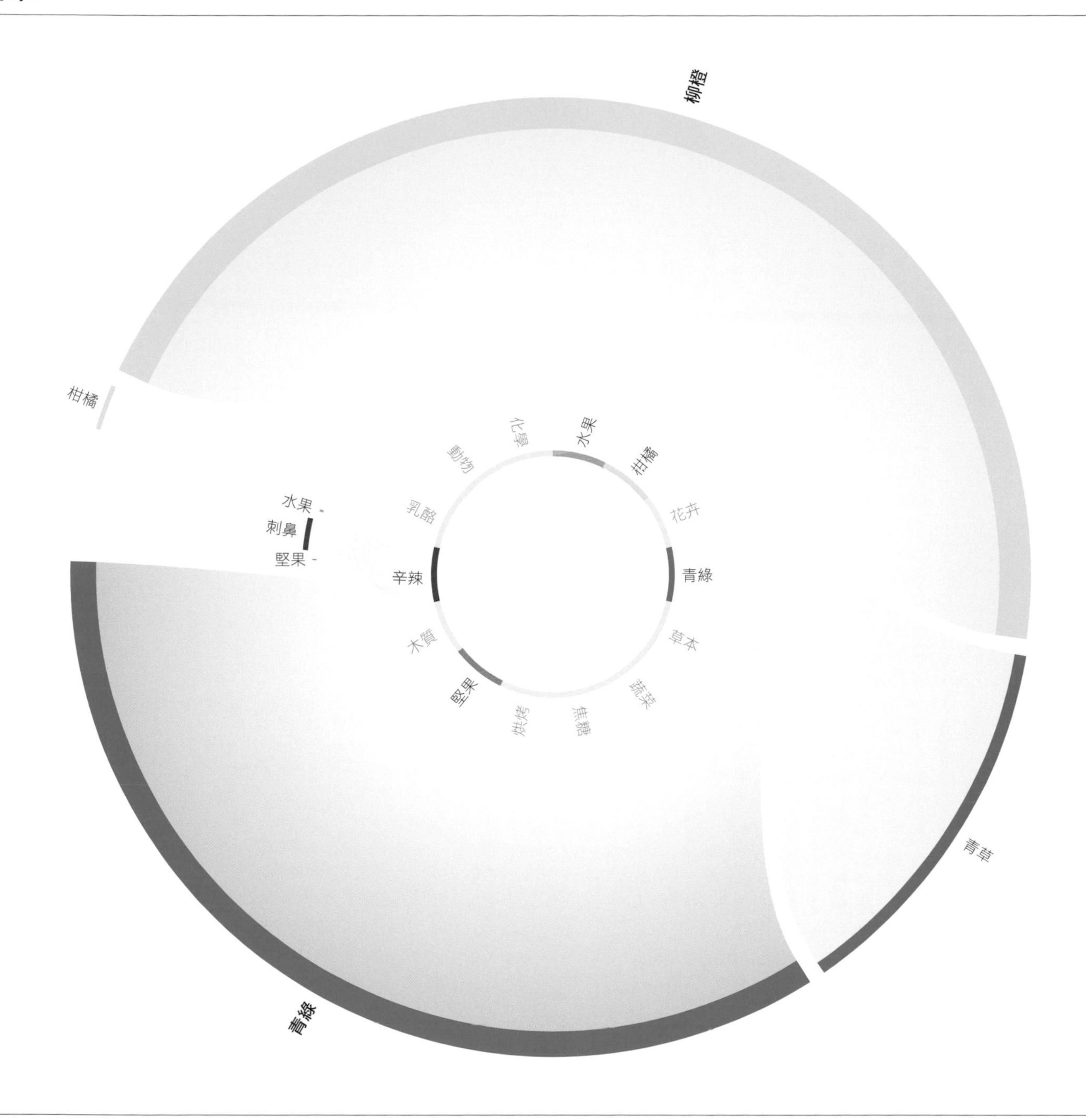

酪梨香氣輪廓

未成熟的青澀酪梨具有青綠－青草氣味。成熟後，醛類濃度被果香酯類取代：成熟酪梨含有高濃度的香蕉味分子。酪梨的堅果香氣解釋了它和煎牛肉、長棍麵包和巧克力之間的香氣連結——想想純素巧克力慕斯。

	水果	柑橘	花卉	青綠	草本	蔬菜	焦糖	烘烤	堅果	木質	辛辣	乳酪	動物	化學
酪梨														
索布拉薩達（喬利佐香腸抹醬）														
熟草菇														
花椰菜														
乾牛肝菌														
鱈魚排														
泰國青檸葉														
香蕉														
夏季松露														
甜櫻桃														
西班牙火腿（100%頂級伊比利橡實豬）														

經典佳餚：酪梨醬

墨西哥酪梨醬是玉米脆片的沾醬，傳統上將成熟酪梨與洋蔥、番茄、萊姆汁、香菜及新鮮辣椒一起搗製而成。

潛在搭配：酪梨和蝸牛子醬

蝸牛子醬又稱為白魚子醬，用法和貝魯加魚子醬或鮭魚卵相同。大灰蝸牛（Helix aspersa maxima）一年僅產四克左右的卵，因此價格高達每公斤二千歐元。採收後，這些卵會浸泡於鹽之花水中，有時也會經巴斯德滅菌法處理。

酪梨食材搭配

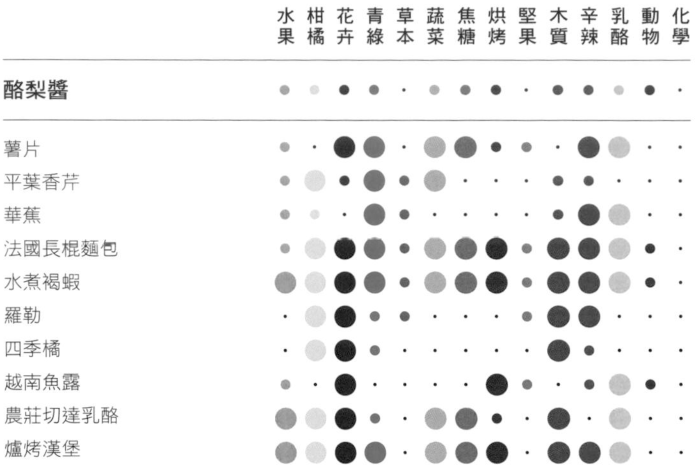
水果 柑橘 花卉 青綠 草本 蔬菜 焦糖 烘烤 堅果 木質 辛辣 乳酪 動物 化學
酪梨醬
薯片
平葉香芹
華蕉
法國長棍麵包
水煮褐蝦
羅勒
四季橘
越南魚露
農莊切達乳酪
爐烤漢堡

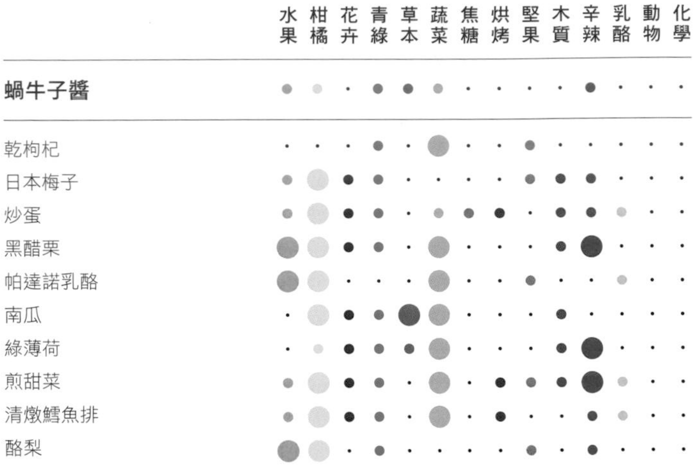
水果 柑橘 花卉 青綠 草本 蔬菜 焦糖 烘烤 堅果 木質 辛辣 乳酪 動物 化學
蝸牛子醬
乾枸杞
日本梅子
炒蛋
黑醋栗
帕達諾乳酪
南瓜
綠薄荷
煎甜菜
清燉鱈魚排
酪梨

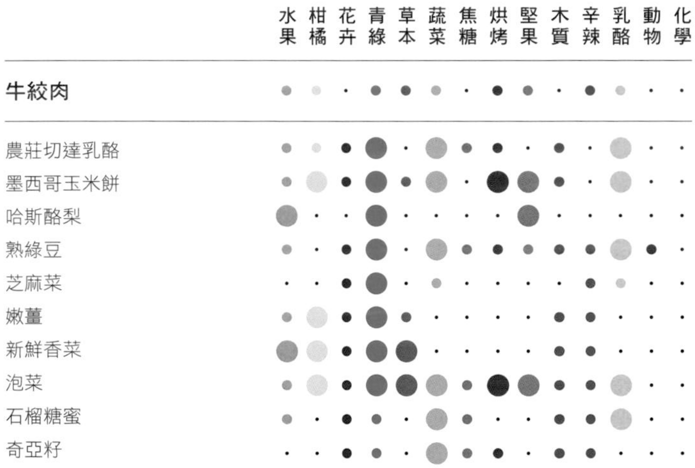
水果 柑橘 花卉 青綠 草本 蔬菜 焦糖 烘烤 堅果 木質 辛辣 乳酪 動物 化學
牛絞肉
農莊切達乳酪
墨西哥玉米餅
哈斯酪梨
熟綠豆
芝麻菜
嫩薑
新鮮香菜
泡菜
石榴糖蜜
奇亞籽

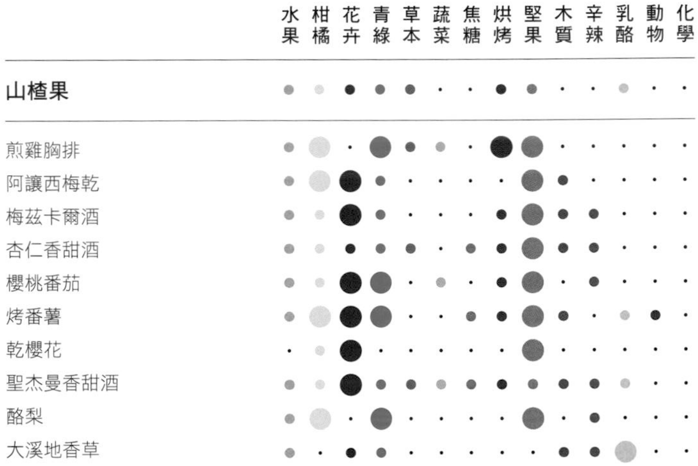
水果 柑橘 花卉 青綠 草本 蔬菜 焦糖 烘烤 堅果 木質 辛辣 乳酪 動物 化學
山楂果
煎雞胸排
阿讓西梅乾
梅茲卡爾酒
杏仁香甜酒
櫻桃番茄
烤番薯
乾櫻花
聖杰曼香甜酒
酪梨
大溪地香草

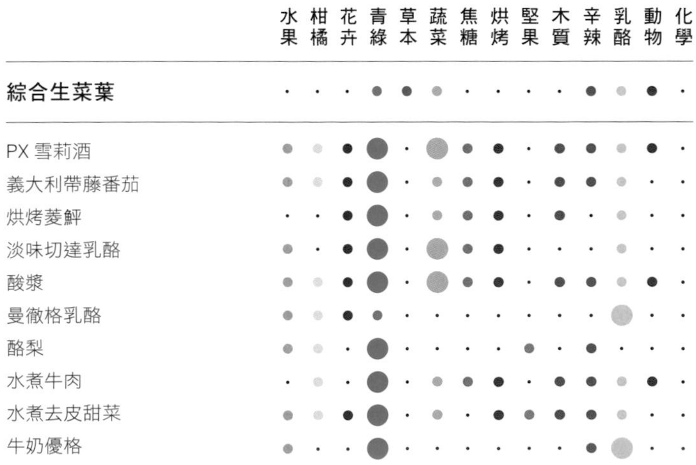
水果 柑橘 花卉 青綠 草本 蔬菜 焦糖 烘烤 堅果 木質 辛辣 乳酪 動物 化學
綜合生菜葉
PX 雪莉酒
義大利帶藤番茄
烘烤菱鮃
淡味切達乳酪
酸漿
曼徹格乳酪
酪梨
水煮牛肉
水煮去皮甜菜
牛奶優格

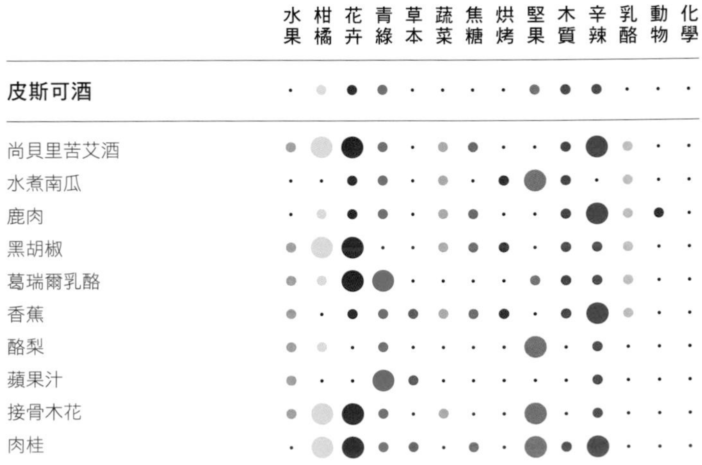
水果 柑橘 花卉 青綠 草本 蔬菜 焦糖 烘烤 堅果 木質 辛辣 乳酪 動物 化學
皮斯可酒
尚貝里苦艾酒
水煮南瓜
鹿肉
黑胡椒
葛瑞爾乳酪
香蕉
酪梨
蘋果汁
接骨木花
肉桂

潛在搭配：酪梨和斐濟果

斐濟果（feijoa）又稱為鳳梨番石榴，原生於南美洲但在紐西蘭特別受歡迎，可以找到各式各樣的產品，像是優格、冰淇淋、甜酸醬和伏特加。這種小型綠色水果具備特有的香甜風味，令人聯想到鳳梨、蘋果和薄荷——試試加入果昔享用。

經典搭配：酪梨和柑橘

在酪梨上灑檸檬汁能避免變色，但柑橘清新的果香酸味也能減少油膩質地。若要讓經典比利時明蝦雞尾酒來點變化，可以將蟹肉擺在萵苣上，淋上綿密的雞尾酒醬（美乃滋加番茄醬），並以切片酪梨和葡萄柚（見次頁）裝飾，這兩種食材皆具有青綠、辛辣、木質和柑橘調。

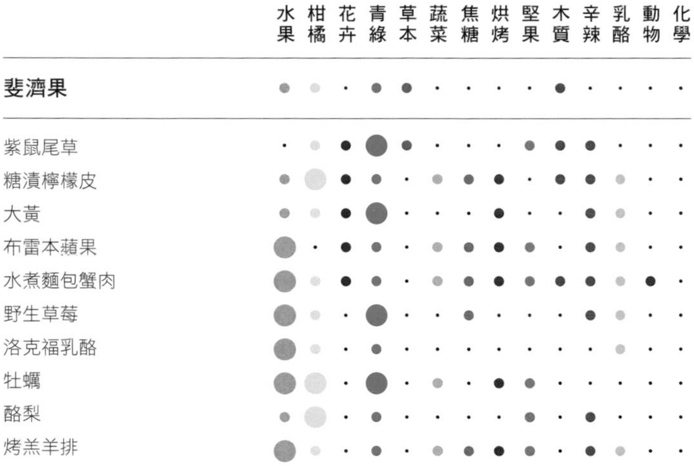

水果 柑橘 花卉 青綠 草本 蔬菜 焦糖 烘烤 堅果 木質 辛辣 乳酪 動物 化學

斐濟果

紫鼠尾草
糖漬檸檬皮
大黃
布雷本蘋果
水煮麵包蟹肉
野生草莓
洛克福乳酪
牡蠣
酪梨
烤羔羊排

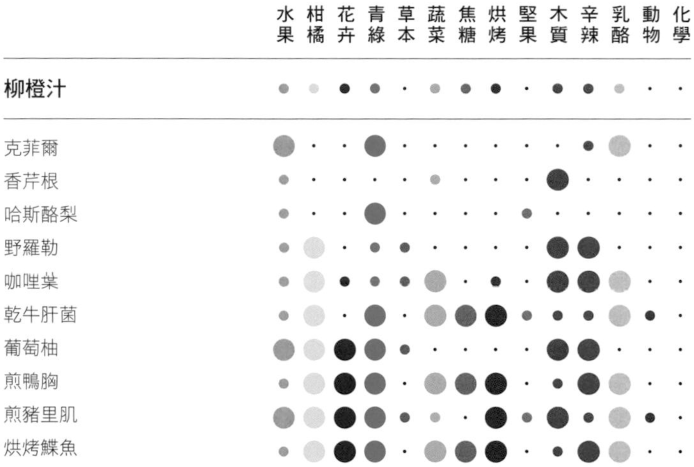

水果 柑橘 花卉 青綠 草本 蔬菜 焦糖 烘烤 堅果 木質 辛辣 乳酪 動物 化學

柳橙汁

克菲爾
香芹根
哈斯酪梨
野羅勒
咖哩葉
乾牛肝菌
葡萄柚
煎鴨胸
煎豬里肌
烘烤鰈魚

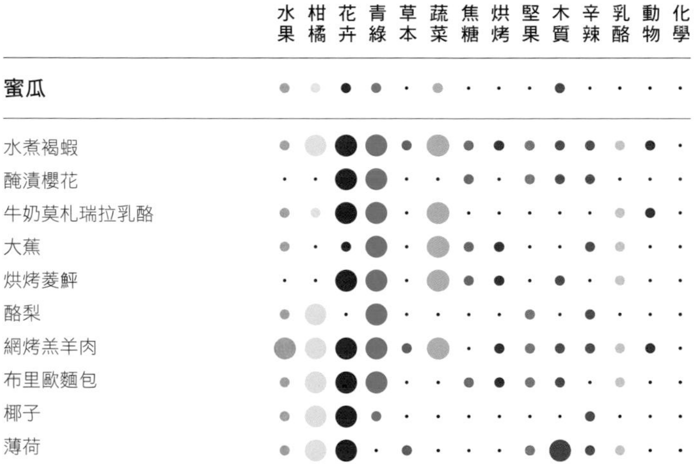

水果 柑橘 花卉 青綠 草本 蔬菜 焦糖 烘烤 堅果 木質 辛辣 乳酪 動物 化學

蜜瓜

水煮褐蝦
醃漬櫻花
牛奶莫札瑞拉乳酪
大蕉
烘烤菱鮃
酪梨
網烤羔羊肉
布里歐麵包
椰子
薄荷

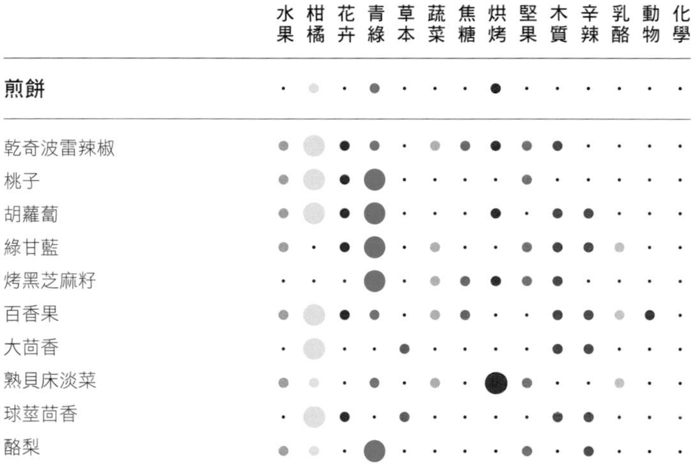

水果 柑橘 花卉 青綠 草本 蔬菜 焦糖 烘烤 堅果 木質 辛辣 乳酪 動物 化學

煎餅

乾奇波雷辣椒
桃子
胡蘿蔔
綠甘藍
烤黑芝麻籽
百香果
大茴香
熟貝床淡菜
球莖茴香
酪梨

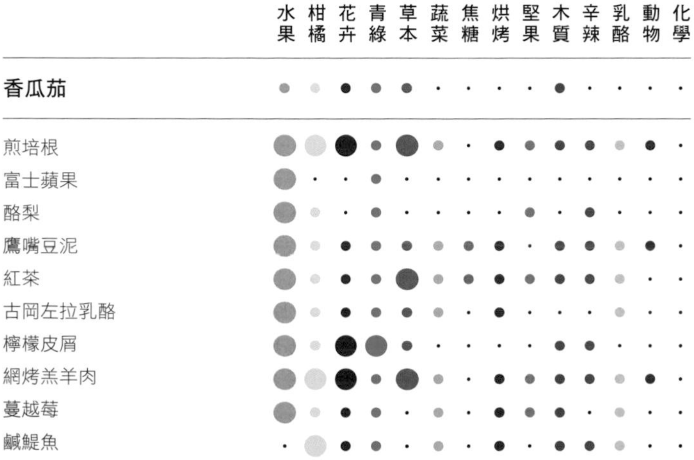

水果 柑橘 花卉 青綠 草本 蔬菜 焦糖 烘烤 堅果 木質 辛辣 乳酪 動物 化學

香瓜茄

煎培根
富士蘋果
酪梨
鷹嘴豆泥
紅茶
古岡左拉乳酪
檸檬皮屑
網烤羔羊肉
蔓越莓
鹹鯷魚

葡萄柚

根據栽培品種的不同，葡萄柚的果肉顏色從白、黃、粉紅到紅色都有，味道酸、苦、甜也各具差異。

有關葡萄柚的早期文獻回溯至十八世紀的巴貝多，它由柚子和甜橙雜交而成，一路從加勒比海地區傳至美國。葡萄柚的美味讓它獲得「禁忌之果」的稱號——這個伊甸園的典故反映在它的拉丁學名 *Citrus x paradisi* 上。

柳橙和柚子如何雜交成葡萄柚的原因並不清楚，不過最有可能的解釋是自然發生，因為柳橙和柚子栽種的距離很接近。巴貝多擁有柑橘類生長的理想亞熱帶氣候，種植柳橙已有數百年的時間。據說柚子（原生於東南亞）在一六〇〇年代被名為「查多克船長」（Captain Chaddock）的航海家以種子的形式首先帶到巴貝多。種出來的水果在當地稱為「shaddock」。

在十九世紀，葡萄柚被引入佛羅里達州，此後全球有很大比例的產量來自於此。不過比起中國還是相形見絀。

「葡萄柚」之所以有這個名稱是因為結果時像葡萄一樣一串串懸掛於樹上——每一串可多達二十顆。雖然外皮皆為黃或金色，但裡面的果肉顏色不一，從淺黃到深粉紅都有，視其抗氧化劑茄紅素含量而定。與檸檬或萊姆相比，葡萄柚較甜也較苦，酸度根據栽培品種有很大的差異。整體而言，果肉越紅的越甜。它的果皮也含有高濃度的果膠，是很好用的膠凝劑。

葡萄柚的特有風味來自於「葡萄柚硫醇」分子。還有一種取自內皮的化學物質（柚苷）被用來為巧克力、通寧水和冰品增添苦味。酵素柚苷酶則有去除果汁苦味的商業用途。

- 在哥斯大黎加阿拉胡埃拉省，葡萄柚挖空後以小蘇打烺煮，中和苦味，接著在加了肉桂和丁香的甜糖漿中燉煮，並填入焦糖牛奶醬或是和奶水粉一起濃縮的卡耶塔醬（cajeta，以山羊奶製成的墨西哥焦糖醬）。
- 海地夏代克果醬（confiture de chadèque）是添加肉桂和大茴香的香料葡萄柚果醬，有時還會使用薑和杏仁精。

相關香氣輪廓：葡萄柚皮

葡萄柚皮的葡萄柚味比果肉強烈，因為它含有較高比例的葡萄柚和柑橘味分子。它的味道也較不辛辣，而是偏木質和松木味並帶有些許清新的草本、薄荷調。

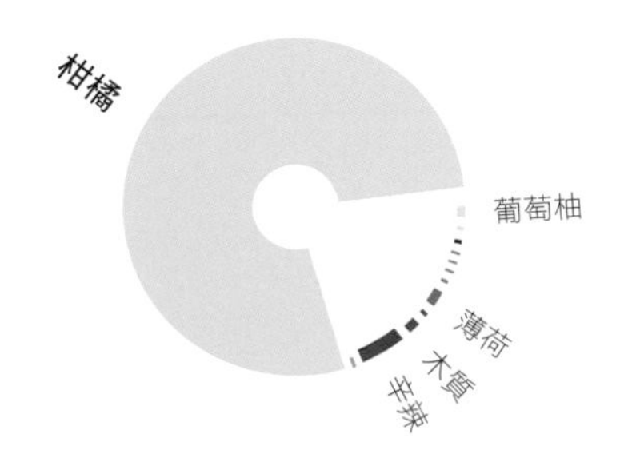

	水果	柑橘	花卉	青綠	草本	蔬菜	焦糖	烘烤	堅果	木質	辛辣	乳酪	動物	化學
葡萄柚皮	•	•	•	•	•	·	·	•	·	•	•	·	·	·
乾泰國青檸葉	·	●	●	·	•	·	·	·	·	●	●	·	·	·
西班牙火腿（100%頂級伊比利橡實豬）	●	●	•	●	·	•	•	•	•	•	•	•	•	·
黑種草籽	·	●	·	•	●	·	·	•	·	●	●	·	·	·
熟單粒小麥	•	●	●	●	·	•	•	•	•	•	•	•	·	·
瓦卡泰（祕魯黑薄荷）	•	●	●	●	•	•	•	•	•	•	•	•	•	·
乾梨子	●	●	•	•	·	·	·	·	·	●	·	·	·	·
黑胡椒	•	●	•	·	·	•	•	•	·	●	●	•	·	·
迷迭香	·	●	●	·	●	·	·	·	·	●	●	·	·	·
普利茅斯琴酒	•	●	●	●	●	·	·	•	·	●	●	·	·	·
芒果	●	●	●	●	●	•	•	·	·	●	●	·	·	·

葡萄柚

葡萄柚香氣輪廓

葡萄柚含有兩種微量的特徵影響化合物：香氣分子諾卡酮和 1- 對孟烯 -8- 硫醇，後者這種單萜類更常被稱為「葡萄柚硫醇」。它們皆具備明顯的葡萄柚氣息，影響了大部分的整體風味，雖然其他柑橘味分子像是檸檬烯和芳樟醇也存在。葡萄柚硫醇的嗅覺察覺閾值極低，僅有兆分之十，為葡萄柚汁帶來清爽滋味。

	水果	柑橘	花卉	青綠	草本	蔬菜	焦糖	烘烤	堅果	木質	辛辣	乳酪	動物	化學
葡萄柚														
蒔蘿籽														
醃漬酸豆														
蘿蔔														
蕪菁														
高良薑														
山竹														
圓葉當歸葉														
櫻桃番茄														
煎鴨肝														
香菜籽														

經典搭配：葡萄柚和櫻桃

若要讓經典帕洛瑪雞尾酒來點變化，把龍舌蘭糖漿換成櫻桃香甜酒，倒入加了冰塊的雪克杯與龍舌蘭酒、萊姆汁和葡萄柚汁一起搖勻。剩餘空間用蘇打水填滿，並以一片葡萄柚、一顆新鮮櫻桃和一支迷迭香做裝飾。

潛在搭配：葡萄柚和諾麗果

原生於東南亞和澳大拉西亞的諾麗果具刺鼻苦味，可以生吃或烹煮，但通常榨成果汁。試試加入果昔、為花生醬增添果香或切塊浸泡於蘋果西打醋中做成諾麗果醋。

葡萄柚食材搭配

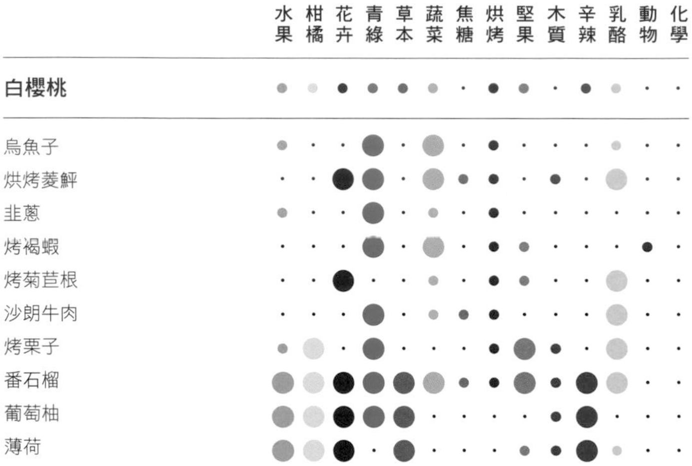

	水果	柑橘	花卉	青綠	草本	蔬菜	焦糖	烘烤	堅果	木質	辛辣	乳酪	動物	化學
白櫻桃														
烏魚子														
烘烤菱鮃														
韭蔥														
烤褐蝦														
烤菊苣根														
沙朗牛肉														
烤栗子														
番石榴														
葡萄柚														
薄荷														

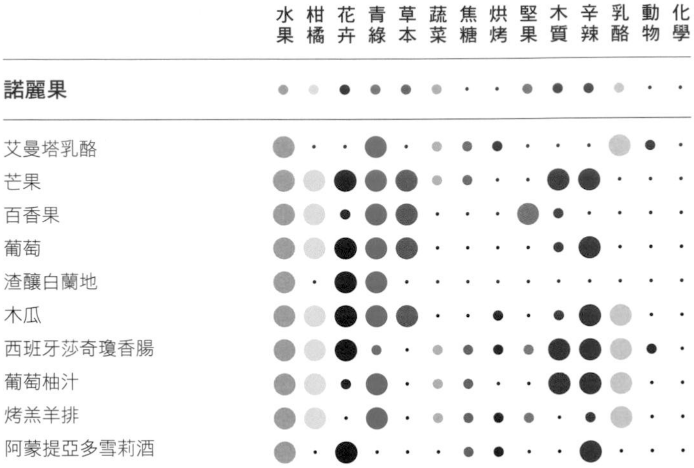

	水果	柑橘	花卉	青綠	草本	蔬菜	焦糖	烘烤	堅果	木質	辛辣	乳酪	動物	化學
諾麗果														
艾曼塔乳酪														
芒果														
百香果														
葡萄														
渣釀白蘭地														
木瓜														
西班牙莎奇瓊香腸														
葡萄柚汁														
烤羔羊排														
阿蒙提亞多雪莉酒														

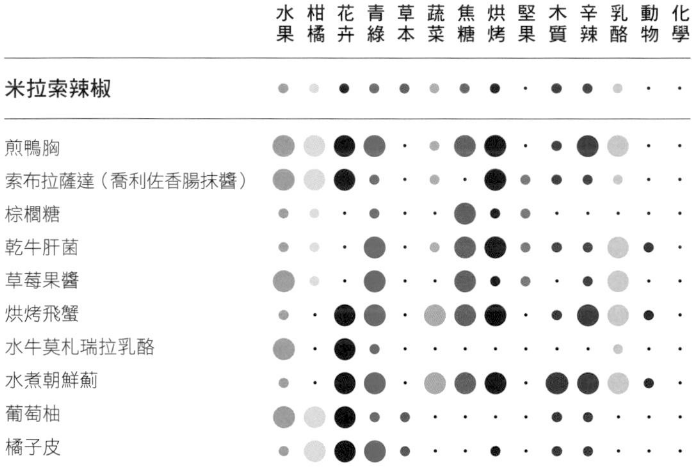

	水果	柑橘	花卉	青綠	草本	蔬菜	焦糖	烘烤	堅果	木質	辛辣	乳酪	動物	化學
米拉索辣椒														
煎鴨胸														
索布拉薩達（喬利佐香腸抹醬）														
棕櫚糖														
乾牛肝菌														
草莓果醬														
烘烤飛蟹														
水牛莫札瑞拉乳酪														
水煮朝鮮薊														
葡萄柚														
橘子皮														

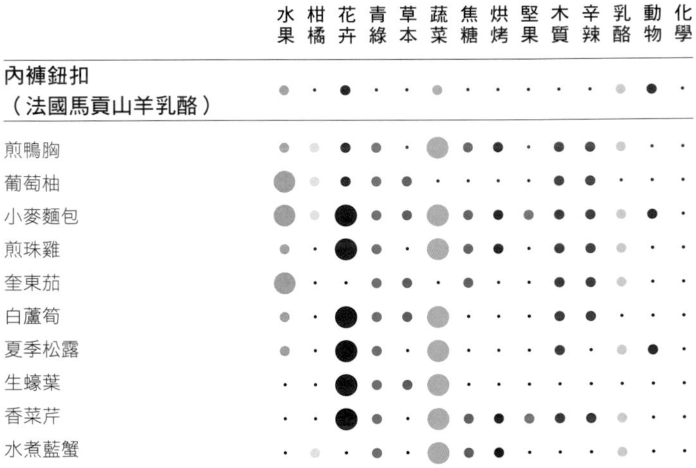

	水果	柑橘	花卉	青綠	草本	蔬菜	焦糖	烘烤	堅果	木質	辛辣	乳酪	動物	化學
內褲鈕扣（法國馬貢山羊乳酪）														
煎鴨胸														
葡萄柚														
小麥麵包														
煎珠雞														
奎東茄														
白蘆筍														
夏季松露														
生蠔葉														
香菜芹														
水煮藍蟹														

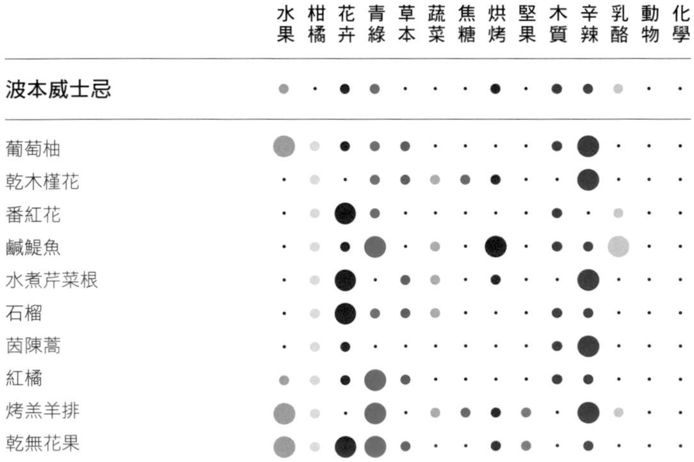

	水果	柑橘	花卉	青綠	草本	蔬菜	焦糖	烘烤	堅果	木質	辛辣	乳酪	動物	化學
波本威士忌														
葡萄柚														
乾木槿花														
番紅花														
鹹鯷魚														
水煮芹菜根														
石榴														
茵陳蒿														
紅橘														
烤羔羊排														
乾無花果														

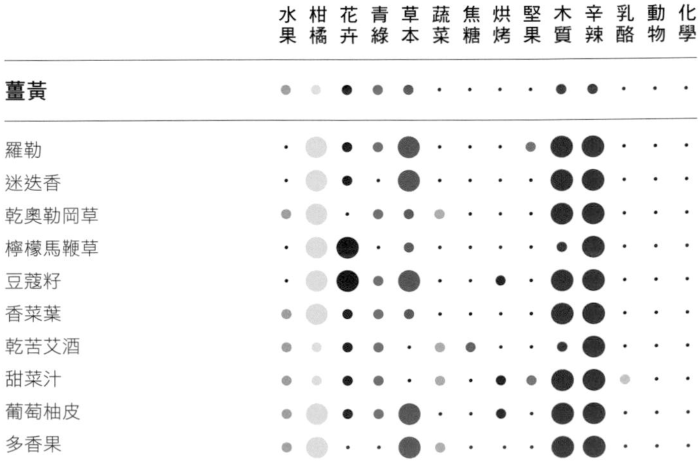

	水果	柑橘	花卉	青綠	草本	蔬菜	焦糖	烘烤	堅果	木質	辛辣	乳酪	動物	化學
薑黃														
羅勒														
迷迭香														
乾奧勒岡草														
檸檬馬鞭草														
豆蔻籽														
香菜葉														
乾苦艾酒														
甜菜汁														
葡萄柚皮														
多香果														

潛在搭配：葡萄柚和山竹

擁有「水果之后」稱號的山竹是一種小型熱帶水果，表皮厚實呈紫色，白色果肉芬芳多汁。它的果香甜味讓人聯想到荔枝和桃子。

潛在搭配：葡萄柚和紅茶

葡萄柚和紅茶（見次頁）是天生一對：存在於葡萄柚的每一種香氣類型紅茶都有。為了善加利用它們之間的水果、花卉、柑橘、青綠、草本、木質和辛辣連結，可以將兩者混合做成一杯冰茶，或把幾片葡萄柚乾放入熱紅茶中。

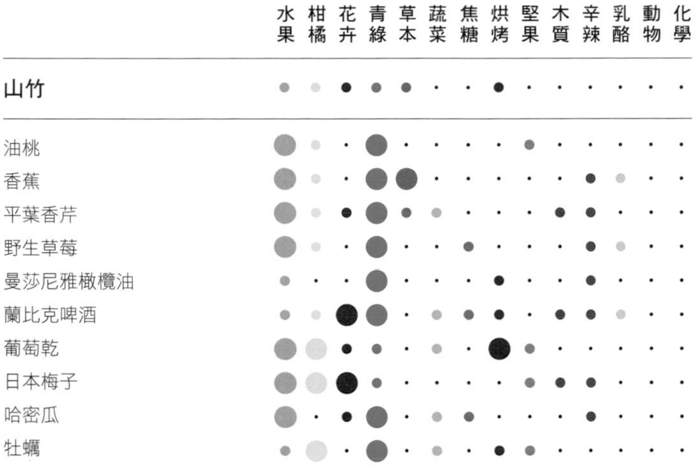

	水果	柑橘	花卉	青綠	草本	蔬菜	焦糖	烘烤	堅果	木質	辛辣	乳酪	動物	化學
山竹														
油桃														
香蕉														
平葉香芹														
野生草莓														
曼莎尼雅橄欖油														
蘭比克啤酒														
葡萄乾														
日本梅子														
哈密瓜														
牡蠣														

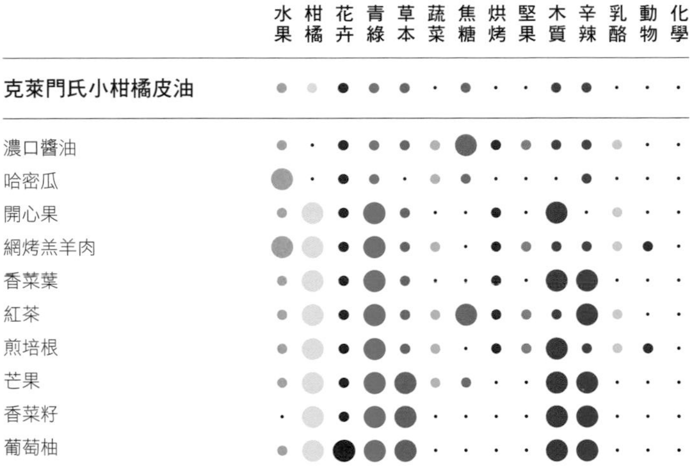

	水果	柑橘	花卉	青綠	草本	蔬菜	焦糖	烘烤	堅果	木質	辛辣	乳酪	動物	化學
克萊門氏小柑橘皮油														
濃口醬油														
哈密瓜														
開心果														
網烤羔羊肉														
香菜葉														
紅茶														
煎培根														
芒果														
香菜籽														
葡萄柚														

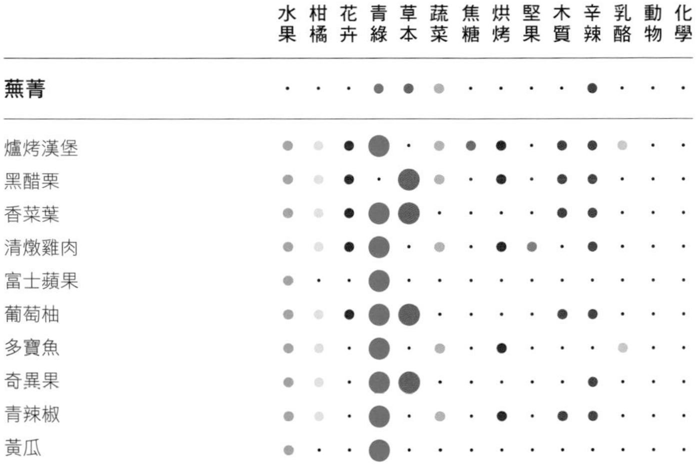

	水果	柑橘	花卉	青綠	草本	蔬菜	焦糖	烘烤	堅果	木質	辛辣	乳酪	動物	化學
蕪菁														
爐烤漢堡														
黑醋栗														
香菜葉														
清燉雞肉														
富士蘋果														
葡萄柚														
多寶魚														
奇異果														
青辣椒														
黃瓜														

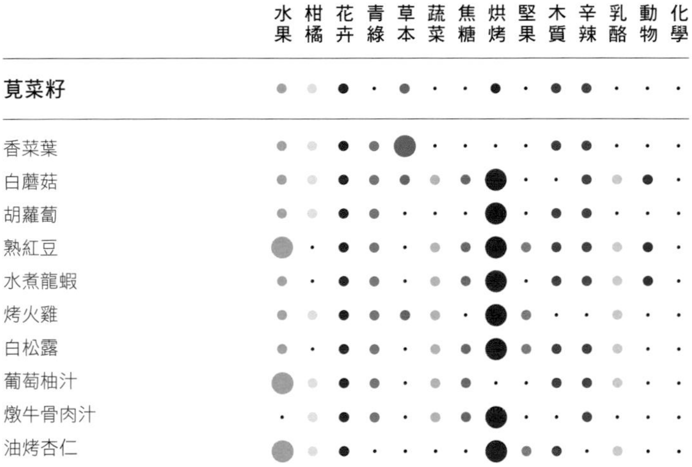

	水果	柑橘	花卉	青綠	草本	蔬菜	焦糖	烘烤	堅果	木質	辛辣	乳酪	動物	化學
莧菜籽														
香菜葉														
白蘑菇														
胡蘿蔔														
熟紅豆														
水煮龍蝦														
烤火雞														
白松露														
葡萄柚汁														
燉牛骨肉汁														
油烤杏仁														

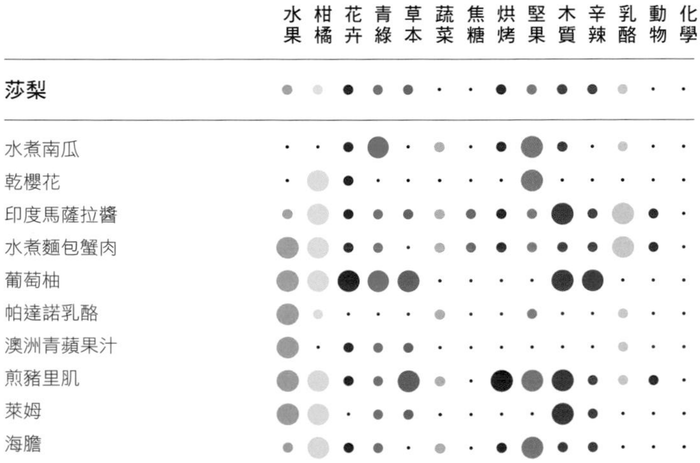

	水果	柑橘	花卉	青綠	草本	蔬菜	焦糖	烘烤	堅果	木質	辛辣	乳酪	動物	化學
莎梨														
水煮南瓜														
乾櫻花														
印度馬薩拉醬														
水煮麵包蟹肉														
葡萄柚														
帕達諾乳酪														
澳洲青蘋果汁														
煎豬里肌														
萊姆														
海膽														

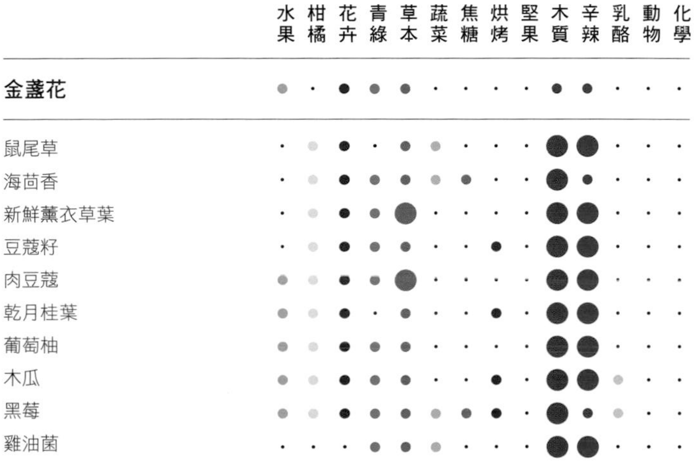

	水果	柑橘	花卉	青綠	草本	蔬菜	焦糖	烘烤	堅果	木質	辛辣	乳酪	動物	化學
金盞花														
鼠尾草														
海茴香														
新鮮薰衣草葉														
豆蔻籽														
肉豆蔻														
乾月桂葉														
葡萄柚														
木瓜														
黑莓														
雞油菌														

茶

茶葉含有糖苷、類胡蘿蔔素和脂質，它們是香氣分子前驅物，這些分子和其他揮發物在茶葉加工時經氧化及梅納反應形成，影響每一種類型的特有風味。茶胺酸是能夠刺激我們鮮味味覺受體的胺基酸。在陽光下曝曬會使茶胺酸轉化成苦味多酚；因此，生長於陰影處的茶較具鹹鮮滋味。

從抹茶拿鐵到冰綠茶，近年來具健康意識的顧客擴大了茶的主流消費。不過，若要被視為真正的茶，飲品中必須含有茶葉，採自原生於中國的常綠灌木茶樹 *Camellia sinensis* 或其變種 *Camellia sinensis var assamica*。在茶的世界當中，不含以上兩種茶葉的無咖啡因花草茶或由其他藥草水果混合而成的浸泡茶被稱為「tisane」。

僅有六種不同類型的茶被視為真正的茶：白茶、綠茶、黃茶、烏龍茶（青茶）、黑茶和紅茶。特定加工程序和氧化程度決定了這些茶之間的差異。每一口茶不但反映風土條件，也展現職人技術，他們能掌握精準的採收時機和細膩的處理手法以醞釀出理想風味。

茶葉自從被摘採的那一刻起便開啟了氧化過程。香氣分子透過酵素或非酵素作用的類胡蘿蔔素降解形成，由日曬、高溫氧化觸發或自然發生。類胡蘿蔔素降解僅在萎凋階段氧化黃烷醇存在時發生，形成新的香氣分子像是乙位-紫羅蘭酮和乙位-大馬烯酮。

糖苷由與不同香氣分子結合的單糖構成。採收後，茶葉會進行萎凋，接著揉捻或擠壓。被破壞的葉片從植物細胞裡釋出酵素，使糖脫離。這讓可用的分子得以形成新的香氣化合物，像是芳樟醇和苯乙醇。原本具苦味的酚化合物被轉化為複雜飽滿的風味，也就是我們喜愛的茶香。

亞麻油酸等不飽和脂肪酸是醛類（己醛）和醇類（己醇）的前驅物。脂質能以和類胡蘿蔔素相同的方式形成香氣分子。

為了抑制酵素活性，茶葉會進行蒸菁和炒菁。隨著溫度升高，梅納反應發生，新的烘烤和堅果香氣分子像是喃、吡嗪、吡啶和吡咯也出現。胺基酸的轉化則產生史崔克醛和其他含硫化合物。最優質的中國龍井茶傳統上以人工在熱鍋裡手炒，直到嫩葉夠乾燥。這種手法使煎茶典型的多數青綠－青草香氣分子被烘烤史崔克醛及堅果味的香豆素所取代。隨著手炒師傅將新鮮茶葉在鍋子表面翻轉，輕輕按壓推磨，葉片會散失水分並開始變平。品質較差的茶使用滾筒炒茶機以增加產量。

頂級日本新茶採用春季第一波嫩芽。一年僅有幾週可以供應，使得這些限定版的茶難以取得。至於煎茶採摘自茶樹新開的兩三片葉肉，用潮濕空氣吹拂以保持新鮮並減緩氧化。接著短暫蒸三十秒至二分鐘抑制氧化，同時保留顏色和風味。

大多種植於中國、印度和斯里蘭卡的紅茶葉會經過數小時的萎凋、揉捻和發酵以進一步促進氧化，使這些紅色茶發展出比淺色茶更強烈的風味。雖然氧化促成了紅茶大部分的濃郁風味，但它保有驚人數量的新鮮茶葉青綠香氣分子。紅茶裡的柑橘調解釋了為何它和檸檬如此相配。

大吉嶺紅茶具有青綠、脂肪、黃瓜味以及類似燕麥片的氣息，還有細緻的煙燻和些許烘烤焦糖調。有的也含蜂蜜和紫羅蘭花卉調及柑橘－柳橙調。大吉嶺綠茶或烏龍茶也可以在市面上找得到。

烏龍茶介於綠茶和紅茶之間。這種部分氧化的茶經過輕度萎凋之後扭轉或揉捻，稍微破壞葉子之後再進行發酵。根據程序不同，一杯烏龍茶的顏色從淡金到深紅琥珀都有可能，每個品牌和類型的香氣輪廓亦各有千秋。

中國煎茶

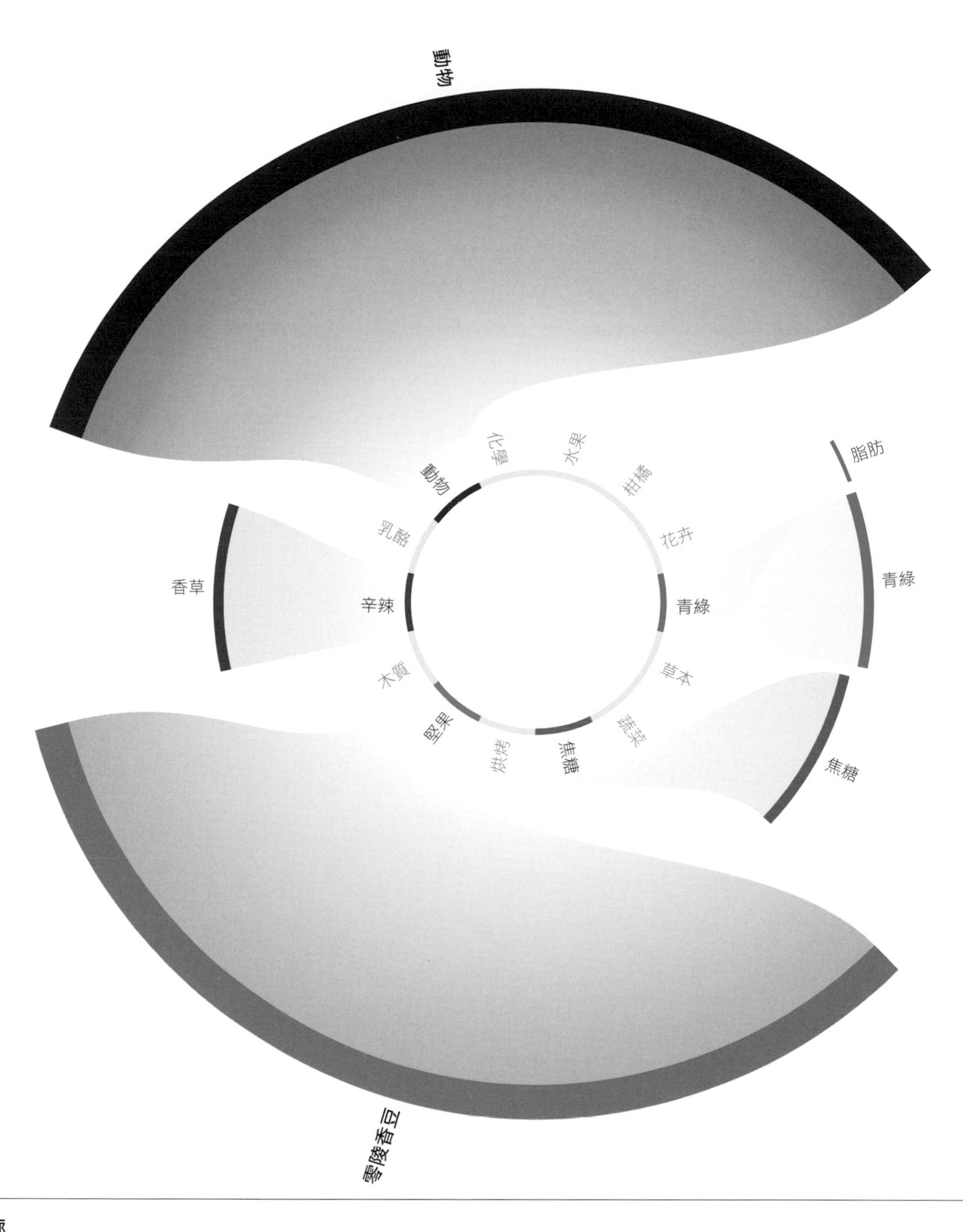

中國煎茶香氣輪廓

好的煎茶應該具有清新明亮的青綠風味並帶有甜焦糖調——在這個例子中，零陵香豆聞起來較偏青綠和乾草而非堅果味。這些中國茶的香氣輪廓也含有一小部分的吲哚分子，讓細緻的綠茶散發縈繞不去的花香。吲哚在較高濃度時肉味較重，亦存在於烏賊、蝦、煎明蝦和熟蛤蜊。與其用葡萄酒搭配貝類，不如試試高品質的煎茶。

	水果	柑橘	花卉	青綠	草本	蔬菜	焦糖	烘烤	堅果	木質	辛辣	乳酪	動物	化學
中國煎茶														
竹筴魚														
祕魯黃辣椒														
奇異莓														
黑蒜泥														
乾式熟成牛肉														
煎野斑鳩														
烘烤多佛比目魚														
艾曼塔乳酪														
黑巧克力														
紅粉佳人蘋果														

經典搭配：大吉嶺茶和培根

培根和茶非常相配，任何吃過經典全套英式早餐的人都會認同，它包含培根、香腸、烤番茄、煎蘑菇和蛋，搭配塗上奶油的吐司以及奶香紅茶。

大吉嶺茶種類

「大吉嶺」指的不是某一種特定類型的茶，而是印度西孟加拉邦金色山谷山區的蔥鬱茶園。雖然大吉嶺紅茶最為常見，但綠茶和烏龍茶也找得到。

蜜香紅茶（大葉烏龍）香氣輪廓

紅茶包含一系列新的柑橘、水果甚至花卉玫瑰和紫羅蘭調（乙位 - 大馬酮和乙位 - 紫羅蘭酮分子），加上些許烘烤、堅果和焦糖調。

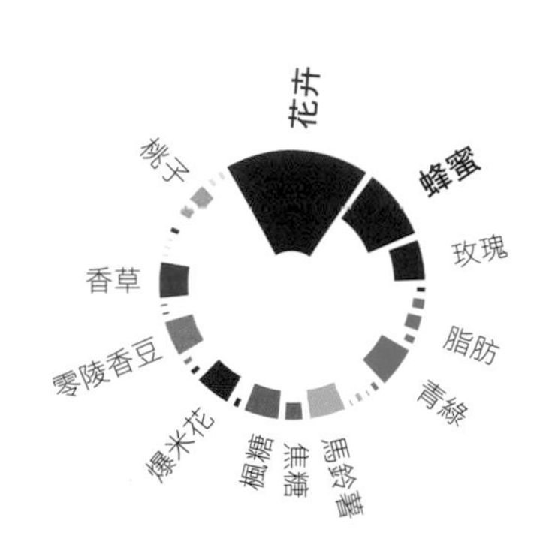

	水果	柑橘	花卉	青綠	草本	蔬菜	焦糖	烘烤	堅果	木質	辛辣	乳酪	動物	化學
蜜香紅茶（大葉烏龍）														
海無花果														
楊桃														
熟綠甘藍														
全熟水煮蛋														
乾牛肝菌														
多香果														
澳洲胡桃														
印度馬薩拉醬														
水煮麵包蟹肉														
煎鴨胸														

龍井茶香氣輪廓

除了烘烤調和香豆素堅果、乾草般的氣味之外，龍井茶比綠茶含有更多花卉－蜂蜜和酚調，加上些許麥芽及馬鈴薯味化合物。

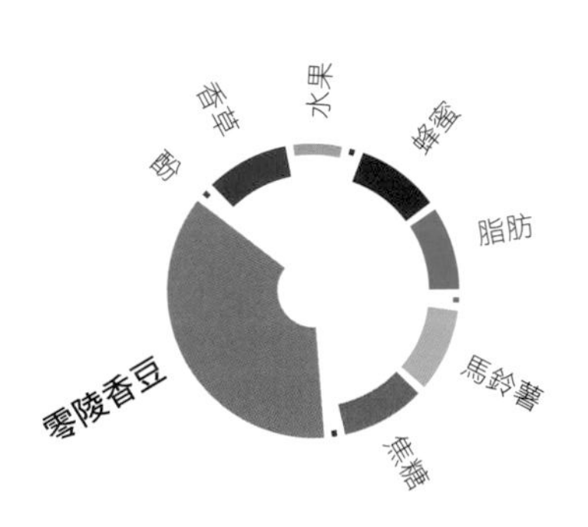

	水果	柑橘	花卉	青綠	草本	蔬菜	焦糖	烘烤	堅果	木質	辛辣	乳酪	動物	化學
龍井茶														
瓦卡泰（祕魯黑薄荷）														
大扇貝														
熟菠菜														
烤野鵝														
米拉索辣椒														
帕瑪森類型乳酪														
清燉雞胸排														
番石榴														
燉大西洋狼魚														
水煮冬南瓜														

大吉嶺茶香氣輪廓

我們分析的是大吉嶺紅茶，它散發花卉、蜂蜜和柑橘香。擁有水果桃子和椰子味內酯的大吉嶺紅茶很適合搭配會議梨、黑莓和甜瓜。

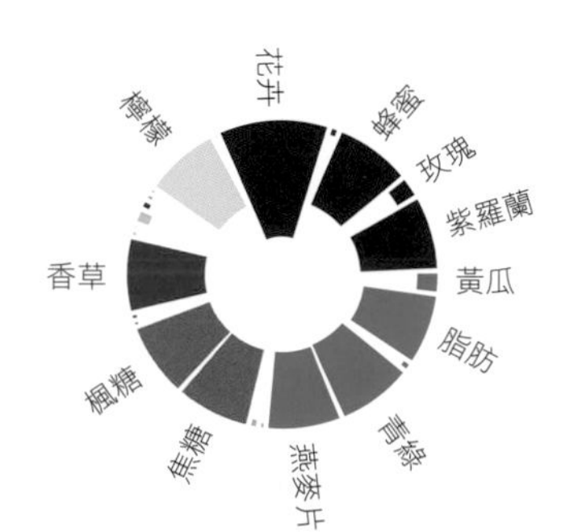

	水果	柑橘	花卉	青綠	草本	蔬菜	焦糖	烘烤	堅果	木質	辛辣	乳酪	動物	化學
大吉嶺茶														
紅哈瓦那辣椒														
紫蘇														
日本梅子														
咖哩草														
大黃														
葡萄														
可可粉														
貝類高湯														
煎雉雞														
爐烤培根														

潛在搭配：烏龍茶和海無花果

海無花果又稱冰菜，是一種多肉植物，可能原產於非洲南部。南美洲、紐西蘭和西班牙也有它的蹤跡，分布於海岸沙丘、河口和路邊。果實可以醃漬或製成甜酸醬，多肉的葉子亦可食用。

	水果	柑橘	花卉	青綠	草本	蔬菜	焦糖	烘烤	堅果	木質	辛辣	乳酪	動物	化學
番石榴	•	•	•	•	•	•	•	•	•	•	•	•	·	·
燉烏賊	●	·	●	●	·	•	●	•	●	●	•	●	•	·
茉莉花	·	●	●	●	·	●	•	·	·	•	•	●	•	·
鹹鯁魚	·	•	●	●	·	●	·	•	·	●	•	●	·	·
燉黑線鱈	·	·	•	●	·	●	·	•	·	·	·	●	·	·
網烤羔羊肉	●	●	●	●	●	●	·	●	●	•	●	●	•	·
煎培根	●	●	●	●	●	●	·	●	●	●	●	●	•	·
牡蠣	·	●	·	●	·	●	·	•	•	·	·	·	·	·
蒔蘿	●	●	●	●	●	●	·	·	·	•	●	·	·	·
煎甜菜	●	●	●	●	·	●	·	●	●	●	●	•	·	·
昆布	•	•	·	●	●	●	·	•	·	·	●	·	·	·

	水果	柑橘	花卉	青綠	草本	蔬菜	焦糖	烘烤	堅果	木質	辛辣	乳酪	動物	化學
茵陳蒿	·	•	•	·	·	·	·	·	·	•	•	·	·	·
紅甜椒	•	●	·	•	●	•	·	·	·	·	·	·	·	·
高達乳酪	•	·	•	•	•	•	•	•	·	•	●	•	•	·
米拉索辣椒	•	•	•	•	•	•	•	•	·	•	●	•	·	·
根特火腿	•	·	●	•	·	•	•	•	·	•	●	•	·	·
烘烤大扇貝	•	•	●	•	·	•	•	•	•	•	●	•	·	·
烘烤小牛肉	•	•	●	•	·	•	•	•	·	•	●	•	•	·
烘烤野兔	•	●	●	•	•	•	•	•	•	•	●	•	•	·
燉烏賊	•	·	•	•	·	•	•	•	•	•	●	•	•	·
水煮朝鮮薊	•	·	•	•	·	•	•	•	·	•	●	•	•	·
百香果	•	●	●	•	•	·	·	·	•	●	·	·	·	·

食譜搭配：紅茶和番石榴

番石榴果肉的顏色從米白色到深粉紅色都有，具酸甜滋味。在拉丁美洲，它被用來製作「涼水」（agua fresca），一種混合水果、水和糖以及花朵或種子的非酒精飲料。番石榴含有高濃度的果膠，很適合做成蜜餞、果醬和果凍，但也經常撒上一小撮鹽和胡椒、紅辣椒粉粉或混合香料生吃。

紅茶番石榴馬卡龍

食物搭配獨家食譜

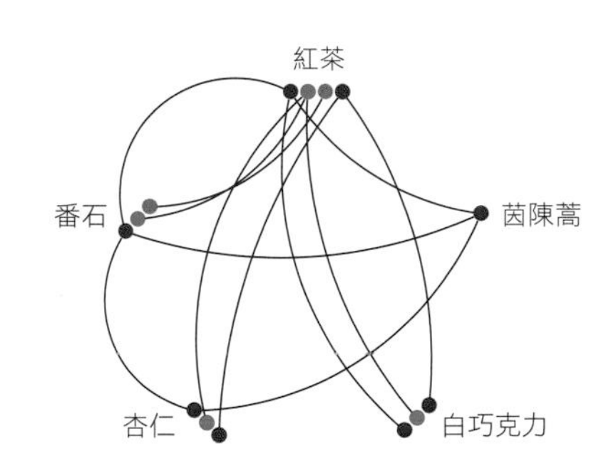

由於蛋白有 90% 是水，你可以混合調味水和蛋白粉做出馬卡龍的調味蛋白霜。這道食譜使用蛋白粉、杏仁粉和濃紅茶來製作蛋白霜。在內餡的部分，混合番石榴泥和白巧克力甘納許並加入茵陳蒿碎——以辛辣大茴香和樟腦調展現清爽特色。

潛在搭配：紅茶和香桃木漿果

香桃木漿果的風味像是結合了杜松子和迷迭香，並帶有一些松木和桉樹調。這種藍黑色漿果具有苦澀單寧後勁，可以用來代替杜松子。

經典搭配：茶和餅乾

大吉嶺紅茶的烘烤、麥芽和乳酪－奶油調讓人聯想到蛋糕或餅乾的味道。茶裡麥芽調的 3- 甲基丁醛也是巧克力的關鍵香氣，因此巧克力豆便成了餅乾麵糰理所當然的配料。

茶食材搭配

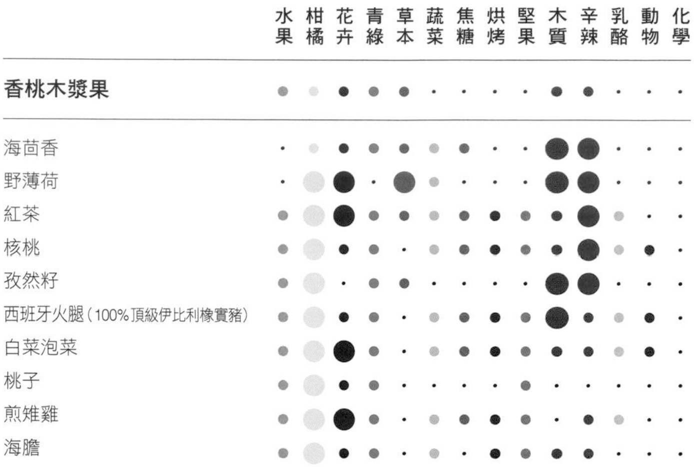

水果 柑橘 花卉 青綠 草本 蔬菜 焦糖 烘烤 堅果 木質 辛辣 乳酪 動物 化學

香桃木漿果

海茴香
野薄荷
紅茶
核桃
孜然籽
西班牙火腿（100%頂級伊比利橡實豬）
白菜泡菜
桃子
煎雉雞
海膽

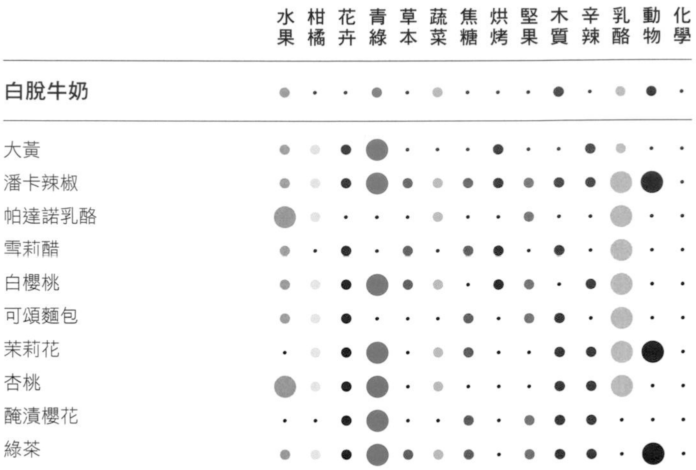

水果 柑橘 花卉 青綠 草本 蔬菜 焦糖 烘烤 堅果 木質 辛辣 乳酪 動物 化學

白脫牛奶

大黃
潘卡辣椒
帕達諾乳酪
雪莉醋
白櫻桃
可頌麵包
茉莉花
杏桃
醃漬櫻花
綠茶

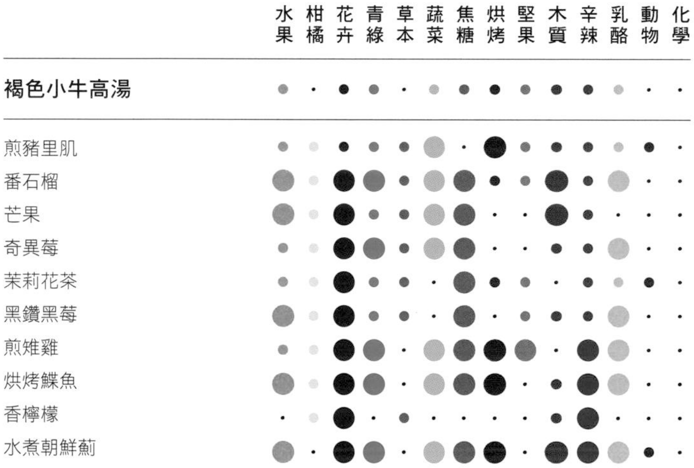

水果 柑橘 花卉 青綠 草本 蔬菜 焦糖 烘烤 堅果 木質 辛辣 乳酪 動物 化學

褐色小牛高湯

煎豬里肌
番石榴
芒果
奇異莓
茉莉花茶
黑鑽黑莓
煎雉雞
烘烤鰈魚
香檸檬
水煮朝鮮薊

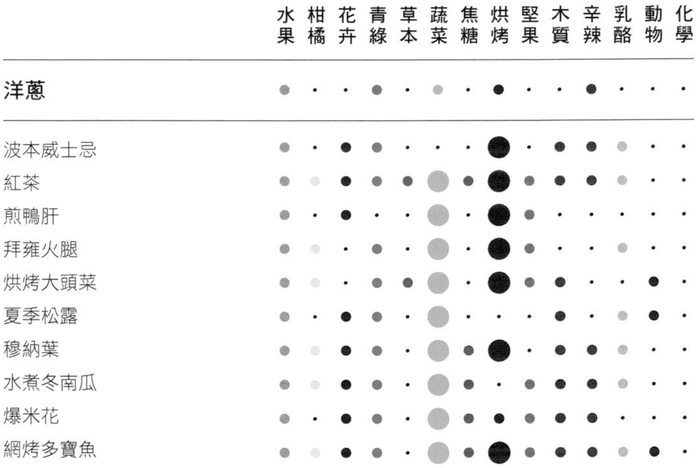

水果 柑橘 花卉 青綠 草本 蔬菜 焦糖 烘烤 堅果 木質 辛辣 乳酪 動物 化學

洋蔥

波本威士忌
紅茶
煎鴨肝
拜雍火腿
烘烤大頭菜
夏季松露
穆納葉
水煮冬南瓜
爆米花
網烤多寶魚

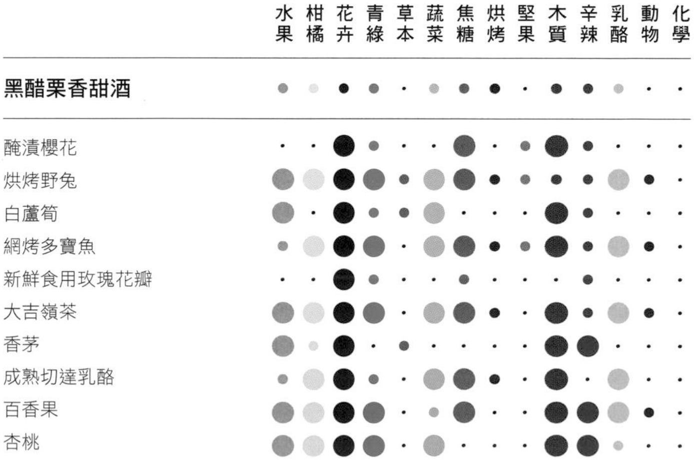

水果 柑橘 花卉 青綠 草本 蔬菜 焦糖 烘烤 堅果 木質 辛辣 乳酪 動物 化學

黑醋栗香甜酒

醃漬櫻花
烘烤野兔
白蘆筍
網烤多寶魚
新鮮食用玫瑰花瓣
大吉嶺茶
香茅
成熟切達乳酪
百香果
杏桃

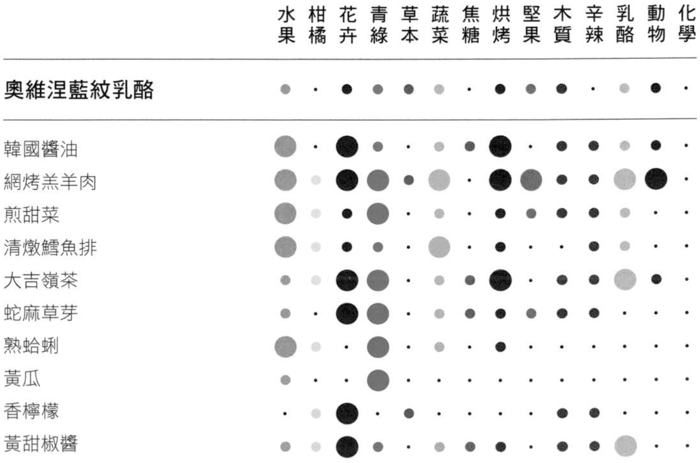

水果 柑橘 花卉 青綠 草本 蔬菜 焦糖 烘烤 堅果 木質 辛辣 乳酪 動物 化學

奧維涅藍紋乳酪

韓國醬油
網烤羔羊肉
煎甜菜
清燉鱈魚排
大吉嶺茶
蛇麻草芽
熟蛤蜊
黃瓜
香檸檬
黃甜椒醬

潛在搭配：正山小種茶和金黃巧克力

金黃巧克力是白巧克力的一種，由一名法國巧克力師傅在糕點課中無意間創造出來：一批白巧克力不小心被留在雙層鍋裡太久，造成巧克力裡的一些糖焦糖化。最後成品顏色稍深，具有更複雜的風味輪廓。

潛在搭配：正山小種茶和接骨木花

在五、六月接骨木開花時，摘下幾朵並乾燥。你可以將乾燥的接骨木花（見次頁）加入正山小種茶做成自製調味茶。

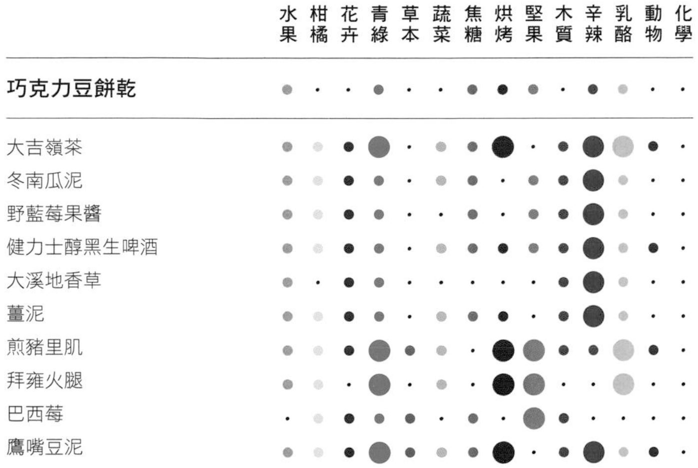

水果 柑橘 花卉 青綠 草本 蔬菜 焦糖 烘烤 堅果 木質 辛辣 乳酪 動物 化學

巧克力豆餅乾

大吉嶺茶
冬南瓜泥
野藍莓果醬
健力士醇黑生啤酒
大溪地香草
薑泥
煎豬里肌
拜雍火腿
巴西莓
鷹嘴豆泥

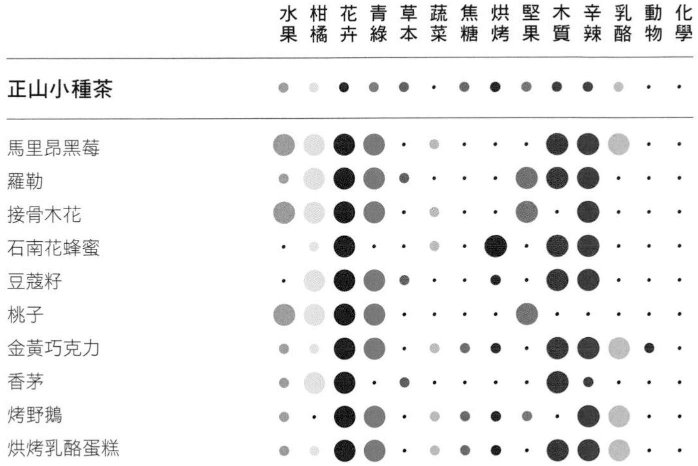

水果 柑橘 花卉 青綠 草本 蔬菜 焦糖 烘烤 堅果 木質 辛辣 乳酪 動物 化學

正山小種茶

馬里昂黑莓
羅勒
接骨木花
石南花蜂蜜
豆蔻籽
桃子
金黃巧克力
香茅
烤野鵝
烘烤乳酪蛋糕

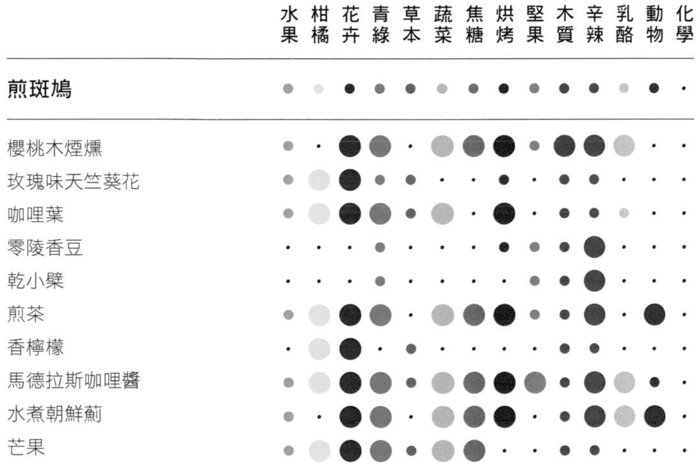

水果 柑橘 花卉 青綠 草本 蔬菜 焦糖 烘烤 堅果 木質 辛辣 乳酪 動物 化學

煎斑鳩

櫻桃木煙燻
玫瑰味天竺葵花
咖哩葉
零陵香豆
乾小檗
煎茶
香檸檬
馬德拉斯咖哩醬
水煮朝鮮薊
芒果

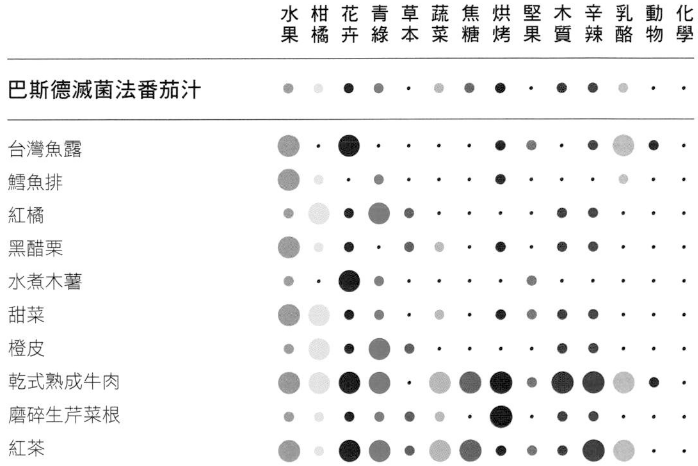

水果 柑橘 花卉 青綠 草本 蔬菜 焦糖 烘烤 堅果 木質 辛辣 乳酪 動物 化學

巴斯德滅菌法番茄汁

台灣魚露
鱈魚排
紅橘
黑醋栗
水煮木薯
甜菜
橙皮
乾式熟成牛肉
磨碎生芹菜根
紅茶

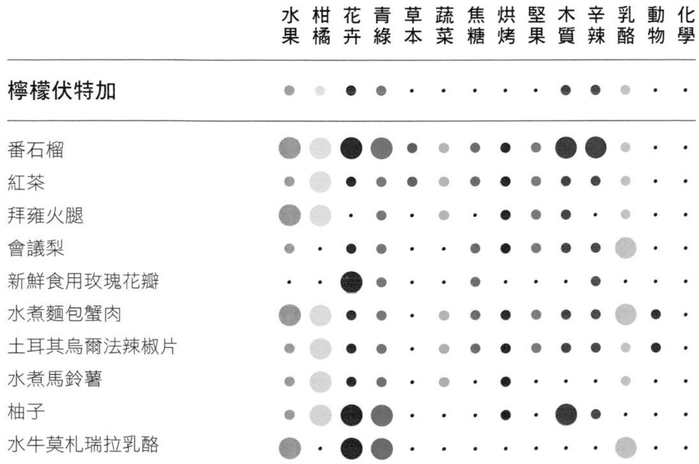

水果 柑橘 花卉 青綠 草本 蔬菜 焦糖 烘烤 堅果 木質 辛辣 乳酪 動物 化學

檸檬伏特加

番石榴
紅茶
拜雍火腿
會議梨
新鮮食用玫瑰花瓣
水煮麵包蟹肉
土耳其烏爾法辣椒片
水煮馬鈴薯
柚子
水牛莫札瑞拉乳酪

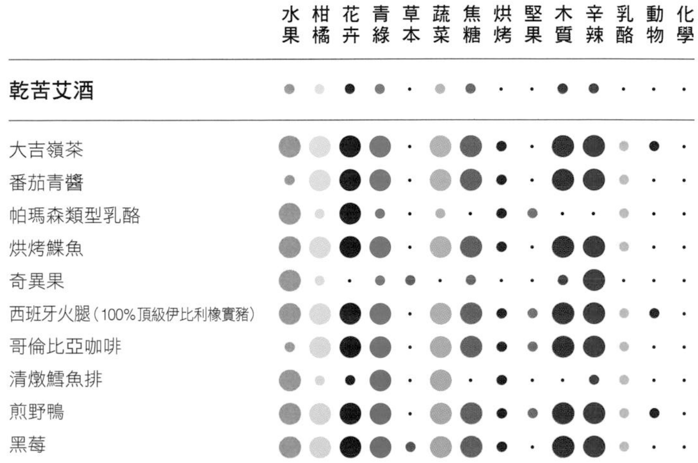

水果 柑橘 花卉 青綠 草本 蔬菜 焦糖 烘烤 堅果 木質 辛辣 乳酪 動物 化學

乾苦艾酒

大吉嶺茶
番茄青醬
帕瑪森類型乳酪
烘烤鰈魚
奇異果
西班牙火腿（100%頂級伊比利橡實豬）
哥倫比亞咖啡
清燉鱈魚排
煎野鴨
黑莓

接骨木花

在春末夏初，歐洲鄉間開滿了接骨木花。微小細緻的白花必須小心以手工摘採，避免含有絕大部分獨特香味的花粉掉落，這些花粉也賦予接骨木花露和聖杰曼香甜酒耀眼的金黃色澤。

接骨木花在夏末凋謝後，可見數以百計小小的紫黑色漿果懸掛在枝頭。這些味道濃烈的接骨木莓具有和接骨木花相同的基本香氣輪廓，用來製成天然的感冒和流感藥物。

接骨木花細緻的檸檬和玫瑰香氣適合搭配白酒，特別是氣泡白酒。若要來一杯清爽的夏日雞尾酒，混合兩份聖杰曼香甜酒或接骨木花露、三份香檳及一份蘇打水。

接骨木花露的問世可追溯至羅馬時期。今日的食譜並沒有改變太多，將現採花朵浸泡於簡易糖漿中，加入些許檸檬汁、檸檬片和／或檸檬酸。酸有助於保存接骨木花露，同時以一絲酸味平衡甜度。靜置數週甚至數月之後過濾，可以加水、氣泡水、通寧水、蘇打水或琴酒稀釋，做成沁涼的夏日飲品。

在英國，有一種微酒精飲料叫接骨木花香檳。將六朵新鮮接骨木花和兩片檸檬浸泡於四點五公升的水中數日，以棉布過濾後加入七百五十克砂糖和兩大匙白酒醋。糖溶解後，將液體倒入乾淨的塑膠瓶中。輕輕放上瓶蓋——別轉緊，因為天然酵母會發酵糖並開始冒泡。約兩週後，泡沫的形成減緩，這時便可以將瓶蓋轉緊。再多等兩天。最後做出來的微碳酸飲料會是完美的餐前酒。

- 聖杰曼是最知名的接骨木花香甜酒。和實際的花朵類似，這種香甜酒具有花卉、玫瑰味以及高濃度的水果、熱帶香氣。它的生命之水由夏多內和佳美葡萄混釀而成，帶來水果風味。
- 若要製作接骨木花炸物，將花朵沾上薄薄的天婦羅麵糊油炸。撒上少許糖粉，搭配水果沙拉或白脫牛奶冰淇淋享用。
- 接骨木花通常只會讓人聯想到甜品和花露。不過，它的風味輪廓和牡蠣（見次頁）可能是美味組合，因為這兩種食材皆具青綠和柑橘調，也都適合搭配檸檬。

接骨木花食材搭配

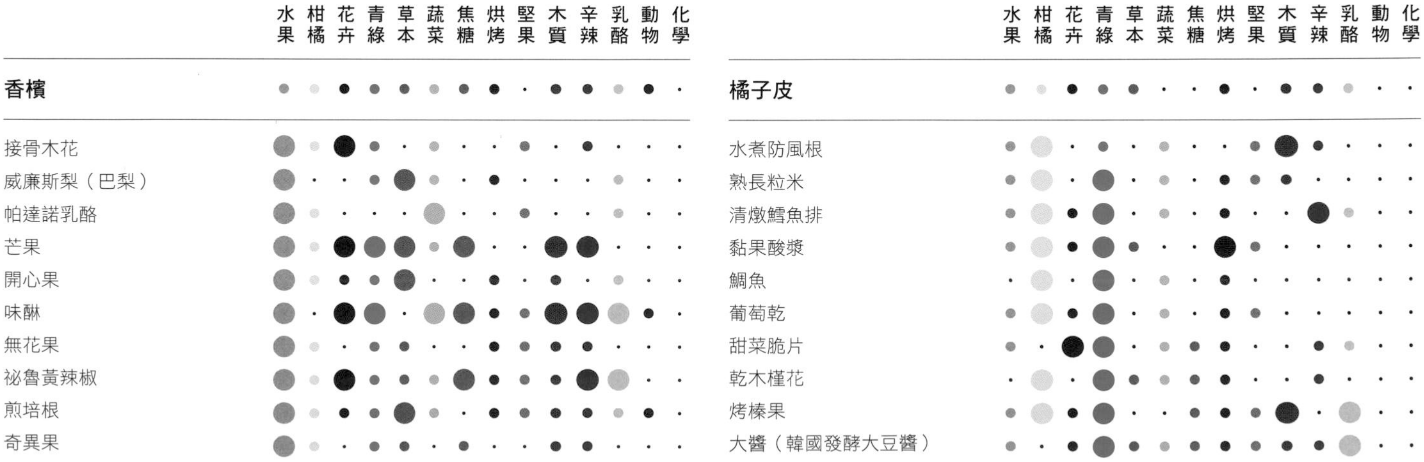

	水果	柑橘	花卉	青綠	草本	蔬菜	焦糖	烘烤	堅果	木質	辛辣	乳酪	動物	化學
香檳														
接骨木花														
威廉斯梨（巴梨）														
帕達諾乳酪														
芒果														
開心果														
味醂														
無花果														
祕魯黃辣椒														
煎培根														
奇異果														

	水果	柑橘	花卉	青綠	草本	蔬菜	焦糖	烘烤	堅果	木質	辛辣	乳酪	動物	化學
橘子皮														
水煮防風根														
熟長粒米														
清燉鱈魚排														
黏果酸漿														
鯛魚														
葡萄乾														
甜菜脆片														
乾木槿花														
烤榛果														
大醬（韓國發酵大豆醬）														

接骨木花

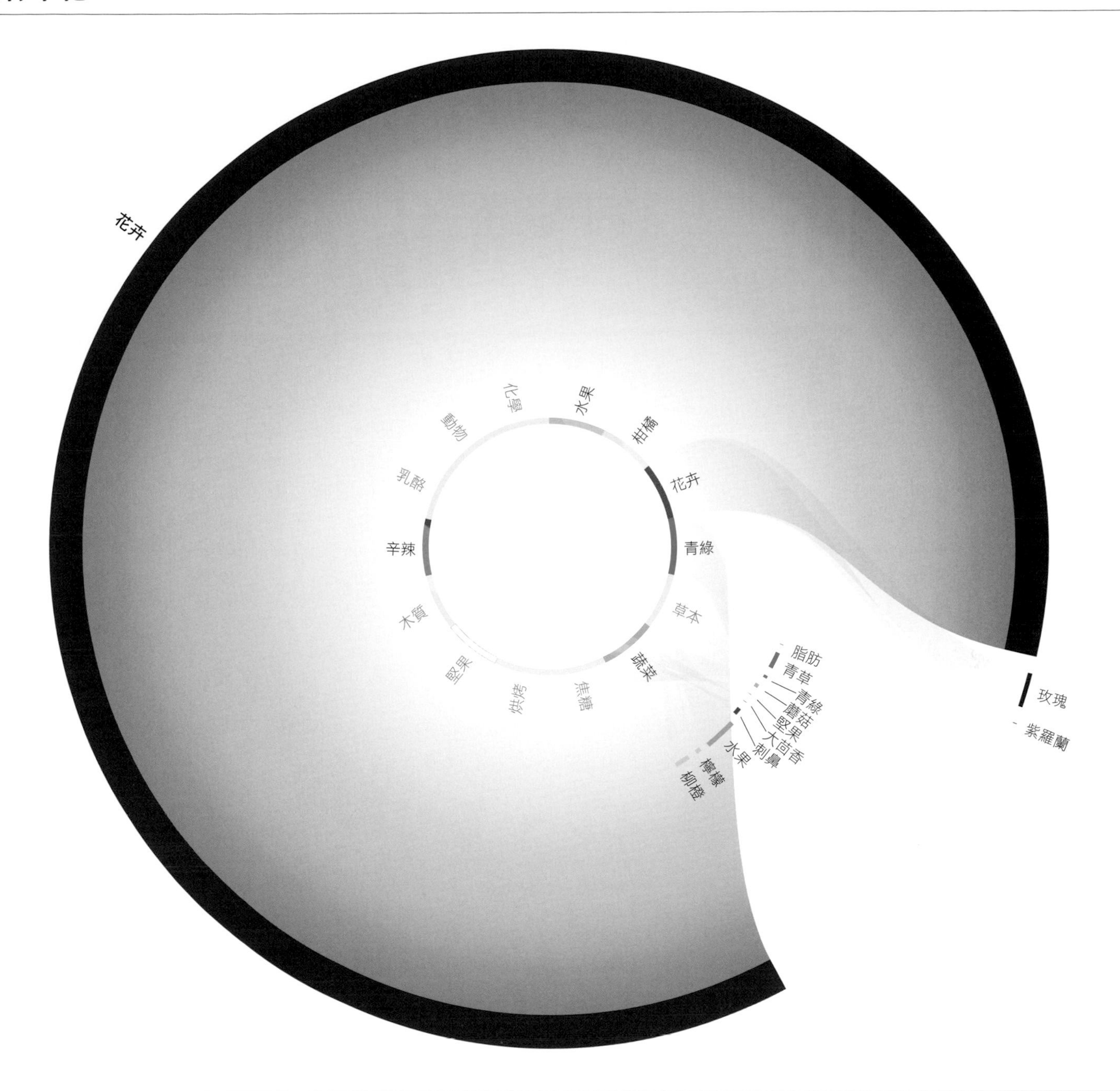

接骨木花香氣輪廓

接骨木花散發香甜的誘人氣味並帶有獨特花卉－水果香和清新的檸檬、青草調。它顯著的花卉香氣來自於兩種特定化合物：花香玫瑰調的順式玫瑰醚以及玫瑰花香中帶有水果、蘋果調的乙位 - 大馬酮。3- 甲基 -1- 丁醇的存在則加強了水果風味。

	水果	柑橘	花卉	青綠	草本	蔬菜	焦糖	烘烤	堅果	木質	辛辣	乳酪	動物	化學
接骨木花	●	●	●	●	●	●	●	●	●	●	●	●	●	●
橘子皮	●	●	●	●	●	●	●	●	●	●	●	●	●	●
大蝦	●	●	●	●	●	●	●	●	●	●	●	●	●	●
高良薑	●	●	●	●	●	●	●	●	●	●	●	●	●	●
蠔菇	●	●	●	●	●	●	●	●	●	●	●	●	●	●
番石榴	●	●	●	●	●	●	●	●	●	●	●	●	●	●
松子	●	●	●	●	●	●	●	●	●	●	●	●	●	●
爐烤馬鈴薯	●	●	●	●	●	●	●	●	●	●	●	●	●	●
黑豆	●	●	●	●	●	●	●	●	●	●	●	●	●	●
荔枝	●	●	●	●	●	●	●	●	●	●	●	●	●	●
杏桃	●	●	●	●	●	●	●	●	●	●	●	●	●	●

牡蠣

較低的溫度使牡蠣儲存肝醣，因此在秋冬月份嘗起來較甜。

牡蠣數千年以來被沿岸人口所食用，全世界都可見蹤跡。在北歐，據說牡蠣只能在名稱裡有字母「r」的月份吃（也就是從九月到四月底）。在現代冷凍技術發明前，這種建議其來有自，因為這幾個月最為寒冷。現今牡蠣全年皆可享用，只要挑選緊閉且無破損的帶殼活體，輕敲時應該要聽起來結實飽滿。

過去人們只吃得到當地物種，但現在選擇變多了，從特定種類到產地、來源和季節都有。這些面向加起來都會影響牡蠣的大小、顏色和風味，真正的內行人就跟最優秀的侍酒師一樣知識淵博。市面上的牡蠣可歸為五種，若有其他差異純粹是環境因素：歐洲扁蠔或貝隆蠔（Ostrea edulis）；太平洋蠔（Crassostrea gigas），原產於日本太平洋沿岸，現在全世界皆有養殖；熊本蠔（Crassostrea sikamea），原產於日本西南部；東方蠔（Crassostrea virginica），原產於北美洲大西洋沿岸和墨西哥灣；以及奧林匹亞蠔（Ostrea lurida），原產於北美洲太平洋沿岸。

新鮮牡蠣是佳節晚宴或雞尾酒派對的最佳開胃菜，特別是在冬季節慶。

- 蠔油是常見的亞洲調味料。以燉牡蠣（便宜品牌使用牡蠣調味劑）為基礎，混合澱粉和糖，製造出濃稠鮮香的醬汁，適合當成醃醬或沾醬。雖然蠔油具有複雜的魚味，但沒有新鮮牡蠣中的清新蔬菜或海洋調。
- 清燉牡蠣和菠菜淋上綿密的慕斯琳醬或香檳醬能突顯這兩種食材之間的蔬菜－洋蔥和水果香氣連結。
- 洛克斐勒式焗烤生蠔（Oysters Rockefeller）是紐奧良經典，菠菜混合物以草聖茴香酒或保樂茴香酒調味並加入餅乾碎或麵包粉增稠，淋在打開的牡蠣上之後烘烤。
- 蚵仔煎是台灣夜市一定都會有的小吃，攤販混合番薯和木薯粉製作有嚼勁的煎餅，鋪上牡蠣、蛋、萵筍和蔥，最後淋上以番茄醬和甜辣醬做成的甜稠醬汁，有時也會加花生醬。

生蠔葉

生蠔葉（*Mertensia maritima*）生長於加拿大、蘇格蘭、挪威和冰島岩石海岸的肥沃土壤，它銀綠色的葉子在春季至秋季採收。因其鹽水海味而得名並具花卉調的生蠔葉深受廚師青睞，你有時會在餐廳菜單上看見韃靼牛肉佐生蠔葉的組合。

相關香氣輪廓：生蠔葉

柔嫩生蠔葉的香氣輪廓一片綠，並帶有蘑菇和天竺葵味分子。試試利用它的花卉調與蘋果、朝鮮薊、蠶豆、蕫甚至生牛肉等食材搭配。

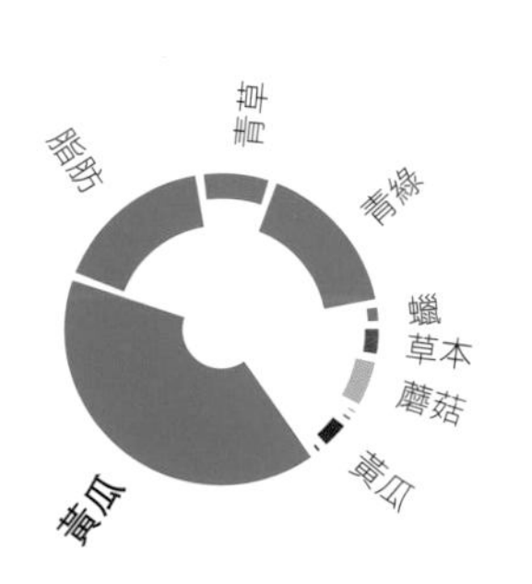

	水果	柑橘	花卉	青綠	草本	蔬菜	焦糖	烘烤	堅果	木質	辛辣	乳酪	動物	化學
生蠔葉														
柳橙														
烤雞胸排														
油桃														
清燉多寶魚														
乾無花果														
乾凱皇芒果														
桂皮（中國肉桂）														
熟義大利麵食														
水煮茄子														
水煮蠶豆														

牡蠣

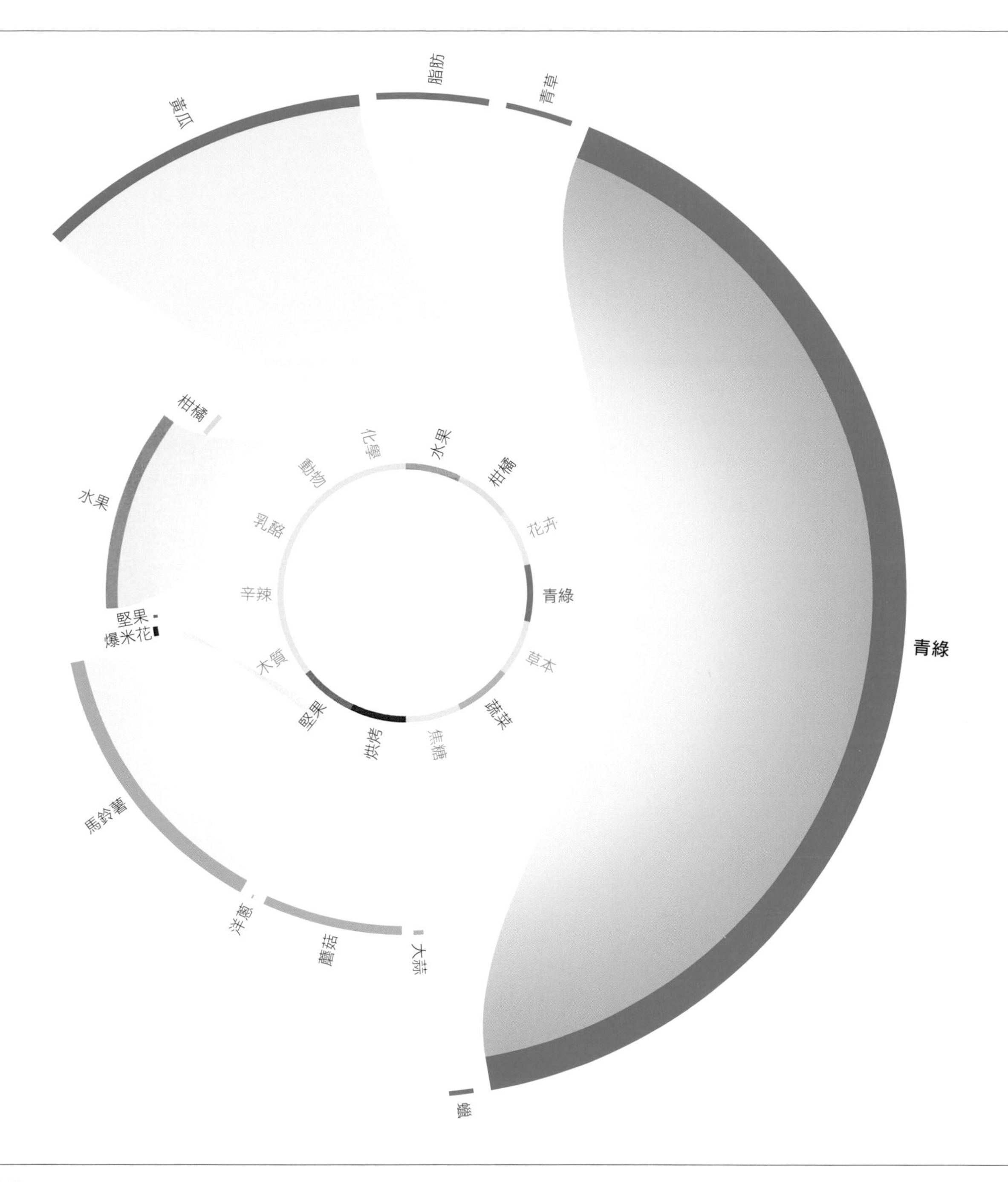

牡蠣香氣輪廓

大部分在法國沿岸採收的牡蠣來自於日本牡蠣苗（太平洋蠔）。這些養殖牡蠣的香氣分析顯示它們具有高濃度的清新青綠－青草和青綠－黃瓜香氣分子，加上明顯海味。但不僅止於此：牡蠣的複雜香氣輪廓還包含水果、柑橘調甚至一些烘烤、爆米花味分子，以及吃生蠔時在整體風味經驗中扮演關鍵角色的蔬菜馬鈴薯和蘑菇調。

	水果	柑橘	花卉	青綠	草本	蔬菜	焦糖	烘烤	堅果	木質	辛辣	乳酪	動物	化學
牡蠣														
鹿肉														
水煮黏果酸漿														
白巧克力														
烘烤鰈魚														
水煮茄子														
水煮藍蟹														
昆布														
蒔蘿														
紅茶														
奇異果汁														

經典搭配：牡蠣和檸檬汁

在法國，這些具鹹味的雙殼貝傳統上會擺在打開的殼裡，淋上檸檬汁或經典木樨草醬（mignonette），也就是以醋、紅蔥細丁和黑胡椒碎製成的簡易醬汁。

潛在搭配：牡蠣、甜櫻桃和玫瑰花瓣

牡蠣的青綠、柑橘和堅果調提供了與甜櫻桃之間的連結。櫻桃裡的一些玫瑰花卉調也存在於玫瑰花瓣中，此香氣連結再進一步由兩者共同的青綠青草調強化。試試以玫瑰味櫻桃果凍搭配牡蠣。

牡蠣和生蠔葉食材搭配

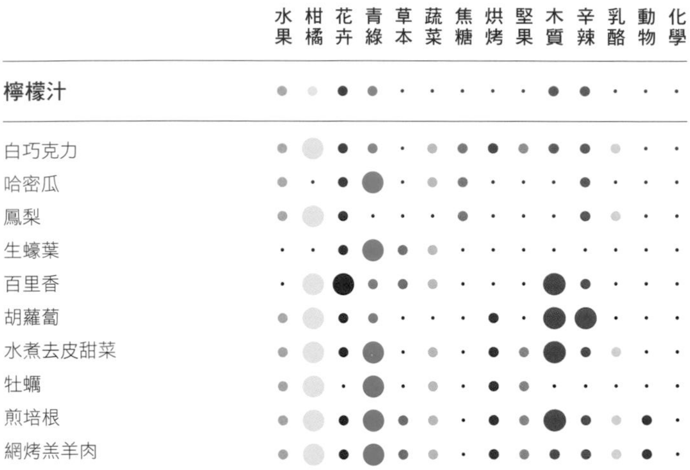

	水果	柑橘	花卉	青綠	草本	蔬菜	焦糖	烘烤	堅果	木質	辛辣	乳酪	動物	化學
檸檬汁														
白巧克力														
哈密瓜														
鳳梨														
生蠔葉														
百里香														
胡蘿蔔														
水煮去皮甜菜														
牡蠣														
煎培根														
網烤羔羊肉														

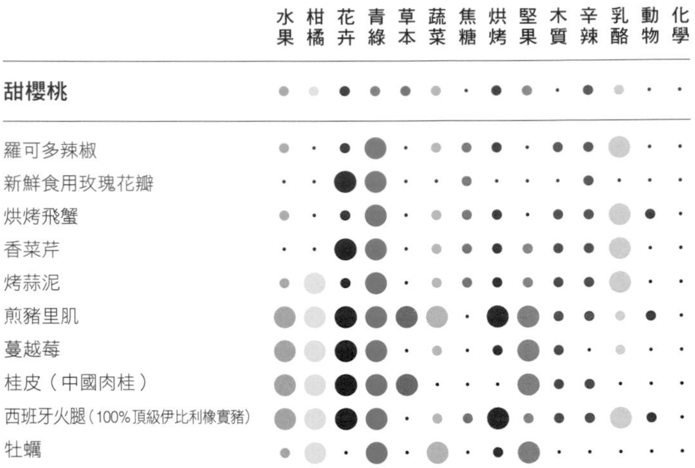

	水果	柑橘	花卉	青綠	草本	蔬菜	焦糖	烘烤	堅果	木質	辛辣	乳酪	動物	化學
甜櫻桃														
羅可多辣椒														
新鮮食用玫瑰花瓣														
烘烤飛蟹														
香菜芹														
烤蒜泥														
煎豬里肌														
蔓越莓														
桂皮（中國肉桂）														
西班牙火腿（100%頂級伊比利橡實豬）														
牡蠣														

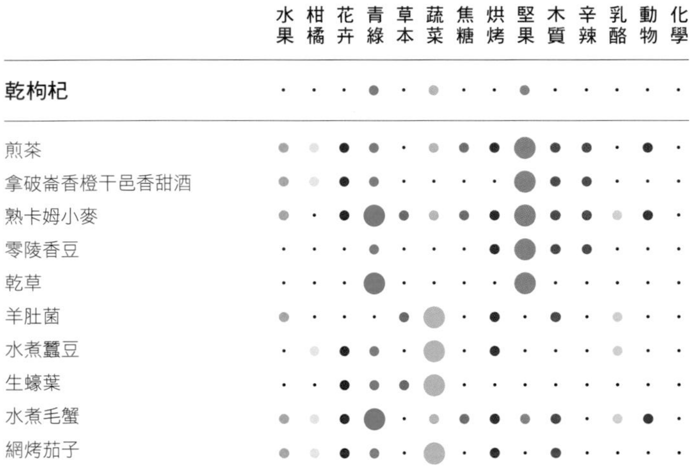

	水果	柑橘	花卉	青綠	草本	蔬菜	焦糖	烘烤	堅果	木質	辛辣	乳酪	動物	化學
乾枸杞														
煎茶														
拿破崙香橙干邑香甜酒														
熟卡姆小麥														
零陵香豆														
乾草														
羊肚菌														
水煮蠶豆														
生蠔葉														
水煮毛蟹														
網烤茄子														

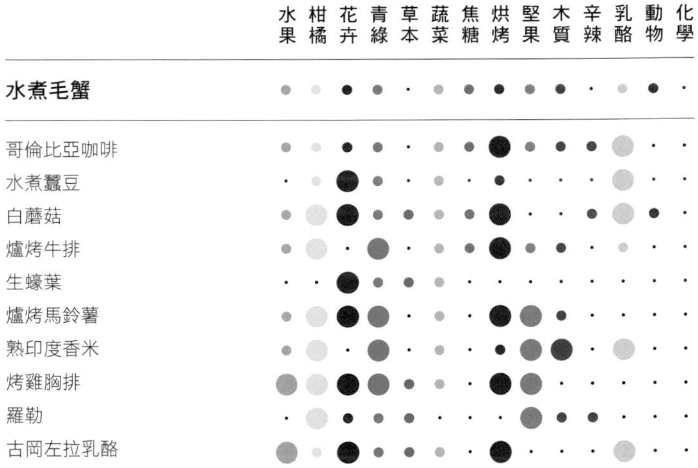

	水果	柑橘	花卉	青綠	草本	蔬菜	焦糖	烘烤	堅果	木質	辛辣	乳酪	動物	化學
水煮毛蟹														
哥倫比亞咖啡														
水煮蠶豆														
白蘑菇														
爐烤牛排														
生蠔葉														
爐烤馬鈴薯														
熟印度香米														
烤雞胸排														
羅勒														
古岡左拉乳酪														

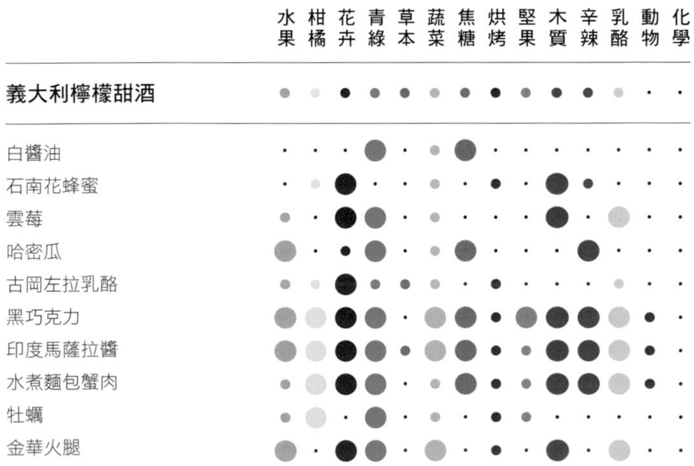

	水果	柑橘	花卉	青綠	草本	蔬菜	焦糖	烘烤	堅果	木質	辛辣	乳酪	動物	化學
義大利檸檬甜酒														
白醬油														
石南花蜂蜜														
雲莓														
哈密瓜														
古岡左拉乳酪														
黑巧克力														
印度馬薩拉醬														
水煮麵包蟹肉														
牡蠣														
金華火腿														

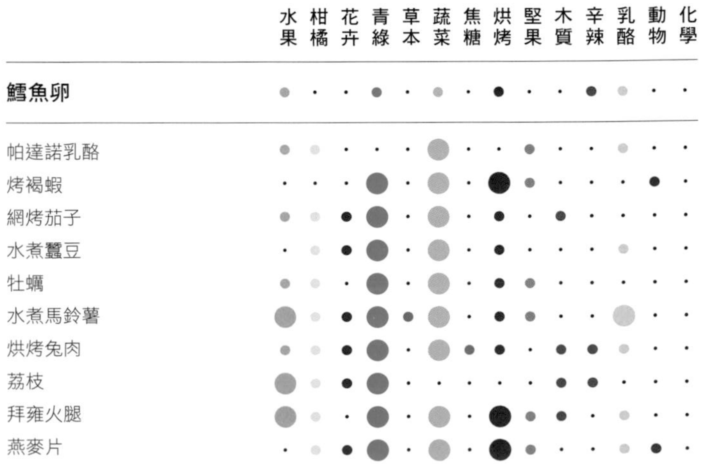

	水果	柑橘	花卉	青綠	草本	蔬菜	焦糖	烘烤	堅果	木質	辛辣	乳酪	動物	化學
鱈魚卵														
帕達諾乳酪														
烤褐蝦														
網烤茄子														
水煮蠶豆														
牡蠣														
水煮馬鈴薯														
烘烤兔肉														
荔枝														
拜雍火腿														
燕麥片														

潛在搭配：牡蠣和昆布

試試生吃牡蠣之外的方法：以奶油煎。使用昆布味奶油增添額外海味——昆布和牡蠣具有很多共同的青綠調。以缽研磨乾昆布並過篩。混合昆布粉和軟化無鹽奶油，較大片的留著煎魚或牛肉。

潛在搭配：牡蠣和油桃

牡蠣與珍珠有著不可分割的連結。若要製作可食用珍珠，混合果汁（例如：油桃）和寒天粉，每一百毫升果汁加一點五克寒天粉。將油桃汁混合物煮滾後放涼。將一碗蔬菜油放入冷凍庫降溫。用注射筒將少量油桃汁混合物滴入冷油中。將油桃珍珠取出洗淨，置於牡蠣或生蠔葉上。

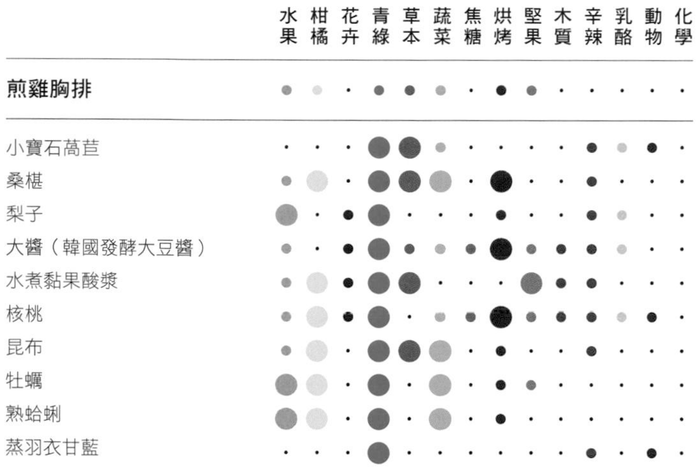

	水果	柑橘	花卉	青綠	草本	蔬菜	焦糖	烘烤	堅果	木質	辛辣	乳酪	動物	化學
煎雞胸排														
小寶石萵苣														
桑椹														
梨子														
大醬（韓國發酵大豆醬）														
水煮黏果酸漿														
核桃														
昆布														
牡蠣														
熟蛤蜊														
蒸羽衣甘藍														

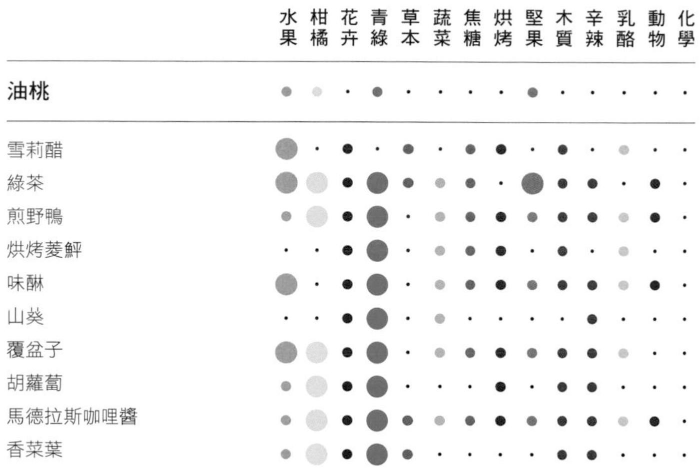

	水果	柑橘	花卉	青綠	草本	蔬菜	焦糖	烘烤	堅果	木質	辛辣	乳酪	動物	化學
油桃														
雪莉醋														
綠茶														
煎野鴨														
烘烤菱鮃														
味醂														
山葵														
覆盆子														
胡蘿蔔														
馬德拉斯咖哩醬														
香菜葉														

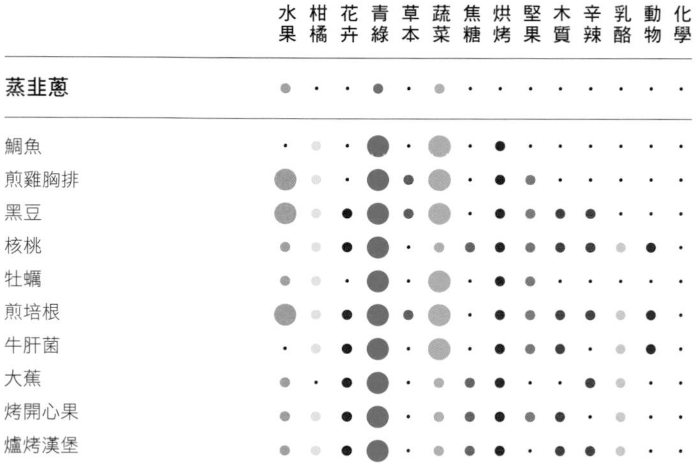

	水果	柑橘	花卉	青綠	草本	蔬菜	焦糖	烘烤	堅果	木質	辛辣	乳酪	動物	化學
蒸韭蔥														
鯛魚														
煎雞胸排														
黑豆														
核桃														
牡蠣														
煎培根														
牛肝菌														
大蕉														
烤開心果														
爐烤漢堡														

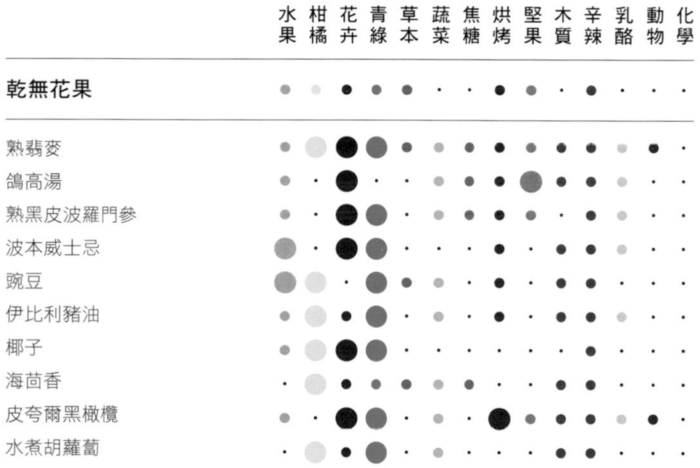

	水果	柑橘	花卉	青綠	草本	蔬菜	焦糖	烘烤	堅果	木質	辛辣	乳酪	動物	化學
乾無花果														
熟翡麥														
鴿高湯														
熟黑皮波羅門參														
波本威士忌														
豌豆														
伊比利豬油														
椰子														
海茴香														
皮夸爾黑橄欖														
水煮胡蘿蔔														

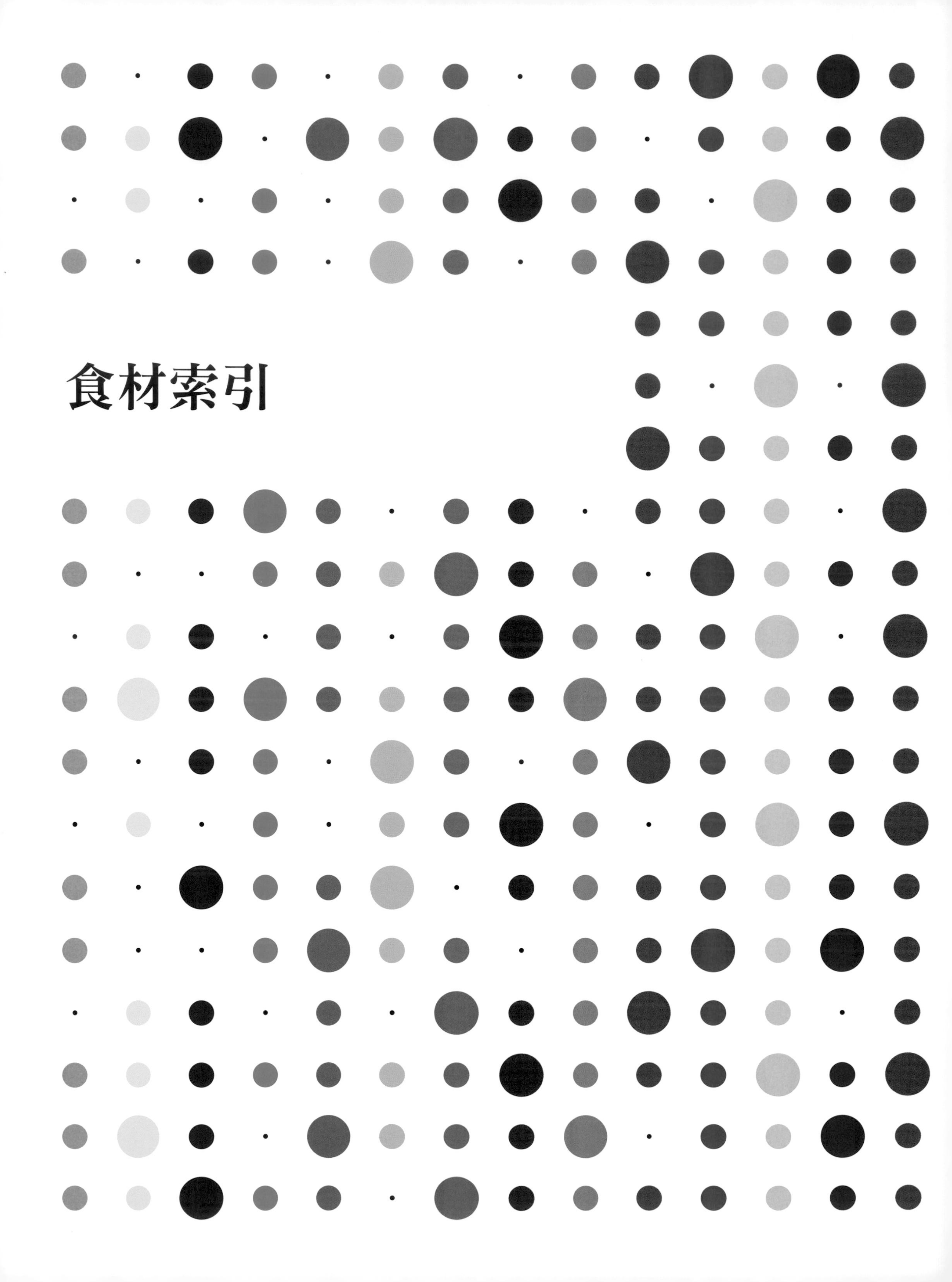

食材索引

粗體字頁數顯示此食材主要搭配表格。(食材) 前方頁數顯示此關鍵食材介紹。

附註

Introduction, pp7–37

1. Rozin, P; 'The selection of foods by rats, humans and other animals', in Rosenblatt, JS; Hinde, RA; Shaw, E and Beer, C (Eds), Advances in the Study of Behavior, Vol. 6, 1976, pp21–76
2. Bushdid, C; Magnasco, MO; Vosshall, L B; Keller, A; 'Humans Can Discriminate More than 1 Trillion Olfactory Stimuli', Science, 21 March 2014, pp1370–1372
3. Peng, Y; Gillis-Smith, S; Jin, H; Tränkner, D; Ryba, NJ P; Zuker, CS; 'Sweet and bitter taste in the brain of awake behaving animals', Nature, 26 November 2015, pp512–515
4. University of British Columbia, 'Stressed out? Try smelling our partner's shirt', Science Daily, https://www.sciencedaily.com/releases/2018/01/180104120247.htm, 4 January 2018
5. McGann, JP; 'Poor human olfaction is a 19th-century myth', Science, 12 May 2017
6. Handwerk, Brian, 'In some ways, your sense of smell is actually better than a dog's', Smithsonian.com, 22 May 2017
7. 'Gas Chromatography or the Human Nose – Which Smells Better?', Chromatography Today, 27 October 2014
8. Secundo, L; Snitz, K; Weissler, K; Pinchover, L, Shoenfeld, Y; Loewenthal, R; Agmon-Levin, N; Frumin,I; Bar-Zvi, D; Shushan, S and Sobel, N; 'Individual olfactory perception reveals meaningful nonolfactory genetic information', Proceedings of the National Academy of Sciences of the United States, 22 June 2015
9. Thomas-Danguin, T; Sinding, C; Romagny, S; El Mountassir, F; Atanasova, B; Le Berre, E; Le Bon, A-M and Coureaud, G; 'The perception of odor objects in everyday life: a review on the processing of odor mixtures', Frontiers in Psychology, 2 June 2014
10. Meister, M; 'On the dimensionality of odor space', eLife, 7 July 2015
11. Berlayne, D; 'Novelty, Complexity and Hedonic Value', Attention, Perception, & Psychophysics, September 1970, Volume 8, Issue 5, pp279–286
12. Post, R, 'The beauty of Unity-in-Variety: Studies on the multisensory aesthetic appreciation of product designs', TU Delft, 2016

圖片來源

安德烈・巴拉諾斯基（Andre Baranowski） 50
艾莉莎・寇南（Alisa Connan） 11
尚 - 皮耶・蓋布瑞（Jean-Pierre Gabriel） 8, 40
克里斯・維列格爾（Kris Vlegels） 68, 84, 103, 112, 151, 154, 160, 166, 184, 202, 212, 223, 262, 264, 310, 326, 340, 363
其餘圖片由廚師和／或餐廳提供

出版社誌謝

感謝蘇珊娜・布斯（Susanna Booth）、蘿拉・格拉德溫（Laura Gladwin）、大衛・霍金斯（David Hawkins）、艾拉・麥克連（Ella Mclean）、喬・穆瑞（Jo Murray）和吉莉安・諾斯考特・里爾斯（Gillian Northcott Liles）對本書的貢獻。

作者致謝

感謝以下人士：

- 卡蜜莉亞・澤（Camellia Tse）以批判的眼光將我們的文字編輯成人人都能懂的內容。
- 克里斯・維列格爾（Kris Vlegels），我們的御用攝影師，以照片將我們所有的作品高雅呈現。
- 蓋姆特・吉克斯特胡（Garmt Dijksterhuis）對本書貢獻良多：〈食物搭配：跳脫雜食者兩難〉（第 12 頁）以及〈風味關聯：學會去喜歡〉（第 24 頁）。
- 食物搭配公司團隊，沒有他們就沒有今日的食物搭配公司。

關於食物搭配公司

在相襯食材擁有共同關鍵香氣化合物的觀念引導下，伯納德 · 拉烏斯、彼得 · 庫奎特和喬翰 · 朗根畢克於二〇〇九年成立了「食物搭配」食品科技公司。今日，來自全球一百四十個不同國家超過五十萬名廚師、調酒師、咖啡師、生產者和品牌依賴食物搭配公司的香氣科技發展出屬於自己的獨特風味組合。

食物搭配公司目前在運作世界上最大的風味資料庫，囊括來自地球上各個角落超過三千種不同食材。一個由食品科學家組成的專職團隊運用氣相層析質譜儀來分析並描繪從蘋果到巴西切葉蟻的獨特香氣輪廓，其專利演算法能計算出最理想的食材搭配——可能性無窮無盡。

www.foodpairing.com

關於作者群

伯納德 · 拉烏斯（Bernard Lahousse）
共同創辦人兼研發與策略夥伴關係總監

擁有生物工程和智慧財產權碩士學位的伯納德 · 拉烏斯入行時替數家食品公司管理研發部門，接著擔任國際企業顧問為其建立創新流程。伯納德的科學創新法讓他一路走到現在擔任食物搭配公司的研發總監角色。他亦負責策略夥伴關係。

彼得 · 庫奎特（Peter Coucquyt）
共同創辦人兼廚藝總監

彼得 · 庫奎特曾在比利時克雷斯豪特姆米其林三星餐廳 Hof van Cleve 擔任知名大廚彼得 · 古森斯的副主廚，淬鍊出精湛傳統廚藝，同時研讀分子料理學並通過侍酒大師認證。接著成為安特衛普 Kasteel Withof 餐廳飯店主廚並獲得米其林一星肯定。在二〇〇五年，庫奎特被列為比利時最有前途的廚師。今日，他透過食物搭配的科學強化料理專長，在香氣、滋味和質地之間取得平衡，讓平凡食材搖身一變為令人垂涎的組合。

喬翰 · 朗根畢克（Johan Langenbick）
共同創辦人兼業務發展總監

創業家喬翰 · 朗根畢克一向橫跨食品科技、創意創新和永續發展領域。擁有高科技工業設計背景的喬翰運用他的產品發展和企業管理專長成立了食物搭配公司等走在時代尖端的新創企業。